Cherries

BOTANY, PRODUCTION AND USES

樱桃 科学与生产

【法】何塞 · 克罗 · 加西亚 等 著
张才喜 等 译

上海交通大学出版社
SHANGHAI JIAO TONG UNIVERSITY PRESS

内容提要

本书由70余位全球知名的樱桃专家和教授共同编写，介绍了自21世纪初以来世界众多甜樱桃和酸樱桃生产国家和地区开展的最新研究成果和商业实践。本书主要内容包括：种质资源和遗传育种、品种和砧木改良、苗木培育、形态学、开花和结实生理、裂果、生产限制因子及微气候、果园建造、农艺与农机结合、土肥水管理、整形修剪、病虫害防治、收获方法与技术、贮藏加工以及营养与健康。本书以樱桃的生物学为基础，理论联系实际，图文并茂地对涵盖整个樱桃生产的全产业链重要环节、科学研究进展与生产问题的解决方法等进行了详尽的介绍和综述，对指导樱桃产业的现代化生产和科学研究具有十分重要的意义。本书可以作为从事樱桃产业的科技工作者、农技推广人员、农场主和果农、贮藏加工和流通从业者以及学生使用的专业性参考书籍。

图书在版编目(CIP)数据

樱桃：科学与生产/(法)何塞·克罗·加西亚等著；张才喜等译．—上海：上海交通大学出版社，2021

ISBN 978-7-313-23234-2

Ⅰ.①樱…　Ⅱ.①何…②张…　Ⅲ.①樱桃-果树园艺　Ⅳ.①S662.5

中国版本图书馆CIP数据核字(2020)第077651号

樱桃：科学与生产
YINGTAO：KEXUE YU SHENGCHAN

著　　者：【法】何塞·克罗·加西亚(José Quero-García)
　　　　　【美】艾米·耶佐尼(Amy Iezzoni)
　　　　　【波】乔安娜·普洛斯卡(Joanna Puławska)
　　　　　【美】格雷戈里·朗格(Gregory Lang)
译　　者：张才喜 等
出版发行：上海交通大学出版社
地　　址：上海市番禺路951号
邮政编码：200030
电　　话：021-64071208
印　　制：上海万卷印刷股份有限公司
经　　销：全国新华书店
开　　本：710mm×1000mm　1/16
印　　张：47.25
字　　数：819千字
版　　次：2021年6月第1版
印　　次：2021年6月第1次印刷
书　　号：ISBN 978-7-313-23234-2
定　　价：368.00元

本书编译委员会

主　任

张才喜

副主任

纠松涛　刘庆忠　王世平

委　员

（按姓氏拼音排序）

陈　度　陈秋菊　陈自立　邓博涵

邓　云　高　洁　高　振　李　慧

李　琴　刘美玉　刘青春　刘勋菊

陆维盈　骆　萌　秦泽冠　屈玥婷

孙菀霞　汪瑞琪　王继源　王甲威

王　磊　王　丽　吴玉森　徐　丽

徐　岩　张　璐　赵中阳　郑奇志

郑薇薇　朱东姿　宗晓娟　邹丽芳

序

世界上甜樱桃栽培已有约2 000年历史，然而在我国其人工栽培始于19世纪70年代。随着引入品种的逐渐增多，至20世纪80年代才有规模化商业栽培，90年代开始大面积推广。目前，中国甜樱桃生产形成了两个优势栽培区，一是以山东烟台、辽宁大连、北京和河北秦皇岛等地为主的环渤海湾区，二是以河南郑州、陕西西安和甘肃天水为主的陇海铁路沿线区。樱桃在我国的栽培面积已达350万亩，其中甜樱桃300万亩，中国樱桃50万亩，设施栽培面积15万亩，年产量约80万吨。甜樱桃主栽品种主要为红灯、早大果、美早、萨米脱等品种，砧木主要有中国樱桃、山樱、酸樱桃、马哈利及其杂交后代。

作为水果中的"黄金种植业"，近年来我国樱桃生产发展迅速。随着商业化的大规模种植，樱桃栽培过程中存在的一些问题急需解决。到目前为止，《樱桃：科学与生产》一书是我国为数不多的紧密结合生产实际，贯穿整个产业链，全面介绍了樱桃的植物学特征、栽培生产以及加工利用的专业书籍。该书涵盖了樱桃开花、坐果、品种改良、建园、病害防治和加工利用等内容，以期科学规范地开展樱桃生产，解决生产中遇到的难题。随着大多数樱桃种植区域越来越难以获得劳动力，因此，提高果园劳动效率和机械化显得尤为迫切。本书介绍了最新的甜樱桃生产农艺措施，适合果园机械化的整形和栽培技术，并介绍了一些新开发的作业机械。同时，针对果实采收后的贮藏加工和利用也进行了充分的介绍。

中国甜樱桃种植面积已居世界首位，本书详细介绍了樱桃的过去与未来，参阅了诸多同行的研究成果和相关文献资料，全面详细地介绍了樱桃栽培中需要面临的品种、环境、病虫、采后等问题，提出了相关解决办法和应对措施，必将提高我国樱桃的生产技术水平，为产业的高效、健康和可持续发展提供强大支撑。

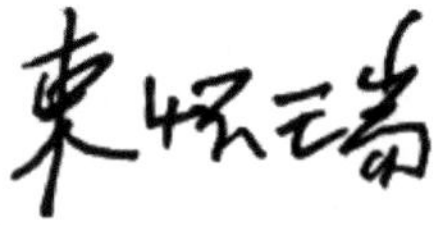

（束怀瑞　　中国工程院院士，山东农业大学教授）

译者序

据历史记载，欧洲甜樱桃引入中国要追溯至1871年，美国传教士尼维斯(J. L. Nevius)引进甜樱桃和酸樱桃等首批10个品种苗木，种植于山东省烟台东南山。之后，陆续有甜樱桃品种从德国、俄国和法国等国家引入并种植在我国大连、青岛和威海等地，直到20世纪80年代中国才出现规模化的商业栽培。随着中国经济和社会的变迁，甜樱桃逐渐从一个“小水果”成为“网红水果”和“车厘子自由”的代名词。作为广受消费者喜爱的一种水果和“黄金种植业”，近20年来，在世界主要生产国家得到了快速发展，2019—2020年生产季全球产量约为3 920 000 t。2016年，甜樱桃超越香蕉等大宗水果在中国进口水果中跃居第一位，2020年中国进口甜樱桃价值达到113.6亿元。2019年智利出口甜樱桃90%目的地为中国，成为事实上中国海外最大的甜樱桃生产基地。

我国栽培生产的甜樱桃主要从欧洲和北美等国家引入，在我国北方地区表现良好。近年来，由于生产效益高，甜樱桃的栽培区域不断扩大，由传统种植的山东和辽宁产区迅速向河南、河北、陕西、甘肃、北京以及云、贵、川等冷凉高地发展，南方暖地栽培正蓄势待发，并初步形成北京和西安等城市近郊旅游采摘的新兴产业基地。然而，与同属核果类的兄弟相比，“桃”起源于约7 500年前我国长江中下游地区，具有悠久的驯化和栽培历史，而甜樱桃在我国的规模化栽培历史十分短，面临着优良品种短缺、栽培技术开发滞后以及技术普及推广不畅的现状。传统樱桃产区的可持续发展和栽培新区的健康快速进步，亟待对世界先进的樱桃高品质栽培技术和优良品种进行充分的了解和消化吸收。*Cherries: Botany, Production and Uses* 中文版的翻译出版，恰逢其时。该书英文版由70余位全球知名的樱桃专家和教授共同撰写，对21世纪初以来世界樱桃产业的最新科学研究成果和技术，包括植物学、遗传育种、栽培技术、病虫害防治、贮藏加工、营养与健康等方面进行了详尽的综述和介绍，是一本面向所有与樱桃产业链相关的科研工作者、生产者、农业技术推广人员、学生以及生产培训用的专业参考和标志性出版物。该书以樱桃的生物学为基础，从品种和砧木、果树生长发育、建园、肥水和土壤管理、整形修剪和采收以及病虫害防治技术等方面，理论联系实际地开展了深入浅出和图文并茂的详尽介绍，对指导我国樱桃的现代化生产和科学研究具有十分重要的意义。

2018年10月，主译者上海交通大学张才喜教授应邀访问了位于法国波尔多的法国农业科学院樱桃研究团队，与本书原著者之一José Quero-Garcia博士（INRA, France）共同探讨了以中文翻译版《樱桃：科学与生产》的出版为契机，将最新世界樱桃科技成果和技术介绍给中国读者的可能性。同时，这也是所有翻译团队成员为中国樱桃事业发展贡献绵薄之力的共同心声与良好期待。本书最终得以成功出版得到了上海交通大学出版社钱方针女士以及CABI出版社的大力支持，在此一并表示特别感谢！

张才喜负责大部分章节的翻译、校译、审核和统稿。各章节的主要翻译工作分别由上海交通大学农业与生物学院植物科学系张才喜（序言，第1、2、7、8、9、10、11、12和17章）、纠松涛（第3、4和5章）和王磊（第6章），上海交通大学农业与生物学院食品科学与工程系邓云（第19、20章），山东省果树研究所徐丽（第13章）、宗晓娟（第14章）、朱东姿（第15章）以及王甲威（第16章），中国农业大学工学院陈度（第18章）等长期从事相关研究、教学和推广的专家和学者完成。在本书校译过程中，还得到了俄克拉荷马州立大学（Oklahoma State University）Dr. Lu Zhang（第2章），华中农业大学植物科学技术学院郑薇薇（第13章），美国佛罗里达大学（University of Florida）Dr. Qingchun Liu（第14章），上海交通大学农业与生物学院资源与环境系邹丽芳（第15章），以及食品科学与工程系陆维盈（第17章）等对相关章节校译的大力支持，其余章节的校译由张才喜完成。

特别感谢上海交通大学农业与生物学院果树研究室的师生在本书翻译和校译过程中的支持和协助。特别感谢上海交通大学王世平教授和山东省果树研究所刘庆忠研究员对本书翻译稿的审阅。特别感谢中国工程院院士、山东农业大学束怀瑞教授给本书作序,为中国樱桃科技和产业发展鼓劲。该书中文翻译版难免出现不恰当的表述或者错误,敬请同行和各位读者批评指正!

编译委员会

原版序

1996年，韦伯斯特和鲁尼合著的*Cherries: Crop Physiology, Production and Uses*一书成为面向全球从事樱桃产业的相关科研工作者、种植者、包装商、加工商和经销商的标志性出版物。也许并非偶然，该书出版后的20年间，全球的樱桃产量急剧增加，并拓展了水果科学与技术的相关研究。本书对樱桃的最新科学研究和栽培技术进行了全面的概述，这对果树学具有重要贡献。

樱桃是一种特殊的木本水果，色彩诱人、味美形娇、营养丰富，且含有多种营养成分，有益于身体健康。樱桃果实可鲜食，也可制成果酱、果酒、罐头等加工产品。鲜美香甜的樱桃深受消费者青睐，使得全球的樱桃产量与日俱增。樱桃在温带果树中成熟期最早，有“早春第一果”的美誉，这是它最大的优点之一。与草莓一样，樱桃也象征着生机勃勃的新气象、幸福美满的新生活，还象征着柔情蜜意的浪漫爱情。然而，樱桃的种植颇具挑战和风险。因其相对较小的果形和高大的树冠不利于人类采收却便于鸟类取食，欧洲甜樱桃(*Prunus avium*)又被称为“鸟樱桃”(bird cherry)。樱桃容易感染致命性的病虫害，因此，与冬季低温伤害、春季花期倒春寒以及成熟期裂果等问题，成为目前樱桃生产中的重点研究领域。

在21世纪初的20年里，主要的传统樱桃生产国，如土耳其、美国、意大利、波兰、俄罗斯、乌克兰和伊朗，甜樱桃和酸樱桃的产量都大幅增加。在此期间，智利从一个樱桃生产小国一跃成为南半球的最大甜樱桃生产国和世界第三大甜樱桃出口国。同时，世界人口大国中国的樱桃产量也随着中等收入人群的增加而急剧上升。虽然甜樱桃和酸樱桃都特别适应温和的地中海气候，但是为了扩大市场供应窗口和占据高端市场，在短低温及亚热带地区也开展了越来越多的生产尝试。

通常认为甜樱桃和酸樱桃起源于里海和黑海地区，其中高加索地区是樱桃遗传多样性的主要中心。樱桃的驯化史与欧洲文明史密切相关。另一方面，樱桃的现代育种工作起步较晚，大致始于20世纪初期。在21世纪初的这20年里，甜樱桃品种育种研究取得了重大进展，育成了众多的新品种，其中包括许多自交亲和的品种。这些新品种大多具有所期待的风味（糖酸平衡），尤其在果实大小和硬度方面有了显著的改善。樱桃育种的限制因素主要包括大量杂交后代的获得、相对较长的童期以及耗时耗力的杂交及生产过程（包括花粉收集、人工授粉、病虫鸟害的防治和人工采摘）。幸运的是，在过去几年中分子遗传学领域发展迅速，为提高樱桃的品种改良效率和改良更多的品种性状带来了希望。目前，已开展了针对自交不亲和性和果实重量等几个关键性状的分子标记辅助选择育种工作，随着基因组研究的深入，更多的关键园艺性状会得到充分的研究。这将不仅降低育种成本，而且也提高未来杂交设计的效率和成功率。

自20世纪90年代以来，随着苹果集约化果园的成功示范，甜樱桃栽培也迅速得到了发展和提升。这主要得益于矮化或半矮化早产砧木的出现，它们极大地降低了树体高度，增加了果树种植密度，提早了结果时间，提高了作业效率。基于砧木的生殖生长和营养生长的生理学研究，有利于这些关系的优化和保持符合高端消费者和出口市场需求的果实品质特征。这些基础研究包括植物水分关系、碳水化合物分配和矿物营养获取、储存和再活化。将这些生理知识与果园创新相结合，产生了新的整形技术，利用特定砧穗组合的优势创造的叶幕结构，可以适应新的环境和气候，开发出了隧道式或覆盖防雨防雹等设施栽培技术。随着酸樱桃新品种的应用，机械化采收技术彻底改变了酸樱桃仅仅是用于加工目的的印象。最后，采后包装和运输技术的改进和标准化使得智利等国家樱桃的出口量迅速扩大，并且能远销到中国、新加坡和日本等遥远的国际市场。

尽管园艺学研究或多或少直接促成了这些成就，但是传统樱桃产区和新区的樱桃种植者仍面临各种挑战。与大多数其他作物一样，樱桃可持续栽培的一个首要威胁是气候变化对自然资源（如水和养分供应）以及生产周期中的关键生理过程的影响。升高的秋季、冬季和春季温度的戏剧性变化导致春季生殖生长和营养生长所需的低温量不足，引起同步开花和花期提前，最终增加霜冻的风险。夏季温度的升高通过影响果实成熟、促进果实软化或提高双子果发生率，从而对果实品质产生直接影响。气候变化也与不同地区的极端气候发生频率的增加密切相关，包括干旱、冰雹和灾害性降雨。为便于制订新的缓解应对策略，对休眠、开花、双子果的诱导和裂果等生理过程生物学机制的深入了解必不可少，其中包括准确表征和利用樱桃遗传资源来改变这些性状。

对众多产区的樱桃种植者来说，外来病虫害的入侵是一个日益严峻的威胁，这是商品国际运输和人口全球迁移越来越广泛的结果。最近在欧洲和北美发生的亚洲斑翅果蝇（*Drosophila suzukii* Matsumura）的快速入侵，就是一个非常有影响的例子。这种果蝇主要危害小水果果实，如樱桃、大多数浆果和葡萄。因为关于减少农业生产对广谱性杀虫剂的依赖的社会压力越来越大，对于樱桃种植者而言，病虫害将更具挑战性。随着“软”农药或有机农药以及新的入侵性病虫害的出现，如果没有育种计划的遗传学解决方案，那么减少害虫管理成本将变得困难，实现可持续生产也更难实现。然而，首要的挑战是研究樱桃基因组中是否存在抗性或耐受性基因，或引入李属及其他植物来源的抗性/耐受性基因，或通过新的基因编辑技术选择性地修饰关键的生化反应途径。利用遗传策略创造具有对生物（害虫）或非生物（气候和环境）胁迫的抗性的新基因型是第一步。但是，目前尚未开发出针对病虫害抗性/耐受性的表型分析方案。

我们认为未来樱桃种植者的专业化程度会更高，他们不得不采用更复杂、本土化的植物材料和栽培措施。当前和未来的气候条件以及某些潜在遗传性状改良的私有化（如适宜暖地栽培的专利品种），可能会限制一些种植者采用某些现代果园技术。与大田作物甚至许多其他水果种类相比，全世界用于樱桃的研究经费相当少。因此，各个国家或地区之间的樱桃科学家在研究工作中的相互协调与支持是非常必要的，这包括樱桃遗传资源多样性表型分析和保存。本书是基于欧洲技术合作组织（COST）的支持 COST Action FA1104（“为欧洲市场提供高质量樱桃的可持续生产”）的工作。该项目组建了一个由来自全球30多个国家的樱桃专家组成的大型多学科网络，其目标包括采用共同的实验方案，研究小组间数据的共享以及各种研究战略的协调（http://www.bordeaux.inra.fr/cherry）。本书是该项目在2012—2016年间最重要的成果之一。

本书各章中提及的通用或注册的植物生长调节剂、农用化学品或其他农产品，并不代表作者的偏向或者在樱桃生产中对商业利用的合法推断。本书的主要目标是展示在众多樱桃生产国家和地区开展的新的研究成果和商业实践。由于每个国家，甚至一个国家内的个别州或省，可能都会有不同的注册产品，因此建议读者在开展任何产品的商业利用或实验之前，应咨询当地监管机构，并阅读产品标签。

何塞·克罗·加西亚

艾米·耶佐尼

乔安娜·普洛斯卡

格雷戈里·朗格

目　　录

1 樱桃生产概况

1.1 导语

甜樱桃和酸樱桃是核果类水果中成熟最早的水果，紧随其后成熟的是杏子、桃子和李子。由于甜樱桃能在春末和初夏季节最早上市，所以市场需求量巨大。红色果实的甜樱桃品种在市场中占多数，黄色、白色和粉红色（blush）的品种需求量较少。酸樱桃与甜樱桃相比，果实偏小，硬度低。尽管绝大多数的酸樱桃是用来加工，但是近年来高糖型酸樱桃也越来越频繁地出现在鲜果市场。

甜樱桃品种成熟期跨度比酸樱桃品种长。在北半球的温带地区，甜樱桃品种成熟期从 4 月底（在南方栽培区域）开始到六七月（主要生产季节），而挪威的采摘季在 8 月底才结束。在南半球，大部分甜樱桃在 12 月至 1 月采收，因为该时段在诸如北美、西欧以及亚洲东部和东南部地区可以获得非常高的利润。酸樱桃主要在北半球栽培，靠南地区通常在五月开始收获，而波兰、德国和美国直到 7 月至 8 月初收获才结束。

通常很难得到各个地区和国家准确的樱桃生产数据。在多数情况下，酸樱桃和甜樱桃的数据没有分开，仅以樱桃统计。这种情况在酸樱桃生产非常少的国家经常出现，酸樱桃生产几乎可以忽略不计，因此统计数据基本可以代表甜樱桃生产量。另外，不同国家间樱桃栽培的面积和产量报道口径不统一。报告出来的果园面积和产量是商业生产园还是商业生产园加上庭院生产面积、挂果还是挂果加上未挂果面积以及出口量等存在差异。因此，很难准确地进行国家间的比较，特别是当平均亩产量数据由全国总产量除以果园总面积计算而来时。

1.2 世界甜樱桃生产

在 20 世纪 60—70 年代，由于需要大量的劳动力来手工采摘果实，鲜食甜樱桃的生产受到了一定的限制。以乔化砧木为基础的主干形以及改良式主干形树体高大，手工采摘费时费力。为了减小树体尺寸，全球各地开展了大量的樱桃砧木育种研究，育出了一系列能产生不同树势的砧木。因此，20 世纪 80—90 年代，手工采摘的高密度果园栽培系统已开发出来并逐渐被采纳。在现代"步行果园"中，生产者更喜欢用那些新的矮化或者半矮化砧木。所谓"步行果园"就是指果树树体足够矮化，修剪、整形、采摘和大多数操作任务只需要人站在平地即可完成，无须再使用梯子或者工作平台。樱桃树体的高度降低了 2.5～4.0 m，密度从 667 株/公顷增加到 1 250 株/公顷。新型果园整形栽培模式（如 Zahn 纺锤形、Vogel 纺锤形、匈牙利纺锤形、西班牙丛枝形和龙干形、高纺锤形、超细纺锤形、KGB、UFO 等）先后开发出来。较小的树体使得防雨罩、防雹网和防虫网的使用成为可能。新的果园栽培系统吸收了在修剪方式、灌溉系统、树体支撑系统、植株营养供给方式、植保措施和机械等方面的创新。目前，在北半球的偏北地区，大多采用纺锤形树体，然而在偏南种植区，更多地选择开放的树冠，如西班牙丛枝形。在南半球，龙干形、V 形、Y 形和多主枝丛状（如 KGB）树冠最常见。其他新的整形模式目前还在试验阶段。

甜樱桃产业的发展对新品种也有很强的需求和兴趣。自花结实的甜樱桃品种在 20 世纪 90 年代还不是很普遍，因此全球许多育种团队都把自花结实作为一个很重要的育种目标。果农偏向选择能延长采收季节的樱桃品种。具有成熟期特别早或特别晚，果实直径大于 26 mm，果实深红、淡红或酒红色，果面有光泽，口感甜，果柄中长等特点的甜樱桃品种非常受欢迎。尽管黄色或粉红色品种没有红色或者酒红色的品种重要，但是消费者对粉红色樱桃的兴趣与日俱增，特别是中国和美国。甜樱桃通常用来鲜食，只有小部分制成加工品，例如果酱、玻璃瓶包装或罐装产品。

世界甜樱桃年产量大约为 2 200 000 t，并且表现出小幅上升趋势（见表 1.1），

表 1.1　主要国家的甜樱桃生产(1 000 t)

国家	年份				
	1980	1990	2000	2010	2013
土耳其	96	143	230	417	494
美国	155	142	185	284	301
伊朗	53	85	216	251	200
意大利	119	100	125	115	131
西班牙	79	54	112	85	97

（续表）

国家	年份				
	1980	1990	2000	2010	2013
智利	5	13	31	60	91
乌克兰	—	—	76	73	81
俄罗斯	—	—	85	66	78
罗马尼亚	40	40	43	42	42
波兰	25	9	35	41	48
中国	—	—	8	28	36
法国	112	82	66	44	39
德国	71	80	44	30	24
保加利亚	55	71	28	24	19
澳大利亚	4	5	6	13	17
日本	15	16	17	20	18
加拿大	—	—	3.7	10	12
葡萄牙	11	11	8	10	11
希腊	18	47	57	38	58
塞尔维亚	—	—	23①	22	28
匈牙利	23	27	18	6	5
波斯尼亚和黑塞哥维那	—	—	4.6	9.8	10.8
比利时	11②	10②	8	8	7
斯洛文尼亚③	—	—	3	3	5
捷克	—	—	14	2	2
奥地利	—	—	0.5	2	2
挪威	7	1	1	0.9	0.7
拉脱维亚	—	—	0.5	0.05	0.07

资料来源：FAO，2015。

注：—表示无数据。

① 塞尔维亚和黑山。

② 比利时和卢森堡。

③ 包括商业果园和庭院的生产。

最主要的甜樱桃生产国是土耳其、美国、伊朗、意大利、西班牙、智利和乌克兰。在1980—2013年间，土耳其、美国、智利和中国甜樱桃的产量出现了显著性的增加，同时法国、德国和保加利亚的产量却显著下降。在甜樱桃出口方面，位列前三的国家分别是智利、美国和土耳其(USDA-FAS，2016)。

特别值得关注的是，土耳其和智利甜樱桃产量快速增加，主要供应的市场分别在欧洲和俄罗斯，以及美国和中国。土耳其年生产约 500 000 t 甜樱桃，其中 70%～80%是嫁接在“马哈利”和“马扎德”砧木上的甜樱桃品种“紫拉特”。位列第二和第三的重要品种分别是“星金”(6%)和“雷吉纳”(5%)。在不久的将来，“雷吉纳”产量以及无性系砧木应用将会显著增加。主栽品种的成熟时间将随着在具有不同气候条件国家的不同地区建立果园而得到延长。一些果园主要利用早熟的砧木嫁接建园，例如“吉塞拉 5 号”和“吉塞拉 6 号”。土耳其甜樱桃产业的成功依赖廉价的劳动力、较好的田间生产服务、发展和组织完善的采后技术以及非常好的出口物流体系。

美国有商业生产的甜樱桃果园 36 500 ha，每年生产大约 300 000 t 甜樱桃。最大的甜樱桃产区是华盛顿州，其次是加利福尼亚州、俄勒冈州和密歇根州。美国西部海岸生产的甜樱桃绝大部分用于鲜食，而密歇根州生产的甜樱桃主要用于加工产品(如酸奶和马拉斯加樱桃酒)。在加利福尼亚州，主栽品种是“宾库”，其次是“伯莱特”“布鲁克斯”“珊瑚香槟”“舍蓝”“早加纳”“加纳”“雷尼”“皇家雷尼”以及“图雷拉”，采用的砧木主要是“马扎德”(Mazzard)、“考特”(Colt)、“麻姆 14 号”(MaxMa 14)、“克里姆 5 号和 6 号”(Krymsk 5 和 Krymsk 6)。后面的三种砧木越来越多用于新建的果园。短低温品种受到生产者的极大关注，它们主要是几个私人育种公司用来扩大在圣金华河谷南部地区的甜樱桃生产而重点选育的品种。

在华盛顿州和俄勒冈州，“宾库”是主栽品种，其他品种主要是“舍蓝”“桑提娜”“美早”“多迪”“奔腾”“雷尼”“阿提卡”“拉宾斯”“斯吉纳”“雷吉纳”和“甜心”。在华盛顿州、加利福尼亚州和俄勒冈州的樱桃园是灌溉果园，大部分的新果园采用中等或较高密度栽植方式，因为越来越多地采用矮化或半矮化砧木。华盛顿州和俄勒冈州甜樱桃最主要的砧木是“马扎德”，其次是“吉塞拉 6 号”“吉塞拉 5 号”“吉塞拉 12 号”“克里姆 5 号”和“克里姆 6 号”。嫁接于“马扎德”砧木上的甜樱桃采用直立多主枝树形，株行距为 4～5 m×5～6 m。嫁接在矮化砧木时，株行距通常为 1.5～4 m×4～5 m。

密歇根州主要栽培以下甜樱桃加工品种，如“法兰西皇帝”“黄金”“拿破仑”“山姆”以及“乌斯特”，砧木为“马扎德”和“马哈利”。由于有充足的降雨使果实能达到加工所需的大小，因此通常不需要太多的灌溉。用于鲜食的品种(不普遍)通常需要灌溉，如“阿提卡”“奔腾”“骑士”“乌斯特”“萨米脱”“哈德逊”和“雷吉纳”，主要砧木为“吉塞拉 5 号”“吉塞拉 6 号”“吉塞拉 12 号”和“马扎德”。树体采用中心干整形，用于鲜食樱桃生产的高密栽培系统还处在测试评价阶段。

伊朗有 35 804 ha 的甜樱桃果园，年产量约为 200 000 t。伊朗的甜樱桃栽培品种主要是“索拉提”“扎德”“石桑”“马氏哈德”“宾库”“兰伯特”和“先锋”，砧木主要是“马扎德”“考特”和“吉塞拉”。甜樱桃主产区分布在伊斯法罕、尔伯兹、德黑兰和呼罗珊。株行距为 4 m×5～6 m，采用开心形树形（Davarynejad，2015，私信）。

意大利大约有 30 000 ha 的甜樱桃果园，年产量为 110 000～120 000 t。鲜果大部分在意大利销售，生产比较稳定。意大利的主栽品种是“伯莱特”“早萝莉”“佐治亚”“先锋”和“费罗瓦”，砧木主要是“马哈利”，其次是“考特”“野生甜樱桃”“麻姆 60 号”“吉塞拉 6 号”和“CAB 6P”。主要的产区分布在意大利南部的普利亚、坎帕尼亚和巴斯利卡塔，以及北部的罗马涅和威尼托地区。树体主要采用西班牙丛枝形和开心形树形。在新建果园中，株行距为 3.5～5 m×5 m。特别是在南部地区果园，采用滴灌方式灌溉。老果园株距和行距通常为 6～7 m（Giovannini，2014；Palasciano，2014，私信）。

西班牙的甜樱桃生产呈现不断增长的趋势，全国大约有 33 000 ha 栽培面积，年产量约为 90 000 t。主栽的早熟品种包括“早丽斯”“伯莱特”“舍蓝”“巨果”“宁巴”“太平洋红”“弗里斯科”和“水晶香槟”；中熟品种主要是“新星”“哈迪巨果”“桑提娜”“13S 3－13”“4－84”“先锋”“萨米脱”和“艳阳”；主栽的晚熟品种有“安布内丝”“兰伯特”“SP-106”“萨默塞特”“拉宾斯”“斯吉纳”和“甜心”。主栽的砧木是法国农业科学研究院（INRA）的“SL 64”，其中“麻姆 14 号”和“考特”也有部分果园采用。最近，砧木“阿达拉”“玛丽安娜 26－24”或“GF8－1/阿达拉”中间砧，也称“Marilan”，正越来越多地在生产中应用开来。意大利最主要的甜樱桃产区是埃斯特雷马杜拉，其次是亚拉贡、加泰罗尼亚、安达卢西亚和巴伦西亚区（Alonso，2011；Iglesias 等，2016）。灌溉果园中甜樱桃株行距为 2.5～3 m×4～5 m，采用西班牙丛枝形或者加泰罗尼亚丛枝形。近年来，为了提高早期产量，一种改良的西班牙丛枝形-埃布罗河丛枝形树形逐渐被生产者所采用。

智利甜樱桃产业正以每年增加几千公顷的速度迅速发展，全国目前有 21 000～23 000 ha，年产量约为 124 000 t。主要产区位于瓦尔帕莱索和智利首都大区之间（33°S）和南部 350 km 处的莫莱谷（35°S）之间。位于圣地亚哥北部的小气候地区也有樱桃生产，冷积温约为 400～750 h，处在巴塔哥尼亚Ⅺ地区（46°S），当地生产面临的挑战是春季霜冻和收获季节的降雨。由于安第斯山脉和太平洋的影响，东部和西部山谷的收获季节有差异，这些特殊地区将樱桃收获季节从 11 月初期延伸到 1 月中旬。主要的生产区域位于Ⅵ和Ⅶ区，有 800～

1 200 h 的冷积温，采收期在 11 月和 12 月。智利大约 75%的甜樱桃出口到亚洲，主要品种是“甜心”和“宾库”，其次是“拉宾斯”“桑提娜”“皇家囤”“雷吉纳”“布鲁克斯”和“雷尼”。老果园主要的砧木是“马扎德”“马哈利”“考特”和“F 12/1”；新建樱桃园砧木主要是“考特”“麻姆 14 号”“吉塞拉 6 号”“CAB 6P”和“吉塞拉 5 号”。倾向于采用高密度栽培园和选择早熟或者晚熟品种。老果园株行距为 4.5 m×5.25 m，树冠为杯状形；新建果园株行距为 2 m×4.5 m，树形为中心主干形和纺锤形。果园灌溉采用微喷和滴灌(Stehr, 2003; Gratacos, 2015，私信)。

在乌克兰，甜樱桃生产主要供应本国的鲜食市场，全国有 12 400 ha 生产面积，年产量约 70 000～80 000 t。乌克兰最重要的甜樱桃品种是“克努普”，其次是“瓦列里”(同物异名：Valerii Cskalov、Valerij Tschakalov、Valerij Cskalov 或 Valery Chkalov)、“巴娃”“科娜”“朵洛克”“泰娜”和“伯莱特”。主要的砧木是“马扎德”和“马哈利”(占生产的 70%)，“VSL-2”(即“克里姆 5 号”)和“吉塞拉 5 号”。最主要的甜樱桃生产地区是扎波罗热、第聂伯罗彼得罗夫斯克和赫尔松。实生砧木樱桃树株行距为 3～4 m×6 m，株行距 2～3 m×4～5 m 的树体采用多主枝或者改良型中心主干树形，嫁接于无性系砧木的果园需要灌溉(Y Ivanovych 等，2015，私信)。

俄罗斯甜樱桃栽培面积有 2 500 ha，年产量约 49 000 t，大多数是庭院式生产(俄罗斯选择成绩评估和保护国家委员会 http://en.gossort.com/, 2015)。俄罗斯每年会从伊朗、意大利、德国、荷兰、阿塞拜疆和叙利亚进口甜樱桃总计 40 000 t。近年来，俄罗斯甜樱桃产量略有上升，最主要的品种有“瓦列里”“德尼亚”(也称“Dönissens Gelb”)、“黄金”“梁赞的礼物”“辛卡亚”和“切娜亚”。它们主要嫁接在俄罗斯培育的砧木上，如“VC-13”[(*P. cerasifera*×*P. maackii*)×*P. cerasus*]、“LC-52”[(*P. cerasifera*×*P. maackii*)×*P. cerasus*]，“克里姆 5 号”“克里姆 6 号”和“考特”。树体采用不同的纺锤形树形。俄罗斯最主要的甜樱桃产区是中部地区、中部黑土地区、高加索北部地区和伏尔加斯基地区。甜樱桃普遍采用 1～1.5 m×3～3.5 m 株行距进行栽植。樱桃园主要通过喷灌和滴灌进行灌溉(Kulikov and Borisova, 2015，私信；http://www.asprus.ru, 2015)。

罗马尼亚甜樱桃生产呈现增长趋势。全国大约有 7 000 ha 栽培面积，年生产量为 42 000 t，主要的栽培品种是“先锋”，其次是“斯特拉”“柯娜丽”“海德尔芬格”“德莫斯道夫”“达丽雅”“鲁宾”和“丽梵”。砧木为“马扎德”(60%)和“马哈利”(30%),其余的为“吉塞拉5号”。商业化果园位于喀尔巴阡山脉的南部丘陵和城市的东北部地区。标准樱桃果园的株行距是4～5 m×5～6 m,然而,最密的果园株行距为2 m×4 m。树体通常为开放的杯状型、中心主干型和直立多主枝型树冠。只有新建的果园进行灌溉(Budan, 2014,私信)。

波兰甜樱桃的生产一直在不断增加,全国约有10 000 ha栽培面积,年产量约40 000 t。越来越多的高密度栽培新建樱桃园采用塑料膜覆盖的技术,然而寻找环境风险最小地区是成功栽培的关键。主要的栽培品种有“伯莱特”“凡达”“泰克洛凡”“萨米脱”“科迪亚”“雷吉纳”“西尔维亚”“海德尔芬格”和“巴特那”。在老果园中,砧木主要是“马扎德”和“F 12/1”。在现代化的新建果园中,采用“吉塞拉5号”矮化砧最普遍,其次是“PHL-A”和“考特”。“马哈利”在波兰不用做甜樱桃的砧木,其主要原因是亲和性不好。一些新的果园利用“夫坦娜”(Frutana)中间砧以降低树势,而其他用“吉塞拉5号”或者“PHL-A”做中间砧。捷克、匈牙利和加拿大培育的甜樱桃品种表现良好,包括“桑德拉”“卡桑德拉”“佳辛塔”“斯提亚”“塔玛拉”“德博拉”“维拉”“安努斯”和“斯达克”。最重要的产区位于波兰西部(弗罗茨瓦夫、波兹南、皮拉地区)、南部(塔尔诺、布斯科地区)和中部。自然灌溉的果园采用生长旺盛的乔化砧木,株行距为4～5 m×5 m;新建立的灌溉果园采用矮化砧木,株行距为2～2.5 m×3～4 m。树体采用纺锤形树形。

中国的甜樱桃生产快速增加,全国栽培面积约为141 000 ha,年产量约为36 000 t。包括当地产中国樱桃(*Prunus pseudocerasus*),樱桃生产大部分用于鲜食(90%),剩余的10%用于加工,例如樱桃酒、樱桃饮料、樱桃罐头和樱桃汁。最广泛栽培的品种是“红灯”(50%),其次是“龙冠”“先锋”“拉宾斯”“萨米脱”“艳阳”“雷尼”“美早”和“布鲁克斯”等。砧木主要是“大青叶”(50%)、“吉塞拉”(30%)、“马哈利”和“东北山樱”。各产区十分重视早熟品种(40%)栽培,剩下的中熟和晚熟品种生产比例相当。甜樱桃最主要的栽培省份是辽宁、山东(烟台和聊城)、河北和北京,其次是陕西(西安和铜川)、河南、甘肃、安徽、四川、青海和新疆维吾尔自治区。传统果园的株行距为2～3 m×4～5 m,多采用多主干或中心主干的树形。在陕西黄土高原地区,10年前新建了大约3 000 ha的高密度栽培樱桃园,砧木为“马哈利”,采用中心干培育成中心主干形、匈牙利纺锤形和V形棚架栽培模式。80%的果园采用大水漫灌,但节水灌溉技术已经逐渐得到广泛的应用(黄贞光和蔡宇良,2015,私信)。

法国的甜樱桃生产总体保持平稳,但近几年有些呈现下滑趋势,年产量达到

34 000～36 000 t。全国的主栽品种是“伯莱特”(16%)，其次是“贝尔格”(14%)“萨米脱”(12%)、“甜心”(6%)和“雷吉纳”(4%)。砧木主要是“麻姆 14 号”(39%)、“马哈利”(27%)、“马扎德”(19%)、“麻姆 60 号”(10%)、“吉塞拉 6 号”(约 3%)和其他砧木(“P-HL-A”“吉塞拉 5 号”“皮库 1 号”“维如特 158”“GF8－1”和“阿达拉”)。主要产区是位于法国的东南部、靠近马赛的普罗旺斯和罗纳沉香。几乎所有的果园都采用灌溉技术，树体整形采用开心形树冠，株行距为 4～6 m×6 m(Charlot，2016，私信)。

德国甜樱桃的生产在逐渐下降，栽培面积约为 5 500 ha，年产量约 30 000 t。主栽品种是“雷吉纳”和“科迪亚”，其次是“贝德”“桑巴”“萨町”“格雷斯星”“早科尔维克”“萨姆吉塔”“卡丽纳”“凡达”和“施奈德”。砧木主要采用“吉塞拉 5 号”“吉塞拉 3 号”和“皮库 1 号”。主要产区集中于莱茵峡谷、阿尔特蓝区、图林根州和萨克森安哈尔特。树体整形普遍采用纺锤形树体，株行距为 2.5 m×4.5 m，果园采用灌溉技术。

在保加利亚，甜樱桃果园面积约为 12 000～15 000 ha，年产量约 20 000 t。主栽品种为“伯莱特”“宾库”“先锋”“施奈德”“斯特拉”“雷尼”“拉宾斯”“艳阳”和“雷吉纳”。大多数甜樱桃嫁接在“马哈利”砧木上；有些果园虽然采用矮化砧，如“吉塞拉 5 号”或“维如特 158”，但是它们必须采用灌溉技术(V. Lichev，2004，私信)。株行距为 3～4 m×5～7 m，树体整形采用中心主干形树冠。

澳大利亚的甜樱桃商业化生产仅仅开始于 20 年前，主栽品种是嫁接在“马扎德”和“考特”砧木上的“拉宾斯”“甜心”“科迪亚”“先锋”“斯特拉”“西蒙”“老板”等品种。目前，在新南威尔士州、维多利亚州和塔斯马尼亚大约有 11 000 ha 甜樱桃园，每年产量约 15 000 t。甜樱桃园都采用灌溉技术，树体整形成多主干丛状型和多主干篱架结构树冠(Measham，2014，私信)。

日本大约有 4 460 ha 自然灌溉商业生产甜樱桃园，每年生产果实约 19 000 t。最著名的品种是“佐藤锦”，砧木是“山樱”，主要产区是山形县。树体株行距均为 7～8 m，开心形是广泛采用的整形方式。

加拿大有 3 500 ha 甜樱桃商业生产园，产量在不断上升。其中 95%甜樱桃产自不列颠哥伦比亚地区，它也是世界上最重要的甜樱桃育种基地之一，研究机构位于萨默兰的太平洋农业食品研究中心。奥肯那根、希米尔卡敏、克雷斯顿三地的年产量为 12 000～15 000 t，主要的栽培品种是“拉宾斯”“宾库”“甜心”“斯吉纳”“13S2009”“雷尼”和“桑提娜”。加拿大产量的其余部分主要产自安大略湖附近的尼亚加拉地区。樱桃园种植密度高，砧木通常为“马扎德”和“吉塞拉

6 号”，树体整形方式为中心主干形和纺锤形。在主产地西北产区，由于夏天长时间的干旱，果园需要灌溉(Ibuki, 2016，私信)。

葡萄牙甜樱桃种植面积约为 5 600～5 700 ha，年产量约为 10 000～11 000 t。种植者对甜樱桃集约化生产以及短低温品种十分感兴趣。主要的栽培品种有“伯莱特”“布鲁克斯”“萨米脱”“萨克”“斯吉纳”“甜心”“雷吉纳”和“艳阳”。采用的砧木主要是“SL 64”“阿达布兹”“CAB6P”“CAB11E”“考特”“麻姆 14 号”和“吉塞拉”系列。灌溉的甜樱桃果园大多位于科瓦达伊、雷森迪和波尔塔莱格里地区，老果园种植株行距为 2 m×4 m，树体多为开心形树冠，新建果园株行距为 1.5 m×3 m，树体为中心主干形(Santos, 2015，私信)。

历史上，欧洲有些国家甜樱桃产量较低，但已开始逐渐增加。例如，希腊有 10 000 ha 栽培面积，年产果实 44 000 t。马其顿中心和伊马希亚地区是希腊的主产区。主要的栽培品种有“费罗瓦”“雷吉纳”“拉宾斯”“格雷斯星”“斯吉纳”和“伯莱特”。砧木主要采用“麻姆 14 号”“吉塞拉 5 号”“吉塞拉 6 号”。灌溉果园树体整形为中心主干形树冠，株行距为 2 m×4 m，而采用开心形整形的树体株行距为 5 m×5 m(Sotiropoulos, 2013，私信)。

在塞尔维亚，“萨米脱”“科迪亚”“拉宾斯”和“雷吉纳”等主栽品种嫁接于“马扎德”砧木上。全国约有 4 500 ha 的商业果园，年生产约 28 000 t 果实，主要的产区位于贝尔格莱德和塞尔维亚西部地区。仅仅那些嫁接在“吉塞拉 5 号”上的樱桃果园需要灌溉(Radicevic, 2014，私信)。

匈牙利有 1 300 ha 的甜樱桃园，年生产约 5 000 t 果实，其中包括家庭果园。“德莫斯道夫”(即“Schneider's Späte Knorpelkische”)、“伯莱特”和“先锋”是最主要的品种，但是匈牙利育出的“卡特林”和“琳达”正逐步地代替这些品种。传统果园株行距为 5 m×7～8 m，整形方式为中心主干树形。灌溉的密植果园株行距为 2～3 m×4～5 m，采用不同的纺锤形树形。种植者对新的早熟品种来占领早期市场十分感兴趣。因此，匈牙利育成的品种“丽塔”“维拉”“卡门”“桑多”“安努斯”和“伯卢斯”的种植越来越广泛，它们主要嫁接在“马哈利”或者无性系砧木上。

波斯尼亚和黑塞哥维那大约有 2 700 ha 甜樱桃园，年生产 9 000～10 000 t 果实。“萨米脱”“雷吉纳”“拿破仑”“甜心”“西尔维亚”“拉宾斯”和“科迪亚”是主栽品种，砧木主要是“马哈利”“SL 64”和“吉塞拉 5 号”。灌溉的果园位于黑塞哥维那东部、乃诺塔瓦河谷、图兹拉地区波斯尼亚西北部和克拉伊纳地区的波斯尼亚东北部。甜樱桃株行距为 1.5～2 m×4～5 m，采用西班牙丛枝形整形方式和改良纺锤形(Djuric，2014，私信)。

比利时的甜樱桃产业很小，但处在不断上升阶段，808 ha 的栽培面积果实年产量为 6 000～8 000 t。主栽品种为“科迪亚”“雷吉纳”“拉宾斯”和“甜心”嫁接于矮化砧“吉塞拉 5 号”上；而老果园砧木通常为马扎德。生产区域位于林堡周边，许多果园需要灌溉，株行距为 2～3 m×4～5 m(Vercammen，2014，私信)。

在斯洛文尼亚，甜樱桃的商业生产很有限，大约仅有 150 ha 生产面积，年产果实约 2 700 t。然而，还有许多樱桃树种植于庭院和和牧场中。嫁接在“马扎德”砧木上的“伯莱特”“先锋”“佐治亚”“雷吉纳”等主栽品种主要在普利摩斯地区栽培。株行距为 2.5～5 m×5～7 m，树冠为改良纺锤形结构(Usenik，2014，私信；Fajt，2014，私信)。

捷克有 950 ha 的种植面积，年生产甜樱桃果实约 2 595 t。主要的栽培品种有“科迪亚”“雷吉纳”“伯莱特”和“山姆”等，它们以“考特”“吉塞拉 5 号”“P-HL-A”和“F 12/1”作为砧木。甜樱桃主要生产区域在赫拉德茨、波希米亚南部、奥洛穆克和波希米亚中部。樱桃树在老果园很少整形，在新建果园中整形成纺锤形。果园不用灌溉，嫁接在矮化砧上的树体株行距为 2～2.5 m×4～5 m，以生长旺盛的乔化砧为砧木的树体，株行距为 4～5 m×5～6 m(Paprstein 和 Sedlak，2014，私信)。

奥地利有 230 ha 灌溉的甜樱桃商业生产果园，每年生产大约 2 000 t，产区主要位于东部的上奥地利、布尔根兰和施泰尔马克(Spornberger，2014，私信)。收获期约 4～5 周，“伯莱特”“科迪亚”“雷吉纳”为主要的栽培品种，砧木主要为“吉塞拉 5 号”。

挪威年产甜樱桃果实约 600～700 t，生产面积约为 200 ha，近年产量还在不断增加。果实在当地销售，主要用于鲜食，不出口。最主要的品种是“拉宾斯”(44%)，其次是“先锋”“甜心”和一些晚熟品种，以及“乌斯特”和“伯莱特”，砧木主要是“吉塞拉 5 号”和“吉塞拉 6 号”。果园采用滴灌，主产区位于挪威西部于伦斯旺和莱达尔以及挪威东部的格瓦尔夫，树体为高纺锤形，株行距为 1～2 m×3.5～5 m。所有的果园有避雨棚，大棚生产面积正逐渐增加(Meland，2016，私信)。

拉脱维亚有约 245 ha 甜樱桃生产园，每年生产约 100 t 果实。主栽品种为“布里”“艾雅”和“爱布媞”，砧木为“马哈利”。果园甜樱桃株行距为 4 m×5 m，树形为中心主干形，不需要灌溉(Ruisa，2014，私信)。

1.3 世界酸樱桃生产

酸樱桃通常称为东欧水果，因为大多数重要的生产国家都位于世界上的这个区域。全世界的酸樱桃年产量约为 1 100 000 t。对酸樱桃生产有浓厚兴趣的国家主要在东欧，通常采用机器收获，年产量小幅增加（见表 1.2）。世界上最主要的酸樱桃生产国是土耳其，其次是俄罗斯、波兰、乌克兰、美国、塞尔维亚和匈牙利。专业的果品保鲜公司购买了绝大部分的产品。市场需求相对平稳，但是有些年份产量较高，酸樱桃的价格对于生产者来说非常低，有时比生产的成本还低。

表 1.2 主要国家的酸樱桃生产(1 000 t)

国家	年份				
	1980	1990	2000	2010	2013
土耳其	60	90	106	195	180
俄罗斯①	162②	221②	200	165	200
波兰	42	77	140	147	188
乌克兰	—	—	155	155	200
伊朗	9	19	49	103	106
美国	99	94	128	86	133
塞尔维亚与蒙特内哥罗③	58③	120③	59	66	98
匈牙利	37	61	49	52	53
罗马尼亚④	27	27	29	28	28
德国	142	118	36	18	13
捷克	—	—	10	5	5
丹麦	—	—	18	13	9
意大利	0	0	10	7	7
波斯尼亚和黑塞哥维那	—	—	1	3	3
白俄罗斯	—	—	16	51	15
加拿大	10	5	8	6	6
克罗地亚	—	—	7	7	10
挪威	—	—	—	—	0.3
拉脱维亚	—	—	0.5	0.05	0.07

资料来源：FAO，2015。
注：—表示无数据。
① 数据包括商业果园和后庭果园以及进口量。
② 包括苏联 1980 年和 1990 年的数据。
③ 包括南斯拉夫共和国 1980 年和 1990 年的数据。
④ 从甜樱桃数据估计的量。

酸樱桃的生产主要就是为了加工。除了罐装、瓶装或者加工成樱桃干外，保存和冷冻酸樱桃也可以作为商业加工食品利用，例如烘焙、奶制品和糖果产业。世界上主要的用于加工的酸樱桃品种包括塞尔维亚的地方品种“欧布辛斯卡”，德国的地方品种“肖特摩尔”和“艾斯美尔”，匈牙利育成的“富拓思”（即“Ungarische Traubige”，Balaton™）和“大努贝”（即 Danube™）以及古老的法国品种“蒙莫朗西”。

从 20 世纪 70 年代开始，机械在全世界被用于酸樱桃商业采收。虽然带来了如何保存机械采收果实品质的新挑战，但是那些振动机械显著地降低了收获成本。通过喷施植物生长调节剂（乙烯利）加速果实成熟，树体修剪和采收后的降温措施等技术同时开发出来，从而导致主要生产国不再采用手工采摘，果园专门设计成方便振动机械采收，酸樱桃品种嫁接到树势强的砧木上，实行宽行栽培，种植密度为 210～285 株/公顷。树体有时采用开放式树冠（开心形或者是树冠在树龄 6～8 年时移除中心主干的树形）以适应树干振动收获机械的使用。

20 世纪 90 年代，随着东欧剧变和私有制的推广，俄罗斯、乌克兰、白罗斯、摩尔达维亚、罗马尼亚和匈牙利等国家的种植者从以前的国有单位继承了酸樱桃果园。这些种植园很老，通常生产技术差，产量很低（2～4 t/ha）。这些国家产品的竞争力仅仅来源于可观的政府补贴。因此，只有当劳动力廉价且产量高于平均产量时，实现酸樱桃产业的显著发展才有可能。这种繁荣景象往往发生在传统上酸樱桃产量较高的地区，以及当新的私营企业创新和政府支持同时出现的地方（Szabó 等，2006）。

近些年，鲜食酸樱桃也有一定市场。酸樱桃以及酸樱桃和甜樱桃杂交种出现了甜度适中或者适合消费者酸甜适中口感的品种，消费者的需求在不断上升。消费者逐渐意识到樱桃的健康益处，其富含维生素 C、抗氧化和多酚类物质。用于鲜食消费以及人工采摘的酸樱桃通常栽植密度很高（600～1 000 株/公顷）。品种嫁接在生长势气强、中等或者半矮化的砧木上，最终树体的最大高度为 2.5～3 m，树冠纺锤形，带果柄采收。在土耳其和匈牙利，鲜食酸樱桃种植面积约占总生产面积的 30%，罗马尼亚为 10%，塞尔维亚和波兰各为 5%，德国和美国的鲜食酸樱桃生产量很小。在白俄罗斯，70%的酸樱桃用于鲜食，30%用于加工。目前，匈牙利育成的品种“大努贝”和“富拓思”以及一些当地的栽培品种，全球都有种植，在世界鲜食酸樱桃市场有重要的地位。一些育种团队专注于培育新的鲜食酸樱桃品种（见第 5 章）。由于鲜食酸樱桃消费量增加，因此促进了酸樱桃产业快速发展。此外，各国在开发基于酸樱桃的新产品（如利口酒、樱桃酒、果汁和果干），增加酸樱桃的消费量。

土耳其酸樱桃生产世界领先，其产量约为 18 000 t，并且仅依赖一个晚熟品种“库塔雅”，该品种的产量占总产量的 90%。阿菲永是土耳其最主要的酸樱桃产区(Ercisli，2014，私信)。

在俄罗斯，全国大约有 1 500 ha 的酸樱桃商业果园，年生产约 23 000 t 果实。庭院式生产也是非常重要的一部分。每年从匈牙利、波兰、土耳其、美国、格鲁吉亚等国家进口(36 000～74 000 t)大量的酸樱桃以满足俄罗斯市场的巨大需求。俄罗斯酸樱桃的生产和加工逐渐增加。主要的品种是“朱可夫”“青年”“卢布斯卡”“土基维克”“俄新卡”和“梅诺莉”，砧木是“美罗斯基”“P-3”“P-7”和实生甜樱桃“弗拉基米尔”及“拉图尼”。在俄罗斯南部，“马哈利”实生砧木应用较多，也存在一些自根砧果园。最主要的栽培地区是伏尔加斯基的中部、黑钙带中部以及高加索南部中部。树体为中心主干形，株行距为 1～1.5 m×3～3.5 m。一些果园采用滴灌(Kulikov 和 Borisova，2015，私信)。

波兰的酸樱桃生产园约有 35 000 ha，总产量为 16 000～20 000 t，其中庭院种植占 43%。生产的果实绝大部分用于冷冻加工业，其次是果汁产业。主栽品种是“鲁特”(同“肖特摩尔”)，其次为“克勒斯 16”“富拓思”“第波特莫”等栽培品种。55%酸樱桃园采用的砧木为“马哈利”(品种为“帕斯特”和“流行”)，另外 45%的果园采用“马扎德”砧木(品种为“阿卡沃”)。酸樱桃主产区在波兰中部(Grójec 和 Radom)和东南部(Sandomierz、Ostrowiec Świętokrzyski、Ożarów Vistula 和 Lublin)。非灌溉果园的株行距为 2～2.5 m×4～4.5 m。在一些老果园中，种植者保留了树体的自然生长习性，新建果园树体整形为纺锤形。跨顶采收机械是在波兰开发出来的，这种机械适合较小的纺锤形树体以及高密度的种植。波兰大约 30%的酸樱桃果园需要灌溉(Glowacka，2014，私信；Rozpara，2015，私信)。

乌克兰大约 20 000 ha 商业酸樱桃果园年生产量为 155 000～200 000 t，并且还在缓慢增长。乌克兰本国的酸樱桃产量无法满足国内需求，因此，酸樱桃的进口量是本国生产量的 2.5 倍以上。加工是酸樱桃最重要的利用方式，但有些“公爵”樱桃品种用于鲜食。最主要的栽培品种是“富拓思”，其次是“肖特摩尔”“迪森纳”“思迪哈”“北极星”和“鲁尼亚”，砧木为“马哈利”“VSL-2”“吉塞拉 5 号”“考特”和“阿尔法”。大多数果园不需要灌溉，栽培区域为乌克兰的森林草原地区，主要分布在第聂伯罗彼得罗夫斯克、利沃夫、罗夫诺和波尔塔瓦地区。酸樱桃的株行距为 2.5 m×5～6 m，树冠为自然圆头形或者中心主干形。南方地区的酸樱桃园需要灌溉(Ivanovych 等，2015，私信)。

伊朗酸樱桃园有 17 911 ha，每年生产 94 837 t，且产量呈上升趋势。收获季节非常短，从 6 月中旬开始到 7 月上旬结束。主要栽培的是当地品种，其次是“蒙莫朗西”“大努贝”和“美吉”，砧木是“马哈利”和“马扎德”。伊朗酸樱桃的生产中心是伊斯法罕、厄尔布尔士、德黑兰、呼罗珊地区。树体株行距为 3～4 m×4～5 m，树冠为开心形并需要灌溉。伊朗烹饪的很多食品都需要用到酸樱桃，如果汁、果酱、浓缩汁、酸樱桃干等。

美国是北美最大的酸樱桃生产国家，11 000 ha 生产面积年产约 100 000 t 果实，99.9%用于加工，以冷冻的形式售卖，用于烘焙产业（馅饼、糕点），做成果酱和特色的产品，酸樱桃干或者用作果汁和浓缩汁。美国酸樱桃最主要的栽培品种是“蒙莫朗西”，砧木为“马哈利”。最主要的酸樱桃生产区是密歇根州（70%），其次是犹他州（15%）和华盛顿（10%）。树冠整形为中心主干形或者带大角度枝条的改良中心主干形。密歇根州的酸樱桃园不用灌溉，但是华盛顿和犹他州的果园需要灌溉。株行距通常为 4.3～4.8 m×6～7 m（USDA，2013）。高密度果园的跨顶机械采收研究（整形模式、砧木和品种）从 2008 年开始，并且正逐渐在密歇根州的商业化果园中慢慢地得到应用。

塞尔维亚酸樱桃的生产量逐渐上升，全国约 14 000 ha 生产面积年产约 100 000 t 果实。大部分的产品用于冷冻出口，其余用于其他的目的和鲜食。自根的“欧布辛斯卡”是当地最主要的品种，大约占总产量的 85%，其次是“美吉”和“富拓思”。果农对新品种“菲克”表现出很浓厚的兴趣。除了“欧布辛斯卡”，大多数的品种都以“马扎德”为砧木。在通常情况下，非灌溉的自根“欧布辛斯卡”树冠整形为开心形，而嫁接品种采用纺锤形树形。典型的酸樱桃果园株行距为 2～3 m×4～5 m，“欧布辛斯卡”种植面积相对较小，最主要的生产地区在塞尔维亚的东南部（Nis 周边）和伏伊伏丁那省（Radicevic，2014，私信）。

匈牙利有较长的酸樱桃种植和消费历史，商业生产量逐渐增加，目前全国面积 13 000～14 000 ha，年产 55 000～65 000 t。匈牙利有 1/3 的果园老旧，产量很低，需要更新。匈牙利产酸樱桃 70%用于工业加工，30%用于鲜食。主栽品种是晚熟的“富拓思”“第波特莫”“坎特诺斯”（三者占 59%）和“大努贝”（约占 24%），砧木都是“马哈利”。有些果园需要灌溉，特别是用于鲜食目的的高密酸樱桃园。典型的果园中株行距为 5 m×7～8 m，用于振动机械采摘，2.5～3 m×5～6 m 的株行距设计用于人工采摘。最重要的产区位于绍博尔奇城市的东北部，以及佩斯特地区（Anon，2003）。

在罗马尼亚，酸樱桃果园面积约为 4 700 ha，年产约 28 000 t 的果实，其中

90%用于加工罐头、果酱和果汁。"克日桑娜"(即"科罗萨")是最主要的品种,还有"蒙卡内斯蒂""肖特摩尔""娜娜""塔丽娜"和"艾娃"等品种。大约60%的果园采用酸樱桃为砧木,30%采用"马哈利"。最大的商业果园位于喀尔巴阡山脉的丘陵地区以及雅西的东北部地区。大部分果园不需要灌溉,树冠为中心主干形,种植密度为4 m×4 m或4 m×3 m(Budan, 2014,私信)。

近几十年,德国酸樱桃的生产量明显下降;然而,德国却是整个欧洲进口酸樱桃最多的国家,主要用来加工。用于鲜食的酸樱桃才刚刚开始栽培生产,采用高密度栽培,品种为"富拓思"。德国有2 291 ha的酸樱桃果园,每年生产20 000 t。主要品种为"肖特摩尔",其次是栽培面积有限的"克勒斯16""发纳""萨羽""富拓思"和"莫日娜"。砧木为甜樱桃"阿卡沃""F12/1"和"马哈利"。有些新建果园采用矮化砧木"吉塞拉5号"。最主要的生产地区是图林根州、萨克森羊毛和莱茵兰。非灌溉的果园株行距为3 m×4～4.5 m,树冠为中心主干形、纺锤形或者丛枝形(Schuster, 2014,私信)。

捷克的酸樱桃产业较小,并且有缓慢下降的趋势。目前栽培面积仅有1 647 ha,年产量约为4 300 t。主要的品种是"发纳""富拓思"和"肖特摩尔",用于冷冻果实、果汁和果酱的制作。最主要的产区是赫拉德茨、波希米亚南部和中部以及奥洛莫乌茨。自然灌溉果园的保持树冠自然生长,树体株行距为2～4 m×4～6 m(Paprstein和Sedlak, 2014,私信)。

西欧酸樱桃的生产十分有限。丹麦仅有1 329 ha,其中900 ha结果园,年产量为9 500 t。在2008—2012年之间,丹麦产量逐渐降低,但是2012—2013年又开始上升。其产量的80%出口到德国,95%用于制作果汁和果浆,少部分用于制作果酱、樱桃酒、利口酒、糖浆和干果。主栽品种是"史蒂芬巴尔"(约60%)以及"克勒斯"(约35%),砧木为"考特""马扎德"和"维如特10"。果园主要位于菲英岛以及西兰岛的南部和北部。中等密度和高密度的果园株行距为3.5～4 m×5～7 m,新建园多采用中心主干形,老果园多用多主干树冠。新建果园只在当年进行灌溉(Jensen等,2014,私信)。

意大利酸樱桃园有1 350 ha,年产量为7 000 t,在过去的十年内其产量比较稳定。酸樱桃大部分用于果酱和不同类型甜食的加工。砧木多为CAB 6P,大多数为开心形树冠,需要灌溉。主要的产地是普利亚区和皮埃蒙特区(Giovannini, 2014,私信)。

2012年,在波斯尼亚和黑塞哥维那,全国约2 000 ha的酸樱桃园年产量达到3 300 t。果实主要用于鲜食和家庭加工,小部分商用加工业。大部分的产量来自乡村的庭院生产，但是最主要的果园位于黑塞哥维那和波斯尼亚的东北部。老果园不需要灌溉，传统的品种“马拉斯卡”在黑塞哥维那种植最多，在其他地区，“欧布辛斯卡”是种植最多的品种。“马拉斯卡”和“欧布辛斯卡”均采用自根苗种植，树冠为开心形，新建果园主要采用西班牙丛枝形。新建的高密度果园需要灌溉，株行距为 3 m×4～5 m，主栽品种是匈牙利品种“富拓思”“坎特诺斯 3”“第波特莫”“早梅特”和“大努贝”，砧木为“马哈利”（Djuric，2014，私信）。

白俄罗斯的酸樱桃果园仅 120 ha，年产 720 t 果实，大多数用于鲜食消费。“海卫查”“华诺克”“诺瓦”和“哥特如斯”是最主要的品种，砧木为“马扎德”和“马哈利”，分别占 80%和 20%。树冠为改良中心主干形，株行距为 3 m×5 m，城市的南部和中部地区为气候最佳区，果园不需要灌溉（Valasevich，2014，私信）。

加拿大酸樱桃年产量仅仅 6 t，并且呈现出下降的趋势。生产主要集中于奥肯那根和克雷斯顿地区，但是新品种已经逐步地延伸到草原上，许多生长习性类似灌木的新品种具有适合采用机械采收的潜力。加拿大酸樱桃主栽品种是“蒙莫朗西”。干旱的地区需要进行灌溉栽培（Ibuki，2016，私信）。

克罗地亚酸樱桃有 2 700 ha 年产量为 10 000 t。最主要的栽培地区是亚得里亚海岸、扎达尔和奥米什间的内地，包括很多亚得里亚海群岛（地中海气候区），还有克罗地亚的东南部大陆区域（大陆性气候区）。亚得里亚海沿岸的主栽品种为“马拉卡”。该品种的起源不是很清楚，是酸樱桃品种“马拉斯卡”的变种，据说是古罗马时期从安纳托利亚或者里海带到亚得里亚海沿岸。该品种抗旱性强，对碱性土壤有很好的适应性，同时干物质含量、果胶和抗氧化物质含量高，因此是加工酒精或者非酒精饮料以及功能性食品的优质原料。亚得里亚海有独特的气候条件，“马拉卡”在该地区能生产高品质果实。其砧木为“马哈利”，果园无须人工灌溉。由于对“马拉卡”酸樱桃果实需求量很大，因此，克罗地亚的樱桃生产逐渐扩大，考虑到 1991—1995 年的战争，“马拉卡”在战争前的生产面积更大。另外一种酸樱桃品种“欧布辛斯卡”是克罗地亚内陆地区的主栽品种。该品种一个显著特点是自根生长，通常采用从根部产生的吸芽进行繁殖。“马拉卡”和“欧布辛斯卡”具有广泛的遗传多样性，它们的群体是进行选择基因变异单株的重要来源（Vokurka，2016，私信）。

挪威酸樱桃产量很小但产量稳定，全国 50 ha 栽培面积，年产 350 t，果实主要用于当地的鲜食。栽培品种“发纳”和“史蒂芬巴尔”多嫁接于“考特”和“马扎德”上。树冠为纺锤状金字塔形。生产主要集中在挪威东部，如格瓦尔夫、上埃伊克尔和斯韦尔维克。株行距为 3 m×5 m，实行滴灌（Meland，2016，私信）。

在拉脱维亚和立陶宛，酸樱桃产业很小，主要是几百公顷和单独种植的庭院种植樱桃树。立陶宛酸樱桃产量的20%和拉脱维亚的5%～10%用于鲜食消费，其余部分用于工业生产，例如果酱、果汁、酸奶和酒。在立陶宛，"泽马斯"是主栽品种(约90%)。在拉脱维亚，"土基维克""维特载德""扎戛"和"摩罗亚娜"是主栽品种，两个国家樱桃砧木均为实生"马哈利"。在立陶宛，组织培养繁殖的"泽马斯"也可以作为砧木加以利用(Ruisa, 2014，私信；Stanys, 2014，私信)。

参考文献

Alonso, J. S. (2011) Producción, comercialización, mercado y oportunidades de la cereza [Sweet cherry production, marketing, and market opportunities]. *Vida Rural* 12, 46 - 50.

Anon. (2003) Meggyültetvények főbb jellmezői [The most important characteristics of sour cherry orchards]. In: Gyümölcsültetvények Magyarországon [Orchards in Hungary], 2001, Vol. Ⅱ. KSH, Budapest, Hungary.

FAO (2015) Crops. Food and Agriculture Organization of the United Nations. Available at: http://faostat. fao. org/site/567/default. aspx — ancor (accessed 11 October 2015).

Iglesias, I., Peris, M., Ruiz, S., Rodrigo, J., Malagón, J., Garcia, F., Lopez, G., Bañuls, P., Manzano, M. A., Lopez-Corrales, M. and Rubio, J. A. (2016) Produzione, consumo e mercati della cerasicoltura spagnola. *Frutticoltura* 4, 2 - 8.

Moreno, M. (2002) Estado actual del cultivo del cerezo en Espana. Seminario 'Cultivo del cerezo en la zona norte de Chile'. Universidad Católica de Valparaiso, Quillota, Chile, 27 - 28 November 2002.

Sansavini, S. and Lugli, S. (2008) Sweet cherry breeding programs in Europe and Asia. *Acta Horticulturae* 795, 41 - 58.

Stehr, R. (2003) Süßkirschenanbau in Chile — ein Reisebericht [Sweet cherry growing in Chile — a study trip report]. *Mitteilungen OVR* 58, 130 - 134.

Szabó, Z., Szabó, T., Gonda, I., Soltész, M., Thurzó, S. and Nyéki, J. (2006) The current situation of sour cherry production and possibilities for development. *Hungarian Agricultural Research* 1, 11 - 34.

USDA (2013) Noncitrus Fruits and Nuts 2012: Preliminary Summary. US Department of Agriculture, National Agricultural Statistics Service. Available at: http://usda. mannlib. cornell. edu/usda/nass/NoncFruiNu//2010s/2013/ NoncFruiNu-01-25-2013. pdf (accessed 1 January 2017).

USDA-FAS (2016) Fresh Peaches and Cherries: World Markets and Trade. US Department of Agriculture, Foreign Agricultural Service. Available at: https://apps. fas. usda. gov/psdonline/circulars/StoneFruit. pdf (accessed 1 January 2017).

2 开花、坐果和果实发育

2.1 导语

樱桃是一种了解开花生物学如何影响果实产量的模式作物。一些樱桃品种从开花到果实成熟只需 8 周左右，虽然采前落果（6 月落果）会在某些年份明显影响负载量，树体负载量一般在花后约 4 周内就已经基本确定。授粉后 1 周即受精期，花是否继续发育就已经确定了（Hedhly 等，2007）。了解在短暂的开花期以及开花前花的发育阶段发生了什么，对于理解坐果至关重要。

樱桃种植向新的纬度区域的扩大常常导致产量不稳定。坐果的失败通常归因于环境因素。然而，因为很难确定具体的环境因素，通常很难确定产量不稳定背后的真正原因。对天气状况与苹果产量的综合研究表明，天气可以部分解释产量不稳定的原因；然而，令人惊讶的是，产量不稳定主要归因于存在于花本身中的未知原因（Jackson 和 Hamer，1980）。

在这一章中，我们将讨论樱桃的开花生物学和坐果，关注导致坐果失败的关键步骤。按时间顺序，我们首先讨论花发育与休眠的关系，接着讨论开花期、授粉到受精的过程，特别关注自交不亲和性。最后，我们将探讨坐果与果实发育，评估坐果失败背后的原因和决定果实发育的主要因素。

2.2 开花之前

与漫长的花发育期相比，樱桃的开花期是很短暂的。与其他温带果树一样，樱桃花芽的发育是一个漫长的过程，从前一年的仲夏到次年春天开花需要大约 8 个月的时间（Fadón 等，2015a）。这部分是由于在冬季当花进入休眠期时，花的发育停止了，只有在休眠后发育才能恢复。在这里，我们按照花芽分化过程探讨一些关于休眠的已知认识。

2.2.1 花芽分化

花分化发生在两个主要时期。花形成和原基发育发生在夏末和秋季，随后进入休眠，当春天气温再次回升时，后期花芽分化开始并最终完成。

花分化早期

甜樱桃的花芽主要生长在多年生(10～12 年)枝干的短枝上，尽管一些花，特别是酸樱桃和嫁接在早果性砧木上的甜樱桃上的花，也会在一年生枝条的侧芽或基部的位置(Flore 等，1996；Thompson，1996)。每个花芽被几个芽鳞片包裹，包含多达 7 朵花，但没有叶(Fadón 等，2015a)。成花诱导即源于茎尖外部的刺激物诱导花原基形成的过程(Hempel 等，2000)，从果实发育的中期第二阶段开始发生(Elfving 等，2003)到仲夏时枝条停长为止。成花诱导的时间取决于树的品种和生理状况，并受天气、果园条件和栽培技术的影响(Thompson，1996；Guimond 等，1998a，b；Engin，2008；Beppu 和 Kataoka，2011)，甚至可能因树上的枝条位置而异(Kozlowski 和 Pallardy，1997)。

成花诱导后，花芽含有几个花原基。花分化的早期阶段，即从成花诱导到休眠，已经在酸樱桃(Diaz 等，1981)和甜樱桃(Watanabe，1983；Guimond 等，1998a；Engin 和 Unal，2007)上用扫描电子显微镜进行了研究。花形成首先在茎尖变得明显。从营养期到生殖期的最初形态变化显示分生组织顶端呈圆顶形状，其随后形成花原基。花芽显示在 2～4 个小的侧生突起之间，代表着每朵花原基的原始苞片。萼片、花瓣、雄蕊和雌蕊原基随后以向心方式依次分化。最近，在 BBCH 量表中，详细描述了花的发育，这为物候比较研究提供了统一的标准化方法(Fadón 等，2015a)。在落叶之前，花序芽在叶轴上是明显的[见图 2.1(a)]。在芽内部，每个花原基呈圆顶状，5 个萼片原基呈五边形轮状[见图 2.1(b)]。在落叶开始时[见图 2.1(c)]，萼片原基几乎覆盖每一朵花[见图 2.1(d)]。在每一朵花原基内部，所有的轮都是可区分的。雄蕊表现为突出物，显示出花药的特征形状，但没有花丝，雌蕊表现为半圆形突出物，显示出初期缝合线。冬季期间，花芽保持闭合状态[见图 2.1(e)]，没有任何明显的变化[见图 2.1(f)]。

花芽发育晚期

延续 Fleckinger(1948)的经典工作，甜樱桃的生殖阶段传统上是以芽和花的外部物候期特征进行描述(Baggiolini，1952；Westwood，1993)。与其他李属植物一样，樱桃是落叶果树，且开花先于展叶(Fadón 等，2015a)。在 BBCH 量表调查花发育的研究中(Fadón 等，2015a)表明，满足需冷量后，随着冬末或春季温度的升高(见第8章)，花芽膨大并萌发[见图2.1(g)]，且花生长迅速恢复。在这一阶段，花完全是绿色的，只有花瓣稍显半透明。萼片和花瓣非常短，萼片覆盖花瓣。雄蕊很显眼，且花药显示出它们特有的椭圆形，其下花丝非常短。雌蕊位于花的中心，其长度相当于花的高度。雌蕊部分最初被区分为子房、花柱和柱头，柱头表面最先开始出现[见图2.1(h)]。后来，鳞片分开，浅绿色芽段肉眼可见[见图2.1(i)]。萼片包裹了整朵花。随着雌蕊显著伸长，花瓣变成浅白色，但最显著的变化是花药的颜色，其变成亮黄色，占据了花内部的大部分空间[见图2.1(j)]。在杏中，新形成的花粉是颜色变化的幕后推手，因为以前未分化组织的减数分裂和花粉形成发生在这一过渡时期的开始(Julian等，2014)。后来的研究证实了甜樱桃中也有类似情况，花药减数分裂发生在萌芽开始时(Fadón, 2015)。

当花芽开始萌发时(阶段54)，花被包裹在浅绿色的鳞片内[见图2.2(a)]。花药花丝仍然很短，柱头超过花药，与花瓣和萼片位于同样的高度[见图2.2(b)]。接下来的几天，单花芽在短枝上可见[见图2.2(c)]，绿色的鳞片微微张开(阶段55)。包裹花的萼片上出现红点。花托围绕子房发育成杯状，花萼、花冠和雄蕊被包裹其中。雄蕊花丝开始伸长，雌蕊继续生长，到达花的上部，甚至可以超过它。柱头表面明显，且柱头边缘开始向下弯曲[见图2.2(d)]。

当萼片打开时(阶段56～59)，花形成拉长的形状，在花托处变窄。白色花瓣突出在萼片上方，首先显示白色顶端，然后形成气球形状[见图2.2(e)]。萼片张开并垂直于花托。在花的内部，花药集中在花的上半部分，在不同的高度交错排列。花柱持续伸长超过花药，达到其最终长度。膨大的子房横向生长，完全被花托腔包裹[见图2.2(f)]。后来，萼片张开，花瓣顶端仍然关闭且完全可见[见图2.2(g)]。花瓣完全包裹了花。花丝明显伸长，达到其最终长度。花柱也达到其最终长度，柱头和花药处于相同高度[见图2.2(h)]。在球状阶段，萼片完全张开，花瓣完全伸展并变圆，但仍然闭合[见图2.2(i)]。最后，在开花时，花瓣完全张开[见图2.2(j)]，柱头有接受花粉的活性，花药开裂散出花粉。

花期取决于温度，盛花期通常发生在花芽萌发后3～6周。这些花是雌雄同株的，只有一个雌蕊和许多雄蕊，被5个白色花瓣和5个绿色萼片包裹着(Sterling, 1964)。开花时间不仅取决于品种，还取决于天气。在较温暖的地区，或者在冬季低温对于从内休眠向生态休眠的转变处于临界的温和冬季，早花和晚花品种的盛花期之间的时间间隔比在冬季低温充足的较寒冷的地区更长(Thompson, 1996; Guerra和Rodrigo, 2015)。在冬季低温充足的地方，温暖的春天天气减少了早花和晚花品种开花的时间间隔。

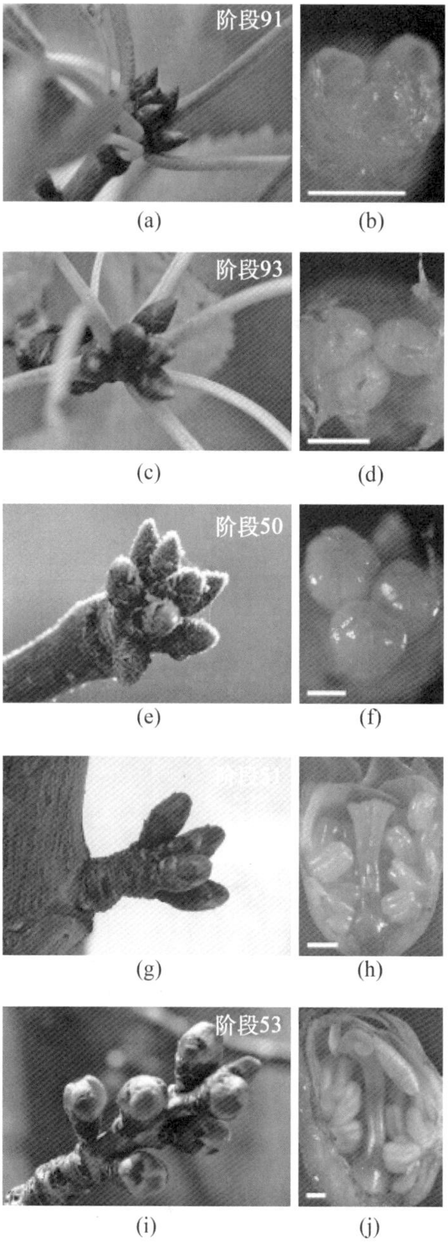

图 2.1　甜樱桃花发育阶段 9(衰老、休眠的开始)和阶段 5(生殖发育)(见彩图 1)

阶段 91：(a)花芽出现在叶轴，(b)花原基呈圆顶状，五个萼片原基呈五边形轮状；阶段 93：(c)开始落叶，(d)每个花原基几乎被萼片原基覆盖；阶段 50：(e)花芽在冬季保持闭合状态，(f)没有明显变化；阶段 51：(g)芽开始膨大和萌发，(h)开始能区分子房、花柱和柱头；阶段 53：(i)鳞片分离，浅绿色芽段变得可见，(j)花药变成亮黄色并占据花内的大部分空间。参照标准，0.2 mm(Fadón 等，2015a)。

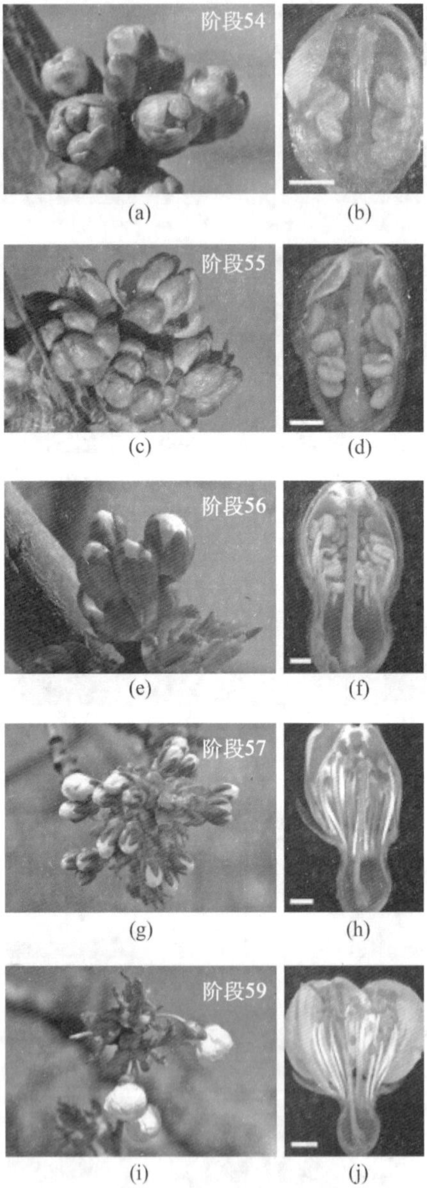

图 2.2　甜樱桃花发育阶段 5(花芽发育)(见彩图 2)

阶段 54：(a)花芽开始开放，花被包裹在浅绿色的鳞片内，(b)花药花丝短，柱头超过花药，与花瓣和萼片位于同一高度；阶段 55：(c)绿色鳞片微微张开，露出短花柄上可见的单花芽，(d)同时柱头表面变得可见，柱头边缘开始向下弯曲；阶段 56：(e)白色花瓣突出在萼片上方，(f)膨胀的子房横向放置，完全被花托腔包围；阶段 57：(g)萼片张开，花瓣顶端变得完全可见，(h)同时花柱达到其最终长度，柱头和花药处于相同高度；阶段 59：(i)在球状期，鳞片完全张开，尽管花仍然闭合，但是花瓣完全伸展呈圆形；(j)最后，在开花时，花瓣完全张开，柱头处于可授粉状态，花药开裂散出花粉。参照标准，1 mm(b、d、f)；2 mm(h、i)(Fadón 等，2015a)。

2.2.2 花芽休眠

在深秋，花芽停止发育，进入休眠阶段，称为内休眠，在此阶段，花芽适应低温生存。虽然内休眠是对外界温度的明显适应，但进入休眠状态的转变并不仅仅是由温度降低引发的。内休眠形成于低温出现前，然后逐渐加深（Rohde 和 Bhalerao，2007），直到芽的发育对促进生长的温度没有反应。虽然需要暴露在特定范围的低温下以缓解内休眠，但恢复生长发育能力的要求可能会因环境和基因型而异。此外，一旦满足了需冷量，并且内休眠转变为生态休眠（Lang，1987），萌芽就不是一种立即的反应。生态休眠需要一段温暖的温度来重新激活最终的原基发育、萌芽和开花。尽管休眠在樱桃生长过程中有着明确的生理阶段，而且许多樱桃品种的需冷量已知（见第 8 章），但是对樱桃休眠的了解仍不充分。接下来讨论对休眠的理解，阐明休眠的生理和遗传机制仍是一个热门的研究领域。

休眠期的花发育阶段

是否有一个特殊的发育阶段，在这个阶段花原基进入内休眠，或者是当某些环境条件触发这种反应时，无论在哪个阶段花芽都会进入休眠。关于这个问题最近已经得到了解决（Fadón，2015；Fadón 等，2017）。多年来，对不同的甜樱桃品种进行了比较研究，这些品种具有不同的需冷量和开花时间。结果一致显示，秋季和春季的早花和晚花发育因品种和年份而异。品种进入内休眠的时间不同，且向生态休眠的转变取决于需冷量。然而，在任何情况下，花芽进入内休眠并越冬都处在同一发育阶段。在落叶前，所有的花结构都是可见的（Fadón 等，2015a），且花芽内的花原基处于同一发育阶段，尽管它们的大小可能不同（Fadón，2015；Fadón 等，2017）。

内休眠建立的第一步是花芽停止生长，即使是在有利于生长的条件下。休眠期间，分生组织适应寒冷的气候，对生长信号没有反应（Cooke 等，2012）。花芽保持闭合状态，被深褐色鳞片覆盖[见图 2.1(e)]，包裹在萼片内的花原基停止生长，每个花原基完全被萼片覆盖[见图 2.1(f)]。花药呈现半透明的绿色，4 个小室明显不同，但花丝仍未发育。在雌蕊中，发育初期的子房、花柱和柱头明显可见。

花芽休眠的生理和遗传基础

尽管休眠对果实生产的影响早在 20 世纪初就已经为人所知，但诱导和缓解休眠的生理过程和环境因素还没有完全被解明（Campoy 等，2011；Luedeling，

2012)。隆冬期间，一些生理过程继续进行，如淀粉积累(Felker 等，1983；Fadón，2015)。因此，不同组织中休眠水平可用不同的生物指标标记(Lang，1994)，主要包括激素变化和细胞与器官分离。生长素、细胞分裂素和脱落酸与休眠的控制有关(Crabbe，1994；Vanstraelen 和 Benkova，2012)。赤霉素水平低与芽休眠开始时的生长停止有关(Olsen 等，1995；Eriksson 和 Moritz，2002)。在芽休眠期间，芽水分状态的变化已经被认为对抗冻性有影响，因为在休眠期间已经检测到脱水素含量的变化，脱水素是保护细胞免受细胞脱水的特异性蛋白质(Faust 等，1997；Arora 等，2003；Rinne 等，2011)。虽然这种激素调节背后的机制尚不清楚，但是这些变化可以调节细胞周期的特定组成部分，从而调节休眠的诱导和打破(Horvath 等，2003)。外部施用植物生长调节剂对不同品种和状况的影响可进一步表明激素对休眠控制的影响(见第 12 章)。

对参与调节多年生木本植物休眠的基因的研究涉及三种主要方法(Fadón 等，2015a)。一是寻找数量性状基因位点(QTL)(Bielenberg 等，2008；Castede 等，2014)(见第 3 章)。二是对一种常绿桃的研究，其中 6 个 *DAM* 基因显示了与季节性停止、芽形成和低温积累的相互作用(Li 等，2009；Jimenez 等，2010a，b)；有趣的是，这些基因也在其他果树中被鉴定出来(Esumi 等，2009；Sasaki 等，2011；Yamane 等，2011)。三是表明参与花发育的基因部分参与休眠的调控(Koorn-neef 等，1991；Bradley，1997；Bohlenius 等，2006；Mohamed 等，2010；Hsu 等，2011；Mimida 等，2011)。最近，甜樱桃中与需冷量和开花日期相关的 QTL 和候选基因已经被识别出来，这说明了这两个过程受到多基因控制(Castede 等，2014，2015)。

2.3 开花与授粉

2.3.1 从授粉到受精

植物从授粉到受精的生活习性在果树(Herrero，1992a)和开花植物(Herrero 和 Honnaza，1996；Herrero，2003)进化中十分保守。授粉后，花粉管在受精过程中穿过柱头和花柱，然后进入子房。

柱头与花柱

樱桃的柱头在开花后具有接受花粉的活性，并被一种明显的分泌物覆盖(Hedhly 等，2003)。花粉粒落在柱头上，受到柱头分泌黏液的刺激并萌发产生花粉管。在樱桃中，这一过程发生在授粉后的第一天内(Hedhly 等，2007)。花粉粒的活性部位通过形成延伸的细胞壁而产生花粉管。花粉核移动到花粉管的前部。这一过程促使花粉配子穿过花柱，然后进入子房；同时除了前端活性部位，花粉管的后部只留下一个空的细胞壁包裹的结构。

花粉管随后进入花柱。樱桃的花柱是实心的，有一个内部输导组织，花粉管在细胞之间生长(Hedhly 等，2007)。花粉管从花柱的输导组织的细胞中获取生长所需的碳水化合物；花柱的输导组织的细胞富含淀粉，随着花粉管的生长，淀粉会逐渐耗尽(Herrero 和 Dickinson，1979)。花柱中发生激烈的花粉管竞争，樱桃柱头上可能有 100 多粒花粉，通常只有 1～3 个花粉管到达子房(Hormaza 和 Herrero，1996a，1999)。到达子房的花粉管的数量也受到花柱结构的影响，尽管花柱外表呈圆柱形，但花柱内部的输导组织却呈漏斗形，随着花柱的向下移动，为生长中的花粉管留下更少的空间和更少的碳水化合物(Herrero，1992b)。在樱桃中，授粉后大约 3 天，成功的花粉管到达子房所在的花柱底部(Hedhly 等，2007)。

子房

樱桃与其他李属植物一样，子房包含两个胚珠，并且至少其中一个胚珠的受精是坐果所必需的。胚珠由许多连续套在一起的包裹物组成。因此，雌配子，即卵细胞，位于胚囊内，胚囊又位于珠心内。珠心被包裹在两个珠被内，构成了嵌套在子房内的胚珠。花粉管在遇到雌配子的过程中，必须穿过所有这些外壳。第一个是闭孔器，是子房胎座面向胚珠入口的突起。在桃中，到达闭孔器时，花粉管生长停止，仅在闭孔器进入分泌期 5 天后才恢复(Arbeloa 和 Herrero，1987)。花粉管然后面向胚珠，进入珠孔(由珠被闭合形成)，穿过珠心，通过助细胞到达胚囊，排出两个精细胞。一个精细胞与卵细胞融合，形成受精卵，发育成胚，而另一个精细胞与极核融合，发育成胚乳。在樱桃花中，一些花粉管被阻止，不能实现受精(Hedhly 等，2007)。在其他李属植物中，花粉管受阻与雌蕊的成熟(Herrero 和 Arbeloa，1989)，以及与在这些过程中分泌物的产生与否有关(Herrero，2000，2001)。所有这些步骤都说明了雌雄蕊同步作为成功交配的先决条件的重要性(Herrero，2003)。然而，在樱桃生产中成功受精之前，也可能会出现花粉与雌蕊不亲和的问题。

2.3.2 花粉-雌蕊不亲和性

甜樱桃的种植规模在 21 世纪初明显扩大，从传统的多品种的小果园变成品种较少的大面积种植园。这一改变造成因授粉受精不充分而导致的坐果问题突出(Faust 和 Suranyi，1997)。花粉亲和性研究表明甜樱桃和一些酸樱桃品种具有自交不亲和性(SI)，并且杂交不亲和性在甜樱桃中尤为普遍(Crane 和 Lawrence，1929；Crane 和 Brown，1937)。甜樱桃的杂交实验表明，自交不亲和性是由含多个等位基因的 *S* 基因位点决定的，这个遗传因素决定花粉管的生长(Crane 和 Lawrence，1929；Crane 和 Brown，1937)。关于樱桃的 SI 研究，以及在其他温带果树中的 SI 研究(Crane 和 Lawrence，1929)，为理解蔷薇科植物的 SI 奠定了基础。近年进行了许多研究，这些都有助于我们目前对樱桃 SI 的理解(Yamane 和 Tao，2009；Tao 和 Iezzoni，2010；Wu 等，2013)。

李属植物中的 SI，在甜樱桃和酸樱桃中被称为基于 *S-RNA* 酶的配子体 SI(Tao 和 Iezzoni，2010)。这种类型的 SI 由多等位基因 *S* 基因座遗传决定，该基因座编码一种在花柱中表达的核糖核酸酶(*S-RNA* 酶)(Boskovic 和 Tobutt，1996；Tao 等，1999；Yamane 等，2001)和一种花粉表达蛋白，其具有一个 F 盒结构域，称为 *S* 位点 F 盒蛋白(SFB)(Yamane 等，2003a；Ikeda 等，2004；Ushijima 等，2004)。*S-RNase* 和 *SFB* 基因的变体分别被称为 *S-RNase* 和 *SFB* 等位基因，而 *S* 基因座的变体(这两个紧密相连的基因一起)被称为 *S* 单体型(Tao 和 Iezzoni，2010)。在花粉管生长过程中，花柱和花粉 *S* 产物 *S-RNase* 和 *SFB* 以等位基因特异性的方式相互作用，导致 SI 反应。当花粉和花柱表达相同的等位基因时，花粉管的生长受到抑制。在甜樱桃中，只有当单倍体花粉表达的 *SFB* 等位基因不同于花柱(二倍体组织)中表达的两个 *S-RNase* 等位基因时，受精才会发生。此外，SI 反应的完全表达需要修饰基因(Tao 和 Iezzoni，2010)。目前研究者已经提出了几种模型解释这些因素是如何调节 SI 反应的(Yamane 和 Tao，2009；Tao 和 Iezzoni，2010；Matsumoto 等，2012；Wu 等，2013)。

SI 已经在许多植物家族中得到进化，以促进远缘杂交育种；然而，在樱桃生产中，这是一个不受欢迎的特性。SI 导致樱桃不可以自体受精，需要配置授粉树以确保结实。授粉树和栽培品种需要杂交亲和性，它们的开花期必须重叠，以确保花粉及时传递到柱头上。授粉树的使用加剧导致产量不稳定并更多依赖环境条件(Tehrani 和 Brown，1992)，生产成本增加并且经常需要使用植物生长调节剂来诱导花期相遇。为了避免使用授粉品种，自交亲和的品种通常是首选。因此，自交亲和性(SC)已经成为樱桃改良的主要目标之一(见第 3 章)。

甜樱桃的 *S* 基因型分型和不亲和性分组

甜樱桃中的 SI 阻止了自花受精，但也阻止了具有相同 *S* 基因型的品种间的异花授粉。果园管理和授粉树设计需要事先了解不同品种的遗传杂交亲和性及其相对开花时间，以确保坐果。因此，有必要了解每个品种的 *S* 基因型，以建立可混栽的亲和品种组合。具有相同 *S* 基因型的品种是杂交不亲和的，并被归入同一不亲和组(IG)。相反，具有不同 *S* 基因型的品种是杂交亲和的，因此被分配给不同的 IG。具有独特 *S* 基因型的品种，因与所有其他已知 *S* 基因型的品种亲和，被归类为 0 组，包括万能授粉品种。当具有相同 *S* 基因型的品种被鉴定出来时，以前归类为 0 组的品种就被分配给其他 IG。

最初，*S* 基因型分型和 IG 分配是通过控制授粉以记录坐果(Crane 和 Brown, 1937; Matthews 和 Dow, 1969)和观察花粉管生长来完成。这种方法的缺点是杂交依赖环境因素，并且仅限于开花期。另外，分子方法(DNA 测试)可以用于 *S* 基因型分型。*S* 基因型分型的第一批分子方法是基于 *S-RNase* (Boskovic 和 Tobutt, 1996; Tao 等,1999)。甜樱桃中的 *S-RNase* 等位基因最初是从等电聚焦分离并对核糖核酸酶活性进行染色的花柱蛋白质中检测出来的(Boskovic 和 Tobutt, 1996; Boskovic 等,1997)。甜樱桃 *S-RNase* 的克隆和序列特征为基于聚合酶链式反应(PCR)和限制性片段长度多态性(RFLP)的 *S* 等位基因分型方法的发展提供了基础。Tao 等(1999)在甜樱桃 *S-RNase* 序列的保守区域设计了一致的 PCR 引物。扩增片段跨越了甜樱桃 *S-RNase* 基因中的内含子(Tao 等,1999)。由于每个 *S-RNase* 基因都有两个长度不同的内含子，因此可以通过这种方法检测内含子大小多态性来区分 *S-RNase* 等位基因。随后，克隆了更多的甜樱桃 *S-RNases*，并开发了基于保守序列引物和/或等位基因特异性引物的其他 PCR 引物(Sonneveld 等,2001,2003; Wiersma 等,2001; Szikriszt 等,2013)。RFLP 图谱也用于 *S-RNase* 分型(Hauck 等,2001)。一种高通量方法，基于使用共有引物对 *S-RNase* 第一内含子进行 PCR 扩增，并用自动测序仪或遗传分析仪对片段进行分析(Sonneveld 等,2006)，这为 *S-RNase* 分型和大量*S* 单体型的鉴定提供了一种更快、更可靠的手段。

甜樱桃 *S* 位点花粉因子(*SFB*)的鉴定和特性分析(Yamane 等,2003b; Ikeda 等,2004)引发了使用该基因的其他分子 *S* 位点基因分型方法的发展。由于 *SFB* 也有一个内含子，在不同的等位基因中，内含子的大小不同，因此跨越该内含子的 PCR 引物被设计用来检测 *SFB* 内含子长度的变化(Vaughan 等, 2006)。由于 *SFB* 片段的长度变化很小，在该方法中，PCR 片段也使用遗传分析仪检测(Vaughan 等,2006)。*S* 基因座基因、*S-RNase* 和 *SFB* 基因分型的组合提供了一种更可靠的 *S* 基因型分型方法，并且有可能区分更多的 *S* 单体型(Vaughan 等,2006,2008)。此外，由于两个基因的 PCR 片段可以在基因分析仪中检测到，因此两个基因的 S 等位基因型可以同时进行。如今，这些 PCR 方法广泛用于 S 等位基因分型。Kitashiba 等(2008)还开发了利用 *SFB* 序列多态性进行 S 基因座基因分型的点印迹分析。到目前为止，在甜樱桃和酸樱桃中已经检测到 31 种 S 单体型。这些 S 单体型被编号为 S_1 至 S_{38}，其中一些(S_8、S_{11}、S_{15}、S_{23}、S_{24} 和 S_{25})与其他(分别为 S_3、S_5、S_7、S_{14}、S_{22} 和 S_{21})同义。由于各种研究的重叠、同义类型的识别和标签的澄清，最广泛使用的编号是 $S_1 \sim S_7$、S_9、S_{10}、$S_{12} \sim S_{14}$、$S_{16} \sim S_{22}$ 和 $S_{26} \sim S_{38}$。

Crane 和 Brown(1937)报道了 45 个甜樱桃品种杂交产生的 11 种 IG。这些随后随着另外两组的增加而增加，并定义了 13 种 IG(命名为Ⅰ～ⅩⅢ)(Matthews 和 Dow，1969；Tehrani 和 Brown，1992)。分子 S 基因座基因分型方法的使用使得这些 S 基因型得以确认，新老品种的快速 S 基因型分型，以及新 S 单体型和 IG 的鉴定。到 2004 年，Tobutt 等人(2004)汇编了不同甜樱桃研究的结果，并将 222 个 SI 和 25 个 SC 甜樱桃品种的 S 基因型归纳为 26 个 IG(Ⅰ～ⅩⅩⅥ)，其中 4 个品种包括在第 0 组中。在最新的 S 基因型结果汇总中，Schuster(2012)报道了 734 个甜樱桃品种的 S 基因型，其中 47 个 IG(Ⅰ～ⅩLⅦ)和 15 个独特的 S 基因型(第 0 组)。此外，44 个是 SC 品种(Schuster，2012)。表 2.1 显示了 141 个甜樱桃品种的 S 基因型和 IG。这张表包括最近育成的甜樱桃品种、仍然广泛种植的传统品种和一些相关的地方品种。此表中的信息可用于设计杂交和鉴定杂交亲和的品种。

甜樱桃的自交亲和性

在甜樱桃栽培中，通常优先选择 SC 栽培品种，以避免种植授粉品种，并且与 SI 栽培品种相比，SC 栽培品种具有更高的坐果率。目前已经培育了数十个 SC 甜樱桃品种，并描述了 SC 地方品种。两个 SC 突变甜樱桃优系(JI2420 和 JI2434)是从已经通过 X 射线诱变的“拿破仑”的花粉授粉给“法兰西皇帝”获得的(Lewis 和 Crowe，1954)。对这些材料的遗传研究表明，这两种材料都是花粉突变体(SI 期间的非功能性花粉)。在 JI2420 中，SC 与 S 单体型 S_4(名为 $S_{4'}$)相关联。在 JI2434 中，SC 与 S_3($S_{3'}$)相关联(Boskovic 等，2000)。对这两个材料的 S 基因座基因的分子研究得出结论，JI2420 有一个缺失，导致 SFB_4 基因的移码突变(Ushijima 等，2004；Sonneveld 等，2005)，JI2434 呈现出 SFB_3 基因的完全缺失(Sonneveld 等，2005)。从这两个 SC 材料中，已经培育出许多甜樱桃品种。第一个商用自交亲和性甜樱桃品种“斯特拉”(Lapins，1975)的亲本是“兰伯特”和 JI2420。随后，“斯特拉”及其一些自交亲和后代，如“甜心”和“艳阳”，被用作许多甜樱桃育种计划中的亲本（见表2.1）（Schuster，2012）。同样，JI2434也被用于育种，是其他自交亲和品种，如“阿克塞尔”的祖先（Schuster，2012）。

表2.1　部分甜樱桃品种的不亲和性分组

IG	S基因型	品　种
Ⅰ	S_1S_2	“大紫”“加拿大巨人”“早河”“菲尔都司”“哈迪巨果”“萨米脱”
Ⅱ	S_1S_3	“黑星”“克里斯塔丽娜”“短枝早生凡”“巨果”“拉拉星”“巨果”“雷吉纳”“桑巴”“萨町”（“苏美乐”）、“松内”“苏波拉”“先锋”“维拉”“温莎”
Ⅲ	S_3S_4	“贝尔格”“宾库”“兰伯特”“拿破仑”“萨默塞特”“繁星”“乌斯特”
Ⅳ	S_2S_3	“宁巴”“科勒斯”“苏俄”“威格”
Ⅵ	S_3S_6	“安布内尔斯”“阿尼塔”“巴打索尼”“费尔缇”“科迪亚”“皮科黑”“佐藤锦”“星金”“泰克洛凡”“杜罗妮”“菲尔瓦”“费尔塔德”
Ⅶ	S_3S_5	“海德尔芬格”
Ⅸ	S_1S_4	“黑巨人”“加纳”“哈德逊”“皇帝”“雷尼”“萨摩”“西尔维亚”“黑色共和国”
Ⅹ	S_6S_9	“佛菲”“奥利弗”
ⅩⅢ	S_2S_4	“科伦”“迪空”“帕特西亚”“佩吉河”“罗屯”“山姆”“施密特”“维克”
ⅩⅣ	S_1S_5	“阿玛”“安贝拉”“普罗旺斯”“塞内卡”“维莱雅”
ⅩⅤ	S_5S_6	“科尔尼”
ⅩⅥ	S_3S_9	“伯莱特”“舍蓝”“摩洛”“贝尔纳”“美早”
ⅩⅦ	S_4S_6	“拉日安”“莫顿荣耀”
ⅩⅧ	S_1S_9	“早比格”“布鲁克斯”“早红”（“早加纳”）、“早丽斯”（“利威德尔”）、“火箭”“马文”“早甜”
ⅩⅨ	S_3S_{13}	“勒韦雄”
ⅩⅩ	S_1S_6	“凡达”
ⅩⅪ	S_4S_9	“开司米”“老板”“莫佩特”
ⅩⅫ	S_3S_{12}	“紫拉特”“费罗瓦”“格默多夫”“美切德”“施耐德”
ⅩⅩⅣ	S_6S_{12}	“艾达”“火焰”
ⅩⅩⅤ	S_2S_6	“菲瑟”
ⅩⅩⅥ	S_5S_{13}	“菲尔波斯”“黑石”
ⅩⅩⅦ	S_4S_{12}	“马吉特”“卡维斯”
ⅩⅩⅧ	S_1S_{14}	“菲尔米纳”
ⅩLⅢ	S_2S_9	“菲尔总理”（“菲尔相”）

（续表）

IG	S基因型	品　种
SC[①]	$S_1S_{4'}$	“弗里斯科”“拉宾斯”“瑟莱斯特”（“萨姆帕卡”）、“桑提娜”“斯吉纳”“交响乐”“梦幻”
	$S_3S_{4'}$	“短枝斯特拉”“索引”“新星”“桑德拉玫瑰”“西拉”“索纳塔”“哈迪”“斯达克”“斯特拉”“美思”“艳阳”“甜心”“特拉维”
	$S_3S_{3'}$	“阿克塞尔”
	S_3S_6	“克里斯托巴丽娜”“索特”
	$S_{4'}S_6$	“闪星”“黑金”
	$S_{4'}S_9$	“早星”“太平洋红”“桑多尔”“格雷斯星”“冰川”“哥伦比亚”（“奔腾”）
	$S_{5'}S_6$	“罗尼奥”
0	S_5S_{22}	“丽塔”

资料来源：Schuster，2012；Cachi 等，2015。
注：① 所有的 SC 品种也是万能授粉品种。

在地方品种中也发现了 SC 的自发突变。这些是来自西班牙的“克里斯托巴丽娜”或“艾米”（Herrero，1964；Wunsch 和 Hormaza，2004；Cachi 和 Wunsch，2014）和来自意大利的“罗尼奥”（Calabrese 等，1984；Marchese 等，2007）。这些品种是自交亲和育种的替代来源。为了了解它们的自交亲和性，这些品种已经用基因和分子方法进行了研究。在所有情况下，SC 都是由于 SI 反应期间花粉的非功能性自我识别（Wunsch 和 Hormaza，2004；Marchese 等，2007；Cachi 和 Wunsch，2014）。在“罗尼奥”中，SC 是由于花粉 SFB_5 基因的缺失而产生截短的蛋白质（Marchese 等，2007）。在“克里斯托巴丽娜”和“艾米”中，SC 似乎是由同一突变引起的（Cachi 和 Wunsch，2014）；然而，在这种情况下，SC 与 S 基因座无关（Wunsch 和 Hormaza，2004；Wunsch 等，2010），这可能是由于修饰基因的突变。“克里斯托巴丽娜”中控制 SC 的一个主要位点被遗传定位到甜樱桃连锁群 3 的下部区域（Cachi 和 Wunsch，2011）。在同一染色体区域，负责杏树 SC 的修饰物也被定位出来（Zuriaga 等，2012，2013）。另外的研究表明，在自花授粉过程中，“克里斯托巴丽娜”中 SC 花粉的生长被延缓了（Cachi 等，2014）。当授粉树稀少时，这种 SC 栽培品种开花很早。因此，这种基因型的 SC 已被选择为一种存活性状。在没有亲和授粉树的情况下，这种基因型可以自花受精；然而，SC 花粉管的缓慢生长速率表明，当可获得亲和的异花花粉时，杂交亲和性处于优先地位（Cachi 等，2014）。

酸樱桃的自交(不)亲和性

酸樱桃是一个四倍体物种，配子体 SI 在这一物种中的作用与甜樱桃一致(Yamane 等，2001)。然而，尽管在甜樱桃中 SI 是最常见的，SC 基因型很少被发现，但是在酸樱桃中 SC 和 SI 单株都曾在自然界中被发现(Tsukamoto 等，2010)。与甜樱桃相比，酸樱桃栽培更需要 SC 栽培品种以避免授粉和坐果问题。因此，酸樱桃育种计划将 SC 作为一个主要目标(见第 5 章)。酸樱桃中 SC 的存在不是多倍体本身造成的，而是由于 *S-RNase*(花柱突变)或 *SFB*(花粉突变)基因中特定 *S* 位点突变的积累造成的(Hauck 等，2006；Tsukamoto 等，2010)。Hauck 等(2006)提出了一个解释四倍体酸樱桃 SC 的遗传模型。酸樱桃是四倍体，其花粉是两倍。"单等位基因匹配模型"(Hauck 等，2006)预测，如果两种 *S* 单体型中的一种或两种完全起作用，并发展成表达匹配的完全起作用的 *S* 单体型的花柱，花粉粒将是不亲和的。因此，当酸樱桃积累至少两种非功能性 *S* 单体型时，它就是自交亲和的(Tsukamoto 等，2008a，2010)。

表型分析与遗传和分子分析相结合，可以鉴定酸樱桃品种和选择的 *S* 基因型及 SI/SC 表型(Yamane 等，2001；Hauck 等，2006；Tsukamoto 等，2006，2008a，b，2010；Sebolt 等，2017)。已经检测到 12 种不同的 *S* 单体型，4 种(S_1、S_6、S_{13} 和 S_{36})呈现非功能性变异，在花柱或花粉中有突变(Sebolt 等，2017)。事实上，对于 S_{36}，仅检测到非功能性变体。正如 Hauck 等(2006)预测的那样，*S* 基因型中存在至少两种非功能性 *S* 单体型导致的 SC(Yamane 等，2001；Tsukamoto 等，2006，2008b，2010；Sebolt 等，2017)。因为酸樱桃中的 SI/SC 取决于每个基因型中存在的 *S* 单体型和非功能性变异体的存在，所以通过分子方法研究杂交亲和性或早期检测 SC 比在甜樱桃中更复杂(见第 3 章)。这个过程需要 *S* 基因型分型来鉴定 *S* 单体型，包括它是功能性单体型还是花粉或花柱非功能性变体(Tsukamoto 等，2008a，b；Sebolt 等，2017)。

2.4 从花到果实

一旦受精完成，果实发育就会开始。然而，坐果并不总是如预期的那样出现，许多因素会影响坐果。

2.4.1 影响坐果的因素

在花的整个生命周期中，花生物学的变化可能会导致坐果的失败。这些可能发生在花发育期间或开花时。

花发育期间

目前人们对提前和延长甜樱桃收获和销售季节的需求已经导致樱桃种植超出了传统的生产区域。因为樱桃产量直接受花芽发育的影响，而对环境要求严苛的花芽发育往往造成新的种植区域栽培环境不够理想。在温暖的气候或异常炎热的夏天，花芽分化开始时的高温可能会导致各种花发育异常。双雌蕊的形成导致产生没有市场价值的双子果（见第 8 章），这种现象与炎热夏季有关，并在多个品种和地区得到证实（Tucker，1934，1935；Southwick 等，1991；Beppu 和 Kataoka，2000；Engin，2008；Roversi 等，2008；Beppu 和 Kataoka，2011）。双雌蕊的出现也可能受到花芽在树冠内位置的影响，在那些更容易受到太阳辐射的地方发生更为频繁。双雌蕊出现的频率也取决于基因型，"宾库"和"拿破仑"特别容易出现双雌蕊（Thompson，1996）。与前一个夏季炎热天气有关的其他花发育异常还包括在花药的雄蕊花丝末端产生雌蕊状和花瓣状附属物（Philp，1933；Thompson，1996），或在不同花器官上呈现叶状发育（Engin 和 Gokbayrak，2010）。

栽培技术也会影响早期的花芽分化。生长季节的初夏修剪可以促进花芽的发生（Guimond 等，1998a）并会增加新梢基部花芽的形成，这可能是由于碳水化合物从枝条伸长生长转向生殖分生组织发育的重新分配造成的（Guimond 等，1998b）。

类似于其他温带李属植物，为实现花芽发育和正常开花，在内休眠期间，樱桃不同品种需要的低温量不同。需冷量也因评估品种所处环境而异（Viti 等，2010；Campoy 等，2012）。这对于确定一个品种是否适合某一特定地区是至关重要的（见第 8 章），也是物种和品种向更温暖纬度扩展的主要障碍之一（Atkinson 等，2013）。一方面，冬季温和地区的低温不足可能导致花芽脱落、花朵畸形和/或坐果率低（Weinberger，1975；Thompson，1996；Campoy 等，2011；Luedeling，2012；Fadón 等，2015b；Guerra 和 Rodrigo，2015）。另一方面，过早地满足需冷量会导致早开花，增加春季霜冻和产量损失的风险（Rodrigo，2000）。

导致花芽死亡的低温胁迫是某些地区甜樱桃栽培的最重要限制因素（见第 8 章）。在芽适应环境之前，冻害可能会发生在秋季和冬季休眠期间，或在需冷量满足后的冬季末期，尤其是在芽膨胀和开花时的去驯化期间（Thompson，1996；Rodrigo，2000）。然而，开花前和开花期间的高温也会影响坐果。在杏树中，开花前的温暖温度不仅导致早花，而且坐果率也会大大降低，并与雌蕊较小相关联，这表明花是早熟的，且雌蕊未发育完全(Rodrigo 和 Herrero，2002)。

开花期

一些花变成了果实，但是许多却没有进一步发育进而脱落。从花生物学的角度来看，这些异常可能发生在花粉管必须成功穿过的雌蕊的三个部位：柱头、花柱和子房。

一个好的果园设计，应有足够的授粉树和授粉昆虫，从而促进亲和的花粉充分转移到柱头上。令人惊讶的是，在新的樱桃栽培地区，尽管知道在其他区域花期是相遇的，但由于与选定的优良授粉品种的花期不匹配，往往会出现坐果不太理想的情况。这与我们对栽培品种的内休眠和生态休眠对低温和暖温需求的了解不多有关，因为目前是根据经验预测开花时间。一种情况如上所述，目前正在研究生物学指标，以便更好地理解休眠(Julian 等，2011，2014；Fadón，2015；Fadón 等，2015b)及其遗传控制(Jimenez 等，2010a，b；Yamane 等，2011；Leida 等，2012；Castède 等，2014)。另一种情况同样源于对休眠缺乏了解，比如不同品种对打破休眠处理的反应不同(Rodrigo 等，2017)，从而造成品种在其授粉树之前开花，导致花期不遇和授粉失败。在这些情况下，SC 栽培品种的使用将可以解决这个问题。

柱头的可授性时间缩短影响有效授粉期(Sanzol 和 Herrero，2001)。由于樱桃柱头特别容易受到过于温暖的温度影响，其导致柱头可授性时间缩短(Hedhly 等，2003)。尽管柱头可授性在 10℃下持续 5 天，但在 20℃下会降低到 2 天，在 30℃下会降低到 1 天。因此，开花期间出现一段时间高温，会极大地缩短成功授粉的时间窗口。

一旦花粉在柱头上萌发，花粉管就会进入花柱，由于花粉与雌蕊不亲和而导致花粉管竞争和淘汰(de Nettancourt，2001)。然而，其他特征的花粉管选择也是可能的(Mulcahy，1979；Hormaza 和 Herrero，1992，1994)，或许可以用作育种工具(Hormaza 和 Herrero，1996b)。甜樱桃(Hedhly 等，2004，2005)和酸樱桃(Cerovic 和 Ruzic，1992a)花粉管的生长都对温度反应最敏感和最易受影响，遗传差异可能反映了一些品种对某些纬度的适应(Hedhly 等，2004)。母本基因型也会影响花粉与雌蕊的相互作用(Hormaza 和 Herrero，1999)，因此对于花粉表现来说可能会有更好的授粉品种或花柱亲本(Hedhly 等，2005)。

子房在坐果中起着关键作用。然而，同对花粉-花柱相互作用认识相比研究并不深入。开花时退化胚珠的出现是甜樱桃和酸樱桃的共同特征(Eaton，1959；Furukawa 和 Bukovac，1989；Thompson，1996；Cerovic 和 Micic，1999；

Mert 和 Soylu，2007)，胚珠和胚囊寿命短可能会降低坐果率(Eaton，1959)，尤其是在当授粉滞后时(Stosser 和 Anvari，1982)。温度可能在其中起主要作用，授粉至受精阶段温度的轻微升高导致坐果率的明显下降，这与两个胚珠退化的花比例较高有关(Hedhly 等，2007)。事实上，不同物种中胚珠对升高的温度来说都是非常脆弱的(Williams，1970；Stosser 和 Anvari，1982；Postweiler 等，1985；Cerovic 和 Ruzic，1992b；Hedhly 等，2009；Hedhly，2011)。

花中积累的碳水化合物也会影响花的质量。杏花中淀粉含量与两个胚珠的败育与否有关，一个胚珠变成种子，另一个胚珠退化(Rodrigo 和 Herrero，1998)。这就提出了一个问题，即所有的花在开放时是否都含有相同的淀粉含量。虽然樱桃中没有发现这一点，但是在杏花开放时可以观察到淀粉含量的巨大变化，一些花的淀粉含量是其他花的 10 倍(Rodrigo 等，2000)。此外，在鳄梨中，淀粉含量与花坐果的能力相关(Alcaraz 等，2013)。对杏树和樱桃的研究正在进行中，以确定这种淀粉何时积累(Fadón 等，2017)。所有这些发现都表明需要进一步了解从花分化开始到次年春天开花所经历的情况，以及多种变量如何影响随后的坐果(Julian 等，2010)。这方面的工作将会进一步促进我们对樱桃坐果的理解。如果实现了优良的坐果，优质高产的下一个目标就是果实大小，它取决于果实的发育。

2.4.2 果实发育

一旦坐果发生，子房就开始发育成果实。在樱桃中，果实大小是一个特别重要的经济性状，人们一直致力于了解果实形成所涉及的发育事件和果实发育的遗传控制。

果实形成与发育

受精后，果实生长迅速，开花后 1 周，一些雌蕊开始衰老和枯萎，而另一些则变得更绿，开始发育成果实(Hedhly 等，2007)。与其他李属植物一样，樱桃果实的生长遵循双 S 曲线(Coombe，1976)，分为三个阶段。第一阶段的特点是果实快速增长。在第二阶段，随着内果皮变硬和胚胎发育，果实生长进入滞后阶段。最后，果实生长在第三阶段再次呈指数增长，并以果实成熟和收获结束。最终的果实大小取决于细胞数量和细胞大小(Yamaguchi 等，2004)。细胞分裂主要发生在第一阶段的前期，细胞膨大主要归因于第三阶段的生长(Tukey 和 Young，1939；Olmstead 等，2007)。

因为果实大小对樱桃价值有明显的经济影响(Whiting 等，2005)。许多研究已经调查了影响果实大小的因素。在对果实大小不同的三个品种的评估中，发现导致其果实大小差异的主要因素是细胞数量而非细胞大小(Olmstead 等，2007)。此外，果实细胞数量没有受到环境的显著影响，这意味着细胞数量受到遗传控制，影响果实大小的栽培技术主要是通过细胞大小的不同来实现的(Olmstead 等，2007)。砧木、负载量和环境因素影响果实大小和品质(Whiting 和 Lang，2004；Whiting 和 Ophardt，2005；Lenahan 等，2006)。此外，Zhang 和 Whiting(2011)研究了一些外源处理方法用于改善果实品质。据报道，在第二阶段过渡到第三阶段期间，赤霉素的应用通过促进细胞膨大增加了果实的重量(Proebsting 等，1973；Facteau 等，1985；Lenahan 等，2006)，并且这已经成为许多甜樱桃生产企业的标准操作技术。

果实发育的遗传控制

旨在为育种目的而开展的对甜樱桃果实大小和重量的研究，已经开始揭示果实发育的遗传控制规律。甜樱桃的果实大小不仅因品种而异，还因树内环境条件而异。最近 de Franceschi 等(2013)使用候选基因的方法，确定了一个可能调节甜樱桃和酸樱桃的果实细胞数量的基因(*PavCNR*12)。该基因位于已鉴定出的控制实重量 QTL 的基因组区域(Zhang 等，2010；见第 3 章)，序列和遗传分析显示它与果实大小相关(de Franceschi 等，2013)。CNR 基因家族被选择用于研究樱桃和其他李属植物的果实大小。因为这个家族的基因控制着其他物种如番茄的果实细胞数量(Frary 等，2000)。在番茄中，*FW*2.2 基因调节心皮子房中的细胞增殖，因此果实大小由细胞数量的调节来决定(de Franceschi 等，2013)。这种番茄基因的作用模式与樱桃果实大小由细胞数量决定的假设一致(Olmstead 等，2007)。

2.5 展望

以上提到的所有因素都说明了从成花诱导到果实成熟这个过程的复杂性。开花是一个关键时期，在短暂的花期内充分授粉是至关重要的。樱桃 SI 的研究是一个极好的例子，说明基础科学如何产生明显的经济影响，现在这项技术可以快速确定任何新品种或后代的 *S* 等位基因基因型。此外，SC 及其简单的遗传特性使得这一特性能够迅速融入育种进程。开花的成功取决于花原基的发育。特别是随着樱桃种植扩大到更温暖的纬度，或者甚至在一些传统的种植区域其气候也可能会受到全球变暖的影响，休眠和需冷量对开花尤为重要。对休眠生物学基础的探索将为理解其遗传控制和准确计算需冷量提供基础。了解开花生物学，再加上樱桃的遗传变异，将为当前和未来的挑战提供新的答案。

参考文献

Alcaraz, M. L., Hormaza, J. I. and Rodrigo, J. (2013) Pistil starch reserves at anthesis correlate with final flower fate in avocado (*Persea americana*). *PLoS One* 8, e78467.

Arbeloa, A. and Herrero, M. (1987) The significance of the obturator in the control of pollen tube entry into the ovary in peach (*Prunus persica* L. Batsch). *Annals of Botany* 60, 681–685.

Arora, R., Rowland, L. J. and Tanino, K. (2003) Induction and release of bud dormancy in woody perennials: a science comes of age. *HortScience* 38, 911–921.

Atkinson, C. J., Brennan, R. M. and Jones, H. G. (2013) Declining chilling and its impact on temperate perennial crops. *Environmental and Experimental Botany* 91, 48–62.

Baggiolini, M. (1952) Les stades repérés des arbres fruitiers à noyau. *Revue Romande d'Agriculture de Viticulture et d'Arboriculture* 8, 3–4.

Beppu, K. and Kataoka, I. (2000) Artificial shading reduces the occurrence of double pistils in 'Satohnishiki' sweet cherry. *Scientia Horticulturae* 83, 241–247.

Beppu, K. and Kataoka, I. (2011) Studies on pistil doubling and fruit set of sweet cherry in warm climate. *Journal of the Japanese Society for Horticultural Science* 80, 1–13.

Bielenberg, D. G., Wang, Y. E., Li, Z., Zhebentyayeva, T., Fan, S., Reighard, G. L., Scorza, R. and Abbott, A. G. (2008) Sequencing and annotation of the evergrowing locus in peach [*Prunus persica* (L.) Batsch] reveals a cluster of six MADS-box transcription factors as candidate genes for regulation of terminal bud formation. *Tree Genetics and Genomes* 4, 495–507.

Böhlenius, H., Huang, T., Charbonnel-Campaa, L., Brunner, A. M., Jansson, S., Strauss, S. H. and Nilsson, O. (2006) CO/FT regulatory module controls timing of flowering and seasonal growth cessation in trees. *Science* 312, 1040–1043.

Boskovic, R. and Tobutt, K. R. (1996) Correlation of stylar ribonuclease zymograms with incompatibility alleles in sweet cherry. *Euphytica* 90, 245–250.

Boskovic, R., Russell, K. and Tobutt, K. R. (1997) Inheritance of stylar ribonucleases in cherry progenies, reassignment of incompatibility alleles to two incompatibility groups. *Euphytica* 95, 221–228.

Boskovic, R., Tobutt, K. R., Schmidt, H. and Sonneveld, T. (2000) Re-examination of (in)compatibility genotypes of two John Innes self-compatible sweet cherry selections. *Theoretical and Applied Genetics* 101, 234–240.

Bradley, D. (1997) Inflorescence commitment and architecture in *Arabidopsis*. *Science* 275, 80–83.

Cachi, A. M. and Wünsch, A. (2011) Characterization and mapping of non-*S* gametophytic self-compatibility in sweet cherry (*Prunus avium* L.). *Journal of Experimental Botany*

62,1847 - 1856.

Cachi, A. M. and Wünsch, A. (2014) Characterization of self-compatibility in sweet cherry varieties by crossing experiments and molecular genetic analysis. *Tree Genetics and Genomes* 10,1205 - 1212.

Cachi, A. M. , Hedhly, A. , Hormaza, J. I. and Wünsch, A. (2014) Pollen tube growth in the self-compatible sweet cherry genotype, 'Cristobalina', is slowed down after self-pollination. *Annals of Applied Biology* 164,73 - 84.

Cachi, A. M. , Wünsch, A. , Negueroles, J. and Rodrigo, J. (2015) Necesidades de polinización en variedades de cerezo. *Revista de Fruticultura* 39,2 - 6.

Calabrese, F. , Fenech, L. and Raimondo, A. (1984) Kronio: una cultivar di ciliegio molto precoce e autocompatibile. *Frutticoltura* 46,27 - 30.

Campoy, J. A. , Ruiz, D. and Egea, J. (2011) Dormancy in temperate fruit trees in a global warming context: a review. *Scientia Horticulturae* 130,357 - 372.

Campoy, J. A. , Ruiz, D. , Allderman, L. , Cook, N. and Egea, J. (2012) The fulfilment of chilling requirements and the adaptation of apricot (*Prunus armeniaca* L.) in warm winter climates: an approach in Murcia (Spain) and the Western Cape (South Africa). *European Journal of Agronomy* 37,43 - 55.

Castède, S. , Campoy, J. A. , Quero-García, J. , Le Dantec, L. , Lafargue, M. , Barreneche, T. , Wenden, B. and Dirlewanger, E. (2014) Genetic determinism of phenological traits highly affected by climate change in *Prunus avium*: flowering date dissected into chilling and heat requirements. *New Phytologist* 202,703 - 715.

Castède, S. , Campoy, J. A. , Le Dantec, L. , Quero-García, J. , Barreneche, T. , Wenden, B. and Dirlewanger, E. (2015) Mapping of candidate genes involved in bud dormancy and flowering time in sweet cherry (*Prunus avium*). *PLoS One* 10, e0143250.

Cerovic, R. and Micic, N. (1999) Functionality of embryo sacs as related to their viability and fertilization success in sour cherry. *Scientia Horticulturae* 79,227 - 235.

Cerovic, R. and Ruzic, D. (1992a) Pollen tube growth in sour cherry (*Prunus cerasus*) at different temperatures. *Journal of Horticultural Science* 67,333 - 340.

Cerovic, R. and Ruzic, D. (1992b) Senescence of ovules at different temperatures and their effect on the behaviour of pollen tubes in sour cherry. *Scientia Horticulturae* 51, 321 - 327.

Cooke, J. E. K. , Eriksson, M. E. and Junttila, O. (2012) The dynamic nature of bud dormancy in trees: environmental control and molecular mechanisms. *Plant, Cell and Environment* 35,1707 - 1728.

Coombe, B. G. (1976) The development of fleshy fruits. *Annual Review of Plant Physiology* 27,507 - 528.

Crabbé, J. (1994) Dormancy. In: Arntzen, C. (ed.) *Encyclopedia of Agricultural Science*. Academic Press, New York, pp. 597 - 611.

Crane, M. B. and Brown, W. G. (1937) Incompatibility and sterility in the sweet cherry,

Prunus avium L. *Journal of Pomology and Horticultural Science* 7,276 - 301.

Crane, M. B. and Lawrence, J. C. (1929) Genetical and cytological aspects of incompatibility and sterility in cultivated fruits. *Journal of Pomology and Horticultural Science* 7, 276 - 301.

de Franceschi, P., Stegmeir, T., Cabrera, A., van der Knaap, E., Rosyara, U. R., Sebolt, A. M., Dondini, L., Dirlewanger, E., Quero-García, J., Campoy, J. A. and Iezzoni, A. F. (2013) Cell number regulator genes in *Prunus* provide candidate genes for the control of fruit size in sweet and sour cherry. *Molecular Breeding* 32,311 - 326.

de Nettancourt, D. (2001) *Incompatibility and Incongruity in Wild and Cultivated Plants*, 2nd edn. Springer, Berlin, Germany.

Diaz, D. H., Rasmussen, H. P. and Dennis, F. G. (1981) Scanning electron-microscope examination of flower bud differentiation in sour cherry. *Journal of the American Society for Horticultural Science* 106,513 - 515.

Eaton, G. W. (1959) A study of the microgametophyte in *Prunus avium* and its relation to fruit setting. *Journal of Plant Science* 39,466 - 476.

Elfving, D. C., Lang, G. A. and Visser, D. B. (2003) Prohexadione-Ca and ethephon reduce shoot growth and increase flowering in young, vigorous sweet cherry trees. *HortScience* 38,293 - 298.

Engin, H. (2008) Scanning electron microscopy of floral initiation and developmental stages in sweet cherry (*Prunus avium* L.) under water deficits. *Bangladesh Journal of Botany* 37,15 - 19.

Engin, H. and Gokbayrak, Z. (2010) Phyllody (flower abnormality) in sweet cherry (*Prunus avium* L.). *Journal of Animal and Plant Sciences* 20,217 - 219.

Engin, H. and Unal, A. (2007) Examination of flower bud initiation and differentiation in sweet cherry and peach by scanning electron microscope. *Turkish Journal of Agriculture and Forestry* 31,373 - 379.

Eriksson, M. E. and Moritz, T. (2002) Daylength and spatial expression of a gibberellin 20-oxidase isolated from hybrid aspen (*Populus tremula* L. × *P. tremuloides* Michx.). *Planta* 214,920 - 930.

Esumi, T., Hagihara, C., Kitamura, Y., Yamane, H. and Tao, R. (2009) Identification of an FT ortholog in Japanese apricot (*Prunus mume* Sieb. et Zucc.). *Journal of Horticultural Science and Biotechnology* 84,149 - 154.

Facteau, T. J., Rowe, K. E., Chestnut, N. E. (1985) Firmness of sweet cherry following multiple applications of gibberellic acid. *Journal of the American Society for Horticultural Science* 110,775 - 777.

Fadón, E. (2015) Desarrollo floral y reposo en cerezo (*Prunus avium*). PhD thesis, University of Zaragoza, Zaragoza, Spain.

Fadón, E., Herrero, M. and Rodrigo, J. (2015a) Flower development in sweet cherry framed in the BBCH scale. *Scientia Horticulturae* 192,141 - 147.

Fadón, E., Herrero, M. and Rodrigo, J. (2015b) Flower bud dormancy in *Prunus* species. In: Anderson, J. V. (ed.) *Advances in Plant Dormancy*. Springer, Heidelberg, Germany, pp. 123 - 135.

Fadón, E., Herrero, M. and Rodrigo, J. (2017) Flower bud development and chilling requirements in sweet cherry cv 'Bing'. *Acta Horticulturae* (in press).

Faust, M. and Suranyi, D. (1997) Origin and dissemination of cherry. *Horticultural Reviews* 19, 263 - 317.

Faust, M., Erez, A., Rowland, L. J., Wang, S. Y. and Norman, H. A. (1997) Bud dormancy in perennial fruit trees: physiological basis for dormancy induction, maintenance and release. *HortScience* 32, 623 - 629.

Felker, F. C., Robitaille, H. A. and Hess, F. D. (1983) Morphological and ultrastructural development and starch accumulation during chilling of sour cherry flower buds. *American Journal of Botany* 70, 376 - 386.

Fleckinger, J. (1948) Les stades végétatifs des arbres fruitiers, en rapport avec les traitements. *Pomologie Française* Suppl, 81 - 93.

Flore, J. A., Kesner, C. D. and Webster, A. D. (1996) Tree canopy management and the orchard environment: principles and practices of pruning and training. In: Webster, A. D. and Looney, N. E. (eds) *Cherries: Crop Physiology, Production and Uses*. CAB International, Wallingford, UK, pp. 259 - 278.

Frary, A., Nesbitt, T. C., Grandillo, S., van der Knaap, E., Cong, B., Liu, J. P., Meller, J., Elbert, R., Alpert, K. B. and Tanksley, S. D. (2000) fw2. 2: a quantitative trait locus key to the evolution of tomato fruit size. *Science* 289, 85 - 88.

Furukawa, Y. and Bukovac, M. J. (1989) Embryo sac development in sour cherry during the pollination period as related to fruit set. *HortScience* 24, 1005 - 1008.

Guerra, M. E. and Rodrigo, J. (2015) Japanese plum pollination: a review. *Scientia Horticulturae* 197, 674 - 686.

Guimond, C. M., Andrews, P. K. and Lang, G. A. (1998a) Scanning electron microscopy of floral initiation in sweet cherry. *Journal of the American Society for Horticultural Science* 123, 509 - 512.

Guimond, C. M., Lang, G. A. and Andrews, P. K. (1998b) Timing and severity of summer pruning affects flower initiation and shoot regrowth in sweet cherry. *HortScience* 33, 647 - 649.

Hauck, N., Iezzoni, A. F., Yamane, H. and Tao, R. (2001) Revising the *S*-allele nomenclature in sweet cherry (*Prunus avium*) using RFLP probes. *Journal of the American Society for Horticultural Science* 126, 654 - 660.

Hauck, N. R., Yamane, H., Tao, R. and Iezzoni, A. F. (2006) Accumulation of non-functional S-haplotypes results in the breakdown of gametophytic self-incompatibility in tetraploid *Prunus*. *Genetics* 172, 1191 - 1198.

Hedhly, A. (2011) Flowering sensitivity to temperature fluctuation. *Environmental and*

Experimental Botany 74, 9 – 16.

Hedhly, A., Hormaza, J. I. and Herrero, M. (2003) The effect of temperature on stigmatic receptivity in sweet cherry (*Prunus avium* L.). *Plant, Cell and Environment* 26, 1673 – 1680.

Hedhly, A., Hormaza, J. I. and Herrero, M. (2004) Effect of temperature on pollen tube kinetics and dynamics in sweet cherry (*Prunus avium*, Rosaceae). *American Journal of Botany* 91, 558 – 564.

Hedhly, A., Hormaza, J. I. and Herrero, M. (2005) Influence of genotype-temperature interaction on pollen performance. *Journal of Evolutionary Biology* 18, 1494 – 1502.

Hedhly, A., Hormaza, J. I. and Herrero, M. (2007) Warm temperatures at bloom reduce fruit set in sweet cherry. *Journal of Applied Botany and Food Quality* 81, 158 – 164.

Hedhly, A., Hormaza, J. I. and Herrero, M. (2009) Global warming and sexual plant reproduction. *Trends in Plant Science* 14, 30 – 36.

Hempel, F. D., Welch, D. R. and Feldman, L. J. (2000) Floral induction and determination: where is flowering controlled? *Trends in Plant Science* 5, 17 – 21.

Herrero, J. (coord.) (1964) *Cartografía de las Variedades Frutales de Hueso y Pepita*. CSIC, Aula Dei, Zaragoza, Spain.

Herrero, M. (1992a) From pollination to fertilization in fruit trees. *Plant Growth Regulation* 11, 27 – 32.

Herrero, M. (1992b) Mechanisms in the pistil that regulate gametophyte population in peach (*Prunus persica*). In: Ottaviano, E., Mulcahy, D. L., Sari Gorla, M. and Mulcahy, G. B. (eds) *Angiosperm Pollen and Ovules*. Springer, Berlin, Germany, pp. 377 – 381.

Herrero, M. (2000) Changes in the ovary related to pollen tube guidance. *Annals of Botany* 85 (Suppl. A), 79 – 85.

Herrero, M. (2001) Ovary signals for directional pollen tube growth. *Sexual Plant Reproduction* 14, 3 – 7.

Herrero, M. (2003) Male-female synchrony and the regulation of mating in flowering plants. *Philosophical Transactions of the Royal Society of London Series B: Biological Sciences* 358, 1019 – 1024.

Herrero, M. and Arbeloa, A. (1989) Influence of the pistil on pollen tube kinetics in peach (*Prunus persica* L. Batsch). *American Journal of Botany* 176, 1441 – 1447.

Herrero, M. and Dickinson, H. G. (1979) Pollen-pistil incompatibility in *Petunia hybrida*: changes in the pistil following compatible and incompatible intraspecific crosses. *Journal of Cell Science* 36, 1 – 18.

Herrero, M. and Hormaza, J. I. (1996) Pistil strategies controlling pollen tube growth. *Sexual Plant Reproduction* 9, 343 – 347.

Hormaza, J. I. and Herrero, M. (1992) Pollen selection. *Theoretical and Applied Genetics* 83, 663 – 672.

Hormaza, J. I. and Herrero, M. (1994) Gametophytic competition and selection. In:

Williams, E. G. Knox, R. B. and Clarke, A. E. (eds) *Genetic Control of Self-incompatibility and Reproductive Development in Flowering Plants*. Kluwer Academic Press, Dordrecht, The Netherlands, pp. 372 - 400.

Hormaza, J. I. and Herrero, M. (1996a) Dynamics of pollen tube growth under different competition regimes. *Sexual Plant Reproduction* 9,153 - 160.

Hormaza, J. I. and Herrero, M. (1996b) Male gametophytic selection as a plant breeding tool. *Scientia Horticulturae* 65,321 - 333.

Hormaza, J. I. and Herrero, M. (1999) Pollen performance as affected by the pistilar genotype in sweet cherry (*Prunus avium* L.). *Protoplasma* 208,129 - 135.

Horvath, D. P., Anderson, J. V., Chao, W. S. and Foley, M. E. (2003) Knowing when to grow: signals regulating bud dormancy. *Trends in Plant Science* 8,534 - 540.

Hsu, C. Y., Adams, J. P., Kim, H., No, K., Ma, C., Strauss, S. H., Drnevich, J., Vandervelde, L., Ellis, J. D., Rice, B. M., Wickett, N., Gunter, L. E., Tuskan, G. A., Brunner, A. M., Page, G. P., Barakat, A., Carlson, J. E., DePamphilis, C. W., Luthe, D. S. and Yuceer, C. (2011) *FLOWERING LOCUS T* duplication coordinates reproductive and vegetative growth in perennial poplar. *Proceedings of the National Academy of Sciences USA* 108,10756 - 10761.

Ikeda, K., Igic, B., Ushijima, K., Yamane, H., Hauck, N. R., Nakano, R., Sassa, H., Iezzoni, A. F., Kohn, J. R. and Tao, R. (2004) Primary structural features of the S-haplotype-specific F-box protein, SFB, in *Prunus*. *Sexual Plant Reproduction* 16,235 - 243.

Jackson, J. E. and Hamer, D. J. C. (1980) The cause of year-to-year variation in the average yield of Cox's orange pippin apple in England. *Journal of Horticultural Science* 55, 149 - 156.

Jiménez, S., Li, Z. G., Reighard, G. L. and Bielenberg, D. G. (2010a) Identification of genes associated with growth cessation and bud dormancy entrance using a dormancy-incapable tree mutant. *BMC Plant Biology* 10,25.

Jiménez, S., Reighard, G. L. and Bielenberg, D. G. (2010b) Gene expression of *DAM*5 and *DAM*6 is suppressed by chilling temperatures and inversely correlated with bud break rate. *Plant Molecular Biology* 73,157 - 167.

Julian, C., Herrero, M. and Rodrigo, J. (2010) Flower bud differentiation and development in fruiting and non-fruiting shoots in relation to fruit set in apricot (*Prunus armeniaca* L.). *Trees* 24,833 - 841.

Julian, C., Rodrigo, J. and Herrero, M. (2011) Stamen development and winter dormancy in apricot (*Prunus armeniaca*). *Annals of Botany* 108,617 - 625.

Julian, C., Herrero, M. and Rodrigo, J. (2014) Anther meiosis time is related to winter cold temperatures in apricot (*Prunus armeniaca*). *Environmental and Experimental Botany* 100,20 - 25.

Kitashiba, H., Zhang, S. L., Wu, J., Shirasawa, K. and Nishio, T. (2008) *S* genotyping and *S* screening utilizing *SFB* gene polymorphism in Japanese plum and sweet cherry by dot-blot analysis. *Molecular Breeding* 21, 339 - 349.

Koornneef, M., Hanhart, C. J. and van der Veen, J. H. (1991) A genetic and physiological analysis of late flowering mutants in *Arabidopsis thaliana*. *Molecular and General Genetics* 229, 57 - 66.

Kozlowski, T. T. and Pallardy, S. G. (1997) *Physiology of Woody Plants*. Academic Press, San Diego, California. Lang, G. (1987) Dormancy a new universal terminology. *HortScience* 22, 817 - 820.

Lang, G. A. (1987) Dormancy a new universal terminology. *HortScience* 22, 817 - 820.

Lang, G. A. (1994) Dormancy — the missing links: molecular studies and integration of regulatory plant and environmental interactions. *HortScience* 29, 1255 - 1263.

Lapins, K. O. (1975) 'Compact Stella' cherry. *Fruit Varieties Journal* 29, 20.

Leida, C., Conesa, A., Llácer, G., Badenes, M. L. and Ríos, G. (2012) Histone modifications and expression of *DAM6* gene in peach are modulated during bud dormancy release in a cultivar dependent manner. *New Phytologist* 193, 67 - 80.

Lenahan, O. M., Whiting, M. D., Elfving, D. C. (2006) Gibberellic acid inhibits floral bud induction and improves 'Bing' sweet cherry fruit quality. *HortScience* 41, 654 - 659.

Lewis, D. and Crowe, L. K. (1954) Structure of the incompatibility gene. IV types of mutation in *Prunus avium* L. *Heredity* 8, 357 - 363.

Li, Z., Reighard, G. L., Abbott, A. G. and Bielenberg, D. G. (2009) Dormancy-associated MADS genes from the *EVG* locus of peach [*Prunus persica* (L.) Batsch] have distinct seasonal and photoperiodic expression patterns. *Journal of Experimental Botany* 60, 3521 - 3530.

Luedeling, E. (2012) Climate change impacts on winter chill for temperate fruit and nut production: a review. *Scientia Horticulturae* 144, 218 - 229.

Marchese, A., Boskovic, R. I., Caruso, T., Raimondo, A., Cutuli, M. and Tobutt, K. R. (2007) A new self-compatibility haplotype in the sweet cherry 'Kronio', S59, attributable to a pollen-part mutation in the *SFB* gene. *Journal of Experimental Botany* 58, 4347 - 4356.

Matsumoto, D., Yamane, H., Abe, K. and Tao, R. (2012) Identification of a Skp1-like protein interacting with SFB, the pollen *S* determinant of the gametophytic self-incompatibility in *Prunus*. *Plant Physiology* 159, 1252 - 1262.

Matthews, P. and Dow, K. P. (1969) Incompatibility groups: sweet cherry (*Prunus avium*). In: Knight, R. L. (ed.) *Abstract Bibliography of Fruit Breeding and Genetics to* 1965: *Prunus*. Commonwealth Agricultural Bureaux, Farnham Royal, pp. 540 - 544.

Mert, C. and Soylu, A. (2007) Possible cause of low fruit set in the sweet cherry cultivar 0900 Ziraat. *Canadian Journal of Plant Science* 87, 593 - 594.

Mimida, N., Ureshino, A., Tanaka, N., Shigeta, N., Sato, N., Moriya-Tanaka, Y., Iwanami, H., Honda, C., Suzuki, A., Komori, S. and Wada, M. (2011) Expression patterns of several floral genes during flower initiation in the apical buds of apple (*Malus* × *domestica* Borkh.) revealed by *in situ* hybridization. *Plant Cell Reports* 30, 1485 - 1492.

Mohamed, R., Wang, C. T., Ma, C., Shevchenko, O., Dye, S. J., Puzey, J. R., Etherington, E., Sheng, X. Y., Meilan, R., Strauss, S. H. and Brunner, A. M. (2010) *Populus CEN/TFL1* regulates first onset of flowering, axillary meristem identity and dormancy release in *Populus*. *Plant Journal* 62,674 - 688.

Mulcahy, D. L. (1979) The rise of angiosperms: a genecological factor. *Science* 206,20 - 23.

Olmstead, J. W., Iezzoni, A. F. and Whiting, M. D. (2007) Genotypic differences in sweet cherry fruit size are primarily a function of cell number. *Journal of the American Society for Horticultural Science* 132,697 - 703.

Olsen, J. E., Junttila, O. and Morizt, T. A. (1995) Localized decrease of GA in shoot tips of *Salix pentandra* seedling precedes cessation of shoot elongation under short photoperiod. *Physiologia Plantarum* 95,627 - 632.

Philp, G. L. (1933) Abnormality in sweet cherry blossoms and fruit. *Botanical Gazette* 94, 815 - 820.

Postweiler, K., Stosser, R. and Anvari, S. F. (1985) The effect of different temperatures on the viability of ovules in cherries. *Scientia Horticulturae* 25,235 - 239.

Proebsting, E. L., Carter, G. H. and Mills, H. H. (1973) Quality improvement in canned 'Rainier' cherries (*P. avium* L.) with gibberellic acid. *Journal of the American Society for Horticultural Science* 98,334 - 336.

Rinne, P. L. H., Welling, A., Vahala, J., Ripel, L., Ruonala, R., Kangasjarvi, J. and van der Schoot, C. (2011) Chilling of dormant buds hyperinduces *FLOWERING LOCUS T* and recruits GA-inducible 1, 3-β-glucanases to reopen signal conduits and release dormancy in *Populus*. *Plant Cell* 23,130 - 146.

Rodrigo, J. (2000) Spring frosts in deciduous fruit trees — morphological damage and flower hardiness. *Scientia Horticulturae* 85,155 - 173.

Rodrigo, J. and Herrero, M. (1998) Influence of intraovular reserves on ovule fate in apricot (*Prunus armeniaca* L.). *Sexual Plant Reproduction* 11,86 - 93.

Rodrigo, J. and Herrero, M. (2002) Effects of pre-blossom temperature on flower development and fruit set in apricot. *Scientia Horticulturae* 92,125 - 135.

Rodrigo, J., Hormaza, J. I. and Herrero, M. (2000) Ovary starch reserves and flower development in apricot (*Prunus armeniaca*). *Physiologia Plantarum* 108,35 - 41.

Rodrigo, J., Espada, J. L., Bernad, D., Martin, E. and Herrero, M. (2017) Influence of Syncron® and Nitroactive® on flowering and ripening time in two sweet cherry cultivars. *Acta Horticulturae* (in press).

Rohde, A. and Bhalerao, R. P. (2007) Plant dormancy in the perennial context. *Trends in Plant Science* 12,1360 - 1385.

Roversi, A., Monteforte, A. D. P. and Folini, L. (2008) Observations on the occurrence of sweet cherry doublefruits in Italy and Slovenia. *Acta Horticulturae* 795, 849 – 854.

Sanzol, J. and Herrero, M. (2001) The effective pollination period in fruit trees. *Scientia Horticulturae* 90, 1 – 17.

Sasaki, R., Yamane, H., Ooka, T., Jotatsu, H., Kitamura, Y., Akagi, T. and Tao, R. (2011) Functional and expressional analyses of *PmDAM* genes associated with endodormancy in Japanese apricot. *Plant Physiology* 157, 485 – 497.

Schuster, M. (2012) Incompatible (*S*-) genotypes of sweet cherry cultivars (*Prunus avium* L.). *Scientia Horticulturae* 148, 59 – 73.

Sebolt, A. M., Tsukamoto, T. and Iezzoni, A. F. (2017) *S*-Genotyping of cultivars and breeding selections of sour cherry (*Prunus cerasus* L.) in the Michigan State University sour cherry breeding program. *Acta Horticulturae* (in press).

Sonneveld, T., Robbins, T. P., Boskovic, R. and Tobutt, K. R. (2001) Cloning of six cherry self-incompatibility alleles and development of allele-specific PCR detection. *Theoretical and Applied Genetics* 102, 1046 – 1055.

Sonneveld, T., Tobutt, K. R. and Robbins, T. P. (2003) Allele-specific PCR detection of sweet cherry self-incompatibility (*S*) alleles S1 to S16 using consensus and allele-specific primers. *Theoretical and Applied Genetics* 107, 1059 – 1070.

Sonneveld, T., Tobutt, K. R., Vaughan, S. P. and Robbins, T. P. (2005) Loss of pollen-*S* function in two self-compatible selections of *Prunus avium* is associated with deletion/mutation of an *S* haplotype-specific F-box gene. *Plant Cell* 17, 37 – 51.

Sonneveld, T., Robbins, T. P. and Tobutt, K. R. (2006) Improved discrimination of self-incompatibility *S*-RNase alleles in cherry and high throughput genotyping by automated sizing intron PCR products. *Plant Breeding* 125, 305 – 307.

Southwick, S. M., Shackel, K. A., Yeager, J. T., Asai, W. K. and Katacich, M. (1991) Over-tree sprinkling reduces abnormal shapes in 'Bing' sweet cherries. *California Agriculture* 45, 24 – 26.

Sterling, C. (1964) Comparative morphology of the carpel in the Rosaceae. I. Prunoideae: *Prunus*. *American Journal of Botany* 51, 36 – 44.

Stösser, R. and Anvari, S. F. (1982) On the senescence of ovules in cherries. *Scientia Horticulturae* 16, 29 – 38.

Szikriszt, B., Doğan, A., Ercisli, S., Akcay, M. E., Hegedűs, A. and Hálasz, J. (2013) Molecular typing of the self-incompatibility locus of Turkish sweet cherry genotypes reflects phylogenetic relationships among cherries and other *Prunus*. *Tree Genetics and Genomes* 9, 155 – 165.

Tao, R. and Iezzoni, A. F. (2010) The *S*-RNase-based gametophytic self-incompatibility system in *Prunus* exhibits distinct genetic and molecular features. *Scientia Horticulturae* 124, 423 – 433.

Tao, R., Yamane, H., Sugiura, A., Murayama, H., Sassa, H. and Mori, H. (1999) Molecular typing of *S*-alleles through identification, characterization and cDNA cloning for S-RNases in sweet cherry. *Journal of the American Society for Horticultural Science* 124,224 - 233.

Tehrani, G. and Brown, S. (1992) Pollen-incompatibility and self-fertility in sweet cherry. *Plant Breeding Review* 9,367 - 388.

Thompson, M. (1996) Flowering, pollination and fruit set. In: Webster, A. D. and Looney, N. E. (eds) *Cherries: Crop Physiology, Production and Uses*. CAB International, Wallingford, UK.

Tobutt, K. R., Sonneveld, T., Bekefi, Z. and Boskovic, R. (2004) Cherry (in) compatibility genotypes — an updated cultivar table. *Acta Horticulturae* 663,667 - 672.

Tsukamoto, T., Hauck, N. R., Tao, R., Jiang, N. and Iezzoni, A. F. (2006) Molecular characterization of three non-functional S-haplotypes in sour cherry (*Prunus cerasus*). *Plant Molecular Biology* 62,371 - 383.

Tsukamoto, T., Potter, D., Tao, R., Vieira, C. P., Vieira, J. and Iezzoni, A. F. (2008a) Genetic and molecular characterization of three novel S-haplotypes in sour cherry (*Prunus cerasus* L.). *Journal of Experimental Botany* 59,3169 - 3185.

Tsukamoto, T., Tao, R. and Iezzoni, A. F. (2008b) PCR markers for mutated S-haplotypes enable discrimination between self-incompatible and self-compatible sour cherry selections. *Molecular Breeding* 21,67 - 80.

Tsukamoto, T., Hauck, N. R., Tao, R., Jiang, N. and Iezzoni, A. F. (2010) Molecular and genetic analysis of four non-functional S haplotype variants derived from a common ancestral S haplotype identified in sour cherry (*Prunus cerasus* L.). *Genetics* 184,411 - 427.

Tucker, L. R. (1934) Notes on sweet cherry doubling. *Proceedings of the American Society for Horticultural Science* 32,300 - 302.

Tucker, L. R. (1935) Additional notes on sweet cherry doubling. *Proceedings of the American Society for Horticultural Science* 33,237 - 239.

Tukey, H. B. and Young, J. O. (1939) Histological study of the developing fruit of the sour cherry. *Botanical Gazette* 100,723 - 749.

Ushijima, K., Yamane, H., Watari, A., Kakehi, E., Ikeda, K., Hauck, N. R., Iezzoni, A. F. and Tao, R. (2004) The S haplotype-specific F-box protein gene, *SFB*, is defective in self-compatible haplotypes of *Prunus avium* and *P. mume*. *Plant Journal* 39,573 - 586.

Vanstraelen, M. and Benkova, E. (2012) Hormonal interactions in the regulation of plant development. *Annual Review of Cell and Developmental Biology* 28,463 - 487.

Vaughan, S. P., Russell, K., Sargent, D. J. and Tobutt, K. R. (2006) Isolation of S-locus F-box alleles in *Prunus avium* and their application in a novel method to determine self-incompatibility genotype. *Theoretical and Applied Genetics* 112,856 - 866.

Vaughan, S. P., Boskovic, R., Gisbert-Climent, A., Russell, K. and Tobutt, K. R. (2008) Characterization of novel S-alleles from cherry (*Prunus avium* L.). *Tree Genetics and Genomes* 4,531 - 541.

Viti, R., Andreini, L., Ruiz, D., Egea, J., Bartolini, S., Iacona, C. and Campoy, J. A. (2010) Effect of climatic conditions on the overcoming of dormancy in apricot flower buds in two Mediterranean areas: Murcia (Spain) and Tuscany (Italy). *Scientia Horticulturae* 124, 217 - 224.

Watanabe, S. (1983) Scanning electron microscope observations of flower bud differentiation in sweet cherry (*Prunus avium*). *Journal of the Yamagata Agriculture and Forestry Society* 77, 15 - 18.

Weinberger, J. H. (1975) Plums. In: Janick, J. and Moore, J. N. (eds) *Advances in Fruit Breeding*. Purdue University Press, Lafayette, Indiana, pp. 336 - 347.

Westwood, M. N. (1993) *Temperate-zone Pomology: Physiology and Culture*. Timber Press, Portland, Oregon.

Whiting, M. D. and Lang, G. A. (2004) 'Bing' sweet cherry on the dwarfing rootstock 'Gisela 5': crop load affects fruit quality and vegetative growth but not net CO_2 exchange. *Journal of the American Society for Horticultural Science* 129, 407 - 415.

Whiting, M. D. and Ophardt, D. (2005) Comparing novel sweet cherry crop load management strategies. *HortScience* 40, 1271 - 1275.

Whiting, M. D., Lang, G. and Orphardt, D. (2005) Rootstock and training system affect cherry growth, yield, and fruit quality. *HortScience* 40, 582 - 586.

Wiersma, P. A., Wu, Z., Zhou, L., Hampson, C. and Kappel, F. (2001) Identification of new self-incompatibility alleles in sweet cherry (*Prunus avium* L.) and clarification of incompatibility groups by PCR and sequencing analysis. *Theoretical and Applied Genetics* 102, 700 - 708.

Williams, R. R. (1970) Factors affecting pollination in fruit trees. In: Luckwill, L. C. and Cutting, C. V. (eds) *Physiology of Tree Crops*. Academic Press, London, pp 193 - 207.

Wu, J., Chao, G., Awais Khan, M., Wu, J., Gao, Y., Wang, C., Schuyler, S. K. and Zhang, S. (2013) Molecular determinants and mechanisms of gametophytic self-incompatibility in fruit trees of Rosaceae. *Critical Reviews in Plant Sciences* 32, 53 - 68.

Wünsch, A. and Hormaza, J. I. (2004) Genetic and molecular analysis in Cristobalina sweet cherry, a spontaneous self-compatible mutant. *Sex Plant Reproduction* 17, 203 - 210.

Wünsch, A., Tao, R. and Hormaza, J. I. (2010) Self-compatibility in 'Cristobalina' sweet cherry is not associated with duplications or modified transcription levels of *S*-locus genes. *Plant Cell Reports* 29, 715 - 721.

Yamaguchi, M., Sato, I., Takase, K., Watanabe, A. and Ishiguro, M. (2004) Differences and yearly variation in number and size of mesocarp cells in sweet cherry (*Prunus avium* L.) cultivars and related species. *Journal of the Japanese Society for Horticultural Science* 73, 12 - 18.

Yamane, H. and Tao, R. (2009) Molecular basis of self-(in)compatibility and current status of *S*-genotyping in rosaceous fruit trees. *Journal of the Japanese Society for Horticultural Science* 78, 137 - 157.

Yamane, H., Tao, R., Sugiura, A., Hauck, N. R. and Iezzoni, A. F. (2001) Identification and characterization of *S*-RNases in tetraploid sour cherry (*Prunus cerasus*). *Journal of the American Society for Horticultural Science* 126, 661 - 667.

Yamane, H., Ikeda, K., Hauck, N. R., Iezzoni, A. F. and Tao, R. (2003a) Self-incompatibility (*S*) locus region of the mutated *S*-6-haplotype of sour cherry (*Prunus cerasus*) contains a functional pollen *S* allele and a non-functional pistil *S* allele. *Journal of Experimental Botany* 54, 2431 - 2437.

Yamane, H., Ikeda, K., Sassa, H. and Tao, R. (2003b) A pollen expressed gene for a novel protein with an F-box motif that is very tightly linked to a gene for *S*-RNase in two species of cherry, *Prunus cerasus* and *P. avium*. *Plant Cell Physiology* 44, 764 - 769.

Yamane, H., Ooka, T., Jotatsu, H., Hosaka, Y., Sasaki, R. and Tao, R. (2011) Expressional regulation of *PpDAM*5 and *PpDAM*6, peach (*Prunus persica*) dormancy-associated MADS-box genes, by low temperature and dormancy-breaking reagent treatment. *Journal of Experimental Botany* 62, 3481 - 3488.

Zhang, C. and Whiting, M. D. (2011) Improving 'Bing' sweet cherry fruit quality with plant growth regulators. *Scientia Horticulturae* 127, 341 - 346.

Zhang, G., Sebolt, A. M., Sooriyapathirana, S. S., Wang, D. C., Bink, M. C. A. M., Olmstead, J. W. and Iezzoni, A. F. (2010) Fruit size QTL analysis of an F1 population derived from a cross between a domesticated sweet cherry cultivar and a wild forest sweet cherry. *Tree Genetics and Genomes* 6, 25 - 36.

Zuriaga, E., Molina, L., Badenes, M. L. and Romero, C. (2012) Physical mapping of a pollen modifier locus controlling self-incompatibility in apricot and synteny analysis within the Rosaceae. *Plant Molecular Biology* 79, 229 - 242.

Zuriaga, E., Muñoz-Sanz, J. V., Molina, L., Gisbert, A. D., Badenes, M. L. and Romero, C. (2013) An *S*-locus independent pollen factor confers self-compatibility in 'Katy' apricot. *PLoS One* 8, e53947.

3 生物多样性、种质资源和育种方法

3.1 樱桃接穗和砧木的生物学分类

樱桃属于蔷薇科绣线菊亚科(Potter 等,2007)。在绣线菊亚科中,樱桃与其他核果类果树如桃/油桃[*Prunus perica* (L.) Batsch]、杏(*Prunus amygdalus* Batsch)、扁桃(*Prunus domestica* L.)、梅(*Prunus domestica* L.)和李(*Prunus salicina* Lindl)均属于李属。李属包含樱亚属(*Cerasus* Pers.)和稠李亚属[*Padus* (Moench) Koehne](见表 3.1)(Rehder, 1974)。樱亚属包括二倍体的甜

表 3.1 根据 Rehder(1974)和种类分布对李属樱桃植物进行系统分类

亚属 subgenus	组 sections	种 species	分布 distribution
樱亚属 *Cerasus* Pers.	矮生樱 *Microcerasus* Webb[①]	落基山樱 *P. besseyi* Bailey	加拿大,美国
		麦李 *P. glandulosa* Thunb.	中国,日本
		欧李 *P. humilis* Bge	中国北方
		柳树樱 *P. incana* (Pall.)	欧洲东北部,亚洲西部
		阿富汗樱桃 *P. jacquemontii* Hook.	喜马拉雅西北部
		郁李 *P. japonica* Thunb.	中国中部,东亚
		小果樱桃 *P. microcarpa* C. A. Mey	亚洲小范围
		山樱桃 *P. prostrata* Labill.	地中海,亚洲西部
		沙樱桃 *P. pumila* L.	美国
		毛樱桃 *P. tomentosa* Thunb.	中国北方和西部,日本南部,喜马拉雅
	直萼组 *Pseudocerasus* Koehne	福建山樱花 *P. campanulata* Maxim	中国台湾,日本南部
		冬樱花 *P. cerasoides* D. Don	喜马拉雅
		豆樱 *P. incisa* Thunb.	日本
		千岛樱 *P. kurilensis* (Miyabe) Wils.	日本

(续表)

亚属 subgenus	组 sections	种 species	分布 distribution
樱亚属 *Cerasus* Pers.	直萼组 *Pseudocerasus* Koehne	高岭樱 *P. nipponica* Matsum	日本
		大山樱 *P. sargentii* Rehd.	日本
		山樱花 *P. serrulata* Lindl. ②	中国,日本,韩国
		南殿樱 *P. sieboldii*(Carr.)	日本
		大叶早樱 *P. subhirtella* Miq.	日本
		东京樱花 *P. yedoensis* Matsum	日本
	裂瓣组 *Lobopatalum* Koehne	短萼樱 *P. cantabrigiensis* Stapf.	中国
		中国樱桃 *P. involucrata* Koehne	中国中部
		中国樱桃 *P. pseudocerasus* Lindl.	中国北部
		尾叶樱桃 *P. dielsiana*	中国
	反萼组 *Cerasus* Koehne	甜樱桃 *P. avium* L.	欧洲,西亚,高加索
		酸樱桃 *P. cerasus* L.	西亚,欧洲东南部
		草原樱桃 *P. fruticosa* Pall.	欧洲中部和东部,西伯利亚
		灰毛叶樱桃 *P. canescens* Bois③	中国中部和西部
	圆叶组 *Mahaleb* Focke	苦樱桃 *P. emarginata*(Hook.)Walp.	美国
		圆叶樱桃 *P. mahaleb* L.	欧洲,西亚
		美国酸樱桃 *P. pensylvanica* L.	加拿大,美国
		李叶樱 *P. prunifolia*(Greene)Shafer	加拿大,美国
	伞形组 *Phyllocerasus* Koehne	西南樱桃 *P. pilosiuscala* Koehne	中国中部和西部
	总状组 *Phyllomahaleb* Koehne	黑樱桃 *P. maximowiczii* Rupr.	中国,韩国,日本
		雕核樱桃 *P. pleiocerasus* Koehne	
		阿拉巴马黑樱桃 *P. alabamensis* Mohr.	美国
稠李亚属 *Padus* (Moench) Koehne		櫞木稠李 *P. buergeriana* Miq.	日本,韩国
		灰叶稠李 *P. grayana* Maxim.	日本,韩国
		斑叶稠李 *P. maackii* Rupr.	中国,韩国
		稠李 *P. padus* L.	欧洲,北亚,韩国,日本
		黑野樱 *P. serotina* Ehrh.	加拿大,美国
		日本鸟樱 *P. ssiori* F. Schmidt	亚洲东北部,日本
		黑樱 *P. virens*(Woot 和 Standl.)	美国
		美国稠李 *P. virginiana* L.	加拿大,美国

注:① 通过对 12 个叶绿体区间和 3 个核基因的系统发育分析,*Microcerasus* 最近被纳入了樱亚属。
② 青肤樱 *P. Lannesiana* 被列为砧木育种的品种,被认为是山樱花(*P. serrulata*)的亚种。
③ 根据育种实践,Schmidt(1973)将灰毛叶樱桃(*P. canescens*)划归于樱亚属。

樱桃($2n=2x=16$，*Prunus avium*)、四倍体的酸樱桃($2n=4x=32$，*Prunus cerasus*)以及草原樱桃(*Prunus fruticosa* Pall.)。根据育种实践和细胞遗传学研究结果，研究人员提出野生的二倍体灰毛叶樱桃(*Prunus canescens*)也应归属于樱亚属(Schmidt，1973；Schuster，2005)。同属于樱亚属中的圆叶樱桃(*Prunus mahaleb*)，是除了野生甜樱桃之外的重要樱桃砧木品种之一。属于稠李亚属的斑叶稠李(*Prunus maackii*)，由于其能与甜樱桃和酸樱桃杂交，多用于砧木育种。这两个亚属中的其他樱桃品种很少用于果实生产，其中包括源自中国的毛樱桃(*Prunus tomentosa*)、中国樱桃(*Prunus pseudocerasus*)和南美洲驯化的黑野樱(*Prunus serotina*)(Popenoe 等，1989)。此外，樱桃还有许多其他类型，尤其是属于樱花类的樱桃属植物，大多具有重要的观赏价值。

3.2 起源与驯化

通常认为欧洲是甜樱桃的起源区域(Faust 和 Surányi，1997)，穿越瑞典到希腊、意大利、西班牙的欧洲大陆以及非洲北部都发现了樱桃的野生种(Hedrick 等，1915；EUFORGEN，2009)。甜樱桃可能起源于里海和黑海，而后在欧洲大陆传播(Hedrick 等，1915；Webster，1996；Dirlewanger 等，2009)。人们认为，早在人类迁徙之前，鸟类就已经将甜樱桃散布在欧洲各地(Webster，1996)。通常认为酸樱桃的原产地位于欧洲东南部靠近亚洲的地方，产地中心是沿着安纳托利亚和南高加索到伊朗的黑海南部边界(Hedrick 等，1915)。四倍体酸樱桃($2n=4x=32$)是甜樱桃和草原樱桃杂交而来(Olden 和 Nybom，1968)，其杂交起源通过遗传学研究得到了证明(Beaver 和 Iezzoni，1993；Brettin 等，2000；Schuster 和 Schreiber，2000；Tavaud 等，2004)。酸樱桃起源于樱桃祖先分布的地区(Zhukovsky，1965)，酸樱桃和它的亲本不断杂交。樱桃遍布欧洲，产生了适应不同气候条件的生态型(Iezzoni 等，1990)。

樱桃的驯化伴随欧洲文明史的发展而得以逐步发展(Hedrick 等，1915)。据悉，早期欧洲居民在公元前 4000—5000 年就已经开始食用樱桃了(Brown 等，1996；Webster，1996)，而多瑙河流域的樱桃驯化可追溯到 4000 年前的新石器时代(Faust 和 Surányi，1997)。欧洲(瑞士、法国、意大利、匈牙利、英国和奥地利)从新石器时代到青铜器时代都有樱桃驯化的历史依据。酸樱桃可能是由西亚的斯拉夫人引入欧洲东部及东南部，由西亚引入中欧发生在 6—8 世纪大移民时期。这一观点可由亚洲东部和西部对酸樱桃有相同的词根佐证。在土耳其语中酸樱桃读作 wischene(vişne)，在俄罗斯语读作 wishnja，在波斯语读作

wisnah,在波兰和德国维塞尔语读作 wisnia(wiśnia)(Faust 和 Surányi, 1997)。匈牙利语中酸樱桃读作 meggy,其与上述国家词根不同。也有人认为酸樱桃这个词来自一个原始的芬兰人-乌戈尔语单词“mol”,意思是血莓,因为匈牙利语属于这个语系(Faust 和 Surányi, 1997)。

Webster(1996)指出,阿尔巴尼亚人在希腊文明之前就知道甜樱桃。樱桃很可能在希腊用作木材和水果生产被种植(Hedrick 等,1915; Iezzoni 等,1990; Webster, 1996)。在欧洲中部(瑞士、匈牙利、奥地利和德国)发现了罗马时期培育的樱桃种子,在德国科隆发现的一幅公元 3 世纪的罗马马赛克画(用镶嵌方式拼接而成的细致装饰)就是其中之一,这是关于樱桃起源的最早证据(Faust 和 Surányi, 1997)。被林奈尊称为“植物学之父”的 Theoprastus 在公元前 300 年编写的《植物起源》(*Historia Plantarum*)一书是关于樱桃栽培的最早文字记录(Brown 等,1996)。随后又发现更多中世纪到 15 世纪关于欧洲中部(德国、捷克和波兰)樱桃种植的记录(Faust 和 Surányi, 1997)。Faust 和 Suranyi(1997)发现在欧洲北部和最南部地区种植樱桃的记录较少,表明樱桃的第一次改良可能发生在欧洲中部。到了 14 世纪,樱桃在英格兰的种植越来越普遍(Faust 和 Surányi, 1997)。从 16 世纪开始,樱桃的种植面积明显增加,在中欧最为密集(Watkins, 1976)。考古研究发现,在 16 世纪已经种植了不同品种的甜樱桃(“迪乌”“旅行”和“法兰西”)。有些地方品种至今仍在种植,也用作培育现代品种的亲本(Iezzoni 等,1990; Brown 等,1996)。樱桃在 19 世纪由早期的拓荒者从东海岸带到美国西部(Brown 等,1996; Faust 和 Surányi, 1997)。

虽然樱桃种植已有 2 000 多年的历史,但樱桃育种工作起步较晚。Hedrick 等(1915)认为甜樱桃的育种开始于 19 世纪早期,但即便在今天,某些现代品种离早期亲本也只有几代之遥(Iezzoni 等,1990)。樱桃的采后储藏期短,运输困难,它只能在当地和就近地区销售(Webster, 1996)。如今,许多国家都在开展樱桃育种工作,甜樱桃新品种也在不断地推出。一些早期选育的樱桃品种,如 1875 年由 Seth Lewelling 在俄勒冈州选育的“宾库”,至今仍在种植,并广泛用作育种亲本(Brown 等,1996)。甜樱桃的遗传改良主要始于 20 世纪不同国家私人种苗公司和研究机构的研究。1911 年在美国纽约日内瓦、1915 年在加拿大安大略湖文兰和 1924 年在加拿大不列颠哥伦比亚萨默兰均启动了樱桃育种项目(Faust 和 Surányi, 1997)。其他欧洲国家的育种项目也紧随其后,如 1925 年在英国约翰·英尼斯开始的育种项目(Faust 和 Surányi, 1997)。早在 1910 年,美国加利福尼亚的路德·伯班克和俄罗斯的伊万·弗拉基米罗维奇·米柯林就开始了樱桃的私人育种。20 世纪樱桃新品种不断增加，在下半叶增速明显加快（见第 4 章）。

欧洲各地樱桃的适应性演变形成了一个遗传多样性的基因库。为适应不同地区生态系统的变化以及在最初推广品种的特异性时使樱桃品种的区域多样性得以保存（Iezzoni 等，1990）。许多地方品种用于育种，是当地樱桃生产或当前栽培种选育的重要组成部分（Iezzoni 等，1990）。近年来利用形态学观察和分子标记进行樱桃多样性研究，发现这些地方品种具有广泛遗传多样性。例如，Rodrigues 等（2008）和 Ganopoulos 等（2011）分别研究了葡萄牙和希腊的甜樱桃地方品种。Perez-Sanchez 等（2008）对西班牙卡斯蒂利亚莱昂地区的樱桃品种进行了形态学评价，检测到了果实不易开裂的樱桃基因型。在智利，Joublan 等（2005）评价了 20 世纪上半叶当地居民引进的樱桃品种。利用微卫星标记对来自土耳其酸樱桃（Kaçar 等，2006）、甜樱桃（Demir 等，2009）以及野生种（Ercisli 等，2011），西班牙（Wünsch 和 Hormaza，2004a）樱桃，来自希腊（Avramidou 等，2010）、意大利、克罗地亚和斯洛文尼亚（Guarino 等，2009）的樱桃野生品种，以及拉脱维亚和瑞典收集的樱桃种质进行了多样性评价。最近，一项中等密度单核苷酸多态性（SNP）的研究被用来评价法国国家农业研究院（INRA）保存的来自 16 个国家的甜樱桃栽培品种及地方品种的多样性（Campoy 等，2016）。此外，针对自交不亲和性等位基因（*S* 等位基因）对野生樱桃种群分子多样性进行了评估（Wünsch 和 Hormaza，2004a；Schuster 等，2007；Stanys 等，2008；Cachi 和 Wünsch，2014a）。作为植物种群的特征，这些研究一致表明，无论是用微卫星还是用 *S* 等位基因评价的甜樱桃品种，从野生种到地方品种再到现代甜樱桃品种，其遗传多样性都在减少（Mariette 等，2010）。

由于樱桃的童期较长（从萌发到开花），在甜樱桃品种改良中品质性状的引入需要一个漫长的过程。这就可能导致在育种计划中同一亲本的重复使用（Choi 和 Kappel，2004）。例如，连续使用栽培种“斯特拉”及其后代进行自交育种。结果表明，甜樱桃品种的遗传多样性与现有品种相比是有限的。一项来自北美育种项目的甜樱桃无性系研究揭示了甜樱桃育种中存在高水平的共同亲本和近亲繁殖率。研究发现“宾库”的父本是“拿破仑”（Rosyara 等，2014），其增加了北美樱桃育种的近亲繁殖率（Choi 和 Kappel，2004）。在新的育种计划中引入更多的外来种质，包括选择西班牙的“克里斯托巴丽娜”和“安布内丝”等地方种，可以扩大甜樱桃的基因库（Cabrera 等，2012）。

3.3 种质资源保存

樱桃是高度杂合的果树作物，为保持特定基因型的遗传多样性，诸如对古老的樱桃地方品种需求，比大多数自交系种子繁殖材料更高。由于樱桃原产于欧洲和西亚，绝大多数的樱桃保存工作都是在这些地方进行。欧洲植物遗传资源保护组织（ECPGR，http://www.ecpgr.cgiar.org/）促进了樱桃遗传资源的迁地和就地保存。1980 年，该组织由联合国开发计划署、联合国粮食及农业组织和欧洲植物育种研究协会基因库委员会共同成立，主要进行植物育种研究。

ECPGR 的主要任务是帮助植物遗传资源进行长期有效的迁地和就地保护，促进植物遗传资源的鉴定和评价，鼓励植物遗传资源的交流和利用。ECPGR 通过 18 个作物工作组（WG）和 3 个专项工作组（Maggioni 和 Engels，2014）开展工作。他们合作行动的重点是对保存于欧洲国家的植物遗传资源进行保护与利用。通过欧洲互联网搜索（EURISCO，http://eurisco.ipkatersleben.de）可以找到这些异地保存的植物遗传资源，这是欧洲国家资源的汇编。URISCO 目前收录了 4 667 个甜樱桃品种和 804 个酸樱桃品种（截至 2015 年 8 月 19 日）。近年来，ECPGR 一直致力于建立欧洲基因库集合系统（AEGIS），这是一项关于欧洲遗传资源的保存、管理、获取和利用的协调改善和责任分担的倡议。被选为欧洲收集（European Collection）的国家和机构将遵守 AEGIS 计划，并对加入 AEGIS 计划的国家和机构承担长期保护责任（Maggioni 和 Engels，2014）。这种方法在协调和提高种质资源收集管理和利用方面具有很大的潜力。

ECPGR *Prunus* WG 成立于 1983 年，是首批 6 个 WG 成员之一。目前已有 39 个国家参与了 WG 组织（Benedikova 和 Giovannini，2013）。*Prunus* WG 的目标是：①有效地保护欧洲国家的遗传资源；②在欧洲 *Prunus* 数据库（EPDB）中完整地记录其护照和特征资料；③根据 AEGIS 的规则定义并建立欧洲 *Prunus* 数据库。

Benedikova 和 Giovannini（2013）的调查显示，约 90%的成员国制定了协调 *Prunus* 遗传资源保护和管理活动的国家计划。在一些国家，如法国（Balsemin 等，2005）、德国（Flachowsky 和 Hofer，2010）、意大利（Giovannini 和 Engel，2006）和瑞士（Kellerhals 等，1999），通过网络集中协调组织开展果树遗传资源的保护工作。为了协调欧洲联盟的 *Prunus* 数据库的建立与评价，*Prunus* WG 同意编制一份清单，包括多种作物和 *Prunus* 的护照标准以及形态、分类评价标准（Zanetto 等，2002）。一套包含 16 个非连锁的多态微卫星标记和 8 个参考样本已成为 ECPGR 甜樱桃的鉴定标准（Clarke 和 Tobutt，2009）；目前，*Prunus*

WG 正在对原始数据进行修订，以提高辨别的有效性。

为便于信息的获取与 ECPGR 数据的使用，自 1993 年以来，*Prunus* WG 开发了由 INRA-Bordeaux(法国)管理的 EPDB。EPDB 可以为每次加入的资源保存护照、特征、评价数据、照片和分子数据。目前，樱桃遗传资源数据库(eucherrydb)包含来自 17 个国家的 42 个研究所提供的 5 585 份樱桃遗传资源数据(http://www. bordeaux. inra. fr/eucherrydb/；2015 年 8 月 19 日)。在这 5 585 个品种中，有 3 688 个甜樱桃、1 553 个欧洲酸樱桃和 42 个酸樱桃与甜樱桃杂交种(如 *Prunus*×*gondouinii*)。俄罗斯也是 ECPGR 的 *Prunus* WG 成员；然而，俄罗斯的种质资源目前还没有包括在数据库中。瓦维洛夫负责在圣彼得堡的前工会植物工业研究所收集大量有价值的种质资源，以他名字命名的国立瓦维洛夫植物遗传资源研究所是俄罗斯负责收集和保护樱桃全球多样性的中心机构。

美国农业部的农业研究服务中心(USDA-ARS)的国家植物种质资源库有 3 个不同的樱桃种质数据库。位于加州戴维斯市的国家无性系种质资源库(NCGR)成立于 1981 年，用于保存樱桃属作物种质。它目前拥有 57 个甜樱桃品种和一些野生樱桃品种。位于纽约日内瓦的植物遗传资源组保存着 81 个酸樱桃品种和其他四倍体樱桃品种。观赏樱桃资源圃位于华盛顿特区的国家植物园。在相关机构的 GRIN-Global 数据库(http://www. grin-global. org/)中可以找到相关的樱桃品种特征数据。

在日本，果树遗传资源主要保存在果树研究所的森冈分站(Moriguchi 等，1994)。据该网站介绍，日本目前保存着共 56 种酸樱桃和甜樱桃，这些樱桃的身份和评价数据可在国家农业和粮食研究组织的基因库项目上获取(NARO，http://www. gene. affrc. go. jp/databases_en. php；2015 年 8 月 19 日)。

樱桃种质作为活体保存在野外，可供综合鉴定、评价和利用。然而，有几个缺点限制了收集的效率并威胁到资源的安全性。遗传资源易受病虫害和非生物危害。田间基因库需要投入大量的土地、劳动力、维护与管理，因此它们维持物种多样性的能力是有限的。此外，还需要对这些材料进行备份以防止安全性疾病或环境灾难。安全备份包括田间资源圃的所有材料，但处于不同的位置。体外培养或低温保存也可提供备份材料(Reed 等，2004)。目前，还没有樱桃的体外备份资源。然而，日本有意向保存资源圃中种质资源的冷冻材料，以便于植物育种。此外，在美国，NCGR 与位于科罗拉多州柯林斯堡的国家遗传资源保护中心合作，形成樱桃属作物低温存储协议。目前，有 7 份樱桃种质保存在美国农业部-美国遥感研究所(USDA-ARS)(http://www. ars-grin. gov/npgs/，请见

Ft Collins 收集;2015 年 8 月 19 日)。

樱桃属植物的离体保存比其他植物困难,但也有成功存储的例子。液氮冷冻保存是目前保存种质资源包括无性繁殖植物最为安全和效益高的首选方案。这种方法需要最少的空间、人力、材料和维护成本。用不同的外植体和不同的技术对樱桃进行了冷冻保存。甜樱桃脱水后,将藻酸盐包覆生长芽芽尖进行低温保存。所谓的"玻璃化冷冻技术"(组织干燥到没有水能形成冰的程度,从而导致细胞的高黏度)是最成功的,并在不断改进。有一些研究小组已经报道了体外芽尖冷冻保存的成功案例(甜樱桃: Niino 等,1997; Shatnawi 等,2007。酸樱桃: Barraco 等,2012)。报道的最高回收率为 80%(Niino 等,1997)。冷冻保存也可用于经过病害检测的分生组织的培养,以保存无病原体的砧木。冷冻保存已成功地用于野生甜樱桃胚胎的一步法冷冻技术(de Boucaud 等,2002; Grenier-de March 等,2005)和酸樱桃的休眠叶芽(Towill 和 Forsline, 1999)。

能否利用世界基因库中的樱桃种质进行育种取决于资源收集的情况。美国国家种质资源库中的樱桃种质资源,只要满足接受者的植物检疫要求,就可以免费用于研究和育种。然而,从其他国家获取樱桃种质资源可能会受到很多的限制。樱桃属种质未列入《粮食和农业植物遗传资源条约》。因此,在其他国家获得樱桃属种质可能受到《名古屋遗传资源获取议定书》以及《生物多样性公约》(http://www.cbd.int/abs/)公平地分享利用樱桃属种质的限制。该议定书于 2014 年 10 月 12 日生效。参与《名古屋议定书》制定的国家与已制定的特别访问立法的详细情况可在 https://absch.cbd.int 找到。例如,希望使用位于德累斯顿-皮尔尼茨的水果基因库材料的国际研究人员必须签署两项协议。第一项协议是《国际条约》(http://www.fao.org/plant-treaty)的标准物质转移协议(SMTA)。第二项协议是同意《粮食和农业植物遗传资源国际条约》附件一所列的植物遗传资源转让协定应适用于粮食和农业植物遗传资源的转让。在 INRA 资源库中保存的樱桃种质,只要不受国家或国际保护,并且能够满足接受者的植物检疫要求,就可以免费获得。种质查询可以在 https://urgi.versailles.inra.fr/siregal/siregal/welcome.do 进行,其中订购过程的解释很明确。最近,INRA 甜樱桃种质中的核心种质被挑选出来进行了关联作图研究(Campoy 等,2016)。

3.4 育种方法

3.4.1 杂交

樱桃育种从春季杂交开始以创造分离的群体,杂交策略取决于母本是自交亲和还是自交不亲和。如果母本自交不亲和，则不必进行去雄，而且需要对这些花进行套袋以防止授粉昆虫干扰。在第一朵花开放之前，将授粉袋套在花枝上防止花朵受到外源花粉干扰。当花朵开放时，暂时取下授粉袋，进行人工授粉，授粉结束后重新套袋。在花瓣脱落和所有雌蕊干枯后，应将袋子取下。如果母本是自交亲和的，那么当花到达铃铛期时，需要将花药取出。去雄可通过用指甲剪或剪刀去除花被管的上部，剪在花药轮轴的正下方，轻轻地把轮轴拉过雌蕊。由于花瓣在这个过程中也会被疏除，因此人们普遍认为蜜蜂很少会去采这些花朵。由于裸露的雌蕊非常娇嫩，因此通常不对其进行套袋处理。但是，仍然有接近 15%的花朵会出现和其他外源花粉杂交的现象。因此，从遗传研究的角度来看，用 DNA 检测以确定其亲本显得尤为重要。此外，为避免其他花粉干扰，可选择在去雄和授粉后将杂交授粉的花朵进行套袋保护。

一旦选定杂交组合，育种者就会根据开花时间、亲本的坐果潜力和亲本自交(不)亲和等位基因的情况来确定杂交育种方向。一般来说：①选择花期较晚的亲本作为母本，以便在杂交前准备花粉；②采用成熟较晚的亲本作为母本，增加杂交种子发育成完整胚的可能性；③已知坐果率低的个体作为父本。此外，当遇到具有花粉或花柱部分的突变体时可能需要特别考虑。例如，由于 $S_{4'}$ 致使甜樱桃花粉出现突变，$S_3S_4 \times S_3S_{4'}$ 杂交能够产生种子，由于 $S_{4'}$ 花粉能在 S_3S_4 植株的柱头上萌发生长。然而，反交($S_3S_{4'} \times S_3S_4$)表现出不亲和性，无法产生种子。

花粉是从未开放的花中采集的，这些花通常处于开放前的铃铛期。直接用手或将花放在纸托盘上的网状金属丝上摩擦采集花粉。雄蕊花丝和花的其他部分用镊子除去。将花药在 22℃条件下干燥 24 h 以上，在此期间避免自然阳光直射。在干燥的过程中，花药失水裂开并释放花粉。如果母本的柱头还不能够进行授粉，那么花粉可以在适宜的温度下干燥 2～3 天。此外，花粉可用干燥剂(无水 $CaSO_4$)干燥处理，以备下一年使用。无论是新鲜花粉还是冻存的花粉，最重要的是保持花粉干燥。在使用前检查花粉萌发率是一种很好的做法，由于基因型差别和环境影响，因此不同品种间的花粉活力可能存在很大差异。室温下将花粉在含有 10 ppm 浓度(parts per million)①硼和 15%～20%蔗糖的液体培养基中培养 2 h 时用来检测花粉萌发率。

当温度高于 12℃时，一旦花开始接受花粉，就应该将花粉授在母本花的柱

① 10 ppm＝10×10^{-6}。

头上。授粉时期应根据和开花同步的柱头表面黏性分泌物的出现来确定。授粉时间视天气而定，但通常是去雄后1～2天，不能晚于开花后1天，以确保花粉有足够的时间到达子房。在两个不同天的时间点授粉也会有助于成功授粉，主要由于开花所处的时期不同。花粉可以用玻璃棒、手指或刷子涂在柱头上。

杂交授粉工作也可由蜜蜂来完成，其中一种方法是在田间用笼子将蜜蜂和母本树与外界隔离。在这种情况下，父本可以是一棵盆栽树，也可以选择将砍下来的父本的花枝插在装有水的水桶里。笼子的顶部要防水以避免下雨或冰雹的影响，而笼子的四周最好用防虫网，以保证空气流通。如果笼子的四周用塑料围上，会使温度和湿度太高，致使花腐病很快爆发。第二种方法是在温室里使用盆栽树木。一种建议是使用两个不同的品种，如果两个都是自交不亲和的品种，那么果实可以从两个品种中收获，而后代则是正交和反交的结果。如果使用自交亲和的品种，那么它必须作为父本。控制温室内的温度至关重要，因为热量过多，温度超过30℃，将导致严重的落果现象。

当在温室或笼子工作时，将盆栽树木（或树枝）在大型的双层冷库中储存非常方便。这使得育种者将父母本的开花日期进行同步调节成为可能。如果温室可以分割，那么育种者每年可以进行几个不同的杂交组合。此外，当把自交不亲和的几个不同品种放在一起时，用同一品种进行授粉，则可以同时实现不同的杂交组合。另外一个尚未在樱桃育种中广泛应用的是多元杂交，即几种自交亲和的品种放在一起同时杂交。

为获得大量的杂交种子，在隔离良好的果园中只种植一个栽培品种和一个授粉品种，在不涉及任何人工授粉活动的情况下，依托这两个樱桃品种形成的杂交组合可获得大量杂种后代。这种杂交育种方法需要与樱桃种植者或试验站合作，杂交组合的数量相对有限。然而，该方法已经被法国和智利的樱桃育种家使用（J. Quero-García，2016，私信）。在樱桃育种中，只通过选择母本的情况下，自然授粉也被广泛采用，这是基于母本的表型特征或者基于它们的已知商品价值。许多成功的樱桃品种都是用这种方法选育出来的（见第4章和第5章）。

3.4.2 种子的解剖结构与取核

甜樱桃和酸樱桃的种子最外层是内果皮，称为果核，由两层果皮与纤维素和半纤维素组成。在内果皮内部是种皮，或真正的种子被，这是一层非常薄的来自母本的组织，在种子成熟后从白色变成棕色。种皮覆盖着几乎看不见的胚乳残余层，在种子发育过程中，胚乳几乎被完全消耗，以促进子叶的生长。通常在胚根附近很容易观察到消耗剩余的一小部分胚乳，有时也会附着在种皮上。胚胎本身由胚根（初生根）、胚轴、子叶和外胚芽组成。

用于采集种子的果实需要在达到最佳成熟度之前采收。研究表明，正常发育的甜樱桃种子即使在果实最佳成熟期前几周收获，种子也能成功发芽（Jensen 和 Eriksen，2001）。樱桃果实容易腐烂发酵，导致种子受损，建议采摘后立即取出果核。樱桃种子可人工剥离或通过浸渍和洗种子机器等方式获取。去除所有果肉后，可将果核浸泡在含氯漂白剂中漂洗 2～5 min，或在杀菌剂溶液中处理 1 h，然后用蒸馏水冲洗干净。丢弃漂浮在水中的腐烂种子。由于没有胚胎的种子通常会漂浮在水中，而饱满的则会下沉，因此依据这个方法可将没有胚胎的种子分离丢弃。

3.4.3 打破种子休眠

种子的所有部分（内果皮、外种皮、胚乳和胚芽）都会休眠。据报道，在果实完全成熟前几周以及未成熟的种子获得发芽能力之前均被诱导处于胚休眠状态（Jensen 和 Eriksen，2001）。樱桃种子在完全成熟时处于深度休眠状态，只有当内果皮被移除或裂开，种子和胚胎暴露在潮湿的低温下才能发芽。这种湿冷会触发对冷敏感的基因表达，并最终调控激素平衡和激素敏感性，进而促进胚胎萌发。在自然界中，传播出去的潮湿种子常常暴露在夏末高温天气和微生物滋生的环境中 1～3 个月。这些微生物产生的酶可以降解心皮之间的纤维素，而果核上的裂隙可以让水和空气与周围环境进行交换。然后在冬天，种子常暴露在 1～6℃的低温中至少 3～4 个月。通过低温打破休眠状态，使得胚胎发芽并生长。

3.4.4 大量种子的萌发

在不需要种子立即萌发的时候，可将种子在托盘中室温干燥 1 周左右，此时种子可在 6%～8%的湿度下室温保存一段时间。将种子存储在 −18～−10℃的密封容器中是长期存储的最佳方式。然而，由于未成熟的种子不能在干燥条件下存活，因此对于这类种子应立即进行层积处理，以促其发芽。

完整的内果皮存在一种外源性休眠机制，在低温处理前需要打破这种休眠机制。人工去除内果皮可能只对仅有少量种子时比较经济有效。在每年产生数千粒种子的育种计划中，不灭菌的热层积法可能是打破内果皮休眠最经济有效的方法。具体的操作流程如下：首先，将种子在凉自来水中浸泡 24 h；然后与潮湿的沙子、蛭石或泥炭混合，在 20℃下层积 2～6 周，偶尔也可延长到 12 周，这使所有种子和内果皮分离，变得对低温敏感。在层积过程中，可将层积的种子放在一个开口的盒子中，每周翻动并混匀种子，以确保层积的种子能进行空气交换。然而，在育种实践中发现，一些樱桃品种的种子具有较强的发芽能力，在低温处理前其不需要适宜的层积过程，具体原因尚不清楚。

在 3～5℃时，种子在同一培养基或不使用培养基的情况下冷藏处理效果最好，通常需要 12～16 周才能在寒冷条件下发芽。只有当种子的含水量占种子鲜重的 30%以上时，内源性休眠才会被打破。一旦萌发开始，所有的种子均可以播种，最好放置在较低的温度下(不超过 15℃)，直到所有的种子发芽。如果暴露在高温(20～25℃)下，则会使未发芽的种子有再次休眠的危险。采用这些方法，可使发育良好的种子具有较高的发芽率，这也是目前在苗圃中常使用的方法(Suszka 等，1996；Jensen 和 Eriksen，2001；Iliev 等，2012)。

3.4.5 少量种子的受控萌发

对于少量的种子，建议用虎钳或小刀手工去除内果皮。这种方法可以处理收获后的潮湿种子，也可以处理储存的干燥种子。裸露的种子与外种皮仍然相连，用 1%～2%的次氯酸钠(NaClO)溶液消毒 10 min，然后用纯净水漂洗 3 次(Jensen 和 Eriksen，2001；Jensen 和 Kristiansen，2009)。漂白会使种皮的颜色几乎变成白色，根据经验，这种颜色的种子发芽率较高。如有需要，也可使用较温和的杀菌剂处理种子。种子发芽后放置在盒子中潮湿的纸上或存储于潮湿无菌的蛭石、沙子或泥炭中，3～5℃下冷藏。3～4 个月后，定期检查种子的发芽情况，当胚根长至 1 cm 时，将幼苗移栽到温室。这种方法不需要层积，且通常比使用层积和温床育苗方法的存活率略高。

这种方法也可用于处理去除外种皮后发育正常的胚。然而，由于裸露的种胚更容易受到真菌侵染，因此没有外种皮包裹的种胚死亡的风险更高。带有种皮的潮湿种子可以在水中浸泡 2～4 h，使种皮膨大并与胚脱离。用水浸泡使得去除种皮变得更加容易，往往在子叶远端的种皮上留下一个小疤痕。可将浸泡后的种子在两个手指之间从胚根端开始轻轻挤压，种皮随之脱落，同时也避免了对胚胎造成伤害。除去种皮通常会缩短胚胎的低温需求。去除外种皮通常会缩短胚胎的冷冻时间。此外，由于外种皮具有半透水性，因此如果用外源激素处理可促进胚的萌发，那么去除外种皮后的萌发效果往往更好。

3.4.6 胚培养诱发种子萌发

通过胚培养可以从胚胎生长不正常或胚胎发育不充分而出现败育的樱桃种

子中获得植株，也可以使存在生殖和萌发问题的种间杂交种或不同倍性的亲本杂交种子萌发生长。早熟品种（特别是成熟期与“伯莱特”相似或更早的品种）的种子更可能出现胚胎生长发育不良，导致萌发率低或萌发不良（Tukey，1933a）。若是采收早于盛花后 21 天（Fathi 等，2009）或在败育之前（Tukey，1933b），此时采收的种胚发育是非常不成熟的。为了从这些未发育完全的种子中获得幼苗，首先将裸露的胚胎分离，如果有必要，那么在不造成损伤的情况下对其表面进行消毒，并在有营养物质的琼脂培养基上培养。目前，在法国国家农业研究院（INRA-Bordeaux）使用的樱桃琼脂培养基包括大量营养元素，如 400 mg/L NH_4NO_3、1 800 mg/L KNO_3、1 200 mg/L $Ca(NO_3).4H_2O$、360 mg/L$MgSO_4 \cdot 7H_2O$ 和 270 mg/L KH_2PO_4；微量元素有 1 mg/L $ZnSO_4 \cdot 7H_2O$、1 mg/L H_3BO_3、0.1 mg/L $MnSO_4 \cdot 4H_2O$、0.03 mg/L $AlCl_3$、0.03 mg/L $NiCl_2$、0.01 mg/L KI 和 1 mg/L $FeCl_3 \cdot 6H_2O$（J. Quero-García 等，2016，私信）。在胚胎早期的异养阶段，激素似乎并不重要，但利用“喂养胚乳”对于具有能量、营养和正常胚珠渗透环境的正常种子显得更为重要（Fathi 和 Jahani，2012）。这种幼嫩的胚胎有时可以通过培养从而成功挽救整个胚珠。在后期的自养阶段，养分需求没有那么复杂，能量对胚胎发育更为重要。非常幼嫩的胚胎（未休眠）通常不能受益于低温，而更成熟的胚胎在 5℃ 的黑暗条件下层积 2～4 个月可以打破休眠（Bassi 等，1984，由 Balla 和 Brozik 引用，1996；Bargioni，1996）。随后，它们被转移到 16 h/8 h 的光/暗周期和 2 000 勒克斯（lx）光照度下（Balla，2012）。当胚胎的长度在 3～4 mm 以上时（Ivanicka 和 Pretova，1986），这种胚培养最易成功，但即使是 1 mm 的胚胎也可以成功培养。一般来说，这些种子的质量很差，因此成功比率的波动很大（Balla 和 Brozik，1996）。休眠胚胎有时能在 20℃ 下发芽，但其发育形态不正常，通常很矮小或者呈现莲座状，可能在叶片上出现白色叶斑或者整个叶片的叶绿素合成减少（Jensen 和 Kristiansen，2009）。这些异常现象通常可通过冷冻植物 2～3 个月来克服。

3.4.7 胚挽救：离体茎尖培养与体细胞胚再生

在某些情况下，胚胎不可能萌发，因此挽救极早熟的幼苗将极其宝贵。在这种情况下，可以利用从子叶诱导出的不定芽进行离体茎尖培养来挽救这些幼苗（Schmidt 和 Ketzel，1993；de Rogatis 和 Fabbri，1997）。将这些从子叶产生的愈伤芽在生根培养基上生根，然后移栽到温室里。这可能涉及在茎尖培养之前，去分化形成愈伤组织。在适度的浓度下使用合适的激素在培养中至关重要。利用不同的激素可以从子叶或胚轴组织中获得体细胞胚。体细胞胚可在体外萌发并产生新的植物(Tang 等,2000; Gutierrez 和 Rugini, 2004)。胚培养和挽救技术是非常昂贵的方法,只适用于非常特殊的情况。

3.4.8 田间定植

当植株根系生长到 0.5～1 cm 时,可将幼苗从培养基中取出,这时幼苗活力和成活率最高。由于此时的幼苗生长非常脆弱,因此应将其定植于一层薄薄的土壤或蛭石中。理想的初期种植容器是直径约 6 cm,深达 25 cm 的托盘。这种容器使根系生长的空间最大化,并可避免幼苗浇水过多导致幼苗死亡。经过这种最初的容器栽植后,将幼苗重新盆栽或种植到苗圃中,最后进行大田种植。田间种植后,酸樱桃和甜樱桃幼苗通常分别在第 3 年和第 4 年开花。

3.4.9 缩短育种周期

在酸樱桃中开发并形成了一套加速育种过程的操作方法,它可以缩短从异花授粉、种子形成到后代开花结实的时间(Jensen 和 Kristiansen, 2009)。该操作程序中第一步为减少打破休眠和萌发所需的时间,并开发了两种方法。第一种方法是在正常采收后立即取出果核,在无菌条件下除去内果皮和外种皮。用消毒过的刀片切除末梢端 2/3 的子叶,去除子叶中抑制发芽的部位,让种子正常发芽和生长。将胚胎放置在萌发箱中湿润的滤纸上,水分由与贮水池接触的滤纸提供。然后给种子喷洒杀菌剂防止真菌生长,盒子保持在 20℃、12 h 30 $\mu mol/(m^2 \cdot s)$白色荧光灯的光周期条件下。利用这种方法,大多数酸樱桃种子在 2 周内就会发芽。在 4 周内,记录到浅度休眠种子萌发率最高为 90%,深度休眠种子萌发率最高为 65%(Jensen 和 Kristiansen, 2009)。根系长 1 cm 时,将幼苗移栽到泥炭袋中,转移到温室。通过这种方式所有的幼苗均能正常生长。Szymajda 和 Zurawicz(2014)使用相同的方法得到了类似的结果。第二种加速种子萌发的方法是,从深度休眠的种子中分离新鲜的胚胎,将其在 10～200 mg/L 的 6-BA 中浸泡 30 min,然后在发芽盒中发芽,培养条件同第一种方法一致。3 周后,种子萌发率达到 70%～80%,植株能正常生长。赤霉素(GA_3)和细胞分裂素可以通过打破一些樱桃属植物的休眠来诱导种子的萌发(Lin 和 Boe, 1972; Abou-Zeid 等,1977)。利用没有种皮的离体胚胎做材料,最容易观察到 GA_3 和细胞分裂素打破休眠的效果(Lin 和 Boe, 1972)。

加快育种进程的第二步是克服童期,尽早开花结果。一年中无论什么时候,只要应用最优的环境条件，就可以在短时间内获得较大的樱桃树。前8～12个月，发芽的幼苗生长在20℃、20 h昼长的温室，采用最优的灌溉施肥方案，使植株一年四季都能保持旺盛的生长。这种生长方式可用于7月末至8月初(果实收获后1个月)采用快速萌发法获得的幼苗，也可用于正常制种后于10月初获得的幼苗。5月时，快速生长的树高度可达1.5～2 m并有一些侧枝。当春天霜冻的危险期过去后，可以在田间栽植幼苗。如果避免了移栽造成的休克，那么幼苗将在夏季生长，第一年会在田间长出一棵小树。第一年只有很少的樱桃树开花，第二年，开花结果数量显著增加(Jensen，2012)。因此，可以在27个月内完成从第一年春季杂交授粉到第3年夏季收获大量果实的育种循环。到目前为止，这种策略只在酸樱桃中尝试过，而在甜樱桃中还未实现。

3.4.10 田间栽种管理

表现优异的单株从分离的群体中挑选出来。甜樱桃和酸樱桃的表型鉴定方法往往与特定的育种计划相关(见第4章和第5章)，已公布的鉴定方法可以作为参考(甜樱桃：Chavoshi等，2014；酸樱桃：Stegmeir等，2014b)。在甜樱桃中，一个新品种最重要的特征包括适宜的成熟期、果实大小和果实品质。对于酸樱桃来说，产量、果实品质(包括果核特征，如果核形状和离核/粘核)和感病性是最重要的。在湿度较高的隧道式大棚或果园里，用叶斑病菌、褐腐病菌或其他真菌或细菌对幼年实生苗进行接种，以便快速筛选最抗病和耐病的后代(Szodi等，2008；Schuster，2013；Szugyi等，2014)。在未接种的果园，将感病品种移栽进来确保有接种物的出现，在对实生苗的抗病性和耐病性进行多年评价。此外，在离体叶片上人工接种叶斑病菌的实验室方法也已开发出来(Wharton和Iezzoni，2005；Schuster，2013)。其中，确保接种物的存在和感染的最佳潮湿环境是获得准确评价的关键。植株抗冻性可在田间进行多年观察，但结果主要取决于天气条件。此外，研究人员还开发了一种实验室方法以测试樱桃幼苗的抗冻性，并比较冬天、秋天和春天的抗寒性(Liu等，2012；Jensen和Kristiansen，2014)(见第8章)。这些优良单株可嫁接在一个或多个砧木上快速繁殖，并对这些樱桃树在多个地点进行区域化田间测试。

3.5 分子标记辅助育种

3.5.1 数量性状位点

为了在甜樱桃或酸樱桃中实现分子标记辅助选择，首先需要了解标记位点与重要农艺性状之间的连锁关系。20世纪80年代发展起来的第一种方法使分子标记辅助选择成为可能，该方法基于遗传图谱来鉴定包含控制质量和数量性状基因的染色体区域。对于后者来说，通常使用数量性状位点(QTL)这一术语。甜樱桃与其他李属植物不同，如桃，其大部分农艺性状是数量遗传。

Salazar等(2014)综述了李属植物的连锁图谱构建和主要QTL研究的进展。在樱亚属中建立了几个涉及种间杂交的连锁图谱(Boskovic和Tobutt, 1998; Clarke等，2009)。然而，利用甜樱桃种内遗传图谱开展QTL检测分析。Dirlewanger等(2004)利用现代品种“雷吉纳”和“拉宾斯”的杂交群体构建了一幅遗传图谱，而Olmstead等(2008)利用拉宾斯的曾祖“法兰西皇帝”(EF)和野生森林樱桃“NY 54”为亲本做正反交获得群体绘制了一幅遗传连锁图谱。这2个图谱均以微卫星或简单序列重复(SSR)标记为主。随后，利用蔷薇科保存的直系同源群体(RosCOS)的SNP和SSR标记，结合“雷吉纳”×“拉宾斯”“NY 54”×“EF”“纳马缇”×“萨米脱”和“纳马缇”×“娜雅”4个杂交群体，构建了一个高质量的甜樱桃遗传图谱(Cabrera等，2012)。随着新一代测序技术的出现，高通量SNP基因分型技术在甜樱桃中得到应用。Klagges等(2013)利用美国Ros-BREED项目研发的樱桃6K SNP微阵列分析技术，基于“大紫”×“科迪亚”(BT×K)以及“雷吉纳”×“拉宾斯”(R×L)两个不相关的杂交组合，构建了第一个甜樱桃SNP遗传连锁图谱(Peace等，2012)。在“大紫”×“科迪亚”和“雷吉纳”×“拉宾斯”中，分别有723和687个标记被定位到8个连锁群上(LGs)。“大紫”×“科迪亚”和“雷吉纳”×“拉宾斯”遗传图谱高度饱和，两个群体标记总长分别为752.9 cM(centimorgan)和639.9 cM，标记平均间距分别为1.1 cM和0.9 cM。最近，Guajardo等(2015)报道了利用基因分型测序(GBS)检测到的SSR和SNP标记构建另一个甜樱桃种内遗传连锁图谱。利用“雷尼”×“早丽斯”杂交群体，得到一个标记间总长为731.3cM，标记平均间距为0.7cM的高质量遗传连锁图谱。Wang等(2015)利用“晚红珠”和“拉宾斯”的杂交群体构建了一个标记总长为849 cM，标记平均间距为1.18 cM的遗传图谱。研究人员使用SLAF-seq技术共计产生701个特异性SNPs位点。在酸樱桃中，其第一个遗传连锁图谱是基于86个来源于“莱茵肖特摩尔”(RS)×“大努贝”(EB)的杂交品种构建的(Wang等，1998)。由于酸樱桃是四倍体，有效的限制性片段长度多态性(RFLPs)被划分为单剂量限制性片段(SDRFs)。“莱茵肖特摩尔”遗传图谱包括126个SDRF标记位点，分布于19个连锁群，覆盖了461 cM遗传距离；“大努贝”连锁图谱包括95个SDRF标记位点，分布于16个连锁群，覆盖279 cM遗传距离。由于这些图谱和其他李属植物的遗传图谱之间共享标记的数量有限，因此潜在的同源连锁群仅能在李属植物的第 2、4、6、7 个连锁群上鉴定到。其他的连锁群是由最长到最短被任意编号的。在连锁群中鉴定 SDRF 和排除非同源配对后代中遭遇的困难表明了酸樱桃等区段异源多倍体植物连锁图谱构建的复杂性。

QTL 检测分析主要针对与物候期相关的性状，如开花期、成熟期等，以及与果实品质相关的性状，诸如果实重量、硬度、果皮颜色等。在酸樱桃中，两个与开花时间相关的 QTL 位点 *blm*1 和 *blm*2 在“莱茵肖特摩尔”×“大努贝”杂交群体中被检测到；遗憾的是，这两个来自大努贝的 QTL 等位基因导致提前开花（Wang 等，2000）。最近，Dirlewanger 等（2012）对甜樱桃“雷吉纳”×“拉宾斯”杂交后代、桃和杏的开花期以及成熟期进行了 QTL 定位分析。在开花期方面，杏、甜樱桃的第 4 个连锁群以及桃的第 6 个连锁群均检出重要的 QTL 位点，而在成熟期方面，甜樱桃、杏和桃等 3 个物种均在第 4 个连锁群上检测到一个重要的 QTL 位点。Castede 等（2014）通过将开花期分解为需冷和需热两个阶段，对甜樱桃进行了为期 3 年的研究。在与第 4 个连锁群的相同区域检测到一个对需冷量和开花期有较大影响的稳定 QTL 位点。对于热量的需求，目前没有检测到稳定的 QTL 位点。同时，研究人员探究了第 4 个连锁群上主要 QTL 位点控制下的候选基因，确定了影响低温需冷量和开花期相关的关键基因。上述研究结果为甜樱桃中涉及需冷量和开花期相关基因的鉴定奠定了基础，这些基因可用于选育适应未来气候变化的理想品种（见第 8 章）。

关于果实性状，Zhang 等（2010）使用 EF×“NY 54”和“NY 54”×EF 两个群体，探究了其果实重量、果实纵径和横径、中果皮细胞数目和长度、果核长度和直径等性状的 QTL 位点。与果实大小相关的 QTL 位点位于甜樱桃 EF 的第 2 个连锁群和“NY 54”的第 2 个和第 6 个连锁群。在“NY 54”的第 6 个连锁群，果核长度和直径与果实大小 QTL 位点簇集在一起，表明在果核大小上这个 QTL 位点潜在的形态学基础是存在差异的。在甜樱桃 EF 的第 2 个连锁群上，细胞数量与果实大小 QTL 位点簇集在一起，表明果实大小的增加与中果皮细胞数量的增加密切相关。基于这些研究结果，de Franceschi 等（2013）进行了樱桃属植物细胞数量调节基因（*CNR*）的一些研究，为 *CNR* 调控甜樱桃和酸樱桃果实大小提供了新的依据。其中两个 CNR 基因位于甜樱桃第 2 个和第 6 个连锁群上发现的主要 QTL 位点的置信区间内，分别命名为 *PavCNR*12 和 *PavCNR*20。Rosyara 等（2013）利用一个由 23 个祖先和父母本以及来自 4 个完整的家族 424

个后代个体组成的五代系谱，检测到了控制甜樱桃果实重量的基因组新区域，其中这 4 个家族此前曾用于构建遗传图谱(Cabrera 等，2012)。利用 FlexQTL™ 软件运用贝叶斯定律(Bink 等，2002)，鉴定出 6 个 QTL 位点，其中第 2 个连锁群有 3 个，第 1 个、第 3 个和第 6 个连锁群上各 1 个。在这些 QTL 位点中，除第 2 个连锁群上的第 2 个 QTL 位点和第 2 个连锁群上的 QTL 位点之外(Zhang 等，2010)，其他 QTL 位点均是新发现的。最后，Campoy 等(2015)利用"雷吉纳"×"拉宾斯"和"雷吉纳"×"加纳"2 个群体对甜樱桃果实重量和硬度进行 QTL 定位分析。在"雷吉纳"第 5 个连锁群末端检测到一个新的控制果实重量的 QTL 位点。通过观察"雷吉纳"×"拉宾斯"和"雷吉纳"×"加纳"后代，发现果实重量和果实硬度呈现显著负相关。因此，对这两种性状都进行了大量 QTL 共定位。该结果对育种工作者来说很重要，表明在特定的遗传背景下同时选择大果粒以及坚硬果实存在困难。

Sooriyapathirana 等(2010)在 EF×"NY 54"和"NY 54"×EF 种群中发现了一个位于第 3 个连锁群的重要 QTL 位点，其与甜樱桃的果皮和果肉着色相关。一个与苹果 *MdMYB*10 和拟南芥 *AtPAP*1 同源的候选基因 *PavMYB*10 被认为是这些性状的主要决定因素。与其他重要的农艺性状，如降雨引起的裂果(Quero-García 等，2014)、产量、糖含量和酸度(J. Quero-García，2016，私信)相关的 QTL 位点正在研究中。研究人员在"雷吉纳"×"拉宾斯"和"雷吉纳"×"加纳"杂交后代上对上述性状进行了表型鉴定。这些 QTL 位点可以相对较快地纳入标记辅助选择方法中。

迄今，唯一被报道的抗病 QTL 位点是樱桃叶斑病，这是所有生长在湿润地区的酸樱桃的主要病害。樱桃叶斑病是由真菌病原体叶斑病菌引起的，如果不大量施用杀菌剂加以控制，那么会导致严重的过早落叶。野生樱桃种灰毛叶樱桃(*P. canescens*)以及从灰毛叶樱桃中筛选的杂交品种对叶斑病菌具有抗性，具有抗性的等位基因呈现显性。在这些重要的 QTL 位点中，有一个 QTL 位点控制灰毛叶樱桃的樱桃叶斑病，其被定位到第 4 个连锁群(CLSR_G4)(Stegmeir 等，2014)。在对甜樱桃和酸樱桃的研究中，所有抗性后代都具有灰毛叶樱桃等位基因的位点。然而，仅存在这个等位基因并不能产生抗性。

3.5.2　DNA 诊断检测

目前正在开发利用诊断性 DNA 检测，并用于樱桃中鉴定基因位点和主要 QTL。利用这些信息可以通过以下途径提高育种效率：①提供新种质信息；

②预测最佳的亲本和确定杂交组合；③在田间种植前舍弃不需要的实生苗(Dirlewanger 等，2009)。然而，从已知的因果基因或 QTL 位点中开发一种预测性试验是很耗时的，这是由于一些等位基因需要设计出能够被特异性地区分的新的 DNA 标记。因此，目前可用的 DNA 测试数量很少；然而，预计在未来几年数量将迅速增长。下面，我们将描述当前可用的诊断 DNA 检测。

1) 自交(不)亲和位点

自交不亲和性(SI)是甜樱桃和酸樱桃生产中不利的特征之一(参见第 2 章，可从中了解本节中描述的更多细节)。由于甜樱桃和酸樱桃的自交不亲和性阻止其自花授粉，因此需要种植授粉树以保证其坐果率。为避免使用授粉树，自交亲和性(SC)品种往往在樱桃生产中作为首选。自交(不)亲和性的 DNA 标记是基于两个 *S* 位点基因序列，花柱 *S-RNase* 和花粉 S-locus F-box gene(*SFB*)，在碱基对和插入/缺失等的差异设计的。在樱桃育种中，自交(不)亲和性的 DNA 标记可用于确定杂交亲本是否亲和，在杂交过程中出现污染的情况下检测幼苗亲缘关系，此外还可在幼苗阶段鉴定其自交结实性。

在甜樱桃中，自交亲和性的品种已经被鉴定，并将其划分到不同的不亲和性类群。利用 *S* 等位基因的 DNA 标记(*S* 基因分型)进行不亲和性类群的分类是最容易的。目前，许多甜樱桃品种的 *S* 基因型已经发表(Schuster，2012)。除不亲和性类群外，还发现了一类被称为“万能授粉树”的自花授粉品种。

在甜樱桃育种中，自交亲和性育种是优先考虑的育种目标，利用 DNA 标记可进行自交亲和性的分子标记辅助选择。根据每个亲本自交亲和性的遗传特征，不同类型的分子标记被开发用于自交亲和性的筛选。花粉部分缺失突变体 $S_{4'}$ 是主要使用的自交亲和性突变，该突变是由辐射引起的(Lewis，1949)。这种突变 $S_{4'}$ 广泛存在于欧洲甜樱桃品种中，这是由于来自共同祖先“斯特拉”，而它源自 JI2420 的等位基因突变(Lapins，1975)。Sonneveld 等(2005)利用 $S_{4'}$ 突变体中 *SFB* 基因存在的 4 个碱基缺失，设计了用于筛选 $S_{4'}$ 突变体的特异性 DNA 分子标记(Sonneveld 等，2005)。Ikeda 等(2004)开发了一个 DNA 标记用来检测 $S_{4'}$ 突变，具体方法是完成 PCR 反应扩增后，利用聚丙烯酰胺凝胶电泳进行 PCR 产物分离，或者通过限制性酶切 PCR 扩增的产物(称为 dCAPS)。这个试验能够区别具有自交不亲和性的 S_4 野生型植株和自交亲和性的 $S_{4'}$ 突变体植株。Zhu 等(2004)也开发出一种用于筛选 $S_{4'}$ 突变体植株的高效率 DNA 标记。在这种情况下，巢式 PCR 可以检测 $S_{4'}$ 突变体植株但不能检测 S_4 野生型植株。另外一个由辐射诱导的甜樱桃自交亲和性突变发生在 JI2434 植株上(Sonneveld

等，2005）。在甜樱桃育种中，古老樱桃品种 JI2434 应用较少，仅很少的一部分樱桃品种被利用（Schuster，2012）。自交亲和性突变体 $S_{3'}$ 是由于 S 等位基因 SFB_3 完全缺失所致。通过 RFLP 或 PCR 检测 SFB 的缺失，可以筛选 JI2434 的后代（Sonneveld 等，2005）。甜樱桃的其他自交亲和性品种来源于意大利地方品种“罗尼奥”（Calabrese 等，1984）和西班牙的“克里斯托巴丽娜”或“泰勒”（Wunsch 和 Hormaza，2004b；Cachi 和 Wunsch，2014a）。在“罗尼奥”中，由于 S_5SFB 基因终止密码子的提前出现致使其发生突变，并将这个自交亲和性突变命名为 $S_{5'}$（Marchese 等，2007）。S_5-RNase 中的一个微卫星在 S_5-*RNase* 和 $S_{5'}$-*RNase* 序列长度上呈现出多态性，依据这个特征可以设计标记来区分这两种单体型，进而用于筛选自交亲和性植株（Marchese 等，2007）。在“克里斯托巴丽娜”和“泰勒”中，自交亲和性的出现是由于一个与 S 位点不相关的基因发生突变，与该性状相关的分子标记（如 SSRs）可用于该性状的选择（Cachi 和 Wunsch，2011；Cachi 和 Wunsch，2014b）。利用 SSR EMPaS02 的 142 bp 等位基因（Vaughan 和 Russell，2004）可以高效地从“克里斯托巴丽娜”的后代中筛选自交亲和性的植株（Cachi 和 Wunsch，2011）。

在酸樱桃中，大多数是自交亲和性的品种，但也存在自交不亲和的类型。酸樱桃栽培需要自交亲和性的品种，因此选育自交亲和性品种是优先考虑的（Sebolt 等，2017）。由于酸樱桃是四倍体，花粉粒中含有两个 S 等位基因，因此其自交（不）亲和性的遗传规律不同于甜樱桃。在酸樱桃中，自交亲和是由于 S 等位基因突变导致出现非功能性 S 单体型（Hauck 等，2006）。“单等位基因匹配”模型预测，如果花粉中的一个功能性 S 等位基因与花柱中的一个功能性 S 单体型匹配，花粉将是自交不亲和的（Hauck 等，2006）。在酸樱桃育种中，有必要通过鉴定自交亲和和自交不亲和的酸樱桃品种来筛选自交亲和性的后代（Tsukamoto 等，2008）。为此，需要进行 S 基因型分型并确定特定 S 单体型植株的花粉或花柱突变的存在。

正如甜樱桃通过靶向 S-*RNase* 和 SFB 一样，酸樱桃的 S 基因型的分子鉴定也进行了研究。然而，酸樱桃的 S 基因型分型比甜樱桃更为复杂，因为对单一祖先 S 等位基因单体型的鉴定就多达三个变量。例如，在酸樱桃中，不仅存在一个野生型功能性的 S_{13} 等位基因，还有一个非功能性的花粉缺失突变的单体型 $S_{13'}$ 以及非功能性花柱缺失突变的单体型 S_{13m}（Sebolt 等，2017）。因此，识别某些 S 单体型需要使用来自甜樱桃或酸樱桃的等位基因特异性标记（Sebolt 等，2017）。一旦每个单株 S 单体型被鉴定，可能还需要进行额外的测试以检测该单体型的非功能性突变体。针对每种类型的突变，可以设计特异性 dCAPS 标记来完成鉴定（Tsukamoto 等，2008；Sebolt 等，2017）。

2）果实大小

果实大小是商用甜樱桃品种最重要的品质特征之一，也是育种家通常考虑的重要性状。育种家正在将诸如来自小果型野生资源的抗病性特征整合到甜樱桃育种中。

在甜樱桃的第 2 个连锁群上发现了一个与果实大小密切相关的主效 QTL 位点（Zhang 等，2010）。该位点的小果型等位基因来自野生甜樱桃，表明该位点可能与驯化有关。这个位点两侧有 2 个具有高度多态性的 SSR 标记（CPSCT038 和 BPPCT034），这两个 SSR 的等位基因用于鉴定 QTL 的单体型（Zhang 等，2010）。这些单体型的符号展示了 CPSCT038 的 SSR 等位基因大小，以及 BPPCT034 的 SSR 等位基因大小；目前，已分别鉴定出 7 个和 4 个等位基因。随后的遗传学研究表明，在 SSR 两侧区域可能存在不止一个影响果实大小的 QTL 位点（Rosyara 等，2013），其中一个可能基因为 *CNR* 基因（de Franceschi 等，2013）。

由于一些处于第 2 个连锁群单体型与小果型显著相关，因此具有这些等位基因的个体不太可能有较大的果实满足商用甜樱桃品种的需要。例如，如果双亲采用小的果实单体型（如 CPSCT038192 和 BPPCT034－225），标记辅助选择可以在大田种植前对这些幼苗进行鉴定并筛选出优株，这将大大节省育种成本。相比之下，一些单体型与大果型显著相关。这其中包括 CPPCT038－190 和 BPPCT034－255 两种单体型（Rosyara 等，2013）。果实硬度的 QTL 位点也定位到第 2 个连锁群（Campoy 等，2015）。因此，了解单体型效应对果实大小和硬度的影响是很重要的。

用于定义第 2 个连锁群单体型的 SSR 标记大约相隔 16cM（Klagges 等，2013）。因此，当对该区域进行基因分型时，大约有 1/6 的实生苗将遗传一个重组单体型。第 2 个连锁群区域的重组促进了现代品种的发展。例如，“兰伯特”的第 2 个连锁群重组配子产生了“斯特拉”，“先锋”的重组配子产生了“拉宾斯”（Rosyara 等，2013）。将来需要进行更精细定位研究以更精确地定位位于 16cM 区域控制果实大小和硬度的位点，然后开发出横跨这段区域的更小的厘摩根级的其他 DNA 标记。

3）果皮和果肉颜色

果皮和果肉颜色可用于确定甜樱桃的市场等级，并区分甜樱桃能否用于加工。在甜樱桃第3个连锁群上发现了与调控花色苷转录因子 *PavMYB*10 共定位的控制樱桃果皮和果肉颜色的主效 QTL 位点(Sooriyapathirana 等,2010)。这一 QTL 表现为一个单一位点,果实颜色呈红褐色为显性(如"宾库"),黄色为隐性(如"雷尼")。其他小的修饰位点位于第6个和第8个连锁群(Sooriyapathirana 等,2010)。

在酸樱桃中,使用 6K Illumina II SNP 阵列(Peace 等.,2012)进行基因分型构建了 SNP 单体型,该阵列已被用于鉴定13种不同的跨越 MYB10 区域的单体型(Stegmeir 等,2015)。研究人员开发了一种 SSR 标记可以特异性识别酸樱桃中与深紫色果肉颜色显著相关的 *D*1 单倍体。该标记可用于筛选深紫色或相对浅一些的果肉颜色,这种颜色类似于"蒙莫朗西"的亮红色果皮。在甜樱桃中,针对 *PavMYB*10 区域设计了另外一种不同的 SSR 标记 Pav-Rf-SSR,它可以用来预测果实颜色是红褐色还是黄色(Sandefur 等,2016)。

4) 樱桃叶斑病抗性

Stegmeir 等(2014a)建立了一种由主效 QTL 位点调控起源于灰毛叶樱桃叶斑病抗性(CLSR_G4)的遗传测试方法,开发出了4个 SSR 标记,分别对应灰毛叶樱桃 CLSR_G4 的4个等位基因(CLS004、CLS005、CLS026 和 CLS028)。这些标记物中的任何一种都可以用于灰毛叶樱桃后代幼苗的叶斑病抗性的标记辅助选择,不具有樱桃叶斑病的抗性等位基因的后代被预测为易感病植株,可在田间种植前就被筛选出来进行排除。

参考文献

Abou-Zeid, A., Hedtrich, C. M. and Neumann, K. H. (1977) Untersuchungen zum Nachreifeprozess bei Samen von *Prunus avium*. *Angewandte Botanik* 51,37 - 45.

Avramidou, E., Ganopoulos, I. V. and Aravanopoulos, F. A. (2010) DNA fingerprinting of elite Greek wild cherry (*Prunus avium* L.) genotypes using microsatellite markers. *Forestry* 83,527 - 533.

Balla, I. (2012) Embryo rescue of early ripening sweet and sour cherry hybrids. In: *Proceedings of the EU COST Action FA1104: Sustainable Production of High-quality Cherries for the European Market*. COST meeting, Palermo, Italy, November 2012. Available at: http://www.bordeaux.inra.fr/cherry/docs/ dossiers/Activities/Meetings/21 - 23_11_2012_ WG_and_2nd_MC_Meeting_Palermo/Day_2/presentations/WG1/Balla_Palermo_06.pdf (accessed 29 January 2016).

Balla, I. and Brozik, S. (1996) Embryo culture of sweet cherry hybrids. *Acta Horticulturae* 410,385 - 386.

Balsemin, E., Christmann, H. and Barreneche, T. (2005) Un réseau de partenaires pour la sauvegarde du patrimoine de fruits à noyau (*Prunus*). *Fruits Oublies* 36, 7–8.

Bargioni, G. (1996) Sweet cherry scions. Characteristics of the principal commercial cultivars, breeding objectives and methods. In: Webster, A. D. and Looney, N. E. (eds) *Cherries: Crop Physiology, Production and Uses*. CAB International, Wallingford, UK, pp. 73–112.

Barraco, G., Chatelet, Ph., Balsemin, E., Decourcelle, T., Sylvestre, I. and Engelmann, F. (2012) Cryopreservation of *Prunus cerasus* through vitrification and replacement of cold hardening with preculture on medium enriched with sucrose and/or glycerol. *Scientia Horticulturae* 148, 104–108.

Bassi, D., Gaggioloi, G. and Montalti, P. (1984) Chilling effect on development of immature peach and sweet cherry embryos. In: Lange W., Zeven A. C. and Hogenboom N. G. (eds) *Efficiency in Plant Breeding. Proceedings of the 10 th Congress of European Research on Plant Breeding, EUCARPIA*, 19–24 June 1983, Pudoc, Wageningen, The Netherlands, p. 293.

Beaver, J. A. and Iezzoni, A. F. (1993) Allozyme inheritance in tetraploid sour cherry (*Prunus cerasus* L.). *Journal of the American Society for Horticultural Science* 118, 873–877.

Benedikova, D. and Giovannini, D. (2013) Review on genetic resources in the ECPGR *Prunus* Working Group. *Acta Horticulturae* 981, 43–51.

Bink, M. C. A. M., Uimari, P., Sillanpaa, M. J., Janss, L. L. G. and Jansen, R. C. (2002) Multiple QTL mapping in related plant populations via a pedigree-analysis approach. *Theoretical and Applied Genetics* 104, 751–762.

Boskovic, R. and Tobutt, K. R. (1998) Inheritance and linkage relationships of isoenzymes in two interspecific cherry progenies. *Euphytica* 103, 273–286.

Brettin, T. S., Karle, R., Crowe, E. L. and Iezzoni, A. F. (2000) Chloroplast inheritance and DNA variation in sweet, sour, and ground cherry. *Journal of Heredity* 91, 75–79.

Brown, S. K., Iezzoni, A. F. and Fogle, H. W. (1996) Cherries. In: Janick, J. and Moore, J. N. (eds) *Fruit Breeding*, Vol. I. *Tree and Tropical Fruits*. Wiley, New York, pp. 213–255.

Burger, P., Terral, J. F., Ruas, M. P., Ivorra, S. and Picq, S. (2011) Assessing past agrobiodiversity of *Prunus avium* L. (*Rosaceae*): a morphometric approach focused on the stones from the archaeological site Hôtel-Dieu (16 th century, Tours, France). *Vegetation History and Archaeobotany* 20, 447–458.

Cabrera, A., Rosyara, U. R., de Franceschi, P., Sebolt, A., Sooriyapathirana, S. S., Dirlewanger, E., Quero-García, J., Schuster, M., Iezzoni, A. F. and van der Knaap, E. (2012) Rosaceae conserved orthologous sequences marker polymorphism in sweet cherry germplasm and construction of a SNP-based map. *Tree Genetics and Genomes* 8, 237–247.

Cachi, A. M. and Wünsch, A. (2011) Characterization and mapping of non-*S* gametophytic self-compatibility in sweet cherry (*Prunus avium* L.). *Journal of Experimental Botany* 62, 1847 - 1856.

Cachi, A. M. and Wünsch, A. (2014a) *S*-Genotyping of sweet cherry varieties from Spain and *S*-locus diversity in Europe. *Euphytica* 197, 229 - 236.

Cachi, A. M. and Wünsch, A. (2014b) Characterization of self-compatibility in sweet cherry varieties by crossing experiments and molecular genetic analysis. *Tree Genetics and Genomes* 10, 1205 - 1212.

Calabrese, F., Fenech, L. and Raimondo, A. (1984) Kronio: una cultivar di ciliegio molto precoce e autocompatibile. *Frutticoltura* 46, 27 - 30.

Campoy, J. A., Le Dantec, L., Barreneche, T., Dirlewanger, E. and Quero-García, J. (2015) New insights into fruit firmness and weight control in sweet cherry. *Plant Molecular Biology Reporter* 22, 783 - 796.

Campoy, J. A., Lerigoleur-Balsemin, E., Christmann, H., Beauvieux, R., Girollet, N., Quero-García, J., Dirlewanger, E. and Barreneche, T. (2016) Genetic diversity, linkage disequilibrium, population structure and construction of a core collection of *Prunus avium* L. landraces and bred cultivars. *BMC Plant Biology* 16, 49.

Castède, S., Campoy, J. A., Quero-García, J., Le Dantec, L., Lafargue, M., Barreneche, T., Wenden, B. and Dirlewanger, E. (2014) Genetic determinism of phenological traits highly affected by climate change in *Prunus avium*: flowering date dissected into chilling and heat requirements. *New Phytologist* 202, 703 - 715.

Chavoshi, M., Watkins, C., Oraguzie, B., Zhao, Y., Iezzoni, A. and Oraguzie, N. (2014) Phenotyping protocol for sweet cherry (*Prunus avium* L.) to facilitate an understanding of trait inheritance. *Journal of the American Pomological Society* 68, 125 - 134.

Choi, C. and Kappel, F. (2004) Inbreeding, coancestry, and founding clones of sweet cherries from North America. *Journal of the American Society for Horticultural Science* 129, 535 - 543.

Clarke, J. B. and Tobutt, K. R. (2009) A standard set of accessions, microsatellites and genotypes for harmonizing the fingerprinting of cherry collections for the ECPGR. *Acta Horticulturae* 814, 615 - 618.

Clarke, J. B., Sargent, D. J., Bošković, R. I., Belaj, A. and Tobutt, K. R. (2009) A cherry map from the inter-specific cross *Prunus avium* 'Napoleon' × *P. nipponica* based on microsatellite, gene-specific and isoenzyme markers. *Tree Genetics and Genomes* 5, 41 - 51.

de Boucaud, M. T., Brison, M., Helliot, B. and Herve-Paulus, V. (2002) Cryopreservation of *Prunus*. In: Towill, L. E. and Bajaj, Y. P. S. (eds) *Biotechnology in Agriculture and Forestry*, Vol. 50. *Cryopreservation of Plant Germplasm II*. Springer, Berlin/Heidelberg, Germany, pp. 287 - 311.

de Franceschi, P., Stegmeir, T., Cabrera, A., van der Knapp, E., Rosyara, U., Sebolt, A., Dondini, L., Dirlewanger, E., Quero-García, J., Campoy, J. and Iezzoni, A. (2013) Cell number regulator genes in *Prunus* provide candidate genes for the control of fruit size in sweet and sour cherry. *Molecular Breeding* 32, 311 - 326.

de Rogatis, A. and Fabbri, F. (1997) Shoots *in vitro* regeneration on immature cotyledons of *Prunus avium* L. *Annali dell'Intituto Sperimentale per la Selvicoltura* 28, 3 - 8.

Demir, T., Demirsoy, L., Demirsoy, H., Kaçar, Y. A., Yilmaz, M. and Macit, I. (2009) Molecular characterization of sweet cherry genetic resources in Giresun, Turkey. *Fruits* 66, 53 - 62.

Dirlewanger, E., Graziano, E., Joobeur, T., Garriga-Calderé, F., Cosson, P., Howad, W. and Arús, P. (2004) Comparative mapping and marker-assisted selection in Rosaceae fruit crops. *Proceedings of the National Academy of Sciences USA* 101, 9891 - 9896.

Dirlewanger, E., Claverie, J., Iezzoni, A. F. and Wünsch, A. (2009) Sweet and sour cherries: linkage maps, QTL detection and marker assisted selection. In: Folta, K. M. and Gardiner, S. E. (eds) *Genetics and Genomics of Rosaceae. Plant Genetics and Genomics: Crops and Models*, Vol. 6. Springer, New York, pp. 291 - 313.

Dirlewanger, E., Quero-García, J., Le Dantec, L., Lambert, P., Ruiz, D., Dondini, L., Illa, E., Quilot-Turion, B., Audergon, J. -M., Tartarini, S., Letourmy, P. and Arùs, P. (2012) Comparison of the genetic determinism of two key phenological traits, flowering and maturity dates, in three *Prunus* species: peach, apricot and sweet cherry. *Heredity* 109, 280 - 292.

Engelmann, F. (2012) Germplasm collection, storage and preservation. In: Altmann, A. and Hazegawa, P. M. (eds) *Plant Biotechnology and Agriculture — Prospects for the 21st Century*. Academic Press, Oxford, pp. 255 - 268.

Engelmann, F. and Engels, J. M. M. (2002) Technologies and strategies for *ex situ* conservation. In: Engels, J. M. M., Rao, V. R., Brown, A. H. D. and Jackson, M. T. (eds) *Managing Plant Genetic Diversity*. CAB International, Wallingford, UK, and IPGRI, Rome, pp. 89 - 104.

Engels, J. M. M. and Maggioni, L. (2011) *AEGIS: A Rationally Based Approach to PGR Conservation*. CAB International, Wallingford, UK.

Engels, J. M. M. and Visser, L. (2003) *A Guide to Effective Management of Germplasm Collections*. IPGRI Handbooks for Genebanks No. 6. International Plant Genetic Resources Institute, Rome.

Ercisli, S., Agar, G., Yildirim, N., Duralija, B., Vokurka, A. and Karlidag, H. (2011) Genetic diversity in wild sweet cherries (*Prunus avium*) in Turkey revealed by SSR markers. *Genetics and Molecular Research* 10, 1211 - 1219.

EUFORGEN (2009) Distribution map of wild cherry (*Prunus avium*). European forest genetic resources programme, Maccarese, Italy. Available at: http://www.euforgen.org/species/prunus-avium/ (accessed 4 January 2017).

Fathi, H. and Jahani, U. (2012) Review of embryo culture in fruit trees. *Annals of Biological Research* 3,4276 - 4281.

Fathi, H., Arzani, K., Ebadi, A and Khalighi, A. (2009) Production of sweet cherry hybrids (Silej-Delamarka and Zard-Daneshkadeh) using embryo culture. *Seed and Plant Improvement Journal* 25,51 - 64.

Faust, M. and Surányi, D. (1997) Origin and dissemination of cherry. In: Janick, J. (ed.) *Horticultural Reviews*, Vol. 19. Wiley, New York, pp. 263 - 317.

Flachowsky, H. and Höfer, M. (2010) Die Deutsche Genbank Obst, ein dezentrales Netzwerk zur nachhaltigen Erhaltung genetischer Ressourcen bei Obst. *Journal für Kulturpflanzen* 62,9 - 16.

Ganopoulos, I. V., Kazantzis, K., Chatzicharisis, I., Karayiannis, I. and Tsaftaris, A. (2011) Genetic diversity, structure and fruit trait associations in Greek sweet cherry cultivars using microsatellite based (SSR/ISSR) and morpho-physiological markers. *Euphytica* 181,237 - 251.

Giovannini, D. and Engel, P. (2006) Status of *Prunus* collections in Italy. In: Maggioni, L. and Lipman, E. (eds) *Report of a Working Group on Prunus*. Sixth Meeting, 20 - 21 June 2001, Budapest, Hungary, and Seventh Meeting, 1 - 3 December 2005. Biodiversity International, Rome, pp. 61 - 65.

Grenier-de March, G., de Boucaud, M. T. and Chmielarz, P. (2005) Cryopreservation of *Prunus avium* L. embryogenic tissues. *CryoLetters* 26,341 - 348.

Guajardo, V., Simon, S., Sagredo, B., Gainza, F., Munoz, C., Gasic, K. and Hinrichsen, P. (2015) Construction of a high density sweet cherry (*Prunus avium* L.) linage maps using microsatellite markers and SNPs detected by genotyping-by-sequencing (GBS). *PLoS One* 10, e0127750.

Guarino, C., Santoro, S., de Simone, L. and Cipriani, G. (2009) *Prunus avium*: nuclear DNA study in wild populations and sweet cherry cultivars. *Genome* 52,320 - 337.

Gutierrez, P. and Rugini, E. (2004) Influence of plant growth regulators, carbon source and iron on the cyclic secondary somatic embryogenesis and plant regeneration of transgenic cherry rootstock 'Colt' (*Prunus avium* × *P. pseudocerasus*). *Plant Cell Tissue and Organ Culture* 79,223 - 232.

Hauck, N. R., Yamane, H., Tao, R. and Iezzoni, A. F. (2006) Accumulation of non-functional *S*-haplotypes results in the breakdown of gametophytic self-incompatibility in tetraploid *Prunus*. *Genetics* 172,1191 - 1198.

Hedrick, U. P., Howe, G. H., Taylor, O. M., Tubergen, C. B. and Wellington, R. (1915) *The Cherries of New York*. Report of the New York Agricultural Experiment Station for the Year 1914 II. J. B. Lyon, Albany, New York.

Iezzoni, A., Schmidt, H. and Albertini, A. (1990) Cherries (*Prunus*). In: Moore, J. N. and Ballington, J. R. Jr (eds) *Genetic Resources of Temperate Fruit and Nut Crops*, Vol. 1. International Society for Horticultural Science, Wageningen, The Netherlands, pp. 111 - 173.

Ikeda, K., Watari, A., Ushijima, K., Yamane, H., Hauck, N. R., Iezzoni, A. F. and Tao, R. (2004) Molecular markers for the self-compatible S_4' -haplotype, a pollen-part mutant in sweet cherry (*Prunus avium* L.). *Journal of the American Society for Horticultural Science* 129, 724 - 728.

Iliev, N., Petrakieva, A. and Milev, M. (2012) Seed dormancy breaking of wild cherry (*Prunus avium* L.). *Forestry Ideas* 18, 28 - 36.

Ivanicka, J. and Pretova, A. (1986) Cherry (*Prunus avium* L.). In: Bajai, Y. P. S. (ed.) *Biotechnology in Agriculture and Forestry*, Vol. 1, Trees I. Springer, Berlin, pp. 154 - 169.

Jensen, M. (2012) Sour cherry fast cycling breeding. From pollination to fruit set in offspring. In: *Proceedings of the EU COST Action FA1104 Sustainable production of high-quality cherries for the European market*. COST meeting, Palermo, Italy, November 2012. Available at: https://www. bordeaux. inra. fr/cherry/docs/ dossiers/ Activities/Meetings/21 - 23_11_2012_ WG_and_2nd_MC_Meeting_Palermo/Day_2/ presentations/ WG1/Jensen_Palermo_04. pdf (accessed 29 th January 2016).

Jensen, M. and Eriksen, E. N. (2001) Development of primary dormancy in seeds of *Prunus avium* during maturation. *Seed Science and Technology* 29, 307 - 320.

Jensen, M. and Kristiansen, K. (2009) Removal of distal part of cotyledons or soaking in BAP overcomes embryonic dormancy in sour cherry. *Propagation of Ornamental Plants* 9, 135 - 142.

Jensen, M. and Kristiansen, K. (2014) Aspects of freezing tolerance in sour cherry. *Proceedings of the EU COST Action FA1104: Sustainable Production of High-quality Cherries for the European Market*. COST meeting, Plovdiv, Bulgaria, May 2014. Available at: http://www. bordeaux. inra. fr/cherry/docs/dossiers/Activities/Meetings/ 2014%2005%2026 - 27%20WG1-WG3%20Meeting_Plovdiv/Presentations/Jensen_Plovdiv2014. pdf (accessed 29 January 2016).

Joublan, J. P., Serri, H. and Ocompo, J. (2005) Evaluation of sweet cherry germplasm in southern Chile. *Acta Horticulturae* 667, 69 - 74.

Kaçar, Y. A., Çetiner, M. S., Cantini, C. and Iezzoni, A. F. (2006) Simple sequence repeat (SSR) markers differentiate Turkish sour cherry germplasm. *Journal of the American Society for Horticultural Science* 60, 136 - 143.

Kellerhals, M., Goerre, M., Rsterholz, P., Gersbach, K. and Bossard, M. (1999) Obstsorten: das reiche genetische Erbe sichern. *Schweizerische Zeitschrift für Obst- und Weinbau* 23, 561 - 564.

Klagges, C., Campoy, J. A., Quero-García., J, Guzman, A., Mansur, L., Gratacos, E., Silva, H., Rosyara, U. R., Iezzoni, A., Meisel, L. A. and Dirlewanger, E. (2013) Construction and comparative analyses of highly dense linkage maps of two sweet cherry intra-specific progenies of commercial cultivars. *PLoS One* 8, e54743.

Lacis, G., Rashal, I., Ruisa, S., Trajkovski, V. and Iezzoni, A. F. (2009) Assessment of genetic diversity of Latvian and Swedish sweet cherry (*Prunus avium* L.) genetic resources collections by using SSR (microsatellite) markers. *Scientia Horticulturae* 121, 451 - 457.

Lambardi, M., Benelli, C., de Carlo, A. and Previati, A. (2009) Advances in the cryopreservation of fruit plant germplasm at the CNR-IVALSA. *Acta Horticulturae* 839, 237 - 243.

Lapins, K. O. (1975) 'Compact Stella' cherry. *Fruit Varieties Journal* 29, 20.

Lewis, D. (1949) Structure of the incompatibility gene. II. Induced mutation rate. *Heredity* 3, 339 - 355.

Lin, C. F. and Boe, A. A. (1972) Effects of some endogenous and exogenous growth regulators on plum seed dormancy. *Journal of the American Society for Horticultural Science* 97, 41 - 44.

Liu, L., Pagter, M. and Andersen, L. (2012) Preliminary results on seasonal changes in flower bud cold hardiness of sour cherry. *European Journal of Horticultural Science* 77, 109 - 114.

Maggioni, L. and Engels, J. (2014) Networking for plant genetic resources. *Pan European Networks: Science and Technology* 10, 285 - 287.

Marchese, A., Bošković, R. I., Caruso, T., Raimondo, A., Cutuli, M. and Tobutt, K. R. (2007) A new selfcompatibility haplotype in the sweet cherry 'Kronio', *S5'*, attributable to a pollen-part mutation in the *SFB* gene. *Journal of Experimental Botany* 58, 4347 - 4356.

Mariette, S., Tavaud, M., Arunyawat, U., Capdeville, G., Millan, M. and Salin, F. (2010) Population structure and genetic bottleneck in sweet cherry estimated with SSRs and the gametophytic self-incompatibility locus. *BMC Genetics* 11, 77.

Moriguchi, T., Teramoto, S. and Sanada, T. (1994) Conservation system of fruit tree genetic resources and recently released cultivars from fruit tree research station in Japan. *Fruit Varieties Journal* 48, 73 - 80.

Niino, T., Tashiro, K., Suzuki, M., Ohuchi, S., Magoshi, J. and Akihama, T. (1997) Cryopreservation of *in vitro* grown shoot tips of cherry and sweet cherry by one-step vitrification. *Scientia Horticulturae* 70, 155 - 163.

Okuno, K., Shirata, K., Nino, T. and Kawase, M. (2005) Plant genetic resources in Japan: platforms and destinations to conserve and utilize plant genetic diversity. *Japan Agricultural Research Quarterly* 39, 231 - 237.

Olden, E. J. and Nybom, N. (1968) On the origin of *Prunus cerasus* L. *Hereditas* 59, 327 - 345.

Olmstead, J., Sebolt, A., Cabrera, A., Sooriyapathirana, S., Hammar, S., Iriart, G., Wang, D., Chen, C. Y., van der Knapp, E. and Iezzoni, A. F. (2008) Construction of an intra-specific sweet cherry (*Prunus avium* L.) genetic linkage map and synteny analysis with the *Prunus* reference map. *Tree Genetics and Genomes* 4,897 - 910.

Peace, C., Bassil, N., Main, D., Ficklin, S., Rosyara, U. R., Stegmeir, T., Sebolt, A., Gilmore, B., Lawley, C., Mockler, T. C., Bruant, D. W., Wilhelm, L. and Iezzoni, A. (2012) Development and evaluation of a genome-wide 6K SNP array for diploid sweet cherry and tetraploid sour cherry. *PLoS One* 7, e48350.

Pérez-Sánchez, R., Gómez-Sánchez, M. A. and Morales-Corts, R. (2008) Agromorphological characterization of traditional Spanish sweet cherry (*Prunus avium* L.), sour cherry (*Prunus cerasus* L.) and duke cherry (*Prunus* × *gondouinii* Rehd.) cultivars. *Spanish Journal of Agricultural Research* 6,42 - 55.

Popenoe, H., King, S. R., Leon, J. and Kalinowksi, L. S. (1989) Capuli cherry. In: *Lost Crops of the Incas: Little Known Plants for the Andes with Promise for Worldwide Cultivation*. National Academy Press, Washington, DC, pp. 223 - 227.

Potter, D., Eriksson, T., Evans, R. C., Oh, S., Smedmark, J. E. E., Morgan, D. R., Kerr, M., Robertston, K. R., Arsenault, M., Dickinson, T. A. and Campbell, C. S. (2007) Phylogeny and classification of Rosaceae. *Plant Systematics and Evolution* 266, 5 - 43.

Quero-García, J., Fodor, A., Reignier, A., Capdeville, G., Joly, J., Tauzin, Y., Fouilhaux, L. and Dirlewanger, E. (2014) QTL detection of important agronomic traits for sweet cherry breeding. *Acta Horticulturae* 1020,57 - 64.

Reed, B. M., Engelmann, F., Dullo, M. E. and Engels, J. M. M. (2004) *Technical Guidelines for the Management of Field and In Vitro Germplasm Collections*. IPGRI Handbooks for Genebanks No. 7. International Plant Genetic Resources Institute, Rome.

Rehder, A. (1974) *Manual of Cultivated Trees and Shrubs Hardy in North America*. Macmillan, New York. Rodrigues, L. C., Morales, M. R., Fernandes, A. J. B. and Ortiz, J. M. (2008) Morphological characterization of sweet and sour cherry cultivars in a germplasm bank at Portugal. *Genetic Resources and Crop Evolution* 55,593 - 601.

Rosyara, U., Bink, C. A. M., van de Weg, E., Zhang, G., Wang, D., Sebolt, A., Dirlewanger, E., Quero-García, J., Schuster, M. and Iezzoni, A. (2013) Fruit size QTL identification and the prediction of parental QTL genotypes and breeding values in multiple pedigreed populations of sweet cherry. *Molecular Breeding* 32,875 - 887.

Rosyara, U., Sebolt, A., Peace, C. and Iezzoni, A. (2014) Identification of the paternal parent of 'Bing' sweet cherry and confirmation of descendants using single nucleotide polymorphism markers. *Journal of the American Society for Horticultural Science* 139,148 - 156.

Salazar, J., Ruiz, D., Campoy, J., Sánchez-Pérez, R., Crisosto, C., Martínez-García, P., Blenda, A., Jung, S., Main, D., Martínez-Gómez, P. and Rubio, M. (2014) Quantitative trait loci (QTL) and Mendelian trait loci (MTL) analysis in *Prunus*: a breeding perspective and beyond. *Plant Molecular Biology Reporter* 32,1 - 18.

Sandefur, P., Oraguzie, N. and Peace, C. (2016) A DNA test for routine prediction in breeding of sweet cherry fruit color, Pav-Rf -SSR. *Molecular Breeding* 36,33.

Schmidt, H. (1973) Investigations on breeding dwarf rootsocks for sweet cherries. I. Flower differentiation and development in *Prunus* species and forms. *Zeitschrift für Pflanzenzucht* 70,72 - 82.

Schmidt, H. and Ketzel, A. (1993) Regeneration of adventitious shoots *in vitro* in cherries. 4. Adventitious shoots regeneration of cotyledons and embryo rescue as tools in sweet cherry breeding. *Gartenbauwissenschaft* 58,64 - 67.

Schuster, M. (2005) Meiotic investigations in a *Prunus avium* × *P. canescens* hybrid. *Acta Horticulturae* 667,101 - 102.

Schuster, M. (2012) Incompatible (*S*-) genotypes of sweet cherry cultivars (*Prunus avium* L.). *Scientia Horticulturae* 148,59 - 73.

Schuster, M. (2013) Resistance breeding in cherries — goals and results. In: *Proceedings of the EU COST Action FA1104: Sustainable Production of High-quality Cherries for the European Market*. COST meeting, Pitesti, Romania, October 2013. Available at: https://www.bordeaux.inra.fr/cherry/docs/dossiers/Activities/ Meetings/15 - 17% 2010%20 2013_3rd%20MC%20and%20all%20WG%20Meeting_Pitesti/Presentations/ 16_Schuster_Mirko.pdf (accessed 29 January 2016).

Schuster, M. and Schreiber, H. (2000) Genome investigations in sour cherry, *P. cerasus* L. *Acta Horticulturae* 538,375 - 379.

Schuster, M., Flachowsky, H. and Köhler, D. (2007) Determination of self-incompatible genotypes in sweet cherry (*Prunus avium* L.) accessions and cultivars of the German Fruit Gene Bank and from private collections. *Plant Breeding* 126,533 - 540.

Sebolt, A. M., Iezzoni, A. F. and Tsukamoto, T. (2017) *S*-Genotyping of cultivars and breeding selections of sour cherry (*Prunus cerasus* L.) in the Michigan State University Sour Cherry breeding program. *Acta Horticulturae* (in press).

Shatnawi, M. A., Shibli, R., Qrunfleh, I., Bataeineh, K. and Obeidat, M. (2007) *In vitro* propagation and cryopreservation of *Prunus avium* using vitrification and encapsulation dehydration methods. *Journal of Food, Agriculture and Environment* 5,204 - 208.

Shi, S., Li, J., Sun, J., Yu, J. and Zhou, S. (2013) Phylogeny and classification of *Prunus sensu lato* (Rosaceae). *Journal of Integrative Plant Biology* 55,1069 - 1079.

Sonneveld, T., Tobutt, K. R., Vaughan, S. P. and Robbins, T. P. (2005) Loss of pollen-*S* function in two self-compatible selections of *Prunus avium* is associated with deletion/mutation of an *S* haplotype-specific F-box gene. *Plant Cell* 17,37 - 51.

Sooriyapathirana, S. S., Khan, A., Sebolt, A. M., Wang, D., Bushakra, J. M., Lin-Wang, K., Allan, A. C., Gardiner, S. E., Chagne, D. and Iezzoni, A. F. (2010) QTL analysis and candidate gene mapping for skin and flesh color in sweet cherry fruit (*Prunus avium* L.). *Tree Genetics and Genomes* 6,821 - 832.

Stanys, V., Stanytė, R., Stanienė, G. and Vinskienė, J. (2008) *S*-Allele identification by

PCR analysis in Lithuanian sweet cherries. *Biologija* 54,22 - 26.

Stegmeir, T., Schuster, M., Sebolt, A., Rosyara, U., Sundin, G. S. and Iezzoni, A. (2014a) Cherry leaf spot resistance in cherry (*Prunus*) is associated with a quantitative trait locus on linkage group 4 inherited from *P. canescens*. *Molecular Breeding* 34,927 - 935.

Stegmeir, T., Sebolt, A. and Iezzoni, A. (2014b) Phenotyping protocol for sour cherry (*Prunus cerasus* L.) to enable a better understanding of trait inheritance. *Journal of the American Pomological Society* 68,40 - 47.

Stegmeir, T., Cai, L., Basundari, R. A., Sebolt, A. M. and Iezzoni, A. F. (2015) A DNA test for fruit flesh color in tetraploid sour cherry (*Prunus cerasus* L.). *Molecular Breeding* 35,149.

Suszka, B., Muller, C. and Bonnet-Masimbert, M. (1996) *Seeds of Forest Broadleaves, from Harvest to Sowing*. Institut National de la Recherche Agronomique, Paris, pp. 213 - 233.

Szôdi, S., Rozsnyay, Z., Rózsa, E. and Turóczi, G. (2008) Susceptibility of sour cherry cultivars to isolates of *Monilia laxa* (Ehrenbergh) Saccardo et Voglino. *International Journal of Horticultural Science* 14,83 - 87.

Szügyi, S., Rozsnyay, Z., Apostol, J. and Békefi, Z. (2014) Breeding and evaluation of Hungarian bred *Monilia laxa* resistant sour cherry genotypes. In: *Proceedings of the EU COST Action FA1104: Sustainable Production of High-quality Cherries for the European Market*. COST meeting, Plovdiv, Bulgaria, May 2014.

Available at: https://www. bordeaux. inra. fr/cherry/page6 - 1 - 13. html (accessed 29 January 2016).

Szymajda, M. and Zurawicz, E. (2014) Effect of postharvest treatments on the germination of three sour cherry (*Prunus cerasus* L.) genotypes. In: *Proceedings of the EU COST Action FA1104: Sustainable Production of High-quality Cherries for the European Market*. COST meeting, Novi Sad, Serbia, September 2014.

Available at: https://www. bordeaux. inra. fr/cherry/page6 - 1 - 15. html (accessed 29 January 2016).

Tang, H. R., Ren, Z. L. and Krczal, G. (2000) Somatic embryogenesis and organogenesis from immature embryo cotyledons of three sour cherry cultivars (*Prunus cerasus* L.). *Scientia Horticulturae* 83,109 - 126.

Tavaud, M., Zanetto, A., David, J. L., Laigret, F. and Dirlewanger, E. (2004) Genetic relationships between diploid and allotetraploid cherry species (*Prunus avium*, *Prunus* × *gondouinii* and *Prunus* cerasus). *Heredity* 93,631 - 638.

Towill, L. E. and Forsline, P. (1999) Cryopreservation of sour cherry (*Prunus cerasus* L.) using a dormant vegetative bud method. *CryoLetters* 20,215 - 222.

Tsukamoto, T., Tao, R. and Iezzoni, A. F. (2008) PCR markers for mutated *S*-haplotypes enable discrimination between self-incompatible and self-compatible sour cherry selections. *Molecular Breeding* 21,67 - 80.

Tukey, H. B. (1933a) Embryo abortion in early-ripening varieties of *Prunus avium*. *Botanical Gazette* 94,433 - 468.

Tukey, H. B. (1933b) Artificial culture of sweet cherry embryos. *Journal of Heredity* 24,7 - 12.

Vaughan, S. P. and Russell, K. (2004) Characterization of novel microsatellites and development of multiplex PCR for large-scale population studies in wild cherry, *Prunus avium*. *Molecular Ecology Notes* 4,429 - 431.

Wang, D., Karle, R., Brettin, S. and Iezzoni, A. F. (1998) Genetic linkage map in sour cherry using RFLP markers. *Theoretical and Applied Genetics* 97,1217 - 1224.

Wang, D., Karle, R. and Iezzoni, A. F. (2000) QTL analysis of flower and fruit traits in sour cherry. *Tree Genetics and Genomes* 100,535 - 544.

Wang, J., Zhang, K., Zhang, X., Yan, G., Zhou, Y., Feng, L., Ni, Y. and Duan, X. (2015) Construction of commercial sweet cherry linkage maps and QTL analysis for trunk diameter. *PLoS One* 10, e0141261.

Watkins, R. (1976) Cherry, plum, peach, apricot and almond. In: N. W. Simmonds (ed.) *Evolution of Crop Plants*. Longman, New York, pp. 242 - 247.

Webster, A. D. (1996) The taxonomic classification of sweet and sour cherries and a brief history of their cultivation. In: Webster, A. D. and Looney, N. E. (eds) *Cherries: Crop Physiology, Production and Uses*. CAB International, Wallingford, UK.

Wharton, P. and Iezzoni, A. (2005) Development of a protocol for screening cherry germplasm for resistance to cherry leaf spot. *Acta Horticulturae* 667,509 - 514.

Wünsch, A. and Hormaza, J. I. (2004a) Molecular evaluation of genetic diversity and S-allele composition of local Spanish sweet cherry (*Prunus avium* L.) cultivars. *Genetic Resources and Crop Evolution* 51,635 - 641.

Wünsch, A. and Hormaza, J. I. (2004b) Genetic and molecular analysis in Cristobalina sweet cherry, a spontaneous self-compatible mutant. *Sexual Plant Reproduction* 17,203 - 210.

Zanetto, A., Maggioni, L., Tobutt, K. R. and Dosba, F. (2002) *Prunus* genetic resources in Europe: achievement and perspectives of a networking activity. *Genetic Resources and Crop Evolution* 49,331 - 337.

Zhang, G., Sebolt, A. M., Sooriyapathirana, S. S., Wang, D., Bink, M. C. A. M., Olmstead, J. W. and Iezzoni, A. F. (2010) Fruit size QTL analysis in an F1 population derived from a cross between a domesticated sweet cherry cultivar and a wild forest sweet cherry. *Tree Genetics and Genomes* 6,25 - 36.

Zhu, M., Zhang, X., Zhang, K., Jiang, L. and Zhang, L. (2004) Development of a simple molecular marker specific for detecting the self-compatible S_4' haplotype in sweet cherry (*Prunus avium* L.). *Plant Molecular Biology Reporter* 22,387 - 398.

Zhukovsky, P. M. (1965) Main gene centers of cultivated plants and their wild relations within territory of the USSR. *Euphytica* 14,177 - 188.

4 甜樱桃品种及改良

4.1 甜樱桃改良历史

目前,世界上有数以百计的甜樱桃品种可供种植者使用。大量地方品种被保存下来,在一定程度上由于当地的生产利用,最近它们又在现代育种计划中发挥作用。甜樱桃通常是二倍体物种($2n=2x=16$),只有极少数报道有三倍体或四倍体的例子(Figle, 1975,由 Bargioni 引用,1996)。观察到的三倍体也可能是由于染色体计数不正确造成的。至于四倍体,它们只是人工产生多倍体的结果(M. Schuster, 2016,私信)。

历史上曾试图根据重要和相对简单的表型特征对甜樱桃品种进行分类,如果皮颜色、果肉颜色和硬度、果汁颜色和成熟时间(Bargioni, 1996)。例如,Zwitzscher(1961)根据 Truchseß(1819)以前的分类,将樱桃分为两组:软肉的心形樱桃和硬肉的心形樱桃。然后,将两组进一步细分为深红樱桃和无色樱桃果实,前者果汁有颜色,后者没有颜色。无论如何,将甜樱桃分为明确的群体总是很困难的一件事,因为有大量的形态多样性,许多果实特性,包括硬度,可能会受到气候、负载量、砧木或任何其他栽培措施的影响。

近几十年来,尽管可利用的商业甜樱桃品种的数量显著增加,但值得注意的是,在许多国家,很大部分的产量仍然依赖少数几个品种。有些是非常古老的选育品种,如"宾库"或"伯莱特",有些甚至是来历不明的老品种,如土耳其的"紫拉特"。

4.2 甜樱桃育种

与其他果树种类相比,甜樱桃可控性遗传改良相对落后。与苹果或桃子等相比,除了经济回报较低外,还必须考虑其他生物学特性:①配子体自交不亲和(见第 2 章);②开花期间果实坐果与气候条件密切相关(见第 8 章);③大多数甜樱桃品种生长势强,早果性缺乏;④进行高密栽培所需的矮化砧木缺乏(见第 6 章);⑤其他问题,如鸟害和雨水引起的裂果(见第 7 章)。

尽管甜樱桃育种具有这些特征,但 20 世纪 50 年代之后,几乎每个甜樱桃生产国都启动了许多育种计划。根据 Sansavini 和 Lugli(2008)的数据,在 1991—2004 年期间,在核果类中,甜樱桃的育种仅次于桃子。在此期间,登录发表了 230 个选育的新品种,其中 116 个来自欧洲,71 个来自北美,33 个来自亚洲。在 2002—2016 年期间,仅在美国,就在《新水果和干果品种登记册》上发布了 88 个新的甜樱桃品种(Lang, 2016,私信)。

Sansavini 和 Lugli(2008)确定了 27 个欧洲主要的公立和私人甜樱桃育种单位,并进行了一项调查,获得了 20 个单位的反馈。Kappel(2008)介绍了来自美国、加拿大和澳大利亚的 7 个育种单位。在本章中,我们将介绍来自 15 个不同国家的 22 个育种单位,包括 2000 年启动的新的育种计划,特别是在樱桃种植方面十分活跃的国家,如智利、中国和西班牙。如第 3 章所述,大多数育种计划中遗传基础极为狭窄,由于这些品种的具体特点,因此每个育种计划中局限于非常有限的主要亲本。然而,今天人们越来越有兴趣使用更多样化的遗传资源,主要来自栽培品种基因库,但不排除在野生近缘种资源中寻找有趣的等位基因的可能性。例如,来自法国、德国和西班牙的育种家最近从阿塞拜疆不同地区收集了甜樱桃和酸樱桃野生及地方品种种核,阿塞拜疆位于被推测为樱桃起源地的区域内(López-Ortega, 2015)。

4.2.1 育种目标

甜樱桃的主要育种目标已在前面进行了阐述(Bargioni, 1996; Sansavini 和 Lugli, 2008; Kappel, 2012)。在本节中,将综述最重要的和最近相对较新的育种目标。

树体结构和结果

传统上,树势太强被认为是甜樱桃高密栽培的主要问题之一。通过常规杂交育种和从自然突变中选择突变体以及电离辐射育变,人们试图育成树体紧凑的品种(Bargioni, 1996)。育成的矮化品种类型的例子是"紧凑型斯特拉"或"紧凑型兰伯特"。随着新一代矮化和半矮化砧木的出现,以及新的修剪技术和整形模式的采用,开展接穗矮化类型的育种已不再是当今的主要目标。然而,应当避免树势过强,具有半直立(短果枝高比例)或树体开张性及分枝性良好(短果枝分布广泛)的基因型是育种的首选。

早期产量高，丰产性好，尤其稳产性好是目前主要的育种选择标准。无论如何，需要重点考虑这些特征可能受到砧木、栽植和整形模式的影响。对于早果特性，类似“甜心”这样的品种可以作为一个标准的具有早果特征的甜樱桃品种(Kappel, 2012)。虽然在实生苗阶段就可以对丰产性进行定性的评价，但只有在多点重复试验中，才能进行产量测定。品种的稳产性和环境适应性与基因型的可塑性有关。甜樱桃品种的稳定且适当的坐果和气候条件联系非常紧密。只有通过多年观测或不同气候条件下的多点试验，育种家才能获得对品种的环境适应性的准确评价。

花的特征

自交亲和性品种的育成是甜樱桃育种的主要成果之一。目前，自交亲和性已被纳入几乎所有育种计划中的主要育种目标，使用分子标记来选择自交亲和的实生苗变得越来越可靠，且育种效率倍增。在本章提到的119个品种中，21个是自交亲和品种，而Bargioni(1996)报告83个品种中仅有8个是自交亲和性品种。所有登录发表的商业性自交结实品种都可以追溯到“斯特拉”，其带有突变的$S_{4'}$等位基因。匈牙利品种“阿克塞尔”是一个例外，它具有突变的$S_{3'}$等位基因($S_3S_{3'}$)(Kappel, 2012)。然而，人们越来越关心自交亲和资源的多样性，在某些育种方案中，具有自交亲和性的地方品种“克里斯托巴丽娜”或“罗尼奥”等正被几个育种单位作为亲本。

对非生物和生物胁迫的耐受性

毫无疑问，对甜樱桃效益产生致命影响的非生物胁迫是雨水引起的裂果。由于这种现象非常复杂，目前还没有可靠的实验室或田间表型检测手段来评估品种的裂果的耐受性差异。因此，只有在收获期有足够降雨的地点进行多年的实地观测，才能对杂交种的抗裂果能力进行评估。在第一轮杂交选择之后，进行多点评价的一个明显优势是，在收获时观察降雨对杂交后代的影响的机会成倍增加。第4.3节提供了所能得到的品种裂果敏感性信息。目前最常见的甜樱桃品种中，很少有对裂果表现出很高的耐受性。其中两个耐裂果的品种是“雷吉纳”和“费尔米纳”。为了结合不同类型可遗传的耐裂果性能，育种者应使用多样化的亲本基因库，包括那些带有不受欢迎的性状的品种。

为寻求抗冬季霜冻的办法，通常在如拉脱维亚和俄罗斯等处于传统生产地区边缘的国家，或在如乌克兰、罗马尼亚和德国等非常寒冷的大陆地区开展研究。第8章综述了甜樱桃抗寒性的分子和生理方面的进展。在评价品种抗霜冻能力方面，已经开展了在田间条件下或人工冷冻试验后的大量研究。其中最具代表性的工作是在德国对 131 个甜樱桃品种进行的研究，确定了 9 个耐冻品种(Fischer 和 Hohlfeld，1998)，Bargioni(1996)引用了“温莎”“黑鹰”“维克”“克里斯汀”和“哈德森”作为耐冻品种。在一些极端寒冷的地区，如俄罗斯北部和拉脱维亚，在 20 世纪 20 年代引进了来自欧洲西部的许多甜樱桃品种，但果园在历经非常冷的严冬后被毁掉。因此，能生产很小果实的地方品种被鉴定为非常耐冻并已被用于抗寒育种(Feldmane，2016，私信)。在俄罗斯的育种项目中，德国品种“戈尔贝”被用作冬季抗寒性的提供者。今天，拉脱维亚种植了“艾雅”“粉红布良斯克”和“爱布媞”(见第 4.3 节)等品种，最近又引进了来自俄罗斯的新一代大果型品种(“热迪卡”“珍卡”和“图彻卡”)用于试验性生产。

与其他水果种类相比，如苹果或桃子，甜樱桃还未尝试在亚热带地区进行种植。事实上，绝大多数商业性栽培品种和地方品种，由于有低温需冷量要求不适应在该纬度栽培(见第 8 章)。然而，近几十年来，人们越来越有兴趣在暖冬地区栽培甜樱桃，如西班牙东南部、加利福尼亚州、智利中部地区，甚至突尼斯、阿尔及利亚和摩洛哥等北非国家。一些商业品种，如“拉宾斯”“布鲁克斯”和“雷尼”，即使在特别温和的冬天，也能正常生产。然而，低需冷量品种很少，尽管一个例外可能是地方品种“克里斯托巴丽娜”，它除了自交亲和外，开花期还非常早。加州 Zaiger Genetics 公司发布了几个开花期早，需冷量非常低的品种，如“罗泽尔”和“罗玛丽”。在这些新品种的育种中，是否使用了“克里斯托巴丽娜”或其他相关品种仍待解明。突尼斯报道了另一个有趣的当地甜樱桃品种，名为“波哥”，与“克里斯托巴丽娜”相比，花期很早，自花结实，并且果实更小(Azizi，2016，私信)。最理想的情况是，育种家能够找到开花要求需冷量较低但热量要求充足的品种，以免开花太早，避免霜冻的风险。据我们所知，具有这种“表型”的甜樱桃还没有找到。

由于全球变暖，因此引起的最后一个非生物胁迫将变得越来越严重，双子果的形成增加明显。如第 8 章所述，已鉴定出了几个双子果形成潜力低的甜樱桃品种。目前，还没有研究涉及双子果形成的遗传背景。

甜樱桃中最严重的病害之一是细菌性溃疡病(由假单胞菌引起)，特别是在较凉爽和较潮湿的产区(见第 15 章)。目前采用两种接种方法进行甜樱桃抗病性测试。第一种叶节点法指用细菌混合物给幼年实生苗接种(Krzesinska 和 Azarenko，1992)。第二种方法是在成年树上进行树皮接种(Kappel，2012)。最近，对基于未成熟的樱桃幼果试验的快速筛选方法进行了测试(Kavuzna 和 Sobiczewski，2014；Ozaktan，2015)。英国约翰·因内斯研究所开展的一项育种计划育成发布了一些抗细菌溃疡病的品种，该病由 *Pseudomonas syringae pv. Morsprunorum* 引起，如“莫拉”“莫迈特”“莫佩特”和“英格”（Matthews 和 Dow，1978，1979，1983，由 Kappel 引用，2012）。遗憾的是，感染了新的毒性更强的细菌株，其中一些品种后来表现出对溃疡病的易感性（Bargioni，1996）。虽然不可能获得对溃疡病产生完全抗性的品种，但育种家可以在它们的双亲中引入抗性品种，如“科尔尼”“赫特福德”“莫顿荣耀”或“维多利亚”（Bargioni，1996）。

由 *Monilinia* spp. 引起的褐腐病会对花和果实造成严重伤害，很难用杀菌剂进行控制（见第 14 章）。Schmidt（1937）描述了在实验室和野外对树枝进行的第一次人工接种试验。一些研究者评估了许多品种，但只发现不同程度的易感性，在任何情况下都没有发现抗性品种（Brown 和 Wilcox，1989；Kappel 和 Sholberg，2008；Kappel，2012）。据报道，在第 4.3 节所述的品种中，只有“雷吉纳”“早科尔维克”“思嘉科纳”和“瓦列里”对褐腐病有很好的耐受性。

甜樱桃中危害最大的害虫是绕实蝇（*Rhagoletis* spp.）、樱桃瘤额蚜（*Myzus cerasi* Fab.）和近年来出现的斑翅果蝇（*Drosophila suzukii*）（见第 13 章）。虽然没有发现对绕实蝇或斑翅果蝇的耐受性或抗性的品种，但在英国东茂林进行的育种开展了对樱桃瘤额蚜的抗性研究。来自灰毛叶樱桃（*Prunus canescens*）、豆樱（*Prunus incisa*）、千岛樱（*Prunus kurilensis*）和高岭樱（*Prunus nipponica*）的单株都表现出了对樱桃瘤额蚜的抗性。这些单株和“拿破仑”甜樱桃品种之间进行了一些杂交，一些杂交后代被证明具有一定抗性，但并不完全（Bargioni，1996）。

果实品质

育种者评价甜樱桃的主要品质性状包括果实大小、果实硬度、果皮和果肉颜色、含糖量和风味。许多其他形态和生化性状可以在育种选择过程的更高级阶段进行评估，并可与果皮、果肉、果汁、果核或果柄有关。许多育种单位在果实大小和硬度方面都取得了巨大进展，一些新品种能够稳定生产超过 12 g 的非常硬的果实。然而，果实大小和果实硬度可能与某些遗传背景呈负相关（Campoy，2015），需要更多的研究弄清楚这些性状的复杂遗传背景。两个性状虽然是多基因控制，但都表现为高度可遗传性；因此，对 QTL 数量性状进行精细定位，可以实现更准确的分子标记辅助选择育种。关于颜色，常规的 DNA 测试现在可以区分红色和淡粉色果皮（即黄底红晕果皮）的樱桃（见第 3 章）。果实的味道通常是由感官评定和客观指标相结合来进行评价，如可溶性固形物和可滴定酸度

(Kappel, 2012)。尽管现在大多数育种单位都对与果实品质有关的所有测定进行了标准化,但不同地点间的气候和栽培措施的差异,以及技术方面的不同选择(如 Durofel ® 与 Firmtech ® 测定果实硬度),使得不同育种单位提供的数据难以进行比较。

延长采收期

特别是在欧洲,许多育种单位把培育比"伯莱特"成熟早的品种作为其主要育种目标之一。然而,没有一个成熟期接近或早于"伯莱特"品种在果实大小、味道、抗裂果性能和果肉硬度方面超过"伯莱特"。如上所述,虽然极早熟品种已经出现,但育种家还没法将早花、成熟期短与果实高品质结合起来。采用极晚熟品种延长樱桃收获期是十分成功的,预计在这方面还会有进一步提高。

机械收获的适宜性

机械收获主要是为生产加工用樱桃而开发的,但人们对鲜食无柄甜樱桃的兴趣越来越大(Kappel, 2012)。无柄樱桃需要在果柄和果实之间的脱落位点产生硬化的瘢痕,防止果汁流出、氧化和病原体攻击(Sansavini 和 Lugli, 2008)。适合这类机械收获的甜樱桃品种是"安布内尔斯""克里斯提娜""费尔米纳""琳达""桑巴"和"维多利亚"(Bargioni, 1996; G. Charlot 等,2016,私信)。

4.2.2 育种方法

甜樱桃育种中最常用的方法是实生选种或选择性育种以及杂交育种。樱桃的实生选种与其他物种并没有区别。这种技术用于自然种群(如"科迪亚")和品种池内(如"伯莱特""拿破仑"和"德莫斯道夫")的选种(Bargioni, 1996)。杂交组合所涉及的策略和方法在第 3 章中做了充分描述。与酸樱桃或樱桃砧木育种相比,种间杂交在甜樱桃育种中很少采用,但在 4.2.1 部分介绍了一些例子。

在 20 世纪 60 年代,电离辐射技术被用于甜樱桃育种,特别是在加拿大的萨默兰,目的是选育矮化甜樱桃品种,如"紧凑型兰伯特"。虽然 Bargioni(1996)对这一方法做了广泛描述,但此后逐渐放弃了这一方法。其他育种方法,如利用细胞和组织培养的稳定体细胞变异进行育种,但尚未有任何有应用价值的结果(Sansavini 和 Lugli, 2008)。最后,甜樱桃的基因转化,与其他李属植物一样,已被证明很难实现(Kappel, 2012)。有几个甜樱桃和酸樱桃再生方法的报道,但稳定的转基因植物只有酸樱桃"蒙莫朗西"和樱桃砧木,如"吉塞拉 6 号"和"考特"(Song, 2014)。

4.3 甜樱桃育种单位

4.3.1 保加利亚

水果种植研究所(FGI)

保加利亚的甜樱桃育种始于1951年在普罗夫迪夫的“Vasil Kolarov”高等农业学院，当时S. Popov用“拉娜”和“五月十一”的混合花粉与“海德尔芬格”杂交育成了“赫伯斯”。后来，1953年，V. Gegiev开始在FGI-Kyustendil(目前被命名为农业研究所)从事育种工作。他的工作主要是开展F_1代遗传研究和突变育种，以及重要品种的引进。先后选育了“坡贝达”“阿卡”“孔雅思卡”“茹雅卡”“米雅”“达勒利亚”“斯特凡尼亚”“瓦斯丽娜”和“明星”等品种。

普罗夫迪夫FGI的甜樱桃育种计划始于1987年，主要育种目标是自交亲和、紧凑型树形、早熟和大果。当时使用了以下品种：“先锋”“斯特拉”“紧凑型先锋”“紧凑型斯特拉”“丽梵”“艳阳”“伯莱特”“早车娜”“俄亥俄美人”“早流”“紧凑型兰伯特”“哈迪”“德莫斯道夫”“巴打索尼”“费罗瓦”“拉宾斯”和“甜蜜九月”。1996—2000年期间开始了对实生苗的评价，对优良单株开展选择和繁殖。第二轮杂交始于1996—2000年期间，目前这一进程仍在继续。截至2012年(含2012年)，使用的亲本杂交组合已超过120个。今天，主要的育种目标是延长果实成熟期，填补“伯莱特”和“宾库”间的收获窗口，自交结实，大红和有光泽的果色，硬度高，抗裂果，抗生物和非生物胁迫，以及树势弱或中等。直到2011年，4个候选品种正式确认：“阔萨拉”“若斯塔”“索萨丽娜”和“伊斯卡”。目前正在对7个优良单株进行评价。

4.3.2 加拿大

加拿大农业和农业食品部

位于不列颠哥伦比亚省萨默兰的甜樱桃育种项目始于1936年。第一个育成的品种是1944年的“先锋”。一些早期的育成品种是为罐头工业而培育(如“明星”)，目前该产业已不复存在。三个特别重要的品种分别是“斯特拉”“拉宾斯”和“甜心”。K. Lapins于1968年育成并登录了“斯特拉”，以它作为亲本，在许多育种项目中，包括在萨默兰，都起到了至关重要的作用。1984年由大卫·莱恩发布的“Lapins”是为纪念K. Lapins而命名的。该品种在不列颠哥伦比亚省和全球其他几个产区都取得了商业上的成功。1994年命名的“甜心”是一系列晚熟品种中的第一个，这些品种在提高不列颠哥伦比亚省樱桃产业的盈利能力方面起到了重要作用。

该育种单位采用人工授粉杂交技术和自然授粉。有时，如果母本品种不是自花结实品种，树会被套上袋子用于杂交。分子标记用于测定 S 等位基因和自交亲和性。适合实生苗早期筛选的其他分子标记正在开发过程中。

主要育种目标如下：果实大小、果实硬度、味道、耐裂果、采后缺陷少，如凹痕、果柄质量、早熟性、丰产性、自交亲和性、成熟期跨度、良好的树木生长习性，果柄不易脱落，树木和花芽冬季抗寒性适合加拿大产区。其他的育种目标如下：适合长途运输，抗白粉病，果柄容易脱落，适合机械收获，填补现有品种成熟期间的缺口的黄底红晕品种。

已育成的品种如下："先锋""斯帕克里""明星""山姆""苏俄""紧凑型兰伯特""斯特拉""萨摩""紧凑型斯特拉""萨米脱""拉宾斯""艳阳""新星""西尔维亚""新月""萨姆帕卡"(瑟莱斯特)、"甜心""克里斯塔丽娜""桑巴""桑德拉玫瑰""桑提娜""斯吉纳""索纳塔""夏季宝石""交响乐""松内""苏美乐""斯达克""梦幻""元首""森田尼""星红""索菲亚""斯塔尔勒塔"和"苏特"。

4.3.3 智利

瓦尔帕莱索天主教大学(PUCV)

2007 年，在 INNOVA-CORFO 的资助下，在智利建立了第一个育种项目。该项目涉及 PUCV、Andrés Bello 大学的研究人员以及私营公司 Vivero Sur、Vivero Rancagua 和 Agricola Garcés 的成员。该育种项目在智利以下地区实施：Quillota、San Francisco de Mostazal、Rancagua、Curicó、Molina 和 Angol。

第一步是建立了 58 个甜樱桃品种的种质资源圃，用 327 个简单序列重复(SSR)标记对其进行分析，以验证品种的真实性并评估它们之间的遗传距离。这些潜在的亲本是根据其果实大小、硬度、丰产性和需冷量进行选择的。选择收获期相似的亲本进行杂交，它们杂交亲和并且没有任何法律限制。目前，已经产生了 8 000 多株杂交实生苗后代，2012—2013 年观察到了实生苗的首次开花。

INIA-Biofrutales

2010 年，一个由 6 个公立和 7 个私人合作伙伴组成的智利财团 Biofrutales 向政府申请部分支持，以便与智利主要农业研究机构国家农业研究所共同制订樱桃育种方案。该育种计划的目标是选育智利樱桃品种，适合长期采后贮藏，果实产量和品质均高。另一个挑战是选育短低温品种来延长采收期，特别是早熟品种。该育种项目采用自然授粉杂交，以及受控条件下的人工授粉，不断扩大杂交实生苗群体。传统的育种方法开始得到生物技术手段的补充。目前有三个地区的杂交实生苗开展了评估：La Serena、Buin 和 Rengo，分别对应的是低于 400 h、400～700 h 或更多的低温时数。该育种项目有超过 19 000 株杂交实生苗，分布在这三个区域。到目前为止，大约 6 000 株已经被评估至少 2 年。首批 11 个优系嫁接在“麻姆 14 号”砧木上，用于第二轮评价。至少在未来 10 年内，该项目将发布第一个育成品种。

智利水果 S. A. 和 Pontificia 天主教大学（“Puc”）技术联合会

2010 年，启动了 PMGCe 项目，目标是育成大果，硬度和糖度高，适应智利气候条件，采后贮藏期长的新品种。此外，PMGCe 的育种重点是分别针对智利中部峡谷的暖温地区和智利南部的多雨地区，开发扩大早熟和晚熟甜樱桃出口商业窗口的新品种。该育种项目使用了“布鲁克斯”“早伯莱特”“拉宾斯”“宾库”“雷吉纳”“红宝石”“图拉雷”等品种和一些匈牙利种质资源。每年，PMGCe 产生 3 000～4 000 株杂种实生苗。实生幼苗通过种子层积或胚挽救技术获得。到目前为止，已经栽种有 2 万多株杂种实生苗。人工授粉、蜜蜂授粉和自然授粉都用来产生新的杂交种。

4.3.4 中国

大连农业科学院果树研究所（DAAS）

大连农业科学院果树研究所主要从事甜樱桃育种和栽培技术的研究。1958 年建立了甜樱桃资源圃，收集的主要品种是“大紫”“拿破仑”“总督木”“水晶”和“亚宾库”。1963 年开始杂交育种。第一代育种苗圃建于 20 世纪 60 年代，第二代建于 20 世纪 70—80 年代，第三代建于 20 世纪 90 年代，第四代建于 2005—2009 年。目前正在建立第五代育种圃。育成的品种有“红灯”“巨红”“佳红”“红颜”“晚红珠”“早红珠”“早露”和“明珠”。其中，“红灯”是中国第一代主要种植的甜樱桃品种。主要育种目标是丰产、大果、口感佳、硬度高和抗病。

中国农业科学院郑州果树研究所

中国农业科学院郑州果树研究所樱桃育种始于 20 世纪 80 年代初。从 1981 年到 1983 年，先后从英国、新西兰、意大利和美国引进了 32 个樱桃品种，杂交亲本是“大紫”和“拿破仑”。1996 年，登录发布了“龙冠”和“龙宝”等几个品种，目前收集了 220 余份樱桃种质资源。2009—2012 年期间，“春晓”“春燕”“春绣”等新品种正式登录发布。近年来，根据我国中西部地区的土壤和气候特征，对甜樱桃育种的各项关键技术进行了系统的分析，通过胚挽救技术，早熟甜樱桃的种子萌发率高达70%～100%，主要育种目标是高产、优质、耐高温高湿，以及适应暖温带地区的土壤和气候条件。

北京市农林科学院林业果树研究所

北京市农林科学院林业果树研究所樱桃研究小组成立于1997年，研究主要集中在甜樱桃和砧木育种，以及分子标记辅助育种。收集并评价了近200份樱桃资源。除丰产性好和果实品质高外，自花结实是最主要的育种目标。分子标记辅助技术用于确定主要品种的S基因型和杂交设计。近年来，关于果实颜色的分子标记技术得到了开发和应用。“斯特拉”和“拉宾斯”作为主要的杂交亲本。2000年以来，通过杂交授粉或自然授粉获得了10 000多株杂交实生苗和近20个品种。到目前为止，已经登录发布了5个甜樱桃品种：“彩虹”“彩霞”“早丹”“香泉1号”和“香泉2号”。其中，“香泉1号”是中国选育的第一个自交亲和的甜樱桃品种。

4.3.5　捷克

霍洛威果树育种研究所(RBIPH)

霍洛威果树育种研究所的甜樱桃育种始于20世纪60年代。亲本组合由甜樱桃种质资源和地方品种组成，在某些情况下还使用到实生树。在20世纪70年代，开始了甜樱桃突变育种，育成了紧凑型品种“斯佩特”。在此期间，在赫拉德克·克洛洛夫附近的泰格洛维采发现了一个重要实生单株，后来品种登录为“科迪亚”，美国称之为“阿提卡”。目前，它是一个被世界各地公认的晚熟和高品质甜樱桃品种。捷克的育种目标是延长收获期、高品质、抗病和耐裂果，以及抗晚春霜冻。每年通过人工授粉至少12 000朵花。目前，有超过25个甜樱桃品种注册或处于申请注册阶段，这些品种涵盖了大部分的成熟期范围。20世纪90年代，“泰克洛凡”和“凡达”用于商业栽培。如今，“早科尔维克”和“塔玛拉”品种在美国获得了品种保护权。目前，旨在利用分子辅助标记和利用地方品种的新育种项目已经启动。

作为商业用途而发布的主要品种包括“早科尔维克”“克里斯提娜”“斯提亚”“卡桑德拉”“塔玛拉”“泰克洛凡”“提姆”和“凡达”。

4.3.6　法国

法国农业科学研究院(INRA)-CEP创新

第一个育种计划(1966—1980年)是基于甜樱桃品种数量减少(主要是“伯

莱特”和“海德尔芬格”）而制订的，没有登录新的品种。从1980年起，为了扩大育种方案中遗传基础，收集了400多个品种。首批INRA育成品种公布，其中“菲瑟”是第一个大果型和硬度高的品种。因此，在该计划的第二阶段，“菲瑟”被大量用作亲本。在20世纪90年代末，INRA又发布了一系列品种，能涵盖法国大部分成熟期窗口。最近，启动了一项新的育种计划，旨在利用分子辅助标记技术，并扩大遗传基础，特别是利用古老的地方品种和珍稀种质。分子辅助标记最近已用于果实重量和*S*等位基因分型，有必要进一步开发针对开花期、成熟期、耐裂果能力等的分子标记。关于杂交技术，人工授粉和自然授粉一直占主导地位，从2010年起，利用蜜蜂和盆栽树进行受控授粉。CEP创新是法国种苗生产者联盟。2011年前，它一直负责将INRA的品种商业化，2011年后它还是新育成品种的共同所有者。

目前育种方案中的主要选择指标包括：果实重量、硬度、丰产性、早期产量高、口感、成熟期、对雨水引起的裂果敏感性、对气候变化的响应性（如短低温品种）和自交结实性。从中长期来看，对病虫害的抗性将纳入新的育种目标。其中，将优先考虑由不同的*Monilinia* spp.引起的褐腐病和细菌溃疡病。

INRA最早公布的4个品种是“菲尔波斯”“菲尔诺拉”“菲尔尼尔”和“菲瑟”；只有后2个取得了商业上的成功。INRA的第二个系列品种包括“菲尔总理”“佛菲”“菲尔平”“菲尔塔德”“菲尔那”“菲尔瓦”“菲尔爱”“菲尔艾特”“菲尔扎克”“菲尔勒”“菲尔多斯”和“菲尔巴里”。目前，INRA主要商业化的品种是“佛菲”“菲尔多斯”“菲尔勒”“菲尔那”“菲尔瓦”和“菲尔塔德”。在选育效率上，共评估了15 000个杂交种，最终选育成功了10个品种，成功率为1/1 500。

通常将最有希望的杂交单株进行嫁接，并在3个不同的地点进行评估。在第二个选择阶段之后，表现最好的杂交种嫁接5～10份，并在5个法国主要甜樱桃产区进行评估。选出的最好杂交优系进入商业化前期评价阶段。该优系评价网络由CTIFL（Centre Technique Inter-professionnel des Fruits et Légumes）协调组织。

4.3.7 德国

朱利叶斯库恩研究所（JKI），果树育种研究所

最早的育种工作是从20世纪30年代由M. Schmidt在Müncheberg的Kaiser-Wilhelm研究所开始的，主要育种目标是：大果、黄色、硬度高、耐运输、早熟、自花结实和抗霜冻。二战后，M. Zwitzscher在西德科隆Vogelsang的Max Planck研究所继续开展甜樱桃育种，并选育了“利马维拉”和“瑟坤达”两个

品种。1953 年，E. L. Loewel、E. V. Vahl 和 F. Zahn 在 Jork 的 Obstbauversuchsanstalt Jork(OVA)启动了一项新的育种计划。该育种计划的目标是选育适合德国北部地区的气候条件的品种。最终，“艾瑞卡”“维乐卡”“安贝拉”“明锐”“阿玛”“紫拉”“毕昂卡”和“雷吉纳”等品种被选育出来。这部分育种工作在 20 世纪 80 年代结束。1982—1999 年，H. Schmidt 在阿赫伦斯布启动了一项新的育种计划。

1958 年，H. Mihatsch 在东德瑙姆堡开始了甜樱桃育种项目，主要育种目标是坐果率高且稳定、早熟、大果、硬度高、耐裂果、耐早春霜冻和适合机械收获。从 1971 年到 1990 年，这些育种活动在德累斯顿的考查水果研究所继续进行。此时，M. Fischer、R. Posselt 和 R. Kaltschmidt 与 H. Mihatsch 一起在甜樱桃育种项目中合作。他们的其他育种目标还包括自交不亲和性、自花结实、抗细菌溃疡病和低生长习性的研究。这项漫长的育种工作育成了一系列以“Na”开头的 4 个品种：“纳墨沙”“纳第纳”“纳马拉”和“纳马缇”。

自 2001 年以来，由 M. Schuster 在德累斯顿皮尔尼茨的 JKI 开展甜樱桃育种工作。近年来，育成了“娜拉那”“阿雷克”“摇摆”和“哈本特”等品种。主要的育种目标包括：果实品质、坐果率、成熟期(早熟和晚熟)、对生物和非生物胁迫的抗性(*Blumeriella jaapii*、*Monilinia Laka*、春季霜冻)、自花结实和耐裂果。该项育种研究的一个重要目标是增加育种材料的遗传多样性。从小亚细亚甜樱桃基因中心收集的甜樱桃及其与毛樱桃和灰毛叶樱桃种间杂交后代已完成评价并被用于育种方案中。果实大小、樱桃叶斑抗性及 *S* 等位基因等分子标记已用于育种材料的表征。

4.3.8　匈牙利

NARIC 果树栽培研究所

在匈牙利，最早的甜樱桃育种工作(1950—1985 年)是在第二次世界大战后由 S. Brózik 开始的，其后由 J. Asopol 接手，最近由 Z. Békefi 接棒继续开展育种工作。甜樱桃育种主要有三种途径：实生和地方品种选育、人工杂交育种和引进国外品种。育种的主要目标是：延长成熟期，注重早熟和晚熟，鲜食和加工果品品质优良，大果(大于 26～28 mm)，硬度高，糖含量高和糖酸比适中，裂果轻，货架期长，果柄绿色柔韧性好，果实圆形或宽肩形，自花结实，耐冬季低温，抗病(如褐腐病、叶斑病、溃疡病)。

从 1950 到 1953 年，育种项目主要从 3 个匈牙利甜樱桃栽培区域中选择国家代表性品种。从这些当地品种中选育出了“索丽”“坡玛”和“菲克”3 个品种。实生单株的选育工作基于利用“德莫斯道夫”3 个实生单株(1 号、3 号和 45 号)至今仍在扩繁利用。

在第一次杂交育种计划中(1953—1972 年),品种“德莫斯道夫”是主要的母本,“海德芬格”“波杰-布拉德”和一些地方品种用作父本。随后,育成了 4 个品种:“马吉特”“琳达”“卡特林”和“卡维斯”。第二次杂交育种计划中(1972—1985 年)主要目标是培育自花结实品种。先后育成了“阿克塞尔”(1999 年)和“维拉”(2002 年)2 个品种。第三次杂交育种计划中(1986—2000 年)包括培育以前杂交后代的 F2 代杂交单株,以及与“斯特拉”和“艳阳”等外国自交结实的品种进行杂交。这些杂交组合以“伯莱特”“先锋”“利亚纳”“卡加 2 号”“卡加 6 号”“黄龙”和“海德尔芬格”为母本。父本则使用了一些 F1 杂交后代(H-2、H-3、H-203、H-236)与“斯特拉”“伯莱特”和“先锋”。育成的品种包括“丽塔”“卡门”“桑多”“柏图斯”“艾达”“保卢斯”“安妮丝”(“安妮塔”)和“图德”。第四次杂交育种计划自 2001 年以来一直在进行,主要是 F2 和 F3 后代以及“科迪亚”和“雷吉纳”品种用作母本,其中父本为“甜心”和“艳阳”以及匈牙利可育品种如“阿克塞尔”“桑德尔”“保卢斯”和“柏图斯”。最近,6 个候选品种已经被申请列入匈牙利国家品种名录。目前,有 8 500 杂交实生单株正处在评价阶段。

4.3.9 意大利

博洛尼亚大学农业科学系

意大利的甜樱桃育种始于 1983 年,分为两个阶段,即 1983—2007 年和 2005 年以后。在第一阶段,育成了“明星”系列品种,主要育种目标是:自花结实、早熟和稳产高产。经典的杂交之后是 3 个选择阶段:首先是幼苗评估,为第二阶段的试验评估繁殖材料,通过比较田间试验结果,在第三阶段进行基因型选择然后嫁接在几个砧木上,最后进行商业性生产试验,这一过程至少持续了 15 年。杂交组合主要是在美洲自交结实品种(如“拉宾斯”“斯特拉”和“艳阳”)与欧洲品种(如“伯莱特”“佐治亚”和“费罗瓦”)之间进行,获得了约 8 000 株杂交单株,7 个品种申请了专利:“早星”“闪星”“拉拉星”“早甜”“格雷斯星”“黑星”和“巨星”。

第二阶段育成了“甜蜜”系列品种。这些新的品种是 21 世纪初在博洛尼亚前阿博雷阿尔作物系(DCA)(现在称为农业科学系)开始杂交的成果。具体是通过开发 6～7 个新品种以覆盖为期 40～50 天的销售市场,所有这些品种都具有优质、丰产、大果、硬度高、外观漂亮(闪亮的红色)和风味好的共同特点。最初的杂交组合涉及几个古老的地方品种,如具有糖度和硬度高,有香味的"维格纳",以及几个外观、果实大小和果皮颜色都出色的美国品种。

博洛尼亚大学在包括5个以上伙伴的公共和私人经费资助下,对该育种计划的第二阶段继续进行研究。在筛选过程中,杂交单株的选择开始使用严格的最小阈值参数,如果实直径不小于28 mm,Ctifl值为4～6。这次选择筛选了2004年可能具有活力的杂交单株,从最初的3 000株减少到12棵,这12棵直接进入2008年设立的3个试验地块进行商业化前更广泛的试验评价。分子标记,如SSR用来确定S基因型,并用于5个品种的基因身份证的制作。其他果实品质还采用3种方法进行调查:①通过有消费者和专家参与的小组进行感官评价,以确定消费者的偏好和品种的吸引力;②通过气相色谱法鉴定识别芳香化合物;③普通的功能性食品特征。

最后成功选出了6个新品种,并以育种家的6个孩子命名:"甜阿雅娜""甜洛仁""盖布丽""甜香草""萨雷塔"和"斯特凡尼"。另一个不带"甜"字的品种——"马萨",也成功育成并申请专利,用于商业化销售。

4.3.10 日本

山形县农业综合研究中心园艺实验站

1957年,日本第一个甜樱桃育种项目在山形县农业试验站置赐分场启动。1978年,该育种项目转移到山形县农业综合研究中心园艺实验站。由于"佐藤锦"6月中下旬成熟,属于中熟品种,因此育种目标是培育优质的早熟和晚熟品种。目前日本市场上看到的大多是早熟和晚熟品种,果实品质高(大小、硬度和口感),明亮的红色果皮,白色的果肉,丰产性好和自花结实。最近,利用分子辅助选择标记(MAS)选择白色果肉,早熟和自花结实的杂种实生单株。育成的主要品种是:"南阳"(第一个育种项目)、"红彩香""红秀峰"(第二个育种项目)和"红希""红丰"(第三个育种项目)。

4.3.11 罗马尼亚

水果种植研究所(RIFG)

罗马尼亚第一个甜樱桃育种计划始于1951年的Bistrita(RSFG Bistria)水果种植研究站,1967年扩展到位于Pitesti的RIFG和Iasi的水果种植研究站(RSFG)。第一阶段的目标是培育果实品质优良的早熟或晚熟的新品种,选育成功了"比思迪"和"友莱斯"2个品种。1970年以后,杂交规模快速增加。对自然产生的有价值的苦味樱桃类型进行了全面的收集和研究，丰富了现有的种质（超过 360 个基因型），其中包括俄罗斯、欧洲和北美最有价值的品种和优系。1990 年前，选育成功了“瑟纳”“坡诺瑞”“库丽娜”“艾维娜”（在 RIFG Pitesti）“町普利”“罗斯”“朱比利”和“鲁宾”（RSFG Bistri）等甜樱桃品种，以及苦味樱桃“斯娃”和“阿玛瑞”（RIFG Pitesti）。1990 年后，育种目标是早果、自花结实、丰产性好和果实品质高。目前，育种目标主要是寻找能抗叶斑病（*B. jaapii*）、花腐病（*Monilinia* spp.）和抗裂果的资源。目前已经登录公布的品种为：“雪华铃”“达丽雅”“特坦”“杰作”“卓越”“苏柏林”“新勃”“灵普”“特书”（RIFG Pitesti）、“极佳”（RSFG Cluj）、“罗泽”“诵闪”“阿瓦”“安娜”（RSFG Bistrița）、“布修斯”“卡塔丽娜”“塔图亚”“歌利亚”“阿斯隆”“玛利亚”“玛丽娜”“斯特芬”“特乐扎”“阿纳”“拉杜”“卢思雅”“乔治”“保尔”“玛格”“蜜海”“科修”“爱思”“卢多维科”“安达”“艾利克斯”“阿德烈”“阿玛德”和“格拉塔”（RSFG Iasi）。

罗马尼亚仍然采用经典的育种方法，包括选择和测试地方品种（特别是苦樱桃）中有价值的基因型，以及人工授粉或蜜蜂传粉。目前，主要的商业生产品种是“布修斯”“玛利亚”“卢多维科”“达丽雅”“雪华铃”“鲁宾”“特书”和“格拉塔”。

4.3.12 西班牙

埃斯特雷马杜拉科学和技术研究中心（CICYTEX-La Orden）

“皮科塔”（“Picota”）樱桃品种是西班牙埃斯特雷马杜拉杰特谷的标志，其收获时自然无柄。尽管它如此重要，但一些技术问题限制了“皮科塔”在杰特谷的盈利能力。此外，用外来品种取代传统品种，也引发了“皮科塔”差异化因素的丧失，同时这一传统品种也很可能消失。为了解决这一问题，2006 年启动了杰特谷甜樱桃和“皮科塔”育种计划。该育种计划的主要目标是改善在杰特谷种植的本地品种的某些物理化学特性，并使这一产品多样化。因此，来自杰特谷种质资源库和美国及加拿大的品种作为亲本，后者早熟、丰产性好、自花结实、抗裂果、大果、果肉硬度高和感官品质好。目前，育种圃有 1 828 株杂交单株，2010 年开始了基于果实品质性状的筛选。根据之前的研究结果，选出了 10 个潜在的新品种，其中 4 个是“皮科塔”作为亲本的后代，2013 年申请了区域植物品种权。

穆尔西亚农业食品研究与发展研究所（IMIDA）

IMIDA 甜樱桃育种计划始于 2006 年。目前，正在对 42 个杂交组合产生的约 2 000 株 5 年以上的杂交单株进行评价。该育种项目采用传统的方法，如果是自交不亲和品种，采用人工授粉和去雄，并将母本用网室罩住；同时也采用从自然授粉的种子进行实生选种。主要育种目标是：延长成熟期，尤其是早熟和需冷量低，果实品质高，大果(果实大小为28 mm)，硬度高，甜酸平衡，自花结实，适应温暖气候，双子果少，缝合线明显。母本采用的品种是“布鲁克斯”“伯莱特”“早萝莉”“早比格”和“菲尔相”，西班牙地方品种“克里斯托巴丽娜”和加拿大品种如“拉宾斯”和“新星”做父本，主要用来赋予自花结实能力。基于成熟期、果实大小和硬度、双子果和缝合线的选育始于2013年，共有43个选定的基因型处于第二阶段的研究，其中12个被提议作为优系，因为它们涵盖了大部分的成熟期范围，具有很高的果实品质和良好的农艺性能。

4.3.13　土耳其

阿塔图尔克园艺中央研究所

在土耳其，有超过60个甜樱桃地方品种，它们被认为是几个世纪前，人类从生长在安那托利亚的不同地区的大果型半野生甜樱桃中选择出来的。然而，在这60多个地方品种中，“紫拉特”由于其优异的果实特性，获得了人们的重视和欢迎。土耳其第一个育种计划开始于2001年，其目标主要是提高果实品质以及改良这个品种的自交不亲和性。通过杂交育种和突变育种的手段来选育新品种。通过“紫拉特”的突变育种，2013年育成公布了两个新品种“巴拉克”和“阿达拉”。通过“紫拉特”和“斯特拉”的杂交育种，目前已经获得的6个有望的自花结实候选品种正处于登录阶段。MAS用于鉴定自交结实后代。自花结实、果实重量和硬度、丰产性、早果、口感和成熟期成为目前育种选择中的主要目标。

4.3.14　英国

东茂林研究所

英国的樱桃育种始于20世纪20年代，最初分为两个地点。甜樱桃育种总部设在约翰·因内斯研究所，而砧木育种则主要在肯特郡的东茂林。20世纪80年代，这两个育种项目进行了合并，整合到东茂林试验站。随着世界各国品种和种质的引进，樱桃种质的遗传多样性得到了极大的改善，主要育种目标是培育耐裂、不易腐烂的樱桃。将细菌溃疡病(假单胞菌)和樱桃瘤蚜(*Myzus Cerasi*)的耐受性基因整合到栽培樱桃中，与开发分子工具表征和阐明自交(不)亲和机理对于该育种计划同样重要。在这一时期，去雄授粉、对实生单株和将其嫁接在“考特”砧木上进行比较是常见的做法，甜樱桃品种“潘妮”(2001)和“左鹅”(2008)就是该育种项目的成果。

在英国取消政府资金资助果树育种后，2010 年东茂林樱桃集团（EMCG）成立，开始利用东茂林的现存种质资源，从事进一步的育种工作。该育种项目完全私有化和纵向一体化，与 EMR、Univeg UK Ltd 和国际种苗协会紧密合作成为伙伴。EMCG 的育种目标是开发出适合集约化果园的高品质樱桃品种，延长成熟期（早熟和晚熟）、新的类型和提高耐贮藏性也是主要的育种目标。他们采用了一系列授粉技术，包括在网箱中使用昆虫授粉，以及从选定的树上采取自然授粉产生的种子用于后续评价。实生苗首先嫁接在普通砧木上进行评价，表现突出的材料再进行 4～5 年的评价。优系然后分发给不同国家的合作伙伴用于多点试验。对 MAS 的运用正处于评估之中，亲本资源和杂交后代都用已发表的分子标记进行表征，并将在不久的将来开展杂交后代预选的成本效益分析。

4.3.15 乌克兰

乌克兰国家农业科学院园艺研究所（IH NAAS）

乌克兰国家农业科学院园艺研究所于 1930 年在基辅成立。在该研究所的指导下，在乌克兰不同的水果产区设立区域研究站和基地。甜樱桃育种在 Melitopol 园艺研究站取得了重大进展。该研究站于 1928—1929 年开始采用包括化学和物理诱变的方法进行杂交后代选择。许多品种是在奥皮特恩的阿特米夫斯克种苗研究站选育的，那里的甜樱桃和酸樱桃的选育始于 1952 年。1933 年育成的“思嘉科纳”品种成为一个重要的品种。品种“龙戈贝”和“瓦列里”大量用作杂交亲本，许多现代品种正是它们的杂交后代。关于杂交方法，在育种初期，采用自然授粉和用不同品种的花粉混合物授粉，后期采用受控人工授粉。最近，MAS 已在乌克兰国家农业科学院园艺研究所用于果实重量的分子标记。不属于国家园艺研究所的其他重要甜樱桃育种中心是位于乌克兰国家农业科学院果树研究所和克里米亚尼基塔植物园。在这些机构中，育种始于 20 世纪初。

乌克兰甜樱桃的主要育种关注的是：果实重量、丰产性、早果、硬度、口感、成熟期和树势（树体大小）。其他理想的品种特性是能适应不同的气候条件（耐严寒和干旱，耐春季霜冻和干燥风），抗 *Monilinia* 花腐病和樱桃叶斑病，耐裂果和果柄不易脱落。

在 Melitopol 园艺研究站育成的最好的品种是“瓦列里”“思嘉科纳”“萨迪那”“达妮萨”“蓝雅”“克努普”“塔里曼”“安侬”“卡扎卡”“珀斯第”“安莎”“时代”和“瑠蜜”；在阿特米夫斯克种苗研究站育成了“安努卡”“阿斯利”“热拉那”“阿提卡”“阿达”“萨维”和“塔拉尼克”；而在乌克兰国家农业科学院园艺研究所育成了

“仁者”“巴娃”。“蜜娃”和“达蜜娃”是在乌克兰国家农业科学院果树研究所培育的最好的甜樱桃两个品种。

4.3.16 美国

华盛顿州立大学(WSU)

华盛顿州立大学是第一个常规利用分子辅助育种标记的甜樱桃育种单位。先后育成了包括“雷尼”“舍蓝”“开司米”“索引”“奔腾”和“西拉”等品种。在育种家富山博士退休后,育种计划于 20 世纪 80 年代中期中断。但对杂交后代的评价仍在继续,从而在 2007 年陆续发表了包括“欧纳”和“考奇”在内的一系列品种。随后,在华盛顿果树研究委员会和俄勒冈州甜樱桃协会支持下,2004 年又恢复了甜樱桃育种。

WSU 的甜樱桃育种目标是开发新的高品质品种,且具有较高的消费者吸引力,适合在美国西北太平洋产区种植生产。最终目标是生产适合不同目标市场的品种。一个主要目标是开发一系列早、中和晚熟的自花结实品种,具有丰富的果色,从而扩大西北太平洋樱桃的市场供应窗口。DNA 信息能指导育种决策,提高育种作业效率和成本效益。目前使用的自交(不)亲和、果实大小、硬度、成熟期和果实颜色的基因测试,可以用来提高选择具有目标特征的后代的亲本概率,以及在田间种植前筛选不符合育种目标的杂交实生单株。在最佳种植时间将具有理想标记基因型的杂交后代种植到田间,并采用当地的最佳园艺措施进行培育。

目前,该方案正在评价代表 6 个目标市场的 40 个优系的优点:①中熟,自花结实,枣红色;②晚熟,自花结实,枣红色;③晚熟,自花结实,淡粉色,黄底红晕;④早熟,自花结实,枣红色;⑤早熟,自花结实,淡粉色,黄底红晕;⑥早到中晚熟,自花结实,枣红色。这些品种应当适合机械收获。每个目标市场都有一个当前的主要品种,它具有通过智能育种来改进的特性。

康奈尔大学

位于纽约日内瓦的康奈尔大学樱桃育种项目始于 20 世纪初,当时 R. Way 同时也是苹果育种者。1964 年,Way 育成发布了适应寒冷气候的“乌斯特”,以及晚熟品种“哈德逊”。1982 年命名公布了“克里斯汀”樱桃。之后,该育种项目由 S. Brown 领衔,其后由 B. Anderson 接手直到他 2004 年退休。在此期间,育成公布了 4 个品种:“海兰德”(1992 年)、“罗屯”(1991 年)、“黑嘉英”(2002 年)和“白凌”(2000 年)。康奈尔大学技术企业和商业化中心将负责康奈尔大学所有樱桃的品种在北美和国际植物管理组织的商品化，并于2008年发布了4个新的鲜食樱桃品种："黑珍珠""光辉珠""乌珠"和"勃艮第"。

4.4 甜樱桃品种特性

在这一节中，我们对119个具有重要商业生产价值的甜樱桃品种特性进行了介绍。其中29个以前被Bargioni(1996年)描述过，他一共记录了83个品种；这意味着，2015年之前，这些品种中有54个不再被认为具有商业价值，显示了过去20年品种改良的趋势。然而，一些具有积极的农艺性状的品种值得再次回顾，这些特性可能对制订育种方案有用，具体如下。

(1) 对雨水引起的裂果敏感性较低："阿德里那""安贝拉""卡斯特""洛卡""早河""美顿""卡扎诺""纳墨沙""罗屯""维斯肯特""维多利亚"和"万岁"。

(2) 对细菌溃疡病的敏感性低："科尔尼""赫特福德""默顿荣耀"和"维多利亚"。

(3) 耐冬季霜冻："布特纳斯"和"哥诺斯"。

(4) 早熟："拉蒙奥利瓦""纳丽娜"和"桑德拉"。

(5) 晚熟："哈德逊"。

(6) 耐冬季冻害："克里斯汀"。

(7) 适合机械收获(果柄易脱落)："纳墨沙"和"维多利亚"。

4.4.1 全球重要的甜樱桃品种

在这一类别中，列出了具有全球生产重要性的品种，这些品种是几个国家生产的重要贡献者，其中还包括仅在一个国家种植的几个品种，但在其他区域已证明其潜力越来越大。在最近使用分子标记进行的研究中，列入这份清单的几个品种在遗传上经鉴定非常接近。Campoy等(2016)分析了RosBREED项目内开发的6K单核苷酸多态性芯片的遗传资源集合，发现"贝尔格"和"费罗瓦"是同一品种，"施耐德"也非常相似。品种"星伯特""格格""美切德"和"巴打索尼"也与"贝尔格"和"费罗瓦"相同。另一项研究使用12个SSR标记(Schüller, 2013)，无法区分品种"德莫斯道夫""美切德"和"施耐德"。

虽然有许多重要的农艺性状的定量数据，如果实重量(或大小)和硬度，我们决定只使用定性描述符，主要是因为基因型、环境和/或基因型与栽培措施高度相关。关于开花和成熟期，尽可能与参考品种"伯莱特"进行比较。最后，在果实特性中，只给出了果皮的颜色。来自伊朗的两个非常重要的品种"思舍"和"思贺”没有列入这份名单,因为关于它们的特性的信息很少。这两个品种在树势中等的树上生产暗红色樱桃。“思贺”的 S 基因型为 S_3S_{12},对细菌性溃疡病具有耐受性,可能和“美切德”同物异名(Schuster,2016,私信)。

“安布内尔斯”(“Ambrunés”)

来源:西班牙埃斯特雷斯多拉地区。

父母本:父母本未知,属于古老的地方品种。

树体生长习性:倒置心形树冠,树势中等。

S 等位基因:S_3S_6。

丰产性:中等。

开花时间:早花类型。

成熟期:比“伯莱特”成熟晚 30 天。

果实性状:果实心脏形,果大且硬度极高,果实深玫瑰色。

抗性/特性:果实通常以无果柄的典型特征在市场上销售(“皮科塔”型)。

“贝德尔”(“Bedel”, Bellise™)

来源:法国,由皮埃尔·阿尔戈特杂交选育而成。

父母本:“哈迪巨果”×“伯莱特”。

树体生长习性:半直立,树体开张,树势中等到强。

S 等位基因:S_1S_9。

丰产性:丰产性很好。

开花时间:早花类型。

成熟期:比“伯莱特”晚熟 4～8 天。

果实性状:果实肾形,中到大型果,果皮淡红色。

抗性/特性:容易裂果,双子果比率高,不适合暖冬地区栽培。

“贝尔格”(“Belge”)

来源:法国。

父母本:亲本未知。

树体生长习性:直立性强,树势中等。

S 等位基因:S_3S_{12}。

丰产性:好。

开花时间:开花期早到中。

成熟期:比“伯莱特”早熟 20～25 天。

果实性状:果实圆形,大到极大果,硬度非常高果皮红色至黑色。

抗性/特性：易裂果，不适合暖冬地区栽培。

“黑星”（“Black Star”）

来源：意大利博洛尼亚大学。

父母本：“拉宾斯”×“伯莱特”。

树体生长习性：半直立，树势中等。

S 等位基因：S_1S_3。

丰产性：很好。

开花时间：早花类型。

成熟期：与“萨米脱”成熟期相近。

果实性状：果实圆形，大果至超大果形，硬度极高，果皮红色至黑色。

抗性/特性：抗裂果性强到中等。

“博北”（“Boambe de Contnari”）

来源：罗马尼亚。

父母本：未知。

树体生长习性：半直立，树势弱到中等。

S 等位基因：未知。

丰产性：很好。

开花时间：比“伯莱特”早 1 天。

成熟期：比“伯莱特”晚熟 15～16 天。

果实性状：果实肾形到心脏形，果实中到大，硬度中等，果皮淡粉色，黄底红晕。

抗性/特性：易裂果。

“布鲁克斯”（“Brooks”）

来源：美国加州大学戴维斯分校。

父母本：“雷尼”×“伯莱特”。

树体生长习性：直立，树势强健。

S 等位基因：S_1S_9。

丰产性：好。

开花期：与“伯莱特”一致。

成熟期：比“伯莱特”晚熟 10～17 天。

果实性状：肾形，大果，果肉硬，果皮红色到暗红色。

抗性/特性：极易裂果，属于短低温品种。

“伯莱特”(“Burlat”)

来源：由法国雷昂那多·伯莱特选育。

父母本：未知。

树体生长习性：直立，树势强到非常强。

S 等位基因：S_3S_9。

丰产性：很好。

开花期：早中花类型。

成熟期：非常早。

果实性状：果实扁圆形，中等大小，硬度低到中等，果皮红色。

抗性/特性：易裂果，双子果比率高，不适合暖冬地区栽培。

“布特纳斯”(“Büttners Späte Rote Knorpelkirsche”)

来源：德国哈勒。

父母本：未知。

树体生长习性：直立，树势非常强。

S 等位基因：S_3S_4。

丰产性：非常好。

开花期：早中花类型。

成熟期：比“伯莱特”晚熟 23～29 天。

果实性状：果实心形，中等大，硬度高，果皮黄底红晕，属雷尼类型。

抗性/特性：很容易裂果。

“卡门”(“Carmen”)

来源：匈牙利 NARIC 果树研究所。

父母本：“黄龙”(龙戈贝)×“H-303”[德莫斯道夫×自然授粉(o. p.)]。

树体生长习性：半直立，树势中等。

S 等位基因：S_4S_5。

丰产性：一般至好。

开花期：早中花类型。

成熟期：比“伯莱特”晚熟 10～12 天。

果实性状：果实扁平形至圆形，非常大，果肉硬，果皮深红色。

抗性/特性：易裂果。

“舍蓝”(“Chelan”)

来源：美国华盛顿州立大学。

父母本："斯特拉"×"比尤利"("Beaulieu)"。

树体生长习性：与宾库相比，分枝性好。

S 等位基因：S_3S_9。

丰产性：非常好。

开花期：早花类型。

成熟期：比"伯莱特"晚熟 10～12 天。

果实性状：果实圆形，中到大，果肉硬，红色。

抗性/特性：与"马哈利"砧木不亲和。

"早科尔维克"("Early Korvik")

来源：捷克豪洛瓦西，霍洛威果树育种研究所。

父母本："科尔维克"的突变("科迪亚"×"维克")。

树体生长习性：树体开张，树势中等。

S 等位基因：S_2S_6。

丰产性：非常好。

开花期：中至晚花类型。

成熟期：比"伯莱特"晚熟 3 周。

果实性状：果实心脏形，大而硬，暗红色至黑红色。

抗性/特性：耐裂果，对叶斑病和褐腐病有较好的耐性。

"法兰西皇帝"["Emperor Francis"，即"Kaiser Franz(Josef)"]

来源：德国及奥地利。

父母本：未知，非常古老的品种。

树体生长习性：树体开张，树势中等。

S 等位基因：S_3S_4。

丰产性：好。

开花期：中花类型。

成熟期：比"伯莱特"晚熟 18 天。

果实性状：果实圆心形，中等大小，果肉硬，果皮黄底红晕，属雷尼类型。

抗性/特性：比"拿破仑"果实更红更硬；主要用于加工业。

"费罗瓦"("Ferrovia")

来源：意大利。

父母本：未知。

树体生长习性：直立，树势弱至中等。

S 等位基因：S_3S_{12}。
丰产性：好。
开花期：晚花。
成熟期：比“伯莱特”晚熟 20～22 天。
果实性状：果实心形，大而硬，果皮黄底红晕。
抗性/特性：易裂果，不适合暖冬地区栽培。

“佛菲”（“Folfer”）

来源：法国农业科学研究院（INRA）。
父母本：“菲瑟”×o. p. 。
树体生长习性：半直立，树势中等到强。
S 等位基因：S_6S_9。
丰产性：很好。
开花期：非常早。
成熟期：比“伯莱特”晚熟 7～13 天。
果实性状：果实圆形，大到非常大，硬度非常高，红色。
抗性/特性：易裂果，双子果易发生，暖冬地区生产不利。

“德莫斯道夫”（“Germersdorfer”）

来源：德国古本。
父母本：未知。
树体生长习性：直立，树势较强到强。
S 等位基因：S_3S_{12}。
丰产性：很好。
开花期：晚花类型。
成熟期：比“伯莱特”晚熟 23～27 天。
果实性状：果实心形，大果，果肉硬且脆，果皮淡红色。
抗性/特性：易裂果。

“佐治亚”（“Giorgia”）

来源：意大利维罗那。
父母本：“ISF 123”×“卡斯内”。
树体生长习性：直立，树势强健。
S 等位基因：S_1S_{13}。
丰产性：很好。

开花期：早中花类型。

成熟期：比“伯莱特”晚熟 7～11 天。

果实性状：果实心形，果大且硬，果皮红色。

抗性/特性：裂果性中等。

“格雷斯星”（“Grace Star”）

来源：意大利博洛尼亚大学。

父母本：“伯莱特”×o. p. 。

树体生长习性：半直立，生长势强。

S 等位基因：$S_{4'}S_9$（自花结实）。

丰产性：很好。

开花期：中花类型。

成熟期：比“伯莱特”晚熟 14～20 天。

果实性状：果实肾形，非常大，硬度中等，果皮淡红色。

抗性/特性：裂果性中等。

“海德尔芬格”（“Hedelfinger”）

来源：德国海德尔芬格。

父母本：未知。

树体生长习性：直立至树体开张，树势强。

S 等位基因：S_3S_5。

丰产性：很好。

开花期：中晚至晚花类型。

成熟期：比“伯莱特”晚熟 25 天。

果实性状：果实卵圆形到心形，中到大，果肉硬，果皮棕色到红色。

抗性/特性：裂果性中等，十分抗霜冻。

“红灯”（“Hongdeng”）

来源：中国大连农业科学研究院。

父母本：“拿破仑”×“伍德州长”。

树体生长习性：直立，生长势强。

S 等位基因：S_3S_9。

丰产性：很好。

开花期：与“伯莱特”一致。

成熟期：比“伯莱特”晚熟 3 天。

果实性状：果实肾形，果大，硬度中等，果皮红色。

抗性/特性：易裂果。

“科迪亚”(“Kordia”)

来源：捷克波希米亚。

父母本：未知。

树体生长习性：直立，金字塔形，树枝开张，树势中等

S 等位基因：S_3S_6。

丰产性：很好。

开花期：晚花类型。

成熟期：比“伯莱特”晚熟 18～25 天。

果实性状：果实心形，果大且硬，果皮红色至深紫色。

抗性/特性：耐裂果性较好，易受冬季高温变化影响。

“克努普”(“Krupnoplidna”和“Krupnoplodnaja”同物异名)

来源：乌克兰梅利托波尔。

父母本：“拿破仑白”×3 个品种混合花粉(“瓦列里”+“爱尔顿”+“嘉伯雷”)。

树体生长习性：树冠圆头形，树势强健。

S 等位基因：S_5S_9。

丰产性：很好。

开花期：早花类型。

成熟期：比“伯莱特”晚熟 17～23 天。

果实性状：果实圆形，大到非常大，果肉硬，果皮红色。

抗性/特性：极易裂果；耐冬季低温及耐旱。

“兰伯特”(“Lambert”)

来源：美国俄勒冈州。

父母本：“拿破仑”×“黑心”。

树体生长习性：直立，树势强健。

S 等位基因：S_3S_4。

丰产性：很好。

开花期：中晚花类型。

成熟期：比“伯莱特”晚熟 20 天。

果实性状：果实心形，中到大型果，果肉硬，果皮紫红色。

抗性/特性：易裂果，早果性差。

“拉宾斯”（“Lapins”）

来源：加拿大萨默兰。

父母本：“先锋”×“斯特拉”。

树体生长习性：非常直立，树势强健。

S 等位基因：$S_1S_{4'}$（自花结实）。

丰产性：很好。

开花期：早花类型。

成熟期：比“伯莱特”晚熟 25～28 天。

果实性状：果实圆形到心形，中到大型果，果肉硬，果皮紫红色。

抗性/特性：易裂果，需冷量低，稳产性好。

“思嘉科纳”（“Melitopolska Chorna”）

来源：乌克兰梅利托波尔。

父母本：“方嘉科纳”×o. p. 。

树体生长习性：半直立，树势强健。

S 等位基因：未知。

丰产性：很好。

开花期：早中花类型。

成熟期：比“伯莱特”晚熟 30～35 天。

果实性状：果实圆形，中等大小，果肉硬，果皮深红色。

抗性/特性：耐裂果性，冬季耐寒，抗 *Monilinia* 花腐病。

“老板”（“Merchant”）

来源：英国约翰英尼斯研究所。

父母本：“莫顿荣耀”×o. p. 。

树体生长习性：树体开张，树势中等。

S 等位基因：S_4S_9。

丰产性：很好。

开花期：早中花类型。

成熟期：比“伯莱特”晚熟 15 天。

果实性状：果实中等大小，黑色。

抗性/特性：对裂果的敏感性中等，具有很好的抗细菌性溃疡病能力。

“娜拉那”(“Narana”)

来源：德国德累斯顿朱利叶斯库恩研究所。

父母本：“纳福”×“茶梅”。

树体生长习性：树体开张，树势中等。

S 等位基因：S_2S_9。

丰产性：很好。

开花期：早花类型。

成熟期：比“伯莱特”早 2 天。

果实性状：果实圆形，中到大，硬度中等，深红色。

抗性/特性：耐裂果。

“拿破仑”(“Napoleon”即“Royal Ann”)

来源：德国。

父母本：未知。

树体生长习性：半直立，树势强健。

S 等位基因：S_3S_4。

丰产性：好至很好。

开花期：中到晚花类型。

成熟期：比“伯莱特”晚熟 18～22 天。

果实性状：果实心形，中等大小，果肉硬，果皮黄底红晕，属雷尼类型。

抗性/特性：主要用于加工，易产生双子果。

“雷尼”(“Rainier”)

来源：美国华盛顿州立大学。

父母本：“宾库”×“先锋”。

树体生长习性：直立，分枝少，树势强健。

S 等位基因：S_1S_4。

丰产性：很好。

开花期：早花类型。

成熟期：比“伯莱特”晚熟 18～22 天。

果实性状：果实略呈倒卵形，果大且硬，黄底红晕代表性品种。

抗性/特性：易裂果和易感 *Monilinia* 花腐病，需冷量低，丰产性好。

“雷吉娜”(“Regina”)

来源：德国约克。

父母本：”施耐德”×“茹蓓”。

树体生长习性：树冠呈金字塔形，枝条开张，树势强健。

S 等位基因：S_1S_3。

丰产性：很好。

开花期：花期很晚。

成熟期：比“伯莱特”晚熟 28～35 天。

果实性状：果实扁圆到圆形，中等到大型果，硬度非常高，暗红色。

抗性/特性：耐裂果，抗 *Monilinia* 花腐病，在某些环境下易感细菌性溃疡病。

“早丽斯”（“Rivedel”，同物异名“早洛里”；Earlise™）

来源：由法国皮埃尔·阿格特选育而成。

父母本：“新大王硬巨人”×“伯莱特”。

树体生长习性：半直立，树势中等至强。

S 等位基因：S_1S_9。

丰产性：很好。

开花期：早花类型。

成熟期：比“伯莱特”早 0～4 天。

果实性状：果实肾形至圆形，果大，硬度低，果皮红色。

抗性/特性：非常容易裂果，在暖冬地区栽培表现良好。

“鲁宾”（“Rubin”）

来源：罗马尼亚比斯特里察。

父母本：“海德尔芬格”×“德莫斯道夫”。

树体生长习性：开张，枝条好，树势弱至中等。

S 等位基因：S_3S_{12}。

丰产性：非常好。

开花期：开花很晚。

成熟期：比“伯莱特”晚熟 25～30 天。

果实性状：心形细长，大果型，果肉硬，果皮淡红色。

抗性/特性：耐裂果性低，易受暖冬的影响。

“桑德拉玫瑰”（“Sandra Rose”）

来源：加拿大萨默兰。

父母本：“2C-61-18”[（“星星”×“先锋”）×“艳阳”]。

树体生长习性：树体开张，树势强健。

S 等位基因：$S_3S_{4'}$（自花结实）。

丰产性：很好。

开花期：中花类型。

成熟期：比“伯莱特”晚熟 16～24 天。

果实性状：果实肾形，果大，硬度中等，深红色。

抗性/特性：易裂果。

“桑提娜”（“Santina”）

来源：加拿大萨默兰。

父母本：“斯特拉”×“萨米脱”。

树体生长习性：树体开张，树势强健。

S 等位基因：$S_1S_{4'}$（自花结实）。

丰产性：很好。

开花期：中花类型。

成熟期：比“伯莱特”晚熟 2～10 天。

果实性状：果实肾形，中等大至大果，果肉硬，果皮红色。

抗性/特性：非常易裂果。

“佐藤锦”（“Satonishiki”）

来源：日本山形县。

父母本：“拿破仑”×“伍德州长”。

树体生长习性：树势强健。

S 等位基因：S_3S_6。

丰产性：很好。

开花期：比“伯莱特”晚 5 天。

成熟期：比“伯莱特”晚熟 15～24 天。

果实性状：果实心形，中等大小，果肉硬，果皮黄底红晕，属雷尼类型。

抗性/特性：较耐裂果，对 *Monilinia* 花腐病有较强的耐受性，易产生双子果。

“施奈德”（“Schneiders Späte Knorpel”，即“Kozerska”）

来源：德国古本。

父母本：未知。

树体生长习性：生长势强，高纺锤形树冠。

S 等位基因：S_3S_{12}。

丰产性：很好。

开花期：中晚至晚花类型。

成熟期：比“伯莱特”晚熟 17 天。

果实性状：果实心形，大果，果肉硬，果皮棕红色。

抗性/特性：开花期长。

“斯吉纳”（“Skeena”）

来源：加拿大萨默兰。

父母本：“2N-60-07”（“宾库”×“斯特拉”）×“2N-38-22”（“先锋”×“斯特拉”）。

树体生长习性：树体开张，树势强健。

S 等位基因：$S_1S_{4'}$（自花结实）。

丰产性：很好。

开花期：早花类型。

成熟期：比“伯莱特”晚熟 25～33 天。

果实性状：果实细长形，果大，果肉很硬，果皮深红色。

抗性/特性：非常容易裂果，极易感染 *Monilinia* 花腐病，果实容易受到日灼。

“13S2009”（Staccato™，斯达科™）

来源：加拿大萨默兰。

父母本：“甜心”×o. p. 。

树体生长习性：树体开张，树势中等至强。

S 等位基因：$S_1S_{4'}$（自花结实）。

丰产性：很好。

开花期：中晚花类型。

成熟期：比“伯莱特”晚熟 37～42 天。

果实性状：果实细长圆形，中至大果，果肉硬，果皮深红色。

抗性/特性：易裂果。

“斯特拉”（“Stella”）

来源：加拿大萨默兰。

父母本：“兰伯特”×“JI 2420”（“法兰西皇帝”×“拿破仑”X 光照射的花粉）。

树体生长习性：直立，树势强健。

S 等位基因：$S_3S_{4'}$（自花结实）。

丰产性：很好。

开花期：中早花类型。

成熟期：比"伯莱特"晚熟 15～20 天。

果实性状：果实心形，中等大小，硬度中等到高，深红色。

抗性/特性：裂果性中等，易产生双子果。

"苏美勒"（"Sumele"，Satin™）

来源：加拿大萨默兰。

父母本："拉宾斯"×"2 N 39-05"（"先锋"×"斯特拉"）。

树体生长习性：半直立，树势强至很强。

S 等位基因：S_1S_3。

丰产性：好。

开花期：与"伯莱特"一致。

成熟期：比"伯莱特"晚熟 14～24 天。

果实性状：果实细长心脏形，果大，果肉非常硬，果皮深红色。

抗性/特性：耐贮藏，货架期长，不适合在暖冬地区栽培。

"萨米脱"（"Summit"）

来源：加拿大萨默兰。

父母本："先锋"×"山姆"。

树体生长习性：直立，分枝能力弱，树势强健。

S 等位基因：S_1S_2。

丰产性：中等至很好。

开花期：开花期晚至很晚。

成熟期：比"伯莱特"晚熟 15～22 天。

果实性状：果实心形，很大，硬度中等，果皮淡粉色，黄底红晕。

抗性/特性：裂果情况变化性比较大，成熟初期比率高，成熟后裂果比例低；需冷量高；易感染 *Monilinia* 花腐病和褐腐病。

"克里斯塔丽娜"（"Sumnue"，Cristalina™）

来源：加拿大萨默兰。

父母本："星星"×"先锋"。

树体生长习性：树体开张，树势中等至强。

S 等位基因：S_1S_3。

丰产性：很好。

开花期：中花类型。

成熟期：比“伯莱特”晚熟 9～17 天。

果实性状：果实细长肾形，果大，硬度中等，果皮黑色。

抗性/特性：裂果性中等，果柄易脱落，有利于无果柄收获。

“桑巴”（“Sumste”，Samba™）

来源：加拿大萨默兰。

父母本：“2S 84-10”（“斯特拉 35 A”×o. p.）×“斯特拉 16 A7”。

树体生长习性：半直立，树势中等。

S 等位基因：S_1S_3。

丰产性：好。

开花期：比“伯莱特”早 2～6 天。

成熟期：比“伯莱特”晚熟 15～25 天。

果实性状：果实细长，大果型，果肉硬，深红色时采收。

抗性/特性：裂果性中等，可以无果柄收获。

“甜心”（“Sumtare”，Sweetheart™）

来源：加拿大萨默兰。

父母本：“先锋”×“新星”（父本可能是“拉宾斯”，不是“新星”，Iezzoni A.，2016，私信）。

树体生长习性：树体开张，树势强。

S 等位基因：$S_3S_{4'}$（自花结实）。

丰产性：很好。

开花期：中花类型。

成熟期：比“伯莱特”晚熟 30～35 天。

果实性状：果实细长心形，中至大果，硬度高，果皮红色。

抗性/特性：易裂果，易感染 *Monilinia* 花腐病和褐腐病。

“艳阳”（“Sunburst”）

来源：加拿大萨默兰。

父母本：“先锋”×“斯特拉”。

树体生长习性：半直立，树体开张，树势中等。

S 等位基因：$S_3S_{4'}$（自花结实）。

丰产性：中等至好。

开花期：中至晚花类型。

成熟期：比“伯莱特”晚熟 15～24 天。

果实性状：果实圆形到肾形，果大，硬度中等，果皮淡红色。

抗性/特性：非常容易裂果，易感染 *Monilinia* 花腐病。

“西尔维亚”（“Sylvia”即“4 C-17-31”）

来源：加拿大萨默兰。

父母本：“先锋”×“山姆”。

树体生长习性：树体紧凑，树势弱。

S 等位基因：S_1S_4。

丰产性：好至很好。

开花期：晚花类型。

成熟期：比“伯莱特”晚熟 16～20 天。

果实性状：果实肾形，中等大小，果肉硬，果皮亮红色。

抗性/特性：耐裂果，短期贮藏性良好，容易产生双子果。

“泰克洛凡”（“Techlovan”）

来源：捷克霍洛威果树育种研究所。

父母本：“先锋”×“科迪亚”。

树体生长习性：树体直立，树势中等。

S 等位基因：S_3S_6。

丰产性：中等至好。

开花期：早花类型。

成熟期：比“伯莱特”晚熟 14～25 天。

果实性状：果实心形，大到非常大，硬度非常高，果皮深红色。

抗性/特性：非常容易裂果，易受暖冬的影响。

“美早”（“PC 7144. 6”，Tieton™）

来源：美国华盛顿州立大学。

父母本：“斯特拉”×“早熟伯莱特”。

树体生长习性：直立，树势强至很强。

S 等位基因：S_3S_9。

丰产性：中至好。

开花期：早花类型。

成熟期：比“伯莱特”晚熟 7～14 天。

果实性状：果实长圆形，大型果，硬度中等，果皮深红色。

抗性/特性：易裂果，易感染 *Monilinia* 花腐病，容易产生双子果。

“先锋”（“Van”）

来源：加拿大萨默兰。

父母本：“女皇尤金妮”×o. p. 。

树体生长习性：直立，树势中等到强。

S 等位基因：S_1S_3。

丰产性：很好。

开花期：中花类型。

成熟期：比“伯莱特”晚熟 14～24 天。

果实性状：果实肾形，中等大小，果肉硬，果皮亮红色。

抗性/特性：非常易裂果，易感染 *Monilinia* 花腐病、细菌性溃疡病，容易产生双子果。

“凡达”（“Vanda”）

来源：捷克霍洛威果树育种研究所。

父母本：“先锋”×“科迪亚”。

树体生长习性：半直立，树势中等到强。

S 等位基因：S_1S_6。

丰产性：好。

开花期：早花类型。

成熟期：比“伯莱特”晚熟 12～16 天。

果实性状：果实肾形，中到大型果，果肉硬，果皮棕红色。

抗性/特性：耐裂果。

“紫拉特”（“0900 Ziraat”）

来源：土耳其马尼萨爱琴海地区。

父母本：未知。

树体生长习性：直立，树势中等。

S 等位基因：S_3S_{12}。

丰产性：好。

开花期：晚花类型。

成熟期：比“伯莱特”晚熟 19 天。

果实性状：果实心形，果大，果肉硬，果皮深红色。

抗性/特性：较耐裂果。

4.4.2 重要的地方品种和/或有前途的甜樱桃品种

“艾雅”(“Aiya”)

来源：拉脱维亚多贝莱。

父母本：未知。

树体生长习性：半直立，树势强。

S 等位基因：S_1S_7。

丰产性：很好。

开花期：比“伯莱特”晚 1 天。

成熟期：比“伯莱特”晚熟 16～24 天。

果实性状：果实圆形，果小且软，果皮浅红色。

抗性/特性：耐裂果。

“艾利克斯”(“Alex”)

来源：罗马尼亚皮特什蒂水果种植研究所。

父母本：“利亚纳”×o. p.。

树体生长习性：半直立，树势中等到强。

S 等位基因：未知。

丰产性：好至很好。

开花期：早中花类型。

成熟期：比“伯莱特”晚熟 5～14 天。

果实性状：果实心形，大果型，果肉硬，果皮亮红色。

抗性/特性：抗裂果，推荐授粉品种为“先锋”“斯特拉”和“玛丽亚”。

“安德烈”(“Andrei”)

来源：罗马尼亚皮特什蒂水果种植研究所。

父母本：“HC 27/4”×“柯娜丽”。

树体生长习性：半直立，树势中等。

S 等位基因：未知。

丰产性：很好。

开花期：比“伯莱特”早 4 天。

成熟期：比“伯莱特”晚熟 5～14 天。

果实性状：果实心形，果大，果肉硬，果皮褐红色。

抗性/特性：易裂果，推荐授粉品种为“斯特拉”和“玛丽亚”。

“阿雷克”(“Areko”)

来源：德国德累斯顿朱利叶斯库恩研究所。

父母本：“科迪亚”×“雷吉纳”。

树体生长习性：纺锤形，枝条开张，树势中等。

S 等位基因：S_1S_3。

丰产性：很好。

开花期：晚花类型。

成熟期：比“伯莱特”晚熟 16 天。

果实性状：果实心形，果大，果肉硬，果皮褐红色。

抗性/特性：较少裂果。

“阿克塞尔”(“Axel”)

来源：匈牙利 NARIC 果树栽培研究所。

父母本：“先锋”×“JI 2434”(“法兰西皇帝”×“拿破仑”X 光辐射的花粉)。

树体生长习性：半直立，树势中等。

S 等位基因：$S_3S_{3'}$(自花结实)。

丰产性：很好。

开花期：早花类型。

成熟期：比“伯莱特”晚熟 40～45 天。

果实性状：果实圆形到细长，中到大型果，硬度中等，果皮深紫色。

抗性/特性：不容易裂果。

“红彩香”(“Benisayaka”)

来源：日本山形县。

父母本：“佐藤锦”×“濑香”。

树体生长习性：较直立，树势强健。

S 等位基因：S_1S_6。

丰产性：很好。

开花期：未知。

成熟期：早熟。

果实性状：果实钝形到心形，中到小果，果肉硬，果皮黄底红晕，属雷尼类型。

抗性/特性：未知。

“红秀峰”(“Benishuhou”)

来源：日本山形县。

父母本：“佐藤锦”×“点小锦”。

树体生长习性：微直立，树势强健。

S 等位基因：S_4S_6。

丰产性：很好。

开花期：未知。

成熟期：晚熟。

果实性状：果实肾形，中到大果，果肉硬，果皮黄底红晕，属雷尼类型。

抗性/特性：采后表现良好。

“奔腾”(“Benton”)

来源：美国华盛顿州立大学。

父母本：“斯特拉”×“比尤利”。

树体生长习性：直立，树势强。

S 等位基因：$S_{4'}S_9$(自花结实)。

丰产性：中到好。

开花期：比“伯莱特”早 4 天。

成熟期：比“伯莱特”晚熟 19 天。

果实性状：果实肾形，大到非常大，果肉硬，果皮枣红色。

抗性/特性：易裂果。

“布里”(“Bryanskaya rozovaya”)

来源：俄罗斯布良斯克。

父母本：“牧斯卡那”×o. p. 。

树体生长习性：树体开张，树势很强。

S 等位基因：S_3S_6。

丰产性：很好。

开花期：比“伯莱特”晚 2～3 天。

成熟期：比“伯莱特”晚熟 24～31 天。

果实性状：果实扁圆形，果小，果肉硬，果皮黄底红晕，属雷尼类型。

抗性/特性：耐裂果，耐寒。

“康布兰”(“Cambrina”)

来源：位于美国纽约日内瓦的康奈尔大学。

父母本："普罗瑟 I 633"×"NY 5656"。

树体生长习性：半直立，树势很强。

S 等位基因：S_1S_{13}。

丰产性：很好。

开花期：比"雷尼"晚 0～4 天。

成熟期：比"伯莱特"晚熟 15～22 天，比"雷尼"早 0～5 天。

果实性状：果实肾形，中到大果型，果肉硬，果皮黄底红晕，属雷尼类型。

抗性/特性：非常容易裂果，对暖冬敏感。

"骑士"("Cavalier")

来源：美国密歇根州多尔。

父母本："施密特"樱桃果园里的实生变异。

树体生长习性：树冠直立开张，树势中等。

S 等位基因：S_2S_3。

丰产性：中等，早果性差。

开花期：早中花类型

成熟期：比"伯莱特"晚熟 13～17 天。

果实性状：果实圆球形至稍扁球形，中到大果，果肉硬，果皮暗红色。

抗性/特性：抗裂果能力中等。

"春绣"(Chun Xiu)

来源：中国郑州，中国农科院郑州果树研究所。

父母本："宾库"×o. p. 。

树体生长习性：半直立，树势中等。

S 等位基因：S_4S_6。

丰产性：很好。

开花期：比"伯莱特"晚 4 天。

成熟期：比"伯莱特"晚熟 14 天。

果实性状：果实心形，大果，果肉硬，果皮紫红色。

抗性/特性：未知。

"珊瑚香槟"(Coral Champaign)

来源：美国加利福尼亚州，加州大学戴维斯分校。

父母本："雷尼"×"伯莱特"。

树体生长习性：半直立，树势中等。

S 等位基因：S_1S_3。
丰产性：很好。
开花期：比"伯莱特"早 3 天。
成熟期：比"伯莱特"晚熟 10 天。
果实性状：果实肾形，大果，果肉非常硬，果皮亮红色。
抗性/特性：非常容易裂果和感染细菌性溃疡病，容易产生双子果。

"达勒利亚"("Danelia")

来源：保加利亚基斯滕迪尔。
父母本："海德尔芬格"×"德莫斯道夫"。
树体生长习性：半直立，树势中等。
S 等位基因：未知。
丰产性：很好。
开花期：中晚花类型。
成熟期：比"伯莱特"晚熟 10～15 天。
果实性状：果实心形，中等大，果肉硬，果皮暗红色。
抗性/特性：抗寒性和抗晚春霜冻能力强。

"多迪"("Doty"，商品名：Early Robin™)

来源：美国华盛顿州马特瓦。
父母本：据报道是"雷尼"的单株突变，但可能性不大，主要因为 S 等位基因不一致。
树体生长习性：直立，树冠开张，树势中等。
S 等位基因：S_1S_3。
丰产性：中等。
开花期：中早花类型。
成熟期：比"伯莱特"晚熟 12～15 天。
果实性状：果实圆心形，大而硬，果皮黄底红晕，属雷尼类型。
抗性/特性：易裂果，易感染细菌性溃疡病。

"早红"("Early Red"，即"马拉利"，早加纳)

来源：由美国的马文·尼尔斯选育而成。
父母本："石榴石"×"红宝石"。
树体生长习性：半直立，树势强。
S 等位基因：S_1S_9。

丰产性：很好。

开花期：早花类型。

成熟期：比“伯莱特”晚熟 4～8 天。

果实性状：果实肾形，果大，硬度中等，果皮浅红色，果柄非常短。

抗性/特性：非常容易裂果和感染 *Monilinia* 花腐病，不受暖冬影响，双子果发生率低。

“菲尔瓦”（“Ferdiva”）

来源：法国农业科学研究院（INRA）。

父母本：“菲瑟”×o. p.。

树体生长习性：树体半开张，树势强至很强。

S 等位基因：S_3S_6。

丰产性：好。

开花期：晚花类型。

成熟期：比“伯莱特”晚熟 28～35 天。

果实性状：果实细长、扁圆形或心形，果大，硬度非常高，果皮红色。

抗性/特性：易裂果，需冷量高，易感染细菌性溃疡病。

“菲尔多斯”（“Ferdouce”）

来源：法国农业科学研究院（INRA）。

父母本：“雷尼”×“菲瑟”。

树体生长习性：树体开张，树势中等。

S 等位基因：S_1S_2。

丰产性：很好。

开花期：比“伯莱特”早 1～6 天。

成熟期：比“伯莱特”晚熟 8～15 天。

果实性状：果实细长，大至很大，果肉硬，果皮浅红色。

抗性/特性：易裂果，中度易感细菌性溃疡病，“佛菲”的合适授粉品种。

“菲尔那”（“Fermina”）

来源：法国农业科学研究院（INRA）。

父母本：“维多利亚”×o. p.。

树体生长习性：树体半直立，树势中等至强。

S 等位基因：S_1S_{14}。

丰产性：中等至好。

开花期：中晚花类型。

成熟期：比“伯莱特”晚熟15～22天。

果实性状：果实圆形，果大且硬度高，果皮红至暗红色。

抗性/特性：耐裂果，对暖冬敏感，非常适合无果柄采收。

“菲尔塔德”(“Fertard”)

来源：法国农业科学研究院(INRA)。

父母本：“艳阳”×o. p. 。

树体生长习性：主枝直立，侧枝开张，树势中等到强。

S 等位基因：S_3S_6。

丰产性：中等至好。

开花期：晚花至很晚开花。

成熟期：比“伯莱特”晚熟31～39天。

果实性状：果实细长至心形，大到非常大，硬度非常高，果皮暗红色。

抗性/特性：易裂果，需冷量高，对暖冬敏感。

“菲尔勒”(“Fertille”)

来源：法国农业科学研究院(INRA)。

父母本：“菲瑟”×“先锋”。

树体生长习性：树体半直立至开张。

S 等位基因：S_3S_6。

丰产性：很好。

开花期：比“伯莱特”晚1～3天。

成熟期：比“伯莱特”晚熟16～20天。

果实性状：果实肾形，大到非常大，硬度非常高，红色到暗红色。

抗性/特性：中等易裂果，对暖冬很敏感。

“弗里斯科”(“Frisco”)

来源：美国加利福尼亚州，SDR Fruit LLC公司选育。

父母本：未知。

树体生长习性：树体半直立至直立，树势弱。

S 等位基因：S_1S_4。

丰产性：好。

开花期：早花类型。

成熟期：比“伯莱特”晚熟4～7天。

果实性状：果实肾形，非常大，硬度非常高，果皮红色到暗红色。

抗性/特性：易感染樱桃叶斑病。

"黄金"("Gold"，即"黄多尼森""强金")

来源：德国。

父母本：未知。

树体生长习性：半直立，树势中等。

S 等位基因：S_3S_6。

丰产性：好。

开花期：比"伯莱特"晚 4～5 天。

成熟期：晚熟，美国 7 月中旬成熟。

果实性状：果实肾形至心形，果小，果肉硬，果皮黄色。

抗性/特性：冬季耐寒性突出，用于腌制樱桃和加工。

"爱布媞"(Iputj)

来源：俄罗斯布良斯克。

父母本："扎布"("雷娜雅"×"坡贝达")×o. p. 。

树体生长习性：树体开张，树势中等。

S 等位基因：S_3S_{13}。

丰产性：很好。

开花期：比"伯莱特"晚 1 天。

成熟期：比"伯莱特"晚熟 7 天。

果实性状：果实椭圆形，果小，果肉硬，果皮暗红色。

抗性/特性：极易裂果，冬季耐寒。

"佳红"("Jiahong")

来源：中国大连农业科学研究院。

父母本："宾库"×"香蕉"。

树体生长习性：半直立，树势强。

S 等位基因：S_4S_6。

丰产性：中等至好。

开花期：比"伯莱特"晚 1 天。

成熟期：比"伯莱特"晚熟 14 天。

果实性状：果实宽心形，大到非常大，硬度中等，果皮淡黄红色。

抗性/特性：容易裂果。

“卡特林”(“Katalin”)

来源：匈牙利 NARIC 果树栽培研究所。

父母本：“德莫斯道夫”×“宝杰布拉德”。

树体生长习性：幼年树体直立，成年时开张，树势中等。

S 等位基因：S_4S_{12}。

丰产性：很好。

开花期：中花至晚花类型。

成熟期：晚熟，比“伯莱特”晚熟 7 周。

果实性状：果实心形，中到大，果肉硬，果皮淡红色。

抗性/特性：不易裂果。

“阔萨拉”(“Kossara”)

来源：保加利亚普罗夫迪夫，FGI。

父母本：“早黑”×“伯莱特”。

树体生长习性：半直立，树势强。

S 等位基因：未知。

丰产性：很好。

开花期：比“伯莱特”早 2 天。

成熟期：比“伯莱特”早熟 10 天。

果实性状：果实心形，中到大，肉软，果皮深红色，有浓郁的甜酸味。

抗性/特性：抗裂果。

“琳达”(“Linda”)

来源：匈牙利 NARIC 果树栽培研究所。

父母本：“海德尔芬格”×“德莫斯道夫”。

树体生长习性：树体开张，树势中等。

S 等位基因：S_3S_{12}。

丰产性：很好。

开花期：晚。

成熟期：中晚花类型。

果实性状：果实细长，中等大小，果肉硬，果皮深枣红色。

抗性/特性：不容易裂果。

“龙冠”(“Longguan”)

来源：中国农业科学院郑州果树研究所。

父母本：未知(优质实生单株)。
树体生长习性：树体直立,树势强。
S 等位基因：S_3S_{12}。
丰产性：很好。
开花期：比“伯莱特”晚 2 天。
成熟期：比“伯莱特”晚熟 5 天。
果实性状：果实心形,中等大小,果肉硬,果皮紫红色。
抗性/特性：容易裂果。

“卢多维科”(“Ludovic”)

来源：罗马尼亚皮特什蒂水果种植研究所。
父母本:“先锋”×“柯娜丽”。
树体生长习性：树体开张,树势中等。
S 等位基因：未知。
丰产性：好至很好。
开花期：中花类型。
成熟期：比“伯莱特”晚熟 7～20 天。
果实性状：果实肾形,非常大,果肉硬,果皮暗红色。
抗性/特性：裂果性中等。

“玛丽亚”(“Maria”)

来源：罗马尼亚皮特什蒂水果种植研究所。
父母本:“先锋”×“斯特拉”。
树体生长习性：树体开张,树势中等。
S 等位基因：应该是 $S_1S_{4'}$ 或 $S_3S_{4'}$(自花结实)。
丰产性：好至很好。
开花期：比“伯莱特”晚 1～2 天。
成熟期：比“伯莱特”晚熟 10～15 天。
果实性状：果实心形,果大且肉硬,果皮深红色。
抗性/特性：裂果性中等。

“纳马拉”(“Namare”)

来源：德国德累斯顿,朱利叶斯库恩研究所。
父母本:“大黑软骨”×o. p. 。
树体生长习性：树体开张,树势中等。

S 等位基因：S_3S_4。
丰产性：很好。
开花期：中至晚花类型。
成熟期：比“伯莱特”晚 14 天。
果实性状：果实扁圆至圆形，中等大小，果肉硬，果皮暗红色。
抗性/特性：裂果性中等。

“纳马缇”（“Namati”）

来源：德国德累斯顿，朱利叶斯库恩研究所。
父母本：“博帕德克拉彻”×o. p.。
树体生长习性：树体开张，树势中等。
S 等位基因：S_1S_4。
丰产性：很好。
开花期：非常晚，与“雷吉纳”一致。
成熟期：比“伯莱特”晚熟 21 天。
果实性状：果实扁圆至圆形，中等大小，果肉硬，果皮暗红色。
抗性/特性：不容易裂果。

“那普密”（“Naprumi”）

来源：德国德累斯顿，朱利叶斯库恩研究所。
父母本：“海德尔芬格”×“圣查马斯”。
树体生长习性：树体开张，树势中等至强。
S 等位基因：S_3S_9。
丰产性：很好。
开花期：早中花类型。
成熟期：比“伯莱特”晚 1 天。
果实性状：果实扁圆至圆形，中等大小，果肉硬，果皮暗红色。
抗性/特性：耐春季霜冻。

“明锐”（“Oktavia”）

来源：德国约克。
父母本：“施奈德”×“卢北”。
树体生长习性：树体开张，树势中等。
S 等位基因：S_1S_3。
丰产性：很好。

开花期：中至晚花类型。

成熟期：比“伯莱特”晚熟 16～22 天。

果实性状：果实心形，大果，果肉非常硬，果皮红色。

抗性/特性：易裂果。

“阿雅娜”（“PA1UNIBO”，Sweet Aryana™）

来源：意大利博洛尼亚大学。

父母本：未知。

树体生长习性：树体直立，树势中等到强。

S 等位基因：S_3S_4。

丰产性：很好。

开花期：早花类型。

成熟期：比“伯莱特”晚熟 3～5 天。

果实性状：果实心形，大果，果肉硬，果皮明亮的暗红色。

抗性/特性：比较容易裂果。

“洛仁”（“PA2UNIBO”，Sweet Lorenz™）

来源：意大利博洛尼亚大学。

父母本：未知。

树体生长习性：树体直立，树势弱。

S 等位基因：S_3S_4。

丰产性：很好。

开花期：早花类型。

成熟期：比“伯莱特”晚熟 8～10 天。

果实性状：果实心形，非常大，硬度非常高，果皮亮暗红色。

抗性/特性：裂果性低到中等。

“盖布丽”（“PA3UNIBO”，Sweet Gabriel™）

来源：意大利博洛尼亚大学。

父母本：未知。

树体生长习性：半直立，低至树势中等。

S 等位基因：S_1S_4。

丰产性：很好。

开花期：中花。

成熟期：比“伯莱特”晚熟 11～14 天。

果实性状：果实心形，非常大，硬度非常高，果皮暗红色。

抗性/特性：易裂果。

“伯卢斯”（“Paulus”）

来源：匈牙利 NARIC 果树栽培研究所。

父母本：“伯莱特”×“斯特拉”。

树体生长习性：树体直立，树势中等。

S 等位基因：$S_{4'}S_9$（自花结实）。

丰产性：很好。

开花期：中早花类型。

成熟期：比“伯莱特”晚熟 10 天。

果实性状：果实扁平至圆形，大果，果肉硬，果皮暗红色。

抗性/特性：耐裂果，不易得 Cytospora 溃疡病。

“潘妮”（“Penny”）

来源：英国东茂林研究所。

父母本：“科尔尼”×“英格”。

树体生长习性：树体半直立，树势中等到强。

S 等位基因：S_6S_9。

丰产性：好至很好。

开花期：非常晚，与“雷吉拉”类似。

成熟期：比“伯莱特”晚熟 25～35 天。

果实性状：果实扁平至圆形，果实中等至大，果肉硬，果皮红色。

抗性/特性：易裂果，树枝基部容易光秃。

“巨果”（“Prime Giant”，即“Giant Red”“Mariant”，Giant Ruby™）

来源：由美国的马文·尼尔斯选育。

父母本：杂交子代（“洛蒂”×“红宝石”）×o. p.。

树体生长习性：半直立，树势中等到强。

S 等位基因：S_1S_3。

丰产性：很好。

开花期：与“伯莱特”花期一致。

成熟期：比“伯莱特”晚熟 7～18 天。

果实性状：果实肾形至圆形，非常大，果肉硬，果皮暗红色。

抗性/特性：极易裂果，双子果形成能力一般，易感染细菌性溃疡病，对暖冬不敏感。

“丽塔”(“Rita”)

来源：匈牙利 NARIC 果树栽培研究所。

父母本：“图森卡亚 2”×“H-2”(“德莫斯道夫”×o. p.)。

树体生长习性：树体微下垂，树势中等。

S 等位基因：S_5S_{22}。

丰产性：很好。

开花期：早花类型。

成熟期：比“伯莱特”晚熟 7～14 天。

果实性状：果实扁平至圆形，果实中等大，果肉硬，果皮深红色。

抗性/特性：非常容易裂果，易感染 Leucostoma 溃疡病。

“火箭”(“Rocket”)

来源：美国加利福尼亚州，SMS Unlimited LLC。

父母本：未知。

树体生长习性：半直立至直立，树势弱。

S 等位基因：S_1S_9。

丰产性：中等至好。

开花期：早花类型。

成熟期：比“伯莱特”晚熟 4～7 天。

果实性状：果实心形，大到非常大，硬度非常高，果皮红色。

抗性/特性：易感染樱桃叶斑病。

“罗西”(“Rosie”)

来源：美国加利福尼亚莫德斯托，Zaiger Genetics 公司。

父母本：“181LB359”×o. p.。

树体生长习性：半直立至直立，树势强健。

S 等位基因：S_1S_3。

丰产性：很好。

开花期：早花类型，比“雷尼”早 0～3 天。

成熟期：比“雷尼”早熟 10～18 天。

果实性状：果实圆形至肾形，果实超大，硬度非常高，果皮黄底红晕，属雷尼类型。

抗性/特性：果面不易产生瘀伤，容易感染叶斑病，不受暖冬的影响。

“罗百利”(“Royal Bailey”)

来源：美国加利福尼亚莫德斯托，Zaiger Genetics 公司。

父母本：“22ZB383”×o. p. 。

树体生长习性：树体直立，树势弱。

S 等位基因：S_1S_3。

丰产性：好。

开花期：很早。

成熟期：比“伯莱特”晚熟 7～13 天。

果实性状：果实肾形，非常大，硬度非常高，果皮红色。

抗性/特性：非常易裂果，易感染 *Monilinia* 花腐病。

“皇家囤”(“Royal Dawn”)

来源：美国加利福尼亚莫德斯托，Zaiger Genetics 公司。

父母本：“32G500”×o. p. 。

树体生长习性：树体直立，树势强健。

S 等位基因：S_3S_4。

丰产性：很好。

开花期：早花类型。

成熟期：比“伯莱特”早 16 天。

果实性状：果实圆球形，稍扁平，中等到大果，果肉硬，果皮红色。

抗性/特性：非常容易裂果，易感染细菌性溃疡病。

“罗艾迪”(“Royal Edie”)

来源：美国加利福尼亚莫德斯托，Zaiger Genetics 公司。

父母本：“92LB341”(“宾库”×“罗亮”)×o. p. 。

树体生长习性：半直立至直立，树势强健。

S 等位基因：$S_1S_{4'}$(自花结实)。

丰产性：好至很好。

开花期：与“伯莱特”一致。

成熟期：比“伯莱特”晚熟 23～27 天。

果实性状：果实圆形至肾形，超大，硬度非常高，果皮红色。

抗性/特性：易裂果。

“罗海伦”(“Royal Helen”)

来源：美国加利福尼亚莫德斯托，Zaiger Genetics 公司。

父母本："92LB341"（"宾库"×"罗亮"）×o. p. 。

树体生长习性：半直立至直立，树势强健。

S 等位基因：$S_1S_{4'}$（自花结实）。

丰产性：很好。

开花期：与"伯莱特"一致。

成熟期：比"伯莱特"晚熟 23～27 天。

果实性状：果实圆形至肾形，超大，硬度非常高，果皮红色。

抗性/特性：非常容易裂果。

"皇家雷尼"（"Royal Rainier"）

来源：美国加利福尼亚莫德斯托，Zaiger Genetics 公司。

父母本："斯特拉"×o. p. 。

树体生长习性：树体挺拔，树势强健。

S 等位基因：未知。

丰产性：高。

开花期：中花类型。

成熟期：比"伯莱特"晚熟 17～20 天。

果实性状：果实圆球形到稍钝，中等到大果，果肉硬，果皮黄底红晕，属雷尼类型。

抗性/特性：低温需求量中等，约 500 h。

"罗莎琳娜"（"Rozalina"）

来源：保加利亚普罗夫迪夫，FGI。

父母本："先锋"×o. p. 。

树体生长习性：半直立。

S 等位基因：未知。

丰产性：很好。

开花期：比"伯莱特"早 2 天，花期长。

成熟期：比"先锋"早熟 1 周。

果实性状：果实肾形，很大，果肉很硬，果皮黄底红晕，属雷尼类型，质地很厚。

抗性/特性：易感染细菌性溃疡病。

"山姆"（"Sam"）

来源：加拿大萨默兰。

父母本："V-160140"（"Windsor"×o. p. ）×o. p. 。

树体生长习性：幼树直立，成年后逐渐开张，树势强健。

S 等位基因：S_2S_4。

丰产性：好。

开花期：晚花类型。

成熟期：比“伯莱特”晚熟 9 天。

果实性状：果实心形，中等大小，硬度中等，果皮全黑。

抗性/特性：耐裂果。

“桑朵”(“Sandor”)

来源：匈牙利 NARIC 果树栽培研究所。

父母本：“伯莱特”×“斯特拉”。

树体生长习性：小直立，树势强健。

S 等位基因：$S_{4'}S_9$(自花结实)。

丰产性：很好。

开花期：早花类型。

成熟期：比“伯莱特”晚熟 4～6 天。

果实性状：果实心形，中到小果，硬度中等，果皮浅红色。

抗性/特性：容易裂果。

“塞韦林”(Severin)

来源：罗马尼亚皮特什蒂水果种植研究所。

父母本：“图恩与塔克西斯”×“德莫斯道夫”。

树体生长习性：半直立，树势中等到强。

S 等位基因：未知。

丰产性：好。

开花期：比“伯莱特”晚 2～4 天。

成熟期：比“伯莱特”晚熟 12 天。

果实性状：果实扁圆形到圆形，大果，硬度中等，果皮亮红色。

抗性/特性：中等易裂果。

“西蒙”(“Simone”)

来源：澳大利亚。

父母本：未知。

树体生长习性：对丛枝形整形反应良好，枝条生长佳。

S 等位基因：自花结实。

丰产性：很好。

开花期：早花类型。

成熟期：比“拉宾斯”稍早熟。

果实性状：与“拉宾斯”相似。

抗性/特性：比“拉宾斯”耐裂果。

“森田尼”(“SPC103”, Sentennial™)

来源：加拿大萨默兰。

父母本：“甜心”×o. p. 。

树体生长习性：树体开张，低至树势中等。

S 等位基因：$S_3S_{4'}$（自花结实）。

丰产性：很好。

开花期：中花类型。

成熟期：比“斯达科”晚熟 5 天（非常晚），与法国“甜心”接近（G. Charlot, 2016，私信）。

果实性状：形状类似于“甜心”，中到大果，果肉比“斯达科”更硬。

抗性/特性：容易裂果。

“元首”(“13S2101”, Sovereign™)

来源：加拿大萨默兰。

父母本：“甜心”×o. p. 。

树体生长习性：树体开张，低至树势中等。

S 等位基因：$S_3S_{4'}$（自花结实）。

丰产性：很好。

开花期：中花类型。

成熟期：比“斯达科”晚熟 5 天（非常晚，接近法国的“斯达科”；G. Charlot, 2016，私信）。

果实性状：果实细长形，中等到大果，硬度非常高，果皮红色。

抗性/特性：裂果性能中等。

“斯诺”(“SPC136”, Suite Note™)

来源：加拿大萨默兰。

父母本：“2S-36-36”×“萨米脱”。

树体生长习性：树体直立，树势中等。

S 等位基因：S_2S_4。

丰产性：很好。

开花期：晚花类型。

成熟期：比“先锋”“宾库”早熟几天。

果实性状：果实细长，中等到大果，果肉硬，果皮亮红色。

抗性/特性：非常易裂果。

“哈迪巨果”（“Starking Hardy Giant”）

来源：美国威斯康星。

父母本：未知。

树体生长习性：树体开张，树势中等到强。

S 等位基因：S_1S_2。

丰产性：好至很好。

开花期：早中花类型。

成熟期：比“伯莱特”晚熟 12～15 天。

果实性状：果实圆形到心形，中等到大，果肉硬，果皮红色到暗红色。

抗性/特性：非常易裂果，非常易感染 *Monilinia* 花腐病。

“斯特凡尼亚”（“Stefania”）

来源：保加利亚 Kiustendil。

父母本：“紧凑型兰伯特”×“斯特拉 35B-11”。

树体生长习性：树体开张，树势强。

S 等位基因：未知。

丰产性：很好。

开花期：比“伯莱特”晚 3 天。

成熟期：比“伯莱特”晚熟几天。

果实性状：果实宽心形，中到大果，果肉硬，果皮暗红色。

抗性/特性：抗冬季寒冷和晚春霜冻能力强。

“萨姆吉塔”（“Sumgita”，Canada Giant™）

来源：加拿大萨默兰。

父母本：未知。

树体生长习性：树体直立，树势强健。

S 等位基因：S_1S_2。

丰产性：好。

开花期：中花至晚花类型。

成熟期：比“伯莱特”晚熟 15 天。

果实性状：果实肾形，超大果，果肉硬，果皮红色。

抗性/特性：在果顶端容易裂果，易产生双子果。

“夏日阳光”（“Summer Sun”）

来源：英国约翰·因内斯。

父母本：“莫顿荣耀”×o. p. 。

树体生长习性：树体开张，树势强健。

S 等位基因：S_4S_9。

丰产性：很好。

开花期：中。

成熟期：比“伯莱特”晚熟 29 天。

果实性状：果实心形，大果，硬度中等，果皮紫黑色。

抗性/特性：非常易裂果。

“萨姆帕卡”（“Sumpaca”，Celeste™）

来源：加拿大萨默兰。

父母本：“先锋”×“新星”。

树体生长习性：树体高度直立，半紧凑，树势中等。

S 等位基因：$S_1S_{4'}$（自花结实）。

丰产性：很好。

开花期：早花类型。

成熟期：比“伯莱特”晚熟 12～14 天。

果实性状：果实肾形，超大果，硬度中等，果皮暗红色。

抗性/特性：易裂果。

“图雷拉”（“Tulare”）

来源：美国布拉德福特。

父母本：未知。

树体生长习性：半直立，树势中等。

S 等位基因：S_1S_2。

丰产性：很好。

开花期：早花类型，比“伯莱特”早 8 天。

成熟期：比“伯莱特”晚熟 10 天。

果实性状：果实心形，中到大果，果肉硬，果皮消防车红色（又称“消防”）。

抗性/特性：中等易裂果。

“乌斯特”(“Ulster”)

来源：美国纽约日内瓦，康奈尔大学选育。

父母本：“施密特”×“兰伯特”。

树体生长习性：半直立，树势强健。

S 等位基因：S_3S_4。

丰产性：好。

开花期：中花。

成熟期：比“伯莱特”晚熟 19～21 天。

果实性状：果实心形，中等大小，果肉硬，果皮紫色。

抗性/特性：耐裂果，抗霜冻能力强。

“瓦列里”(“Valerij Chkalov”)

来源：乌克兰梅利托波尔。

父母本：“罗佐兹娃”×o. p. 。

树体生长习性：成年后树体开张，树势强健。

S 等位基因：S_1S_9。

丰产性：很好。

开花期：早花类型。

成熟期：接近比“伯莱特”。

果实性状：果实心形，中到大果，果肉硬，果皮暗红色。

抗性/特性：易裂果，耐 *Monilinia* 花腐病，不易感染叶斑病。

“维拉”(“Vera”)

来源：匈牙利 NARIC 果树栽培研究所。

父母本：“利亚纳”×“先锋”。

树体生长习性：半直立，树势中等。

S 等位基因：S_1S_3。

丰产性：好。

开花期：早花类型。

成熟期：比“伯莱特”晚熟 10～12 天。

果实性状：果实扁圆形，大果，果肉硬，果皮深红色。

抗性/特性：裂果性中等，对 Cytospora 溃疡病抗性中等。

“晚红珠”(“Wanhongzhu”)

来源：中国大连农业科学研究院。

父母本：未知(优质育苗)。

树体生长习性：树体开张，树势强。

S 等位基因：S_6S_9。

丰产性：很好

开花期：与“伯莱特”一致。

成熟期：比“伯莱特”晚熟 27 天。

果实性状：宽心形，大果，果肉硬，果皮红色。

抗性/特性：易裂果。

“香泉 1 号”(“Xiangquan 1”)

来源：中国北京，北京农林科学研究院。

父母本：“先锋”×“斯特拉”。

树体生长习性：半直立，树势中等。

S 等位基因：$S_3S_{4'}$(自花结实)。

丰产性：很好。

开花期：比“伯莱特”晚 2 天。

成熟期：比“伯莱特”晚熟 16 天。

果实性状：果实近圆形，中至大果，果肉硬，果皮腮红色。

抗性/特性：极耐霜冻。

致谢

作者衷心感谢以下提供帮助的研究者：保加利亚水果栽培研究所 S. Malchev，加拿大农业和食品研究所 C. Hampson，智利德瓦尔帕莱索园艺创新中心 E. Gratacós，智利农业调查研究院 G. Lemus 和 J. Donoso，智利天主教大学 M. Ayala，M. Gebauer 和 J. P. Zoffoli，中国北京农林科学研究院林果所张开春和王晶，捷克共和国果树研究所 J. Sedlak 和 F. Paprstein，匈牙利 NARIC 果树栽培研究所 J. Apostol，伊朗马什哈德农业学院 G. H. Davarynejad，意大利博洛尼亚大学 S. Lugli，日本山形县农业综合试验中心 I. Makoto，拉脱维亚国立果树栽培研究所 D. Feldmane，罗马尼亚皮特什蒂水果栽培研究所 S. Budan，西班牙 Valdesquera 研究中心 M. López-Corrales，突尼斯 INRGREF 生态林业实验室 Y. Ammari 和 T. Azizi，土耳其末尔农业大学 S. Ercişli，乌克兰国立愿意研究所 Y. Ivanovych，英国东茂林 NIAB EMR 的 F. Fernandez 和 M.

Lipska，以及美国华盛顿州立大学 N. Oraguzie。

参考文献

Bargioni, G. (1996) Sweet cherry scions. Characteristics of the principal commercial cultivars, breeding objectives and methods. In: Webster, A. D. and Looney, N. E. (eds) *Cherries: Crop Physiology, Production and Uses*. CAB International, Wallingford, UK, pp. 73 - 112.

Brown, S. K. and Wilcox, W. F. (1989) Evaluation of cherry genotypes for resistance to fruit infection by *Monilinia fructicola* (Wint.) Honey. *HortScience* 24, 1013 - 1015.

Campoy, J. A., Le Dantec, L., Barreneche, T., Dirlewanger, E. and Quero-García, J. (2015) New insights into fruit firmness and weight control in sweet cherry. *Plant Molecular Biology Reporter* 22, 783 - 796.

Campoy, J. A., Lerigoleur-Balsemin, E., Christmann, H., Beauvieux, R., Girollet, N., Quero-García, J., Dirlewanger, E. and Barreneche, T. (2016) Genetic diversity, linkage disequilibrium, population structure and construction of a core collection of *Prunus avium* L., landraces and bred cultivars. *BMC Plant Biology* 16, 49.

Fischer, M. and Hohlfeld, B. (1998) Resistenszprüfungen an Süsskirschen (*Prunus avium* L.) Teil 5: evaluierung des Süsskirchensortiments der Genbank Obst Dresden Pilnitz auf Winterfrost Resistens. *Erwerbsobstbau* 40, 42 - 51.

Fogle, H. W. (1975) Cherries. In: Janick, J. and Moore, J. N. (eds) *Advances in Fruit Breeding*. Purdue University Press, West Lafayette, Indiana, pp. 348 - 366.

Kałużna, M. and Sobiczewski, P. (2014) Bacterial canker of cherry — methods of susceptibility testing. In: *Proceedings of the EU COST Action FA1104: Sustainable Production of High-quality Cherries for the European Market*. COST meeting, Plovdiv, Bulgaria, May 2014. Available at: https://www. bordeaux. inra. fr/ cherry/ docs/dossiers/Activities/Meetings/ 2014%2005%2026 - 27%20WG1-WG3%20Meeting_ Plovdiv/ Presentations/Kaluzna_ Plovdiv2014. pdf (accessed 7 June 2016).

Kappel, F. (2008) Breeding cherries in the 'New World'. *Acta Horticulturae* 795, 59 - 70.

Kappel, F. and Sholberg, P. L. (2008) Screening sweet cherry cultivars from the Pacific Agri-Food Research Centre Summerland breeding program for resistance to brown rot (*Monilinia fructicola*). *Canadian Journal of Plant Science* 88, 747 - 752.

Kappel, F., Granger, A., Hrotkó, K. and Schuster, M. (2012) Cherry. In: Badenes, M. L. and Byrne, D. H. (eds) *Fruit Breeding, Handbook of Plant and Breeding* 8. Springer Science + Business Media, New York, pp. 459 - 504.

Krzesinska, E. Z. and Azarenko, A. N. M. (1992) Excised twig assay to evaluate cherry rootstocks for tolerance to *Pseudomonas syringae* pv. *syringae*. *HortScience* 27, 153 - 155.

López-Ortega, G. (2015) Expedition and field explorations of natural populations of sweet and sour cherries in Azerbaijan. In: *Proceedings of the EU COST Action FA1104*:

Sustainable Production of High-quality Cherries for the European Market. COST meeting, Dresden, Germany, July 2015. Available at: https:// www. bordeaux. inra. fr/ cherry/docs/dossiers/Activities/Short% 20Term% 20Scientific% 20Missions/STSM% 20Scientific%20Report_Lopez-Ortega%202. pdf (accessed 2 May 2016).

Matthews, P. and Dow, P. (1978) Cherry breeding. In: *John Innes Institute 68 th Annual Report for* 1977. John Innes Centre, Norwich, UK, p. 34.

Matthews, P. and Dow, P. (1979) Cherry breeding. In: *John Innes Institute 69 th Annual Report for* 1978. John Innes Centre, Norwich, UK, p. 38.

Matthews, P. and Dow, P. (1983) Cherries. In: *John Innes Institute 72nd Report for the two years* 1981 - 1982. John Innes Centre, Norwich, UK, p. 151.

Ozaktan, H. (2015) Screening the susceptibility of some sweet cherry cultivars to *Pseudomonas syringae* pv. *syringae* isolates by immature fruitlet test. In: *Proceedings of the EU COST Action FA1104: Sustainable Production of High-quality Cherries for the European Market*. COST meeting, Plovdiv, Bulgaria, May 2014. Available at: https://www. bordeaux. inra. fr/cherry/docs/dossiers/Activities/Meetings/2014% 2005% 2026 - 27% 20WG1-WG3% 20Meeting _ Plovdiv/Presentations/Ozaktan _ Plovdiv2014. pdf (accessed 24 March 2016).

Sansavini, S. and Lugli, S. (2008) Sweet cherry breeding programmes in Europe and Asia. *Acta Horticulturae* 795, 41 - 58.

Schmidt, M. (1937) Infektionversuche mit *Sclerotina cinerea* an Süß- und Sauerkirschen. *Gartenbauwisswissenschaft* 11, 167 - 182.

Schüller, E. (2013) Genetic fingerprinting of old Austrian cherry cultivars. In: *Proceedings of the EU COST Action FA1104: Sustainable Production of High-quality Cherries for the European Market*. COST meeting, Pitesti, Romania, October 2013. https://www. bordeaux. inra. fr/cherry/docs/dossiers/Activities/Meetings/15 - 17% 2010% 202013 _ 3rd% 20MC% 20and% 20all% 20WG% 20Meeting _ Pitesti/Presentations/15 _ Schueller _ Elisabeth. pdf (accessed 13 January 2017).

Song, G. Q. (2014) Recent advances and opportunities in cherry biotechnology. *Acta Horticulturae* 1020, 89 - 98.

Truchseß, C. (1819) *Systematische Classification und Beschreibung der Kirschensorten*. Cottaische Buchhandlung, Stuttgart, Germany.

Zwitzscher, M. (1961) Kirschen. In: Kappert, H. and Rudolf, W. (eds) *Handbuch der Pflanzenzüchtung*, Vol. V. Züchtung der Sonderkulturpflanzen, Paul Parey Verlag, Berlin, pp. 573 - 602.

5 酸樱桃品种及改良

5.1 酸樱桃改良历史

酸樱桃树体形态和果实特征的变异性很高，尤其是来自东欧和小亚细亚地区的本土种质(Faust 和 Surányi, 1997)。在这些地区，酸樱桃并没有从它的原始种中生殖隔离开来，这种持续的基因流动加速并提高了多样性。例如，具有甜樱桃或草原樱桃特征的酸樱桃个体，可能代表了与两个先祖物种中的一个"回交"而产生的后代(Hillig 和 Iezzoni, 1988)。从这样丰富的遗传多样性中，人类的选择导致了许多地方品种的繁殖与延续。例如，典型的地方品种有匈牙利的"庞迪"(即"科罗萨维""克日桑娜")、"喜戛尼"(即"吉普赛""盖普斯")和"富拓思"，罗马尼亚的"墨刊"，塞尔维亚的"欧布辛斯卡"和"菲克"，克罗地亚的"马拉斯卡"，德国的"斯托维奇"和"魏瑟"，俄罗斯的"斯卡娅"和土耳其的"库塔雅"。这些地方品种对于育种非常重要，因为现今在这些地区种植的大多数常见栽培品种都是从这些原始地方品种中选出或是它们的杂交后代。

Truchseß(1819)和 Hedrick(1915)根据果实特征将酸樱桃分为两组。虽然这两个群体在树的习性和果实特征上各不相同，但是只有一个非常容易区分的特性：果汁的颜色。果汁呈现红色到深红色的酸樱桃称为"莫雷拉"(Morellos, Griottes, Weichsel)。"莫雷拉"的果皮深红色，果实球形或心形。另一种带有无色果汁的酸樱桃称为"阿玛瑞思"(Amarelles, Kentish)。"阿玛瑞思"的果皮呈淡红色，果实末端略扁平。作为酸樱桃的另一个分支，Hedrick(1915)描述了"马拉斯卡"樱桃。这种樱桃原产于克罗地亚扎达尔附近的达尔马提亚(Dalmatia)，通常在那里树生长在野生环境中，但是现在得到了精心的培育。相类似的酸樱桃类型在塞尔维亚北部费凯蒂奇和靠近诺维萨德地区也被发现(bara 和 ognjanov, 2014，私信)。丹麦本地品种"史蒂芬巴尔"的树体和果实特征与以上描述的酸樱桃非常相似，因此推测"史蒂芬巴尔"可能起源于"马拉斯卡”樱桃(Stainer, 1975)。

目前,酸樱桃生产仅仅局限于少数几个品种。在大多数情况下,这些品种是地方品种或从地区品种中选择出来的无性系。在中欧,主要的酸樱桃品种是“肖特摩尔”,在不同的国家叫法不一,如波兰叫“鲁特”,法国称之为“诺德”或“晚黑”,英国通常叫“贝内斯”,偶尔也称为“英国莫雷拉”。这个品种可能起源于法国的莫雷尔城堡。在美国,主栽品种是有约 400 年历史的法国品种“蒙莫朗西”。在匈牙利和罗马尼亚,地方品种“庞迪”(即“克日桑娜”“科罗萨”)和相关品种的栽培非常普遍。

5.2 酸樱桃育种

酸樱桃改良始于中世纪,主要是选择有价值的酸樱桃基因型并进行繁殖。随着 19 世纪果树的发展,首次利用亲本进行人工杂交,随之大量的品种被开发出来。如今,酸樱桃的育种主要集中在中欧和东南欧,而北美则比较有限。酸樱桃新品种主要来源于地方品种无性系的优选或杂交育种计划。

在具有广泛多样性的酸樱桃原产地,酸樱桃育种已经持续了半个多世纪。在波兰,新品种主要来自以“鲁特”(即“肖特摩尔”)为亲本的人工杂交育种。在德国和匈牙利的育种项目中,地方品种“科罗萨维”(即“科罗萨”“庞迪”)是许多新品种的亲本(Schuster 和 Wolfram, 2005; Apostol, 2011)。在匈牙利、罗马尼亚、塞尔维亚和丹麦,许多新品种分别来自地方品种“庞迪”“墨刊”“欧布辛斯卡”和“史蒂芬巴尔”的区域无性系克隆,或者是地方品种和酸樱桃品种之间的杂交品种(Apostol, 2005; Budan 等,2005a; Miletić 等,2008)。俄罗斯和加拿大育成的新品种因为需要增加耐寒性,因此可能是酸樱桃与草原樱桃的种间杂种(Zhukov 和 Kharitonova, 1988; Bors, 2005)。因为酸樱桃不是北美原产,所以与加拿大品种一样,美国酸樱桃新品种源自欧洲种质资源(Iezzoni 等,2005)。

5.2.1 育种目标

传统上,酸樱桃用来生产加工产品。因此,主要的育种目标包括良好的果实特性、丰产性好、对生物和非生物胁迫具有耐受性(抗性)、适合机械收获和能延长收获期。目前,对鲜食酸樱桃的育种兴趣正在不断增加,主要通过提高果实大小、硬度以及愉悦的樱桃风味。

树体和结果单元的结构

酸樱桃有广泛的树木和结果习性。树体大小不一,从类似甜樱桃的直立和强旺生长到矮化或者更类似灌木状树体类型的草原樱桃均能找到。对于高密度种植，尤其是对于使用跨行机械收获来讲，树势偏弱的品种更符合栽培需求。因此，酸樱桃育种的目标之一是开发树势弱的品种。在瑞典，选择树势弱的品种"科萨"和"诺蒂亚"，它们生长习性为灌木状，高度达 2 m(Trajkovski, 1996)。在加拿大，通过草原樱桃(*P. fruticosa*)和酸樱桃(*P. cerasus*)的种间杂交开发出了一系列非常适合于跨行机械采收的矮化酸樱桃(Bors, 2005; Montgomery, 2009)。另一种减少树木生长量的方法是使用矮化砧木。德国对酸樱桃的初步调查显示，随着矮化砧木的使用，树体大小下降，坐果率得到提高。

酸樱桃的产量是一个复杂的性状，取决于许多因素，如结果枝的特征、花芽的密度、芽中的花数量、自交结实性、坐果率、果实大小、环境因素和栽培技术。酸樱桃品种主要以 1 年生的枝条结果为主，只有少部分在多年生枝条的短果枝上结果。由于以 1 年生枝条结果为主的品种很容易形成光杆，即第二年该部位不再结果，如品种"肖特摩尔"。而以短果枝结果为主的品种形成光杆的概率较低。因此，在一些育种项目中，主要选择具有直立生长习性及以短果枝结果为主品种。这种树体的特征适合于大多数收获方式和技术，并且由于减少了去除光杆，因此修剪也变得简单，主要以短果枝结果为主的品种有"阿卡特""阔来"和"拉米"。

花的特征

开发新的酸樱桃品种的主要限制因素是获得高产的株系。酸樱桃高产品种包括美国的"蒙莫朗西"和欧洲的"肖特摩尔"。大多数酸樱桃株系由于坐果率低，产量不高。

自花结实和自交亲和性高对于酸樱桃的坐果率提高非常重要。虽然酸樱桃有自交不亲和/或部分自交亲和品种，但酸樱桃经常被认为是自交亲和。Redalen(1984)认为自花授粉后最终坐果率超过 15%的品种就是自交结实品种。自交不亲和的品种在某些年份可能结少量果实。最终坐果率为 1%～14%的品种被认为是部分自交亲和。某些品种间杂交不亲和是相互或单方面不亲和(Bošković 等，2006)。在酸樱桃育种的杂交群体后代中获得了类似的结果。这种杂交不亲和是由酸樱桃中存在的配子体自交不亲和系统控制的(Yamane 等，2001; Tobutt 等，2004)，其中许多 *S* 等位基因与甜樱桃相同。酸樱桃中的自交亲和性要求个体在 *S* 基因座处具有至少两个非功能性等位基因(Hauck 等，2006)。

即使在自交亲和的酸樱桃品种中，也可能经常出现低坐果率。亲和性花粉的使用并不一定总能增加这些低育性实生树坐果率，其低坐果率可能是由于胚珠或其导致的胚胎的问题。可能的原因主要包括胚珠早期退化，或由于由种内或种间杂交或近亲繁殖效应引起的减数分裂不稳定引起的非整倍体配子导致的胚珠或合子败育。因为成功的品种必须具有高的坐果潜力，所以了解任何新株系的产量潜力则至关重要。

对非生物和生物胁迫的耐受性

冬季抗寒性是寒冷气候地区酸樱桃育种的最重要目标之一，如俄罗斯和加拿大。酸樱桃品种的冬季耐寒性差异很大。在一些俄罗斯品种中，花芽可以耐受低至－38℃的温度，而在一些欧洲品种中，其临界温度为－20℃（Iezzoni, 1996）。Venjaminov(1954)将酸樱桃品种按照冬季耐寒性分为三组。第一组是草原樱桃（*P. fruticosa*）和相关杂交品种，如俄罗斯品种“安东诺”“米秋林”“哈若夫”“理想”“坡支”和“乐卡”。这组樱桃在俄罗斯1939—1942年冬季气温低至－50℃后没有受到任何损害。第二组是酸樱桃，对冬季霜冻具有中等抗性。例如，俄罗斯品种“斯卡娅”“卢布斯卡娅”和“宾卡”以及西欧品种“艾斯美尔”和“科迪”；然而，两个西欧品种都没有达到俄罗斯品种的水平。第三组是对冬季霜冻敏感的品种。该组包括大多数欧洲品种，如“肖特摩尔”和“坡倍”，以及俄罗斯与“科赫艾斯美尔维斯瓦”同名的品种（Symyrenko, 1963）。在俄罗斯使用以下品种作为增加酸樱桃冬季耐寒性的供体，包括酸樱桃品种“雅迪”“米秋林”和斑叶稠李（*P. maackii*），以及F1杂交种“帕多瑟斯”（斑叶稠李×“米秋林”）和F1杂交种的F2回交种群（Zhukov和Kharitonova, 1988）。在加拿大，*P. fruticosa*×*P. cerasus*的种间杂交种用作增加酸樱桃的抗霜耐冻的来源。自1999年以来，从F2回交种群中，已育成了6个酸樱桃品种（Bors, 2005）。

由于樱桃的开花时间早，因此春季霜冻容易对芽、花和幼果造成伤害。选择具有高需冷量和抗春季霜冻的晚开花基因型可以减少霜冻风险。通过使用晚花类型的栽培品种可以避免春季霜冻危害。晚开花的酸樱桃品种有俄罗斯的“米秋林”“卢布斯卡娅”和“克罗亚”等（Venjaminov, 1954）。在美国密歇根州，“米秋林”比“蒙莫朗西”迟6～9天开花（Iezzoni, 1996）。

酸樱桃的主要真菌病害有由*Monilinia laxa*（Aderh. & Ruhl.）引起的花腐病和褐腐病，以及*Blumeriella jaapii*（Rehm）Arx引起的樱桃叶斑病。这些病害可以显著降低酸樱桃的产量。还不清楚哪种李属野生樱桃植物具有抗花腐病能力。由*M. laxa*引起的症状和易感性程度取决于气候条件和特定当地小种的危害力（Budan等，2005b）。德国品种“翡翠”和“阿卡特”以及匈牙利品种

“切森格底”和“拉米”显示出对花腐病的高度耐受性，可用于抗性育种计划。

樱桃叶斑病在北美和欧洲的大多数樱桃种植区域很常见。当不用杀菌剂控制病害时，樱桃叶斑病可导致早期落叶，从而导致果实品质下降和植株冬季抗寒性降低。根据 Schuster(2004)和 Budan 等人(2005b)研究结果，只有少数酸樱桃品种能够耐受樱桃叶斑病。斑叶稠李(四倍体)和灰毛叶樱桃(二倍体)对樱桃叶斑病表现出高水平的抗性(Wharton 等，2003；Schuster，2004)。俄罗斯、德国和美国的抗性育种项目已经使用斑叶稠李作为提高樱桃叶斑病抗性的供体(Schuster 等，2013)，而德国和美国的育种项目使用了灰毛叶樱桃。在匈牙利育种项目中，品种“切森格底”已用来作为提高酸樱桃抗花腐病和樱桃叶斑病的供体。美国明尼苏达大学育成的品种“北极星”表现出对樱桃叶斑病的耐受性(Sjulin 等，1989)，也在育种项目中用作亲本之一。人工接种方案已用于评估樱桃基因型对樱桃叶斑病的反应(Wharton 等，2003；Schuster，2004)。

果实品质

近年来，果实品质的重要性越来越受到重视。酸樱桃的主要品质参数包括：可溶性固形物含量、可滴定酸度、果实和果汁颜色、硬度和良好的口感。不同参数的特征根据酸樱桃果实的利用方式不同而变化。大多数果实用于加工目的，例如果汁、罐头、果酱、干果和樱桃酒。仅有一小部分酸樱桃生产用于鲜食市场。樱桃产品的质量取决于它们的外观和感官品质。这些感官品质取决于果实的颜色、酸度和含糖量及其挥发性化合物的浓度。用于加工的理想果实特征是：果径为 21～24 mm，深红色果汁且染色强度高(美国除外)，可溶性固形物含量高(大于 15°Brix)，酸度高(大于 20 g/L 苹果酸)，并有很好的香味。对于用于生产果汁和鲜食，则需要较大的果实。另外，对于鲜食用果，高糖和低酸则比较适合。过去许多研究调查了成熟期酸樱桃中的花青素和香气成分(Schmid 和 Grosch，1986；Poll 等，2003；Šimunic 等，2005)。酸樱桃中的花青素已被证明具有很强的抗氧化和抗炎活性(Wang 等，1999)(见第 17 章)。酸樱桃种核特征也很重要。对于加工用果，种核必须很小(理想情况下不超过鲜重的 7%)，圆形，且很容易从果肉中分离出去(见第 20 章)。

收获期的延长

在任何一个酸樱桃生产国，酸樱桃品种的成熟期跨度可能超过 4 周。然而，特定酸樱桃种植区的产量主要由一个或几个品种主导。因此，大多数种植区的收获期非常短(1～2 周)。延长收获期可以提高机器的利用率并降低劳动力成本。

机械采收的适用性

大多数栽培的酸樱桃用于加工且是采用机械采收。这种采收技术对樱桃果实和树体具有一些特殊要求：果实硬度高，非常耐碰伤，果柄易脱落，且果柄脱落处(疤痕)干净清爽果汁损失少，果实成熟度一致，树干直立稳定，树体高度最大约为3～3.5 m。酸樱桃品种对机械采收的适应性差异很大。Brown和Kollar(1996)综述了适合机械采收的栽培品种。遗憾的是，一些很适合机械采收的品种却坐果率低，产量不高，如“富拓思”“莫日娜”和“庞迪”。世界上许多国家限制使用一些化学品，其中许多含有乙烯，以促进果柄离层的形成，降低果实的保持力。

5.2.2 育种方法

在酸樱桃中主要使用两种育种方法。第一种方法称为选择性育种或无性系选择，即选种，主要对自然界和传统栽培种中出现的天然变异进行选择。第二种方法，即杂交组合育种，通过选择具有来自不同亲本的所需特征的基因型进行受控杂交。

选择性育种(即选种)通常是水果育种中最古老的方法，使用本地种群作为选择的基础。酸樱桃的驯化即基于这种方法。在欧洲中部、东部和南部的传统种植区，通过选种形成的地方品种主要有“肖特摩尔”“斯卡娅”“庞迪”“喜戛尼”“富拓思”“坎特诺斯”“第波特莫”和“佩奇”等。“切森格底”“欧布辛斯卡”“库塔雅”和“马拉斯卡”因选择性繁殖而出现。这些地方品种和相关株系显示出对当地气候和生长条件的高度适应。由于其独特的特性，因此地方品种已成为现代酸樱桃育种的基础。目前，在匈牙利、塞尔维亚和土耳其仅有少数几个育种项目专注于从本地酸樱桃种群中进行选种。

目前，酸樱桃最常见的育种方法是杂交组合育种，通过控制杂交亲本或自然授粉进行杂交。杂交组合育种的目的是通过异花授粉将在不同樱桃基因型中的目标性状整合到子代实生种群中。大多数育种项目正在应用这种方法产生新种群，以开发和育成新品种。

种间杂交是杂交组合育种重要的一部分。一些育种项目利用与带有目标性状的野生樱桃属进行种间杂交，以扩大樱桃的遗传多样性。俄罗斯育种学家I. V. Michurin是在樱桃育种中使用野生物种的第一批科学家之一。他用斑叶稠李和草原樱桃进行了种间杂交，以增加抗冬季霜冻和抗酸樱桃病害能力。在他的酸樱桃育种项目中，育成了种间杂种“瑟拉帕”(*P. fruticosa* × *P. maackii*)、

“瑟拉尼”“斯拉吉”[理想,(*P. fruticosa*×*P. pensylvanica*)×*P. maackii* 和“色鹿”(*P. maackii*×*P. cerasus*)](Mitschurin, 1951; Shukov 和 Charitonova, 1988)。在过去的几十年中,乌克兰和俄罗斯樱桃育种学家已经利用不同的种间杂交开展了抗樱桃叶斑病(*B. jaapii*)的育种。利用 *P. maackii*、*P. fruticosa* 和 *P. cerasus* 进行的杂交后代,以及 *P. cerasus*×*P. avium* 的杂交种已经用来作为抗性育种的重要亲本(Shukov 和 Charitonova, 1988)。1944 年,加拿大的 L. Kerr 开始在酸樱桃育种项目中利用 *P. fruticosa* 和 *P. cerasus* 进行杂交以增加酸樱桃的耐寒性。后来,S. Nelson 和 R. H. Bors(Bors, 2005)接手该育种项目并继续开展育种。在德国 Pillnitz(Dresden)和 Giessen 的樱桃砧苗育种项目中,甜樱桃与酸樱桃,以及矮化种类 *P. canescens*、*P. incisa* 和 *P. tomentosa* 的杂交产生了大量的种间杂交后代(Webster 和 Schmidt, 1996)。其中一些砧木类型用于美国和德国育种项目中的抗病育种的亲本(Wharton 等,2003; Schuster 和 Wolfram, 2005)。2000—2009 年,在德国 Pillnitz(Dresden)的樱桃育种项目中,利用酸樱桃栽培品种和四倍体樱桃属 *P. maackii*、*P. spinosa*、*P. padus* 和 *P. serotina* 之间进行了不同的种间杂交和回交。目标是将抗生物、非生物胁迫和目标果实特征性状,如酸樱桃基因组中的花青素性状转移到新的杂交后代中(Schuster 等,2013)。在美国密歇根州,酸樱桃育种项目开展了二倍体灰毛叶樱桃和酸樱桃品种之间的种间杂交,以便将樱桃叶斑病抗性转移到四倍体酸樱桃基因组种。其抗性来源于四倍体灰毛叶樱桃抗病株系 Q39515。这些育种群体用于开发抗樱桃叶斑病的分子标记(Stegmeir 等,2014)。

5.3 酸樱桃育种计划

世界主要的酸樱桃育种计划分布在德国、匈牙利、罗马尼亚、俄罗斯和乌克兰等国家。在白俄罗斯、加拿大、丹麦、波兰、塞尔维亚和美国等国家也有酸樱桃育种工作。

5.3.1 白俄罗斯

白俄罗斯的酸樱桃育种工作于 1927 年由 E. P. Syubarova 开始。在第一个项目中,从本地和西欧酸樱桃品种的自然授粉的种子中进行选种,育成了“实生1号”和“诺卡亚”。1965—1982 年,R. Sulimova 继续进行育种工作并育成品种“维斯塔”“扎拉”“雅诺”和“格拉博”。在对本地和外国酸樱桃品种进行了长时间的评价后，2000年在Samokhvalovichi的果树研究所，由M. I. Wyshynskaya开始了一项新的酸樱桃育种计划，该工作后来由A. Taranov继续下来。工作的重点是白俄罗斯和外国酸樱桃品种以及它们与*P. fruticosa*、*P. avium*和*P. maackii*的种间杂交种。主要育种目标是丰产性高、高果实品质高、抗病能力强和抗冬季霜冻。发表的品种有“哥特如斯”（2004）、“拉苏哈”（2008）、“空飞”（2013）、“米拉萨”（2013）和“内斯”（2013）。

5.3.2 加拿大

加拿大的酸樱桃育种在萨斯卡通的萨斯喀彻温大学进行。育种工作由L. Kerr领衔于20世纪40年代开始，将*P. fruticosa*与*P. cerasus*杂交，主要目标是育成适合机械化采收、具有矮化特征、果实品质良好（含糖量高）和抗霜冻的品种。该项目的第一个品种于1999年推出，并被命名为“宝石”。2004年，浪漫系列矮化酸樱桃被育成推广，包括“朱丽叶”“罗密欧”“丘比特”“情人”和“深红热情”等品种（Bors，2005）。

5.3.3 丹麦

丹麦从未存在过连续酸樱桃育种计划。然而，自1960年代以来，开展了一些育种和选种工作，但迄今为止仅基于一些单个的项目。奥胡斯大学Aarslev研究中心的J. V. Christensen开始比较以不同地区名称生产的“史蒂芬巴尔”野生酸樱桃的不同地方品种，该研究机构的前身是位于Blangstrupgaard的丹麦研究机构（Christensen，1976）。1971—1981年，在Blangstedgaard育成了一种名为“维基”的“史蒂芬巴尔”品种（Christensen，1983，1986）。1983—1994年，在Aarslev育成了名为“波吉特”的“史蒂芬巴尔”品种，该品种产量最高（Christensen，1995a，b）。20世纪80年代早期，Christensen的杂交育种计划还育成了另外3个品种，即“缇克”“米克”和“思琪”，它们的成熟期分别从早熟到极晚熟。

2004—2008年，奥胡斯大学Aarslev研究中心的K. Kristiansen、M. Jensen和B. H. Pedersen专注于开发酸樱桃快速育种方法的研究（Kristiansen和Jensen，2009），同时产生育种后代。目前，由M. Jensen选择出的新株系已经用于丹麦的酸樱桃生产。

5.3.4 德国

20世纪30年代，德国的第一个酸樱桃育种计划由M. Schmidt在Müncheberg的KaiserWilhelm研究所正式开始。第二次世界大战后，

M. Zwitzscher 在科隆 Vogelgesan 的 Max Planck 研究所开始了一项新的育种计划，其中包括来自 Müncheberg 的育种材料和“肖特摩尔”自花授粉后代，并育成“美罗特”“瑟热拉”“娜贝拉”“成功”和“波恩”等品种（Zwitzscher，1964，1968，1969）。

第二个育种计划由 B. Wolfram 于 1965 年在 Müncheberg 开始，先后于 1971 年在水果研究所和 2000 年在德累斯顿皮尔尼茨的 Julius Kühn-Institut 由 M. Schuster 继续进行。匈牙利品种“科罗萨维”用作主要杂交亲本，用来提高果实品质和酸樱桃的抗病性。1965—1991 年相继发表了“卡尼尔”“克鲁”“莫日娜”“萨羽”和“托帕斯”等品种（Wolfram，1990），1991—2004 年发表了“阿卡特”“翡翠”“克拉林”“尖晶石”“加琴”和“博萨”等品种（Schuster，2009，2011，2012；Schuster 等，2014）。在 20 世纪的最后 10 年中，W. Jacob 在盖森海姆水果研究所开展了一个小型临时育种项目，从自然授粉的酸樱桃后代中选择出了“格勒马”和“格瑞萨”两个品种（Jacob，1994）。

5.3.5 匈牙利

匈牙利的酸樱桃育种工作始于 1950 年园艺研究所的 Érd 和 Újfehértó 实验站，即现在的国家农业研究和创新中心果树研究所。主要采用了三种育种策略：从“庞迪”类型的酸樱桃中进行优选，从原生地方种群中进行选种和杂交组合育种。

S. Bruci 和 Z. Sharp 从“庞迪”类型的酸樱桃中选出了 3 个品种：“庞迪 48”“庞迪 279”和“庞迪 119”。因为“庞迪”是自交不亲和的，从地方品种中选出了“吉普赛 7”“吉普赛 59”“吉普赛 3”和“吉普赛 C. 404”4 个品种作为授粉品种。

1950 年，匈牙利东北地区的 F. Pethő 从原生地方种群中进行选种，T. Szabó 在 Újfehértó 研究站继续该项工作。选择的目标是高产、自交亲和性、果梗和果实之间脱落层干燥以及成熟期。“富拓思”“第波特莫”“坎特诺斯 3”“爱华”和“佩奇”等品种相继从该育种计划中育成发表（Szabó，1996；Szabó 等，2008b）。在匈牙利中部地区，J. Apostol 也进行了原声地方品种的选种，育成了“切森格底”和“杜开”2 个品种。

P. Maliga 于 1950 年开始了杂交组合育种，1967 年由 J. Apostol 接手继续开展育种，从 2009 年开始由 S. Szincs 主持育种工作。从 1950 年至 1967 年，“阔来”“喜爱”“第比列”“琵琶”“纳吉”“大努贝”“记忆”等 7 个品种先后育成发表。“伊派丽”和“拉米”2 个品种在 1967—1979 年发表，“爱尔迪”“克维斯”和

“比伯”等 3 个品种则是在 1980 年后育成发表。J. Apostol 从位于匈牙利和塞尔维亚边境地区的“菲克”地方种群中选育出了品种“普利玛”。

5.3.6 波兰

酸樱桃育种计划始于 20 世纪 50 年代位于卢布林(Lublin)和波兹南(Poznań)的农业大学和位于斯凯尔涅维采(Skierniewice)的果树研究所(现园艺研究所),前者由 S. Zaliwski 和 M. Mackowiak 主持育种工作。品种“内福乐斯”在卢布林育成发表。在波兹南,品种“阿格特”“阿美太”“钻石”和“大登”于 1997 年育成发表。卢布林和波兹南农业大学的育种活动于 20 世纪末停止。位于斯凯尔涅维采的果树和花卉研究所的育种计划由 S. Zagaja、A. Buczek-Jackiewicz 和 A. Wojniakiewicz 发起,后来由 Z. S. Grzyb 和 T. Jakubowski 接手继续开展工作。波兰酸樱桃育种计划的目标是开发具有良好果实特性的用于加工和鲜食的新品种,并且适合于机械采收。1950—1992 年,“露西娜”“萨比娜”“万达”“克拉”“维纳”“魏乐娜”“维嘉”和“莫扎”等品种先后育成发表。自 2006 年以来,E. Żurawicz 和 M Szymajda 继续在 Skierniewice 开展酸樱桃育种工作,并育成发表了“勒纳”和“宏达”2 个品种。

5.3.7 罗马尼亚

罗马尼亚的酸樱桃育种于 1956 年在克卢日纳波卡的果树研究站(RSFG)开始,并在其他 3 个研究所[位于 Pitesti 的果树种植研究所(RIFG)、位于 Focşani 和 Iasi 的果树研究所]得以继续。大量的品种是从“克日桑娜”和“墨刊”的自然群体中,以及其他当地地方品种群中选育出来的。主要的育种目标是开发具有不同成熟时间、自交亲和、产量高、颜色深、加工属性好和树势中庸的新品种。育成了“蒙卡内斯蒂 16”“克日桑娜 2”无性系、“蓝森”“图拉脱”“阿索依”“皮特斯”“布卡维纳”“波特桑尼”“缇久”和“皮体”等品种。1971 年,在位于 Pitesti 的水果研究所开始杂交选育抗叶斑病、自交亲和、果实品质好以及适合机械化采收(Budan 和 Stoian, 1996)的品种。1990 年后,“阿曼达”“娜娜”“朵飘”“艾娃”“卢集”“塔丽娜”“丽娃”“萨特马云”和“斯特拉尔”等品种育成发表。

5.3.8 俄罗斯

就新育成的品种而言,俄罗斯是世界上的主要酸樱桃育种先进国家。他们的大量育种工作位于奥廖尔、莫斯科、喀山和米丘林斯克的许多科研机构和实验站,已经育成发表了 100 多个酸樱桃新品种,如“卢布斯卡娅”“斯卡娅”“雅迪”“乌拉拉”“比诺”“维卡”“土基维克”“科索莫”“学卡雅”和“乐卡”。俄罗斯酸樱桃育种计划的主要目标是：抗霜冻、抗叶斑病(*B. jaapii*, *M. laxa*)、自交亲和、高产和果实品质好。果实大小不是育种的重点，大多数新品种的果实大小为 3～4 g。

除了普通酸樱桃的育种外，在俄罗斯还进行了草原樱桃(*P. fruticosa*)的育种，特别是在西伯利亚(巴尔瑙尔、鄂木斯克、叶卡捷琳堡和新西伯利亚)。与酸樱桃栽培品种相比，源自草原樱桃的品种具有更好的抗冻性、树势弱、更好的早果性和更强的抗病性。然而，它们的果实很小，味道很酸，通常带有一丝涩味或苦味。

在俄罗斯东部，特别是在远东地区，还进行了毛樱桃(*P. tomentosa*)的育种。开展这一研究的首要单位是位于符拉迪沃斯托克的远东实验站 VNIIR。其最重要的育种目标是：抗冬季中期低温和晚秋霜冻、抗病、自交亲和、高产和果实品质好，如深红色、肉质坚硬、果核小、容易与果肉分离、风味佳。

5.3.9 塞尔维亚

Čačak 的水果研究所的酸樱桃育种计划致力于开发自交亲和、产量高、果实品质极高、适合加工和鲜食、易于机械收获、成熟期多样以及对重要的病虫害具有耐受性/抗性(Nikolić 和 Cerović，1998；S. Radičević 和 R. Cerović，2014，私信)。A. Stančević 分别于 1973 年和 1984 年育成发表了“卡宾”和“萨马迪卡”2 个品种。2014 年育成发表的 3 个新品种“纳维”“伊斯卡”和“索菲家”都有非常大的果实，约 7～8 g。1993 年，贝尔格莱德的 PKB 研究所育成发表了品种“拉拉”。2014 年，位于贝尔格莱德的农业学院育成发表了品种“拉拉”。除了杂交育种计划外，位于贝尔格莱德大学和诺维萨德的第二个育种计划致力于从“欧布辛斯卡”和“菲克”的本地酸樱桃地方种群的种开展选种(Nikolić 等，2005；Rakonjac 等，2010)。

5.3.10 乌克兰

乌克兰国家农业科学院(NAAS)有 4 个研究机构开展酸樱桃育种。自 1920 年以来，这些育种计划一直在选育适应乌克兰和苏联的气候条件的品种。位于基辅的国立园艺研究所(IH)NAAS 是水果育种领域的领先研究机构。目前，由 V. I. Vasylenko 继续 N. V. Moiseichenko 主导的育种工作，并于 2014 年育成发表了品种“博湖”。近年来，位于 Melitopol 的 Melitopol 园艺研究站和位于 Opytne 的 Artemivsk 苗圃研究站已经整合到国立园艺研究所。在 Melitopol 园艺研究站，酸樱桃育种目标是为乌克兰和苏联的黑土地区(Chernozem)开发对冬季霜冻和潮湿性气候条件具有耐受性的酸樱桃品种。1933—1965 年，M. T.

Oratovskyy 和 D. A. Batyuk 育成了品种“迪森纳”。1966—2000 年，M. I. Turovtsev 和 V. O. Turovtseva 建立了一个杂交组合育种计划，其中包括种间杂交以开发新的育种材料（Turovtsev 和 Turovtseva，2002）。自 2006 年以来，A. N. Shkinder-Barmina 继续领导开展育种工作。1990—2006 年，育成发表了 17 种酸樱桃和公爵樱桃（甜樱桃和酸樱桃的杂交后代）品种，包括“思迪哈”“英雄”“卢斯卡”“丹妮”“米娜”“索力达”和“鲁尼亚”（Turovtseva 等，2013）。

在 Artemivsk 苗圃研究站，L. I. aranenko 与 Melitopol 研究站合作，领导了樱桃育种超过 65 年（Taranenko，2004）。目前，由 V. V. Yarushnikov 继续开展酸樱桃的育种工作。最有价值的育成品种是“瑟尼”“诺卡”“促朵”“内斯卡”“威力卡”“道奇”和最新发表的“阿尔斯卡”（Yarushnykov，2013）。历史最悠久的水果育种研究机构，位于 Mlijv 的水果研究所的 L. P. Symyrenko，育成了“阿尔法”和“达娜”2 个品种。目前，由 L. S. Yuryk 领衔继续开展育种工作。

5.3.11 美国

密歇根州立大学（MSU，密歇根州东兰辛）的酸樱桃育种计划始于 1983 年。由于酸樱桃不是美国原产的，因此所利用的种质资源是通过与现有欧洲育种单位合作收集的（Iezzoni，2005）。密歇根州立大学与匈牙利 Érd 和 Újfehértó 的育种计划之间的合作使得 3 个匈牙利酸樱桃品种在美国商业化，即“富拓思”“诺特莫”和“第比列”。密歇根州立大学酸樱桃育种的目标是开发出比“蒙莫朗西”高产且抗樱桃叶斑病更强、抗冻和高品质果实的品种。例如，果实硬度高，同时果实保持类似“蒙莫朗西”的鲜艳红色（Iezzoni 等，2005）。

5.4 酸樱桃品种特性

5.4.1 全球重要的酸樱桃品种

“大努贝”（“Érdi Bőtermő”，即 Danube™）

来源：由匈牙利布达佩斯园艺研究所 P. Maliga 和 J. Apostol 选育而成。

父母本：“庞迪”×“纳吉”。

树体生长习性：树势中等，树冠圆头形。

育性/坐果率：自交亲和，在匈牙利坐果率高且稳定，但在德国坐果率中等，有时偏低（Szabó 等，2008a）。

开花期：早花，比“肖特摩尔”早 5～6 天。

成熟期：早熟，比“肖特摩尔”早熟 3 周左右。

果实特征：果实中到大，果皮暗红色的，硬度中等。

果肉：深红色。

果汁：略带红色。

抗性：易感樱桃叶斑病和花腐病。

利用：鲜食和加工。

“发纳”（“Fanal”即“康萨维克”“范娜 23”）

来源：由德国范娜，布朗克格（哈斯）选育而成。

父母本：未知。

树体生长习性：树势中等至强，直立，具有良好的分枝，树冠圆形到宽锥体形。

育性/坐果率：自交亲和，坐果率高且稳定。

开花期：早花，比“肖特摩尔”早 5～6 天。

成熟期：中等，比“肖特摩尔”早几天。

果实特征：果实中到大，果皮棕红色，硬度中等。

果肉：红色至棕红色，柔软。

果汁：紫红色。

抗性：易受细菌溃疡病的影响。

利用：鲜食和加工。

“克勒斯”（“Kelleriis 16”，即“Morellenfeuer”）

来源：由丹麦 Sealand Kvistgaard 的 D. T. Poulsen 于 1940 年左右选出。

父母本：（“威塞乐”×“特德马克”）×自然授粉（o. p.）。

树体生长习性：直立，树势强旺，枝条比“史蒂芬巴尔”粗壮，树冠圆头形。

育性/坐果率：自交亲和，坐果率高。

开花期：中早期开花，比“肖特摩尔”早。

成熟期：中早期，从 7 月下旬到 8 月上旬，在丹麦比“史蒂芬巴尔”早 2～3 周。

果实特征：果实中到大，圆形，果皮深红色，硬度中等，糖、酸和色素含量低至中等。

果肉：深红色。

果汁：略带红色。

抗性：易受花腐病和李属坏死环斑病毒的影响。

利用：加工。

“蒙莫朗西”（“Montmorency”）

来源：来自法国的古老品种，至少从20世纪初开始在美国种植。

父母本：未知。

树体生长习性：树势中等。

育性/坐果率：自交亲和，坐果率高。

开花期：中花。

成熟期：中熟，比“肖特摩尔”早熟1周。

果实特征：中等大小，圆形，果皮浅红色，硬度中等。

果肉：黄色。

果汁：无染色。

抗性：易受樱桃叶斑病影响，只有在环境条件非常有利于感染时才易患枯萎病。

利用：加工。

“欧布辛斯卡”（“Oblačinska”）

来源：从南塞尔维亚（Niš和Prokuplje之间）的天然酸樱桃种群中选择的地方品种，不同无性系的混合物，通过根蘖繁殖。

父母本：未知。

树体生长习性：树势弱至中等，树冠圆形且致密。

育性/坐果率：自交亲和，坐果率高。

开花期：中花，比“肖特摩尔”早几天。

成熟期：比“肖特摩尔”早熟1周。

果实特征：中小型果，圆形，果皮深红色，硬度中等，糖和酸度含量高。

果肉：深红色。

果汁：深红色，花青素含量高。

抗性：耐霜冻和干旱。

利用：加工。

“庞迪”（“Pándy”即“科罗萨”“庞迪美姬”“森特美姬”“科罗萨维”“克勒斯卡”“克日桑娜”）

来源：地方无性系种群，树势、开花、成熟期、可育性和一些果实特征差异很大，原产于喀尔巴阡山脉的盆地（Faust和Surányi，1997）。

父母本：未知。

树体生长习性：直立，树势强旺。

育性/坐果率：自交不亲和，坐果率低至中等。

开花期：中花，比“肖特摩尔”早开几天。

成熟期：比“肖特摩尔”早 1 周。

果实特征：果实中到大，圆形，果皮深红色，硬度中等，糖和酸含量高。

果肉：深红色。

果汁：呈深红色。

抗性：对樱桃叶斑病具有中等耐受性，对花腐病敏感。

利用：鲜食，加工。

“沙特莫雷”(“肖特摩尔”，即“Große Lange Lotkirsche”“Łutówka”“Łutovka”“Griotte duNord”“Moreillska”“Skyggemorel”)

来源：自 18 世纪以来，一直在德国和中东欧国家生产。

父母本：未知。

树体生长习性：树势中等至强，具有球形树冠和下垂的果枝，倾向于产生光杆。

育性/坐果率：自交亲和，坐果率高。

开花期：晚，酸樱桃最晚开花类型。

成熟期：晚，在中欧地区 7 月底至 8 月初成熟。

果实特征：果实中到至大，圆形，果皮棕红色，硬度中等，糖度和酸度高。

果肉：深红色，硬度中等。

果汁：深红色。

抗性：极易受到花腐病和樱桃叶斑病感染。

利用：加工。

“史蒂芬巴尔”(“史蒂芬巴尔”，品种“Viki”“Birgitte”)

来源：至少回溯至 16 世纪的丹麦野生实生苗单株为基础的地方品种，在丹麦的部分地区已有 200 多年的历史；品种维基是 1971—1981 年在 Blangstedgaard 的 20 个表现良好的“史蒂芬巴尔”无性系中选出的(Christensen，1983，1986)。品种 Birgitte 最初发现于 Stevns 附近的一个果园，由 J. V. Christensen 选出。

父母本：未知。

树体生长习性：强旺的金字塔树体，枝条细长。

育性/坐果率：自交亲和，坐果率高且稳定。

开花期：中早花，比“肖特摩尔”早开花约 5 天。

成熟期：8月初，比中欧的“肖特摩尔”晚几天。

果实特征：果小，扁圆形，果皮深红色，硬度中等，糖和酸度非常高。

果肉：深红色。

果汁：深红色，花青素含量高，易染色。

耐受性：耐雨水引起的裂果，易感染细菌溃疡病。

利用：加工。

“富拓思”(“Újfehértói Fürtös”，即“Balaton™”“Ungarische Traubige”)

来源：由 F. Pethő 和 T. Szabó 从匈牙利东北部不知名的实生单株上选出。

父母本：未知。

树体生长习性：树势中等，细长的枝条。

育性/坐果率：部分自交亲和。

开花期：中花，比“肖特摩尔”早开花几天。

成熟期：中熟，在中欧7月中旬成熟，比“肖特摩尔”早熟10天左右。

果实特征：果实中到大，扁圆形，果皮深红色，硬度中等，糖度和酸度高。

果肉：棕红色，果肉硬。

果汁：红色，中度易染色。

抗性：易感染花腐病，中度易感染樱桃叶斑病。

利用：鲜食和加工。

5.4.2 酸樱桃新品种和重要的地方品种

“阿卡特”(“Achat”)

来源：B. Wolfram 在德国德累斯顿 Pillnitz 的水果育种研究所无性系“F5，5，55”中选育而成。

父母本：“科罗萨”×“B7，2，40”(“范娜”×“克勒斯16”)。

树体生长习性：树势强，与甜樱桃类似，分枝均匀，在短果枝上形成花芽。

育性/坐果率：自交亲和，与“肖特摩尔”类似，坐果率高。

开花期：早花，比“肖特摩尔”早开1周左右。

成熟期：中熟，比“肖特摩尔”早熟约2周。

果实特征：果大，圆形，果皮深红色，硬度中等，糖和酸含量高。

果肉：红色，硬度中等。

果汁：红色，中度易染色。

抗性：对花腐病的耐受性高，易受樱桃叶斑病的影响。

利用：加工和鲜食。

“波特桑尼”（“De Botoşani”）

来源：来自罗马尼亚东北部当地酸樱桃种群，由 L. Petre 和 E. Cârdei 选育而成。

父母本：未知。

树体生长习性：树势中等，以 1 年生新梢和多年生枝上的短果枝结果。

育性/坐果率：部分自交亲和，坐果率中等。

开花期：中花。

成熟期：中熟，罗马尼亚 6 月中旬。

果实特征：果实大，圆形，果皮深红色，硬度中等，高糖和高酸度。

果肉：深红色。

果汁：深红色，染色浓。

抗性：中度易感染花腐病和樱桃叶斑病。

利用：加工和鲜食。

“布卡维纳”（“Bucovina”）

来源：由 R. Radulescu 在罗马尼亚 Falticeni 的 RSFG 选育而成。

父母本：未知。

树体生长习性：树势中等，树冠球形。

育性/坐果率：部分自交亲和，坐果率高。

开花期：中花。

成熟期：中到晚熟，在罗马尼亚 7 月中旬成熟。

果实特征：果实中等大小，扁平形，果皮深红色。

果肉：深红色，柔软。

果汁：深红色。

抗性：耐花腐病，对樱桃叶斑病敏感。

利用：加工。

“卡明宝石”（“Carmine Jewel”）

来源：从加拿大萨斯喀彻温大学 L. Kerr 于 1966 年开展的 *P. fruticosa* × *P. cerasus* 的杂交后代中选出。

父母本：“易派克”（*P. cerasus* × *P. fruticosa*）×“北星”。

树体生长习性：属于酸樱桃矮化类型，树长得像灌木。

育性/坐果率：自交亲和，坐果率低到中等。

开花期：无记载。

成熟期：在加拿大萨斯卡通7月下旬至8月上旬成熟。

果实特征：果小，扁圆形，果皮深红色，硬度中等。

果肉：深红色。

果汁：深红色。

阻力：能耐受－40℃冬季霜冻。

利用：加工。

"喜戛尼"("Cigány"，即"Cigány Meggy""Gipsy Cherry""Ziegeunerkirsche")，优选单株"Cigány 7""Cigány 59""Cigány 404"

来源：起源于喀尔巴阡山脉盆地并且作为天然无性系种群存在的地方品种。

父母本：未知。

树体生长习性：树势中等，树木长得像灌木。

育性/坐果率：因无性系克隆不同而表现为自交亲和或者自交不亲和，坐果率高。

开花时间：根据无性系克隆的不同而不同。

成熟期：根据无性系克隆的不同而不同。

果实特征：果小，扁圆形，果皮深红色，硬度中等到柔软。

果肉：深红色。

果汁：深红色。

抗性：对花腐病敏感性中等。

利用：加工。

"克拉林"("Coralin")

来源：由B. Wolfram和M. Schuster在德国德累斯顿Pillnitz的JuliusKühn-Institut选育而成。

父母本："克勒斯16"×"P10，17，5"("科罗萨"×"肖特摩尔")。

树体生长习性：直立生长，具有良好的分枝。

育性/坐果率：自交亲和，坐果率高。

开花期：晚花，与"肖特摩尔"同时开花。

成熟期：晚熟，比"肖特摩尔"早熟几天。

果实特征：果实中等大小，扁圆形，果皮呈黑红色，果实硬。

果肉：黑红色，硬度中等。

果汁：因花青素含量高呈深红色。

抗性：耐樱桃叶斑病和炮眼等真菌引起的病害。

利用：加工，鲜食。

"克日桑娜 2"("Crişana 2")

来源：由罗马尼亚的 V. Cociu 在 RIFG，Pitesti 选育成功。

父母本：未知。

树体生长习性：树势生长强旺，树冠直立。

育性/坐果率：自交不亲和，坐果率低。

开花期：中花。

成熟期：中熟，在罗马尼亚 6 月中旬成熟。

果实特征：果大，扁圆形，果皮红色，糖和酸含量高。

果肉：红色，柔软。

果汁：粉红色。

抗性：耐花腐病和樱桃叶斑病。

利用：鲜食和加工。

"切森格底"("Csengődi")

来源：由 J. Apostol 从匈牙利南部当地品种选出。

父母本：未知。

树体生长习性：树体直立，树势强旺，具有良好的分枝。

育性/坐果率：部分自交亲和，坐果率中到高。

开花期：晚花，与"肖特摩尔"同时开花。

成熟期：中熟。

果实特征：果实中等大小，扁平形，深紫红色果皮，果实硬。

果肉：深红色，硬度中等。

果汁：深红色。

抗性：抗樱桃叶斑病和花腐病。

利用：加工。

"第波特墨"("Debreceni Bőtermő")

来源：从匈牙利德布勒森地区的当地品种中选出。

父母本：未知。

树体生长习性：树势中等至强，圆锥形树冠。

育性/坐果率：部分自交亲和，坐果率中等到高。

开花期：中花，比“肖特摩尔”早 5～6 天。

成熟期：早在 7 月初，比匈牙利“富拓思”早 3～5 天。

果实特征：中等大小，扁圆形，果皮深红色。

果肉：深红色，硬度高。

果汁：红色，染色程度低。

抗性：易受花腐病和樱桃叶斑病的影响。

利用：鲜食和加工。

“坎特诺斯”(“Kántorjánosi 3”)

来源：由 T. Sababó 从匈牙利 Màtèszalka 地区的当地品种中选出。

父母本：未知。

树体生长习性：树势强旺，树冠开张，产生盲枝的倾向高。

育性/坐果率：部分自交亲和，坐果率中等到高。

开花期：早花，比德国“肖特摩尔”早开 1 周左右。

成熟期：中到晚熟，比肖特摩尔早熟几天。

果实特征：果实中到大，圆形，果皮深红色。

果肉：红色，果肉硬。

果汁：红色，染色程度低。

抗性：对樱桃叶斑病中度敏感，对花腐病的敏感性较高。

利用：鲜食和加工。

“库塔雅”(“Kutahya”)

来源：地方品种，起源于土耳其，作为本地无性系种群存在。

父母本：未知。

树体生长习性：树势中等到强，树冠圆锥形。

育性/坐果率：自交亲和，坐果率中等到高。

开花期：晚花。

成熟期：很晚。

果实特征：果实中到小，扁圆形，果皮深红色，含糖量和酸度高。

果肉：深紫色，硬度高。

果汁：深红色。

抗性：耐花腐病。

利用：鲜食和加工。

"格勒马"("Gerema")

来源：由德国盖森海姆水果研究所的 W. Jacob 选育而成。

父母本："克勒斯 14"×o. p. 。

树体生长习性：树势弱，树冠直立，花芽着生在 1 年生新梢及短果枝上。

育性/坐果率：自交亲和，坐果率高。

开花期：晚花，和"肖特摩尔"类似。

成熟期：极晚熟，在"肖特摩尔"之后成熟。

果实特征：果实中等大，扁圆形，果皮深红色，糖和酸含量高。

果肉：深红色，坚实。

果汁：深红色，染色强度高。

抗性：耐花腐病，易受樱桃叶斑病的影响。

利用：加工。

"艾娃"("Ilva")

起源：由 I. Ivan 和 N. Minoiu 从罗马尼亚当地种群中选出。

父母本：未知。

树体生长习性：树势中等，树冠直立，花芽着生在 1 年生新梢及短果枝上。

育性/坐果率：自交亲和，坐果率高。

开花期：晚花。

成熟期：在罗马尼亚 7 月的第一周成熟。

果实特征：果实中等大，圆形，果皮深红色，略带酸味。

果肉：红色，硬度高。

果汁：红色。

抗性：耐花腐病和樱桃叶斑病。

利用：鲜食和加工。

"加琴"("Jachim")

来源：由 M. Schuster 在德国德累斯顿 Pillnitz 的 Julius Kühn-Institut 选育而成。

父母本："吉尔斯特"×"萨羽"。

树体生长习性：柱状，枝条直立生长，分枝角度较窄，节间较短，花芽着生在 1 年生新梢及短果枝上。

育性/坐果率：自交亲和，坐果率高。

开花期：晚花，和"肖特摩尔"类似。

成熟期：中熟，比“肖特摩尔”早熟1周。

果实特征：果实中到大，扁圆形，果皮深红色。

果肉：深红色，硬度高。

果汁：红色。

抗性：耐樱桃叶斑病和穿孔病。

利用：鲜食和加工。

“翡翠”(“Jade”)

来源：由B. Wolfram在德国德累斯顿Pillnitz水果育种研究所从单株“F5，19，130”选育而成。

父母本：“科罗萨”×“里维斯”。

树体生长习性：树势中等，具有良好的分枝。

育性/坐果率：自交亲和，坐果率高。

开花期：中花到晚花，比“肖特摩尔”早几天或者同时开花。

成熟期：中熟，比“肖特摩尔”早熟1周。

果实特征：中到大，呈扁圆形，果皮深红色，酸甜适中，有香味。

果肉：深红色，硬度高。

果汁：红色。

抗性：对花腐病具有高度耐受性，对樱桃叶斑病的敏感性较低。

利用：加工和鲜食。

“泽马斯”(“Latvijas Zemais”，即“Lietuvas Zemais”“Žagarvyšn ė”“Läti Madalkirss”)

来源：地方品种，起源于波罗的海国家并且作为当地无性系种群存在。

父母本：未知。

树体生长习性：树势弱到中等，树冠紧实，下垂的果枝往往会产生盲木。

育性/坐果率：部分自交亲和，坐果率中等。

开花期：中花。

成熟期：中熟，在拉脱维亚7月中旬成熟。

果实特征：果实中到小，圆形，果皮深红色。

果肉：深红色，柔软。

果汁：深红色。

抵抗力：冬季抗寒性好。

利用：加工。

“卢布斯卡娅”(“Lyubskaya”)

产地：库尔斯克地区的当地品种，广泛分布于俄罗斯。

父母本：未知。

树体生长习性：树势弱，树冠开张。

育性/坐果率：自交亲和，坐果率高。

开花期：中到晚花。

成熟期：晚熟，在俄罗斯中部7月底至8月初成熟。

果实特征：果实中等大小，圆形，果皮深红色。

果肉：深红色，硬度中等，非常多汁，酸味强，味道一般。

果汁：浅红色至红色。

抗性：易受花腐病和樱桃叶斑病的影响。

利用：加工。

“马拉斯卡”(“Marasca”)

来源：未知，但已在亚得里亚海沿岸的克罗地亚地区-达尔马提亚种植了几个世纪。分布区域包括从扎达尔到马卡尔斯卡的达尔马提亚北部和中部。马拉斯卡被认为是一种特殊的酸樱桃(*P. cerasus* var. *marasca*)。

父母本：未知。

树体生长习性：树势弱到中等，具有下垂特性的 *P. cerasus* var. *marasca pendula* 和具有直立生长习性的 *P. cerasus* var. *marasca recta*。

育性/坐果率：*pendula* 类型是自交不亲和，*recta* 类型是部分自交亲和，坐果率中等。

开花期：中花，比肖特摩尔早开几天。

成熟期：在克罗地亚6月底至7月初成熟。

果实特征：果小，圆形，果皮深红色至黑色，可溶性固形物和花青素含量高。

果肉：深红色，硬度高。

果汁：深红色，染色程度高。

抵抗：无记载。

利用：加工。

“蒙卡内斯蒂”(“Mocăneşti 16”)

来源：由罗马尼亚 RIFG Pitesti 的 V. Cociu 选育而成。

父母本：未知。

树体生长习性：树势中等至强，树冠球形。

育性/坐果率：自花不实，坐果率中等。

开花期：中花。

成熟期：中熟，在罗马尼亚成熟期 6 月中旬结束。

果实特征：果实中等大小，扁圆形，果皮深红色。

果肉：红色，柔软。

果汁：红色。

抗性：对花腐病和樱桃叶斑病敏感。

利用：加工。

“莫日娜”（“Morina”）

来源：由德国德累斯顿 Pillnitz 水果研究所 B. Wolfram 选育而成。

父母本：“科罗萨”×“阿瑟美”。

树体生长习性：具有良好分枝能力，树势中等，花芽着生在 1 年生新梢及短果枝上。

育性/坐果率：部分自交亲和，坐果率中等。

开花期：中花，比肖特摩尔早开几天。

成熟期：中熟，在比肖特摩尔早熟 1 周。

果实特征：果实中到大，圆形，果皮深红色，酸味至酸甜味，含糖量和酸度高。

果肉：深红色，硬度高。

果汁：深红色，染色程度高。

抗性：高度耐花腐病和叶片病害。

利用：加工和鲜食。

“娜娜”（“Nana”）

产地：由 P. Popa 在罗马尼亚布加勒斯特的 Băneasa RSFG 选育而成。

父母本：“克日桑娜”×o. p. 。

树体生长习性：树势弱到中等，树冠球状开张。

育性/坐果率：部分自交亲和，坐果率高。

开花期：中花。

成熟期：中熟，在罗马尼亚 6 月中旬成熟。

果实特征：果实中等大小，圆形，果皮红色。

果肉：粉红色至红色，柔软。

果汁：粉红色。

抗性：对花腐病和樱桃叶斑病敏感。

利用：鲜食和加工。

"内福乐斯"("Nefris")

来源：由波兰卢布林农业大学选育而成。

父母本：可能是"鲁特"的实生后代。

树体生长习性：树体直立到开张，树势中等。

育性/坐果率：自交亲和。

开花期：在波兰比"鲁特"早开 2～3 天。

成熟期：中熟，在波兰 7 月中旬成熟。

果实特征：果实中到大，圆形，果皮深红色。

果肉：深红色，硬度高。

果汁：深红色。

抗性：冬季耐寒性强，极易受细菌溃疡病和花腐病的影响。

利用：加工和鲜食。

"北星"("Northstar")

来源：1933 年在美国明尼苏达大学选育成功。

父母本：据报道为"英国莫雷拉"×"瑟尔派"。

树体生长习性：树势中等，树体矮小。

育性/坐果率：自交亲和。

开花期：中到晚花。

成熟期：中熟。

果实特征：果实中到小，圆心形，果皮深红色。

果肉：黄红色至深红色。

果汁：深红色。

抗性：抗樱桃叶斑病。

利用：加工和鲜食。

"佩奇"("Petri")

来源：由匈牙利 Lövöpetri 的 F. Szöke 选育而成。

父母本：未知。

树体生长习性：树势中等到强，树冠紧凑呈球形，具有良好的分枝能力。

育性/坐果率：部分自交亲和。

开花期：晚花。

成熟期：中熟，在匈牙利 7 月初成熟。
果实特征：果实中等大小，圆形，果皮棕红色。
果肉：红色，坚实。
果汁：红色，染色程度低。
抵抗：未知。
利用：鲜食和加工。

“丽娃”(“Rival”)

来源：由 S. Budan 在罗马尼亚 RIFG, Pitesti 选育而成。
父母本：“莫斯科吉”×“娜娜”。
树体生长习性：树势中等，树冠开张。
育性/坐果率：部分自交亲和，坐果率良好。
开花期：晚花。
成熟期：在罗马尼亚 6 月底成熟。
果实特征：果实中等大小，椭圆形，果皮红色。
果肉：红色，柔软。
果汁：红色，染色程度低。
抗性：对樱桃叶斑病具有高度耐受性，易受花腐病的影响。
利用：加工。

“萨比娜”(“Sabina”)

来源：由波兰位于 Skierniewice 的园艺研究所选育而成。
父母本：“鲁特”×“伊伯特”。
树体生长习性：树势强健，树体开张。
育性/坐果率：自交亲和，坐果率高。
开花期：在波兰比“鲁特”早开 4～5 天。
成熟期：早到中熟，在波兰 7 月初开始成熟。
果实特征：果实中等大小，扁圆形，果皮红色。
果肉：红色。
果汁：红色。
抵抗力：冬季抗寒性好。
利用：加工。

“萨羽”(“Safir”)

来源：由德国德累斯顿 Pillnitz 水果研究所 B. Wolfram 选育而成。

父母本:“肖特摩尔”×“范娜”。
树体生长习性：树势中等至强，树冠圆形，分枝能力强。
育性/坐果率：自交亲和，坐果率高。
开花期：中花到早花，比“肖特摩尔”早开几天。
成熟期：中熟，比“肖特摩尔”早熟1周。
果实特征：中到大，圆形，果皮深红色，口感酸甜。
果肉：深红色，柔软。
果汁：深红色。
抗性：对花腐病的敏感性较低。
利用：加工和鲜食。

“萨特马云”(“Sǎtmǎrean”)

来源：由罗马尼亚 T. Gozob 和 M. Raduc 在 RIFG，Pitesti 选育而成。
父母本:“哈迪夫”×“维森”。
树体生长习性：树势中等至强，树冠直立。
育性/坐果率：部分自交亲和，坐果率中等。
开花期：早花。
成熟期：早熟，在罗马尼亚6月初成熟。
果实特征：中等大小，扁平形，果皮深红色。
果肉：红色，柔软。
果汁：粉红色。
抗性：耐花腐病和樱桃叶斑病。
利用：鲜食。

“尖晶石”(“Spinell”)

来源：由德国德累斯顿 Pillnitz 水果研究所 B. Wolfram 选育而成。
父母本:“科罗萨”×“B7,2,40”(“范娜”×“克勒斯16”)。
树体生长习性：树体直立，树势中等。
育性/坐果率：部分自交亲和，坐果率良好。
开花期：中早花，比“肖特摩尔”早开几天。
成熟期：早熟，比“肖特摩尔”早熟2周。
果实特征：非常大，肾形，果皮深红色，口感酸甜适口。
果肉：深红色，硬度高。
果汁：深红色，花青素含量高。

抗性：未知。

利用：鲜食。

“斯特拉尔”(“Stelar”)

来源：由 S. Budan 在罗马尼亚的 RIFG，Pitesti 选育而成。

父母本：“蒙卡内斯蒂 16”×“哈迪夫”。

树体生长习性：树势中等至强，树冠直立开张。

育性/坐果率：部分自交亲和，坐果率中等。

开花期：早花。

成熟期：早熟，在罗马尼亚在 6 月初成熟。

果实特征：果实中到大，圆细长形，果皮深红色。

果肉：深红色，柔软。

果汁：粉红色。

抗性：耐花腐病和樱桃叶斑病。

利用：鲜食。

“萨马迪卡”(“Šumadinka”)

来源：由 A. Stančević 和 P. Mišić 在塞尔维亚位于 Čačak 的水果研究所选育而成。

父母本：“庞迪”×“范娜”。

树体生长习性：树势弱到中等，具有树体下垂习性。

育性/坐果率：自交亲和，坐果率高。

开花期：中花。

成熟期：晚熟，在塞尔维亚 7 月初成熟。

果实特征：果实中到大，圆形，果皮深红色。

果肉：深红色，硬度中等，偏酸。

果汁：红宝石色。

抵抗：未知。

利用：加工。

“塔丽娜”(“Tarina”)

来源：由 V. Cociu 和 T. Gozob 在罗马尼亚 RIFG Pitesti 选育而成。

父母本：“哈迪夫”×“维森”。

树体生长习性：树势中等，树冠直立。

育性/坐果率：部分自交亲和，坐果率中等。

开花期：早花。

成熟期：早熟，罗马尼亚在6月初成熟。

果实特征：果实中等大小，圆形，果皮深红色。

果肉：红色，柔软。

果汁：粉红色。

抗性：耐花腐病和樱桃叶斑病。

利用：鲜食。

“缇克”(“Tiki”)

来源：由丹麦的J. V. Christensen于20世纪90年代中期选出。

父母本：“史蒂芬巴尔”×“范娜”。

树体生长习性：树势强旺，树冠圆头形。

育性/坐果率：自交亲和，坐果率比史蒂芬巴尔更高，且稳定。

开花期：在丹麦为中早花。

成熟期：中熟，在丹麦8月成熟。

果实特征：果实中到小，圆形，硬度高。

果肉：紫色至深红色，果肉柔软多汁。

果汁：酸度高，糖含量中等，颜色极深，总酚含量极高，香气浓郁，有些苦味。

抗性：树体相对健康比较抗病。

利用：用于制酒和果汁加工。

“阿索依”(“Timpurii de Osoi”)

来源：由罗马尼亚位于雅西的RSFG的I. Bodi、O. Bazgan和G. Dumitrescu选育而成。

父母本：未知。

树体生长习性：树势中等，树冠圆头形。

育性/坐果率：部分自交亲和，坐果率中等。

开花期：早花。

成熟期：早熟，罗马尼亚在6月初成熟。

果实特征：果实中等大小，圆形，果皮深红色。

果肉：红色，柔软。

果汁：红色。

抗性：耐花腐病和樱桃叶斑病。

利用：鲜食和加工。

“斯卡娅”(“Vladimirskaya”)

来源：未知，但已在俄罗斯种植了几个世纪，并作为本地无性系种群存在。

父母本：未知。

树体生长习性：树势弱到中等，树冠圆头形，下垂的果枝倾向于产生盲木。

育性/坐果率：自交亲和，坐果率取决于授粉，卢布斯卡娅是一个很好的授粉品种。

开花期：中花。

成熟期：中熟，俄罗斯中部 7 月中旬成熟。

果实特征：果小，扁圆形，果皮深红色，酸甜味。

果肉：深红色，硬度高，多汁，酸甜适口，口感佳。

果汁：深红色。

抗性：易受樱桃叶斑病影响。

利用：加工和鲜食。

“海卫查”(“Zhivitsa”)

来源：由白俄罗斯果树研究所选育而成。

父母本：“多塞美”×“多尼森”。

树体生长习性：树势强旺，树冠圆头形。

育性/坐果率：自交不亲和。

开花期：中花。

成熟期：早熟，白俄罗斯在 7 月初成熟。

水果特征：中到小，圆形，果皮深红色。

果肉：深红色，硬度中等，种子容易与果肉分离。

果汁：深红色，酸甜的味道。

抗性：耐樱桃叶斑病。

利用：加工和鲜食。

致谢

作者感谢以下其他贡献者：白俄罗斯 Samohvalovichi 果树种植研究所 A. Taranov，匈牙利布达佩斯 NARIC 水果栽培研究所 T. Szabó 和 S. Szügyi，拉脱维亚 Dobele 国立水果种植研究所 D. Feldmane，波兰 Skierniewice 园艺研究所 M. Szymajda，罗马尼亚 Pitesti RIFG S. Budan，以及土耳其埃尔祖鲁姆阿塔图尔克农业大学 S. Ercişli。

参考文献

Apostol, J. (2005) New sour cherry varieties and selections in Hungary. *Acta Horticulturae* 667,123-126.

Apostol, J. (2011) Breeding sweet and sour cherry in Hungary. In: Zbornik Radova III. Savetovanja 'Inovacije u Vocarstvu', Beograd, 10 February, pp. 49-57.

Bors, R. H. (2005) Dwarf sour cherry breeding at the University of Saskatchewan. *Acta Horticulturae* 667,135-140.

Bošković, R., Wolfram, B., Tobutt, K. R., Cerovic, R. and Sonneveld, T. (2006) Inheritance and interactions of incompatibility alleles in tetraploid sour cherry. *Theoretical and Applied Genetics* 112,315-326.

Brown, G. K. and Kollar, G. (1996) Harvesting and handling sour and sweet cherries for processing. In: Webster, A. D. and Looney, N. E. (eds) *Cherries*. CAB International, Wallingford, UK.

Budan, S. and Stoian, I. (1996) Genetic recources in the Romanian sour cherry breeding. *Acta Horticulturae* 410,81-86.

Budan, S., Mutafa, I., Stoian, I. and Popescu, I. (2005a) Screening of 100 sour cherry genotypes for *Monilia laxa* field resistance. *Acta Horticulturae* 667,145-151.

Budan, S., Mutafa, I., Stoian, I. and Popescu, I. (2005b) Field evaluation of cultivars susceptibility to leaf spot at Romania's sour cherry genebank. *Acta Horticulturae* 667, 153-157.

Christensen, J. V. (1976) Beskrivelse af Surkirsebærsorten 'Stevnsbaer'. Report 1322, *Statens Forsøgsvirksomhed i Plantekultur*.

Christensen, J. V. (1983) Kloner af surkirsebærsorten Stevnsbaer. *Statens Planteavlsforsøg*, *Meddelelse* no. 1714.

Christensen, J. V. (1986) Clones of the sour cherry Stevnsbaer. *Acta Horticulturae* 180,69-72.

Christensen, J. V. (1995a) Kloner af Stevnsbaer. *Frugt og Baer* 24,44-45.

Christensen, J. V. (1995b) Klonselektion bei der Sauerkirschensorte 'Stevnsbaer'. *Erwerbsobstbau* 37,34-36.

Faust, M. and Surányi, D. (1997) Origin and dissemination of cherry. *Horticultural Reviews* 19,263-317.

Hauck, N. R., Yamane, H., Tao, R. and Iezzoni, A. F. (2006) Accumulation of non-functional S-haplotypes results in the breakdown of gametophytic self-incompatibility in tetraploid *Prunus*. *Genetics* 172,1191-1198.

Hedrick, U. P. (1915) *The Cherries of New York*. J. B. Lyon Company, Albany, New York.

Hillig, K. W. and Iezzoni, A. F. (1988) Multivariate analysis of a sour cherry germplasm collection. *Journal of the American Society for Horticultural Science* 113,928-934.

Iezzoni, A. F. (1996) Sour cherry cultivars: objectives and methods of fruit breeding and characteristics of principal commercial cultivars. In: Webster, A. D. and Looney, N. E. (eds) *Cherries: Crop Physiology, Production and Uses.* CAB International, Wallingford, UK.

Iezzoni, A. F. (2005) Acquiring cherry germplasm from Central and Eastern Europe. *HortScience* 40, 304 - 308.

Iezzoni, A. F., Sebolt, A. M. and Wang, D. (2005) Sour cherry breeding program at Michigan State University. *Acta Horticulturae* 667, 131 - 134.

Jacob, H. (1994) 'Gerema'. *Obstbau* 7, 352 - 353.

Kristiansen, K. and Jensen, M. (2009) Towards new cultivars of 'Stevnsbær' sour cherries in Denmark. *Acta Horticulturae* 814, 277 - 284.

Miletić, R., Žikić, M., Mitić, N. and Nikolić, R. (2008) Identification and *in vitro* propagation of promising 'Oblačinska' sour cherry selections in Eastern Serbia. *Acta Horticulturae* 795, 159 - 162.

Mitschurin, I. W. (1951) *Ausgewählte Schriften.* Verlag Kultur und Fortschritt, Berlin.

Montgomery, A. (2009) *Sour Cherries in Canada.* Statistics Canada. Available at: http://www.statcan.gc.ca/pub/96 - 325-x/2007000/article/10775-eng.htm (accessed 9 January 2017).

Nikolić, D., Rakonjac, V., Milutinović, M. and Fotirić, M. (2005) Genetic divergence of Oblačinska sour cherry (*Prunus cerasus* L.) clones. *Genetika* 37, 191 - 198.

Nikolić, M. and Cerović, R. (1998) A new promising sour cherry hybrid XII/57. *Acta Horticulturae* 468, 199 - 202.

Poll, L., Peterson, M. B. and Nielson, G. S. (2003) Influence of harvest year and harvest time on soluble solids, titrateable acid, anthocyanins content and aroma components in sour cherry (*Prunus cerasus* L. cv. 'Stevnsbaer'). *European Food Research and Technology* 216, 212 - 216.

Rakonjac, V., Fotirić-Akšić, M., Nikolić, D., Milatović, D. and Colić, S. (2010) Morphological characterization of 'Oblačinska' sour cherry by multivariate analysis. *Scientia Horticulturae* 125, 679 - 684.

Redalen, G. (1984) Fertility in sour cherries. *Gartenbauwissenschaft* 49, 212 - 217.

Schmid, W. and Grosch, W. (1986) Identifizierung flüchtiger Aromastoffe mit hohen Aromawerten in Sauerkirschen (*Prunus cerasus* L.). *Zeitschrift Lebensmittel Untersuchung Forschung* 182, 407 - 412.

Schuster, M. (2004) Investigation on resistance to leaf spot disease, *Blumeriella jaapii* in cherries. *Journal of Fruit and Ornamental Plant Research* 12, 275 - 279.

Schuster, M. (2009) Sour cherries *Prunus cersasus* L. with columnar tree habit. *Acta Horticulturae* 814, 325 - 328.

Schuster, M. (2011) Sauerkirsche 'Achat'. *JKI Datenblätter — Obstsorten.* Heft 2. doi: 10.5073/jkidos.2012.001.

Schuster, M. (2012) Sauerkirsche 'Jade'. *JKI Datenblätter — Obstsorten*. Heft 3. doi: 10. 5073/jkidos. 2012. 002.

Schuster, M. and Wolfram, B. (2005) Sour cherry breeding at Dresden-Pillnitz. *Acta Horticulturae* 667, 127 - 130.

Schuster, M., Grafe, C., Hoberg, E and Schütze, W. (2013) Interspecific hybridization in sweet and sour cherry breeding. *Acta Horticulturae* 976, 79 - 86.

Schuster, M., Grafe, C., Wolfram, B. and Schmidt, H. (2014) Cultivars resulting from cherry breeding in Germany. *Erwerbs-Obstbau* 56, 67 - 72.

Shukov, O. S. and Charitonova, E. N. (1988) *Sour Cherry Breeding*. Agropromizdat, Moscow.

Šimunic, V., Kovač, S., Gašo-Sokač, D., Pfannhauser, W. and Murkovic, M. (2005) Determination of anthocyanins in four Croatian cultivars of sour cherries (*Prunus cerasus*). *European Food Research and Technology* 220, 575 - 578.

Sjulin, T. M., Julin, T. M., Jones, A. L. and Andersen, R. L. (1989) Expression of partial resistance to cherry leaf spot in cultivars of sweet, sour, duke, and European ground cherry. *Plant Disease* 73, 56 - 61.

Stainer, R. (1975) "Stevnsbaer" - eine interessante Sauerkirsche für die Safterzeugung. *Obstbau/Weinbau* 5, 142 - 145.

Stegmeir, T., Schuster, M., Sebolt, A., Rosyara, U., Sundin, G. W. and Iezzoni, A. (2014) Cherry leaf spot resistance in cherry (*Prunus*) is associated with a quantitative trait locus on linkage group 4 inherited from *P. canescens*. *Molecular Breeding* 34, 927 - 935.

Symyrenko, L. P. (1963) *Pomology*. Vol. 3 *Stone Fruits*, *Quince*, *South Rowan*, *Dogwood*, *Medlar*, *Garden and Forest Hazelnut*. Gov. Pub. of Agricul. Lit. Kiev.

Szabó, T. (1996) Results of sour cherry clonal selection in the north-eastern region of Hungary. *Acta Horticulturae* 410, 97 - 100.

Szabó, T., Nyéki, J., Soltész, M. and Hilsendegen, P. (2008a) Sortenwahl in Ungarn und Deutschland. In: Nyéki, J., Soltész, M., Szabó, T., Hilsendegen, P. and Hensel, G. (eds) *Sauerkirschanbau*, UD RDI, Germany.

Szabó, T., Inántsy, F. and Csiszár, L. (2008b) Results of sour cherry clone selection carried out at the Research Station of Újfehértó. *Acta Horticulturae* 795, 369 - 372.

Taranenko, L. I. (2004) Plant breeding and testing of sour cherry cultivars in conditions of Donbass. *Sadovodstvo I Vinogradarstvo* 6, 17 - 20.

Tobutt, K. R., Bošković, R., Cerović, R., Sonneveld, T. and Ružić, D. (2004) Identification of incompatibility alleles in the tetraploid species sour cherry. *Theoretical and Applied Genetics* 108, 775 - 785.

Trajkovski, V. (1996) A review of the cherry breeding program in Sweden. *Acta Horticulturae* 410, 387 - 388.

Truchseß, C. (1819) *Systematische Classification und Beschreibung der Kirschensorten*.

Cottaische Buchhandlung, Stuttgart, Germany.

Turovtsev, M. I. and Turovtseva, V. O. (2002) *Fruit and Small-fruit Crop Regionalized Varieties of Institute of Irrigated Fruit Growing Selection*. Agrarna Nauka, Kiev.

Turovtseva, V. O., Turovtsev, M. I., Shkinder-Barmina, A. N. and Turovtseva, N. M. (2013) Creation of sour and duke cherry varieties on the south of Ukraine. In: *Scientific Publications of FSBSO NCRRIH&V* 1, pp. 135 - 142.

Venjaminov, L. N. (1954) *Selekcija Vishni, Slivy i Aprikosa v Uslovijakh Spednej Polosy SSSR*. Gosudarstvennoe Izdatelstvo Seleskokhozjajstvennoj Literatuyri, Moscow.

Wang, H., Nair, M. G., Strasburg, G. M., Chang, Y., Booren, A. M., Gray, J. I. and DeWitt, D. L. (1999) Antioxidant and antiinflammatory activities of anthocyanins and aglycon, cyanidin, from tart cherries. *Journal of Natural Products* 62, 294 - 296.

Webster, A. D. and Schmidt, H. (1996) Rootstocks for sweet and sour cherries. In: Webster, A. D. and Looney, N. E. (eds) *Cherries: Crop Physiology, Production and Uses*. CAB International, Wallingford, UK, pp. 127 - 163.

Wharton, P. S., Iezzoni, A. and Jones, A. L. (2003) Screening cherry germ plasm for resistance to leaf spot. *Plant Disease Journal* 87, 471 - 477.

Wolfram, B. (1990) Kurzinformation über Sauerkirschenneuzüchtungen 'Korund' und 'Karneol'. *Erwerbsobstbau* 32, 204 - 205.

Yamane, H., Tao, R., Sugiura, A., Hauck, N. R. and Iezzoni, A. F. (2001) Identification and characterization of S-RNases in tetraploid sour cherry (*Prunus cerasus*). *Journal of the American Society for Horticultural Science* 126, 661 - 667.

Yarushnykov, V. V. (2013) The selection of the genepool accessions with valuable traits from the collection of sour cherry germplasm at the Artemivsk experimental station of nursery culture. *Plant Genetic Resources* 12, 73 - 83.

Zhukov, O. S. and Kharitonova, E. N. (1988) *Selektzja Vishni*. Agroproizdat, Moscow.

Zwitzscher, M. (1964) Die Sauerkirsche 'Mailot'. *Der Erwerbsobstbau* 6, 149 - 151.

Zwitzscher, M. (1968) Die Sauerkirsche 'Cerella'. *Der Erwerbsobstbau* 10, 108 - 110.

Zwitzscher, M. (1969) 'Nabella', eine Großfrüchtige Sauerkirsche für die Industrielle Verwertung. *Der Erwerbsobstbau* 11, 145 - 148.

6 砧木及其改良

6.1 导语

甜樱桃砧木是从表现出适合嫁接的类群中选择的。以此为标准，*Prunus avium*、*Prunus cerasus*、*Prunus mahaleb*、*Prunus fruticosa* 以及它们之间的杂交种和相关类群均可用作砧木。

不同地点土壤环境条件的多样性是影响砧木利用的因素之一。砧木是提高甜樱桃和酸樱桃品种适应环境能力的重要工具，同时也为种植者在次优环境下种植樱桃提供了可能。虽然现代甜樱桃果园，即所谓的“步行果园”，需要矮化和能够早期丰产的砧木，但是在甜樱桃和酸樱桃果园中使用的砧木仍然是多种多样的。整形方式与砧木必须结合起来综合考虑，并与果园土壤肥力和栽培地气候相匹配。生产人工采摘的樱桃的集约化果园种植者倾向于选择矮化砧木，这可以将种植密度提高到 1 000～5 000 株/公顷（Robinson，2005；Sansavini 和 Lugli，2014；Musacchi 等，2015）。然而，一些整形方式具有特殊的整枝和修剪方法（如丛枝形 KGB、西班牙丛枝形 SB、直立多主枝形 SL、高纺锤形 TSA 和篱壁形 UFO）允许在半乔化或乔化的砧木上建立步行果园或半步行果园（Negueroles，2005；Robinson，2005；Ercisli 等，2006；Iglesias 和 Peris，2008；Hrotko，2010；lang，2011；Long 等，2015）。

虽然现代人工采摘果园受益于矮化砧木的利用生产鲜食果品，但是那些生产加工用果品及采用振动方式采收的果园依然利用乔化砧木，因为只有这样树干和主枝等才能经受住机械采收臂的摇晃和振动。

6.2 甜樱桃和酸樱桃的砧木育种

具有亲缘关系的樱桃属植物种类主要包括 *P. avium* L.、*P. cerasus*L.、*Prunus canescens* Bois、*P. fruticosa* Pall 和 *P. mahaleb* L.。已用作樱桃砧木

或列于砧木育种计划的其他物种如下：*Prunus* × *dawyckensis* Sealy、*Prunus incisa* Thunb.、*Prunus concinna* Koehne、*Prunus serrula* Franch.、*Prunus subhirtella* Mia.、*Prunus pseudocerasus* Lindl.、*Prunus tomentosa* Thunb. 和 *Prunus serrulata* Lindl.（Cum mins，1979a，b；Webster 和 Schmidt，1996）。在上述物种之间开展了种间杂交育种试验并获得了种间杂交品种（Kappel 等，2012）。樱桃的另一个砧"阿达拉"和中间砧（Myrobalan"R1"）属于 *Prunophora* 亚属（*Prunus cerasifera* Ehrh.）（Moreno 等，1996；Lang，2006）。

砧木育种的目标

Perry（1987）列出的樱桃砧木育种目标如下：减小树体体积，提高接穗品种的早期产量，广泛的适应性，性状表现稳定均一，抗寒，适应多种土壤类型以及对病虫害的耐受性好。虽然优先顺序可能会有所不同，但是这些育种目标仍然特别重要。樱桃砧木育种的最主要目标是矮化砧木。目前，樱桃的砧木间长势不一，它们并不都令人满意。在不同的樱桃种植区，土壤肥力变化多样，气候变化的不确定性较大，需要在不忽视树势控制的前提下，提高砧木对土壤和气候的适应性。

砧木对接穗生长势以及生长习性的影响

虽然砧木对接穗生长势和生长习性的作用机制尚未完全阐明，但目前已出现了多种不同的假设和相互矛盾的研究结果。与其他许多嫁接果树一样，其中主要是砧木和接穗之间的激素相互作用（Feucht，1982；Faust，1989；Treutter 等，1993；Webster，1998）。许多控制生长的因素可以用激素控制解释。然而，整个嫁接复合体，包括砧木对同化物分配、水分和养分吸收及转运的影响，以及砧木对早期丰产和收获率的影响机理有待进一步深入研究。

根据育种结果分析（Wolfram，1971；Trefois，1980；Gruppe，1985；Wolfram，1996），虽然在欧洲樱桃类（*Eucerasus*）中，如 *P. fruticosa*、*P. cerasus* 和 *P. canescens* 是具有控制树势的亲本主要来源，进一步可在樱桃类 *P. seudocerasus*（*P. pseudocerasus* 和 *P. serrulata*）中找到一些类似资源，但它们的后代在大陆性气候条件下的抗寒性和耐旱性较弱，不符合栽培要求（Cummins，1979a，b）。

目前还没有发现可作为矮化砧木的甜樱桃基因型，尽管在进一步育种中利用遗传转化可能会获得一些潜在的材料（Webster 和 Schmidt，1996）。此外，近亲交配的效果尚未得到充分的研究。在"马哈利"樱桃中发现了从乔化到中等树势的不同类型（Hrotkó，2004；Hrotkó 和 Magyar，2004；Lang，2006；Sotirov，

2012；Barać 等，2014），其中具有矮化基因特征的基因型可能是控制接穗生长势的重要资源。

砧木也会影响接穗的分枝角度。Webster 和 Schmidt（1996）报道甜樱桃和中国樱桃无性系导致接穗分枝角度增大变宽。Hrotko（1999）也观察到嫁接在“马哈利”上的接穗分枝角度更宽，而“麻姆 14 号”和“麻姆 97 号”上的接穗分枝角度更窄。

砧木对接穗品种早果性、产量和果实品质的影响

樱桃的早果性、丰产性和稳产性以及果实品质都受砧木的影响，但砧木、整形和修剪、株行距和营养状况之间存在着相当广泛的相互作用。Perry（1987）报道“马哈利”实生砧木嫁接的品种比“马扎德”砧木提前 1～2 年结果。这一结果在其他试验中也得到了证实（Hrotkó，1990；Hrotkó 等，2008；Stachowiak 等，2014）。密植的集约化果园及结果枝组的管理也可以促进提早结果（Meland，1998；Hrotkó 等，2009a，c；Hrotkó，2010）。具有不同生长势的砧木都可以促进早果，但不一定都与矮化有关。对接穗品种丰产性的筛选只能通过田间试验来确定。产量效率、负载量和叶面积之间的关系会影响果实大小（Edin 等，1996；Simon 等，2004；Whiting 和 Lang，2004；Cittadini 等，2007；Gyeviki 等，2012）。高效的矮化砧木能提高果实/叶面积比，从而降低果实大小和品质。酸樱桃无性系砧木，无论作为砧木或者中间砧，接穗品种的果实都比“马哈利”砧木要大（Magyar 和 Hrotko，2008）。

嫁接的亲和性

甜樱桃种内嫁接通常是亲和的，如不同甜樱桃品种嫁接在“马扎德”（野生甜樱桃）砧木上。嫁接不亲和仅仅发生在由两个或两个以上的不同种的樱桃嫁接在复合体上（如甜樱桃/酸樱桃、“马哈利”或种间杂交）。酸樱桃品种对“马哈利”和甜樱桃的亲和性较好。然而，“肖特摩尔”在“马哈利”甚至酸樱桃实生砧木上显示出不同的亲和性。因此，一些苗圃更倾向于以甜樱桃作为该品种的砧木。

在樱桃属内，不同的樱桃种类可以互相嫁接在一起。因此，许多组合都是具有不同代谢系统的异种嫁接。异种嫁接的代谢系统可能或多或少受到胁迫（Feucht，1982；Treutter 等，1993；Feucht 等，2001）。在合适的生长条件下可能不会出现不亲和症状。然而，当树体受到环境胁迫时，其不亲和性就会表现出来。

嫁接不亲和的表现如下：芽接成活率低，接穗在结合处折断，叶小发黄，生

长停滞，秋季叶片提早变红，提早落叶，接穗或砧木过度生长，出现过多砧木的根蘖和过早结果（Perrv，1987；Webster 和 Schmidt，1996）。砧木不太可能与一个物种内的所有品种都亲和（Webster 和 Schmidt，1996）。

砧木的繁殖及价值

与来历不明的实生苗相比，从特定的果园中选择的种子可以产生更为一致的实生群体。使用经过适当选择的甜樱桃或“马哈利”种源，种子繁殖就相对简单。甜樱桃接穗品种的种子发芽率非常低，而酸樱桃则高低不一。通过营养繁殖可以提供均一的砧木材料，因此不定根的产生能力则是选择砧木的一个重要指标。甜樱桃的生根能力较低，只有无性系的“F 12/1”和“查吉”通过压条繁殖成功（Howard，1987；Webster，1996）。作为甜樱桃的杂交后代，“考特”的 1 年生枝条在基部容易形成不定根，可硬枝扦插或压条繁殖。类似地，“IP-C4”（*P. avium* × *P. pseudocerasus*）和“IP-C5”（*P. avium* × *P. nipponica* var. *kurilensis*）可以通过压条繁殖。*P. cerasus*、*P. canescens* 和 *Prunus. wadai*（*P. pseudocerasus* × *P. subhirtella*）（Wolfram，1971；Gruppe，1985）的杂交后代也很容易通过扦插或压条繁殖。“马哈利”无性系砧木的嫩枝扦插容易形成不定根（Sarger，1972；Hrotkó，1982；Szabó 等，2014），但不可硬枝扦插和压条繁殖。许多商业化的种间杂交砧木类型能够进行快繁（Dradi 等，1996；Druart，1998；Muna 等，1999；Dorić 等，2014），尽管在苗圃中的生长速率可能会是一个问题，如新梢芽接前的时间长短。如果决定采用“吉塞拉 5 号”生产甜樱桃，就要考虑到在苗圃中嫁接苗生长速度慢，并且在定植建园后的第一年要充分注意保持相应的管理（Baryła 等，2014）。如果采用高接樱桃品种或者观赏品种，最好选择甜樱桃实生砧木或者“F 12/1”，因为只有它们能够形成比较好的树干。

砧木对非生物胁迫的抗性

抗寒性是砧木的一个重要属性。此外，砧木也会影响接穗对低温的反应（Howell 和 Perry，1990）。酸樱桃和草原樱桃被认为是最耐寒的砧木，而“马哈利”比“马扎德”要耐寒。在“马哈利”中，阔叶亚种比小叶亚种耐寒（Hrotko，2004）。甜樱桃是欧洲樱桃中最不耐寒的（Perry，1987），尽管 Kippers（1978）报道了“马扎德”不同株系具有耐寒性差异。在苗圃中，“考特”对早霜很敏感，但嫁接在“考特”上的甜樱桃却没有发现任何伤害。

在许多樱桃种植区，砧木的耐旱性和耐热性是必不可少的，这些特性可能与砧木的根系深度有关。由于气候变化，这些砧木性状的重要性有望更加得到重视。浅根性的矮化砧木，如酸樱桃和草原樱桃的矮化种间杂种，更容易受到干旱和热的伤害。耐受性最强的砧木似乎是“马哈利”及其杂交后代，如“马扎德”×“马哈利”系列。

对不同土壤条件的适应性被认为是砧木的一种重要性状。“马哈利”及其衍生类型最适合于易排水的轻质砂土或砾石土，能适应石灰含量较高的土壤和高pH值(pH值为7.8～8.5)。在中国西北地区，“马哈利”樱桃实生砧木(“泽马”)对石灰性和高pH值土壤具有耐受性。在夏季的雨季，厌氧条件可能导致以中国樱桃(*P. pseudocerasus*)为砧木的甜樱桃出现缺铁黄化(Faust等，1998；Cai等，2007；Hrotkó和Cai，2014)。

砧木可能会影响养分供应效率(Jimenez等，2007)。Moreno等(1996)发现在干燥、重石灰性土壤中，所有砧木的叶片铁含量都较低，尽管没有观察到肉眼可见的叶片黄化现象。以甜樱桃“先锋”为例，“阿达拉”砧木表现出最好的营养平衡水平，其次才是砧木“CAB 6P”和“吉塞拉5号”。此外，“SL 64”的叶片矿物质浓度低于最适水平，可能是由于对黏重土壤条件的不良反应。Sitarek等(1998)研究发现，嫁接在矮化砧木“P-HL-A”和“P-HL-C”上的甜樱桃叶片钙含量低于对照。Stachowiak等(2015)也证实了波兰栽培在沙土上的“马哈利”砧木能提供更多的铁元素。Hrotko等(2014)证实了砧木对养分供应的影响，认为“马哈利”砧木能够提供均衡的养分供应。

对病虫害的耐受性

研究表明有几种线虫会攻击樱桃树的根部。关于砧木对线虫的敏感性，文献中的相关研究结果自相矛盾。根据Webster和Schmidt(1996)的研究，甜樱桃和酸樱桃对根腐线虫敏感(*Xiphinema* 和 *Pratylenchus spp.*)，而Zepp和Szczygiel(1985)发现，与“马扎德”和酸樱桃相比，穿刺根腐线虫(*Pratylenchus penetrans*)更容易攻击“马哈利”的根。据报道，“马扎德”和酸樱桃比“马哈利”更耐南方根结线虫(*Meloidogyne incognita*)的攻击(Webster和Schmidt，1996)。与之相反，Hartmann等(2002)发现“马哈利”砧木对根腐线虫(*Pratylenchus vulnus.*)的抗性高于“马扎德”。“马哈利”砧木对根结线虫(*Meloidogyne incognita*)也有抗性，但易受爪哇根结线虫(*Meloidogyne javanica*)的影响(Hart mann等，2002)。

在排水能力差的黏重土壤上疫霉菌可能导致严重的树木腐烂。酸樱桃和“马扎德”比易感的“马哈利”有更高的耐受性(Wicks等，1984；Cummins等，1986)。灰毛樱桃(“卡米尔”)及其杂交后代对疫霉菌敏感(Webster和Schmidt. 1996)。所有砧木对黄萎病菌均呈敏感性，还没有发现抗性资源。在美国，蜜环菌(*Armillaria mellea*)可以引起砧木根系损伤，“马哈利”、酸樱桃、“考特”和“依米尔”对该真菌较敏感，“马扎德”表现出一定抗性，“麻姆 60 号”的抗性最强(Proffer 等，1988)。美国密歇根州已开始测试新的矮化系列砧木，其目的是筛选抗蜜环菌的砧木(Olmstead 等，2011)。

在苗圃，由叶斑病菌(*Blumeriella jaapii*)引起的叶斑病可导致苗木严重落叶。只有“马哈利”抗叶斑病，而甜樱桃、酸樱桃及其后代对该病菌具有程度不一的敏感性。据报道，VP1(*P. cerasus* × *P. maacki*)具有耐受性(Yoltuchovski，1977；Micheyev 等，1983)。根据 G. Mladin(Pitesti，2011，私信)指出，“IP-C4”和“IP-C5”对叶斑病具有抗性。有许多对叶斑病具有高度抗性的野生樱桃物种可以为育种计划所利用(Wharton 等，2003；Schuster，2004；Budan 等，2005)。在欧洲西北部，真菌 *Thielaviop sisbasicola* 可导致严重的连作障碍问题，而 *P. avium* × *P. pseudocerasus* 的杂交种可作为抵抗这种威胁的抗性来源。

细菌性疾病会导致许多问题，包括根瘤病(根癌农杆菌)。它会感染苗圃苗木和果园的树木，降低果树的生长和产量。“考特”和“马扎德”无性系“F 12/1”都易感染根瘤病，而“马哈利”砧木和草原樱桃的杂交后代则不太敏感。在“考特”砧木上，甚至在嫁接处也会形成瘿瘤。丁香假单胞菌(*Pseudomonas syringae* pv. *morsprunorum* 和 *P. syringae* pv. *syringae*)会引起细菌性溃疡病，这是温带潮湿地区一种特别具有破坏性的疾病(见第 15 章)。已知“马哈利”砧木具有抗病性，而“马扎德”基因型被认为是易感类型。无性系砧木“查吉”和一些 *P. avium* × *P. pseudocerasus* 或者 *P. avium* × *P. incisa* 的杂交种可作为抗性来源(Webster 和 Schmidt，1996)。

目前还未发现对病毒或植原体具有抗性的(见第 16 章)砧木类型，虽然它们具有广泛的敏感性差异。草原樱桃及其后代对病毒特别敏感。一些无性系酸樱桃对李矮缩病毒(PDV)的敏感性较高，而灰毛叶樱桃对李属坏死环斑病毒(PNRSV)表现出较高的敏感性(Lang 等，1998)。Lankes(2007)发现“考特”“吉塞拉 5 号”“皮库 1 号”“皮库 3 号”和“皮库 4 号”对 PDV 和 PNRSV 有耐受性，而“吉塞拉 3 号”和“吉塞拉 6 号”具有一定的敏感性。在法国，与以“马扎德”为砧木的樱桃相比，“马哈利”砧木更容易受到叶蝉传播的植原体(Molière's disease)的影响。美国的樱桃 X 病同样是由叶蝉传播，能感染以“马扎德”和“考特”为砧木的树木，而“马哈利”砧木则极易感染。

6.3 砧木育种计划及主要育种成果

6.3.1 无性系砧木选育及其种间杂种的创制

无性系砧木主要是从3个主要的樱桃砧木类型(甜樱桃、"马哈利"和酸樱桃)和它们相互的种间杂交后代中进行选择。

从甜樱桃("F 12/1""查吉")选择无性系砧木的主要优势是能进行压条繁殖(Howard, 1987),以及为苗圃和果农提供均一化的砧木。甜樱桃的种间杂交后代(见表6.1)具有广泛的生长势、适应性和对疾病的耐受性(James 等,1987; Wolfram, 1996; Grzyb 等,2005; Hrotkó 等,2009a)。第一个甜樱桃种间杂交砧木是"考特"(*P. avium* × *P. pseudocerasus*)(Webster, 1980)。使用秋水仙碱诱变育种,从"考特"砧木中选择出了矮化突变体(Tames 等,1987)。六倍体($6n=48$)"考特"现在正在欧洲多地开展测试评价,试验表明它的生长速度比原来的要慢一些,但早果性与原来相比并不明显(Hrotkó, 2008; Lugli 和 Sansavini, 2008; Meland, 2015)。

表6.1 无性繁殖的甜樱桃砧木及其种间杂种(母本为 *P. avium*)

品种	特征简介	参考文献
P. avium		
"F 12/1"	树势旺,树干粗壮,抗细菌性溃疡病	Webster 和 Schmidt(1996)
"查吉"	树势旺,具有较高的细菌性溃疡病抗性	Webster 和 Schmidt(1996)
"克丽丝蒂"	地方品种的优系,树势中等	Cireasa 和 Sardu (1985); Cireasa 等(1993)
种间杂交后代		
"考特"	*P. avium* × *P. pseudocerasus*, $2n=24$,易于繁殖,树势约为乔化砧木80%,分枝平展,对干旱和石灰性土壤的适应性有限	Webster(1980)
六倍体"考特"	*P. avium* × *P. pseudocerasus*, $6n=48$,易于繁殖,树势约为乔化砧木的75%	James 等(1987)
"P-HIL-A"("PLH 84")	推测为 *P. avium* × *P. cerasus*;捷克和波兰有前景的矮化砧木,气候适应性有限	Blazek (1983); Anon (2003); Blažková 和 Hlușičkova(2004); Grzyb 等(2005); Paprstein 等(2008)

（续表）

品种	特征简介	参考文献
“P-HL-B” “P-HL-C”	推测为 *P. avium* × *P. cerasus*；捷克和波兰有前景的矮化砧木，气候适应性有限	Blazek（1983）；Anon（2003）；Paprstein 等（2008）
“皮库 1 号” （“Piku 4. 20”）	*P. avium* ×（*P. canescens* × *P. tomentosa*）；树势中等、高产、适应性强、耐李矮缩病毒（PDV）和李属坏死环斑病毒（PNRSV）	Wolfram（1996）；Hilsendegen（2005）；Lankes（2007）；Hrotkó 等（2009a）；Spornberger 等（2015）
“IP-C4”	*P. avium* × *P. pseudocerasus*	G. Mladin（2011）
“IP-C5”	*P. avium* × *P. pseudocerasus*	G. Mladin（2011）
“IP-C7”	（*P. avium* × *P. nipponica* var. *kurilensis*）×（*P. avium* 77 - 33 - 26 × *P. pseudocerasus*）	G. Mladin（2011）；Tanasescu 等（2013）
“吉塞拉 4 号” （“Gi473/10”）	*P. avium* × *P. fruticosa*；矮化，根蘖多	Gruppe（1985）；Stehr（2005）；Kappel 等（2005）；Hrotkó 等（2006）；Lichev 和 Papachatzis（2009）

P-HL-系列被认为是甜樱桃×酸樱桃的杂交后代。据报道，矮化“P-HL-A”在捷克和波兰表现非常好，但在其他国家不太成功（Anon，2003；Grzyb 等，2005）。尽管最近 Spornberger 等（2015）报道“皮库 1 号”产量效率低和果实品质不佳，但田间试验表明其作为一种树势中等或者矮化砧木仍然有前途（Wolfram，1996）。

在罗马尼亚 Pitesti 开发的系列樱桃砧木中，“IP-C4”“IP-C5”和“IP-C7”均可归为该组。它们以甜樱桃为母本。“IP-C4”和“IP-C5”是生长势强旺或中等的砧木，具有良好的抗病性、丰产性和抗齿裂真菌感染能力。

最有前景的砧木群体之一是营养繁殖的酸樱桃。众所周知，虽然它是甜樱桃矮化砧木的来源，但这种砧木亲和力变异性大及根蘖多是其主要缺点（Perry，1987；Granger，2005）（见表 6. 2）。有几个国家的育种单位已经从酸樱桃地方品种的无性系中选择了没有根蘖的酸樱桃作为砧木，它们具有广泛的生长势和亲和性差异（Schimmelpfeng 和 Liebster，1979；Faccioli 等，1981；Schimmelpfeng，1996）。此外，酸樱桃作为砧木具有明显优势，即对甜樱桃接穗品种的果实大小具有积极的影响。尽管进行了大量的选育，但是除了威亨斯蒂芬育种项目之外(其第二代和第三代是生长势弱的地方品种间的杂交后代),只有几个少数的有针对性的杂交组合(Schimmelpfeng, 1996)。在塞尔维亚,从“欧布辛斯卡”的地方品种中选出了生长势中等的无性系“OV11”和“OV18”(Ognjanov 等,2012)。

在德国吉森开展了成效最好、种间杂交最广泛的砧木育种计划(Gruppe, 1985)。最近来自各种国家砧木试验的结果表明,最具前景的杂交后代是来自酸樱桃×灰毛叶樱桃和反交(Walther 和 Franken Bembenek, 1998; Franken-Bembenek, 2004; Franken-Bembenek, 2005; Kappel 等,2005)。虽然农业上的缺陷限制了许多杂交后代的商业利用潜力,但它们是一个重要的遗传资源。一些来自“吉塞拉”系列的杂交后代已经作为有前途的矮化砧木在世界各地得到利用(见表 6.2)。

表 6.2 无性繁殖的 *P. cerasus* 砧木及其后代(*P. cerasus* 作为母本,“吉塞拉 12 号”除外)

品种	简介	参考文献
	P. cerasus	
“斯卡娅”(即“弗拉基米尔”)	来自俄罗斯地方品种,矮化,根蘖极易发生,固地性差	Perry(1987); Sotirov(2012)
“斯投顿”	来自美国地方品种,矮化,根蘖多,耐受黏重土壤,浅根,固地性差	Perry(1987); Granger(2005)
“欧布辛斯卡”“OV11”“OV 18”	来自塞尔维亚地方品种,矮化,根蘖多,浅根,固地性差	Ognjanov 等(2012)
“CAB 6P” “CAB 11E”	选自意大利地方品种优系,中等矮化,根蘖较少,浅根性	Faccioli 等(1981); Sansavini 和 ugli(1996)
“维如特 10”“维如特 13”	选自德国地方品种优系,树势强,根蘖较少,对黏重土壤适应性强,亲和性好,果实大小适中	Treutter 等(1993); Schimmelpfeng (1996); Hrotkó 等(2006); Lichev 和 Papachatzis(2009)
“维如特 154” “维如特 158”	选自德国地方品种杂交后代,半矮化,根蘖较少,对黏重土壤适应性强,亲和性好,果实大小适中	Treutter 等(1993); Schimmelpfeng (1996); Bujdosó 等(2004); Stehr (2005); Lichev 和 Papachatzis (2009)
“维如特 72” “维如特 53” “维如特 720”	选自德国地方品种杂交后代,矮化,根蘖较少,亲和性不一,土壤适应性低,固地性差	Treutter 等(1993); Schimmelpfeng (1996); Bujdosó 等(2004); Lichev 和 Papachatzis (2009); Neumüller(2009)

（续表）

品种	简介	参考文献
“阿达布兹”	选自伊朗野生基因型，矮化，适合于肥沃的壤土和黏土	Edin 等（1996）；Hilsendegen (2005)；Hrotkó 等(2009c)
“维克多”	选自意大利，矮化到半矮化	Battistini 和 Berini(2004)
种间杂交后代		
“吉塞拉 3 号”(“Gi 209/1”)	*P. cerasus* × *P. canescens*，非常矮化，对 PDV 和 PNRSV 具有部分敏感性	Gruppe（1985）；Franken-Bembenek（2004）；Lankes (2007)；Sotirov(2015)
“吉塞拉 5 号”(“Gi 148/2”)	*P. cerasus* × *P. canescens*，矮化，能耐受 PDV 和 PNRSV，适和肥沃的壤土，需要灌溉，亲和性好，丰产，早果性好，容易早衰	Gruppe（1985）；Franken-Bembenek（2005）；Hrotkó 等(2009c)；Lankes(2007)；Lichev 和 Papachatzis（2009）；Sotirov (2015)
“吉塞拉 6 号”(“Gi 148/1”)	*P. cerasus* × *P. canescens*，矮化，对 PDV 和 PNRSV 部分敏感，适和肥沃的壤土，需要灌溉，早果性好	Gruppe（1985）；Kappel 等(2005)；Stehr（2005）；Lankes (2007)；Sotirov(2015)
“吉塞拉 7 号”	*P. cerasus* × *P. canescens*，生长势中等，土壤适应性高，早果和丰产性好	Gruppe(1985)；Kappel 等.（2005）；Hrotkó 等(2006)
“吉塞拉 8 号”(“Gi 148/9”)	*P. cerasus*“肖特摩尔”× *P. canescens*，生长势中等，土壤适应性强，早果和丰产性好	Gruppe（1985）；Kappel 等(2005)；Hrotkó 等(2006)
“吉塞拉 12 号”(“Gi 195/2”)	*P. canescens* × *P. cerasus*“乐卡尔”，生长势中等，土壤适应性强，早果性好，丰产性高	Gruppe（1985）；Kappel 等（2005）；Hrotkó 等（2006）；Lichev 和 Papachatzis(2009)
“Gi 195/20”	*P. cerasus* × *P. canescens*，半矮化，早果和丰产性好	Hilsendegen(2005)
“IP-C1”	*P. cerasus*“墨刊提”× *P. avium* 77－33－26，罗马尼亚选育，半矮化，根蘖较少，耐湿度高的土壤，抗根瘤病	Parnia 等（1997）；G. Mladin (2011，私信)
“IP-C2”	*P. cerasus*“墨刊提”× *P. subhirtella*，活力适中，容易生根，产量高	G. Mladin(2011，私信)

（续表）

品种	简介	参考文献
“IP-C3”	*P. cerasus*“克日桑娜 B”× *P. subhirtella*，半矮化，亲和性好，高产	G. Mladin(2011，私信)
“克里姆 6 号”（“LC-52”）	*P. cerasus* ×（*P. cerasus* × *P maacki*），半矮化，早果和丰产性好	Eremin 和 Eremin(2002)；Maas 等(2014)

在俄罗斯，“VP 1”杂交种（*P. cerasus* × *Padus maacki*）显示了良好的砧木效果，后来被命名为“克里姆 6 号”（LC 52），并在西欧和北美开展了区试（Eremin 等，2000；Eremin 和 Eremin，2002；Maas 等，2014）。

在罗马尼亚 Pitesti 培育的樱桃系列砧木中，“IP-C1”“IP-C2”和“IP-C3”是酸樱桃的后代（见表 6.2）。它们表现出早果、半矮化、生长势中等、亲和性良好、丰产和易于生根，且“IP-C2”和“IP-C3”对樱桃叶斑病具有抗性（G. Mladin，2011，私信）。

第一个“马哈利”无性系砧木“Sainte Lucie 64”（“SL 64”）因其具有易于繁殖、与甜樱桃的亲和性高以及丰产等优点在法国选育出来（Thomas 和 Sarger，1965；Sarger，1972）。具有早果性及半矮化的“马哈利”优系也已经选育开发出来（见表 6.3）（Hrotkó，1982；Giorgio 和 St 和 ardi，1996；Misirli 等，1996；Hrotkó 和 Magyar，2004；Lang，2006；Soti rov，2012；Koc 和 Bilgener，2013；Barać 等，2014）。

表 6.3 无性繁殖的 *P. mahaleb* 砧木及其后代（*P. mahaleb* 为母本）

品种	简介	参考文献
P. mahaleb		
“SL 64”	在法国从野生基因型中选出，生长势强，易于繁殖，与甜樱桃和酸樱桃嫁接具有良好的亲和性和丰产性	Thomas 和 Sarger(1965)；Claverie(1996)；Edin 等(1996)；Hrotkó 等(1999)
“博格达尼”	从一株老樱桃树的根中选出，生长势强，枝条角度开张，具有良好的亲和性和丰产性	Hrotkó 和 Magyar(2004)；Hrotkó 等(2009a，c)；Magyar 和 Hrotkó(2013)
“艾格威尔”“美戛”	匈牙利选育，生长势中等，良好的亲和性和丰产性，枝条角度开张	Hrotkó(1993)；Hrotkó 和 Magyar(2004)；Magyar 和 Hrotkó(2013)；Bujdosó 和 Hrotkó(2014)

（续表）

品种	简介	参考文献
“波恩 60”“波恩 62”	在德国选育，生长势强旺，未进入商业繁殖生产	Baumann(1977)
“UCMH 55” “UCMH 56”	在美国加利福尼亚大学选育的有活力的砧木，通过嫩枝扦插繁殖	Lang(2006)
“UCMH 59”	在美国加州大学选育的生长势中等砧木，通过嫩枝扦插繁殖	Lang(2006)
“Mahaleb 20－86” “Mahaleb MG 1” “Mahaleb MG 2” “Mahaleb MG 3” “MG 1KB”“MG 2KB”	保加利亚选育，生长势中等，由嫩枝扦插或组织培养繁殖	Sotirov (2012) Barać 等 (2014); Dorić 等(2014)
种间杂交后代		
“麻姆 2 号”(“MaxMa2”)，“麻姆 60 号”(“MaxMa 60”)	*P. mahaleb* × *P. avium*，美国俄勒冈州选育，生长势非常强旺，与“马哈利”樱桃的适应性类似，亲和性好，抗疫霉黑水病和疫霉根腐病，枝条夹角小，比实生苗早果，丰产性好	Westwood (1978); Perry (1987); Hrotkó 等(2006)
“麻姆 14 号”(“MaxMa 14”)和“麻姆 97 号”(“MaxMa 97”)	*P. mahaleb* × *P. avium*，美国俄勒冈州选育，生长势中等，与“马哈利”的适应性类似，亲和性好，抗疫霉黑水病和疫霉根腐病，枝条夹角小，比实生苗早果，丰产性好	Westwood (1978); Perry (1987); Edin 等 (1996); Hrotkó 等(1999); Hrotkó 等 (1999, 2006, 2009a, c); Santos 等(2014)

在美国俄勒冈州，成功地将“马哈利”与甜樱桃进行杂交(Westwood，1978；Perry，1987)，开发了“麻姆”系列、“OCR 2”和“OCR 3”砧木(见表 6.3)。其中“麻姆 14 号”和“麻姆 97 号”是半矮化砧木。在一些地方这两种都作为半集约化或集约化果园的可用砧木(Edin 等，1996；Hrotkó 等，1999)。de Palma(1996)成功进行了“马哈利”和草原樱桃的杂交，但对它们的杂交后代的评价还处于早期阶段。Lichev 等(2014)将“马哈利”和“吉塞拉 5 号”的杂交后代(“Hybrid 2/10”)作为中间砧进行了测试评价。

其他无性系砧木和种间杂交种

自 20 世纪初期以来，草原樱桃作为生长缓慢的樱桃灌木(0.3～1 m)，有成为矮化砧木的潜在可能性，引起了樱桃砧木研究人员的关注。在若干中欧国家发现了草原樱桃的自然杂交后代形成 1～2 m 高的灌木丛（Wójcicki，1991；Hrotkó 和 Facsar，1996），已用来进行砧木选育。德国的“奥本海姆”（Plock，1973；Hein，1979），匈牙利“普博”（Hrotkó，2004；Hrotkó 和 Magyar，2004），波兰的“夫坦娜”（Rozpara 和 Grzyb，2004），塞尔维亚的“SV 5”“SV 6”“SV 7”和“SV 11”（Barać 等，2014）均被报道作为砧木或者中间砧选自草原樱桃。其主要缺点包括亲和性变异广泛、树干收缩严重、有根蘖和对病毒敏感，这些尚未得到克服（见表 6.4）。来自草原樱桃的“吉塞拉”系列后代，如“吉塞拉 1 号”和“吉塞拉 10 号”已被放弃利用。在俄罗斯，“VSL-2”（“*P. fruticosa*”×“*P. lannesiana*”，即“克里姆 5 号”）显示了优良结果（Eremin 和 Eremin，2002），尽管 Maas 等（2014）报告它与其他草原樱桃具有相似的缺点。

表 6.4 无性繁殖的种间杂交后代

品种	简介	参考文献
“夫坦娜”	*P. fruticosa*，建议作为矮化中间砧，早果，早衰	Rozpara 和 Grzyb（2004）；Grzyb 等（2005）
“克里姆 5 号”（“VSL-2”）	*P. fruticosa* × *P. serrulata* var. *lannesiana*.，矮化，丰产性好，早果，果实小，有根蘖，早衰	Eremin 等（2000）；Eremin 和 Eremin（2002）；Maas 等（2014）
“P3”“P7”	*Cerapadus* ×（*P. cerasus* L. × *P. avium* L.），有根蘖	Lanauskas 等（2004，2014）
“中国樱桃”	*P. pseudocerasus*，分布广泛，在中国作为实生砧木，在石灰性土壤中栽培容易出现缺铁黄化现象	Faust 等（1998）；Cai 等（2007）
“克里姆 7 号”（“L-2”）	*P. serrulata* var. *lannesiana*，生长势强旺	Eremin 和 Eremin（2002）
“青肤樱”	*P. serrulata* var. *Lannesiana forma multiplex Miyos*，亲和性不一，不抗寒	Muramatsu 等（2004）
“千岛大 1 号”	*P. nipponica* Matsum var. *kurilensis* Wilson，抗寒性较强，生长势中等	Muramatsu 等（2004）
“依米尔”	*Prunus incisa* × *P. serrula*，极矮化	Trefois（1980）；Druart（1998）；Vercammen（2004）；Magein 和 Druart（2005）

（续表）

品种	简介	参考文献
“达米尔”（“GM61/1”）	*P. dawyckensis* ×（*P. canescens* ×*P. dielsiana*），半矮化	Trefois（1980）；Druart（1998）；Vercammen（2004）；Magein 和 Druart（2005）
“卡米尔”（“GM 79”）	*P. canescens*，生长势中等	Trefois（1980）；Druart（1998）；Vercammen（2004）；Magein 和 Druart（2005）

在日本，砧木“千岛大 1 号”是从当地“千岛樱”的 114 个实生单株中选出的，这种樱花原产于北海道。“千岛大 1 号”形成小型树体，抗寒性高于“青肤樱”，后者在日本广泛用作樱桃砧木（Muramatsu 等，2004）。

一些种间杂交后代是与东亚起源的李属植物进行杂交出来的，测试用作为樱桃砧木进行测试利用。Gembloux 系列砧木，如“依米尔”“达米尔”和“卡米尔”，在大规模的商业繁殖利用中还没有通过。在这些系列砧木中，“达米尔”和“卡米尔”是测试最多的，但未广泛使用。尽管这些砧木对干旱胁迫非常敏感（Vercammen，2004），Druart（1998）、Magein 和 Druart（2005）仍选择 Gembloux 系列砧木的杂交后代开展了进一步选育。

6.3.2 采种树的选择

若干国家已经公布了具有优良表型性状的种源/母树（见表 6.5）。与自然授粉的种子相比，种子园的优势包括种子无病毒、发芽率更高、种子的亲本已知和果园树木均一性。

第一个开展系统种子树优选的工作可以追溯到 20 世纪上半叶（Maurer，1939；Küippers，1964，1978）。第一阶段，在第一个种子园中种植了野生种群的实生苗（如“Harzer Hellrindige Vogelkirsche”“Limburger Bosqkriek”）。第二阶段（大约 1935—1970 年），根据表型选择种子树进行无性系繁殖并栽种在种子园中。种子树选择的第三阶段，利用已知的授粉品种进行传粉，对种子树无性系后代进行评价。实生树的评估涉及它们在苗圃中繁殖和果园中作为砧木利用的价值（Hrotkó 和 Erdös，2006）。这些基因型的花的可育性决定了果园内基因型的交配选择以及相应的实生后代的遗传组成。大多数种子园由 3～5 个无性系进行交叉授粉，它们相互授粉良好（Funk，1969a，b；Nyúitó，1987；Perry，1987；Hrotkó 和 Erdós，2006）。

“马扎德”种子主要来自德国的“Harzer Hellrindige Vogelkir sche”和法国

中部山区森林的 Merisier Commun 野生种群。来自 Harzer“马扎德”生态型的后代，选择的实生苗种植在比利时生产种子，称为“Limburger Bosqkriek”，或者种植在德国，称为“Limburger Vogelkirsche”（见表 6.5）。

表 6.5 马扎德樱桃和马哈利樱桃

城市	选定的采种树无性系	参考文献
“马扎德”（Mazzard）		
保加利亚	“N 123”（“Dryanovo”）	Webster 和 Schmidt（1996）
捷克	“P-TU 1”“P-TU 3”	Anon（2003）
法国	“Pontavium”（“Fercahun”），“Pontaris”（“Fercadeu”）	Edin 和 Claverie（1987）
德国	“Hz 170”“Hz 53”（“Limburger”），“Gi 81”“Gi 84”“Gi 90”“Gi 94”“Alkavo”（“K 2/4”“K4/2”“K 4/23”“K 5/28”“K 5/38”）	Funk（1969b）；Küppers（1978）
匈牙利	“C 2493”“Altenweddingen”（无性系后代来自“Allkavo”）	Nyújtó（1987）
乌克兰	Mazzard“No. 3”“No. 4”和“No. 5”；“Susleny”“Napoleon”	Yoltuchovski（1977）；Tatarinovev（1984）
美国	Mazzard “No. 570”（“Harz”）“Sayler”“OCR 1”	Perry（1987）
罗马尼亚	“F 12/1”和“Dönissens Gelb”（异花授粉）	Webster 和 Schmidt（1996）
“马哈利”（Mahaleb）		
保加利亚	“IK-M9”（“Kyustendil”）“P 1”（“Plovdiv”）	Sotirov（2005）；Lichev 和 Papachatzis（2009）
法国	“SL 405”（自花结实）	Claverie（1996）
德国	“Heimann X”（自花结实）；“Alpruma”（“AF 5/19”“AF 3/9”“AF 6/16”）和“PB g”	Heimann（1932）；Funk（1969a）；Küppers（1978）
匈牙利	“C 500”（“Cema”）“C 2753”（“Cemany”）“Érdi V”（异花授粉）；“Korponay”（自花结实）	Nyújtó（1987）；Hrotkó（1990）；rotkó（1996）

（续表）

城市	选定的采种树无性系	参考文献
乌克兰	Mahaleb "No. 24"	Tatarinov 和 Zuev(1984)；Webster 和 Schmidt(1996)
美国	"No. 902,904,908 和 916"，异花授粉，在商业利用上称为 Mahaleb 900	Webster 和 Schmidt(1996)；Perry (1987)
波兰	"Piast""Popiel"，与甜樱桃不亲和	Grzyb(2004)；Rozpara(2005)
摩尔达维亚	"Rozovaya Prodolgovataya" "Chernaya Kruglaya iz Bykovtsa" "Nr 1 iz Solonchen"	Yoltuchovski(1977)；Tatarinov 和 Zuev(1984)

虽然"马哈利"的主要种子来源是野生实生种群，但是来自选定种子园的种子的使用正在增加。大多数杂交种子果园进行无性系组授粉(Hrot kó 和 Erdös, 2006)产生杂交种子(兄弟姐妹家族)。在德国(Heimann X)、法国("SL 405")和匈牙利("Korponay")已有自交结实的种子园。在法国(Claverie, 1996)、德国(Funk, 1969b)和匈牙利(Nyújtó, 1987; Hrotkó, 1990; Hrotkó, 1996; Hrotkó, 2008)开展了对异花授粉或自交结实后代的评价。

6.4 甜樱桃和酸樱桃砧木的特性

6.4.1 世界重要的砧木

"Colt"("考特")

"考特"于 1958 年在英国东茂林选出，并于 20 世纪 70 年代开始进入苗圃生产。现在被许多欧洲国家广泛使用。以"考特"为砧木的甜樱桃树生长旺盛，在多个地点呈现出类似嫁接在"马扎德"实生苗或"F 12/1"上的长势(Rozpara, 2013)。"考特"的缺点是它不抗霜冻(Grzyb, 2012)。在较凉爽的地区，在严寒和无雪的冬季，幼树的根部可能会受冻。果树种植者应该通过新建果园地面覆盖以保护幼树。"考特"的优点在于它非常容易生根，对甜樱桃树的健康、树势以及果实的品质都有积极的影响。"考特"大多数在肥沃的土床上进行繁殖。以"考特"为砧木的樱桃树要求条件良好、肥沃和湿润的土壤。耕作层浅、干燥和石灰性土壤不适合采用该砧木。

"F12/1"

"F 12/1"是 1944 年在英国从甜樱桃实生种群中选择的无性系砧木。它可以通过压条、硬枝和嫩枝扦插进行无性繁殖。它具有一定的抗霜冻能力，与主要的栽培品种亲和性良好。与“马扎德”实生苗相比，“F 12/1”砧木的优势在于嫁接树生长一致性好以及可以生产无病毒苗圃材料。以“F 12/1”为砧木的樱桃树生长旺盛，与嫁接在“马扎德”的樱桃树大小相当，当遇到潮湿、肥沃的土壤时树体更大。“F 12/1”的缺点是它极易感染根瘤病。以“F 12/1”为砧木的树木需要肥沃的土壤和供水良好。不建议用在轻质、黏重和过度潮湿的土壤上采用该砧木。

“GiSelA 5”(“吉塞拉 5 号”)

这是推荐用于甜樱桃栽培的一种矮化砧木(见表 6.2)。由于其矮化能力以及适合现代化集约型商业果园生产的特点，因此其在世界上的地位越来越重要。在许多国家的新建甜樱桃园中，特别是在西北欧如德国和荷兰，“吉塞拉 5 号”已经成为标准砧木。与“马扎德”或“F 12/1”相比，它可以减少樱桃树的生长量30%～50%，具体取决于品种、土壤类型、树龄和其他因素。通常，虽然南欧的国家树体生长的减少比北欧的国家显著(Sansavini 和 Lugli, 2014)，但其在地中海温暖地区的适应性并不理想，不建议在此地区应用(López-Ortega 等，2016)。以“吉塞拉 5 号”为砧木的树体早果性强，非常容易丰产(Walther 和 Franken-Bembenek, 1998; Franken-Bembenek, 2005; Kappel 等，2005)。该砧木可以通过嫩枝扦插进行繁殖，很容易通过组织培养实现。该砧木的其他优点如下：根系抗霜冻，与大多数栽培种亲和性好，抗病毒病(如 PDV 和 PNRSV)。在波兰中部恶劣的气候条件下，这种砧木比“马扎德”和“P-HL-A”更耐霜冻(Rozpara, 2013; Rozpara 和 Głowacka, 2014)。以“吉塞拉 5 号”为砧木的甜樱桃树比嫁接在“马扎德”上的树对生长地点要求更高。灌溉、施肥和保持土壤中适当的腐殖质含量是必不可少的。矮化树体通常容易过度丰产，从而导致果实偏小。在进行结果枝管理时，要避免负载量过高和早衰(Lang, 2011)。

“GiSelA 6”(“吉塞拉 6 号”)

“吉塞拉 6 号”是一种很有前途的甜樱桃半矮化砧木，尚未在欧洲进行过广泛的评估(见表 6.2)。以它为砧木，树势比“吉塞拉 5 号”做砧木的树体更旺。在美国的田间试验中，“吉塞拉 6 号”为砧木的甜樱桃树势随土壤和气候的不同而异(Kappel 等，2005)。同时还发现“吉塞拉 6 号”对不同品种树木的生长势减少程度不同(Webster 和 Schmidt, 1996; Bujdosó 和 Hrotkó, 2014)。“吉塞拉 6 号”为砧木的樱桃树比标准砧木早 2～3 年结果，且能稳定生产优质果品。“吉塞拉 6 号”砧木还耐受病毒疾病，如 PDV 和 PNRSV(Lang 等，1998)。它是推荐用于半集约化甜樱桃果园的很有前景的砧木。

"MaxMa 14"("麻姆 14 号",即"MxM 14""Brokforest""MaxMa Delbard 14")

这是在美国俄勒冈州布鲁克斯种苗公司选出的砧木之一(见表 6.3)。由于其在石灰性土壤中的良好表现,这种砧木在法国的种植应用比在美国更常见。嫁接在"麻姆 14 号"上的树木比"SL 64"砧木生长量减少 20%～30%,比"马扎德"减少 30%～40%,因此它被认为是半矮化砧木。虽然嫁接在这上面的树木的生长势取决于土壤肥力,但是也发现砧木和栽培品种间有互作。"麻姆 14 号"上嫁接的樱桃树通常表现健康,对石灰性土壤引起的黄化具有抗性,比嫁接在"SL 64"上的樱桃树早果性更好,通常产量很高且不需要支架支撑。该砧木对疫霉病 *Phytophthora* 敏感性中等,并且比"马扎德"对细菌性溃疡病的耐受性强。然而,它对土壤缺水干旱敏感,需要在干旱期间及时灌溉。该砧木最好通过组织培养或嫩枝扦插繁殖。在苗圃中,它对樱桃叶斑病和根瘤病的敏感性低。

P. avium **实生苗(甜樱桃,即"马扎德")**

"马扎德"仍然是世界上广泛用于甜樱桃和酸樱桃生产的标准砧木。它具有与几乎所有甜樱桃和酸樱桃品种形成良好的嫁接复合体的优点。"马扎德"具有发达的根系。树体在温暖地区生长良好,即便是在轻质土壤中,只要湿度足够,底土肥沃,地下水在地表以下至少 1.6～1.8 m 的深度,仍然正常生长。它们不能在太潮湿、地下水位高的土壤中成功生长。它们在沙质、透水性好和干燥土壤中也生长不良。在一些地区,"马扎德"抗冻性不足,这种特性经常出现在苗圃中或在新建果园第一年,特别是在严寒无雪的冬季,仍然较浅和发育不良的根系容易遭受霜冻危害(Rozpara, 2005)。由于嫁接在"马扎德"上的樱桃结果很迟,因此它们不适合用于现代集约化果园。

P. mahaleb **实生苗("马哈利",即"Mahaleb""SaintLucie cherry")**

"马哈利"是一种广泛用于世界各地樱桃树的砧木,尤其适用于波兰、德国、匈牙利和美国的酸樱桃。然而,在"马哈利"上嫁接甜樱桃也常见于许多国家,如匈牙利、法国、土耳其和乌克兰。"马哈利"作为砧木适宜生长在轻质、沙质、石灰性土壤和干旱大陆性气候。人们普遍认为"马哈利"在寒冷的冬季会增加甜樱桃树对霜冻的抵抗力(Rejman, 1987)。然而,许多研究表明,嫁接在"马哈利"上的甜樱桃在果园中寿命比在"马扎德"实生砧的树短得多。一些研究者通过"晚期生理不亲和"解释这种现象,它直到果园生长若干年后才出现(Webster 和 Schmidt, 1996)。在一些国家,已经开展了在"马哈利"的实生种群内筛选用于甜樱桃或酸樱桃砧木的工作(见表 6.3 和表 6.5)。

"Saint Lucie 64"(即"SL 64")

"SL 64"是 1954 年在法国波尔多选出的一种生长势强旺的"马哈利"无性系砧木。主要优点是它与大多数甜樱桃品种亲和性好。它可以通过硬枝、半木质化硬枝和嫩枝扦插进行繁殖。一般来说,"SL 64"嫁接的甜樱桃树生长量比"F 12/1"减少约 20%,具体取决于樱桃品种。然而,它们的生长势也与土壤类型相关。在沙质或者沙砾多的土壤中,树木不那么旺盛,但在肥沃的土壤中,它们生长得更加旺盛。无论生长势如何,嫁接在"SL 64"上的树木通常表现出良好的丰产性和早果性。

6.4.2 具有地域重要性的砧木

"Adara"("阿达拉")

"阿达拉"是一种多用途的砧木,因为它可以用于生产甜樱桃、酸樱桃、桃子、油桃和李子。"阿达拉"属于樱桃李,可通过硬枝扦插进行繁殖。实验证明,"阿达拉"对高 pH 值和高有机物含量的重沙质黏土具有很好的适应性。在这种砧木上嫁接的树木具有非常发达的深根系统,能够很容易地从土壤中吸收养分。在"阿达拉"上嫁接的甜樱桃树比"考特"和"SL 64"上的樱桃树生长势更旺。它们的特点是植株健康和根蘖很少。这种砧木可能在水果种植实践中得不到更广泛的应用。然而,它却可能在欧洲重碱性土壤地区发挥一定作用,因为这些地方无法用其他砧木生产甜樱桃。

"Camil"("卡米尔",即"GM 79")

"卡米尔"砧木具有抗霜冻能力,与美国、比利时和其他西欧国家种植的大多数樱桃品种具有生理亲和性(见表 6.4)。但是,有报道称其与"萨米脱"生理不亲和。在"卡米尔"上嫁接的树木呈半矮化状态,它们可以用于无需支架支撑的种植生产。这些嫁接树早果性明显,非常丰产。"卡米尔"砧木的一个缺点是不适合过于潮湿的土壤,它易受由疫霉菌引起的真菌病害的影响;另一个缺点是通过常规方法难以繁殖,并且在果园中容易产生许多根蘖。

"Damil"("达米尔",即"GM 61/1")

这种砧木嫁接的甜樱桃树比"F 12/1"砧木上嫁接的树体小 40%以上(见表 6.4)。它可以通过嫩枝扦插进行繁殖。它具有一个相对较大的根系,但在种植的第一年,树木应该用木桩加以支撑。以"达米尔"为砧木的树体抗霜冻,只产生少数根蘖。它的缺点是容易感染根瘤病。

"Edabriz"（"阿达布兹"，即"Tabel Edabriz"）

"阿达布兹"是法国、伊朗从酸樱桃实生群体中选出的砧木（见表 6.2）。与"马扎德"实生苗相比，它将树木生长势降低了 60%以上。"阿达布兹"通过传统的砧木繁殖方法繁殖效果差，主要通过组织培养进行繁殖。由于根系非常浅，因此应该种植在富含营养和水分的肥沃土壤中。以"阿达布兹"为砧木的甜樱桃树需要支架支撑，容易生产根蘖。在波兰研究结果表明，"阿达布兹"适用于非常集约化的种植，特别是在非常肥沃的土壤上进行生产（Sitarek 和 Grzvb，2010）。

"GiSelA 3"（"吉塞拉 3 号"，即"Gi 209/1"）

"吉塞拉 3 号"砧木嫁接的树体矮小、健康、抗霜冻、早果性强、丰产性非常好，同时不会影响果实大小（见表 6.2）。这种砧木不会产生根蘖。在德国的长期试验表明，在"吉塞拉 3 号"上嫁接的许多品种，比"吉塞拉 5 号"上的树体生长势弱。因此，在肥沃的土壤中，加上灌溉，"吉塞拉 3 号"可能是比"吉塞拉 5 号"更有价值的砧木（Franken-Bembenek，2004）。

"GiSelA 7"（"吉塞拉 7 号"，即"Gi 148/8"）

这是一种半矮化的砧木，生长势中等，具有良好的立地适应性（见表 6.2）。它可以耐受重质黏土和潮湿的土壤。嫁接在"吉塞拉 7 号"上的树比"吉塞拉 5 号"上的树树势略强，但比"吉塞拉 6 号"上的树稍弱。该砧木尚未经过充分的测试评价。

"GiSelA 8"（"吉塞拉 8 号"，即"Gi 148/9"）

这是一种半矮化砧木，生长势中等，具有良好的立地适应性、早果性和丰产性。它还没有经过充分的测试评价。

"GiSelA 12"（"吉塞拉 12 号"，即"Gi 195/2"）

这是一种半矮化或半乔化的砧木。早果性好，产量高而不会降低果实品质（见表 6.2）。"吉塞拉 12 号"对病毒病不敏感（Lang 等，1998），并且对土壤要求不高。已经观察到，在较贫瘠的土壤中，树势控制更加明显。在"吉塞拉 12 号"上嫁接的树木在不易产生根蘖，树体健康，但是根系发育较差，需要支架支撑。"吉塞拉 12 号"通过组织培养进行繁殖。

"Krymsk 5"（"克里姆 5 号"，即"VSL-2"）

"克里姆 5 号"被认为是俄罗斯 Krymsk 育成的最有趣的矮化砧木（见表 6.4）。据报道，它抗霜冻，对细菌性溃疡病和树皮及木部病害具有抗性（Eremin 等，2000）。根据育种者的说法，这种砧木与所有甜樱桃品种都具有生理亲和性。它可通过水平压条和嫩枝扦插进行繁殖。在苗圃中，树体外观健康，不易受叶斑病的影响，形成层长时间保持活性。幼年树根系发育良好、非常发达，并且长成相对较大树体。定植后的第二年或第三年开始结果，并且丰产性好，结果稳定。在果园里，它们能保持15～18年的良好生长。这种砧木可用于在黏重土壤中建立甜樱桃果园(Eremin等，2000)。然而，Maas等(2014)报道该砧木上的果实偏小，树体易早衰。

“Krymsk 6”(“克里姆6号”，即“LC-52”)

在俄罗斯Krymsk育成的矮化砧木之一(见表6.2)(Eremin等，2000)。嫁接在这种砧木上的甜樱桃树比以“马扎德”为实生砧木的树体生长势低40%，提前2～3年进入结果期并且更丰产。“克里姆6号”很容易通过压条和扦插进行繁殖。它具有发达的根系，比较抗病。它与甜樱桃品种的亲和性需要进一步测试。

“MaxMa 2”(“麻姆2号”，即“MxM 2”)和“MaxMa 60”(“麻姆60号”，即“MxM 60”)

它们是在美国俄勒冈州布鲁克斯种苗公司中通过“马扎德”与“马哈利”樱桃杂交选育成的标准砧木(见表6.3)。除美国俄勒冈州外，这些砧木尚未在世界范围内得到更广泛的认可。“麻姆2号”能够耐受俄勒冈州的干燥岩土。这些砧木可以种植在较黏重和涝渍的土壤中，因为它们对细菌溃疡病具有抗性，不易受根瘤病、疫霉病和冠腐病的影响。

“P-HL-A”(即“PHL 84”)

当甜樱桃以“P-HL-A”为砧木时，嫁接树通常比以“马扎德”为砧木的生长势弱30%～50%，枝条夹角宽，树冠匀称(见表6.1)。“P-HL-A”砧木的樱桃树早果性好，非常丰产。它虽然很难通过压条繁殖，但通过嫩枝扦插和组织培养相对容易。“P-HL-A”上的树木根系伸展范围大但比较浅。它们在富含腐殖质和水分充足的肥沃土壤中生长良好。在一个集约化的果园里，有必要采用支架支撑并进行灌溉。这种砧木能确保“伯莱特”“卡丽索娃”“凡达”“泰克洛凡”“布特红”“科迪亚”和其他大果型甜樱桃生长结果良好(Rozpara等，2004；Rozpara，2013)。不推荐用于小果型品种，由于和“海德尔芬格”存在严重的生理不亲和，因此避免用于该品种的生产。需要注意的是以“P-HL-A”为砧木的甜樱桃幼树对土壤中镁的缺乏比较敏感(Rozpara，2005)。

“Piku 1”(“皮库1号”，即“Piku 4.20”)

“皮库1号”是一种德国砧木。据报道，与“马扎德”嫁接的树相比，首次将甜樱桃树的生长势降低了一半(见表6.1)。然而，进一步的试验表明它矮化效果更好。到目前为止，没有迹象表明它与栽培品种不亲和的现象。该砧木最好通过嫩枝扦插或组织培养繁殖。它具有抗霜冻性，耐受沙质和致密板结土壤。为了在轻质土壤上获得高产量和优质果品，需要充分进行灌溉。

"Weiroot 10"("维如特 10")和"Weiroot 13"("维如特 13")

两者都是生长旺盛的乔化砧木，类似于"考特"。然而，不同地点的生产实验表明，以它们为砧木的嫁接甜樱桃树比"考特""马扎德"和"马哈利"砧木的生产性能更好(Wertheim, 1998)。嫁接树的树体健康，果实质量好。它们被推荐用于在不肥沃的土壤上建立集约化的甜樱桃果园(Heyne, 1994; Vogel, 1997)。它们的缺点是倾向于产生根蘖(Webster 和 Lucas, 1997)。

"Weiroot 53"("维如特 53")

"维如特 53"是德国慕尼黑技术大学(TUM)从当地酸樱桃种群中选出的几种砧木之一(见表 6.2)。"维如特 53"是该育种计划第二代中选出的矮化砧木。这种砧木上的甜樱桃树非常丰产，但不如"吉塞拉 5 号"。"维如特 53"上的嫁接树需要支架支撑。由于该砧木不耐涝，比较适合肥沃但排水良好的土壤进行生产(Baumann, 1997; Vogel, 1997)。

"Weiroot 72"("维如特 72")

这是在 TUM 选育的第二代砧木之一(见表 6.2)。这种砧木比"维如特 53"更能降低樱桃树的生长势。但是，在"维如特 72"上嫁接的甜樱桃树，至少在栽植后第一年不如那些嫁接在"维如特 53"或"吉塞拉 5 号"上的樱桃树丰产。"维如特 72"适合透气性好、肥沃且水分适当的土壤。树体需要采用支架支撑。这种砧木推荐在德国南部使用，但仅限于新建的樱桃园并栽植无病毒的苗木。

"Weiroot 720"("维如特 720")

"维如特 720"是 TUM 系列的第三代砧木，与"维如特 72"(见表 6.2)相比，具有明显改善的砧木特性(Neumüiller, 2009)。

"Weiroot 154"("维如特 154")

该砧木是 TUM 从第二代砧木中选育出来的矮化砧木之一(见表 6.2)。在"维如特 154"上嫁接的树木不需要支撑，但是容易产生根蘖。在德国以外的地区，关于这种砧木的表现知之甚少。

"Weiroot 158"("维如特 158")

"维如特 158"是一种半矮化砧木，来自在 TUM 选育的第二代砧木(见表 6.2)。它比"维如特 154"的树势弱，但对结果有非常积极的影响。在一项德国开展的 23 种砧木的试验中，"维如特 158"嫁接的"雷吉纳"产量排名第二，仅次于"吉塞拉 5 号"。在"维如特 158"上嫁接的甜樱桃树根系发达，不需要支架支撑生长。这种砧木被推荐用于德国南部地区。在波兰对该砧木嫁接的“伯莱特”和“凡达”初步观察表明,它在波兰立地条件下也有很好的表现(Sitarek 和 Grzyb, 2010)。

6.4.3 甜樱桃的矮化中间砧

在没有足够数量的矮化砧木的情况下,可以在旺盛的砧木和接穗之间使用矮化的中间砧来减弱树势。Tukey(1964)提出将草原樱桃用作中间砧。因为当用它作砧木时,甜樱桃树的生长非常弱,但导致果实偏小并产生许多根蘖。Stortzer 和 Grossman(1988)尝试使用新的捷克砧木“PHL84”和“PHL 4”作为中间砧,成功削弱了甜樱桃树的生长势。一些试验表明酸樱桃和草原樱桃作为中间砧具有矮化效应(Hrotkó 等,2008; Magvar 和 Hrotkó, 2008)。

在波兰,对甜樱桃中间砧的研究始于 20 世纪 70 年代。在一项 20 年的试验中,评估了十几个中间砧对两个甜樱桃品种的影响。使用“北极星”酸樱桃和一些波兰类型的草原樱桃作为中间砧,显著削弱了树体的生长但提高了产量(Rozpara, 1994; Rozpara 等,1998; Rozpara 和 Grzyb, 1999,2004,2006)。采用中间砧的树木表现健康,提早结果,产量高,果实品质好。通过测试,“草原樱桃 8 号”被证明是最好的中间砧品种。这个中间砧在波兰国家水果植物品种名录和植物育种者权利登记册中被命名为“夫坦娜”。在波兰,甜樱桃品种“伯莱特”“威格”“先锋”“科迪亚”“凡达”“泰克洛凡”和“布特红”的生产推荐使用中间砧。“夫坦娜”是草原樱桃×酸樱桃的自然杂交后代。采用“夫坦娜”中间砧嫁接在“马扎德”实生砧上的甜樱桃树与嫁接在半矮化或者矮化砧木上的树体相当,进入结果期更早,树体健康,水果品质佳。它们也比不用中间砧的“马扎德”实生砧上嫁接的树木更耐寒。此外,与嫁接在生长势弱的砧木上的甜樱桃相比,它们对土壤的要求不高。

Negueroles(2005)报道了西班牙用“Mariana”李做砧木的试验结果。最近的结果(Frutos 等,2014; López-Ortega, 2016; López-Ortega 等,2016)表明,在当地的土壤条件下,由于根腐和冠腐病发生,在穆尔西亚的大多数土壤中“马哈利”樱桃表现不佳。“马哈利”可以用“Mariana 2624”或桃×杏的种间杂交(几个优系)代替,同时使用“阿达拉”作为中间砧。在美国,Zaiger Genetics 公司将樱桃李“RI-1”进行了注册登记,它可以用于诱导矮化、早果的跨物种亲和的中间砧(Lang, 2006)。与“马扎德”相比,当它作为中间砧用于“樱咏(Citation ®)”(*Prunus salicina* × *Prunus persica*)砧木之上,它能诱导甜樱桃提早结果。

参考文献

Anon. (2003) *National List of Varieties Inscribed in the State Variety Book of the Czech Republic by August* 1,2003. Central Institute for Supervising and Testing in Agriculture, Brno, Czech Republic.

Barać, G., Ognjanov, V., Obreht, D., Ljubojević, M., Bošnjaković, D., Pejić, I. and Gasić, K. (2014) Genotypic and phenotypic diversity of cherry species collected in Serbia. *Plant Molecular Biology Reporter* 32,92 - 108.

Baryła, P., Kapłan, M. and Krawiec, M. (2014) The effect of different types of rootstock on the quality of maiden trees of sweet cherry (*Prunus avium* L.) cv. 'Regina'. *Acta Agrobotanica* 67,43 - 50.

Battistini, A. and Berini, E. S. (2004) Agronomic results of Victor, a semi-dwarf cherry rootstock. *Acta Horticulturae* 658,111 - 113.

Baumann, G. (1977) Clonal selection in *Prunus mahaleb* rootstocks. *Acta Horticulturae* 75, 139 - 148.

Baumann, W. (1997) Süsskirschen auf Gisela und Weiroot — Erfahrungen vom Bodensee. *Obstbau* 22,188 - 190.

Blazek, J. (1983) Stand der Forschung beim Anbau von Süßkirsch-Niederstämmen und ihre Einführung in die Praxis der CSSR, in Beiträge zur Industriemäßigen Obstproduktion' 83. *Martin Luther Universität Halle-Wittenberg Wissenschaftliche Beiträge* 46,21 - 31.

Blažková, J. and Hlušičkova, I. (2004) First results of an orchard trial with new clonal sweet cherry rootstocks at Holovousy. *Horticultural Science* 31,47 - 57.

Budan, S., Mutafa, I., Stoian, I. and Popescu, I. (2005) Field evaluation of cultivar susceptibility to leaf spot at Romania's sour cherry genebank. *Acta Horticulturae* 667, 153 - 157.

Bujdosó, G. and Hrotkó, K. (2014) Preliminary results on growth, yield and fruit size of some new precocious sweet cherry cultivars on Hungarian bred mahaleb rootstocks. *Acta Horticulturae* 1058,559 - 564.

Bujdosó, G., Hrotkó, K. and Stehr, R. (2004) Evaluation of sweet and sour cherry cultivars on German dwarfing rootstocks in Hungary. *Journal of Fruit and Ornamental Plant Research* 12,233 - 244.

Cai, Y. L., Cao, D. W. and Zhao, G. F. (2007) Studies on genetic variation in cherry germplasm using RAPD analysis. *Scientia Horticulturae* 111,248 - 254.

Cireasa, V. and Sardu, V. (1985) Researches regarding the reduction of sweet cherry height. *Acta Horticulturae* 169,163 - 168.

Cireasa, V., Cireasa, E. and Gavrilescu, C. (1993) 'Cristimar' - the latest cultivar of dwarfish cherry tree. *Acta Horticulturae* 349,283 - 284.

Cittadini, E. D., van Keulen, H., Peri, P. L. and Ridder, N. (2007) Designing a "Target-Tree" for maximizing gross value of product in Patagonian sweet cherry orchards.

International Journal of Fruit Science 6,3 - 22.

Claverie, J. (1996) New selections and approaches for the development of cherry rootstocks in France. *Acta Horticulturae* 410,373 - 375.

Cummins, J. N. (1979a) Exotic rootstocks for cherries. *Fruit Varieties Journal* 33,74 - 84.

Cummins, J. N. (1979b) Interspecific hybrids as rootstocks for cherries. *Fruit Varieties Journal* 33,85 - 89.

Cummins, J. N., Wilcox, W. F. and Forsline, P. L. (1986) Tolerance of some new cherry rootstocks to December freezing and to *Phytophthora* root rots. *Compact Fruit Tree* 19, 90 - 93.

de Palma, L., Palasciano, M. and Godini, A. (1996) Interspecific hybridization program aimed at obtaining dwarfing and non-suckering rootstocks for sweet cherry. *Acta Horticulturae* 410,177 - 181.

Dorić, D., Ognjanov, V., Ljubojević, M., Barać, G., Dulic, J., Ppanjic, A. and Dugalic, K. (2014) Rapid propagation of sweet and sour cherry rootstocks. *Notulae Botanicae Horti Agrobotoanici Cluj-Napoca* 42,488 - 494.

Dradi, G., Vito, G. and Standardi, A. (1996) *In vitro* mass propagation of 11 *Prunus mahaleb* ecotypes. *Acta Horticulturae* 410,477 - 484.

Druart, P. (1998) Advancement in the selection of new dwarfing cherry rootstocks in the progeny of Damil® (GM 61/1). *Acta Horticulturae* 468,315 - 320.

Edin, M. and Claverie, J. (1987) Porte-greffes du cerisier: Fercahun-Pontavium, Fercadeu-Pontaris, deux nouvelles selections de merisier. *CTIFL Infos* 28,11 - 16.

Edin, M., Garcin, A., Lichou, J. and Jourdain, J. M. (1996) Influence of dwarfing cherry rootstocks on fruit production. *Acta Horticulturae* 410,239 - 243.

Ercisli, S., Esitken, A., Orhan, E. and Ozdemir, O. (2006) Rootstocks used for temperate fruit trees in Turkey: an overview. Scientific Works of the Lithuanian Institute of Horticulture and Lithuanian University of Agriculture. *Sodininkyste Ir Darzininkyste* 25,27 - 33.

Eremin, V. and Eremin, G. (2002) The perspective of clonal rootstocks for *Prunus* at Krymsk Breeding Station, Russia. In: *First International Symposium for Deciduous Fruit Tree Species*, Zaragoza, 11 - 14 June, 2002, Abstract S5 - 5.

Eremin, G. V., Provorčenko, A. V., Gavriš, V. F., Podorožnij, V. N. and Eremin, V. G. (2000) *Kosto čkovie Kuljturi: Viraš čivanie na Klonovih Podvojah i Sobstvenih Kornjah*. Feniks, Rostov na Donu, Russia.

Faccioli, F., Interieri, G. and Marangoni, B. (1981) Portinnesti nanizzanti del ciliego: le selezione CAB. Atti. Giorn. *Sulle Scelte Varietali in Frutticoltura* 19,125 - 128.

Faust, M. (1989) *Physiology of Temperate Zone Fruit Trees*. Wiley, New York.

Faust, M., Deng, X. and Hrotkó, K. (1998) Development project for cherry growing in Shaanxi province of China P. R. *Acta Horticulturae* 468,763 - 769.

Feucht, W. (1982) *Das Obstgehölz*. Eugen Ulmer Verlag, Stuttgart, Germany.

Feucht, W., Vogel, T., Scimmelpfeng, H., Treutter, D. and Zinkernagel, V. (2001) *Kirschen und Zwetschenanbau*. E. Ulmer GmbH & Co., Stuttgart, Germany.

Franken-Bembenek, S. (2004) GiSelA 3 (209/1) -a new cherry rootstock clone of the Giessen series. *Acta Horticulturae* 658, 141 - 143.

Franken-Bembenek, S. (2005) Gisela 5 Rootstock in Germany. *Acta Horticulturae* 667, 167 - 172.

Frutos, D., López, G., Carrillo, A., Cos, J., García, F., Guirao, P., López, D. and Ureña, R. (2014) Preliminary works to consolidate sweet cherry crop (*Prunus avium* L.) in certain areas of the Murcia region, Spain. *Acta Horticulturae* 1020, 471 - 475.

Funk, T. (1969a) Bericht über die Selektion bei *Prunus mahaleb* L. in der Deutschen Demokratischen Republik. *Archive für Gartenbau* 4, 219 - 237.

Funk, T. (1969b) Virusgetestete 'Kaukasische Vogelkirsche' als neue Unterlage. *Obstbau* 9, 140 - 142.

Giorgio, V. and Standardi, A. (1996) Growth and production of two sweet cherry cultivars grafted on 60 ecotypes of *Prunus mahaleb*. *Acta Horticulturae* 410, 471 - 475.

Granger, A. R. (2005) The effect of three rootstocks on yield and fruiting of sweet cherry. *Acta Horticulturae* 667, 233 - 238.

Gruppe, W. (1985) An overview of the cherry rootstock breeding program at Giessen. *Acta Horticulturae* 169, 189 - 198.

Grzyb, Z. S. (2004) New rootstocks of stone fruit trees selected in Skierniewice, Poland. *Acta Horticulturae* 658, 487 - 490.

Grzyb, Z. S. (2012) Na podkładce 'Colt'. *Miesięcznik Praktycznego Sadownictwa Sad* 12, 18 - 23.

Grzyb, Z. S., Sitarek, M. and Guzowska-Batko, B. (2005) Results of a sweet cherry rootstock trial in northern Poland. *Acta Horticulturae* 667, 207 - 210.

Gyeviki, M., Hrotkó, K. and Honfi, P. (2012) Comparison of leaf population of sweet cherry (*Prunus avium* L.) trees on different rootstocks. *Scientia Horticulturae* 141, 30 - 36.

Hartmann, H. T., Kester, D. E., Davies, F. T. and Geneve, R. L. (2002) *Plant Propagation*. Prentice-Hall, New Jersey.

Heimann, O. R. (1932) Zur Frage der Selektion der Steinweichsel *Prunus mahaleb* als Veredlungsunterlage für Kirschen. *Der Obst und Gemüsebau Bulletin* 78, 138.

Hein, K. (1979) Zwischenbericht über eine Prüfung der Steppenkirsche (*P. fruticosa*) und anderen Süsskirchenunterlagen und Unterlagenkombinationen. *Erwerbsobstbau* 21, 219 - 219.

Heyne, P. (1994) Zehnjähriger Vergleich der Süsskirschenunterlagen. *Obstbau* 19, 304 - 306.

Hilsendegen, P. (2005) Preliminary results of a national German sweet cherry rootstock trial. *Acta Horticulturae* 667, 179 - 188.

Howard, G. (1987) Propagation. In: Rom, R. C. and Carlson, R. F. (eds) *Rootstocks for*

Fruit Crops. Wiley, New York, pp. 29 - 78.

Howell, G. S. and Perry, R. L. (1990) Influence of cherry rootstocks on the cold hardiness of twigs of the cherry scion cultivar. *Scientia Horticulturae* 43, 103 - 108.

Hrotkó, K. (1982) Sajmeggy alanyklónok szaporítása zölddugványozással [Propagation of mahaleb cherry by leafy cuttings]. *Kertgazdaság* 4, 45 - 50.

Hrotkó, K. (1990) The effect of rootstocks on the growth and yield of 'Meteor korai' sour cherry variety. In: *XXIII International Horticultural Congress*, Firenze, Italy, 27 August-1 September. Abstracts 2, Poster 4165.

Hrotkó, K. (1993) *Prunus mahaleb* Unterlagenselektion an der Universität für Gartenbau und Lebensmittelindustrie in Budapest. *Erwerbsobstbau* 35, 39 - 42.

Hrotkó, K. (1996) Variability in *Prunus mahaleb* L. for rootstock breeding. *Acta Horticulturae* 410, 183 - 188.

Hrotkó, K. (2004) Cherry rootstock breeding at the department of Fruit Science, Budapest. *Acta Horticulturae* 658, 491 - 495.

Hrotkó, K. (2008) Progress in cherry rootstock research. *Acta Horticulturae* 795, 171 - 178.

Hrotkó, K. (2010) Intensive cherry orchard systems and rootstocks from Hungary. *Compact Fruit Tree* 43, 5 - 10.

Hrotkó, K. and Cai, Y. L. (2014) Development in intensive cherry orchard systems in Hungary and China. In: *Proceedings of the EU COST Action FA1104: Sustainable Production of High-quality Cherries for the European Market*. COST meeting, Bordeaux, France, October 2014. Available at: https://www. bordeaux. inra. fr/cherry/docs/dossiers/Activities/Meetings/ 2014%2010%2013 - 15_4 th%20MC%20 and%20all%20WG%20Meeting_Bordeaux/Presen tations/Hrotko_Bordeaux2014. pdf (accessed 25 May 2016).

Hrotkó, K. and Erdős, Z. (2006) Floral biology of tree fruit rootstocks. *International Journal of Horticultural Science* 12, 153 - 161.

Hrotkó, K. and Facsar, G. (1996) Taxonomic classification of Hungarian populations of *Prunus fruticosa* (Pall.) Woronow hybrids. *Acta Horticulturae* 410, 495 - 498.

Hrotkó, K. and Magyar, L. (2004) Rootstocks for cherries from department of fruit science, Budapest. *International Journal of Horticultural Science* 10, 63 - 66.

Hrotkó, K., Magyar, L. and Simon, G. (1999) Growth and yield of sweet cherry trees on different rootstocks. *International Journal of Horticultural Science* 5, 98 - 101.

Hrotkó, K., Gyeviki, M. and Magyar, L. (2006) A 'Lapins' cseresznyefajta növekedése és termőre fordulása 22 alanyon (Growth and yielding of Lapins on 22 rootstocks). *Kertgazdaság* 38, 14 - 21.

Hrotkó, K., Magyar, L. and Gyeviki, M. (2008) Evaluation of native hybrids of *Prunus fruticosa* Pall. as cherry interstocks. *Acta Agriculturae Serbica* 13, 41 - 45.

Hrotkó, K., Magyar, L. and Gyeviki, M. (2009a) Effect of rootstock on vigour and productivity in high densitysweet cherry orchard. *Acta Horticulturae* 825,245 - 250.

Hrotkó, K., Magyar, L. and Gyeviki, M. (2009b) Effect of rootstocks on growth and yield of 'Carmen'® sweet cherry trees. *Bulletin UASVM Horticulture* 66,143 - 148.

Hrotkó, K., Magyar, L., Hoffmann, S. and Gyeviki, M. (2009c) Rootstock evaluation in intensive sweet cherry (*Prunus avium* L.) orchard. *International Journal of Horticultural Science* 15,7 - 12.

Hrotkó, K., Magyar, L. Borsos, G. and Gyeviki, M. (2014) Rootstock effect on nutrient concentration of sweet cherry leaves. *Journal of Plant Nutrition* 37,1395 - 1409.

Iglesias, I. and Peris, M. (2008) Speciale Ciliego. La produzione spagnola vince grazie a precocitá, qualitá e organizzazione tecnico-commerciale. *Frutticoltura* 3,20 - 26.

James, D. J., MacKenzie, K. A. D. and Malhotra, S. B. (1987) The induction of hexaploidity in cherry rootstocks using *in vitro* regeneration techniques. *Theoretical and Applied Genetics* 73,589 - 594.

Jiménez, S., Pinochet, J., Gogorcena, Y., Betrán, J. A. and Moreno, M. A. (2007) Influence of different vigour cherry rootstocks on leaves and shoots mineral composition. *Scientia Horticulturae* 112,73 - 79.

Kappel, F., Lang, G., Anderson, L., Azarenko, A., Facteau, T., Gaus, A. and Southwick, S. (2005) NC-140 regional sweet cherry rootstock trial (1998) - results from Western North America. *Acta Horticulturae* 667,223 - 232.

Kappel, F., Granger, A., Hrotkó, K. and Schuster, M. (2012) Cherry. In: Badenes, M. L. and Byrne, D. H. (eds) *Fruit Breeding, Handbook of Plant & Breeding* 8. Springer Science + Business Media, New York, pp. 459 - 504.

Koc, A. and Bilgener, S. (2013) Morphological characterization of cherry rootstock candidates selected from Samsun Province in Turkey. *Turkish Journal of Agriculture and Forestry* 37,1 - 10.

Küppers, H. (1964) *Prunus avium*, Hüttner 170x53'. *Deutsche Baumschule* 2,34 - 36.

Küppers, H. (1978) Problematik der Veredlungsunterlagen für Sauer- und Süßkirschen im Spiegel von 250 Jahren. *Deutsche Baumschule* 11,350 - 359.

Lanauskas, J., Kviklys, D. and Uselis, N. (2004) Evaluation of rootstocks for sweet cherry cv. 'Vytėnų Rožinė'. *Acta Horticulturae* 732,335 - 339.

Lanauskas, J., Kviklys, D., Uselis, N., Viškelis, P., Kvikliene, N. and Buskiene, L. (2014) Rootstock effect on theperformance of sweet cherry (*Prunus avium* L.) cv. 'Vytėnų rožinė'. *Zemdirbyste-Agriculture* 101,85 - 90.

Lang, G. (2006) Cherry rootstocks. In: Clark, J. R. and Finn, C. E. (eds) *Register of New Fruit and Nut Cultivars List* 43. *HortScience* 41,1109 - 1110.

Lang, G. (2011) Producing first-class sweet cherries: integrating new technologies, germplasm and physiology into innovative orchard management strategies. In: *Proceedings of the 3rd Conference 'Innovation in Fruit Growing'*, Belgrade, pp. 59 - 74.

Lang, G., Howell, W. and Ophardt, D. (1998) Sweet cherry rootstock/virus interactions. *Acta Horticulturae* 468, 307–314.

Lankes, C. (2007) Testing of *Prunus* rootstock clones for virus tolerance. *Acta Horticulturae* 732, 351–354.

Lichev, V. and Papachatzis, A. (2009) Results from the 11-year evaluation of 10 rootstocks of the sweet cherry cultivar 'Stella'. *Acta Horticulturae* 825, 513–520.

Lichev, V., Botu, M. and Papachatzis, A. (2014) First results from the examination of three interstocks for the sweet cherry cultivar 'Stella'. *Acta Horticulturae* 1020, 381–384.

Long, L., Lang, G., Musacchi, S. and Whiting, M. (2015) *Cherry Training Systems* (*PNW* 667). Oregon State University Extension Service, Oregon.

López-Ortega, G. (2016) Fisiología del cerezo (*Prunus avium* L.) en las condiciones climáticas de la Región de Murcia. PhD thesis, Universidad Politécnica de Cartagena, Murcia Spain.

López-Ortega, G., García-Montiel, F., Bayo-Canha, A., Frutos-Ruíz, C., Frutos-Tomás, D. (2016) Rootstock effects on the growth, yield and fruit quality of sweet cherry cv. 'Newstar' in the growing conditions of the Región of Murcia. *Scientia Horticulturae* 198, 326–335.

Lugli, S. and Sansavini, S. (2008) Preliminary results of a cherry rootstock trial in Vignola, Italy. *Acta Horticulturae* 795, 321–326.

Maas, F. M., Balkhoven-Baart, J. and van der Steeg, P. A. H. (2014) Evaluation of Krymsk® 5 (VSL-2) and Krymsk® 6 (LC-52) as rootstocks for sweet cherry 'Kordia'. *Acta Horticulturae* 1058, 531–536.

Magein, H. and Druart, P. (2005) Growth, flowering, and fruiting potentials of new dwarfing rootstocks in the progeny of Damil. *Acta Horticulturae* 667, 253–260.

Magyar, L. and Hrotkó, K. (2008) *Prunus cerasus* and *Prunus fruticosa* as interstocks for sweet cherry trees. *Acta Horticulturae* 795, 287–292.

Magyar, L. and Hrotkó, K. (2013) The effect of rootstock and spacing on the growth and yield of 'Kántorjánosi' sour cherry variety in intensive orchard. *Acta Horticulturae* 981, 373–378.

Maurer, E. (1939) *Die Unterlagen der Obstgehölze*. Paul Parey, Berlin.

Meland, M. (1998) Yield and fruit quality of 'Van' sweet cherry in four high density production systems over 7 years. *Acta Horticulturae* 636, 425–432.

Meland, M. (2015) Performance of the sweet cherry cultivar 'Lapins' on 27 rootstocks growing in a Northern climate. In: Proceedings of the EU COST Action FA1104: Sustainable production of high-quality cherries for the European market. COST meeting, Trebinje, Bosnia and Herzegovina, February 2015. Available at: https://www.bordeaux.inra.fr/cherry/docs/dossiers/Activities/Meetings/2015%2002%2010 - 11%20WG2%20Meeting_Trebinje/Presentations/Meland_Trebinje2015.pdf (accessed 18

April 2017).

Micheyev, A. M., Revyakina, N. T. and Drozdova, L. A. (1983) Klonoviye podvoyi vishnyi I osobennosty ich razmnosheniya. *Sadovodstvo* 7, 28 - 29.

Misirli, A., Gülcan, R. and Tanrisever, A. (1996) The relation between tree vigour of *Prunus mahaleb* L. types and sieve tube size in phloem tissue. *Acta Horticulturae* 410, 227 - 232.

Moreno, M. A., Montanes, L., Tabuenca, M. C. and Cambra, R. (1996) The performance of Adara as a cherry rootstock. *Scientia Horticulturae* 65, 85 - 91.

Muna, A. S., Ahmad, A. K., Mahmoud, K. and Abdul-Rahman, K. (1999) *In vitro* propagation of a semi-dwarfing cherry rootstock. *Plant Cell, Tissue and Organ Culture* 59, 203 - 208.

Muramatsu, H., Shirogane, S., Ogano, R., Sawada, K., Inagawa, Y., Uchida, T. and Inoue, T. (2004) A new cherry [*Prunus avium*] rootstock variety Chishimadai 1 Go. In: Bulletin of the Hokkaido Prefectural Agricultural Experiment Stations, Japan.

Musacchi, S., Gagliardi, F. and Serra, S. (2015) New training systems for high-density planting of sweet cherry. *HortScience* 50, 59 - 67.

Negueroles, P. J. (2005) Cherry cultivation in Spain. *Acta Horticulturae* 667, 293 - 301.

Neumüller, M. (2009) Kleine Baume, grosse Früchte. *Obstbau*, 257 - 259.

Nyújtó, F. (1987) Az alanykutatás hazai eredményei. *Kertgazdaság* 19, 9 - 34.

Ognjanov, V., Ljubojević, M., Ninić Todorović, J., Bošnjaković, D., Barać, G., Cukanović, J. and Mladenović, E. (2012) Morphometric diversity in dwarf sour cherry germplasm in Serbia. *Journal of Horticultural Science and Biotechnology* 87, 117 - 122.

Olmstead, J. W., Whiting, M. D., Sebolt, A. M. and Iezzoni, A. F. (2011) Selecting and fingerprinting the next generation of size-controlling rootstocks for sweet cherry. *Acta Horticulturae* 903, 235 - 240.

Paprstein, F., Kloutvor, J. and Sedlak, J. (2008) P-HL dwarfing rootstocks for sweet cherries. *Acta Horticulturae* 795, 299 - 302.

Parnia, P., Mladin, G., Dutu, I., Movileanu, M. and Slamnoiu, T. (1997) Ameliorarea portaltoilor pentru cires sivisin. In: Braniste, N. and Dutu, I. (eds) *Contributii Romanesti la Ameliorarea Genetica a Soiurilor si Portaltoilor de Pomi, Arbusti Fructiferi si Capsuni*. Institutul de Cercetare — Dezvoltare pentru Pomicultura, Pitesti-Maracineni, Romania, pp. 141 - 146.

Perry, R. L. (1987) Cherry rootstocks. In: Rom, R. C. and Carlson, R. F. (eds) *Rootstocks for Fruit Crops*. Wiley, New York, pp. 217 - 264.

Plock, H. (1973) Die Bedeutung der *Prunus fruticosa* Pall. als Zwergunterlage für Süss- and Sauerkirschen. *Mitteilungen Klosterneuburg* 23, 137 - 140.

Proffer, T. J., Jones, A. L. and Perry, R. L. (1988) Testing of cherry rootstocks for resistance to infection by species of Armillaria. *Plant Disease* 72, 488 - 490.

Rejman, A. (1987) *Szkółkarstwo Roślin Sadowniczych*. PWRiL, Warsaw.

Robinson, T. L. (2005) Developments in high density sweet cherry pruning and training system around the world. *Acta Horticulturae* 667,269 - 272.

Rozpara, E. (1994) Wpływ różnych wstawek na wzrost, owocowanie i wytrzymałość na mróz dwóch odmian czereśni. In: *Praca doktorska wykonana w Instytucie Sadownictwa i Kwiaciarstwa w Skierniewicach*, pp. 1 - 72.

Rozpara, E. (2005) *Intensywny sad Czereśniowy*. Hortpress, Warsaw.

Rozpara, E. (2013) Intensyfikacja uprawy czereśni (*Prunus avium* L.) w Polsce z zastosowaniem nowych odmian, podkładek i wstawek. In: *Zeszyty Naukowe Instytutu Ogrodnictwa. Monografie i Rozprawy*. Wyd. Instytutu Ogrodnictwa, Skierniewice, Poland, pp. 1 - 118.

Rozpara, E. and Głowacka, A. (2014) Jeśli czereśnie to nowocześnie. *Sad Nowoczesny* 11, 7 - 12.

Rozpara, E. and Grzyb, Z. S. (1999) Możliwość wykorzystania wstawek skarlających wintensywnej produkcji czereśni. *Zeszyty Naukowe Akademii Rolniczej w Krakówie* 351,291 - 295.

Rozpara, E. and Grzyb, Z. S. (2004) Frutana® - a new interstock for sweet cherry trees. *Acta Horticulturae* 658,247 - 250.

Rozpara, E. and Grzyb, Z. S. (2006) The effect of the 'Northstar' interstem on the growth, yielding and fruit quality of five sweet cherry cultivars. *Journal of Fruit and Ornamental Plant Research* 14,91 - 96.

Rozpara, E., Grzyb, Z. S. and Zdyb, H. (1998) Growth and fruiting of two sweet cherry cultivars with different interstems. *Acta Horticulturae* 468,345 - 352.

Rozpara, E., Grzyb, Z. S., Omiecińska, B. and Czynczyk, A. (2004) Results of 8 years of research on the growth and yield of three sweet cherry cultivars grafted on 'P-HL A' rootstock. *Acta Horticulturae* 663,965 - 968.

Sansavini, S. and Lugli, S. (1996) Performance of the sweet cherry cultivar 'Van' on new clonal rootstocks. *Acta Horticulturae* 410,363 - 371.

Sansavini, S. and Lugli, S. (2014) New rootstocks for intensive sweet cherry plantations. *Acta Horticulturae* 1020,411 - 434.

Santos, A., Cavalheiro, J., Santos-Ribeiro, R. and Lousada, J. L. (2014) Rootstock and plant spacing influence sweet cherry growth and yield, under different soil and water conditions. *Acta Horticulturae* 1020,503 - 511.

Sarger, J. (1972) Le bouturage ligneux de l'espèce *Prunus mahaleb*. In: *Convegno del Ciliegio*, Verona, 14 - 16 June, pp. 419 - 431.

Schimmelpfeng, H. (1996) Unterlagenzüchtung für Süßkirschen in Deutschland — die Weihenstephaner Arbeiten. *Schweizerische Zeitschrift für Obst- und Weinbau* 132,331 - 334.

Schimmelpfeng, H. and Liebster, G. (1979) *Prunus cerasus* als Unterlage.

Gartenbauwissenschaft 44,55 - 59.

Schuster, M. (2004) Investigation on resistance to leaf spot disease, *Blumeriella jaapii* in cherries. *Journal of Fruit and Ornamental Plant Research* 12,275 - 279.

Simon, G., Hrotkó, K. and Magyar, L. (2004) Fruit quality of sweet cherry cultivars grafted on four different rootstocks. *International Journal of Horticultural Science* 10, 59 - 62.

Sitarek, M. and Grzyb, Z. S. (2010) Growth, productivity and fruit quality of 'Kordia' sweet cherry trees on eight clonal rootstocks. *Journal of Fruit and Ornamental Plant Research* 18,169 - 176.

Sitarek, M., Grzyb, Z. S. and Olszewski, T. (1998) The mineral elements concentration in leaves of two sweet cherry cultivars grafted on different rootstocks. *Acta Horticulturae* 468,373 - 376.

Sotirov, D. (2005) Growth and reproductive characteristics of sour cherry cultivars grown on own roots and grafted on IK-M9 mahaleb rootstock. *Scientific Works of National Center for Agrarian Sciences* 3,67 - 71.

Sotirov, D. (2012) Growth characteristics of Van sweet cherry cultivar grafted on six rootstocks. *Plant Science (Bulgaria)* 49,55 - 60.

Sotirov, D. K. (2015) Performance of the sweet cherry cultivars 'Van' and 'Kozerska' on clonal rotstocks. *Acta Horticulturae* 1099,727 - 733.

Spornberger, A., Hajagos, A., Modl, P. and Végvári, G. (2015) Impact of rootstocks on growth, yield and fruit quality of sweet cherries (*Prunus avium* L.) cv. 'Regina' and 'Kordia' in a replanted cherry orchard in Eastern Austria. *Erwerbs-Obstbau* 57,63 - 69.

Stachowiak, A., Świerczyński, S. and Kolasiński, M. (2014) Growth and yielding of sweet cherry trees grafted on new biotypes of *Prunus mahaleb* (L.). *Acta Scientiarum Polonorum Hortorum Cultus* 13,131 - 143.

Stachowiak, A., Bosiacki, M., Świerczyński, S. and Kolasiński, M. (2015) Influence of rootstocks on different sweet cherry cultivars and accumulation of heavy metals in leaves and fruit. *Horticultural Science* 42,193 - 202.

Stehr, R. (2005) Experiences with dwarfing sweet cherry rootstocks in Northern Germany. *Acta Horticulturae* 667,173 - 178.

Stortzer, M. and Grossman, G. (1988) Neue Möglichkeiten f v̈r wuchshemmende Zwischenveredlungen bei Sv̈sskirschen. *Gartenbau* 35,241 - 243.

Szabó, V., Németh, Z., Sárvári, A., Végvári, G. and Hrotkó, K. (2014) Effects of biostimulator and leaf fertilizers on *Prunus mahaleb* L. stockplants and their cuttings. *Acta Scientiarum Polonorum Hortorum Cultus* 13,113 - 125.

Tanasescu, N., Mladin, G. H., Sumedrea, D., Marin, F. C. and Popescu, C. (2013) Preliminary results on growth and fruiting of trees, grafted on the Romanian vegetative rootstock 'IP-C-7' and German vegetative rootstock 'Gisela 5', in an intensive sweet cherry orchard. *Acta Horticulturae* 981,361 - 366.

Tatarinov, A. N. and Zuev, V. F. (1984) *Pitomnik Plodovyh y Yagodnych Kultur*. Rosselhosisdat, Moscow. Thomas, M. and Sarger, J. (1965) Sélection de *Prunus mahaleb* porte greffe du cerisier. In: *Rapport General du Congrès Pomologique de Bordeaux*, France, pp. 175 - 201.

Trefois, R. (1980) New dwarfing rootstocks for cherry trees. *Acta Horticulturae* 114, 208 - 217.

Treutter, D., Feucht, W. and Liebster, G. (1993) 40 *Jahre Wissenschaft für den Obstbau in Weihenstephan*. Obst- und Gartenbauverlag, Munich, Germany.

Tukey, R. B. (1964) *Dwarfed Fruit Trees*. Macmillan, New York.

Vercammen, J. (2004) Dwarfing rootstock for sweet cherries. *Acta Horticulturae* 658, 307 - 311.

Vogel, T. (1997) Süsskirschen-Unterlagenversuch in Buckenreuth-Fränkirsche Schweiz. *Obstbau* 22, 246 - 247.

Walther, E. and Franken-Bembenek, S. (1998) Evaluation of interspecific cherry hybrids as rootstocks for sweet cherries. *Acta Horticulturae* 468, 285 - 290.

Webster, A. D. (1980) Dwarfing rootstocks for plums and cherries. *Acta Horticulturae* 114, 201 - 207.

Webster, A. D. (1996) Propagation of sweet and sour cherries. In: Webster, A. D. and Looney, N. E. (eds) *Cherries: Crop Physiology, Production and Uses*. CAB International, Wallingford, UK, pp. 167 - 202.

Webster, A. D. (1998) Strategies for controlling the tree size of sweet cherry trees. *Acta Horticulturae* 410, 229 - 240.

Webster, A. D. and Lucas, A. (1997) Sweet cherry rootstock studies: comparisons of *Prunus cerasus* L. and *Prunus* hybrid clones as rootstocks for Van, Merton Glory and Merpet scions. *Journal of Horticultural Science* 72, 469 - 481.

Webster, A. D. and Schmidt, H. (1996) Rootstocks for sweet and sour cherries. In: Webster, A. D. and Looney, N. E. (eds) *Cherries: Crop Physiology, Production and Uses*. CAB International, Wallingford, UK, pp. 127 - 163.

Wertheim, S. J. (1998) *Rootstock Guide*. Fruit Research Station, Wilhelminadorp, The Netherlands.

Westwood, M. N. (1978) Mahaleb × Mazzard hybrid cherry stocks. *Fruit Varieties Journal* 32, 39 - 39.

Wharton, P. S., Iezzoni, A. and Jones, A. L. (2003) Screening cherry germplasm for resistance to leaf spot. *Plant Disease* 87, 471 - 477.

Whiting, M. D. and Lang, G. A. (2004) 'Bing' sweet cherry on the dwarfing rootstock 'Gisela 5': thinning affects fruit quality and vegetative growth but not net CO_2 exchange. *Journal of the American Society for Horticultural Science* 129, 407 - 415.

Wicks, T. J., Bumbieris, M., Warcup, J. H. and Wallace, H. R. (1984) *Phytophthora* in fruit orchards in South Australia. In: Biennial Report of the Waite Agricultural Research

Institute, Adelaide, Australia, p. 147.

Wöjcicki, J. J. (1991) *Prunus* × *stacei* (Rosaceae), a new spontaneous hybrid of *P. fruticosa*, *P. cerasus* and *P. avium*. *Fragmenta Floristica et Geobotanica* 35, 139-14.

Wolfram, B. (1971) Unterlagenzüchtung für Süsskirschen. *Der Neue Deutsche Obstbau* 17, 3-4.

Wolfram, B. (1996) Advantages and problems of some selected cherry rootstocks in Dresden-Pillnitz. *Acta Horticulturae* 410, 233-237.

Yoltuchovski, M. K. (1977) Proisvodstvenno-biologicheskaya characteristika raslychnych form podvoyev vishnyi. In: Andryushtchenko, D. P. (ed.) *Plodovoje Pitomnikovodstvo Moldavii*. Redact. Isdatelstvo Krtya Moldavenyanske, Kishinau, Moldavia, pp. 39-69.

Zepp, L. and Szczygiel, A. (1985) Pathogenicity of *Pratylenchus crenatus* and *Pratylenchus neglectus* to three fruit tree seedling rootstocks. *Fruit Science Reports* 12, 109-117.

7 由雨水引起的樱桃裂果

7.1 导语

在几乎所有种植高附加值作物甜樱桃的产区，由雨水引起的裂果可能是其生产上最严重的限制因素。裂果经常发生在收获前短期内的降雨期间或之后。裂果也可能会导致作物完全歉收。通常来说，如果树冠内含有超过 25%的裂果，那么樱桃的采收就不能盈利（Looney，1985）。这是由于在果园采摘期间以及在包装车间分级的过程中因剔除裂果产生的大量劳动力成本。此外，在降雨过后，即便是未开裂的果实，从外观上看其表面并无损伤，但其贮藏品质已经大大降低。这是因为表面湿润也同样引起角质层大量微观裂纹或微裂纹的形成，从而导致发生以下一种或几种状况：果实腐烂率增加（Børve 等，2000）、降雨过程中吸水量增加（Knoche 和 Peschel，2006）、采前和采后蒸腾作用上升（Knoche 等，2002；Beyer 等，2005）、果实硬度下降和外观受损（出现皱缩和表面失去光泽），从而降低市场吸引力和价格。

尽管经过了多年的大量研究，甜樱桃确切的裂果机制仍然未知。然而，自 1819 年以来（如，von Wetzhausen，1819），降雨和裂果发生率之间的密切关系已经众所周知。许多综述也对关于果实裂果的研究进行了全面总结（如，Sekse，1995a，1998，2008；Christensen，1996；Sekse 等，2005；Simon，2006；Balbontín 等，2013；Khadivi-Khub，2015）。这些综述中引用的大部分的樱桃裂果研究都是描述性或者相关性的研究。

在本章节，我们将集中探讨由于雨水引起的裂果机制的研究。我们将特别关注相关的定量研究：①果实和水分关系，包括通过果皮的水分运输、通过果梗的维管水分运输，以及果实和组织的水势和成分；②果皮的发育，包括果皮的力学性能及其测定。我们将总结这一定量和力学研究，并将其与原来和当前的关于雨水引起裂果的机理假设联系起来。

值得一提的是，虽然本章的重点几乎全部放在甜樱桃上，但雨水导致的裂果却是世界上果树经济作物中普遍且重大的问题。尽管对于一些果实作物（如猕猴桃、苹果和梨）来说，雨水引起的裂果只是一个小问题，甚至并不会发生，但对于许多其他作物，裂果的影响各不相同，如对番茄和葡萄有显著影响，对许多核果及浆果类水果则是主要问题。因此，本章探讨的物理/生理机制有可能应用解决比甜樱桃更广泛的生物学问题和更严重的经济问题。与其他易受雨水引起裂果的果实作物相比，如酿酒葡萄和番茄，就产量及产值而言，樱桃属于小作物。

7.2 裂果的类型

对裂果的大部分评估都基于对代表性果实样品的目测来量化裂果百分率。在一些研究中，尝试区分不同种类的裂果以及将果面裂纹的不同种类和位置与其潜在原因（Measham 等，2009，2010，2014）或遗传背景（Quero-García 等，2014）联系起来。因此，我们以下简要总结一下裂果的分类（或类型）。

7.2.1 按裂纹尺寸分类

微观裂纹（微裂纹）

甜樱桃果皮包括角质层、表皮和几个下表皮细胞层[见图 7.1(a)]。微裂纹是果皮上仅发生于角质层的裂纹，不会延伸到下面的表皮和皮下细胞层[见图 7.1(b)、(c)；Peschel 和 Knoche，2005]。通常为用肉眼无法检测到的微裂纹。只有在严重的状况下，在花柱痕（stylar scar，即果顶）周围的同心环形纹理的光反射的改变才能作为该区域存在大量微裂纹的可靠指标。正确和灵敏的检测微裂纹的方法如下：将果实放在含有吖啶橙等荧光示踪剂的水溶液中，然后用荧光显微镜对其表面进行后续的检查。水和荧光示踪剂渗入角质层的开口如裂纹，如果没有进行密封，还会影响果柄和果实的连接处[图 7.1(b)、(c)；Peschel 和 Knoche，2005]。在 Silwet L-77（Knoche，1994）或静水压力（Knoche 和 Peschel，2002）的存在下，染料溶液会通过开放的气孔大量地流动（Knoche，1994），这可能会使渗入染料的裂纹观察变得更为困难[见图 7.1(d)]。

微裂纹可以通过计算总裂纹的数量、测量总长度或者大裂纹和小裂纹的数量来进行量化（Peschel 和 Knoche，2005；Sekse，1995b），或者模仿 Grimm 等（2012a）在苹果上做的通过测定裂纹周围被浸润的区域面积来进行量化。由于气孔荧光和染液或尘埃粒子的存在，在使用图像分析来自动检测时必须要小心。

在没有表面活性剂的情况下,气孔具有的荧光可能是因为沿着与气孔有关的极性通路吸收的染料(Franke, 1964,1967; Weichert 和 Knoche, 2006a)而不是因为通过气孔大量流动的染液(Schönherr 和 Bukovac, 1972)。

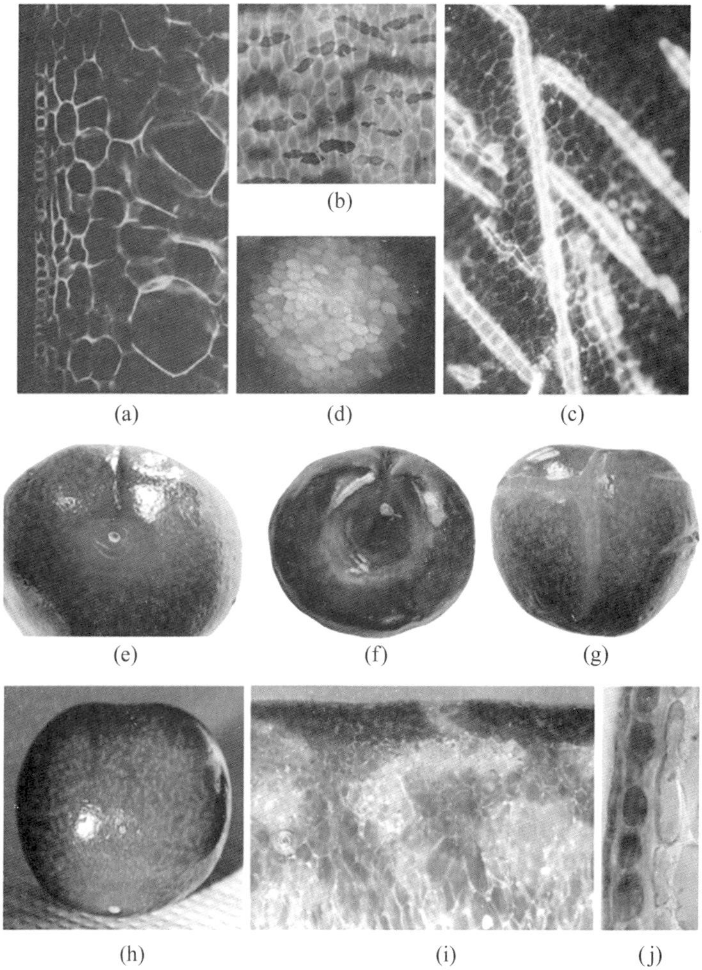

图 7.1 甜樱桃果实微裂纹及裂缝(见彩图 3)

(a)用 calcofluor white 染色后成熟果实果皮横截面的显微照片。果皮包括角质层、表皮和几个皮下细胞层。(b, c)吖啶橙溶液浸润后的角质层上的微裂纹。(d)经过吖啶橙溶液浸润后的气孔。(e~g)果面不同位置肉眼可见的裂缝:(e)在果顶区域,(f)在果柄腔区域,(g)在果实表面区域。(h~j)成熟果实表面的菌株斑点:(h)全貌,(i)果皮和下部果肉的横截面,(j)表皮(含花青素)和第一层皮下组织(不含花青素)的横截面[经 Knoche, 2015(c, d)和 Grimm 等,2013(h~j)许可转载]。

具有微裂纹的果实一般不会在市场链中通过目测被检测出来。因此,微裂纹似乎对作物的市场价值没有即时的影响。但是,具有微裂纹果实的角质层的屏障受到了损害，会对果实的货架期有显著影响。微裂纹会产生许多负面影响。真菌感染的发病率会增加(Børve 等，2000)。在包装车间，通常使甜樱桃浸泡在水中降低果实温度，继而清洗和输送到包装车间。微裂纹增加了甜樱桃在分级和包装过程中的吸水速率(Knoche 和 Peschel，2006)。因为微裂纹同样会使蒸腾作用增加，所以果实的硬度会快速地降低，果实的光泽也会更快消失，从而加快了果实皱缩。

微裂纹出现的频率与果实表面湿润的持续时间呈正相关。在避雨设施或温室中生长的果实通常具有更少的微裂纹。因此，在一些地区，在保护或半保护性设施中栽培的甜樱桃，其价格在市场中更高。有趣的是表皮的微裂纹并不会显著地影响果皮的力学性能(Brüggenwirth 等，2014)。

肉眼可见的裂缝(macrocracks)

肉眼可见的裂缝是在果皮上的裂纹，它会穿过角质层并延伸到表皮和皮下细胞层，有可能会进入果肉中，偶尔会深入到樱桃核。肉眼可见的裂缝可以通过肉眼直接观察到[见图 7.1(e)～(g)]。它们的开口是因为成熟果实的果皮的弹性紧绷，当裂纹发生时，就会出现裂缝(Grimm 等，2012b)。肉眼可见的裂缝被认为起源于微裂纹(Glenn 和 Poovaiah，1989)。虽然没有直接被试验验证，但这样的推测似乎是有道理的。微裂纹使表皮的屏障功能受损，从而增加了其吸水速率(Knoche 和 Peschel，2006)。反过来说，这可能会导致在吸水的部位形成肉眼可见的裂缝。从市场角度来看，在果顶[见图 7.1(e)]周围或是果柄腔[见图 7.1(f)]具有小的肉眼可见的裂缝的果实如果没有发生真菌腐烂是可以被接受的，然而如果在果实表面或缝合线处(suture)具有较大的肉眼可见的裂缝的果实通常不被市场接受。

7.2.2 按裂纹位置分类

文献中曾报道，按照位置不同，分为三种不同类型肉眼可见的裂纹(Christensen，1996)：①在果顶位置的裂纹，也称为果底裂纹和鼻子裂纹[见图 7.1(e)]；②在果柄腔或果柄腔边缘的裂纹，也称为环状裂纹[见图 7.1(f)]；③在果实表面或果实缝合线处的裂纹[见图 7.1(g)]。果顶和果柄腔周围的肉眼可见的裂缝通常是果实上出现的第一个可见裂纹。这两个位置同时也是出现第一个和最严重微裂纹的位置。果实表面的裂纹通常只是预先存在果顶或环状裂纹的延伸(Verner 和 Blodgett，1931；Glenn 和 Poovaiah，1989)。

果顶和果柄腔区域容易最先开裂，可能是由于以下一个或几个因素造成的：

(1) 果实表面湿润引起微裂纹，而且两个区域保持湿润的时段均有所延长(Knoche 和 Peschel, 2006)。在降雨的过程中或之后，垂下的水滴经常聚集在果实底部(花柱末端)，在顶端的时候，雨水积聚在果柄腔。

(2) 果柄、果实接合处(Beyer 等，2002b)和顶端(Glenn 和 Poovaiah, 1989)是优先吸水的部位。

(3) 果顶和果梗、果实接合处的区域显示出明显的曲度。由于曲度半径小集中了压力，因此增加了开裂的可能性。

(4) 果顶和果梗、果实接合处比果皮其他地方硬。这种硬度将紧邻这些结构的表皮的压力集中在一起。就如葡萄浆果表面上的皮孔所证明的那样，这种压力的集中可能会导致开裂(Brown 和 Considine, 1982)。

Measham 等(2010)将裂纹的类型和水进入果实的主要途径联系起来。在保持树冠干燥的同时，对果树周围的土壤进行灌溉会导致果实出现很深的侧裂。而从树冠顶部喷洒同样体积的水虽然会导致果柄腔和果顶区域出现小裂纹，但是不会出现果实侧裂。

7.2.3 按开裂方式分类

据我们所知，公开出版的关于甜樱桃表面破裂的形态学信息是非常有限的(Glenn 和 Poovaiah, 1989; Weichert 等，2004)。考虑到材料科学中对研究破裂表面诊断的重要性，这一点是令人吃惊的。

第一个可见微裂纹形成的位置通常是在表皮细胞周围细胞壁的上方，而不是垂周的一侧(Peschel 和 Knoche, 2005)。微裂纹大多是垂直于下方表皮细胞的纵轴方向。微裂纹下方的表皮细胞在尺寸和方向上与相邻细胞或与微裂纹有些距离的细胞并没有差异。这些观察结果表明角质层上的微裂纹不会从下方细胞释放压力。该结果与表皮和皮下细胞而不是角质层形成了甜樱桃果实的骨架这一发现相吻合(Brüggenwirth 等，2014)。

据我们所知，没有关于表皮和皮下组织开裂模式的公开信息。我们实验室未发表的结果表明，浸没在水中的果实的开裂模式主要是沿着细胞壁进行的而不是穿过细胞壁。当这一点被确认后，这一观察结果必然被解释为细胞与细胞间的开裂，因为果胶中间层可能是果皮在张力下最薄弱的连接部分。

Glenn 和 Poovaiah(1989)观察到在破裂发生之前从紧邻的下部细胞壁上发生了角质层的松动。因此，角质层仅仅是松散地附着在下部的果胶层上，这与成熟易开裂的果实中果胶中间薄层的开裂假设一致。

7.3 裂果的量化

为了育种、咨询或者研究目的，通常需要评估一批果实的开裂敏感性以比较品种的裂果敏感性。最理想的状况是，有一个标准化的方案能在实验室中对离体果实裂果敏感性进行可重复的量化，结果能够完美地与田间观察结果一致。遗憾的是这样的方案并不存在。在了解裂果的机制之前，任何在实验室中使用离开树体的果实进行评估裂果敏感性，其结果只能是近似于田间自然降雨在树上发生的裂果情况。在以下的部分中，我们将介绍现在使用的一些测试方法。

7.3.1 在果园中对裂果进行量化

测量果园雨后裂果

最简单、最可行的量化裂果的方法就是调查在降雨过后果园中果实开裂比例。所有的果实采自树上，分成裂果和不裂果两组（Quero-García 等，2014）。为了消除果实成熟阶段的影响，建议根据颜色等级评估不同成熟阶段的裂果比例（Lang，2016，私信）。该方法的缺点就是缺少对降雨量、降雨的分布及其持续时间的控制。此外，对非跃变类型甜樱桃而言很难对成熟的阶段进行可重复的定义，但成熟度对裂果敏感性又有显著的影响（Christensen，1996）。最后，果园的其他因素，如作物负载量和环境变量如温度，通常都不能标准化，而后者是一个影响裂果的重要变量（Christensen，1996；Measham 等，2012）。

用人工降雨诱导裂果

利用架设在树冠顶部的喷头进行人工降雨也可诱导裂果，该方法既可以在果园中操作也可以利用盆栽果树进行模拟（Quero-García 等，2014）。与田间的评估相同，果实依旧在树上，但与田间相反的是降雨时间、持续时间和强度是可调的。在温室或者生长室中使用盆栽树木进行试验也能够控制相关的环境因素如光照、温度和湿度。为了获得可重复的结果，必须使用去离子水或至少是中性 pH 值的雨水。即使是低浓度的钙（小于 1 mm）也可能会抑制裂果（Christensen，1972d）。自来水中钙的浓度经常达到甚至超过这个浓度。

7.3.2 基于实验室的裂果评估

经典的裂果实验通常是在实验室中将摘下来的果实浸入水中，随后对肉眼可见的裂缝进行调查。此类分析常用于对品种间的比较或者是研究如 pH 值、有机酸（Winkler 等，2015）、温度（Bullock，1952）、矿物质（Christensen，1972d；Weichert 等，2004）和果实大小（Christensen，1975）对裂果的影响。

裂果指数(CI)

裂果研究中最普遍的检测就是对裂果指数(CI)的确定。该检测最早由Verner和Blodgett(1931)开发建立起来,此后由Christensen(1972b)进行了改进。

简单来说,就是在早上选择采摘50颗没有肉眼可见的缺陷的果实,1 h之内送到实验室,将果实浸在恒温的蒸馏水中。经过2 h、4 h和6 h之后,分别检查果实的肉眼可见的裂缝。没有出现裂缝的果实重新放回水中,出现裂缝的果实被清除出来并计数。CI的计算公式为

$$CI=\frac{(5a+3b+c)\times 100}{250}$$

在这个方程式中,a、b、c 分别代表了在经过2 h、4 h和6 h后发生裂果的樱桃个数。该方程式说明较快发生裂果的品种的CI值高于较慢发生裂果的品种,在测验结束后发生裂果的果实百分比相同。

裂果的时间过程曲线通常表现为S型。利用适当的回归模型,计算达到最大裂果数一半的时间(T_{50}, h),可以通过类似于计算放射性元素半衰期一样的方法计算得出。CI值包括动力学和裂果比率信息,而 T_{50} 只给出了达到最大裂果数一半的时间。因此,CI值和 T_{50} 都比简单评估在固定时间后发生裂果的百分率包含更多信息。对于有关如何确定CI值的详细介绍,请参阅Christensen(1972b, 1996)。

内在裂果敏感性

Weichert等(2004)介绍过一种内在裂果敏感性的测定,其基本概念指裂果敏感性是由果皮吸水特性和它的力学特性共同决定的(Winkler等,2015)。因此,裂果可能是由于较高的吸水量和/或果皮力学性能较弱的缘故。内在裂果敏感性将裂果描述为吸水的函数。因此,对于果皮的力学特性的描述,与果实的吸水特性无关。

试验表明果实吸水是以恒定速率增加,这正是大多数情况下按时间进行测试的理由(Beyer等,2005)。内在裂果分析需要测量以下数据:①测定CI值需要的裂果时间过程;②同一批果实对水分的吸收率。为了减小误差,果梗末端和果梗与果实的接合处应在对裂果和水分吸收的评估上进行相同的处理。通常,将各包含25个果实的两组样品浸泡在蒸馏水中,并检查裂果,直到所有的果实均开裂或开始腐烂。利用合适的回归模型通过裂果进度与时间计算 T_{50}(h)。

为了测定果实对水分的吸收，选择来自相同批次的 15 个代表性果实（如相同质量和成熟度）分别浸泡在去离子水中。分别在 0 h、0.75 h 和 1.5 h 后从水中取出果实，用滤纸吸干后称重，再放回水中。通过增加的果实质量和时间进行拟合的线性回归曲线的斜率计算吸水速率［见图 7.2(a)］。将 T_{50} 乘以平均吸水率（R；mg/h）得出 50%果实开裂时的吸水量（WU_{50}，mg）：

$$WU_{50} = R \times T_{50}$$

因为 WU_{50} 对吸水量进行了标准化，所以 WU_{50} 是对整个果实的果皮延展性的间接测量。

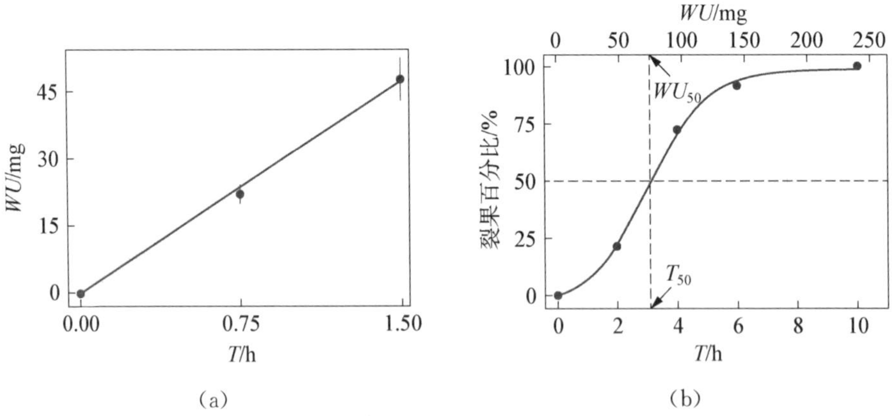

图 7.2 甜樱桃裂果与吸水函数

(a)水分吸收的时间过程，(b)裂果百分比的时间函数和水分吸收函数。水平虚线表示有 50%的果实开裂。箭头表示达到 50%开裂的时间（T_{50}）和该时间的吸水量（WU_{50}）。WU_{50} 与各批果实的开裂敏感性成反比。

7.3.3 基于实验室裂果分析的机遇和局限性

据我们所知，唯一直接将甜樱桃裂果敏感性评估的不同方法进行对比的是 Quero-García 等(2014)。不同品种的裂果敏感性连续两个生产季开展了田间评估、避雨设施中人工降雨评估和实验室 CI 值的测定。对果实裂果位置进行了评估。在果实顶端（果顶）发生的裂果在不同方法中逐年相关系数最高（人工降雨 $r=0.49$，田间评估 $r=0.44$，两者 $P<0.01$），其次是在果梗腔区域发生的裂果（人工降雨 $r=0.32$，田间评估 $r=0.26$，两者 $P<0.01$）。两种方法均与裂果相关系数密切相关，在果顶区域发生的裂果相关系数范围从 0.41 到 0.53($P<0.01$)。果柄腔发生裂果的相关系数较低，仅对田间 CI($r=0.25$，$P<0.01$) 和

人工降雨CI($r=0.32$, $P<0.01$)的评估有显著关系。果实表面的裂果与这些关系均无显著性关系(Quero-García 等,2014)。综上可知,果实表面湿度的持续时间对发生在树上的裂果(田间评估和人工降雨)起着重要的作用,利用 CI 值来模拟这种影响最合适。

遗憾的是,由 CI 值评估的不同地点的樱桃品种的裂果敏感相关性并不一致。举例来说,在丹麦(Christensen, 1996)测定的 CI 值与挪威的($n=13$, $r=0.66$, $P<0.05$)或德国联邦品种办公室的田间观察评分($n=38$, $r=0.40$, $P<0.05$)存在显著相关。然而,其与在美国俄勒冈州[$n=18$, $r=0.37$: 来自 Zielinski(1964)的数据,Christensen 引用(1996)]或者西班牙测定的 CI 值[$n=13$, $r=0.24$: 来自 Tabuenca 和 Cambra(1982)的数据,Christensen 引用(1996)]没有相关性。低 r 值和缺乏显著性反映出 CI 值较大的可变性,这可能是由于环境因素(如温度、降水和表面湿度的持续时间)和成熟度标准化的重复性存在影响。环境因子在这方面一定发挥着某种作用,这点可由具有相似气候的两地之间存在显著的相关性推断出来,如丹麦、挪威和德国。可靠且可重复的品种 CI 评估可能需要如下条件:①两到三个生产季重复测定成熟期的 CI;②合适的实验设计,使用适当的对照进行一对一比较;③测定在代表性气候下生产的果实。

7.4 影响裂果的因素

目前已经有许多对影响裂果的多种因素的调查研究论文发表。这些结果已总结在表 7.1 中。如果想知道更多细节,读者可以参考原始文献或者前言中引用的综述。

表 7.1 影响甜樱桃裂果敏感性的因素(来自文献)

因素	等级	裂果敏感性	参考文献
果实大小	2.8~10 g	果实较大的品种敏感性高 品种间差异大	Tucker (1934); Christensen (1975); Yamaguchi 等(2002)
水分吸收		不存在相关性或者仅存在微弱的相关性;吸水速率与裂果率存在正相关关系	Kertesz 和 Nebel (1935); Christensen(1972a) Belmans 和 Keulemans(1996); Yamaguchi 等(2002)
硬度	果实硬度(kg)1~3.6 g,等级 3~10 果肉硬度(g)29.1~148.1 g	无相关性 硬度与裂果率正相关	Tucker (1934); Christensen (1975) Yamaguchi 等(2002)

（续表）

因素	等级	裂果敏感性	参考文献
温度	1～48℃	高温越高，裂果越快	Bullock（1952）；Richardson（1998）
同渗容摩	10.1%～20%糖 12.8%～26.4%可溶性固形物	与敏感性存在正相关关系 缺乏或存在微弱的相关性	Verner 和 Blodgett(1931) Tucker（1934）；Christensen（1972c）；Moing 等(2004)
果皮	每克果皮可溶性固形物	低敏感性的品种细胞壁质量较大	Tucker(1934)
	内表皮细胞壁厚度	与内表皮厚度存在正相关关系	Kertesz 和 Nebel(1935)
	角质层和表皮细胞壁厚度 7.5～12.5 μm	低敏感性的品种存在较厚的角质层和表皮细胞壁	Belmans 等(1990)
	角质层厚度 0.9～4.02 μm	低敏感性的品种存在较厚的角质层	Belmans 和 Keulemans(1996) Demirsoy 和 Demirsoy(2004)
细胞大小	表皮下细胞的大小	敏感性高的品种具有较小的细胞； 敏感性高的品种果肉细胞大小变异性高；	Kertesz 和 Nebel(1935)
		敏感性高的品种具有较大(纵向和纬向)的细胞	Yamaguchi 等(2002)
气孔	气孔的密度	无相关性	Christensen(1972c)；Glenn 和 Poovaiah(1989)
砧木	“考特”“麻姆 14 号”“麻姆 97 号”	浸泡在水中 4 h 和 24 h 后不同砧木的樱桃之间裂果率存在差异	Simon 等(2004)
	“考特”“F 12/1”	“考特”比“F 12/1”存在更多裂果	Cline 等(1995a，b)
钙盐	浸入式测试，树顶喷淋器	敏感性降低	Verner（1937）；Christensen（1972d）；Glenn 和 Poovaiah（1989）；Meheriuk 等（1991）；Brown 等（1995）；Fernandez 和 Flore（1998）；Lang 等（1998）；Wójcik 等（2013）；Erogul(2014)
		无或存在轻微的影响	Looney(1985)；Koffmann 等（1996）
铝、铁和铜盐	$Al_2(SO_4)_3$、$Al_3(PO_4)_2$、$CuSO_4$、$AlCl_3$、$FeCl_3$、$Fe(NO_3)_3$、$Fe_2(SO_4)_3$	减少水分吸收，减少裂果，WU_{50} 与对照不同	Bullock（1952）；Christensen（1972d）；Beyer 等(2002a)

（续表）

因素	等级	裂果敏感性	参考文献
生长调节剂	4×10 ppm GA_3，1×10 ppm GA_3	增加裂果	Cline 和 Trought(2007)
	GA_3 20 ppm	减少裂果	Demirsoy 和 Bilgener(1998)
	NAA 0.5,12 ppm	减少裂果	Yamamoto 等(1992)；Demirsoy 和 Bilgener(1998)
杀菌剂	Borax，captan，maneb	无影响	Christensen(1972d)
涂膜剂	收获前 14 天或 7 天 2% Vaporgard™	测试的涂抹物没有或有负面影响	Richardson(1998)
	Mobileaf，SureSeal，RainGard ® T1+T2 混合物[①]	降低裂果敏感性	Davenport 等(1972)；Kaiser 等(2014)；Meland 等(2014)；Torres 等(2014)；Dumitru 等(2015)

注：① T1 为 1%氯化钙、1%硫酸锌、0.1% *Vitis vinifera* 种子的多酚提取物和 0.1%褐煤腐殖酸；T2 为从 *Gleditsia triacanthos* 种子中提取的 1%半乳甘露聚糖溶液、1%氯化钙、1%硫酸锌、0.1% *Vitis vinifera* 种子的多酚提取物和 0.1%褐煤腐殖酸。关于详细信息，请参阅 Dumitru 等(2015)。

7.5 从力学角度看裂果

裂果被认为是由于进入果实中的水分净流入引起的。裂果的发生必须满足两个条件。第一，果实的体积必须增加，从而增加了果实的表面积，使果皮显著绷紧。第二，绷紧的果皮必须破裂。因此，两组与力学无关的因素影响裂果：①影响果皮力学性能的因素；②影响果实中水的流入和流出的因素。

在以下的部分，我们对关于果皮解剖、发育、力学结构、果实水势及其组成和水分在果梗维管系统和穿过果实表面运输的相关最新文献进行综述。

7.5.1 果皮的形态和发育

果皮和果肉

果皮是由聚合物层组成的复杂复合物，即角质膜(CM)和细胞层，表皮和皮下组织[见图 7.1(a)]。

角质膜是沉积在表皮外细胞壁上的聚酯亲脂性复合物。它包括角质基质、可溶性表皮脂质(蜡)和内表面的多糖。与其他的水果相比，甜樱桃的角质膜非常薄。纵观 31 个甜樱桃品种的成熟果实，单位面积的角质膜质量平均为(1.28±0.01)g/m^2，从“雷尼”的(0.85±0.04)g/m^2 到“茹蓓”的(1.58±0.06)g/m^2(Peschel 和 Knoche，2012)。

角质基质是天然的生物聚酯，它的成分主要是 C16（69.5%）和 C18（19.4%）的链烷酸、ω-羟基酸、α，ω-二羧酸和中链羟基酸（Peschel 等，2007）。甜樱桃角质中含量最多的两种成分为 9，10-二羟基十六烷酸（53.6%）和 9，10，18-三羟基十八烷酸（7.8%）。“海德尔芬格”“科迪亚”“山姆”和“先锋”等品种角质或蜡的组成成分没有差异（Peschel 等，2007）。此外，果实的开裂敏感性与角质层的角质或蜡的组成成分及含量没有关系。

在蜡的成分中，三萜类（75.6%）含量最多，其次是烷类（19.1%）和醇类（1.2%）。熊果酸和齐墩果酸在三萜类成分中占主导地位，二十九烷和二十七烷在烷类成分中占主导地位。含量最多的醇类是二十九醇（Peschel 等，2007）。蜡以嵌入的表皮蜡（占总 CM 质量的 25.6%；M. Hinz，未发表）浸入角质基质并作为角质层蜡（占总 CM 质量的 8.6%；M. Hinz，未发表）沉积在果实表面成为非晶膜。成熟果实单位面积平均的蜡质量为（0.33±0.00）g/m^2，从“宾库”的（0.21±0.01）g/m^2 到“泽平”的（0.42±0.04）g/m^2（Peschel 和 Knoche，2012）。

甜樱桃果实角质层中的多聚糖含量尚未定量。通常角质层的多糖含量为 18%～26%（Schreiber 和 Schönherr，1990）。

甜樱桃表皮由单层的具有厚细胞壁的厚角组织小细胞组成[见图 7.1（a）]。在果实发育的第Ⅱ阶段，细胞形状或多或少直径相等，但在果实成熟阶段细胞伸长，如长度（纬向和纵向）和宽度（径向）的比率增加。在果实表面，纵向和纬向上的细胞平均直径分别为（44.1±1.0）μm 和（63.2±0.9）μm（成熟期 38 个品种的平均值，Yamaguchi 等，2002）。表皮细胞优先在果实表面定向，其方向的确定取决于位置。在果柄腔的细胞沿果梗/果顶轴的方向纵向伸长，而果实表面的细胞沿着赤道方向纬向伸长。

果实表面没有毛状体或者表皮毛。甜樱桃果实表面是气孔，但相较于叶片来说密度较低。在“海德尔芬格”成熟果实（Peschel 等，2003）中，气孔密度低，从果柄腔中的 0.00/mm^2 增加到果顶的 1.71/mm^2。而“萨米脱”和“伯莱特”（Gonçalves 等，2008）叶片中气孔密度分别为 458.2/mm^2 和 542.7/mm^2。果实上气孔的数量因品种而异，分布范围最低从“阿德里那”中的（143±26）个/果实到最高的“海德尔芬格”的（2124±142）个/果实。气孔在果实发育的第Ⅲ阶段丧失功能（Peschel 等，2003）。Bukovac 等（1999）观察到存在蜡堵塞和气孔堵塞的现象。与李子不同，甜樱桃的气孔不是微裂纹优先发生的地方（Knoche 和 Peschel，2007）。

皮下组织由几层厚角细胞组成[见图 7.1（a）]。通常，这种细胞的细胞壁较厚且皮下组织细胞比表皮细胞大。细胞大小随着从表皮下方到相邻果肉的深度的增加而增加(Brüggenwirth 和 Knoche，2016b)。果肉由大的薄壁且近似等径的薄壁细胞组成，其平均直径约为(227.4±2.9)μm(三年共 53 个品种的均值；Yamaguchi 等，2004)。

果实生长、果皮发育和角质层沉积

甜樱桃果实的生长模式遵循经典的核果类果实生长的双 S 模型(Lilleland 和 Newsome，1934；Tukey，1934)。在果实发育第Ⅰ阶段，果皮中的细胞分裂导致每个果实的质量小幅增加至 1.5～2.5 g。在果实发育第Ⅱ阶段，果实质量基本保持不变，以内果皮木质化以及胚胎发育为典型特征。第Ⅲ阶段(最后膨大阶段)代表了果实发育的最后阶段，其特征为质量的快速增加，这主要是细胞肥大的结果(见图 7.3)。果核硬化和果实开始着色标志着第Ⅱ阶段与第Ⅲ阶段的

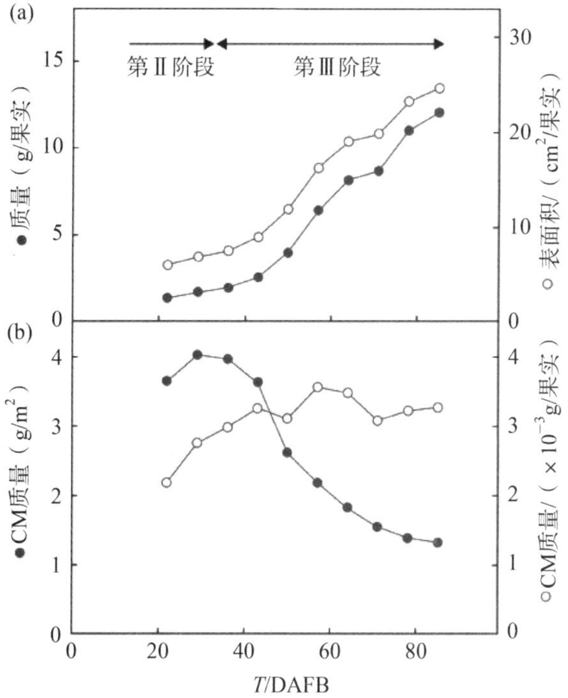

图 7.3 果实质量和表面积变化的发育时间过程

(a)角质膜(CM)的质量；(b)在单位果实表面积和整个果实的基础上，指出了果实发育的第Ⅱ阶段和第Ⅲ阶段。DAFB 为开花后的天数(此图重绘得到 Peschel 等许可，2007)。

过渡。果实发育第Ⅲ阶段即成熟的开始伴随着渗透势从约−0.7 MPa(更高浓度)迅速降低至−3 MPa以下(Knoche等,2004)。第Ⅲ阶段最大生长速率平均为0.54 g/天和0.96 mm^2/天(Knoche等,2001)。考虑到第Ⅲ阶段中期果实较小,这个增长值是很大的。

在第Ⅲ阶段,果实表面积增加,果皮显著绷紧。弹性果皮具有张力的证据基于以下观察结果:

(1) 切入果实导致切口裂开(Grimm等,2012b)。

(2) 通过皮下纵向切割,切下的外果皮小块面积迅速减少(见图7.4 Grimm等,2012b)。

(3) 果实具有杂色的外观,这可能是由于第Ⅲ阶段的张力缺失。皮下细胞层以类似于人类青春期、肥胖和怀孕时出现的妊娠纹的方式从表皮撕裂并分离[见图7.1(h)～(j); Grinmm等,2013]。

(4) 角质层中的微裂纹垂直于下方表皮细胞的最长尺寸方向,表明了存在因果关系(Peschel和Knoche, 2005)。

(5) 表皮细胞和皮下细胞的长宽比在第Ⅱ阶段到成熟期间增加,这表明了张力的存在。

角质膜中也存在较大的弹性张力。这种张力从第Ⅱ阶段末期从接近零开始增加,到成熟期能达到80%。在同一时期,果皮复合物(表皮包括角质层和皮下组织)的双轴弹性张力增加到大约40%(见图7.4; Grimm等,2012b)。因此,角质膜含有比表皮和皮下组织层更多的弹性张力,表皮和皮下组织层通过细胞分裂适应果实表面积的增加。角质膜张力的迅速增加伴随着角质层中微裂纹发生频率和严重程度的显著增加(Peschel和Knoche, 2005)。最近,我们发现从分离的角质膜中将蜡去除导致其进一步收缩。这个观察结果表明: ①与其他作物的角质膜相同,甜樱桃角质膜中的蜡具有固定张力的作用(Khanal等,2013); ②甜樱桃果实分离和脱蜡的角质膜中的总双轴弹性张力可能高达159%(Lai等,2016)。

在果实发育第Ⅲ阶段,细胞分裂、细胞膨大和表皮细胞平面长宽比的持续增长伴随着细胞体积和表面积的增加(Knoche等,2004)。相比之下,角质膜必须且仅随着张力导致的面积的增加而增加。从果实发育第Ⅱ阶段开始,整个果实的角质和蜡的质量几乎保持不变,这表明没有大量的角质和蜡质材料的沉积(Knoche等,2004; Peschel和Knoche, 2005; Peschel等,2007)。因此,在果实发育第Ⅲ阶段中角质膜面积的增加在扩大的表面上重新分配了连续不断的角质膜材料。甜樱桃果实中的角质膜的明显紧绷基于以下观察结果：①角质膜面积在从果实切除和分离后明显减少(Knoche 等,2004),在分离之后角质膜中减少的面积超过了果皮的面积(见图 7.4；Grimm 等,2012b)；②高度定向的角质层中微裂纹的形成以及表面积增加与角质膜中微裂纹发生频率和严重程度之间存在正相关关系(Peschel 和 Knoche，2005)。

在果实发育第Ⅱ阶段及随后的第Ⅲ阶段,角质膜的沉积停止是由于角质单体和蜡合成相关基因的下调(Alkio 等,2012,2014)。在第Ⅱ阶段,角质和蜡的沉积的停止在遗传上没有差异。在 32 个品种中,第Ⅲ阶段和第Ⅱ阶段每个果实的角质膜数量之间呈线性关系(斜率 1.14±0.10，$r^2=0.90$，$P<0.001$)(Peschel 和 Knoche，2012)。

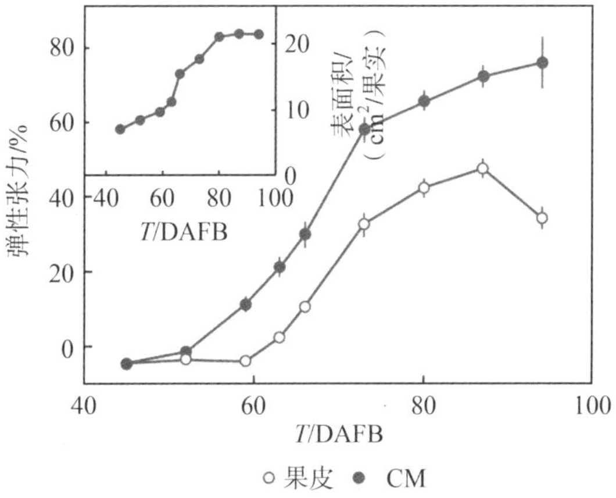

图 7.4　“海德尔芬格”甜樱桃果皮和角质层双轴弹性张力变化的发育时间过程

左上角插图是第Ⅲ阶段果实表面积变化的发育时间过程,DAFB 为开花后的天数(此图重绘得到 Grimm 等许可,2012b)。

7.5.2　果皮和角质层的力学特征

现在只有少量的研究对甜樱桃表皮和角质层的力学特征进行了量化(Bargel 等,2004；Brüggenwirth 等,2014；Brüggenwirth 和 Knoche，2016a,b)。测试的甜樱桃果皮的表现说明,果实就像一个充满流体的气球,处在果皮弹性张力的轻微压力之下。从这点来看,甜樱桃与葡萄浆果相似(Considine 和 Kriedemann，1972；Considine 和 Brown，1981)。

原则上,可以在单轴或双轴拉伸试验中对切除的果皮和分离的角质层进行机械测试。在单轴拉伸试验中，力沿着一个方向施加，在双轴试验中，样品在多个方向进行加载。对于甜樱桃果皮来说，开展双轴试验有两个理由。第一，果实的近球形是由多轴张力导致的，如果要模拟由生长引起的自然张力，需要进行双轴试验。第二，由于其高泊松比，即横向变形系数，就像拉伸一个针织羊毛衫一样，单轴试验导致了对由于拉伸过程中样品变窄引起的果皮（破裂）张力的明显高估（Brüggenwirth 等，2014）。

Bargel 等（2004）描述了甜樱桃果皮的第一次双轴试验。在这次试验中，利用水从内侧对切除的果皮片段加压，对膨胀的压力和程度进行了监测，结果发现这部分果皮发生膨胀。Brüggenwirth 等（2014）改进了测试用的弹性计：①切除的果皮内部的张力在切除后得到保存；②避免水与果皮片段内侧的果肉接触。在表皮被纵向切割之前，首先在果实表面安装一个垫圈以保持张力，其次将固定在垫圈中的果皮片段安装在弹性计中，最后通过使用硅油对果皮片段增压以避免由于吸水导致的果肉和果皮细胞破裂（Simon，1977）。弹性模量（E）可由下式进行计算（Brüggenwirth 等，2014）：

$$E = \frac{p \times r^2 \times (r^2 + h^2)}{h^3 \times t \times 2}$$

在这个等式中，r（mm）是垫圈孔的半径，p（MPa）是对果皮片段施加的压力，h（mm）是膨胀的果皮片段的高度，t 是承重层的厚度（$t = 0.1$ mm）。最后一个值来自直接观察（光学显微镜）或文献（Glenn 和 Poovaiah，1989）。高 E 值意味着果皮偏硬，低 E 值意味着果皮具有一定的韧性。

以下结论来自双轴拉伸试验（Brüggenwirth 等，2014；Brüggenwirth 和 Knoche，2016a，b）：

（1）是表皮和皮下组织而不是角质层代表了甜樱桃果皮的主要力学成分。角质层对果皮力学性能的贡献可以忽略不计。

（2）果皮在平面轴上是各向同性的，因为膨胀的果皮片段在纵向和横向之间没有差别。

（3）压力释放后张力的松弛是完全的且具有时间依赖性，这表明果皮具有弹性和黏弹性特征。

（4）当测量样品的果实表面、果肩、缝合线和果顶区域时，果皮的力学性能几乎没有差异。

（5）水分的吸收（直到果实开裂）对果皮的力学性能影响非常小。

（6）破坏细胞的膨压会降低果皮的硬度。

（7）果皮的力学性能仅受温度的轻微影响。

（8）双轴拉伸试验检测到品种间具有裂果敏感性差异。裂果敏感性低的“雷吉纳”果皮硬度高，具有更高的 E 值而且发生破裂时的压力高于“伯莱特”。“雷吉纳”和“伯莱特”之间的差异很可能是由于表皮/皮下细胞壁的物理和化学性质的差异，与细胞膨压无关。

弹性计是一种有效的力学测试技术，它可以以一种固定和可重复的方式对切除的果皮进行力学测试。然后可以确定 E 值和可能的破裂阈值（即破裂时的压力和张力）与细胞壁的理化性质关系。然而，要注意双轴拉伸试验的一些局限性。首先，常规的测试仅限于具有均匀曲率半径的表面区域，如果实表面两侧的果肩。其次，该技术较费力，限制了其对育种项目中产生的大量后代进行广泛筛选的应用。再次，可能需要对设备进行修改以适应较低的负荷率以模拟果实生长和水分吸收的自然速率。最后，使用该技术获得的破裂的张力明显大于经典的浸没试验中的结果。这种偏差产生的原因尚不清楚。破裂时的压力与果实膨压处于同一数量级（Brüggenwirth 等，2014；Knoche 等，2014）。

7.5.3　水势、渗透势和膨压

甜樱桃的水势（Ψ，MPa）包括两个主要部分，果实细胞的静水压力（Ψ_P 或 P，MPa）及其渗透势或者溶质势（Ψ_Π 或 Π，MPa）。果实共质体的渗透势可能接近榨汁的压力。重力水势和基质水势几乎可以忽略不计。

水势十分重要，因为静水压力分量的梯度代表木质部水分输送的驱动力。与其他组织相同，细胞膨压也是果实力学完整性的重要组成部分。

文献中提到的水势（Ψ_{fruit}）大部分是利用压力室技术测定的。该技术假设维管系统在果梗和果实中完全发挥作用且果梗和果实接合处是液压传导的。成熟的甜樱桃是否满足这些条件尚不得而知。利用压力室技术测定甜樱桃的 Ψ_{fruit} 值，其范围为－2～－1.2 MPa（Andersen 和 Richardson，1982；Measham 等，2014）。Measham 等（2014）报道在模拟降雨的期间 Ψ_{fruit} 从－2 MPa 增加到约－0.7 MPa。相应的叶片水势（Ψ_{leaf}）从－1.4 MPa 增加到－0.7 MPa（Measham 等，2014）。

Schumann 等（2014）利用检测吸收（释放）水分量化了切除的组织圆片和条带的水势（Ψ_{tissue}）。在该试验中，将果实和组织浸在已知渗透压的高渗和低渗溶液中，并测定质量、体积和尺寸的变化。通过回归分析，计算出质量或曲率零变化的假设溶液的渗透压，以及该渗透压对应组织的水势。利用这种方法，发现在发育的果实中，Ψ_{tissue} 以 S 形曲线降低。Ψ_{tissue} 的下降与 Ψ_{Π} 的下降密切相关(Schumann 等，2014)。

发育的过程中的甜樱桃果实 Ψ_{Π} 已通过水蒸气压力渗透压测定法进行了量化。该技术可用于分析含有残余颗粒的溶液，如从果肉中机械提取的果汁，举例来说，利用压碎蒜头的装置或压面器。在果实发育第Ⅱ阶段及整个第Ⅲ阶段，Ψ_{Π} 值迅速降低(趋向负值)。在果实成熟期，Ψ_{Π} 范围为－4.1～－2.2 Mpa (Andersen 和 Richardson，1982；Moing 等，2004；Knoche 等，2014；Measham 等，2014)。有趣的是，果皮与果肉的 Ψ_{Π} 值存在差异。与果肉相比，果皮的 Ψ_{Π} 明显趋向较小负值(为 1.1 MPa)(Grimm 和 Knoche，2015)。

很少能够获得基于整个果实(果肉膨压)或单个细胞(细胞膨压)的膨压数据。通常利用从 Ψ_{fruit} 中减去 Ψ_{Π} 计算膨压。由此获得的 Ψ_{P} 值过高，超过了完全充气的汽车轮胎压力的 10 倍甚至更多(Ψ_{P} 的范围为 2.0～3.8 MPa；Measham 等，2009)，因此具有这种压力的果实会像钢铁一样。用于定量细胞和果实膨压的直接方法包括压力探针技术、压盘、培养测定及相关的渗透压的测量(Knoche 等，2014；Schumann 等，2014)。这些技术测出的压力远小于 Ψ_{Π} 和 Ψ_{fruit} 之间的差异。对成熟的果实来说，压力的范围为 8～64 kPa(Knoche 等，2014)。仅在果实发育第Ⅱ阶段后期膨压显著变高(使用细胞压力探针，单个细胞平均值为 200 kPa，偶尔高达 1 000 kPa)(见图 7.5；Schumann 等，2014)。在果实成熟阶段，与同一批果实中提取的汁液的渗透压相比，以单个果实和单个细胞为基础的膨压由于过低可以忽略不计。

导致低膨压的原因还不清楚，但这也许与以下一项或多项有关：①果皮的 E 值暗示硬度较低，因此抗延展性较低(Brüggenwirth 等，2014)；②在葡萄浆果中，渗透压在质外体中积累，从而降低了共质体与质外体之间的渗透势梯度和膨压(Lang 和 Düring，1991；Tilbrook 和 Tyerman，2008；Wada 等，2008，2009)。这一点是否适用于甜樱桃中还不清楚。值得注意的是，渗透吸水(湿润的果实)和蒸腾(干燥的空气)对果实膨压均无显著影响(Knoche 等，2014)。

由这些数据我们可以推断，对成熟的甜樱桃来说：①果实的水势和渗透势同等重要；②相对于渗透势，果实和细胞的膨压可以忽略不计；③与甜樱桃的果肉相比，果皮具有低负渗透势，并且可能具有低负水势。

7.5.4 水分运输

水分进入和流出果实不仅通过果柄维管组织，也通过果实的表面。

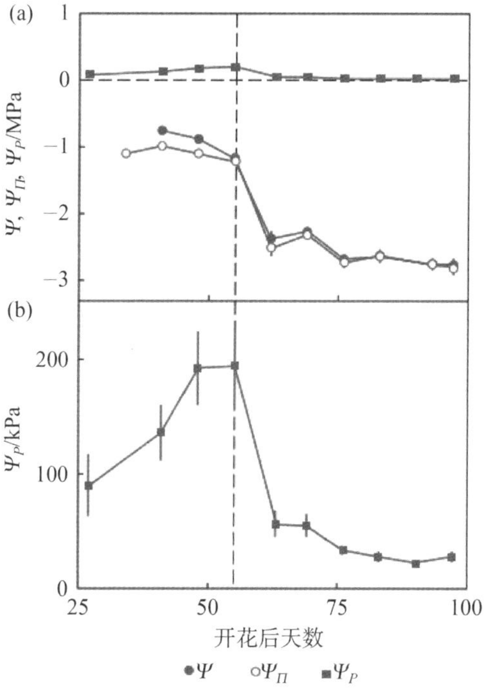

图 7.5 组织水势、果实渗透势和细胞膨压函数关系

(a)"雷吉纳"果实发育中的组织水势(Ψ)、果实渗透势(Ψ_{Π})以及细胞膨压(Ψ_P)的时间变化。(b)与(a)中 Ψ_P 数据相同,但在 y 轴的比例上重新绘制。Ψ_P 利用压力探针进行量化,$\Psi=\Psi_{\Pi}+\Psi_P$。垂直的虚线表示开花后 55 天,即从果实发育第Ⅱ阶段到第Ⅲ阶段的过渡(经 Schumann 等许可转载,2014)。

维管流量

与果实表面相比,通过果梗维管的水分运输受到的关注更少。Measham 等(2010,2014)报道了树上果实的水分流速和果实直径的波动。利用附着在果梗上的热脉冲传感器测定水分流速。在该技术中,将热脉冲施加到果梗上的一部分并监测其沿果梗轴的传播。所获得的数据表示净水流量,但是该技术不能区分木质部和韧皮部的流量(在夜间,它们的流向在果梗中是同向平行的;但在晴朗的白天却相反)。Measham 等(2010)报道水分流速非常低,在降雨前后的平均值为 0.8 μL/h 和 1.5 μL/h。此外,可以用线性可变位移传感器对果实直径的变化进行量化(Measham 等,2014)。根据直径的变化,只要得知由于蒸腾作用果实表面流失的水分,就可以计算净流量(Lang, 1990)。利用这种方法,Brüggenwirth 等(2016)测定了发育中甜樱桃的木质部、韧皮部和蒸腾的流量。

重要的发现，在果实发育第Ⅲ阶段木质部流量持续下降，从占总树液流入量(12.4 μL/h)的85%(相当于11.6 μL/h)左右到成熟期基本为零(0.6 μL/h，总体11.6 μL/h)。在相同的时间间隔内，成熟期韧皮部的流量从0.8 μL/h到11.3 μL/h持续增加。此外，韧皮部的流量与果实干物质的增加率密切相关，这表明在果实整个发育过程中，韧皮部的汁液浓度基本上保持恒定，约为18%(质量/体积)。

Hovland和Sekse(2004a, b)以及Winkler等(2016)利用光度法对离体果实的果梗水分流速进行了量化。在该技术中，树上的果实放在水中被切除以避免木质部空气栓塞。随后，将充满水的毛细管固定在果梗上。通过监测弯液面沿着毛细管的运动量化水分流速。Hovland和Sekse(2004a, b)指出成熟果实的水分流速为3.0～11.6 μL/h。Winkler等(2016)测定发现，在果实发育过程中，保持在空气相对湿度为0%的果实的水分流速从果实发育第Ⅱ阶段的12.2 μL/h到第Ⅲ阶段早期增加到最大值24.9 μL/h，然后在收获时持续下降至5.2 μL/h。将果实保持在空气相对湿度为100%的环境中，相应的水分流速为7.1 μL/h、18.8 μL/h和5.0 μL/h。值得注意的是，果实发育第Ⅱ阶段的果实水分流速取决于其周围大气的相对湿度。相反，对于成熟果实来说，水分流速基本上与湿度无关。通过光度仪测定的流量反映了假设树木水势为0 MPa时的木质部的流量。在果园中，树木水势依赖树木的水分供应，即使是一棵灌水良好的树，水势也会明显偏低(0～1 MPa)。因此，光度计测定的木质部流量提供了保守的估计。在果园中，果实木质部的流量可能会偏低，甚至在白天可能是负值(即从果实到树木，树木水势在午后早期达到其最小负值；Brüggenwirth等，2016)。

Brüggenwirth和Knoche(2015)使用了改良的根压力探针量化了分离果梗的电导率。因为流量是由于对果梗末端加压导致的，所以流量必须通过木质部产生。虽然果实发育第Ⅱ与第Ⅲ转折阶段，果梗中木质部的电导率有所降低，但在整个第Ⅲ阶段保持恒定。使用Hagen-Poiseuille法则，电导率的估计值低于基于木质部导管截面积的电导率计算值。尝试量化果实内维管系统电导率并不成功，这可能是由于果实内部木质部的电导率较低(如高电阻)(Brüggenwirth，未发表)。

果实表面的水分运输

Knoche(2015)对果实表面水分的运输进行了综述。简单来说，由于降雨和果实裂果的同时存在，果实表面的水分运输经常被认为是果实裂果的主要因素

(Christensen, 1996)。因此,许多研究关注于果实表面的渗透吸水和果实的蒸腾作用。

通过果皮水分的转运常常通过重复称量浸泡在水中的分离的果实质量(吸收)或置于非饱和大气(蒸腾作用)中进行量化。水分流速(F)根据质量与时间的累积变化曲线的斜率计算。根据水分流速、表面积和驱动力、水流导度(渗透吸水)和透过果皮的水(蒸腾作用)也许能够计算出来。这些系数代表了果皮呈现的限速屏障的"材料常数"。电导率和渗透率可用于比较不同品种之间不同处理、不同季节和不同地点的差别。然而,对于大小相同和同一批次(因此水势相同)的果实进行一对一比较时,将水分流速或流体转换为水流导度或渗透率通常很少或者没有额外增加对此差异的理解。

水分的运输途径

通过表面的水分吸收和蒸腾沿着许多平行路径进行,它们经过角质层、微裂纹、气孔、果柄与果实接合处、果顶和果梗的断口末端(对分离的果实来说)。

角质层　角质层是水分转运的主要屏障。通过磨损角质层使得吸水率增加了 33 倍,从(19.4±2.8)mg/h 到(641.7±26.0)mg/h,蒸腾速率增加了 5 倍,从(39.4±1.3)mg/h 到(198.4±8.8)mg/h(Winkler,未发表)。

从成熟果实中分离的角质层非常脆弱且明显紧绷。由于气孔和张力的存在,很难再体外研究分离的角质层的渗透性(Beyer 等,2005)。然而,通过量化整个果实的水分转运,可以获得对整个果皮(包括表皮和皮下组织)的渗透性的稳健估计。通过亲脂性角质层的水分的吸收是沿着角质基质中的极性结构域的连接体发生的,这是由极性功能团的水合和方向导致的。这些极性结构域称为水孔或极性通道(Franke, 1964; Schönherr, 2006; Weichert 和 Knoche, 2006a)。极性通道提供穿过亲脂性角质层的水性连续体,其允许黏性液体快速运输。极性通道在背斜细胞壁、角质层壁和气孔的保卫细胞上发生的频率较高(Franke, 1964,1967; Schönherr, 2006)。与来自其他作物的角质膜相比,极性通道也许可以解释甜樱桃果实角质层具有的高渗透性(Becker 等,1986)。

微裂纹　微裂纹损害了角质层的屏障功能,因此增加了果皮的渗透性,尤其是增加其对水分的吸收及较小程度的蒸腾作用(Knoche 和 Peschel, 2006)。

气孔　甜樱桃果实表面存在大量的气孔,这些气孔代表角质层包膜的开口。然而,大量水流通过开放气孔是不太可能的。果实表面的临界表面张力(24.9 mN/m; Peschel 等,2003)远低于水(72 mN/m),这使得通过开放气孔进行大量水分流动不太可能(Schönherr 和 Bukovac, 1972)。

甜樱桃品种中，在蒸腾作用和渗透吸水方面果实表面的渗透性与气孔密度的关系较小(19个品种，5年，$n=918$，$r^2=0.095$，蒸腾作用 $P<0.001$；15个品种，2年，$n=236$，$r^2=0.042$，水分吸收 $P<0.01$；Peschel和Knoche，2012)。

果柄与果实接合处 果柄与果实接合处是果实最容易吸水的部位(Beyer等，2002b)。平均来看，8个品种中沿着接合处的吸水量约占总表面吸水量的46%(Weichert等，2004)。在发育过程中，浸没在水中的成熟果实沿着接合处的渗透从最初占总吸收的30%到最大值，占总吸收的70%。这表明了随着果实的成熟，接合处的渗透性变得更加明显。在"山姆"中，接合处渗透的水量与分离果实需要的力量呈负相关关系(Beyer等，2002b)。

该区域的高吸水的力学基础尚不完全清楚。这当中涉及了诸多因素。首先，果柄与果实接合处代表了心皮与花托的接合区域，并且角质层看起来在该区域并不连续。其次，至少在有一些但非所有品种中，果柄和果实之间存在离层(Stösser等，1969)，在开花期还存在于雄蕊、花瓣和萼片附着的花托边缘。这些区域对水分的渗透性尚不清楚。在葡萄浆果中，存在于花托的离层具有很高的渗透性(Becker等，2012)。最后，在果柄与果实接合处的角质层上存在高密度的微裂纹(Peschel和Knoche，2005)。这是由于果柄腔区域的表面曲率高，导致了压力的集中进而导致果皮出现裂纹(Considine和Brown，1981；Yamamoto等，1990)。

从实际的角度看，沿着果柄与果实接合处的渗透性十分重要。由于在接合处有明显凹陷的果形会导致果实表面长时间的潮湿，因此在降雨后很长一段时间内持续吸水。在蒸腾作用中果梗与果实接合处不起重要作用。

果顶 在蒸腾作用中果顶的渗透性高于其周围的角质层。然而，由于果顶面积相对于剩余果实表面积而言较小，果顶对整个果实的蒸腾作用影响小(Knoche等，2000，2002)。没有证据表明果顶吸水量随着甜樱桃成熟而增加(Beyer等，2002b)。然而，果顶周围的区域具有高密度的微裂纹(Peschel和Knoche，2005)。

果梗末端 当果实从树上采摘下来时，接近末端的果梗暴露于空气中，由于果实水势为负值，空气栓塞瞬间发生。栓塞中断了木质部中的水流，并且几乎阻断了水分通过果梗末端进入果实。韧皮部水分运输也因在受伤几分钟之内形成的胼胝体而瞬间停止。这些因素导致了分离后的果实中水分通过果梗末端进行运输是不可能。

7.5.5　果实的水分平衡

通过果实表面和果梗维管的水分流入和流出的速率，果实的水分平衡就可能建立起来(Knoche 和 Measham, 2017)。计算结果表明，日间蒸腾是影响果实水分平衡的主要因素之一。由于在这里考虑一些简化的方案对于更好地了解天气对水分平衡的影响是有用的，因此在晴天，蒸腾速率超过了维管(木质部和韧皮部)水分流入的速率，导致了果实水分的净损失(见表 7.2)。同时，在潮湿的阴天，如果果柄腔中含有几滴来自夜间降雨或露水而残留的水，渗透和维管吸水足以替代通过干燥果皮蒸腾作用损失的水分。其结果导致果实水分净重增加。当然，一方面在雨天没有明显或很少的蒸腾作用导致的水分流失，另一方面结合许多水分的流入(木质部和韧皮部流入的水分以及经过果实表面的渗透吸水)使果实的含水量大大增加。

表 7.2　不同天气情况下甜樱桃水分平衡的估计，以温度和相对湿度的不同组合为指标。结合假设的蒸腾作用水分流速，包括果梗与果实接合处在内的经过果实表面的水分吸收和已经发表的果梗水分流速的总体平均值计算出净水分流速

参数	天气情况			
	晴天	部分阴天	阴天	雨天
温度/℃	25	25	25	25
相对湿度/%	60	80	90	98
果柄腔	干燥	干燥	湿润	湿润
$F_{果皮蒸腾}$/(mg/h)	−21.1	−12.6	−6.9	0
$F_{果皮吸水}$/(mg/h)	0	0	0	9.7
$F_{接合点吸水}$/(mg/h)	0	0	9.7	9.7
$F_{维管吸水}$/(mg/h)	8.3	8.3	8.3	8.3
$F_{净吸水}$/(mg/h)	−12.8	−4.3	11.1	27.7

假设：每个果重 12 g，表面积为 25/cm²，密度为 1 kg/dm³，成熟果实中果梗果实接合处的渗透约为 50%，湿度为 0%蒸腾作用中的渗透($P_{蒸腾作用}$)为 1.7×10^{-4} m/s(相当于液体基本 $P_{蒸腾作用}$ 为 3.9×10^{-9} m/s)，$P_{吸水}$ 为 67.1×10^{-9} m/s，$\Psi_{果实}$ 为 −2.18 MPa，降雨时表面湿度为 100%，无边界层阻力。

在这个背景下，还可以对避雨设施进行评估。在避雨设施下，果实表面和果柄/果实接合处的渗透吸水可以被忽略。然而，进入果实的净流量保持正值。这是由于在避雨设施中的高湿度和辐射水平的降低会减少通过蒸腾作用流失的水分，同时维管仍在持续流入水分。即使在避雨设施下，这种净流量也可能足以导致果实裂果(Cline 等，1995b)。

7.6 预防裂果的措施

以下主要报道在田间或实验室中通过成功的策略减少裂果的研究。

7.6.1 避雨设施

避雨设施的使用可以有效阻断水分和果实表面的接触，因此显著地减少裂果（Cline 等，1995b；Balmer，1998；Børve 和 Meland，1998；Børve 和 Stensvand，2003；Børve 等，2003；Usenik 等，2009；Thomidis 和 Exadaktylou，2013）。

实际上，在避雨条件下，果实开裂的比率很低（小于 5%）（Cline 等，1995b）。在这种情况下，裂果可能是由于维管系统吸收水分（Measham 等，2010），缺少蒸腾作用和从空气中吸水导致的（Beyer 等，2005）。因为避雨设施使果实表面变得干燥，所以微裂纹数量显著降低（Knoche 和 Peschel，2006）。

7.6.2 喷施钙盐

许多研究对钙离子影响裂果的效果进行了研究。钙已经应用于甜樱桃浸没试验（Verner，1937；Glenn 和 Poovaiah，1989；Weichert 等，2004）、田间叶面喷施（Verner，1937；Meheriu 等，1991；Wójcik 等，2013；Erogul，2014）或在降雨时利用高架喷灌设备喷洒以进行防裂果试验（Fernandez 和 Flore，1998；Lang 等，1998）。但是，钙对樱桃裂果的影响效果并不一致。在许多研究中，钙减少了裂果的发生，但在其他的一些研究中却没有效果。遗憾的是，对于后者目前尚不清楚是否是由于缺乏渗透或吸收的钙不起作用所致。由于钙离子所带的电荷，钙的果实表面渗透性较差（Schlegel 和 Schönherr，2002a，b；Schlegel 等，2005）。

钙减少裂果的机制与以下两点相关：①对细胞壁力学性能的影响；②减少对水分的吸收。在采后生理学中，细胞壁成分的交联尤其是中层果胶的交联已经广为所知（Demarty 等，1984；Aghdam 等，2012）。实际上，$CaCl_2$ 在裂果试验中增加了 WU_{50}（Weichert 等，2004）。关于裂果降低的第二点是由于钙溶液的渗透势降低引起的渗透作用导致的吸水量减少。0.5%～1% $CaCl_2 \cdot 2H_2O$ 溶液渗透势为－0.5～－0.25 MPa。果实的水势为－4.1 MPa（Knoche 等，2014），保守估计，这将意味着通过果实表面湿润部分的水分吸收速率减少 6%～12%。更有可能是，由于在降雨期间使用，因此钙溶解时会被稀释导致其效果变差。在田间状态下，这些原因可能因为太小而无法检测到。

7.6.3　其他矿物质盐的应用

一些研究表明，将果实浸润在含有铁(Fe^{3+})、铝(Al^{3+})或汞(Hg^{2+})的盐溶液中，可以减少果实裂果，降低吸水量(Bullock, 1952; Beyer 等, 2002a; Weichert 等, 2004)。这种机制是双倍效应：①如增加的 WU_{50} 所示，提高了果皮的力学性能(Weichert 等, 2004)；②果实表面的渗透性明显降低(Weichert 和 Knoche, 2006b)。后者是由于一个依赖 pH 值的沉淀反应引起的，其中沉淀物选择性地阻断甜樱桃果实表面的极性通道(Weichert 和 Knoche, 2006b; Weichert 等, 2010)。由于极性通道不参与气相中的水分运输，因此蒸腾作用和气体交换不会受到影响。实验室浸润试验中，在非常低浓度(下限 2.5～10 mm)下获得的效果是很明显的，但遗憾的是目前为止在田间却无效果。有效的铁盐溶液具有强酸性且腐蚀性，而汞和铝溶液有毒(Chang, 1977; Boegman 和 Bates, 1984)。此外，在果皮上形成的铁沉淀使果实变色并且在树体上有残留。

7.6.4　其他方法

另外三个值得一提的其他策略是：应用抗蒸腾剂、利用鼓风机或直升机去除果实表面的水和选择对裂果敏感性低的品种。

经常有人提出，可以通过利用防水层或抗蒸腾剂涂覆果实避免由雨水引起的裂果。偶尔也有报道这些类型的产品能显著减少裂果(Davenport 等, 1972; Kaiser 等, 2014; Meland 等, 2014; Torres 等, 2014)。据我们所知，没有相关研究证明这些物质的作用方式。如果果实表面产生的喷雾沉积物足够厚，则果柄与果实接合处的渗透吸水可能会降低。此外，大量使用喷雾溶液会在果顶形成悬垂液滴，在果柄腔形成水坑。当溶液干燥后，会在表面留下厚厚的沉积物。在这些区域，由于果实表面的裂缝密度较高导致渗透性更高，因此这使涂覆物更易有效地减慢水分的吸收。然而，这些涂覆物策略的一些局限性也必须牢记：

(1) 任何喷雾的应用都不是选择性的，因此会同样地影响到叶片以及果实，而影响到叶片和果实的光合作用。

(2) 抗蒸腾剂作用为接触模式，因此仅对果实表面的湿润部分有效。对于没有表面活性剂的水，应用喷雾后甜樱桃果实表面的平均湿润部分仅约为表面的 18%(Knoche，未发表)。

(3) 由于甜樱桃的角质层代表了其水分运输的重要屏障，因此降低其渗透性需要应用与角质层相同或低于角质层渗透性的膜。这些影响将限制所有涂覆物策略的成功。

在一些果园，种植者利用直升机或鼓风机（无液体）吹掉果实上的水分。目前没有评估过此种方法效果的研究报道。虽然去除表面水分会对减少甜樱桃裂果产生积极影响，但果实及其果梗的摇动可能会增加果柄与果实接合处的渗透（Beyer 等，2002b）。

最后，需要指出的是，减少裂果的一个有效、经济和环境友好的策略是种植抗裂果的品种。然而，目前还没有品种能完全抗裂果。

7.7 总结

最近在研究降雨导致的裂果方面取得了良好的进展。特别是在甜樱桃角质层沉积的分子背景，角质层和果皮重要的理化特性以及通过甜樱桃表面的水分吸收的机制、通道和驱动力等已大部分确定下来。此外，木质部的流量数据、果实的水势、渗透势和膨压也已经有研究报道。还未解决的是韧皮部水分如何通过维管。有关甜樱桃果皮开裂方式仍然缺乏详细的信息。

在基于整个果实解释雨水引起的裂果发育模型方面，目前几乎还没有进展。一种（普遍的）假设是基于果实两室模型，即果皮和富含糖分的果肉。进入果肉的水分增加了果实的体积、表面积和膨压。当超过果皮的临界膨压值或临界张力时，果皮会破裂继而发生裂果（Considine 和 Kriedemann，1972；Sekse，1995a；Sekse 等，2005；Measham 等，2009）。然而，没有显著的膨压，缺少膨压对水分吸收和蒸腾作用（Knoche 等，2014）的响应和尽管净重有所损失仍发生观察到的裂果现象（Knoche 和 Peschel，2006）必然使这一假设受到严重质疑。

另一种假设是考虑局部现象（即局部缺陷）导致的裂果。这种观点现在看来更有可信性。局部缺陷将导致拉链型缺陷的扩大从而形成裂纹。角质层上的微裂纹可能会很好地代表最初的缺陷：①局部水分高速率吸收（Peschel 和 Knoche，2005；Knoche 和 Peschel，2006）；②裂纹附近的单个细胞随之破裂，内容物释放到质外体中（Simon，1977）；③在弹性果皮上该缺陷点压力集中。苹果酸是一种主要的渗透物，它以高浓度存在于果实共质体中，释放到质外体中会削弱形成果皮结构的细胞壁（Winkler 等，2015）。此外，膜渗透性的增加导致局部缺陷扩散，果皮“解压”，最终导致果实发生裂果。这种假设值得进一步研究。确定裂果的机制也是开发有效和高通量表型分析方法鉴定抗裂性品种和杂交种的先决条件。

参考文献

Aghdam, M. S., Hassanpouraghdam, M. B., Paliyath, G. and Farmani, B. (2012) The language of calcium in postharvest life of fruits, vegetables and flowers. *Scientia Horticulturae* 144, 102 - 115.

Alkio, M., Jonas, U., Sprink, T., van Nocker, S. and Knoche, M. (2012) Identification of putative candidate genes involved in cuticle formation in *Prunus avium* (sweet cherry) fruit. *Annals of Botany* 110, 101 - 112.

Alkio, M., Jonas, U., Declercq, M., van Nocker, S. and Knoche, M. (2014) Transcriptional dynamics of the developing sweet cherry (*Prunus avium* L.) fruit: sequencing, annotation and expression profiling of exocarp-associated genes. *Horticulture Research* 1, 11. DOI: 10.1038/hortres.2014.11.

Andersen, P. C. and Richardson, D. G. (1982) A rapid method to estimate fruit water status with special reference to rain cracking of sweet cherries. *Journal of the American Society for Horticultural Science* 107, 441 - 444.

Balbontín, C., Ayala, H., Bastías, R. M., Tapia, G., Ellena, M., Torres, C., Yuri, J. A., Quero-García, J., Ríos, J. C. and Silva, H. (2013) Cracking in sweet cherries: a comprehensive review from a physiological, molecular, and genomic perspective. *Chilean Journal of Agricultural Research* 73, 66 - 72.

Balmer, M. (1998) Preliminary results on planting densities and rain covering for sweet cherry on dwarfing rootstocks. *Acta Horticulturae* 468, 433 - 439.

Bargel, H., Spatz, H. C., Speck, T. and Neinhuis, C. (2004) Two-dimensional tension test in plant

biomechanics — sweet cherry fruit skin as a model system. *Plant Biology* 6, 432 - 439.

Becker, M., Kerstiens, G. and Schönherr, J. (1986) Water permeability of plant cuticles: permeance, diffusion and partition coefficients. *Trees* 1, 54 - 60.

Becker, T., Grimm, E. and Knoche, M. (2012) Substantial water uptake into detached grape berries occurs through the stem surface. *Australian Journal of Grape and Wine Research* 18, 109 - 114.

Belmans, K. and Keulemans, J. (1996) A study of some fruit skin characteristics in relation to the susceptibility of cherry fruit to cracking. *Acta Horticulturae* 410, 547 - 550.

Belmans, K., Keulemans, J., Debarsy, T. and Bronchart, R. (1990) Influence of sweet cherry epidermal characters on the susceptibility to fruit cracking. In: *Proceedings of the XXIII International Horticulture Congress* XXIII, Firenze, Italy, 27 August-1 September, p. 637.

Beyer, M., Peschel, S., Weichert, H. and Knoche, M. (2002a) Studies on water transport through the sweet cherry fruit surface: VII. Fe^{3+} and Al^{3+} reduce conductance for water uptake. *Journal of Agricultural and Food Chemistry* 50, 7600 - 7608.

Beyer, M., Peschel, S., Knoche, M. and Knörgen, M. (2002b) Studies on water transport through the sweet cherry fruit surface: IV. Regions of preferential uptake. *HortScience* 37, 637–641.

Beyer, M., Lau, S. and Knoche, M. (2005) Studies on water transport through the sweet cherry fruit surface: IX. Comparing permeability in water uptake and transpiration. *Planta* 220, 474–485.

Boegman, R. J. and Bates, L. A. (1984) Neurotoxity of aluminum. *Canadian Journal of Physiology and Pharmacology* 62, 1010–1014.

Børve, J. and Meland, M. (1998) Rain cover protection against cracking of sweet cherries. I. The effects on marketable yield. *Acta Horticulturae* 468, 449–453.

Børve, J. and Stensvand, A. (2003) Use of a plastic rain shield reduces fruit decay and need for fungicides in sweet cherry. *Plant Disease* 87, 523–528.

Børve, J., Sekse, L. and Stensvand, A. (2000) Cuticular fractures promote postharvest fruit rot in sweet cherries. *Plant Disease* 84, 1180–1184.

Børve, J., Skaar, E., Sekse, L., Meland, M. and Vangdal, E. (2003) Rain protective covering of sweet cherry trees-effects of different covering methods on fruit quality and microclimate. *HortTechnology* 13, 143–148.

Brown, G., Wilson, S., Boucher, W., Graham, B. and McGlasson, B. (1995) Effects of copper-calcium sprays on fruit cracking in sweet cherry (*Prunus avium*). *Scientia Horticulturae* 62, 75–80.

Brown, K. and Considine, J. (1982) Physical aspects of fruit growth. *Plant Physiology* 69, 585–590.

Brüggenwirth, M. and Knoche, M. (2015) Xylem conductance of sweet cherry pedicels. *Trees* 29, 1851–1860.

Brüggenwirth, M. and Knoche, M. (2016a) Factors affecting mechanical properties of the skin of sweet cherry fruit. *Journal of the American Society for Horticultural Science* 141, 45–53.

Brüggenwirth, M. and Knoche, M. (2016b) Mechanical properties of skins of sweet cherry fruit of differing susceptibilities to cracking. *Journal of the American Society for Horticultural Science* 141, 162–168.

Brüggenwirth, M., Fricke, H. and Knoche, M. (2014) Biaxial tensile tests identify epidermis and hypodermis as the main structural elements of sweet cherry skin. *AoB Plants* 6, plu019.

Brüggenwirth, M., Winkler, A. and Knoche, M. (2016) Xylem, phloem, and transpiration flows in developing sweet cherry fruit. *Trees* 30, 1822–1830.

Bukovac, M. J., Knoche, M., Pastor, A. and Fader, R. G. (1999) The cuticular membrane: a critical factor in rain-induced cracking of sweet cherry fruit. *HortScience* 34, 549.

Bullock, R. M. (1952) A study of some inorganic compounds and growth promoting chemicals in relation to fruit cracking of Bing cherries at maturity. *Proceedings of the*

American Society for Horticultural Science 59, 243 - 253.

Chang, L. W. (1977) Neurotoxic effects of mercury — a review. *Environmental Research* 14, 329 - 373.

Christensen, J. V. (1972a) Cracking in cherries I. Fluctuation and rate of water absorption in relation to cracking susceptibility. *Danish Journal of Plant and Soil Science* 76, 1 - 5.

Christensen, J. V. (1972b) Cracking in cherries III. Determination of cracking susceptibility. *Acta Agriculturae Scandinavica* 22, 128 - 136.

Christensen, J. V. (1972c) Cracking in cherries IV. Determination of cracking susceptibility. *Acta Agriculturae Scandinavica* 22, 153 - 162.

Christensen, J. V. (1972d) Cracking in cherries V. The influence of some salts and chemicals on cracking. *Frukt og Baer Oslo* 1, 37 - 47.

Christensen, J. V. (1975) Cracking in cherries VII. Cracking susceptibility in relation to fruit size and firmness. *Acta Agriculturae Scandinavica* 25, 11 - 13.

Christensen, J. V. (1996) Rain-induced cracking of sweet cherries: its causes and prevention. In: Webster, A. D. and Looney, N. E. (eds) *Cherries: Crop Physiology, Production and Uses*. CAB International, Wallingford, UK, pp. 297 - 327.

Cline, J. A. and Trought, M. (2007) Effect of gibberellic acid on fruit cracking and quality of Bing and Sam sweet cherries. *Canadian Journal of Plant Science* 87, 545 - 550.

Cline, J. A., Sekse, L., Meland, M. and Webster, A. D. (1995a) Rain cracking of sweet cherries: I. Influence of cultivar and rootstock on fruit water absorption, cracking and quality. *Acta Agriculturae Scandinavica, Section B — Soil and Plant Science* 45, 213 - 223.

Cline, J. A., Meland, M., Sekse, L. and Webster, A. D. (1995b) Rain cracking of sweet cherries: II. Influence of rain covers and rootstocks on cracking and fruit quality. *Acta Agriculturae Scandinavica, Section B-Soil and Plant Science* 45, 224 - 230.

Considine, J. and Brown, K. (1981) Physical aspects of fruit growth. Theoretical analysis of distribution of surface growth forces in fruit in relation to fruit cracking and splitting. *Plant Physiology* 68, 371 - 376.

Considine, J. A. and Kriedemann, P. E. (1972) Fruit splitting in grapes. Determination of the critical turgor pressure. *Australian Journal of Agricultural Research* 23, 17 - 24.

Davenport, D. C., Uriu, K. and Hagan, R. M. (1972) Antitranspirant film: curtailing intake of external water by cherry fruit to reduce cracking. *HortScience* 7, 507 - 508.

Demarty, M., Morvan, C. and Thellier, M. (1984) Calcium and the cell wall. *Plant, Cell and Environment* 7, 441 - 448.

Demirsoy, L. and Demirsoy, H. (2004) The epidermal characteristics of fruit skin of some sweet cherry cultivars in relation to fruit cracking. *Pakistan Journal of Botany* 36, 725 - 731.

Demirsoy, L. K. and Bilgener, S. (1998) The effects of preharvest chemical applications on cracking and fruit quality in 0900 'Ziraat', 'Lambert' and 'Van' sweet cherry varieties.

Acta Horticulturae 468,663 - 670.

Dumitru, M. G., Vasile, N. I., Baciu, A. A. (2015) The use of natural biopolymer derived from *Gleditsia triacanthos* in reducing the cracking process of cherries. *Revista de Chimie* 66,97 - 100.

Erogul, D. (2014) Effect of preharvest calcium treatments on sweet cherry fruit quality. *Notulae Botanicae Horti Agrobotanici* 42,150 - 153.

Fernandez, R. T. and Flore, J. A. (1998) Intermittent application of CaCl2 to control rain cracking of sweet cherry. *Acta Horticulturae* 468,683 - 689.

Franke, W. (1964) Role of guard cells in foliar absorption. *Nature* 202,1236 - 1237.

Franke, W. (1967) Mechanisms of foliar penetration of solutions. *Annual Review of Plant Physiology* 18,281 - 300.

Glenn, G. M. and Poovaiah, B. W. (1989) Cuticular properties and postharvest calcium applications influence cracking of sweet cherries. *Journal of the American Society for Horticultural Science* 114,781 - 788.

Gonçalves, B., Moutinho-Pereira, J., Bacelar, E., Correia, C., Silva, A. P. and Santos, A. (2008) Relationships among sweet cherry leaf gas exchange, morphology and chemical composition. *Acta Horticulturae* 795,633 - 637.

Grimm, E. and Knoche, M. (2015) Sweet cherry skin has a less negative osmotic potential than the flesh. *Journal of the American Society for Horticultural Science* 140, 472 - 479.

Grimm, E., Khanal, B. P., Winkler, A., Knoche, M. and Köpcke, D. (2012a) Structural and physiological changes associated with the skin spot disorder in apple. *Postharvest Biology and Technology* 64,111 - 118.

Grimm, E., Peschel, S., Becker, T. and Knoche, M. (2012b) Stress and strain in the sweet cherry skin. *Journal of the American Society for Horticultural Science* 137,383 - 390.

Grimm, E., Peschel, S. and Knoche, M. (2013) Mottling on sweet cherry fruit is caused by exocarp strain. *Journal of the American Society for Horticultural Science* 138,18 - 23.

Hovland, K. L. and Sekse, L. (2004a) Water uptake through sweet cherry (*Prunus avium* L.) fruit pedicels: influence of fruit surface water status and intact fruit skin. *Acta Agriculturae Scandinavica, Section B-Soil and Plant Science* 54,91 - 96.

Hovland, K. L. and Sekse, L. (2004b) Water uptake through sweet cherry (*Prunus avium* L.) fruit pedicels in relation to fruit development. *Acta Agriculturae Scandinavica, Section B — Soil and Plant Science* 54,264 - 266.

Kaiser, C., Fallahi, E., Meland, M., Long, L. E. and Christensen, J. M. (2014) Prevention of sweet cherry fruitcracking using SureSeal, an organic biofilm. *Acta Horticulturae* 1020,477 - 488.

Kertesz, Z. I. and Nebel, B. R. (1935) Observations on the cracking of cherries. *Plant Physiology* 10,763 - 772.

Khadivi-Khub, A. (2015) Physiological and genetic factors influencing fruit cracking. *Acta Physiologiae Plantarum* 37, 1718.

Khanal, B. P., Grimm, E., Finger, S., Blume, A. and Knoche, M. (2013) Intracuticular wax fixes and restricts strain in leaf and fruit cuticles. *New Phytologist* 200, 134 - 143.

Knoche, M. (1994) Organosilicone surfactants: performance in agricultural spray application. A review. *Weed Research* 34, 221 - 239.

Knoche, M. (2015) Water uptake through the surface of fleshy soft fruit: barriers, mechanism, factors, and potential role in cracking. In: Kanayama, Y. and Kochetov, A. (eds) *Abiotic Stress Biology in Horticultural Plants*. Springer, Tokyo, pp. 147 - 166.

Knoche, M. and Measham, P. (2017) The permeability concept: a useful tool in analyzing water transport through the sweet cherry fruit surface. *Acta Horticulturae* (in press).

Knoche, M. and Peschel, S. (2002) Studies on water transport through the sweet cherry fruit surface: VI. Effect of hydrostatic pressure on water uptake. *Journal for Horticultural Science and Biotechnology* 77, 609 - 614.

Knoche, M. and Peschel, S. (2006) Water on the surface aggravates microscopic cracking of the sweet cherry fruit cuticle. *Journal of the American Society for Horticultural Science* 131, 192 - 200.

Knoche, M. and Peschel, S. (2007) Deposition and strain of the cuticle of developing European plum fruit. *Journal of the American Society for Horticultural Science* 132, 597 - 602.

Knoche, M., Peschel, S., Hinz, M. and Bukovac, M. J. (2000) Studies on water transport through the sweet cherry fruit surface: characterizing conductance of the cuticular membrane using pericarp segments. *Planta* 212, 127 - 135.

Knoche, M., Peschel, S., Hinz, M. and Bukovac, M. J. (2001) Studies on water transport through the sweet cherry fruit surface: II. Conductance of the cuticle in relation to fruit development. *Planta* 213, 927 - 936.

Knoche, M., Peschel, S. and Hinz, M. (2002) Studies on water transport through the sweet cherry fruit surface: III. Conductance of the cuticle in relation to fruit size. *Physiologia Plantarum* 114, 414 - 421.

Knoche, M., Beyer, M., Peschel, S., Parlakov, B. and Bukovac, M. J. (2004) Changes in strain and deposition of cuticle in developing sweet cherry fruit. *Physiologia Plantarum* 120, 667 - 677.

Knoche, M., Grimm, E. and Schlegel, H. J. (2014) Mature sweet cherries have low turgor. *Journal of the American Society for Horticultural Science* 139, 3 - 12.

Koffmann, W., Wade, N. L. and Nicol, H. (1996) Tree sprays and root pruning fail to control rain induced cracking of sweet cherries. *Plant Protection Quarterly* 11, 126 - 130.

Lai, X., Khanal, B. P. and Knoche, M. (2016) Mismatch between cuticle deposition and area expansion in fruit skins allows potentially catastrophic buildup of elastic strain. *Planta* 244,1145 - 1156.

Lang, A. (1990) Xylem, phloem and transpiration flows in developing apple fruits. *Journal of Experimental Botany* 41,645 - 651.

Lang, A. and Düring, H. (1991) Partitioning control by water potential gradient: evidence for compartmentation breakdown in grape berries. *Journal of Experimental Botany* 42, 1117 - 1122.

Lang, G., Flore, J. A., Guimond, C., Southwick, S., Facteau, T., Kappel, F. and Azarenko, A. (1998) Performance of calcium/sprinkler based strategies to reduce sweet cherry rain-cracking. *Acta Horticulturae* 468,649 - 656.

Lilleland, O. and Newsome, L. (1934) A growth study of the cherry fruit. *Proceedings of the American Society for Horticultural Science* 32,291 - 299.

Looney, N. E. (1985) Benefits of calcium sprays below expectations in BC tests. *Goodfruit Grower* 36,7 - 8.

Measham, P. F., Bound, S. A., Gracie, A. J. and Wilson, S. J. (2009) Incidence and type of cracking in sweet cherry (*Prunus avium* L.) are affected by genotype and season. *Crop and Pasture Science* 60,1002 - 1008.

Measham, P. F., Gracie, A. J., Wilson, S. J. and Bound, S. A. (2010) Vascular flow of water induces side cracking in sweet cherry (*Prunus avium* L.). *Advances in Horticultural Science* 24,243 - 248.

Measham, P. F., Bound, S. A., Gracie, A. J. and Wilson, S. J. (2012) Crop load manipulation and fruit cracking in sweet cherry (*Prunus avium* L.). *Advances in Horticultural Science* 26,25 - 31.

Measham, P. F., Wilson, S. J, Gracie, A. J. and Bound, S. A. (2014) Tree water relations: flow and fruit. *Agricultural Water Management* 137,59 - 67.

Meheriuk, M., Neilsen, G. H. and McKenzie, D. -L. (1991) Incidence of rain splitting in sweet cherries treated with calcium or coating materials. *Canadian Journal of Plant Science* 71,231 - 234.

Meland, M., Kaiser, C. and Christensen, M. J. (2014) Physical and chemical methods to avoid fruit cracking in cherry. *AgroLife Scientific Journal* 3,177 - 183.

Moing, A., Renaud, C., Christmann, H., Fouilhaux, L., Tauzin, Y. and Zanetto, A. (2004) Is there a relation between changes in osmolarity of cherry fruit flesh or skin and fruit cracking susceptibility? *Journal of the American Society for Horticultural Science* 129,635 - 641.

Peschel, S. and Knoche, M. (2005) Characterization of microcracks in the cuticle of developing sweet cherry fruit. *Journal of the American Society for Horticultural Science* 130,487 - 495.

Peschel, S. and Knoche, M. (2012) Studies on water transport through the sweet cherry fruit surface: XII. Variation in cuticle properties among cultivars. *Journal of the*

American Society for Horticultural Science 137,367 - 375.

Peschel, S., Beyer, M. and Knoche, M. (2003) Surface characteristics of sweet cherry fruit: stomata number, distribution, functionality and surface wetting. *Scientia Horticulturae* 97,265 - 278.

Peschel, S., Franke, R., Schreiber, L. and Knoche, M. (2007) Composition of the cuticle of developing sweet cherry fruit. *Phytochemistry* 68,1017 - 1025.

Quero-García, J., Fodor, A., Reignier, A., Capdeville, G., Joly, J., Tauzin, Y., Fouilhaux, L. and Dirlewanger, E. (2014) QTL detection of important agronomic traits for sweet cherry breeding. *Acta Horticulturae* 1020,57 - 64.

Richardson, D. G. (1998) Rain-cracking of 'Royal Ann' sweet cherries: fruit physiological relationships, water temperature, orchard treatments, and cracking index. *Acta Horticulturae* 468,677 - 682.

Schlegel, T. K. and Schönherr, J. (2002a) Selective permeability of cuticles over stomata and trichomes to calcium chloride. *Acta Horticulturae* 594,91 - 96.

Schlegel, T. K. and Schönherr, J. (2002b) Penetration of calcium chloride into apple fruits as affected by stage of fruit development. *Acta Horticulturae* 594,527 - 533.

Schlegel, T. K., Schönherr, J. and Schreiber, L. (2005) Size selectivity of aqueous pores in stomatous cuticles of *Vicia faba* leaves. *Planta* 221,648 - 655.

Schönherr, J. (2006) Characterization of aqueous pores in plant cuticles and permeation of ionic solutes. *Journal of Experimental Botany* 57,2471 - 2491.

Schönherr, J. and Bukovac, M. J. (1972) Penetration of stomata by liquids. Dependence on surface tension, wettability, and stomatal morphology. *Plant Physiology* 49,813 - 819.

Schreiber, L. and Schönherr, J. (1990) Phase transitions and thermal expansion coefficients of plant cuticles: the effects of temperature on structure and function. *Planta* 182,186 - 193.

Schumann, C., Schlegel, H. J., Grimm, E., Knoche, M. and Lang, A. (2014) Water potential and its components in developing sweet cherry. *Journal of the American Society for Horticultural Science* 139,349 - 355.

Sekse, L. (1995a) Fruit cracking in sweet cherries (*Prunus avium* L.). Some physiological aspects -a mini review. *Scientia Horticulturae* 63,135 - 141.

Sekse, L. (1995b) Cuticular fracturing in fruits of sweet cherry (*Prunus avium* L.) resulting from changing soil water contents. *Journal of Horticultural Science* 70,631 - 635.

Sekse, L. (1998) Fruit cracking mechanisms in sweet cherries (*Prunus avium* L.) - a review. *Acta Horticulturae* 468,637 - 648.

Sekse, L. (2008) Fruit cracking in sweet cherries — some recent advances. *Acta Horticulturae* 795,615 - 623.

Sekse, L., Bjerke, K. L. and Vangdal, E. (2005) Fruit cracking in sweet cherries — an integrated approach. *Acta Horticulturae* 667,471 - 474.

Simon, E. W. (1977) Leakage from fruit cells in water. *Journal of Experimental Botany*

28,1147－1152.

Simon, G. (2006) Review on rain induced fruit cracking of sweet cherries (*Prunus avium* L.), its causes and the possibilities of prevention. *International Journal of Horticultural Science* 12,27－35.

Simon, G., Hrotkó, K. and Magyar, L. (2004) Fruit quality of sweet cherry cultivars grafted on four different rootstocks. *Acta Horticulturae* 658,365－370.

Stösser, R., Rasmussen, H. P. and Bukovac, M. J. (1969) A histological study of abscission layer formation in cherry fruits during maturation. *Journal of the American Society for Horticultural Science* 94,239－243.

Tabuenca, M. C. and Cambra, M. (1982) Susceptibilidad al agrietamiento de los frutos de distintas variedades de cerezo. *An Aula Dei* 16,95－99.

Thomidis, T. and Exadaktylou, E. (2013) Effect of a plastic rain shield on fruit cracking and cherry diseases in Greek orchards. *Crop Protection* 52,125－129.

Tilbrook, J. and Tyerman, S. D. (2008) Cell death in grape berries: varietal differences linked to xylem pressure and berry weight loss. *Functional Plant Biology* 35,173－184.

Torres, C. A., Yuri, A., Venegas, A. and Lepe, V. (2014) Use of a lipophilic coating pre-harvest to reduce sweet cherry (*Prunus avium* L.) rain-cracking. *Acta Horticulturae* 1020,537－543.

Tucker, R. (1934) A varietal study of the susceptibility of sweet cherries to cracking. *University of Idaho Agriculture Experimental Station Bulletin* 211,1－15.

Tukey, H. B. (1934) Growth of the embryo, seed, and pericarp of the sour cherry (*Prunus cerasus*) in relation to season of fruit ripening. *Proceedings of the American Society for Horticultural Science* 31,125－144.

Usenik, V., Zadravec, P. and Štampar, F. (2009) Influence of rain protective tree covering on sweet cherry fruitquality. *European Journal of Horticultural Science* 74,49－53.

Verner, L. (1937) Reduction of cracking in sweet cherries follow the use of calcium sprays. *Proceedings of the American Society for Horticultural Science* 36,271－274.

Verner, L. and Blodgett, E. C. (1931) Physiological studies of the cracking of sweet cherries. *Bulletin Agricultural Experiment Station University of Idaho* 184,1－5.

Von Wetzhausen, C. (1819) *Systematische Classification und Beschreibung der Kirschensorten*. Cottaische Buchhandlung, Stuttgart, Germany.

Wada, H., Shackel, K. A. and Matthews, M. A. (2008) Fruit ripening in *Vitis vinifera*: apoplastic solute accumulation accounts for pre-veraison turgor loss in berries. *Planta* 227,1351－1361.

Wada, H., Matthews, M. A. and Shackel, K. A. (2009) Seasonal pattern of apoplastic solute accumulation and loss of cell turgor during ripening of *Vitis vinifera* fruit under field conditions. *Journal of Experimental Botany* 60,1773－1781.

Weichert, H. and Knoche, M. (2006a) Studies on water transport through the sweet cherry fruit surface: 10. Evidence for polar pathways across the exocarp. *Journal of*

Agricultural and Food Chemistry 54, 3951 – 3958.

Weichert, H. and Knoche, M. (2006b) Studies on water transport through the sweet cherry fruit surface: 11. FeCl3 decreases water permeability of polar pathways. *Journal of Agricultural and Food Chemistry* 54, 6294 – 6302.

Weichert, H., von Jagemann, C., Peschel, S., Knoche, M., Neumann, D. and Erfurth, W. (2004) Studies on water transport through the sweet cherry fruit surface: VIII. Effect of selected cations on water uptake and fruit cracking. *Journal of the American Society for Horticultural Science* 129, 781 – 788.

Weichert, H., Peschel, S., Knoche, M. and Neumann, D. (2010) Effect of receiver pH on infinite dose diffusion of 55FeCl3 across the sweet cherry fruit exocarp. *Journal of the American Society for Horticultural Science* 135, 95 – 101.

Winkler, A., Ossenbrink, M. and Knoche, M. (2015) Malic acid promotes cracking of sweet cherry fruit. *Journal of the American Society for Horticultural Science* 140, 280 – 287.

Winkler, A., Brüggenwirth, M., Ngo, N. S. and Knoche, M. (2016) Fruit apoplast tension draws xylem water into mature sweet cherries. *Scientia Horticulturae* 209, 270 – 278.

Wójcik, P., Akgül, H., Demirtas, I., Sarisu, C., Aksu, M. and Gubbuk, H. (2013) Effect of preharvest sprays of calcium chloride and sucrose on cracking and quality of 'Burlat' sweet cherry fruit. *Journal of Plant Nutrition* 36, 1453 – 1465.

Yamaguchi, M., Sato, I. and Ishiguro, M. (2002) Influences of epidermal cell sizes and flesh firmness on cracking susceptibility in sweet cherry (*Prunus avium* L.) cultivars and selections. *Journal of the Japanese Society for Horticultural Science* 71, 738 – 746.

Yamaguchi, M., Sato, I., Takase, K., Watanabe, A. and Ishiguro, M. (2004) Differences and yearly variation in number and size of mesocarp cells in sweet cherry (*Prunus avium* L.) cultivars and related species. *Journal of the Japanese Society for Horticultural Science* 73, 12 – 18.

Yamamoto, T., Hosoi, K. and Watanabe, S. (1990) Relationship between the degree of fruit cracking of sweet cherries and the distribution of surface stress of the fruit analyzed by a newly developed system. *Journal of the Japanese Society for Horticultural Science* 59, 509 – 517.

Yamamoto, T., Satoh, H. and Watanabe, S. (1992) The effects of calcium and naphthalene acetic acid sprays on cracking index and natural rain cracking in sweet cherry fruits. *Journal of the Japanese Society for Horticultural Science* 61, 507 – 511.

Zielinski, B. Q. (1964) Resistance of sweet cherry varieties to fruit cracking in relation to fruit and pit size and fruit colour. *Proceedings of the American Society for Horticultural Science* 84, 98 – 102.

8　气候限制因素：温度

8.1　导语

温带和寒带地区木本和多年生植物的生存和生产取决于生长与休眠的转换时间是否与温度的季节变化同步（Olsen，2010）。在樱桃树中，休眠、开花和果实发育这几个生长阶段极易受到温度的影响，极端温度会严重损害其正常生长。为了抵抗冬季的低温，樱桃树和其他多年生植物已具备了适应性机制，包括停止分生组织的活动和萌芽以及获得对寒冷的耐受性。在大多数温带木本植物中，这些过程是通过缩短光周期和降低温度诱导的，从而导致植物对寒冷耐受性的增强和落叶（Allona 等，2008）。在春季和夏季，温暖和炎热气候也会影响花果质量。这些限制对植物生产的影响很大，在全球变暖的背景下，必须更好地了解温度对植物生长发育的影响，以便预测未来的生产变化和研究需求。值得注意的是，植物的温度响应在一定程度上是由遗传决定的，这一点对于制订适应特定气候的新品种的选育策略来说非常重要，尤其是对于选育可在更温暖或冬季温度变化很大的地区生产的新品种。

8.2　休眠的温度调控

对于一般的树木，特别是樱桃来说，抵御严寒的策略之一是进行休眠，休眠非常容易受到温度的影响。随着光周期的减少，结果期樱桃树通常在仲夏到夏末产生顶芽（枝条生长停止）。在秋季，随着日照减少、气温下降，休眠的深度逐渐增加，并逐渐适应了寒冷。这个过程可分为两个主要阶段（Lang 等，1987）：①内休眠，主要受低温控制，由内部生理原因决定，在外界条件适宜的情况下也不能萌动和生长的现象（Rohde 和 Bhalerao，2007）；②生态休眠，即在温度适合的情况下植物分生组织可以恢复生长的时期。由于开花质量和果实产量直接取决于休眠期间的适宜条件，因此对影响休眠的内在和环境因素的详尽理解至关重要。

8.2.1 温度和光周期对休眠阶段的调控

休眠是一种已经进化成可使植物能够在温带和寒冷气候中生存的机制，因此，在极端温度到来之前开始内休眠至关重要(Campoy 等，2011)。茎尖伸长和芽生长停止是进入休眠的初始过程(Cooke 等，2012)。芽生长启动后，器官发生活力将持续数周。在甜樱桃中，花器官的分化在内休眠形成过程中持续进行(Guimond 等，1998；Wang 等，2004)。光周期和温度是影响芽形成的主要环境信号，这些因素的相对贡献因物种而异(Cooke 等，2012)。在梨和苹果中，低温诱导生长的停止和内休眠的形成与解除(Heide 和 Prestrud，2005)。然而，在几个李属植物以及种间杂种中，光周期和温度协同控制了生长和内休眠(Heide，2008)。组织培养的盆栽幼苗经过 8 周的低温处理后，即进入了一种较深的休眠状态(Heide，2008)。在甜樱桃和酸樱桃中，内休眠的出现在高温下对光周期不敏感，植株仍可持续生长。然而，在较低的温度下，生长受到光周期和温度的共同调控。这种相互作用在酸樱桃和野生甜樱桃幼苗中强于栽培甜樱桃的无性系。酸樱桃和野生甜樱桃需要低温和短日照的协同调控生长的停止和冬芽的形成，而栽培甜樱桃在短日照条件下保持活跃生长直至中等低温(9℃)的出现。光周期和温度的这种相互作用表明，李属植物可能有一个双重休眠诱导控制系统，确保生长的停止和休眠的诱导，以应对秋季日长和温度的逐渐减少(Heide，2008)。这种诱导系统也很可能通过植株的成熟度来调节(Lang，2016，私信)。樱桃树是嫁接植物，通常是一个物种嫁接到另一个物种或种间杂种上，砧-穗互作引起的激素动态变化及营养和碳水化合物分配的变化，从幼树到开花和果实生产的转变明显地改变了树木对光周期和温度的反应，导致生长停止的时间比 Heide(2008)受控环境实验所预测的夏季中后期更早。

内休眠一旦被诱导，就需要一定的低温才能使植物在春季开始生长和发育(Saure，1985)。在蔷薇科植物中，休眠的诱导和解除是由类似的温度变化来调控的(Heide，2003；Heide 和 Prestrud，2005)。从内休眠到生态休眠所需的低温量称为需冷量(chilling requirement，CR)。与内休眠一样，对于特定的品种，需冷量不是一个绝对常数，它可能取决于许多因素，如气候条件、童期和胁迫环境。在苹果中，Jonkers(1979)等发现当芽的形成期外界温度较高时，它的休眠程度更深。而其他物种，高温引起的内休眠比低温更快、更强(增加了需冷量)(Westergaard 和 Eriksen，1997；Heide，2003；Junttila 等，2003)。此外，在休眠过程中长时间处于高于 16℃的温暖环境可能会逆转累积的低温量，并且会增加打破休眠所需要的需冷量(Longstroth 和 Perry，1996)。

正是因为冬季寒冷对于温带水果生产的重要性，所以人们付出了大量的努力来模拟这个农业气象因子(Luedeling，2012)。园艺学中最常用的是冷量时间模型(Bennet，1949；Weinberger，1950)、Utah(犹他)模型(Richardson 等，1974)和动态变化模型(Fishman 等，1987a，b)。在冷量时间模型中，0～7.2℃的低温会减缓植物休眠，在此温度条件下，每过 1 小时就会累积 1 小时单位的冷量(Bennet，1949；Weinberger，1950)。Utah 模型提出了不同的温度权重，包括温度高于 15.9℃的负权重(Richardson 等，1974)。动态变化模型认为，冷量累积是通过两步完成的，适当的温度可以增加需冷量(Erez 和 Couvillon，1987)。这些模式并不是通用的，因为某些区域的需冷量是特定的(Luedeling，2012)。此外，以桃(Balandier 等，1993)和杏(Campoy 等，2012)为例，特定品种的需冷量可能会因季节和种植地区的改变而不同。此外，对于植物打破休眠所需时间的估算方法(Samish 和 Lavee，1962；Dennis，2003)和需冷量(Luedling，2012)的计算方法都没有统一的标准，可能会使现有值产生偏差。为了避免评估需冷量的标准化和费时问题，可以使用偏最小二乘回归法评估长期物候数据(Luedeling 等，2013)，尽管采用实验数据验证估算数据是必须的。

樱桃的需冷量随品种和气候不同而不同(见表 8.1)(Cortés 和 Gratacós，2008；Tersoglio 等，2012)。Alburquerque 等(2008)使用动态模型计算了西班牙南部 7 个品种的需冷量，从 30.4(“克里斯托巴丽娜”)到 57.6(“马文”)不等(见表 8.1)(Fishman 等，1987a，b)。他们估算了每个品种在温暖地区满足需冷量所需的海拔高度。Castède 等(2014)在对“雷吉纳”和“加纳”用于制作基因图谱的实生后代进行连续三年的评估后，发现了法国西南部有一个 40～85 CP 冷量积累的带状区域。

温带果树需冷量不足的主要症状是延迟和降低芽的萌发，芽萌发和开花不均匀(Erez，2000)。低温积累时间对于确保甜樱桃的收益至关重要。在温暖的冬季，“伯莱特”的产量低主要是由于缺乏低温，不但导致了花芽的解剖学异常，还导致了萌芽率低和芽的零星萌发，例如没有雌蕊、胚珠萎缩和花粉不成熟(Oukabli 和 Mahhou，2007)。中国南方温暖的冬季，常常导致甜樱桃的坐果率低、花器官发育不良和果实形态不正常(Xu 等，2014)。在温暖冬季地区，坐果率低主要与胚珠和胚囊发育不完全有关(Wang 等，2004)。

植物的内休眠一旦被打破，就需要温暖的温度来恢复生长和完成开花。这被称为从生态休眠向积极生长过渡的需热量(HR)。目前尚不清楚不同品种为

表 8.1 不同地区不同樱桃品种的需冷量

地点	海拔(m)	物种	品种	低于 7.2℃的时长	冷量单位①	动态模型②	生长小时数	开花日期	估算需冷量的方法	来源
土耳其波赞	1 100	甜樱桃	科迪亚	700～750	150	—	14 000	—	在 24℃ 21 天后插条中出现 50% 萌芽	Kuden 等(2012)
			拉宾斯	400～450	94	—	15 500～16 000	—		
			拉日安纳福里	450	94	—	15 500～16 000	—		
			谷本	500～550	120	—	15 000～15 000	—		
			萨米脱	600～650	110	—	14 000～14 500	—		
			紫拉特	650	125	—	15 000	—		
				650～700	141	—	14 000～14 500	—		
				600～650	134	—	15 500～16 000	—		
西班牙阿百伦	360	甜樱桃	克里斯托巴丽娜	176	397	30.4	9 195	3 月 14 日	在 24℃ 10 天后枝条中出现 50% 萌芽	Alburquerque 等(2008)
西班牙胡米利亚	270	甜樱桃	布鲁克斯	411.5	556	36.7	7 863.2	3 月 27 日	在 24℃ 10 天后枝条中出现 50% 萌芽	Alburquerque 等(2008)
			鲁比	618	806	48	7 326.2	3 月 29 日		
			萨默塞特	618	806	48	8 625.2	4 月 3 日		
			伯莱特	618	806	48	8 750.2	4 月 4 日		
			新星	709.5	909.3	53.5	8 257	4 月 4 日		
			马文	788	1 001.5	57.6	9 449.7	4 月 9 日		
			宾库	900	900					Longstroth 和 Perry(1996)
			法兰西皇帝	1 300	1 100					
			早伯莱特	1 300	1 100					
			先锋	1 350	1 150					
			海德尔芬格	1 400	1 200					
		酸樱桃	蒙莫朗西		950					Longstroth 和 Perry(1996)

注：① Richardson 等(1974)。
② Fishman 等(1987a，b)。

实现开花是否有特定的需热量(Overcash，1965；Rom 和 Arrington，1966；Gianfagna 和 Mehlenbacher，1985；Alonso 等，2005)或者说开花期是由需冷量所决定的(Brown，1957；Swartz 和 Powell，1981；Couvillon 和 Erez，1985；Pawasut 等，2004；Ruiz 等，2007；Campoy 等，2010；Okie 和 Blackburn，2011)。一些研究表明甜樱桃需冷量对开花期的影响比需热量更强烈(Alburquerque 等，2008；Castède 等，2014)，与其他李属植物，如杏(Campoy 等，2012)、巴旦木(Sánchez-Pérez 等，2012)、桃(Okie 和 Blackburn，2011)一样。在一项关于甜樱桃开花期的数量性状基因座(QTL)多年遗传分析中，需冷量与开花时间高度相关，需热量具有较高的基因型×环境相互作用特征(Castède 等，2014)。因此，正确地评价植物对温度的响应并预测花期是非常必要的。温度对植物发育速率的影响可以建立模型，通常使用热时间概念描述。提出的几种方法包括生长度日(GDD)(McMaster 和 Wilhelm，1997；Zavalloni 等，2006；Ruml 等，2010)、生长度小时(GDH)(Alburquerque 等，2008；Ruml 等，2011；Guo 等，2014)和光热单位(Blümel 和 Chmielewski，2012；Chmielewski 和 Götz，2016)。这些模型假设当每天或每小时的温度出现在基准温度以上时，例如从固定日期(如 1 月 1 日)开始，或在满足需冷量之后，热量就会开始累积。最近，在酸樱桃和甜樱桃的开花方面已经提出了基于需冷量和需热量的几种预测模型。Neilsen 等(2015)在甜樱桃中建立了一个多阶段模型，以预测温带气候下的开花时间，包括对需冷量积累情况的估计、内休眠解除之后的滞后期、最终生长激活阶段直至开花。该模型在盛花期的预测中有 1.6～2 天的误差。此外，酸樱桃和甜樱桃开花的物候模型验证了这样一种观点，即在方程中增加一个白昼长度的变量可以提高模型的准确度(Matzneller 等，2014；Chmielewski 和 Götz，2016)。

8.2.2 休眠和开花的分子调控机制

对樱桃开花时间遗传控制的研究表明，休眠解除和开花时间是由多基因控制的(Wang 等，2000；Castède 等，2014)。多年生植物的开花过程和芽休眠解除不同于一年生植物。特别是在林木和果树中，花芽在开花的前一年分化，但开花的精确时间是通过在休眠过程中对温度的响应来确定的。在模式植物拟南芥中以及在许多其他一年生植物如小麦和水稻中，参与开花过程的基因已发现涉及环境和内源信号转导的四种主要途径：春化、光周期、赤霉素和自发途径；而且发现了大量调控基因可以调节开花时间(Amasino，2010)。在多年生木本植物中，包括杨树和桃在内的模式植物的基因组研究已经确定了可能参与温度响应、控制休眠和开花的候选基因。总体而言，遗传和分子手段揭示了拟南芥中调节物候期和控制开花时间的遗传途径具有显著的保守性(Ding 和 Nilsson，2016)。

在拟南芥中，开花基因 *FT* 是控制开花时间的所有信号通路的关键点之一。对多年生植物的研究发现，*FT* 同系物是影响生长停止、萌芽和休眠的关键因素(Hsu 等，2011；Srinivasan 等，2012)。在甜樱桃和桃中(Zhang 等，2015)，只鉴定出一个 *FT* 同系物。该基因与控制开花日期的 QTL 共定位于连锁群(LG)6 (Castède 等，2015)。另一个关键基因 *TFL*1 在拟南芥营养生长期中表达，其与 *FT* 相互拮抗影响花的分化(Ahn 等，2006)。在多年生木本植物中，*TFL*1 类似基因或 *TFL*1/*CENTRALRADIALIS*(*CEN*)家族的其他成员似乎参与了新梢物候期调控，包括生长停止和休眠(Ruonala 等，2008；Mimida 等，2009；Mohamed 等，2010)。虽然 *TFL*1/*CEN* 家族的几个成员是从甜樱桃中分离出来的，但是它们的功能尚未明确(Mimida 等，2012)。

赤霉素(GA)是感知环境信号及由此产生的生长反应，包括茎伸长和开花时间之间的关键介质。在超表达 *GA*20*ox* 基因的转基因杨树中，顶端生长的停止被推迟，表明 GA 也是树木生长停止的调控因子(Eriksson 等，2000，2015)。日本梨(*Pyrus Pyrifolia* Nakai)花芽转录组分析表明，GA 代谢相关基因也与休眠期有关，因为 *GA*20*ox* 在生态休眠期间低表达。*GA*2*ox* 表达在休眠解除后却表现上调(Bai 等，2013)。*GA*2*ox* 和 *GA*20*ox* 同系物都位于甜樱桃 LG4 上的开花日期 QTL 的置信区间，它们似乎是开花时间和休眠调控的候选基因(Castède 等，2014，2015)。

许多研究表明，“常绿”(evergreen)是一种非休眠的桃树基因型，在休眠诱导条件下不能停止生长且不能进入休眠状态(Rodriguez 等，1994)。基因组研究表明，该突变体受到与休眠相关的 6 个 *DORMANCY ASSOCIATED MADS*-box(*DAM*)基因的影响(Bielenberg 等，2008)。这些基因属于拟南芥中 MADS-box 基因的 *SHORT VEGETATIVE PHASE*/*AGAMOUS-like* 24(*SVP*/*AGL*24)亚家族，这些基因参与了响应环境信号调控开花的进程(Hartmann 等，2000；Michaels 等，2003)。*DAM* 基因受季节调节，其表达似乎与休眠阶段相关。特别是，桃树 *DAM*5 和 *DAM*6 基因的表达量在生长停止期间增加，并且其表达随后在冬季被低温抑制(Jiménez 等，2010)，从而反映其在建立和维持内部休眠方面的作用(Li 等，2009；Saito 等，2013)。这些表达模式在中国樱桃(*Prunus pseudocerasus*)中也得到了证实(Zhu 等，2015)。在甜樱桃中，虽然

*DAM*5 和 *DAM*6 主要 QTL 共定位在 LG1，从而影响开花时间（Castède 等，2015），但其他基因很可能在休眠调节中发挥关键作用，因为在该研究中效果最好的 QTL 位于 LG4。

在内休眠和春化系统中，植物暴露于一定的冷温后分别触发了开发和花的诱导，这表明它们可能具有相似的调控机制（Chouard，1960；Horvath，2009）。对控制拟南芥春化反应的信号通路详细研究后发现，其与中心开花抑制因子 MADS-box 转录因子 *FLOWERINGLOCUS C*（*FLC*）的染色质重塑有关（He，2012）。在甜樱桃中，有几个候选基因是拟南芥中与染色质重塑或修饰复合物相关的同源基因，它们主要定位于调控花期和休眠的 QTL 中，例如 *EMBRYONIC FLOWER*2（*EMF*2）、*PHOTOPERIOD-INDEPENDENT EARLY FLOWERING* 1（*PIE*1）和 *ACTINRELATED PROTEIN 4-LIKE*（*ARP*4）（Castède 等，2014，2015）。目前，桃基因组序列和甜樱桃转录序列中均未发现 *FLC* 同源基因（Castède 等，2014），因此对长期寒冷状况下参与休眠调控的主要参与者的研究还处于研究中。然而，有趣的是，正如 *FLC* 的调节一样，由于长期暴露在低温下，也观察到 *DAM* 基因染色质重塑和组蛋白修饰。这说明了控制拟南芥开花的信号通路与树木生长和休眠周期的调节之间存在相同点（Leida 等，2012；Ríos 等，2014；de la Fuente 等，2015；Saito 等，2015）。

8.3 抗寒性和春季冻害

8.3.1 耐寒性的分子调控

耐寒性是指植物适应和抵御严寒的能力。Rinne 等（1998）在桦树（*Betula pubescens*）中的研究发现，耐寒木本植物可以在低于－30℃的温度下发挥耐冻性，甚至可以适应低至－196℃的极端温度。细胞在此过程中最主要的问题是由细胞外冰引起的严重冷冻导致的脱水，进而导致膜结构损伤、蛋白质变性和氧化应激（Pearce，1999）。耐寒性在冻结期之前通常是由环境因素引起的，例如较短的光周期和较低的非冷冻温度，以及脱落酸（ABA）等内源激素（Junttila 等，2002）。植物已形成了应对寒冷温度的各种耐受性机制，这些机制涉及生物物理过程，包括木质部组织的深度过冷以及冰晶形成优势位点的存在，以及特定代谢物和蛋白质的产生和膜结构的变化（Gusta 和 Wisniewski，2013；Wisniewski 等，2014）。质膜成分的变化是冷驯化（适应）的一个关键特征，包括通过增加脂肪酸在膜脂中的去饱和作用从而保持功能膜在低温条件下的流动性。在秋季，芽和茎已被证明可以响应短光周期，从而导致芽和茎的水分含量和渗透势下降。这种程序化脱水通过防止冰形成和减少冷冻诱导的细胞脱水进而有助于增强组织的耐受性。糖类在植物适应寒冷中也起着重要的作用，正如在木本植物中观察到的糖含量和耐冻性之间的相关性所示，与包括形成亚稳态细胞溶液和渗透调节等各种生理过程有关（Wisniewski 等，2003）。通过甜樱桃中可溶性糖和蔗糖代谢酶含量，Turhan 和 Ergin（2012）证实了在冷适应阶段下可溶性糖、还原糖和蔗糖含量高于非冷适应阶段。

植物激素，尤其是 ABA 和乙烯，在植物胁迫信号传导中起着重要作用。在冷胁迫条件下，木本植物的 ABA 含量增加，而外源 ABA 的施用可以在没有低温条件下提高耐寒性（Rinne 等，1998）。正如 ABA 可调节植物休眠，在冷胁迫条件下，乙烯水平上升，作为植物抗冻性的正调节，在低温条件下诱导基因表达并激活抗冻蛋白的产生（Yu 等，2001；Catalá 等，2014）。研究发现了一些存在于多种植物中的与响应低温有关的蛋白质，如冷调节（*COR*）基因和冷诱导 *CBF*/*DREB*1 因子（Welling 和 Palva，2006）。在遭遇寒冷的 15 min 内植物 *CBF* 基因被诱导，随后诱导了 *CBF* 靶基因，即“CBF 调节子”的表达，这些“CBF 调节子”均具有 LTRE/DRE/CRT（低温响应元件、干旱响应元件或 c-repeat）元件（Medina 等，2011）。CBF 蛋白家族在植物中具有高度保守性。然而，木本植物中 *CBF* 基因的调控似乎比草本植物更复杂，因其在不同组织、年龄具有特定表达模式（Wisniewski 等，2014）。例如，木本植物 *CBF* 基因可在短日照和生长季节后的各种条件下诱导，包括低温和冰冻，这表明它们不仅参与季节性冷驯化，而且还能参与适应生长季节中的周期性冷适应（Welling 和 Palva，2006）。

甜樱桃中已鉴定出至少 3 个 *CBF*/*DREB*1 同源基因，甜樱桃 *CBF*/*DREB*1 基因在拟南芥中的表达证实了其功能的保守性（Kitashiba 等，2002，2004）。在一种转基因植物中，CBF/DREB1 在不进行胁迫处理的情况下诱导了靶基因 *cor*15*a* 的表达，使植物表现出更高的耐冻性（Kitashiba 等，2004）。处于低温条件下的酸樱桃，叶片中的 *CBF*1 表达也被上调（Owens 等，2002），进一步表明了 *CBF* 基因的功能保守性广泛存在。桃的一些 *DAMs* 基因启动子中具有 CRT/DREB 响应元件，苹果的一个 *DAM* 基因启动子中也有一个 CRT-like 元件，表明冷胁迫和休眠是密切相关的（Wisniewski 等，2011）。拟南芥中的许多 *COR* 基因启动子中也有 CRT 或 DRE 元件，并且在逆境的条件下，它们的基因表达量在过表达 *CBF* 基因的植株中显著上调（Polashock 等，2010）。Zalunskaitė 等（2008）研究表明甜樱桃和酸樱桃中的拟南芥同源基因 *COR*47 在冷驯化过程中表达上调。在*COR*基因中，脱水蛋白由低温或冰冻所诱导，引起细胞脱水，由此表明脱水蛋白是一种保护性蛋白（Welling 和 Palva，2006；Wisniewski 等，2014）。在桃中鉴定出的脱水蛋白由低温和水胁迫所诱导形成（Artlip 等，1997；Wisniewski 等，2006）。目前，虽然关于樱桃中脱水蛋白的了解知之甚少，但是有研究似乎已经鉴定出樱桃的冷响应蛋白（Lukoševičiūtė 等，2009）。

对于植物脱适应和再适应的过程仍知之甚少。脱适应通常被认为是由许多因素引起耐寒性降低，例如环境条件（暖温和长日照），物候变化和植物再生长。在木本植物中，脱适应比冷适应发生更迅速（Howell 和 Weiser，1970；Arora 等，1992）。这个进程与糖代谢中的酶激活、组织和细胞复水相关，同时伴随着植物的再生长（Andrews 和 Proebsting，1987；Kalberer 等，2006；Turhan 和 Ergin，2012）。在芽萌发和开花过程中，脱适应和再适应能力在植物耐寒性上具有重要作用，尤其是植物易受冻害的时候，在不同种和品种间存在广泛的差异（Mathers，2004）。

8.3.2 冰冻温度对芽的生理影响

在高纬度温带地区种植樱桃，深冬时较低的冰冻温度是一个重要的限制因子，但是秋天时低温适应期间的冰冻、春季的去适应和开花都与甜樱桃和酸樱桃产量损失密切相关（Mathers，2004；Caprio 和 Quamme，2006）。冷冻伤害可能是由于不同的气候情况所导致，如辐射、对流和蒸发冷却，伤害程度则取决于持续时间以及冻结时温度下降的强度和速度（Rodrigo，2000）。实质性损伤主要是因细胞内冰晶的形成而导致，并非细胞外成冰作用引起。缓慢的细胞外冻结过程中将产生水势梯度，水从细胞流出，从而降低含水量，降低了胞内冰晶形成的风险。突然快速冻结将没有时间降低细胞内的水分，因此将对芽产生更大的损害。长期暴露在非常低的温度下，严重干燥可能会导致细胞膜凝结并损坏细胞，但大多数冻害的发生是由于冰晶的形成，它能破坏细胞膜和细胞内的组件。不同花芽组织对冰晶的形成敏感性不同，可能因组织之间的物理结构上不连续，水势差异，或冰核在组织中的存在与否而产生差异。在开花期间，这种差异看起来要远比深冬芽休眠期间小得多。冰晶形成的长期后果取决于被影响的组织类型和细胞数量。这种损伤对子房本身和花柱通常是有害的，而子房和珠被局部的表面损坏可能会被部分修复但会导致果实异常发育。

冰核一般迅速扩展到附近的组织，水变成冰在芽中释放热量，可以使用热电偶进行差热分析、红外温度记录，或者连接一个红外热视频用差示扫描量热法测量。高温放热曲线和低温放热曲线通常可以被测量。芽对于过冷的水的适应能力是非常重要的，能力越强越能避免冰的形成，这种能力取决于水的成分(Mathers, 2004)。

发生严重的霜冻灾害后，组织氧化褐变是常见的损伤症状。对于评估组织损伤来说，空间损伤的部位和在芽中损害强度是很重要的。细胞膜被破坏也导致电解质从组织中泄漏，这种损伤程度也是可以量化的(Jensen 和 Kristiansen, 2014)。可以通过解剖发生冻害的花芽评估损伤程度(Long-stroth, 2013)。此外，枝条可以通过在受控温度下生长，也可以在琼脂培养基上培养一段时间，以便正常的萌芽、开花和花组织的凋落。

樱桃的花芽从秋天到花后，以及早期果实发育期间都有可能受到低温冻害。通常认为酸樱桃比甜樱桃更耐霜冻(Szabó 等，1996; Mathers, 2004)，耐寒性很大程度上取决于品种及其与区域气候的互作关系。在秋天，低温损伤常发生在紧随一段温暖期后温度迅速降至冰点的时间段。北半球的酸樱桃，通常会在 11 月发生这种情况(Mathers, 2004)。一般来说，在隆冬时节，樱桃通常可抵御 −25～−20℃低温，但不同品种和区域气候的差异很大。酸樱桃的芽在冬季 −12℃就会发生明显的冻害(Dencker 和 Toldam-Andersen, 2005)。

Andrews 等(1983)揭示了春天樱桃脱适应时对霜冻耐受力变化的四个阶段：①在花芽有抵抗过冷低温能力的休眠期；②在花芽开始膨胀、过冷温度在逐步减退的过渡阶段；③花瓣尖端出现前；④紧接着的花瓣开始出现的时候，在这个时期花和果对霜冻都很敏感。春天的霜冻危害也可能会发生在开花后果实发育的早期。

早期的暖温发生在冬季自然休眠结束后，早春可能导致短暂的脱适应和芽激活现象；如果紧接着出现低温和快速冰冻，则芽就可能会受到损伤(Mathers, 2004)。如果温度较高，那么低需冷量的品种脱适应就会更早。那些少量积温就可脱适应的品种或者需热量较少的品种往往容易发生冻害。

在开花期间，芽的耐寒性是非常有限的，即使 −2℃低温也能引起一些芽损伤。在不同的品种中，开花时间对避免霜害有很大的影响。关于甜樱桃和酸樱桃芽低温抗冻性的研究中，流传最广和引用最多的是 Proebing 和 Mills(1978)以及 Ballard 等(1982)的研究。他们的研究表明在樱桃不同发育阶段，10%～90%的芽冻伤都是温度造成的。这些数据以及修订后的数据公布于密歇根州立大学的樱桃网站上(Anon, 2014)。

Stepulaitienė 等(2013)调查了立陶宛的酸樱桃在不同物候期开始和持续的

时间以及每个时期的耐冻能力。在−8℃的温度情况下，减数分裂前和减数分裂的早期阶段，即芽膨大期（swollen bud）、轻绿期（side green）、脱苞期（green tip）、花簇期（tight cluster），都没有发生冻害。然而经过这些阶段，在−4℃的温度情况下，露白期（first white）、盛花期（full bloom）和幼果期的子房和花柱受到了冻害。Szabó 等（1996）发现“大努贝”“纳吉”和“阔来”3 个酸樱桃品种的完全盛开的花在−2.5℃几乎 100％会受到损伤。

Salazar-Gutiérrez 等（2014）利用示差热分析和显微镜解剖观察樱桃芽的冷冻实验，研究从秋季到春季开花阶段樱桃花芽出现 10％（LT_{10}），50％（LT_{50}）或 90％（LT_{90}）致死温度的变化。休眠芽的 LT_{10} 值大约为−20℃，而紧簇阶段 LT_{10} 值只有−6℃。随着休眠的打破，美国华盛顿州的甜樱桃脱适应非常迅速。脱适应和生长的激活强烈依赖温度，在恒定的低温下会持续保持生态休眠，从而推迟芽进一步发育。3 月，从脱苞期到盛花期，LT_{10} 值仅为−5～−2℃。对于从 11 月到次年 3 月的绝大多数时期来说，LT_{10} 值和 LT_{90} 值相差 7～10℃，表明单个芽的耐寒性有很大的差异。在 4 月樱桃即将开花时，这种差异减少到只有 1～3℃，说明春天霜冻使芽受到大量冻伤的风险比冬天高得多。Miranda 等（2005）在“伯莱特”和“艳阳”上发现了相似的结果，这种温差在开花期间对于 10％和 90％的损伤来说可以忽略不计。Szabó 等（1996）发现在盛花期处于−2.5℃时 82％～100％的花会冻伤，然而在铃铛期几乎不受损伤。根据测试了解花芽中当前的 LT 值，再结合当地的天气预报，可以提供有关霜冻破坏风险的信息，从而开展果园的防冻工作。

8.3.3 品种抗寒性的差异

一般来说，霜冻对一小部分芽的损伤并不会降低果园的商品果产量，这主要是由于未被损伤的果实补偿生长所致。甜樱桃中，少于 20％～30％的花芽受损率不会降低果园商品果产量。酸樱桃中，15％左右完好无损的花芽就可以维持正常的商品果产量。对商品性产量的影响主要取决于品种、栽培条件、商品果质量和潜在的果实补偿性生长。控制春季芽耐寒性的基因表达差异主要通过不同的开花时间、花芽发育阶段、花芽的密度、损伤临界温度和抵御寒冷的能力等方面来体现（Rodrigo，2000）。最近由 Neilsen 等（2015）提出的多级模型已应用于鉴别樱桃种植区和当地最适宜种植的品种。Cittadini 等（2006）开发了相关模式研究樱桃“宾库”“伯莱特”“拉宾斯”“斯特拉”“艳阳”和“先锋”等品种霜冻损伤风险，发现品种间差异很小，其中“艳阳”的霜冻损伤风险最小。Kadir 和

Proebsting(1994)比较了“宾库”和3个育种优系的耐寒性，发现这些基因型中最耐寒和最不耐寒的致死温差为2℃，而且这种差异在整个休眠期表现明显。同样，Liu(2012)和Jensen、Kristiansen(2014)发现酸樱桃“史蒂芬巴尔”和“克勒斯16”的耐寒性有稳定的差异。

许多研究已经评估了严重霜冻后或人工模拟致冷后樱桃品种的表现(见表8.2)。Salazar-Gutiérrez等(2014)发现“宾库”“舍蓝”和“甜心”3个品种LTE_{10}(10%低温放热曲线)，LTE_{50}和LTE_{90}的冻结放热曲线仅有很小的差异。对霜冻敏感的甜樱桃品种开始萌芽早，开花也更早(Kadir和Proebsting，1994)。Stepulaitienė(2013)发现酸樱桃物候期的起始时间和持续时间均不同于甜樱桃，这表明最敏感的时期与霜冻风险密切相关。Iezzoni和Mulinix(1992)研究表明，酸樱桃的开花时间和从花粉母细胞的形成(4月开始)到开花的需热量(基础温度10℃)是受基因控制的，且差异在不同单株间超过2周(5月8—24日)。

Asănică等(2012)评估了罗马尼亚3个地区2月初期23个甜樱桃品种花芽冬季冻害损伤情况，“德莫斯道夫”和“巨红”分别有48%和45%的高损伤率，但“雷吉纳”和“先锋”的冻伤率少于10%。在一些情况下，树冠下部冻伤率比树冠上部要高出28%左右，可能是因为冷空气在低处。Asănică等(2014)还比较了5个甜樱桃品种在人工模拟的−7～−1.5℃环境下的冻害情况，发现“丽梵”“伯莱特”和“科迪亚”在持续1小时−1.5℃低温中有40%～50%芽损伤，而“卡特林”和“雷吉纳”只有17%～20%损伤。“丽梵”和“伯莱特”从芽体膨胀萌芽到盛花需热量较低，并且比其他品种开花早。

Szewczuk等(2007)在波兰调查了10个甜樱桃品种在经历一月下旬−25℃低温后的冻伤情况。“雷吉纳”和“卡丽纳”损伤最严重，“萨米脱”“毕昂卡”和“紫拉”损伤稍轻。德国Fischer和Hohlfeld(1998a)在人工冷冻环境(−28～−18℃)研究了17个樱桃品种的冻伤情况，发现“那瑞萨”“Pi-Na481”“先锋”和“纳丽娜”耐寒性最强，“纳迪诺”“温卡”“海德尔芬格”“阿特伯格”和“乌尔福特”最不耐寒。在后续的研究中，Fischer和Hohlfeld(1998b)在德国德累斯顿评估了田间温度降到−25℃以后或实验室人工冷冻后的131个甜樱桃品种的叶芽、花芽和茎干损伤情况。尽管田间和实验室处理损伤结果没有太大的关联性，但是都可以按照耐寒性将品种分为9组。“毕昂卡”“纳马拉”“纳马缇”“那瑞萨”“丽梵”“威乐拉”“戈尔贝”“福和”和“雷尼”的耐寒性最强，而“克里斯托巴丽娜”“斯帕克里”“拿破仑”“维红”和“维乐特”对低温最敏感，易受损伤。

匈牙利Szabó等(1996)比较了几年间不同栽培区域的16个甜樱桃和23个

表 8.2 甜樱桃和酸樱桃的耐寒性调查概述

樱桃类型	比较过的品种/基因型数量	国家	试验年份	试验方法[①]	测试参数	参考文献
甜樱桃	4	美国	1991—1992	人工	DAT，LTE，花芽损伤	Kadir 和 Proebsting(1994)
甜樱桃	17	德国	1992/1993	人工	花芽损伤，木材损伤	Fischer 和 Hohlfeld(1998a)
甜樱桃	131(38)	德国	1995/1996/1997	自然(131)和人工(38)	叶芽、花芽、木材损伤	Fischer 和 Hohlfeld(1998a)
甜樱桃	2	西班牙	2000—2001	人工	花芽损伤率	Miranda 等(2005)
甜樱桃	6	阿根廷	1997/1999/2000/2001	自然	霜冻频繁、间接	Cittadini 等(2006)
甜樱桃	10	波兰	2005/2006	自然	花芽霜冻指数，坐果率	Szewczuk 等(2007)
甜樱桃	23	罗马尼亚	2011/2012	自然	花芽损伤率	Asănică 等(2012)
甜樱桃	3	美国	2012—2013	人工，DAT	LT_{10}，LT_{50}，LT_{90} %花芽损伤，THE 和 LTE	Salazar-Gutiérrez 等(2014)
甜樱桃	5	罗马尼亚	2013/2014	人工	花芽损伤率	Asănică 等(2014)
酸樱桃	1(4 种砧木)	丹麦	1998—1999	自然	花芽损伤率	Kühn 和 Callesen(2001)
酸樱桃	1(2 种砧木)	丹麦	1998—2000	自然和人工	花芽损伤率	Dencker 和 Toldam-Andersen(2005)
酸樱桃	14	匈牙利	2005/2006，2006/2007	人工	花芽损伤率	Pedryc 等(2008)

（续表）

樱桃类型	比较过的品种/基因型数量	国家	试验年份	试验方法	测试参数	参考文献
酸樱桃	2	丹麦	2010—2011	自然和人工	芽损伤率	Liu 等(2012)
酸樱桃	8	丹麦	2009—2010	人工	花芽损伤率	Clausen 等(2012)
酸樱桃	7	立陶宛	2010—2012	人工	花芽损伤	Stepulaitienė 等(2013)
酸樱桃	12	丹麦	2008	人工	REL%，芽损伤率，芽含水量	Jensen 和 Kristiansen(2014)
酸樱桃，甜樱桃	23 酸，16 甜	匈牙利	甜：1986，1987，1991；酸：1987，1991	自然	花芽损伤率	Szabó 等(1996)
酸樱桃，甜樱桃	12 酸，2 甜，1 草原樱桃	美国	1990—1991	人工	花芽的 LT_{10}，LT_{50}	Mathers(2004)

注：DAT—差热分析；LTE—低温放热曲线；HTE—高温放热曲线；$LT_{10/50/90}$—10%/50%/90%群体致死温度。
① 自然霜冻事件或人工霜冻试验。

酸樱桃品种的冬季冻害状况。一般来讲，早花品种如“阔来”比最耐寒的晚花品种如“富拓思”“喜戛尼 7”“帕拉美姬”“庞迪美姬”和“富拓思”冻伤情况严重，而“大努贝”“纳吉”和“阔来”最不耐寒。甜樱桃中“施奈德”“玛莫特”“先锋”和“乌斯特”冻伤严重，而“维格诺拉”“山姆”“兰伯特”和“伯莱特”冻伤较轻。Pedryc 等(2008)比较了 14 个酸樱桃品种在一年当中不同时间节点的不同低温耐寒性情况。他们把“庞迪美姬 59”“第比列”“庞迪 279”和“纳吉”归类为最耐寒的品种，“大努贝”“艾美克”“拉米”和“阔来”归为最不耐寒品种。

Liu 等(2012)研究发现，在丹麦－15℃的 10 月，“史蒂芬巴尔”比“克勒斯 16”耐寒性差，芽损伤率高达 80%～90%，在深冬和脱适应期间也是如此。Kühn 和 Callesen(2001)同样发现“史蒂芬巴尔”樱桃品种也是这个情况。Dencker 和 Toldam-Andersen(2005)比较了在 1 月最低温－12℃情况下，嫁接在“考特”或“维如特 10”砧木上的“波吉特”樱桃品种的耐寒性，“波吉特/考特”的芽死亡率为 62%，而“波吉特/维如特 10”芽死亡率只有 29%。Clausen 等(2012)进一步研究了“史蒂芬巴尔”不同株系和“波吉特”的耐寒性。在 12 月份－9℃下采集休眠芽进行人工冷冻实验表明，“波吉特”是 8 个品种中最不耐寒的，比“史蒂芬巴尔维基”耐寒性差。

Jensen 和 Kristiansen(2014)在丹麦研究发现 12 个酸樱桃品种从 2 月初开始在第 5 周芽内休眠解除。但是含水量在第 5 周到第 8 周期间显著上升，意味着生长开始复苏。在第 5 周到第 8 周期间耐寒力明显下降，－10℃时就容易受冻害。“维纳斯科夫”和“克勒斯 16”在第二周耐寒性(－15℃)最强。在所有的阶段从 49 周到第 2 周，“史蒂芬巴尔波吉特”的耐寒性比“克勒斯 16”差。Stepulaitienė 等(2013)研究发现在－4℃春季期间 7 个酸樱桃品种花芽在露白期、盛花期和幼果期这三个不同阶段的耐寒性有差异。

Mathers(2004)比较了 12 个酸樱桃品种经过人工冷冻后的 LT_{50} 值。“欧布辛斯卡”和“梅兔尔”LT_{50} 在 11 月和次年 3 月是 5～7℃，比“庞迪 114”和“喜戛尼美姬”低，耐寒性强。在短期统一冻结后测定 LTE 是一种比多年田间试验更可靠的比较品种抗性的方法。延迟的脱适应特征对耐寒性强的酸樱桃的未来发展具有重要意义。

8.4 暖温对花和果实发育的影响

传统的甜樱桃产区位于冷凉地区，但是为了高收益和尽早收获，全世界的樱桃生产者渐渐地把樱桃栽培转移到了暖温地区(Micke 等，1983；Southwick 等，

1991；García-Montiel 等，2010；Li 等，2010；Beppu 和 Kataoka，2011；James 和 Measham，2011）。但是在这些地区生产稳定性受到了影响，如低坐果率、双子果[见图 8.1(a)]、畸形花[见图 8.1(b)]和具有深缝合线果实的形成（Philp，193；Beppu 和 Kataoka，1999；Roversi，2001；Martin，2008），它源自心皮基部未融合而出现开裂（Southwick 等，1991；Engin 等，2009）。在所有这些问题中，低坐果率和高双子果率是影响暖温地区果园收益的最严重的问题。此外，全球变暖也加剧了双子果的发生（Martin，2008；Imrak，2014），甚至这个问题涉及以往人们对此问题并不熟悉的新领域（Roversi 等，2008）。

(a)

(b)

图 8.1 高温引起的双子果和畸形花(见彩图 4)

(a)双子果；(b)畸形花。

8.4.1 双雌蕊和双子果的形成

通常认为在花芽分化期的夏季高温导致双雌蕊的形成，促使次年双子果的产生（Micke 等，1983）。双雌蕊是由于雌蕊原基的不正常分化形成的（Philp，1933；Tucker，1934）。花芽诱导和初始发育阶段在收获前就已经开始（Tufts 和 Morrow，1925；Westwood，1993），在接下来的季节中继续发育（Guimond 等，1998）。根据气候和樱桃的品种不同，从花芽开始形成到最后的生殖发育期间约 86～112 天（Faust，1989）。通过生化信号诱导花芽分化开始由营养状态向生殖状态转变（Faust，1989），这是赤霉素、生长素、细胞分裂素和乙烯相互作用与平衡的结果（Westwood，1993）。在自然条件下，花芽分化始于 7 月，然后萼片、花瓣、雄蕊和雌蕊逐一分化（Guimond 等，1998；Engin 和 Ünal，2007；详见第 2 章）。

超过 30℃的高温是双子果形成的关键温度（Beppu 和 Kataok，1999）。与花芽分化早期的芽或雄蕊和雌蕊原基已经形成的芽相比，高温严重地影响萼片和花瓣原基已分化的芽产生双雌蕊（Beppu 和 Kataoka，2011），由此表明，在从花萼向花瓣分化的过渡阶段，芽对于异常花原基的诱导非常敏感。据报道，许多研究结果显示品种间出现双子果率差异明显（Tucker，1934，1935；Micke 等，1983；Beppu，2000；Engin 等，Ünal，2008；Roversi 等，2008；García-Montiel 等，2010）。Southwick 等（1991）指出冷凉的沿海地区双子果要少于不在沿海的其他地区。在北半球，相对于树体叶幕的北面和树冠下层，双子果在南面和树冠上层发生要严重得多，这与芽受到更多的太阳辐射温度升高有关（Philp，1933；Tucker，1934，1935；Micke 等，1983；Southwick 等，1991；Beppu，2000）。

8.4.2 双子果发生的品种间差异

在夏季炎热的地区，双子果发生率高（商品果随之减少）限制了甜樱桃的种植。虽然可以通过人工疏果去除双子果，但是在有些品种中人工费用占比大（Patten 等，1989）。通过改变果园小气候最高限度降低甜樱桃双子果率的策略也已经得到广泛应用（见第 11 章）。前人的研究描述了不同品种间双子果形成敏感性存在很大的差异（见表 8.3）。这些发现表明不同品种双子果形成的敏感性与遗传有很大的关系。因此，培育低双子果率的新品种将成为可能。

8.5 全球变暖的后果

在果树上，物候期的季节性对于植物生存和维持高产至关重要的。据报道，全球温度每上升 1℃，一些地区的果树产量就会下降 6%～10%。最近的研究表明随着全球气候变化物候期出现了显著改变，在北半球大部分地区已经广泛发现随着气候变暖春季物候期提前（Badeck 等，2004；Menzel 等，2006；Fu 等，2015）。这种趋势同样出现在欧洲甜樱桃物候期中（Chmielewski 等，2004；Dose 和 Menzel，2004；Estrella 等，2007）。在德国，温度每上升 1℃可以使早熟樱桃品种提前 4.7 天开花（Chmielewski 等，2004），位于西南方的法国，暖冬已经严重影响了甜樱桃的产量（Charlot，2016，私信）。除了会增加春季冻害的风险，提早开花也会影响到开花和传粉昆虫活动的同步性，损害植物生长和果实发育；这同样也会影响到需热量受限制的冷冬地区（Guo 等，2015）。暖冬会使春季物候期延迟，导致高需冷量物种和品种花期异常和产量降低。可利用的冷量模型预测表明，随着温度的升高，温和冬季的延迟效应会增加（Vitasse 等，2011；Luedeling，2012），尤其是在气候温暖的地区（Guo 等，2015）。

精确的气候变化影响的物候模型对于评估生产地区的风险显然是非常必要

表 8.3 露地栽培条件下甜樱桃产生双子果的品种间潜力差异

地点	高潜能	低潜能	参考文献
美国加利福尼亚	“奇努克”“斯特拉”“宾库”“罗亚安”“早熟伯莱特”“科伦”“紧凑型先锋”“先锋”	“维依”“山姆”“苏俄”“黑色共和国”“大紫”“雷尼”“朱比莉”“24A-9A”	Micke 等(1983)
意大利	“摩洛”“卡拉柏杜”“米娜”	“斯特拉”“甜心”“费罗瓦”“尼罗”“金辉”“龙娃”“德尼诺娃”“切丽”	Roversi 等(2008)
美国加利福尼亚	“美早”		Whiting 和 Martin (2008)
西班牙	“萨默塞特”“伯莱特”“鲁比”	“马文”“新星”	García-Montiel 等(2010)
日本	“佐藤锦”“拿破仑”	“高砂”	Beppu 和 Kataoka(2011)
土耳其	“拿破仑”“早生伯莱特”“Na-1”“短枝早生凡”“短枝宾库”“拉宾斯”“克里斯托巴丽娜”		Imrak 等(2014)
西班牙	“鲁比”“新月”“宾库”“巨果”“美早”“萨默斯特”“拉拉星”“西尔维亚”“早先生”“尤他巨人”“加拿大巨人”“水晶香槟”	“布鲁克斯”“开司米”“4-84”“斯吉纳”“拉宾斯”“拉日安”“新星”“蒂拉”	López 等(2014)
法国	“贝德”“伯莱特”“菲诺尼”“佛菲”“巨红”“拿破仑”“新月”“早甜”“美早”	“科迪亚”“星红”“甜心”“毕卡丽思”“黑星”“布鲁克斯”“康布兰”“科勒斯”“早丽斯”“早红”“早星”“菲尔瓦”“菲尔都司”“菲尔米纳”“菲尔尼尔”“费尔塔德”“格雷斯星”“帝国”“拉宾斯”“潘妮”“珀德尔”“雷尼”“雷吉纳”“罗西”“罗斯蓝姆”“鲁比蓝姆”“鲁宾”“萨布丽娜”“桑巴”“苏美乐”“梦幻”“哈迪巨果”“萨米脱”“斯达克”“泰克洛凡”“先锋”	Charlot(2016，私信)

的，包括缺少冷温（Webb 等，2007；Luedeling 等，2009；Luedeling，2012）或冻害（Eccel 等，2009；Molitor 等，2014；Mosedale 等，2015）或预测该地区是否适宜樱桃生长和生产（Darbyshire 等，2013；Ford 等，2016）。据报道，在受到气候条件威胁的产区已经采用这种方法来选择甜樱桃品种（Measham 等，2014）。

对于温度的响应应该作为樱桃育种策略的优先目标之一。增加芽的内休眠和需冷量以延迟脱冷适应和春季生长开始的可能只是一个有限的方法，由于未来的暖冬可能使一些地区植物的休眠不能完全解除。此外，对于这样的地区，选择高需热量和高基础温度激活生长的品种是另一种使芽激活和开花推迟的方法。此外，在夏季温度不断升高的地区，我们应该把注意力集中到选育低双子果率的品种。预测建模方法可能是辅助育种策略克服涉及樱桃温度响应所有机制复杂性的有力工具。虽然物候模型对于评估温度的影响很有价值，但是目前受限于地区和品种间缺乏可转换性（Linkosalo 等，2008；Luedeling 和 Brown，2011）。因此，未来的预测模型的方法应该基于更精确的可测量的参数，如生化、分子标记（Satake 等，2013）或内休眠诱导和解除的物候期观测，以及其他环境参数如光周期（Chmielewski 和 Götz，2016）。

参考文献

Ahn, J. H., Miller, D., Winter, V. J., Banfield, M. J., Lee, J. H., Yoo, S. Y., Henz, R. S., Brady, R. L. and Weigel, D. (2006) A divergent external loop confers antagonistic activity on floral regulators FT and TFL1. *EMBO Journal* 25, 605 - 614.

Alburquerque, N., García-Montiel, F., Carrillo, A. and Burgos, L. (2008) Chilling and heat requirements of sweet cherry cultivars and the relationship between altitude and the probability of satisfying the chill requirements. *Environmental and Experimental Botany* 64, 162 - 170.

Allona, I., Ramos, A., Ibañez, C., Contreras, A., Casado, R. and Aragoncillo, C. (2008) Molecular control of winter dormancy establishment in trees. *Spanish Journal of Agricultural Research* 6, 201 - 210.

Alonso, J. M., Anson, J. M., Espiau, M. T. and Socias I Company, R. (2005) Determination of endodormancy break in almond flower buds by a correlation model using the average temperature of different day intervals and its application to the estimation of chill and heat requirements and blooming date. *Journal of the American Society for Horticultural Science* 130, 308 - 318.

Amasino, R. (2010) Seasonal and developmental timing of flowering. *Plant Journal* 61, 1001 - 1013.

Andrews, P. and Proebsting, E. L. (1987) Effects of temperature on the deep supercooling characteristics of dormant and deacclimating sweet cherry flower buds. *Journal of the American Society for Horticultural Science* 112, 334 - 340.

Andrews, P., Proebsting, E. L. and Gross, D. (1983) Differential thermal analysis and freezing injury of deacclimating peach and sweet cherry reproductive organs. *Journal of the American Society for Horticultural Science* 108, 755 - 759.

Anon. (2014) Critical spring temperatures for cherry bud development stages. MSU Cherries website based on WSU EB 1128 and MSU Research Report 220. Available at: http://cherries.msu.edu/weather/critical_spring_temperatures_for_cherry_bud_development_stages (accessed 16 November 2015).

Arora, R., Wisniewski, M. E. and Scorza, R. (1992) Cold acclimation in genetically related (sibling) deciduous and evergreen peach (*Prunus persica* L. Batsch). *Plant Physiology* 99, 1562 - 1568.

Artlip, T. S., Callahan, A. M., Bassett, C. L. and Wisniewski, M. E. (1997) Seasonal expression of a dehydrin gene in sibling deciduous and evergreen genotypes of peach (*Prunus persica* L. Batsch). *Plant Molecular Biology* 33, 61 - 70.

Asănică, A., Hoza, D., Tudor, V. and Temocico, G. (2012) Evaluation of some sweet cherry cultivars to winter freeze in different areas of Romania. *Scientific Papers, Series B, Horticulture* LVI, 23 - 28.

Asănică, A., Tudor, V. and Tiu, J. (2014) Frost resistance of some sweet cherry cultivars in the Bucharest area. *Scientific Papers, Series B, Horticulture* LVIII, 19 - 24.

Badeck, F. -W., Bondeau, A., Bottcher, K., Doktor, D., Lucht, W., Schaber, J. and Sitch, S. (2004) Responses of spring phenology to climate change. *New Phytologist* 162, 295 - 309.

Bai, S., Saito, T., Sakamoto, D., Ito, A., Fujii, H. and Moriguchi, T. (2013) Transcriptome analysis of Japanese pear (*Pyrus pyrifolia* Nakai.) flower buds transitioning through endodormancy. *Plant and Cell Physiology* 54, 1132 - 1151.

Balandier, P., Gendraud, M., Rageau, R., Bonhomme, M., Richard, J. P. and Parisot, E. (1993) Bud break delay on single node cuttings and bud capacity for nucleotide accumulation as parameters for endo- and paradormancy in peach trees in a tropical climate. *Scientia Horticulturae* 55, 249 - 261.

Ballard, J., Proebsting, E. L. and Tukey, R. (1982) Critical temperatures for blossom buds: cherries. Washington State University Cooperative Extension, COOP EXT. Bulletin 1128, 2. Available at:

Bennet, J. (1949) Temperature and bud rest period. *California Agriculture* 3, 9 - 12.

Beppu, K. (2000) Morphological and physiological studies on reproduction of sweet cherry in warm climate. PhD thesis. Kyoto University, Kyoto, Japan.

Beppu, K. and Kataoka, I. (1999) High temperature rather than drought stress is responsible for the occurrence of double pistils in 'Satohnishiki' sweet cherry. *Scientia Horticulturae* 81, 125 - 134.

Beppu, K. and Kataoka, I. (2011) Studies on pistil doubling and fruit set of sweet cherry in warm climate. *Journal of the Japanese Society of Horticultural Science* 80, 1-13.

Bielenberg, D. G., Wang, Y., Li, Z., Zhebentyayeva, T., Fan, S., Reighard, G. L., Scorza, R. and Abbot, A. G. (2008) Sequencing and annotation of the evergrowing locus in peach (*Prunus persica* L. Batsch) reveals a cluster of six MADS-box transcription factors as candidate genes for regulation of terminal bud formation. *Tree Genetics and Genomes* 4, 495-507.

Blümel, K. and Chmielewski, F. M. (2012) Shortcomings of classical phenological forcing models and a way to overcome them. *Agricultural and Forest Meteorology* 164, 10-19.

Brown, D. (1957) The rest period of apricot flower buds as described by a regression of time of bloom on temperature. *Plant Physiology* 32, 75-85.

Campoy, J. A., Ruiz, D. and Egea, J. (2010) Effects of shading and thidiazuron + oil treatment on dormancy breaking, blooming and fruit set in apricot in a warm-winter climate. *Scientia Horticulturae* 125, 203-210.

Campoy, J. A., Ruiz, D. and Egea, J. (2011) Dormancy in temperate fruit trees in a global warming context: a review. *Scientia Horticulturae* 130, 357-372.

Campoy, J. A., Ruiz, D., Allderman, L., Cook, N. and Egea, J. (2012) The fulfilment of chilling requirements and the adaptation of apricot (*Prunus armeniaca* L.) in warm winter climates: an approach in Murcia (Spain) and the Western Cape (South Africa). *European Journal of Agronomy* 37, 43-55.

Caprio, J. M. and Quamme, H. A. (2006) Influence of weather on apricot, peach and sweet cherry production in the Okanagan Valley of British Columbia. *Canadian Journal of Plant Science* 86, 259-267.

Castède, S., Campoy, J. A., Quero-García, J., Le Dantec, L., Lafargue, M., Barreneche, T., Wenden, B. and Dirle wanger, E. (2014) Genetic determinism of phenological traits highly affected by climate change in *Prunus avium*: flowering date dissected into chilling and heat requirements. *New Phytologist* 202, 703-715.

Castède, S., Campoy, J. A., Le Dantec, L., Quero-García, J., Barreneche, T., Wenden, B. and Dirlewanger, E. (2015) Mapping of candidate genes involved in bud dormancy and flowering time in sweet cherry (*Prunus avium*). *PloS One* 10, e0143250.

Catalá, R., López-Cobollo, R., Mar Castellano, M., Angosto, T., Alonso, J. M., Ecker, J. R. and Salina, J. (2014) The *Arabidopsis* 14-3-3 protein RARE COLD INDUCIBLE 1A links low-temperature response and ethylene biosynthesis to regulate freezing tolerance and cold acclimation. *Plant Cell* 26, 1-18.

Chmielewski, F. M. and Götz, K. P. (2016) Performance of models for the beginning of sweet cherry blossom under current and changed climate conditions. *Agricultural and Forest Meteorology* 218-219, 85-91.

Chmielewski, F. M., Müller, A. and Bruns, E. (2004) Climate changes and trends in phenology of fruit trees and field crops in Germany, 1961-2000. *Agricultural and*

Forest Meteorology 121,69 - 78.

Chouard, P. (1960) Vernalization and its relations to dormancy. *Annual Review of Plant Physiology* 11,191 - 238.

Cittadini, E. D. , de Ridder, N. , Peri, P. L. and Keulen, H. van. (2006) A method for assessing frost damage risk in sweet cherry orchards of South Patagonia. *Agricultural and Forest Meteorology* 141,235 - 243.

Clausen, S. , Grout, B. , Toldam-Andersen, T. and Pederson, O. (2012) Enhanced winter-bud frost resistance and improved production in selected clones of sour cherry. *Acta Horticulturae* 935,161 - 166.

Cooke, J. E. , Eriksson, M. E. and Junttila, O. (2012) The dynamic nature of bud dormancy in trees: environmental control and molecular mechanisms. *Plant, Cell and Environment* 35,1707 - 1728.

Cortés, A. and Gratacós, E. (2008) Chilling requirements of ten sweet cherry cultivars in a mild winter location in Chile. *Acta Horticulturae* 795,457 - 462.

Couvillon, G. A. and Erez, A. (1985) Influence of prolonged exposure to chilling temperatures on bud break and heat requirement for bloom of several fruit species. *Journal of the American Society for Horticultural Science* 110,47 - 50.

Darbyshire, R. , Webb, L. , Goodwin, I. and Barlow, E. W. R. (2013) Impact of future warming on winter chilling in Australia. *International Journal of Biometeorology* 57, 355 - 366.

de la Fuente, L. , Conesa, A. , Lloret, A. , Badenes, M. L. and Ríos, G. (2015) Genome-wide changes in histone H3 lysine 27 trimethylation associated with bud dormancy release in peach. *Tree Genetics and Genomes* 11,45.

Dencker, I. and Toldam-Andersen, T. (2005) Effects of rootstock, winter temperature, and potassium fertilization on yield components of young sour cherries. *Acta Horticulturae* 667,409 - 414.

Dennis, F. (2003) Problems in standardizing methods for evaluating the chilling requirements for the breaking of dormancy in buds of woody plants. *HortScience* 38,347 - 350.

Ding, J. and Nilsson, O. (2016) Molecular regulation of phenology in trees — because the seasons they are a-changin'. *Current Opinion in Plant Biology* 29,73 - 79.

Dose, V. and Menzel, A. (2004) Bayesian analysis of climate change impacts in phenology. *Global Change Biology* 10,259 - 272.

Eccel, E. , Rea, R. , Caffarra, A. and Crisci, A. (2009) Risk of spring frost to apple production under future climatescenarios: the role of phenological acclimation. *International Journal of Biometeorology* 53,273 - 286.

Engin, H. and Ünal, A. (2007) Examination of flower bud initiation and differentiation in sweet cherry and peach by scanning electron microscope. *Turkish Journal of Agriculture and Forestry* 31,373 - 379.

Engin, H. and Ünal, A. (2008) The effect of irrigation, gibberellic acid and nitrogen on the occurrence of double fruit in 'Van' sweet cherry. *Acta Horticulturae* 795, 645 - 649.

Engin, H., Şen, F., Pamuk, G. and Gökbayrak, Z. (2009) Investigation of physiological disorders and fruit quality of sweet cherry. *European Journal of Horticultural Science* 74, 118 - 123.

Erez, A. (2000) Bud dormancy; phenomenon, problems and solutions in the tropics and subtropics. In: Erez, A. (ed.) *Temperate Fruit Crops in Warm Climates*. Springer, The Netherlands, pp. 17 - 48.

Erez, A. and Couvillon, G. A. (1987) Characterization of the moderate temperature effect on peach bud rest. *Journal of the American Society for Horticultural Science* 112, 677 - 680.

Eriksson, M. E., Israelsson, M., Olsson, O. and Moritz, T. (2000) Increased gibberellin biosynthesis in transgenic trees promotes growth, biomass production and xylem fiber length. *Nature Biotechnology* 18, 784 - 788.

Eriksson, M. E., Hoffman, D., Kaduk, M., Mauriat, M. and Moritz, T. (2015) Transgenic hybrid aspen trees with increased gibberellin (GA) concentrations suggest that GA acts in parallel with FLOWERING LOCUS T2 to control shoot elongation. *New Phytologist* 205, 1288 - 1295.

Estrella, N., Sparks, T. H. and Menzel, A. (2007) Trends and temperature response in the phenology of crops in Germany. *Global Change Biology* 13, 1737 - 1747.

Faust, M. (1989) *Physiology of Temperate Zone Fruit Trees*. Wiley, New York.

Fischer, M. and Hohlfeld, B. (1998a) Resistance tests in sweet cherries. *Acta Horticulturae* 468, 87 - 96.

Fischer, M. and Hohlfeld, B. (1998b) Resistenszprüfungen an Süsskirschen (*Prunus avium* L.) Teil 5: evaluierung des Süsskirchensortiments der genbank Obst Dresden Pilnitz auf winterfrost resistens. *Erwerbsobstbau* 40, 42 - 51.

Fishman, S., Erez, A. and Couvillon, G. A. (1987a) The temperature dependence of dormancy breaking in plants: mathematical analysis of a two-step model involving a cooperative transition. *Journal of Theoretical Biology* 124, 473 - 483.

Fishman, S., Erez, A. and Couvillon, G. A. (1987b) The temperature dependence of dormancy breaking in plants: computer simulation of processes studied under controlled temperatures. *Journal of Theoretical Biology* 126, 309 - 321.

Ford, K. R., Harrington, C. A., Bansal, S., Gould, P. J. and St Clair, J. B. (2016) Will changes in phenology track climate change? A study of growth initiation timing in coast Douglas-fir. *Global Change Biology* 22, 3712 - 3723.

Fu, Y. H., Zhao, H., Piao, S., Peaucelle, M., Peng, S., Zhou, G., Ciais, P., Huang, M., Menzel, A., Peñuelas, J., Song, Y., Vitasse, Y., Zeng, Z. and Janssens, I. A. (2015) Declining global warming effects on the phenology of spring leaf unfolding. *Nature* 523, 104 - 107.

García-Montiel, F., Serrano, M., Martínez-Romero, D. and Alburquerque, N. (2010)

Factors influencing fruit set and quality in different sweet cherry cultivars. *Spanish Journal of Agricultural Research* 8,1118 - 1128.

Gianfagna, T. and Mehlenbacher, S. (1985) Importance of heat requirement for bud break and time of flowering in apple. *HortScience* 20,909 - 911.

Guimond, C. M. , Andrews, P. K. and Lang, G. A. (1998) Scanning electron microscopy of floral initiation in sweet cherry. *Journal of the American Society for Horticultural Science* 123,509 - 512.

Guo, L. , Dai, J. , Ranjitkar, S. , Yu, H. , Xu, J. and Luedeling, E. (2014) Chilling and heat requirements for flowering in temperate fruit trees. *International Journal of Biometeorology* 58,1195 - 1206.

Guo, L. , Dai, J. , Wang, M. , Xu, J. and Luedeling, E. (2015) Responses of spring phenology in temperate zone trees to climate warming: a case study of apricot flowering in China. *Agricultural and Forest Meteorology* 201,1 - 7.

Gusta, L. V. and Wisniewski, M. (2013) Understanding plant cold hardiness: an opinion. *Physiologia Plantarum* 147,4 - 14.

Hartmann, U. , Höhmann, S. , Nettesheim, K. , Wisman, E. , Saedler, H. and Huijser, P. (2000) Molecular cloning of SVP: a negative regulator of the floral transition in *Arabidopsis*. *Plant Journal* 21,351 - 360.

He, Y. (2012) Chromatin regulation of flowering. *Trends in Plant Science* 17,556 - 562.

Heide, O. M. (2003) High autumn temperature delays spring bud burst in boreal trees, counterbalancing the effect of climatic warming. *Tree Physiology* 23,931 - 936.

Heide, O. M. (2008) Interaction of photoperiod and temperature in the control of growth and dormancy of *Prunus* species. *Scientia Horticulturae* 115,309 - 314.

Heide, O. M. and Prestrud, A. K. (2005) Low temperature, but not photoperiod, controls growth cessation and dormancy induction and release in apple and pear. *Tree Physiology* 25,109 - 114.

Horvath, D. (2009) Common mechanisms regulate flowering and dormancy. *Plant Science* 177,523 - 531. Howell, G. and Weiser, C. (1970) The environmental control of cold acclimation in apple. *Plant Physiology* 45,390 - 394.

Hsu, C. -Y. , Adams, J. P. , Kim, H. , No, K. , Ma, C. , Strauss, S. H. , Drnevich, J. , Vandervelde, L. , Ellis, J. D. , Rice, B. M. , Wickett, N. , Gunter, L. E. , Tuskan, G. A. , Brunner, A. M. , Page, G. P. , Barakat, A. , Carlson, J. E. , DePamphilis, C. W. , Luthe, D. S. and Yuceer, C. (2011) *FLOWERING LOCUS T* duplication coordinates reproductive and vegetative growth in perennial poplar. *Proceedings of the National Academy of Sciences USA* 108,10756 - 10761.

Iezzoni, A. F. and Mulinix, C. A. (1992) Variation in bloom time in a sour cherry germplasm collection. *HortScience* 27,1113 - 1114.

Imrak, B. , Sarier, A. , Kuden, A. , Kuden, A. B. , Comlekcioglu, S. and Tutuncu, M. (2014) Studies on shading system in sweet cherries (*Prunus avium* L.) to prevent double fruit formation under subtropical climatic conditions. *Acta Horticulturae* 1059, 171 - 176.

James, P. and Measham, P. (2011). Rain and its impacts. In: *Australian Cherry Production Guide*. Cherry Growers of Australia, Hobart, Australia, pp. 196 - 209.

Jensen, M. and Kristiansen, K. (2014) Aspects of freezing tolerance in sour cherry. In: *Proceedings of EU COST Action FA1104: Sustainable production of high-quality cherries for the European market*. COST meeting, Plovdiv, Bulgaria, May 2014. Available at: www.bordeaux.inra.fr/cherry/docs/dossiers/Activities/Meetings/2014%2005%2026 - 27%20WG1-WG3%20Meeting_Plovdiv/Presentations/Jensen_Plovdiv2014.pdf (accessed 16 November 2015).

Jiménez, S., Reighard, G. L. and Bielenberg, D. G. (2010) Gene expression of *DAM*5 and *DAM*6 is suppressed by chilling temperatures and inversely correlated with bud break rate. *Plant Molecular Biology* 73, 157 - 167.

Jonkers, H. (1979) Bud dormancy of apple and pear in relation to the temperature during the growth period. *Scientia Horticulturae* 10, 149 - 154.

Junttila, O., Welling, A., Chunyang, L., Tsegay, B. A. and Palva, E. T. (2002) Physiological aspects of cold hardiness in Northern deciduous tree species. In: Li, P. H. and Palva, E. T. (eds) *Plant Cold Hardiness: Gene Regulation and Genetic Engineering*. Kluwer Academic/Plenum Publishers, New York, pp. 65 - 76.

Junttila, O., Nilse, J. and Igeland, B. (2003) Effect of temperature on the induction of bud dormancy in ecotypes of *Betula pubescens* and *Betula pendula*. *Scandinavian Journal of Forest Research* 18, 209 - 217.

Kadir, S. A. and Proebsting, E. L. (1994) Screening sweet cherry selections for dormant floral bud hardiness. *HortScience* 29, 104 - 106.

Kalberer, S. R., Wisniewski, M. and Arora, R. (2006) Deacclimation and reacclimation of cold-hardy plants: current understanding and emerging concepts. *Plant Science* 171, 3 - 16.

Kitashiba, H., Matsuda, N., Ishizaka, T., Nakano, H. and Suzuki, T. (2002) Isolation of genes similar to *DREB*1/*CBF* from sweet cherry (*Prunus avium* L.). *Journal of the Japanese Society of Horticultural Science* 71, 651 - 657.

Kitashiba, H., Ishizaka, T., Isuzugawa, K., Nishimura, K. and Suzuki, T. (2004) Expression of a sweet cherry *DREB*1/*CBF* ortholog in *Arabidopsis* confers salt and freezing tolerance. *Journal of Plant Physiology* 161, 1171 - 1176.

Kuden, A., Imrak, B., Bayazit, S., Comlekcioglu, S. and Kuden, A. (2012) Chilling requirements of cherries grown under subtropical conditions of Adana. *Middle East Journal of Scientific Research* 12, 1497 - 1501.

Kühn, B. and Callesen, O. (2001) Morphologic differentiation of flower buds and development of dead flowers in autumn and winter 1998/99: flowering and fruit set in 1999 in the sour cherry cv. Stevnsbaer on four rootstocks. *Gartenbauwissenschaft* 66, 39 - 45.

Lang, G., Early, J., Martin, G. and Darnell, R. (1987) Endo-, para-, and ecodormancy:

physiological terminology and classification for dormancy research. *HortScience* 22, 371 - 377.

Leida, C., Conesa, A., Llácer, G., Badenes, M. L. and Ríos, G. (2012) Histone modifications and expression of *DAM*6 gene in peach are modulated during bud dormancy release in a cultivar-dependent manner. *New Phytologist* 193, 67 - 80.

Li, B., Xie, Z., Zhang, A., Xu, W., Zhang, C., Liu, Q., Liu, C. and Wang, S. (2010) Tree growth characteristics and flower bud differentiation of sweet cherry (*Prunus avium* L.) under different climate conditions in China. *Horticultural Science — UZEI (Czech Republic)* 37, 6 - 13.

Li, Z., Reighard, G. L., Abbott, A. G. and Bielenberg, D. G. (2009) Dormancy-associated MADS genes from the *EVG* locus of peach (*Prunus persica* L. Batsch) have distinct seasonal and photoperiodic expression patterns. *Journal of Experimental Botany* 60, 3521 - 3530.

Linkosalo, T., Lappalainen, H. and Hari, P. (2008) A comparison of phenological models of leaf bud burst and flowering of boreal trees using independent observations. *Tree Physiology* 28, 1873 - 1882.

Liu, G., Pagter, M. and Andersen, L. (2012) Preliminary results on seasonal changes in flower bud cold hardiness of sour cherry. *European Journal of Horticultural Science* 77, 109 - 114.

Longstroth, M. (2013) Assessing frost and freeze damage to flowers and buds of fruit trees. Michigan State University Exension, Michigan, USA. Available at: http://msue.anr.msu.edu/news/assessing_frost_and_freeze_damage_to_flowers_and_buds_of_fruit_trees (accessed 16 November 2015).

Longstroth, M. and Perry, R. L. (1996) Selecting the orchard site, orchard planning and establishment. In: Webster, A. D. and Looney, N. E. (eds) *Cherries: Crop Physiology, Production and Uses*. CAB International, Wallingford, UK, pp. 203 - 221.

López, G., García, F., Bayo, A., Frutos, C. and Frutos, D. (2014) Sweet cherry cultivar evaluation in the Region of Murcia, Spain. Proceedings of the EU COST Action FA1104: Sustainable production of high-quality cherries for the European market. COST Meeting, Bordeaux, France, November 2014. Available at: www.bordeaux.inra.fr/cherry/docs/dossiers/Activities/Meetings/2014 10 13 - 15_4 th MC and all WGMeeting_Bordeaux/Posters/Lopez-Ortega_Bord eaux2014.pdf (accessed 30 September 2015).

Luedeling, E. (2012) Climate change impacts on winter chill for temperate fruit and nut production: a review. *Scientia Horticulturae* 144, 218 - 229.

Luedeling, E. and Brown, P. H. (2011) A global analysis of the comparability of winter chill models for fruit and nut trees. *International Journal of Biometeorology* 55, 411 - 421.

Luedeling, E., Zhang, M. and Girvetz, E. H. (2009) Climatic changes lead to declining winter chill for fruit and nut trees in California during 1950 - 2099. *PLoS One* 4, e6166.

Luedeling, E., Kunz, A. and Blanke, M. M. (2013) Identification of chilling and heat requirements of cherry trees — a statistical approach. *International Journal of Biometeorology* 57, 679 - 689.

Lukoševičiūtė, V., Rugienius, R., Stanienė, G., Stanys, V. and Baniulis, D. (2009) Thermostable protein expression during hardening of sweet and sour cherry microshoots *in vitro*. *Sodininkystė ir Daržininkystė* 28, 35 - 43.

Martin, R. (2008) Causes of and practical strategies for reducing sweet cherry polycarpy. MS thesis, Washington State University, Washington, DC.

Mathers, H. M. (2004) Supercooling and cold hardiness in sour cherry germplasm: vegetative tissue. *Journalof the American Society for Horticultural Science* 129, 682 - 689.

Matzneller, P., Blümel, K. and Chmielewski, F. -M. (2014) Models for the beginning of sour cherry blossom. *International Journal of Biometeorology* 58, 703 - 715.

McMaster, G. and Wilhelm, W. (1997) Growing degree-days: one equation, two interpretations. *Agricultural and Forest Meteorology* 87, 291 - 300.

Measham, P. F., Quentin, A. G. and MacNair, N. (2014) Climate, winter chill, and decision-making in sweet cherry production. *HortScience* 49, 254 - 259.

Medina, J., Catalá, R. and Salinas, J. (2011) The CBFs: three *Arabidopsis* transcription factors to cold acclimate. *Plant Science* 180, 3 - 11.

Menzel, A., Sparks, T. H., Estrella, N., Koch, E., Aasa, A., Ahas, R., Alm-Kübler, K., Bissoli, P., Braslavslá, O., Briede, A., Chmielewski, F. M., Crepinsek, Z., Curnel, Y., Dahl, A., Defila, C., Donnelly, A., Fifella, Y., Jatczak, K., Mage, F., Mestrem A., Nordli, O., Penuelas, J., Pirinen, P., Remisova, V., Scheifinger, H., Striz, M., Susnik, A., van Liet, A. J. H., Wielgolaski, F. -E., Zach, S. and Zust, A. (2006) European phenological response to climate change matches the warming pattern. *Global Change Biology* 12, 1969 - 1976.

Michaels, S. D., Ditta, G., Gustafson-Brown, C., Pelaz, S., Yanofsky, M. and Amasino, R. M. (2003) *AGL24* acts as a promoter of flowering in *Arabidopsis* and is positively regulated by vernalization. *Plant Journal* 33, 867 - 874.

Micke, W. C., Doyle, J. F. and Yeager, J. T. (1983) Doubling potential of sweet cherry cultivars. *California Agriculture* March-April, 24 - 25.

Mimida, N., Kotoda, N., Ueda, T., Igarashi, M., Hatsuyama, Y., Iwanami, H., Moriya, S. and Abe, K. (2009) Four *TFL1/CEN*-like genes on distinct linkage groups show different expression patterns to regulate vegetative and reproductive development in apple (*Malus* × *domestica* Borkh.). *Plant and Cell Physiology* 50, 394 - 412.

Mimida, N., Li, J., Zhang, C., Moriya, S., Moriya-Tanaka, Y., Iwanami, H., Honda, C., Oshino, H., Takagishi, K., Suzuki, A., Komori, S. and Wada, M. (2012) Divergence of *TERMINAL FLOWER1*-like genes in Rosaceae. *Biologia Plantarum* 56, 465 - 472.

Miranda, C., Santesteban, L. G. and Royo, J. B. (2005) Variability in the relationship between frost temperature and injury level for some cultivated *Prunus* species. *HortScience* 40,357 - 361.

Mohamed, R., Wang, C. -T., Ma, C., Shevchenko, O., Dye, S. J., Puzey, J. R., Etherington, E., Sheng, X., Meilan, R., Strauss, S. H. and Brunner, A. M. (2010) Populus *CEN/TFL*1 regulates first onset of flowering, axillary meristem identity and dormancy release in *Populus*. *Plant Journal* 62,674 - 688.

Molitor, D., Caffarra, A., Sinigoj, P., Pertot, I., Hoffmann, L. and Junk, J. (2014) Late frost damage risk for viticulture under future climate conditions: a case study for the Luxembourgish winegrowing region. *Australian Journal of Grape and Wine Research* 20,160 - 168.

Mosedale, J. R., Wilson, R. J. and Maclean, I. M. D. (2015) Climate change and crop exposure to adverse weather: changes to frost risk and grapevine flowering conditions. *PLoS One* 10, e0141218.

Neilsen, D., Losso, I., Neilsen, G. and Guak, S. (2015) Development of chilling and forcing relationships for modeling spring phenology of apple and sweet cherry. *Acta Horticulturae* 1068,125 - 132.

Okie, W. R. and Blackburn, B. (2011) Increasing chilling reduces heat requirement for floral budbreak in peach. *HortScience* 46,245 - 252.

Olsen, J. E. (2010) Light and temperature sensing and signaling in induction of bud dormancy in woody plants. *Plant Molecular Biology* 73,37 - 47.

Oukabli, A. and Mahhou, A. (2007) Dormancy in sweet cherry (*Prunus avium* L.) under Mediterranean climatic conditions. *Biotechnologie Agronomie Société et Environnement* 11,133 - 139.

Overcash, J. (1965) *Heat Required for Pear Varieties to Bloom*. Association of Southern Agricultural Workers 1962 Convention, Texas.

Owens, C. L., Thomashow, M. F., Hancock, J. F. and Iezzoni, A. F. (2002) *CBF*1 orthologs in sour cherry and strawberry and the heterologous expression of *CBF*1 in strawberry. *Journal of the American Society for Horticultural Science* 127,489 - 494.

Patten, K., Nimr, G. and Neuendorff, E. (1989) Fruit doubling of peaches as affected by water stress. *Acta Horticulturae* 254,319 - 321.

Pawasut, A., Fujishige, N., Yamane, K., Yamaki, Y. and Honjo, H. (2004) Relationships between chilling and heat requirement in ornamental peaches. *Journal of the Japanese Society of Horticultural Science* 73,519 - 523.

Pearce, R. (1999) Molecular analysis of acclimation to cold. *Plant Growth Regulation* 29,47 - 76.

Pedryc, A., Hermán, R., Szabó, T., Szabó, Z. and Nyéki, J. (2008) Determination of the cold tolerance of sour cherry cultivars with frost treatments in climatic chamber. *International Journal of Horticultural Science* 14,49 - 54.

Philp, G. (1933) Abnormality in sweet cherry blossoms and fruit. *Botanical Gazette* 94,

815 - 820.

Polashock, J. J., Arora, R., Peng, Y., Naik, D. and Rowland, L. J. (2010) Functional identification of a C-repeat binding factor transcriptional activator from blueberry associated with cold acclimation and freezing tolerance. *Journal of the American Society for Horticultural Science* 135, 40 - 48.

Proebsting, E. L. and Mills, H. (1978) Low temperature resistance of developing flower buds of six deciduous fruit species. *Journal of the American Society for Horticultural Science* 103, 192 - 198.

Richardson, E., Seeley, S. D. and Walker, D. (1974) A model for estimating the completion of rest for Redhaven and Elberta peach trees. *HortScience* 9, 331 - 332.

Rinne, P., Welling, A. and Kaikuranta, P. (1998) Onset of freezing tolerance in birch (*Betula pubescens* Ehrh.) involves LEA proteins and osmoregulation and is impaired in an ABA-deficient genotype. *Plant, Cell and Environment* 21, 601 - 611.

Ríos, G., Leida, C., Conejero, A. and Badenes, M. L. (2014) Epigenetic regulation of bud dormancy events in perennial plants. *Frontiers in Plant Science* 5, 247.

Rodrigo, J. (2000) Spring frosts in deciduous fruit trees. Morphological damage and flower hardiness. *Scientia Horticulturae* 85, 155 - 173.

Rodriguez, A., Sherman, W., Scorza, R., Wisniewski, M. and Okie, W. R. (1994) 'Evergreen' peach, its inheritance and dormant behavior. *Journal of the American Society for Horticultural Science*. 119, 789 - 792.

Rohde, A. and Bhalerao, R. P. (2007) Plant dormancy in the perennial context. *Trends in Plant Science* 12, 217 - 223.

Rom, R. and Arrington, E. (1966) Effect of varying temperature regimes on degree-days to bloom in Elberta peach. *Proceedings of the American Society for Horticultural Science* 88, 239 - 244.

Roversi, A. (2001) Osservazioni sulla comparsa di frutti gemellati nel ciliegio dolce. *Frutticoltura* 3, 33 - 37.

Roversi, A., Monteforte, A., Panelli, D. and Folini, L. (2008) Observations on the occurrence of sweet cherry double-fruits in Italy and Slovenia. *Acta Horticulturae* 795, 849 - 854.

Ruiz, D., Campoy, J. A. and Egea, J. (2007) Chilling and heat requirements of apricot cultivars for flowering. *Environmental and Experimental Botany* 61, 254 - 263.

Ruml, M., Vukovic, A. and Milatovic, D. (2010) Evaluation of different methods for determining growing degree-day thresholds in apricot cultivars. *International Journal of Biometeorology* 54, 411 - 422.

Ruml, M., Milatovic, D., Vulic, T. and Vukovic, A. (2011) Predicting apricot phenology using meteorological data. *International Journal of Biometeorology* 55, 723 - 732.

Ruonala, R., Rinne, P. L. H., Kangasjärvi, J. and van der Schoot, C. (2008) *CENL1* expression in the rib meristem affects stem elongation and the transition to dormancy in populus. *Plant Cell* 20,59 - 74.

Saito, T., Bai, S., Ito, A., Sakamoto, D., Saito, T., Ubi, B. E., Imai, T. and Moriguchi, T. (2013) Expression and genomic structure of the dormancy-associated MADS box genes *MADS*13 in Japanese pears (*Pyrus pyrifolia* Nakai) that differ in their chilling requirement for endodormancy release. *Tree Physiology* 33,654 - 667.

Saito, T., Bai, S., Imai, T., Ito, A., Nakajima, I. and Moriguchi, T. (2015) Histone modification and signalling cascade of the dormancy-associated MADS-box gene, *PpMADS*13 - 1, in Japanese pear (*Pyrus pyrifolia*) during endodormancy. *Plant, Cell and Environment* 38,1157 - 1166.

Salazar-Gutiérrez, M. R., Chaves, B., Anothai, J., Whiting, M. and Hoogenboom, G. (2014) Variation in cold hardiness of sweet cherry flower buds through different phenological stages. *Scientia Horticulturae* 172,161 - 167.

Samish, R. and Lavee, S. (1962) The chilling requirement of fruit trees. *Proceedings of the 16 th International Horticultural Congress* 5,372 - 388.

Sánchez-Pérez, R., Dicenta, F. and Martínez-Gómez, P. (2012) Inheritance of chilling and heat requirements for flowering in almond and QTL analysis. *Tree Genetics and Genomes* 8,379 - 389.

Satake, A., Kawagoe, T., Saburi, Y., Chiba, Y., Sakurai, G. and Kudoh, H. (2013) Forecasting flowering phenology under climate warming by modelling the regulatory dynamics of flowering-time genes. *Nature Communications* 4,2303.

Saure, M. (1985) Dormancy release in deciduous fruit trees. *Horticultural Reviews* 7,239 - 299.

Southwick, S., Shackel, K., Yeager, J., Asai, W. and Katacich, M. Jr (1991) Over-tree sprinkling reduces abnormal shapes in 'Bing' sweet cherries. *California Agriculture* 45,24 - 26.

Srinivasan, C., Dardick, C., Callahan, A. and Scorza, R. (2012) Plum (*Prunus domestica*) trees transformed with poplar FT1 result in altered architecture, dormancy requirement, and continuous flowering. *PLoS One* 7, e40715.

Stepulaitienė, I., Žebrauskienė, A. and Stanys, V. (2013) Frost resistance is associated with development of sour cherry (*Prunus cerasus* L.) generative buds. *Žemdirbystė-Agriculture* 100,175 - 178.

Swartz, H. and Powell, L. Jr (1981) The effect of long chilling requirement on time of bud break in apple. *Acta Horticulturae* 120,173 - 178.

Szabó, Z., Nyéki, J. and Soltész, M. (1996) Frost injury to flower buds and flowers of cherry varieties. *Acta Horticulturae* 410,315 - 321.

Szewczuk, A., Gudarowska, E. and Dereń, D. (2007) The estimation of frost damage of some peach and sweet cherry cultivars after winter 2005/2006. *Journal of Fruit and Ornamental Plant Research* 15,55 - 63.

Tersoglio, E., Naranjo, G., Quiroga, O. and Setien, N. (2012) Identification of start conditions of sweet cherry ecodormancy varieties: Brooks, New Star, Garnet and Stella. *ITEA* 108, 131–147.

Tucker, L. (1934) Notes on sweet cherry doubling. *Proceedings of the American Society of Horticultural Science* 32, 300–302.

Tucker, L. (1935) Additional notes on sweet cherry doubling. *Proceedings of the American Society of Horticultural Science* 33, 237–239.

Tufts, W. and Morrow, E. (1925) Fruit-bud differentiation in deciduous fruits. *Hilgardia* 1, 1–14.

Turhan, E. and Ergin, S. (2012) Soluble sugars and sucrose-metabolizing enzymes related to cold acclimation of sweet cherry cultivars grafted on different rootstocks. *Scientific World Journal* 2012, 979682.

Vitasse, Y., François, C., Delpierre, N., Dufrêne, E., Kremer, A., Chuine, I. and Delzon, S. (2011) Assessing the effects of climate change on the phenology of European temperate trees. *Agricultural and Forest Meteorology* 151, 969–980.

Wang, D., Karle, R. and Iezzoni, A. F. (2000) QTL analysis of flower and fruit traits in sour cherry. *Theoretical and Applied Genetics* 100, 535–544.

Wang, S., Yuan, C., Dai, Y., Shu, H., Yang, T. and Zhang, C. (2004) Development of flower organs in sweet cherry in Shanghai area. *Acta Horticulturae Sinica* 31, 357–359.

Webb, L. B., Whetton, P. H. and Barlow, E. W. R. (2007) Modelled impact of future climate change on the phenology of winegrapes in Australia. *Australian Journal of Grape and Wine Research* 13, 165–175.

Weinberger, J. (1950) Chilling requirements of peach varieties. *Proceedings of the American Society of Horticultural Science* 56, 122–128.

Welling, A. and Palva, E. T. (2006) Molecular control of cold acclimation in trees. *Physiologia Plantarum* 127, 167–181.

Westergaard, L. and Eriksen, E. (1997) Autumn temperature affects the induction of dormancy in first-year seedlings of *Acer platanoides* L. *Scandinavian Journal of Forest Research* 12, 11–16.

Westwood, M. (1993) *Temperate-zone Pomology: Physiology and Culture*, 3rd edn. Timber Press, Portland, Oregan.

Whiting, M. and Martin, R. (2008) Reducing sweet cherry doubling. *Good Fruit Grower* 59, 24–26.

Wisniewski, M., Bassett, C. and Gusta, L. (2003) An overview of cold hardiness in woody plants: seeing the forest through the trees. *HortScience* 38, 952–959.

Wisniewski, M. E., Bassett, C. L., Renaut, J., Farrell, R., Tworkoski, T. and Artlip, T. S. (2006) Differential regulation of two dehydrin genes from peach (*Prunus persica*) by photoperiod, low temperature and water deficit. *Tree Physiology* 26, 575–584.

Wisniewski, M., Norelli, J., Bassett, C., Artlip, T. and Macarisin, D. (2011) Ectopic expression of a novel peach (*Prunus persica*) *CBF* transcription factor in apple (*Malus*

× *domestica*) results in short-day induced dormancy and increased cold hardiness. *Planta* 233, 971–983.

Wisniewski, M., Nassuth, A., Teulières, C., Marque, C., Rowland, J., Cao, P. B. and Brown, A. (2014) Genomics of cold hardiness in woody plants. *Critical Reviews in Plant Sciences* 33, 92–124.

Xu, F., Zhang, X. and Luo, J. (2014) Major limiting factors and improvements measures on sweet cherry cultivation in southern China. *Acta Agriculturae Shanghai* 30, 106–112.

Yu, X. M., Griffith, M. and Wiseman, S. B. (2001) Ethylene induces antifreeze activity in winter rye leaves. *Plant Physiology* 126, 1232–1240.

Zalunskaitė, I., Rugienius, R., Vinskienė, J., Bendokas, V. and Gelvonauskienė, D. (2008) Expression of *COR* gene homologues in different plants during cold acclimation. *Biologia* 54, 33–35.

Zavalloni, C., Andresen, J. A. and Flore, J. A. (2006) Phenological models of flower bud stages and fruit growth of 'Montmorency' sour cherry based on growing degree-day accumulation. *Journal of the American Society for Horticultural Science* 131, 601–607.

Zhang, X., An, L., Nguyen, T. H., Liang, H., Wang, R., Liu, X., Li, T., Qi, Y. and Yu, F. (2015) The cloning and functional characterization of peach *CONSTANS* and *FLOWERING LOCUS T* homologous genes *PpCO* and *PpFT*. *PLoS One* 10, e0124108.

Zhu, Y., Li, Y., Xin, D., Chen, W., Shao, X., Wang, Y. and Guo, W. (2015) RNA-Seq-based transcriptome analysis of dormant flower buds of Chinese cherry (*Prunus pseudocerasus*). *Gene* 555, 362–376.

9 樱桃生产的环境限制因素

9.1 导语

由于消费者对鲜果需求的增加，因此全球樱桃生产，特别是甜樱桃产量自21世纪初以来不断增加。甜樱桃的生产已经扩大到那些以前未曾种植过的地区和土壤，这促使人们需要更好地了解环境因素对樱桃生产的影响和限制。与此同时，随着最先在苹果园开始的矮密栽培的成功，樱桃果农也开始尝试利用矮化砧的高密度栽培模式。如果要实现经济上期望的最大单果重，那么单位面积的更高产量和早熟性将会改变果园营养和水分管理策略。

尽管甜樱桃生产面积不断增加，但是作为一种特殊的水果作物，对其开展的研究远远少于其他落叶水果，如苹果和桃。早期开展的樱桃对养分（Westwood 和 Wann，1966）和水分需求规律的研究（Hanson 和 Proebsting，1996）已经认识到必须参考其他果树的研究成果，同时总结樱桃的研究特点。本章将总结非生物和生物土壤特征对优化樱桃生产的主要潜在限制因素，克服或避免此类限制的策略。

9.2 影响樱桃生产的非生物土壤因素

9.2.1 土壤有机质

有机物质（OM）在提高土壤质量方面的益处早已在标准土壤教科书中得到认可和描述（Brady 和 Weil，1996）。有机生产的核心理念是通过施用有机肥料增加土壤有机质（Neilsen 等，2009a）。尽管有机肥料通常含有比无机化学肥料更低的营养成分，但它们在分解时释放多种植物营养物质，而化学肥料仅提供一种或多种营养物质。有机分解过程还会产生腐殖质和有机酸，提供丰富的化学反应性化合物，增加土壤的营养交换能力，并化学缓冲土壤，防止 pH 值和盐度的不利变化。因为有机物和矿物组分之间的相互作用产生改善土壤的物理结构可以增加持水能力和通气，降低对过度压实和侵蚀的敏感性，所以具有较高有机物质的土壤通常预期会增加土壤生物活性，从而增强土壤和根系健康。然而，樱桃仍可在以下的土壤中成功栽培和生长，如从有机物质含量小于1%的温暖半干旱地区的沙质土壤到有机质含量高达10%的温带地区，该地土壤以前有大量的有机物质投入历史及植被覆盖。虽然提高樱桃果园的生产性能与增加土壤有机物质之间的关联并不总是直接的，但提高OM低于2%的土壤的有机物质含量是一个很好的管理策略。这可以通过施用有机覆盖物或有机改良剂得以实现(见第10章)。

9.2.2　土壤pH值

通常建议将土壤pH值保持在pH6.0～7.0，以使樱桃能保持最佳生长状态。这种微酸到中性的pH值范围优化了大多数植物元素的潜在可用性(见图9.1)。樱桃在土壤pH值超过7.0时可能表现出锰(Mn)、锌(Zn)和铁(Fe)等微量元素缺乏症状，特别是在pH值为8.2或更高的含有游离碳酸钙的土壤中表现更加明显。具有高pH值的土壤也容易受钠(Na)和氯化物(Cl)有毒离子积累的影响。酸性土壤如果酸度过高将会抑制樱桃的生长。由于与土壤基质浸

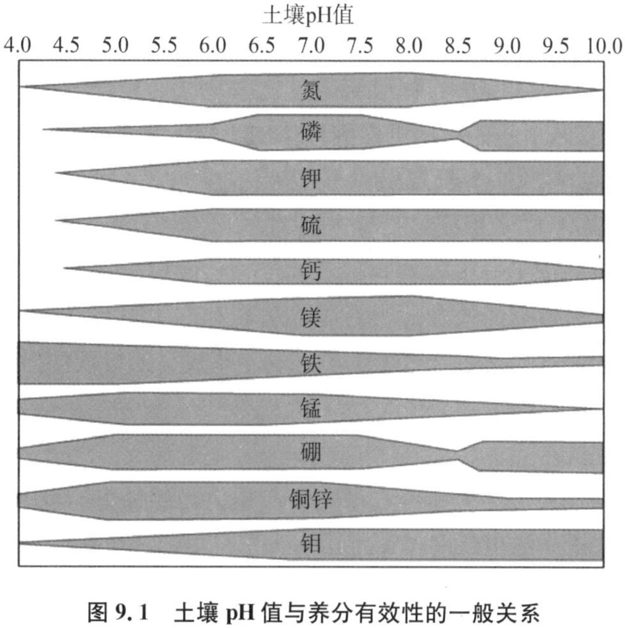

图9.1　土壤pH值与养分有效性的一般关系
(栏宽越宽表示相对可利用性越高)

出相关的酸化作用，因此这种情况可能在具有粗糙纹理的土壤中发生，并且还与大量植物可利用的铝(Al)和锰(Mn)的释放有关。当土壤 pH 值低于 5.5 时，铝(Al)会在有毒的土壤和叶片里进一步积累，这将导致甜樱桃幼苗的死亡(Melakeberhan 等，1995)，并抑制初始根和顶端生长(Neilsen 等，1990)。在那些再植的甜樱桃园，经历过相关管理导致土壤 pH 值下降，可以更容易地观察到低土壤 pH 值导致的后果。将土壤 pH 值调整到樱桃树的最佳适应范围是可能的，特别是在建立果园之前，在不损害现有根系的情况下，可以很容易地在土壤中加入 pH 值有机改良剂(见第 10 章)。

9.2.3 土壤盐碱化

尽管与大多数落叶果树一样，樱桃树被认为对过度的土壤盐分敏感，但是关于樱桃树耐盐性的研究较少。在李属植物如桃和李(Maas, 1987)上，营养生长减少可能发生在相对较低的盐度阈值 1.5～1.7 dSm^{-1}。对盐分过高的不耐受性可能部分与植物对特定离子毒性的敏感性有关，如 Cl^-、Na^+ 和 B^{3+}。目前还没有关于樱桃砧木耐盐性的研究报道。

9.2.4 土壤肥力

由于通过测定各种营养提取物并结合植物的养分吸收和生长情况评估土壤肥力的研究大多数是在一年生而不是多年生作物上进行的，因此在大多数产区，寻求表征其果园营养状况的果农得到的通常是为大田作物而非樱桃开发的土壤测试结果。可提取的关键营养物质测定可能因地区而异，其对樱桃的效用通常取决于当地经验，而不是任何用于樱桃种植的正式土壤校准结果。例如，表 9.1 总结了北美洲常见的单个营养物质的结果。最近，一种通用的化学萃取剂(Mehlich-3，见表 9.1)被开发出来，它可以通过电感耦合等离子体发射分光光度计(光谱线)同时测量单一萃取物中的多种植物营养成分。到目前为止，对樱桃树生长表现相关联数据的校准还很有限。尽管有这些限制，但是通过各种可提取的营养物质的测试对于特定营养物质可利用率极高或极低的果园的鉴别还是有价值的。

氮(N)

果园土壤需要为每年的叶片和果实生产提供足够的氮，其中对氮的需要是所有必需营养元素中浓度最高的。土壤中大部分氮的吸收是通过樱桃根吸收硝态氮(NO_3-N)或铵态氮(NH_4-N)(见图 9.2)。这些有效的氮来源于土壤中微生物介导的过程，包括从有机物质来源的 N 的矿化产生 NH_4-N 并随后将 NH_4-N

表 9.1 测量植物可利用的营养成分,酸度(pH 值),盐度(电导率)和石灰需求量所常用的化学萃取剂[①]

营养元素	萃取剂
NH_4 - N, NO_3 - N	KCl
P(Olsen-P)	$NaHCO_3$
可交换的 Ca, Mg, K, Na	pH＝7.0(NH_4CH_3COOH)
B	热水
微量元素 Zn, Mn, Fe, Cu	$CaCl_2$, $MgCl_2$, EDTA, DTPA
通用提取(P, K, Ca, Mg, Na, Cu, Zn, Mn, P, Fe)	梅利希- 3[②]
土壤 pH 值	水,$CaCl_2$
土壤电导率	水
土壤石灰需求	SMP 缓冲液

注:① 有关详细信息,请参阅当地土壤测试实验室程序或标准分析方法文本,如 Carter 和 Gregorich (2008)。

② 通用萃取溶液,由乙酸(CH_3COOH)、硝酸铵(NH_4NO_3)、氟化铵(NH_4F)、硝酸(HNO_3)和乙二胺四乙酸(EDTA)组成。

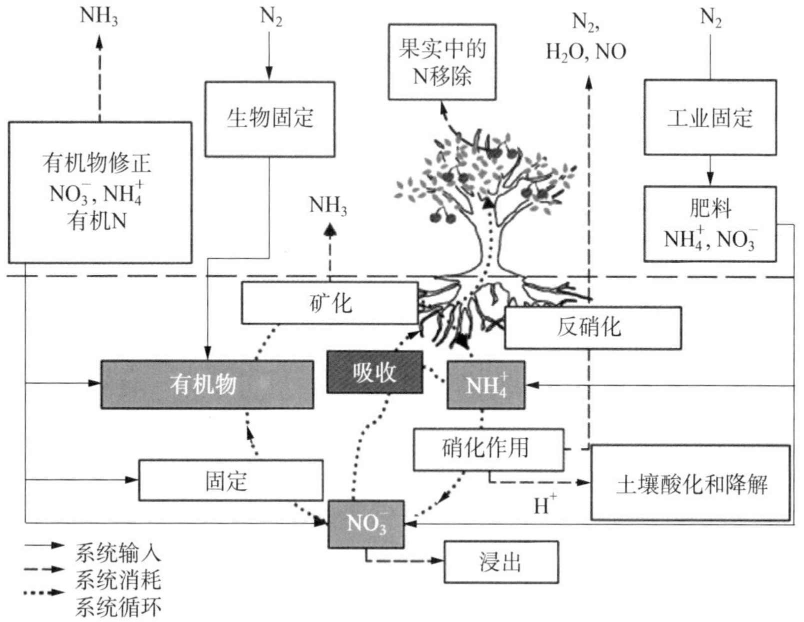

图 9.2 典型樱桃园内氮(N)的潜在流向

硝化成 NO_3-N。土壤氮储量能够通过添加能提供铵或硝酸盐形式氮的化学肥料来增加，氮的形式具体取决于肥料的化学组成。有机改良剂通常含有比化学肥料低得多的氮含量，其中氮以有机形式提供，在根吸收之前转化为易利用的铵或硝酸盐。硝酸盐非常易溶于水，当大量水通过果园根区时会发生浸出损失，这种情况可能发生在春季融雪期间或降雨强度高或灌溉超过果树需水量的时候。氮也可以从果园土壤中以氨气（NH_3）或氧化亚氮（N_2O）的气态形式损失，通过避免在高 pH 值土壤表面施用含铵的肥料或有机改良剂，可以大大减少 NH_3 气体的产生；在土壤含水率较高时，N_2O 作为大气中的一种强效温室气体，通过反硝化作用产生。

果园土壤中氮素的动态转化、添加和流失，给土壤中有效氮素的测定带来了困难。无论如何，通过常用的提取剂如氯化钾（KCl，见表 9.1）测定的高土壤 NO_3-N 或 NH_4-N 值可以作为在生长季节结束时过量施氮的指标。

磷(P)

磷在樱桃园土壤中相对于氮的溶解度有限，这是由于在高 pH 值土壤中磷与钙形成了不溶性磷酸盐沉淀物，在低 pH 值土壤中形成了铝和铁的不溶性磷酸盐沉淀物（见图 9.1）。常用的磷提取物（见表 9.1）在预测甜樱桃对施磷肥的响应方面应用有限。在某种程度上，可抽提的土壤磷含量可用于指导樱桃种植者在某些特定的果园中土壤处于极低或高的磷水平。

钾(K)、镁(Mg)、钙(Ca)

这三种土壤养分，通常称为碱性阳离子，由于与黏土矿物和土壤有机质的潜在相互作用，被认为在土壤中具有中等的流动性。这种相互作用可以用来衡量土壤的阳离子交换能力，可以通过减缓这些营养素的供应防止淋溶损失。但是，对伊利石、蛭石等特定黏土矿物的不可逆吸附会降低植物对钾的利用率，具有高钾固定能力的这种土壤相对于非钾固定土壤需要增加钾肥的施用率以确保根部充分吸收钾。土壤含水率越低，可溶性钾的有效性越低。土壤钾含量高而钾吸收量却偏低，可能是植物水分胁迫的一个标志。

一般来说，碱性阳离子的可利用性是 $Ca^{2+}>Mg^{2+}>K^{+}$，这是在含有更强吸附阳离子的溶液中（如铵离子）萃取后测定的结果（见表 9.1）。每种物质的相对有效性取决于土壤中所含矿物质的组成，从而提高了土壤中个别营养物质异常富集或耗竭的可能性。土壤测试可以测定土壤中部分高浓度阳离子可能对其他阳离子的吸收产生的不利影响。土壤高比例的 Ca^{2+}/Mg^{2+}、Ca^{2+}/K^{+} 和 K^{+}/Mg^{2+} 对于那些可用性低的营养物可能会成为特别问题。粗糙纹理的砂岩、砂质壤土和 pH 值与有机物质含量低的壤质砂岩最容易出现镁和钾的供应不足。由于大多数土壤的特征是可用性钙含量高，因此钙很少对树体生长造成限制。钙的有效性与 pH 值密切相关，用钙化材料进行石灰处理以避免低 pH 值的有害影响也足以维持足够的土壤钙供应。

微量元素：硼(B)、锌(Zn)、锰(Mn)、铁(Fe)和铜(Cu)

土壤中硼总含量通常适中，范围为 2～200 ppm，植物容易获得的比例也较小(大约 5%)。作为可溶性硼酸形式，硼易于被吸收，但是当施用大量低硼灌溉水时，硼也容易从砂质壤土中浸出。土壤有机质是植物可利用硼的重要潜在来源，可在湿润地区沉积。在高 pH 值下，土壤硼有效性增加(见图 9.1)。然而，在这种高 pH 值土壤中，樱桃的生长常常受到盐分过高和钠或氯毒性的抑制。由于其易溶解，因此有毒硼的水平可在渗滤液积聚的位置或当用含有高浓度硼的水灌溉时积累。在硼缺乏和产生毒性的浓度之间范围非常狭窄，与已知的果树对硼供应变化的敏感性特点相比，表明它可用于确定樱桃园土壤中的硼的水平。已经针对一系列作物制定了指南，使用热水可抽提的硼含量，可作为硼可用性指标(见表 9.1)。

土壤 pH 值超过 7.0 时，土壤中微量元素锌、锰、铁、铜的有效性降低。锌、锰、铁和铜的二乙基三胺五乙酸萃取法已广泛应用于非果园作物元素阈值的建立(见表 9.1)，结合组织分析可用于鉴定樱桃相关元素缺乏或有毒害状况。

9.2.5　土壤质地、孔隙度和持水能力

除了作为植物生长养分的主要来源之外，土壤颗粒的物理排列对土壤基本性质具有强烈影响，如孔隙度、土壤的通气性和保湿能力。土壤质地可以按照土壤测试实验室中分析的标准来进行测定，根据单个土壤颗粒尺寸的百分比不同可分为砂土(直径 0.05～2.0 mm)、粉土(0.002～0.05 mm)和黏土(小于 0.002 mm)。参照一个标准的纹理三角形(见图 9.3)，根据细颗粒、中等颗粒和粗颗粒是否占主导地位，可以将果园土壤进行分类。由于颗粒大小影响关键的土壤性质，包括持水能力、容重、孔隙率以及由此而产生的通气能力，因此在不同的土壤类别间存在着很大的管理差异(见表 9.2)。

土壤持水能力的确定是通过一定范围内外部施加的能量计算土壤排水和干燥以表征持水能力(见图 9.4)。田间持水量和永久枯萎点(大多数植物遭受不

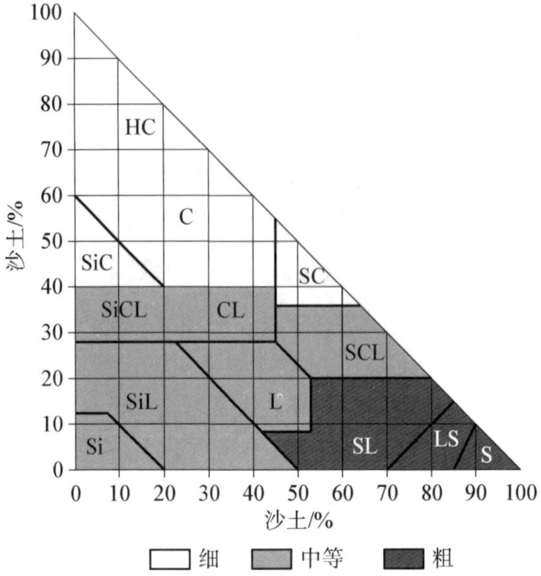

H—黏重土；C—黏土；Si—粉土；L—壤土；S—砂土。

图 9.3 土壤质地三角形代表每种土壤质地类别中沙子，粉土和黏土的相对百分比

表 9.2 土壤质地对可用储水量、容重和孔隙度的影响

土壤质地	储水量/(cm/m)	容重/(g/cm^3)	孔隙度/%
粗			
沙土	8.3	>1.6	60
壤质沙土	10.0	1.6	
砂质壤土	12.5	1.4	
细砂壤土	14.2		
中等			
壤土	17.5		
粉质壤土	20.8	1.3	
黏壤土	20.0	1.2	
细			
黏土	20.0	1.1	30
有机土壤	>25.0	<1.0	

可恢复的损害的土壤含水量）之间的含水量差值被认为是土壤对可用水的储存能力（见表 9.2）。饱和度表示水完全占据土壤孔隙，而田间持水量（相当于外部

施加 10 kPa 的压力)表示土壤停止自由排水后的土壤含水量。假定永久萎蔫点土壤含水量相当于 1 500 kPa,然而,对于根密度低的多年生果树作物,如樱桃,由于蒸发需求高导致在根周围产生干燥的土壤环境,在土壤达到 1 500 kPa 之前就可能发生显著的水分胁迫。无论如何,将植物可用含水量定义为 10～1 500 kPa,可以有效地说明土壤质地对水分管理策略的重要影响。质地粗糙的土壤保留植物可利用的水分较少,排水迅速,因此更容易发生干旱,特别是在浅层和多石的土壤中(见表 9.2)。细密结构的土壤能保留更多的水分,但在含水量高的情况下容易发生通气不良等问题。

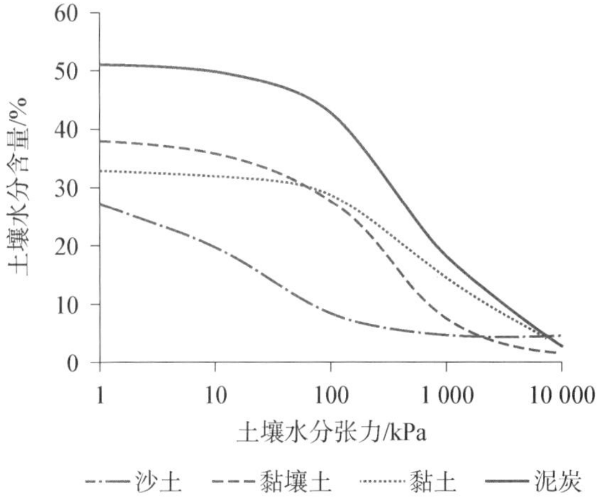

图 9.4 不同土壤质地的广义土壤持水量曲线
(表示不同土壤水分张力下的土壤含水量)

9.3 影响樱桃生产的生物土壤因素

9.3.1 连作障碍和根腐线虫(*Pratylenchus penetrans*)

老果园中重新种植幼树通常会受到连作障碍的影响,这会对整个种植过程中的生产能力产生重大影响。据报道根腐线虫(*Pratylenchus*)与樱桃再植生长不良有关(Mai 和 Abawi, 1978; Mai 等,1994)。影响温带果树生长的主要是根腐线虫,虽然其他种类的线虫属是果树寄生虫,并且与苹果再植生长不良有关(Nyczepir 和 Halbrendt, 1993; Dullahide 等,1994)。在地中海地区,特别是伤残根腐线虫(*Pratylenchus vulnus*)对包括李属植物(*Prunus* spp.)在内的多种水果和坚果树种具有破坏性(Pinochet 等,1991,1996a)。相反,一些短体线虫并不在李属植物上繁殖(Pinochet 等,1991)。

研究发现,在没有根腐线虫或线虫种群密度较低的土壤中,也会发生连作障碍,这表明其他土传病害是造成连作障碍的重要原因(Mai 和 Abawi, 1978; Traquair, 1984; Mazzola 和 Manici, 2012)。由于从患再植病的果树中分离出的柱胞属(*Cylindrocarpon*/*Ilyonectria*),丝核菌属(*Rhizoctonia*)和腐霉属(*Pythium*)等多种真菌,在再次接种到苹果幼苗后可引起病害的发生,因此被认为是苹果再植病的潜在原因(Traquair, 1984; Mazzola, 1998; Mazzola 和 Manici, 2012; Manici 等,2013)。一些研究者推测,在苹果和樱桃上引起再植疾病的真菌可能分别是这些植物物种特有的,这导致了"特定再植疾病"概念的产生(Traquair, 1984)。到目前为止,还没有研究能提供明确的证据支持这种特定再植疾病的观点。来自老苹果园的未消毒或未熏蒸的土壤相对于消毒或熏蒸的土壤通常会抑制樱桃树的生长,反之亦然(Mai 和 Abawi, 1978)。此外,在这方面尽管对于樱桃和其他李属植物的研究比苹果的研究要少,从樱桃和其他李属植物中分离出的真菌表现出的再植病症状与从苹果中分离出的真菌大体相似(Fliegel 等,1963; Browne 等,2006; Urbez-Torres 等,2016)。

根腐线虫不仅通常与连作障碍有关,而且对樱桃树的生理和成熟期生长也有重要影响。有研究表明根腐线虫会降低樱桃树的耐寒性(Edgerton 和 Parker, 1958),这种效应的产生机制尚不清楚,值得进一步研究。

根腐线虫和连作障碍的管理历来依赖再植前的熏蒸。随着溴甲烷的逐步淘汰,熏蒸剂的选择主要包括广谱异硫氰酸酯释放制剂(如 Vapam, AMVAC; Basamid®, Certis USA),三氯硝基甲烷和熏蒸杀线虫剂 1,3-二氯丙烯(Telone® II, Dow AgroSciences)。栽培和生物管理方法可用于减少根腐线虫数量和再植障碍的影响,主要包括用十字花科植物绿肥、甘蓝种子粕或一些粪肥和粪料浆进行生物熏蒸(Forge 等,2016b)。果树栽植前种植能抑制线虫的覆盖作物如万寿菊(*Tagetes* spp.)也非常有效(Forge 等,2016b)。以相对高的比率(大于 50 t/ha)施用掺有中性碳(C/N≈12)的成熟堆肥,可以抑制根腐线虫种群数量和改善土壤质量,从而解决覆盆子和樱桃的再植问题(Forge 等,2016a, c)。此外,可以借鉴最近在蔬菜生产上测试的厌氧土壤灭虫法,是一个值得考虑的策略,但目前还未在果树作物上进行试验评估(Lamers 等,2010; Butler, 2012)。

一些新育成的苹果砧木比广泛应用的如 M9(Robinson 等,2012)更能耐受连作障碍的影响。虽然近年来樱桃砧木的种类越来越多,但人们对樱桃砧木对根腐线虫或再植疾病真菌成分的不同敏感性知之甚少。初步研究发现,在"斯吉纳"甜樱桃高密度栽培整形模式中,"吉塞拉 3 号"砧木比"吉塞拉 5 号"或"吉塞拉 6 号"容易受到根腐线虫的侵染(Neilsen 等,2016)。

9.3.2 其他线虫

环状线虫(*Mesocriconema xenoplax*)

外寄生环状线虫是危害桃、李等作物生长的重要病原体。对包括甜樱桃在内的多种李属植物寄主状况的研究表明,在环状线虫的取食和繁殖能力方面,李属植物基因型之间几乎没有差异,这表明甜樱桃对这种线虫具有易感性(Westcott 和 Zehr, 1991; Westcott 等,1994)。环状线虫对桃树生理的影响已被广泛研究,包括冬季损伤的易感性增加和随后对细菌溃疡病的易感性,从而导致桃树寿命缩短(Olien 等,1995; Cao 等,2006; Browne 等,2013)。关于樱桃特定寄主与寄生虫之间相互作用的研究很少,考虑到环状线虫在樱桃上的繁殖力与在桃树上相似,推测环状线虫对樱桃具有显著的负面影响。

剑状线虫(*Xiphinema* spp.)

剑状线虫是一种外寄生虫,在具有高种群密度的土壤中可直接削弱树势和降低产量。然而,更为重要的是这些线虫是作为病毒载体。美洲剑线虫(*Xiphinema americanum*)种群中的大多数个体都携带有樱桃锉叶病毒和番茄环斑病毒,这两种病毒对樱桃的危害都特别大。如果在受病毒感染的树木根部发现了美洲剑线虫,那么除要清除树木本身外,还需要对受病毒感染树木周围的土壤进行熏蒸消毒。

根结线虫(*Meloidogyne* spp.)

根结线虫是不迁徙的内寄生物。土壤中的感染性幼虫侵入植物根尖,建立永久性的取食点,导致根部肿胀或"结"的形成,根功能受损,以及引起宿主生理上的其他变化,最终削弱树势。在樱桃和其他李属植物上,危害最大的三种根结线虫是南方根结线虫(*Meloidogyne incognita*)、花生根结线虫(*Meloidogyne arenaria*)和爪哇根结线虫(*Meloidogyne javanica*),它们都被限制在土壤冻结深度不超过几厘米的区域。北方温带地区的北方根结线虫(*Meloidogyne hapla*)被认为是寄生酸樱桃的主要物种(Nyczepir 和 Halbrendt, 1993)。虽然其与甜樱桃和"马哈利"之间的关系尚未研究过,但在北方温带地区普遍不被认为对樱桃有危害。李属植物内对根结线虫(*M. incognita*, *M. arenaria* 和*M.*

javanica）的抗性差异较大（Marull 和 Pinochet，1991；Fernandez 等，1994 年；Saucet 等，2016），并在桃、李、扁桃砧木材料中鉴定出了抗性基因。抗根结线虫的桃砧木“Nemaguard”“Guardian”和“Nemared”已经广泛用于商业果园。根结线虫抗性似乎不是选育樱桃砧木的主要指标，并且目前市面上还没有对根结线虫具有抗性的樱桃砧木。正在进行的将桃、李和扁桃的根结抗性基因通过种间杂交聚集到砧木材料中的研究（Sauc 等，2016）可能最终会为樱桃抗根结线虫砧木的开发提供帮助。

9.3.3 根癌病

根癌病（又名冠瘿病）是一种严重危害樱桃树根冠的疾病。它是由细菌 *Rhizobacterium radiobacter* 引起的，以前称为根癌农杆菌（*Agrobacterium tumefaciens*）。这种细菌广泛存在于农业土壤中并通过感染根部伤口使植株患病，通常出现在移植过程，例如从苗圃挖掘和处理树木的过程中，以及种植到受侵染的土壤中时受到感染。根癌病对感染严重的果园生产具有毁灭性的危害。“马扎德”和“考特”砧木对根癌病非常敏感，而“吉塞拉 5 号”和“吉塞拉 6 号”砧木对根癌病的抗性表现要强得多。

对于大多数土壤，再植前熏蒸可以有效地控制根癌病，而历史上广泛依赖再植前熏蒸控制寄生线虫和再植病害的做法，掩盖了根癌病对樱桃生产的潜在影响。欧洲和北美最近在熏蒸可接受性方面监管的变化，降低了对再植前熏蒸的依赖，与植物-寄生线虫一样，根癌病的发生程度可能会增加。在感染部位不引起疾病但能与细菌的致病菌株竞争的 *R. radobacter* 菌株（如 K84、K1026）可商用作为预防性浸根处理产品，例如 Nogall™（BASF）和 Galltrol（AgBioChem）。同时，也可以使用化学防治产品（如 Gallex ®，AgBioChem）。

9.3.4 根际共生体

包括丛枝菌根真菌（AMF）、根际细菌和根际相关真菌在内的几种与植物根形成共生关系或定植于根际的微生物，具有抑制病原体（如与再植病有关的病原体）、增强磷的吸收，以及增强根的生长和功能的潜力。在果树作物中，与 AMF 的相互作用比与其他根际生物群的相互作用得到了更广泛的研究。增强根对磷、锌和铜的吸收似乎是 AMF 对大多数植物的主要益处，但能增强对根系病原体的抗性是 AMF 对果树的另一个同样重要的益处（Pinochet 等，1995，1996b）。Pinochet 等（1996b）总结了 AMF 减少线虫感染和改善包括李属植物在内的一系列果树砧木生长的10余项对照研究。接种AMF减少了近一半的伤残根腐线虫(*P. vulnus*)的感染,包括一些李属植物。在几乎所有的试验中,观察到宿主对线虫感染的耐受性增强(即尽管线虫存在,但其生长能力和营养吸收能力却增强了)。

虽然在试验条件下,AMF对李属植物砧木的好处非常突出,但当果园接种量不足时,尚不清楚商业接种AMF是否值得,尤其是在熏蒸之后。一项关于"渥太华3"苹果砧木的研究发现,接种AMF可以减少因根系损伤而导致的线虫感染,并能提高在熏蒸消毒过的土壤的生长速度及磷、铜和锌的吸收(Forge等,2001)。在充分评价商业AMF接种剂的实际效益之前,需要对再植土壤中接种潜力加强了解。

有利于根际土壤大批生长的非丛枝菌根微生物包括根际细菌属,如芽孢杆菌、伯克霍尔德菌、假单胞菌、节杆菌、根瘤菌、放线菌和链霉菌,以及真菌属如曲霉菌、木霉菌和青霉菌(Whipps, 2001; Harman等,2004; Haas和Défago, 2005; Owen等,2015)。与AMF一样,许多潜在的生物接种剂似乎具有多种益处,包括增强对病原体的抗性,对非生物胁迫的耐受性和根际磷的活化。尽管对这些生物中的一些作为生物接种剂的物质投入了大量的研究,但很少有已发表的研究证明它们可用于改善果树作物,尤其是樱桃的连作障碍。

9.3.5　土壤健康

土壤健康是指"具有活力的土壤在自然或被管理的生态系统内发挥作用,保持植物和动物可持续生产力,维持或提高水和空气质量,促进植物和动物健康的能力"(Doran, 2002)。健康土壤与具有同一母体、质地和气候的不健康土壤属性的不同主要是生物活动的结果。这主要包括土壤聚集能力(改善的土壤结构)和持水能力的增强,有效的凋落物分解、营养物质固定和矿化过程的调节,以及促进根际相互作用和直接促进根的生长与健康。

稳定的土壤养分库的形成是增施的有机物质的分解和营养物质结合微生物的结果,随后土壤食物网中的营养相互作用刺激了营养物质的释放,该过程涉及了多种噬食微生物的土壤小型和中型动物。这种营养相互作用还可以减少具有高C/N比的有机物质可能发生的严重营养固定化的程度和持续时间,例如当某些作物残留物掺入土壤时(Ferris等,1998; Chen和Ferris, 1999年)。大量微生物的存在还可以帮助暂时固定肥料或家禽粪便等营养丰富的肥料中过量的矿物质如氮和磷,从而减少营养浸出的可能性。

根际的相互作用直接影响根系的健康、功能和生长，比块状土壤的根际相互作用更为复杂，也尚未弄清楚。它们包括上述有益的共生关系，如在根际定植促进植物生长的根际细菌和类似的有益微生物，如木霉菌（*Trichoderma* spp.）等。最近的研究表明，根际微生物的一些原生生物和线虫可以通过强化养分循环以外的机制直接刺激根的生长，推测是植物激素等促生长因子的产生而导致的结果（Cheng 等，2011）。抑制寄生线虫和真菌病原体种群积累，以及抑制它们攻击作物根系的能力也有利于维持健康土壤，因为与健康土壤有关微生物活动和土壤动物的多样性通常有助于抑制根病原体和寄生线虫群体的增加（Janvier 等，2007；Timper，2014）。因此，果园再植病害的出现可视为土壤生态系统健康状况不佳的结果。尽管土壤传播的病原体（如根损伤线虫）依然存在，但是促进土壤健康和多种有益土壤功能的管理措施将促进根系的旺盛生长，并且实现再植果园的建立和经济生产。

9.4 季节性营养限制

虽然关于多年生樱桃果园的年营养需求量，几乎没有文献记录，但是如果在鲜重的基础上测量产量、树木密度和果实营养成分浓度，那么就可以很容易地计算出单位面积随收获的果实带走的养分。如果不对代表性树木周年破坏取样进行近似估计，那么就很难估计与地上器官和芽以及地下根系的增量生长有关的年养分需求量。此外，确定落花、落果和果梗、夏季和休眠期的修剪以及落叶中回收的养分也具有挑战性，所有这些都可以不同程度的保留和分解在果园中。当尝试估算年度总营养需求量时，与许多一年生作物相比，以千克/公顷（kg/ha）表示的值往往较低（见表 9.3）。

虽然了解全树营养需求是有用的，但大多数果园都能在生长季节通过管理避免养分胁迫的发生。仲夏期间，具有代表性生长势的新梢中上部的化学成分是监测樱桃园营养状况的标准。可以对大多数营养元素的推荐范围进行比较（见表 9.4）。相对于苹果而言，关于樱桃果实鲜重营养物质浓度的信息要少得多，元素缺乏和过量阈值尚未确定。表 9.4 列出了一系列试验研究报告的典型鲜重值以供参考。

虽然品种和砧木基因型影响叶片和果实的营养物质浓度，但没有足够的信息以制定特定品种或砧木的营养标准。嫁接在矮化砧木上的“宾库”比乔化砧木“马扎德”樱桃树的产量更高，而叶片中镁和钾含量更低，这表明它们吸收养分的内在能力不同（Neilsen 和 Kappel，1996）。与“考特”砧樱桃树相比，以“F 12/1”

为砧木的樱桃树叶片中氮、磷、钾含量更低(Ystaas 和 Frøynes, 1995b)。通过分析三个地点多达 18 种砧木上的“宾库”和“海德尔芬格”甜樱桃与“蒙莫朗西”酸樱桃的休眠短果枝中大量元素和微量元素含量,结果显示接穗、地点和土壤类型相关,砧木结果趋势不一,没有揭示与砧木树势有任何的相关性(Lang 等, 2011);砧木和接穗基因型间钾、磷、镁和硫的含量水平最为一致。果实负载量的不同也会影响每年樱桃叶的养分水平。在丰产年份,“吉塞拉 5 号”砧木上的“拉宾斯”甜樱桃叶片中磷和钾浓度较低(Neilsen 等,2007)。这意味着,果园在丰产年进行叶片分析后,果园磷和钾营养不足的现象可能更为明显。

表 9.3 樱桃园年营养需求总量估计

品种	砧木	栽植密度/(株/公顷)	树龄/年	营养元素/(kg/ha)				
				N	K	Ca	Mg	P
肖特摩尔[①]	*P. avium*	667	8~10	95	57	42	10	4.5
6 个樱桃品种[②]	*P. avium*	333	13	39~65	16~47	26~55	5~9	6~11

注: ① Baghdadi 和 Sadowski(1998)对收获果实、夏季修剪物(树枝和树叶)和落叶中所含营养成分的数据进行了调整。

② Roversi 和 Monteforte(2006)对收获的果实、夏季和休眠修剪物以及落叶中所含营养成分的数据进行了调整,显示为区间值。

表 9.4 甜樱桃和酸樱桃的叶[a] 和果实[b] 营养浓度范围

营养元素	缺乏	正常范围	潜在毒害
叶[①](盛夏季节新梢中上部,基于干重)			
N/%	<1.9	1.9~3.0	>3.4
P/%	<0.1	0.16~0.40	Ne
K/%	<1.0	1.3~3.0	Ne
Ca/%	Ne	1.0~3.0	Ne
Mg/%	<0.24	0.3~0.6	Ne
S/%	Ne	0.13~0.8	Ne
B/ppm	<20	25~60	>80
Zn/ppm	<10	15~70	Ne
Mn/ppm	<20	20~200	Ne
Fe/ppm	Ne	20~500	Ne
Cu/ppm	Ne	5~20	Ne

（续表）

营养元素	缺乏	正常范围	潜在毒害
果实[②]（收获期，整个果实但不包括种子和果柄，基于鲜重）			
N/(mg/100 g)	Ne	110～190	Ne
P/(mg/100 g)	Ne	15～25	Ne
K/(mg/100 g)	Ne	120～220	Ne
Ca/(mg/100 g)	Ne	7～14	Ne
Mg/(mg/100 g)	Ne	7～12	Ne
B/(mg/100 g)	Ne	0.2～0.5	Ne

注：Ne，未建立。

① 改编自 Hanson 和 Proebsting(1996)。

② 从已发表的文献中汇编的正常结果的甜樱桃果实的典型值。

9.4.1 氮

氮是樱桃果园中最容易出现营养不足的养分，其原因是土壤，特别是质地粗糙和有机物质含量低的土壤，对氮的需求较高（见表 9.3），然而土壤中氮的有效性较低。与大多数果树一样，相对于根系长度和密度都比樱桃大几个数量级的草皮和杂草来说，樱桃不能很好地竞争氮（Buwalda, 1993）。氮缺乏的特征是枝条长度减少，叶片浅绿色，秋季可能会过早脱落。这些因素均会导致樱桃产量降低和果实变小。

樱桃园的土壤表层一般每年施氮一次。例如，在法国，建议对新种植的樱桃树施用氮 30～40 kg/ha，对盛果期果园逐步增加到 80～100 kg/ha（Lichou 等，1990）。肥沃土壤的氮肥施用量应当降低。最近智利一项试验中表明，含有 2% 有机质的黏壤土提供的氮足以满足砧木为"吉塞拉 6 号"新种植的"宾库"甜樱桃树前 3 年的氮需求（Bonomelli 和 Artacho, 2013）。在施氮量高达 120 kg/ha 的情况下，与没有补充氮肥相比，并没有增加树体生长。高施氮对甜樱桃产量和果实大小的不利影响在一个 6 年氮肥施用试验中做了总结，该实验采用"拉宾斯/吉塞拉 5 号"，花后连续 8 周采用灌溉施肥（Neilsen 等，2004，2007）。年施氮量中低氮水平处理（大约 60 kg/ha）相对于高氮水平（大约 250 kg/ha）处理的甜樱桃产量（见图 9.5）更高，果实更大（见表 9.5），表明氮肥的施用应当适量。关于氮肥施用量与果实品质的关系还需要进一步研究。

施氮的时机受樱桃生长方式的影响，樱桃在叶片长出前开花，是夏季成熟最早的落叶水果。在生长季节的早期，由于土壤温度较低，土壤水分和溶解的营养物质在叶片萌发和展开之前没有显著的蒸发-蒸腾运动，因此对土壤中施用的氮肥的吸收很少。开花和果实生长在很大程度上依赖萌芽后约3周内从贮藏营养中氮的再利用（Grassi等，2002，2003）。施肥计划的制订从春季开花开始的4～6周内，伴随着配合快速的新梢生长和果实细胞分裂与膨大，通过配合灌水增加施氮量。尽管一些研究表明，在土壤中施氮效率较低，但是较短的果实发育期也为采后施氮创造了条件（Neilsen等，2004；Azarenko，2008）。在夏末采后叶面喷施2%～5%（w/v）尿素，可以有效地增加短果枝、茎尖和芽中的氮含量，提高来年春季活化氮的供给（Ouzounis和Lang，2011；Thielemann等，2014）。采后叶面喷施尿素提高来年樱桃树的生产能力的有效性对于季节末期保持高氮状态的树体会有所降低（Wójcik和Morgaś，2015）。

表9.5 从挂果开始连续6年施氮对"拉宾斯/吉塞拉5号"甜樱桃的平均单果重(g)的影响

年份	施氮肥率			P 值
	低(63 kg/ha)	中(126 kg/ha)	高(254 kg/ha)	
2000	12.6	12.0	12.3	NS
2001	11.0	10.0	9.6	<0.05
2002	10.0	9.0	9.0	<0.05
2003	11.2	9.9	8.5	<0.05
2004	9.7	10.1	9.4	<0.01
2005	14.9	14.4	13.8	<0.01

资料来源：Neilsen等，2007。
注：NS，不显著。

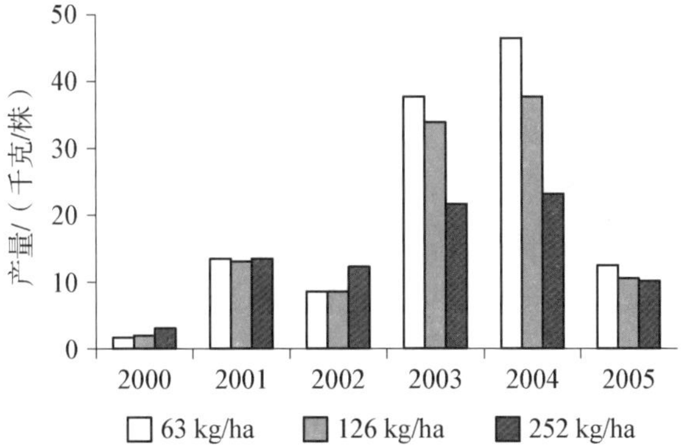

图9.5 连续6个结果年施氮量对"拉宾斯/吉塞拉5号"甜樱桃产量的影响

（资料来源：来自Neilsen等，2004，2007。）

9.4.2 磷

许多肥料实验表明，即使在土壤磷水平较低的情况下，樱桃对磷肥的反应也是没法测量的(Westwood 和 Wann, 1966)。相对于其他的主要植物养分，樱桃对磷的绝对需求量较低(见表 9.3)。在已知缺磷液体培养条件下生长的其他植物，缺磷的症状表现为幼嫩新梢顶端叶片呈红色或紫色。然而，对于生长在砾石基质培养中的幼龄"金冠"苹果树来说，唯一的症状是叶片较小(Benson 和 Covey, 1979)。因此，在田间条件下对樱桃缺磷的鉴别较为困难。

然而，也有一些樱桃对磷响应的报道。在酸性土壤高磷的情况下，樱桃第一年的叶幕和根的生长显著增加，这意味着磷在建园当年对改善樱桃的生长发挥了作用(Neilsen 等，1990)。这与观察到的施用磷肥和熏蒸消毒对改善苹果在再植果园中的初期生长及建园是一致的(Neilsen 和 Yorston, 1991)。在 pH 值为 4.4 的低磷酸性土壤的长期施磷试验中，全园土施磷肥的情况下，增强了"克里斯汀"甜樱桃在 13 年生长期间的树势并提高了产量(Ystaas 和 Frøynes, 1995a)。在"吉塞拉 6 号"为砧木的"克里斯塔丽娜"和"斯吉纳"生长的前 4 年，每年花期施用 20 g 多聚磷酸铵促进了树体的生长并提高了产量(Neilsen 等，2010)。在第 5 年之后，这种施磷措施导致了果实收获的延迟(Neilsen 等，2014)。叶面施用稀释(0.75%)的可溶性磷化合物如 $Ca(H_2PO_4)_2$ 会提高磷吸收和改善苹果果实品质(Johnson 和 Yogaratnam, 1978)，但没有文献指出这种叶面施肥对樱桃有益。

9.4.3 钾、钙和镁

樱桃对钾的总需要量仅次于氮(见表 9.3)，通常其在果实中是含量最高的矿质元素(见表 9.4)。缺钾会导致叶片黄化、叶片卷曲和叶边缘烧焦坏死，尤其当年新梢延伸生长的基叶上表现得更为明显。缺钾会减弱树势和降低果实的大小。基于叶片干重的钾浓度低于 1%通常表现为缺钾，表明植物需要补充钾肥。由于对钾的要求较高，在生长季节初期对土壤施用 100～200 kg/ha 的钾肥，可有效地克服钾缺乏。可溶性钾肥的施用可选择在果实生长和钾需求量最大的时期进行。钾吸收不足与水分胁迫有关，在非灌溉地区干旱期间更为常见。这也反映了根系对钾的吸收依赖土壤水的扩散，这种扩散在干燥的土壤中含量和连续性均迅速减弱(Neilsen 和 Neilsen, 2003)。最近，对 10 年树龄的甜樱桃果园研究发现：树体间树势和产量差异很大，产量越低的树其叶片中的钾含量越低，这些树均位于栽培区域中较为干燥的位置，表明很可能是累积的水分胁迫减少了钾的吸收(Neilsen 等,2009b)。此外,在沙土地栽培的“拉宾斯/吉塞拉 5 号”的灌溉试验中,比较了滴灌与微喷的效果,研究发现滴灌土壤的湿润体积较小,其相对于微喷树体的叶片和果实的钾含量要低(见表 9.6)。因此,在连续栽种 5 年后,测量发现滴灌树木的叶片钾含量出现不足,需要补充钾肥。由于樱桃果实中含钾量高,连续多年高负载量的生产也会降低叶片中钾的浓度。

表 9.6 不同灌溉方式对从挂果开始连续 6 年的“拉宾斯/吉塞拉 5 号”叶片和果实钾含量的影响

年份	叶片钾(%DW)			果实钾(mg/100 gFW)		
	微喷	滴灌	*P* 值[a]	微喷	滴灌	*P* 值①
2000	2.08	1.75	<0.01	231	213	<0.01
2001	2.00	1.48	<0.001	160	139	<0.001
2002	1.55	1.23	<0.01	NM	NM	—
2003	1.48	1.19	<0.001	190	181	NS
2004	1.35	0.89	<0.000 1	172	146	<0.000 1
2005	1.92	1.42	<0.000 1	175	154	<0.000 1

资料来源:Neilsen 等,2007。
注:DW,干重;FW,鲜重;NM,未测量;NS,不显著。
① 多年的平均值在 *P* 值上有显著差异。

樱桃树对钙的需求很高,通常接近对氮和钾的需求量(见表 9.3)。大部分的钙存在于支撑树体的木材组织中。由于大多数土壤中钙具有较高的有效性,因此田间叶片钙的缺乏症状尚未见报道。然而,对于园艺作物而言,苹果苦痘病、番茄花腐烂等主要的果实品质病变长期以来一直与果实中钙含量不足有关,这些局部缺钙的最终原因仍然还不清楚(Vang-Petersen, 1980; Saure, 2005)。

樱桃果实品质与钙浓度之间的关系并非始终都是正相关的,虽然有报道指出采前和采后氯化钙($CaCl_2$)的处理可增加果实硬度,减少果实表面缺陷(Lidster 等,1979),但也有果实硬度与钙含量之间没有联系的报道(Facteau, 1982)。同样,叶面喷施氢氧化钙[$Ca(OH)_2$](Callan, 1986)、$CaCl_2$(Meheriuk 等,1991)或铜与钙组合喷施(Brown 等,1995)可减少甜樱桃果实的裂果,尽管不同年份间和负载量不同的情况下表现并不一致(见第 7 章)。因此,很难制订优化樱桃品质的最适果实钙含量(见表 9.4)。在生长季节喷施多种稀释的钙盐是提高果实中钙浓度的首选方法。虽然在土壤中增施钙肥通常不能有效提高樱桃的钙含量，但可用来提高土壤的 pH 值。

樱桃树对镁的需求量要低于钾和钙。虽然樱桃树缺镁的田间症状并不常见(Westwood 和 Wann，1966)，但仍有观察到新梢的基生叶叶脉间黄化和坏死。镁的缺乏并不影响叶片的大小，然而如果缺乏严重，那么可能引起早期叶片的衰老和脱落(Mulder，1950)。这类叶片的镁浓度通常在 0.2%左右或更低(Ashby 和 Stewart，1969)。樱桃砧木“F 12/1”比“考特”更容易受到镁缺乏的影响，这是因为它的茎/根干重比更高(Troyanos 等，1997)。在土壤中施用硫酸镁($MgSO_4$)很难提高樱桃叶中镁的浓度，而在土壤中施用钾肥则容易降低叶片镁浓度(Ashby 和 Stewart，1969)。在新梢快速生长期间多次喷施可溶性镁盐，如 2%(w/v) $MgSO_4$，可改善镁缺乏症状，维持叶片镁浓度(Swietlik 和 Faust，1984)。施用含镁的白云岩石灰是改善长期酸性土壤中镁状态的一种方法。

9.4.4 微量元素：硼、锌、锰、铁和铜

樱桃园对微量元素的需要量很低，通常低于 1 kg/ha，樱桃叶和果实需要的微量元素含量是 ppm 级(见表 9.4)。不过，除了铜之外，樱桃对微量元素的缺乏均已被确定下来。

甜樱桃“宾库”砂培试验表明，茎顶端生长减少、芽死亡、开始生长后叶片脱落、边缘不规则的叶片出现和花而不实等与硼缺乏有关(Woodbridge，1955)。在含有 10 ppm 硼的溶液中容易发生硼中毒，并导致芽枯死和流胶病。节间发育和叶片大小、形状是正常的，但可观察到沿叶主脉和叶片上存在坏死区域。

适度施用 1 kg/ha 硼足以缓解土壤硼缺乏，并使叶片硼浓度增加到干重 20 ppm 以上，低于此含量即会出现硼缺乏症状(见表 9.4)。叶面喷施 0.5%(w/v)的硼常作为叶片硼含量偏低的地区开展年度养护，由于普遍认为硼在开花和授粉过程中具有重要作用，因此建议在生长季早期叶面喷施硼肥。通过比较萌芽期土壤施用硼、从萌芽到落花期叶面喷施硼以及落叶前叶片施用硼三种方式发现：施用方法和时期间均无差异，所有植物组织中硼水平和果实可溶性固形物水平均有所提高，但对树体生长、果实产量和果实大小均无影响(Wojcik 和 Wojcik，2006)。

应用同位素^{10}B的示踪研究表明，包括甜樱桃在内的大多数果树在整个生长季节叶面施用的硼会快速吸收和输出(Picchioni 等，1995)。Hanson(1991)报道在酸樱桃采后叶面喷施硼会增加下一个季节坐果率和产量，尤其是对于叶片硼含量较低的樱桃树(小于 25 ppm，干重)。果园过量施用硼肥(当叶片硼含量在

38～198 ppm 干重，果实硼含量在 90～311 ppm 干重之间时）会导致包括桃和油桃等李属果树出现中毒症状（Dye 等，1984）。对于大多数植物来说，硼缺乏和存在毒性之间浓度范围较小的事实表明，一旦硼含量达到了足够水平，在甜樱桃上硼的使用应该要适量。

锌被广泛认为是最容易缺乏的微量营养元素，特别是在锌溶解度有限的高 pH 值土壤中（Broadley 等，2007）。樱桃严重缺锌会导致茎尖形成簇叶（Woodbridge，1954）。叶簇间节间缩短，有的叶大小和颜色正常，其他的叶子非常小且脉间缺绿。受影响的枝条多表现为未发育的盲芽较多，轻度缺锌的症状局限于茎顶端叶片，叶片长条状，呈黄绿色。叶片锌含量低于 15 ppm 时，通常被认为是树体缺锌（见表 9.4）。

樱桃休眠期推荐使用硫酸锌（$ZnSO_4$）喷施来处理缺锌症状（Swietlik 和 Faust，1984）。土壤施用锌往往不起作用，因为缺锌的根本原因是土壤性质，例如高 pH 值降低了树根对锌吸收的有效性。然而，Benson 等（1957）报道土壤施用两次 2.2 kg 的锌螯合物（包括 Zn-EDTA），在短时间内提高樱桃叶片锌含量。Wojcik 和 Morgaś（2015）指出秋季通过叶面喷施锌增加了酸樱桃树叶片中锌的浓度，但未在第二年春季生长中提高叶片锌的浓度，表明秋季叶片衰老期间锌缺乏再移动性。

甜樱桃缺锰的特征是叶脉间黄化，尤其是在新梢较老的基生叶上（Westwood 和 Wann，1966）。在严重缺锰的条件下，叶片可能完全失绿，表现出与石灰诱导的缺铁黄化类似的症状。在较冷的春季会观察到与缺锰有关的叶片暂时缺绿现象，但随着土壤温度升高会逐渐消失。叶片组织分析是判断缺锰的良好指标，当含量低于 20 ppm 时可能就会发生缺锰问题（见表 9.4）。

锰缺乏可以通过在落瓣期喷施硫酸锰，以及必要的情况下在落瓣 4～6 周后再喷进行矫正。土壤施用锰通常是无效的，长期施氮会导致酸性土壤果园中叶片出现极高的锰含量（超过缺锰浓度的 10～20 倍）。这可以通过土壤 pH 值分析得以证实并通过增施石灰进行矫正，特别是在老果园改造重新种植的情况下。

包括樱桃在内的果树缺铁黄化，通常被认为是石灰引起的，这些果树通常生长在半干旱地区的石灰性或碱性土壤中。铁在这些土壤中的有效性由于土壤的高 pH 值和碳酸氢盐含量而降低。尽管有大量关于克服铁缺乏的研究，但仅局限于其他易受影响的果树，如桃子、梨和苹果，很少有关于樱桃的研究。大部分有关其他的果树的相关信息都与樱桃相似，因此可用于在樱桃上的讨论。铁含量不足会抑制叶绿素的正常形成，最初表现为茎尖幼叶脉间的黄化，从而形成明显的绿色叶脉。症状从幼叶发展到老叶，最终叶子完全变黄。在生长季节后期受叶片焦化的影响，叶片和果实大小会严重下降。与叶片铁浓度（干重）相比，这些症状是一个更为可靠的缺铁指标，缺铁叶片铁浓度（干重）常常偏高（Morales等，1998）。通过0.5～1.0 mol/L盐酸萃取后测定叶片中的“活性铁”（Fe^{2+}）是一种改进的测量缺铁的方法（Neilsen和Neilsen，2003）。桃树花瓣中铁浓度与生长后期缺铁黄化程度呈正相关（Belkhodja等，1998）。

解决果树缺铁问题一直是个难题。多次叶片喷洒硫酸铁或铁螯合物可能有一定效果，但需要每年都重新喷洒一次。据报道，在猕猴桃叶片上喷洒酸性化合物（如柠檬酸、硫酸和抗坏血酸）后叶片会暂时变绿，这些酸性化合物可能溶解了存在于褪绿叶片中的Fe（Tagliavini等，2000）。将硫酸铁（$FeSO_4$）与有机肥和酸性肥料联合施用，特别是捆绑施用时，可以暂时缓解缺铁情况。铁螯合物的长期应用效果有限，且成本较高。一般而言，土壤施用的有效性会受到影响，尤其是当土壤中石灰（$CaCO_3$）含量较高时。树干注射0.5%～2.0%的硫酸亚铁溶液虽暂时有效，但会造成树干损伤。有报道指出通过地表使用禾本科覆盖物，结合使用$FeSO_4$施肥或施用富含Fe的有机改良剂，被推荐为改善缺铁症状的农艺方法（Tagliavini等，2000）。

9.5 特定的营养管理策略

前人已对传统果园营养管理做过全面的综述（Hanson和Proebsting，1996）。在过去20年中，高密度果园和矮化砧木的出现，以及对果园管理中环境可持续性（土壤健康、营养物浸出和地表水中养分流失）影响的高度关注，已成为开发精确和有效提供养分的新技术的推动力。通过单次或分开施用提供季节性养分需求的方式，正在被多次、更精准的灌溉施肥或者叶面喷施或有机物的利用等方式代替。叶面喷施通常用于修复特定营养元素的缺乏或者解决特定部位的养分需求（见表9.7）。下面将讨论灌溉施肥和施用有机肥的策略和来源。

9.5.1 灌溉施肥

在灌溉过程中直接施用可溶性养分，称为灌溉施肥。其在园艺生产中特别有效，而且在以自然降水变化为特征的潮湿气候中也特别有益。这个话题已经成为一些综述的热点（Bar-Yosef，1999；Neilsen等，1999），包括针对甜樱桃的综述（Neilsen和Neilsen，2008）。灌溉施肥可提供频繁的小剂量肥料，而不是典型的高剂量或带状剂量，这在具有紧密根系和滴灌的有限湿润土壤的高密度

表 9.7 常用的樱桃叶面喷施大量元素和微量元素示例

营养元素	复合物	时间	浓度①	备注
N	尿素	采收后	2—5 kg/L	提高树体氮的储存，通过土壤施用克服氮素不足
Ca	氯化钙（食品级）	硬核期后至采收前	0.5 kg/L	通过喷雾器喷施减少裂果
		硬核期后至采收前	0.75 kg/L	通过树顶喷灌减少裂果
Mg	硫酸镁	收获前叶面喷施	2 kg/L	作为维护补充，克服树体缺乏
Zn	硫酸锌	休眠晚期	1.25 kg/L	克服树体缺乏或作为日常维护
		采收后两周内	1.0 kg/L	
	液体硫酸锌	休眠晚期或采收后	2.5 L/100 L	
	螯合锌或有机复合物	整个生长季节	参考标注	
B	硼喷雾增溶剂	整个生长季节	0.1 kg/L	克服树体缺乏或作为日常维护
Mn	硫酸锰	整个生长季节	0.1 kg/L	克服树体缺乏
Fe	硫酸亚铁	生长季节叶子退绿前		短暂克服树体缺乏
	螯合铁		参考标注	

资料来源：来自 Swietlik 和 Faust，1984。
注：① 取决于施用的水量和施用量。

种植中特别有效(Neilsen 和 Neilsen，2008)。这样可以根据作物需要更精确地施用养分和确定施用时间以减少肥料的投入。如图 9.6 所示，灌溉施肥需要向灌溉系统中注入养分，以及常用的适合甜樱桃的可溶性养分(见表 9.8)(Burt 等，1995；沃特曼，2001)。一些可溶性肥料在混合时可能是不相容的，它们会发生沉淀，有可能堵塞灌溉管线和滴管头。同时，当地灌溉用水中也可能存在某些化学成分，特别是那些含有高浓度钙和镁的灌溉用水，这些化学成分与施用的肥料成分相互作用，产生沉淀。因此，在施肥前确定灌溉水源的元素成分以及含量通常是必要且有用的。将灌溉用水和肥料溶液按灌溉的实际比例进行混合试验，可以直观地观察是否会发生沉淀等问题。

对于生长季降水量小的作物，灌溉可以实现对根部水分的高度控制。这对根区保留易浸出的氮(N)特别有效，因为氮的溶解度高，并能迅速转化为可移动的 NO_3-N 形式。因此，可以通过控水实现对季节内氮浸出的控制。基于蒸腾的灌溉方法中，树木日用水量会随季节性冠层的发育而变化(Parchomchuk 等，

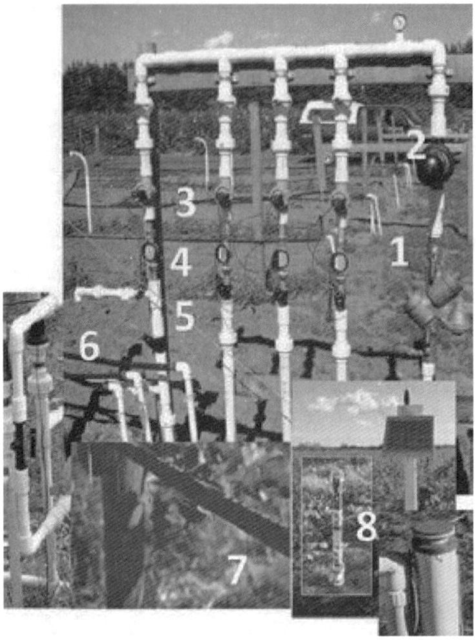

1—防回流阀；2—过滤器；3—电磁阀；4—流量计；5—压力调节器；6—进样口；7—压力补偿发射器；8—自动化土壤湿度或蒸发(ET)数据记录仪。

图 9.6　自动化的微灌系统

1996)，该部分将在 9.6 节进行讨论。

表 9.8　常用的适合樱桃的可溶性养分

营养元素	复合物	元素含量	备注
N	硝酸铵	33%～34% N	酸化
	硫酸铵	21% N，24% S	特别酸化
	尿素	45%～46% N	酸化
	硝酸铵钙	15.5% N	
	硝酸铵钾	13%～14% N，44%～46% K_2O	
	尿素溶液-多种	20%～23% N	
	尿素或铵溶液-多种	28%～32% N	

（续表）

营养元素	复合物	元素含量	备注
P	磷酸	52%～75% P_2O_5	酸化
	铵聚磷酸盐	8%～11% N，34% P_2O_5	酸化
	磷酸一铵	11% N，50% P_2O_5	酸化
	磷酸氢二铵	18% N，46% P_2O_5	酸化
K	氯化钾	60%～62% K_2O	
	硫酸钾	50% K_2O，17% S	超细研磨
	钾/镁硫酸	22% K_2O，11% MgO	
	硫代硫酸钾	22% K_2O，17% S	
B	硼酸钠	20% B	

施肥策略的制订需要考虑果园土壤的肥力(养分供应能力)和树体对重要养分的季节性需求。前面已经描述了用于为樱桃树提供单个营养元素实现满足季节性营养需求的方法。如表 9.9 所示提供了一个矮化栽培的甜樱桃在相对贫瘠砂质壤土中多营养灌溉施肥方法的例子，即每年施用氮、磷、钾和硼肥，并通过休眠期施用 $ZnSO_4$ 进行补充(见表 9.9)。这种施肥方案使得“斯吉纳”甜樱桃在前 5 个生长季中从建园到生长和产量都表现良好，叶片的养分浓度始终保持在一个健康的范围内(Neilsen 等，2016)。

表 9.9 种植于沙壤中矮化栽培的甜樱桃“斯吉纳”前 5 个生长季的年施肥策略

营养元素	肥料形式	施用持续时间	日常施用量
N	硝酸钙(15.5-0-0)①	开花后连续 6 周每天	16.5 gN/株(27.5 kg N/公顷)
P	铵聚磷酸盐(10-34-0)①	开花后 1 天	20 g P+13.5 g N/株(33 kg P+25 kg N/公顷)
K	氯化钾(0-0-60)①	开花后第 4 周开始连续 6 周每天	20 g K/株(33 kg K/公顷)
B	Solubor ®(20.3%)	开花后第 4 周开始连续 6 周每天	0.17 g B/株(0.28 kg B/公顷)

资料来源：Neilsen 等，2016。

注：① N—P_2O_5—K_2O 的重量百分比。

不断积累的灌溉施肥的研究证据表明，与一次性撒施在整个果园土壤养分的含量相比，果园养分可以在较低的浓度下进行施用（Neilsen 等，1998，1999；Stoilov 等，1999；Koumanov 等，2017）。施肥产生的土壤养分过度富集现象可以通过定期测量土壤的电导率，特别是在土壤剖面排水能力有限的情况下进行监测。由于施用的 NH_4 - N 的硝化作用，因此将含铵的氮肥持续灌溉到有限体积的土壤中会导致土壤酸化。果园土壤对这种酸化的敏感度随土壤性质的不同而变化，不同土壤的缓冲能力可通过抗酸化指数估算（Neilsen 等，1995）。耐酸性能力低的土壤应施用硝态氮肥而不是铵态氮肥。

9.5.2 有机养分和综合养分管理

在大多数樱桃种植区，采取有机措施很难控制害虫和疾病，是因为有机生产很容易受到限制。然而，有机生产概念的核心是增强土壤有机质和土壤生物活性（Treadwell 等，2003）。因此，对于有机生产系统，季节性营养需求的满足应通过使用覆盖作物和施用堆肥或有机改良剂（见表 9.10）作为表面覆盖物或掺杂结合进土壤而不是依赖人工制造的无机化学肥料。由于有机物氮含量相对较低，而且植物可利用的 NO_3 - N 和 NH_4 - N 的无机化速率存在差异，因此很难仅依靠有机来源获得足够的氮。许多土壤测试实验室可以分析估计特定有机物质的氮无机化潜力，并测出其碳氮比值，这是可利用氮的一个有效指标（Gale 等，2006）。此外，许多有机来源（尤其是堆肥）的氮磷比值相对于樱桃生产所需的氮磷比值较小（见表 9.3），长期施用堆肥会导致果园土壤中磷的相对富集，从而增加磷污染水源的风险（Nelson 和 Janke，2007）。虽然一系列的液体有机物，如堆肥水、各种腐殖酸物质和黄腐酸，被认为是可以接受的土壤改良剂，但几乎没有证据证明它们在樱桃生产中的有效性。

尽管樱桃的田间评估受限（Flores 等，2015），综合营养管理已经用于多种园艺生产系统，它主要涉及有机和生物产品的利用，以及降低使用浓度的无机肥料的辅助使用。但是，传统樱桃种植者对采用与有机生产相关的管理方法的兴趣不断增加。相关研究表明，在樱桃园中，行内铺设秸秆和聚丙烯覆盖物可以提高果实产量并减少水的消耗（Yin 等，2007，2012）。未来樱桃园中碳足迹估算的一个重要部分就来源于果园地面管理和果园土壤碳平衡的贡献。增加使用行内有机改良剂，覆盖物和有益的行间覆盖作物可以增强樱桃园的碳固定能力（Tozzini 等，2015）。

表 9.10 适合樱桃有机生产的土壤改良策略

改良方法	许可/限制	参考
覆盖作物/绿肥	禁止转基因作物	Blackshaw 等(2005)
未堆制粪肥	如果与果实接触可能有致病菌的潜在风险	
堆肥	生产时需要一个 50～60℃高温厌氧阶段去杀死杂草种子和病原体;由粪肥、庭院垃圾、鱼、海藻和食物垃圾组成,但没有有害材料如有机固体残余;应注意高盐度有机物的使用。	
肉类	由血液、鱼、羽毛、骨头和大豆组成,包含无掺杂的成分	
液体有机物	无调查记录;可以由茶叶(可用成分的渗透液)液体鱼(无合成防腐剂)或腐殖酸和富里酸(未用加固的合成肥料)	
表面覆盖物:木屑、树皮、废纸、秸秆(谷物,小麦)和干草(牧草,苜蓿)	未经处理的木材;可能需要补充氮,不包含金属或其他化学成分	Yao 等(2005) Cline 等(2001) Yin 等(2012)

资料来源:Neilsen 等,2009a。

9.6 季节性水限制

9.6.1 用水

与其他果树(如苹果、桃子)或葡萄相比,关于樱桃需水量的研究相对较少。樱桃生长在雨水浇灌和灌溉条件下,目前对樱桃需水的最佳评估数据来自灌溉生产。在夏季降水量低和高蒸气压(VPD)的地区,如美国华盛顿州,甜樱桃树在生长季节如果要灌溉到 100% ET(Hanson 和 Proebsting, 1996),可能需要 750～1 000 mm 的灌水量。在较为湿润的地区,根对水量的要求较低,例如西班牙 Lleida 地区嫁接在“SL-64”上的“萨米脱”需要 600～650 mm(Marsal 等, 2010),加拿大不列颠哥伦比亚省的许多栽培品种/砧木仅需要 550～700 mm (Neilsen,未发表)。Oyarzún 等(2010)通过围绕在田间整棵树的塑料罩估算了“宾库/吉塞拉 5 号”成年树蒸腾速率,每棵树的最大全冠层蒸腾速率约为 75 mmol/s,日平均约为 50 mmol/s。假设日蒸腾作用为 10 h,在参考作物 ET (ET_0)全树的日蒸腾量约为 7 mm 的半干旱气候中,在炎热干燥的天气下,全树的日蒸腾量约为 32 L。

Juhasz 等(2013)利用热平衡探针测量了嫁接在“吉塞拉 6 号”上“丽塔”的生长季的树液流量，并估算了在雨水灌溉和雨水灌溉加补充灌溉条件下的全树蒸腾量。蒸腾速率与 VPD 值、全球辐射和气温直接相关，1 年的季节性需求量约为 700～800 L。同时，作物物候期与树体对水的吸收有很大影响，收获后水的用量和需求减少，然后在生长季后期枝条恢复生长时水的使用量又有所回升。这可以通过采后叶片气孔导度和光合作用降低得到验证(Whiting 和 Lang，2004)。

9.6.2 多余的水

在依靠雨水和灌溉两种条件下，樱桃生产的一个重要问题是水分过多对果实品质的影响。由于果面雨水或/和土壤中水分过多而导致的甜樱桃果实开裂严重影响了经济效益，关于其机理已在第 7 章中进行了讨论。

9.6.3 树体水分状况

水势

测量树体水分状态常用于确定树体对环境条件的胁迫响应程度。白天在不同时间采集的叶、茎和果实的水势都曾用来描述树体的水分状况。因此，存在一系列作为破坏性胁迫“阈值”数值。樱桃组织水势的日变化取决于温度和 VPD。“科伦”和“拿破仑”甜樱桃的叶水势日变化在－2.6～－1.0 MPa 之间，最小值出现在下午 2 点左右，最大值出现在黎明前(Tvergyak 和 Richardson，1979)。

嫁接在“吉塞拉 6 号”上的“宾库”樱桃向阳叶片的日平均水势(最小～2.4 MPa)与遮阴的叶片(最小～1.6 MPa)以及茎干水势(最小～1.0 MPa)的日变化相似，但是后两者要比前者较为缓和(Oyarzun 等，2010)。在所有情况下，黎明前的水势都在－0.5 MPa 左右。然而，在最小叶水势或全冠层水势约为－1.8 MPa 时，叶片蒸腾速率却没有降低。相反，在高 VPD 的情况下，叶片水势的恢复与气孔关闭有关，嫁接在“F12/1”砧木上的“西蒙”的胁迫破坏阈值为－1.8～－1.5 MPa 左右(Measham 等，2014)。同样，Proebsting 等人(1981)发现当以马哈利为砧木的“宾库”“奇努克”和“雷尼”樱桃树叶片水分亏缺小于 ET 替代量的 50%情况下，叶片水势低于－1.5 MPa 时树木会严重受损。因此，测量植物水势可以作为灌溉调度管理的指示器。在以“麻姆 14 号”为砧木的“布鲁克斯”甜樱桃实验中，叶片水势小于 0.5 MPa 即表明植物缺水(Livellara 等，2011)，而在以 SL-64 为砧木的“新星”和“萨米脱”甜樱桃上，茎水势降至－1.5 MPa 以下就会表现缺水(Marsal 等，2009，2010)。

液压传导和储水

目前对樱桃树的液压传导和储水能力的研究很少。Oyarzun 等(2010)在“宾库/吉塞拉 5 号”上通过测量叶和茎水势以及全冠层蒸腾作用评估樱桃树的液压传导能力。土壤-植物-大气连续体的平均液压传导力为(60±6) mmol/s・MPa。茎-叶-大气[(150±50) mmol/s・MPa]的液压传导力要高于土壤-根-茎[(100±20) mmol/s・MPa],表明后者是水运输的限制步骤,与在其他嫁接果树中所发现的一样(Moreshet 等,1990; Alarcon 等,2003)。如 9.6.5 节所述,砧木-接穗复合体可能会导致产生不同的液压传导力。

冠层蒸腾和植物水势日变化存在滞后的现象表明,蓄水能力对樱桃树水分平衡的影响较小(Oyarzun 等,2010)。在其他果树上的研究也有类似的结果,如杏树(Alarcon 等,2003)和橄榄树(Tognetti 等,2004)。

水分胁迫的诊断

目前除了通过测量植物水势,还使用了植物内置传感器和遥感图像等其他方法诊断植物的水分胁迫。与其他多年生木本园艺作物相比,对樱桃的植物传感器和图像研究相对较少。用于持续监测其他种类果树水分胁迫的植物传感器有测量树干收缩和膨胀的传感器(Goldhamer 和 Fereres, 2001)、植物水分张力传感器(Pagay, 2014)和树干液流传感器(Dragoni 等,2009)。

在“布鲁克斯/麻姆 14 号”樱桃树上,使用自动化系统测量发现,对于响应季节性 50%、100%、150% ET 替代灌溉来看,树干每日收缩和树干生长速度与树干水势相关(Livellara 等,2011)。在该研究中,基于樱桃树产量和生长的降低,水分亏缺阈值估计在 50%~100% ET 替代水之间。树干水势和自动化测量的树干直径之间的相关性表明,临界黎明茎干水势值为−0.5 MPa,与 165 μm 的最大日树干收缩量和 83 μm/d 树干生长速率的参考值相关,其可以应用于自动化控制灌溉。除此之外,虽然还有一些新的方法没有达到商业化应用阶段,但有很好的前景。例如,Pagay(2014)开发出了一种可以嵌入木本植物茎干中的微量电位计,可用于连续测量水势。

利用遥感技术监测植物水分胁迫,包括热量(Jones 等,2009)和通过一系列技术(卫星、超轻型飞机、无人机和果园内固定或移动平台)获取的叶片反射率图像。红外光谱热成像可以用于确定一系列指标,包括水分亏缺指数(Moran 等,1994)和基于冠层与周围空气温差的作物水分胁迫指数(Bellvert 等,2016)。通过与良好灌溉的其他植物水分的测量结果(如茎电位和气孔导度)进行对照比较,热成像可用于检测水分胁迫的空间分布,并用于指导合理灌溉。目前还没有关于樱桃的研究报告。其他类型的光谱成像技术已用于确定冠层发育，如使用可见光和近红外光谱的归一化距离植被指数，在“马扎德”上对成熟的“宾库”进行了光谱反射率判断植物水分胁迫的研究（Antunez 等，2008）。在 540～710 nm 范围内的单叶片反射率与测量的植物茎水势的大小相关，并被认为具有快速判断果园中植物水分状态的良好潜力。

9.6.4 缓解水胁迫

减轻水分胁迫的常用手段是灌溉。樱桃可以种植在许多不同类型的灌溉系统中，从大水沟灌到微灌，如滴灌（Hanson 和 Proebsting，1996；见第 10 章）。水资源匮乏的现状和樱桃生产系统的改变导致了微灌的使用增加（Neilsen 等，2010，2014），以及某些情况下向效率较低系统的转换（Proebsting 等，1981；Yin 等，2012）。

向高效灌溉系统的转换

Proebsting 等（1981）将嫁接到“马哈利”上的“宾库”“奇努克”和“雷尼”的沟灌改为滴灌，并施加了一系列的水胁迫来模拟干旱。他们发现在收获前仅沟灌两次，当供水满足 A 级蒸发盘（860 mm）计算的 100% ET 时，将其转化为每日滴灌并不会降低产量或果实的大小。从喷灌器转换为滴灌并与不同类型的覆盖物相结合，测量嫁接到“马扎德”上甜樱桃“拉宾斯”通过减少土壤表面蒸发所带来的节水（Yin 等，2012；Long 等，2014），结果表明滴灌比微型喷灌节水 70%，并且产量、果实大小、硬度均无损失，秸秆覆盖物的使用减少了 9%的水输入。此外滴灌可减少果实表面的凹陷和瘀伤，从而增加了水果的可销售数量。

灌溉调节

灌溉需水量和灌溉时间受气候条件、生长阶段、土壤性质和根系发育程度的影响。从以往来看，有两种方法用来调节灌溉以满足植物的要求：①通过来自 A 级蒸发盘或基于气候测量的 ET 估算水分损失（Allen 等，1998）；②土壤水分测量（USDA-NRCS，1993）。自 20 世纪末以来，基于植物水分胁迫的测量方法已经普及，包括叶片和茎干水势（Shackel 等，1997），以及永久性安装的传感器，如用于测量树干膨胀的密度计（Goldhamer 和 Fereres，2001；Livellara 等，2011）、树体液流（Green 等，2003；Dragoni 等，2009；Juhász 等，2013），以及更为现代的植物水分张力测量仪器（Pagay，2014）。此外，为改进灌溉调节技术，正在开发测量冠层温度和光谱反射率的遥感技术和直接测量技术，以更好确定田间植物水分胁迫和水分亏缺（Barria，2006；Buyukcangaz 等，2007；Jones 等，

2009；Koksal 等，2010；Barton，2012）。在使用灌溉调节的地方，通常会使用一系列的模块和传感器。

基于ET的方法需要使用冠层发育因子修正由气候或A级蒸发盘数据得出的 ET_0 参考估计值。在甜樱桃干旱试验中使用平均冠层面积、作物和蒸发皿系数（Allen 等，1998）以及遮阳系数修正A级蒸发皿的数据（Proebsting 等，1981），其中所有系数综合得到的系数为0.63（Buyukcangaz 等，2007）。基于利用测量仪测量的甜樱桃冠层的光合有效辐射拦截数据（Marsal 等，2009，2010），使用作物系数（K_c）修改基于天气数据的参考的 ET_0 估计（Allen 等，1998），在季节中期（冠层发育峰期），K_c 约为0.94。这在Allen 等提出的用于有无地被植物生长的甜樱桃的0.9～1.20的范围内。近年来，遥感技术已被用于评估作物系数 K_c 和基础作物系数（K_{cb}），K_{cb} 改变了双作物系数系统中ET的蒸腾成分（Pereira 等，2015）。植被指数，如归一化植被指数，被用来估计植被覆盖的比例，并用于气象站或其他能源和水平衡计算的遥感图像的ET估计。在涡流协方差系统中使用潜热通量对滴灌的高密度苹果作物ET进行评估，并与基于遥感的土壤水分平衡进行了比较，结果较为理想（Odi-Lara 等，2016）。到目前为止，樱桃还没有这样的研究。

基于土壤湿度的灌溉调节方式依靠对土壤含水量或土壤水势的测量。这些可以是在预先确定的时间长度上的离散测量，也可以是连续记录的方法，这些方法可以与自动化灌溉系统相关联，也可与自动化灌溉系统不关联。土壤水分测量可能作为水平衡计算的组成部分，Yin 等（2012）在"马扎德"的"拉宾斯"研究中使用中子探针测定每周土壤的含水量，灌溉量根据每周土壤水分消耗、作物ET（ET_c）、降水和深层排水来估计。随着灌溉频率的增加，土壤储水的重要性变得不那么重要，尤其是在每天灌溉的情况下（Hillel，2004）。对于接受高频（每日4次）灌溉的"吉塞拉6号""斯吉纳"和"克里斯塔丽娜"的生长（树干横截面积）和产量均高于每隔一天接受灌溉的树木，都用水代替100% ET_c（Neilsen 等，2010）。

灌溉调节中经常使用多个传感器，例如用于计算 ET_0 的自动气象站和自动土壤水分监测的组合，可根据土壤水分维持在预定触发水平之间的情况，来安排补充灌溉（Juhász 等，2013）。根据气象站 ET_0 估计值校准的电子气压计（ETgage Co，Loveland，Colorado）估算的 ET_0 值与甜樱桃的 K_c 值相结合，可以自动调节和控制甜樱桃的每日灌溉（Neilsen 等，2010，2014，2016）。

有针对性的水管理(节约用水)

随着灌溉用水的供应越来越不稳定，人们越来越关注通过缺水灌溉(RDI)减少水的使用从而节约用水。与适应水资源短缺需求相关的是缺水灌溉可能改善水果品质和控制花芽发育。在甜樱桃生产中，相对较早的收获可以在不影响当前季节作物的情况下对水分不足的状况进行采后处理(Barria，2006)。

研究人员对嫁接于"马哈利"树上的"新星"在采后分别进行100%、80%和50% ET_c 灌溉，但不允许其茎水势低于－1.5 MPa(Marsal 等，2009)，发现第二年的产量和作物负荷不受灌溉处理的影响，但50%的RDI使作物的成熟期提前，并且在贮藏后果实的硬度和可溶性固形物含量都略有降低。还测试了"SL-64"上的"萨米脱"(Marsal 等，2010)在采后进行RDI(100%、80%和50%等)作为一种减少第二年发育的手段。结果表明虽然第一年RDI降低了第二年定植的根系和果实的冬季淀粉含量，但不影响随后的产量，因为所有树木在"大年"都需要"瘦身"。在第三年是"小年"，RDI增加了50%的果实，表明RDI在纠正交替结果方面可能发挥作用。

9.6.5 砧木与樱桃的水分关系

长期以来，砧木在控制多年生木本植物水分吸收、运输和胁迫方面的作用一直是人们感兴趣的问题。学者研究了在"维如特"或"F 12/1"上嫁接的"山姆"与"马扎德"的砧木-接穗相容性及其对甜樱桃水分关系的影响(Schmitt 等，1989)。VPD高时叶片最低水势(－2.4 MPa)与"马扎德"和"F 12/1"上的"山姆"有关。气孔闭合、蒸腾速率低、叶片水势低与叶片萎蔫有关，表明对"马扎德"和酸樱桃的嫁接不相容。然而，在嫁接结合处没有发现流动阻力。通过比较在生长旺盛的"考特"和矮化"吉塞拉5号"上的"拉宾斯"，可以发现矮化嫁接复合体中的木质部树液流动减少，这可能是由于嫁接复合体中的导管直径变小和木质化组织增多所致(Olmstead 等，2006)。

Goncalves 等(2003，2005)学者研究了嫁接在5种砧木上生长的"伯莱特""萨米脱"和"先锋"矮化作用对水分关系和气体交换的影响。发现生长势强的砧木茎水势、净 CO_2 同化量、气孔导度和细胞间 CO_2 浓度均高于生长势较弱的砧木("马扎德">CAB11E>"麻姆14号">"吉塞拉5号">"阿达布兹")，但接穗却无明显影响。光合作用与气孔导度和高度相关，且随砧木生长势增强而增强，说明甜樱桃的水分关系和光合作用受砧木基因型的影响较大，而较少受到接穗的影响。

Neilsen 等(2016)比较了“斯吉纳”在“吉塞拉 6 号”“吉塞拉 5 号”和“吉塞拉 3 号”上的生长状况，发现了类似的结果。“吉塞拉 3 号”(矮化程度最高)在中午的茎水势和气孔导度(见图 9.7)始终低于“吉塞拉 6 号”(半乔化)，尤其是在收获季节和生长季节最热的时候，“吉塞拉 5 号”茎水势、气孔导度的大小和响应处于中等水平。果实采收后，这些影响基本消失，与 Whiting 和 Lang(2004)报道的光合作用在采后减少的结论一致。

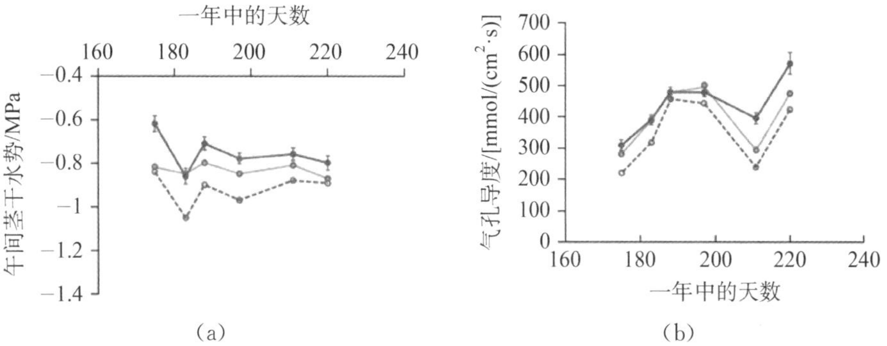

图 9.7　嫁接在“吉塞拉 3 号”“吉塞拉 5 号”和“吉塞拉 6 号”上“斯吉纳”甜樱桃生长季节中午的(a)茎干水势和(b)气孔导度。收获日期是第 202 天

(资料来源：Neilsen 等，2016。)

9.6.6　总结

樱桃的需水量受环境条件、管理措施和遗传因素之间相互作用的影响。在 VPD 高的环境中，当完全替代 ET 浇水时，樱桃可能每年需要 800～1 000 mm 的灌溉。在相同的环境条件下，根据灌溉方法(类型、频率和施用率)、负载量、砧木(是否矮化和与接穗的亲和性)和一系列其他管理措施，树木可能会对输入的水显示出一系列响应。然而，从许多研究来看，当中午茎干水势接近－1.5 MPa 或当黎明前叶水势接近－0.5 MPa 时，往往会发生有害胁迫。

目前常通过灌溉缓解水分胁迫，并且已经制订了一系列方法向樱桃供水。用于评估植物水分胁迫的方法(水势测量、冠层温度、植被覆盖或光谱反射率的遥感技术、树液流量以及茎和果实线性位移计)也用于灌溉管理，以确定灌溉的时间和持续时间。其他方法还包括土壤水分的遥感监测、气象站 ET_c 估算以及蒸发数据计算。

由于樱桃生产体系采用控制树体大小的矮化砧木和高密度种植，因此高效微灌技术，特别是滴灌的使用越来越多，这也有助于解决人们对现有可靠供水日益增长的担忧。除了通过有效的灌溉系统和灌溉调节满足植物需水以外，还采用了其他技术减少每年的用水量，如使用覆盖物来减少蒸发和RDI。由于樱桃通常在叶子衰老的前几个月收获，因此有机会在不影响当季果实品质的情况下减少采后水的投入。此外还可能产生一些益处，如改善下一季果品的质量和减少大小年结果的趋势。

9.7 未来的挑战

樱桃种植者可能会面临新的环境挑战。其中，包括当前气候的波动和改变，随着时间的推移，这可能会改变现有种植地区的适宜性，同时增加高海拔和高纬度地区土地的生产潜力。并非所有新的适合樱桃种植的地点都具有樱桃生产最佳的土壤化学和物理性质，因此需要加强对土壤限制的克服。生长季节温度升高导致蒸发量增加，以及日益变化的降水量，将增加灌溉补充果园的供水，并需通过施肥为灌溉用水增加养分。测量植物和土壤水分胁迫的技术的开发是非常有用的，特别是这些测量可以自动化，从而提供灌溉的调节方案，防止过度用水，并优化樱桃果实品质，尤其是果实大小。果园生产在减少二氧化碳、甲烷和氧化亚氮等主要温室气体排放方面的作用也日益受到人们的关注。可以通过果园管理策略的修改，如灌溉频率、灌溉时间、覆盖作物的使用和土壤碳的添加，改善樱桃生产对气候缓解的效果。

新品种和不同砧木基因型对养分和水分的独特需求必须进行评估。樱桃的营养状况也需要确定，以优化采后的贮藏质量。如果能够培养出具有更强获取营养能力或抗旱能力的砧木，并且这种改进的遗传能力不会对高品质水果的生产产生不利影响，则将是非常理想的。通过矮化砧木增加樱桃种植的密度，以提早收获时间和增加单位面积的产量，将增加果实对高浓度的钾等营养物质的需求。必须更好地了解矮化砧木的水分需求，以最大限度地提高其有效灌溉。由于果园的建立和再植的费用很高，因此必须制订有效的策略以解决再植的问题，特别是由于环境原因，许多标准熏蒸剂已经消失。因此，有必要更好地了解维持樱桃生产的健康土壤中的生物元素。

提高土壤有机质含量可能是防止樱桃园土壤质量长期退化最重要的方法。有机质除了增加土壤生物多样性、改善土壤结构和土壤持水能力外，还是多种植物养分的来源。与其他管理投入相比，传统肥料的成本目前较低，但由于天然气能源成本、氮肥生产和不可再生磷肥供应减少与其之间的密切联系，传统肥料的成本未来可能会上升。此外，最好能更好地了解有机肥料完全或部分作为营养来源使用的适用性和有效性。同样,需要更多的信息判断各种新的和推荐的生物改良剂方法的有效性。

参考文献

Alarcón, J. J., Domingo, R., Green, S. R., Nicolás, E. and Torrecillas, A. (2003) Estimation of hydraulic conductance within field-grown apricot using sap flow measurements. *Plant Soil* 251,125–135.

Allen, R. G., Pereira, L. S., Raes, D. and Smith, M. (1998) *Crop Evapotranspiration Guidelines for Computing Crop Water Requirements*. FAO Irrigation and Drainage Paper 56. United Nations Food and Agriculture Organization, Rome.

Antúnez, A., Whiting, M. D., Pierce, F. and Stockle, C. (2008) Estimation of sweet cherry tree water status by spectral reflectance. *Acta Horticulturae* 795,711716.

Ashby, D. L. and Stewart, J. A. (1969) Magnesium deficiency in tree fruits in relation to leaf concentration of magnesium, potassium and calcium. *Journal of the American Society for Horticultural Science* 94,310–313.

Azarenko, A. N., Chozinski, A. and Brutcher, L. (2008) Nitrogen uptake efficiency and partitioning in sweet cherry is influenced by time of application. *Acta Horticulturae* 795, 717–721.

Baghdadi, M. and Sadowski, A. (1998) Estimation of nutrient requirements of sour cherry. *Acta Horticulturae* 468,515–521.

Barria, A. J. A. (2006) The impact of deficit irrigation strategies on sweet cherry (*Prunus avium*, L.) physiology and spectral reflectance. PhD thesis, Washington State University, Pullman, Washington.

Barton, C. V. M. (2012) Advances in remote sensing of plant stress. *Plant and Soil* 354,41–44.

Bar-Yosef, B. (1999) Advances in fertigation. *Advances in Agronomy* 65,1–76.

Belkhodja, R., Morales, F., Sanz, M., Abadia, A. and Abadia, J. (1998) Iron deficiency in peach trees: effects on leaf chlorophyll and nutrient concentrations in flowers and leaves. *Plant Soil* 203,257–268.

Bellvert, J., Marsal, J., Girona, J., González-Dugo, V., Fereres, E., Ustin, S. L. and Zarco-Tejada, P. J. (2016) Airborne thermal imagery to detect the seasonal evolution of crop water status in peach, nectarine and Saturn peach orchards. *Remote Sensing* 8,39.

Benson, N. R. and Covey, R. P. Jr (1979) Phosphorus nutrition of young 'Golden Delicious' trees growing in gravel culture. *Journal of the American Society for Horticultural Science* 104,682–685.

Benson, N. R., Batjer, L. P. and Chmelir, I. C. (1957) Response of some deciduous fruit trees to zinc chelates. *Soil Science* 84,63–75.

Blackshaw, R. E., Moyer, J. R. and Huang, H. C. (2005) Beneficial effects of cover crops on soil health and crop management. *Recent Research Developments in Soil Science* 1,15 - 35.

Bonomelli, C. and Artacho, P. (2013) Nitrogen application to non-bearing 'Bing' sweet cherry trees on Gisela 6 rootstock: effects on accumulation and partitioning of biomass and nitrogen. *Scientia Horticulturae* 162,293 - 304.

Brady, N. C. and Weil, R. R. (1996) *The Nature and Properties of Soils*, 11 th edn. Prentice Hall, Upper Saddle River, New Jersey.

Broadley, M. R., White, P. J., Hammond, J. P., Zelko, I. and Lux, A. (2007) Zinc in plants. *New Phytologist* 173,677 - 702.

Brown, G., Wilson, S., Boucher, W., Graham, B. and McGlasson, B. (1995) Effects of copper-calcium sprays on fruit cracking in sweet cherry. *Scientia Horticulturae* 62, 75 - 80.

Browne, G. T., Connell, J. H. and Schneider, S. M. (2006) Almond replant disease and its management with alternative pre-plant soil fumigation treatments and rootstocks. *Plant Disease* 90,869 - 876.

Browne, G. T., Lampinen, G. D., Holtz, B. A., Doll, D. A., Upadhyaya, S. K., Schmidt, L. S., Bhat, R. G., Udompetaikul, V., Coates, R. W., Hanson, B. D., Klonsky, K. M., Gao, S., Wang, D., Gillis, M., Gerik, J. S. and Johnson, R. S. (2013) Managing the almond and stone fruit replant disease complex with less soil fumigant. *California Agriculture* 67,128 - 138.

Burt, C. M., O'Connor, K. and Ruehr, T. (1995) *Fertigation*. Irrigation Training and Research Center, California Polytechnic State University, California.

Butler, D. M., Kokalis-Burelle, N., Muramoto, J., Shennan, C., McCollum, T. G. and Roskopf, E. N. (2012) Impact of anaerobic soil disinfestation combined with soil solarisation on plant-parasitic nematodes and introduced inoculum of soil-borne plant pathogens in raised-bed vegetable production. *Crop Protection* 39,33 - 40.

Buwalda, J. G. (1993) The carbon costs of root systems of perennial fruit crops. *Environmental Experimental Botany* 33,131 - 140.

Buyukcangaz, H., Koksal, E. S. and Yazgagn, S. (2007) Diurnal variation of remotely sensed ET and some indices on sweet cherry trees in sub-humid climate conditions. *Pakistan Journal of Biological Sciences* 10,1380 - 1389.

Callan, N. W. (1986) Calcium hydroxide reduces splitting of 'Lambert' sweet cherry. *Journal of the American Society for Horticultural Science* 111,173 - 175.

Cao, T., McKenry, M. V., Duncan, R. A., DeJong, T. M., Kirkpatrick, B. C. and Shackel, K. A. (2006) Influence of ring nematode infestation and calcium, nitrogen and indoleacetic acid applications on peach susceptibility to *Pseudomonas syringae* pv. *syringae*. *Phytopathology* 96,608 - 615.

Carter, M. R. and Gregorich, E. G. (2008) *Soil Sampling and Methods of Analysis*, 2nd edn. CRC Press, Boca Raton, Florida.

Chen, J. and Ferris, H. (1999) The effects of nematode grazing on nitrogen mineralization during fungal decomposition of organic matter. *Soil Biology and Biochemistry* 31, 1265–1279.

Cheng, Y., Jiang, Y., Griffiths, B. S., Li, D., Hu, F. and Li, H. (2011) Stimulatory effects of bacterial-feeding nematodes on plant growth vary with nematode species. *Nematology* 13, 369–372.

Cline, J., Neilsen, G., Hogue, E., Kuchta, S. and Neilsen, D. (2011) Spray-on-mulch technology for intensively grown irrigated apple orchards: influence on tree establishment, early yields, and soil physical properties. *HortTechnology* 21, 398–411.

Doran, J. W. (2002) Soil health and global sustainability: translating science into practice. *Agriculture, Ecosystems and Environment* 88, 119–127.

Dragoni, D., Lakso, A. N. and Piccioni, R. M. (2009) Transpiration of apple trees in a humid climate using heat pulse sap flow gauges calibrated with whole-canopy gas exchange chambers. *Agricultural and Forest Meteorology* 130, 85–94.

Dullahide, S. R., Stirling, G. R., Nikulin, A. and Stirling, A. M. (1994) The role of nematodes, fungi, bacteria and abiotic factors in the etiology of apple replant problems in the Granite Belt of Queensland. *Australian Journal of Experimental Agriculture* 34, 1177–1182.

Dye, M. H., Buchanan, L., Dorofaeff, F. D. and Beecroft, F. G. (1984) Boron toxicity in peach and nectarine trees in Otago. *New Zealand Journal of Experimental Agriculture* 12, 303–313.

Edgerton, L. J. and Parker, K. G. (1958) Effect of nematode infestation and rootstock on cold hardiness of Montmorency cherry trees. *Journal of the American Society for Horticultural Science* 72, 134–138.

Facteau, T. J. (1982) Relationship of soluble solids, alcohol-insoluble solids, fruit calcium, and pectin levels to firmness and surface pitting in 'Lambert' and 'Bing' sweet cherry fruit. *Journal of the American Society for Horticultural Science* 107, 151–154.

Fernández, C., Pinochet, J., Esmenjaud, D., Salesses, G. and Felipe, A. (1994) Resistance among new *Prunus* rootstocks and selections to root-knot nematodes in Spain and France. *HortScience* 29, 1064–1067.

Ferris, H., Venette, R. C., van der Meulen, H. R. and Lau, S. S. (1998) Nitrogen mineralization by bacterial-feeding nematodes: verification and measurement. *Plant Soil* 203, 159–171.

Fliegel, P., Parker, K. G. and Mai, W. F. (1963) The fungous flora of non-suberized roots of poorly growing cherry trees. *Phytopathology* 53, 1368–1369.

Flores, L., Martínez, M. M. and Ortega, R. (2015) Integrated nutrition program in cherry (*Prunus avium* L.) 'Lapins' in the VI region of Chile, based on soil bio-inoculants and organic matter. *Acta Horticulturae* 1076, 187–191.

Forge, T., Muehlchen, A., Hackenberg, C., Neilsen, G. and Vrain, T. (2001) Effects of preplant inoculation of apple (*Malus domestica* Borkh.) with arbuscular mycorrhizal fungi on population growth of the rootlesion nematode, *Pratylenchus penetrans*. *Plant Soil* 236, 185–196.

Forge, T., Kenney, E., Hashimoto, N., Neilsen, D. and Zebarth, B. (2016a) Compost and poultry manure as preplant soil amendments for red raspberry: comparative effects on root lesion nematodes, soil quality and risk of nitrate leaching. *Agriculture, Ecosystems and Environment* 223, 48–58.

Forge, T. A., Neilsen, G. H. and Neilsen, D. (2016b) Organically acceptable practices to improve replant success of temperate tree-fruit crops. *Scientia Horticulturae* 200, 205–241.

Forge, T. A., Neilsen, D., Neilsen, G. and Watson, T. (2016c) Using compost amendments to enhance soil health and replant establishment of tree-fruit crops. *Acta Horticulturae* 1146, 103–108.

Gale, E. S., Sullivan, D. M., Cogger, C. G., Bary, A. I., Hemphill, D. D. and Myhre, E. A. (2006) Estimating plant-available nitrogen release from manures, composts and specialty products. *Journal of Environmental Quality* 35, 2321–2332.

Goldhamer, D. A. and Fereres, E. (2001) Irrigation scheduling protocols using continuously recorded trunk diameter measurements. *Irrigation Science* 20, 115–125.

Gonçalves, B., Santos, A., Silva, A. P., Moutinho-Pereira, J. and Torres-Pereira, J. M. G. (2003) Effect of pruning and plant spacing on the growth of cherry rootstocks and their influence on stem water potential of sweet cherry trees. *Journal of Horticultural Science and Biotechnology* 78, 667–678.

Gonçalves, B., Moutinho-Pereira, J., Santos, A., Silva, A. P., Bacelar, E., Correia, C. and Rosa, E. (2005) Scion-rootstock interaction affects the physiology and fruit quality of sweet cherry. *Tree Physiology* 26, 93–104.

Grassi, G., Millard, P., Wendler, R., Minnotta, G. and Tagliavini, M. (2002) Measurement of xylem sap amino acid concentrations in conjunction with whole tree transpiration estimates spring N remobilization by cherry (*Prunus avium* L.) trees. *Plant, Cell and Environment* 25, 1689–1699.

Grassi, G., Millard, P., Gioaccchini, P. and Tagliavini, M. (2003) Recycling of nitrogen in the xylem of *Prunus avium* trees starts when spring remobilization of internal reserves declines. *Tree Physiology* 23, 1061–1068.

Green, S. R., Clothier, B. E. and Jardine, B. (2003) Theory and practical application of heat-pulse to measure sap flow. *Agronomy Journal* 95, 1371–1379.

Haas, D. and Défago, G. (2005) Biological control of soil-borne pathogens by fluorescent pseudomonads. *Nature Reviews Microbiology* 3, 307–319.

Hanson, E. J. (1991) Sour cherry trees respond to foliar boron applications. *HortScience* 26, 1142–1145.

Hanson, E. J. and Proebsting, E. L. (1996) Cherry nutrient requirements and water relations. In: Webster, A. D. and Looney, N. E. (eds) *Cherries: Crop Physiology, Production and Uses*. CAB International, Wallingford, UK, pp. 243 - 257.

Harman, G. E, Howell, C. R., Viterbo, A., Chet, I. and Lorito, M. (2004) *Trichoderma* species: opportunistic, avirulent plant symbionts. *Nature Reviews Microbiology* 2, 43 - 56.

Hillel, D. (2004) *Introduction to Environmental Soil Physics*. Elsevier Academic Press, New York.

Janvier, C., Villeneuve, F., Alabouvette, C., Edel-Hermann, V., Mateille, T. and Steinberg, C. (2007) Soil health through soil disease suppression: which strategy from descriptors to indicators? *Soil Biology and Biochemistry* 39, 1 - 23.

Johnson, D. S. and Yogaratnam, N. (1978) The effects of phosphorus sprays on the mineral composition and storage quality of Cox's orange pippin apples. *Journal of Horticultural Science* 53, 171 - 178.

Jones, H. G., Serraj, R., Loveys, B. R., Xiong, L. Z., Wheaton, A. and Price, A. H. (2009) Thermal infrared imaging of crop canopies for the remote diagnosis and quantification of plant responses to water stress in the field. *Functional Plant Biology* 36, 978 - 989.

Juhász, A., Sepsi, P., Nagy, Z., Tokei, L. and Hrotkóba, K. (2013) Water consumption of sweet cherry trees estimated by sap flow measurement. *Scientia Horticulturae* 164, 41 - 49.

Köksal, E. S., Candogan, B. N., Yildirim, Y. E. and Yazgan, S. (2010) Determination of water use and water stress of cherry trees based on canopy temperature, leaf water potential and resistance. *Žemdirbystė-Agriculture* 97, 57 - 64.

Koumanov, K. S., Tsareva, I. N. and Kornov, G. D. (2017) Fertigation: content of mineral nutrients in the soil andin the leaves of sweet cherry trees between two applications. *Acta Horticulturae* (in press).

Lamers, J. G., Runia, W. T., Molendijk, L. P. G. and Bleeker, P. O. (2010) Perspectives of anaerobic soil disinfestation. *Acta Horticulturae* 883, 277 - 283.

Lang, G., Valentino, T., Robinson, T., Freer, J., Larsen, H. and Pokharel, R. (2011) Differences in mineral nutrient contents of dormant cherry spurs as affected by rootstock, scion, and orchard site. *Acta Horticulturae* 903, 963 - 971.

Lichou, J., Edin, M., Tronel, C. and Saunier, R. (1990) *Le Cerisier*. Centre Technique Interprofessionnel des Fruits et Légumes (CTIFL), Paris, France.

Lidster, P. D., Tung, M. A. and Yada, R. G. (1979) Effects of pre-harvest and postharvest calcium treatments on fruit calcium content and the susceptibility of 'Van' cherry to impact damage. *Journal of the American Society for Horticultural Science* 104, 790 - 793.

Livellaria, N., Saavedra, E. and Salgado, E. (2011) Plant based indicators for irrigation scheduling in young cherry trees. *Agricultural Water Management* 98, 684 - 690.

Long, L. E. , Yin, X. , Huang, X. L. and Jaja, N. (2014) Responses of sweet cherry water use and productivity and soil quality to alternate groundcover and irrigation systems. *Acta Horticulturae* 1020,131 - 138.

Maas, E. V. (1987) Salt tolerance of plants. In: Christie, B. R. (ed.) *CRC Handbook of Plant Science in Agriculture*, Vol. II. CRC Press, Boca Raton, Florida, pp. 57 - 75.

Mai, W. F. and Abawi, G. S. (1978) Determining the cause and extent of apple, cherry, and pear replant diseases under controlled conditions. *Phytopathology* 68,1540 - 1544.

Mai, W. F. , Merwin, I. A. and Abawi, G. S. (1994) Diagnosis, etiology and management of replant disorders in New York cherry and apple orchards. *Acta Horticulturae* 363,33 - 41.

Manici, L. M. , Kelderer, M. , Franke-Whittle, I. H. , Ruhmer, T. , Baab, G. , Nicoletti, F. , Caputo, F. , Topp, A. , Insam, H. and Naef, A. (2013) Relationship between root-endophytic microbial communities and replant disease in specialized apple growing areas in Europe. *Applied Soil Ecology* 72,207 - 214.

Marsal, J. , López, G. , Arbones, A. , Mata, M. , Vallverdú, X. and Girona, J. (2009) Influence of post-harvest deficit irrigation and pre-harvest fruit thinning on sweet cherry (cv. New Star) fruit firmness and quality. *Journal of Horticultural Science and Biotechnology* 84,273 - 278.

Marsal, J. , López, G. , del Campo, J. , Mata, M. , Arbones, A. and Girona, J. (2010) Postharvest regulated deficit irrigation in 'Summit' sweet cherry: fruit yield and quality in the following season. *Irrigation Science* 28,181 - 189.

Marull, J. and Pinochet, J. (1991) Host suitability of *Prunus* rootstocks to four *Meloidogyne* species and *Pratylenchus vulnus* in Spain. *Nematropica* 21,185 - 195.

Mazzola, M. (1998) Elucidation of the microbial complex having a causal role in the development of apple replant disease in Washington. *Phytopathology* 88,930 - 938.

Mazzola, M. and Manici, L. M. (2012) Apple replant disease: role of microbial ecology in cause and control. *Annual Review of Phytopathology* 50,45 - 65.

Measham, P. F. , Wilson, S. J. , Gracie, A. J. and Bound, S. A. (2014) Tree water relations: flow and fruit. *Agricultural Water Management* 137,59 - 67.

Meheriuk, M. , Neilsen, G. H. and McKenzie, D. -L. (1991) Incidence of rain splitting in sweet cherries treated with calcium or coating materials. *Canadian Journal of Plant Science* 71,231 - 234.

Melakeberhan, H. , Jones, A. L. , Hanson, E. and Bird, G. W. (1995) Effect of low soil pH on aluminum availability and on mortality of cherry seedlings. *Plant Disease* 79, 886 - 892.

Morales, F. , Grass, R. , Abadia, A. and Abadia, J. (1998) Iron chlorosis paradox in fruit trees. *Journal of Plant Nutrition* 21,815 - 825.

Moran, M. S. , Clarke, T. R. , Inooue, Y. and Vidal, A. (1994) Estimating crop water deficit using the relation between surface-air temperature and spectral vegetation index.

Remote Sensing of Environment 49,246 - 263.

Moreshet, S., Cohen, Y., Green, D. C. and Fuchs, M. (1990) The partitioning of hydraulic conductance within mature orange trees. *Journal of Experimental Botany* 41, 833 - 839.

Mulder, D. (1950) Magnesium deficiency in fruit trees on sandy soils and clay soils in Holland. *Plant Soil* 2,145 - 157.

Neilsen, D. and Neilsen, G. (2008) Fertigation of deciduous fruit trees: apple and sweet cherry. In: Imus, P. and Price, M. R. (eds) *Fertigation: Optimizing the Utilization of Water and Nutrition*. International Potash Institute, Horgen, Switzerland, pp. 76 - 88.

Neilsen, D., Hoyt, P. B., Parchomchuk, P., Neilsen, G. H. and Hogue, E. J. (1995) Measurement of the sensitivity of orchard soils to acidification. *Canadian Journal of Soil Science* 75,391 - 395.

Neilsen, D., Parchomchuk, P., Neilsen, G. H. and Hogue, E. J. (1998) Using soil solution monitoring to determine the effect of irrigation management and fertigation on nitrogen availability in high-density apple orchards. *Journal of the American Society for Horticultural Science* 123,706 - 713.

Neilsen, D., Neilsen, G. H., Forge, T. and Lang, G. (2016) Dwarfing rootstocks and training systems affect initial growth, cropping and nutrition in 'Skeena' sweet cherry. *Acta Horticulturae* 1130,199 - 206.

Neilsen, G. and Kappel, F. (1996) 'Bing' sweet cherry leaf nutrition is affected by rootstock. *HortScience* 31,1169 - 1172.

Neilsen, G. H. and Neilsen, D. (2003) Nutritional requirements for apple. In: Ferree, D. and Warrington, I. J. (eds) *Apples, Botany, Production and Uses*. CABI publishing, Wallingford, UK, pp. 267 - 302.

Neilsen, G. H. and Yorston, J. (1991) Soil disinfection and monoammonium phosphate fertilization increase precocity of apples on replant problem soils. *Journal of the American Society for Horticultural Science* 116,651 - 654.

Neilsen, G. H., Neilsen, D. and Atkinson, D. (1990) Top and root growth and nutrient absorption on *Prunus avium* L. at two soil pH levels. *Plant Soil* 121,137 - 144.

Neilsen, G. H., Neilsen, D. and Peryea, F. (1999) Response of soil and irrigated fruit trees to fertigation or broadcast application of nitrogen, phosphorus, and potassium. *HortTechnology* 9,393 - 401.

Neilsen, G., Kappel, F. and Neilsen, D. (2004) Fertigation method affects performance of 'Lapins' sweet cherry on Gisela 5 rootstock. *HortScience* 39,1716 - 1721.

Neilsen, G., Kappel, F. and Neilsen, D. (2007) Fertigation and crop load affect yield, nutrition and fruit quality of 'Lapins' sweet cherry on Gisela 5 rootstock. *HortScience* 42,1456 - 1462.

Neilsen, G. H., Lowery, D. T., Forge, T. A. and Neilsen, D. (2009a) Organic fruit production in British Columbia. *Canadian Journal of Soil Science* 89,677 - 692.

Neilsen, G. H., Neilsen, D., Herbert, L., Losso, I. and Rabie, B. (2009b) Factors affecting within orchard variability of nutrition, yield and quality of sweet cherry (*Prunus avium* L.). Paper posted at eScholarship, University of California. Available at: http://repositories.cdlib.org/ ipnc/xvi/1160 (accessed 13 January 2017).

Neilsen, G. H., Neilsen, D., Kappel, F., Toivonen, P. and Herbert, L. (2010) Factors affecting establishment of sweet cherry on Gisela 6 rootstock. *HortScience* 45,939 - 945.

Neilsen, G. H., Neilsen, D., Kappel, F. and Forge, T. (2014) Interaction of irrigation and soil management on sweet cherry productivity and fruit quality at different crop loads that simulate those occurring by environmental extremes. *HortScience* 49,215 - 220.

Nelson, N. O. and Janke, R. R. (2007) Phosphorus sources and management in organic production systems. *HortTechnology* 17,442 - 454.

Nyczepir, A. P. and Halbrendt, J. M. (1993) Nematode pests of deciduous fruit and nut trees. In: Evans, K., Trudgill, D. L. and Webster, J. M. (eds) *Plant-parasitic Nematodes in Temperate Agriculture*. CAB International, Wallingford, UK, pp. 381 - 425.

Odi-Lara, M., Campos, I., Neale, C. M. U., Ortega-Farias, S., Poblete-Echeverría, C., Balbontín, C. and Calera, A. (2016) Estimating evapotranspiration of an apple orchard using a remote sensing-based soil water balance. *Remote Sensing* 8, 253; doi: 10.3390/rs8030253.

Olien, W. C., Graham, C. J., Hardin, M. E. and Bridges, W. C. Jr (1995) Peach rootstock differences in ring nematode tolerance related to effects on tree dry weight, carbohydrate and prunasin contents. *Physiologia Plantarum* 94,117 - 123.

Olmstead, M. A., Lang, N. S., Lang, G. A., Ewers, F. W. and Owens, S. A. (2006) Examining the vascular pathway of sweet cherries grafted onto dwarfing rootstocks. *HortScience* 41,674 - 679.

Ouzounis, T. and Lang, G. A. (2011) Foliar applications of urea affect nitrogen reserves and cold acclimation of sweet cherries (*Prunus avium L.*) on dwarfing rootstocks. *HortScience* 46,1015 - 1021.

Owen, D., Williams, A. P., Griffith, G. W. and Withers, P. J. A. (2015) Use of commercial bio-inoculants to increase agricultural production through improved phosphorus acquisition. *Applied Soil Ecology* 86,41 - 54.

Oyarzún, R., Stöckle, C. and Whiting, M. (2010) Analysis of hydraulic conductance components in field grown, mature sweet cherry trees. *Chilean Journal of Agricultural Research* 70,58 - 66.

Pagay, V. (2014) Physiological responses of grapevine shoots to water stress and the development of a microtensiometer to continuously measure water potential. PhD thesis, Cornell University, Ithaca, New York.

Parchomchuk, P., Berard, R. C. and Van der Gulik, T. W. (1996) Automatic irrigation scheduling using an electronic atmometer. In: Camp, C. R., Sadler, E. J. and Yoder, R. E. (eds) *Evapotranspiration and Irrigation Scheduling*. Proceedings of the International Conference of the American Society of Agricultural Engineers, San Antonio, Texas, pp. 1099 - 1104.

Pereira, L. S., Allen, R. G., Smith, M. and Raes, D. (2015) Crop evapotranspiration with FAO 56: past and future. *Agricultural Water Management* 147, 4 - 20.

Picchioni, G. A., Weinbaum, S. A. and Brown, P. H. (1995) Retention and kinetics of uptake and export of foliage-applied labelled boron by apple, pear, prune, and sweet cherry leaves. *Journal of the American Society for Horticultural Science* 120, 28 - 35.

Pinochet, J., Verdejo-Lucas, S. and Marull, J. (1991) Host suitability of eight *Prunus* spp. and one *Pyrus communis* rootstocks to *Pratylenchus vulnus*, *P. neglectus*, and *P. thornei*. *Journal of Nematology* 23, 570 - 575.

Pinochet, J., Calvet, C., Camprubi, A. and Fernández, C. (1995) Interaction between the root-lesion nematode *Pratylenchus vulnus* and the mycorrhizal association of *Glomus intraradices* and Santa Lucia 64 cherry rootstock. *Plant Soil* 170, 323 - 329.

Pinochet, J., Fernández, C. and Alcaniz, E. (1996a) Damage by a lesion nematode, *Pratylenchus vulnus*, to *Prunus* rootstocks. *Plant Disease* 80, 754 - 757.

Pinochet, J., Calvet, C., Camprubi, A. and Fernández, C. (1996b) Interactions between migratory endoparasitic nematodes and arbuscular mycorrhizal fungi in perennial crops: a review. *Plant Soil* 185, 183 - 190.

Proebsting, E. L. Jr, Middleton, J. E. and Mahon, M. O. (1981) Performance of bearing cherry and prune trees under very low irrigation rates. *Journal of the American Society for Horticultural Science* 106, 243 - 346.

Robinson, T., Autio, W., Clements, J., Cowgill, W., Embree, C., González, V., Hoying, S., Kushad, M., Parker, M., Parra, R. and Schupp, J. (2012) Rootstock tolerance to apple replant disease for improved sustainability of apple production. *Acta Horticulturae* 940, 521 - 528.

Roversi, A. and Monteforte, A. (2006) Preliminary results on the mineral uptake of six sweet cherry varieties. *Acta Horticulturae* 721, 123 - 128.

Saucet, S. B., van Ghelder, C., Abad, P., Duval, H. and Esmenjaud, D. (2016) Resistance to root-knot nematodes *Meloidogyne* spp. in woody plants. *New Phytologist* 211, 41 - 56.

Saure, M. C. (2005) Calcium translocation to fleshy fruit: its endogenous control. *Scientia Horticulturae* 105, 65 - 89.

Schmitt, E. R., Duhme, F. and Schmid, P. P. S. (1989) Water relations in sweet cherries (*Prunus avium* L.) on sour cherry rootstocks (*Prunus cerasus* L.) of different compatibility. *Scientia Horticulturae* 39, 189 - 200.

Shackel, K. A., Ahmadi, H., Biasi, W., Buchner, R., Goldhamer, D., Gurusinghe, S., Hasey, J., Kester, D., Krueger, B. and Lampinen, B. (1997) Plant water status as an index of irrigation need in deciduous fruit trees. *HortTechnology* 7,23 - 29.

Stoilov, G. , Koumanov, K. and Dochev, D. (1999) Investigations on fertigation of peach on three soils. I. Migration and localization of nitrogen. *Bulgarian Journal of Agricultural Science* 5,605 - 614.

Swietlik, D. and Faust, M. (1984) Foliar nutrition of fruit crops. *Horticultural Reviews* 6, 287 - 355.

Tagliavini, M. , Abadia, J. , Rombola, A. D. , Abadia, A. , Tsipouridis, C. and Marangoni, B. (2000) Agronomic means for the control of iron deficiency chlorosis in deciduous fruit crops. *Journal of Plant Nutrition* 23,2007 - 2022.

Thielemann, M. , Toro, R. and Ayala, M. (2014) Distribution and recycling of canopy nitrogen storage reserves in sweet cherry (*Prunus avium* L.) fruiting branches following 15N-urea foliar applications after harvest. *Acta Horticulturae* 1020,353 - 361.

Timper, P. (2014) Conserving and enhancing biological control of nematodes. *Journal of Nematology* 46,75 - 89.

Tognetti, R. , d'Andria, R. , Morelli, G. , Calandrelli, D. and Fragnito, F. (2004) Irrigation effects on daily seasonal variations of trunk sap flow and leaf water relations in olive trees. *Plant Soil* 263,249 - 264.

Tozzini, L. , Lakso, A. N. and Flore, J. A. (2015) Estimating the carbon footprint of Michigan apple and cherry trees — lifetime dry matter accumulation. *Acta Horticulturae* 1068,85 - 90.

Traquair, J. A. (1984) Etiology and control of orchard replant problems: a review. *Canadian Journal of Plant Pathology* 6,54 - 62.

Treadwell, D. D. , McKinney, D. E. and Creamer, N. G. (2003) From philosophy to science: a brief history of organic horticulture in the United States. *HortScience* 38,1009 - 1014.

Troyanos, Y. E. , Hipps, N. A. , Moorby, J. and Ridout, M. S. (1997) The effects of external magnesium concentration on the growth and magnesium inflow rates of micropropagated cherry rootstocks 'F. 12/1' (*Prunus avium L.*) and 'Colt' (*Prunus avium* L. × *Prunus pseudocerasus* L.). *Plant Soil* 197,25 - 33.

Tvergyak, P. J. and Richardson, D. G. (1979) Diurnal changes of leaf and fruit water potentials of sweet cherries during the harvest period. *HortScience* 14,520 - 521.

Urbez-Torres, J. R. , Boulé, J. , Haag, P. , Hampson, C. R. and O'Gorman, D. T. (2016) First report of root andcrown rot caused by *Fusarium oxysporum* Schltdl. on sweet cherry (*Prunus avium* L.) in British Columbia. *Plant Disease* 100,855.

USDA-NRCS (1993) Chapter 2. Irrigation water requirements. In: *National Engineering Handbook Part* 623. US Department of Agriculture, Natural Resources Conservation Service, Washington, DC.

Vang-Petersen, O. (1980) Calcium nutrition of apple trees: a review. *Scientia Horticulturae* 12,1 - 9.

Waterman, P. F. (2001) *Fertilization Guidelines in High Density Apples and Apple Nurseries in the Okanagan-Similkameen*. British Columbia Ministry of Agriculture, Food and Fisheries, Victoria, British Columbia, Canada.

Westcott, S. W. and Zehr, E. I. (1991) Evaluation of host suitability in *Prunus* for *Criconemella xenoplax*. *Journal of Nematology* 23, 393 – 401.

Westcott, S. W., Zehr, E. I., Newall, W. C. Jr and Cain, D. W. (1994) Suitability of *Prunus* selections as hosts for the ring nematode (*Criconemella xenoplax*). *Journal of the American Society for Horticultural Science* 119, 920 – 924.

Westwood, M. N. and Wann, F. B. (1966) Cherry nutrition. In: Childers, N. F. (ed.) *Temperate to Tropical Fruit Nutrition*. CABI Horticultural Publications, Rutgers University, New Brunswick, New Jersey, pp. 158 – 173.

Whipps, J. L. (2001) Microbial interactions and biocontrol in the rhizosphere. *Journal of Experimental Botany* 52, 487 – 511.

Whiting, M. D. and Lang, G. A. (2004) 'Bing' sweet cherry on the dwarfing rootstock 'Gisela5': thinning affects tree growth and fruit yield and quality but not net CO_2 exchange. *Journal of the American Society for Horticultural Science* 129, 407 – 415.

Wójcik, P. and Morgaś, H. (2015) Impact of postharvest sprays of nitrogen, boron and zinc on nutrition, reproductive response and fruit quality of 'Schattenmorelle' tart cherries. *Journal of Plant Nutrition* 38, 1456 – 1468.

Wójcik, P. and Wójcik, M. (2006) Effect of boron fertilization on sweet cherry tree yield and fruit quality. *Journal of Plant Nutrition* 29, 1755 – 1766.

Woodbridge, C. G. (1954) Zinc deficiency in fruit trees in the Okanagan valley in British Columbia. *Canadian Journal of Agricultural Science* 34, 545 – 551.

Woodbridge, C. G. (1955) The boron requirements of stone fruit trees. *Canadian Journal of Agricultural Science* 35, 282 – 285.

Yao, S., Merwin, I. A., Bird, G. W., Abawai, G. S. and Theis, J. A. (2005) Orchard floor management practices that maintain vegetative or biomass groundcover, stimulate soil microbial activity and alter soil microbial community composition. *Plant Soil* 271, 377 – 389.

Yin, X., Seavert, C. F., Turner, J., Núñez-Elisea, R. and Cahn, H. (2007) Effects of polypropylene groundcover on nutrient availability, sweet cherry nutrition, and cash costs and returns. *HortScience* 42, 147 – 151.

Yin, X., Long, L. E., Huang, X. -L., Jaja, N., Bai, J., Seavert, C. F. and le Roux, J. (2012) Transitional effects of double-lateral drip irrigation and straw mulch on irrigation water consumption, mineral nutrition, yield, and storability of sweet cherry. *HortTechnology* 22, 484 – 492.

Ystaas, J. and Frøynes, O. (1995a) Sweet cherry nutrition: effects of phosphorus and other major elements on vigour, productivity, fruit size and fruit quality of 'Kristin' sweet cherries grown on a virgin, acid soil. *Norwegian Journal of Agricultural Science* 9,

105 - 114.

Ystaas, J. and Frøynes, O. (1995b) The influence of Colt and F 12/1 rootstock on sweet cherry nutrition as demonstrated by the leaf content of major nutrients. *Acta Agriculturae Scandinavica, Section-Soil and Plant Science*, 45, 292 - 296.

10　园址选址及果园建造

10.1　导语

樱桃园的建造及管理都需要大量的投入，很大一部分投入甚至是在种下第一棵樱桃之前就开始了。良好的计划和准备是樱桃园成功的关键。果园建成后，生产将持续至少 20 年，因此，初期的错误决策将造成长久的负面影响。做出建园决定前有一系列的问题需要分析，例如园址的选择与准备、授粉树和授粉昆虫的配置、树干支架、排水灌溉系统、土壤矿质营养和有机质，以及杂草管理。

10.2　园址选择

果园主需要做的最重要的决定之一就是园址的选择。土质和水质、冬季可能的冻害和春季的霜冻、病虫防治和雨水造成的裂果等都是由果园的位置决定的。一个欠佳的园址选择可能导致产量低、果实品质低，以及增加病虫防治的花费。

在理想情况下，待选择地点的历史信息应该有迹可循。包括气象数据，如春季和冬季的寒潮模式、晚霜日期、果实成熟前和采收期降雨的概率，以及风速和风型。如果缺乏官方数据，则与紧邻地块的农场主沟通也许同样能获得一些信息。

10.2.1　地势

有着 4%～8%坡度的平缓山坡通常是最适合樱桃园的地点。坡度有利于冷空气的流动，同时可以加速多余水分离开树体。一个好的空气流动系统可以降低冬季结冰潜在危害，以及开花前和开花时的霜冻危害。为保证充分的空气流动，冷空气的流通道路必须开放而无遮挡，以使冷空气远离树体。树篱、防风林、路堑及其他障碍有可能导致冷空气在树体周围聚集，并导致实质性的伤害。

同样，缓坡也可以促进多余的水分离开树体，这对保水能力强的土壤有重要的意义。然而，山沟和沟壑可能会聚集从树体周围流失的水分，从而导致根系缺氧。在山谷或者平原上，冬季防冻和春季防霜措施以及排水系统都可能是必需的，也就会因此导致总体建园费用的增加。

大于10%以上的陡坡会增加土壤被侵蚀的速度，同时为果园设施设备的使用造成安全隐患。此外，处于山脊或者小山坡顶部的土壤会因风和水分的侵蚀而快速流失，同时，风可能会成为产量和果实品质下降的关键因素。风会通过影响授粉蜜蜂的活动，从而降低产量，同时会限制重要节点的喷施防治机会。

山坡的朝向也会影响风害、开花和成熟时间、病害以及夏冬两季的危害。在北半球，朝南的山坡相较于朝北的山坡倾向于在冬季有更大的温度波动。朝北的山坡在白天热起来不会很快，从而导致叶片和果实的空气湿度较大，增加了病害发生的概率，同时可能推迟开花和果实成熟。朝南的山坡开花和果实成熟都会提前，然而冬天更容易发生树干损伤，夏天更容易发生灼伤。由于朝东的山坡早上温度上升得更快，因此干燥很快，降低了感染病害的风险。此外，它们比朝西的山坡在下午温度更低。在北半球，朝西的山坡更容易暴露于主风中。

10.2.2 土壤质地

樱桃需要排水和通气良好的土壤。最理想的土壤类型是轻质的、排水良好的粉砂壤土。但只要排水良好，樱桃可以适应从砂土到黏土的各种土质。在理想条件下，土层厚度应至少有1 m。若土壤过分黏重，则在种树前需要将土壤全部打碎，否则樱桃根系将无法呼吸并受到干旱，从而不能健康生长。排水不良的深层土通常会出现被染上条状灰色或者铁锈状斑点，说明它们通气状况不良(Roper和Frank，2004)。

10.2.3 灌溉水水质

尽管樱桃树对干旱的耐受程度较高，但在全球多数地区，优质的樱桃果实只能在适度灌溉的条件下产出。对灌溉水的电导率、pH值、钠吸收率、硼和碳酸氢盐的水平都应该进行检测分析。其他如氯离子、硫酸盐、硝态氮，甚至是重金属离子和微生物污染等也都应酌情检测(Ayers和Westcot，1985)。

包括樱桃在内的果树通常都对盐离子非常敏感。高水平的盐和钠离子有许多可能的来源，包括灌溉水。盐浓度在水中达到1.3～2.5dS/m或者在土壤中达到1.9～3.1dS/m，都会导致产量下降10%～50%(Kotuby-Amacher等，2000)。此外，灌溉水中电导率过低，又可能加重土壤的盐碱化。高浓度的碳酸氢盐可能破坏土壤结构，从而导致灌溉水渗漏（Long 和 Kaiser，2013）。在荷兰，高浓度的碳酸氢盐被认为是导致樱桃缺铁失绿的主要原因（Boxma，1972）。

10.2.4　园址历史

果园过去的种植历史非常重要，因为过去种植过的果树（包括但不限于樱桃）可能造成现在种植果树的重茬病。重茬病并不是一种特定的病害，它可能由生物因素造成，例如致病菌、线虫；或者由非生物因素导致，例如植物毒素、除草剂、矿质元素缺乏或过剩和土壤结构损坏等导致的危害。新种植的果树会生长弱、易感病，同时很可能产量不高，果实品质差。在一些地方，土壤熏蒸会大大降低重茬病的发生。但是近些年来，传统的消毒剂如溴甲烷正在越来越多地被禁止使用。在一些实际应用中，“考特”砧木对重茬病表现出了一定的抗性（Webster 和 Schmidt，1996）。

本地的一些树种，如松树、橡木和其他树种，在感染了 *Armillaria* 根腐病后可能仍然能存活数年。但如果在种植过这些树的园地中再种樱桃，那么就很容易导致樱桃感病，被慢性的或者是急性的病症致死。就现在的情况来看，没有一种砧木是已知抗 *Armillaria* 根腐病的。用种植农作物的方法检测可能在土壤中存留的病原菌也是一种可行的方案。土豆、番茄、胡椒、苜蓿及其他很多作物都对 *Verticilliun* 造成的枯萎病非常敏感，这种病同时也会感染樱桃树。残留在土壤中的除草剂或病虫害防治剂可能会残存很多年，产生的毒性也会妨碍樱桃树的生长，可能产生的症状有叶灼、生长速率降低和死亡率高。

10.3　建园前的准备

10.3.1　果园设计

建园前需要准备或者制作一个土壤质地分布图，标注出每一个地点的土壤类型。同时，这个地图也应该标注道路、计划铺设的灌溉系统、喷雾器水槽灌水的安放地点、处理采收果实以及计划或者存在的防风林。为获得最大的光合利用率，行列的分布需要充分考虑朝向，可能的话采用南北方向。然而，在山坡上，行列的设置会越过斜坡，并且要尽可能栽植地表植被以减缓水土的流失。行列设置的越过斜坡可以刚好保证统一的灌溉水供给，以及更精确的药剂喷施。在可能发生霜冻的地区，行与行之间要留充分的空间，或者将行的朝向设置成向下坡方向，从而有利于冷空气的流动和离开树体。

栽植密度和布局需要考虑整形方式、砧木以及品种。针对现在流行的利用矮化砧木的现代栽培系统的种植密度，从 0.5 m×3.0 m（株距×行距）到多主干树形的 1.8 m×4.5 m。由于单维或多维（V 形架）的叶幕结构需要提供额外支撑，因此需要更周密的计划和更多资金的投入。

10.3.2 土壤的准备、分析与改良

准备工作应包括将地里所有的残留根系都清理干净，并尽量远离果园。土壤的物理性质需要通过挖洞来分析，可以用手也可以用反向铲。这项工作有助于我们了解土壤的质地、结构、深度和可能存在的硬土层。硬土层可能导致水、空气和根系无法穿透进入更深的土层。要保证整个果园中每种土壤类型都被分析，同时在种树前至少从两个方向深翻土壤，以保证打破靠近地表的黏土层。如果排水是一个问题的话，那么挖沟排水也是需要考虑的问题。

如果土地是重茬土壤，那么致病的线虫，如根腐线虫（*Pratylenchus penetrans*）、剑状线虫（*Xiphinema* spp.）和环状线虫（*Macroposthonia* spp.），都应该被充分考虑。其他微生物也可能导致重茬病害，而一种降低重茬危害的方式是土壤熏蒸消毒法。可惜的是，土壤熏蒸不仅杀死有害微生物，同时也会杀死有益微生物。通过移植附着有益菌的植株根系，可以帮助有益菌重回根系环境中。十字花科植物的油籽饼粉也可以用作土壤改良剂以取代土壤熏蒸法。根据 Mazzola 和 Manici（2012）的报道，芥菜、白芥子、油菜和欧洲油菜的油籽饼粉的使用效果在对抗重茬导致的根系线虫以及霉菌方面，能够取得比土壤熏蒸法更好的效果。

10.3.3 勘察和立柱

果园有多种规划布局方法。当用植树机植树时，只有种植行需要标记，因为株距可以由机器根据预先的设置来控制。对定植和立柱来说，植树机是一种非常好的建造果园的机械，十分快速和便捷，同时能够减少人工的投入。然而，在定植准确度方面，植树机不如其他方法，而且在超高密度种植时会非常难以操作。用螺旋钻或铁铲挖洞非常耗时，但却能准确地将植株种植在计划的位置上。立柱时通常先立在行的外侧边界，在行间用铁丝或者线标注想栽种的位置，以使立柱的位置更加准确。在波浪起伏的山坡上将种植行呈线性排列则十分困难。因此，在这种情况下，或者是种植的面积过大时，激光测量定出准确的行的位置和植株的位置。同时，GPS 定位也应用于定植的工作中，即使在最复杂的地形中也能进行精确定位。GPS 未来还可用于种植园地图的绘制、营养和施肥状况分析以及其他果园的精准管理当中。

10.4 授粉树与授粉昆虫

10.4.1 授粉树

目前很多新育成的甜樱桃品种都是自交亲和的，不需要配置授粉树，因此果树的种植区域可以只种单一品种，保持种植区域的完整性。然而，仍有很多传统品种和部分新育成的品种仍然是自交不亲和的，这就需要通过配置授粉树来完成授粉。

授粉树需要与栽植的品种栽植得足够接近，同时花期必须保持一致。一般来说，在每个第三行第三株树位置栽植一棵授粉树。在大多数情况下，这就能保证花粉传播到主栽品种上，同时每一棵结果树都挨着一株授粉树。由于授粉树带来的经济价值通常没有主栽品种高，因此要通过合理的配置授粉树以减少授粉树的数量，提高整体经济效益。对于结实能力弱的品种，如"雷吉纳"，主栽品种可以种得相对紧密，每五棵树配置一棵授粉树，同时相邻的行也种植授粉树。由于没有多余的空间可以分配给授粉树，它们应该修剪为超细纺锤形或其他节约空间的树形。这样的配置是非常有效的，因为蜜蜂总是沿着行间授粉，这就保证了每一棵树都能得到其他品种的花粉。搭配不同品种的授粉树可能帮助结实能力弱的品种提高坐果率。若授粉树与主栽品种的经济价值相当，可以将主栽品种按照依次种植两行的方式种植，这样每棵树都能紧邻授粉树。常见品种的花粉亲和性和花期信息在很多果树种苗公司都可以得到。

10.4.2 传粉者

欧洲蜜蜂是世界范围内樱桃园最常采用的授粉昆虫。在理想情况下，一只蜜蜂一天停留 5 000 朵花，并将花粉由花药传送至柱头(Free, 1993)。蜂箱在开花率达到 10%的时候放置在果园中。这个时间点可以保证开得较早的花能完成授粉，同时避免了蜜蜂在开花前养成了去其他物种的花中觅食的习惯。必须保证蜂箱中的蜜蜂是健康和有活力的。果园主需要让养蜂人打开蜂箱亲自查看。在美国的华盛顿州，相关条例规定一个蜂箱应该包含 6 格，同时在 18℃时，每个格子的 2/3 都爬满了蜜蜂。这意味着每个种群应该拥有 14 400 只蜜蜂(Sagili 和 Burgett, 2011)。通常来说，即使是在晚冬或早春，工蜂的数量也应该在 10 000～30 000 只(NAS, 2007)。每公顷 3～5 个蜂箱被认为是能保证甜樱桃充分授粉的(James, 2010)。种植的密度越大，行的长度越长，就需要越多的蜜蜂。为保证蜜蜂的最大活力，蜂箱应安置紧挨树或者是在树之间，且温暖而日照充足，同时能够躲避盛行风(Somerville, 1999)。用蜜蜂的飞行活力衡量蜂箱的健康程度也是可行的办法。在温暖平静的天气条件下，风速小于 16 km/h 且温度高于 18℃时，每分钟应有 100 只以上的蜜蜂进入蜂巢。

蜜蜂是很受欢迎的授粉昆虫，因为它们的种群规模很大，并且很容易喂养和运输(Delaplane 和 Mayer，2000)。但是，要保证蜜蜂的授粉效率，天气条件必须十分适宜。而其他一些蜂的种类对环境的要求就没有那么高，如大黄蜂和壁蜂可以在低温、弱光，甚至是小雨的天气中飞行。全球大约有 250 种大黄蜂类型，然而它们中的大多数都没有被商业化养殖。在北美，只有一种大黄蜂 *Bombus impatiens* 用于商业用途。大黄蜂的种群要比蜜蜂小很多，群体大约只包含 300 个体，而非 30 000。然而，大黄蜂作为授粉昆虫的效率要比其他昆虫高，并且可以耐受极端天气(冷、热、雨、光照和风)。事实上，蜜蜂的活动在 10℃左右就趋于停止了，但是大黄蜂在 7℃左右还会继续觅食(Mader 等，2010；Pfiffner 和 Müller，2014)。

除了大黄蜂以外，壁蜂也是很优秀的授粉昆虫。在美国，一种最常见的壁蜂种类是果园壁蜂，也称为蓝果园蜂(Bosch 等，2006)。这种蜂在西部州和东部沿海地区都有分布，但在南部和中西部并不常见。蓝果园蜂对果树的花粉有很强的偏好性，并且它们总是在早春开始出现，因此刚好与樱桃开花的时间相符。一公顷樱桃只需要 600～750 只蜂就可以完成授粉。与大黄蜂类似，它们与蜜蜂相比会在更低的温度下觅食，并且每天开始觅食的时间早于蜜蜂且结束觅食的时间晚于蜜蜂。另一种常见的壁蜂是原产于日本的角壁蜂(*Osmia cornifrons*)(Mader 等，2010)。

非蜜蜂种类昆虫是可以在果园中作为单独授粉昆虫或者作为蜜蜂的辅助。果园中配置多种类型的蜂可以对授粉产生协同作用(Holzschuh 等，2012；Garibaldi 等，2013)。若授粉树没有在每一排都有配置，大黄蜂可以增强授粉效果，因为它们没有固定的飞行路线。事实上，其他类型的蜂的出现，似乎促进了蜜蜂越过行间进行授粉(Mader 等，2010)。同时，本地野生蜂可以在蜜蜂种群数量出现下降时作为授粉补充(Winfree 等，2007；Breeze 等，2011)。在过去的半个世纪中，野生蜂的种群数量也出现了下降，因此保证配置足够的授粉昆虫是保证授粉顺利进行的重中之重。有效的措施如下：提供适宜蜂类筑巢的栖息地、筑巢材料，樱桃开花之前可提供食物来源的开花植物和附近干净的水源，要注意使用对蜂类无危害的农药和免耕栽培，并且将灌溉方式由漫灌改为微灌(Shepherd 等，2003；Isaacs 和 Tuell，2007；Garibaldi 等，2014)。

当自然授粉受限时，许多果树种类上开始尝试使用能商用化的人工授粉(辅助、控制或补充)。即用之前收集储存的花粉采用生物的或者机械的方式进行补充授粉。当授粉树开花不良、花期与主栽品种错开，或者是当天气条件不适宜授粉时，人工授粉就能够发挥重要的作用。在蜂箱的入口处放置花粉散播器可以在蜜蜂出蜂箱的时候向它们身上散播花粉，从而提高授粉效率（Pinillos 和 Cuevas，2008）。这种措施也应用于在樱桃园中预防褐腐病（Lehnert，2015）。为取代喷施抗菌剂，蜜蜂用于向疑似感病的花上传递一种生物抑菌剂哈茨木霉菌（*Trichoderma harzianum*）的孢子，可以抵御褐腐病菌（*Monilinia* sp.）（Mommaerts 和 Smagghe，2011）。

多种多样的机械化授粉方法已经开发出来，包括扩散器或吹药器、机械喷扫器、喷雾器或静电喷粉机具。这些机械可以由工人携带，或者是安装在汽车、飞行器或直升机上。然而，这些机械授粉方式需要不但消耗大量花粉，而且在虫媒树种（如樱桃）上往往授粉效率不高（Vaknin 等，2001；Pinillos 和 Cuevas，2008）。低花粉用量的悬浮授粉方式使商业果园中人工授粉成为可能。在美国华盛顿州立大学的研究中，这种方式与昆虫授粉相比增加了约 20%的坐果率（Whiting 和 Das，2016，私信）。

10.5　树体支架

许多高密度栽培模式都需要给树体附近安装支撑系统，用以给树冠定向（van Dalfsen，1989；Dart，2008；Craig，2012；Hoying，2012；OMAFRA，2012），或者是支撑结果枝。将枝条弯曲并固定在铁丝上往往会提早结果期。经济学分析表明，果园的前期投入，包括树体支撑系统，是除了产量和果实品质外对果园收益的第二大影响因素（Robinson 等，2007）。篱架结构不仅要承担果实的负载，同时也要在风、雨、雪等外力作用下提供额外的支撑。在建造初期犯下难以纠正的错误，将付出高昂的代价。要建立一个良好的树体支撑系统就要充分考虑果园的整体设计，包括栽培品种、砧木、种植密度、架型、树体最终的高度等。这些因素都会影响到最终所需要的支撑力度和类型。

最简单的甜樱桃树体支撑系统缩减了立柱和铁丝的使用。对使用了矮化砧木“吉塞拉 6 号”的樱桃树来说，一棵树一根独立的立柱就足以满足使用，在建造的初期会提供非常重要的支撑作用（见图 10.1）。另一种选择是，采用“一根杆，一根铁丝”的支撑系统，利用一根 3 m 高、1/2 in① 粗的导管或者是 25 mm 的竹子。一根铁丝在 2 m 高的地方与行内的立柱相连，杆与绳之间用夹子或者绑扎

① in(英寸)，长度非法定单位，1 in=2.54 cm。

带固定。树体一开始固定在立柱上，随着树体的生长，更多的绑扎带用来固定新生枝干，直到固定至立柱的顶端。这种系统有利于日常管理或采收时工人在行间的移动。

图 10.1　在美国俄勒冈州密植甜樱桃园中用于支撑树体的独立木柱(L. Long)

针对多道铁丝的篱架系统，三条或三条以上的铁丝均匀地分布在行内的立柱上(见图 10.2)。通常，第一道铁丝离地面 0.5～1 m 高，一般用来固定灌溉管道。从这条铁丝往上，至少隔 0.5～1 m 再设置下一道铁丝。空间紧密些更好，但这将限制工人在行间的穿插劳作。根据树体的长势需要添加额外的铁丝，以防新生的生长点与铁丝产生摩擦，甚至是在刮风时被划掉。当树龄更大一些时，最下面的铁丝可以除去，以方便工人围绕树体进行采摘和修剪。当用到三道及以上的铁丝时，每棵树上可以用一条垂直的软绳串联起水平的三道铁丝。这种系统是为了用来辅助整形和承担果实的负载量，该目的也可以用其他的材料达到，如 1.8 m 高，3/8 in 粗的导管，非常轻的直径 12～16 mm 的竹子，或者是 20×20 mm 的金属角。通常，它们都可以被夹子固定在最上面和中间的铁丝上，不用到达地面。立柱的硬度保证了只需要用两根铁丝，而不是三根。树体在塑料管、夹子和绑扎带的保护下十分安全。在多数气候条件下，树体经常与铁制的立柱或铁丝摩擦会感染细菌溃疡病(见图 10.3)。用塑料管或废弃的滴灌管包住铁丝(见图 10.4)，用高弹力的塑料线或用塑料包裹的铁丝，均可以大大降低这种细菌溃疡病的发生风险(Lillrose 等,2017)。

图 10.2 美国华盛顿州 UFO 整形采用的四道铁丝支架

图 10.3 不恰当的铁丝固定方式造成细菌性溃疡(见彩图 5)

用塑料绑带时应该放在树和铁丝之间,防止树皮直接接触铁丝,然后再从铁丝外拉紧。

通常,篱架绳用的是直径 2.5 mm 的镀锌高强力铁丝,最小拉力要达到 630～1 260 MPa。并不推荐在同一行中用拼接的铁丝,因为这种铁丝通常较硬,无法很好地拼接。澳大利亚铁丝工业协会(van Dalfsen, 1989)的研究表明,打得很牢固的结也会在铁丝受力达到 60%～66%时断开。如果一定要拼接铁丝的话,也需要用特殊的机械打结方式,并且在受到 0.7～0.9 kN 的负载时不会下垂。由于温度造成的变性,因此铁丝必须周期性地紧一紧。这项工作可以通过

图 10.4　正确的铁丝固定方式(见彩图 6)

将甜樱桃树固定到铁丝上时，用塑料带固定侧枝，用塑料管包裹住铁丝，从而减少因树干与铁丝摩擦而导致的细菌溃疡病(G. Long)。

放置永久性的紧线器来完成。铁丝应该用穿过木立柱的镀锌 U 型钉从逆风的那一面进行紧线作业。铁丝是由行内立柱支撑的，这些立柱直径为 100～125 mm，能够将受力传递到土地中。所有的立柱都应该敲打至冻结线以下，深度每加深 1/3，立柱的稳定性都会增加 2 倍。将立柱敲打进土地中，会比挖洞然后用土掩埋立柱增加 50%的稳定性。立柱敲进土地里时应该是尖头朝下。如果立柱过于钝、粗和长，那么可以先用电钻钻一个比立柱的直径小 3～5 cm 的洞，这样就会让立柱更好地敲进土里。如果放置进直径大于立柱的洞中，那么就应该让立柱直径大的一头朝下。当用木头立柱时，用铬化砷酸铜处理可以降低立柱被腐化的概率。立柱的放置间隔取决于砧木、种植行长度、树体高度、成熟期负载量和土壤条件。在安置立柱时，黏土能比砂土提供更强的支撑，干燥的土能比湿润的土提供更强的支撑。丘陵地区立柱之间的间距要短，以防铁丝将立柱拉出。

端柱和锚柱应该达到 125～150 mm 的直径，从而稳妥地保证安置铁丝。最稳固的端柱安置方式就是在端柱、篱架铁丝以及它们到地面的距离三者间形成一个等边三角形。锚柱有两种类型：锚杆和支柱。锚杆的固定可以是木头柱子、商业化的搭铁螺钉、金属盘或者是其他各种材质各种样式的装置，如箭头或者是鸭嘴兽形状。端柱应该向锚柱倾斜 15°～18°。为高效地行使功能，锚杆应该敲进未被翻动的土地中 1.2～1.5 m，同时保持一个 1/4 向后的斜度。然后它可以从地上 0.3 m 的地方被截断。这种柱子相比螺旋锚柱更不容易从土中被拉出，但是安装时更费时、费工，且花费大。如果负载过大(安装的铁丝太多)，或者土壤的支撑能力太弱就应该安装使用支柱。它由一个水平的和两个垂直的柱子构成，还有一个斜的支柱铁丝。立柱锚可以由两种方式构成：单孔支架或者是固定支架。在极端的岩石类土壤中，木头柱子安置在反铲挖土机挖的洞中。由于被翻过的土壤所能提供的支撑很弱，止推承座应该安置在靠近柱顶端面向行间的一面和洞底部的相反一面。灌注水泥并不能增强锚的力量，除非水泥锚柱由未被翻动的土支撑着，它的重量不足以抵抗铁丝的拉力。van Dalfsen(1989)提供了关于木头柱子架式结构的更多细节。

螺旋固定锚常用于搭棚架。螺旋固定锚应该尽量远离端柱并保持至少与支柱长度一样远的距离，端柱应该与垂直方向保持 15°～18°的倾斜角。因为承受力大小的区别，螺丝锚的轴长长短不一。通常，轴身的直径在 16～22 mm 之间，底座应该至少 150 mm 宽，以避免拔出或者弯折。螺旋固定锚轴身应当指向与端柱的连接处。

除了木柱，还可以用金属杆和钢管，或者组合使用，以提高结构复杂性，如多功能棚架。金属杆可以带有小孔或者凹槽，使得绳子能够按照用户自定义的方式拴系。钢管没有小孔，所以需要焊接接合点。平舷钢能够用来制作 V 形架和 Y 形架。有人发明了一种基于拱形温室技术的新架式(Hansen，2013)，在这种架式中，混用了弯曲的锻造管。这种架式造价低，易组装，能够满足不同果园的个性化需求(见图 10.5)。钢丝构型和包夹保障了钢丝与金属杆衔接处的安全性。

图 10.5 美国华盛顿州由木桩和铁构成的五层多平面的 Y 字整形方式，每道铁丝连接处都有钢架支撑(G. Lang 提供)

10.6 排水系统

樱桃树的生长会受到根域范围过度湿润的土壤或表面积水的不良影响。不同砧木(见第6章)对遭受水涝胁迫程度和时长的抵抗能力存在很大差异。根域水分的饱和会导致氧气缺乏和有毒气体的积累。根域水分饱和短时间内造成缺氧会减少植株对水分、养分的吸收和根系呼吸作用，并且还会导致毒素的积聚，而这些不良反应又会导致细胞和根系的死亡；如果缺氧时间增长，则会导致树木的死亡(Sutton 等，1971)。土壤表面积水时间超过一周可能对樱桃树的生长不利。当然即使是短期的涝害也会产生长期的伤害。过度润湿的土壤会诱发疫霉根腐病的发生(James，2010)。温带地区的潮湿土壤在春季时变暖会比较慢，这种现象会延缓植物的营养生长并不利于农作物的生产(van der Molen 等，2007)。因此，确保所选择的樱桃种植地具有良好的地表和地下排水至关重要。在樱桃成熟期，即便是短暂的土壤浸泡也会加剧甜樱桃裂果的发生(见第7章)。

排水系统可以从果园收集并将过量的水排出，也可以在水达到果园边界之前将水引进来。土壤中过量的水可能源于降水、融雪、灌溉、从邻近地区的地表径流或地下渗透、土壤含水层的自流和渠道内的洪水，或是源于本用于特殊目的的水，如用于浸出土壤中的盐分或用于控制土壤温度的水(Sutton 等，1971)。排水系统有两类：地表和地下排水系统。在果园中进行适当的水分管理(排水和灌溉)的第一步是土壤整治。

10.6.1 土壤整治

土壤整修是指机械化地改变地表以修整地表水的运动(Sutton 等，1971；van der Molen 等，2007)。这可以通过减缓坡度、起垄和平整来实现。平整可以修正等高线的微小差异，而不会改变土地的一般轮廓。它很少涉及超过 15 cm 的切割和填充。

土地平整是土地减缓坡度后续整理操作。减缓坡度是通过切割、填充和整平至达到理想的坡度以塑造地表，最终使得径流可以在地表上流动而不会积水。为顺利排水的土地分级不需要将土地整成具有均匀斜坡的平面，可以在中间沟的边缘切割并且朝向两个相邻的树行填充以建立起表面小垄。因此，从沟渠肩部朝向行和沿着树行产生类似人造脊部的凸面。行坡度可渗透但容易侵蚀，土壤不应超过 0.5%。在行长度有限的缓慢渗透土壤中，坡度最高可达 2.0%(Sutton 等，1971)。起垄是在种植树木之前或在现有果园可行的情况下沿着行将土壤堆积成宽脊的过程。建议在畦面上种植树,特别是在渗透率低的土壤上种植树木。起垄还包括位于树排之间的浅沟或沟渠,做畦成形为凸面,朝沟槽/沟渠倾斜,这有助于从树根区域排出多余的水分。根据地下水位的深度和土壤的排水能力,畦的高度范围为 30～90 cm,宽度为 40～180 cm。例如,Perry (1998)报道了在 30 cm 高和 180 cm 宽的种植行种植樱桃可以取得最佳效果。在起垄栽培中,必须在种植行的侧面和走道中设置永久性的草皮覆盖物,以防止土壤流失。土地平整是调整土地表面达到计划的坡度以改善排水的精确操作。

10.6.2 地表排水

地表排水主要用于平地,其中深层水渗透被土壤剖面中的低渗透性或限制性层所阻止。沟渠是地表排水系统的收集元件,是在地下挖掘的开放水道,用于收集或输送排水,通常是地表水和地下水。它们的大小和形状应允许农业工具通过。引水沟可以是在果园边缘的陆地斜坡上构建的分级渠道,以拦截渗漏以及表面流动,并将水转移到合适的出口。堤坝是用来保护土地免受河流、湖泊和潮汐影响以及防止扩散的地表水溢出。

10.6.3 地下排水

地下排水可以去除地表以下的多余水分,降低水位,从而改善植物的土壤结构,使得根系自然生长。对于果树,设计地下水通道深度(地下水的稳态深度)随土壤质地而变化,通常为 1.0～1.2 m(van der Molen 等,2007)。当存在过量的可溶性盐时,良好的地下排水可以重新建立土壤中水的向下渗透并促使盐分的浸出。地下排水可用于降低高水位(减压排水)或拦截,减少水流,并降低果园中的水流量(拦截排水)。地下排水可以是水平的,使用平行排水系统或收集井抽水的垂直排水系统。拖拉机平行开沟适用于缺乏坡度、土壤特性或经济条件不利于埋排水沟的平地。通常,排水管由带有开放接头或穿孔的埋入管道组成。

拦截排水管可以是开放式沟渠或埋设排水沟。在坡地上,地下排水的目的是拦截斜坡底部的地表水和地下水流,这比纠正果园中多余的水更容易。组合系统提供表面和地下排水。有关排水系统的更多详细信息,请参阅 Sutton 等(1971)和 van der Molen 等(2007)的文献。

10.7 灌溉

10.7.1 传统灌溉技术

樱桃的需水量在不同发育阶段存在季节性变化(见第 9 章)。樱桃树体需水数量和空间变化与可供给的土壤水分决定了灌溉的必要性程度。灌溉系统有三种类型：地面灌溉系统、喷灌系统和微灌溉系统。

地面灌溉技术，例如漫灌、沟灌或盆地灌溉，是向果园供水的最古老和成本最低的方法，但与其他方法相比，它们需要高劳动力，效率低和浪费，并且在世界范围内使用已经显著减少。

喷灌是（USDA-SCS，1983；Rieul，1990；Vaysse 等，1990；Solomon，2013）在整个土壤表面或其大部分上喷洒分布相对均匀的水。必要的压力（0.2～0.4 MPa）可以通过泵送或通过使用水源升高的重力获得。水通过地下管道输送，从而允许果园中机械可以自由移动。最广泛使用的分配系统如下：①带有洒水装置的便携式侧向装置，作为一个整体移动；②半固定套装，只移动洒水器；③拉铲挖土机，只移动洒水器和软管；④永久性的，包括固定套装。

喷灌可以在树冠上方或下方使用，其中任何一种都可以用于在果园行间保持多年生草皮或用于微气候的改良（见第 11 章）。但是喷头的使用受到水质的限制。高蒸发率可能导致叶片表面积累盐分，随后对植物器官造成损害（Evans，2006a）。此外，长时间的树木润湿可以刺激真菌和细菌疾病的发生（Barfield 等，1990；Evans，2006a，b）。必须特别注意避免对水果造成损害，因为灌溉水会导致成熟果实发生裂果现象。

10.7.2 微灌

微灌（滴灌和微喷灌）越来越多地用于水果生产，因为其具有较高的水分利用效率和精确输送控制能力（Lamm 等，2007；USDA-NRCS，2013）。由于其工作压力低、分布均匀性高和应用效率高，是在所有灌溉系统中水分、能量、营养和农药的使用效率最高的系统。通过微灌，可以润湿全部或部分土壤表面。小型和低强度灌溉可以直接应用于果树根域，从而提供及时的水供应、营养物更新和土壤通气。土壤湿度保持接近田间土壤容量。微灌侧管和发射器可安装在地上面（如在整形架上）、地面上或土壤表面下方。一般而言，系统是固定资产且相对资本密集，但劳动力和管理成本较低。微灌适用于倾斜或不规则形状的地形，并且水的灌溉可以通过计算机实现完全自动化。由于发射器容易被悬浮在水中的土壤颗粒、藻类、细菌和固体堵塞，因此过滤和定期冲洗系统是至关重要的。可以使用咸水，但往往会导致湿润土壤周围的盐积聚。因此，必须充分解决土壤盐分问题。

使用滴灌，在 0.1～0.2 MPa 的最小压力下进行灌水（Schwankl 和 Hanson，

2007)，点源发射器的流量低至 1～4 L/h，而对于多孔壁侧向发射器流量为 8～12 L/h。一些发射器是压力补偿的，并且在一定压力范围内提供几乎恒定的速率。通常，每棵大树的供水由 2～4 个滴头提供，这取决于它们的排放量。定植后，每棵树使用 1～2 个滴头，随着树木成熟，可以增加更多的发射器。滴灌的应用效率受土壤性质的影响。在低渗透的土壤中，蒸发损失可能会急剧增加(Koumanov 等，1998；Koumanov，2007)。如果不考虑这些，那么输送到根域的实际水量减少会对树木的生长和产量产生显著的负面影响。如果在土壤表面以下埋藏侧管(深达 60 cm)，则蒸发损失可以大大减少甚至消除(Camp，1998；Lamm 和 Camp，2007；USDA-NRCS，2013)。这种地下滴灌(SDI)系统需要额外的冲洗装置和真空释放阀，以防止泥水吸入系统。在根系间穿过的排水侧管受到的挤压和根系穿透的发射器造成的堵塞是 SDI 系统中存在的潜在问题。然而，SDI 系统保持了土壤表面的干燥，减少了杂草的生长。

使用微喷灌器，灌溉水通过各种发射器(称为雾化器、微喷射器、微型喷射器或喷雾器)以雾或细小液滴散布在土壤表面上(Boman，2007；USDANRCS，2013)。水通过固定或旋转分配器上的一个或多个小开口排出，并扩散成各种表面润湿模式。微喷通常在树冠下操作，可以保持叶片干燥并减少病害的发生。根据侧管的位置，微喷可以直接与聚乙烯侧管连接，或与短或长的管道连接。横向可以安装在固定在地面上的桩上，附着在整形架上或挂在树枝上。最后两种方法允许在行中进行机械操作。在 0.1～0.2 MPa 的工作压力下，发射器流量可在 20～1 000 L/h 之间变化。微喷灌溉水比滴灌灌溉水的土壤表面积更大，因此适用于更多类型的土壤，尽管蒸发损失可能很大(Koumanov 等，1997，2006；USDA-NRCS，2013)。树根系统在更大的土壤体积中发育可以更有效地利用土壤肥力，并且更高比例的根在靠近土壤表面的地方发育，其中矿物营养含量更高。与滴灌相比，较大的喷射器孔口直径使得微型喷射器不易堵塞，因此水的过滤相对容易。

10.7.3　灌溉施药

除了满足灌溉需求外，微灌系统还可用于施肥、除草剂、杀虫剂、杀菌剂、熏蒸剂、杀线虫剂、土壤改良剂和生长调节剂等，统称为“灌溉施药”(Trimmer 等，1992；Waterman，2001；Burt，2003；Storlie，2004；van der Gulik 等，2007；Zhu 等，2011)。化学品也可以注入灌溉系统用于维护目的，例如灭藻剂和氯(Evans 和 Waller，2007)。化学品的潜在优势包括均匀性、灵活性、避免重型机械、成本效率、不受天气条件影响和减少环境污染。然而，迄今为止，大多数农药未被批准用于灌溉用水（US EPA，2015）。只有标记用于化学灌溉的农药可以用于注入灌溉系统。

灌溉施肥

灌溉施肥，在第9章中有详细描述，提供了动态肥料应用，其最有可能实现优化的营养方案、最佳的应用效率以及降低用药过量和浸出或毒性的可能性（Kafkafi 和 Tarchitzky，2011）。与砧木选择和恰当的碳营养一起，它对劳动力密集型的樱桃生产至关重要（Koumanov 和 Tsareva，2017）。

灌溉施除草剂

樱桃园的灌溉施除草剂研究很少，而且信息稀少，特别是关于除草剂的效率、选择性、效果的持久性、土壤的流动性和持久性。Koumanov 等（2009）和 Rankova 等（2009）报道了樱桃果园除草实验与出苗前除草剂二甲戊灵（杀草通）的理想结果：处理后的除草剂效应，对不同品种树木的生长势和产量的影响（"伯莱特/马扎德""拉宾斯/吉塞拉"）以及土壤微生物活性与进行标准喷雾除草剂后的效果一样。

10.8 矿物质肥力和有机质

土壤肥力是一个复杂的概念，指土壤以最佳植物生长所需的数量、形式和比例提供养分的潜力（Roper，2000）。土壤肥力管理有两个要求：①确立土壤 pH 值，并为幼树生长提供必需的植物营养和有机物质含量（如本章所述）；②在树木成熟和产果期间，将土壤 pH 值、养分和 OM 维持在所需范围内（Jones，2012）（见第9章）。

10.8.1 定植前培肥

通常植物从土壤溶液中获得作为离子态的矿物营养。通过施用肥料和/或调节 pH 值以减轻营养亏缺。肥料类型和施用率可以从关于作物养分消耗、营养缺乏症状以及植物和土壤分析的数据进行估计。这些定性和定量指标以及相应的施肥建议的参考值可以在各种果园管理指南中找到（Hart，1990；James，2010；Stasiak，2010；Horneck 等，2011；OMAF-MRA，2013；UMCAFE，2013；WSU-TFREC，2015）。土壤养分分析（见第9章）对于确定如何在建园前调整土壤营养状况非常重要。由于一些营养元素在土壤中相对稳定，因此可能需要将营养元素、pH 值校正或 OM 的修正剂掺入土层中。例如，磷肥应该以

40 cm 或更深的深度掺入土壤。由于磷酸根离子被土壤胶体的吸附结合，因此施肥率必须超过植物净要求值。根据 Soing(2004)报道，作为 P_2O_5 施用的磷(P)树体吸收不超过 25%。此外，过量的磷水平可能会阻止一些微量营养元素(铁，铜，锌，锰)的吸收，这会对樱桃树的生理功能、生长和产量产生负面影响。

通常，地表施用中等至高浓度的钾(K)可以提高根区中土壤可交换的钾含量(Boynton 和 Oberly, 1966)。然而，由于钾迁移率相对较低，樱桃施肥在黏土上可能存在问题。当在这样的土壤表面上蔓延时，钾肥被结合在土壤的上部 10 cm 处。因此，在重质土壤中，栽植前优选将钾肥加入土壤中。在这种情况下，施用量为上部 40 cm 土层中的期望值和实际钾水平之间的差异(UMCAFE, 2013)。但是，过量的钾会导致镁(Mg)缺乏。

10.8.2 pH 值校正

酸性土壤(低 pH 值)可以通过在土壤中加入中和物质来调整，这种做法称为石灰处理。石灰处理也用于钙(Ca)和镁(Mg)的施肥。一系列加石灰材料，包括钙和镁的氧化物，氢氧化物或碳酸盐，可用于增加调节适宜的土壤 pH 值。常见的石灰石材料是石灰石、白云石灰岩和矿渣。对于 Mg 含量低于 100 mg/kg 或具有高钾水平的土壤表明镁缺乏，建议使用白云石灰岩。加石灰材料的质量与其细度(粒度)、化学成分(碳酸钙平衡)和含水量有关(Hart, 1990)。与纯碳酸钙相比，碳酸钙平衡是石灰处理材料的酸中和值的体现。颗粒大小与石灰处理材料溶解在水中的速率相反，因为石灰不会中和酸性或释放其营养元素直至其溶解。此外，石灰处理材料的酸中和值与其含水量相反。通过增加石灰材料的溶解度和颗粒的细度以及其在果园的潜在生根区域内的存在可以增加石灰处理的有效性。

在某些情况下，酸性土壤的石灰处理会导致暂时的应激反应(石灰冲击)，从而对樱桃树产生不利影响。因此，通常建议在定植之前至少 4 个月施用石灰处理材料，从而留出足够的时间使石灰-土壤相互作用稳定。如果可能的话，通过深耕将石灰处理材料置于底层土壤，利于根系良好发育。加入的石灰量是表土和底土需求的总和。应将石灰彻底耙入表土，然后犁耕，尽可能深入土壤。如果需要大量的石灰(每英亩①超过 3 t)，建议分开施用，如上所述，将石灰总量的 1/2 或 2/3 用于土壤中，再将其余部分彻底翻耙入土壤(OMAF-MRA, 2013; UMCAFE, 2013)。

---

① 英亩(acre)，面积非法定单位，1 英亩＝6.07 亩＝4 046.86 平方米。

通过在土壤内掺入类似酸性物质可以降低土壤 pH 值。最常用的酸化剂是元素硫(S)和硫酸铵。这些应在种植前 3 个月至 1 年内掺入土壤(OMAFRA, 2006)。硫酸铵的施用量不应高于结果樱桃树推荐的氮(N)量。土壤酸化的影响与土壤的缓冲能力和游离石灰的含量相反。因此,沙土比黏土更容易酸化。在高度缓冲的土壤中,土壤 pH 值的降低可能是短暂的。对于加拿大不列颠哥伦比亚省的果园土壤,使用铝和硫酸铁、硫酸或硫对土壤酸化进行了评估,其中精细研磨和掺入颗粒硫是最有效的方式(Neilsen 等,1993)。由于碳酸钙含量非常高,一些土壤对 pH 值下降具有抵抗力,因此碳酸钙含量可接近 20%(质量),需要添加不切实际量的酸化改良剂。通常,使 pH 值降低小于 2 个 pH 单位是合理的成本。

10.8.3 土壤有机质

"有机物质"一词涵盖了各种含碳物质,包括活的、死的或分解的生物。土壤有机质有助于维持土壤结构,增强土壤保水能力,改善排水,增加土壤养分的能力。有机残留物作为缓释肥料,直接和间接地为植物提供营养。充足的土壤有机质含量有助于保持作物产量和植物健康,特别是在恶劣的天气条件下。土壤有机质含量在 1%～5%范围变化,但大多数土壤在 1%～2%范围内。然而,一系列土壤类型的合适的含量应为 2%～5%,即沙质土壤的最低值及黏土土壤的最高值。在栽培和产果期间,土壤有机质含量下降。虽然绿肥的使用可以暂时增加有机质含量,但是具有降低和稳定在一定水平的趋势,且对于土壤、气候和栽培措施组合具有特殊性。许多种植樱桃的土壤质地轻盈且耕作时间久。维持这些土壤中的有机物含量对于保持生产力至关重要(Roper2000; Jones, 2012; OMAF-MRA, 2013; Tisdall 和 van den Ende2015)。

人们对所谓的"土壤食物网"越来越感兴趣(Ingham, 2000)。这指的是根际存在的重要生物多样性,包括细菌、真菌、原生动物、节肢动物、线虫、蚯蚓和昆虫。了解这些生物如何影响果树的健康、活力和产量是一门相对较新的科学。许多证据表明,增强这种土壤食物网的好处是并不真实。然而,似乎有越来越多的证据表明,增强土壤食物网的做法可以提高树体健康、产量和果实品质(Forge 等,2002,2013; Neilsen 等,2003; Pokharel 和 Zimmerman, 2015)。

添加有机物质是增加土壤有机质含量以增强土壤食物网的唯一可靠方法。常见的有机改良剂包括粪肥、作物残渣、堆肥、生物固体(有机污泥)和绿肥。堆肥提供相对少量的初始营养元素,但随着时间推移逐渐释放养分。这就是它应该与新鲜残留物一起使用的原因。确定土壤的正确有机物含量取决于土壤质地和聚集稳定性目标。有关有机物质，其营养成分和最大聚集体稳定性水平的详细信息可在专业文献中找到(OMAFRA，2006，2009；Jones，2012)。在种植之前向土壤中添加有机物质比在植物种植后的表面施用更有益。

然而，将过量的有机物质施加到矿物土壤中可能具有不利影响。由于有机质含量和土壤持水能力是正相关的，湿润的土壤可能在春季保持较长时间的凉爽，并且可能妨碍栽培。通常，含有超过5%有机质的土壤需要增加除草剂的比例，因为除草剂可能会因为吸附在有机物质颗粒上而部分失活(Tisdall 和 van den Ende，2015)。大多数有机物质中的营养素不均衡，这可能导致植物矿物质营养不均衡。例如，家禽粪便中的高钾含量可能最终诱导植物镁或钙缺乏。一些有机废物含有可能对植物有毒的重金属(Jones，2012)。添加有机物质有助于减少由于土壤质地造成的限制，但不会完全缓解特别严重的土壤(Roper，2000)。

10.9 杂草管理和覆盖种植

樱桃树，特别是幼树，与杂草竞争处于劣势。因此，在新果园的场地准备期间，应控制杂草生长。如果田地在种植前已经熏蒸，更应该注意。种植树木前一年的良好栽培管理措施可以减少许多杂草问题(Majek，2004；Roper，2004；Tworkoski 和 Glenn，2008；OMAFRA，2009，2015；PSU，2012；OMAFMRA，2013；UMCAFE，2013)。成功的杂草控制必须整合栽培和化学控制。在理想情况下，种植地点应该是休耕、覆盖种植或种植玉米或小麦等具有番茄环斑病毒抗性的作物。主要耕作作业应在种植前的夏季完成。在种植前的1年中，应使用内吸性除草剂处理和去除多年生杂草。

覆盖(绿肥)作物可以抑制杂草生长，并可以增加土壤的有机质含量。覆盖作物指在果园建成前1年或2年在果园行间或在整个土壤表面上种植的非经济作物。覆盖作物经过犁耕后会变成绿肥。高粱、苏丹草、杂交羽衣甘蓝、甜菜、冬黑麦、三叶草、豌豆和长毛野豌豆均是很好的覆盖作物。在清除旧果园或原生灌木之后，应该在秋季种植绿肥作物。它将在春季进行犁地并重新种植，直到土壤得到适当的调整。这应该在控制多年生杂草之后或与其一起进行。非选择性短残留除草剂可以在播种覆盖或粪肥作物之前和耕种绿肥作物之前施用。不建议使用残留除草剂，因可能会对幼樱桃造成遗留伤害效应。建议在覆盖作物建立时施用50 kg/ha的氮，当覆盖作物被耕种时，建议额外增加50 kg/ha。

草和豆类是樱桃园常用的覆盖作物。草具有细小、纤维状和致密的根，遍布土壤的整个表层，可以清除大量残留的氮。可以在春季或夏末种植禾本科植物。

晚夏种植是首选，因为温暖的土壤会刺激快速发芽，冬季霜冻会在开花和生产种子之前杀死一年生杂草。豆类覆盖作物可以从空气中固定氮，并从粪肥中吸收残留的土壤氮。然而，季节后期过量的氮素释放可能会导致幼年樱桃树的营养生长过度，并导致冷适应延迟。

在种植果园之前，应该决定如何管理果园地表。优选的果园地表管理系统将无植被树行和地面覆盖物（草皮）组合在行间走道中。草皮可防止土壤侵蚀，为设备提供牵引力，为土壤添加有机质，改善土壤水分和结构，并为有益的捕食性昆虫提供庇护场所。多年生黑麦草、高羊茅和硬羊茅是最常用行间走道地面覆盖物的物种之一。最近，生长缓慢的草坪草作为覆盖作物受到关注，特别是在低肥力土壤、生长条件差和交通不便的条件下。通过在种植前 1 年或 2 年播种，在果园中建立多年生草皮，并在植树前（Roper 和 Frank，2004；Tworkoski 和 Glenn，2008）或后（Majek，2004）用非残留除草剂将其杀死。相反，在种植之后可以在行间走道播种，特别是当需要进行大量土壤改良时，如起垄。三叶草和其他豆类不推荐作为草皮成分，因为它们的氮释放速率不一致。草皮中不应包括对害虫（如昆虫、疾病、线虫）具有吸引力的植物，它们可能攻击樱桃树或果实。

参考文献

Ayers，R. S. and Westcot，D. W.（1985）*Water Quality for Agriculture*. FAO Irrigation and Drainage Paper 29，Food and Agriculture Organization of the United Nations，Rome.

Barfield，B. J.，Perry，K. B.，Martsolf，J. D. and Morrow，C. T.（1990）Modifying the aerial environment. In：Hoffman，G. J.，Howell，T. A. and Solomon，K. H.（eds）*Management of Farm Irrigation Systems*. American Society of Agricultural Engineers，St Joseph，Michigan，pp. 827－869.

Boman，B. J.（2007）Microsprinkler irrigation. In：Lamm，F. R.，Ayars，J. E. and Nakayama，F. S.（eds）*Microirrigation for Crop Production：Design，Operation and Management*. Elsevier，Amsterdam，pp. 575－608.

Bosch，J.，Kemp，W. and Trostle，G.（2006）Bee population returns and cherry yields in an orchard pollinated with *Osmia lignaria*（Hymenoptera：Megachilidae）. *Journal of Economic Entomology* 99，408－413.

Boxma，R.（1972）Bicarbonate as the most important soil factor in lime-induced chlorosis in The Netherlands. *Plant and Soil* 37，233－243.

Boynton，D. and Oberly，G. H.（1966）Apple nutrition. In：Childers，N. F.（ed.）*Nutrition of Fruit Crops，Temperate，Subtropical，Tropical*. Horticultural Publications，New Brunswick，New Jersey，pp. 1－50.

Breeze，T. D.，Bailey，A. P.，Balcombe，K. G. and Potts，S. G.（2011）Pollination services in the UK: how important are honeybees? *Agriculture, Ecosystems and Environment* 142,137 - 143.

Burt, C. (2003) *Chemigation and Fertigation Basics for California*. Irrigation Training and Research Center, California Polytechnic State University, San Luis Obispo, California.

Camp, C. R. (1998) Subsurface drip irrigation: a review. *Transactions of the ASAE* 41, 1353 - 1367.

Craig, B. (2012) Building better trellis systems for Nova Scotia orchards. Available at: http://www.perennia.ca/fieldservices/fruit-crops/tree-fruits/building-better-trellis-systems-for-orchards/ (accessed 19 July 2016).

Dart, J. (2008) *Intensive Apple Orchard Systems*. NSW Department of Primary Industries, New South Wales, Australia.

Delaplane, K. S. and Mayer, D. E. (2000) *Crop Pollination by Bees*. CAB International, Wallingford, UK. Evans, R. G. (2006a) *Overtree Evaporative Cooling System Design and Operation for Apples in the PNW*. US

Department of Agriculture, Agricultural Research Service, Northern Plains Agricultural Research Laboratory, Sidney, Montana.

Evans, R. G. (2006b) *Frost Protection in Orchards and Vineyards*. US Department of Agriculture, AgriculturalResearch Service, Northern Plains Agricultural Research Laboratory, Sidney, Montana.

Evans, R. G. and Waller, P. M. (2007) Application of chemical materials. In: Lamm, F. R., Ayars, J. E. and Nakayama, F. S. (eds) *Microirrigation for Crop Production: Design, Operation and Management*. Elsevier, Amsterdam, pp. 285 - 327.

Forge, T. A., Hogueb, E., Neilsen, G. and Neilsen, D. (2002) Effects of organic mulches on soil microfauna in the root zone of apple: implications for nutrient fluxes and functional diversity of the soil food web. *Applied Soil Ecology* 22,39 - 54.

Forge, T. A., Neilsen, G. H., Neilsen, D., Hogue, E. and Faubion, D. (2013) Composted dairy manure and alfalfa hay mulch affect soil ecology and early production of 'Braeburn' apple on M9 rootstock. *HortScience* 48,645 - 651.

Free, J. B. (1993) *Insect Pollination of Crops*. Academic Press, London.

Garibaldi, L. A., Steffan-Dewenter, I., Winfree, R., Aizen, M. A., Bommarco, R., Cunningham, S. A., Kremen, C., Carvalheiro, L. G., Harder, L. D., Afik, O., Bartomeus, I., Benjamin, F., Boreux, V., Cariveau, D., Chacoff, N. P., Dudenhöffer, J. H., Freitas, B. M., Ghazoul, J., Greenleaf, S., Hipólito, J., Holzschuh, A., Howlett, B., Isaacs, R., Javorek, S. K., Kennedy, C. M., Krewenka, K. M., Krishnan, S., Mandelik, Y., Mayfield, M. M., Motzke, I., Munyuli, T., Nault, B. A., Otieno, M., Petersen, J., Pisanty, G., Potts, S. G., Rader, R., Ricketts, T. H., Rundlöf, M., Seymour, C. L., Schüepp, C., Szentgyörgyi, H., Taki, H., Tscharntke, T., Vergara, C. H., Viana, B. F., Wanger, T. C., Westphal, C., Williams, N. and Klein, A. M. (2013) Wild pollinators enhance fruit set of crops regardless of honey bee abundance. *Science* 339, 1608 – 1611.

Garibaldi, L. A., Carvalheiro, L. G., Leonhardt, S. D., Aizen, M. A., Blaauw, B. R., Isaacs, R., Kuhlmann, M., Kleijn, D., Klein, A. M., Kremen, C. et al. (2014) From research to action: enhancing crop yield through wild pollinators. *Frontiers in Ecology and the Environment* 12, 439 – 447.

Hansen, M. (2013) Growers try hooped trellises. *Good Fruit Grower* 64, 30 – 31.

Hart, J. (1990) *Fertilizer and Lime Materials*. Fertilizer Guide 52. Oregon State University, Corvallis, Oregon. Holzschuh, A., Dudenhöffer, J. -H. and Tscharntke, T. (2012) Landscapes with wild bee habitats enhance pollination, fruit set and yield of sweet cherry. *Biological Conservation* 153, 101 – 107.

Horneck, D. A., Sullivan, D. M., Owen, J. S. and Hart, J. M. (2011) *Soil Test Interpretation Guide*. Oregon State University Extension Service 1478, Corvallis, Oregon.

Hoying, S. A. (2012) Experiences with support systems for the Tall Spindle apple planting system. *New York Fruit Quarterly* 20, 3 – 8.

Ingham, E. R. (2000) The soil food web. In: Tugel, A. J., Lewandowski, A. M. and Happe-von Arb, D. (eds) *Soil Biology Primer*. Soil and Water Conservation Society, Ankeny, Iowa, pp. 2 – 6.

Isaacs, R. and Tuell, J. (2007) *Conserving Native Bees on Farmland*. Michigan State University Extension, Michigan.

James, P. (2010) *Australian Cherry Production Guide*. Department of Agriculture, Fisheries and Forestry, Tasmanian Institute of Agricultural Research, Rural Solutions SA, Lenswood, South Australia.

Jones, J. B. (2012) *Plant Nutrition and Soil Fertility Manual*, 2nd edn. CRC Press, Boca Raton, Florida.

Kafkafi, U. and Tarchitzky, J. (2011) *Fertigation: A Tool for Efficient Fertilizer and Water Management*. International Fertilizer Industry Association and International Potash Institute, Paris, France.

Kotuby-Amacher, J., Koenig, R. and Kitchen, B. (2000) *Salinity and Plant Tolerance*. Utah State University Extension AG-SO-03, Logan, Utah.

Koumanov, K. S. (2007) On the necessity for further improvement in microirrigation scheduling. In: *Water Resources Management and Irrigation and Drainage Systems Development in the European Environment. Proceedings of the 22nd European Regional Conference of the International Commission on Irrigation and Drainage*, Pavia, Italy, 2 – 6 September.

Koumanov, K. S. and Tsareva, I. N. (2017) Intensive sweet cherry production: potential, "bottlenecks", perspectives. *Acta Horticulturae* (in press).

Koumanov, K., Hopmans, J. W., Schwankl, L. J., Andreu, L. and Tuli, A. (1997) Application efficiency of microsprinkler irrigation of almond trees. *Agricultural Water*

Management 34,247 - 263.

Koumanov, K., Dochev, D. and Stoilov, G. (1998) Investigations on fertigation of peach on three soil types-patterns of soil wetting. *Bulgarian Journal of Agricultural Science* 4, 745 - 753.

Koumanov, K., Hopmans, J. W. and Schwankl, L. J. (2006) Spatial and temporal distribution of root water uptake of an almond tree under microsprinkler irrigation. *Irrigation Science* 24,267 - 278.

Koumanov, K. S., Rankova, Z., Kolev, K. and Shilev, S. (2009) Herbigation in a cherry orchard — translocation and persistency of pendimethalin in the soil. *Acta Horticulturae* 825,305 - 312.

Lamm, F. R. and Camp, C. K. (2007) Subsurface drip irrigation. In: Lamm, F. R., Ayars, J. E. and Nakayama, F. S. (eds) *Microirrigation for Crop Production: Design, Operation and Management*. Elsevier, Amsterdam, pp. 473 - 551.

Lamm, F. R., Ayars, J. E. and Nakayama, F. S. (2007) *Microirrigation for Crop Production: Design, Operation and Management*. Elsevier, Amsterdam, The Netherlands.

Lehnert, R. (2015) Flying doctors: honeybees deliver brown rot control to sweet cherry orchards. *Good Fruit Grower* 66,40 - 41.

Lillrose, T., Lang, G. A. and Sundin, S. W. (2017) Strategies to minimize bacterial canker in high density sweet cherry orchards. *Acta Horticulturae* (in press).

Long, L. E. and Kaiser, C. (2013) *Sweet Cherry Orchard Establishment in the Pacific Northwest, Important Considerations for Success*. Pacific Northwest Extension, Oregon State University, Corvallis, Oregon.

Long, L., Lang, G., Musacchi, S. and Whiting, M. (2015) *Cherry Training Systems*. Pacific Northwest Extension, Oregon State University, Corvallis, Oregon.

Mader, E., Spivak, M. and Evans, E. (2010) *Managing Alternative Pollinators: A Handbook for Beekeepers, Growers, and Conservationists*. Natural Resource, Agriculture, and Engineering Service Cooperative Extension, Ithaca, New York.

Majek, B. (2004) Weed management strategies for tree fruits. In: *Proceedings of 'Mapping Your Road to the Future', Great Lakes Fruit, Vegetable and Farm Market EXPO*, Grand Rapids, Michigan.

Mazzola, M. and Manici, L. M. (2012) Apple replant disease: role of microbial ecology in cause and control. *Annual Review of Phytopathology* 50,45 - 65.

Mommaerts, V. and Smagghe, G. (2011) Entomovectoring in plant protection. *Arthropod-Plant Interactions* 5,81 - 95.

NAS (2007) *Status of Pollinators in North America*. National Academy of Sciences, National Academies Press, Washington, DC.

Neilsen, D., Hogue, E. J., Hoyt, P. B. and Drought, B. G. (1993) Oxidation of elemental sulphur and acidulation of calcareous orchard soils in southern British Columbia.

Canadian Journal of Soil Science 73, 103 – 114.

Neilsen, G. H., Hogue, E. J., Forge, T. A. and Neilsen, D. (2003) Mulches and biosolids affect vigor, yield and leaf nutrition of fertigated high density apple. *HortScience* 38, 41 – 45.

OMAF-MRA (2013) *Guide to Fruit Production*. Ontario Ministry of Agriculture and Food and the Ministry of Rural Affairs, Toronto, Ontario, Canada.

OMAFRA (2006) *Soil Fertility Handbook*. Ontario Ministry of Agriculture and Food and Rural Affairs, Toronto, Ontario, Canada.

OMAFRA (2009) Soil management. In: Brown, C. (ed.) *Agronomy Guide for Field Crops*. Ontario Ministry of Agriculture and Food and Rural Affairs, Toronto, Ontario, Canada, pp. 137 – 154.

OMAFRA (2012) Tall spindle orchard support systems. Ontario Ministry of Agriculture and Food and Rural Affairs, Toronto, Ontario, Canada. Available at: http://www.omafra.gov.on.ca/neworchard/english/apples/9 trellis.html (accessed 3 September 2015).

OMAFRA (2015) *Guide to Weed Control* 2016 – 2017. Ontario Ministry of Agriculture and Food and Rural Affairs, Toronto, Ontario, Canada.

Perry, R. (1998) Tree fruit root systems and soils. In: *Proceedings of the Utah State Horticultural Association Annual Convention*, 27 – 28 January, Provo, Utah. Available at: http://www.hrt.msu.edu/uploads/535/78649/Tree-Root-Systems-and-Soils.pdf (accessed 6 September 2015).

Pfiffner, L. and Müller, A. (2014) *Wild Bees and Pollination*. Research Institute of Organic Agriculture, Frick, Switzerland.

Pinillos, V. and Cuevas, J. (2008) Artificial pollination in tree crop production. *Horticultural Reviews* 34, 239 – 276.

Pokharel, R. R. and Zimmerman, R. (2015) Impact of organic and conventional peach and apple production practices on soil microbial populations and plant nutrients. *Organic Agriculture* 6, 19 – 30.

PSU (2012) *Pennsylvania Tree Fruit Production Guide* 2012 – 2013. Pennsylvania State University, University Park, Pennsylvania.

Rankova, Z., Koumanov, K., Kolev, K. and Shilev, S. (2009) Herbigation in a cherry orchard — efficiency of pendimethalin. *Acta Horticulturae* 825, 459 – 464.

Rieul, L. (ed.) (1990) *Irrigation*, 1st edn. French Research Institute for Agricultural and Environmental Engineering (CEMAGREF)/Le Centre d'Études et de Prospective France Agricole (CEP-FA)/Réseau National Expérimentation Démonstration, Secteur Hydraulique Agricole (RNED-HA), Montpellier, France.

Robinson, T. L., DeMarree, A. M. and Hoying, S. A. (2007) An economic comparison of five high density apple planting systems. *Acta Horticulturae* 732, 481 – 490.

Roper, T. R. (2000) Mineral nutrition of fruit crops. Available at: https://soilsextension.triforce.cals.wisc.edu/wp-content/uploads/sites/68/2016/06/4C.roper_.pdf (accessed 26 September 2015).

Roper, T. R. (2004) *Orchard Floor Management for Fruit Trees*. A3562, University of Wisconsin Cooperative Extension, Madison, Wisconsin.

Roper, T. R. and Frank, G. G. (2004) *Planning and Establishing Commercial Apple Orchards in Wisconsin*. University of Wisconsin Cooperative Extension, Balsam Lake, Wisconsin.

Sagili, R. R. and Burgett, D. M. (2011) *Evaluating Honey Bees for Pollination: A Guide for Commercial Growers and Beekeepers*. Pacific Northwest Extension, Oregon State University, Corvallis, Oregon.

Schwankl, L. J. and Hanson, B. R. (2007) Surface drip irrigation. In: Lamm, F. R., Ayars, J. E. and Nakayama, F. S. (eds) *Microirrigation for Crop Production: Design, Operation and Management*. Elsevier, Amsterdam, pp. 431 - 472.

Shepherd, M., Buchmann, S. L., Vaughan, M. and Black, S. H. (2003) *Pollinator Conservation Handbook: A Guide to Understanding, Protecting, and Providing Habitat for Native Pollinator Insects*. Xerces Society/Bee Works, Portland, Oregon.

Soing, P. (2004) *Fertilization des Vergers: Environnement et Qualité*. Centre Technique Interprofessionnel des Fruits et Légumes (CTIFL), Paris, France.

Solomon, K. H. (2013) Irrigation systems. In: Goyal, M. R. (ed.) *Management of Drip/Trickle or Micro Irrigation*. Apple Academic Press, Oakville, Ontario, Canada, pp. 72 - 102.

Somerville, D. (1999) Honey bees in cherry and plum pollination. NSW Agriculture, New South Wales, Australia. Available at: http://www.dpi.nsw.gov.au/__data/assets/pdf_file/0019/1171 09/bee-cherry-plumpollination.pdf (accessed 19 July 2016).

Stasiak, M. (2010) *Nutrition Guidelines for Wisconsin Apple and Cherry Orchards*. Peninsular Agricultural Research Station, University of Wisconsin, Madison, Wisconsin.

Storlie, C. A. (2004) *Treating Drip Irrigation Systems with Chlorine*. Rutgers Cooperative Research and Extension, The State University of New Jersey, Rutgers, New Jersey.

Sutton, J. G., Brownscombe, R. H., Fasken, G. B., Foreman, H. J., Gain, E. W., Herndon, L. W., Long, W. F. and Schlaudt, E. A. (1971) *Drainage of Agricultural Land, National Engineering Handbook Section* 16. Natural Resources Conservation Service, US Department of Agriculture, Washington, DC.

Tisdall, J. and Van den Ende, B. (2015) Understanding soil organic matter: don't overlook the soil if you want your orchard to thrive. *Good Fruit Grower* 66, 44 - 47.

Trimmer, W. L., Ley, T. W., Clough, G. and Larsen, D. (1992) *Chemigation in the Pacific Northwest*. Pacific Northwest Extension, Washington State University Digital Collection, Pullman, Washington.

Tworkoski, T. J. and Glenn, D. M. (2008) Orchard floor management systems. In: Layne, D. R. and Bassi, D. (eds) *The Peach: Botany, Production and Uses*. CAB International, Cambridge, Massachusetts, pp. 332 - 351.

UMCAFE (2013) Nutrient management of apple orchards. In: 2013 *New England Tree*

Fruit Management Guide. University of Massachusetts Center for Agriculture, Food and the Environment, Amherst, Massachusetts, pp. 100 – 108.

US EPA (2015) Restricted Use Product Summary Report (August 27, 2015). United States Environmental Protection Agency. Available at: http://www2.epa.gov/sites/production/files/2015 – 08/documents/rupreport-sec3-update_0.pdf (accessed 3 September 2015).

USDA-NRCS (2013) Microirrigation. In: *National Engineering Handbook Part* 623. US Department of Agriculture, Natural Resources Conservation Service, Washington, DC.

USDA-SCS (1983) Sprinkler irrigation, Section 15 irrigation. In: *National Engineering Handbook*. US Department of Agriculture, Soil Conservation Service, Washington, DC.

Vaknin, Y., Gan-Mor, S., Bechar, A., Ronen, B. and Eisikowitch, D. (2001) Improving pollination of almond (*Amigdalus communis* L., Rosaceae) using electrostatic techniques. *Journal of Horticultural Science and Biotechnology* 76, 208 – 212.

van Dalfsen, K. B. (1989) *Support Systems for High-density Orchards*. Province of British Columbia Ministry of Agriculture and Fisheries, Victoria, British Columbia, Canada.

van der Gulik, T. W., Evans, R. G. and Eisenhauer, D. E. (2007) Chemigation. In: Hoffman, G. J., Evans, R. G., Jensen, M. E., Martin, D. L. and Elliot, R. L. (eds) *Design and Operation of Farm Irrigation Systems*, 2nd edn. American Society of Agricultural and Biological Engineers, St Joseph, Michigan, pp. 725 – 753.

van der Molen, W. H., Beltrán, J. M. and Ochs, W. J. (2007) *Guidelines and Computer Programs for the Planning and Design of Land Drainage Systems*. Food and Agriculture Organization of the United Nations, Rome.

Vaysse, P., Soing, P. and Peyremorte, P. (1990) *L'Irrigation des Arbres Fruitiers*. Centre Technique Interprofessionnel des Fruits et Légumes (CTIFL), Paris, France.

Waterman, P. F. (2001) *Fertilization Guidelines in High Density Apples and Apple Nurseries in the Okanagan-Similkameen*. British Columbia Ministry of Agriculture, Food and Fisheries, Victoria, British Columbia, Canada.

Webster, A. D. and Schmidt, H. (1996) Rootstocks for sweet and sour cherries. In: Webster, A. D. and Looney, N. E. (eds) *Cherries: Crop Physiology, Production and Uses*. CAB International, Wallingford, UK, pp. 127 – 163.

Winfree, R., Williams, N. M., Dushoff, J. and Kremen, C. (2007) Native bees provide insurance against ongoing honey bee losses. *Ecology Letters* 10, 1105 – 1113.

WSU-TFREC (2015) Diagnosing nutrient problems in orchards. Washington State University, Tree Fruit Research and Extension Center, Washington. Available at: http://soils.tfrec.wsu.edu/webnutritiongood/TreeFruitStuff/04diagnosing.htm (accessed 27 September 2015).

Zhu, H., Wang, X., Reding, M. and Locke, J. (2011) Distribution of chemical and microbial pesticides through drip irrigation systems. In: Stoycheva, M. (ed.) *Pesticides — Formulations, Effects, Fate*. InTech, Rijeka, Croatia, pp. 155 – 180.

11 果园小气候改造

小气候包括光、温度、风和湿度的空间变化，这些变化决定了樱桃在特定环境中能够生长的程度。诸如水体或山脉等地质特征改变了区域气候，从而促进或限制了樱桃的生产。樱桃是春季开花最早的果树种类之一，也是对雨水最敏感的果树种类之一，容易发生果实生理障碍和病害。樱桃起源于辽阔的温带气候区，表现出很强的、仅次于苹果栽培的增长潜力。樱桃在欧洲的分布从北纬39°～40°具有温和的地中海气候的土耳其和希腊北部的马其顿到北纬46°的斯洛文尼亚，穿过欧洲中部的大陆性气候进入北纬53°的德国北部，然后再到挪威峡湾地区北纬61°的西北部。北美的小气候受太平洋及其沿岸的影响，卡斯克德山脉和塞拉山脉区域从北纬36°的加州到北纬47°的华盛顿和北纬49°的哥伦比亚都是优质樱桃产区，在北纬43°～45°的密歇根，五大湖使得美国中西部地区大陆性气候变得更加温和，有利于樱桃的生产。在南美洲，太平洋和安第斯山脉影响了阿根廷和智利从南纬33°到46°地区的樱桃生产。从澳大利亚到中国和伊朗等重要的樱桃产区都有独特且多样的小气候。

经过几十年的培育，许多樱桃品种已经适应了当地的环境和小气候。近几十年来，全球气候变化导致小气候发生了一系列变化，这是樱桃未来种植成功所必须要适应的，这不仅包括炎热干燥的夏季，也包括温暖的冬季（Luedeling 等，2013a）。例如，在美国密歇根州，樱桃从自然休眠到生态休眠的转变后，花芽发育的转绿期在过去的几十年里显著提前，与1935年及更早的年份相比，到2010年平均提前10天（见图11.1），这使得春季霜冻伤害芽和花的可能性增加。同时，在转绿期或转绿期之后发生的冻害次数几乎增加了一倍，变得愈发严重（见图11.2）。这一现象在1940年以前的任何季节都少于10次，但1940年以来超过10次的多达15个年份，而在这一时期，每季发生的冻害多达15～20次。

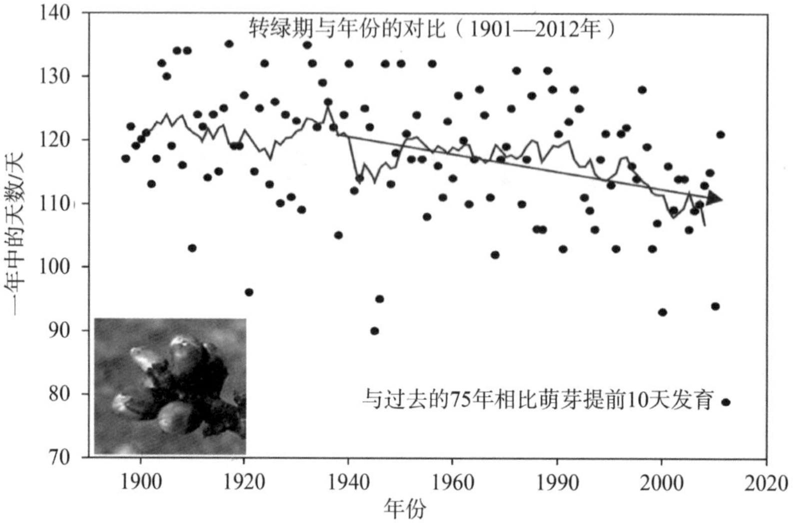

图 11.1 美国密歇根州特拉弗斯市 110 多年来酸樱桃“蒙莫朗西”芽转绿期的年度日期变化(J. Andresen 提供)

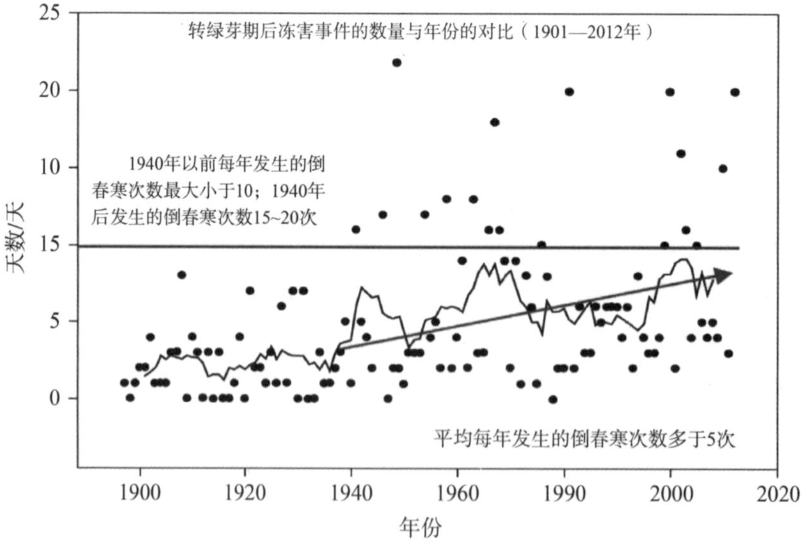

图 11.2 美国密歇根州特拉弗斯市在过去 110 多年中，每年在转绿期或其后的冻害发生次数(J. Andresen 提供)

如果近期果园的太阳辐射和光照时长持续增加(见图 11.3),那么温暖气候下的芽体提早发育和高温诱导的畸变将继续给樱桃种植者带来挑战。在加利福尼亚的中央山谷,冬季典型的周期性“吐尔雾”阻止了太阳辐射和芽体温度的上升,满足了樱桃的需冷量,促进了从自然休眠到生态休眠的自然转变。随着“吐尔雾”次数的减少,芽体的低温积累量减少,延长或阻止了自然休眠到生态休眠的过度(Baldocchi 和 Waller, 2014)。这种气候上看似微小的变化,对花分生组织分化后期的花粉和雌蕊发育产生了负面影响,导致开花少,坐果率低。加利福尼亚州的甜樱桃坐果率约为华盛顿州的一半,华盛顿州在加州以北 1 100 km。与花芽分化相关的气候变化的另一个后果是导致加州中央山谷(Cal-adapt, 2017)、华盛顿州的亚基马和哥伦比亚河盆地(EPA, 2016)夏季极端高温(如高于 35℃)天数的增加。在 7 月和 8 月,极端高温与双雌蕊发生率的增加相一致,导致翌年产生双子果或畸形果(见第 8 章)。

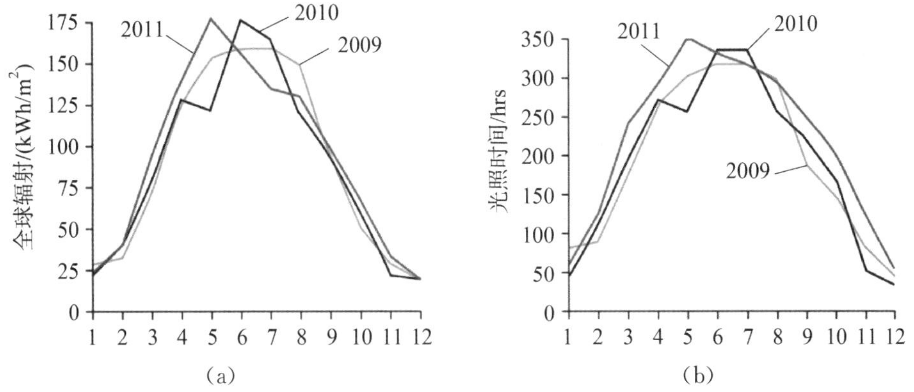

图 11.3 2009～2011 年,气候变化下德国克莱恩-阿尔腾多夫的(a)每月全球辐射和(b)每月光照时间变化

全球太阳辐射和极端温度并不是唯一对樱桃产量有重要影响的气候变化,而且这种变化并不总是负面的。早花通常会导致果实提前成熟,这可能会使樱桃的早期生产在传统的早期市场向高回报转变,或者在传统的晚期市场转向更低的价值回报(当采收供应高峰仍然很高时)。晚熟品种的生产者在较冷的环境中可以从变暖的气候变化中获得更高收益,气温升高能使果实达到完全成熟,生产出高品质果实。降雨是影响樱桃生产的主要气候因素之一,因为降雨会造成甜樱桃裂果和病害发生,如酸樱桃或甜樱桃中发生的褐腐病(*Monilinia* spp.)、樱桃叶斑病(*Blumeriella* jaapii)和细菌性溃疡病(*Pseumonas* syringae)。在历史悠久的密歇根酸樱桃和甜樱桃产区，年平均降雨量在过去的 75 年里增加了 10%（见图 11.4）。目前，在防止因降雨导致的裂果和溃疡病，以及对叶斑病和褐腐病不断进化的抗真菌能力方面，几乎没有完全有效喷雾式的果园防治措施。控制果园小气候的策略能够为种植者提供一些潜在的帮助。

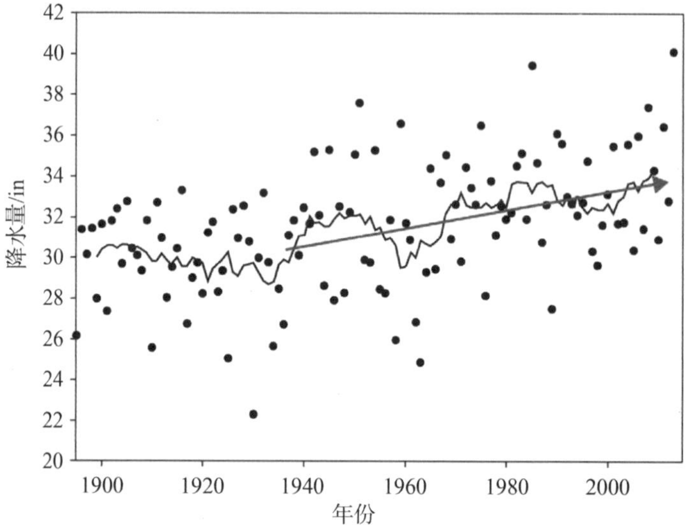

图 11.4 1895—2013 年密歇根州每年降水量的变化（J. Andresen 提供）

11.2 改变小气候

11.2.1 低温防护

樱桃的生产在许多方面受到低温的限制（见第 8 章）。在树木获得足够的抗寒性之前或在落叶之前，秋季出现异常或极低的温度会对花芽造成损害并破坏植株营养组织的木质部和韧皮部，或者阻止叶片在衰老过程中氮和碳回流，这将导致冬季抗寒性降低，以及春季开花和早期生长养分不足。冬季极低的温度会损害花芽、枝条、树干甚至根系。在阳光明媚的冬日，在北半球的树的西南侧或南半球的树的西北侧，下午的树皮变暖，然后经过一夜之间气温的急剧下降，可能会对输导组织造成损害，这种损害可能要到春季才会显现。

在自然休眠到生态休眠过渡后，春季的低温可使花蕾或花芽内、开花期的雌蕊冻死，以及授粉和坐果后的幼果。这样的春季冻害通常会导致细菌溃疡病的感染，从而导致营养分生组织的死亡，这不仅会导致当季作物的减产，整个短果枝的死亡还会影响未来几年的产量(见第15章)。

樱桃种植者试图通过微气候改变对以上情况进行一定程度的控制,主要措施包括增加果园的热量,防止热量从果园流失,或减少在某些情况下可能有害的植物组织局部升温。传统措施包括在冬季或春季预测的低温发生期间,直接在果园中露天燃烧燃料,防止组织冻伤,尽管温度能迅速上升,但这些措施非常低效。木材、轮胎、干草包、煤油或柴油等在燃烧过程中会产生过量烟雾和其他有害气体,在大多数生产地区这样的燃料已完全替换为更清洁的燃料,如丙烷加热器或其他对环境影响较小的方法。另一种补充热量的方法是使用安装在拖拉机上的丙烷加热器将增加的热量散布到果园的每排果树上,加热的空气会迅速扩散到树冠之外,所以该方法也是低效的。树下喷头洒水也可以使离地面2.0 m处的空气温度增加1～2℃,用于防止春季霜冻。然而,这种影响很大程度上取决于水温对潜在热量的增加,以及当时空气流速的强度,该因素可以影响果园上方热量的上升(USDA-NRCS, 1993)。

在防冻栽培方面,自21世纪以来最重要的进步之一是风机的使用。这是由一个内燃机(通常是由丙烷或柴油)驱动大型螺旋桨的设备,安装在果园钢塔顶部,目的是在低温来临时把温暖的上层空气和不安全的冷层空气混合(Ribeiro等,2006)。钢塔一般有10～12 m高,通常有2～4个叶片,直径5～6 m。塔架上的螺旋桨变速箱可以倾斜和旋转,以使其在4～6 ha的范围和地形不平坦的果园都能发挥作用。在剧烈降温天气里,风机可以单独使用,或与其他补充热量的装置,如树下喷头洒水作业(来自灌溉水的热量增加土壤的辐射热)或露天加热器一起使用。自动启动功能与恒温器相结合,使风机成为最省力、最节能的低温微气候操纵技术之一。

随着越来越多地采用风机改善果园的低温,在微气候变化中使用树顶喷灌的情况有所减少。使用树下喷头洒水不是将水中的热量加到空气和土壤中,而是依靠水在植物上结冰时通过潜热传递直接向芽增加吸收的热量。因此,这种水的应用必须是连续的,直到温度上升到冰点以上至所有的冰融化,否则传热会变成放热,导致植株受损。树顶洒水器不利于与风机一起使用,因为风机可能会增加蒸发冷却。因此,为防冻而在树上洒水的装置会导致大量水分的使用,造成果园土壤水分饱和,并可能传播溃疡病等细菌性病害。

在21世纪初的这20年中,微气候改善的另一个重大进展是增加了塑料固体或网状果园覆盖物的使用。采用单排覆盖栽培、隧道式多排覆盖和可伸缩屋顶的温室式果园覆盖结构,可以改善来自土壤、树下洒水或清洁燃料等的果园辐射热量的保存(见图 11.5)。然而,果园覆盖是否能提供完全的霜冻保护,这取决于霜冻的类型和覆盖物的材料。普通材料的单层塑料覆盖物传输辐射能相对较快,导致果园的热量捕获效率较低。在没有额外热量的情况下,夜间的温度会相对快速地与外面的温度平衡,甚至会低于冰点(Dekova 和 Blanke, 2007)。果园覆盖的防冻范围从无到最低。密歇根州立大学的研究表明,在单层塑料覆盖的联栋设施中,将空气温度每公顷提高 1℃并保持稳定,需要 13 个丙烷加热器,并且每个要额定输出 85 000 kJ 能量,或者在可伸缩屋顶的单层塑料温室里,每公顷需要 5 台加热器(Lang, 2015,私信)。事实上,没有加热的联栋覆盖会比外面的空气温度更低,因为干燥的环境会使露点低于外面的温度。因此,在覆膜果园进行灌溉,可以提高土壤的辐射热容量,提高露点,在一定程度上缓解轻度霜冻的伤害。

图 11.5 德国克莱恩-阿尔腾多夫一座小型哥特式拱形温室内的自动燃气加热器(预置温度范围)和甜樱桃树。由于没有补充热量,因此整个作物都因倒春寒而减产

为了防止冬季北半球和南半球的樱桃树干西南或西北方向的冻害,通常会将树干涂成白色,以保护其免受直接或雪反射的太阳辐射的伤害,从而减少昼夜温差,降低当地寒冷适应能力的丧失。这是一种局部的微气候改造手段,主要影响处于低温损伤危险中的特定植物组织。

11.2.2 促进果树生长温度的调节

果园小气候温度可以进行调整,以促进休眠进程(低温)或促进活跃的生长、发育和成熟(暖温)。前者可以促进开花,提高坐果,而后者可以减少畸形果的发生(如双子果)、提前或推迟成熟,以调节上市时间。

蒸发冷却

在温暖的气候条件下,蒸发冷却在所有土壤水分充足的果园中均有发生。其物理基础是基于在蒸发层的表面流体水以气体的形式被蒸发并在冷却时进行放热的能量传递。叶片通过气孔蒸发失水而降温,伴随着光合作用的气体交换,这是樱桃树生长良好的标志。这种自然降温可以通过在树下或树顶部安装微型洒水装置以加强降温效果。

通过在树顶部安装喷头或微喷头装置对植物芽、叶或果实的表面供给水分,是对提高蒸发冷却的一种补充。蒸发冷却的效果受露点的限制,露点是温度和湿度共同作用的结果。当植物表面温度高于空气时,水分会蒸发;当植物表面温度低于空气时,水分会凝结,这两个过程处于平衡状态的温度是露点,它限制了蒸发冷却的潜能(见表 11.1)。蒸发冷却时,温度可降至露点,但不低于露点。当湿度较低,风吹散了果园蒸发的水分时,蒸发冷却效果最好。

利用蒸发冷却技术对樱桃生产中的小气候进行改良,可以在冬季温暖(低冷量)气候条件下进行,以增加低温积累使樱桃从自然休眠转变到生理休眠。这改善了花原基发育的最后阶段,使得开花旺盛一致,促进营养芽的萌发,并可以减少或取代对单氰胺等打破休眠的化学物质的依赖。蒸发冷却最有效的方法是使用一个可编程的数据记录仪或控制器(如 CR1000, Campbell Scientific)以控制树上的微喷淋系统,该仪器具有监控温度、湿度、风速和太阳辐射等多项功能(Flore, 2015,私信;类似于 Fernandez 和 Flore 所描述的控制器 1998)。当天气条件适于蒸发冷却时,该控制器可在不到 1 min 内完成脉冲控制的微喷操作。脉冲应用操作给芽表面提供足够湿润的环境,当程序估计前一个脉冲已经蒸发完时,控制器调控下一个脉冲,从而使水的利用效率提高。一旦芽发育和开花的冷量要求得到满足,冷却过程就停止。这是用于补偿加利福尼亚冬天里逐渐减少的"吐尔雾"现象的一种特别有用的方法。在南加州,当 11 月到次年 1 月的温度超过 12.5℃时,种植者就会打开果园里的微喷装置,这时的操作虽然不利于节水,但是提高冷量的有效方法。

表 11.1 露点(℃)是相对湿度和空气温度的函数，用来确定樱桃园的蒸发冷却潜力

温度/℃	湿度/%							
	20	30	40	50	60	70	80	90
20	−3	2	6	9	12	14	16	18
21	−2	3	7	10	13	15	17	19
22	−2	4	8	11	14	16	18	20
23	−1	5	9	12	15	17	19	21
24	−1	6	10	13	16	18	20	Ne
25	0	7	11	14	17	19	21	Ne
26	1	8	12	15	18	20	Ne	
27	2	8	13	16	19	21	Ne	
28	3	9	14	17	20	Ne		
29	4	9	15	18	21	Ne		
30	5	10	16	19	22	Ne		

资料来源：数据由 P. Buch 提供。

注：Ne 表示在高湿度的情况下，蒸发冷凝的应用是无效的。

同样，基于微喷式蒸发冷却的概念可以在寒冷(高冷)的气候中使用，以延迟樱桃花芽的萌发，减少春天霜冻的危害，或延迟开花，以实现果实更晚熟上市。微喷不会在自然休眠时使用，而是在晴天时，一旦达到冷却要求，就会启动，以减少在自然休眠时热量的积聚。

尽管这个概念早在几十年前就已经在冲击式洒水器上进行了首次测试(Hewitt 和 Young，1980)，但在微型洒水器和计算机控制器出现之前，存在的问题是用水量较大。然而，对樱桃和苹果的现代栽培系统进行的数年测试表明，萌芽期延迟 7～10 天不会对果园造成不利影响(Flore，2015 年，私信)。与芽萌发前的生态休眠阶段相比，芽萌发后果实发育阶段的热量积累单位在果实发育过程中呈指数级增长，其潜在芽萌发延迟程度大于潜在的果实成熟延迟程度。所以，延迟 10 天的芽萌发期可能只会导致几天的收获延迟。

蒸发冷却除了在樱桃芽自然休眠和生态休眠过程中使用外，还有一个重要的潜在利用时期是夏季花芽分化时期。甜樱桃花蕾在晚春开始形成，但花器官的分化直到仲夏才开始(Guimond 等，1998)。这期间的夏季高温(高于 30℃)(即在北半球 7—8 月，南半球的 1—2 月)诱导雌蕊发育异常，导致翌年双子果或畸形果发生(Beppu 等，2001)。在夏季高温随着气候变化变得更加极端的地区，易感品种产生畸形果的可能性将会增加。这可以通过在花芽分化早期通过蒸发

冷却减少畸形果的发生得到证明(South-wick 等,1991; Whiting 和 Martin, 2008)。炎热的夏季微喷装置需要高频率的应用,这表明脉冲控制的微喷对提高水的利用效率非常显著。

蒸发冷却在樱桃生产中的其他用途需要使用具有最低溶解盐的优质水,因为植物的蒸发可以将这些盐残留在冷却的组织上,对芽、叶和果实产生植物毒性。尽管蒸发冷却可在樱桃果实成熟时的炎热天气使用,但对于一些品种如果在果实发育的敏感阶段,果实表面太湿也有可能会导致裂果的发生(见第 7 章)。

尽管树下微喷灌缺乏显著的蒸发冷却潜力,但仍能影响果园小气候。使用两种微喷发射器(分别是固定和旋转头),Koumanov(2002)报道在地面以上 2.50 m 处降温 1.2～1.9℃, 1.75 m 处可降低 2.4～2.6℃, 1.0 m 处可降低 3.1～3.6℃。在树冠基部的最大偏差是 3.7～4.7℃。在树下有微喷冷却装置的果园中,维持光合作用所需的环境空气温度的临界阈值可以提到 40℃。以 20%～28%的最大偏差作为参考,距地面 2.50 m 处相对平均湿度平均上升 12%～13%, 1.75 m 时上升 14%～15%,在 1.0 m 时上升 16%～18%。环境气温超过 28℃和相对湿度下降到 45%时微喷装置的小气候效应才会发挥作用,小气候的影响基本上不受微喷头类型或日常使用情况(连续或间断)的影响,而小气候气象因子的大小与运行时间呈正相关,滴灌对空气温度和湿度无直接影响。

热量的积累

从每日太阳辐射吸收热量,以提高生长度单位,通过果园覆盖促进甜樱桃开花和芽、叶和果实的生长(见第 11.3 节)。这在经济上对早熟(暖地)地区或在农场或当地市场推出早熟产品特别有吸引力。2002 年,在德国波恩的克莱因-欧登多开展了樱桃树覆盖栽培以促进果实发育的试验(Balmer 和 Blanke, 2005b, 2008; Dekova 和 Blanke, 2007)以及随后在挪威(Meland 等,2017)、智利和美国开展了类似的工作。果园在密闭或者覆盖条件下开花提前 16～18 天,根据品种差异提早收获 12～19 天。Lang(2013,2014)在开花前的不同日期覆盖甜樱桃,使其开花日期最多错开 11 天。新梢生长、叶面积的发育和果实成熟与覆盖日期成比例地提前。尽管樱桃树最迟覆盖是在开花前 3 周,没有比未覆盖的对照组早开花,但开花后更大热量单位的积累导致在果实生长第二阶段后期新梢的生长增加了 88%,在同样取样阶段,果实发育的第三阶段中期,果实变得更大更甜。

早期开花的成功与否取决于需冷量的满足以及需热量累积之前的自然休眠到生态休眠的转变。在许多气候条件下,芽发育和开花越早,发生更严重霜冻冻害的可能性就越大，因此，必须考虑潜在霜冻的严重程度和防冻措施的有效性。在寒冷多雪的气候条件下，当使用覆盖物促进开花时，还必须考虑大雪的可能性和覆盖物系统的结构完整性。一般来说，当冬季空气温度较低时，在阳光灿烂的日子里，冬季中段积聚的热量可能会影响冷量积累，或者在冬季非常温暖的地方，通过低温积累打破内休眠会受到不利影响，这时候塑料覆盖物应当除去。在全封闭覆盖系统中，在晴朗的日子里温度可以大幅上升，从黎明时的—5℃升到中午时的45℃。位置高的果园覆盖物，较高的连栋温室等果园覆盖结构，会产生较多的改良空气，与较矮的覆盖结构相比，具有中等的潜在蓄热能力；较高的覆盖结构物也使得热空气升到树冠上方(Dekova 和 Blanke，2007)。

11.2.3 防雨、防雹和防风

樱桃果园最常见的微气候改造目标是在果实发育的第三阶段使用果园覆盖物，以减少雨水引起的裂果(Schäfer，2007；Lang，2009；Usenik 等，2009；Lang 等，2011；Wallberg 和 Sagredo，2014；Kafkaletou 等，2015)。如果覆盖物仅用于避雨以防裂果，那么覆盖时间一般在樱桃果实收获前4～6周开始，这也使得即便下雨果园里也可以进行果实采收(Meland 等，2014)。防雨措施也能减少病害的发生(Børve 等，2007；Lang，2009)，延长部分农药的药效，为生产有机樱桃提供可能(Lang 等，2013)。从单行覆盖到高联栋覆盖栽培的几种覆盖方式通常都用于防雨(更深入的讨论请参阅第11.3节)。因此，从根域部分排除雨水的也包括灌溉系统。果园的覆盖越复杂，覆盖物越不透水，相对湿度增加的可能性就越大，尤其是覆盖早期。

虽然大多数果园的覆盖物既能防冰雹又能防雨，但如果不优先考虑防雨，则可以安装能通过雨水又能捕捉或转移冰雹的网罩。所有果园覆盖材料，从固体塑料到防雹网，再到防鸟或防虫网，都有可能在不同程度上减少果园的风力。这对于生产价值高的黄色甜樱桃品种尤为重要，如"雷尼"，它很容易被风刮伤。通过覆盖系统或简单地通过有计划性地在果园的迎风侧或四周栽种天然或人工防风林(Brandle 和 Finch，1991)，减少樱桃园受到风的影响，不仅可以保护樱桃果实不受伤害，还可以通过减少蒸发蒸腾作用改善树体和水分关系。对大多数果园覆盖系统来说，风是破坏果园覆盖物结构的最危险的气象因子。一般来说，最不容易受到风损害的结构是那些能够从顶部转移风的装置。如果风从覆盖物下面进入果园，就会产生压差和巨大的升力，就像飞机的机翼一样，甚至可以将固定良好的柱子从地面上拉起来。对于这种覆盖系统，覆盖板之间的间隙或连栋的部分环形通风可以降低潜在升力的大小，使风在覆盖层以下以较小的阻力移动。

11.2.4 光调节和其他小气候

果园光照小气候的增加或减少对樱桃生长和果实发育有潜在影响。根据果园塑料覆盖材料的类型不同，在透光量和特定波长透过率上与塑料材料的材质相关。许多塑料材料也增加了散射光的数量(Healey 等，1998)。合成的果园地布(如交织的白色塑料、铝箔、工业用纸)或合成材料(如油漆、高岭土、二氧化钛)可以将最初未被树木截留的光线反射回冠层，特别是减轻树下部的遮阴状况。

与某些蒸发冷却改造小气候的目标一样，降低芽、叶或果实温度的潜力与太阳辐射有关。在低冷量的生长地区，种植者和研究人员已经开始探索果园覆盖物的潜在用途，这些覆盖物可以在阳光明媚的冬季为樱桃树遮阴，提高冷量的积累。同样，对于通常种植晚熟品种的高纬度和/或高海拔的地区，通过部分遮阴减少生长季节热量积累以推迟果实发育，可以拉长樱桃销售季节。此外，在花芽分化阶段使用可减少太阳辐射的覆盖物能将导致雌蕊发育异常的最高空气温度降低到阈值以下(Beppu 和 Kataoka, 2000; Whiting 和 Martin, 2008; Imrak 等，2014)。据报道，喷雾颗粒可以反射光线，降低芽体温度，从而降低双子果的比例(Whiting 和 Martin, 2008)。

据报道，通过覆盖果园的太阳辐射减少的范围从荷兰的 15%(Balkhoven-Baart Groot, 2005)到密歇根州的 25%(北纬 42°，从 4 月到 9 月的平均值；Lang 等，2011)，再到智利的 40%(Wallberg 和 Sagredo, 2014)。一些光的损失，特别是来自高光照环境的光损失，可能不会对生长产生负面影响；测量覆盖栽培下的果园的光合有效辐射(PAR)为 1 000～1 100 μmol(Wallberg Sagredo, 2014)，这个水平完全足够达到成熟叶片的光合饱和点(见图 11. 6)(Tartachnyk 和 Blanke, 2004)。果园的覆盖物对叶片的叶绿素含量没有影响(Balmer 和 Blanke, 2005a; Dekova 和 Blanke, 2007)。虽然在果园覆盖下光照较少，但由于湿度较高和风的减弱，植物水分关系可以得到改善。营养生长一般得到促进，表现为较长的枝条和较大的树体总叶面积(Balmer 和 Blanke, 2005a; Dekova 和 Blanke, 2007; Lang, 2009)，茎伸长增加 35%，叶片增大 25%(Wallberg 和 Sagredo, 2014)，树干横截面面积增加 35%(TCSA)(Lang 等，2011)。

弥补覆盖栽培下光线损失的管理策略如下：①南北行种植；②开心形或篱

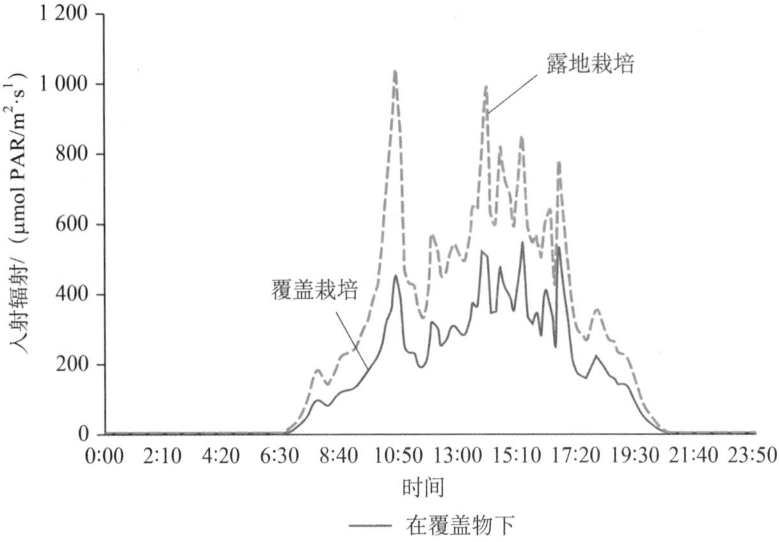

(a)

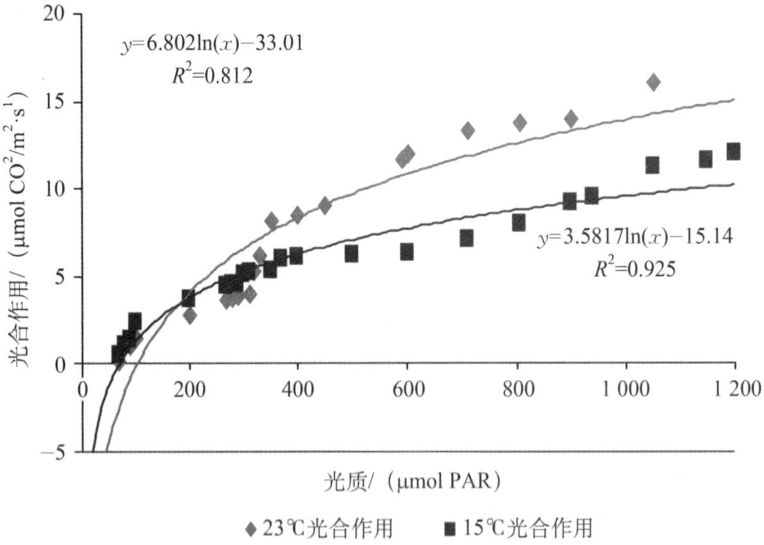

(b)

图 11.6　德国克莱恩-阿尔腾多夫的一个小的拱棚中，4 月份(a)光和樱桃叶片对(b)光强度和温度的光合反应

壁式“果墙”整形(Lang 等,2011);③地面铺设反射材料以增加冠层光照的分布(Lang 等,2014);④铺设能够增加紫外线透过和光散射的覆盖薄膜,例如发光的 THB 和 BPI 防潮膜。最近提出的定期将“采光窗”修剪概念应用到树冠上,以允许光线垂直或水平穿透树冠(Engel, 2015,私信),是另一种可以部分弥补果园覆盖下的采光减少的措施。

反光性地膜(如新西兰奥克兰的 Extenday)已经在樱桃果园进行了试验,结果与在苹果园中测试的结果不同,这取决于植物响应、当地的光照特点、果园栽培系统和铺设时间。与樱桃相比,苹果果实效果明显。反光膜对樱桃与苹果应用效果的差异,在某种程度上,可能取决于花青素合成的差异,樱桃果实是在皮和果肉合成,而苹果只在皮中合成(Schmitz-Eiberger 和 Blanke, 2012)。还由于樱桃成熟时是在仲夏,而苹果成熟是在秋天,前者具有更高的太阳照射角度(Funke 和 Blanke, 2005; Meinhold 等,2011)。红樱桃果实中花青素含量高,与定量分析苹果中红色和非红色的果皮相比,反射光对樱桃颜色的潜在影响更难以检测。秋季低角度太阳辐射在树冠内的反射比盛夏高角度的辐射更为分散。然而,Whiting 等(2008)报道,在智利的兰卡瓜和美国的华盛顿州的强光环境中,长时间使用反光膜使樱桃树的枝条长度增加了 32%, TCSA 增加了 90%,这样果实成熟得更早,果肉硬度更高。Lang(2014)报告说,在日照较低的美国密歇根州的樱桃果园中,在露地果园中使用反光膜树体,TCSA 增加了 24%,在拱形温室中增加了 34%。

在德国,为了改善光照条件,在一个高密度果园(每公顷 1 100 棵树)的拖拉机过道中铺上编织的反光地膜(Folitec 和 Propex, Agrarfolien Vertriebs GmbH, Westerburg, Germany; PhormiFlex, Bonar Technical Fabrics Co., Zele, Belgium)[见图 11.7(a)]。在成熟时,测量结果表明,在其他最容易受光照限制(即阴影)的冠层位置,光照增加了几倍[见图 11.7(b)]。挪威气候凉爽多云,类似的反光膜(Extenday™)已经在温室中栽培的红肉“甜心”樱桃上进行了测试,没有观察到对果实着色和成熟度有额外的影响(Meland, 2015,私信)。总的来说,反光膜对改善红肉樱桃的颜色可能不如苹果或红皮黄肉的樱桃(Lang, 2015,私信)。然而,在拖拉机道上方的树冠没有完全闭合的情况下,如在高密度果园中,使用反光地膜可以改善阳光从下方照射到树冠阴影部分的光线,从而改善生长、花芽形成和发育,特别是在覆盖栽培的光照有限的果园环境中。

(a) (b)

图 11.7 铺设反光膜对樱桃园光照条件的改善情况

(a)为德国波恩附近的一个使用反光膜的甜樱桃果园；(b)2015 年 7 月下午 3 点测定的使用反光膜后“福斯塔”樱桃树树冠反射光条件的改善情况（100％＝1 400 μmol PAR）（M. Blanke，未发表；照片由 A. Engel and M. Blanke 提供）。

11.3 果园覆盖栽培

通过改变微气候进行果园覆盖栽培的优点和局限性随覆盖物类型的不同而不同（见表 11.2）。因此，对于如此巨大的额外生产成本，在考虑是否设计新果园或翻新现有果园时，必须考虑将获得的效益的预期市场价值。同样，应考虑果园覆盖系统对微气候和植物生物学的影响，以优化其利用。

表 11.2 甜樱桃生产中使用果园覆盖物的优势和挑战

潜在优势	潜在挑战
保护树木免受雨、雹及鸟的侵袭（并加设防护网）	如果根部区域土壤在下雨或灌溉时变得饱和，则仍然会发生裂果
树体健康；生长更好；投资回报更快	投资（结构）和维护（定期更换塑料）成本高；每年为减轻和拆除覆盖物费时、费力
效益更高且稳定	防冻需要额外补充热量；可能需要专门的传粉昆虫
能够改变成熟期以提高或扩大市场价值	开花前或开花期间过热会导致畸形花发生和降低坐果率
果实更大；外观更光滑；糖含量高	果实在成熟过程中过热会降低果实品质（硬度和可溶性固形物下降）

（续表）

潜在优势	潜在挑战
提高了有机生产潜力；减少杀菌剂使用	较低的透光率，特别是随着塑料的老化而降低。过度的营养生长可能会增加遮阴问题
雨中进行收获和修剪成为可能；管理效率更高	建筑物结构上必须设法防止风或雪对建筑物或塑料造成损害

11.3.1 覆盖物的种类

甜樱桃的覆盖系统从相对便宜的塑料片或临时夹在桩和线支撑结构上的网，或塑料覆盖的或小（单行，如 Balmer，1998；Meland 等，2014）或大的（高隧道，如 Haygrove Ltd，Ledbury，UK）钢环结构，到昂贵的玻璃温室或塑料温室结构，可以更精确地调控多种环境因子，开展错及栽培。Overbeck 等（2013）讨论了果园覆盖物的材料成本以及安装和移除覆盖物所需的劳动力。

以最简单的形式，用"杆-线"或"杆-电缆"结构保护果实不被鸟类捕食，或用更密集的塑料网保护果实和树木不受冰雹损害。此外，该施工技术可以用于单行固体塑料临时薄膜覆盖（见图 11.8），从根本上保护水果而防止裂果（Meland Skjervheim，1998）。这种覆盖一般在春天坐果前安装并在收获后移除，从而改变只有 3～6 周的小气候。柱子通常由经过处理的木材、钢材或混凝土制成。单行覆盖材料通常是固体塑料的，可以保持树体干燥，但在温暖的气候下成熟时，可以盖住热空气。挪威的三线系统顶部悬挂着塑料窗帘，它可以来回滑动以手动打开和关闭。如遇下雨或其他紧急情况，可将窗帘拉上。如果风速接近 30 m/s，

(a) (b)

图 11.8 挪威用于防止裂果的覆盖物形式

(a)三线覆盖系统；(b)隧道式塑料大棚。

那么包括隧道式在内的各种覆盖栽培系统都可能遭受重大破坏(见下文)。在挪威的覆盖栽培体系结构中,塑料覆盖部分是最薄弱的地方,它比杆、线和木制品的主体框架更容易更换且更便宜。更复杂的专用覆盖物也可以由网状结构和重叠塑料板构成(如 Voen Vohringer GmbH & Co KG,贝格,德国),该系统提供了被动通风的作用,同时保留了防雨保护功能。

隧道式大棚可以是单独的单条结构,用于覆盖非常小的果园中的几行果树,也可以是更典型的多条结构,用于覆盖任意大小的果园[见图 11.8(b)]。大棚的桁条通常由钢支架组成,并通过 7～10 m 宽的钢箍与下一排支架相连。每个桁条下通常种植两到三行樱桃树。每个隔间都覆盖着一块固体塑料板,可根据光谱透射率要求(如 PAR 透射率、紫外光、红外辐射等)选用不同规格材料。塑料通常用绳子固定,把塑料从一个环扣到另一个环。这些塑料通常在冬季被移走,因为积雪荷载会影响结构承受能力,或者在冬季的日常热量积累会阻碍自然休眠的冷量积累(Luedeling 等,2013b)。

如果环形连接是为它而设计的,并且塑料在这个季节保持完全伸展,那么可以在环形连接的地方安装排水沟,从而消除雨水径流,防止雨水进入最近树木的根部区域。如果没有安装水槽,那么在这个季节,塑料可以被推到环箍上,形成一些通风和交叉气流,但同时也要在雨水流到通道基部和相邻的树根部之间的土壤中进行权衡。在像挪威这样的阴雨气候中,防止根部土壤区域水分饱和可能比释放集聚的过多热量更重要。在气候较热的地区,果实成熟期间覆盖系统每天放热的能力可能是优先考虑的因素,可以安装土壤排水瓦以处理雨水径流。在多支架的隧道式结构中,通风通常是通过手动将塑料向上推一段距离完成的。通风也可以通过使用一些特殊的塑料实现,这些塑料可以安装在通道顶部或者偏向一侧。这使得热量可以被动地从最高点或接近最高点的地方排出,但也会有一些雨水从通风口的下方进入通道,这可以改变树木的栽植行向以避免树冠受潮。虽然改良的永久性通风系统在果实成熟过程中是可行的,但由于在春季早期影响热量的获取,因此无法使用这种网状或塑料混合通道系统显著促进开花和果实发育。此外,隧道式大棚一般也需要在所有开口处(门、边及与铁环相接的通风槽)使用防鸟网或防虫网,以防止雀鸟或昆虫进入。

通过在玻璃温室或类似温室的结构中种植樱桃,可实现对微气候的最大程度控制。樱桃的通风和加热采用自动化(电子)控制,通常由恒温器或气候传感器(如空气温度、相对湿度、风速、降水和太阳辐射)输入控制。这种投资需要极高的市场汇报。例如,在西班牙的 Lleida 省的屋顶通风温室里生产的甜樱桃,通过填补 3 月中旬到 4 月底樱桃市场的空缺，获得了很高的经济回报(http://www.glamour-edoa.com/cherries)。新西兰、荷兰和美国密歇根州(Lang, 2015,私信)也有小规模温室樱桃生产。在挪威，以前用来种植西红柿的温室正用于甜樱桃高密栽培(10 000 株/公顷)生产试验，这种生产提供了更多可控制的环境条件，更大的果实和更高的产量(Meland, 2015,私信)。温室生产是通过种植在地上的树木和盆栽或袋装树木来实现的，而盆栽或袋装树木对灌溉和施肥精度有很高的要求，以便向有限的根系提供水和营养。利用盆栽树开展温室甜樱桃生产，可以让成批的树木在冷库中休眠，然后再移入温室，促进提早开花和成熟，以获得高附加值的市场收益。

自 2012 年以来在密歇根州立大学也开展了关于可自动收缩的塑料温室结构的研究(Cravo 设备有限公司，布兰特福德，http://www.cravo.com/)，且最近被樱桃生产商采用在南非和澳大利亚进行生产(Lang, 2015 年，私信)。可伸缩的屋顶在中等光环境下(如北欧或中西部)提供了充分的阳光，同时也在高光照环境下(如加利福尼亚或西班牙)提供部分这样效果以及开放的蜜蜂授粉环境，每日自动开闭以优化冷量积累，春季可蓄热和防雨防雹(见第 11.5.1 节)。虽然建造成本明显高于杆-线覆盖结构或者隧道式大棚，但自动化温室结构往往具有较低的人工和维护(如塑料替换)成本。

未来可能进行微气候调控的一个领域是可以选择性改变果园光谱的覆盖系统。彩色网[即特定光谱的选择性透射，如蓝色(400～500 nm)、红色(600～700 nm)或远红色(700～800 nm)辐射)]已经在苹果(Solomakhin 和 Blanke, 2010; Bastias 等，2012)和桃子中(Rapparini 等，1999)进行了研究，但很少有关于彩色网在甜樱桃栽培中潜在价值的研究。目前研究多见于草本植物如蔬菜，在果树研究中，很少有对果实大小或树势可能产生积极影响的报道，但这类研究具有挑战性且费用昂贵，尚未就果园规模的一致影响得出明确的结论。

11.3.2 适合覆盖栽培果园的品种、砧木和整形方式

果园覆盖系统的高成本投入要求果园设计的精确性，以优化空间利用和灌溉或施肥，因为排除雨水会对土壤养分供给产生不利影响。为了优化光的截留和分布，必须开发高光效树形，因为覆盖物可能会减少总的可利用光量。果园管理必须具有创新性和高效性，包括利用果园机械化降低劳动力成本。

在果园覆盖栽培下选择生产的品种更多的是取决于市场需求，而不是任何特定的水果性状。覆盖栽培可以生产通常在特定区域不常见生产的品种，如在

多雨地区种植容易裂果的品种(尽管一些品种，如“布鲁克斯”，即便没有直接接触雨水也已经观察到裂果现象)，或栽培易受春季霜冻危害的早花品种。由于覆盖通道下干燥的气候可能会增加患白粉病的概率(见第 11.5.3 节)，因此遗传上抗白粉病的品种则是理想的选择(Olmstead 等，2001)。

由于覆盖栽培下精心管理的樱桃园通常会提高树木的健康与树势，并增加春季土壤氮矿化速率供给(Balmer 和 Blanke，2005a；Dekova 和 Blanke，2007；Lang 等，2011)，因此“吉塞拉 6 号”“吉塞拉 12 号”“克里姆 5 号”“考特”“CAB6P”“马扎德”和“马哈利”等乔化和半乔化砧木的使用，可能会导致树体过大，难以在设施内生长。除了在土壤贫瘠的条件下，矮化到半矮化砧木“吉塞拉 3 号”和“吉塞拉 5 号”更适合矮小树体生长。与“Ma”砧木对应的苹果情况不同，这些樱桃砧木通常不需要支架，除非有特定整形方式要求。此外，这些砧木是早果性非常好，可以提早获得收益和投资回报。因此，策略是在已建立的覆盖系统下种植新果园将会使树木生长更好，结果枝更早形成，更早获得更高产量(Lang，2013)，而不是当果园开始结果后再建立覆盖系统。在土壤或气候不适合矮化或半矮化砧木的地方，半乔化砧木可以与多主枝开心形以及早果诱导技术相结合(如拉枝和亏缺灌溉)降低树势并加速结果(见第 12 章)。若覆盖设施下树体树势过于旺盛，则需要采用其他降低树势的策略，包括使用多效唑(Facteau 和 Chestnut，1991)或调环酸钙(Elfving 等，2003)等生长抑制剂，或者进行根系修剪(Ferree，1992)。

典型的果园覆盖设计取决于覆盖系统的类型，尽管所有的设计都应尽可能节省空间以优化产量，获得投资回报。使用杆-线单行简易覆盖的果园其覆盖面和叶幕宽度应当匹配。覆盖多行的系统下，植株行间距必须考虑到通道支架或温室支撑柱的间距、机械装备通道、喷淋覆盖和光线分布的均衡性。常见的隧道式大棚种植设计包含两行树，中间留有一个拖拉机作业道或在 2/3 的空间种两排树，一侧是拖拉机道。在三维树冠方面，单干纺锤形比多主枝树形有更好的光分布和空间利用率。随着种植者越来越多地采用矮化砧木和机械整篱剪，三行窄行高纺锤形整形越来越普遍(见图 11.9)。

此外，随着果树墙体型树冠结构的出现(见第 12 章)，如篱壁式树形(UFO)(Zhang 等，2015)和超细纺锤形树形(Musacchi 等，2015)，可进一步优化空间效率和光分布均匀性，从而提高生产潜力。例如，一个单跨 8 m 的类似温室的结构(或者隧道式结构 8 m 间隔)可以容纳三行狭窄的 UFO 树，并可使用窄轨拖拉机、喷雾器和果园平台(见图 11.10)，并且光线可均匀分布在整个冠层。综上

(a) (b)

图 11.9 位于 8.5 m 高隧道式覆盖栽培下的(a)三排甜樱桃开花期,并用(b)机械修剪(右边是修剪过的一排,左边是还未修剪的)(照片来自 M. Blank)

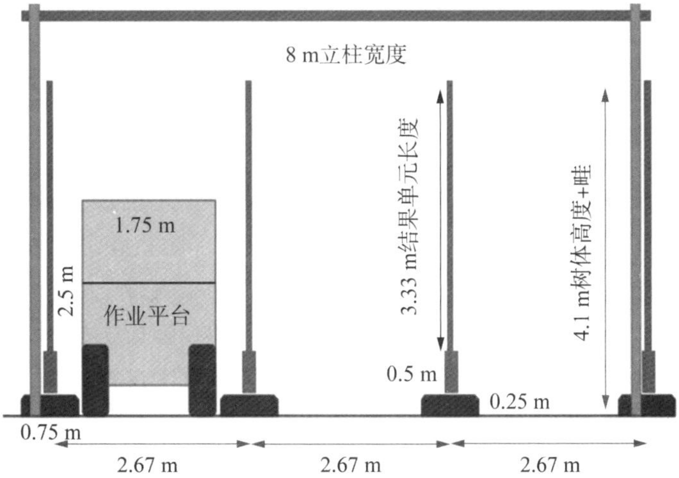

图 11.10 直立篱架整形(UFO)的樱桃园设计,支撑柱间隔 8 m,形成一个类似温室的覆盖结构(G. A. Lang)。结果面积/果园面积比为 10/8=1.25

所述,当果实成熟时,结果面积与果园面积比(种植潜力估计值)为 10 m/8 m=1.25。保留狭窄的果墙叶幕结构,但通过倾斜的果墙扩大其光拦截能力,类似 8 m 宽的隧道式大棚或温室式结构的种植潜力可以增加到 14 m/8 m=1.75(见图 11.11)。需要注意的是两个果园的设计都采用起垄栽培。隧道式大棚设计包括安装土质排水砖,以改善根域雨水径流的排水。如果安装固定的叶幕喷洒系统来代替车载喷雾器,就可以实现更高的管理效率(Lang, 2014)。

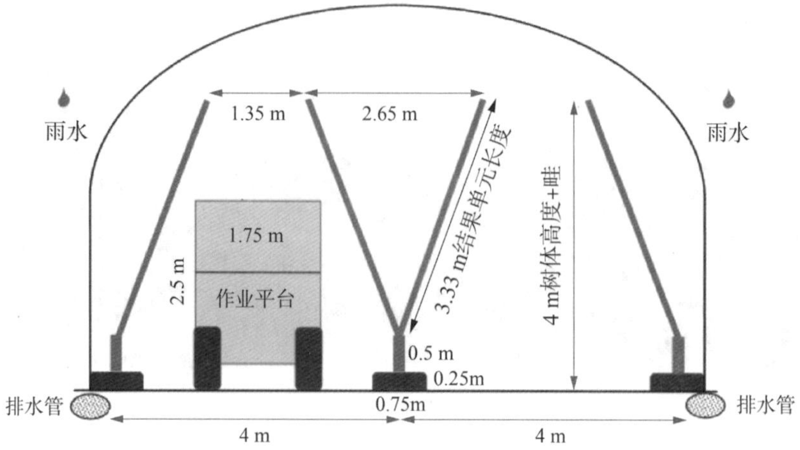

图 11.11 V-直立篱架整形(V-UFO)的樱桃园设计。跨度为 8 m 宽的大棚覆盖结构(G. A. Lang)结果面积/果园面积比为 14/8＝1.75

11.4 果园覆盖栽培对果实生产的影响

11.4.1 开花和坐果

第 11.2.2 节讨论了果园早期覆盖以增加热量累积与促进开花、坐果和成熟之间的关系。然而，值得注意的是，当覆盖物仅用于防止雨水导致的裂果时(即主要在果实生长第Ⅲ阶段)对果实的成熟期影响不大(Schafer，2007；Kafkaletou 等，2015)。必须小心管理花期的覆盖物，因为全封闭的果园在晴天会很快变得非常热。2008 年 3 月中旬在密歇根州首次进行的一项全封闭隧道式大棚樱桃研究时，室内温度在 6 h 内从黎明时的－5℃上升到 46℃(Lang，2015，私信)，随后开花不正常，坐果率低。Hedhly 等(2007)报道了开花最高温度升高 5～7℃(平均温度升高 1～3℃)产生热胁迫就会降低樱桃的坐果率时，主要是由于高温导致加速花柱中花粉管生长速度加快、数量减少、胚珠退化和柱头感受性缩短。因此，要达到促进开花和成熟的目的，必须具备足够的管理知识：①只有在达到需冷量后，才能成功地开始生长度单位积累；②预防发生率较高的倒春寒；③防止在花器官分化、开花和受精时温度过高。

11.4.2 产量和果实大小

果园覆盖对甜樱桃产量和果实大小的影响受多种因素的影响，不同的研究结果差异性很大。比较典型的是，果实大小与负载量成反比，任何对产量有较大影响的因素都有可能与果实大小成反比。在挪威隧道式大棚种植的高密度“甜心/考特”(1 250 棵/公顷)果园中，在第四和第五年产量分别是每公顷 11 t 和 24 t；第四年 31%的果实直径大于 34 mm，而第五次只有 4%(Meland 等，2017)。除了果园覆盖外，气候、品种、春季霜冻、授粉条件和修剪等因素对果园产量有显著和不确定的影响。在大多数研究报告中(Schafer，2007；Lang，2009；Usenik 等，2009；Lang 等，2011；Schmitz-Eiberger 和 Blanke，2012；Overbeck 等，2013；Wallberg 和 Sagredo，2014；Meland 等，2017)果园覆盖栽培增加了樱桃果实大小(见表 11.3)。Lang(2009)最初将隧道式大棚栽培低产量问题和蜜蜂传粉能力差联系起来；第二年，在熊峰传粉的情况下，与前一年的产量相比不变或略有提高，并且产量提高时果实大小也增大。次年，由于霜冻的影响，覆盖栽培的果园产量比陆地栽培要高(Lang 等，2011)。在可伸缩屋顶的温室状结构和线-杆单行覆盖栽培下，也可以看到类似的产量不稳定变化，这是由于冬末结冰、春季授粉条件、春季霜冻以及花期后降雨引起病害流行和裂果发生(Lang，2015，私信)。

在德国的一个小型隧道式研究大棚中，多年来的产量相对较低(Balmer 和 Blanke，2005a，2008；Dekova 和 Blanke，2007)，或有时与露地产量相当(Kafkaletou 等，2015)。有报告指出，在温暖和阳光充足的气候条件下，产量不受覆盖物的影响(Usenik 等，2009)，临时果园覆盖下产量降低(Schafer，2007)，或在大型隧道式大棚中产量增加(Overbeck 等，2013)。很明显，在大多数情况下，相对于露地果园，如果种植者能够抑制生产可能受到限制的因素，并能恰当地管理覆盖栽培的果园(如通过温度管理、传粉昆虫的选择、防止霜冻)，果园覆盖栽培的产量可以保持稳定或有所增加。

覆盖栽培下果实发育周期的长短也会影响果实品质。在挪威，从开花期开始覆盖与从果实转色期开始覆盖直到收获期相比，前者的果实明显较大(见表 11.4；Meland 等，2017)。相反，较短的覆盖期果实硬度较高。

表 11.3 果园覆盖栽培和露地栽培果实品质差异(Dekova 和 Blanke，2007)

品种	果实直径/mm		果实颜色/hue value	
	覆盖栽培	露地栽培	覆盖栽培	露地栽培
“早丽斯”	26.4±0.5	26.8±0.4	16±0.4	29±0.5
“伯莱特”	28.9±0.3	25.6±0.6	12±0.5	12±0.4
“苏维纳”	29.3±0.7	24.9±0.8	9±0.3	23±0.8
“桑巴”	27.0±0.8	25.4±0.7	16±0.6	21±0.7
“巨果”	29.2±0.4	29.9±0.5	9±0.7	20±0.6

11.4.3 裂果和果实货架期

为了防止樱桃裂果，需要对果园进行覆盖，防止雨水与果实接触，将多余的降水从根域部分转移走，最好是通过滴灌等方法进行灌溉(Balmer 和 Blanke，2005)，提供充足和稳定的果树生长用水。这种管理可以将裂果率从两位数减少到个位数(Børve 等，2003；Dekova 和 Blanke，2007；Usenik 等，2009；Lang 等，2011；Kafkaletou 等，2015)。然而，各国果园覆盖栽培试验表明，即使具备果园覆盖系统，当单行覆盖结构的雨水进入行间，或者隧道式大棚没有排水天沟或果园土壤排水系统排水速度不够快时，仍然会发生裂果现象。甚至在某些情况下，覆盖栽培的果实比未覆盖的裂果率更高，Wallberg 和 Sagre(2014)将此归因于覆盖栽培下果实表皮紧绷频率更高。

即使在覆盖栽培的果园中，当发生严重风暴或频繁的降雨事件，樱桃裂果的损失也可能是毁灭性的。Lang(2013)曾报道露地栽培的“雷尼”和“拉宾斯”樱桃裂果比率分别为89%和91%；而在相邻的没有排水沟的隧道式大棚内，其两个品种的裂果率分别为60%和32%，尽管果实没有直接被淋湿，但是雨水直接流入通道间的土壤导致根域土壤水分饱和。对于大多数生产者来说，裂果大于35%樱桃园不值得采摘销售。在这种情况下，即使没有可见裂口的樱桃也可能有很高比例的微裂纹，这可能会随着相对湿度的增大而加剧(Peschel 和 Knoche，2005)，并可能导致采后品质差或可能在包装、储存和装运过程中出现裂果。但是，Kafkaletou 等(2015)发现，果园覆盖栽培对甜樱桃果实采后品质有积极的影响，鲜重损失少、裂果且呼吸作用低。

11.4.4 果实糖、有机酸、酸度、硬度和果柄质量

据报道，覆盖栽培下果实可溶性固形物(TSS)含量较高(Børve 等，2003；Schäfer，2007；Overbeck 等，2013)。在比较不同类型覆盖物对果实成熟过程影响的研究中发现，与其他类型的覆盖方式相比，树上方覆盖的方式可以维持更高的温度和相对湿度，但 TSS 和色度偏低(Børve 等，2003)。覆盖栽培果园的果实含糖(葡萄糖、果糖和山梨醇)和有机酸较多，但无统计学差异(Usenik 等，2009)。Schäfer(2007)发现覆盖条件下果实中可滴定酸(TA)含量较少；Kafkaletou 等(2015)报告了糖酸比(TSS/TA)大于 25/1，Schmitz-Eiberger 和 Blanke(2012)认为数值在两种类型的果园中都意味着果实具有良好的风味。与果实大小一样，小气候对果实硬度的影响也受到作物负载量和气候的影响。炎热气候下，果园覆盖栽培果实的硬度不受影响(Kafkaletou 等，2015)。据报道，

与5个樱桃品种提早覆盖，以促进开花和成熟相比较，临时性覆盖栽培的“雷吉纳”樱桃果实硬度较高（Schäfer，2007；Schmitz-Eiberger和Blanke，2012；Overbeck等，2013）。然而，德国波恩的Balmer和Blanke（2005a）、Dekova和Blanke（2007）以及智利的Wallberg和Blanke在“拉宾斯”早期覆盖试验都发现覆盖栽培的果实较软。G. A. Lang（2015，私信）发现，在露地果园和有不同类型、不同时间覆盖的设施栽培（隧道式大棚、中间通风覆盖和可伸缩屋顶设施）果园之间，年度间果实的糖和酸水平以及果实硬度差异很大。为了更好地理解和利用微气候改造技术，还需要进行更多的研究以持续优化果实品质，如糖、酸和硬度。到目前为止，只有Kafkaletou等（2015）研究了覆盖栽培对果柄颜色的作用效果，但未见任何影响。

Dekova和Blanke（2007）报道，用于促进开花和成熟的覆盖栽培中，早熟樱桃品种在有和无覆盖下果实硬度相同，而两个晚熟品种在无覆盖下果实硬度更高，这是由于小气候与果实发育时期相互作用的结果。Meland等（2017）报道称，与从开花期开始覆盖相比，从转色期开始覆盖直到采收期才收的果实硬度和TSS含量更高（见表11.4）。

表11.4　挪威Lofthu地区隧道式大棚覆盖时间对5年生“甜心”樱桃果实重量和硬度的影响（2009）

果实品质	8月份收获日期	覆盖时间		F检验
		开花期到收获期	转色期到收获期	
果实重量/g	14	11.8	10.9	$P<0.05$
	19	12.6	11.4	$P<0.001$
	24	11.8	10.7	$P<0.05$
	28	12.5	10.9	$P<0.01$
果实硬度(Durofel)	14	65	72	$P<0.001$
	19	66	74	$P<0.01$
	24	62	70	$P<0.001$
	28	66	75	$P<0.001$

资料来源：Meland等，2017。

11.4.5　果实颜色与有利人体健康的化合物

果园覆盖栽培对甜樱桃果实颜色分别有降低（Børve等，2003；Dekova和Blanke，2007；Schäfer，2007；Wallberg和Sagredo，2014）和提高（Schmitz-Eiberge和Blanke，2012；Overbeck等，2013；Kafkaletou等，2015）色度的影

响，但对于大多数深红色到深紫色的品种来说，实验室仪器检测的差异相比对消费者偏好的影响是没有意义的。相比于实验室检测到的颜色上的细微差异，消费者对覆盖栽培下通过肉眼看到的光亮果皮表面给予更高的评价。果园覆盖对为高档市场生产的红晕黄肉品种如“雷尼”樱桃的果实颜色有显著影响(Lang, 2009)。通过调整塑料膜的成分，可以减少大多数黄肉樱桃外果皮上的红晕(Mulabagal 等，2009)。然而，许多覆膜塑料也增加了光的扩散能力，这可以提高带有红晕水果的比例。

覆盖栽培对甜樱桃果实中 4 种主要的花青素(氰苷 3-葡萄糖苷、氰苷 3-芦丁苷、花葵素 3-芦丁苷和芍药色素 3-芦丁苷)浓度无影响(Usenik 等，2009; Kafkaletou 等，2015)。在果园覆盖栽培下，虽然“雷吉纳”品种含有更高浓度的以上四种花青素，而“柯迪亚”则相反(Usenik 等，2009)，但是抗氧化能力不受影响(Kafkaletou 等，2015)。黄肉品种“雷尼”通常会因氰化物 3-O-芸香糖苷而产生红色的色素，然而在大棚覆盖栽培下不会出现这种现象(Mulabagal 等，2009)。然而，由于隧道式大棚栽培的果实中熊果酸、香豆素、阿鲁里奥酸和咖啡因以及 β-胡萝卜素的含量较高，因此对抑制脂氧合酶和环氧合酶的活性最高。另一项研究表明，在覆盖条件下，果实中维生素 C、总酚类物质、抗氧化能力和类黄酮以及花青素含量增加(Schmitz-Eiberger 和 Blanke，2012; Overbeck 等，2013)。

甜樱桃和酸樱桃会通过一种或多种樱桃过敏原引起一些人产生过敏反应，如 Pru av 1、Pru av 2、Pru av 4 和樱桃脂质转化蛋白(LTP)。为了探讨覆膜栽培对甜樱桃果实过敏原 Pru av 1 的刺激作用，Schmitz-Eiberger 和 Blanke (2012)检测了露地栽培或覆膜栽培的 5 个品种的 Pru av 1 水平。过敏原在两种栽培模式下都处于可检测水平以下，可能是由于缺水或缺乏致病源攻击，从而阻止了过敏原的大量诱发。

11.5 果园覆盖栽培对病虫害的影响

果园覆盖栽培的一个好处是防止雨水引起的裂果或调控果实成熟期。在一些气候条件中，果园覆盖的另一个重要的好处是可以在整个生长季节中使用，这可以减少一些通过雨水引起的病害发生，如樱桃叶斑病(见第 14 章)和细菌性溃疡病(见第 15 章)。小气候调节可以改变光、温度和降雨量，肯定会影响到更大范围的果园生态，包括昆虫(无论是好是坏)以及病害。

11.5.1 有益的昆虫

已经讨论过花期过热对植物花器官发育和有效授粉期长度的影响。如果覆盖栽培在开花期间造成湿热的条件，那么花粉粒会粘连在一起，减少昆虫对花粉的收集和运输。覆盖栽培下过于干燥的环境则可能会降低花蜜的产量，使花朵对传粉昆虫的吸引力降低（Wittmann 等，2005；Hamm 等，2007）。因为蜜蜂（*Apis mellifera*）利用紫外线和偏振光在蜂巢和食物来源（花朵）之间导航，所以塑料覆盖物对光谱的改变会使蜜蜂在觅食过程中迷失方向（Lang，2009）。在完全覆盖的果园系统中这个问题更加严重，如隧道式大棚就比单行覆盖栽培的少了进入天空的通道。其他潜在的作为覆盖栽培甜樱桃辅助传粉昆虫包括大黄蜂（*Bombus* spp.）、独居蜜蜂（*Osmia* spp. 和 *Andrena* spp.）以及本地昆虫食蚜蝇（family *Syrphidae*）。大黄蜂可以从市场上购买到，它的优势是不仅可以在较低的温度下觅食，而且比蜜蜂有更高的觅食效率。

在开花期间覆盖果园提供了温暖的小气候和免受风的影响，对那些春季天气寒冷和多风的地方，可以改善传粉昆虫的活动。当使用蜜蜂或大黄蜂时，蜂箱应在开花前 48 h 以上置于果园内，以便有时间让传粉昆虫定位。红独居蜂（*Osmia rufa*）通常在有 8 mm 孔洞的干燥无霜陈年木材或石头中越冬，在开花前 2～3 周升温，并在开花前引入并置于果园中（Wittmann 等，2005）。

11.5.2　昆虫及其他节肢动物

从历史上看，樱桃的主要害虫是欧洲果蝇、美国果蝇和近年流行的斑翅果蝇（见第 13 章）。尽管覆盖物结构也可以作为密集的果蝇防虫网（0.9 mm×0.9 mm 的网孔大小）的支撑，以减少感染（Schafer，2007；Daniel，2015，私信），但是这些害虫可在果园的覆盖物下茁壮成长。防虫网网格过密会导致气温过高增加管理难度，但是防虫网还有一个额外的优势，可以防止鸟害。在树下采用滴灌，行间保持干燥，可部分控制或减少由土传幼虫滋生所引致感染。由于该方法与化学喷雾一样有效，因此被认为可能是进行有机生产的关键措施。在行间使用编织的杂草织物屏障，可以进一步阻止果蝇（和其他源自果实的幼虫）在潮湿的土壤地带完成生命周期（Lang，2015，私信）。

在美国东部，日本甲虫（*Popillia japonica*）在隧道式大棚内损害甜樱桃树的比率明显减少（大于 90%），而一些害虫，如李子象鼻虫（*Conotrachelus nenuphar*）、云纹石斑卷叶蛾（*Choristoneura rosaceana*）、红带卷叶蛾（*Argvrotaenia velutinana*）和帐篷毛虫（*Malacosoma americanum*）仍然不受影响（Lang 等，2011，2013）。其他节肢动物，如黑樱桃蚜虫和蜘蛛螨（见第 13 章），在干燥炎热的小气候条件下，可在覆盖条件下快速成长，如果不加强害虫综合防治，那么可能会成为严重的问题。采取生物防治措施，例如引进七星瓢虫（瓢虫科）和草蛉（草蛉科）防治蚜虫，以及捕食螨（如鼠螨）防治害虫等，均可在覆盖条件下成功地加以利用。

11.5.3 病害

根据果园覆盖类型、灌溉类型（滴灌与微喷）和通风管理的结合，覆盖栽培下小气候可以显著降低部分病害压力，延长保护性杀菌剂残留的有效性（Børve等，2007）。在美国，在尽量减少叶片湿度和接触雨水的所有覆盖系统下，樱桃叶斑病的发病率基本消除（Lang，2009；Lang等，2011）。虽然未覆盖的果园在冬季是潜在的感染期，但是通过在春季开花、秋季落叶和修剪等关键感染节点消除雨水传播的假单胞菌，细菌溃疡病的发生率会大大降低（Lang，2014）。

Børve等（2003）报道在覆盖栽培下果实腐烂发生率降低了5倍，而在独立大棚下观察到欧洲褐腐病和花叶枯病（*Monilinia* spp.）感染率较低（Blanke，2015，私信）。G. A. Lang等（2011）报道美国褐腐病（*Monilinia fructicola*）是甜樱桃在多支架通道下常见的一种危害严重的病害，由于需要进行化学防控，成为美国东部和中西部有机生产的障碍。此外，樱桃白粉病（*Podosphaera clandestina*）在美国中西部是一种不太严重的病害，但在隧道式大棚干燥环境中会变得更为显著（Lang等，2011）。对白粉病有遗传抗性的品种（Olmstead等，2001；Olmstead和Lang，2002）在大棚覆盖栽培下表现很好，对于潜在的有机栽培非常有用（Lang，2015，私信）。

11.6 研究需求、趋势与展望

调控果园小气候的一个组成部分，如提供防雨保护的覆盖物，在其他微气候和生物因素中有多重作用。因此，对于许多果园微气候改造技术，如本章所述的各种覆盖系统或蒸发冷却的季节性应用，仍有许多潜在的研究需要开展。由于光线波长的改变，生理反应包括树木和果实水分的日变化和水势、叶片光合作用、树体生长和花芽的萌发，以及对本地果园病虫害、益虫和农药功效或残留的交互影响。所有的微气候改造技术都会增加生产成本，因此将空间效率高的果园设计和省力化的技术与微气候变化技术相结合，对于成功实现它们的经济价值至关重要。

参考文献

Baldocchi, D. and Waller, E. (2014) Winter fog is decreasing in the fruit growing region of the central valley of California. *Geophysical Research Letters* 41, 3251 - 3256.

Balkhoven-Baart, J. M. T. and Groot, M. J. (2005) Evaluation of 'Lapins' sweet cherry on dwarfing rootstocks in high density plantings, with or without plastic covers. *Acta Horticulturae* 667, 345 - 351.

Balmer, M. (1998) Preliminary results on planting densities and rain covering for sweet cherry on dwarfing rootstock. *Acta Horticulturae* 468, 433 - 439.

Balmer, M. and Blanke, M. M. (2005a) Developments in high density cherries in Germany. *Acta Horticulturae* 667, 273 - 277.

Balmer, M. and Blanke, M. M. (2005b) Verfrühung von Süßkirschen unter geschlossener Folie [Forcing sweet cherry under closed cover]. *Erwerbs-Obstbau* 47, 78 - 86.

Balmer, M. and Blanke, M. M. (2008) Cultivation of sweet cherry under cover. *Acta Horticulturae* 795, 479 - 484.

Bastias, R. M., Manfrini, L. and Corelli Grappadelli, L. (2012) Exploring the potential use of photoselective nets for fruit growth regulation in apple. *Chilean Journal of Agricultural Research* 72, 224 - 231.

Beppu, K. and Kataoka, I. (2000) Artificial shading reduces the occurrence of double pistils in 'Satohnishiki' sweet cherry. *Scientia Horticulturae* 83, 241 - 247.

Beppu, K., Ikeda, T. and Kataoka, I. (2001) Effect of high temperature exposure time during flower bud formation on the occurrence of double pistils in 'Satohnishiki' sweet cherry. *Scientia Horticulturae* 87, 77 - 84.

Børve, J., Skaar, E., Sekse, L., Meland, M. and Vangdal, E. (2003) Rain protective covering of sweet cherry trees-effects of different covering methods on fruit quality and microclimate. *HortTechnology* 13, 143 - 148.

Børve, J., Meland, M. and Stensvand, A. (2007) The effect of combining rain protective covering and fungicide sprays against fruit decay in sweet cherry. *Crop Protection* 26, 1226 - 1233.

Brandle, J. R. and Finch, S. (1991) *How Windbreaks Work*. Papers in Natural Resources, Paper 121. DigitalCommons@University of Nebraska-Lincoln. Available at: http://digital commons. unl. edu/natrespapers/121 (accessed 17 January 2017).

Cal-Adapt (2017) Temperature: extreme heat tool. California Energy Commission, California. Available at: http://cal-adapt. org/temperature/heat/ (accessed 16 January 2017).

Dekova, O. and Blanke, M. M. (2007) Verfrühung von Süßkirschen im Folienhaus [Forcing sweet cherry in a polytunnel]. *Erwerbs-Obstbau* 49, 10 - 17.

Elfving, D. C., Lang, G. A. and Visser, D. B. (2003) Prohexadione-Ca and ethephon reduce shoot growth and increase flowering in young, vigorous sweet cherry trees. *HortScience*

38,293 - 298.

EPA (2016) Climate change indicators: weather and climate. US Environmental Protection Agency, Washington, DC. Available at: www3. epa. gov/climatechange/science/Indicators/ weather-climate/index. html (accessed 16 January 2017).

Facteau, T. J. and Chestnut, N. E. (1991) Growth, fruiting, flowering, and fruit quality of sweet cherries treated with paclobutrazol. *HortScience* 26,276 - 278.

Fernández, R. T. and Flore, J. A. (1998) Intermittent application of CaCl2 to control cracking of sweet cherry. *Acta Horticulturae* 468,683 - 689.

Ferree, D. C. (1992) Time of root pruning influences vegetative growth, fruit size, biennial bearing, and yield of 'Jonathan' apple. *Journal of the American Society for Horticultural Science* 117,198 - 202.

Funke, K. and Blanke, M. (2005) Can reflective ground cover enhance fruit quality and colouration? *Journal of Food, Agriculture, and Environment* 3,203 - 206.

Guimond, C. M, Andrews, P. K. and Lang, G. A. (1998) Scanning electron microscopy of floral initiation in sweet cherry. *Journal of the American Society for Horticultural Science* 123,509 - 512.

Hamm, A., Lorenz, J., Papendieck, P., Dekova, O. and Blanke, M. M. (2007) Honigbienen als Bestäuber für verfrühte Süßkirschen im geschützten Anbau [Honey bee as pollinators for forced sweet cherries under protected cultivation]. *Erwerbs-Obstbau* 49,85 - 92.

Healey, K. D., Hammer, G. L., Rickert, K. G. and Bange, M. P. (1998) Radiation use efficiency increases when the diffuse component of incident radiation is enhanced under shade. *Australian Journal of Agricultural Research* 49,665 - 672.

Hedhly, A., Hormaza, J. J. and Herrero, M. (2007) Warm temperatures at bloom reduce fruit set in sweet cherry. *Journal of Applied Botany* 83,158 - 184.

Hewitt, E. W. and Young, K. (1980) Water sprinkling to delay bloom in fruit trees. *New Zealand Journal of Agricultural Research* 23,523 - 528.

Imrak, B., Sarier, A., Kuden, A., Kuden, A. B., Comlekcioglu, S. and Tutuncu, M. (2014) Studies on shading system in sweet cherries (*Prunus avium* L.) to prevent double fruit formation under subtropical climatic conditions. *Acta Horticulturae* 1059, 171 - 176.

Kafkaletou, M., Ktistaki, M. -E., Sotiropoulos, T. and Tsantili, E. (2015) Influence of rain cover on respiration, quality attributes and storage of cherries (*Prunus avium* L.). *Journal of Applied Botany* 88,87 - 96.

Koumanov, K. S. (2002) Drought mitigation effects of microirrigation in orchards. In: *ICID International Conference on Drought Mitigation and Prevention of Land Desertification*, Bled, Slovenia, 20 - 26 April.

Lang, G. A. (2009) High tunnel tree fruit production — the final frontier? *HortTechnology* 19,50 - 55.

Lang, G. A. (2013) Tree fruit production in high tunnels: current status and case study of sweet cherries. *Acta Horticulturae* 987,73 - 81.

Lang, G. A. (2014) Growing sweet cherries under plastic covers and tunnels: physiological aspects and practical considerations. *Acta Horticulturae* 1020,303 - 312.

Lang, G., Guimond, C., Flore, J., Southwick, S., Facteau, T., Kappel, F. and Azarenko, A. (1998) Performance of calcium/sprinkler-based strategies to reduce sweet cherry rain-cracking. *Acta Horticulturae* 468,649 - 656.

Lang, G., Valentino, T., Demirsoy, H. and Demirsoy, L. (2011) High tunnel sweet cherry studies: innovative integration of precision canopies, precocious rootstocks, and environmental physiology. *Acta Horticulturae* 903,717 - 723.

Lang, G., Hanson, E., Biernbaum, J., Brainard, D., Grieshop, M., Isaacs, R., Montri, A., Morrone, V., Schilder, A., Conner, D. and Koan, J. (2013) Holistic integration of organic strategies and high tunnels for Midwest/ Great Lakes fruit production. *Acta Horticulturae* 1001,47 - 55.

Luedeling, E., Guo, L., Dai, J., Leslie, C. and Blanke, M. M. (2013a) Differential responses of trees to temperature variation during the chilling and forcing phases. *Agricultural Forest Meteorology* 181,33 - 42.

Luedeling, E., Kunz, A. and Blanke, M. M. (2013b) Effect of recent climate change on cherry phenology. *International Journal of Biometeorology* 57,679 - 689.

Meinhold, T., Damerow, L. and Blanke, M. M. (2011) Reflective materials under hailnet improve fruit quality and particularly fruit colouration. *Scientia Horticulturae* 127,447 - 451.

Meland, M. and Skjervheim, K. (1998) Rain cover protection against cracking for sweet cherry orchards. *Acta Horticulturae* 468,441 - 447.

Meland, M., Kaiser, C. and Christensen, J. M. (2014) Physical and chemical methods to avoid fruit cracking in cherry. *AgroLife Scientific Journal* 3,177 - 183.

Meland, M., Frøynes, O. and Kaiser, C. (2017) High tunnel production systems improve yields and fruit size of sweet cherry. *Acta Horticulturae* (in press).

Mulabagal, V., Lang, G. A., DeWitt, D. L., Dalavoy, S. S. and Nair, M. G. (2009) Anthocyanin content, lipid peroxidation and cyclooxygenase enzyme inhibitory activities of sweet and sour cherries. *Journal of Agricultural and Food Chemistry* 57, 1239 - 1246.

Musacchi, S., Gagliardi, F. and Serra, S. (2015) New training systems for high-density planting of sweet cherry. *HortScience* 50,59 - 67.

Olmstead, J. W. and Lang, G. A. (2002) *Pmr*1, a gene for resistance to powdery mildew in sweet cherry. *HortScience* 37,1098 - 1099.

Olmstead, J. W., Lang, G. A. and Grove, G. G. (2001) Assessment of severity of powdery mildew infection of sweet cherry leaves by digital image analysis. *HortScience* 36,107 - 11.

Overbeck, M. , Schmitz-Eiberger, M. and Blanke, M. M. (2013) Reflective mulch enhances ripening and health compounds in fruit. *Journal of the Science of Food and Agriculture* 93,2575 - 2579.

Peschel, S. and Knoche, M. (2005) Characterization of microcracks in the cuticle of developing sweet cherry fruit. *Journal of the American Society for Horticultural Science* 130,487 - 495.

Rapparini, R. , Rotondi, A. and Baraldi, R. (1999) Blue light regulation of the growth of *Prunus persica* plants in a long term experiment: morphological and histological observations. *Trees, Structure, and Function* 14,169 - 176.

Ribeiro, A. C. , De Melo-Abreu, J. P and Snyder, R. L. (2006) Apple orchard frost protection with wind machine operation. *Agricultural Forest Meteorology* 141,71 - 81.

Schäfer, S. (2007) Überdachungssysteme im Obstbau — Auswirkungen auf Mikro-klima, Baumwachstum, Fruchtqualität sowie den Krankheits- und Schädlingsbefall von Süßkirschen. PhD thesis, Horticultural

and Agricultural Faculty, Humboldt University, Berlin, Germany. Schmitz-Eiberger, M. and Blanke, M. M. (2012) Bioactive compounds in forced sweet cherries, anti-oxidative capacity and allergenic potential. *LWT — Food and Science Technology* 46,388 - 392.

Solomakhin, A. and Blanke, M. M. (2010) Microclimate under coloured hailnets affects leaf and fruit temperature, transpirational cooling, leaf anatomy and vegetative and reproductive growth as well as fruit colouration in apple. *Annals of Applied Biology* 156,121 - 136.

Southwick, S. , Shackel, K. , Yeager, J. , Asai, W. and Katacich, M. Jr (1991) Over-tree sprinkling reduces abnormal shapes in 'Bing' sweet cherries. *California Agriculture* 45,24 - 26.

Tartachnyk, I. and Blanke, M. M. (2004) Effect of delayed fruit harvest on photosynthesis, transpiration and nutrient remobilization of apple leaves. *New Phytologist* 164,442 - 450.

USDA-NRCS (1993) Chapter 2. Irrigation water requirements. In: *National Engineering Handbook Part* 623. US Department of Agriculture, Natural Resources Conservation Service, Washington, DC.

Usenik, V. , Zadravec, P. and Stampar, F. (2009) Influence of rain protective tree covering on sweet cherry fruit quality. *European Journal of Horticultural Science* 74,49 - 53.

Wallberg, B. N. and Sagredo, K. X. (2014) Vegetative and reproductive development of 'Lapins' sweet cherry under rain protective cover. *Acta Horticulturae* 1058,411 - 419.

Whiting, M. and Martin, R. (2008) Reducing sweet cherry doubling. *Good Fruit Grower* 59,24 - 26.

Whiting, M. D. , Rodriguez, C. and Toye, J. (2008) Preliminary testing of a reflective ground cover: sweet cherry growth, yield and fruit quality. *Acta Horticulturae* 795, 557 - 560.

Wittmann, D., Klein, D., Sieg, V., Schindler, M. and Blanke, M. M. (2005) Wildbienen für die Bestäubung von Obstanlagen [Solitary bees for cherry pollination]. *Erwerbs-Obstbau* 47, 27 - 36.

Zhang, J., Whiting, M. D. and Zhang, Q. (2015) Diurnal pattern in canopy light interception for tree fruit orchard trained to an upright fruiting offshoots (UFO) architecture. *Biosystems Engineering* 129, 1 - 10.

12　形态学、结实生理和整形

12.1　导语

在21世纪初的这20年中，樱桃生产最显著的发展变化是能在一定范围内控制树势的早果和高产砧木的商业化利用可能。这些变化影响了以花芽的时间和空间发育为特征的生殖形态学(Maguylo等，2004)，以及以改变源-库关系和涉及水分和营养吸收的根系-冠层生理学。例如，Olmstead等(2004，2006)发现，矮化砧木嫁接部位的维管束直径往往小于生长势强的乔化砧木。这表明由于水的运输能力可能受到限制，因此嫁接在矮化砧木上的树体可能会受到短暂的日常水分胁迫，可能会降低光合作用和养分吸收，从而减少生长，结果与在桃树上报道的类似(Basile等，2003；Tombesi等，2010)。事实上，Goncalves等(2005)报道，嫁接在不同生长势砧木上的甜樱桃树中午水势和碳同化与树势的水平成比例地降低。由于砧木基因型(Costas等，2009)、环境水分胁迫、氮缺乏和冠层操作(如拉枝)导致的枝条生长减少，常常与花芽形成的增加有关，因此这些相对较新的能控制树势和诱导早结果的砧木已成为十分活跃的研究领域，从而充分利用这些特性，开发或采用整形和果园操作以优化其在新的集约化生产系统中的使用。

尽管使用乔化砧木的低密度甜樱桃园仍然存在，但这种果园的低效率推动了世界范围内开展高密度栽培以及利用矮化砧木和整形来控制树势(Lang，20002008；Balmer和Blanke，2005；Lauri和Claverie，2008；Calabro等，2009)。树体高大和早果性差通常会延迟投资回报(West等，2012)，果实成熟不一致，难以防止生物(虫害、疾病和鸟类)和非生物(雨、冰雹、霜冻和太阳辐射)胁迫的影响(见第11章)。世界各地的生产者正在采用简化的树体结构，这种结构更适宜生产的部分机械化(例如修剪和收获)或更有利于步行果园和精准管理(Robinson，2005；Santos等，2006；Vercammen和Vanrykel，2009)。这些树的永久性结构较少，并且更加强调优化叶面积与叶果（LA/F）比率和单位面积产量，提高果园经济效益，尤其是幼龄果园（Weste 等，2012）。高密度（1 200～4 000 株/公顷）和简化的冠层结构可以更好地促进手工劳动或部分机械化作业，例如负载量调节（芽、枝、花和未成熟的果实修剪和疏除）和收获。

然而，高密度果园也存在许多特有的挑战。在春季霜冻期间，较小的树体更容易使得大部分作物暴露于最冷的空气中。提早结果需要精确的冠层设计，以快速高效地填充可利用的果园空间。在建园初期，树体不合理结构不仅可能导致初始产量较低或过高，由于早期营养生长与提早的结果负载之间对光合产物的竞争，因此也可能导致树体结构难以纠正。当光合产物库存（即叶片和储存营养）不足以供应各种库的竞争（即果实、芽、短果枝、新梢延长生长、木材和根）时，果实品质和营养生长将达不到最佳状态。为了制订最佳的管理措施并避免这种情况，了解嫁接在具有早果、树势受限的砧木上的樱桃树源-库关系，对于获得优质果品并保持树体适当的碳平衡和分配十分有利。

12.2 冠层生长和结果习性

对于非早果性砧木，如“马哈利”实生苗，或非早果性的无性系砧木，如“考特”或“马扎德 F 12/1”，果园开始挂果通常需要 5 年或 6 年，在此期间内根和叶幕广泛生长，很少有果实产出。因此，树体的生长和能量在开花和结果前主要是优先供给能获取水、营养元素和碳的“源”结构，其次才是用于显著的生殖发育。考虑到 20 世纪 90 年代引入的砧木具有的快速结果能力，几十年来基于传统的营养生殖关系的修剪和整形必须重新考虑。嫁接在这些砧木上的树体，定植当年抽出的新梢即能在基部形成花芽，在未形成延长枝的中央领导杆上形成花束状短果枝，导致栽植后最早一年就可以挂果。

在早果性砧木出现之前，当乔化树开始大量结果时，通常会发育出大的树冠和根系以支持其最终的结果能力。Flore（1996）等讨论了标准的果园冠层内光分布，叶果比和园艺操作，用来加速早期结果，如拉枝。在干旱的种植区，亏缺灌溉也可用于改变乔化树的激素生理，使发育从营养生长转向增加花芽形成。以“吉塞拉”系列等早果性的砧木解决了结果延迟以及需要改变果园管理，通过增加叶面积和减少挂果以实现更好的生殖-营养平衡。

12.2.1 早果性树体的冠层结构、叶片、花芽和果实发育

甜樱桃和酸樱桃树从营养或者生殖状态的单芽开始生长和开花。它们最终

发育成包括几种不同叶片和果实类群的树冠(见图 12.1)。营养芽的生长产生了具有单叶的多个节：这些节具有最小的节间长度并且 5～8 个已成形的叶片形成莲座(原基)状,称之为短果枝,或具有显著的节间长度并继续形成新的叶和节,导致初生新梢的延伸或新的侧枝形成。然后,在每个短果枝或新梢的叶腋中营养或生殖分生组织开始启动。如果新形成的分生组织也在其形成的相同季节中伸长,则它成为同期侧枝。这种现象通常在树体生长极其旺盛时发生。

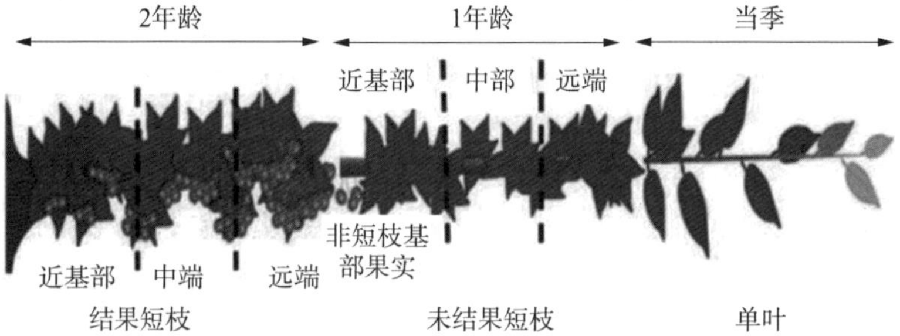

图 12.1 甜樱桃的基本结果单位

由 3 个叶片类群(结果短枝,未结果短枝和新梢)和 2 个结实位置(1 年龄枝条上的结果短枝和未结果枝)组成(Lang，2005)。

如果新形成的腋生分生组织在形成季节保持原生状态,没有进一步分化,那么它们就会成为发育过程中(即类休眠)停滞的潜伏芽,并且除非末端枝条结构被破坏或修剪,否则不可能在第二年生长。此外,这样的分生组织可以分化成新的叶芽或花芽,随着季节推进从类休眠过渡到内休眠,准备着在翌年春天生长。如果在生长季节的前半段修剪延长枝(从而释放出顶端优势),1 个或 2 个最顶端的腋芽将伸长形成替代的顶梢,那么对于嫁接在早果性砧木上的樱桃树,延长枝的最基部腋芽常常形成花芽。延长枝上其余的腋芽仍然是营养生长状态,每个包含由几个侧叶原基衬托的单个原生茎分生组织。

分化成单个花芽的分生组织(见第 2 章)可能发生在延长枝基部的叶腋中,从而成为非短果枝花芽(指没有相邻的包含有茎分生组织的营养芽);或者它们可能出现在短果枝叶腋中,从而成为短果枝花芽之一,它们形成中间为叶芽周围为花芽的莲座状结构,即短果枝。因此,樱桃的结果潜力由两种类型的花芽类型组成,各自与邻接的叶片密切相关(见图 12.1)。非短果枝花芽结果一般只占树冠内总体果实数量的小部分,但这些节位的果实往往具有形成最大最优果实的潜力。然而，因为它们缺乏营养分生组织，结果后节位即成为“盲点”，所以不能形成额外的叶片、果实或新梢。

樱桃花芽通常含有1～6朵花，而结果短枝通常有1～6个芽，尽管有可能更多。在延长枝和短枝上形成基部花芽的倾向因接穗品种而异，这些性状和“花朵数/芽”受到砧木的进一步调控。例如，Maguylo等(2004)发现，“吉塞拉3号”上的“海德尔芬格”甜樱桃在2年生枝条的近基端每个短果枝有约1朵花(见图12.2)，尽管中部和远端部位的平均数为8～11朵。“吉塞拉5号”和“吉塞拉6号”上在近基部区域平均分别为每个短枝4朵，中间和远端分别为6朵和13朵，而乔化砧“马扎德”上的樱桃树在任何区域平均每个短枝不到1朵。

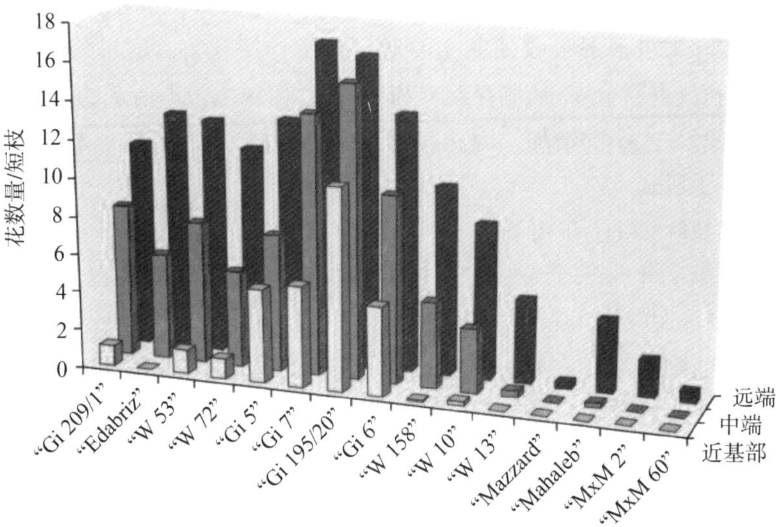

图12.2 甜樱桃“海德尔芬格”2年生结果枝短枝总花数与砧木类型相关

受砧木影响形成的每个短枝的总花数，按照砧木树势从低到高(从左到右)的顺序排列，以及枝条按照从近端到远端分成三段(Maguylo等，2004)。

非短果枝花芽开花，受精后通常会产生1～3个果实，然而由于缺乏营养分生组织从而变成了盲节。短果枝花芽开花，如果受精则结果，顶芽是叶芽，继续生长形成带有叶片的莲座状结构，在翌年成为结果短枝，或者顶芽继续伸长形成一个新的(侧枝)延长枝。

樱桃树冠层可以解构为三个主要的叶片类群：延长枝叶片、非结果短枝叶片和结果枝叶片(见图12.1)。

延长枝叶片：在当季抽生的枝条上生长，每个节位 1 张叶片，包括在芽中已形成的 8 张初始叶片，加上不确定数量的新形成的叶片，它们在季节性枝条延伸终止时（通常在夏季中期，即分别在北半球的 7 月或南半球的 1 月）可以达到 15～75 片或更多。在春季，初始叶片和枝条生长依赖储存营养（碳和氮）（Kappel，1991；Thielemann 等，2014；Ayala 和 Lang，2015）。然而，该类群中不断增加的成熟叶片构成了远距离果实的重要碳源，特别是果实生长的第三阶段中期（Ayala，2004；Ayala 和 Lang，2008；Correa，2008）。延长枝叶片类群中只要 10 片叶就可以输出同化产物（Ayala 和 Lang，2008）。延长枝上的叶片大小可以从相对较小初始叶片（不小于 20～50 cm^2）到非常大的新生叶片（不小于 110～150 cm^2）不等（尽管末端叶片可能较小），新生的叶片大小直接与树势成正比。因为它们的发育是基因型和从环境中获取生长资源的函数，来自当前光合作用的碳和来自根部吸收的氮主要通过蒸腾作用获得。通过修剪新梢的刺激，调节碳和氮重新分布（从储存营养和当前获得）到生长不活跃的分生组织，往往导致新生叶片大小的增加。因此，修剪可以成为在高产树体上增加局部源叶面积的重要手段。

非结果枝叶：发生在枝条的 1 年生部分，通常每个短枝有 6～8 片叶，而不是在生长的第一年中每个节位的单叶。短枝内的叶片尺寸可以从小（不大于 20 cm^2）到中等大（75～90 cm^2）不等。因此，每个短枝的总叶面积可以在 200～450 cm^2 的范围内，之前在同一位置的每个节点的叶面积，范围为 50～200 cm^2。短枝叶片大小与当季碳和氮的获得无关，而是与储存营养的可利用性成比例，因此与前一年的生长成正比。初步研究表明，早期叶面肥（如氮）或生长调节剂（如油菜素类固醇）的应用可能会改善短枝叶片尺寸（Ayala，2016，私信）。所有的叶片张开都在萌芽后的 3～4 周内完成，即在当季通过根系获得碳和氮变得显著之前。这类叶片是枝龄较大枝条上远端果实生长的关键碳水化合物补充，以及枝条末端或侧枝延伸生长的来源（Ayala 和 Lang，2008；Correa，2008）。这部分叶面积与接近其基部的一部分果实距离很短，是导致这些果实通常是冠层中单个最大、质量最高的原因之一。在整个生长季节期间，每个非结果短枝的叶腋原始分生组织可以保持未分化状态或在下一季开始分化为花芽。

结果短枝叶片：在 2 年及以上枝龄枝条上出现的叶片；并非所有这些枝龄较老的部分都可以结果。如果一个短枝在前一季没有分化的腋生分生组织，它将再次成为一个非结果短枝。能结果的短枝比例受砧木（更多是早果性砧木；Maguylo 等，2004）、枝条角度（水平比垂直枝条更多）和生长速度（更多的是在生长势弱而非强的枝条)以及受光状况(在冠层内部较少)等影响。每个短枝通常有6～9片叶。2年生及以上的短枝叶片与非结果短枝的叶片尺寸变化相似，从小的(不大于20 cm^2)到中等大的(75～90 cm^2)。能结果的短枝上的叶片比非结果短枝叶片略小。结果和非结果短枝叶片的快速张开提供了从储藏养分转换为从当季获取养分的过渡期间以及碳水化合物的主要来源(Roper 和 Loescher，1987；Ayala 等 2014；Ayala 和 Lang，2015)，与当季从根系吸收获取氮的蒸腾驱动力一样(Ayala 等，2014)。

由于每个短枝的芽数量以及每个2年龄及以上枝龄的结果短枝通常超过1年生枝条上基部花芽数量，因此在大多数樱桃树冠层中短果枝上的果实占比更高。将樱桃树体结构分为不同叶片类群和果实类群有助于冠层动态建模(Lang 等，2004；Lang，2009)以及整形，修剪和负载量调控决策对其相关类群的潜在影响，本章将在稍后部分对此进行描述。

12.2.2 季节性生长和果实发育时间表

了解各种樱桃组织间生长资源的时间、获取和分配来优化果园管理，对获得理想的产量和品质是非常有价值的。正如第2章所述，酸樱桃和甜樱桃花芽诱导开始的时间比这些芽最终产生成熟的果实早1年多。在大约15个月的时间内，甜樱桃主要的生殖、营养发育和生理过程在图12.3中进行了概括。在果实收获前的1年中，诱导产生了花芽，然后每个芽中花器官依次分化。当季光合产物的供给和接受至少中等水平的光照是获得强壮花芽的必备条件。遮阴严重的短枝可能会引起叶片过早脱落，诱导形成的花芽流产，顶端营养分生组织可能会死亡，导致该节位形成盲节。在萌芽期间接受良好光照的能结果的节点在夏季结束时会叶片多，遮光严重，而此时正是原始的花器官和原始短枝叶片形成时期，它们第2年形成花器官和叶片。甜樱桃具有顶生生长习性，通常表现为强旺的新梢生长和潜在的大型枝叶，在树冠内引起显著的内部遮阴，这可以通过果园管理进行缓解或加强。在花芽位置良好的情况下，在秋季叶片衰老之前就会受到抑制，并且在冬季之前就会进入休眠状态。在此期间，与其他储存组织一样，如枝条、树干和根(Zavalloni，2004；Azarenko 等，2008)，氮和碳的储存在短枝中增加了50%或更多(Ou-zounis 和 Lang，2011；Thielemann 等，2014)。

伴随着膨芽期的开始，用于生长的贮藏物质重新移动(Grassi 等，2002；Ouzounis 和 Lang，2011)。重新移动的氮主要以谷氨酰胺运输，并且在萌芽后

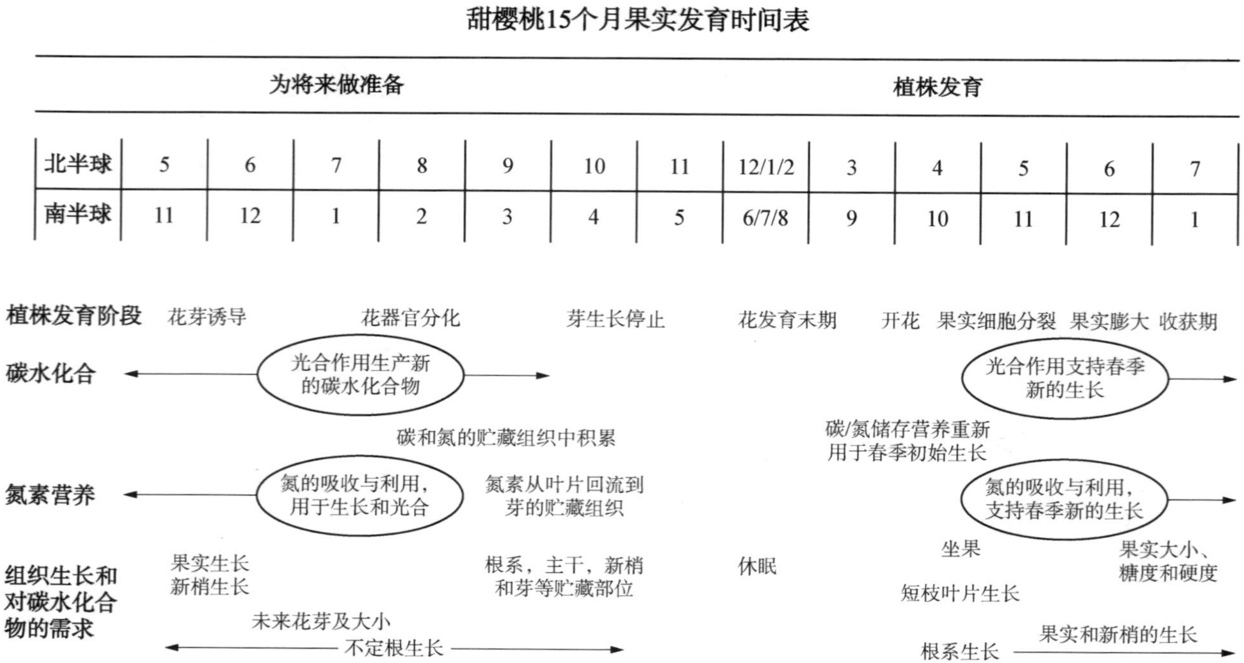

图 12.3 甜樱桃种植和生长的发育时间表，从花芽诱导到果实采收(Lang, 2005)

约3周内为主要形态，与此同时，以天冬酰胺形态运输的当季根系的氮吸收刚刚开始(Grassi 等，2003)。紧接着开花、受精和坐果(见第2章)，果实生长的双S形曲线(Choi 等，2002)与新梢生长的S形曲线同时发生。无论果实采收日期的差异如何，大多数品种的第一阶段发育生长的持续时间都相对相似(Choi 等，2002；Gibeaut 等，2016)。据报道，成熟期的品种间差异与果实生长发育第二阶段的持续时间差异(Choi 等，2002)或者第三阶段果实生长的第二次指数增长有关(Gibeaut 等，2017)。甜樱桃的果实发育期(中熟品种从开花到果实成熟平均55～70天)是温带果树中成熟最早的种类之一，通常比杏、桃、李、梨和苹果成熟早。这可能也是限制樱桃产量的一个因素，其产量明显低于苹果等具有较长果实发育期的种类，后者也因此获得更多光合产物用于较长时间的果实生长。

初始新梢生长(由预先形成的节点和第一个新形成的节点组成)呈指数状生长，接着是呈现线性连续延伸(新形成节点)，然后是节间形成递减。顶芽形成的完成通常与果实成熟和收获的最后阶段相一致。在生长势弱的砧木或土壤中，芽的形成可能更早发生，并且在树势强旺的砧木或立地条件下，果实采收后仍可能形成，或者在夏末形成完好芽后甚至可能发生第二次生长。当果实成熟时，任何樱桃品种在收获后都不会出现额外的显著新梢生长(见图12.3)。在果实和新梢生长期间修剪后从剪口下方的最上端的1～2个节位反复抽生新梢。根据树势，果实采收后修剪可能会刺激少量的二次生长，但在夏季后期(分别在北半球或南半球的8月或2月)，修剪一般不会刺激芽进行再生。此时，光合产物主要用于支持径向生长，然后是促进光合产物向储存组织转运，而不是用于新梢、根或形成层分生组织生长。采收后叶面喷施尿素通常被分配到储存组织中，例如结果枝(Thielemann 等，2014)。虽然在果实生长期间诱导了花芽，但只有在果实和枝条生长停止后，花器官通常才开始分化(Guimond 等，1998a)。

樱桃果实发育期短且与同期新梢生长重叠，先花后叶的发育现实对于优化果实品质的管理策略具有重要的影响。春季的再生储存营养(见图12.3)是坐果和果实早期发育的生长物质来源的重要部分，也是促进短枝叶片生长和新梢初期延伸生长和叶片发育的唯一营养来源。由于短枝叶片的大小直接受储存营养的影响(Ou-zounis 和 Lang，2011)，因此采后叶片的健康状况对树体储存营养十分关键，其直接影响到翌年春季叶面积。短枝叶片的光合作用支持果实和新梢的早期生长，这将在12.3节中详细讨论。

12.3 冠层光合作用和碳水化合物分配

在果树中，光合产物的可利用性和分配受到大量因素的影响，包括如下几个方面：冠层叶面积、树体结构和光截获能力；来自光合作用和储存营养的碳供应；负载量和器官发育；呼吸和环境条件；砧木；各种栽培操作（McCamant，1988；Keller和Loescher，1989；Flore和Layne，1999）。樱桃树是多个独立的碳源和库器官的集合体，碳在源和库之间的移动是源供给能力、库强和源库间距离的函数（DeJong和Gross-man，1995）。作为同化物的净进口者，库器官的竞争力随着生长而变化（Ho1988；Flore和Layne，1999）。对于嫁接在传统乔化砧木上的樱桃树的碳分配研究为果园管理提供了关于修剪和平衡负载量和叶面积的见解（McCamant，1988；Keller和Loescher，1989；Flore和Layne，1999）。然而，20世纪90年代具有早果性，能控制树势的砧木的出现改变了樱桃源和库之间的时间和比例发展关系，减少了地上部木质树体结构，具有较小的根系和早期结果阶段更高的收获指数。在甜樱桃矮化砧木采用的第一个10年进程中，树体较小却产量较高通常引起库需求超过光合产物供给的能力，从而导致果实品质下降，并且在种植后5年内树体就表现出生长迟缓（Lang，2001a；Whiting等，2005；Correa，2008；Ayala和Andrade，2009）。

早期甜樱桃的矮化栽培实践导致许多种植者认为矮化砧木不仅限制树体大小，还限制果实大小。因此，在21世纪初这20年中，甜樱桃生理学研究中最重要的一个领域是研究营养和生殖库间碳分配的关系。嫁接在早果性砧木上的甜樱桃源和库器官相互作用如下：①在冠层发育的早年阶段增加负载量会导致新梢延长生长的早期终止，降低叶面积，从而减少为翌年春季生长准备的碳储存营养；②提前终止新梢生长可导致更多花芽的形成，从而进一步加剧来年潜在负载量的增加；③为翌年春季准备的碳储存营养的可利用性降低会导致产生较小短枝叶片，降低春季早期树叶面积，不利于新梢和果实生长；④由于碳源不成比例的减少和发育中果实间的竞争加剧，因而果实不能实现最大的遗传生长潜力。甜樱桃树源-库关系的其他考虑因素还包括如下几个方面：①整个生产季节中生殖器官和营养器官库强的时空变化；②碳水化合物转运方向的时间变化；③源叶与库之间的距离；④砧木生长势介导的果实和营养生长之间库动态变化（Kappes和Flore，1986，1989；Kappel，1991；Flore和Layne，1999；Ayala，2004；Correa，2008；Mora，2008；Ayala和Andrade，2009年）。

12.3.1 冠层和果实的光合作用

光合作用和碳水化合物在甜樱桃果实品质中起重要作用，因为20%～25%的果实干重是干物质，其中约90%是碳水化合物(Ayala, 2004)。光合作用的潜力受到各种环境和各种器官的库强的控制(Flore, 1994)。果实的存在和增加的营养生长与光合速率的增加有关(Flore 和 Lakso, 1989)，通过比较结果树和未结果树，研究了负载量对光合速率的影响。包括甜樱桃在内的几种植物上均发现在果实发育过程中光合速率增加(Gucci 等，1991)。由于光合作用的补偿机制，酸樱桃上部分脱叶也增加了光合速率(Layne 和 Flore, 1993)。然而，一些关于甜樱桃和酸樱桃的研究没有发现果实库对光合速率的影响(Sams 和 Flore, 1983; Flore 和 Layne, 1999)。Whiting 和 Lang(2001，2004b)使用全冠层透明罩估算了5年生结果甜樱桃树在"吉塞拉5号"上的光合作用，并发现当负载量变化时，对光合作用没有影响。

甜樱桃果实在发育的早期阶段具有光合作用，但它们对果实和树体营养生长的贡献很小。Ayala(2004)报道，暴露于$^{13}CO_2$的甜樱桃果实在不同发育阶段固定^{13}C的量不同(见表12.1)。在盛花后25天(DAFB;果实生长第一阶段)，果实固定^{13}C量最高。在盛花后44天(第二阶段)，果实继续固定^{13}C但数量较少。在酸樱桃中，果实大部分光合作用贡献了果实发育阶段 I、II 和 III 期间使用的碳水化合物，分别约为19%、30%和1.5%(Flore 和 Layne1999)。总体而言，70%固定的碳被掺入果实干物质中，而其余的则用于暗呼吸。

表12.1 在盛花后25、40、44、56和75天标记结果短枝叶片后立即(0小时)采取的甜樱桃果实中的总^{13}C含量

果实发育阶段	花后天数	总^{13}C含量/($\mu g\,^{13}C/gDW$)
I	25	188.3±64.8 a
II	40	69.3±12.5 b
III	44	98.0±17.6 b
	56	8.4±2.7 c
	75	11.6±3.7 c

资料来源：Ayala, 2004。

注：表中结果为平均值±标准误差(n=10)。后面跟着相同的小写字母表示没有显著差异($\alpha=0.05$)。

DW表示干重。

12.3.2 源库关系：储存营养、叶片和果实

储存营养的重要性

储存营养对于多年生果树的多个生命周期过程非常重要，包括冬季生存、新陈代谢、呼吸、防御以及营养和生殖周期。甜樱桃储存营养的主要成分是以淀粉和可溶性糖存在的碳水化合物（Loescher 等，1990）。在采收和顶芽形成后，库对碳水化合物的需求显著减少，库需求主要包括次生木质结构、根和花芽的生长。此时，光合同化物供应过剩，储存营养（主要是淀粉）积累并在叶片脱落时达到最大浓度（McCamant，1988；Keller 和 Loescher，1989）。

樱桃树的多年生结构可以作为储存器官（Loescher 等，1990）。碳储存主要集中在木质结构（即树枝和树干）、活射线和轴向薄壁细胞以及根中（Oliveira 和 Priestley，1988）。在甜樱桃中，与其他器官如主干和枝条相比，碳水化合物储备优先在根部积累（Keller 和 Loescher，1989；Loescher 等，1990；Grassi 等，2003）。Ayala 和 Lang（2015）在秋季使用^{13}C示踪法，发现“雷吉纳/吉塞拉 6 号”树体中主干较老的木材、枝条和粗根中储存了较高浓度的^{13}C。在树体韧皮部、芽和延长枝中也检测到了^{13}C。

由于甜樱桃通常在叶片完全张开前开花，因此在春季的萌芽期和早期生长期间，果实、短枝叶片和延长枝相互竞争碳储存营养（Loescher 等，1990；Kappel，1991；Ayala 和 Lang，2015）。Keller 和 Loescher（1989）证明甜樱桃根、木材和树皮中的碳水化合物在盛花期间迅速下降。Ayala 和 Lang（2015）在结果和未结果的短果枝芽体以及根中发现了最高水平的^{13}C（^{13}C在前一年固定在树体中）。在萌芽后，^{13}C的 3%～11%被转移到新的器官（花、短枝叶片和发育中的果实），一直到盛花后 14 天为止。在果实发育第一阶段中期至晚期（盛花后 21 天），来自储存物质的^{13}C含量在生长器官中不再有明显改变。在萌芽的几周内，叶片成为净碳输出器官并提供同化物给发育中的果实和新梢生长（Roper 和 Loescher，1987；Ayala 和 Lang，2008）。

叶面积和碳转运模式的重要性

结果短枝、未结果短枝和延长枝叶的总数（数量和大小）和质量（接受太阳辐射和光合能力）对甜樱桃果实品质有着直接影响，因为叶面积构成了第二和第三阶段果实生长的主要碳源（Ayala，2004）。每个叶片类群为果实和枝条发育提供碳水化合物。由于叶片尺寸大小各异，因此叶片接收到的太阳辐射会随着冠层结构和其在冠层内的位置而不同。树势越强的树体似乎更容易发育出阴生叶

片，表现为叶片较大，较薄，并且在树冠内方位更加水平。

在20世纪90年代后期，为响应樱桃种植者对吉塞拉砧木上容易出现果实不大的担忧，G. A. Lang和M. Whiting（未发表）验证了这样的假设：矮化砧木不会限制果实大小，而甜樱桃叶果比会限制果实大小。将嫁接在“吉塞拉5号”砧木上的“宾库”幼树进行疏芽试验处理，短枝上的芽疏至1个、2～3个和不疏（对照）。在收获时，对照树上超过一半（53%）樱桃果实被认为对于鲜食市场而言太小，这与当时许多种植者的典型结果一样。然而，通过改变叶果比，将每个短果枝的花芽疏减到3个、2个或1个，不适合销售的小果比例则分别减少到仅占全部果实的37%、21%和17%，以及不同比例增加了果实可溶性固形物含量。从那时起，许多研究和种植者的经验证明，通过适当的管理措施，确实可以在小树上生产大果型果实（Whiting和Lang，2004a，b；Whiting等，2005；Ayala和Lang，2008；Correa，2008；Ayala和Andrade，2009）。Whiting和Lang(2004b)提出了一种对矮化砧木上甜樱桃树的地上部器官对叶面积不足的发育敏感性的层次结构（从最敏感到最不敏感）：树干＞果实可溶性固形物（第三阶段）＞果实生长（第三阶段）＞叶面积/短枝＞枝条伸长＞果实生长（第一和第二阶段）＞叶面积/枝。换句话说，当果实发育期间叶面积（或其他光合因素，如每日太阳辐射）受到限制时，树干生长将首先下降。果实可溶性固形物将在果实大小之前受到影响，果实大小会在枝条长度之前减少，并且短枝叶面积将在枝条叶面积之前受到影响。Olmstead等(2007)报道甜樱桃中果皮细胞数量在遗传上是稳定的，因此细胞大小是决定果实大小的主要因素，这与上面提出的层次结构一致，即有限的叶果比对第三阶段果实生长（细胞膨大）的影响大于第一阶段（细胞分裂）生长的影响。

Ayala(2004)用^{13}C示踪技术研究了三个类群的叶片从坐果到果实成熟同化物分配到果实的动态差异，结果发现短果枝叶片提供最高比例（果实发育第三阶段中期，57%～79%）且来源一致的^{13}C给果实发育（见表12.2）。未结果的枝条和延长枝叶片的贡献在更大程度上随着果实和枝条生长的阶段而变化。在快速细胞膨大和干物质积累期间，与主要趋势不同的是在第三阶段中期（56 DAFB），所有叶片类群的^{13}C-光合产物转运到果实中的比例明显高于其他任何库。此时所有种类叶片中^{13}C含量最低，表明同化固定的^{13}C的快速运出用以满足果实库的强烈需求。Roper等(1987，1988)同样发现在果实生长最活跃的阶段，甜樱桃叶片中的碳水化合物水平降低。

表 12.2　$^{13}CO_2$ 标记结果短枝、非结果短枝或延长枝叶片后 48 h，甜樱桃“乌斯特/吉塞拉 6 号”2 年生枝上的器官间的相对 ^{13}C 分配。平均百分比计算基于每个 $^{13}CO_2$ 脉冲标记源和日期（盛花后 25、40、44、56 和 75 天的每个器官 ^{13}C 绝对回收量）($n=7$)

标记叶片类群	取样器官	盛花后不同时期(DAFB)源叶片类群标记后48小时各器官中 ^{13}C 分布(%)				
		25	40	44	56	75
短果枝叶片(FS)	果实	63.2①	59.9①	58.9①	79.1①	57.3①
	短果枝叶片	32.5①	30.5①	34.1①	17.9①	36.4①
	未结果短果枝叶片	<1	<1	<1	<1	<1
	延长枝叶片	<1	<1	<1	<1	<1
	短果枝木质	3.0	8.8	7.0	2.6	5.4
	未结果短果枝木质	<1	<1	<1	<1	<1
	延长枝木质	<1	<1	<1	<1	<1
未结果短果枝叶片(NFS)	果实	45.8	31.7	31.3	70.9	32.7
	短果枝叶片	<1	<1	<1	<1	<1
	未结果短果枝叶片	41.2①	42.7①	46.1①	19.9①	49.3①
	延长枝叶片	<1	<1	<1	<1	<1
	短果枝木质	18.4	16.9	14.5	5.1	12.1
	未结果短果枝木质	4.2	7.8	7.6	3.3	5.0
	延长枝木质	<1	<1	<1	<1	<1
延长枝叶片(ES)	果实	27.2	22.3	17.5	59.2	28.3
	短果枝叶片	<1	<1	<1	<1	<1
	未结果短果枝叶片	<1	<1	<1	<1	<1
	延长枝叶片	50.4①	46.3①	59.8①	28.1①	45.0①
	短果枝木质	8.8	10.1	4.8	5.0	10.7
	未结果短果枝木质	8.1	15.7	9.1	3.7	10.0
	延长枝木质	4.9	5.5	8.7	3.1	5.8

资料来源：Ayala，2004。
注：① 器官直接被 ^{13}C 标记。

当用 $^{13}CO_2$ 标记未结果的枝条或延长枝叶片时，偏中下部的木质部分 ^{13}C 高度富集（Ayala，2004）。虽然光合叶片在延长枝上支持顶端延伸生长，但 ^{13}C 基本上被转移到中下部枝条的结果和未结果部分，发现 ^{13}C 在果实中的比例最高，在果实发育第三阶段早期约为 18%，到中期则达到 59%（见表 12.2）。可能是为了活跃的枝条生长，大量留在延长枝中 ^{13}C 发生在第三阶段早期。未结果的短枝叶片 ^{13}C 也主要转运到果实，在第三阶段中期比例从 31%到 71%不等。在以半乔化砧木“吉塞拉 6 号”上的“乌斯特”和半矮化砧木“吉塞拉 5 号”上的“山姆”均是这种^{13}C分配模式。在后者实验中，在果实发育第三阶段，处在短枝果实位置的非结果短枝叶片的碳分配受到负载量影响。在较高的叶果比(即低负载量)下，在结果短枝中^{13}C向果实中转运相对均匀；然而，在较低的叶果比(即高负载量)下，转移到基部果实中的^{13}C较少，更多出现在上部结果短枝的果实中，它们最靠近非结果短枝的叶片。甜樱桃生殖库和营养库间^{13}C的定向运输也会受到冬季修剪(Mora，2008)和疏除短枝(Correa，2008)的影响(见图12.4)。据报道，不同叶片类群的单向和双向碳转运在酸樱桃上也有报道(Kappes和Flore，1986；Tol-dam-Andersen，1998)。基于^{13}C回收率计算，一些^{13}C还被输出至处理枝条之外或用于呼吸；Loescher等(1986)估计甜樱桃果实生长需求的总碳水化合物的16%～23%用于呼吸。

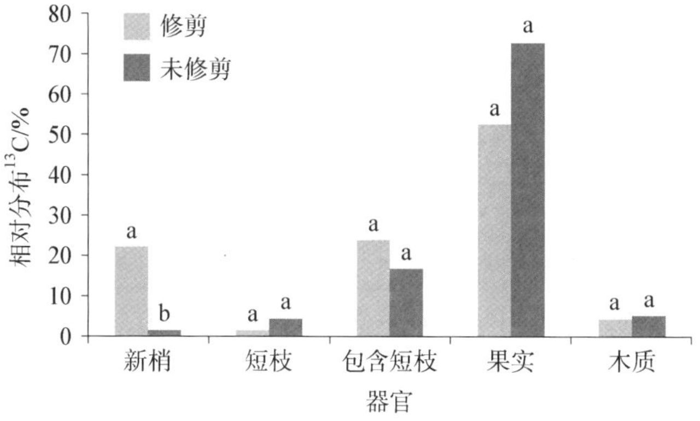

图12.4　修剪对甜樱桃各器官中^{13}C的相对分布的影响

注：a、b指统计差异显著与否，相同字母表示无差异。

作为库的果实

在樱桃果实干重积累的双S形曲线期间(Ayala，2004)，50%～80%的果实生长发生在第三阶段(Flore，1994)，90%的干重积累来自碳水化合物(Flore，1985；Whiting等，2005)。相对于许多其他温带果树的果实，甜樱桃果实发育期短(60～70天)并且与新梢生长期重叠，Roper等(1987)研究表明果实库需求强，且具有高度优先性。在甜樱桃果实生长(Ayala和Lang，2008)的不同时期，使用$^{13}CO_2$对不同源叶片类群(即结果短枝、未结果短枝和延长枝叶片)进行标记，对碳水化合物的竞争进行了研究，以及标记储存营养，研究它们在翌年春季对早期果实生长的贡献(Ayala和Lang，2015)。从芽开始膨大到盛花后2周，以及在整个叶片类群的研究期间，即从第一阶段中期细胞分裂到第三阶段结束，果实是对储存营养具有非常高的优先级的库。关于储存营养的转运，花和果实的库活力最强；然而，考虑到总干重，营养结构（短枝和延长枝）对储存营养具有最大的库强。

来自各个叶片类群的^{13}C同化产物在发育期间积累在果实中（见表 12.3）。结果短枝叶片是整个果实发育过程中碳的最大来源，尽管在果实生长最快的第三阶段中期（盛花后 56 天），未结果短枝提供了大量的碳源。坐果后不久，延长枝很快成为同化物净出口单元。在果实发育第一阶段库活力最高，尽管相对于叶片类群的最高果实库强出现在第三阶段中期；即使是延长枝也提供了大量的碳，表明在果实成熟后期到最末阶段保证果实最佳生长的碳不仅仅从短果枝叶片得到满足。

表 12.3 $^{13}CO_2$ 标记结果短枝、非结果短枝和延长枝叶片后 48 小时，甜樱桃“乌斯特/吉塞拉 6 号”2 年生枝上的果实中总^{13}C 含量。平均计算基于在每个脉冲标记日期（盛花后 25、40、44、56 和 75 天）（$n=7$）在果实中回收的^{13}C 的绝对量后跟相同的小写字母的平均值表示没有显著差异（$\alpha=0.05$）

盛花后天数	总^{13}C 含量/（$\mu g\ ^{13}C/g$）		
	短果枝叶片	未结果短果枝叶片	延长枝叶片
25	13.253a	10.977b	2.622c
40	10.422a	6.274b	3.952c
44	12.506a	7.242b	3.476c
56	28.531a	24.450a	12.073c
75	14.685a	8.950b	7.916b

资料来源：Ayala 和 Lang，2008。

作为库和源的新梢延长生长

在乔化砧木的甜樱桃树中，果实的存在减缓了新梢的延长生长，总体而言，新梢营养生长比果实的碳库更大（Kappel，1991）。在乔化砧木的酸樱桃上，延长生长的枝条成为碳水化合物净输出器官，在叶片出现后约 17 天最大输出 27%（Kappes 和 Flore，1989；Flore 和 Layne，1999）。甜樱桃树在矮化或半矮化砧木上的延长枝的生长为其自身生长以及其他库（如果实）提供了一个暂时变化的碳源（Ayala，2004；Ayala 和 Lang，2008；Correa，2008）。在 Ayala(2004) 对“乌斯特/吉塞拉 6 号”研究表明，当仅有 10 片叶子形成的时候，延长生长的枝条开始成为当季早期果实发育的碳来源（盛花后 25 天；表 12.2）。在果实发育第三阶段早期，新梢快速延长生长并发育新的叶片，此时从该类枝条叶片中检测到^{13}C输出物含量最低。然而，到第三阶段中期，果实快速积累干物质和枝条顶端生长速率下降（新梢长度达到30 cm和20张叶片）时，新梢叶片固定的大部分（59%）的碳供给果实生长发育。这些结果与Roper等(1987)在乔化“宾库/马扎德”以及Correa(2008)在半乔化“宾库/吉塞拉6号”樱桃树上的观察结果一致，在果实发育生长第三阶段，当短果枝叶片光合产物不能满足果实需求时，新梢叶片给果实提供一部分碳源。正如本章后面将要看到的，这对于超级纺锤形(super slender axe, SSA)和其他大多依赖新梢叶片进行果实生长的整形栽培系统尤为重要。

新梢延长生长和果实之间的强劲和动态的竞争是高负载量问题的关键，这可能导致一系列负面效果，例如当季新梢生长降低，产量和果实品质下降，同时在翌年短果枝叶面积减小(Whiting和Lang, 2004b; Correa, 2008; Villasante等,2012)。由于短枝叶面积通常不足以支持短枝负载量下的高品质果实发育，因此最佳的果实生长通常需要新梢叶面积来补充。当叶果比没有得到优化时（即不减少负载量或通过修剪未增加额外的新梢叶面积），不仅当季的果实大小和品质达不到最佳，而且新梢生长和叶面积将减少，为翌年准备的花芽形成将趋向于增加。这将在接下来的几年中造成更多的导致叶果比不平衡的条件，树体逐渐衰弱。砧木越矮化不平衡的发生越快或越严重(Correa, 2008; Mora, 2008; Villasante等,2012)。当非常年幼的树体结果过多，导致延长枝生长减少时，将会很难刺激足够的新梢生长恢复树势。一旦树势完全丧失，这种树体将很难生产出高产和优质的果品。

源和库的限制

储存营养和来自不同叶片类群的光合产物为库器官的生长和维持提供碳源(Farrar和Williams, 1991; Grossman和DeJong, 1995; Flore和Layne, 1999; Basile等,2002)。正如Whiting和Lang(2004b)所述，同化产物在不同库器官和不同生长发育阶段分配各不相同。由于有限的碳可用性（“来源限制”）或器官利用同化物的固有能力（“库限制”），库的生长和发育会受到限制(Basile等, 2002)。Lang(2001a)提出，由于甜樱桃碳水化合物储量对于最终的花芽分化、开花和坐果至关重要，因此应当加强采后管理，促进和优化树体营养物质储存。从芽膨胀到开花后不久，细胞在幼叶和果实中快速分裂，影响最终的果实大小和短枝叶面积。前面已经描述了碳源限制对果实品质和营养生长的不利影响(Whiting, 2001; Ayala和Lang, 2004, 2008; Whiting和Ophardt, 2005;

Correa，2008）。在大多数甜樱桃品种中，生殖和营养生长在果实发育过程中同时发生（Roper 等，1988；Ayala，2004）。因此，这将造成地上部各种库（花，果实，短枝叶片和新梢延长）之间对于碳的竞争，它们由储存营养和各种叶片类群提供。

源和库调节

通过增加或降低库强（如负载量对碳的需求）或源强（例如叶面积能提供的碳），可以在甜樱桃中调整源库比率。源库关系的实验性操作对于开发关于接穗、砧木、环境组合的最佳叶果比信息是有用的，因为接穗和砧木的早果性、生产力、长势和生长习性不同，而果园环境变化差异大，主要表现在日常太阳辐射、蒸散、大气压亏缺、冷量和热量的积累以及土壤类型。例如，在华盛顿东部的樱桃种植区（如普罗塞的 24.7 MJ/d）与密歇根州西部的樱桃种植区（如克拉克斯维尔的 18.2 MJ/d）相比，果实发育期间（主要是北半球的 5 月和 6 月）的每日太阳辐射高出 35%。这是确保樱桃营养生长、果实产量和品质之间达到平衡的一个关键因素（Whiting，2001；Ayala，2004；Correa，2008；Ayala 和 Andrade，2009）。太阳能较低的地区可能需要较低的负载量（较高的叶果比）以实现相匹配的果实品质和新梢生长，或单位面积更大的光截获以实现相匹配的果实产量。由于入射光较弱，树冠内部的叶片光合作用减少，因此可能需要更好地接受光线的冠层结构（更窄或更开放的冠层）以实现功能上最适的叶果比。

在成年甜樱桃树中，短枝在新梢形成后的第三年就能结果，并且如果光照充足有利于花芽的形成，则可以保持多年结果，尽管随着短枝的老化，果实品质趋于下降。嫁接在早果性的矮化砧木上樱桃树可以在冠层发育的第三年开始显著结果，结果短枝的数量迅速增加，如果不对树体管理进行干预，则叶果比会相应快速下降（Lang，2001a，b）。需要通过源库调节来优化果实品质，如选择性（或精准）修剪以减少未来的短枝数量和增加新梢叶面积（Lang，2001a，2005；Mora，2008）、疏除短枝（Correa，2008；Ayala 和 Andrade，2010）或者疏花疏果（Whiting 和 Ophardt，2005；Whiting 等，2006）。

Whiting（2001）指出，为达到最佳的果实大小和品质，典型的平衡性良好的甜樱桃冠层应当保持叶果比为 5.5。然而，甜樱桃叶的大小变化幅度很大，一般为 30～150 cm^2。目前高价值鲜食甜樱桃的标准要求果实大小为 10～12 g，相对应的最适源库比例的叶面积为 200 cm^2/果实（Whiting，2001）。这相当于 2～3 张新梢叶平均叶面积或者几乎整个短枝的平均叶数。这是酸樱桃上每果实建议的叶片数的 2～3 倍（Flore 和 Lakso，1989），它们的果实大小是甜樱桃大小的

40%～50%。因此,源库比率可以通过减少果实数量或增加叶片数量来直接调节,也可以间接通过营养来控制(Ouzounis 和 Lang, 2011)或使用生长调节剂(Ayala, 2016,私信)增加叶片大小,或加强在整个生产季节害虫管理保持叶片健康,优化用于翌年早春短枝叶片生长的储存营养(Ayala 和 Lang, 2015)。

在各种源-库调节策略中,精准修剪是一种相对便宜,快速且有效的方法以调节负载量和改变碳的分配的办法(Lang, 2001b; Villasante 等,2012)。然而,结果必须将上面提到的接穗、砧木和地点等因素进行综合考虑才能实现精准修剪。疏剪可以去掉生殖分生组织和改善冠层的光线分布,从而改善源库关系,最终提高果实品质。对前年延长枝的选择性摘心或短截可以去掉那些倾向于未来形成更密集结果短枝的枝条(随着末端生长下降,节间变短)。这具有减少未来库需求的效果,同时刺激一个或多个侧向延长枝的形成,从而增加当季源叶面积。不太有效的是使用选择性短截回缩枝龄较大的枝条,能直接去除当前结果的短枝以减少库需求并刺激新的延长枝生长以增加源叶面积,但是同时也去除了去年形成的枝条,它们将提供未结果短枝叶面积,这是一个重要的碳源(Ayala 和 Lang, 2008)。结构性更新修剪(周期性去除较老的结果枝结构)改善了冠层内的光分布,并通过刺激新叶面积的形成,去掉老的结果短枝和形成新的结果位点,重新设定了源-库关系。休眠期修剪也倾向于增加春季的短枝叶片大小(Villasante 等,2012),因为用于提供给叶片膨大生长的储存营养对应着更少的短枝和新梢。

虽然疏除短枝(Claverie 和 Lauri, 2005; Whiting 和 Ophardt, 2005; Neilsen 等,2007)和手工疏花疏果(Whiting 和 Ophardt, 2005; Lenahan 和 Whiting, 2006b)是有效的调节手段,但它们需要大量的劳动力,常用来作为对那些产量较高的品种进行精准修剪的补充。源库调节的挑战仅仅以疏除短枝为例,主要包括如下内容:①当选择性地降低负载量时,除去短枝也会去掉叶面积,因为短枝的营养芽也被去掉了;②消除主枝上的生长点会产生类似"盲节点"的情况;③使用疏除短枝代替额外的修剪不会促进新的延长枝形成和增加相应的源叶面积(Correa, 2008; Ayala 和 Andrade, 2009)。Whiting 和 Ophardt (2005)发现,虽然疏除 50%的短枝比疏花 50%减产效果明显,即使产量减少,但没有相应地增加果实大小,这可能是由于疏除短枝降低了短枝叶面积。与疏除短枝一样,机械疏花可以有效地减少库需求,然而通常也会不加选择地去除植物分生组织(源叶面积)。与疏除短枝和机械疏花相比,手工疏花疏果虽然劳动强度极高,但只选择性地去除生殖库,提高叶果比而不减少结果短枝或未结果短枝的叶面积。与其他果树一样，虽然越早疏花疏果，源库比的改善越快，对果实品质的积极影响越大，但是种植者在决定采取疏除措施时，必须考虑花后霜冻等气候风险。

12.4 冠层管理

冠层确立、树体整形和年间修剪（包括夏季修剪和冬季修剪）是提高光截获和分配的均匀性、更新结果枝结构以及调整叶果比的主要果树管理手段。有效的冠层管理开始于为樱桃园设计特殊冠层结构和整形模式，采用合适的砧木和株行距，以快速填补果园中为每棵树预留的三维空间，然后将生长资源的分配转向促进果实生产而不是进一步的树体结构发育。这种策略强调对果实和叶片类群的理解，它们最终组成成熟的果园，伴随着分配果园空间的冠层配置，最终发展出相应的树体结构带来最大数量的结果部位。在空间被填满之前达到高产可能显著降低树体生长从而导致不能填满空间。而在空间被填满之前未到达高产则有可能造成营养生长过度和遮阴，以及潜在结果位置的衰老，或者需要补充修剪以防止过度遮阴，它们容易以持续的花芽形成延迟为代价，促进营养生长。

12.4.1 树体结构确立

大多数现代樱桃树的整形系统聚焦于如何简化树体结构的建立和维护。然而，有两种关于冠层结构有效性的观点：①最小，需要的整形技术劳动效率最高；②集约，精准整形技术，最初需要较多劳动力，但是产生更均匀一致的树体结构，其维护效率高或者未来能实现潜在的半机械化作业。建立一个适合的树体结构的首要因素是是否栽植没有或带有几个或多个侧枝的苗木。比较典型的是，在欧洲有一种分枝良好短截的树苗（2 年生）可以从种苗商购入，但是在北美和南美洲，单干或略有分枝（1 年生）的种苗更为常见。当整形系统要求单个领导干具有许多侧枝时，具有多个分枝的苗木可以加速填充空间和早果性生产。苗圃中的苗木上侧枝是侧生新梢，不会形成基部花芽，其通常发生在主要侧枝上；然而，与主侧枝上一样，侧生分枝上的节点可能在 2 年内形成花芽。使用多分枝的苗木进行有效树体构建关键是有多少一致且分布均匀的侧生枝条；保留的那些侧枝提供了重要的未来结果结构，而那些生长势过旺，太弱或处在不当位置的枝条基本上没有价值，必须移除或在基部营养芽位置进行短截促发新枝。

当樱桃单干苗木种植好后，需要 3～5 个强侧枝形成结构支架（如开心形冠层）时，最快捷的方法就是在位于期望出现侧枝的高度进行短截。这也是建立多个领导干的丛枝形树体结构使用的技术，在生长季节，可通过二次短截增加一倍直立枝。当需要在中心领导干产生多个侧枝时，在春季的萌芽阶段应用生长调节剂，例如赤霉素和细胞分裂素的混合物，可以促进良好的侧枝形成(Looney，1996)。然而，生长调节剂的成功应用有一定的局限性，在春季温度较低或较老的枝干上通常表现出较差的活性。促进主干增加侧枝的非化学方法包括在单个芽体上方进行刻芽[图 12.5(a)]或保留特定的芽(约 15%～20%)和疏除其他芽(80%～85%)[见图 12.5(b)]，经常称为抹芽或疏芽(Lang，2005；Long 等，2015)。这些技术还可用于在类似平面直立篱架整形系统，例如篱壁式(upright fruiting offshoots，UFO)系统(Long 等，2015；Law 和 Lang，2016)。在积温不足、冬季和早春易出现严重霜冻伤芽的地方均不适宜使用疏芽方法。

(a)

(b)

图 12.5 促进甜樱桃发枝的方法(见彩图 7)

(a)通过刻芽形成的甜樱桃侧枝(在每个侧枝的基部没有短枝簇，这是在早果性砧木幼树的典型特征)；(b)在不使用刻芽或生长调节剂的情况下，通过抹芽以促进侧枝形成[Musacchi (a)和 Lang(b)提供]。

最近的种苗培育的创新如下：①盆栽树，移植时成活率较高，并在第一年表现出较强旺的长势；②双头(双轴)树，通过双芽嫁接在砧木上或早期短截促发 2 个新枝，这主要为需要两个领导干的特殊整形系统进行的育苗(Musacchi 等，2015)。对于双芽接技术，两个接穗芽通常嫁接在砧木上的相对位置上，表面上是为了促进相同的生长，然而当一个生长点位于另一个上方时，这种均衡生长就不太常见。虽然盆栽的树苗价格较高，但其优点是具有完整和强壮的根系。只要灌溉和叶片保护措施及时，它们对于在春季晚些时候建园或进行现有果园缺株的补栽就特别有用。

栽植后紧接着初步整形以促进分枝，因此，早期整形技术更有效，例如使用衣夹调整侧枝角度，摘心或将强旺新梢拉枝以减缓生长，以及将直立或水平枝条固定以进行精确定位。夏季修剪时间和程度可以调控枝条二次生长和花芽形成(Guimond 等，1998b)。Flore 等(1996)和 Long 等(2015)对这些和老树的修剪操作进行了详细探讨，如扇形二次修剪。

12.4.2 结构维护

甜樱桃生长势受到接穗和砧木组合、土壤类型和肥力、气候条件和管理投入(矿物营养、灌溉、修剪和整形系统，生长调节剂和植物保护)的影响。所有果园冠层结构的目标是保持营养生长和生殖生长潜力的一个平衡(Lang, 2005)。甜樱桃叶果比的不平衡导致树势下降的原因有很多：①负载量调节不充分；②修剪时间和强度不合适(如夏季修剪过度，特别是在矮化砧木上)；③灌溉不充分，难以维持日常膨压和光合作用(特别是矮化砧木上的树体，因其根系较小)；④矿物质营养缺乏，尤其是氮；⑤过度弯曲分枝或修剪量过小，形成过多的结果短枝；⑥生长调节剂不当使用减少了季节性营养生长(如多效唑)；⑦不利的天气条件，如高温，相对湿度低、太阳辐射高。

生长过旺导致的叶果比不平衡可能是由以下因素引起的：①由于春季霜冻使花芽、花和幼果死亡，降低生殖库的库强；②对于果园空间或整形系统而言，砧木和接穗组合生长过于旺盛；③修剪的时间和强度不合适(例如休眠期修剪过度，特别是在乔化砧木上)；④矿物质营养过量，尤其是氮。

生长势弱的甜樱桃树有较少短果枝(结果和未结果)，短枝叶片小(小于30～35 cm)，并且侧生和末端延长生长大大减少(长度为15～20 cm，10～12片中等大小叶片)，在春末或夏初以及收获前停长。树势弱的树体叶果比值低，没有足够的叶面积为春季和初夏的生殖和营养生长提供足够的光合产物，进而不能为夏末和秋季储存器官提供营养。因此，果实品质(即大小、果重、可溶性固形物、果实硬度)降低，并且果实易受机械损伤，采后货架期短(Facteau 和 Rowe, 1979; Zoffoli 等 2008)。在高光环境中，可能对树体结构(即树皮、形成层)甚至果实造成日灼伤害。对于早果性(特别是矮化)的砧木，要增强树势就是一个挑战，往往需要多种管理方式并进，如增加矿物质营养、定期灌溉、加大休眠期修剪和显著降低负载量。任何单一措施都不可能充分提高树势，因为新梢生长-负载量-叶面积-养分可用性周期相互关联且非常紧密。对于树势弱的树体，应该在冬季或早春进行修剪以便在减少大量生长点，实现储存物质向较少生长点供给分配，促使营养生长更加旺盛。短截回缩修剪能刺激新梢萌发且具有增加的叶片大小，疏剪去除较弱的新梢或枝条而不会刺激弱枝的替代物出现。修剪后（叶果比调整的第一阶段），进一步疏除芽、短果枝、花和果实可以减少过多的果实库需求并提高叶果比（Villasante 等，2012）。在结果短枝中，疏花芽或者疏花是提高果实品质的最有效方式。

相反，甜樱桃树势太强，会促进更多木质和新梢的形成，推迟结果。在叶果比高的强旺樱桃树上，只要叶片光照良好并且光合作用适宜，叶面积就不是果实生长发育的限制因素。然而，过度的营养生长往往会使叶幕过于茂盛产生遮阴，反过来降低产量，并增加修剪成本。生长势强的树体会在冠层上部形成强壮的侧枝和徒长枝（长度大于 1 m）；如果不通过疏剪或其他管理去掉，则冠层内结果枝以及短果枝和新梢叶片就会被遮住。例如，在主干型结构的甜樱桃树中，一些种植者不会疏除顶端的徒长枝，而是把它们水平弯曲促进形成花芽和结果侧枝。几年之后，那些形成的侧枝（最初 4～5 个）变成很强的结果枝，并在树顶部形成一个“重型伞状结构”。但是这种“伞”状结构是不受欢迎的，因为它会降低下部叶片的光截获，基部的结果短枝死亡，从而形成空枝。几年后，结果主要在冠层的外部，内膛和外部的果实成熟不一致。由于枝条基部空膛成为盲木，枝条的更新变得越来越难，中心干上很少有潜在的营养分生组织在修剪后重新萌发抽生新梢，冠层则容易过度遮阴。

以下几种现象可以作为鉴别果园树势是否过旺：树枝基部存在坏死的结果短枝，树冠内的水平位置有非常大而薄的叶片，夏季树冠内有衰老叶片。为了降低树势，夏季修剪（在顶芽形成后）使用疏剪减少冠层叶面积，这将有助于增强储存营养，而不会刺激新梢的强旺生长。翌年春天，唯一要做的修剪工作就是进行疏剪并注重改善光截获促进果实成熟的一致性。当这些步骤不足以控制树势时，虽然选择亏缺灌溉也没有效果（如在非干旱温带气候中），但春季的根系修剪可以显著减少枝条生长（Flore 等，1996），因为枝条可以向水平方向或者向下弯曲，以减少顶端优势并诱导短枝形成。类似地，在枝条活跃生长期间，使用生长抑制剂如多效唑（Looney，1996）或调环酸钙（Elfving 等，2003，2004，2005）可以暂时调控（取决于施用次数）生长，以及增加花芽密度和大小（Guak 等，2005；Manriquez 等，2005；Zhang 和 Whiting，2011b；Cares 等，2014）。

12.4.3 负载量管理

世界各地的种植者广泛使用选择性修剪或减少繁殖结构以调节甜樱桃负载量过量。因此，调控果实产量已成为高坐果率品种的主要劳动力投入，其目的是通过减少果实数量和对叶果比进行调节以在收获之前实现主要库和源之间的平衡。在大多数情况下，根据砧穗组合，加强冬季修剪，通过疏除短果枝、单芽、花和果实调整最终果实数量。用于调节负载量的策略取决于砧穗组合的生产力、树势、树龄、气候条件（霜冻风险）、劳动力供给、整形模式和市场目的地等。这些不是一成不变的，每年必须根据果园特点和条件，进行准确分析和计划。种植者必须整合一系列生产和生理概念，以便每个生产季节进行修剪和疏除决策。在决定负载量调节策略之前，种植者应考虑的最重要因素将在下面进行讨论。

接穗/砧木生产潜力

由于坐果率从低到高变化幅度大，取决于品种、砧木和气候之间的相互作用，因此每个果园需要特定的负载量调节策略。传统上，甜樱桃园是用低密度的乔化果树建立的，导致在树体完全填满果园空间前许多年内都是低产的（Flore等，1996）。然而，使用矮化的早果性砧木提高了坐果率低的品种（如“雷吉纳”“桑提娜”“奔腾”）的产量，因此需要更加密集的修剪和疏除策略。相比之下，高产或自花结实的品种（如“拉宾斯”“甜心”“皇家黎明”）经常被嫁接到树势强旺和不太容易早果的砧木上，促进适量的坐果和更平衡的负载量。例如，在恰当的整形模式中，在生长势偏旺的“考特”或“马扎德”砧木上种植高产的“甜心”可能只需要每年修剪一次，以实现产量和果实品质之间的良好平衡（Einhorn 等，2011）。

气候条件

甜樱桃生产受到多种气候条件的影响，如冬季低温积累，春季热量积累，花期霜冻和下雨，果实发育期间的冰雹，收获期的雨水和夏季高温。每个品种对冷量和热量都有特定的遗传要求，与因下雨导致的裂果和热诱导的双子果具有不同的敏感性一样（见第 7 章和第 8 章）。因此，果园选址对于保证品种适应性和盈利至关重要。

当种植者在次优生产区域开展甜樱桃生产时，会使负载量管理变得更加复杂。最近，对全球气候变化的预测可能对越来越多的酸樱桃和甜樱桃种植者造成影响（Zavalloni 等，2008；Measham 等，2014）。例如，如果在高产的砧木（如“吉塞拉 6 号”）上嫁接高需冷量（如“宾库”）的甜樱桃品种，则在温和的冬季（即低冷积温），特别是在暖冬（如厄尔尼诺气候事件），可能会减少和延迟开花，坐果率和产量较低。因此，除了考虑使用诸如单氰胺偶然或钙-氮肥料（CAN-17，Erger）等打破休眠的化学品之外，种植者必须采取改变修剪和疏除的时间和强度。当需冷量不足时，应该延迟修剪（如冬末或早春）并且降低强度（如每株树有400～500 个结果短枝），因此可能不需要疏除花芽或者疏花。

幼龄和成龄果园的负载量管理

在果园建立初期，负载量的调控还不是主要的管理问题，精准的修剪和整形则是重点。然而，对于早果性的砧木，在种植后第二年或第三年就可以开始大量结果（Lang，2000）。结果的早果性要求种植者在树体结构发育和负载量管理方面更加精确，因为定植当年的生长将为第二年提供结果位置（基部非短果枝花），为第三年提供更多的结果位置（结果短枝花）。因此，在第一年和第二年树体发育和培养上发生的错误需要后期修正，这将会降低早期的产量；同样，第二年和第三年负载量管理中的错误可能导致第四年及以后潜在的结果过多和果实品质下降（Lang，2001a）。Lang（2005）预测，如果不进行修剪干预，早果性砧木上的树体将在第四年减少约 25%的潜在结果部位，以达到发挥最适遗传潜力的果实大小和品质所需要的叶果比，如果树体继续放置不进行修剪，那么随后几年种植潜力的减少比例将最大增加到 45%。Law 和 Lang（2016）证明了定植当年的整形方案如何促进第二年的初次较高产量，以及第三年以牺牲第四、第五年较低产量的增加而获得的高产。将种苗上易形成结果短枝的节位除去，可以促进第一年结果位置更好地发育，在冠层发育完好的同时降低早期产量，但促进整个冠层的生长导致第四年前产量较高和前 5 年较高的累积产量。理解冠层形成过程中每年叶片和果实类群的发育进程，有利于预测未来结果潜力和保持适宜的叶果比（Lang，2005）。这对于矮化和半矮化砧木的树体尤为重要，一旦结果过量就容易抑制营养生长，树体就很难重新焕发活力。

一般来说，甜樱桃营养生长势与生殖能力之间存在反比关系（Flore 和 Layne，1999）。强旺的新梢生长通常抑制花芽诱导，反之则受到促进。因此，当树势过强时，花芽形成较少，可能发生营养生长过度，其中包括一些新的新梢节点，它们会形成与主要新梢伸长相伴的侧生芽。相反，当生长受阻时，花芽不仅可以在当季新梢生长的基部形成，而且几乎枝条的每个节点都可以形成，甚至在极端情况下一直到顶芽。在前一种情况下的树体产量很低，后一种情况下的树体果实品质差，为来年储存的营养物质少，很难实现生长和结果的平衡。

在早果性砧穗组合的高密度栽培园中，生产管理策略应在果园大量结果之前就开始执行，即至少从种植后第二年开始(Lang，2005)。结构性修剪应侧重于促进花芽的形成和延长枝伸长之间的平衡；这种平衡将根据整形模式而有所不同。初级冠层结构或骨架的选择，以及对1年生新梢的轻度摘心，通过有效的消除预期的结果能力对初期负载量进行调节。短截通常导致新的延长枝出现和生长，增加新梢叶面积，它们是果实生长第三阶段的重要碳来源(Ayala 和 Lang，2008)。通过对1年生新梢摘心调节负载量应当在短果枝显著结果的当年以前就开始执行，从而保持平衡的叶果比，为调节未来两年的负载量做出贡献。这对于有中心主干(Villa-sante 等，2012)和高纺锤(tall spindle axe，TSA)的(Long 等，2015)整形模式来缓和果实负载非常关键，同时促进侧枝的形成。1年生枝的短截或者摘心也避免了长枝的形成，在其上没有侧枝和过量短枝，从而避免樱桃树郁闭而保持最佳的叶果比。如果无法预料到的负载量过高，那么修剪2年龄枝条(如疏除多达50%的短枝)减少负载量可以在一定程度上改善果实大小，开花前至落瓣期进行修剪效果最佳(Gutzwiler 和 Lang，2001)。

这种高密度果园负载量调节策略基本与以前传统的生长势强的乔化砧("考特"和"马扎德")果树相反。由于短截通常延迟花芽诱导，促进新梢强势生长，因此乔化树在夏季顶芽形成后主要采取疏剪。产生的枝条通常采用拉枝至水平或者向下，降低生长势，促进结果短枝的形成。比较典型的是大多数侧枝被移除，因此只有结果短枝和未结果短枝在细长的枝上生长。这是邵莱科斯(Solaxe)整形模式的关键技术(Claverie 等，1997)。与这相似的是克格勃(KGB)(Green，2005)和篱壁式(UFO)整形促进长枝结果单元的形成，主要由短果枝组成，虽然它们垂直生长而不是弯曲或者拉枝成水平或水平向下。对于以上三种或其他类似的结果结构中的任何一种，主要结果短枝类群的形成导致果实对碳水化合物的需求仅由短枝叶片来提供。由于缺乏额外的侧枝叶，这有可能造成潜在的叶果比不平衡(Ayala 和 Lang，2008)，因此优化短枝叶片大小，减少短枝数量(疏除短枝)和疏花疏果对于优化叶果比获得良好的果实品质至关重要。

植物生长调节剂用于负载量管理

由于甜樱桃负载管理在早果性、高产和矮化的砧木出现之前通常不是一个问题，因此迄今为止对化学疏除剂的研究还不广泛。苹果常常使用一系列用于花和幼果的化学疏除剂调节负载量，甜樱桃种植者几乎没有选择。迄今为止大多数都利用化学物质的腐蚀性进行疏花，如硫代硫酸铵、鱼油加石灰硫和表面活性剂(植物油，Tergitol™)(Whiting 等，2006)。除了破坏花器官外，它们也被证明会破坏叶片光合作用，在盛花期施用，效果一直可以延续到盛开后23天

(Lenahan 和 Whiting, 2006b)或者作为花后疏果剂,可持续 1 周(Lenahan 和 Whiting, 2006a, 2008)。然而,正如许多用于核果类测试的化学疏除剂一样,迄今为止的结果不一致且不可靠(Lenahan 和 Whiting, 2006b; Whiting 等, 2006)。Lenahan 等(2006)研究了早春应用赤霉素(GA)来抑制次年的花芽萌发。从果实发育第一阶段开始到第二阶段早期喷施 GA_3 和 GA_{4+7},已被证明可以有效地减少花芽形成,并且和浓度呈线性负相关(Lenahan 等,2008)。尽管较高的浓度会显著降低花芽的形成和导致花器官产生畸形,但果实数量的减少却带来果实增大且可溶性固形物含量升高。所有在开花期减少负载量的策略(开花稀释剂或花芽抑制剂)都会为增加果实大小和品质提供最大的潜力,同时也增加了花后霜冻带来的减产风险。

在果实生长第三阶段(果实颜色为黄色)开始时,开展采收前 GA_3 处理提高果实硬度和大小,已经成为北美和南美樱桃生产的常规管理方式,该方法也可以用于延迟果实成熟以便在品种单一的果园中错开采收期进行分期采收(Kappel 和 MacDonald, 2002,2007; Lenahan 等,2006,2008)。虽然 GA_3 的使用对果实可溶性固形物含量影响并不一致,但与较高的可滴定酸度相关(Choi 等,2002; Cline 和 Trought, 2007; Zhang 和 Whiting, 2011a, b)。经过处理的果实通常能保持较好的采后品质(Horvitz 等,2003; Ozkaya 等,2006; Einhorn 等,2013)。这种天然生长调节剂的商业配方甚至可用于有机甜樱桃的生产。虽然 GA_3 的使用可以提高果实品质,但它也与雨水引起的裂果敏感性增加有关(Cline 和 Trought, 2007)。叶面喷施 GA_3 被实验性用于促进主干型幼树侧生分枝的形成(Ayala, 2016,私信)。在果实生长第二阶段开始时使用 GA_3 和调环酸钙对延迟果实成熟具有协同效应,可长达 7 天,混合处理增加果实的大小并且改善了采后贮藏性能(Zhang 和 Whiting, 201la, b)。与单独施用 GA_3 相比,仅仅施用调环酸钙对果实大小和硬度的影响较小。最初的研究表明,乙烯合成抑制剂氨基乙氧基乙烯基甘氨酸(AVG)在开花时施用可以提高坐果率,尽管不同品种间结果有所不同(Bound 等,2014)。尽管如此,AVG 仍然有可能为坐果率低的樱桃品种提供了一种潜在的负载量管理工具。

精准的负载量管理和果园生产记录

具有更简化的冠层结构的较小树体使得精准管理决策更加方便(Lang, 2005)。详细的果园负载量和修剪记录为修剪和疏除决策提供了十分有价值的信息,因为它们不仅直接影响当季生产(即产量和质量),而且还影响下两个生产季节的生产因子(即结果单元结构形成和叶果比)。因此,生长季节间是相互依赖的，尽管年度气候变化很大，因此生产调控决策必须考虑多年来的综合影响。用于监测精准负载量和冠层管理决策的年度变量（在果园内的代表性树体中）如下：

(1) 修剪后每株树的结果短枝数量。

(2) 修剪后每株树的延长枝数量。

(3) 修剪日期和强度（每株树的修剪下来的枝条重量）。

(4) 平均花芽密度（芽数量/短枝）。

(5) 平均花密度（花数量/芽）。

(6) 年产量（千克/株和吨/公顷）。

(7) 果实大小分布（可用优质果百分比或出口等级）。

(8) 平均新梢叶片数量和大小。

(9) 平均短枝叶片数量和大小。

(10) 叶片矿质营养成分含量。

以上信息将能够估计特定年份的潜在负载量，并有助于加速修剪强度的准确规划，矿物质营养需求以及随后通过疏除方法调整果实数量。也可以对坐果率、短枝和中长枝果实类群的比例、更新枝生长势、叶片营养元素的充足性和果实大小等的影响进行推测。对这些持续数年的记录进行评估将对成年果园在树体的最优结果能力，以及修剪和维持最佳叶果比所要求的营养管理计划提供更深入的理解。

12.5 冠层架构和整形模式

在具有早果性矮化砧木广泛得到利用前，Flore 等（1996）对传统的甜樱桃整形和生产进行了综合评述。从那时起的 20 年间，高密度果园变得越来越普遍，树体整形和管理方面有许多创新。关于当前果园整形模式中甜樱桃冠层发育和管理的指南进行了编辑汇总，最近已在网上发布，并得到广泛应用（Long 等，2015）。虽然在 21 世纪初这 20 年中酸樱桃生产模式几乎没有变化，但是在适应新技术和适合机械采收的树体结构方面已经开始了创新。这些内容将在第 18 章中进行介绍。

与所有果树的果实一样，光的截获效率和分布直接关系到产量和果实品质。樱桃种植者关心的一个问题是，与传统的低密度果园相比，早果性强的高密度果园是否能够保持相似寿命的生产力。传统的果园只要能保持树体健康，其寿命可能是 35 年或更长。由于迄今为止大多数高密度果园寿命都不到 20 年，因此让这些果园达到相似的寿命仍然是一个悬而未决的问题。然而，大多数高密度整形模式中的树体管理策略为达到与传统果园的生产力相等的可能性提供了逻辑基础。这种策略是最小化永久性的树体结构，定期更新临时性结果的冠层结构。这改变了树体生长资源（主要是碳和氮）的分布模式，以前乔化栽培先是需要很多年才能实现建立一个主干和支架结构，导致形成过旺的冠层结构使内部郁闭，果实生产力和品质较低。相反，当代高密度冠层整形策略是协调树体生长，形成良好的叶面积和结果枝结构，通常在种植后 3～5 年内即可以实现最佳生产潜力。伴随着永久树体结构和树冠体积的减少，这种生产模式是通过增加单位面积树体的数量来实现的。在达到较早的最佳产量后，保持持续生产力的关键是定期移除冠层中最老的结构，并促进其更新。新生长的中等长势的周期性循环取代老化的结果结构，它们只会增加遮阴和降低生产力。这样就可以保持相对年轻和成长良好的冠层结构，只要能产生新的枝条，树体就可以保持持续的产量和果实品质。如何实现这种再循环和更新随整形模式不同而异，并且这也是一个活跃的生理学研究领域。

12.5.1 多维/自支持系统

传统的樱桃树冠结构是三维的，通常创造自我支撑的树体，它们"独立"具有一定深度的对称叶幕，通过在树体周边移动的采摘工人进行收获，通常是利用高大的梯子进入冠层上部区域。这些结构可以适应更高的栽植密度，通常通过降低树高和树冠体积，特别是将品种嫁接在能控制树势的砧木上时效果更好。

直立主干冠层结构

具有中等树势的砧木加上中等栽植密度，单一中心领导干的冠层结构可以作为独立的树来进行维护。另外，在半矮化至矮化砧木的高密度栽培模式下，单中心领导干树可以保持为高、窄。圆锥形的冠层或者适应以主干为中心的接近连续的果墙。这种冠层整形模式的例子包括传统纺锤形（圆锥形或金字塔形）树体结构的变体，例如 Zahn（赞恩纺锤形，Flore 等，1996）、Vogel（沃格尔纺锤形，Long 等，2015）、Solaxe（邵莱科斯纺锤形，Claverie 等，1997；Lauri 等 1998）和 TSA（高纺锤形，Long 等，2015）。邵莱科斯系统最初是为苹果生产开发的，已经在甜樱桃上采用，其嫁接在生长势较强的砧木上，因为其主要的原理是通过拉枝和以下垂长枝上的结果短枝为主来提高早果性和生产力。然而，这些特性使得邵莱科斯整形通常不适合用于矮化或半矮化砧木的樱桃树，因为叶果比降低可能导致结果过量和果实偏小。Lauri 和 Claverie（2005）为了降低负载量而永久性疏除一些短果枝(但也去掉了一些短果枝叶片)，这是为了应对以上挑战而开发出来的，尽管它不是广泛有效。类似地，TSA 系统来源于苹果中的高纺锤，其差异包括从单干苗木(而不是具有羽毛状的苗木)开始，以及每年休眠期短截 1 年生侧枝，促进侧枝发生，将在当年生长结构之下的形成未来密集的短枝部位提前移除。后一种技术类似于疏除短枝，即永久性移除，但与疏除不同，结果部位密度的降低伴随着春季修剪后新梢生长增加了叶面积。

多主枝冠层结构

多主枝冠层结构通常适用于嫁接在树势中等到强旺的砧木上的树体，株行距较宽，果园密度中等(即 1 000～1 250 株/公顷)。领导干数量越多，甜樱桃的典型旺盛直立生长可被众多领导干“稀释”和分担，从而维持比较缓和的树体结构和状态。因此，像开放式花瓶树形(Open vase)或法国的高脚杯树形(Goblet)等多主枝冠层结构长期以来一直是种植甜樱桃的传统技术，这里就不再讨论。多年来，一些特定地区树形结构发生了变化，例如华盛顿州的直立多主枝形(Steep leader)和西班牙的西班牙丛枝形(Spanish bush，Robinson 和 Dominguez，2014；Long 等，2015)，以及澳大利亚的澳赛丛枝形(Aussie bush)和克格勃丛枝形(Kym green bush，KGB，2005)。直立多主枝形的创新贡献包括结合了开心形和纺锤体冠层元素，多个领导干有助于减弱树势使树体垂直紧凑生长，并且侧向枝组和枝条仅朝向主枝外侧，呈局部锥形，从顶部到底部改善了光线分布，在枝组之间有一个狭窄的开放中间区域。与传统的开放式花瓶或高脚杯树形相比，这可以使直立多主枝形树体的生产效率更高。

KGB 丛枝形创造性的贡献包括非常简单的整形和年度修剪规则(Long 等，2015)，其目标是在栽植后的 2～3 年内形成 20～25 条直立主枝。这不仅可以非常有效地削弱树势，也可以作为具有一致生长势的结果枝，去掉生长势过强(结实最少)和过弱(果实品质最差)的主枝。此外，许多生长势中等的结果枝可以随时拉下来站在地面就可以轻松采摘果实，真正实现步行果园(见图 12.6)。最后，每年最大的 1～2 个直立主枝被去掉，从而更新结果单位以保持冠层中相对年轻的短枝类群，当叶果比足够时，能生产出果实品质一致的大果樱桃。由于 KGB 丛枝形主要以主干上短果枝结果，因此，疏果和疏除短枝最好仅在丰产性非常好的品种上进行。

那些具有直立生长习性并且不易产生侧枝的品种(如“拉宾斯”)最适合采用 KGB 丛枝形。一些砧木，例如吉塞拉系列，往往会促进更多的侧向分枝，维护 KGB 丛枝形会有些问题。在生长势弱的地点和树势有限的砧木上，应该少培育

图 12.6 甜樱桃 KGB 丛枝形，具有多个主枝，其枝条为带有短果枝的直立结果单元（智利）

直立主枝，这与砧木诱导的生长势控制水平成正比。由于成熟期果实负载对碳水化合物竞争，因此在树体达到盛产期后，降低生长势的因素也增加了每年更新树体最大直立主枝的难度。

12.5.2 平面/棚架系统

由于劳动力在大多数樱桃产区越来越昂贵且难以获取，因此提高劳动效率和果园作业的机械化变得非常重要。适合采用机械化的果园必须由具有简单、一致的冠层结构的树体组成，在理想情况下是具有连续的果实墙，其果实可以很容易地被采摘工人或机器人选中和接近。目前樱桃树冠层结构被整形为相对狭窄（平面）的连续结果墙，通常树体需要获得支撑。例如一根或多根金属线，以保持冠层朝向的精准，光截获效率和狭窄冠层空间中结果平面的一致性。其目标是促进劳动者（或机器）平行于树行而不是围绕单个树体的单向移动。这些结构必须在高密度栽培机械采收或采收机器人模式下进行开发，但依赖整形模式，不一定需要可以控制树势的砧木。然而，早果性是这类砧木快速转变资源分配的关键特征，即从填补分配的冠层空间转换到大量生产果实，然后有助于保持适度的树势，实现平衡的叶果比率。

平面冠层越窄，株行距就可以越窄，植株密度就越大，单位面积的产量潜力也就越大。Zhang 等（2015 年）发现，在树高与行距比为 1.25（如成年树高为

3.75 m，行距为 3 m）时，与树高和行距比为 1.0 的相比，狭窄的平面冠层的光截获并没有减少。垂直平面冠层也更有利于防雨或防雹覆盖栽培，同时由于狭窄的覆盖结构最大限度地减少了不利的热量累积［见图 12.7(a)和(b)］。同样，这种冠层结构也有利于单行网状防虫系统的利用，可以防止昆虫（如斑翅果蝇和其他果蝇）和鸟类的破坏［见图 12.7(c)］。

单主枝平面冠层结构

在密度比较高的果园可以采用早果性的半矮化和矮化砧木的单主枝平面树体结构，如 Long 等(2015)描述的 SSA 系统［见图 12.7(b)和(c)］，株距 0.5 m，可以通过对土壤资源的竞争控制树势，并且每年通过大幅度修剪促进前一个生长季新梢基部的非短枝花芽为主结果。这种整形系统最适合那些容易形成侧枝的品种，它们在生长习性上不太直立，并且基部容易形成花芽。可能需要通过根系修剪以保持平衡结果需要的适度树势，因为在如此高密度的系统中长势过旺会导致遮阴和新梢过度生长，从而基部不容易形成花芽。这种树体整形也可用于非常高密度的 SSA V-棚架果园。植株和地面呈 60°～70°角度交替以相反的方向进行种植，在多条金属线上形成双倾斜平面，果园单位面积的光截获量更高。促进枝条基部花芽结果的修剪方法与垂直 SSA 相似。

法国果墙（Mur Fruitier）是基于类似苹果的整形概念而来（Masseron，2002），该概念由法国果蔬技术中心（CTIFL）在苹果上首先开发出来。基本的冠层结构是多个具中心领导干树体相对密植（如株距 1.5 米），行距 3.5～4 m，成年后树高 2.7～4 m（Charlot 和 Pinczon du Sel，2016）。与 SSA 系统一样，应该在前 3 年内沿着主干培育并分布多个侧枝。然而，这些侧枝不是每年修剪回缩，而是让它们形成短果枝。从第 3 年开始，在收获前约 3 周，在距离中心干 40～50 cm 处进行夏季机械修剪，以增加对结果部位的光照。这种整形系统最适用于那些非常丰产的品种，且分枝容易并具有像柳树枝条生长习性的品种（与直立生长相比）。在每年或隔年的休眠期间，通过人工修剪对夏季修剪进行补充。

或者，采用半矮化至半乔化砧木，单主枝平面结构可以沿着多层铁丝形成平面篱架冠层结构［见图 12.7(a)］。永久性侧枝沿着每层铁丝尽可能延伸，需要比 SSA 冠层更强的树势支撑，因此可以根据砧木和园地肥沃程度进行中等至高密度种植。结果单元主要由每个水平分枝上的短果枝组成，成龄果园平面冠层比 SSA 或法国果墙更窄。为了截获更多的光照并提高果园的生产力，单主枝型的篱架树体也可以进一步用于篱架 V 字整形果园，植株和地面呈 60°～70°的角度以相反的方向进行交错种植，形成水平的双倾斜平面短果枝结果的枝条。

图 12.7 单主枝平面冠层结构采用的模式

(a—c)垂直平面甜樱桃果园，采用很窄的单行覆盖进行(a)防雨(新西兰)，(b)防雹(意大利)和(c)防雨+防虫(意大利)；(d—f)1999 年在美国华盛顿州立大学开展的(d，e)平面双臂甜樱桃冠层结构试验栽培，孕育出了(f)UFO 篱壁式整形模式。

多主枝的平面冠层结构

采用早果乔化到矮化的砧木开发多主枝平面冠层结构，可以用于中等到高密度种植的果园。与三维冠层一样，多主枝的平面冠层结构的使用提供了一种策略，即将生长势按比例分配给多个直立主枝，以实现枝条适度的年间生长、平衡生产力、降低修剪成本以及更高效地采用光合产物。主枝越多，各主枝之间越能够成功“分担”强劲的直立生长势，以维持适度长势的平面果实墙结构。不同的多主枝的平面冠层结构在生产上是可行的。

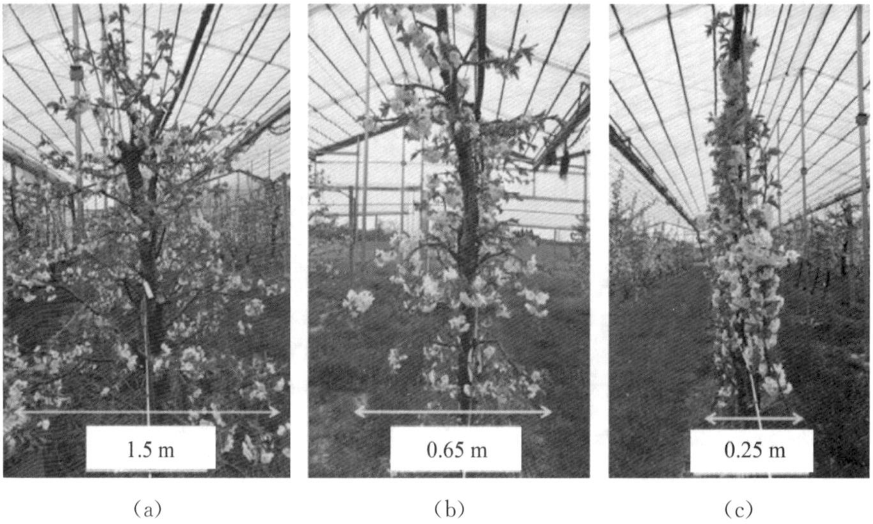

图 12.8 美国密歇根州立大学甜樱桃冠层永久结果区域在树行间的分布差异

(a)高纺锤形(TSA)；(b)超细纺锤形(SSA)；(c)篱壁形(UFO)。

前文 Mur Fruitier 系统描述的单主枝也可以在树行内连起来成为多主枝结构(如双主枝、三主枝或四到六个主枝的多干形，取决于不同果园条件、砧木、接穗的生长势)。UFO 冠层结构最狭窄(见图 12.8)，与 Espalier 相比结果部位主要在短果枝上，但其结果主枝呈垂直方向而不是水平方向(Long 等，2015)。这种冠层结构背后的创意来源于最古老的现代平面冠层设计(Lang，2001 年，私信)，包括如下方面：①利用甜樱桃的天然强烈的直立生长习性；②将冠层分解为简化的结实单元，以便于估算和微调负载量和叶果比；③优化冠层结构使光线均匀分布。UFO 从双臂整形[见图 12.7(d)和(e)]进化而来，而后再演变成将树苗按照 45°角种植的单臂整形版本[见图 12.7(f)]。在种植的第一年开始培养直立的结果枝，而不是培养两个主枝成为双臂(Whiting，2008，私信；Law 和

Lang, 2016),与 Drapeau Marchand(Moreno 等,1998)的整形模式相似,但具有几乎水平的臂干和垂直主枝,而不是呈 45°角的臂和反向 45°角的领导枝。每年选择性更新主枝的概念是在 2007 年在 KGB 系统中采用的,最近使用的双主枝种苗,与意大利的 BiBaum 双直立主枝整形系统类似,它现已应用于新西兰樱桃的类似 UFO 整形,在定植当年就在双臂上培育直立结果母枝(Tustin, 2014,私信)。与单主枝平面树体一样,UFO V-或 Y-篱架果园可采用多个直立主枝平面结构,以提高光截获量和潜在产量。UFO 植株交替种植,使整个臂及其直立的主枝填满篱架的一侧,然后再填满另一侧,成为 UFO V-篱架果园;在行中间种植 UFO 植株,直立的主枝在篱架每一侧交替取向,成为 UFO Y-篱架果园[见图 12.9(a)]。后者最好用半乔化到乔化的砧木,以便树势足够强使得直立枝条能够填充篱架的两侧。

上述的双垂直主枝(双轴)苗圃苗木可用于垂直平面或双面整形系统。当两个主枝在行内(通常是南北向)平行定向时,它们可以被整形为两个 SSA 冠层,所需树数量仅为单主枝 SSA 的一半。双主枝 SSA 树体应该嫁接在比单主枝的 SSA 树势更强旺的砧木上。当两个主枝朝向与行垂直(通常是东西方向)时,它们可以被整形为 SSA Y-篱架果园,与单主枝的 SSA V-篱架相比,仅需单主枝 SSA V-篱架整形所需树数量的一半,或者作为 Espalier Y-篱架树,其主要以水平的短果枝结果[见图 12.9(b)]。类似整形决策可用于开发多主枝平面垂直或双平面冠层,通过使用三主枝苗木或者在定植时短截,创造四个或更多主枝,进而创建狭窄的三叉戟、枝状烛台或多主干(Moreno 等,1998)冠层结构。

12.5.3　品种和砧木基因型对整形系统的影响

针对叶片和果实类群的管理,冠层结构变得更加一致和精准,甜樱桃品种和砧木对遗传的结构特征的影响越来越重要。诸如 KGB 和 UFO 等整形模式,它们重点在于调整短果枝结果位置和多个直立生长枝结果,如果与具有强烈直立生长以短果枝结果为主习性的品种(如“拉宾斯”)相匹配其效果将会更好。容易产生侧枝而不是短果枝的品种(如“海德尔芬格”和“桑提娜”),它们在 1 年龄的枝条上结有很高比例的非短果枝果实;而不是以短果枝结果为主的品种(如“科迪亚”和“雷吉纳”)以及较少促进直立(更水平)生长的砧木,例如“吉塞拉 5 号”,不太适合这种整形模式。

(a)

(b)

图 12.9 以短果枝结果为主的甜樱桃双平面 Y-篱架冠层结构，从(a)以垂直结果单元为主的 UFO 结构发展而来，(b)以水平结果单元为主的 Espalier 结构作为对照，摄于智利

类似地，诸如 SSA 的整形模式(其着重于大量弱侧枝以形成基部非短枝结果部位)可能不适合那些形成过多基部花芽(从而每年产生大块盲木)或不能形成足够的侧枝的品种。Musacchi 等(2015)比较了 11 个甜樱桃品种在 3 种非常高密度栽培(1 905～5 714 株/公顷)的整形系统中的产量，只有 4 个品种("费罗瓦""乔治亚""格雷斯星"和"西尔维亚")在前 7 年中累积产量令人印象深刻。对于 SSA 和 V 系统，其产量一直高于高纺锤系统，其范围从约 50 t/ha("费罗瓦/吉塞拉 5 号"和"佐治亚/吉塞拉 6 号")到约 45 t/ha("格雷斯星/吉塞拉 5 号""格雷斯星/吉塞拉 6 号")至约 40 t/ha("西尔维亚/吉塞拉 5 号")。其余品种在同期(包括"雷吉纳/吉塞拉 5 号""科迪亚/吉塞拉 5 号""萨米脱/吉塞拉 5 号"和"黑星/吉塞拉 5 号")总体产量均小于 20 t/ha。

12.6 未来研究趋势和需求

甜樱桃生产系统的未来无疑将继续向简化、狭窄的树体结构转变，从而提高劳动效率和促进部分机械化操作；同时提高果实品质和果实成熟的一致性，优化叶果比平衡的精确度并且更易于实施覆盖栽培策略。随着果园变得更容易覆盖栽培，研究覆盖技术(如传输或反射选择性光波长的塑料)和操作策略，来控制开花和成熟以及防止雨、霜、病虫危害将具有越来越大的价值。为达到这些目标而需要开展的研究如下：①更好地理解营养生长速率与生殖分生组织形成之间的关系；②逐节点进行冠层规划和改良促进精准分生组织确定及其发展的技术；③确定提供特定生长资源以优化枝条和果实发育的季节性时间。更好地了解这些领域将有助于加快改进树体和作物生长模型，从而提高确定和实现特定结果单元和叶面积生长目标的精确度。对优化生长速率平衡叶果比的技术，与砧木对接穗生长势、生长习性和分散生长势整形策略的影响等知识相结合，将有助于更好地采用特定的砧木-接穗-整形系统组合，以适应不同的土壤气候条件。由于冠层结构针对叶片和果实类群的精确结构位置进行了优化，因此果园管理将非常简单，但需要更加强调栽植前预先制订决策来整合接穗和砧木的遗传特点，同时调整主要环境因子产生的影响（气候和土壤）。

此外，为优化储存营养水平，对潜在的短果枝叶片大小，花数量/芽和花芽数量/短果枝等的研究将提高果园管理决策的准确性，从而在原始叶与果实比率和细胞数量水平上提高负载量平衡。研究这些特征的遗传操作可能会产生重大的影响。对分生组织活化和分化的精确调控不仅包括促进用于结构发育的侧枝和基部及短果枝花芽，而且还包括在不希望的情况下防止同期侧枝形成（从而丧失潜在的短果枝）以及潜伏芽在可见的领导干或枝干的盲区上的激活，从而根据需要填充或更新结果单元以优化冠层结构。

酸樱桃生产系统的未来也正朝着更小和更简化的树体结构发展，尽管已有可以通过跨行机械收割的树篱形果园（见第 18 章）。因此，必须继续进行研究的重要问题包括优化树体结构和果实生长习性（短果枝或 1 年生枝上的基部结果部位），使其适合与收获机械对接，降低果实损耗和采果比率最大化。在酸樱桃中结果部位更新和防止过度生长的冠层管理还需要继续研究。

最后，果园生产中这些潜在进步的各个组成部分（如更高植株密度、篱架整形和机械化的投资、在树体培育期间增加劳动力以减少后期维护和收获的劳动力需求，覆盖系统）必须进行经济地评估投资回报、多年的现金流和能赢利的可持续性生产。

参考文献

Ampatzidis, Y. G. and Whiting, M. D. (2013) Training system affects sweet cherry harvest efficiency. *HortScience* 48, 547 - 555.

Ayala, M. (2004) Carbon partitioning in sweet cherry (*Prunus avium* L.) on dwarfing precocious rootstocks during fruit development. PhD thesis, Michigan State University, East Lansing, Michigan.

Ayala, M. and Andrade, M. P. (2009) Effects of fruiting spur thinning on fruit quality and vegetative growth of sweet cherry (*Prunus avium*). *Ciencia e Investigacion Agraria* 36, 443 - 450.

Ayala, M. and Lang, G. (2004) Examining the influence of different leaf populations on sweet cherry fruit quality. *Acta Horticulturae* 636, 481 - 488.

Ayala, M. and Lang, G. A. (2008) ^{13}C-Photoassimilate partitioning in sweet cherry on dwarfing rootstocks during fruit development. *Acta Horticulturae* 795, 625 - 632.

Ayala, M. and Lang, G. A. (2015) ^{13}C-Photoassimilate partitioning in sweet cherry (*Prunus avium* L.) during early spring. *Ciencia e Investigacion Agraria* 42, 191 - 203.

Ayala, M., Bañados, P., Thielemann, M. and Toro, R. (2014) Distribution and recycling of canopy nitrogen storage reserves in sweet cherry (*Prunus avium*) fruiting branches following ^{15}N-urea foliar applications after harvest. *Ciencia e Investigacion Agraria* 41, 71 - 80.

Azarenko, A. N., Chozinski, A. and Brutcher, L. (2008) Nitrogen uptake efficiency and partitioning in sweet cherry is influenced by time of application. *Acta Horticulturae* 795, 717 - 721.

Balmer, M. and Blanke, M. (2005) Developments in high density cherries in Germany. *Acta Horticulturae* 667, 273 - 277.

Basile, B., Mariscal, M. J., Day, K. R., Johnson, R. S. and DeJong, T. M. (2002) Japanese plum (*Prunus salicina* L.) fruit growth: seasonal pattern of source/sink limitations. *Journal of the American Pomological Society* 56, 86 - 93.

Basile, B., Marsal, J. and DeJong, T. M. (2003) Daily shoot extension growth of peach trees growing on rootstocks that reduce scion growth is related to daily dynamics of stem water potential. *Tree Physiology* 23, 695 - 704.

Bound, S. A., Close, D. C., Jones, J. E. and Whiting, M. D. (2014) Improving fruit set of Kordia and Regina sweet cherry with AVG. *Acta Horticulturae* 1042, 285 - 292.

Calabro, J. M., Spotts, R. A. and Grove, G. G. (2009) Effect of training system, rootstock, and cultivar on sweet cherry powdery mildew foliar infections. *HortScience* 44, 481 - 482.

Cares, J., Sagredo, K. X., Cooper, T. and Retamales, J. (2014) Effect of prohexadione calcium on vegetative and reproductive development in sweet cherry trees. *Acta Horticulturae* 1058, 357 - 363.

Charlot, G. and Pinczon du Sel, S. (2016) High-density training systems. Proceedings of the EU COST Action FA 1104: Sustainable production of high-quality cherries for the European market. Cost Training School, Balandran, France, February 2016. Available at: http://www.bordeaux.inra.fr/cherry/docs/dossiers/Activities/Meetings/2016%2002%200204%20Training%20School_Balandran/Presentations/Charlot2_Balandran2015.pdf (accessed 17 January 2017).

Choi, C., Wiersma, P. A., Toivonen, P. and Kappel, F. (2002) Fruit growth, firmness and cell wall hydrolytic enzyme activity during development of sweet cherry fruit treated with gibberellic acid (GA3). *Journal of Horticultural Science and Biotechnology* 77, 615 - 621.

Claverie, J. and Lauri, P. E. (2005) Extinction training of sweet cherries in France-appraisal after 6 years. *Acta Horticulturae* 667,376 - 372.

Claverie, J. , Lespinasse, J. M. and Lauri, P. E. (1997) Arcina® Fercer, Tabel® Edabriz and Solaxe. Pour un nouveau type de verger. *Réussir Fruits et Légumes* 155,4.

Cline, J. A. and Trought, M. (2007) Effect of gibberellic acid on fruit cracking and quality of Bing and Sam sweet cherries. *Canadian Journal of Plant Science* 87,545 - 550.

Correa, J. E. (2008) Effect of spur thinning on the photoassimilate translocation and the morphological characteristics of sweet cherry fruit (*Prunus avium* L.) in the combination 'Bing'/'Gisela 6'. MSc thesis, Pontificia Universidad Católica de Chile, Santiago, Chile.

Costas, P. , Ko, J. -H. , Lang, G. A. , Iezzoni, A. F. and Han, K. -H. (2009) Rootstock-induced dwarfing in cherries is caused by differential cessation of terminal meristem growth and is triggered by rootstock specific gene regulation. *Tree Physiology* 29, 927 - 936.

DeJong, T. M. and Grossman, Y. L. (1995) Quantifying sink and source limitations on dry matter partitioning to fruit growth in peach trees. *Physiologia Plantarum* 95,437 - 443.

Einhorn, T. , Laraway, D. and Turner, J. (2011) Crop load management does not consistently improve crop value of 'Sweetheart'/'Mazzard' sweet cherry trees. *HortTechnology* 21,546 - 553.

Einhorn, T. , Wang, Y. and Turner, J. (2013) Pre-harvest applications of gibberellic acid (GA3) improve fruit firmness and postharvest fruit quality of late-season sweet cherry cultivars. HortScience 48,1010 - 1017.

Elfving, D. C. , Lang, G. A. and Visser, D. B. (2003) Prohexadione-Ca and ethephon reduce shoot growth and increase flowering in young, vigorous sweet cherry trees. *HortScience* 38,293 - 298.

Elfving, D. C. , Whiting, M. D. , Lang, G. A. and Visser, D. B. (2004) Growth and flowering responses of sweet cherry cultivars to prohexadione-Ca and ethephon. *Acta Horticulturae* 636,122 - 129.

Elfving, D. C. , Visser, D. B. and Lang, G. A. (2005) Effects of prohexadione-calcium and ethephon on growth and flowering of 'Bing' sweet cherry. *Acta Horticulturae* 667,439 - 446.

Facteau, T. J. and Rowe, K. E. (1979) Factors associated with surface pitting of sweet cherry. *Journal of the American Society for Horticultural Science* 104,707 - 710.

Farrar, J. F. and Williams, M. L. (1991) The effects of increased atmospheric carbon dioxide and temperature on carbon partitioning, source-sink relations and respiration. *Plant, Cell and Environment* 14,819 - 830.

Flore, J. A. (1985) The effect of water stress and vapor pressure gradient in stomatal conductance, water use efficiency and photosynthesis of fruit crops. *Acta Horticulturae* 171,207 - 218.

Flore, J. A. (1994) Stone fruit. In: Schaffer, B. and Anderson, P. C. (eds) Handbook of Environmental Physiology of Fruit Crops. Vol. 1: *Temperate Crops. CRC Press, Boca Raton, Florida*, pp. 233 – 270.

Flore, J. A. and Lakso, A. N. (1989) Environmental and physiological regulation of photosynthesis in fruit crops. *Horticultural Reviews* 11, 111 – 157.

Flore, J. A. and Layne, D. R. (1999) Photoassimilate production and distribution in cherry. *HortScience* 34, 1015 – 1019.

Flore, J. A., Kesner, C. D. and Webster, A. D. (1996) Tree canopy management and the orchard environment: principles and practices of pruning and training. In: Webster, A. D. and Looney, N. E. (eds) Cherries: Crop Physiology, Production and Uses. CAB International, Wallingford, UK, pp. 259 – 277.

Gibeaut, D. M., Whiting, M. D. and Einhorn, T. (2017) Time indices of multiphasic development in genotypes of sweet cherry are similar from dormancy to cessation of pit growth. *Annals of Botany* 119, 465 – 475.

Gonçalves, B., Moutinho-Pereira, J., Santos, A., Silva, A. P., Bacelar, E., Correia, C. and Rosa, E. (2005) Scion-rootstock interaction affects the physiology and fruit quality of sweet cherry. Tree Physiology 26, 93 – 104.

Grassi, G., Millard, P., Wendler, R., Minnotta, G. and Tagliavini, M. (2002) Measurement of xylem sap amino acid concentrations in conjunction with whole tree transpiration estimates spring N remobilization by cherry (*Prunus avium* L.) trees. *Plant, Cell and Environment* 25, 1689 – 699.

Grassi, G., Millard, P., Gioaccchini, P. and Tagliavini, M. (2003) Recycling of nitrogen in the xylem of *Prunus avium* trees starts when spring remobilization of internal reserves declines. *Tree Physiology* 23, 1061 – 1068.

Green, K. (2005) High density cherry systems in Australia. *Acta Horticulturae* 667, 319 – 324.

Grossman, Y. L. and DeJong, T. M. (1995) Maximum fruit growth potential and seasonal patterns of resource dynamics during peach growth. *Annals of Botany* 75, 553 – 560.

Guak, S., Beulah, M. and Looney, N. (2005) Controlling growth of sweet cherry trees with prohexadione calcium: its effect on cropping and fruit quality. *Acta Horticulturae* 667, 433 – 438.

Gucci, R., Petracek, P. D. and Flore, J. A. (1991) The effect of fruit harvest on photosynthetic rate, starch content, and chloroplast ultrastructure in leaves of *Prunus avium* L. *Advances in Horticultural Science* 5, 19 – 22.

Guimond, C. M., Andrews, P. K. and Lang, G. A. (1998a) Scanning electron microscopy of floral initiation in sweet cherry. *Journal of the American Society for Horticultural Science* 123, 509 – 512.

Guimond, C. M, Lang, G. A. and Andrews, P. K. (1998b) Timing and severity of summer pruning affects flower initiation and shoot regrowth in sweet cherry. *HortScience* 33,

647 - 649.

Gutzwiler, J. and Lang, G. A. (2001) Sweet cherry crop load and vigor management on Gisela rootstocks. *Acta Horticulturae* 557, 321 - 325.

Ho, L. C. (1988) Metabolism and compartmentation of imported sugars in sink organs in relation to sink strength. *Annual Review of Plant Physiology and Plant Molecular Biology* 39, 355 - 378.

Horvitz, S., Lopez Camelo, A. F., Yommi, A. and Godoy, C. (2003) Application of gibberellic acid to 'Sweetheart' sweet cherries: effects on fruit quality at harvest and during cold storage. *Acta Horticulturae* 628, 311 - 316.

Kappel, F. (1991) Partitioning of above-ground dry matter in 'Lambert' sweet cherry trees with or without fruit. *Journal of the American Society for Horticultural Science* 116, 201 - 205.

Kappel, F. and MacDonald, R. A. (2002) Gibberellic acid increases fruit firmness, fruit size and delays maturity of 'Sweetheart' sweet cherry. *Journal of the American Pomological Society* 56, 219 - 222.

Kappel, F. and MacDonald, R. A. (2007) Early gibberellic acid sprays increase firmness and fruit size of 'Sweetheart' sweet cherry. *Journal of the American Pomological Society* 61, 38 - 43.

Kappes, E. M. and Flore, J. A. (1986) Carbohydrate balance models for 'Montmorency' sour cherry leaves, shoots and fruits during development. *Acta Horticulturae* 184, 123 - 128.

Kappes, E. M. and Flore, J. A. (1989) Phyllotaxy and stage of leaf and fruit development influence initiation and direction of carbohydrate export from sour cherry leaves. *Journal of the American Society for Horticultural Science* 114, 642 - 648.

Keller, J. D. and Loescher, W. H. (1989) Nonstructural carbohydrate partitioning in perennial parts of sweet cherry. *Journal of the American Society for Horticultural Science* 114, 969 - 975.

Lang, G. A. (2000) Precocious, dwarfing, and productive-how will new cherry rootstocks impact the sweet cherry industry? *HortTechnology* 10, 719 - 725.

Lang, G. A. (2001a) Intensive sweet cherry orchard systems-rootstocks, vigor, precocity, productivity and management. *Compact Fruit Tree* 34, 23 - 26.

Lang, G. A. (2001b) Critical concepts for sweet cherry training systems. *Compact Fruit Tree* 34, 70 - 73.

Lang, G. A. (2005) Underlying principles of high density sweet cherry production. *Acta Horticulturae* 667, 325 - 335.

Lang, G. A. (2008) Sweet cherry orchard management: from shifting paradigms to computer modeling. *Acta Horticulturae* 795, 597 - 604.

Lang, G. A. and Lang, R. J. (2009) VCHERRY — an interactive growth, training, and fruiting model to simulate sweet cherry tree development, yield and fruit size. *Acta*

Horticulturae 803,235 - 242.

Lang, G. A., Olmstead, J. W. and Whiting, M. D. (2004) Sweet cherry fruit distribution and leaf populations: modeling canopy dynamics and management strategies. *Acta Horticulturae* 636,591 - 599.

Lauri, P. E. and Claverie, J. (2005) Sweet cherry training to improve fruit size and quality-an overview of some recent concepts and practical aspects. *Acta Horticulturae* 667, 361 - 366.

Lauri, P. E. and Claverie, J. (2008) Sweet cherry tree architecture, physiology, and management; towards an integrated view. *Acta Horticulturae* 795,605 - 614.

Lauri, P. E., Claverie, J. and Lespinasse, J. M. (1998) The effect of bending on the growth and fruit production of INRA Fercer® sweet cherry. *Acta Horticulturae* 468,411 - 417.

Law, T. L. and Lang, G. A. (2016) Planting angle and meristem management influence sweet cherry canopy development in the "Upright Fruiting Offshoots" training system. *HortScience* 51,1010 - 1015.

Layne, D. R. and Flore, J. A. (1993) Physiological responses of *Prunus cerasus* to whole-plant source manipulation. Leaf gas exchange, chlorophyll fluorescence, water relations and carbohydrate concentrations. *Physiologia Plantarum* 88,45 - 51.

Lenahan, O. and Whiting, M. D. (2006a) Fish oil plus lime sulphur shows potential as a sweet cherry postbloom thinning agent. *HortScience* 41,860 - 861.

Lenahan, O. and Whiting, M. D. (2006b) Physiological and horticultural effects of sweet cherry chemical blossom thinners. *HortScience* 41,1547 - 1551.

Lenahan, O. M. and Whiting, M. D. (2008) Chemical thinners reduce sweet cherry net CO_2 exchange, stomatal conductance and chlorophyll fluorescence. *Acta Horticulturae* 795, 681 - 684.

Lenahan, O., Whiting, M. D. and Elfving, D. C. (2006) Gibberellic acid inhibits floral bud induction and improves 'Bing' sweet cherry fruit quality. *HortScience* 41,654 - 659.

Lenahan, O., Whiting, M. D. and Elfving, D. C. (2008) Gibberellic acid is a potential sweet cherry crop management tool. *Acta Horticulturae* 795,513 - 516.

Loescher, W., Roper, T. and Keller, J. (1986) Carbohydrate partitioning in sweet cherries. *Proceedings of the Washington State Horticultural Society* 81,240 - 248.

Loescher, W., McCamant, T. and Keller, J. (1990) Carbohydrate reserves, translocation, and storage in woody plant roots. *HortScience* 25,274 - 281.

Long, L., Brewer, L. and Kaiser, C. (2014) Cherry rootstocks for the modern orchard. *Compact Fruit Tree* 47,24 - 28.

Long, L., Lang, G., Musacchi, S. and Whiting, M. (2015) Cherry training systems. Pacific Northwest Extension Publication PNW667, Oregon State University, Washington State University and the University of Idaho in cooperation with Michigan State University.

Looney, N. E. (1996) Principles and practice of plant bioregulator usage in cherry production. In: Webster, A. D. and Looney, N. E. (eds) Cherries: Crop Physiology, Production and Uses. CAB International, Wallingford, UK, pp. 279 – 295.

Maguylo, K., Lang, G. A. and Perry, R. L. (2004) Rootstock genotype affects flower distribution and density of 'Hedelfinger' sweet cherry and 'Montmorency' sour cherry. *Acta Horticulturae* 636, 259 – 266.

Manriquez, D., Defilippi, B. and Retamales, J. (2005) Prohexadione-calcium, a gibberellin biosynthesis inhibitor, can reduce vegetative growth in 'Bing' sweet cherry trees. *Acta Horticulturae* 667, 447 – 452.

Masseron, A. (2002) Pommier, le Mur Fruitier. Centre Technique Interprofessionel des Fruits et Légumes (CTIFL), Paris, France.

McCamant, T. (1988) Utilization and transport of storage carbohydrates in sweet cherry. MSc thesis, Washington State University, Pullman, Washington.

Measham, P. F., Quentin, A. G. and MacNair, N. (2014) Climate, winter chill, and decision-making in sweet cherry production. *HortScience* 49, 254 – 259.

Mora, L. C. (2008) El efecto de la poda en la distribución de ^{13}C y ^{15}N durante la fase III de crecimiento del fruto en cerezo dulce (*Prunus avium* L) (project title). Pontificia Universidad Católica de Chile, Santiago, Chile.

Moreno, J., Toribio, F. and Manzano, M. A. (1998) Evaluation of palmette, Marchand, and vase training systems in sweet cherry varieties. *Acta Horticulturae* 468, 485 – 489.

Musacchi, S. M., Gagliardi, F. and Serra, S. (2015) New training systems for high-density planting of sweet cherry. *HortScience* 50, 59 – 67.

Neilsen, G., Kappel, F. and Neilsen, D. (2007) Fertigation and crop load affect yield, nutrition and fruit quality of 'Lapins' sweet cherry on Gisela 5 rootstock. *HortScience* 42, 1456 – 1462.

Oliveira, C. M. and Priestley, C. A. (1988) Carbohydrate reserves in deciduous fruit trees. *Horticultural Reviews* 10, 403 – 430.

Olmstead, J. W., Iezzoni, A. and Whiting, M. D. (2007) Genotypic differences in sweet cherry (*Prunus avium* L.) fruit size are primarily a function of cell number. *Journal of the American Society for Horticultural Science* 132, 697 – 703.

Olmstead, M. A., Lang, N. S., Lang, G. A., Ewers, F. W. and Owens, S. A. (2004) Characterization of xylem vessels in sweet cherries (*Prunus avium* L.) on dwarfing rootstocks. *Acta Hortiulturae* 636, 129 – 135.

Olmstead, M. A., Lang, N. S., Lang, G. A., Ewers, F. W. and Owens, S. A. (2006) Examining the vascular pathway of sweet cherries grafted onto dwarfing rootstocks. *HortScience* 41, 674 – 679.

Ouzounis, T. and Lang, G. A. (2011) Foliar applications of urea affect nitrogen reserves and cold acclimation of sweet cherries (*Prunus avium* L.) on dwarfing rootstocks. *HortScience* 46, 1015 – 1021.

Özkaya, O., Dündar, Ö. and Küden, A. (2006) Effect of preharvest gibberellic acid treatments on postharvest quality of sweet cherry. *Journal of Food, Agriculture, and Environment* 4,189 - 191.

Robinson, T. L. (2005) Developments in high density sweet cherry pruning and training systems around the world. *Acta Horticulturae* 667,269 - 272.

Robinson, T. L. and Domínguez, L. I. (2014) Comparison of the modified Spanish Bush and the Tall Spindle cherry production systems. *Acta Horticulturae* 1058,45 - 53.

Roper, T. R. and Loescher, W. H. (1987) Relationships between leaf area per fruit and fruit quality in Bing sweet cherry. *HortScience* 22,1273 - 1276.

Roper, T. R., Keller, J. D., Loescher, W. H. and Rom, C. R. (1988) Photosynthesis and carbohydrate partitioning in sweet cherry: fruiting effects. *Physiologia Plantarum* 72, 42 - 47.

Roper, T. R., Loescher, W. H., Keller, J. and Rom, C. R. (1987) Sources of photosynthate for fruit growth in Bing sweet cherry. *Journal of the American Society for Horticultural Science* 112,808 - 812.

Sams, C. E. and Flore, J. A. (1983) Net photosynthetic rate of sour cherry (*Prunus cerasus* L. 'Montmorency') during the growing season with particular reference to fruiting. *Photosynthesis Research* 4,307 - 316.

Santos, A., Santos-Ribeiro, R., Cavalheiro, J., Cordeiro, V. and Lousada, J. (2006) Initial growth and fruiting of 'Summit' sweet cherry (*Prunus avium*) on five rootstocks. *New Zealand Journal of Crop and Horticultural Science* 34,269 - 277.

Thielemann, M., Toro, R. and Ayala, M. (2014) Distribution and recycling of canopy nitrogen storage reserves in sweet cherry (*Prunus avium* L.) fruiting branches following 15 N-urea foliar applications after harvest. *Acta Horticulturae* 1020,353 - 361.

Toldam-Andersen, T. B. (1998) The seasonal distribution of ^{14}C-labelled photosynthates in sour cherry (*Prunus cerasus*). *Acta Horticulturae* 468,531 - 540.

Tombesi, S., Johnson, R. S., Day, K. R. and DeJong, T. M. (2010) Relationships between xylem vessel characteristics, calculated axial hydraulic conductance and size-controlling capacity of peach rootstocks. *Annals of Botany* 105,327 - 331.

Vercammen, J. and Vanrykel, T. (2009) Use of Gisela 5 for sweet cherries. *Acta Horticulturae* 1020,395 - 400.

Villasante, M., Godoy, S., Zoffoli, J. P. and Ayala, M. (2012) Pruning effects on vegetative growth and fruit quality of 'Bing'/'Gisela 5' and 'Bing'/'Gisela 6' sweet cherry trees (*Prunus avium*). *Ciencia e Investigacion Agraria* 39,117 - 126.

West, T., Sullivan, R., Seavert, C. and Long, L. (2012) Orchard economics: the costs and returns of establishing and producing high-density sweet cherries in Wasco county. Oregon State University Extension Bulletin AEB 0032, Corvallis, Oregon.

Whiting, M. D. (2001) Whole canopy source-sink relation and fruit quality in 'Bing' sweet cherry trees on a dwarfing precocious rootstock. PhD thesis, Washington State University, Pullman, Washington.

Whiting, M. D. and Lang, G. A. (2001) Flow rate, air delivery pattern, and canopy architecture influence temperature and whole-canopy net CO_2 exchange of sweet cherry. *HortScience* 36,691 - 698.

Whiting, M. D. and Lang, G. A. (2004a) Effects of leaf area removal on sweet cherry vegetative growth and fruit quality. *Acta Horticulturae* 636,467 - 472.

Whiting, M. D. and Lang, G. A. (2004b) 'Bing' sweet cherry on the dwarfing rootstock Gisela 5: crop load effects on fruit quality, vegetative growth, and carbon assimilation. *Journal of the American Society for Horticultural Science* 129,407 - 415.

Whiting, M. D. and Ophardt, D. (2005) Comparing novel sweet cherry crop load management strategies. *HortScience* 40,1271 - 1275.

Whiting, M. D., Lang, G. and Ophardt, D. (2005) Rootstock and training system affect sweet cherry growth, yield and fruit quality. *HortScience* 40,582 - 586.

Whiting, M. D., Ophardt, D. and McFerson, J. R. (2006) Chemical blossom thinners vary in their effect on sweet cherry fruit set, yield, fruit quality, and crop value. *HortTechnology* 16,66 - 70.

Zavalloni, C. (2004) Evaluation of nitrogen-fertilizer uptake, nitrogen-use and water-use efficiency in sweet cherry (*Prunus avium* L.) on dwarfing and standard rootstocks. PhD thesis, Michigan State University, East Lansing, Michigan.

Zavalloni, C., Andresen, J. A., Black, J. R., Winkler, J. A., Guentchev, K., Piromsopa, K., Pollyea, A. and Bisanz, J. M. (2008) A preliminary analysis of the impacts of past and projected future climate on sour cherry production in the Great Lakes region of the USA. *Acta Horticulturae* 803,123 - 130.

Zhang, C. and Whiting, M. D. (2011a) Improving 'Bing' sweet cherry fruit quality with plant growth regulators. *Scientia Horticulturae* 127,341 - 346.

Zhang, C. and Whiting, M. D. (2011b) Pre-harvest foliar application of Prohexadione-Ca and gibberellins modify canopy source-sink relations and improve quality and shelf-life of 'Bing' sweet cherry. *Plant Growth Regulation* 65,145 - 156.

Zhang, J., Whiting, M. D. and Zhang, Q. (2015) Diurnal pattern in canopy light interception for tree fruit orchard trained to an upright fruiting offshoots (UFO) architecture. *Biosystems Engineering* 129,1 - 10.

Zoffoli, J. P., Muñoz, S., Valenzuela, L., Reyes, M. and Barros, F. (2008) Manipulation of 'Van' sweet cherry crop load influences fruit quality and susceptibility to impact bruising. *Acta Horticulturae* 795,877 - 882.

13 无脊椎和脊椎动物害虫：生物学和管理

13.1 导语

酸樱桃和甜樱桃与一系列本地生物(如昆虫、螨类、鸟类和哺乳动物)是共同进化的。它们中的一些在现代樱桃产区和环境中蓬勃发展,其中一些成了与经济相关的害虫。尽管哺乳动物(啮齿类)和鸟类可能造成重大危害,但是最臭名昭著的还是很多昆虫纲的昆虫,如实蝇科(Tephritidae)、果蝇科(Drosophilidae)卷蛾科(Torticidae)、透翅蛾科(Sessiidae)、瘿蚊科(Cecidomyidae)、盾蚧科(Diaspididae)、蜡蚧科(Coccidae)、蚜科(Aphididae)、叶蜂科(Tenthredinidae)、网蝽科(Tingidae)、象甲科(Curculionidae)、天牛科(Cerambycidae)、金龟子科(Scarabaeidae)、小蠹科(Scolytidae)和吉丁虫科(Buprestidae)(见表 13.1)。其中,食果性昆虫对成熟果实的危害是一项特殊的挑战,因为大部分甜樱桃在收获后即被食用,新鲜且未经加工,这在很大程度上限制了管理方案。遍布欧洲和西亚的樱桃主要害虫是欧洲樱桃实蝇(*Rhagoletis cerasi*)。最近外来水果害虫的入侵,如斑翅果蝇(*Drosophila suzukii*)和美洲樱桃实蝇(*Rhagoletis cingulata*),增加了害虫管理的挑战和复杂性。此外,在过去几十年里,禁止使用有效杀虫剂(如乐果),为保护樱桃免受主要害虫危害创造了一个更具挑战性的新环境。

表 13.1 全球性和区域性重要的主要樱桃害虫名录

害虫种类	目	科	危害部位	害虫的重要性
欧洲樱桃实蝇	双翅目	实蝇科	成熟期的果实	主要害虫,普遍的,常发性
斑翅果蝇	双翅目	果蝇科	成熟果实	主要害虫,普遍的,常发性
圆球蜡蚧	半翅目:同翅目	蜡蚧科	嫩枝,枝条,较少在叶片和果实	低发性,局部性,偶发性
李瘤蚜	半翅目:同翅目	蚜科	叶片,芽,幼枝	中等重要,局部性,偶发性

（续表）

害虫种类	目	科	危害部位	害虫的重要性
棉褐带卷蛾	鳞翅目	卷蛾科	叶片，果实	低发性，局部性，偶发性
果黄卷蛾	鳞翅目	卷蛾科	叶片，果实	低发性，局部性，偶发性
玫瑰黄卷蛾	鳞翅目	卷蛾科	叶片，果实	低发性，局部性，偶发性
苹白小卷蛾	鳞翅目	卷蛾科	芽，叶片	低发性，局部性，偶发性
冬尺蠖蛾	鳞翅目	尺蛾科	叶片，小果	低发性，局部性，偶发性
苹果红蜘蛛	蜱螨目	叶螨科	叶片，嫩梢	低发性，局部性，偶发性
桃潜叶蛾	鳞翅目	潜叶蛾科	叶片	低发性，局部性，偶发性
樱桃果核象甲	鞘翅目	象甲科	芽，花	低发性，局部性
李瘿蚊	双翅目	瘿蚊科	叶片，嫩梢	低发性，局部性，偶发性
梨蛞蝓叶峰	膜翅目	叶蜂科	叶片	低发性，局部性，偶发性
美洲樱桃实蝇	双翅目	实蝇科	成熟期的果实	低发性，地区性，偶发性
桑白蚧	半翅目：同翅目	盾蚧科	嫩枝，枝条，果实，较少在叶片	低发性，局部性，偶发性
梨圆蚧	半翅目：同翅目	盾蚧科	嫩枝，枝条，果实，较少在叶片	低发性，局部性，偶发性
山楂叶螨	蜱螨目	叶螨科	叶片，嫩梢	较普遍的，常发性
茶翅蝽	半翅目	椿科		未确定的，局部性

本章概述了樱桃重要害虫的危害、分布和发生规律，讨论了樱桃害虫管理防治的主要方法和趋势。

13.2 樱桃害虫的简介、生物学、重要性和管理

13.2.1 欧洲樱桃实蝇

分布

欧洲樱桃实蝇[*Rhagoletis cerasi*（L.）]属于实蝇科（双翅目）（被认为是真正的实蝇），该科有很多危害水果和蔬菜的害虫，涉及很多区域性或全球性的，包括一些目前存在于地中海地区的实蝇，如地中海实蝇[*Ceratitis capitata*（Wiedemann）]、橄榄果实蝇[*Bactrocera oleae*（Rossi）]、桃实蝇[*Bactrocera zonata*（Saunders）]和埃塞俄比亚寡鬃实蝇[*Dacus ciliatus*（Loew）]。大多数热带和亚热带的实蝇科昆虫是多化性的，并以多食性而闻名，而温带的绕实蝇属成员是一化性和寡食性的（Bush，1966）。虽然一些物种出现在北美地区，但是在少数原产于欧洲的物种中，只有欧洲樱桃实蝇对樱桃的生产具有重要意义。目前，它的地理分布从西亚（里海和高加索地区，小亚细亚和新西伯利亚）到西欧

（葡萄牙），从北部的挪威和瑞典一直延伸到南部的克里特岛和西西里岛。

寄主范围

欧洲樱桃实蝇的主要寄主为甜樱桃，在酸樱桃和其他李属和忍冬属植物的果实上也有发生，尤其是忍冬属金银花（*Lonicera xylosteum* L.）。

生活史

欧洲樱桃实蝇一般 1 年发生 1 代，少数 2 年发生 1 代。在特殊情况下，尽管一些蛹可能在同一季节羽化，但这些蛹不能繁殖（Koppler，2008）。春末，成虫羽化，栖息在寄主树冠下的土壤中。成虫在樱桃开花后 10～40 天开始羽化，通常与果实的生长和膨大阶段（成熟前）同步。根据当地气温、农田地形、坡度、土壤湿度、土壤、覆盖等因素，成虫羽化的时间可延长至 30～50 天（尽管 60%～80%的成虫在 2 周内羽化）。欧洲樱桃实蝇的成虫呈亮黑色[见图 13.1(a)]，透明的翅上有四个明显的黑色区域。后胸（盾片）的背部是亮黄-橙色，而眼是金属棕-绿色。雌虫（长约 4.1 mm）比雄虫（长约 3.5 mm）大。初羽化的樱桃实蝇活动能力较差，它们会移动到最近的树冠层，寻找糖和蛋白质食物取食，逐渐达到性成熟。根据各地情况，成虫大约需要 5～15 天的时间达到性成熟并且进行交配。雌雄虫均可多次交配，通常在雄虫常出现的果实上进行交配并产卵（Katsoyannos，1979；Jaastad，1998 a，b）。雄虫信息素具有短期吸引力，并且主要具有催情作用（Katsoyannos，1979）。交配后的雌虫寻找成熟或即将成熟的果实来产卵。雌虫的繁殖力因食物、交配状况、宿主和天气有很大差异，每天产 1～10 粒卵，其一生可产卵 80～300 粒，而成虫的寿命则从 1 个月到 2 个月不等，并跨越樱桃结果季节（Moraiti 等，2012）。

当果实中果皮厚度达到 2～3 mm，果皮色泽由深绿色转变为黄绿色或红绿色时，果实适合于卵和幼虫的发育，这种果实对产卵具有一定的吸引力。成虫产卵于果实中果皮肉里，卵细长，白色（长 0.75 mm，宽 0.25 mm），通常在每个受危害的果实中只有一头幼虫[见图 13.1(c)]。产卵后，雌虫会在新危害的果实上储存一种强烈的产卵驱避信息素，以避免再次产卵（Katsoyannos，1975）形成种内幼虫竞争。只有当欧洲樱桃实蝇雌虫比可获得的果实的多很多时才会发生多次产卵危害。

产卵后 3～7 天内幼虫孵化，一龄幼虫立即开始取食果肉。在果实内完成三龄期后，三龄老熟幼虫（长约 15 mm）离开果实，落到地上并在宿主树冠下的土壤中 3～7 cm 深处化蛹，浅黄色的蛹壳是其抵御环境压力和捕食者的有效屏障。

(a) (b) (c) (d)

图 13.1 樱桃实蝇和果蝇及其危害的果实(见彩图 8)

(a)欧洲樱桃实蝇成虫；(b)斑翅果蝇；(c，d)分别被危害的果实[照片由 N. T. Papadopoulos、水果种植中心 VZW、动物学系、动物福利署(C. de Schaetzen)提供]。

蛹进入专性夏季-冬季滞育期，在冬季中期滞育终止(Papanastasiou 等，2011；Moraiti 等，2014)。从终止滞育开始，蛹仍处于静止状态，对热积累产生应答，逐渐促进发育，最终羽化为成虫(见图 13.2)。土壤温度调节滞育终止和滞育后发育。冬季不同寻常的低温持续时间(短于或长于正常)可能导致生命周期延长一年(Moraiti 等，2014)。有趣的是，年度滞育是由遗传决定的，而它延长到下一个季节则是对当地温度条件适应的可塑性反应，是在不可预测的生境中提高生存机会的一种有意义的生活史策略。

危害

欧洲樱桃实蝇是整个欧洲和西亚樱桃栽培地区的主要害虫。这种危害是由幼虫在被危害果实的中果皮取食引起的，通常引发细菌和真菌侵染。后期的果实危害不易被发现。收获前，很难在田间或包装厂发现被产卵的果实，通常在杂货店的货架和消费者的桌子上才会被发现。

果实被危害的风险取决于害虫繁殖高峰的时间和果实易被危害时期(易于害虫发育)的重叠程度。在非常早熟的品种中，由于果实大多成熟，并且是在雌

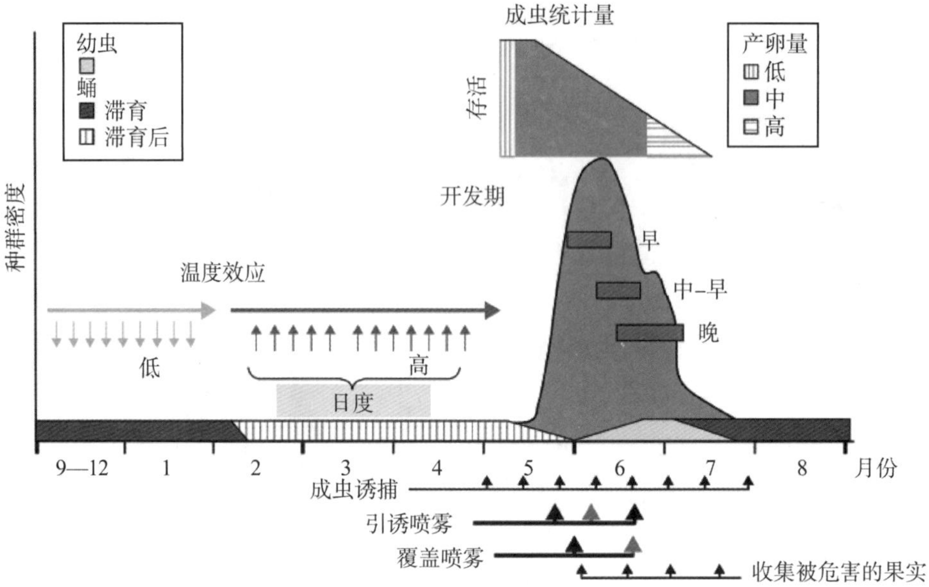

图 13.2 欧洲樱桃实蝇在希腊高原地区的种群模型，考虑到樱桃树物候、寿命、繁殖的成虫诱捕和管理活动

（资料来源：基于 Papanastasiou 等，2011；Moraiti 等，2014；N. T. Papadopoulos，未发表。）

虫达到性成熟和具有产卵能力之前采收的，因此即使没有进行虫害防治，虫害通常也很少或可以忽略不计。中晚熟品种被危害的风险最高，未受保护的果实的危害率经常超过 50%，有时达到 100%。Moraiti（2013）进行了一项覆盖希腊许多樱桃产区的调查，主要集中在果园和森林中无人管理的废弃樱桃园，结果显示欧洲樱桃实蝇分布广泛，危害率在 15%和 100%之间。

生态和管理

樱桃果实，特别是甜樱桃，在欧洲和出口市场都是高价值的商品，因此对果实的任何损害都会导致巨大的经济损失。欧洲樱桃实蝇危害成熟和已经成熟的果实，由于危害期和收获时间临近，极大地增加了农药防治的难度，尤其是保证产量最有效的系统性防治。尽管最近入侵的斑翅果蝇可能会在局部地区成为重要害虫，但是鉴于以上原因和欧洲樱桃实蝇普遍的发生，欧洲樱桃实蝇仍然是甜樱桃上最重要的害虫，也在一定程度上危害酸樱桃。

目前，对欧洲樱桃实蝇的防治，主要应用针对成虫阶段（产卵雌虫）的触杀性杀虫剂（如拟除虫菊酯），或针对在被危害果实内未成熟阶段（卵和幼虫）的内吸性杀虫剂（如有机磷类，新烟碱类），特殊的注意事项和每种农药的应用策略将在第 13.3.2 节中详细讨论。

正确的农药施用时间是成功防治虫害和农药残留达标的关键。施药时间可根据害虫田间活动情况和果实敏感期确定。第一个策略是关注害虫及其在春季的羽化。黄色黏虫 Rebell ® 诱捕器是监测成虫虫口数量最可靠的工具，在某些条件下，直接通过大量诱捕进行控制（Remund 和 Boller，1975；Daniel 和 Grunder，2012）。通过安装氨分配器可以略微改善 Rebell ® 诱捕器的功效（Katsoyannos 等，2000；Toth 等，2004）。在一些樱桃种植区，当地开发了其他类型的黄色黏虫诱捕装置，用于虫口监测和控制（Daniel 等，2014），或者通过使用日度模型预测成虫的羽化（Łęski，1963；Kovanci 和 Kovanci，2006）。然而，由于存在只适应局部环境的害虫品系，这些模型的准确性并不通用。例如，在希腊的沿海地区基本上都无法使用（Papadopoulos，2009，未发表）。最近证实的欧洲樱桃实蝇种群滞育终止的可变性受高速基因流和蛹对当地热环境的适应性发育反应的调控（Papanastasiou 等，2011；Moraiti 等，2014），这突出了局地研究的重要性，为积温和模型提供了更可靠的与本地相关的生物和温度数据。

第二个策略是基于寄主，更具体地说是基于樱桃果实的发育状况。果实适合于害虫的发育，因此从果实快速生长期、成熟和后熟直到收获阶段都容易受到害虫的危害。这个关键时期开始的标志是果实颜色从绿色到黄绿色再到红绿色的转变，结束标志是收获的时间。除了最早熟的品种外，其他所有品种都必须在这个关键时期受到保护，任何“保护间隙”都会导致果实的危害和损失。

定时施用农药的两个策略，如果正确实施，则效果相当（Belien 等，2013），然而第二个方法具有明显的简便性优势。在害虫低度流行或不稳定的地区，过度依赖第二个策略可能导致在没有虫害时以高于所需经济阈值的密度开展虫害控制。

过去曾尝试过或目前正在开发一系列非化学替代防治方法，这些方法的基础是利用害虫生态和行为特性（如昆虫不育技术，应用产卵驱避信息素），应用自然天敌或病原体（昆虫致病线虫）、机械除虫（地面和/或防虫网）、“虚拟农场”概念的支持应用以及模拟害虫发育及其控制的一系列建模技术，位置感知系统和空间决策算法。这些方法的几个例子将在第 13.3 节中讨论。

13.2.2 斑翅果蝇

分布

斑翅果蝇[*Drosophila suzukii*（Matsumura）]（双翅目：果蝇科）原产于东南

亚(Walsh 等，2011)，与著名且普遍存在的黑腹果蝇(*Drosophila melanogaster*)关系密切。在欧洲，最早的记录是在 2008 年的西班牙(Calabria 等，2012)，随后几年在大多数欧洲国家都有记录。根据欧洲和地中海植物保护组织(EPPO) PQR 检疫害虫数据库和国际农业与生物科学中心(CABI)入侵物种纲要(EPPO，2105a；CABI，2016a)，斑翅果蝇被 50 个欧洲国家中的 18 个国家正式记录，在地中海、西欧和中欧地区广泛分布(其入侵历史详情见第 13.3 节)。长距离入侵事件很大程度上归因于被危害水果的贸易(EPPO，2015b)。

寄主范围

斑翅果蝇[见图 13.1(b)]是一种多食性物种，寄生于多种不同属和科植物的果实中，包括高度商业化的作物，以及观赏和野生的物种，尤其是小浆果和包括甜樱桃与酸樱桃在内的其他浆果和核果(Baroffio 和 Fischer，2011；Asple 等，2015；Rauleder 和 Koppler，2015)。野生浆果、甜樱桃、樱桃李、黑野樱、桂樱和黑刺李的果实都是斑翅果蝇的重要寄主。有关斑翅果蝇寄主的完整列表，请参考 CABI(2016a)。上述植物种类的寄主地位依赖斑翅果蝇的物候节律，尤其是早春可育成虫的发生(Zerulla 等，2015；Koppler，2015，未发表)。

生活史

斑翅果蝇成虫长 2～3 mm，眼红色，身体浅黄褐色，腹部后面有黑色条带。雄虫翅末端有特征性的黑斑[见图 13.1(b)]，与雌虫的透明翅形成鲜明对比。此外，雄成虫前足的第一、第二跗节均具有 3～6 个齿的梳状结构(Hauser，2011；Walsh 等，2011；Cini 等，2012)。与其他果蝇不同的是，斑翅果蝇有一个大的硬壳化的锯齿状产卵器，可以刺进健康果实中产卵。卵产在果皮下，有两个可见的长呼吸柄，通常是果实被危害的早期症状。三龄幼虫(长 3～4 mm；Kanzawa，1939)是白色的，并且在受危害的果实上或内部化蛹。红棕色圆柱形蛹的一端有两个特征性的呼吸管。发育周期可能持续 9～14 天(卵、幼虫和蛹分别为 1～2 天、4～5 天和 4～7 天)(Kanzawa，1939)。在最佳实验条件下(20～25℃)，斑翅果蝇每年可繁殖 13 代(Kanzawa，1939；Tochen 等，2014)，单雌产卵量达到 25 粒(Kinjo 等，2014)。然而，在气候条件不佳(如荷兰)的野外(温度低于 20℃或者高于 30℃)，雌虫繁殖力可能会大大降低，发育持续时间增加，每年大约达到 6 代(Helsen，2016，私信)。

斑翅果蝇以生殖休眠状态的成虫(雄虫和雌虫)越冬(Kanzawa，1939；Sasaki 和 Sato，1995)。斑翅果蝇有两种成虫形态类型，春夏型和越冬型，其在体色(冬季形态颜色较深)上存在差异(Shearer，2015，私信)。在北半球，冬季成虫出现在10月和11月，随着气温下降和白昼长度的缩短，成虫的寿命延长，耐寒性增强(Stephens等，2015；Shearer，2015，私信)。冬末春初，温度的逐渐升高终止了繁殖滞育期(Zerulla等，2015；Briem等，2016)。夏季结果期斑翅果蝇的种群动态取决于当时的温度和湿度，以及是否有合适的寄主果实(EPPO，2008；Tochen等，2014，2015)。

危害

与蓝莓相比，甜樱桃和酸樱桃深受斑翅果蝇的危害(Sasaki和Sato，1995；Lee等，2011；Harzer和Koppler，2015；Tochen等，2014)。然而有趣的是，斑翅果蝇在中国并不是樱桃的重要害虫(Guo，2007；Chun，2015，私信)，在有的地方偶尔会造成经济损失(Guo，2007；Zhang等，2011)。斑翅果蝇在樱桃成熟的末期产卵，因此危害樱桃晚于绕实蝇(Koppler，2015，未发表)。斑翅果蝇的幼虫在整个果肉内进行取食活动(继发真菌和细菌侵染，导致果实迅速腐烂)[见图13.1(d)]，而绕实蝇在樱桃核附近进行取食。在种群高密度情况下，所有樱桃作物可能都会受到危害，而在一定条件下，由于种群的快速增长和果实被危害的时间(正好在收获前)，斑翅果蝇可能会成为比欧洲或美国的绕实蝇更为严重的樱桃害虫。

生态和管理

斑翅果蝇成虫可以用含有乙酸(如苹果醋)、乙醇(如红葡萄酒)、糖、果汁水、面包酵母或不同组合的其他成分的诱捕器进行监测(Cha等，2012；Landolt等，2012a，b；Cha等，2013；Grassi等，2014)，它们是各种商业诱捕器的主要组成部分(如RIGA-becherfalle，RIGA AG，瑞士；Suzukii Trap®，Bioibérica，西班牙；Pherocon，Trécé Inc.，美国；Dros'Attract，Biobest，比利时)。尽管监测是一种非常重要的手段，可以获取关于果蝇在整个结果季节和之后的区域分布和活动信息，但是目前可用的引诱剂并不完全可靠，因为捕获量和危害水平以及种群数量之间没有相关性。即将成熟和成熟的果实仍然比不同组分的诱饵混合物更有吸引力，而且诱捕器的吸引力取决于宿主果实和食物的可获得性。

斑翅果蝇的防治依赖杀虫剂的应用，主要是有机磷、拟除虫菊酯、新烟碱和多杀菌素(Bruck等，2011；Cuthbertson等，2014；Wise等，2014)。一般来说，斑翅果蝇更喜欢高湿和温暖的环境(见上面的生物学描述)。因此，建立果蝇"不舒适"条件的农艺措施，如通过修剪减少树冠密度和紧凑度，持续土壤覆盖或使用除草剂，可能会降低果蝇的存活率，从而减少害虫的数量。这些农艺措施对果实的影响在很大程度上取决于当时的天气，在不利条件下比在最佳气候条件下更为显著。

虽然斑翅果蝇往往在果实成熟之前和之后很久就存在于樱桃园，但是用防虫网的物理防治方法可能是防止樱桃园被危害的一种选择（Koppler，2014，未发表；Kuske，私信；Shearer，私信）。因此，可能需要在网内（网目小于 1 mm^2）采取额外措施（放置诱饵、杀虫剂）（Kaswase 和 Uchino，2005；Weydert 等，2014；Rogers 等，2016）。完全采用防虫网经济上的优势尚不确定，有待评价。除了需要大量的投资外，覆网还影响其他害虫、有益生物和病害的发生，以及果实的生长和成熟。

斑翅果蝇的生物防治并不容易，尽管它的天敌（环腹蜂科、茧蜂科、金小蜂科和锤角细蜂科的寄生蜂；草蛉科的捕食者；昆虫病原真菌）在世界各地都是众所周知的。然而，迄今为止，还没有生物防治成功的证据（Asplen 等，2015；Englert 和 Herz，2016；Chang，2015，私信）。

13.2.3 圆球蜡蚧

分布

圆球蜡蚧[Plum scale，*Sphaerolecanium prunastri*（Fonscolombe）]（半翅目：蜡蚧科），遍布北半球和澳大利亚（Ben-Dov，1968）。在欧洲，它的分布遍及整个大陆，从地中海海岸到斯堪的纳维亚半岛，从伊比利亚半岛到高加索。日本、中国、中亚和东亚、中东、俄罗斯、黑海国家和美国东北部各洲也有报告。

寄主范围

圆球蜡蚧[见图 13.3(a)]是危害樱桃树最重要的软蚧（半翅目：蜡蚧科）。它也危害其他几种李属植物，包括桃子、梅子、李子和巴旦木，还有少量的其他蔷薇科植物，如苹果、梨、榅桲、相关的观赏乔木和灌木，偶尔也会危害葡萄。

生活史

圆球蜡蚧是一种一化性害虫。在春季早期，越冬的二龄幼虫发育到最后的三龄，并在几周内进入成虫阶段。与雌性幼虫相比，三龄雄性幼虫体积较小，细长（长 1.5 mm），并覆盖白色透明蜡鞘。雄成虫有一对翅，活动能力强，寿命短，交配后不久就会死亡。圆顶状（直径 3～3.5 mm）的无翅雌成虫是静止不动的，成熟后会变成闪亮的棕黑色，并产生后代。雌成虫生殖力旺盛，每只能产 1 000 粒卵（Tremblay，1981；Papadopoulos，未发表）。幼虫在雌虫体内孵化，然后从雌虫体内出来，呈深红色。它们会分散开来几天，直到找到一个合适的取食地点，而这个地点将成为它们成虫期的永久栖息地。

图 13.3　危害樱桃的害虫(见彩图 9)

(a)圆球蜡阶；(b)李瘤蚜；(c)桑白蚧；(d)樱桃叶蜂[照片由 Papadopoulos 和水果种植中心 VZW、动物学系及动物福利署(C. de Schaetzen)提供]。

危害

除了雄成虫以外，蚧壳虫所有阶段都栖息在树枝上，很少在树叶和果实上。在取食过程中，静止阶段会吸取大量的植物汁液，通常会导致树枝死亡和树体的“衰弱”(Argyriou 和 Paloukis, 1976)。与其他以汁液为食的昆虫一样，圆球蜡蚧也会产生大量的蜜露，从而促进煤污病的发生，进一步损害被危害树体的光合性能，降低樱桃的果实品质。通常它在局部地区很重要，如果不加以控制，那么它有可能造成重大损害。

生态和管理

在未受干扰的果园中，圆球蜡蚧的种群与许多本地的、定居在农场上的自然天敌(如蚜小蜂科、苗蜂科和跳小蜂科)和捕食性天敌(如瓢虫科)形成了动态平衡，这些天敌通常将害虫种群维持在可接受的水平以下。然而，不良的栽培习惯(如修剪和施肥灌溉)导致的逆境和农药滥用对天敌造成的干扰，可促使圆球蜡蚧种群数量显著增加，远高于可接受的水平。

与其他蚧壳虫类相似，喷施杀虫剂对若虫和一龄幼虫更有效（见图 13.4）。由于圆球蜡蚧的产卵期和若虫期的出现持续数周，因此通常需要对若虫进行第二次喷药。在危害严重的情况下，可以在冬季后期施用矿物油，或可以考虑在春季使用昆虫生长调节剂或保幼激素类似物（见图 13.4）（Paloukis 等，1991）。为了确定防治的最佳时机，需要对树枝进行人为的随机取样，并在实验室的实体显微镜下仔细检查。

最终，保护本地的自然天敌应成为管理圆球蜡阶的长期目标，并辅以偶尔释放寄生蜂和捕食者。

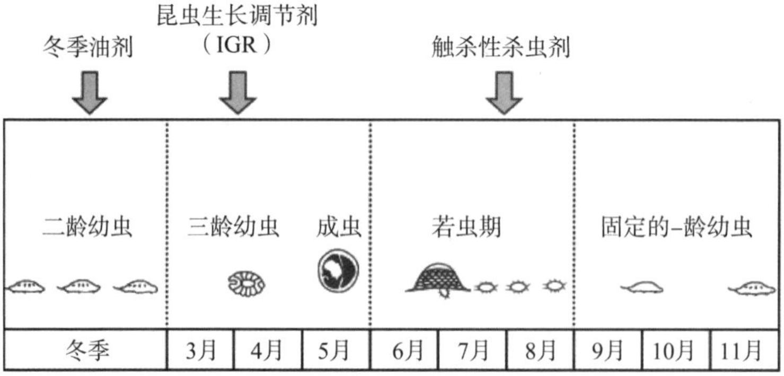

图 13.4 圆球蜡蚧的季节性发育和杀虫剂应用的最佳时机

在冬季、春季和夏季应用中考虑了三种不同类别的杀虫剂（基于 Paloukis 等，1991；Papadopoulos，未发表）。

13.2.4 李瘤蚜

分布

李瘤蚜［Black cherry aphid（cherry blackfly），*Myzus cerasi*（Fabricius）］（半翅目：蚜虫科）是一种全球性的严重危害樱桃树的害虫，遍及欧洲、中东和亚洲，最近已扩散到澳大利亚、新西兰和北美（Blackman 和 Eastop，1994）。最初在 1775 年，栖息在樱桃树上黑色有光泽的蚜虫［见图 13.3（b）］被描述为一个物种，李瘤蚜（*Myzus cerasi*）。但 1926 年，来自甜樱桃的欧洲种群被分离出来被称为李瘤蚜（*Myzus pruniavium*）。后来，根据细胞色素氧化酶 I（COI）基因序列，危害甜樱桃和酸樱桃的两个种类又被重新归为一类，而 *M. cerasi* 和 *M. pruniavium* 现在应该视为同一个种。

寄主范围

酸樱桃和甜樱桃是李瘤蚜的主要寄主植物，其他的李属植物有时也会受到危害。已知一系列的次要寄主，如茜草科（猪殃殃属）、玄参科（婆婆纳属）和十字花科（荠属），以及不太常见的忍冬科和菊科植物，它们在世界各地的重要性各不相同（Gilmore，1960；Blackman 和 Eastop，1984）。

生活史

李瘤蚜以卵在樱桃树的芽基部和芽腋、短果枝和新梢上越冬。幼虫的孵化与芽的发育或膨胀同时进行，所有的卵都在芽露白之前孵化。与其他蚜虫类似，李瘤蚜体型小而且柔软，含有翅和无翅两种形态。幼虫为暗褐色-紫色，无翅雌虫（干母）为黑色，有黑色腹管。

干母产无翅孤雌蚜，它们在樱桃幼叶下面迅速形成致密的黑色群落，引起严重的叶片卷曲。在最初的樱桃寄主上经过几代之后，会产生有翅蚜，并迁移到普通的夏季杂草寄主植物上，如猪殃殃属或婆婆纳属植物。秋季有翅孤雌蚜回迁至樱桃树，在那里生产有性生殖的雌性蚜虫，雌性蚜虫与返回的雄性蚜虫交配，并在樱桃树上产卵越冬。总的来说，蚜虫似乎在较大的树上能茁壮成长，因为这些树木可以提供更多的保护，使蚜虫免受阳光直射（Gilmore，1960）。蚂蚁，如黑蚁和红蚁，经常光顾樱桃树上的蚜虫群落，保护樱桃树叶免受捕食，从而促进了樱桃树的发育（Gruppe，1990）。

危害

直接取食樱桃组织导致叶卷曲、早期落叶、枝条畸形、形成虫瘿以及排出的蜜露上产生煤污菌，从而降低光合效率并最终影响结果。果实也受到蜜露和煤污菌的污染，这会对收获的樱桃造成损害。

生态和管理

在未受干扰的果园中，李瘤蚜的种群数量可被捕食性天敌降低，如瓢虫、草蛉和几种寄生蜂等。防止产生更严重的危害，可能需要在开花前或开花后期间喷洒触杀性或内吸性杀虫剂。在一些主要的中欧国家，为了确定危害水平，对卷曲的樱桃嫩枝进行肉眼检查，阈值设定为每 100 株樱桃幼苗顶端有 2～5 个群落。

在有机果园里，可以用黏合剂等涂抹树干基部，可防止蚂蚁危害树木以“保护”蚜虫群体。这种简单的处理方法，如果在本季节中应用几次（以确保黏合剂的持续作用），那么可能会大大增加树木上天敌的存在（Fontanari 等，1993），其对李瘤蚜的控制效果可能与施用杀虫剂相当（Perez 等，1995）。

13.2.5 棉褐带卷蛾

分布

棉褐带卷蛾[*Adoxophyes orana*(Fischer von Röslerstamm)]，苹果小卷叶蛾(鳞翅目：卷叶蛾科)广泛分布于古北界(大陆动物地理区之一，包括欧洲、亚洲及阿拉伯北部和撒哈拉以北)生态区(Pehlevan 和 Kovanci，2014)。

寄主范围

棉褐带卷蛾是一种多食性极强的物种，可对樱桃树[见图 13.5(a)]和其他各种仁果和核果类果树造成严重危害，主要是蔷薇科植物，包括樱桃，苹果和梨。它在漆树科、桦木科、大麻科、忍冬科、柿树科、杜鹃花科、豆科、山毛榉科、茶藨子科、锦葵科和松科等植物中也有记录。

(a) (b)

图 13.5 危害樱桃果实和叶片的蛾(见彩图 10)

(a)危害樱桃的棉褐带卷蛾；(b)危害樱桃叶片的樱桃潜叶蛾[照片由水果种植中心 VZW、动物学系及动物福利署(C. de Schaetzen)提供]。

生活史

二龄或三龄幼虫在分叉的枝条、芽腋、枯叶或僵果或树皮裂缝中形成的丝状薄茧中越冬。在早春芽体萌动时幼虫恢复活动，开始取食。它们取食外周的叶片和花，有时危害大量的花轴。在完成四龄后，幼虫在网状叶上化蛹。蛹长 10～11 mm，深褐色，成虫为灰褐色至橙褐色，有深褐色斑纹(长约 1 cm，翼展 1.5～2.2 cm)。交配后，雌成虫会在树叶上产卵，产下大约 100 枚类似盾形的柠檬黄卵。第一代夏季的黄绿色到橄榄色或深绿色的毛虫出现，并在叶子下面形成的丝网下取食，通常会将靠近中脉的下表皮组织破坏，在网状的叶片内形成一个栖息所，尤其是在新梢的顶端。当受危害的叶片接触果实时，幼虫常在果实表面取食。老熟幼虫(长约 2 cm)在栖息场所化蛹，在秋季幼虫(二～三龄)寻求越冬场所之前，完成两到三代（在某些情况下第三代是不完整的）。

危害

主要是危害芽，对叶片的危害通常不严重。危害发育中果实的表面，使其变得有瑕疵和无法销售[见图 13.5(a)]。

生态和管理

可用各种类型的信息素诱捕器监测成虫种群，而幼虫的监测则通过肉眼检查花簇和新梢进行。当诱捕量高（每周每个诱捕器捕获量大于 30 只飞蛾）或在花轴中密集毛虫时，表明需要使用杀虫剂。经济阈值设定为每 100 个花桁架中 1 只毛虫，夏季 5%～10%枝条受损也可视为经济阈值。如果上一季果实损失较大（果实损失大于 1%），则应考虑在随后的春季进行防治。

市售的交配干扰技术可成功地用于防治棉褐带卷蛾（Porcel 等，2015）。凡达到经济阈值的地方，在花前和花后可以考虑使用化学或生物（颗粒体病毒）保护剂进行喷洒。此外，一些天敌，如赤眼蜂可以帮助维持棉褐带卷蛾种群保持地方性水平。

13.2.6 果黄卷蛾

分布

果黄卷蛾[Fruit-tree tortrix moth（great brown twist moth），*Archips podana* (Scopoli)]（鳞翅目：卷叶蛾科）原产于欧洲和安纳托利亚，现已引入北美。

寄主范围

虽然果黄卷蛾是一种常见的苹果害虫，但它侵染多个物种，包括商业和观赏树木以及灌木，包括樱桃树（Alford，2014）。

生活史

果黄卷蛾以二龄（偶尔）或三龄（大多数）幼虫在树枝、芽鳞、枯叶或其他种类遮盖物形成的虫苞内越冬。幼虫从越冬的场所出来，钻进萌动的芽里，进一步发育成四龄和五龄，以花朵和幼果为食。六龄和七龄幼虫（长 2.2 cm，淡绿色到灰绿色）取食幼叶，在新鲜卷曲的叶片中或者幼虫栖息地化蛹。成虫（长约 1 cm，展翼 19～28 mm；紫褐色、紫褐色至栗褐色，带黄色和深棕色斑纹）从 7 月到 9 月出现（Bland 等，2014）。卵以每批约 50 粒卵的数量沉积在树叶或果实上，二～三龄幼虫为越冬准备场所。果黄卷蛾在欧洲北部和中部完成一代，只有在极端有利的气候条件下才可能出现部分不完全的第二代。然而，在温暖的南方地区，可以完成两代。

危害

幼虫取食果实可造成经济危害，降低樱桃品质，滋生病原真菌。春季取食芽体和结网影响幼果和幼叶的发育。

生态和管理

信息素诱捕器和肉眼检查芽鳞、花簇、新梢和网状叶及花分别用于监测成虫和幼虫种群。通过信息素诱捕器高诱捕量（每个诱捕器大于 30 只飞蛾）或大量毛虫出现在花轴以确定防治时机。商业上可用的交配干扰技术，以及超过经济阈值的任何地方，在花后进行的补救性杀虫剂喷洒可以有效地将果黄卷蛾的种群保持在可接受的水平（Porcel 等，2015）。

13.2.7 玫瑰卷叶蛾

分布

玫瑰卷叶蛾［*Archips rosana*（L.）］（鳞翅目：卷叶蛾科），常见于古北和新北生态区。

寄主范围

玫瑰卷叶蛾是一种高度多食性害虫，除了樱桃，它还会危害苹果、梨、李子、树莓和栽培玫瑰等（Alford，2014）。

生活史

玫瑰卷叶蛾以卵的形式越冬，成批地堆积在树皮上，50～150 只/批。幼虫（身长达 22 mm，身体淡绿色，头褐色或黑色）在卷叶或其他幼虫栖息处化蛹。成虫（约 1 cm，翼展 15～24 mm；红棕色至灰棕色，有较深的斑纹；Bland 等，2014）在 6 月底到 9 月之间出现。越冬卵以绿色液体的形式分批堆积在树皮上，这种绿色液体会迅速变硬，提供伪装和保护。

危害

幼虫以芽为食，在短果枝、幼叶、花朵和幼果中发育，其症状与前述的另外两个卷叶蛾相似。

生态和管理

信息素诱捕器和肉眼检查被侵染植物部位分别用于监测成虫和幼虫的数量。在冬季和早春期间，可以在树皮上肉眼检查卵块的存在。除了大量被捕获的成虫和植物组织上的幼虫外，早春的卵块数量（每 10 棵树 1 个卵块的经济阈值）也可用于管理决策。控制方法与报道的其他卷叶蛾类似（Sjöberg 等，2015）。此外，针对越冬卵的矿物油可以在年初和刚好开花前使用。其他杀虫剂的应用，应该大约在开花期针对幼虫。

13.2.8 苹白小卷蛾

分布

苹白小卷蛾[*Spilonota ocellana*（Denis & Schiffermüller)]（鳞翅目：卷叶蛾科），常见于古北和新北生态区。

寄主范围

苹白小卷蛾是另一种多食性卷叶虫，是苹果和梨的常见害虫，在樱桃等核果类中较为少见（Alford，2014）。

生活史

苹白小卷蛾以幼虫在小的枝梢基部休眠芽里越冬。粉红色或红褐色，完全发育的幼虫在化蛹前可达 1.2 cm 左右。成虫（长约 0.6 cm，翼展 1.2～1.6 cm；红褐色至灰褐色，白色条纹较厚，每只翅上有一个黑色的三角形背斑）6 月中旬至 8 月间出现。卵单个地堆积在新孵幼虫开始取食的叶子上，然后迁移到越冬场所。

危害

幼虫危害芽、花和叶片。

生态和管理

仅在春季造成严重危害，因为它能显著地减少花的数量。利用越冬场所、春季新梢和信息素诱捕器取样进行种群监测。可在开花前喷洒杀虫剂，以活动的越冬幼虫为目标。最近，苹白小卷蛾也能被一种商业化的交配干扰技术所控制（Porcel 等，2015）。

13.2.9 欧洲尺蠖蛾

分布

欧洲尺蠖蛾[*Operophtera brumata*（L.）]（鳞翅目：尺蛾科）分布在欧洲和中东地区，已入侵北美（Gwiazdowski 等，2013）。

寄主范围

欧洲尺蠖蛾是一种多食性害虫，重要寄主植物为仁果类果树（苹果和梨）和核果类果树（李子和樱桃）（Alford，2014）。

生活史

成虫在 10 月至 1 月（高峰期在 11 月至 12 月）羽化。雌成虫几乎无翅，灰褐色，长约 5～8 mm，通常在树的基部被发现，但其他植物部分也能发现。雄冬蛾发育成熟，翅呈棕灰色(翼展 2.2～2.8 mm)，并积极寻找配偶。交配后，雌蛾会在树干和树枝、树皮缝隙、树皮鳞片下、疏松的地衣和其他地方产卵。幼虫在萌芽到花簇期孵化(Salis 等，2016)，爬上树干，产生一条长长的丝线，通过不断攀升被动分散。刚孵化的幼虫以花芽为食，而老龄幼虫则以幼果、花轴和叶片为食。完全发育的幼虫(身长达 2.5 cm，浅绿色，背部有深绿色条纹，背部和两侧有几条白色条纹，循环步态移动)贪婪地以树叶为食，可能会导致大面积落叶，直至 6 月中旬。它们在地上结成薄薄的茧，进入夏季休眠状态，一直持续到秋季。

危害

幼虫危害花芽，而老熟幼虫危害幼果、花轴和叶片。

生态和管理

雄蛾可用物种特异性信息素诱捕器监测，而雌蛾和卵可用肉眼监测。对新梢、芽和花进行取样可以确定幼虫种群数量。防止欧洲尺蠖蛾危害的一种简单方法是在 10 月雌蛾开始爬树之前在树上缠上黏性带，然而在密集的樱桃果园中很难应用这种方法。用(化学)喷雾防治欧洲尺蠖蛾的最佳时间是在开花之前，针对萌芽前活跃的幼虫。

13.2.10 苹果红蜘蛛

分布

苹果红蜘蛛[*Panonychus ulmi*(Koch)](蜱螨目：叶螨科)是一种在全世界分布的害虫。

寄主范围

苹果红蜘蛛是危害包括樱桃在内许多植物种类(大部分植物科)的一种臭名昭著的害虫。

生活史

苹果红蜘蛛[见图 13.6(a)]以红色卵越冬(直径 0.17 mm，球形洋葱状)，于 8 月中旬至 9 月堆积在树皮缝隙和较小的树枝上[见图 13.6(b)]。根据地区及气候条件，幼螨于 4～6 月中旬由越冬卵孵化。雌成螨长 0.5 mm，深红色，长刚毛(着生在黄白色瘤状状突起上)和雄成螨(比雌成螨小，梨形，黄绿色到亮红色)，以及幼螨通常在树叶的背面觅食，夏季的卵(棕红色)也会在此堆积。夏季产卵也可以发生在叶片沿中脉的上部。未受精卵产生雄性，而受精卵同时产生雄性和雌性。苹果红蜘蛛每年完成 4～8 个重叠世代。在高密度种群下，通过“膨胀”扩散。

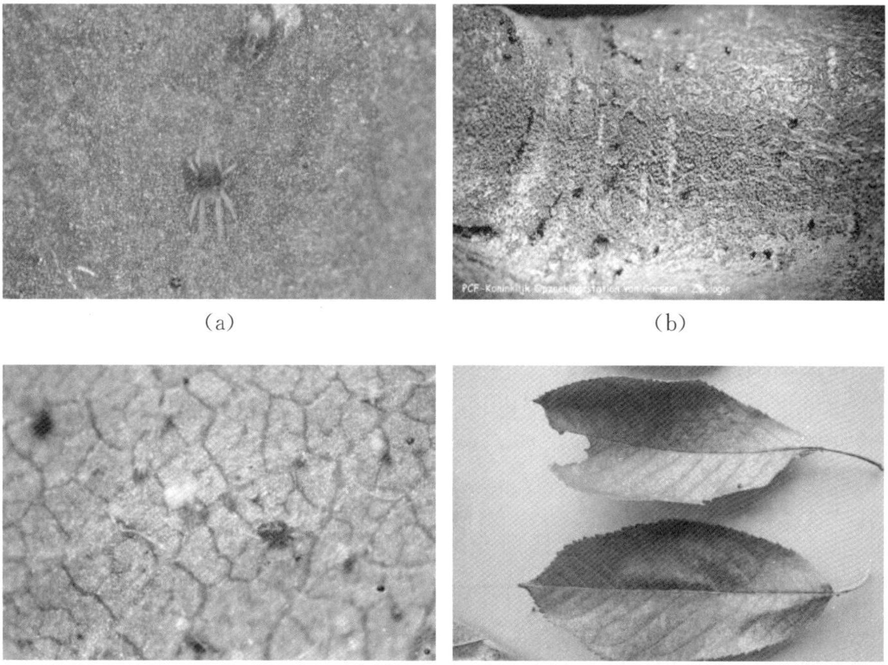

(a)　(b)　(c)　(d)

图 13.6　苹果红蜘蛛和山楂叶螨(见彩图 11)

(a)苹果红蜘蛛的成虫；(b)越冬的卵；(c)山楂叶螨的成螨、若螨和卵；(d)危害的叶片[照片由水果种植中心 VZW、动物学系及动物福利署(C. de Schaetzen)提供]。

危害

苹果红蜘蛛的取食活动会导致叶片上出现白色的斑点，随后变成青铜色斑点。不但导致光合作用的显著下降，危害严重时还可导致大面积的落叶，而且导致来年的年生长量和芽形成的减少。在樱桃园中也能发现山楂叶螨造成类似的危害。

生态和管理

监测通常是通过观察花前树枝上的冬季卵(检查 5 个“取样点”，每个“取样点”覆盖 20 cm 的树枝)，并在季节后期重复评估严重危害的叶片的百分比。经济阈值被设定为每个“取样点”30～50 个越冬卵，以及 50%以上严重危害的叶片。红蜘蛛是一种次要害虫，由于滥用农药而再现，因此害虫综合治理(IPM)策略的应用对于有效防治至关重要，主要依赖捕食螨(如盲走螨属)(Thistlewood 等，2013)。如果存在大量越冬卵，那么使用延迟休眠矿物油喷雾剂是抑制种群数量的有效方法。卵在孵化前最容易受到控制。对于中度侵染危害，建议使用杀螨剂喷洒(van Leeuwen 等，2015)。这个季节后期在樱桃园中出现的苹果红蜘蛛可以通过使用杀螨剂或依靠自然天敌控制。

13.2.11 樱桃潜叶蛾

分布

樱桃潜叶蛾[*Lyonetia clerkella*(L.)](鳞翅目：潜叶蛾科)是一种小型(翅展 0.8～0.9 cm,银白色)、细长的蛾类,具有可折叠的狭长翅,边缘有长缘毛,可覆盖后翅和腹部,先端尖,附生斜纹。分布在欧洲、北非、中东、土耳其、西伯利亚西北部、远东、印度和日本。

寄主范围

樱桃潜叶蛾是一种多食性害虫,主要侵染苹果和樱桃(以及其他蔷薇科)以及桦木科的树种。

生活史

成虫在 3～4 月间从越冬场所出来,开始在树叶下面产卵。幼虫(长 8～9 mm,绿色,头和足为褐色)在叶片中取食形成狭长的隧道,形成的特殊图案可作为诊断特征[见图 13.5(b)]。它经常在樱桃园被发现,对果实的危害可造成经济损失。根据当地气候条件,每年繁殖三到四代。

危害

严重的虫害可能导致大面积的落叶,这对幼树和苗圃至关重要。

生态和管理

信息素诱捕器主要用于种群监测(Nakano 等,2014),同时对受危害叶片(每片幼叶 1～2 只潜叶蛾)进行肉眼观察。喷药应在成虫出现后进行。几种膜翅目寄生蜂以及昆虫病原真菌的出现可能使种群低于经济危害水平。

13.2.12 樱桃果核象甲

分布

樱桃果核象甲[*Anthonomus rectirostris*(L.)](鞘翅目：象甲科)为一化性,分布于古北生态区。成虫长 4～5 mm,红褐色,黄色绒毛在鞘翅上形成两条浅交叉带。

寄主范围

樱桃果核象甲危害樱桃和李树(Alford, 2014)。

生活史

成虫在 4 月“萌芽”时从越冬场所(落叶、土壤和树皮裂缝)中出来,在树叶、叶柄和顶芽上咬出不规则形状的洞。单个卵产在发育中的幼果上,幼虫(长约

6 mm，圆柱形，白色，头红棕色）取食发育中的（核果）种子，并在果核内化蛹。从7月下旬开始，成虫从为害的樱桃中羽化，在秋天到达越冬地点。

危害

产卵的雌虫用喙刺穿发育中的幼果，形成明显的坏死斑。被危害的樱桃长得小而不成熟，果核里充满了棕色的蛀屑，果皮有一个小的圆形出口洞。

生态和管理

樱桃果核象甲成虫的监测可以通过检查捕虫盘样品进行。可以观察树上被危害的樱桃以及随后落在树下的樱桃（地上有带出口洞的果核）。经济阈值设定为5%的樱桃受害。樱桃园的防治措施包括花期后使用杀虫剂。

13.2.13 李瘿蚊

分布

李瘿蚊[*Dasineura tortrix*（Loew）]（双翅目：瘿蚊科）为一化性昆虫，广泛分布于欧洲。

寄主范围

李瘿蚊与各种蔷薇科植物相关，如李属的结果树种，包括樱桃（Alford, 2014）。

生活史

成熟的、发育完全的幼虫在土壤中的茧里越冬。雌成虫（1.5 mm，红色腹部）在膨大的芽中产卵，在土壤中化蛹前，幼虫（长2.5 mm，白色）以生长点为食，造成嫩枝弯曲，每年有两到三代。夏季幼虫危害叶片，叶片以一种特有的方式卷曲（纺锤状扭曲叶片和新梢顶部节间缩短）（Alford, 2014）。

危害

李瘿蚊，除了在苗圃内，不被认为是樱桃园的重要害虫。其危害性是破坏了顶芽的生长，缩短了节间，使叶子聚集在一起。受危害的叶片也会相互交错，叶缘向上卷曲，这种损害通常是暂时的。然而，由受危害的芽重新生长后可能会变黑并死亡。这种害虫在苗圃中危害非常严重。

生态和管理

李瘿蚊的存在可以通过肉眼观察叶瘿（里面取食幼虫的存在）监测。可以在萌芽阶段针对第一代进行控制和处理。

13.2.14 樱桃蛞蝓叶蜂

分布

樱桃蛞蝓叶蜂[*Caliroa cerasi*（L.）]（膜翅目：叶蜂科）是一种世界性的害

虫，在亚洲、非洲、北美洲、南美洲、南极洲、欧洲和澳洲都有记录。

寄主范围

樱桃蛞蝓叶蜂[见图 13.3(d)]与几种蔷薇科乔木和灌木有关，主要寄主为樱桃和梨(Alford, 2014)。

生活史

樱桃蛞蝓叶蜂在土壤中以发育完全的幼虫越冬。有光泽的黑色叶峰成虫(长 0.4～0.6 cm)在每片叶子上产下 2～5 个卵。幼虫(最长可达 10 mm，最初呈白色，但很快呈绿黄色至橙黄色，上面覆盖着闪亮的橄榄黑色黏液，呈梨形，头部宽)以叶片上表皮为食。通常一年有两代。在秋季部分可发生第三代。危害严重的，树叶会变成褐色，枯萎和掉落，果实的成熟可能会延迟。

危害

樱桃蛞蝓叶峰偶尔会对商业化的樱桃园造成重大危害；它的幼虫会破坏樱桃、梨和李树的叶片，仅留下叶脉骨架[见图 13.3(d)]。

生态和管理

在夏季和秋季对蛞蝓样幼虫通过肉眼观察进行监控(Bartoloni 等，2012)。应用于其他害虫的杀虫剂通常能使樱桃蛞蝓的数量保持在较低水平。

13.2.15 美洲樱桃实蝇

分布

美洲樱桃实蝇[*Rhagoletis cingulata* (Loew)](双翅目：实蝇科)是欧洲樱桃实蝇的近亲及其北美生态近缘物种。这两个种的成虫看起来相似，但是美洲樱桃实蝇成虫的胸部主要是黑色，腹部和盾片也是黑色的。翅的顶端分叉，或分叉的上臂被一个清晰的区域分开，在翼尖留下一个孤立的黑色斑点。美洲樱桃实蝇在 20 世纪 80 年代后期从北美进入欧洲，在那里它是原生物种，从那以后在中欧国家和巴尔干半岛北部以极低的速度蔓延(Johannesen 等，2013)。

寄主

美洲樱桃实蝇寄主范围与欧洲樱桃实蝇相似(见第 13.2.1 节)。

生活史

美洲樱桃实蝇的生物学与欧洲樱桃实蝇相似，只是美洲樱桃实蝇成虫出现晚 2～3 周，成虫在 6 月中旬到 9 月达到高峰(Vogt 等，2010a)。

危害

美洲樱桃实蝇寄生于晚熟的樱桃品种上，与欧洲樱桃实蝇不同的是，其危害酸樱桃更加严重。

生态和管理

黄色黏虫板用于成虫种群监测，且通常使用与防治欧洲樱桃实蝇类似的方法来管理。

13.2.16 桑白蚧

分布

桑白蚧[*Pseudaulacaspis pentagona*（Targioni-Tozzetti）]（半翅目：盾蚧科）是一种世界性的害虫，发生在亚洲、非洲、北美洲、南美洲、南极洲、欧洲和澳大利亚。在欧洲，它分布在整个欧洲南部，局部也发生在阿尔卑斯山以北。

寄主范围

桑白蚧是一种多食性的物种，侵染核果类果树（主要是桃子，但也有樱桃），桑树和猕猴桃，野生落叶和观赏树木以及重要的灌木，如山茶、七叶树、美国梓树和山核桃等。

生活史

雌成虫（宽 1～1.5 mm）是黄橙色，椭圆形，在较宽的尾部区域周边有五个特征角，并被白色的介壳（宽 2 mm）覆盖[见图 13.3(c)]。雄虫的介壳是白色细长的，与其他雄虫类似，存活期短，无法取食。雄虫和雌虫的卵分别为红橙色和白色，而若虫则为深红色。幼虫介壳的形状与同性成虫的相似。

危害

未成熟和成年雌虫可以吸取大量的植物汁液，并且可以在枝条和主枝上形成致密的群落，在极少数情况下，可能会导致被危害的樱桃树死亡。叶子和果实的危害并不是特别常见，但可以大大降低果实的品质。

生态和管理

与其他鳞翅目昆虫一样，桑白蚧主要是一种次要害虫，通常是由农药的滥用和对寄生性和捕食性天敌有益的原生动物群受到抑制而引起的。黏性信息素诱捕器用于监测雄虫的活动，而黏性诱捕器可用来确定若虫的分散和种群密度。针对刚孵化的幼虫，杀虫剂施用的时间通常在雄虫捕获高峰后几周进行。每年有三代。在一些地中海国家，雌虫会在越冬阶段交配（Pedata 等，1995；Tzanakakis 和 Katsoyannos，2003）。与其他鳞翅目昆虫类似，应特别注意保护天敌，恢复拟寄生物和天敌的原生动物群，使害虫种群密度保持在经济危害水平以下。

13.2.17 其他次要害虫

棕纹蝽，茶翅蝽（半翅目：椿科），原产于亚洲（Hoebeke 和 Carter，2003；Lee 等，2013），分别于 1998 年和 2007 年入侵北美（Hoebeke 和 Carter，2003）和欧洲（瑞士）（Wermelinger 等，2008）。自 2007 年以来，棕纹蝽已在德国（Heckmann，2012）、法国（Callot 和 Brua，2013）和意大利（Haye 和 Wyniger，2013）被发现。被报道的寄主植物超过 100 种（CABI，2016b），包括大量的栽培果树，主要是苹果、桃子和油桃，还有樱桃（Maistrello 等，2014），棕纹蝽威胁樱桃种植，因为它可以危害果实和叶片。

小蠹科的蛀木昆虫，如果树皱皮小蠹［*Ruguloscolytus rugulosus*（Müller）］（鞘翅目：小蠹科），有时会对樱桃幼芽、新梢和枝条造成严重损害（特别是对受干旱、病害和其他害虫危害的树木）。在新种植园中，桃吉丁虫（鞘翅目：吉丁虫科）的危害可能是严重的，而梨豹蠹蛾（鳞翅目：木蠹蛾科）和苹桃翅蛾都可能侵染樱桃树的树干和树枝，在极少数情况下导致整个植株死亡。

在美国和加拿大，李果核象甲（鞘翅目：象甲科）是一种重要的果树害虫，危害李子、苹果、梨和包括樱桃在内的核果类果树。在野外，它会危害野生李子、山楂和沙果。它原产于落基山脉东部地区、在开花后很快就会危害幼果，幼虫在被危害的果实内部发育，果实过早落下。它可以用杀虫剂控制，在花瓣掉落阶段施用。在樱桃果核象甲发育前定期清理落果可以降低虫口数量。

同样在美国，日本丽金龟会危害樱桃树，造成严重的叶片损害。这种甲虫原产于日本，通常由其共同进化的天敌调节，很少引起经济问题。在美国，它以 200 多种野生和栽培植物物种为食，包括樱桃。成虫在叶脉之间取食叶肉组织，使受危害植物的叶子仅剩叶脉。幼虫发育需要草地，卵产在地下，新出现的幼虫以草根为食。在美国，通常每年产生一代，但是在寒冷地区与在日本本土一样，发育可持续长达 2 年。在草坪或草地上可以用细菌性生物农药乳状孢子粉、类芽孢杆菌（原芽孢杆菌）控制未成熟阶段幼虫。成虫可被大量信息素诱饵诱捕器捕获。如果在更大的区域上或多或少均匀地应用，那么诱捕方法也是有效的。然而，诱捕器必须谨慎使用：尽管它们可以吸引大量甲虫到附近，但只有一小部分被吸引的个体最终进入诱捕器。诱捕器如果以零散的方式在当地部署，那么可能会吸引比他们所能捕获的更多的甲虫，这实际上可能使情况恶化，并增加局部的危害。

13.3 当前害虫管理方法的利弊

在欧洲，与现代农业体现出的典型工业化规模相反，大多数樱桃产品来自中、小型果园，导致了其中大多数害虫防控决策是在农场水平制订和执行的。当制订典型的樱桃生产措施时，在空间和时间上高度异质，不但对于协同进行的区域性害虫管理而言具有很大挑战，而且多数时候是难以控制的。数十年来，依赖预防性应用的广谱触杀性和内吸性杀虫剂，特别是具有长期残留活性的有机磷农药(FAO，1985)，可以轻松高效地控制大多数害虫，包括最麻烦的果实害虫。公众对环境成本和消费者健康风险不断提高的认识，也导致了樱桃生产中对替代性农药(如乐果)的取缔，并开始采用以市场为导向的低农残标准。这些新趋势的快速出现，已经使樱桃生产者在害虫防控策略中逐渐排除了操作简便的“化学”控制药剂，为樱桃害虫管理创造了新的具有挑战性的方案。

樱桃生产，包括甜樱桃和酸樱桃生产，目的是迎合高品质的餐桌消费，以及白兰地(所谓的“樱桃烈酒”)、樱桃罐头、果酱等加工品生产。对于所有这些商品，必须保证生产出无病虫危害、完整无缺的樱桃果实。而达到这一目标，不仅要实现樱桃果实无病虫危害，而且要使植株健壮，同时还要满足经济上可行以及品质上达标。只有在不考虑经济问题的庭院种植水果，才能降低果品质量标准。两种主要生产理念下的管理措施不同：①集约化生产(以农药投入为主)；②以生态环保为导向的生产[有机、生态、低农药水平、物理防治(罩网)、生物防治，如天敌和捕食者的利用等]。

13.3.1 集约化生产与传统管理

取决于气候区，现代和集约化的樱桃生产想要涵盖一年中比较长一段时间，从采收早熟品种的5月或6月直到7月。一小部分品种(如加拿大的“斯达克”)由于有一定的经济重要性，可能会在8月或9月收获。大多数樱桃害虫在樱桃花盛开之前，盛开期间和盛开之后的春季(如美洲樱桃实蝇、二斑叶螨和梨圆蚧)或果实颜色从绿色或黄色到红色变化(欧洲樱桃实蝇)时形成密集的种群。然而，斑翅果蝇的危害在很大程度上取决于气候条件，且可能在不同年份有所不同。在一些地区，棉褐带卷蛾对叶片和花朵(第一代)，以及叶片和即将成熟或成熟的果实(第二代)造成危害。

在欧洲，这些害虫的防控以农药为基础的综合生产。欧洲的农药注册受法规(EC)No. 1107(2009)的监管，该法规对植物保护产品的监管过程(EC DG

SANCO，2013)引入了比较评估和替代，这就导致了有效成分对樱桃害虫的可用性下降。在接下来的章节中，将描述一些主要和广泛传播的樱桃害虫的防控。

实蝇和果蝇

控制实蝇和果蝇，如欧洲樱桃实蝇和斑翅果蝇，可以使用广谱性杀虫剂，例如拟除虫菊酯(如高效氯氟氰菊酯和溴氰菊酯)、有机磷类(如乐果、亚胺硫磷、毒死蜱或甲基毒死蜱)和多杀菌素(如多杀菌素和乙基多杀菌素)，以及新烟碱类(如啶虫脒和噻虫啉)。但是，欧洲各国对杀虫剂的登记有所不同，有效的杀虫剂可能不能登记用于樱桃，或在会员国间每年例外许可之后才可以使用。此外，其他化合物，如乐果和高效氯氟氰菊酯分别在 2016 年和 2018 年成为候选替代物。在一些国家，如德国和荷兰，只有啶虫脒登记用于防治欧洲樱桃实蝇，而在其他国家，如比利时、匈牙利、意大利和法国，长长的名单(噻虫啉、啶虫脒、乐果、亚胺硫磷、螺虫乙酯和高效氯氟氰菊酯)可能很快被替代且过程缩短，欧洲樱桃实蝇的防控将面临挑战。类似的问题，甚至更具挑战性的问题是关于斑翅果蝇的防治，它最近已成为欧盟国家的一种樱桃害虫，在许多欧洲国家，对它的防控是基于防控美洲樱桃实蝇的“副作用”和每年的杀虫剂豁免，如亚胺硫磷、乐果、高效氯氟氰菊酯、氰虫酰胺和多杀菌素。未来几年里，在一些欧盟国家，斑翅果蝇和欧洲樱桃实蝇的防控将依赖多杀菌素和相关的乙基多杀菌素。但是，应该评估它们对捕食螨和其他有益物种的影响。此外，在许多情况下，杀虫剂处理对斑翅果蝇的防治效果并不理想。

蚜虫

在 2018 年和 2017 年之前，抗蚜威(已知对有益生物产生轻微影响)和噻虫啉分别可在一些欧盟国家的商业樱桃园中用于防治美洲樱桃实蝇。啶虫脒也在几个国家登记用于防治樱桃上的蚜虫。噻虫啉和啶虫脒都被认为是对蜜蜂低毒的农药，而新烟碱类药物被认为对蜜蜂有严重的副作用(Laurino 等，2011)。拟除虫菊酯类(如高效氯氟氰菊酯、溴氰菊酯)和有机磷类(如乐果)的广谱杀虫剂仍在欧盟各国登记用于防治樱桃上的蚜虫，但实际上几乎专门用于防治果蝇(见上文)。最近，在一些欧盟国家，新的双向内吸杀虫剂螺虫乙酯已登记用于防控樱桃中的蚜虫和蚧虫。植物源油也已登记用于防治樱桃中的蚜虫，尽管它们与上述合成杀虫剂相比功效较低。

蚧壳虫

不同国家用于防治蚧壳虫登记的杀虫剂也不同。在荷兰和德国，只有植物油可用于防治这些害虫。其他欧盟成员国定期登记油类、有机磷类(如毒死蜱、亚胺硫磷）、拟除虫菊酯类（如高效氯氟氰菊酯、溴氰菊酯）、吡丙醚和啶虫脒。在不久的将来，由蚧壳虫引起的严重的区域性问题可能需要更多的研究来解决。

卷叶蛾和毛虫

虽然毛虫可用杀虫剂茚虫威、多杀菌素、高效氯氟氰菊酯、苯氧威、甲基毒死蜱和苏云金芽孢杆菌（低于15℃时效果较差）等来进行控制，但在任何成员国都没有登记。最近，在比利时和其他地方，将颗粒体病毒制剂登记为针对樱桃上褐带卷叶蛾的生物防治剂。

红蜘蛛

目前，在几个欧盟国家登记了螺螨酯和四螨嗪防治红蜘蛛。阿维菌素已被授权用于樱桃采后防治螨害。此外，某些矿物油和植物油可用于防治樱桃树上的红蜘蛛。

由于樱桃杀虫剂的可利用性可能在未来几年成为一个主要问题，因此欧盟必须加强研究开发新的杀虫剂化合物，以促进樱桃的可持续生产，并制订替代防控战略。还应加强对重要樱桃害虫的生物学、行为和流行病学的研究，为生物、生物技术和其他无害环境防控策略提供基础。

13.3.2　生态导向的生产

在生态导向的（但仍然是商业化）樱桃生产中，可以分为有机生产和先进的综合生产系统，例如化学农药低用量策略（法国的2018农药减半“Ecophyto 2018”计划）。

在有机樱桃生产中，只有生物化合物和生物防治害虫策略是允许的。例如控制蚜虫和果蝇的天然除虫菊酯和控制毛毛虫的苏云金芽孢杆菌。为了控制毛虫，一些欧盟国家（如比利时）也有干扰交配的产品，并已登记。例如，一些国家批准了一种颗粒病毒产品，可用于防治包括棉褐带卷叶蛾在内的卷叶蛾。最近，人们对在种植樱桃时使用防虫网也越来越感兴趣。防虫网的优点是可以完全驱逐大于网孔尺寸的害虫；缺点是创造了一种微气候，这可能更适合于其他害虫快速建立种群，如红蜘蛛和蚜虫。在实践中，由于樱桃的商业有机生产非常困难，因此它在整个欧洲非常罕见。

在先进的综合性与使用低量农药的生产系统中，大多数上述防控策略也适用。然而，在这种生产系统下，如果需要，仍可使用“补救性”化学杀虫剂或杀螨剂。这种生产策略受到越来越多的关注，例如引入针对飞蛾的交配干扰剂和对树木覆盖防虫网，甚至针对果蝇的完整防治方案，但与集约化（完全以杀虫剂为基础）的生产系统相比仍然微不足道。

13.4 樱桃害虫管理的趋势、挑战和新方向

13.4.1 全球变暖及其对樱桃害虫紊乱和管理的影响

随着全球变暖、人类迁移和贸易全球化的加剧，生物入侵日益成为害虫管理中最重要的问题之一（Papadopoulos，2014）。与其他作物一样，樱桃也面临着这种变化的压力。美洲樱桃实蝇的入侵，以及斑翅果蝇的入侵，都是很好的例子，说明了樱桃种植正面临着入侵害虫的挑战。美洲樱桃实蝇是包括墨西哥在内的北美地区的特有种（Bush，1966；Smith 和 Bush，1997）。1983 年欧洲的瑞士首次报告了这种情况，错误地称为“西部樱桃实蝇”，自那时以来其已扩散到几个中欧国家：意大利、斯洛文尼亚、匈牙利、克罗地亚、德国和波兰。樱桃实蝇的种群的活跃期比樱桃结果期要晚，因此主要危害晚熟的甜樱桃和酸樱桃品种，从而延长了实蝇的危害期。针对美洲樱桃实蝇还需要开发更多的预测和种群监测工具，用于准确评估种群动态、经济损害阈值和杀虫剂施用时机。

斑翅果蝇的重要性要大得多，因为它以创纪录的时间分散在整个欧洲，并侵入了樱桃果园，对处于成熟期的樱桃造成了危害。它具有通过受侵染果实的运输进行扩散的能力，几乎全年都存在，每年繁殖多代，并且有广泛的寄主范围，包括栽培果树、许多野生寄主植物（小果类和浆果），它似乎完全适应了现代全球化的世界（Poyet 等，2015）。继 2008 年在美国西部和欧洲被发现之后，20 世纪初在日本，随后几十年在韩国和中国，斑翅果蝇成为全球小水果和浆果的主要害虫（Asplen 等，2015）。它于 2008 年首次在美国的加利福尼亚沿海地区被发现，并且早在 2009 年就有严重危害樱桃的记录。在接下来的几年中，它在加拿大的不列颠哥伦比亚省、美国的俄勒冈州以及其他几个州陆续被发现，如佛罗里达、北卡罗来纳州和南卡罗来纳州、密歇根州、新泽西州、纽约州和犹他州。斑翅果蝇在欧洲的分布也同样令人印象深刻。自 2008 年在西班牙和意大利首次发现后，2010 年在法国和克罗地亚被发现，2011 年在德国、奥地利、瑞士和比利时被发现，2012 年在英国、荷兰、匈牙利、波兰和葡萄牙被发现，2013 年在希腊、罗马尼亚、波斯尼亚和黑塞哥维那以及黑山被发现，以及 2014 年在巴尔干和东欧其他国家被发现（Asplen 等，2015）。斑翅果蝇的扩散不仅在不同的国家和州内令人印象深刻，而且在国家内部也是如此。例如，2013 年秋季在希腊西北部（伊庇鲁

斯)和马其顿中部(塞萨洛尼基)发现少数个体,随后于2014年在全国范围内被发现,包括欧洲最南端的克里特岛。根据报道,虽然樱桃在北美有很高的受害率,通常被认为是斑翅果蝇的首选宿主,但在欧洲的受害率相当低。樱桃成熟期的害虫种群密度似乎较低,早熟品种可"避开"高危害期。最近欧洲斑翅果蝇入侵并没有使人们对其在樱桃种植中的重要性进行评估。

近年来,欧洲樱桃种植者不得不处理三种而不是一种侵染水果的蝇类。这使管理更加复杂化,增加了防控管理的成本,并要求在当地进行高水平的协调和科学投入。应在今后几年内解决绕实蝇属两种樱桃实蝇与果蝇属斑翅果蝇的种间相互作用问题,以便制订有效的防治措施,防治危害果实的双翅目昆虫。

13.4.2　害虫的趋势、挑战和综合防治

在消费者、市场、监管机构和生产商的推动下,欧洲甜樱桃产业受到不同趋势的影响。消费者需要无瑕疵和无农药的水果。市场更喜欢质量稳定的大型、甜味、色泽鲜艳以及无瑕疵的水果,且符合农药残留标准(EU, 2005年)。尽管缺乏完善的害虫综合治理方法和批准使用的农药逐渐减少,但监管机构仍然执行害虫综合防控(EU, 2009)。生产者通过调整樱桃品种、树木结构、果园和害虫管理措施,努力满足这些需求并最大限度地提高收益。这些调整影响了樱桃园的生物功能,影响了当地害虫和益虫的行为和发育。每个物种都以一种独特的方式做出反应,改变了当地的生态平衡和害虫的综合管理方案。这种影响很少被预测且难以预测,但总是影响作物遭受害虫危害和害虫管理工作的结果。最急性的影响发生在收获前不久危害果实,诸如欧洲樱桃实蝇、美洲樱桃实蝇和斑翅果蝇等。下面对这种相互作用的说明主要集中在欧洲樱桃实蝇上。

农药使用与害虫生物学和农药残留合规性的战略

尽管在非化学防治果蝇方面取得了进展(Lux等,2003; Daniel和Grunder, 2012),但在可预见的未来,杀虫剂的使用仍将是大规模生产樱桃的基础,也是生态意识系统的"最后选择"。生产者只有两种选择:①针对春季从土壤中羽化的成虫;②针对果蝇在被危害果实内发育的未成熟阶段(卵和幼虫)。第三种选择防控在土壤中越冬的蛹已经证明在经济和环境意义上是不可行的。

第一种选择针对果蝇成虫的非内吸性杀虫剂,具有非靶标生态副作用和促生次生害虫的巨大风险。为了保护果实,也需要使用多种杀虫剂,即使在处理过程中出现在农场的所有苍蝇都可能被杀死。这种必要性通常归因于处理后害虫从邻近地区迁入。然而,在被50～100 m宽的非寄主缓冲区包围的单独地块上,

这种迁移并不重要，因为欧洲樱桃实蝇与其寄主密切相关，其移动性有限(Daniel 和 Wyss，2009；Daniel 和 Runder，2012；Daniel 和 Baker，2013)。令人惊讶的是，大多数"处理后实蝇复活"都来自处理地块内的土壤。一般情况下，实蝇羽化时间持续 4～7 周，大量(60%～80%)羽化时间约为 2 周(Vogt 等，2010b)。这一时期可能会因农场地形和坡度、土壤覆盖、不稳定的天气等方面的变化而延长。因此，在第一次和随后的杀虫剂施用之后，仍然会有一部分"越冬"实蝇羽化。实蝇性成熟后 5～14 天就能产卵和危害果实，这就决定了农药重复施用的频率和可能出现的"收获前暂停施用"的持续时间。不频繁的处理或农药药效不高，必然会造成果实的损害(危害)。除了固有的生态成本外，这种方法使用现代、短效、非持久性和非内吸性的杀虫剂为遵守严格的农药残留标准提供了良好的机会。

第二种选择是用一种内吸性杀虫剂针对被危害果实内的未成熟阶段果蝇，操作简便，因此是首选。这类杀虫剂(如新烟碱类杀虫剂)，除了对未成熟阶段果蝇有较长时间的系统性杀灭活性外，还能对成虫提供较短(1～3 天)的保护。然而，在处理后 1～3 天内迁入或羽化在农场的实蝇将不受伤害，并能继续危害果实。因此，这种方法并不能有效地防止果实被危害，而是消除了果实被危害的早期阶段果蝇。根据我们的判断(Lux 等，2016)，为了提供所需的果实保护(虫害小于 1%)，农药的日有效果内果蝇杀伤率必须保持在 50%～70%，直到收获；否则，"缩小的保护间隙"将导致大量的果实被危害。这意味着生产"无蛆"和真正"无农药"的水果几乎是不可能的，监管机构已经认识到这一点，将甜樱桃中啶虫脒的最大残留量从早期的 0.2 mg/kg 提高到 0.5 mg/kg(EFSA，2010)。有了这个选择，主要挑战在于农药施用的准确时间，以及覆盖整个果实易受危害的时期(从绿黄色阶段到收获)，此外，确保在收获前，果实中存在的农药残留物低于规定的最大残留水平。后者不容易预测，因为除了法定的每种农药的"安全间隔期"外，实际的残留率取决于施用后的温度。

果园空间结构与树冠大小的演变

近几十年来，樱桃果园的结构已经从以前占主导地位的高树冠，类似于"茂密的樱桃森林"的高大乔木演变成"稀疏的灌木林地类型"，一排排矮小的树木之间隔着宽阔的横断面，每个树冠减少到只有几个甚至一个主枝。对于欧洲樱桃实蝇来说，寄主的树冠构成了主要的生活环境，为其繁殖提供栖息地、食物和果实。寄主树下土壤中出现的实蝇响应来自树冠的视觉信号，并根据冠层的大小和结构调整在冠层内的活动(Prokopy，1968；Prokopy 等，1987；Boller，1969；

Katsoyannos 等，1986；Stadler 和 Schoni，1991；Senger 等，2009；Daniel 和 Grunder，2012）。树冠大小和果园宏观结构的这种根本性变化创造了一个全新的环境，与欧洲樱桃实蝇的自然栖息地不同，其极大地影响了实蝇的生存机会、行为和田间活动模式。

简化和开放的冠层具有更低的"容纳果蝇的能力"，这使得实蝇更容易移动，增加了它们在地块内部和地块之间的迁移，促进了包含不同物候栽培品种的地块之间的季节性转移。后者意味着更一致的果实危害模式和空间密集的害虫管理需要。此外，"避难所功能"受到很大影响。实蝇，尤其是初羽化的实蝇，将更容易受到不利天气的影响，更容易接触杀虫剂。当在开放环境中部署时，依赖视觉提示的黄色黏虫板将更加暴露，并且可能吸引更多的实际存在于农场的实蝇。基于有害生物监测结果调整害虫综合治理的活动阈值可能需要根据果园结构来确定。在具有多样化冠层结构的地方，实蝇可能会聚集在较大的、更突出的树木或具有较大个体冠层的地块上，这可能为空间集中的害虫综合治理创造机会（Lux，2014b；Lux 等，2014）。

果实大小、颜色和含糖量的演变

由于消费者的偏爱，因此更大、更甜和颜色更鲜艳的果品在市场上更受欢迎。这一原因进而决定了新品种的发展趋势，最终决定了生产者对栽培品种的选择。与人类消费者一样，食果昆虫也会对果实的外观和含糖量变化做出反应，而且这种反应具有物种特异性。糖含量的增加会促进幼虫发育，提高下一代害虫的生存和繁殖能力（Daniel 和 Grunder，2012）。然而，与一般的预期相反，对于欧洲樱桃实蝇来说，提高果实的着色可能没有那么重要。对于繁殖期的雌虫来说，在果实较早发育期，即黄绿色期时更具有吸引力。此外，在含有单一品种的较大地块上，雌虫往往没有选择。

出乎意料的是，果实大小的增加更为重要。与斑翅果蝇不同，欧洲樱桃实蝇在每个危害的果实中产一粒卵，并在其上用信息素做标记，从而主动地预防了同类对同一个果实的过度寄居，以及果内幼虫的竞争（Katsoyannos，1975）。因此，与大多数食果害虫不同，欧洲樱桃实蝇的危害不是由果实的体积决定的，而是由果实的数量决定的。尽管人们很少认识到，但这一现象给生产者带来了严重的后果。种植在同一农场的果实具有相同的果实净产量（t/ha），但两个果实大小不同的樱桃品种，在相同的虫口密度下（雌性/公顷），其虫害水平却显著不同。由于果实大小增加 2 倍，被危害果实的比例增加 8 倍（Lux，2014b；Lux 等，2014），因此增加果实大小反而大大增强了这种害虫的危害。为了降低大果品种果实的损伤水平，必须特别关注欧洲樱桃实蝇的危害，并对其进行有效管理(Lux, 2014b; Lux 等,2014)。这种因果实变大提高了欧洲樱桃实蝇危害水平的影响，在很大程度上被广泛使用的高效持久性杀虫剂和对农药残留更宽松的限制所掩饰。然而，随着害虫综合治理方法的使用，这一问题将不可避免地突显，甚至可能限制果实大小的进一步增加。

物候期、果实生长和成熟动态

大多数的甜樱桃开花结果时期非常接近。对于斑翅果蝇这种害虫，果实发育的进程可以分为两个不同的时期：①不适宜的幼果期，此时果核周围仅有一层薄薄的果肉；②果实迅速膨大期，此时果肉较厚并且较软，适合害虫发育，因此是易受危害的时期。第 2 个时期的开始以果色从绿色到黄绿色的变化为标志，并一直延续到收获。对于野生樱桃，持续 40～45 天的"果实易感"期完全对应于害虫具有繁殖能力的时期。对于樱桃栽培品种，虽然第一个时期的持续时间在品种间变化不大(50～60 天)，但第二个时期变化很大，变异幅度从早熟品种的15～20 天到晚熟品种的 40～45 天(Schumann 等,2014; Lux 等,2016)。早熟品种的发育在很大程度上是通过果实膨大过程的加快和成熟度的提高来实现的。在极端情况下，这导致害虫具有繁殖能力的时间与其危害果实适宜性之间完全脱节，甚至在没有进行防治的情况下，也几乎没有早熟品种的果实被危害。

选育晚熟品种的一个替代策略是延长其第一个时期，而缩短第二个时期，这是迄今为止还没有被涉及的育种目标。选育的这种新型晚熟品种其果实易被危害的时期较短，可以使害虫管理更容易，成本也更低(Lux, 2014b)。

害虫综合防治的前景

虽然经过批准的杀虫剂仍将是樱桃种植者害虫综合治理工具箱的关键组成部分，但它们的使用将受到更多限制。这种利用樱桃种植区的害虫生态学和生物学特性，开发较少依赖杀虫剂的管理方法将重新激发人们的兴趣(Dominiak 和 Ekman, 2013)。典型的中等规模和分散种植的欧洲樱桃生产模式不利于大规模、大面积使用虫害治理方法，但农业结构景观异质性的元素，如不同物候品种的空间安排、树冠结构多样化、缓冲和害虫拦截区的建立，以及其他方法的应用，也可以潜在用于开发设计更具有"抑制害虫"的生产系统(Lux 等,2016)。然而，有效地利用农业景观中有意创造的异质性需要充分了解害虫生物学和行为学知识，以及长期细致的田间试验，并且这种试验观察也将由于樱桃的多年生性质而大大扩展。为了缓解这一难题，必须将新的方法和工具概念化，从而在农业景观结构设计和场所调整的害虫综合治理中实现跨越式提升。

“虚拟农场”概念和聚焦场所的害虫综合治理模型

开发全面的“虚拟农场”模型可以促进和部分取代广泛的实地试验，能够模拟决定目标农场系统性能的关键过程（Lux，2014a；Lux 等，2016）。这些模型能够概括大量关于害虫生态学和行为学、作物物候学、害虫综合治理、相关的田间过程和流行天气的量化知识，并将其转化为可操作的工具，促进开发基于景观和特定场所的害虫综合治理体系。其实这些工具的实现不会淘汰田间试验，但它们可以通过“虚拟”仿真替代长期且昂贵的田间试验的主要部分，从而从根本上缩短通常的“研发轨迹”。然而，尽管有明显的好处和许多可能的概念性方法，在园艺领域，这种建模方法的可用性和利用仍然十分有限。

以“虚拟樱桃农场”运营的 PESTonFARM 模型（Lux，2014a；Lux 等，2016）就是这种方法的典范。它基于以下假设，即本地害虫的发育和害虫综合治理表现是由当地农场的特征决定的，这些特征决定了同时进程之间相互作用的结果，而在这些农场中居住着独立运作的害虫群体（欧洲樱桃实蝇）是关键角色。后者是采用“自底向上”，以个体为中心“行为学”方法和应用基于主体的随机过程模拟的原因。通过其关键的“虚拟参与者”（昆虫）制订这些过程，可以评估引入本地系统的多重、并发和细微修改的净效应，并提供对驱动本地害虫发育和害虫综合治理效果的机制见解。

害虫自动监测和决策系统

实时数据传输、自动视频分析、电子传感器、数据解释软件和空间决策算法方面的最新进展（Cohen 等，2008）推动了害虫自动监测和决策系统的发展，如“位置感知害虫管理系统”（Pontikakos 等，2012；FruitFlyNet：http://fruitflynet.aua.gr）。该系统的基础是：①结合土壤和空气温度、降水、风速和空气湿度监测传感器的欧洲樱桃实蝇成虫自动捕集器；②以实时方式收集和传输数据到云端存储的无线网络，供指定用户使用；③估测当地成虫羽化和发育的空间决策支持系统；④分析获取的信息并产生当地虫害管理决策的软件。农民们还得到了工具的进一步支持，这些工具协助当地进行多样化施药，能遵循“喷洒通道”，并评估农药使用效果和环境影响。上述系统于 2015 年在希腊塞萨利地区的商业樱桃园进行了测试，结果杀虫剂使用量减少了 4 倍，同时按照害虫综合治理标准操作，保持了与对照果园相似的果实虫害水平（Papadopoulos，2015，未发表）。

无论是在个体农场还是在本地或区域规模，均可以引入樱桃农场先进精准管理的概念，即将系统方法与不同角度的病虫害现场集中管理相结合，如上述位置感知系统、"虚拟农场"概念与 PESTonFARM 模拟模型。

参考文献

Alford, D. V. (2014) *Pests of Fruit Crops: A Colour Handbook*, 2nd edn. CRC Press, Boca Raton, Florida. Argyriou, L. C. and. Paloukis, S. S. (1976) Some data on biology and parasitization of *Sphaerolecanium prunastri* Fonscolombe (Homoptera Coccidae) in Greece. *Annales de l'Institut Phytopathologique Benaki* 11, 230 - 240.

Asplen, M. K., Anfora, G., Biondi, A., Choi, D. -S., Chu, D., Daane, K. M,. Gibert, P., Gutierrez, A. P., Hoelmer, K. A., Hutchison, W. D., Isaacs, R., Jiang, Z. L., Kárpáti, Z., Kimura, M. T., Pascual, M., Philips, C. R., Plantamp, C., Ponti, L., Vétek, G., Vogt, H., Walton, V. M., Yu, Y., Zappalà, L. and Desneux, N. (2015) Invasion biology of spotted wing Drosophila (*Drosophila suzukii*): a global perspective and future priorities. *Journal of Pest Science* 88, 469 - 494.

Baroffio, C. and Fischer, S. (2011) Neue Bedrohung für Obstplantagen und Beerenpflanzen: die Kirschessigfliege [New threat to orchards and berry plants: the spotted wing drosophila]. *UFA-Revue* 11, 46 - 47.

Bartoloni, N., Gorosito, N., Laffaye, C. and Mareggiani, G. (2012) Flight detection of *Caliroa cerasi* L. (Hymenoptera: Tenthredinidae) adults in the Andean Region of Parallel 42, Argentina. *Boletín de Sanidad Vegetal-Plagas* 38, 233 - 238.

Belien, T., Bangels, E., Vercammen, J. and Bylemans, D. (2013) Integrated control of the European cherry fruit fly *Rhagoletis cerasi* in Belgian commercial cherry orchards. In: *Proceedings of the EU COST Action FA1104: Sustainable Production of High-quality Cherries for the European Market*. COST meeting, Pitesti, Romania, October 2013. Available at: https://www. bordeaux. inra. fr/cherry/docs/dossiers/Activities/Meetings/15 - 17%2010%202013_3rd%20MC%20and%20all%20WG%20Meeting_Pitesti/Posters/Belien%20et%20al. pdf (accessed 8 May 2016).

Ben-Dov, Y. (1968) Occurrence of *Sphaerolecanium prunastri* (Fonscolombe) in Israel and description of its hitherto unknown third larval instar. *Annales des Epiphyties* 19, 615 - 621.

Blackman, R. L. and Eastop, V. F. (1984) *Aphids on the World's Crops. An Identification and Information Guide*. Wiley, Chichester, UK.

Blackman, R. L. and Eastop, V. F. (1994) *Aphids on the World's Trees: An Identification and Information Guide*. CAB International, Wallingford, UK.

Bland, K. P., Hancock, E. F. and Razowski, J. (2014) *Tortricidae, Part 1: Tortricinae & Chlidanotinae*, 1st edn. Brill Academic Publishers, Leiden, The Netherlands.

Boller, E. (1969) Neues über die Kirschenfliege: Freilandversuche im Jahr 1969. *Schweizerische Zeitschrift für Obst- und Weinbau* 105, 566 - 572.

Briem, F., Eben, A., Gross, J. and Vogt, H. (2016) An invader supported by a parasite:

mistletoe berries as a host for food and reproduction of Spotted Wing Drosophila in early spring. *Journal of Pest Science* 89,749.

Bruck, D. J., Bolda, M., Tanigoshi, L., Klick, J., Kleiber, J., DelFrancesco, J., Gerdeman, B. and Spitler, H. (2011) Laboratory and field comparisons of insecticides to reduce infestation of *Drosophila suzukii* in berry crops. *Pest Management Science* 67, 1375 - 1385.

Bush, G. L. (1966) The taxonomy, cytology, and evolution of the genus *Rhagoletis* in North America (Diptera, Tephritidae). *Bulletin of the Museum of Comparative Zoology at Harvard College* 134,431 - 562.

CABI (2016a) *Drosphila suzukii* (spotted wing drosophila). CAB International, Wallingford, UK. Available at: http://www.cabi.org/isc/datasheet/109283-20123337590 (accessed 19 January 2017).

CABI (2016b) *Halyomorpha halys* (brown marmorated stink bug). CAB International, Wallingford, UK. Available at: http://www.cabi.org/isc/datasheet/27377 (accessed 19 January 2017).

Calabria, G., Maca, J., Bachli, G., Serra, L. and Pascual, M. (2012) First records of the potential pest species *Drosophila suzukii* (Diptera: Drosophilidae) in Europe. *Journal of Applied Entomology* 136,139 - 147.

Callot, H. and Brua, C. (2013) *Halyomorpha halys* (Stål, 1855), the marmorated stink bug, new species for the fauna of France (Heteroptera Pentatomidae). *Le Entomologiste* 69,69 - 71.

Cha, D. H., Adams, T., Rogg, H. and Landolt, P. J. (2012) Identification and field evaluation of fermentation volatiles from wine and vinegar that mediate attraction of spotted wing Drosophila, *Drosophila suzukii*. *Journal of Chemical Ecology* 38,1419 - 1431.

Cha, D. H., Hesler, S. P., Cowles, R. S., Vogt, H., Loeb, G. M. and Landolt, P. J. (2013) Comparison of a synthetic chemical lure and standard fermented baits for trapping *Drosophila suzukii* (Diptera: Drosophilidae). *Environmental Entomology* 42, 1052 - 1060.

Cini, A., Ioratti, C. and Anfora, G. (2012) A review of the invasion of *Drosophila suzukii* in Europe and a draft research agenda for integrated pest management. *Bulletin of Insectology* 65,149 - 160.

Cohen, Y., Cohen, A., Hetzroni, A., Alchanatis, V., Broday, D., Gazit, Y. and Timar, D. (2008) Spatial decision support system for Medfly control in citrus. *Computers and Electronics in Agriculture* 62,107 - 117.

Cuthbertson, A. G. S., Collins, D. A., Blackburn, L. F., Audsley, N. and Bell, H. A. (2014) Preliminary screening of potential products against *Drosophila suzukii*. *Insects* 5,488 - 498.

Daniel, C. and Baker, B. (2013) Dispersal of *Rhagoletis cerasi* in commercial cherry orchards: efficacy of soil covering nets for cherry fruit fly control. *Insects* 4,168 - 176.

Daniel, C. and Grunder, J. (2012) Integrated management of European cherry fruit fly *Rhagoletis cerasi* (L.): situation in Switzerland and Europe. *Insects* 3,956 - 988.

Daniel, C. and Wyss, E. (2009) Migration und Ausbreitung der Kirschfruchtfliege Innerhalb von Obstanlagen Möglichkeit der biologischen Bodenbehandlung. *Mitteilungen der Deutschen Gesellschaft für Allgemeine und Angewandte Entomologie* 17,247 - 248.

Daniel, C., Mathis, S. and Feichtinger, G. (2014) A new visual trap for *Rhagoletis cerasi* (L.) (Diptera: Tephritidae). *Insects* 5,564 - 576.

Dominiak, B. C. and Ekman, J. H. (2013) The rise and demise of control options for fruit fly in Australia. *Crop Protection* 51,57 - 67.

EFSA (2010) Reasoned opinion. Modification of the existing MRL for acetamiprid in cherries. *EFSA Journal* 8,1494.

Englert, C. and Herz, A. (2016) Native predators and parasitoids for biological regulation of *Drosophila suzukii* in Germany. In: Fördergemeinschaft Ökologischer Obstbau e. V. (FÖKO) (ed.) *Proceedings of the 17 th International Conference on Organic Fruit-Growing*. FÖKO, 15 - 17 February, Weinsberg, Germany, pp. 284 - 285.

EPPO (2008) Pest risk analysis for: *Drosphila suzukii*. European and Mediterranean Plant Protection Organization. Available at: https://www. eppo. int/QUARANTINE/Pest_Risk_Analysis/PRAdocs_insects/11 - 17189_PRA_ record_Drosophila_suzukii_final%20. pdf (accessed 19 January 2017).

EPPO (2015a) PQR-EPPO Plant Quarantine Data Retrieval system. Available at: https://www. eppo. int/ DATABASES/pqr/pqr. htm (accessed 19 January 2017).

EPPO (2015b) *Drosophila suzukii* (Diptera: Drosophildae). European and Mediterranean Plant Protection Organization. Available at: https://www. eppo. int/QUARANTINE/Alert_List/insects/Drosophila_suzukii_ factsheet_12 - 2010. pdf (accessed 19 January 2017).

EC DG SANCO (2013) Ad-hoc study to support the initial establishment of the list of candidates for substitution as required in Article 80(7) of Regulation (EC) No 1107/2009: Final report. European Commission Directorate General for Health and Consumer Affairs (DG SANCO), Brussels.

EU (2005) Regulation (EC) No 396/2005 of the European Parliament and of the Council of 23 February 2005 on maximum residue levels of pesticides in or on food and feed of plant and animal origin and amending Council Directive 91/414/EEC. Available at: http://eur-lex. europa. eu/legal-content/EN/TXT/PDF/? uri =- CONSLEG: 2005R0396: 20121026 (accessed 18 January 2017).

EU (2009) Directive 2009/128/EC of the European Parliament and of the Council of 21 October 2009 establishing a framework for Community action to achieve the sustainable use of pesticides. Official Journal of the European Union L309/71, 24. 11. 2009. Available at: http://www. eppo. int/PPPRODUCTS/information/2009_0128_EU-e. pdf (accessed 18 January 2017).

FAO (1985) Data and Recommendations of the Joint Meeting of the FAO Panel of Experts on Pesticide Residues in Food and the Environment and the WHO Expert Group on Pesticide Residues. Food and Agriculture Organization of the United Nations, Rome, 24 September-3 October 1984. Available at: http://www. inchem. org/documents/jmpr/jmpmono/v84pr19. htm (accessed 19 January 2017).

Fontanari, M. , Sacco, M. and Girolami, V. (1993) Influence of ants on aphids and their predators in orchards. *Informatore Fitopatologico* 43,47 - 55.

Gilmore, J. E. (1960) Biology of the black cherry aphid in the Willamette Valley, Oregon. *Journal of Economic Entomology* 53,659 - 661.

Grassi, A. , Anfora, G. , Maistri, S. , Maddalena, G. , De Cristofaro, A. , Savini, G. and Ioriatti, C. (2014) Development and efficacy of Droskidrink, a food bait for trapping *Drosophila suzukii*. In: *Book of Abstracts of the IOBC VIII Workshop on Integrated Soft Fruit Production*, 26 - 28 May, Pergine Valsugana, Italy, pp. 105 - 106. Available at: http://eventi. fmach. it/Iobc/Abstract-Manuscript-submission (accessed 19 February 2015).

Gruppe, A. (1990) Investigations on the significance of ants in the development and dispersal of the black cherry aphid *Myzus cerasi* F. (Hom. , Aphididae). *Zeitschrift fürPflanzenkrankheiten und Pflanzenschutz* 97,484 - 489.

Guo, J. M. (2007) Bionomics of fruit flies, *Drosophila melanogaster*, damage cherry in Tianshui. *Chinese Bulletin of Entomology* 44,743 - 745.

Gwiazdowski, R. A. , Elkinton, J. S. , Dewaard, J. R. and Sremac, M. (2013) Phylogeographic diversity of the winter moths *Operophtera brumata* and *O. bruceata* (Lepidoptera: Geometridae) in Europe and North America. *Annals of the Entomological Society of America* 106,143 - 151.

Harzer, U. and Köppler, K. (2015) Die Kirschessigfliege *Drosophila suzukii*-Befallssituation 2014 in RheinlandPfalz und Baden-Württemberg. *Obstbau* 4,208 - 211.

Hauser, M. (2011) A historic account of the invasion of *Drosophila suzukii* (Matsumura) (Diptera: Drosophilidae) in the continental United States, with remarks on their identification. *Pest Management Science* 67,1352 - 1357.

Haye, T. and Wyniger, D. (2013) Current distribution of *Halyomorpha halys* in Europe. Available at: http:// www. halyomorphahalys. com/aktuelle-verbreitungskarte-current-distribution. html (accessed 19 January 2017).

Heckmann, R. (2012) First evidence of *Halyomorpha halys* (Stål, 1855) (Heteroptera: Pentatomidae) in Germany. *Heteropteron H* 36,17 - 18.

Hoebeke, E. R. and Carter, M. E. (2003) *Halyomorpha halys* (Heteroptera: Pentatomidae): a polyphagous plant pest from Asia newly detected in North America. *Proceedings of the Entomological Society of Washington* 105,225 - 237.

Jaastad, G. (1998a) Mating behavior and distribution of the European cherry fruit fly

(*Rhagoletis cerasi* L.) in Norway; applied and evolutionary research aspects on an insect pest. DPhil thesis, Department of Zoology, University of Bergen, Norway.

Jaastad, G. (1998b) Male mating success and body size in the European cherry fruit fly, *Rhagoletis cerasi* L. (Dipt., Tephritidae). *Journal of Applied Entomology* 122, 1 - 5.

Johannesen, J., Keyghobadi, N., Schuler, H., Stauffer, C. and Vogt, H. (2013) Invasion genetics of American cherry fruit fly in Europe and signals of hybridization with the European cherry fruit fly. *Entomologia Experimentalis et Applicata* 147, 61 - 72.

Kanzawa, T. (1939) Studies on *Drosophila suzukii* Mats. *Review of Applied Entomology* 29, 622.

Kaswase, S. and Uchino, K. (2005) Effect of mesh size on *Drosophila suzukii* adults passing through the mesh. *Annual Report of the Kanto-Tosan Plant Protection Society* 52, 99 - 101.

Katsoyannos, B. I. (1975) Oviposition-deterring, male-arresting, fruit-marking pheromone in *Rhagoletis cerasi*. *Environmental Entomology* 4, 801 - 807.

Katsoyannos, B. I. (1979) Zum Reproduktions- und Wirtswahlverhalten der Kirschenßiege *Rhagoletis cerasi* L. (Diptera: Tephritidae). Dissertation, Eidgenössische Technische Hochschule, Zürich, No. 6409.

Katsoyannos, B. I., Boller, E. F. and Benz, G. (1986) Das verhalten der Kirschenfliege, *Rhagoletis cerasi* L., bei der Auswahl der Wirtspflanzen und ihre Dispersion. *Mitteilungen der Schweizerischen Entomologischen Gesellschaft* 59, 315 - 335.

Katsoyannos, B. I., Papadopoulos, N. T. and Stavridis, D. (2000) Evaluation of trap types and food attractants for *Rhagoletis cerasi*. *Journal of Economic Entomology* 93, 1005 - 1010.

Kinjo, H., Kunimi, Y. and Nakai, M. (2014) Effects of temperature on the reproduction and development of *Drosophila suzukii* (Diptera: Drosophilidae). *Applied Entomology and Zoology* 49, 297 - 303.

Köppler, K. (2008) Occurrence of non-diapausing pupae in *Rhagoletis cerasi* L. In: Papadopoulos, N. and Kouloussis, N. (eds) *6 th TEAM newsletter*, Tephritid Workers of Europe, Africa and Middle East, December 2008, Thessaloniki, Greece, pp. 6 - 8.

Kovanci, O. B. and Kovanci, B. (2006) Effect of altitude on seasonal flight activity of *Rhagoletis cerasi* flies (Diptera: Tephritidae). *Bulletin of Entomological Research* 96, 345 - 351.

Landolt, P. J., Adams, T., Davis, T. S. and Rogg, H. (2012a) Trapping spotted wing drosophila, *Drosophila suzukii* (Matsumura) (Diptera: Drosophilidae), with combinations of vinegar and wine, and acetic acid and ethanol. *Journal of Applied Entomology* 136, 148 - 154.

Landolt, P. J., Adams, T., Davis, T. S. and Rogg, H. (2012b) Spotted wing drosophila, *Drosophila suzukii* (Diptera: Drosophilidae), trapped with combinations of wines and vinegars. *Florida Entomologist* 95, 326 - 332.

Laurino, D., Porporato, M., Patetta, A. and Manino, A. (2011) Toxicity of neonicotinoid insecticides to honey bees: laboratory tests. *Bulletin of Insectology* 64,107 - 113.

Lee, D. H., Short, B. D., Joseph, S. V., Bergh, J. C. and Leskey, T. C. (2013) Review of the biology, ecology, and management of *Halyomorpha halys* (Hemiptera: Pentatomidae) in China, Japan, and the Republic of Korea. *Environmental Entomology* 42,627 - 641.

Lee, J. C., Bruck, D., Curry, H., Edwards, D., Haviland, D. R. van Steenwyk, R. A. and Yorgey, B. M. (2011) The susceptibility of small fruits and cherries to the spotted-wing drosophila, *Drosophila suzukii*. *Pest Management Science* 67,1358 - 1367.

Łęski, R. (1963) Studies on the biology and ecology of the cherry fruit fly, *Rhagoletis cerasi* L. (Diptera, Trypetidae). *Polskie Pismo Entomologiczne B*, 153 - 240.

Lux, S. A. (2014a) PESTonFARM-stochastic model of on-farm insect behaviour and their response to IPM interventions. *Journal of Applied Entomololgy* 138,458 - 467.

Lux, S. A. (2014b) Influence of grower and consumer preferences on on-farm behaviour of *Rhagoletis cerasi*. In: *Proceedings of the Symposium on 'Opportunities for Enhancement of Integrated Pest Management'*, 1 - 3 April, Warsaw, Poland. Available at: https://www.bordeaux.inra.fr/cherry/docs/dossiers/Activities/Meetings/2014%2004%2001 - 03%20WG3%20Meeting_Warsaw/BOOKofABSTRACT.pdf (accessed 19 January 2017).

Lux, S. A., Ekesi, S., Dimbi, S., Mohamed, S. and Billah, M. (2003) Mango-infesting fruit flies in Africa: perspectives and limitations of biological approaches to their management. In: Neuenschwander, P., Borgemeister, C. and Langewald, J. (eds) *Biological Control in Integrated Pest Management Systems in Africa*. CABI International, Wallingford, UK, pp. 277 - 293.

Lux, S. A., Vogt, H. and Wnuk, A. (2014) Impacts of the cherry-market trends on *Rhagoletis cerasi* on-farm behaviour and IPM. In: *Proceedings of the EU COST Action FA1104: Sustainable Production of High-quality Cherries for the European market*. COST meeting, Bordeaux, France, October 2014. Available at: https://www.bordeaux.inra.fr/cherry/docs/dossiers/Activities/Meetings/2014%2010%2013 - 15_4th%20MC%20and%20all%20WG%20Meeting_Bordeaux/Presentations/Lux_Bordeaux2014.pdf (accessed 25 May 2016).

Lux, S. A., Wnuk, A., Vogt, H., Belien, T., Spornberger, A., Studnicki, M. (2016) Validation of individual-based Markov-like stochastic process model of insect behaviour and a 'virtual farm' concept for enhancement of site-specific IPM. *Frontiers in Physiology* 7, 363; doi: 10.3389/fphys.2016.00363. http://journal.frontiersin.org/article/10.3389/fphys.2016.00363/full

Maistrello, L., Costi, E., Caruso, S., Vaccari, G., Bortolotti, P., Nannini, R., Casoli, L., Montermini, A., Bariselli, M. and Guidetti, R. (2014) *Halyomorpha halys* in Italy: first results of field monitoring in fruit orchards. In: Escudero-Colmar, L. A. and

Damos, P. (eds) *Book of Abstracts of the Joint Meeting of the Sub-groups "Pome Fruit Arthropods" and "Stone Fruits", IOBC/WPRS Working Group "Integrated Protection in Fruit Crops"*, Vienna, Austria, p. 17.

Moraiti, C. A. (2013) Study on the biology, ecology and behavior of different populations of the European cherry fruit fly, *Rhagoletis cerasi* (Diptera: Tephritidae). PhD thesis, University of Thessaly, Volos, Greece.

Moraiti, C. A., Nakas, C. T., Köppler, K. and Papadopoulos, N. T. (2012) Geographical variation in adult life-history traits of the European cherry fruit fly, *Rhagoletis cerasi* (Diptera: Tephritidae). *Biological Journal of the Linnean Society* 107, 137 - 152.

Moraiti, C. A., Nakas, C. T. and Papadopoulos, N. T. (2014) Diapause termination of *Rhagoletis cerasi* pupae is regulated by local adaptation and phenotypic plasticity: escape in time through bet-hedging strategies. *Journal of Evolutionary Biology* 27, 43 - 54.

Nakano, R., Ihara, F., Mishiro, K., Toyama, M. and Toda, S. (2014) Confuser® mm can be used as an attractant to enable monitoring of the peach leafminer moth, *Lyonetia clerkella* (Lepidoptera: Lyonetiidae), in peach orchards treated with a mating disrupter. *Applied Entomology and Zoology* 49, 505 - 510.

Paloukis, S. S., Papadopoulos, N. T. and Katsoyannos, B. I. (1991) Observations on the bio-ecology and control of *Sphaerolecanium prunastri* (Fonsc.) (Coccidae) pest of fruit trees in northern Greece (in Greek). In: *Proceedings of the 3rd Symposium of the Greek Entomological Society*, 9 - 11 October 1989, Thessaloniki, Greece, pp. 85 - 93.

Papadopoulos, N. T. (2014) Fruit fly invasion: historical, biological, economic aspects and management. In: Shelly, T., Vargas, R. and Epsky, N. (eds) *Trapping and Detection, Control, and Regulation of Tephritid Fruit Flies*. Springer, Dordrecht, the Netherlands, pp. 219 - 252.

Papanastasiou, S. A., Nestel, D., Diamantidis, A. D., Nakas, C. T. and Papadopoulos, N. T. (2011) Physiological and biological patterns of a highland and a coastal population of the European cherry fruit fly during diapause. *Journal of Insect Physiology* 57, 83 - 93.

Pedata, P. A., Hunter, M. S., Godfray, H. C. J. and Viggiani, G. (1995) The population dynamics of the white peach scale and its parasitoids in a mulberry orchard in Campania, Italy. *Bulletin of Entomological Research* 85, 531 - 539.

Pehlevan, B. and Kovanci, O. B. (2014) First report of *Adoxophyes orana* in northwestern Turkey: population fluctuation and damage on different host plants. *Turkish Journal of Agriculture and Forestry* 38, 847 - 856.

Pérez, J. A., García, T., Arias, A. and Martínez de Velasco, D. (1995) La cola entomológica, un método alternativo a la lucha con insecticidas contra el pulgón negro del cerezo (*Myzus cerasi* F.). *Boletin de Sanidad Vegetal, Plagas* 21, 213 - 222.

Pontikakos, C. M., Tsiligiridis, T. A., Yialouris, C. P. and Kontodimas, D. C. (2012) Pest management control of olive fruit fly (*Bactrocera oleae*) based on a location-aware agro-environmental system. *Computers and Electronics in Agriculture* 87, 39 - 50.

Porcel, M., Sjöberg, P., Swiergiel, W., Dinwiddie, R., Rämert, B. and Tasin, M. (2015) Mating disruption of *Spilonota ocellana* and other apple orchard tortricids using a multispecies reservoir dispenser. *Pest Management Science* 71, 562 - 570.

Poyet, M., Le Roux, V., Gibert, P., Meirland, A., Prevost, G., Eslin, P. and Chabrerie, O. (2015) The wide potential trophic niche of the Asiatic fruit fly *Drosophila suzukii*: the key of its invasion success in temperate Europe? *PLoS One* 10, e0142785.

Prokopy, R. J. (1968) Orientation of the apple maggot flies *Rhagoletis pomonella* (Walsh) and European cherry fruit flies *R. cerasi* L. (Diptera: Tephritidae) to visual stimuli. In: *Proceedings of the* 13 *International Congress of Entomology*, 2 - 9 August, Moscow, Russia, pp. 34 - 35.

Prokopy, R. J., Papaj, D. R., Opp, S. B. and Wong, T. T. Y. (1987) Intra-tree foraging behavior of *Ceratitis capitata* flies in relation to host fruit density and quality. *Entomologia Experimentalis et Applicata* 45, 251 - 258.

Rauleder, H. and Köppler, K. (2015) Welche Früchte werden von Kirschessigfliegen befallen? *Obstbau* 4, 220 - 225.

Remund, U. and Boller, E. (1975) Qualitätskontrolle von Insekten: Die Messung von Flugparametern. *Zeitschrift für Angewandte Entomologie* 78, 113 - 126.

Rogers, M. A., Burknessn, E. C. and Hutchison, W. D. (2016) Evaluation of high tunnels for management of *Drosophila suzukii* in fall-bearing red raspberries: potential for reducing insecticide use. *Journal of Pest Science* 89, 815 - 821.

Salis, L., Lof, M., van Asch, M. and Visser, M. E. (2016) Modeling winter moth *Operophtera brumata* egg phenology: nonlinear effects of temperature and developmental stage on developmental rate. *Oikos* 125, 1772 - 1781.

Sasaki, M. and Sato, R. (1995) Bionomics of the cherry Drosophila, *Drosophila suzukii* Matsumura (Diptera: Drsosphilidae) in Fukushima prefecture 2. Overwintering and number of generations. *Annual Report of the Society of Plant Protection of North Japan* 46, 167 - 169.

Schumann, C., Schlegel, H. J., Grimm, E. and Knoche, M. (2014) Water potential and its components in developing sweet cherry. *Journal of the American Society for Horticultural Science* 139, 349 - 355.

Senger, S. E., Tyson, R. C., Roitberg, B. D., Thistlewood, H. M. A., Harestad, A. S., Chandler, M. T. (2009) Influence of habitat structure and resource availability on the movements of *Rhagoletis indifferens*. *Environmental Entomology* 38, 823 - 835.

Sjöberg, P., Rämert, B., Thierfelder, T. and Hillbur, Y. (2015) Ban of a broad-spectrum insecticide in apple orchards: effects on tortricid populations, management strategies, and fruit damage. *Journal of Pest Science* 88, 767 - 775.

Smith, J. J. and Bush, G. L. (1997) Phylogeny of the genus *Rhagoletis* (Diptera: Tephritidae) inferred from DNA sequences of mitochondrial cytochrome oxidase II. *Molecular Phylogenetics and Evolution* 7, 33 - 43.

Stadler, E. and Schoni, R. (1991) High sensitivity to sodium in the sugar chemoreceptor of the cherry fruit fly after emergence. *Physiological Entomology* 16,117 - 129.

Stephens, A. R. , Asplen, M. K. , Hutchison, W. D. and Venette, R. C. (2015) Cold hardiness of winter-acclimated *Drosophila suzukii* (Diptera: Drosophilidae) adults. *Environmental Entomology* 44,1619 - 1626.

Thistlewood, H. M. , Bostanian, N. J. and Hardman, J. M. (2013) *Panonychus ulmi* (Koch) European red mite (Trombidiformes: Tetranychidae). In: Mason, P. and Gillespie, D. R. *Biological Control Programmes in Canada* 2001 - 2012. CAB International, Wallingford, UK, p. 238 - 243.

Tochen, S. , Dalton, D. T. , Wimann, N. G. , Hamm, C. , Shearer, P. W. , Walton, V. M. (2014) Temperature-related development and population parameters for *Drosophila suzukii* (Diptera: Drosophilidae) on cherry and blueberry. *Environmental Entomology* 43,501 - 510.

Tochen, S. , Woltz, J. M. , Dalton, D. T. , Lee, J. C. , Wiman, N. G. , Walton, V. M. (2015) Humidity affects populations of *Drosophila suzukii* (Diptera: Drosophilidae) in blueberry. *Journal of Applied Entomology* 140,47 - 57.

Toth, M. , Szarukan, I. , Voigt, E. and Kozar, F. (2004) Importance of visual and chemical stimuli in the development of an efficient trap for the European cherry fruit fly (*Rhagoletis cerasi* L.) Diptera, Tephritidae. *Növenyvedelem* 40,229 - 236.

Tremblay, E. (1981) *Entomologia applicata*, Vol. II (1). Liguori, Napoli, Italy.

Tzanakakis, M. E. and Katsoyannos, B. I. (2003) *Insects of Fruit Trees and Grapevine*. Agrotypos, Marousi, Greece. van Leeuwen, T. , Tirry, L. , Yamamoto, A. , Nauen, R. and Dermauw, W. (2015) The economic importance of acaricides in the control of phytophagous mites and an update on recent acaricide mode of action research. *Pesticide Biochemistry and Physiology* 121,12 - 21.

Vogt, H. , Köppler, K. , Dahlbender, W. and Hensel, G. (2010a) Observations of *Rhagoletis cingulata*, an invasive species from North America, on cherry in Germany. *IOBC-WPRS Bulletin* 54,273 - 277.

Vogt. , H. , Kaffer, T. , Just, J. , Herz, A. , Féjoz, B. and Köppler, K. (2010b) Key biological and ecological characteristics of European cherry fruit fly *Rhagoletis cerasi* with relevance to management. In: *IOBC-WPRS WG "Integrated Protection of Fruit Crops"*. Joint Meeting of the Sub-groups "Pome fruit arthropods" and "Stone fruits", 12 - 17 September, Vico del Gargano, Italy. Abstract, p. 54.

Walsh, D. B. , Bolda, M. P. , Goodhue, R. E. , Dreves, A. J. , Lee, J. , Bruck, D. J. , Walton, V. M. , O'Neal, S. D. and Zalom, F. G. (2011) *Drosophila suzukii* (Diptera: Drosophilidae): invasive pest of ripening soft fruit expanding its geographic range and damage potential. *Journal of Integrated Pest Management* 2,1 - 7.

Wermelinger, B. , Wyniger, D. and Forster, B. (2008) First records of an invasive bug in Europe: *Halyomorpha halys* Stål (Heteroptera: Pentatomidae), a new pest on woody ornamentals and fruit trees? *Mitteilungen der Schweizerischen Entomologischen Gesellschaft* 81,1 – 8.

Weydert, C., Charlot, G. and Mandrin, J. -F. (2014) Insect-proof nets to protect cherry trees from *Drosophila suzukii* and *Rhagoletis cerasi*. In: Escudero-Colmar, L. A. and Damos, P. (eds) *Book of Abstracts of the Joint Meeting of the sub-groups "Pome fruit arthropods" and "Stone fruits"*. IOBC-WPRS Working Group "Integrated Protection in Fruit Crops", Vienna, Austria, p. 32.

Wise, J. C., Vanderpoppen, R., Vandervoort, C., O'Donnell, C. and Isaacs, R. (2014) Curative activity contributes to control of spotted-wing drosophila (Diptera: Drosophilidae) and blueberry maggot (Diptera: Tephritidae) in highbush blueberry. *The Canadian Entomologist* 147,109 – 117.

Zerulla, F. N., Schmidt, S., Streitberger, M., Zebitz, C. P. and Zelger, R. (2015) On the overwintering ability of *Drosophila suzukii* in South Tyrol. *Journal of Berry Research* 5,41 – 48.

Zhang, C. -L., Zhang, Y. -H., He, W. -Y., Huang, J. -B., Zhou, L. -Y., Ning, H., Wu, Z. -P., Wang, D. -N. and Ke, D. -C. (2011) Integrated control technology of cherry fruit flies and experimental demonstration in Aba, Sichuan province. *China Plant Protection* 31,26 – 28.

14　真菌病害

14.1　导语

真菌病害的发生通常需同时具备以下三个条件：①病原菌；②适宜的气候条件；③适宜的宿主植物组织。对宿主谱较窄以及主要接种源来自树体组织的真菌病害而言，病原菌的出现比较容易预防。僵果病是该类型的典型代表。当病害发生后，可通过摘除所有果实、修剪感病枝条的方法防止形成新的病原菌。然而，这种措施仅在集约化种植体系中才能应用。虽然宿主谱较宽的病原菌不易消除，但可以通过铲除周边可能的宿主植物降低病原菌的数量。优化果园的气候条件可以降低病害发生的风险。对单个果园而言，果园选址至关重要，应该选择通风、排水良好的地方建园。对于果园内的微气候条件而言，株行距、树势、整形修剪均可影响树冠的开张度，从而影响树冠内的湿度水平。此外，避雨栽培系统可有效降低树体湿度。虽然宿主植物适宜病原菌侵染的组织在品种间存在差异，但没有一个品种能抗所有病害。樱桃在花期和果实接近成熟期时更容易被侵染。在果实接近成熟期时，因为果实组织变软，病原菌更易获得果实内的营养成分，所以果实更容易感病。此外，在果实发育后期，随着果实增大，果皮角质层断裂。受伤果实及畸形果实组织（如双子果和败育果实）表现出比正常果实更易感病。病原真菌的孢子可通过鸟类或昆虫（如黄蜂）传播至果实的伤口。此外，昆虫和鸟类也会造成果实表面损伤，即便致病力较弱的病原菌也有了侵染的条件。目前，防鸟网及其他驱鸟工具均有市售。采收前利用杀菌剂做好病害预防或防治措施可避免或控制病原菌侵染的发生。甜樱桃生长期喷施杀菌剂的次数一般如下：花期需经常喷施；绿色果实生长期喷施次数减少；在采收前喷施次数增加。对酸樱桃而言，杀菌药剂防治主要在于保护叶片，通常整个生长季均要经常喷施。

由于果实的商品价值较高，因此预防酸樱桃及甜樱桃的采后腐烂病尤为重要。病原菌可能在采收前或者采收后的处理过程中传播到果实,可能潜伏在果实内,也可能存在于果实表面。果实之间病害的传播十分重要。采收设备应及时进行消毒处理,采用含氯消毒剂的水冷分级系统可有效降低果实病原菌的数量和果实间病害的传播风险。目前,关于含氯消毒剂的替代品正在进行研究。果实采收后,储藏环境的条件比田间更易控制。温度是防治真菌病害的重要因素。果实采收后迅速降温冷却、进行冷藏及冷链运输可有效控制大多数病害的发生。由于甜樱桃果实对 CO_2 耐受度较高,因此采用气调储藏技术及气调包装技术使果实微环境维持高 CO_2、低 O_2 水平可有效防控病害发生。在贮藏阶段,果实组织会逐渐变得更适宜真菌生长。此外,果实采收造成的机械损伤、果实腐烂等因素更有利于病原菌的侵染。采收后的处理过程也可使用杀菌剂,但并非所有国家均允许使用。

14.2 果实病害

14.2.1 褐腐病

褐腐病是当前世界范围内酸樱桃及甜樱桃的主要病害,致病菌包括链核盘菌属(*Monilinia*)的 4 种真菌:核果链核盘菌(*Monilinia laxa*)、美澳型核果褐腐病菌(*Monilinia fructicola*)、果生链核盘菌(*Monilinia fructigena*)以及半知菌丛梗霉属褐腐菌(*Monilinia polystroma*)。这 4 种病原菌的地理分布存在差异。核果链核盘菌在世界范围内均有分布,美澳型核果褐腐病菌主要分布于北美、澳大利亚以及新西兰,果生链核盘菌主要分布于欧洲及中东。半知菌丛梗霉属褐腐菌现在只是在波兰有报道(Poniatowska 等,2016)。链核盘菌属为多食性真菌,但其宿主主要为果树(Byrde 和 Willetts, 1977)。

链核盘菌属真菌侵染后可造成酸樱桃及甜樱桃果实的严重损失,特别是在花期及采收期前遭遇极潮湿天气。损失主要是因为感染褐腐病后出现的花腐病导致坐果率下降而减产,以及造成成熟果实褐色的腐烂。花腐病(blossom blight)[见图 14.1(a)]主要由核果链核盘菌和美澳型核果褐腐病菌引起(Byrde 和 Willetts, 1977)。在春季气温相对较低的气候条件对核果链核盘菌比较有利。它可以在 5℃和极短暂的湿润条件下侵染宿主植物(Tamm 等,1995)。与其相反,美澳型核果褐腐病菌则在 20～25℃的高温条件下毒性更高,侵染能力更强(Papavasileiou 等,2015)。花期主要是由分生孢子(无性阶段)造成侵染,而分生孢子是随雨水或风传播。在花期,当核果链核盘菌的分生孢子落到宿主植物的易感组织时，在适宜的温度和湿度条件下，孢子可在 2 h 内萌发(Keitt，1948)。对美澳型核果褐腐病菌而言，侵染过程中湿润的时间更加重要。如果没有一定时间适宜的湿度条件，那么即使病菌接种量很高也不会造成美澳型核果褐腐病菌的感染。当果实表面持续 15 h 以上保持湿润，约 80%的樱桃果实会被美澳型核果褐腐病菌侵染(Biggs 和 Northover，1988)。核果链核盘菌中几乎观察不到有性世代，而美澳型核果褐腐病菌的生命周期中有性世代十分重要。子囊盘在坠落的僵果表面形成，其中产生子囊孢子，这是该真菌的另外一种初侵染源(Holtz 等，1998)。目前，尚未在欧洲果园中发现子囊孢子(Villarino 等，2010)。

(a) (b) (c) (d)

图 14.1 果实病害(见彩图 12)

(a)甜樱桃花腐病；(b)酸樱桃褐腐病；(c)甜樱桃果簇及败育果实；(d)采收后甜樱桃上的灰霉病。

花腐病与果实腐烂之间的重要关联是潜伏侵染。导致潜伏侵染是由于萌发后的分生孢子在成功侵染后由于条件限制停止生长，直到果实成熟时再恢复生长(Jenkins，1968)。Adaskaveg 等对美澳型核果褐腐病菌在未成熟的甜樱桃中的潜伏侵染进行研究(Adaskaveg 等，2000)。该类型褐腐病菌在樱桃果实中被分离到的比例比灰霉菌(*Botrytis cinerea*)更高,是由于侵染过程中只有 6～12 h 持续湿度,而果实腐烂却需要 18～24 h 的持续湿度。

4 种链核盘菌属真菌均能引起果实褐腐病。同一果实也可同时被四种类型病原菌侵染,这取决于果园中病原菌的种类及各病原菌对寄主组织的潜在竞争(Papavasileiou 等,2015)。在坐果期和成熟期,不同类型的链核盘菌属真菌存在互作效应(Villarino 等,2012)。对酸樱桃而言,果实侵染很少出现[见图 14.1(b)]。物候期对果实抗病性有显著影响。樱桃在坐果前至着色期对核果链核盘菌分生孢子的侵染具有抗性(Xu 等,2007)。感染褐腐病的果实表面被腐烂性斑点覆盖,分生孢子座(菌丝)即着生在此处,并产生分生孢子。分生孢子随后被昆虫、雨水及风力传播,通过气孔、皮孔及果实表面的微小裂纹处侵入果实(Fourie 和 Holz, 2003)。分生孢子的浓度影响甜樱桃果实的病害症状和病原菌潜伏期的长短(Northover 和 Biggs, 1995)。随着时间推移,发病后的果实变成僵果,分生孢子在僵果上生长的菌丝体逐渐聚集成假菌核,而假菌核为下一个生长季花期侵染提供侵染源。有性世代在果生链核盘菌和半知菌丛梗霉属褐腐菌的生命周期作用不大。

与其他核果类果实相比,甜樱桃果实在收获后储藏时间较短(常规冷藏条件下仅 4～7 天),而在这个时期果实对链核盘菌属真菌抵抗力很差。果实采后褐腐病的发病率通常与以下因素有关:果实是否迅速降温和适当的冷藏与包装技术。果实表皮层破裂或微小损伤与果实出现褐腐病呈正相关(Børve 等,2000)。据报道,通过确定成熟果实上的潜伏侵染确认落花期至采收期均能发生链核盘菌属真菌的侵染(Adaskaveg 等,2000)。当果实抗性降低时,病原菌恢复生长,导致褐腐病症状出现。

鉴定链核盘菌属真菌的传统方法是依据其在人工培养基上的形态学特征,例如菌落颜色、边缘特征、生长速率、孢子的产生方式及大小和萌发管的生长模式(Hrustić 等,2015)。然而,形态学鉴定方法无法对某种链核盘菌属真菌的具有非典型形态特征的菌株进行准确鉴定,以及对果实中潜伏侵染进行早期检测的需要,使得需要建立更准确、高效的分子生物学的方法以鉴定链核盘菌属真菌。这种分子生物学的方法包括建立的可以同时多种病原菌的 PCR(Hu 等,2011)和根据细胞色素 *b* 基因是否有内含子以及它的长度差异建立的 PCR 体系(Hily 等,2011)。

虽然某些栽培措施,诸如消除烂果、僵果及剪除感病枝条,可有效降低病原菌的数量,但无法彻底消除病原。控制果园内昆虫数量,结合使用保护性杀菌剂能有效控制褐腐病(Ogawa 等,1995)。目前,可以用来控制褐腐病至少有 12 种杀菌剂,效果最好的为去甲基抑制三唑类(demethylation-inhibiting triazole, DMI)、苯基吡咯类(phenylpyrrole)和苯胺基嘧啶类(anilinopyrimidines)。杀菌剂的喷施时间对于花腐病的防治十分关键,因为在出现持续潮湿、温和的温度这样有利于病原菌侵染的天气之前就要喷施药剂以保护花朵。对于果实,由于硬核期果实对病原菌抗性增强,到采收前 3 周抗性才开始减弱,因此采收前是控制褐腐病发生的关键时期(Northover 和 Biggs, 1990)。然而,建议在酸樱桃及甜樱桃落花期和采收前喷施杀菌剂,而甜樱桃则需在生长中期再喷施一次。为了减少杀菌剂的使用,相关的病害风险性分析及决策支撑系统已经建立。温度、湿度、病原菌的数量、潜伏性侵染及果实的物候期(如花期、果实成熟期)等参数能为评估褐腐病危害程度提供风险性预测,并指导制订杀菌剂喷施计划(Tamm 等,1995; Xu 等,2007)。若干附生真菌,如出芽短梗霉菌(*Aureobasidium pullulans*)、黑附球菌(*Epicoccum purpurascens*),可用于樱桃褐腐病的生物防治(Wittig 等,1997),然而尚未商业化应用。果实采摘及加工过程避免造成机械损伤、采收后采用水冷或风冷技术迅速预冷果实、采用无菌容器贮藏果实、适时采收等措施可有效降低采收后褐腐病的发生(Ritchie, 2000)。为了避免链核盘菌属真菌的孢子在果实水冷系统中传播,通常向冷却水中添加氯气(chlorine)或二氧化氯(chlorine dioxide)等消毒剂,然而有机物的存在导致冷却水中的氯气不稳定,因此仅使用该措施还不足以确保杀死水中的孢子。冷却水中添加过氧乙酸(peracetic acid)可作为氯气消毒的有效替代方案(Mari 等,2004)。

14.2.2 灰霉病

灰霉病由植物病原真菌灰葡萄孢菌(*Botrytis cinerea*,有性世代 *Botryotinia fuckeliana* Whetzel)引起,是樱桃果实采收前后的主要病害之一(Adaskaveg 等,2000)。该病原菌可侵染樱桃花器官的各个组织。受天气条件影响,花器官被灰霉病菌侵染后可导致花腐病或潜伏侵染(Tarbath 等,2014)。当花器官中被病菌侵染的组织接触到发育中的果实时,果实表面将形成褐色病斑并迅速扩张,导致果实在发育早期腐烂。潮湿条件下,病原菌在坏死组织处形成大量分生孢子[见图 14.1(d)],而分生孢子是灰霉病最重要的病害传播的介体(Holz 等,2004)。分生孢子也可感染发育中的果实,形成不可见症状(潜伏性)或可见症状(休止性)的侵染(Adaskaveg 等,2000; Tarbath 等,2014)。甜樱桃的休止性侵染在果实表面可产生小坏死斑点或褐色坏死斑点周围形成红色圆环。如未及时进行病原检测，绝大多数休止性侵染则会在田间导致果实腐烂，也会导致果实在储藏期或者销售期腐烂，而有些潜伏侵染在一定时间内不会导致发病（Adaskaveg 等，2000）。对于何种因素导致病菌侵染能力的恢复以及果实如何开始腐烂，目前还不清楚（Jarvis，1994）。由于许多导致果实腐烂的真菌，如灰葡萄孢菌（*Botrytis cinerea*），其主要是通过伤口侵入的，因此采后果实腐烂主要归因于采前、采摘时或采后所造成的损伤（Förster 等，2007）。一旦真菌孢子落入到果实伤口处，即使在冷链运输、储藏过程保持 0℃的条件下，果实也会迅速腐烂（Wermund 和 Lazar，2003）。研究发现果实表皮伤口的严重程度与果实腐烂的出现比例呈高度正相关（Børve 等，2000）。

从热带、亚热带至寒带地区，凡是宿主植物存在的区域，灰葡萄孢菌皆有发现。由于孢子萌发，菌丝生长，孢子产生的速度都很快，以及病原菌在多种微环境下可以成功侵染，当前世界范围内都很难彻底防治灰霉病（Elad 等，2004）。通常，感病植物组织中灰葡萄孢菌的鉴定主要基于病原菌分离物的形态学鉴定方法。有两种常规方法可检测灰葡萄孢菌的休止性侵染和潜伏侵染：①过夜冰冻培养（Michailides 等，2000）；②百草枯浸泡绿色果实培养技术（Northover 和 Cerkauskas，1994）。对灰葡萄孢菌用分子方法鉴定是利用对灰葡萄孢菌特有的引物用 PCR 产生一段 757bp 的核苷酸序列（Rigotti 等，2002）。

很多因素均能影响灰葡萄孢菌对寄主组织的侵染。这些因素包括昆虫、鸟类和人类活动所造成的伤害及非生物因素（如天气条件、植物营养、化学及栽培措施）。防治果园昆虫、改造果园微气候（如果园树列走向、修剪和预防裂果）和减少病原菌的营养来源能够显著影响病原菌的存活和传播（Børve 等，2000；Elad 等，2004）。采收前搭建避雨棚能够显著减少包括灰葡萄孢菌的各种真菌引起的果实腐烂（Børve 和 Stensvand，2003）。关于灰葡萄孢菌与樱桃品种间互作关系的研究指出，樱桃育种应当选育在形态、解剖结构、遗传上具有抗性机制的品种（Elad 等，2004）。目前对灰葡萄孢菌进行生物防治的可能性仍在研究中（Tanovic 等，2012）。据报道，采收前使用若干生物防治制剂能够显著降低采后果实腐烂（Ippolito 和 Nigro，2000）。

除了非化学防治措施，目前市售的若干杀菌剂也能起到预防和治疗效果。然而，温带地区的甜樱桃生产中通常不需要针对灰葡萄孢菌进行防治。由于灰葡萄孢菌与其他病原菌相似的生物学特性，因此经常喷施预防花腐病及褐腐病的杀菌剂足以起到防控灰霉病的作用。

14.2.3　炭疽病

樱桃炭疽病，又称苦腐病，通常在果实表面形成褐色圆环，伴有凹陷型坏死，并可能产生橙色孢子。酸樱桃炭疽病造成重大经济损失在许多欧洲国家都有报道，但在美国仅在西弗吉尼亚地区报道过一次(Peet 和 Taylor，1948)。甜樱桃炭疽病发表率较低，但在很多欧洲国家有相关报道。炭疽病的致病菌曾被认为是胶孢炭疽菌(*Colletotrichum gloeosporioides*)，但最近研究发现尖孢炭疽菌(*Colletotrichum acutatum* J. H. Simmonds)是北欧国家最常见致病原。挪威和丹麦保存的1948—1991年间的樱桃标本中也能分离到尖孢炭疽菌(Sundelin等，2015)。尖孢炭疽菌分离物可划分为包括31个种的复合体(Damm 等，2012)。尽管炭疽病仅在果实中发病，但该病害在樱桃果实上的发生是一种典型的“半活体”类型(Peres 等，2005)。被侵染的酸樱桃果实在生长季早期会变干，但通常情况下酸樱桃和甜樱桃的果实被侵染后在临近成熟或采后果实开始腐烂[见图14.2(a)]。

(a)　(b)

图 14.2　炭疽病症状(见彩图13)

(a)甜樱桃果实炭疽病症状；(b)甜樱桃花芽的炭疽病症状。

尖孢炭疽菌在果园内全年都有。它在甜樱桃和酸樱桃芽中越冬，并且花芽多于叶芽(见图14.2b)(Børve 和 Stensvand，2006a)。机械采摘酸樱桃时，果柄通常留在树上，而这些被侵染的果柄，花朵和僵果是病原菌的主要来源(Magyar 和 Oros，2012)。生长季后期，炭疽菌能够侵染甜樱桃、酸樱桃叶片，且不表现症状(Børve 等，2010)。甜樱桃叶片出现这种潜伏性侵染的比例和严重程度随生长季节增加。病原菌侵染短果枝叶片的比例高于营养枝叶片。在接种实验中，尖孢炭疽菌在整个樱桃生长季都可以侵染樱桃树但是不表现症状(Børve 和 Stensvand, 2013)。用病原菌接种后,绿果期尖孢炭疽菌的自然发病率低,而同时期未脱落的畸形果中发病率较高(Børve 和 Stensvand, 2004)。由于果园中尖孢炭疽菌主要处于无性繁殖阶段,通过雨水飞溅或劳动工具进行传播,因此尖孢炭疽菌的传播大部分是局部性的。除樱桃外,其他几种植物也是炭疽菌的宿主,如果园杂草、观赏植物、野生树木和其他果树,也可能是潜在的病原菌的来源。

在樱桃上仅观察到尖孢炭疽菌的无性生殖阶段,却从未观察到它的有性生殖世代(*Glomerella acutata*)。然而,在人工培养条件下,一个樱桃上的病菌菌株形成了子囊壳(Stensvand 等,2008)。在雨水的冲刷下,尖孢炭疽菌的分生孢子从果实上的黑色结构的分生孢子盘中产生并释放出来。百草枯测试法(Cook, 1993)和过夜冷冻测试法(Børve 等,2010)均能鉴定田间无症状和可见症状的病原菌感染。对尖孢炭疽菌和尖孢炭疽菌复合体内的各致病种可以用已有的分子方法鉴定(Damm 等,2012)。

并非所有常用的合成杀菌剂都能有效控制炭疽菌属真菌。在有些经常喷施杀菌剂的酸樱桃果园中炭疽病害还会很严重。据报道,在酸樱桃园中,落花期及随后的 6 周内喷施预防性杀菌剂(Olszak 和 Piotrowski, 1985),或者采收前 1~2 周喷施治疗性杀菌剂,能有效防治炭疽病。虽然有研究发现甜樱桃绿果期喷施两次杀菌剂可有效防治炭疽病感染,但酸樱桃必须增加喷施次数,才能达到防治目的(Børve 和 Stensvand, 2006b)。

尽管樱桃炭疽病菌的传播大多是局部小范围的,但如能清除传播源,将有助于病害防治。由于酸樱桃树体高大,因此疏除果柄及僵果非常困难。然而甜樱桃由于其商品价值较高,通常为人工采收,并且所有的果实都被摘收。在冬剪时也可以彻底去除残留僵果。在生长季,未脱落的畸形果会携带病原菌(Børve 和 Stensvand, 2004),及时疏除畸形果可减少被侵染的成熟果实病原菌数量。在有机樱桃生产中,除栽培防治措施外没有其他特异性防治措施,在采后也没有特异性防治方法。

14.2.4 毛霉腐烂病

毛霉腐烂病可由多种毛霉属真菌引起,但主要致病菌为梨形毛霉菌(*Mucor piriformis* A. Fisch)。该病害主要发生于欧洲和美国的北部地区。果实采收前偶尔会发生毛霉腐烂病,例如在挪威(Børve 和 Stensvand, 2003)和德国(Palm 和 Kruse, 2008)均有相关报道,而使用避雨棚能够减轻该病发生(Børve

等,2007)。毛霉腐烂病主要在果实采收后发生[见图 14.3(a)],这主要与核果类果实表面存在伤口有关。病原菌存在于果园土壤中,昆虫能够将果园地面落果或杂草上的毛霉菌的孢子传播至果实(Michailides 和 Spotts, 1990)。由于针对毛霉菌的杀菌剂较少,因此该病害的防治很困难。唑菌胺酯(pyraclostrobin)和啶酰菌胺(boscalid)对防治毛霉腐烂病有效(Hauke 等,2004),可在采收前最后一次喷施杀菌剂时使用。该病害的预防性措施包括避免造成果实损伤(机械损伤或昆虫、黄蜂、鸟类造成的损伤)和采收后用含氯消毒水消毒(Spotts 和 Peters, 1980)。储藏期 1℃低温比 4℃更能有效减少病原菌侵染(Kupferman 和 Sanderson, 2001)。

(a) (b)

图 14.3 毛霉腐烂病和菌核病(见彩图 14)

(a)甜樱桃果实毛霉腐烂病;(b)甜樱桃菌核病。

14.2.5 菌核病

菌核病的危害通常较小,但当樱桃花期遭遇湿冷天气,该病害则能引起严重损失。病原菌核盘菌[*Sclerotinia sclerotiorum* (Libert) De Bary]在土壤中被侵染的宿主组织上以菌核的形式存活。从菌核产生的子囊盘产生子囊孢子,而子囊孢子是通过气流传播。核盘菌能侵染樱桃树花组织死亡或衰老的部分,如花瓣和萼片。被侵染的花器官呈现浅褐色坏死病斑。通常,坏死病斑从先被侵染的花向周围花簇传播。然后,病原菌从被侵染的花中传播至临近的幼果中。有时,在理想天气条件下,被侵染的果实及花器官可长出白色菌丝体[见图 14.3(b)]。关于甜樱桃菌核病仅有两则报道,分别来自美国俄勒冈州(Serdani 和 Spotts, 2007)和智利(Ferrada 等,2014)。

核盘菌的常规鉴定方法为形态学鉴定(Serdani 和 Spotts, 2007; Ferrada

等,2014)。该病原菌也可以利用分子的方法鉴定。

由于该病原菌的菌丝体大量生长,在土壤中可长期存活,且宿主范围较广,因此在绿果期防治菌核病较为困难。不过在花期使用的防治褐腐病杀菌剂也能有效防治核盘菌引起的绿果期腐烂病。

14.2.6 其他果实腐烂病

其他类型的果实腐烂病因冬季和花期的果园环境条件、果实成熟期以及采后储藏措施(如储藏时间、温度、化学制剂的使用和果实损伤)的差异而不尽相同。例如,双子果或短果枝为链格孢属、曲霉属、根霉属真菌的侵染提供了选择性位点(Ogawa 等,1995)。由于这些病原菌通过伤口造成侵染,因此其防治措施要综合利用果园环境消毒、采摘时小心处理和使用杀菌剂。果实包装工厂实际上有很多的病原菌来源(Youssef 等,2013)。残次果及附着于污染的果实包装盒上的孢子可通过气流、昆虫及循环水等传播给健康果实。另外,在许多甜樱桃生产国家还没有杀菌剂被注册用于采后使用,因此需要研究其他的防治这些病害的方法(Feliziani 等,2013)。

软腐病主要由匍枝根霉[*Rhizopus stolonifer*(Ehrenb.)Vuill.]引起,如果果实收获后未进行适当的冷藏,匍枝根霉菌则会能造成甜樱桃的严重损失。由于生长速度较快,因此根霉被认为是果实储藏期的毁灭性病原菌之一,通常 3~6 天即可出现症状(Bautista-Baños, 2014)。根霉可以在死组织中存活,其无性孢子随空气传播,引起病害发生。通常,根霉菌通过冰雹、裂果、采收及加工时造成的伤口侵染果实。感染区呈褐色、水渍状,覆盖有白色菌丝,并产生球状的孢子囊及大量孢子,孢子的产生使得表面颜色呈灰黑色(Shipper, 1984)。根霉分泌果胶酶,导致果实变软,在发病后期释放出酸味的汁液[见图 14.4(b)]。在储藏期,根霉菌能够通过接触侵染临近的果实,并形成一层厚厚的菌丝,将果实完全覆盖。由于匍枝根霉能够耐受高温,最适生长温度为 25℃,因此温暖潮湿的环境最利于病菌的侵染(Pierson, 1966)。主要的防治措施是将果实储藏条件维持在大约 0℃、CO_2 含量不低于 20%。

黑斑病在甜樱桃中十分常见,该病害可导致储藏期果实 15% 的损失(Ippolito 等,2005)。通常,黑斑病多发于成熟或过度成熟的果实,以及采摘后期的果实。致病菌通过孢子形态学方法进行鉴定,其孢子成串珠状并有隔膜(Simmons, 2007)。该病害的主要致病菌为链格孢菌[*Alternaria alternata*(Fr.)Keissl]。病原菌可在果园中的死组织中存活,并能随空气传播。病害的

图 14.4 储藏期甜樱桃由真菌造成的果实腐烂(见彩图 15)

(a)毛霉腐烂病；(b)根霉软腐病；(c)青霉腐烂病；(d)枝孢霉腐烂病。

发生主要与采收和加工时造成的损伤有关；然而，病原菌也能通过裂果伤口侵染还没有收获的樱桃果实(Barkai 和 Golan，2001)。被该病菌侵染后，果实病变部位坚实、微微下陷、呈黑褐色，在高湿环境下，病变部位被一层紧密的橄榄绿或深色孢子覆盖。雨季时在田间也可以发病，采收后症状加剧。黑斑病也可在储藏期发生，尤其发生于长期储藏的果实中。由于没有有效的杀菌剂，因此黑斑病的防治主要依赖避免机械损伤和裂果。温度控制在 0℃，采用 10% CO_2 的气调储藏技术能减少储藏期病害的发生(Serradilla 等，2013)。

扩展青霉(*Penicillium expansum*)在世界范围内均有分布，能侵染多种果树和蔬菜，引起青霉病(Sanzani 和 Ippolito，2013)。该菌造成的果实腐烂通常称为蓝霉，在长期储藏或成熟过度的果实中尤为严重。该病害是一种标准的果实软腐病，其外部症状表现为表面微陷坏死，传播速度极快，田间发病 5～7 天后果实完全腐烂。感病组织与健康组织间边缘非常清晰,容易区分。腐烂组织呈水渍状、浅褐色。分生孢子簇起初为白色,随着孢子成熟变为蓝绿色,这也是该病害名字的由来[见图 14.4(c)]。腐烂果实有土霉味。扩展青霉是真菌毒素"棒曲霉素"的主要制造者,尽管感染仁果类水果的青霉菌中主要分泌这种毒素,但在甜樱桃中青霉也能大量分泌这种毒素(Sanzani 等,2013)。青霉病主要感染裂果、虫害、鸟害及不当采摘造成的果实伤口。青霉病菌的孢子很容易随风传播,初侵染是由来自生长季的腐败果实、果园废料或腐生培养物上的分生孢子造成。

休止态侵染是病害从田间传到包装车间的主要方式。采收、分级、销售环节中的不当处理也可以造成病害传播。尤其注意的是,如在采后使用被青霉孢子污染的水清洗果实,会造成储藏期的严重损失(Baraldi 等,2003)。−1～0℃的低温条件能够延缓青霉菌的生长,但无法使其停止生长。吡霉胺和噻苯达唑通常用于防治青霉病,但多年的大量使用已经导致青霉菌产生了抗药性(Baraldi 等,2003)。

枝孢霉腐烂病在所有甜樱桃种植国家均有发生,其致病菌原多主枝孢菌(*Cladosporium herbarum*)主要存活于土壤中的植物病死组织中。多主枝孢菌可产生大量分生孢子,随空气传播,是空气微生物群的主要组成部分(Barkai-Golan, 2001)。多主枝孢菌致病力较弱,主要侵染因雨水或不当采摘受伤的果实。被震荡落至地面后在地面收集的樱桃果实中该病害发生率较高。果实感病后伤口的症状范围较小,但可向果实内部扩展。果实表面覆盖一层白色霉菌,随后长出一层厚厚的淡绿色孢子层[见图 14.4(d)]。由于枝孢霉的最低生长温度为−4℃,因此冷藏期的果实依然能生长并侵染果实,但发病率降低很多(Snowdon, 1990)。主要使用铜复合物杀菌剂防治该病。

曲霉属真菌(*Aspergillus* spp.)引起的果实腐烂在樱桃生产中影响较小,但偶尔会造成采后损失,有时也会产生真菌毒素。最常见的致病菌为黑曲霉(*Aspergillus niger*),通常发生于高温条件下的储藏果中。被侵染的果实表面产生黑色孢子,并可能会分泌赭曲霉素(Ogawa 等,1995)。黄曲霉(*Aspergillus flavus*)和寄生曲霉(*Aspergillus parasiticus*)在鲜果实中很少发现,但甜樱桃果实的某些成分可作为合成黄曲霉毒素(Aflatoxins)B_1、B_2、G_1 和 G_2 的底物(Llewellyn 等,1982)。在储藏不当的樱桃干果中发生该病害的概率增大,昆虫伤害,特别是双子果和短果枝也能增加感病概率。曲霉属真菌在 25～30℃的土壤中可存活,孢子通过空气传播,经伤口侵染果实(Barkai-Golan, 2001)。病原菌主要侵染成熟的果实。由于曲霉属真菌的生长温度不能低于 5℃,因此冷藏可有效抑制该病害发生。

14.3 叶部病害

14.3.1 樱桃叶斑病

樱桃叶斑病(Cherry leaf spot, CLS)由叶斑病菌{*lumeriella jaapii* (Rehm)v. Arx[无性世代：*Phloeosporella padi*(Lib.)v. Arx]}引起，是危害温带甜樱桃、酸樱桃生产仅次于褐腐病的第二大病害(Ogawa 等，1995)。樱桃叶斑病是美国、加拿大的原发病害，在欧洲的樱桃果园最早发现于1940年前后(Blumer, 1958)。目前，樱桃叶斑病已扩散到所有欧洲种植区及北美北部及东北部冷凉地区(Jones 和 Ehret, 1993)。该病对酸樱桃和甜樱桃叶片危害严重。几乎所有樱桃品种都对该病原菌不同程度地感病(Wharton 等，2003)。此外，叶斑病还危害其他李属植物(如野生型或栽培型品种)及观赏植物。

叶斑病是种叶部病害，随着病害发展将影响树势及健康。其典型症状为叶正面可见大量的微小红紫色斑点，随后形成坏死组织，易连成一片(见图14.5)。中心区域呈现褐色环形病斑，形成穿孔。发病后，随着病情发展叶片变黄，然而被侵染区域周围叶片保持绿色，使得叶片呈现斑驳表型。甜樱桃叶片上的病斑通常较大，近似圆形。在病斑的背面产生分生孢子盘，潮湿条件下生成浅粉色或白色孢子团。分生孢子被雨水冲溅至临近叶片，萌发后侵染新的叶片。感病叶片常发生早期脱落，导致全树严重的落叶。虽然叶斑菌通常不侵染果实和果柄，但发生叶斑病导致落叶严重的果树上的果实不能正常成熟，可溶性固形物较低，果实硬度较小(Keitt 等，1937)。被侵染的果实果柄呈现环绕病纹，导致果实脱落。严重落叶的树木，尤其是尚未挂果的幼树，在夏季中期落叶，耐寒性变差，在严寒的冬季果树死亡率增加(Proffer 等，2006)。

图14.5 酸樱桃叶斑病症状(见彩图16)

叶斑菌在被侵染的叶片中以基质(成簇的菌丝体)的形式度过寒冬。在基质中形成子囊盘和分生孢子座，分别产生子囊孢子和分生孢子。在第二年春季果树发芽时，条件适宜孢子便会释放。子囊孢子粘到叶片背面，在水中萌发，通过气孔进入叶片内部（Jakobsen 和 Jørgensen，1986）。初侵染通常持续至早夏，直至子囊孢子耗尽，而次级侵染则从春季晚期分生孢子产生持续到秋季初期（Garcia 和 Jones，1993）。由于子囊孢子在降雨时或降雨后较短时间内释放（Dimova 等，2014），然后随雨水和风传播，因此依据天气条件使用杀菌剂防控樱桃叶斑病才能取得最好防治效果。

虽然樱桃叶斑病在寄主组织上比较容易鉴定，但致病真菌由于生长速度极慢，因此很难在人工培养基上分离病菌和鉴定。利用分子生物学方法可解决这一难题（Proffer 等，2006）。

由于叶斑菌在冬季果园地面上的落叶中可存活，因此为了减轻下一个生长季果园内叶斑病的发病，秋季应当彻底清除园内落叶。向地面上的落叶施用尿素能够减少子囊孢子和第二年春季分生孢子的产生。然而喷施时间需控制在病原菌已开始活跃的腐生生长阶段，大约在落叶后 4 周（Green 等，2006）。

在酸樱桃集约化种植园中，每年需喷施 4～8 次杀菌剂控制叶斑病的发生（Jones 和 Ehret，1993；McManus 等，2007）。杀菌剂防治需自落花期开始，这个阶段叶片对病害最敏感，然后每 7～10 天喷施一次，直至夏末。轮流使用不同类型的杀菌剂可预防园内叶斑菌产生抗药性。虽然 DMI 杀菌剂对叶斑菌防治效果很好（Ogawa 等，1995），但是叶斑菌对该药的抗性也已有报道（Jones 和 Ehret，1993；Proffer 等，2006）。据报道，花期至落花期之间喷施百菌清，随后使用铜复合物杀菌剂，能有效控制樱桃叶斑病（McManus 等，2007）。田间试验证实氟吡菌酰胺能有效防治酸樱桃叶斑病（Proffer 等，2012）。呼吸抑制剂类杀菌剂，如琥珀酸脱氢酶抑制剂（succinate dehydrogenase inhibitor，SDHI）与醌外抑制剂（quinone outside inhibitor，QOI）相似，能有效防治叶斑病。

樱桃叶斑病病情预报由 Eisensmith 和 Jones 研发（Eisensmith 和 Jones，1981）。在欧洲，基于计算机技术的樱桃叶斑病预测系统已经建立（Pedersen 等，2012）。

在有机樱桃的生产中，建议在秋季清扫地面被侵染的叶片以降低下一生长季的叶斑病发生概率。只有少数已认证的杀菌剂可在有机樱桃生产中使用，如石硫合剂和含铜化合物。此外，也可种植一些叶斑病不敏感品种或抗性品种，但目前酸樱桃中抗性品种较少。

14.3.2　穿孔病

Wilsonomyces carpophilus（Lév.）（Adaskaveg 等，1990）是穿孔病的病原

菌。该病害在世界范围内各核果类水果种植区均有发生，可危害叶片、枝条、芽、花和果实。由于穿孔病的症状不是病原菌本身，而是宿主植物对病原菌侵染的胁迫所产生的反应，所以穿孔病的症状没有特异之处。与在甜樱桃生产中的危害相比，穿孔病对酸樱桃危害较小。

叶片穿孔是该病害的主要症状，尤其在雨水丰沛的年份更为明显。发病部位最初为红紫色微小圆环，周围被浅绿色至黄色圆环环绕，随后扩展到直径 3～7 mm。后来晕环变成红棕色。在温暖干燥的环境中，叶片病斑区域脱落形成“穿孔”。除了某些高度感病的品种，在严重发病或叶柄受到侵染外，多数品种的发病叶片会留在枝条上直至秋季。由于“穿孔”消除了叶片中的病菌组织，因此叶片中通常不能形成病菌孢子。在被侵染的枝条上病斑的中心可以形成以下产孢的结构：被侵染部位的中心起初呈现直径为 2～3 mm 的紫色斑点，随后扩大变为褐色，中心部位组织死亡，上面被长出的一簇小的孢子覆盖。

枝条被侵染后的病斑可能大小维持不变，但也会扩张为坏死的溃疡性组织，溃疡处覆盖一层黏性的分泌物。虽然枝条上的斑点最初与叶片上的斑点相似，但在随后的发病过程中其中心区域一直保持较深的颜色，斑点间如果融合，就会向周围扩展甚至环绕枝条。在病斑上部的嫩枝易干枯。被侵染的芽子呈现深褐色至黑色鳞片，通常覆盖着黏性渗出液，使得感病芽呈现光泽。花芽感病可导致花腐病或在花柄基部出现溃疡。

果实被穿孔病菌侵染后的症状根据其发育时期而各不相同。果实病变部位起初为紫色小点，临近成熟时，扩展为直径 10 mm 的斑点，病斑占据一半甚至更多的果实表面。幼果的病变部位通常呈现凹凸不平，随着果实生长发育，病变部位往往易于脱落。果实病变部位很少产生病原菌孢子，但在成熟果实中，腐生的微生物可使果实腐烂。

W. carpophilus 在冬季以菌丝体的形式存在于嫩枝的溃疡处、叶痕处以及枯萎和外观健康的芽中，可随水流飞溅而传播。在温带地区，病原菌的孢子在流胶渗出液的保护下可以越冬。在枯萎的芽内部，芽被侵染 18 个月后还可以产生分生孢子（Ogawa 和 English，1991）。分生孢子大多通过水珠飞溅传播。分生孢子的萌发和随后的机械的穿透角质层都需要水膜的存在。病原菌成功侵染至少需要 24 h 的持续高湿环境；侵染后的潜伏期多为 3～8 天，但根据温度和组织类型不同，潜伏期时间可能长至 15 天；在嫩枝被病原侵染后潜伏期要比叶片和花器官长。春季降雨为病原菌对叶片和花器官的初级侵染提供了条件；尽管由于降雨和喷灌形成的持续潮湿条件使得该病害在全年均可发生并产生危害，但

在极度冷湿的春季，病害尤为严重(Evans 等，2008)。甜樱桃穿孔病的流行病学研究已有报道，多年积累的数据结合气象数据记录了病害的严重程度及发生规模(Grove，2002)。

病原菌在低于 5℃或高于 30℃条件下不能生长，其最适生长温度为 15～21℃(Adaskaveg 等，1990)。在孢子萌发过程中，所有孢子不是同时萌发，这种机制延长了孢子的存活时间。孢子形成后能立刻萌发，整个萌发过程大约需要 1 h(Ogawa 和 English，1991)。萌发的孢子产生萌发管，直接穿透进入到宿主组织中。孢子萌发的温度范围较宽，但最适温度为 18～21℃。病原菌可以侵染的温度范围为 5～26℃，最适温度为 15℃左右。夏季病原菌的生长因天气条件而异，在夏季因为干燥炎热其生长几乎停滞。然而，随着秋天雨季的来临，其生长恢复。在夏季时常降雨的地区，樱桃在大部分的生长季都可以被侵染。病原可以若干年连续感染宿主而不表现危害，但如果遇到温和的冬天然后是潮湿多雨的春季，则病情会突然加重。除此之外，病害的发生与宿主植物的感病程度密切相关。如果每年都发生落叶症状，则将使树势变弱、减产以及冬季抗寒性降低。在冬季如遇连续霜冻，木本宿主植物的器官受损，植物抗性削弱，病原菌生长显著增加。

该病害的预防性措施包括选用比较不感病的品种，在休眠季节进行修剪以去除被侵染的组织(芽和流胶的枝条)。必须彻底焚烧剪掉的被侵染的组织，以减少病原菌的接种量，避免多年连续感染。在生长季和生长季后期适量施加氮肥可降低枝条的感病程度。灌溉过程中尽量避免打湿枝条、叶片和果实。由于保护好叶片和果实对樱桃生产非常重要，因此建议在膨芽期及开花后期进行病害预防。根据气候、天气条件以及品种的感病程度，在坐果后建议进行 1～2 次防治。樱桃落叶时也建议进行一次防治，以减少菌源量以及在休眠期保护好叶芽和花芽。在过去波尔多液与铜试剂是防治该病害的标准杀菌剂。建议这些药剂现在都在秋季落叶后喷施。某些国家允许使用有机杀菌剂，它们可在叶片在树上还未落叶的季节使用。

14.3.3 银叶病

银叶病的致病菌原为紫软韧革菌[*Chondrostereum purpureum* (Pers.) Pouzar]。这种病害在甜樱桃中并不常见，仅在某些品种(如“佐治亚”)中有发生。该病菌宿主范围宽，可感染 26 个科的 175 种植物，其中包括核果类和仁果类果树。据报道，在大部分温带地区都发现有银叶病。

紫软韧革菌可导致被侵染枝条的叶片颜色逐渐呈现银色或铅色，这是“银叶病”名字的由来。叶片表面的金属光泽是由于上表皮与栅栏组织层分离，空气渗入，与正常的反射光形成干涉。然而，在甜樱桃上很少能见到银叶病的典型症状，而在桃子上常见。在被侵染的新梢上的叶片发病后出现黄色或褪绿的颜色变化，有些叶片向上卷曲并有组织坏死出现。严重感病的植株会出现落叶，在正常落叶期前叶片从枝条基部脱落，随后枝条干枯。树木的心材变色是银叶病最典型的症状之一。银叶病植株中心木质组织变褐色，但最明显的木材变色和坏死现象发生于大枝、主干和根系。由于病原体存在于木质部，病害症状在整棵树中是不规则分布的，有些部分健康，有些部分则发病。被银叶病菌侵染的树株通常在果园内随机分布，但有时也出现区域性感病现象。类似银叶病的症状也可能因夏季高温和水分不平衡或螨虫（*Aculus fockeui*）危害引起。真正的银叶病症状出现于生长季刚开始，而类似银叶的症状则在夏季中期出现。被侵染的植株在春季表现症状后数月内整株或部分死亡，也可能在春季发病后会暂时或永久性的恢复。树枝或主干死亡后，表面会出现革质担子菌子实体。紫软韧革菌可形成分化完全的子实体柄，最初为白色-橙色，在主干表皮平铺，随后生长为突出树干几厘米的小耳朵状结构，外部表皮变成灰色，内部为红紫色至白褐色，具有一层光滑的产孢结构。病原菌因为这种红-紫色而得名。

夏末，死亡的主干接近地面的部位或处于阴凉处的木材上会生出大量的担子菌子实体[见图 14.6(a)]。这些子实体会干枯，然而一旦湿度再次上升，干枯的子实体将恢复并产生孢子，在秋季和冬季的数月内持续传播病害。风力传播的担子菌孢子降落聚集到新暴露在外面的树干组织上，尤其是修剪的伤口处。单核状态的孢子萌发进入树干，不同孢子形成的菌丝杂交后形成双核的菌丝定居于大型树枝、根系和主干。健康根系与感病根系接触也能诱发病害发生。植株组织可形成流胶而阻碍病原体发育。一旦病原菌定位到木质部，菌丝则开始向外扩散，直至表皮，分化形成产孢结构，完成整个生命周期。该病原菌自己不能扩散到新梢或叶片。在木质部定殖的病原菌产生的毒素运输到叶片后引起症状。由于子实体柄、孢子的形成和侵染皆需要高湿条件，因此高发病区域通常局限于冬季温和生长季节湿润的地区。但是，果园的微气候也可能形成利于紫软韧革菌侵染的条件。银叶病的病程演化是无法预测的，这可能是一个长期过程，不同程度的症状变化需很多年才能表现，也可能是一个快速的过程。在后一种情况下，通常是感染幼树，即使感病树木叶片没有典型的银色变色症状，树木也会快速死亡。快速生长的幼树最容易被侵染发病。因此，育苗圃中必须彻底清除被侵染发病的植株。

(a)

(b)

图 14.6　银叶病和卷叶病症状(见彩图 17)

(a)银叶病病原菌在树干上的产孢结构;(b)樱桃卷叶病症状。

银叶病的防治十分困难,因为致病菌的宿主为多年生植物,宿主范围广,病原菌产生时间很长,而且不可能完全保护好所有伤口表面。由于病原菌感染木质部,目前没有任何有效的治疗措施,所以预防病害发生是控制该病的最佳方法。必须要定期检查果园及周边栽植的木本植物(尤其是杨树),一旦发现发病后产孢结构,必须焚毁或用化学药剂消毒。应当在春季以后修剪树木,最好在干燥炎热的季节进行,那时担孢子数量少而且伤口愈合快。此外,健康树木的修剪要先于感病树木,在修剪不同树木之间工具要消毒。修剪树木后伤口立刻涂抹杀菌剂是一种很好的预防性措施。在有机农业中,处理伤口时使用木霉菌(*Trichoderma spp.*)配方的微生物制剂,这种制剂是化学杀菌剂的最好替代品(Dubos 和 Ricard, 1974);有一种特色修枝剪携带有这种拮抗菌,借助它可在修剪的同时对伤口接种上拮抗菌。如果在曾经发病位置重新种植树木,则须使用如威百亩(Metam sodium)药剂熏蒸土壤。某些果树,如李、苹果已报道有抗性品种(Grosclaude, 1971),但甜樱桃中没有报道。其他预防措施还包括生产中使用健康苗木,用金属柱代替木柱,因为病原菌也可能侵染这些木柱。

14.3.4　樱桃卷叶病

子囊菌(*Taphrina wiesneri*)是樱桃卷叶病和丛枝病的主要致病原,这种病害在各樱桃产区都有发生(Booth, 1981),但很少造成危害。丛枝病最明显的特征是主枝分生出大量细枝,或多或少地缠绕在一起。通常,丛枝病发生于植株顶端,生长量可以很大,有时直径可达 3 m。造成这种现象的原因是隐芽被病原菌侵染后变为成熟的芽,与其他正常的芽在同一年内萌芽。病原菌侵染后产生激素扰乱宿主植物的激素平衡(Masuya 等,2015)。被侵染发生丛枝病的枝条节间较短,这种症状在冬季落叶后或春季花期比较明显。丛枝病枝条在树冠中较为突出，易于辨别，整个丛枝没有果实只有叶片。

病原菌的侵染还能导致叶片稍微增厚和落叶。发病叶片肉质增厚，叶肉组织凹凸不平发育极度扭曲[见图 14.6(b)]，叶柄也比正常叶柄大。随后，感病叶片变黄，呈现红色，同时如在早春季节遭遇长时间潮湿天气，叶背面栅栏状的子囊则会形成一层白色细胞层。有时，栅栏状的子囊层也在叶正面形成。病原菌产生的酶类导致上述症状的出现。感病叶片也可能出现在正常的、无丛枝表型的枝条上。

用人工培养基分离分生孢子或芽孢可得到类似酵母的菌落。尽管子囊孢子在 10～30℃ 条件下均能萌发和生长，但其最适萌发温度为 20～25℃（Booth，1981）。受气候条件影响，子囊孢子在春季通过风力和水滴飞溅向周围扩散。在被侵染的器官中，子囊菌以菌丝体的形式度过寒冬。这是丛枝病在同一植株甚至同一枝条每年都发病的原因。

由于病原菌在休眠芽的鳞片及木质部越冬，因此防治卷叶病最有效的方法是及时修剪和焚烧感病枝条。发病枝条应该在可见症状出现的位置以下 30 cm 处进行修剪。由于水滴飞溅可传播樱桃卷叶病，因此灌溉时需注意在树冠以下进行，避免打湿叶片。在秋季和发芽前使用含铜杀菌剂（如波尔多液）、福美锌和福美双可收到良好效果。

14.3.5 白粉病

樱桃白粉病由真菌引起，在世界范围内造成偶发性损失。白粉病致病菌为白粉菌科叉丝单囊壳属隐蔽叉丝单囊壳种[*Podosphaera clandestina*（Wallr.）Lév]。所有甜樱桃品种都对白粉病是感病的，但感病程度各不相同（Olmstead 等，2000）。叶片、新梢及果实均能感染该病害，并且酸樱桃所受的影响比甜樱桃更大。芽萌动后 4～6 周叶片表面可见到初次侵染。白粉病的初次感染通常发生于树干基部萌蘖枝条的叶片，以及靠近骨干枝的枝条叶片，或靠近分叉处枝条的叶片（Grove 和 Boal，1991）。通常，花后几天便可观察到初期症状，即叶片正反面有浅色、不规则的病斑。随着病情发展，叶片症状逐渐严重，形成大量产生病原菌孢子的菌落。在潮湿的年份，白粉病斑相当常见，这些病斑可能单独分布，也可能聚集在一起，使得叶片呈现白粉状外观。感病严重的叶片向上卷曲或者形成水泡溃疡及褶皱，在叶片成熟前脱落。白粉菌在夏季的侵染使得几乎所有的顶梢都被侵染。严重感染白粉病的顶梢发育不良，常表现为扭曲和萎蔫。

在果实发育期，尤其是在果实发育最后的 4～6 周内，叶片感染白粉病将对产量造成严重影响(Grove, 1991)。果实发育期如遇连续降雨则果实感染率将大幅增加。白粉病通常在夏季炎热、干燥的天气下可观察到。幼果最容易被侵染。当果实发育至可溶性固形物含量超过 12%～13%时,果实的感病程度降低,原因在于致病菌的分生孢子通常在果实糖含量达到 15%时萌发。在成熟果实中,病原菌菌丝通常出现在果实表面略微凹陷的环形区域内,菌丝体的感染范围可能较小也可能覆盖整个果实。严重的叶柄感染可能会影响机械收获。

随着病情发展,大量褐色的、球状闭囊壳开始形成。病原菌以闭囊壳(产生孢子的部位)的形式,在果园地面或覆盖枝杈的衰老樱桃叶片以及部分腐烂的樱桃叶上及树皮缝隙中越冬(Grove 和 Boal, 1991)。自芽萌动前 1 个月持续至整个花期,孢子从闭囊壳中释放(Grove 和 Boal, 1991)。子囊孢子的释放需有自由态水分子的存在,有 1 h 的持续湿润即可(Grove, 1991)。子囊孢子释放的最佳温度为 15℃。闭囊壳是甜樱桃白粉病流行的初级菌源(Grove 和 Boal, 1991)。子囊孢子侵染后形成的白粉菌落是随后叶片及果实次级感染的传播源。叶片上的次级侵染贯穿于果实发育期和采后的整个阶段。分生孢子在叶片上萌发的最适温度为 20℃;然而,子囊孢子的初级侵染发生的最低温度仅需 10℃,同时叶片保持湿润,而次级感染则需要较高的空气湿度和 21～26℃的温度范围。

白粉病症状相对易于辨认,但病原菌鉴定需借助于分子生物学方法(Santiago 等,2014)。

减少白粉病次级感染的发生能有效避免果实减产(如控制叶片上白粉病的发生)。每隔 10～14 天施用一次 DMI 杀菌剂,是防治该病害的主要手段。然而,在病害高发的年份,这种手段并不能有效防治白粉病,尤其是病害发生初期未及时使用杀菌剂延迟病害的流行(Grove, 1991)。重复使用同类杀菌剂易导致叉丝单囊壳菌对相同种类杀菌剂产生抗性。目前,丙烯酸酯类是抑制白粉病效果最好的杀菌剂。然而,因次级侵染的多次发生是造成白粉病流行的主要因素,杀菌剂的种类和使用时机是防治成败的关键。因此,夏季喷施药剂十分关键。目前,樱桃种植者通常采用的防治方法仍是种植抗病品种、利用整形修剪使树体结构通风等来减少樱桃白粉病菌的侵染。

14.4　树体病害

14.4.1　疫霉病

疫霉病由多个疫霉属真菌(*Phytophthora*)引起,主要包括栗黑水疫霉(*P.*

cambivora)、大子疫霉(*P. megasperma*)、掘氏疫霉(*P. drechsleri*)、隐地疫霉(*P. cryptogea*)、樟疫霉(*P. cinnamoni*)、柑橘生疫霉(*P. citricola*)、恶疫霉(*P. cactorum*)、柑橘褐腐疫霉(*P. citrophthora*)、丁香疫霉(*P. syringae*)以及其他未被分离的病菌。该属病原菌宿主范围较广(Wilcox 和 Mircetich，1985a；Ogawa 和 English，1991)。树势削弱后的果树就成为病原菌生长的“培养基”，各种疫霉属真菌均能在上面生长引起腐烂病。长时间的土壤洪涝是疫霉病发生的主要诱因(Wilcox 和 Mircetich，1985a)。在管理较好的果园，疫霉病很少发生。例如，据调查，在意大利南部地区，仅有 3%的样本能检测到疫霉属真菌。

通常，被侵染的果树树冠的症状并无特异表型。这些症状包括生长变弱、变色、黄化、落叶、衰退、萎蔫及枝条或骨干枝衰竭。当前一年秋季或冬季潮湿多雨，被侵染的幼树在春季恢复生长后可能在短时间内死亡。大树可能在出现症状后数周至数月内即死亡，也可能在几个生长季之后死亡。在被侵染的植株树干基部可观察到较为特异的症状，例如树皮腐烂变褐[见图 14.7(a)]、生长受抑制或发生坏死。褪色的症状可扩散至边材，但病原菌不能定殖于木质部。树皮裂缝出现溃疡，可能出现流胶液溢出，也可能无流胶液。若将外部树皮刮除，感病组织与健康组织间有清晰边界。这些症状出现在主干溃疡以上的部分树冠中。溃疡部位环绕树干发生，导致树体死亡。若溃疡面发展至主干周长的 50%以上，则须刨除该树。溃疡发生于埋于地下的根颈处，向上垂直延伸至主干。由于病菌侵染宿主根系，导致吸收根腐烂、数量减少，根系表皮颜色变成深褐色或黑色，而中央组织依然保持白色。大型根系的表皮也会出现类似于树干基部的腐烂症状，只是没有流胶液溢出，腐烂的组织最终在土壤中分解。环境因素导致的生长势较弱的植株更易于发生根系腐烂。

疫霉属真菌的分子生物学鉴定方法已经建立(Schena 等，2008)。夏季疫霉病的症状比春秋季更明显，但分离致病菌却难度较大。

疫霉属真菌存在于土壤中，但也能通过根系上的土壤颗粒、农具、随风或随水传播至果园中。在两次土壤中含水量达到饱和之间，当土壤中含氧量达到良好的平衡状态，菌丝体产生孢子囊；当土壤中含水量达到饱和时孢子囊释放出游动孢子。通常，春秋季的温度适宜病原菌侵染。病原菌能够在植物组织中存活，但在不利的环境条件下，病原菌可在土壤或宿主组织中以合子及厚垣孢子的形态存活数年，这种方式因疫霉属真菌种类而异(Ogawa 等，1995)。

疫霉病的预防性措施主要基于水分管理和使用具有耐病性砧木品种。首先，避开排水不良的或地势不平的区域建园。由于游动孢子在每次灌溉后释放，

(a) (b) (c) (d)

图 14.7 樱桃树体病害(见彩图 18)

(a)甜樱桃疫霉冠腐病;(b)拟茎点霉属真菌在核果果树死亡枝条上的孢子形成;(c)壳囊孢属真菌在核果果树死亡枝条上的孢子形成;(d)蜜环菌根腐病。

因此减少土壤灌溉达到饱和的频率(按需灌溉)将可以有效地预防病害(Wilcox 和 Mircetich, 1985b)。应当根据樱桃树的蒸腾需求进行灌溉。灌溉过程避免打湿树干、起垄栽培等措施能够降低感病风险(Ogawa 等,1995)。嫁接在"马哈利"砧木的甜樱桃被疫霉病菌侵染的比例高于嫁接在"马扎德"砧木上的(Wilcox 和 Mircetich, 1985a)。接穗比砧木更感病,因此应当注意将品种接穗与地面保持合适的距离。疫霉病的化学防治非常困难。可在育苗圃内使用威百亩熏蒸土壤,这种办法不适用于定植或移栽树木。品种定植后,使用系统性杀菌剂甲霜灵和三乙膦酸铝可为果树提供某种程度的保护(Wilcox 和 Mircetich, 1985a)。

14.4.2 缢缩性溃疡病

缢缩性溃疡病是由桃拟茎点霉(*Phomopsis amygdali*)引起的真菌病害,该致病菌还能侵染桃、杏和李。虽然病害通常只危害枝叶,但有时也可见果实腐烂症状。通常,嫩枝被侵染比叶片更加普遍和严重[见图 14.7(b)]。感病严重的情况下,病原菌能导致树枝甚至整个植株死亡(Lalancette 等,2003)。

病原菌在宿主植物叶片上可诱导产生褐色的、环形或不规则形状的病斑。病斑的中心区域为分散的黑色分生孢子器。炎热的天气条件下,病原菌被限制在叶片的病斑中,但在秋季随着叶片衰老病原菌可生长至叶脉。在嫩枝及苗端,其症状为感病芽或一年生苗端中心出现红褐色溃疡。春季早期即可见病斑出现。随着病斑扩大,导致枝条环状剥皮、萎蔫、失水直至干枯死亡[见图 14.7(b)]。干枯枝条在夏季不断出现(Ogawa 等,1995)。由霉菌毒素壳梭孢素引起的缢痕在被侵染的枝条基部形成(Rhouma 等,2008)。该症状与链核盘菌属真菌引起的花腐病症状相似。然而，缢缩性溃疡的病斑凹陷，位于芽或枝节的中央，而不是在花上。此外，病斑表面通常可见带状花纹，并且感病组织有少量流胶溢出。相反链核盘菌属真菌侵染的组织则没有流胶产生(Ogawa 等，1995)。

秋季，病原菌通过叶片上的新鲜叶痕、芽鳞痕、托叶痕和果柄痕和花进入枝条，也可春季通过新梢直接侵染(Uddin 等，1997；Lalancette 和 Polk，2000；Lalancette 和 Robison，2002；Rhouma 等，2008)。所有的侵染位点中，叶痕是最重要的一种类型(Lalancette 和 Robison，2001)。该病害的潜伏期，即从成功侵染宿主至溃疡症状出现，大约需要 1 个月(Lalancette 等，2003)。溃疡处形成分生孢子囊并生成孢子。当分生孢子囊成熟后，在潮湿天气条件下释放出分生孢子(Lalancette 和 Robison，2001)。据报道，病原菌分生孢子的产生所需的温度范围较广，并且仅需要较短时间的持续高湿条件。这种气候条件在春秋季十分常见，这也与宿主的感病期一致。当该病原菌在马铃薯葡萄糖琼脂培养基上培养时，能分别形成 α 和 β 型分生孢子以及球状的黑褐色分生孢子囊。

桃拟茎点霉通常被认为是一类次生或者投机性的病原菌，因为它们常在宿主植物受到胁迫、濒临死亡或被其他病原菌侵染的情况下入侵。有些报道指出果腐拟茎点霉可危害多种宿主植物，*P. amygdali* 是其中致病性最强的变种(Bienapf 和 Balci，2013)。

在病原菌侵染前使用某些杀菌剂，如苯并咪唑、百菌清、克菌丹和敌菌丹能够预防缢缩性溃疡病(Ogawa 等，1995)。据报道，百菌清是防治该病害效果最好的杀菌剂，其次是克菌丹和嘧菌酯(Lalancette 和 Robison，2001，2002)。建议在秋季落叶期使用化学防治措施，因为这一时期是病原菌侵染高峰的关键时期(Lalancette 和 Robison，2002)。

然而，化学防治本身不能将缢缩性溃疡病的危害性降低至可接受的范围(Schnabel 和 Lalancette，2003)。清除园内病树、疏除病枝、使用滴灌设备、控制果园微环境可减少病原菌孢子的产生以及降低侵染的成功概率，以上措施均有助于防控病害(Lalancette 和 Robison，2001，2002；Lalancette 等，2003)。控制该病害的最佳办法是仔细疏除和销毁园内所有溃疡病枝条，以便将传染源彻底清除。落叶前修剪病枝，作为夏剪的常规工作，能够将患病风险降低 40%(Schnabel 和 Lalancette，2003)。

14.4.3 壳囊孢属真菌溃疡病

壳囊孢属真菌溃疡病是一种枝枯病，由两类进化关系很近的真菌引起，分别是桃干枯壳囊孢菌(*Leucostoma cinctum* Höhn.)和核果壳囊孢菌(*Leucostoma persoonii* Höhn.)。病原菌主要在桃中发现,但可在李、西梅、甜樱桃、酸樱桃、杏及其他野生李属植物、苹果、梨等植物上引起溃疡病和枝枯病(Biggs, 1989; Biggs 和 Grove, 2005)。果园中通常发现的是这些致病菌的无性世代(Biggs 和 Grove, 2005; Romanazzi 等,2012)。症状表现为枝条干枯、树皮溃疡、流胶及树势衰退。病菌侵染的小枝在冬季冻死的芽或叶痕附近区域出现凹陷变色现象。芽萌发后 2～4 周可观察到枝节的发病。被侵染的枝条颜色逐渐变深,渗出琥珀色胶体(Biggs 和 Grove, 2005)。溃疡主要形成于主干、枝杈、骨干枝及老枝,有琥珀色流胶渗出。流胶现象是植物应对生物胁迫及非生物胁迫的一种正常的生理性反应,但壳囊孢菌引起的树体流胶量过大,已对宿主产生危害。随着溃疡形成,流胶液变为深褐色至黑色,感病树皮干枯开裂,导致沿树干方向出现的椭圆形溃疡面下暴露出黑色组织。主枝和枝条感染的扩大还可引发叶片症状:即叶片变黄、脱落,或者萎蔫、死亡。在病死枝条上可观察到破开树皮后露出的黑色分生孢子囊。分生孢子从成熟的分生孢子囊中释放出来[见图 14.7(c)](Biggs, 1989; Biggs 和 Grove, 2005)。

病原菌只能通过机械伤口、冻害伤口或病死组织侵染宿主。最易被侵染的部位包括修剪造成的伤口、叶痕、树冠内部弱枝、昆虫伤口、褐腐病造成的流胶伤口、冬季冻伤芽以及小枝和树皮。此外,啮齿动物啃咬及栽培措施不当造成的机械伤害(如采摘梯、防护网等),还有折断的枝条也都是病原入侵的途径之一(Biggs, 1989)。在各种引发病害感染的影响因素中,冬季冻害被认为是最主要的因素(Kable 等,1967)。壳囊孢属真菌侵染并杀死宿主嫩枝,通过病死的嫩枝入侵植物老枝,引起溃疡,并可能导致大部分树体死亡(Biggs 和 Grove, 2005)。

分生孢子是导致大部分新发侵染的初级病源,而子囊孢子在整个病害流行过程中的作用尚未发现(Grove 和 Biggs, 2006)。病死树木是果园中分生孢子和子囊孢子的主要来源。大部分分生孢子可被雨水、昆虫、鸟类以及修剪工具传播。壳囊孢属真菌全年均可产生孢子,但在湿冷的晚秋和春季(自 11 月至次年 3 月)孢子产生量最大。此外,6 月也是孢子产生的季节,但要取决于降水与否(Schulz 和 Schmidle, 1983; Regner 等,1990)。

两种壳囊孢属致病菌分布都较为广泛,不过桃干枯壳囊孢菌(*L. cinctum*)多发生于气候凉爽的地区,核果壳囊孢菌(*L. persoonii*)多发生于气候温暖的地区。在气候凉爽地区,壳囊孢属真菌溃疡病是一种主要病害;而在气候温暖地区,该病害影响较小。在欧洲,该病害对于甜樱桃生产很重要,是“卒中”病

("apoplexy"disease complex)的一部分(Biggs, 1989)。由于壳囊孢属真菌溃疡病与细菌性溃疡病的发病症状相似，在感病树皮组织尚未形成分生孢子囊时，该病害常被误诊为细菌性溃疡病。有一个重要特征可区分以上两种病害：虽然壳囊孢属真菌在一年或多年内均活力较高，但细菌性溃疡在下一个生长季鲜有活性(Regner 等，1990)。为了将病原菌鉴定到种，需依照以下标准：①菌丝体的颜色[桃干枯壳囊孢菌(*L. cinctum*)由白色变为浅黄或橄榄黄，核果壳囊孢菌(*L. persoonii*)由白色变为褐色或深褐色]；②分生孢子器的大小和特征[桃干枯壳囊孢菌(*L. cinctum*)：直径 1～3 mm，白色，针状，很少伸出卷须；核果壳囊孢菌(*L. persoonii*)：直径不大于 1 mm，具有深色喙状结构，成熟后伸出卷须]；③33℃条件下是否能够生长[桃干枯壳囊孢菌(*L. cinctum*)：最适温度为 18～20℃、最高温度为 30℃，核果壳囊孢菌(*L. persoonii*)：最适温度为 25～30℃、最高温度为 32℃](Romanazzi 等，2012)。

该病害的预防性措施主要在于减少冬季低温伤害和虫害、促进果树长势良好和及时处理树体伤口(Biggs 和 Grove, 2005)。果园建园时应当注意选址，选择通风、排水良好、远离病害高发区域建园。定植后，在生长季应仔细检查苗木，一旦发现病死枝条应当及时剪掉(Biggs, 1989)。

由于壳囊孢属真菌溃疡病发生后，将很难防治，因此该病害的最佳防治策略是避免出现致病风险因素，如冬季冻伤、虫害和其他病原伤害。及时处理果园内病死枝干，保持树体的旺盛生长对病害防治十分重要(Barakat 和 Johnson, 1997)。溃疡组织需从树木上及时疏除，并进行焚烧、掩埋或搬离出果园。在夏季中期，树木伤口愈合较快，适宜刮除主干及主干枝条的溃疡组织。该操作应当在持续干燥天气时进行，通常干燥天气应不少于 3 天。所有感病的树皮组织以及周边 4～5 cm 的健康组织也应一起刮除。虽然春剪后的伤口涂抹一层福美双(乳胶混合液)，可在某种程度上保护果树，避免病菌感染，但刮除溃疡组织后的伤口最好不要处理。目前，没有能有效防治壳囊孢属真菌溃疡病的杀菌剂(Biggs 和 Grove, 2005)。

14.4.4 黄萎病

大丽轮枝孢菌(*Verticillium dahliae* Kleb.)是樱桃黄萎病的致病原。生产上常用的砧木(如"马哈利")都能被该病菌侵染。该致病菌宿主范围极广，在所有甜樱桃、酸樱桃种植地区都有造成发病，但在甜樱桃果园中该病害并不普遍。一份意大利的调查指出，约 5%的具有衰退症状的植物中发现了大丽轮枝孢菌

(*V. dahlia*)感染。果园选址地如曾种植过其他该病菌的感病植物(如茄科植物),则建园后发病比例较高。

该病害的初始症状为初夏季节单个主枝上一个或多个幼嫩新梢的叶片突然萎蔫。叶片变黄或向上卷曲,颜色变暗,呈白褐色,随后萎蔫坏死。干枯萎蔫症状的发生非常迅速,以至于叶片不从枝条上脱落,而一直保留在枝条上。在慢性发病的过程中,感病枝条的叶片变黄,并最终脱落,感病主干的基部可能会发出新芽,但最终这些芽都会死亡。甜樱桃主干与树枝交叉处,而不是小枝,可观察到木质部黑褐色变色的现象。这种现象在其他核果类果树(如扁桃和桃)中更为典型。发病后,流胶物质阻塞了果树的木质部导管,阻碍了树液的向上流动。

由于黄萎病致病菌不会在宿主被侵染后的同一年内产生新的接种体,因此黄萎病属于单循环病害。病原菌侵染宿主后潜伏在木质部可超过 1 年。病原菌的微菌核有助于抵抗土壤的不良生存环境,使得病原菌在土壤中能够存活 10 年以上。鉴于大丽轮枝孢菌较宽的宿主范围(包括杂草),其接种体在土壤中可以在相当长时间内保持活性,这当然取决于土壤的管理方式和栽培品种。积水和高温会降低病原菌的活性。虽然病原菌可通过多种方式传播,但是病原菌只能通过被侵染的宿主植物的嫁接材料才传播至健康的土壤。果园内的灌溉用水、风吹散的尘土、栽培措施及修剪工具均能传播病原菌。在土壤潮湿条件下,病害感染维管束的情况更加严重。病害通常在 21～27℃下发生,最适温度为 24℃。在意大利南部的夏季,从木质部分离的致病菌呈现不稳定状态,这可能由于夏季高温影响了病原菌的活力。长势较弱的果树(如受营养匮乏、土壤通气不良或低温寒害等影响)更易感染黄萎病。萌发后的孢子可通过昆虫或栽培操作造成的伤口入侵植物根系或毛细根。病原菌在根系上表皮、皮层和内皮层的细胞间和细胞内生长到达木质部,但不引起明显的根系腐烂(Mace 等,1981)。在木质部中,分生孢子和部分菌丝体能随蒸腾流从侵染部位向枝条扩散。大丽轮枝孢菌能产生透明的菌丝体,在马铃薯葡萄糖琼脂培养基上分离培养的病原菌最初形态为白色毛状,随后颜色逐渐加深,主要是形成黑色、厚壁微菌核。分生孢子柄数量丰富,或多或少的直立、透明、竖直分支,每个小节生 3～4 个芽体。单个芽体产生分生孢子,性状为椭圆或近圆形,透明,大小为 2.5～8 μm×1.4～3.2 μm。深色的休眠菌丝体只在微菌核中产生。微菌核为深褐色至黑色,念珠状或葡萄状,含有球形细胞,直径大小约为 15～50 μm(有时达 100 μm)(Hawksworth 和 Talboys, 1970)。

黄萎病的预防性措施主要是避免在曾经种植过易感病作物的土地上建园。

目前，甜樱桃和酸樱桃均无抗黄萎病砧木。用威百亩或类似药剂熏蒸土壤能有助于减轻病原菌数量，但这项措施花费较高，且仅能在短时间内有效。

14.4.5 蜜环菌根腐病

蜜环菌[*Armillaria mellea*（Vahl）Kummer]是导致蜜环菌根腐病的致病菌原。这种病害在世界范围内不同物种中均有发生（例如果树、藤本植物、灌木和林木），也发生在草本植物上（如土豆和草莓）。“*Sensu lato*”是指隶属于蜜环菌属的 4 种病原菌：蜜环菌（*A. mellea sensu stricto*）、奥氏蜜环菌（*A. ostoyae*）、球蜜环菌（*A. bulbosa*）和发光假蜜环菌（*A. tabescens*）（Ogawa 等，1995）。除了发光假蜜环菌外，其他菌种在菌柄上部皆有一个类似于皮肤的圆环。蜜环菌根腐病被认为是甜樱桃树最重要的土传病害之一，尤其是在新开垦的林地、河流附近或曾经发病的再植果园。在意大利南部，它常与褐座坚壳菌（*Rosellinia necatrix*）一起分布在甜樱桃老果园中，在树冠上两者引起相同的非特异性症状。该病又称为蘑菇根腐病、鞋绳根腐病和橡树根真菌病，而病原菌则常常称为蜜菌。

年老和衰弱的植株通常更容易发生这种疾病。树冠的症状是非特异性的，主要表现为枝条生长不良、叶片过小、叶片早期变黄脱落和枝条枯死。在某些情况下，树叶会一直保持绿色，直到仲夏时节，在高温和干旱的情况下，整棵树可能会突然枯萎但叶片依然附着在树上。该病原体通过地下根状菌素或根系直接接触传播，树木腐烂或死亡从最初发病的地点呈环状向外扩展。根腐病在光照、排水良好、沙质或壤土以及洪水泛滥的河岸上较为常见。在发病的树干基部会出现该病害的特异症状，如出现白色的菌丝垫，这种结构就像是树皮和木头之间的扇形的毡状斑块。在腐烂区域，树皮很容易脱落，菌丝释放出强烈的如新鲜蘑菇的气味。在根表皮，可以观察到从红棕色或黑色的根状菌素或带状菌丝[见图 14.7(d)]。根状菌素或带状菌丝也存在于受感染树木周围的土壤中，这是病害在树木间传播的一种方式。残留在土壤中的腐烂根系可以引发新的病害。秋季，在生长受到影响的树或枯树的底部会出现一簇担子果。然而，担子孢子与土壤中发生的感染无关。

蜜环菌根腐病很难控制，因为它以根状菌素的形式存在于土壤深处，菌丝体受到枯木的保护。在受感染的树木周围挖一条沟渠是防止病菌传播的传统解决方案，但在密植的种植园不易采取这种措施。甜樱桃常用砧木都不同程度地感病。由于市面上出售的熏蒸剂对该病原体无效，因此对付蜜环菌根腐病的基本措施是以预防为主，例如避免高发病风险区域和保持良好的排水条件。果园内病害一旦发生，须及时人工清除受感染的树木，彻底铲除根系，使用禾本科植物轮作 3～5 年，以避免病害进一步传播。

参考文献

Adaskaveg, J. E., Ogawa, J. M. and Butler, E. E. (1990) Morphology and ontogeny of conidia in *Wilsonomyces carpophilus*, gen. nov., and comb. nov., causal pathogen of shot hole disease of *Prunus* species. *Mycotaxon* 37, 275 - 290.

Adaskaveg, J. E., Förster, H. and Thompson, D. F. (2000) Identification and etiology of visible quiescent infections of *Monilinia fructicola* and *Botrytis cinerea* in sweet cherry fruit. *Plant Disease* 84, 328 - 333.

Barakat, R. M. and Johnson, D. A. (1997) Expansion of cankers caused by *Leucostoma cincta* on sweet cherry trees. *Plant Disease* 81, 1391 - 1394.

Baraldi, E., Mari, M., Chierici, E., Pondrelli, M., Bertolini, P. and Pratella, G. C. (2003) Studies on thiabendazole resistance of *Penicillium expansum* of pears: pathogenic fitness and genetic characterization. *Plant Pathology* 52, 362 - 370.

Barkai-Golan, R. (2001) *Postharvest Diseases of Fruits and Vegetables: Development and Control*. Elsevier, Amsterdam.

Bautista-Baños, S. (2014) *Postharvest Decay: Control Strategies*. Academic Press, Elsevier, London.

Bienapfl, J. C. and Balci, Y. (2013) Phomopsis blight: a new disease of *Pieris japonica* caused by *Phomopsis amygdali* in the United States. *Plant Disease* 97, 1403 - 1407.

Biggs, A. R. (1989) Integrated approach to controlling *Leucostoma* canker of peach in Ontario. *Plant Disease* 73, 869 - 874.

Biggs, A. R. and Grove, G. G. (2005) *Leucostoma* canker of stone fruits. *The Plant Health Instructor*, DOI: 10.1094/PHI 2005 - 1220 - 01.

Biggs, A. R. and Northover, J. (1988) Influence of temperature and wetness duration on infection of peach and sweet cherry fruits by *Monilinia fructicola*. *Phytopathology* 78, 1352 - 1353.

Blumer, S. (1958) Beitrage zur Kenntnis von Cylindrosporium padi. *Phytopathologische Zeitschrifte* 33, 263 - 290.

Booth, C. (1981) *Taphrina wiesnieri*. Sheet no. 712. Commonwealth Mycological Institute, Surrey, UK.

Børve, J. and Stensvand, A. (2003) Use of a plastic rain shield reduces fruit decay and need for fungicides in sweet cherry. *Plant Disease* 87, 523 - 528.

Børve, J. and Stensvand, A. (2004) Non-abscised aborted sweet cherry fruits are vulnerable to fruit decaying fungi and may be sources of infection for healthy fruits. *Acta Agriculturae Scandinavica* 54, 31 - 37.

Børve, J. and Stensvand, A. (2006a) *Colletotrichum acutatum* overwinters on sweet cherry buds. *Plant Disease* 90, 1452 – 1456.

Børve, J. and Stensvand, A. (2006b) Timing of fungicide applications against anthracnose in sweet and sour cherry production in Norway. *Crop Protection* 25, 781 – 787.

Børve, J. and Stensvand, A. (2013) *Colletotrichum acutatum* can establish on sweet and sour cherry trees throughout the growing season. *European Journal of Horticultural Science* 78, 258 – 266.

Børve, J., Sekse, L. and Stensvand, A. (2000) Cuticular fractures promote postharvest fruit rot in sweet cherries. *Plant Disease* 84, 1180 – 1184.

Børve, J., Meland, M. and Stensvand, A. (2007) The effect of combining rain protective covering and fungicide sprays against fruit decay in sweet cherry. *Crop Protection* 26, 1226 – 1233.

Børve, J., Djønne, R. and Stensvand, A. (2010) *Colletotrichum acutatum* occurs asymptomatically on sweet cherry leaves. *European Journal of Plant Pathology* 127, 325 – 332.

Byrde, R. J. W. and Willetts, H. J. (1977) *The Brown Rot Fungi of Fruit: Their Biology and Control*. Pergamon Press, Oxford.

Cook, R. T. A. (1993) Strawberry black spot caused by *Colletotrichum acutatum*. In: Ebbels, D. (ed.) *Plant Health and the European Single Market*. BCPC Monographs, Vol. 54, British Crop Protection Enterprises, Brighton, UK, pp. 301 – 304.

Damm, U., Cannon, P. F., Woudenberg, J. H. C. and Crous, P. W. (2012) The *Colletotrichum acutatum* species complex. *Studies in Mycology* 73, 37 – 113.

Dimova, M., Titjnov, M., Arnaudov, V. and Gandev, S. (2014) Harmful effect of cherry leaf spot (*Blumeriella jaapii*) on sour cherry and influence on fruit yield. *Agroznanje* 15, 393 – 400.

Dubos, B. and Ricard, J. L. (1974) Curative treatments of peach trees against silver leaf disease (*Stereum purpureum*) with *Trichoderma viride* preparation. *Plant Disease Reporter* 58, 147 – 150.

Eisensmith, S. P. and Jones, A. L. (1981) Infection model for timing fungicide applications to control cherry leaf spot. *Plant Disease* 65, 955 – 958.

Elad, Y., Williamson, B., Tudzynski, P. and Delen, N. (2004) *Botrytis: Biology, Pathology and Control*. Kluwer Academic Publishers, Dordrecht, The Netherlands.

Evans, K., Frank, E., Gunnell, J. D. and Shao, M. (2008) Coryneum or shot hole blight. Utah Pests Fact Sheet. Available at: http://extension.usu.edu/files/publications/factsheet/coryneum-blight08.pdf (accessed at 2 December 2015).

Feliziani, E., Santini, M., Landi, L. and Romanazzi, G. (2013) Pre-and postharvest treatment with alternatives to synthetic fungicides to control postharvest decay of sweet cherry. *Postharvest Biology and Technology* 78, 133 – 138.

Ferrada, E. E., Diaz, G. A., Zoffoli, J. P. and Latorre, B. A. (2014) First report of blossom blight caused by *Sclerotinia sclerotiorum* on Japanese plum, nectarine and sweet cherry orchards in Chile. *Plant Disease* 98,695.

Förster, H. , Driever, G. F. , Thompson, D. C. and Adaskaveg, J. E. (2007) Postharvest decay management for stone fruit crops in California using the "reduced-risk" fungicides fludioxonil and fenhexamid. *Plant Disease* 91,209 - 215.

Fourie, P. H. and Holz, G. (2003) Germination of dry, airborne conidia of *Monilinia laxa* and disease expression on plum fruit. *Australasian Plant Pathology* 32,19 - 25.

Garcia, S. M. and Jones, A. L. (1993) Influence of temperature on apothecial development and ascospores discharge by *Blumeriella jaapii*. *Plant Disease* 77,776 - 779.

Green, H. , Bengtsson, M. , Duval, X. , Pedersen, H. L. , Hockenhull, J. and Larsen, J. (2006) Influence of urea on the cherry leaf spot pathogen, *Blumeriella jaapii*, and on microorganisms in decomposing cherry leaves. *Soil Biology and Biochemistry* 38,2731 - 2742.

Grosclaude, C. (1971) Silver leaf disease of fruit trees. VIII. Contribution to the study of varietal resistance in plum. *Annals of Phytopathology* 3,283 - 298.

Grove, G. G. (1991) Powdery mildew of sweet cherry: influence of temperature and wetness duration on release and germination of ascospores of *Podosphaera clandestina*. *Phytopathology* 81,1271 - 1275.

Grove, G. G. (2002) Influence of temperature and wetness period on infection of cherry and peach foliage by *Wilsonomyces carpophilus*. *Canadian Journal of Plant Pathology* 24, 40 - 45.

Grove, G. G. and Biggs, A. R. (2006) Production and dispersal of conidia of *Leucostoma cinctum* in peach and cherry orchards under irrigation in eastern Washington. *Plant Disease* 90,587 - 591.

Grove, G. G. and Boal, R. J. (1991) Overwinter survival of *Podosphaera clandestina* in Eastern Washington. *Phytopathology* 81,385 - 391.

Hauke, K. , Creemers, P. , Brugmans, W. and van Laer, S. (2004) Signum, a new fungicide with interesting properties in resistance management of fungal diseases in strawberries. *Communications in Agricultural and Applied Biological Sciences* 69, 743 - 755.

Hawksworth, D. L. and Talboys, P. L. (1970) Verticillium dahliae. CMI Description of Pathogenic Fungi and Bacteria. Commonwealth Mycological Institute, Ferry Lane, Kew, Surrey, UK, 256, pp. 1 - 2.

Hily, J. M. , Singer, S. D. , Villani, S. M. and Cox, K. D. (2011) Characterization of the *cytochrome b* (*cyt b*) gene from *Monilinia* species causing brown rot of stone and pome fruit and its significance in the development of QoI resistance. *Pest Management Science* 67,385 - 396.

Holtz, B. A. , Michailides, T. J. and Hong, C. X. (1998) Development of apothecia from stone fruit infected and stromatized by *Monilinia fructicola* in California. *Plant Disease*

82,1375 - 1380.

Holz, G., Coertze, S. and Williamson, B. (2004) The ecology of Botrytis on plant surfaces. In: Elad, Y., Williamson, B., Tudzynski, P. and Delen, N. (eds) *Botrytis: Biology Pathology and Control.*, Kluwer Academic Publishers, Dordrecht, The Netherlands, pp. 9 - 27.

Hrustić, J., Delibašić, G., Stanković, I., Grahovac, M., Krstić, B., Bulajić, A. and Tanović, B. (2015) *Monilinia* species causing brown rot of stone fruit in Serbia. *Plant Disease* 99,709 - 717.

Hu, M. J., Cox, K. D., Schnabel, G. and Luo, C. X. (2011) *Monilinia* species causing brown rot of peach in China. *PLoS One* 6, e24990.

Ippolito, A. and Nigro, F. (2000) Impact of preharvest application of biological control agents on postharvest diseases of fresh fruits and vegetables. *Crop Protection* 19, 715 - 723.

Ippolito, A., Schena, L., Pentimone, I. and Nigro, F. (2005) Control of postharvest rots of sweet cherries by pre-and postharvest applications of *Aureobasidium pullulans* in combination with calcium chloride or sodium bicarbonate. *Postharvest Biology and Technology* 36,245 - 252.

Jakobsen, H. and Jørgensen, K. (1986) Cherry leaf spot. Danish investigations of perennation state and primary infection in sour cherries. *Tidsskrift för Planteavl* 90, 161 - 175.

Jarvis, W. R. (1994) Latent infection in the pre- and postharvest environment. *HortScience* 29,747 - 749.

Jenkins, P. T. (1968) The longevity of conidia of *Sclerotinia fructicola* (Wint.) Rehm under field conditions. *Australian Journal of Agriculture and Research* 21,937 - 945.

Jones, A. and Ehret, G. (1993) Control or cherry leaf spot and powdery mildew on sour cherry with alternate-side applications of fenarimol, mycobutanil, and tebuconazole. *Plant Disease* 77,703 - 706.

Kable, P. F., Fliegel, P. and Parker, K. G. (1967) Cytospora canker on sweet cherry in New York State: association with winter injury and pathogenicity to other species. *Plant Disease Report* 51,155 - 157.

Keitt, G. W. (1948) Blossom and spur blight of sour cherry. *Phytopathology* 38,857 - 882.

Keitt, G. W., Blodgett, E. C., Wilson, E. E. and Magie, R. O. (1937) *The Epidemiology and Control of Cherry Leaf Spot.* Research Bulletin 132, Agricultural Experiment Station of the University of Wisconsin, Wisconsin.

Kupferman, E. and Sanderson, P. (2001) Temperature management and modified atmosphere packing to preserve sweet cherry quality. Postharvest information network. Washington State University, Pullman, Washington. Available at: http://postharvest.tfrec.wsu.edu/emk2001b.pdf (accessed at 8 January 2016).

Lalancette, N. and Polk, D. F. (2000) Estimating yield and economic loss from constriction canker of peach. *Plant Disease* 84,941 - 946.

Lalancette, N. and Robison, D. M. (2001) Seasonal availability of inoculum for constriction canker of peach in New Jersey. *Phytopathology* 91,1109 - 1115.

Lalancette, N. and Robison, D. M. (2002) Effect of fungicides, application timing, and canker removal on incidence and severity of constriction canker of peach. *Plant Disease* 86,721 - 728.

Lalancette, N., Foster, K. A. and Robison, D. M. (2003) Quantitative models for describing temperature and moisture effects on sporulation of *Phomopsis amygdali* on peach. *Phytopathology* 93,1165 - 1172.

Llewellyn, G. C., Eadie, T. and Dashek, W. V. (1982) Susceptibility of strawberries, blackberries, and cherries to Aspergillus mold growth and aflatoxin production. *Journal of the Association of Official Analytical Chemists* 65,659 - 664.

Mace, M. E., Bell, A. A. and Beckman, C. H. (1981) *Fungal Wilt Diseases of Plants*. Academic Press, New York.

Magyar, D. and Oros, G. (2012) Application of the principal component analysis to disclose factors influencing on the composition of fungal consortia deteriorating remained fruit stalks on sour cherry trees. In: Sanguansat, P. (ed.) *Principal Component Analysis-Multidisciplinary Applications*. InTech, Rijeka, Croatia, pp. 89 - 110.

Mari, M., Gregori, R. and Donati, I. (2004) Postharvest control of *Monilinia laxa* and *Rhizopus stolonifer* in stone fruit by peracetic acid. *Postharvest Biology and Technology* 33,319 - 925.

Masuya, H., Kikuchi, T. and Sahashi, N. (2015) New insights to develop studies on Witch's broom caused by *Taphrina wiesneri*. *Journal of the Japanese Forest Society* 97,153 - 157.

McManus, P., Proffer, T., Berardi, R., Gruber, B., Nugent, J., Ehret, G., Ma, Z. and Sundin, G. (2007) Integration of copper-based and reduced risk fungicides for control of *Blumeriella jaapii* on sour cherry. *Plant Disease* 91,294 - 300.

Michailides, T. and Spotts, R. (1990) Postharvest diseases of pome and stone fruits caused by *Mucor piriformis* in the Pacific Northwest and California. *Plant Disease* 74, 537 - 543.

Michailides, T. J., Morgan, D. P. and Felts, D. (2000) Detection and significance of symptomless latent infection of *Monilinia fructicola* in California stone fruits [abstract]. *Phytopathology* 90, S53.

Northover, J. and Biggs, A. R. (1990) Susceptibility of immature and mature sweet and sour cherries to *Monilinia fructicola*. *Plant Disease* 74,280 - 284.

Northover, J. and Biggs, A. R. (1995) Effect of conidial concentration of *Monilinia fructicola* on brown rot development in detached cherries. *Canadian Journal of Plant Pathology* 17,205 - 214.

Northover, J. and Cerkauskas, R. F. (1994) Detection and significance of symptomless latent infections of *Monilinia fructicola* in plums. *Canadian Journal of Plant Pathology* 16, 30 - 36.

Ogawa, J. M. and English, H. (1991) *Diseases of Temperate Zone Tree Fruit and Nut Crops*, Vol. 3345. UCANR Publications, California.

Ogawa, J. M., Zehr, E. I., Bird, G. W., Ritchie, D. F., Uriu, K. and Uyemoto, J. K. (1995) *Compendium of Stone Fruit Diseases*. APS Press, St Paul, Minnesota.

Olmstead, J. W., Lang, G. A. and Grove, G. G. (2000) A leaf disk assay for screening sweet cherry genotypes for susceptibility to powdery mildew. *HortScience* 35, 274 - 277.

Olszak, M. and Piotrowski, S. (1985) Studies of the control of tart cherry anthracnose caused by *Colletotrichium gloeosporioides* (Penz.) Sacc. [*Glomerella cingulata* (Stonem.) et Schrenk]. *Fruit Science Reports* 12, 155 - 161.

Palm, G. and Kruse, P. (2008) Einfluss der Überdachung von Süsskirschen auf das Aufplatzen der Fruchte und die Fruchfäulnis. *Mitteilungen des Obstbauversuchsringes des Alten Landes* 63, 154 - 157.

Papavasileiou, A., Testempasis, S., Michailides, T. J. and Karaoglanidis, G. S. (2015) Frequency of brown rot fungi on blossoms and fruit in stone fruit orchards in Greece. *Plant Pathology* 64, 416 - 424.

Pedersen, H. L., Jensen, B., Munk, L., Bengtsson, M. V. and Trapman, M. (2012) Reduction in the use of fungicides in apple and sour cherry production by preventative methods and warning systems. Pesticides Research No. 139. Environmental Protection Agency, Danish Ministry of the Environment, Denmark.

Peet, C. E. and Taylor, C. F. (1948) Apple anthracnose on sour cherry in West Virginia. *Phytopathology* 38, 20 - 21.

Peres, N. A., Timmer, L. W., Adaskaveg, J. E. and Correll, J. C. (2005) Lifestyles of *Colletotrichum acutatum*. *Plant Disease* 89, 784 - 796.

Pierson, C. F. (1966) Effect of temperature on growth of *Rhizopus stolonifer* on peaches and on agar. *Phytopathology* 56, 276 - 278.

Poniatowska, A., Michalecka, M. and Puławska, J. (2016) Genetic diversity and pathogenicity of *Monilinia polystroma*-the new pathogen of cherries. *Plant Pathology* 65, 723 - 733.

Proffer, T. J., Berardi, R., Ma, Z., Nugent, J. E., Ehret, G. R., McManus, P. S., Jones, A. L. and Sundin, G. W. (2006) Occurrence, distribution, and polymerase chain reaction-based detection of resistance to sterol demethylation inhibitor fungicides in populations of *Blumeriella jaapii* in Michigan. *Phytopathology* 96, 709 - 717.

Proffer, T. J., Lizotte, E., Rothwell, N. L. and Sundin, G. W. (2012) Evaluation of dodine, fluopyram and penthiopyrad for the management of leaf spot and powdery mildew of tart cherry, and fungicide sensitivity screening of Michigan populations of *Blumeriella jaapii*. *Pest Management Science* 69, 747 - 754.

Regner, K. M., Johnson, D. A. and Gross, D. C. (1990) Etiology of canker and dieback of sweet cherry trees in Washington State. *Plant Disease* 74,430 - 433.

Rhouma, A. , Ali Triki, M. , Ouerteni, K. and Mezghanni, M. (2008) Chemical and biological control of *Phomopsis amygdali* the causal agent of constriction canker of almond in Tunisia. *Tunisian Journal of Plant Protection* 3,69 - 78.

Rigotti, S. , Gindro, K. , Richter, H. and Viret, O. (2002) Characterization of molecular markers for specific and sensitive detection of *Botrytis cinerea* Pers. : Fr. in strawberry (*Fragaria* × *ananassa* Duch.) using PCR. *FEMS Microbiological Letters* 209, 169 - 174.

Ritchie, D. F. (2000) Brown rot of stone fruits. *The Plant Health Instructor*, DOI: 10. 1094/PHI-I-2000 - 1025 - 01.

Romanazzi, G. , Mancini, V. and Murola, S. (2012) First report of *Leucostoma cinctum* on sweet cherry and European plum in Italy. *Phytopathologia Mediterranea* 51,365 - 368.

Santiago-Santiago, V. , Tovar-Pedraza, J. M. , Ayala-Escobar, V. and Alanis-Martinez, E. I. (2014) Occurrence of powdery mildew caused by *Podosphaera clandestina* on black cherry in Mexico. *Journal of Plant Pathology* 96,431 - 439.

Sanzani, S. M. and Ippolito, A. (2013) Mycotoxin contamination on harvested commodities and innovative strategies for their detection and control. *Acta Horticulturae* 1053, 123 - 132.

Sanzani, S. M. , Montemurro, C. , Di Rienzo, V. , Solfrizzo, M. and Ippolito, A. (2013) Genetic structure and natural variation associated with host of origin in *Penicillium expansum* strains causing blue mould. *International Journal of Food Microbiology* 165, 111 - 120.

Schena, L. , Duncan, J. M. and Cooke, D. E. L. (2008) Development and application of a PCR - based 'molecular tool box' for the identification of *Phytophthora* species damaging forests and natural ecosystems. *Plant Pathology* 57,64 - 75.

Schnabel, G. and Lalancette, N. (2003) Constriction canker management in peach. Southeastern Regional Peach Newsletter 3, University of Georgia, Athens, Georgia. Available at: https://njaes. rutgers. edu/peach/ pestmanagement/constrictioncanker. pdf (accessed at 4 February 2016).

Schulz, U. and Schmidle, A. (1983) Zur Epidemiologie der Valsa-Krankheit. *Angewandte Botanik* 57,99 - 107.

Serdani, M. and Spotts, R. A. (2007) First report of blossom blight and green fruit rot of sweet cherry caused by *Sclerotinia sclerotiorum* in Oregon. *Plant Disease* 91,1058.

Serradilla, M. J. , del Carmen Villalobos, M. , Hernández, A. , Martín, A. , Lozano, M. and de Guía Córdoba, M. (2013) Study of microbiological quality of controlled atmosphere packaged 'Ambrunés' sweet cherries and subsequent shelf-life. *International Journal of Food Microbiology* 166,85 - 92.

Shipper, M. A. A. (1984) A revision of the genus *Rhizopus*. I. The *Rhizopus stolonifer*-group and *Rhizopus oryzae*. *Studies in Mycology* 25,1 - 19.

Simmons, E. G. (2007) *Alternaria: An Identification Manual*. CBS Fungal Biodiversity Centre, Utrecht, The Netherlands.

Snowdon, A. L. (1990) *Post-harvest Diseases and Disorders of Fruits and Vegetables*. Manson Publishing, London. Spotts, R. A. and Peters, B. B. (1980) Chlorine and chlorine dioxide for control of d'Anjou pear decay. *Plant Disease* 64, 1095 - 1097.

Stensvand, A., Aamot, H. U., Strømeng, G. M., Talgø, V., Elameen, A., Børve, J. and Klemsdal, S. S. (2008) *Colletotrichum acutatum* from Norway frequently develops perithecia in culture. *Journal of Plant Pathology* 90 (Suppl.), 93.

Strand, L. L. (1999) *Integrated Pest Management for Stone Fruits*. University of California, Division of Agriculture and Natural Resources, California.

Sundelin, T., Strømeng, G. M., Gjærum, H. B., Amby, D. B., Ørstad, K., Jensen, B., Lund, O. S. and Stensvand, A. (2015) A revision of the history of the *Colletotrichum acutatum* species complex in the Nordic countries based on herbarium specimens. *FEMS Microbiology Letters* 362, fnv130.

Tamm, L., Minder, C. E. and Flückiger, W. (1995) Phenological analysis of brown rot blossom blight of sweet cherry caused by *Monilinia laxa*. *Phytopathology* 85, 401 - 408.

Tanovic, B., Hrustic, J., Grahovac, M., Mihajlovic, M., Delibasic, G., Kostic, M. and Indic, D. (2012) Effectiveness of fungicides and an essential-oil-based product in the control of grey mould disease in raspberry. *Bulgarian Journal of Agricultural Science* 18, 689 - 695.

Tarbath, M. P., Measham, P. F., Glen, M. and Barry, K. M. (2014) Host factors related to fruit rot of sweet cherry (*Prunus avium* L.) caused by *Botrytis cinerea*. *Australasian Plant Pathology* 43, 513 - 522.

Uddin, W., Stevenson, K. L. and Pardo-Schultheiss, R. A. (1997) Pathogenicity of a species of *Phomopsis* causing shoot blight on peach in Georgia and evaluation of possible infection courts. *Plant Disease* 81, 983 - 989.

Villarino, M., Melgarejo, P., Usall, J., Segarra, J. and De Cal, A. (2010) Primary inoculum sources of *Monilinia* spp. in Spanish peach orchards and their relative importance in brown rot. *Plant Disease* 94, 1048 - 1054.

Villarino, M., Larena, I., Martinez, F., Melgarejo, P. and De Cal, A. (2012) Analysis of genetic diversity in *Monilinia fructicola* from the Ebro Valley in Spain using ISSR and RAPD markers. *European Journal of Plant Pathology* 132, 511 - 524.

Wermund, U. and Lazar, E. L. (2003) Control of grey mould caused by the postharvest pathogen *Botrytis cinerea* on English sweet cherries "Lapins" and "Colney" by controlled atmosphere (CA) storage. *Acta Horticulturae* 599, 745 - 748.

Wharton, P. S., Iezzoni, A. and Jones, A. L. (2003) Screening cherry germ plasm for resistance to leaf spot. *Plant Disease* 87, 471 - 477.

Wilcox, W. F. and Mircetich, S. M. (1985a) Pathogenicity and relative virulence of seven

Phytophthora spp. on Mahaleb and Mazzard cherry. *Phytopathology* 75, 221 - 226.

Wilcox, W. F. and Mircetich, S. M. (1985b) Effects of flooding duration on the development of *Phytophthora* root and crown rots of cherry. *Phytopathology* 75, 1451 - 1455.

Wittig, H. P. P., Johnson, K. B. and Pscheidt, J. W. (1997) Effect of epiphytic fungi on brown rot blossom blight and latent infections in sweet cherry. *Plant Disease* 81, 383 - 387.

Xu, X. M., Bertone, C. and Berrie, A. (2007) Effects of wounding, fruit age and wetness duration on the development of cherry brown rot in the UK. *Plant Pathology* 56, 114 - 119.

Youssef, K., Ligorio, A. M., Sanzani, S. M., Nigro, F. and Ippolito, A. (2013) Investigations on *Penicillium* spp. population dynamic in citrus packinghouse. *Journal of Plant Pathology* 93 (Suppl. 4), 61 - 62.

15 细菌性病害

15.1 导语

细菌性病害经常也是甜樱桃生产中主要的制约因素。在适宜的气候条件下，一些病原细菌的侵染，可引起高达50%的产量损失，甚至造成植株死亡。

在所有甜樱桃栽培区，最严重的两种细菌性病害是根癌病和细菌性溃疡病。虽然当前其他细菌性病害在樱桃树上不常见，但是目前观察到的一些症状及其严重程度表明，这些细菌病害可能会在未来对樱桃生产造成严重威胁。

由于缺少有效的化学药剂，细菌性病害的防控非常困难。此外，尚未发现对细菌性病害有抗性的樱桃种质资源。因此，对植物病原细菌的预防是病害控制的首要策略。常见的预防措施包括植物检疫、早期病原物检测、铲除病株、保持苗圃和果园卫生等。

15.2 根癌病

15.2.1 症状

根癌病是一种细菌性病害，分布广泛，给全世界许多植物的生产造成重大经济损失。能够引起600多种植物发生病害，包括主要的农作物，如常见的核果类、仁果类和坚果类果树、葡萄以及一些多年生的观赏植物(de Cleene 和 de Ley, 1976)。虽然根癌病在世界各地都有发生，但是它在温带气候区发生尤为普遍，并极具破坏性。

樱桃根癌病的症状与大多数易感植物上的典型症状类似。由于樱桃根在地下，靠肉眼难以发现最初的症状。通常在土壤线附近、嫁接处、根系和茎干下部区域形成圆形或不规则的瘤状物(见图 15.1)。瘤的大小不等，最具破坏性的是发生在主根或根茎上的瘤。初期的根瘤小而圆、颜色浅、柔软，随着根瘤逐渐增大、颜色变深、质地变硬、表面粗糙和龟裂。较老的根瘤及其附近部位变海绵状、腐烂并破裂。

由于大的根瘤能束缚主根或下部茎干，阻碍植株的生理功能，如水分和养分的运输，因此造成植株生长缓慢，产量降低。另外，这些植株对非生物胁迫更加敏感，尤其是霜冻。随着根癌病的发展，树势逐渐衰弱直至死亡。

图 15.1 甜樱桃主根上的根瘤(见彩图 19)

根癌病是一种重要的病害，对于苗圃来说它导致的经济损失最大，因为有根癌病的植株是不能销售的，必须销毁(Puławska, 2010)。然而对于樱桃种植园，根癌病造成的损失大多是零星的。虽然根癌病很少直接导致植株死亡，但第一年种植的幼苗，如果感染根癌病，那么它会阻碍樱桃幼树的生长，导致无法挽回的损失(Hołubowicz 等,1988)。Sobiczewski 等(1991)研究发现，干旱条件下，感染根癌病的"马扎德"植株的一年生枝条比健康植株上的枝条短 50%，冠径也小 25%(Sobiczewski 等,1991)。然而，在有些情况下，感病的樱桃树和健康的樱桃树之间没有显著差异，特别是一些老树(Garrett, 1987)。

15.2.2 病原物

根癌病由根癌科的土壤杆菌属(又称农杆菌属)、异根癌菌属和根癌菌属的细菌引起。它们是一类革兰氏阴性、好氧杆菌，具有短鞭毛，能游动，无芽孢。

在分类学历史上，根癌菌的分类地位的一直存在争论。最初，根据病原学特征进行分类，引起根癌的细菌都被归类为土壤杆菌属(*Agrobacterium tumefaciens*)。但是，致瘤菌株的致病性主要由其基因组中的结合性肿瘤诱导(Ti)质粒决定。Ti 质粒的获得或丢失可能导致分类状态的改变。因此，基于致病特性的分类被认为是不稳定的。最近，Young 等建议将土壤杆菌属归入根癌菌属(Young 等,2001)。然而，基于基因型特征已经重新修订根癌菌科的系统分类(Mousavi 等,2015)。迄今为止，在 8 个有效鉴定的种中发现了致瘤细菌，它们分别是：*Agrobacterium arsenijevicii*、*Agrobacterium nepotum*、根癌农杆菌(*Agrobacterium larrymoorei*)、放射性农杆菌(*Agrobacterium radiobacter*)、悬钩子农杆菌(*Agrobacterium rubi*)、*Agrobacterium skierniewicense*、*Allorhizobium vitis* 和发根农杆菌(*Rhizobium rhizogenes*)。此外，在尚未正式命名的土壤杆菌属(*A. tumefaciens*)复合种内的一些有基因组信息的种中也发现了致瘤菌株，以前称为农杆菌生物型 I(Costechareyre 等，2010)。

侵染樱桃树的主要是发根农杆菌(*R. rhizogenes*)和土壤杆菌(*A. tumefaciens*)复合种的一些病原细菌，它们的宿主范围广(Dhanvantari，1978；Süle，1978；López 等，1988；Sobiczewski，1996；Puławska 和 Kałużna，2012)。

根癌致病菌在土壤中可存活数月至两年。病原菌主要由人工造成的各类伤口及非生物或生物因素造成的伤口入侵。如果土壤中存在病原菌，那么在常规种植前，根部修剪造成的伤口即可引发感染。病原菌可通过生产工具及设备或通过雨水和灌溉水在田间传播。

此外，携带病原菌的苗圃材料是另一个重要的侵染源。带菌苗木的买卖是病害远距离传播的重要途径，有些苗木会出现症状，有些不会表现出症状，但是病原菌可存在于不明显的根癌中。已有研究表明一些寄主如樱桃，已发生了系统性感染，但是没有表现出症状，说明病原菌具有隐症现象(Cubero 等，2006)。

植物被致瘤细菌感染是一个高度复杂的多阶段自然状态下的遗传转化过程。这是已知唯一自然状态下的转基因。感染起始，附着在根伤口的细菌被愈伤细胞分泌的酚类化合物(如乙酰丁香酮)吸引。这些诱导物能够激活细菌体内 Ti 质粒上的毒性(vir)基因的表达，从而控制 Ti 质粒片段的转移，并将其整合到植物的基因组中，这些能够转移的 DNA 片段，称为转移 DNA(T-DNA)(Zhu 等，2000)。T-DNA 的癌基因编码植物激素生长素和细胞分裂素，高浓度激素导致植物细胞异常增殖最终形成瘤。植物细胞一旦被转化，即使在没有病原菌的情况下，瘤也会继续生长。根癌后期表皮破裂，将细菌释放到周围的土壤中。

T-DNA 还包括一类负责合成特殊小分子的基因，这些小分子称为冠瘿碱。常见的冠瘿碱主要有章鱼碱(octopine)和胭脂碱(nopaline)等(Dessaux 等，1998)。一般来说，它们是致瘤细菌的选择性营养来源，并促进其 Ti 质粒的接合转移(Kerr 等，1977)。

最简便实用的方法是选择没有感染过致瘤菌的土地做苗圃。如果病害发生在已建成的果园中，那么检测和鉴定病原物也很重要。可以在常规培养基 LB 上分离果树根癌的细菌，也可以利用选择培养基和差别培养基如 MG＋Te(Mougel 等，2001)和 1A＋2E(Puławska 和 Sobiczewski，2005)进行更有效的病原物分离。病原物鉴定的关键是确定其致瘤性。致瘤性测定是唯一可靠的方法，尽管这种方法费时费力。然而，应用分子生物学的方法，主要是聚合酶链式反应(PCR)，能够快速检测出位于 Ti 质粒上的致病相关基因。以此为目的，人们陆续开发了许多 Ti 质粒相关基因的 PCR 引物和检测方法(Palacio-Bielsa 等，2009)。但是，Ti 质粒丰富的遗传多样性影响了病原物的准确检测。在感病植物中，经常检测到不含 Ti 质粒的非致病性农杆菌，尤其是老根瘤中，这也给诊断带来了困难。

虽然有研究人员质疑利用表型实验区分根癌菌的准确性(Ormeno-Orrillo 和 Martínez-Romero，2013)，但是一些鉴别试验对于初步筛选分离细菌仍然有用，如亚碲酸盐的减少、脲酶和 β-葡糖苷水解酶的存在或以 α-乳糖为底物产生 3-酮内酯酶以区别同属于土壤杆菌属的不同菌株。目前，基于分子生物学技术可以快速对根癌菌进行鉴定。例如，基于 23*S rRNA* 基因的多重 PCR 能够鉴定和区别出 4 个农杆菌分类群(Puławska 等，2006)。此外，对看家基因 *recA* 的序列分析，已经能够清楚地划分这类细菌(Costechareyre 等，2010)。

农杆菌和根癌菌的基因组结构是多样的，可以包括单染色体、多染色体和质粒(Slater 等，2009)。农杆菌和根癌菌中质粒的数量和大小的变异非常高。Ti 质粒是高度多样的遗传元件，它的结构由保守区和高度可变区组成。目前，对于发生在农杆菌和根癌菌中的其他质粒知之甚少，虽然已经有一些特征描述，但数据仍然太少(Otten 等，2008)。

15.2.3 防治

如果感染根癌菌的植株发生了遗传转化，那么传统的化学处理对根癌的控制是无效的。一旦在果园中发生侵染，将很难彻底消除病原物。因此，必须特别关注预防措施。首先，仔细检查准备种植的苗木，这是防止病原物侵入的有效措施。但是，一些已携带病原菌没有明显或者没有症状的苗木会让防治效果收效甚微。

为了防止樱桃根癌病的爆发和蔓延，必须建立植物检疫制度，从源头规范苗圃，生产无病的苗木。虽然根癌菌被认为是有害、能广泛传播的病原菌，能降低繁殖材料的经济价值，但是在许多国家根癌杆菌不属于植物检疫病原菌。特别是在一些国际贸易中，根癌菌的影响没有受到足够的重视。

考虑到病原菌在土壤中能够长期存活，应避免在有根癌病史的土壤上栽种果树。同时，也建议在种植新苗木前测试土壤中是否存在根癌菌。此外，适时的作物轮作也很重要，建议种植单子叶植物以减少土壤中根癌菌的数量。还应该避免碱性土壤(高 pH 值)，或采用生理酸性肥料酸化土壤。易受霜冻且排水不良的土壤，会加剧植物的伤害，不宜作为种植地。由于病原物可以通过线虫造成的伤口侵染植物(Rubio-Cabetas 等，2001)，因此，应避免在线虫病害严重的土壤中种植果树。

以前常使用土壤熏蒸剂，如甲烷、间苯二甲酸钠(钾)和达唑胺，防治土传病害，但由于人们日益关注人类健康和生态环境的负面影响，现在也避免使用这些化合物。在一个开放的环境下，用这些化学药物处理土壤是否有效，也有待质疑。由于这些化合物的高毒性、非选择性和环境不友好性，许多国家已限制这些化合物的使用。据报道，土壤太阳能消毒(太阳能加热)能有效地减少根癌菌(Raio 等，1997)。此外，针对温室和田间的樱桃树进行试验，发现太阳能消毒也抑制根瘤的生长。

当然，种植抗根癌植物，特别是砧木，将是预防这种病害的有效措施。据此，人们测试了各种李属砧木对根癌病的敏感性(Pierronnet 和 Salesses，1996；Bliss 等，1999)。但是，考虑到根癌细菌遗传多样性和分类学的最新认识，需要利用更多的致瘤菌株筛选有抗性的李属种质资源。

为了防止病原物侵入，在生产过程中需要减少人为伤害。此外，利用热处理能够有效地促进李属幼苗根部修剪伤口的愈合、降低根癌发病率。有商业苗圃对“马扎德”樱桃幼苗进行热处理，结果发现根癌病的发生概率从 66%(与未加热处理进行比较)降低到 6%。及时对修剪工具进行消毒，能够防止细菌在苗圃和田间的传播。如果在果园中发现了根癌症状，应立即移除受感染的植株，以防止病原菌的进一步扩散。

利用非致病性根癌菌 K84 菌株对根癌进行防治是植物病害生物防治的第一个实例，K84 菌株也是第一个商业化的生防菌剂。K84 能够产生农杆菌素 84 和另外两种抗菌物质农霉素 434 和类抗生素 84(ALS84)，其中农霉素 84 是生物防治的有效成分。在种植之前，将植株的根系浸入 K84 的菌悬浮液中，可有效防止玫瑰和包括樱桃等多种核果类果树根癌病的发生(Moore，1976)。K84 菌株的另一个优点是能够群集到植物根表面，使得防治根癌能力得以长效保持，这是生物防治得以成功的另一个重要因素。

据报道，K84 菌株的应用也有一定的局限性。只有农杆菌素分解代谢的农杆菌，如携带无碱型 Ti 质粒的菌株，才对农杆菌素 84 敏感。将 pAgK84 从 K84 菌株转移至毒性农杆菌是该生物菌剂的另一个限制因素，因为该质粒编码农霉素 84,并具有农霉素抗性。通过构建不能转移质粒的突变株 K1026 克服了这一限制。由于 K1026 菌株被认为是一种转基因生物,因此,许多国家例如所有欧盟国家限制了其使用。这些生物抗菌素是目前控制根癌最有效的化合物,所以一些国家提供了几种基于 K84 菌株或 K1026 的商业产品,如 Galltrol-A ®、Norbac 84C、Diegall 和 NOGALL™。

可以通过基因工程方法或者开发抗病植株控制根癌病(Otten 等,2008)。通过 RNA 干扰(RNAi)沉默细菌 T-DNA 的癌基因,可以抑制细菌生长或者阻断 T-DNA 转移和整合,也可以通过抑制与细菌毒性蛋白相互作用的寄主蛋白控制根癌菌。但是,目前市场上还没有任何抗根癌转基因樱桃砧木。

15.3　细菌性溃疡病

15.3.1　症状

细菌性溃疡病在世界各地的核果类果园中普遍发生(Agrios, 2005)。近几年,在苹果和梨上也有发生。但是,其对樱桃和杏园及其苗圃造成的损失最大。

图 15.2　樱桃树感染细菌性溃疡病后主干出现流胶症状(见彩图 20)

感病植株地上所有器官都能够观察到溃疡症状,造成的减产高达 75%,甚至整树死亡。若在苗圃和幼苗期发病,导致的损失会更严重。细菌性溃疡的症状与该病的两个发展阶段有关:冬季,病原菌在枝干中越冬;夏季,病原菌在新发育的器官中繁殖。细菌性溃疡病可导致樱桃主干和枝条的凹陷、深棕色干枯和溃疡,常伴有流胶现象(见图 15.2)。病原菌在休眠芽上和芽内、叶痕以及坏死和溃疡的边缘组织越冬,成为初次侵染的来源。病原菌在春天开始繁殖,尤其是在凉爽、潮湿的有利天气条件下,通过风、雨和昆虫传播至新发育的器官上。叶片感染后,可以观察到形状规则的褐色坏死斑点,周围有淡黄色晕环[见图 15.3(a)]。随着病害的发展,病斑坏死组织脱落形成穿孔。如果是霜冻之后的易感樱桃品种花感染病原菌，发育中的花开始萎蔫、褐变，最后变黑、枯萎[见图 15.3(b)]。枯萎的花又变成继发感染的来源，即细菌从枯萎的花中释放出来，传播到枝条和嫩梢，最终导致它们出现溃疡、枯死和坏死等。有时在枝条上能观察到明显的凹陷和皮下组织坏死。危害幼果和成熟果实时，出现凹陷的黑色坏死病斑，严重感染的情况下，大的病斑可覆盖果实的大部分，导致果实不能食用，丧失商品性[见图 15.3(c)]。

(a)

(b)

(c)

图 15.3 樱桃感染细菌性溃疡病后的症状(见彩图 21)

(a)叶片的症状；(b)花的症状；(c)果实的症状。

在溃疡病发生过程中，易感因素包括线虫、土壤 pH 值偏低和霜冻等(Melakeberhan 等，1993)。此外，在生长季和落叶期间，附着在叶片表面的病原菌，此时还没有与寄主植物建立寄生关系，也是重要的侵染来源(通过叶痕侵染)(Renick 等，2008)。

15.3.2 病原物

细菌性溃疡病的病原物属于丁香假单胞菌，其能够感染一年生和多年生的

180 多种果树、观赏植物和蔬菜。由不同的植物病原菌组成的丁香假单胞菌种，根据其致病能力可分成 50 多个致病变种(Young, 2010)，根据 DNA-DNA 杂交结果将其分为 9 个基因亚种(Gardan 等，1999)。

引起樱桃细菌性溃疡病的细菌分布在 3 种不同的基因种：基因种 1，丁香假单胞菌丁香致病变种[*P. syringae pv. syringae*(*Pss*)]；基因种 2，丁香假单胞菌李坏死致病变种[*P. syringae pv. morsprunorum race* 1(*Pmp*1)；基因种 3，丁香假单胞菌樱桃致病变种[*P. syringae pv. avii*(*Psa*)](Wormald, 1932; Freigoun 和 Crosse, 1975; Ménard 等，2003)。最近，从酸樱桃中分离到一个新种，*Pseudomonas cerasi sp. nov.* (non Griffin, 1911; Kałużna 等，2016b)。此外，丁香假单胞菌的另一成员 *P. syringae pv. cerasicola*(gs2)引起日本观赏樱花的细菌性冠瘿病(Kamiunten 等，2000)。然而，现有报告较少。

樱桃细菌性溃疡的症状与其他病原物或因素引起的症状相似。主干和分枝上的坏死也可由核果黑腐皮壳菌(*Leucostoma Valsa*)和褐腐病菌(*Monilinia spp.*)引起；流胶也可能是对非生物胁迫损害的生理反应；叶子上的坏死斑点与李坏死环斑病毒(*Prunus necrotic ringvirus*)引起的坏死斑点以及真菌嗜果孢菌(*Clasterosporium carpophilum*)和樱桃叶斑病菌(*Blumeriella jaapii*)引起的坏死斑点相似。因此，使用一种快速、特异的诊断方法检测和鉴定樱桃细菌性溃疡的病因是至关重要的。

樱桃细菌性溃疡病菌的诊断通常初步利用微生物培养基分离，随后是形态、生化和生理特征鉴定，包括致病性检测(Vicente 等，2004; Kałużna 和 Sobiczewski, 2009)。如果把病原菌接种到 King's B 培养基上，除 *Psa* 致病种，目前所有已知的引起樱桃细菌性溃疡病的丁香假单胞菌病原体都能在紫外光下产生可见荧光(King 等，1954)。用传统的 LOPAT 方法、GATTa 方法和 l-乳酸分解试验能够鉴定丁香假单胞菌，并将其区分到准确的致病小种(Lelliott 等，1966; Lattore 和 Jones, 1979; Lelliott 和 Stead, 1987)。

另外，还可以利用菌株的致病性和毒性特征进行菌株的鉴定。例如，在体外培养条件下是否产生植物毒素或具有冰核活性(INA)。许多 *Pss* 菌株都可以产生丁香菌素，这是他们共有的特征。因此，我们可以通过 PDA 培养基或葡萄糖蛋白胨 NaCl 培养基测试他们对红酵母(*Rhodotorula pilimanae*)、念珠菌(*Geotrichum candidum*)或黑曲霉(*Aspergillus niger*)的抑制能力(Kałużna 等，2012; Hu 等，1998)。以类似的原理，使用巨型革兰氏阳性杆菌作为指示菌株，评价致病菌的环脂肽产生率(Grgurina 等，1996; Lavermicocca 等，1997)。

有的菌株能够催化过冷水（INA）形成冰即冰核活性，这也作为 *Pss* 菌株的一个分类特征（Hirano 等，1978）。当发生霜冻时即使很弱，INA 阳性菌株也会对樱桃具有较高的风险，特别是在春季，因为 INA 阳性菌株会造成较大规模的损失（Sobiczewski 和 Jones，1992）。

血清学检测方法，如玻片凝集试验（Lyons 和 Taylor，1990）或酶联免疫吸附试验（ELISA）（Nemeth 等，1987）很少用于鉴定细菌性溃疡病的病原菌，因为丁香假单胞菌不同株系间频繁的交叉反应及试验反应不清晰（Zamze 等，1986；Vicente 等，2004）。

首次以丁香假单胞菌分类为目的而开发的基于 DNA 分子序列的方法是重复 PCR（rep-PCR）。利用重复（ERIC、BOX 和 REP）和插入（IS50）序列的特异 PCR 引物可以产生扩增模式，该扩增模式可用于构建种间遗传指纹图谱（Louws 等，1994；Weingart 和 Völksch，1997）。到目前为止，rep-PCR 已成功地用于区分野生樱桃上分离的 *Pss*、*Pmp*1 和 *Pmp*2 菌株（Vicente 和 Roberts，2007），以及从包括甜樱桃和酸樱桃的核果类果树中分离的丁香假单胞菌菌株（Kałużna 等，2010a）。另一种用于丁香假单胞菌菌株分类的方法是基于指纹 PCR 的 PCR 熔融图谱（Kałużna 等，2010b）。所得到的电泳结果可用于菌株遗传变异性的测定，也用于将分离物分类到具体的致病小种。

人们基于选定的看家基因的连锁序列相似性，利用多基因座序列分析（MLSA）工具重新定义丁香假单胞菌类群的系统发育关系。该方法揭示了 13 个系统群（PG）的存在（Sarkar 等，2006；Parkinson 等，2011；Berge 等，2014），基本上与利用 DNA-DNA 杂交鉴定的基因种一致（Gardan 等，1999）。

从樱桃中分离的丁香假单胞菌菌株的 4 个基因位点 *rpoD*、*gyrB*、*gltA*（也称为 *cts*）和 *gapA* 基因以及 *rpoB* 基因都已普遍用于 MLSA，它们分别对应 *rpoD*、*gyrB*、*gltA*（也称为 *cts*）和 *gapA* 基因（Kałużna 等，2010a；Ait Tayeb 等，2005）。由于阐明了与植物毒素产生有关的遗传机制和其他致病性相关因素机理的解析，因此科学家开发设计出了与毒素合成有关基因的 PCR 特异性引物。例如，*Pss* 菌株合成丁香霉素的 *syrB* 和 *syrD* 基因（Sorensen 等，1998；Bultreys 和 Gheysen，1999），*Pmp*1 菌株合成冠菌素的 *cfl* 基因（Bereswill 等，1994）和 *Pmp*2 菌株合成耶尔森菌素的 *irp* 基因（Bultreys 等，2006）。值得注意的是，根据毒素基因的存在与否进行菌株分类有局限性，因为有些常见的菌株如 *Pmp*1 和 *Pss* 不产生冠菌素或丁香菌素（Renick 等，2008；Kałużna 等，2010a）。

最近，已开发了一种快速、高特异性的常规 PCR 和实时 PCR，用于鉴定、检测和鉴别樱桃细菌溃疡病的致病菌 *Pmp*1 和 *Pmp*2(Kałużna 等,2016a)。此外,还公布了用于特异性检测致病菌所属亚分类群的引物(Borschinger 等,2016)。与 MLSA 和 rep-PCR 相比,利用这种特异性 PCR 通常不需要与模式菌株进行比较,从而缩短了鉴定和检测的时间。

尽管樱桃细菌性溃疡病具有重要的经济意义,但是可获得的细菌性溃疡病菌以及相关的核果类果树病原细菌的基因组信息较少。这也是限制病原物的准确和快速鉴定的真正原因,同时也限制了病原物寄主变异、病原流行学和致病性机制的解析。2015 年,Ruinelli 等选择了 12 株与樱桃细菌性溃疡病相关的病原菌,利用最新的测序技术 PacBio 进行全基因组重测序(Ruinelli 等,2015)。根据测序菌株和另外 6 个对照菌株的串联核心基因组(n=2 519)信息进行系统进化树分析,证实引起樱桃细菌性溃疡病的病原菌归属于 3 个不同的亚基因种:PG1(gs3),包括 *Pmp*2 和 *Psa*;PG2(gs1)包括 *Pss*;PG3(gs2)包括 *Pmp*1(见图 15.4)。

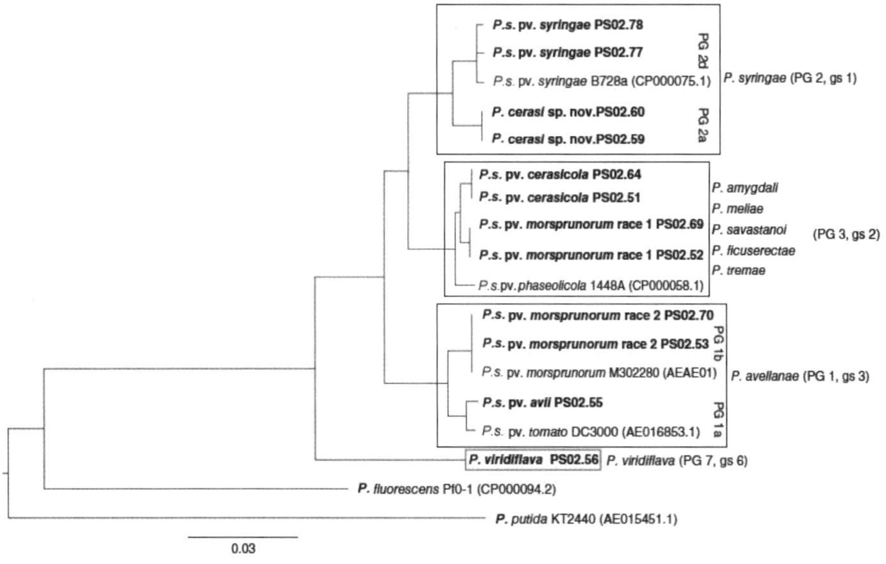

图 15.4　感病樱桃分离菌株的核心基因组系统发育树

利用 EDGAR 1.3 计算了核心基因组(n=2 159)以及分析菌株之间的系统发育关系。从樱桃中分离出的菌株用粗体表示。绿黄假单胞菌(*Pseudomonas viridiflava*)虽然是从樱桃中分离出来的,但不具有致病性。参考基因组的 GenBank 登记号如括号所示。菌株所属系统群(PG)和遗传种(gs)也表示出来。*P. s.*,丁香假单胞菌。标尺,0.03 核苷酸距离。

15.3.3　防治

樱桃细菌性溃疡病最有效的防治策略是预防。在建立新果园时,除了选择抗性品种外，还需要种植健康的苗木。这些苗木应当是完全没有受到病原菌的侵染。在果园中，最重要的处理方法是：在干燥的天气下，受感染的嫩枝以及感染附近的部分健康的枝条，并在修剪后保护伤口。在严重感染的情况下，整株树必须被移除。同时还要防治土壤中的线虫和控制土壤的 pH 值，这两者是使樱桃易发生细菌性溃疡病的主要因素。

关于生物防治，建议使用生物杀菌剂 Double Nickel ® 55(有效成分：解淀粉芽孢杆菌 D747)和 Serenade™ ASO(有效成分：枯草芽孢杆菌 QST 713)。然而，已有的结果表明，它们的效果不稳定，或者充其量只能算中等(Spotts 和 Wallis，2008；Pscheidt 和 Ocamb，2015)。

也可以使用铜制剂降低植株表面的细菌数量，从而保护植株不受细菌感染。铜制剂具有良好的抑菌和杀菌活性，但仅作为表面杀菌剂。目前商业化的产品主要包括 3 种不同的铜活性物质：氧化铜、氧氯化铜和氢氧化铜。在甜樱桃和酸樱桃的预防措施中，推荐 3 个主要的喷铜处理时期：①春季萌芽前，减少植株表面和休眠芽中的病原菌；②开花期；③落叶期，减少叶痕处的病原菌侵染。对于易感品种和利于病原菌传播的潮湿、温暖的春天，开花后应立即进行施用。

虽然含有银和铜的纳米粒子越来越多地出现在各种药剂中(Mondal 和 Mani，2012；Abdel-Megeed，2013)，但是在樱桃细菌性溃疡病的防治上还处于试验阶段(Ozaktan 等，2013)。

15.4 细菌性穿孔病

15.4.1 症状

细菌性穿孔病(黄单胞菌李致病变种，*Xanthomonas arboricola* pv. pruni)由黄单胞菌李致病变种引起。1903 年，Smith 首次在美国密歇根州的李树上发现，并以此命名。如今，只要是种植有核果类果树的地区都有该病害的发生，细菌性穿孔病在观赏植物和李属植物上造成了巨大的经济损失，尤其是包括樱桃在内的核果类果树(Jami 等，2005；EPPO，2006)。

在理论上，这种细菌可以侵染所有李属物种。然而，不同的物种抗性差异性也存在较大的区别。虽然甜樱桃和酸樱桃是黄单胞菌的次要寄主群，但是细菌性穿孔病仍然给种植者造成了严重的经济损失(Garcin 等，2005)。由于细菌性穿孔病的症状不是瞬间出现的，病原菌可以在芽中潜伏一段时间而不表现症状，因此在观察到症状之前，细菌可以通过果树的无性繁殖扩散到其他国家和地区

(Stefani，2010)。

2011～2012 年，在欧洲的观赏桂樱(*Prunus laurocerasus*)中也发现了这种细菌(Marchi 等，2011；Bergsma-Vlami 等，2012；Tjou-Tam-Sin 等，2012)。桂樱多为野生，有些也用于食用。例如，黑海地区的人们食用桂樱果实以预防糖尿病(Ercisli，2013)。

细菌性穿孔病可危害植株不同部位，如叶片、果实、新梢和枝条。黄单胞杆菌李致病变种在李属植物中引起的症状不同，严重程度也不一。尽管很少有文献报道樱桃细菌性穿孔病的症状，但是确实有报道发现樱桃幼果感染后导致果实变形，从果核到果皮都能检测到致病菌(EPPO，2006)。樱桃细菌性穿孔病在叶片上的症状与桃的相似，然而没有桃树那么严重。症状初期，叶片背面出现浅绿色到黄色圆形或不规则形状的斑点。随着病斑颜色变深，叶片表面出现清晰可见的紫色、棕色或黑色斑点。在桂樱上，感染初期叶片出现褪绿斑点，后期大多数病斑中心坏死，边缘清晰，斑点脱落，导致"穿孔"(Tjou-Tam-Sin 等，2012)。

15.4.2　病原菌

穿孔黄单胞杆菌植物类群分为 7 个致病变种(Vauterin 等，1995；Janse 等，2001)，在全世界广泛分布，可侵染多种多年生植物，如一品红、白杨、榛子、李属、核桃属等(Lamichhane，2014)。欧盟植物检疫法以及欧洲和地中海植物保护组织检疫名单中，将穿孔黄单胞菌李致病变种列为植物检疫对象(EPPO A2 名单)。利用黄单胞菌李变种的看家基因 *rpoD* 的序列(Hajri 等，2012)或者看家基因的 MLSA 分析结果，可以确定致病变种间系统发育关系(Boudon 等，2005；Fischer-Le Saux 等，2015)，结果显示李致病变种为一个同质性分类群，其他致病变种为另一个异质性分类群(Vauterin 等，1995；Young 等，2008；Parkinson 等，2009；Hajri 等，2012)。

Pothier 等对从意大利桃叶片中分离到的 CFBP 5530 菌株进行了全基因组测序(Pothier 等，2011b)，结果显示 CFBP 5530 存在一个 41 kb 的质粒和较多的 III 型效应蛋白(Pothier 等，2011c；Hajri 等，2012)，因此可作为划分致病变种的依据(Bergsma-Vlami 等，2012；Cesbron 等，2014)。来自不同寄主的另外一些菌株正在进行基因组测序(Garita-Cambronero 等，2016)，这些数据的发表将有助于理解李属细菌性溃疡病和细菌性穿孔病的致病机制(Garita-Cambronero 等，2014；T. Fujikawa，2014，未发表；Ibarra Caballero 等，2013；Ignatov 等，2015；Pereira 等，2015；Y-H Noh，2014，未发表；Cesbron 等，2015；J Harrison，

2015，未发表）。

穿孔黄单胞杆菌李致病变种的鉴定可以通过肉眼观察叶片和果实初步判断，一般感病的植株叶片和果实会出现坏死和溃疡，造成症状的菌源需要进一步鉴定。

人们开发了几种检测和鉴定细菌性穿孔病的方法（Palacio-Bielsa 等，2012）。例如，基于致病变种特定靶点分子序列的常规 PCR（Park 等，2010）、Bio-PCR（Ballard 等，2011）、双重 PCR（Pothier 等，2011a）、多重 PCR（Pothier 等，2011c）和定量 PCR（Palacio-Bielsa 等，2011）等。这些高灵敏度的技术大大地提高了检测和鉴定的准确性。

最近，比较新的方法是环介导等温扩增 PCR 法（LAMP-PCR）（Bühlmann 等，2013），需要使用 3 对引物，该方法具有较高的特异性，并且可以在田间直接测试。由于该方法通过实时检测，提高了诊断的效率，可以防止细菌的传播，因此边境机场和植物检疫部门可以使用该方法快速、简单地检验进出口的植物材料。

15.4.3 防治

在适宜的环境条件下，非常难控制高敏感品种的感病，即便是中度敏感品种也很难控制。为了减少细菌性穿孔病导致的损失必须提前实施预防性措施（Ritchie，1995）。控制病害传播和限制病害的策略包括最大限度地利用耐病李属品种以及结合病害预测模型，采取一些预防措施，如种植健康苗木、及时使用化学药剂等（Socquet-Juglard，2012）。一般来说，良好的果园卫生可以有效防止病原菌的传入和扩散，强烈建议种植经过认证的苗木，并对嫁接和修剪工具进行消毒，定期喷洒化学药剂可以减少树叶和果实的感染。虽然喷施铜制剂是限制细菌传播的有效方法，但是铜制剂的效用是有限的，对核果类果树有一定的毒性，能够引起核果类果树叶片坏死和落叶（Ritchie，1995）。通常，人们使用不同形式的铜制剂，包括硫酸铜、氧氯化铜和氢氧化铜（Stefani，2010）。由于气候因素与细菌性穿孔病的发展和传播具有高度相关性，特别是暴雨和高温，因此人们应开发可靠的预测模型以评估喷药的准确时间，这有助于种植者控制细菌性穿孔病的传播。

15.5 其他细菌性病害

15.5.1 木质部难养细菌引起的樱桃叶灼病

木质部难养细菌（苛养木杆菌，*xylella fastidiosa*）是一种革兰氏阴性菌，仅能在植物维管束系统中存活，生长缓慢，通过木质部取食昆虫传播（Wells 等，1987）。苛养木杆菌这类细菌具有非常广的宿主寄主范围，包括单子叶和双子叶植物、草本和木本植物、栽培作物和杂草、河岸植物和园林耐阴性植物等（EFSA，2016）。由苛养木杆菌引起的典型病害有葡萄皮尔斯病、柑桔杂色褪绿病、扁桃叶灼病、咖啡叶灼病和伪桃病（Janse 和 Obradović，2010；Purcell，2013）。近几年，人们在橄榄树中发现了一种新的苛养木杆菌，其导致橄榄树快速衰退，严重影响意大利、巴西和阿根廷的橄榄树（Martelli 等，2016；Coletta-Filho 等，2016；Haelterman 等，2015）。根据 DNA-DNA 杂交分析和 MLSA 分型研究（Schaad 等，2004；Scally 等，2005），苛养木杆菌划分为 4 个认可的亚种 *X. fastidiosa* subsp. *Fastidiosa*、*X. fastidiosa* subsp. *Multiplex*、*X. fastidiosa* subsp. *Sandyi* 和 *X. fastidiosa* subsp. *pauca*，以及一个暂定的可能亚种（*X. fastidiosa subsp. morus*）。因为细菌的遗传特征和生理差异（如不同亚种细菌的寄主偏好性和寄主范围不重叠性等）也支持这一分类结果，所以对亚种的基因型进行分析有助于人们对病原菌的一般生物学特征进行初步推断。长期以来，虽然苛养木杆菌被认为是一种主要局限于美洲的植物病原菌，但是在意大利（Martelli 等，2016）和法国爆发的疫情扩大了其地理分布和寄主范围。

因为许多欧洲植物物种从未接触过这种细菌，所以不知道它们是否是寄主。如果是，那么它们是否有症状。在欧洲疫情地区就此进行了调查，结果发现许多未报告过的曾报告过的寄主（欧盟委员会，2017）。其中列举了包括几种李属植物作为不同亚种的木质部难养细菌的寄主。它们引起的主要病害有扁桃叶灼病、伪桃病和李叶灼病。扁桃叶灼病最典型的症状是叶灼伤，光合速率下降，导致树势衰退；而伪桃病则引起芽发育不良、节间缩短、侧枝增多，有时伴随早花症状。李叶灼病的叶片边缘看起来像是烧焦或褐色焦枯，症状严重的树木衰退并死亡。

研究发现，扁桃、甜樱桃和紫叶李也是木质部难养细菌的寄主。具体来说，从意大利普利亚区（Apulia）的扁桃和甜樱桃上检测到苛养木杆菌 *X. fastidiosa subsp. pauca* 亚种的 CoDiRO 分离物。而在法国紫叶李上检测到苛养木杆菌 *X. fastidiosa subsp. Multiplex* 亚种的分离物。自 20 世纪初，人们就报道了甜樱桃和酸樱桃都是苛养木杆菌 *X. fastidiosa* subsp. *Fastidiosafastidiosa* 亚种的寄主（Hernandez-Martinez 等，2007；Nunney 等，2013）。然而，相关记录太少，对感染后症状的描述也有限，这表明樱桃在美洲大陆可能不是苛养木杆菌 *X. fastidiosa* subsp. *Fastidiosafastidiosa* 亚种的直接寄主。最近，在意大利普利亚区甜樱桃上发现了苛养木杆菌亚种 *X. fastidiosa* subsp. *Paucapauca* 变种（Saponari 等，2014）。春季，受感染的甜樱桃植株枝叶稀疏，芽不萌发；夏季，甜樱桃成熟叶片表现出典型的灼伤和枯黄症状（见图 15.5）。基于到目前为止的观察，感染症状不会影响整个植株，仅限于有限的几个枝条。在这些树上的诊断试验表明，只有在症状出现时采集的叶片才能检测到细菌。春季植株没有症状时抽样叶片是检测不到细菌的。然而，同一株树上，全年采集的成熟枝条中，即使植株处于休眠状态时，也能很容易地检测到苛养木杆细菌。MLST 分析表明，侵染普利亚区甜樱桃上的菌株的序列类型为 ST53，与在同一侵染区域发现的橄榄和其他寄主上的菌株相同（Loconsole 等，2016）。

图 15.5 甜樱桃感染苛养木杆菌后成熟叶片出现灼伤和幼叶开始出现尖端坏死症状（见彩图 22）

初步的媒介传播实验已经证实，马尾松毛虫是迄今为止在欧洲唯一确定的木质部难养细菌的传播媒介。它能够从受感染的樱桃中获取细菌，并且能够将细菌传播到健康的樱桃植株。虽然樱桃不是爆发病害地区的主要作物，但樱桃是邻近省份、意大利其他地区以及东欧和西欧的主要经济果树，备受关注。对樱桃产业而言，特别是对温暖的地中海盆地来说，木质部难养细菌是一个严重的威胁，那里的环境条件有利于病害的爆发（Bosso 等，2016）。

目前，还没有治疗该病害的方法，也没有方法去减少田间的细菌感染源。控制病害主要依赖预防（即实施检疫措施，在疫情中管制受感染植物）、使用抗病品种、管理措施以及对寄主植株进行化学和生物控制。为了开发新的策略来防治木质部难养细菌，研究者围绕这个目标开展了大量的研究工作（Retchless 等，2014），主要有 3 个研究方向：控制病原菌（Chatterjee 等，2008）；利用 RNAi 等载体影响传播昆虫的发育（Rosa 等，2012）；研究互作机制（Killiny 等，2012）。在众多策略中，利用细菌群体感应（DSF）系统，开发能够“混淆”细菌群体感应的代替物，尤其是木质部中群体感应信号分子的存在可以限制细菌的移动和侵染。如果在转基因植物中表达 DSF 分子，那么可以限制细菌菌落的生长和移动，减轻病害的症状。另一个完全不同的策略是：利用 N-乙酰半胱氨酸（NAC）的抑菌作用（Muranaka 等，2013），NAC 可以破坏细菌生物膜的二硫键，吸收水分，溶解、稀释细菌菌落，抑制细菌黏附。添加了 NAC 的有机肥是经济可行且具有前景的替代品，但是为了防治这类病害科学家需要做更多、更深入的研究。

15.5.2 火疫病

解淀粉样欧文氏菌（*Erwinia amylovora* Burrill）可侵染 200 多种蔷薇科植物，引起火疫病，被认为是全世界对苹果和梨危害最严重的细菌病害（van der Zwet 和 Keil，1979）。有研究人员从美国的李和杏的病斑中分离到火疫病病菌（Mohan2007）。另外，有研究发现，德国的欧李（Vanneste 等，2002a）和捷克的杏自然状态下能够感染火疫病菌（Korba 和 Sillerova，2010）。2011—2014 年间，在匈牙利的李（*Prunus domestica* L. “d'Agen”；Végh 等，2012）、樱桃李（*Prunus cerasifera* “Nigra”；Végh 和 Palkovics，2013，2014）和杏树（*Prunus armeniaca* 10/13 杂交种；Végh 和 Palkovics，2014）幼嫩枝条上观察到与苹果和梨火疫病类似的严重症状。虽然这些自然感染的枝条表现出典型的火疫病症状，包括具有褐色到黑色坏死病变的顶梢，但是核果类果树在感染褐腐病菌情况下，也会出现类似的症状。根据发病症状、菌落类型、生化试验、致病性及 16S *rRNA* 基因序列同源性等试验，最终鉴定病原菌为火疫病菌。虽然在核果类果树上发生火疫病并不常见，但是人们观察到的症状和严重程度表明，这种病害也可能在未来给樱桃生产造成严重的问题。

火疫病菌的诊断方法在不同的实验室之间有所不同。为了准确、快速地鉴定病原物，基于 DNA 序列设计特异性引物，开发了免疫荧光法（Paulin，1981）、普通 PCR 法、实时荧光定量 PCR、LAMP 等方法（Kałużna 等，2013）。与大多数细菌性病害的防控一样，具体措施包括果园日常卫生和及时修剪去除有症状的部分枝条。在修剪清除感染枝条时，应及时消毒修剪工具。防治火疫病的常用化学药品非常有限，主要有 4 类：含铜化合物、抗生素、生长调节剂和诱抗剂。

然而，一些国家限制抗生素的使用，并且有报道表明病原菌已产生了耐药性。最常用的生物防护菌是拮抗细菌、真菌和细菌噬菌体，如成团泛菌（*Pantoea agglomerans*）、荧光假单胞菌（*Pseudomonas fluorescens*）和枯草芽孢杆菌（*Bacillus subtilis*）（Johnson 和 Stockwell，2000；Mercier 和 Lindow，2001；Vanneste 等，2002b；Böszörményi 等，2009）。此外，一些酵母，如出芽短梗霉（*Aureobasidium pullulans*）、清酒假丝酵母（*Candida sake*）和美极梅奇酵母（*Metschnikowia pulcherrima*）等，都被证明在离体和田间条件下对火疫病均有良好的防治效果（Seibold 等，2006）。噬菌体也能够在火疫病的生物防治中发挥作用（Gill 等，2003；Müller 等，2010；Dömötör 等，2012）。

针对不同物种、种苗、品种和砧木对火疫病的敏感性进行了若干研究，得到了各种抗性品种和抗性资源。这些抗性资源正被一些国家用于苹果、梨和观赏植物的抗病育种。对匈牙利李属植物火疫病进行鉴定后，对樱桃、酸樱桃的花和果实进行了人工感染试验，试验品种有甜樱桃“卡门”“琳达 156”和“卡特林 261”，酸樱桃“坎特诺斯 3”“富拓思”“大努贝”“第波特莫”和“第比列”。虽然所有樱桃品种的花接种后都出现感染症状，但其中较不敏感的品种是酸樱桃“大努贝”和“第比列”（Végh，未发表）。在另一项研究中，酸樱桃“北极星”、甜樱桃“兰伯特”和“拉宾斯”表现得更敏感。酸樱桃“蒙莫朗西”感染后没有症状。另外，较不敏感的甜樱桃品种是“宾库”和“拿破仑”（Mohan 和 Bijman，1999；Mohan 等，2002）。

参考文献

Abdel-Megeed，A.（2013）Controlling of *Pseudomonas syringae* by nanoparticles produced by *Streptomyces bikiniensis*. *Journal of Pure and Applied Microbiology* 7，1121－1129.

Agrios，G. N.（2005）Plant diseases caused by prokaryotes：bacteria and Mollicutes. In：Agrios，G. N.（ed.）*Plant Pathology*，5 th edn. Elsevier Academic Press，Boca Raton，Florida，pp. 616－703.

Ait Tayeb，L. A.，Ageron，E.，Grimont，F. and Grimont，P. A. D.（2005）Molecular phylogeny of the genus *Pseudomonas* based on *rpoB* sequences and application for the identification of isolates. *Research in Microbiology* 156，763－773.

Ballard，E. L.，Dietzgen，R. G.，Sly，L. I.，Gouk，C.，Horlock，C. and Fegan，M.（2011）Development of a Bio-PCR protocol for the detection of *Xanthomonas arboricola* pv. *pruni*. *Plant Disease* 95，1109－1115.

Bereswill，S.，Bugert，P.，Volksch，B.，Ullrich，M.，Bender，C. L. and Geider，K.（1994）Identification and relatedness of coronatine-producing *Pseudomonas syringae* pathovars by PCR analysis and sequence determination of the amplification products. *Applied and Environmental Microbiology* 60,2924 - 2930.

Berge, O., Monteil, C. L., Bartoli, C., Chandeysson, C., Guilbaud, C., Sands, D. C. and Morris, C. E. (2014) A user's guide to a data base of the diversity of *Pseudomonas syringae* and its application to classifying strains in this phylogenetic complex. *PLoS One* 9, e105547.

Bergsma-Vlami, M., Martin, W., Koenraadt, H., Teunissen, H., Pothier, J. F., Duffy, B. and van Doorn, J. (2012) Molecular typing of Dutch isolates of *Xanthomonas arboricola* pv. *pruni* isolated from ornamental cherry laurel. *Journal of Plant Pathology* 94 (Suppl. 1), 29 - 35.

Bliss, F. A., Schuerman, P. L., Almehdi, A. A., Dandekar, A. M. and Bellaloui, N. (1999) Crown gall resistance in accessions of 20 *Prunus* species. *HortScience* 34,326 - 330.

Borschinger, B., Bartoli, C., Chandeysson, C., Guilbaud, C., Parisi, L., Bourgeay, J. F., Buisson, E. and Morris, C. E. (2016) A set of PCRs for rapid identification and characterization of *Pseudomonas syringae* phylogroups. *Journal of Applied Microbiology* 120,714 - 723.

Bosso, L., Di Febbraro, M., Cristinzio, G., Zoina, A. and Russo, D. (2016) Shedding light on the effects of climate change on the potential distribution of *Xylella fastidiosa* in the Mediterranean basin. *Biological Invasions* 18,1759 - 1768.

Böszörményi, E., Érsek, T., Fodor, A., Fodor, A. M., Földes, L. S., Hevesi, M., Hogan, J. S., Katona, Z., Klein, M. G., Kormány, A., Pekár, S., Szentirmai, A., Sztaricskai, F. and Taylor, R. A. J. (2009) Isolation and activity of *Xenorhabdus* antimicrobial compounds against the plant pathogens *Erwinia amylovora* and *Phytophthora nicotianae*. *Journal of Applied Microbiology* 107,746 - 759.

Boudon, S., Manceau, C. and Notteghem, J. -L. (2005) Structure and origin of *Xanthomonas arboricola* pv. *pruni* populations causing bacterial spot of stone fruit trees in Western Europe. *Phytopathology* 95,1081 - 1088.

Bühlmann, A., Pothier, J. F., Tomlinson, J. A., Frey, J. E., Boonham, N., Smits, T. H. M. and Duffy, B. (2013) Genomics-informed design of loop-mediated isothermal amplification for detection of phytopathogenic *Xanthomonas arboricola* pv. *pruni* at the intraspecific level. *Plant Pathology* 62,475 - 484.

Bultreys, A. and Gheysen, I. (1999) Biological and molecular detection of toxic lipodepsipeptide-producing *Pseudomonas syringae* strains and PCR identification in plants. *Applied and Environmental Microbiology* 65,1904 - 1909.

Bultreys, A., Gheysen, I. and de Hoffmann, E. (2006) Yersiniabactin production by *Pseudomonas syringae* and *Escherichia coli*, and description of a second yersiniabactin locus evolutionary group. *Applied and Environmental Microbiology* 72,3814 - 3825.

Cesbron, S., Pothier, J., Gironde, S., Jacques, M. -A. and Manceau, C. (2014)

Development of multilocus variable-number tandem repeat analysis (MLVA) for *Xanthomonas arboricola* pathovars. *Journal of Microbiological Methods* 100, 84 - 90.

Cesbron, S., Briand, M., Essakhi, S., Gironde, S., Boureau, T., Manceau, C., Fischer-Le Saux, M. and Jacques, M. -A. (2015) Comparative genomics of pathogenic and nonpathogenic strains of *Xanthomonas arboricola* unveil molecular and evolutionary events linked to pathoadaptation. *Frontiers in Plant Science* 6, 1126.

Chatterjee, S., Almeida, R. P. P. and Lindow, S. (2008) Living in two worlds: the plant and insect lifestyles of *Xylella fastidiosa*. *Annual Review of Phytopathology* 46, 243 - 271.

Coletta-Filho, H. D., Francisco, C. S., Lopes, J. R. S., de Oliveira, A. F. and da Silva, L. F. O. (2016) First report of olive leaf scorch in Brazil, associated with *Xylella fastidiosa* subsp. *pauca*. *Phytopathologia Mediterranea* 55, 130 - 135.

Costechareyre, D., Rhouma, A., Lavire, C., Portier, P., Chapulliot, D., Bertolla, F., Boubaker, A., Dessaux, Y. and Nesme, X. (2010) Rapid and efficient identification of *Agrobacterium* species by *recA* allele analysis: *Agrobacterium* recA diversity. *Microbial Ecology* 60, 862 - 872.

Cubero, J., Lastra, B., Salcedo, C. I., Piquer, J. and Lopez, M. M. (2006) Systemic movement of *Agrobacterium tumefaciens* in several plant species. *Journal of Applied Microbiology* 101, 412 - 421.

de Cleene, M. and de Ley, J. (1976) The host range of crown gall. *Botanical Review* 42, 389 - 466.

Dessaux, Y., Petit, A., Farrand, S. K. and Murphy, P. J. (1998) Opines and opine-like molecules involved in plant-*Rhizobiaceae* interactions. In: Spaink, H. P., Kondorosi, A. and Hooykaas, P. J. J. (eds) *The Rhizobiaceae, Molecular Biology of Model Plant-associated Bacteria*. Kluwer Academic Publishers, Dordrecht, The Netherlands, pp. 173 - 197.

Dhanvantari, B. N. (1978) Characterization of *Agrobacterium* isolates from stone fruits in Ontario. *Canadian Journal of Botany* 56, 2309 - 2311.

Dömötör, D., Becságh, P., Rákhely, G., Schneider, G. and Kovács, T. (2012) Complete genomic sequence of *Erwinia amylovora* phage PhiEaH2. *Journal of Virology* 86, 10899.

EFSA (2016) Update of a database of host plants of *Xylella fastidiosa*: 20 November 2015. *EFSA Journal* 14, 4378.

EPPO (2006) EPPO standards PM 7/64. Diagnostics *Xanthomonas arboricola* pv. *pruni*. *EPPO Bulletin* 36, 129 - 133.

Ercisli, S. (2013) Cherry genetic resources of Turkey. In: Proceedings of the COST Action FA1104: Sustainable production of high-quality cherries for the European market. COST Meeting, Pitesti, Romania, October 2013. Available at: https://www.bordeaux.inra.fr/cherry/docs/dossiers/Activities/Meetings/1517%2010%202013_3rd%20MC%

20and%20all%20WG%20Meeting_Pitesti/Presentations/05-Ercisli_Sezai. pdf (accessed 2 May 2016).

European Commission (2017) Commission database of host plants found to be susceptible to *Xylella fastidiosa* in the Union territory. Update 8. Available at: https://ec. europa. eu/food/sites/food/files/plant/docs/ ph _ biosec _ legis _ emergency _ db-host-plants _ update08. pdf (accessed 23 January 2017).

Fischer-Le Saux, M. , Bonneau, S. , Essakhi, S. , Manceau, C. and Jacques, M. -A. (2015) Aggressive emerging pathovars of *Xanthomonas arboricola* represent widespread epidemic clones that are distinct from poorly pathogenic strains, as revealed by multilocus sequence typing. *Applied and Environmental Microbiology* 81,4651 - 4668.

Freigoun, S. O. and Crosse, J. E. (1975) Host relations and distribution of a physiological and pathological variant of *Pseudomonas morsprunorum*. *Annals of Applied Biology* 81,317 - 330.

Garcin, A. , Rouzet, J. and Notteghem, J. -L. (2005) *Xanthomonas des Arbres Fruitiers à Noyau*. Centre Technique Interprofessionnel des Fruits et Légumes (CITFL), Paris, France.

Gardan, L. , Shafik, H. , Belouin, S. , Broch, R. , Grimont, F. and Grimont, P. A. D. (1999) DNA relatedness among the pathovars of *Pseudomonas syringae* and description of *Pseudomonas tremae* sp. nov. and *Pseudomonas cannabina* sp. nov. (ex Sutic and Dowson 1959). *International Journal of Systematic Bacteriology* 49,469 - 478.

Garita-Cambronero, J. , Sena-Vélez, M. , Palacio-Bielsa, A. and Cubero, J. (2014) Draft genome sequence of *Xanthomonas arboricola* pv. *pruni* strain Xap33, causal agent of bacterial spot disease on almond. *Genome Announcements* 2, e00440 - 14.

Garita-Cambronero, J. , Palacio-Bielsa, A. , López, M. M. and Cubero, J. (2016) Draft genome sequence for virulent and avirulent strains of *Xanthomonas arboricola* isolated from *Prunus* spp. in Spain. *Standards in Genomic Sciences* 11,1 - 10.

Garrett, C. M. E. (1987) The effect of crown gall on growth of cherry trees. *Plant Pathology* 36,339 - 345.

Gill, J. J. , Svircev, A. M. , Smith, R. and Castle, A. J. (2003) Bacteriophages of *Erwinia amylovora*. *Applied and Environmental Microbiology* 69,2133 - 2138.

Grgurina, I. , Gross, D. C. , Iacobellis, N. S. , Lavermicocca, P. , Takemoto, J. Y. and Benincasa, M. (1996) Phytotoxin production by *Pseudomonas syringae* pv. *syringae*: syringopeptin production by *syr* mutants defective in biosynthesis or secretion of syringomycin. *FEMS Microbiology Letters* 138,35 - 39.

Haelterman, R. M. , Tolocka, P. A. , Roca, M. E. , Guzman, F. A. , Fernandez, F. D. and Otero, M. L. (2015) First presumptive diagnosis of *Xylella fastidiosa* causing olive scorch in Argentina. *Journal of Plant Pathology* 97,393.

Hajri, A. , Pothier, J. F. , Fischer-Le Saux, M. , Bonneau, S. , Poussier, S. , Boureau, T. , Duffy, B. and Manceau, C. (2012) Type three effector gene distribution and sequence analysis provide new insights into the pathogenicity of plant-pathogenic *Xanthomonas arboricola*. *Applied and Environmental Microbiology* 78, 371 – 384.

Hernandez-Martinez, R., de la Cerda, K. A., Costa, H. S., Cockney, D. A. and Wong, F. P. (2007) Phylogenetic relationships of *Xylella fastidiosa* strains isolated from landscape ornamentals in Southern California. *Phytopathology* 97, 857 – 864.

Hirano, S. S., Maher, E. A., Kelman, A. and Upper, C. A. (1978) Ice nucleation activity of fluorescent plant pathogenic Pseudomonas. In: Station de Pathologie Végétale et Phytobactériologie INRA (ed.) *Proceedings of the 4 th International Conference of Plant Pathogenic Bacteria*, 27 August-2 September, Angers, France, pp. 717 – 724.

Hołubowicz, T., Ugolik, M. and Weber, Z. (1988) Effect of crown gall on the growth and yield of cherry trees. In: Lipecki, J. (ed.) *International Symposium on Intensification of Production of Cherries and Plum*, Lublin, Poland, pp. 97 – 103.

Hu, F., Young, J. and Fletcher, M. (1998) Preliminary description of biocidal (syringomycin) activity in fluorescent plant pathogenic *Pseudomonas* species. *Journal of Applied Microbiology* 85, 365 – 371.

Ibarra Caballero, J., Zerillo, M. M., Snelling, J., Boucher, C. and Tisserat, N. (2013) Genome sequence of *Xanthomonas arboricola* pv. *corylina*, isolated from Turkish filbert in Colorado. *Genome Announcements* 1, e00246 – 13.

Ignatov, A. N., Kyrova, E. I., Vinogradova, S. V., Kamionskaya, A. M., Schaad, N. W. and Luster, D. G. (2015) Draft genome sequence of *Xanthomonas arboricola* strain 3004, a causal agent of bacterial disease on barley. *Genome Announcements* 3, e01572 – 14.

Jami, F., Kazempour, M. N., Elahinia, S. A. and Khodakaramian, G. (2005) First report of *Xanthomonas arboricola* pv. *pruni* on stone fruit trees from Iran. *Journal of Phytopathology* 153, 371 – 372.

Janse, J. D. and Obradović, A. (2010) *Xylella fastidiosa* - its biology, diagnosis, control and risks. *Journal of Plant Pathology* 92 (Suppl. 1), 35 – 48.

Janse, J. D., Rossi, M. P., Gorkink, R. F. J., Derks, J. H. J., Swings, J., Janssens, D. and Scortichini, M. (2001) Bacterial leaf blight of strawberry [*Fragaria* (×) *ananassa*] caused by a pathovar of *Xanthomonas arboricola*, not similar to *Xanthomonas fragariae* Kennedy & King. Description of the causal organism as *Xanthomonas arboricola* pv. *fragariae* (pv. nov., comb. nov.). *Plant Pathology* 50, 653 – 665.

Johnson, K. B. and Stockwell, V. O. (2000) Biological control of fire blight. In: Vanneste, J. L. (ed.) *Fire Blight: the Disease and its Causative Agent*, Erwinia amylovora. CABI Publishing, Wallingford, UK, pp. 235 – 251.

Kałużna, M. and Sobiczewski, P. (2009) Virulence of *Pseudomonas syringae* pathovars and races originating from stone fruit trees. *Phytopathologia* 54, 71 – 79.

Kałużna, M., Ferrante, P., Sobiczewski, P. and Scortichini, M. (2010a) Characterization and genetic diversity of *Pseudomonas syringae* from stone fruits and hazelnut using repetitive-PCR and MLST. *Journal of Plant Pathology* 92,781 - 787.

Kałużna, M. , Puławska, J. and Sobiczewski, P. (2010b) The use of PCR melting profile for typing of *Pseudomonas syringae* isolates from stone fruit trees. *European Journal of Plant Pathology* 126,437 - 443.

Kałużna, M. , Janse, J. D. and Young, J. M. (2012) Detection and identification methods and new tests as used and developed in the framework of COST 873 for bacteria pathogenic to stone fruits and nuts *Pseudomonas syringae* pathovars. *Journal of Plant Pathology* 94 (Suppl. 1), 117 - 126.

Kałużna, M. , Puławska, J. and Mikiciński, A. (2013) Evaluation of methods for *Erwinia amylovora* detection. *Journal of Horticultural Research* 21,65 - 71.

Kałużna, M. , Albuquerque, P. , Tavares, F. , Sobiczewski, P. and Puławska, J. (2016a) Rapid and specific detection of *Pseudomonas syringae* pv. *morsprunorum* race 1 and 2, the causal agent of bacterial canker using classical and real-time PCRs. *Applied Microbiology and Biotechnology* 100,3693 - 3711.

Kałużna, M. , Willems, A. , Pothier, J. F. , Ruinelli, M. , Sobiczewski, P. and Puławska, J. (2016b) *Pseudomonas cerasi* sp. nov. (non Griffin, 1911) isolated from diseased tissue of cherry. *Systematic and Applied Microbiology* 39,370 - 377.

Kamiunten, H. , Nakao, T. and Oshida, S. (2000) *Pseudomonas syringae* pv. *cerasicola*, pv. nov. , the causal agent of bacterial gall of cherry tree. *Journal of General Plant Pathology* 66,219 - 224.

Kerr, A. , Manigault, P. and Tempe, J. (1977) Transfer of virulence *in vivo* and *in vitro* in *Agrobacterium*. *Nature* 265,560 - 561.

Killiny, N. , Rashed, A. and Almeida, R. P. P. (2012) Disrupting the transmission of a vector-borne plant pathogen. *Applied and Environmental Microbiology* 78,638 - 643.

King, E. O. , Raney, M. K. and Ward, D. E. (1954) Two simple media for the demonstration of pyocianin and fluorescin. *Journal of Laboratory and Clinical Medicine* 44,301 - 307.

Korba, J. and Sillerova, S. (2010) First occurrence of fire blight infection on apricot (*Prunus armeniaca*) in Czech Republic. In: *12th International Workshop on Fire Blight*, 16 - 20 August, Warsaw, Poland, p. 107.

Lamichhane, J. -R. (2014) *Xanthomonas arboricola* diseases of stone fruit, almond and walnut trees: progress toward understanding and management. *Plant Disease* 98,1600 - 1610.

Lattore, B. A. and Jones, A. L. (1979) *Pseudomonas morsprunorum*, the cause of bacterial canker of sour cherry in Michigan and its epiphytic association with *P. syringae*. *Phytopathology* 69,335 - 339.

Lavermicocca, P. , Sante Iacobellis, N. , Simmaco, M. and Graniti, A. (1997) Biological properties and spectrum of activity of *Pseudomonas syringae* pv. *syringae* toxins. *Physiological and Molecular Plant Pathology* 50,129 - 140.

Lelliott, R. A. and Stead, D. E. (1987) Methods for the diagnosis of bacterial diseases of plants. In: Preece, T. F. (ed.) *Methods in Plant Pathology*, Vol. 2. Blackwell Scientific Publications, Oxford, pp. 37 - 131.

Lelliott, R. A., Billing, E. and Hayward, A. C. (1966) A determinative scheme for the fluorescent plant pathogenic pseudomonads. *Journal of Applied Bacteriology* 29, 470 - 489.

Loconsole, G., Saponari, M., Boscia, D., D'Attoma, G., Morelli, M., Martelli, G. P. and Almeida, R. P. P. (2016) Intercepted isolates of *Xylella fastidiosa* in Europe reveal novel genetic diversity. *European Journal of Plant Pathology* 146, 85 - 94.

López, M. M., Gorris, M. T. and Montojo, A. M. (1988) Opine utilization by Spanish isolates of *Agrobacterium tumefaciens*. *Plant Pathology* 37, 565 - 572.

Louws, F. J., Fulbright, D. W., Stephens, C. T. and de Bruijn, F. J. (1994) Specific genomic fingerprints of phytopathogenic *Xanthomonas* and *Pseudomonas* pathovars and strains generated with repetitive sequences and PCR. *Applied and Environmental Microbiology* 60, 2286 - 2295.

Lyons, N. F. and Taylor, J. D. (1990) Serological detection and identification of bacteria from plants by the conjugated *Staphylococcus aureus* slide agglutination test. *Plant Pathology* 39, 584 - 590.

Marchi, G., Cinelli, T. and Surico, G. (2011) Bacterial leaf spot caused by the quarantine pathogen *Xanthomonas arboricola* pv. *pruni* on cherry laurel in central Italy. *Plant Disease* 95, 74.

Martelli, G. P., Boscia, D., Porcelli, F. and Saponari, M. (2016) The olive quick decline syndrome in south-east Italy: a threatening phytosanitary emergency. *European Journal of Plant Pathology* 144, 235 - 243.

Melakeberhan, H., Jones, A. L., Sobiczewski, P. and Bird, G. W. (1993) Factors associated with the decline of sweet cherry trees in Michigan: nematodes, bacterial canker, nutrition, soil pH, and winter injury. *Plant Disease* 77, 266 - 271.

Ménard, M., Sutra, L., Luisetti, J., Prunier, J. P. and Gardan, L. (2003) *Pseudomonas syringae* pv. *avii* (pv. nov.), the causal agent of bacterial canker of wild cherries (*Prunus avium*) in France. *European Journal of Plant Pathology* 109, 565 - 576.

Mercier, J. and Lindow, S. E. (2001) Field performance of antagonistic bacteria identified in a novel laboratory assay for biological control of fire blight of pear. *Biological Control* 22, 66 - 71.

Mohan, S. K. (2007) Natural incidence of shoot blight in Pluot ® caused by *Erwinia amylovora*. In: *11 th International Workshop on Fire Blight*, 12 - 17 August, Portland, Oregon, p. 64.

Mohan, S. K. and Bijman, V. P. (1999) Susceptibility of *Prunus* species to *Erwinia amylovora*. *Acta Horticulturae* 489, 145 - 148.

Mohan, S. K., Bijman, V. P. and Fallahi, E. (2002) Field evaluation of *Prunus* species for susceptibility to *Erwinia amylovora* by artificial inoculation. *Acta Horticulturae* 590, 377 - 380.

Mondal, K. K. and Mani, C. (2012) Investigation of the antibacterial properties of nanocopper against *Xanthomonas axonopodis* pv. *punicae*, the incident of pomegranate bacterial blight. *Annals of Microbiology* 62,889 - 893.

Moore, L. W. (1976) Prevention of crown gall on *Prunus* roots by bacterial antagonists. *Phytopathology* 67,139 - 144.

Moore, L. W. and Allen, J. (1986) Controlled heating of root-pruned dormant *Prunus* spp. seedlings before transplanting to prevent crown gall. *Plant Disease* 70,532 - 536.

Mougel, C., Cournoyer, B. and Nesme, X. (2001) Novel tellurite-amended media and specific chromosomal and Ti plasmid probes for direct analysis of soil populations of *Agrobacterium* biovars 1 and 2. *Applied and Environmental Microbiology* 67,65 - 74.

Mousavi, S. A., Willems, A., Nesme, X., de Lajudie, P. and Lindström, K. (2015) Revised phylogeny of *Rhizobiaceae*: proposal of the delineation of *Pararhizobium* gen. nov., and 13 new species combinations. *Systematic and Applied Microbiology* 38, 84 - 90.

Müller, I., Jelkmann, W., Geider, K. and Lurz, R. (2010) Properties of *Erwinia amylovora* phages from North America and Germany and their possible use to control fire blight. *Acta Horticulturae* 896,417 - 419.

Muranaka, L. S., Giorgiano, T. E., Takita, M. A., Forim, M. R., Silva, L. F. C., Coletta-Filho, H. D., Machado, M. A. and de Souza, A. A. (2013) *N*-Acetylcysteine in agriculture, a novel use for an old molecule: focus on controlling the plant-pathogen *Xylella fastidiosa*. *PLoS One* 8, e72937.

Nemeth, J., Emody, L. and Pacsa, S. (1987) The use of ELISA for the detection of *Pseudomonas syringae* pv. *phaseolicola* and *Xanthomonas campestris* pv. *phaseoli* in bean seed. In: Civerolo, E. L., Collmer, A., Davis, R. E. and Gillaspie, A. G. (eds) *Plant Pathogenic Bacteria*. Springer, The Netherlands, pp. 876 - 876.

Nunney, L., Vickerman, D. B., Bromley, R. E., Russell, S. A., Hartman, J. R., Morano, L. D. and Stouthamer, R. (2013) Recent evolutionary radiation and host plant specialization in the *Xylella fastidiosa* subspecies native to the United States. *Applied and Environmental Microbiology* 79,2189 - 2200.

Ormeño-Orrillo, E. and Martínez-Romero, E. (2013) Phenotypic tests in *Rhizobium* species description: an opinion and (a sympatric speciation) hypothesis. *Systematic and Applied Microbiology* 36,145 - 147.

Otten, L., Burr, T. and Szegedi, E. (2008) *Agrobacterium*: a disease-causing bacterium. In: Tzfira, T. and Citovsky, V. (eds) Agrobacterium: *From Biology to Biotechnology*. Springer, New York, pp. 1 - 46.

Ozaktan, H., Ertimurtaş, D. and Eḡerci, K. (2013) The diagnosis and copper sensitivity of *Pseudomonas syringae* pv. *syringae* isolates from sweet cherry in Turkey. In:

Proceedings of the COST Action FA1104: Sustainable production of high-quality cherries for the European market. COST Meeting, Pitesti, Romania, October 2013. Available at: https://www. bordeaux. inra. fr/cherry/page6 - 1 - 8. html (accessed 2 March 2016).

Palacio-Bielsa, A., Cambra, M. A. and López, M. M. (2009) PCR detection and identification of plant-pathogenic bacteria: updated review of protocols (1989 - 2007). *Journal of Plant Pathology* 91, 249 - 297.

Palacio-Bielsa, A., Cubero, J., Cambra, M. A., Collados, R., Berruete, I. M. and Lopez, M. M. (2011) Development of an efficient real-time quantitative PCR protocol for detection of *Xanthomonas arboricola* pv. *pruni* in *Prunus* species. *Applied and Environmental Microbiology* 77, 89 - 97.

Palacio-Bielsa, A., Pothier, J. F., Roselló, M., Duffy, B. and López, M. M. (2012) Detection and identification methods and new tests as developed and used in the framework of COST873 for bacteria pathogenic to stone fruits and nuts - *Xanthomonas arboricola* pv. *pruni*. *Journal of Plant Pathology* 94, 135 - 146.

Park, S., Lee, Y., Koh, Y., Hur, J. -S. and Jung, J. (2010) Detection of *Xanthomonas arboricola* pv. *pruni* by PCR using primers based on DNA sequences related to the *hrp* genes. *Journal of Microbiology* 48, 554 - 558.

Parkinson, N., Cowie, C., Heeney, J. and Stead, D. (2009) Phylogenetic structure of *Xanthomonas* determined by comparison of *gyrB* sequences. *International Journal of Systematic and Evolutionary Microbiology* 59, 264 - 274.

Parkinson, N., Bryant, R., Bew, J. and Elphinstone, J. (2011) Rapid phylogenetic identification of members of the *Pseudomonas syringae* species complex using the *rpoD* locus. *Plant Pathology* 60, 338 - 344.

Paulin, J. P. (1981) Overwintering of *Erwinia amylovora*: sources of inoculum in spring. *Acta Horticulturae* 117, 49 - 54.

Pereira, U. P., Gouran, H., Nascimento, R., Adaskaveg, J. E., Goulart, L. R. and Dandekar, A. M. (2015) Complete genome sequence of *Xanthomonas arboricola* pv. *jugliandis* 417, a copper-resistant strain isolated from *Juglans regia* L. *Genome Announcements* 3, e01126 - 15.

Pierronnet, A. and Salesses, G. (1996) Behaviour of *Prunus* cultivars and hybrids towards *Agrobacterium tumefaciens* estimated from hardwood cuttings. *Agronomie* 16, 247 - 256.

Pothier, J. F., Pagani, M. C., Pelludat, C., Ritchie, D. F. and Duffy, B. (2011a) A duplex-PCR method for species- and pathovar-level identification and detection of the quarantine plant pathogen *Xanthomonas arboricola* pv. *pruni*. *Journal of Microbiological Methods* 86, 16 - 24.

Pothier, J. F., Smits, T. H. M., Blom, J., Vorhölter, F., Goesmann, A., Pühler, A. and Duffy, B. (2011b) Complete genome sequence of the stone fruit pathogen *Xanthomonas arboricola* pv. *pruni*. *Phytopathology* 101, S144-S145.

Pothier, J. F., Vorhölter, F. -J., Blom, J., Goesmann, A., Pühler, A., Smits, T. H. M. and Duffy, B. (2011c) The ubiquitous plasmid pXap41 in the invasive phytopathogen *Xanthomonas arboricola* pv. *pruni*: complete sequence and comparative genomic analysis. *FEMS Microbiology Letters* 323, 52 - 60.

Pscheidt, J. W. and Ocamb, C. M. (2015) *Pacific Northwest Plant Disease Management Handbook* [online]. Oregon State University, Corvallis, Oregon. Available at: http://pnwhandbooks.org/ plantdisease (accessed 29 January 2016).

Puławska, J. (2010) Crown gall of stone fruits and nuts, economic significance and diversity of its causal agents: tumorigenic *Agrobacterium* spp. *Journal of Plant Pathology* 92 (Suppl. 1), 87 - 98.

Puławska, J. and Kałużna, M. (2012) Phylogenetic relationship and genetic diversity of *Agrobacterium* spp. isolated in Poland based on *gyrB* gene sequence analysis and RAPD. *European Journal of Plant Pathology* 133, 379 - 390.

Puławska, J. and Sobiczewski, P. (2005) Development of a semi-nested PCR based method for sensitive detection of tumorigenic *Agrobacterium* in soil. *Journal of Applied Microbiology* 98, 710 - 721.

Puławska, J., Willems, A. and Sobiczewski, P. (2006) Rapid and specific identification of four *Agrobacterium* species and biovars using multiplex PCR. *Systematic and Applied Microbiology* 29, 470 - 479.

Purcell, A. H. (2013) Paradigms: examples from the bacterium *Xylella fastidiosa*. *Annual Review of Phytopathology* 51, 339 - 356.

Raio, A., Zoina, A. and Moore, L. W. (1997) The effect of solar heating of soil on natural and inoculated agrobacteria. *Plant Pathology* 46, 320 - 328.

Renick, L. J., Cogal, A. G. and Sundin, G. W. (2008) Phenotypic and genetic analysis of epiphytic *Pseudomonas syringae* populations from sweet cherry in Michigan. *Plant Disease* 92, 372 - 378.

Retchless, A. C., Labroussaa, F., Shapiro, L., Stenger, D. C., Lindow, S. E. and Almeida, R. P. P. (2014) Genomic insights into *Xylella fastidiosa* interactions with plant and insect hosts. In: Gross, D. C., Lichens-Park, A. and Kole, C. (eds) *Genomics of Plant-Associated Bacteria*. Springer, Berlin/Heidelberg, Germany, pp. 177 - 202.

Ritchie, D. F. (1995) Bacterial spot. In: Ogawa, J. M., Zehr, E. I., Bird, G. W., Ritchie, D. F., Uriu, K. and Uyemoto, J. K. (eds) *Compendium of Stone Fruit Diseases*. APS Press, St Paul, Minnesota, pp. 50 - 52.

Rosa, C., Kamita, S. G. and Falk, B. W. (2012) RNA interference is induced in the glassy winged sharpshooter *Homalodisca vitripennis* by actin dsRNA. *Pest Management Science* 68, 995 - 1002.

Rubio-Cabetas, M. -J., Minot, J. -C., Voisin, R. and Esmenjaud, D. (2001) Interaction of root-knot nematodes (RKN) and the bacterium *Agrobacterium tumefaciens* in roots of *Prunus cerasifera*: evidence of the protective effect of the Ma RKN resistance genes against expression of crown gall symptoms. *European Journal of Plant Pathology* 107, 433 - 441.

Ruinelli, M., Blom, J., Kałużna, M., Goesmann, A., Puławska, J., Duffy, B. and Pothier, J. F. (2015) Genomic investigation of cherry pathogenic *Pseudomonas syringae* pathovars. In: Joint Meeting with the 2nd International Workshop on Bacterial Diseases of Stone Fruits and Nuts, 21 - 24 April, Izmir, Turkey. Available at: https://www.bordeaux.inra.fr/cherry/docs/dossiers/Activities/Meetings/2015%2004%2021 - 24%20Meeting_Izmir/Presentations/Michela _Izmir2015.pdf (accessed 2 May 2016).

Saponari, M., Boscia, D., Loconsole, G., Palmisano, F., Savino, V. N., Potere, O. and Martelli, G. P. (2014) New hosts of *Xylella fastidiosa* strain CoDiRO in Apulia. *Journal of Plant Pathology* 96, 611.

Sarkar, S. F., Gordon, J. S., Martin, G. B. and Guttman, D. S. (2006) Comparative genomics of host-specific virulence in *Pseudomonas syringae*. *Genetics* 174, 1041 - 1056.

Scally, M., Schuenzel, E. L., Stouthamer, R. and Nunney, L. (2005) Multilocus sequence type system for the plant pathogen *Xylella fastidiosa* and relative contributions of recombination and point mutation to clonal diversity. *Applied and Environmental Microbiology* 71, 8491 - 8499.

Schaad, N. W., Postnikova, E., Lacy, G., Fatmi, M. B. and Chang, C. J. (2004) *Xylella fastidiosa* subspecies: *X. fastidiosa* subsp. [correction] *fastidiosa* [correction] subsp. nov, *X. fastidiosa* subsp. multiplex subsp. nov., and *X. fastidiosa* subsp. *pauca* subsp. nov. *Systematic Applied Microbiology* 27, 290 - 300 [Erratum: *Systematic Applied Microbiology* 27, 763].

Seibold, A., Giesen, N. and Jelkmann, W. (2006) Antagonistic activities of different yeast spp. against *Erwinia amylovora*. In: Zeller, W. and Ullrich, C. (eds) *Proceedings of the 1st International Symposium on Biological Control of Bacteria Plant Diseases*, No. 408. Arno Brynda, Berlin, Germany, pp. 254 - 257.

Slater, S. C., Goldman, B. S., Goodner, B., Setubal, J. C., Farrand, S. K., Nester, E. W., Burr, T. J., Banta, L., Dickerman, A. W., Paulsen, I., Otten, L., Suen, G., Welch, R., Almeida, N. F., Arnold, F., Burton, O. T., Du, Z., Ewing, A., Godsy, E., Heisel, S., Houmiel, K. L., Jhaveri, J., Lu, J., Miller, N. M., Norton, S., Chen, Q., Phoolcharoen, W., Ohlin, V., Ondrusek, D., Pride, N., Stricklin, S. L., Sun, J., Wheeler, C., Wilson, L., Zhu, H. and Wood, D. W. (2009) Genome sequences of three *Agrobacterium* biovars help elucidate the evolution of multichromosome genomes in bacteria. *Journal of Bacteriology* 191, 2501 - 2511.

Smith, E. F. (1903) Observations on a hither to unreported bacterial disease, the cause of which enters the plant through ordinary stomata. *Science* 17, 456 - 457.

Sobiczewski, P. (1996) Etiology of crown gall on fruit trees in Poland. *Journal of Fruit and*

Ornamental Plant Research 4,147 - 161.

Sobiczewski, P. and Jones, A. L. (1992) Effect of exposure to freezing temperatures on necrosis in sweet cherry shoots inoculated with *Pseudomonas syringae* pv. *syringae* or *P. s. morsprunorum*. *Plant Disease* 76,447 - 451.

Sobiczewski, P., Karczewski, J. and Berczynski, S. (1991) Biological control of crown gall *Agrobacterium tumefaciens* in Poland. *Fruit Science Report* 18,125 - 132.

Socquet-Juglard, D. (2012) Genetic determinism of *Xanthomonas arboricola* pv. *pruni* resistance and agronomic traits in apricot, and applications in marker-assisted selection. PhD dissertation, ETH Zurich, Zurich, Switzerland.

Sorensen, K. N., Kim, K. -H. and Takemoto, J. Y. (1998) PCR detection of cyclic lipodepsinonapeptide-producing *Pseudomonas syringae* pv. *syringae* and similarity of strains. *Applied and Environmental Microbiology* 64,226 - 230.

Spotts, R. A. and Wallis, K. (2008) Evaluation of bactericides for control of bacterial canker of sweet cherry using detached leaves. Oregon State University, Hood River, Oregon. Available at: jhbiotech. com/docs/Study-Fosphite-Cherry. pdf (accessed 2 March 2016).

Stefani, E. (2010) Economic significance and control of bacterial spot/canker of stone fruits caused by *Xanthomonas arboricola* pv. *pruni*. *Journal of Plant Pathology* 92,99 - 103.

Süle, S. (1978) Biotypes of *Agrobacterium tumefaciens* in Hungary. *Journal of Applied Bacteriology* 44,207 - 213.

Tjou-Tam-Sin, N. N. A., van de Bilt, J. L. J., Bergsma-Vlami, M., Koenraadt, H., Westerhof, J., van Doorn, J., Pham, K. T. K. and Martin, W. S. (2012) First Report of *Xanthomonas arboricola* pv. *pruni* in ornamental *Prunus laurocerasus* in the Netherlands. *Plant Disease* 96,759 - 759.

van der Zwet, T. and Keil, H. M. (1979) Fire blight — a bacterial disease of Rosaceous plants. In: *Agriculture Handbook* 510. US Department of Agriculture, Washington, DC, p. 200.

Vanneste, J. L., Lex, S., Vermeulen, M. and Berger, F. (2002a) Isolation of *Erwinia amylovora* from blighted plums (*Prunus domestica*) and potato roses (*Rosa rugosa*). *Acta Horticulturae* 590,89 - 94.

Vanneste, J. L., Cornish, D. A., Yu, J. and Voyle, M. D. (2002b) A new biological control agent for control of fire blight which can be sprayed or distributed using honey bees. *Acta Horticulturae* 590,231 - 235.

Vauterin, L., Hoste, B., Kersters, K. and Swings, J. (1995) Reclassification of *Xanthomonas*. *International Journal of Systematic Bacteriology* 45,472 - 489.

Végh, A. and Palkovics, L. (2013) First occurrence of fire blight on apricot (*Prunus armeniaca*) in Hungary. *Notulae Botanicae Horti Agrobotanici Cluj Napoca* 41, 440 - 443.

Végh, A. and Palkovics, L. (2014) Kajszibarackon és cseresznyeszilván is megjelent a t űzelhalás betegség hazánkban. *Növényvédelem* 50,319 - 324.

Végh, A., Némethy, Z., Hajagos, L. and Palkovics, L. (2012) First report of *Erwinia amylovora* causing fire blight on plum (*Prunus domestica*) in Hungary. *Plant Disease* 96,759.

Vicente, J. and Roberts, S. (2007) Discrimination of *Pseudomonas syringae* isolates from sweet and wild cherry using rep-PCR. *European Journal of Plant Pathology* 117,383 - 392.

Vicente, J. G., Roberts, S. J., Russell, K. and Alves, J. P. (2004) Identification and discrimination of *Pseudomonas syringae* isolates from wild cherry in England. *European Journal of Plant Pathology* 110,337 - 351.

Weingart, H. and Völksch, B. (1997) Genetic fingerprinting of *Pseudomonas syringae* pathovars using ERIC-, REP-, and IS50-PCR. *Journal of Phytopathology* 145, 339 - 345.

Wells, J. M., Raju, B. C., Hung, H. Y., Weisburg, W. J., Mandelco, P. L. and Brenner, D. J. (1987) *Xylella fastidiosa* gen. nov., sp. nov.: Gram-negative, xylem-limited, fastidious plant bacteria related to *Xanthomonas* spp. *International Journal of Systematic Bacteriology* 37,136 - 145.

Wormald, H. (1932) Bacterial diseases of stone fruit trees in Britain. IV. The organism causing bacterial canker of plum trees. *Transactions of the British Mycological Society* 17,157 - 169.

Young, J. M. (2010) Taxonomy of *Pseudomonas syringae*. *Journal of Plant Pathology* 92, 5 - 14.

Young, J. M., Kuykendall, L. D., Martinez-Romero, E., Kerr, A. and Sawada, H. (2001) A revision of *Rhizobium* Frank 1889, with an amended description of the genus, and the inclusion of all species of *Agrobacterium* Conn 1942 and *Allorhizobium undicola* de Lajudie *et al*. 1998 as new combinations: *Rhizobium radiobacter*, *R. rhizogenes*, *R. rubi*, *R. undicola* and *R. vitis*. *International Journal of Systematic and Evolutionary Microbiology* 51,89 - 103.

Young, J. M., Park, D. -C., Shearman, H. M. and Fargier, E. (2008) A multilocus sequence analysis of the genus *Xanthomonas*. *Systematic and Applied Microbiology* 31, 366 - 377.

Zamze, S. E., Smith, A. R. W. and Hignett, R. C. (1986) Composition of lipopolysaccharides from *Pseudomonas syringae* pv. *syringae* and a serological comparison with lipopolysaccharide from *P. syringae* pv. *morsprunorum*. *Journal of General Microbiology* 132,3393 - 3401.

Zhu, J., Oger, P. M., Schrammeijer, B., Hooykaas, P. J., Farrand, S. K. and Winans, S. C. (2000) The bases of crown gall tumorigenesis. *Journal of Bacteriology* 182,3885 - 3895.

16 樱桃的病毒、类病毒、植原体和遗传劣变

16.1 导语

樱桃能被多种病毒、类病毒和植原体感染，有些感染会造成严重病害，对樱桃生产造成了重大影响。如李矮缩病毒(prune dwarf virus, PDV)和李属坏死环斑病毒(prunus necrotic ringspot virus, PNRSV)等可造成樱桃减产18%～30%(Cembali 等,2003)。几十年来，樱桃小果病对加拿大不列颠哥伦比亚省的樱桃生产造成了毁灭性的影响，正是这一病害促使了加拿大主要有害生物根除计划(Major Eradication Programme)的实施(Jelkmann 和 Eastwell2011)。樱桃卷叶病毒(cherry leaf roll virus, CLRV)对酸樱桃的影响高达91%～98%(Büttner 等,2011)。此外，多个组和亚组的植原体能够感染樱桃，造成危害，如X-疾病组(X-disease)和翠菊黄化组(aster yellow)的植原体可造成树势衰退甚至死亡。同时，有些病原物并不造成明显症状，似乎对樱桃没有影响，如樱桃病毒A(cherry virus A, CVA)、部分苹果褪绿叶斑病毒(apple chlorotic leaf spot virus, ACLSV)分离株或类病毒。有可能是这些病原物对樱桃的生长及产量影响较小，难以测量。此外，在混合感染时，有些病原可能会起到协同作用，使病害程度增强。一般认为苹果褪绿叶斑病毒在樱桃中为潜隐病毒，虽然并不造成病害，但在某些樱桃品种中，该病毒的有些株系对果实品质造成了重大影响(见图16.1)。因为病害的发生和症状表现比较复杂，受气候条件、病原体分离物、混合感染情况、品种和宿主的年龄等因素的影响而有所差异，所以建园时应进行检测，选择无病原物苗木。病毒或类似病毒的某些病原物能够通过昆虫、花粉、种子或线虫传播。另外，有些病原物能够通过未知的传播方式进行传播。植原体通过刺吸植物韧皮部昆虫传播(如叶蝉和飞虱)，这种传播方式对植原体防控造成了一定的挑战。

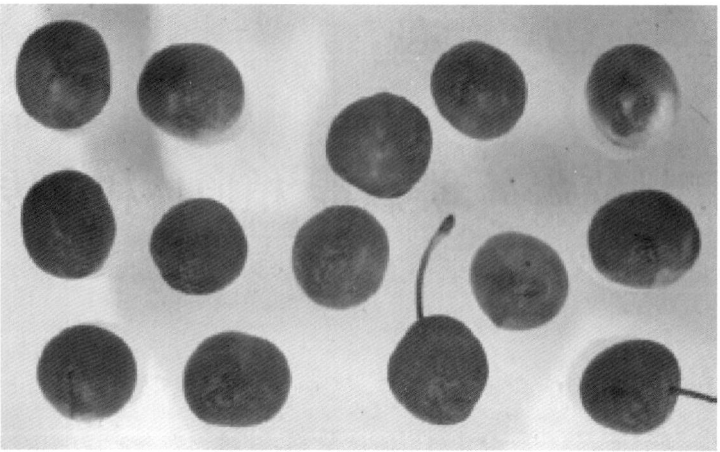

图 16.1 苹果褪绿叶斑病毒导致甜樱桃果实坏死症状(见彩图 23)

16.2 通过樱桃花粉和种子传播的病毒

多种植物病毒已经进化出利用植物自身繁殖器官进行传播的机制，如花粉和种子(Mink，1993；Card 等，2007)。为了确保病毒能够代代相传，约有 20%的病毒能够通过种子和花粉传递给植物的后代。一般来说，能够通过花粉传播的病毒也具有种子传播的能力，然而反过来不一定如此。受病毒感染的花粉可作为病毒的传染源，不仅可以通过受精作用(水平传播)在植株间传播，而且可以通过种子传给下一代植株(垂直传播)。最近有研究发现病毒的这种垂直传播能够对自身和宿主的进化造成影响，即降低了病毒的毒力同时又增加了宿主的抗性，有利于病毒更广泛的传播(Pagan 等，2014)。蓟马或其他访花昆虫可同时促进这两种途径的传播(Mink，1993)。当能力差的病毒传播到一个新的生态区域时，遇到高效的传播介体，将会促进这种病毒的进化，使其更广泛地传播，造成灾难性的危害。

16.2.1 樱桃卷叶病毒

樱桃卷叶病毒(cherry leaf roll virus，CLRV)不仅能够感染樱桃，而且能够感染多种常见的野生和栽培植物，造成严重的病害和损失。樱桃感染该病毒后的叶部症状包括黄化失绿、卷曲以及丛枝等症状。Büttner 等在英格兰还发现该病毒可造成植株死亡(Büttner 等，2011)。在欧洲首先发现樱桃卷叶病毒感染甜樱桃的现象(Cropley，1961)，后来在美国也检测到该病毒的感染(Eastwell 和

Howell, 2010)。樱桃卷叶病毒与李矮缩病毒(PDV)混合感染可导致叶片背面的异常突起(叶耳),与李属坏死环斑病毒(PNRSV)混合感染可造成酸樱桃和甜樱桃树势衰退。与同属(线虫传多面体病毒属)的其他病毒不同,樱桃卷叶病毒不是通过线虫进行传播,而是通过种子和花粉及嫁接进行传播。樱桃卷叶病毒的扩散主要随着人体对感染的种子或植株移动来实现。

樱桃卷叶病毒隶属于伴生豇豆病毒科(*Secoviridae*)线虫传多面体病毒属(*Nepovirus*)(Sanfaçon 等,2012)。该科病毒的基因组由两个单链正义 RNA 分子组成,包装在由蛋白外壳组成的 28 nm 等长粒子中。已经测定了樱桃卷叶病毒樱桃分离株及其他多个分离株的全基因组序列和结构(Eastwell 等,2012)。

樱桃卷叶病毒的检测方法包括指示植物检测法、血清学检测法和分子技术检测法(Büttner 等,2011)。根据该病毒基因组 3′非编码区(～420bp)的限制性酶切位点差异,Buchhop 等开发了限制性片段长度多态性(RFLP)测定法,用以区分不同樱桃卷叶病毒分离株(Buchhop 等,2009)。该病毒在植物不同组织中的分布差异较大,在花、幼叶和老叶、果实、休眠枝条和根等部位都能检测到该病毒的存在。为了取得更好的检测效果,最佳取材季节为春季或初夏,因季节不同具体取样时间取决于当时的天气条件(Rodoni 等,2011)。有研究证实,樱桃卷叶病毒很容易在雄蕊、叶芽、叶、种子和幼枝的皮层组织等部位检测到,与取材季节无关(Werner 等,1997),也可在根和分生组织以及花粉、胚珠、花粉管和成熟种子中检测到(Jones, 1985)。与预防大多数花粉传播的病毒一样,樱桃卷叶病毒的预防主要有两种程序:一是通过检疫认证程序确保能够为苗圃提供无病毒原种;二是通过果园管理预防及控制该病毒的扩散。果园管理的标准包括定期监测病毒感染情况和及时清除病毒感染的病树。仅使用无病毒母树收集的种子进行繁殖,可降低樱桃卷叶病毒的种传率。欧洲和地中海植物保护组织(European and Mediterranean Plant Protection Organization, EPPO)为樱桃砧木和品种的无病毒繁殖制定了很好的标准(EPPO, 2006a)。

16.2.2 伊庇鲁斯樱桃病毒

目前没有发现伊庇鲁斯樱桃病毒(Epirus cherry virus, EpCV)通过花粉或种子传播的证据,然而在蚕豆(*Vicia faba*)和烟草中(Avgelis 和 Barba, 2011)均观察到了该病毒的种传现象,说明该病毒具有种传的潜力。该病毒因首次从希腊伊庇鲁斯地区的甜樱桃中分离出来而得名,其症状包括严重的锉叶、小叶及叶片畸形(Avgelis 等,1988; Avgelis 和 Barba, 2011)。目前仅在发现该病毒果园的三叶草（*Trifolium resupinatum*）中发现了该病毒自然感染（Avgelis 和 Barba，2011）。

伊庇鲁斯樱桃病毒隶属于欧尔密病毒属（*Ourmiavirus*），该属病毒由无包膜的杆状病毒粒子组成（Rastgou 等，2012）。由于该病毒可通过树液传播（树液）感染多种草本植物，因此建议通过指示植物检测法鉴定该病毒（Avgelis 和 Barba，2011）。另外在凝胶扩散检测和免疫吸附电子显微镜检测，都可应用针对该病毒开发的多克隆抗体进行检测（Avgelis 等，1988）。

由于伊庇鲁斯樱桃病毒能够感染果园中的三叶草，同时又有传播感染多种草本植物的能力，因此清除果园及周边的杂草对防控该病毒传播有重要意义。对于该病毒的防控，建议在繁殖时使用无病毒材料（Avgelis 和 Barba，2011）。

16.2.3　李矮缩病毒

李矮缩病毒（prune dwarf virus，PDV）主要感染甜樱桃和酸樱桃，造成叶片上的褪绿环斑、畸形和穿孔。李矮缩病毒也与酸樱桃的黄化相关（Jones 和 Sutton，1996）。病树果实更大并且更硬，同时具有失绿环斑（见图 16.2）。李矮缩病毒部分株系会使幼叶背面造成的异常突起（耳突）（Çaglayan 等，2011）。李矮缩病毒在世界各地广泛分布。值得注意的是，在一次检测中发现美国加利福尼亚国家种质资源库的樱桃竟然有 38%显示该病毒阳性（Osman 等，2012）。李矮缩病毒不仅能够通过种子传播，更危险的是该病毒也具有花粉传播的能力，受

图 16.2　酸樱桃感染李矮缩病毒后造成的变色环斑（见彩图 24）

到各种花粉传播介体的影响(Çağlayan 等,2011)。已经有研究证实,蓟马可以介导李矮缩病毒从樱桃花粉到黄瓜的传播(Greber 等,1992)。此外,该病毒在甜樱桃中的种传率非常高。

李矮缩病毒隶属于雀麦花叶病毒科(*Bromoviridae*)等轴不稳环斑病毒属(*Ilarvirus*),虽然与李属坏死环斑病毒(PNRSV)具有相同的三联基因组结构和形态,但与该病毒没有血清学关系(见下文和 Pallás 等,2012)。与该属的其他病毒相同,李矮缩病毒具有中度的免疫原性。检测该病毒的试剂和试剂盒很容易购买。不同李矮缩病毒分离株的血清学差异较大。通过对李矮缩病毒土耳其分离株的外壳蛋白基因序列的系统发育分析发现,与樱桃宿主特异性相关的群体有 4 个(Ulubas-Serçe 等,2009),然而最近的研究仅支持分成两组的分类方式(Pallás 等,2012)。李矮缩病毒的检测,可通过使用单探针或多探针的分子杂交试验,或逆转录酶聚合酶链式反应(RT-PCR)检测(James 等,2006)。研究人员最近开发了一种基于 RT-PCR 的樱桃病毒多重检测法,可同时检测 4 种樱桃病毒,其中就包括 PDV 和 PNRSV(Zong 等,2014)。原位 RT-PCR 检测发现,李矮缩病毒不仅存在叶片中,而且存在花芽中,特别是在花粉母细胞和营养细胞中表达量较高(Silva 等,2003)。

为防控因花粉传播而造成的李矮缩病毒感染,甜樱桃苗圃的母本园应该与生产园保持适当的距离。同时或单独采用热处理(在 38℃下处理 24～32 天)和茎尖分生组织培养能够脱除李矮缩病毒(Diekmann 和 Putter, 1996)。对甜樱桃苗圃而言,在生产健康繁殖材料期间,应该通过强制的消毒程序确保不会出现李矮缩病毒再感染的风险。

16.2.4　李属坏死环斑病毒

李属坏死环斑病毒(prunus necrotic ringspot virus, PNRSV)能够自然感染所有的李属植物,包括栽培品种和野生材料,还能感染啤酒花和玫瑰。李属坏死环斑病毒可造成甜樱桃的叶片失绿、线状黄化、穿孔、死芽、降低嫁接成活率以及果实皱缩、成熟期延后等症状(Hammond, 2011)。一般而言,李属坏死环斑病毒感染后的第一年症状比较严重(急性期或休克期),虽然随后通常无症状,但是该病毒的有些株系会导致症状反复出现。感染李属坏死环斑病毒后的病树叶片变小、具有褪绿环或斑点以及坏死斑点,在叶片脱落前易碎。据估计,因李属坏死环斑病毒感染造成的损失占到了甜樱桃总产量的 19%(Albertini 等,1993)。李属坏死环斑病毒在樱桃中可通过花粉和种子传播,并且其种传率特别高(高达

88.8%）（Kryczyński 等，1992）。Fulton（1964）等的研究证明，在 2℃下储存 4 年后，李属坏死环斑病毒的种传率仍能达到 60%～70%，在储存 6 年后种传率才能降低到 5%以下。李属坏死环斑病毒在樱桃花粉中的传播和种传的分子机制尚不清楚。在杏上的研究证实，该病毒能够在花芽发育早期感染花粉粒，并感染油桃（Aparicio 等，1999）和杏（Amari 等，2007）的大孢子母细胞和花粉母细胞。李属坏死环斑病毒的感染还能显著降低花粉萌发率并使花粉管生长延迟。李属坏死环斑病毒能够感染种子发育早期阶段的所有组织，甚至包括胚（Amari 等，2009）。感染该病毒的花粉不仅能够将病毒传播到种子，甚至能够传播到果实上。与李矮缩病毒一样，李属坏死环斑病毒的花粉传播特性使其能够从一棵树传到同一果园的其他树上，增加了病毒扩散的风险。

李属坏死环斑病毒也属于雀麦花叶病毒科（*Bromoviridae*）等轴不稳环斑病毒属（*Ilarvirus*）成员，其成员的特征是三分体基因组和准等轴粒子形状（Pallás 等，2012）。李属坏死环斑病毒的接种感染需要在接种物中存在少量外壳蛋白分子，这种现象称为基因组激活（Pallás 等，2013）。以 7 种来自美国的李属坏死环斑病毒甜樱桃树分离株为样品，分析他们的 RNA 3 序列，发现其运动蛋白或外壳蛋白序列中的单核苷酸和氨基酸变化与其血清学关系和致病性相关（Hammond 和 Crosslin，1998）。通过系统发育分析将李属坏死环斑病毒不同变体分成 3 组，以各个分组的代表分离物分别命名为 PV32、PV96 和 PE5（Pallás 等，2012，2013）。来自 PV96-II 组的分离物大都表现出潜伏或轻微的症状，而来自 PV32-I 组的分离物大都表现出褪绿、坏死等严重症状。

目前检测李属坏死环斑病毒的方法主要有血清学检测（Cambra 等，2011）、分子杂交检测（Pallás 等，2011）、RT-PCR 检测（Hadidi 等，2011）和 DNA 微阵列检测（Barba 和 Hadidi，2011）。此外，多重检测方法也可检测李属坏死环斑病毒（James 等，2006；Pallás 等，2009）。基于 RT-PCR 的方法也可用于区分亲缘关系较近、血清学差异较大的李属坏死环斑病毒樱桃分离物（Hammond 等，1999）。

防控李属坏死环斑病毒最重要的方法就是在建园时选择无病毒苗木。生产樱桃苗木的原种圃应该与生产园保持足够的距离，避免花粉传播的危害。同时或单独采用热处理（在 38℃下处理 24～32 天）和茎尖分生组织培养也能够脱除李属坏死环斑病毒（Manganaris 等，2003）。有趣的是，最近有报道可以利用转基因手段改造樱桃砧木，通过 RNA 干扰（RNAi）赋予樱桃砧木对 PNRSV 的抗性（Song 等，2013）。进一步的李属坏死环斑病毒接种试验也证实这种抗性可以通过转基因的砧木传递到非转基因的嫁接品种上(Zhao 和 Song, 2014)。

16.3 通过迁飞昆虫传播的病毒

多个种属的病毒能够以昆虫作为传播介体,如蚜虫、蓟马、螨虫和粉蚧等。如何防控这些昆虫传播的病毒给我们提供了特殊的挑战:如果果园中存在相应的传播介体,那么果园中任何一棵感染该类病毒的植株或潜在的传染源,都可以将该类病毒传给果园的每一棵树。潜在的传染源包括可能因感染病毒水平低而不表现症状的樱桃植株或品种,以及其他不表现症状的潜隐宿主植物,甚至野生的木本植物或杂草都可以作为该类病毒的传染源从而危害甜樱桃。对于这些病毒的防控,主要建议使用无病毒苗木,在某些情况下,对于这些昆虫传播介体的防控也很重要(见下文)。

16.3.1 樱桃叶斑驳病毒

樱桃叶斑驳病是由樱桃叶斑驳病毒(cherry mottle leaf virus, ChMLV)引起的。该病毒造成的症状包括不规则的褪绿斑(见图 16.3)、新梢叶片畸形、褶皱、破碎、穿孔和小叶。病树也可能出现矮化的症状,并因顶端生长的抑制和节间的缩短而使叶片成簇状分布。在某些樱桃品种中,感染该病毒能造成果实品质和产量的下降(Németh, 1986)。病树的果实变小、风味变淡、且成熟期延后。

图 16.3 甜樱桃"宾库"感染樱桃叶斑驳病毒后造成的叶片失绿斑驳症状(见彩图 25)

气温升高时，该病毒的症状会有所减弱。因品种和地理位置不同，樱桃叶斑驳病毒的症状可能有所差异，在个别地区该病毒是甜樱桃最严重的病害之一（Cheney 和 Parish，1976；Németh，1986）。樱桃叶斑驳病毒在李属植物中具有广泛的天然宿主（Cheney 和 Parish，1976）。樱桃叶斑驳病毒可通过嫁接传播，也可通过凹凸瘿螨（*Eriophyes inaequalis*）传播（Oldfield，1970）。该病毒也可通过机械传播（James 和 Mukerji，1993），还可通过嫁接从草本指示植物苋色藜（*Chenopodium amaranticolor*）传播到樱桃砧木"F 12/1"上，以及利用"F 12/1"的树皮将该病毒传播到甜樱桃品种"宾库"（Li 等，1996）。

樱桃叶斑驳病毒隶属于乙型线型病毒科（*Betaflexiviridae*）纤毛病毒属（*Trichoviru*）（Adams 等，2012），该病毒与纤毛病毒属的另一成员桃花叶病毒（peach mosaic virus，PcMV）亲缘关系较近，且这两个病毒血清学关系较近，针对其中一种病毒开发的抗体能够检测到另一种病毒（James，2011a）。

樱桃叶斑驳病毒的检测方法主要有指示植物法，基于外壳蛋白的血清学检测法如斑点印迹法、酶联免疫法（ELISA）和蛋白质印迹法，以及基于核酸检测技术的斑点杂交和 RT-PCR 法（James，2011a）。甜樱桃品种"宾库"可作为检测樱桃叶斑驳病毒的木本指示植物（Németh，1986）。"宾库"感染该病毒后的症状包括不规则的褪绿斑和叶片畸形，特别是新梢上的叶片。苋色藜（*C. amaranticolor*）和昆诺藜（*Chenopodium quinoa*）也可作为该病毒的指示植物（James 和 Mukerji，1993）。

对樱桃叶斑驳病毒的防控，主要采用无病毒苗木，包括砧木、品种都没有该病毒的感染。因为该病毒可通过瘿螨传播，又具有广泛的寄主范围，包括李属的杏和桃，所以当樱桃园附近有其他李属果园存在时，防控时要更加注意。如果果园中发现了樱桃叶斑驳病毒的感染，那么应及时去除病树，防止该病毒通过瘿螨扩散，同时由于瘿螨主要生活在苦樱桃（*Prunus emarginata*，一种野生樱属植物，主要分布在北美）上（Cheney 和 Parish，1976），因此果园附近的野生苦樱桃树也应清除，以减少瘿螨数量。在 38℃下经过 40 天的热处理然后取 5 mm 茎尖嫁接到无病毒砧木上可脱除该病毒（James，2011a）。

16.3.2 樱桃小果病毒 1 和樱桃小果病毒 2

20 世纪 30 年代初，樱桃小果病因其在加拿大不列颠哥伦比亚省不同地区的爆发而被首次发现。这是一种复杂而严重的病毒性疾病，在甜樱桃和酸樱桃上都有发生。病树的主要症状为果实变小、有棱且果顶变尖、不能完全成熟、着色不良、果实糖度降低和丧失商品价值。在夏末和秋季,病树的叶片表现出特异的红色和铜色(见图 16.4)。因品种不同病树的症状强弱存在差异,但都树势变弱。这种病害的发生对加拿大的樱桃产业造成了严重影响,且逐步传播到世界上各个樱桃产区(Jelkmann 和 Eastwell, 2011)。研究发现,樱桃小果病与两种病毒感染相关,分别命名为樱桃小果病毒 1 和樱桃小果病毒 2(little cherry virus 1 和 little cherry virus 2, LChV-1 和-LChV2)。随后对这两种病毒进行了分子鉴定(Rott 和 Jelkmann, 2005)。研究发现樱桃小果病的主要致病因子是樱桃小果病毒 2,樱桃小果病毒 1 引起的症状较轻。目前发现这两种病毒仅感染李属植物,单独或混合感染都有发现。甜樱桃感病后的症状较为严重,但某些酸樱桃品种也会出现严重的症状。几种观赏李属植物感染该病后并不表现症状(Jelkmann 和 Eastwell, 2011)。在李、桃和扁桃中都发现了 LChV-1 的潜隐感染(Matic 等,2007)。樱桃小果病毒 1 的感染可能导致白普贤樱(Shirofugen)(Candresse 等,2013)和关山樱(Kwanzan)的矮化(Matic 等,2009)。Jelkmann 等通过 RT-PCR 检测发现樱桃小果病毒 1 和樱桃小果病毒 2 可感染菟丝子(*Cuscuta europaea*)(Jelkmann 和 Eastwell, 2011),并且利用菟丝子成功地将这两种病毒传播到西方烟(*Nicotiana occidentalis*)品种 37B 上。樱桃小果病毒 2 至少可由两个种的粉蚧进行传播,即苹果粉蚧(*Phenacoccus aceri*)和葡萄粉蚧

图 16.4 樱桃小果病症状

健康的"山姆"(左侧)与感病的"山姆"(右侧)表现出红叶的症状。

(*Pseudococcus maritimus*)(Mekuria 等,2013)。目前并没有发现樱桃小果病毒 1 昆虫介体。两种病毒都易于嫁接传播,这可能是传播介体缺失或群体较少时这两种病毒的主要传播方式。

虽然樱桃小果病毒 1 和樱桃小果病毒 2 都隶属于长线形病毒科(*Closteroviridae*),但属于不同的属。因樱桃小果病毒 2 的粉蚧传播特性,其被分配到葡萄卷叶病毒属(*Ampelovirus*)(Rott 和 Jelkmann, 2005)。目前已经测定了两种病毒的全基因组序列(Jelkmann 和 Eastwell, 2011)。最近的研究认为樱桃小果病毒 1 为隐症病毒属成员之一(*Velarivirus*)(Martelli 等,2012)。樱桃小果病毒 1 的病毒颗粒形状为长弯曲杆状,长度为 1 786～1 820 nm。对樱桃小果病毒 2 病毒颗粒的测量显示其长度尺寸为 11.2 nm×1 667 nm(Eastwell 和 Bernardy, 2001)。

鉴定樱桃小果病的传统方法为指示植物法,即利用甜樱桃品种"山姆"或"彩影"(EPPO, 2001)。利用指示植物法进行鉴定时,樱桃小果病毒 2 分离株能够导致明显的叶部症状,而樱桃小果病毒 1 的症状较弱或没有症状。虽然研究人员通过构建重组蛋白得到了同时检测这两种病毒的抗血清(Jelkmann 和 Eastwell, 2011),但该血清仅在加拿大不列颠哥伦比亚省的部分地区的樱桃小果病毒 2 检测中使用过。目前主要采用 RT-PCR 法检测这两种病毒,通过新引物的开发,能够更准确地检测这两种病毒(Candresse 等,2013; Mekuria 等,2014; Katsiani 等,2015)。

对樱桃小果病的防控,主要利用检疫程序对苗木的生产和交易进行检测。用于樱桃果实生产的重要品种的原种圃必须经过严格的检测,确保没有樱桃小果病毒 1 和樱桃小果病毒 2 的感染。如果原种圃植株被这两种病毒感染,那么可通过热处理结合茎尖组织培养的方法进行脱除,也可结合体外化学药剂处理的方法进行脱除(Panattoni 等,2013)。目前已经建立了基于原种繁殖材料认证程序的相关检疫标准(EPPO, 2001)。苗圃或生产园中如果有粉蚧发生,应喷洒杀虫化学药剂进行控制。同时果园应该制订应对粉蚧发生处置程序,根据粉蚧种群和樱桃小果病的发生情况,采用不同的处理程序。

16.3.3 李痘病毒

李痘病是由李痘病毒(plum pox virus, PPV)引起的,该病毒被认为是对核果或李属植物危害最大最严重的病毒病害(Németh, 1986)。虽然已经报道的李痘病毒共有 9 个株系(James 等,2013),但只有 2 种能够自然感染樱桃[樱桃株系(strain cherry, C; Nemchinov 等 1998)和俄罗斯樱桃株系(strain cherry Russian, CR; Chirkov 等,2013; Glasa 等,2013)]。李痘病毒樱桃株系能够自然感染甜樱桃和酸樱桃。甜樱桃感染李痘病毒后可造成枝条坏死、叶片畸形、果实变色、坏死环斑或凹陷及落果(Nemchinov 等,1998)。酸樱桃感染李痘病毒后的症状包括典型的叶片褪绿环斑、果实凹陷、坏死环斑及果实上的环斑在成熟期间逐渐消失(Nemchinov 等,1998)。李痘病毒的俄罗斯樱桃株系能够自然感染酸樱桃(Chirkov 等,2013; Glasa 等,2013),症状包括叶脉失绿、叶片上的浅绿色条带、叶片扭曲及典型的淡绿色斑点和环斑。李痘病毒可通过嫁接进行传播。李痘病毒以各种蚜虫作为传播介体,采用非持久性的方式进行传播(Németh, 1986; Barba 等,2011)。

李痘病毒是一种丝状病毒,其单链 RNA 基因组由大约$(9.8\sim10)\times10^3$核苷酸组成,5′末端被病毒编码蛋白(VPg)包裹,3′末端具有 poly(A)尾巴(Barba 等,2011)。李痘病毒基因组的主开放阅读框(ORF)编码了一个约 355 kDa 多聚蛋白(Garcia 等, 1994),第二个 ORF[命名为 PIPO (pretty interesting potyviridae ORF)]编码了一个较小的融合蛋白(Chung 等,2008)。李痘病毒隶属于马铃薯 Y 病毒科(Potyviridae)马铃薯 Y 病毒属(*Potyvirus*)。

李痘病毒是所有李属植物种植国家的检疫病毒,是品种引进和苗木生产上的常规检测病毒。目前可通过指示植物法、血清学检测法和基于核酸的检测法等方法检测该病毒(Barba 等,2011)。国际植物检疫措施标准(International Standards for Phytosanitary Measures, ISPM)诊断程序的附件 2 制定了一系列李痘病毒的检测和鉴定标准(IPPC, 2012)。由于不同李痘病毒株系的地理分布、宿主范围、传播和致病性并不相同,因此株系鉴定在防控该病毒方面具有重要价值。

对李痘病毒的防控,最佳的途径就是采用无病毒苗木,因李痘病毒的嫁接传播特性,砧木和接穗都应该进行检测并确保没有该病毒的感染。因为李痘病毒可通过蚜虫以非持久性方式进行传播,所以若不能在发生早期检测出来,则很难彻底清除。根据果园年龄、品种易感性、受感染植株数量和管理目标,可能需要清除病树或清除整个区域的植株。在有些情况下,如果已知该地区有李痘病毒发生,那么建议种植部分易感品种作为"哨兵"以便提早发现该病毒而采取相应措施。有关防控该病毒的更多详细信息,请参阅 Barba 等(2011 年)的文章。

16.4 通过土壤或土壤介体传播的病毒

对土传或土壤介体传播病毒的防控是一种特殊的挑战。即使在没有任何宿主植物存在的情况下，病毒的土传介体如线虫等也可携带这些病毒数年之久(Bitterlin 和 Gonsalves，1987)。这意味着如果果园的土壤中存这些病毒传播介体，则单独清除病树并不能起到防控作用。同时，从这些果园中移栽的植株也应进行相应处理，以防控病毒的扩散(Welsh，1976)。因为线虫传播的病毒大都具有广泛的宿主范围，所以在作物轮作和重新种植的作物选择上需要特别注意(Németh，1986)。如果条件允许，则进行土壤熏蒸处理有利于防控这些病害(Welsh，1976)。

16.4.1 樱桃锉叶病毒

樱桃锉叶病毒(cherry rasp leaf virus，CRLV)是樱桃锉叶病(也称为耳突病、皱叶病和鸡冠病)的致病因子，于 1935 年在美国科罗拉多州首次发现，1942 年确定该病毒为锉叶病的致病因子(Bodine 和 Newton，1942)。对该病毒敏感的樱桃品种如"宾库"感染该病毒后的症状包括典型的锉叶和叶片背面沿叶脉的瘤状突起(见图 16.5)(Németh，1986)。该病毒感染也可导致基部花芽和枝条的死亡，使树体开张同时总叶面积减少，进而降低产量。因为该病毒的线虫传播特性，根部是病毒最初的感染部位，所以其早期症状可能局限于植株基部。樱桃锉叶病毒具有广泛的宿主范围，包括甜樱桃、酸樱桃、樱桃砧木"马哈利"以及桃和苹果。樱桃锉叶病毒可通过嫁接传播，也可通过美洲剑线虫(*Xiphinema*

图 16.5 甜樱桃"宾库"感染樱桃锉叶病毒后的叶片锉叶症状(见彩图 26)

americanu)传播(Németh, 1986)。剑线虫属(*Xiphinema*)的其他线虫也可传播该病毒,包括加利福尼亚剑线虫(*Xiphinema californicum*)和里夫丝剑线虫(*Xiphinema rivesi*)(Brown 等,1994)。

樱桃锉叶病毒是伴生豇豆病毒科(Secoviridae)樱桃锉叶病毒属(*Cheravirus*)的代表成员(Sanfaçon 等,2012)。其基因组由二分体基因组组成,包括 RNA1 和 RNA2,长度分别为 6 992～7 034 个碱基和 3 274～3 315 个碱基(James, 2011b)。

樱桃锉叶病毒的检测可以采用木本或草本指示植物检测法。甜樱桃品种"宾库"作为樱桃锉叶病毒的指示植物,效果较好(Németh, 1986)。樱桃锉叶病毒感染"宾库"后导致的症状非常典型,包括叶背面的锉刀状耳突(在侧脉和中脉之间的瘤状突起)。樱花品种"白普贤樱"(*Prunus serrulata*)(Parish, 1977)和一些草本植物(Stace-Smith 和 Hansen, 1976)也可作为樱桃锉叶病毒的指示植物,然而草本植物作为指示植物时灵敏度较低。基于血清学检测的酶联免疫检测(ELISA)、凝胶扩散检测(Gel diffusion)和 Western 印迹法都可用来检测樱桃锉叶病毒(James, 2011b)。研究人员开发了基于该病毒基因组 RNA1 和 RNA2 的 RT-PCR 检测法(James, 2011b),其中靶向 RNA1 的 RT-PCR 检测更可靠一些,因为 RNA2 同源性较低。

对樱桃锉叶病毒的防控,必须使用无病毒的繁殖材料。樱桃锉叶病毒感染的果园,必须进行土壤熏蒸处理以清除受到感染的线虫(Németh, 1986)。该病毒具有广泛的宿主范围,包括樱桃、苹果和马铃薯。这意味着在轮作时需要特别注意,预防该病毒感染。部分野草,如蒲公英(*Taraxacum officinale*)、苦瓜根(*Balsamorhiza* spp.)和大蕉(*Plantago* spp.)都能够感染该病毒,且不表现症状。建议清除果园和周围地区的这些植物。在苹果中,热处理可脱除该病毒(James, 2011b)。苹果植株在 37～38℃下处理 75 天,然后从处理过的植株中切下 5 mm 新梢嫁接到苹果幼苗上,可得到无病毒植株。

16.4.2 番茄环斑病毒

番茄环斑病毒(tomato ringspot virus, ToRSV)的宿主范围较广,包括仁果、核果、小浆果、蔬菜和一些观赏植物(Németh, 1986; Sanfaçon 和 Fuchs, 2011)。该病毒能够感染李属的多种果树,包括樱桃、桃和李,并与樱桃的埃奥拉(Eola)锉叶病和李属茎纹孔病有关(Németh1986; Gonsalves, 1995)。樱桃埃奥拉锉叶病的症状主要包括树干光秃、从基部开始出现死枝、死芽逐渐扩展到主枝死亡。在初期感染的应激反应期，虽然病树叶片的背面出现褪绿斑，也能在叶片背面形成耳状突起，但是这种突起比樱桃锉叶病形成突起稍小（Németh，1986）。甜樱桃和酸樱桃的茎纹孔病与桃的茎纹孔病症状相似，并出现叶片下垂、黄化或红叶，并最终脱落（Gonsalves，1995）。甜樱桃品种“宾库”感染该病毒后出现的茎纹孔较深，而在其他品种如“拿破仑”中，却没有任何症状（Gonsalves，1995）。番茄环斑病毒可通过嫁接传播，也可通过美洲剑线虫（*X. americanum sensulato*）传播，甚至还可通过树液摩擦进行接种（Németh，1986；Sanfaçon 和 Fuchs，2011）。

番茄环斑病毒的颗粒是一个等面体，基因组由两个单链 RNA 组成，是伴生豇豆病毒科（Secoviridae）线虫传播多面体病毒属（*Nepovirus*）的代表成员（Sanfaçon 等，2012）。

多种木本指示植物可用于检测番茄环斑病毒，包括桃品种“Lovell”“Elberta”或“GF305”；毛樱桃“IR 473/1”或“IR 474/1”，以及多种草本指示植物（Németh，1986；Sanfaçon 和 Fuchs，2011）。虽然目前已开发了多种番茄环斑病毒抗体，但该病毒变异性较大，这些抗体并不能检测所有的该病毒分离物（Sanfaçon 和 Fuchs，2011）。采用双抗体夹心的酶联免疫检测法（ELISA）能够有效地检测植物粗提取物中的番茄环斑病毒（Powell 等，1991）。使用合适的引物，RT-PCR 检测法可准确检测该病毒（Griesbach，1995；Rowhani 等，1998）。免疫捕获 RT-PCR 检测法简化了样品制备程序，可进行高通量检测（Rowhani 等，1998）。

与防控其他线虫传播病毒一样，对于番茄环斑病毒的防控也是建议在种植和繁殖过程中使用无病毒材料，预防该病毒通过线虫传播。土壤熏蒸可用于消灭该病毒感染的线虫（Németh，1986）。同时建议使用抗病毒品种和抗线虫砧木（Sanfaçon 和 Fuchs，2011）。砧木品种“Mariana 2624”（*Prunus cerasifera* × *Prunus munsoniana*）对番茄环斑病毒感染具有高度抗性（Hoy 和 Mircetich，1984；Kommineni 等，1998）。

16.5 通过未知介体传播的病毒

本节将介绍几种经济上重要的病毒病，虽然仍未发现其传播介体，但其病害的传播模式揭示存在相应的传播介体，如樱桃扭叶病（见下文）。在病毒发生后及时去除病树是防控该病毒扩散的有效办法，有利于清除该病毒。因为感染这些病毒有时并不表现明显的症状，所以栽植这种潜隐感染的植株是这种病毒扩散的主要方式，最佳的预防办法是栽植无病毒苗木。

16.5.1　美洲李线纹病毒

美洲李线纹病毒(American plum line pattern virus, APLPV)隶属于等轴不稳环斑病毒属(*ilarvirus*)，可能是李线纹斑病的致病因子(Németh, 1986; EPPO, 2006b; Myrta 等，2011a)。樱桃也是该病毒的宿主之一，甜樱桃感染该病毒后的症状包括叶片变窄(橡叶病)，同时出现黄色或白色的不规则线条(Myrta 等，2011a)。山樱花(*P. serrulata*)感染该病毒后的变色区域可能呈白色、黄色或粉红色，有时具有环斑但通常都具有橡叶病的症状(Németh1986; Myrta 等，2011a)。除上述植物外，美洲李线纹病毒还能自然感染其他李属植物(Németh, 1986; Myrta 等，2011a)，也能以多种草本植物作为其天然宿主，如藜属(*Chenopodium* spp.)、禾本属(*Crotalaria* spp.)、葫芦属(*Cucumis* spp.)和南瓜属(*Cucurbita* spp.)的植物(Myrta 等，2011a)。该病毒可以通过汁液机械传播，也可通过嫁接传播(Németh, 1986)。目前并没有发现该病毒的传播介体。

美洲李线纹病毒的病毒颗粒为球形，隶属于雀麦花叶病毒科(Bromoviridae)等轴不稳环斑病毒属(*ilarvirus*)(Bujarski 等，2012)。该病毒基因组由 3 个 RNA 分子组成，其中 RNA1 编码甲基转移酶和解旋酶蛋白，RNA2 编码聚合酶，RNA3 编码运动蛋白和外壳蛋白(Bujarski 等，2012)。

用于美洲李线纹病毒的木本指示植物如桃品种“GF305”需在 20℃保持 3 个月，或樱花品种“白普贤樱”，并且需要长达 2 年的监测(EPPO, 2006b)。该病毒可以通过植物汁液以机械摩擦的方式感染各种草本指示植物(EPPO, 2006b)。该病毒的检测方法包括酶联免疫检测法(ELISA)(Al Rwahnih 等，2004a)、更灵敏的斑点杂交和 RT-PCR 检测法(Myrta 等，2011a)。在日本，3 月至 5 月是利用叶片检测该病毒的最佳月份，12 月至次年 2 月期间可以利用休眠枝条进行检测。该病毒可以在叶、花、果实和韧皮部中检测到，在春季时用叶比用花检测效果好，在夏季时用成熟果实比用叶检测效果好(Al Rwahnih 等，2004a)。

对美洲李线纹病毒的防控，同样建议采用无病毒苗木建园(Myrta 等，2011a)。Myrta 等对于去除果园中病树的建议持怀疑态度(Myrta, 2011a)。然而，与美洲李线纹病毒同属等轴不稳环斑病毒属的其他病毒都可通过蓟马取食花粉进行传播(Bujarski 等，2012)。为保险起见，建议去除在果园中观察到的所有病树。目前没有证据表明美洲李线纹病毒存在于花粉中或由花粉传播。

16.5.2 樱桃绿环斑驳病毒

樱桃绿环斑驳病毒(cherry green ring mottle virus, CGRMV)是樱桃绿环斑驳病的致病因子，主要影响酸樱桃品种，如“蒙莫朗西”和英国品种“莫雷拉”以及一些酸樱桃和甜樱桃杂交种(*P. cerasus*×*P. avium*)(Parker 等，1976；Németh, 1986)。酸樱桃品种“蒙莫朗西”感染该病毒后的症状包括叶片黄化和褪绿斑(且病叶很快脱落)、不规则的坏死斑，叶片由于异常发育，因此导致不对称扭曲及沿叶脉的失绿(Parker 等，1976；Németh, 1986)。感染该病毒后的樱桃果实大多表现出畸形、味苦、风味降低从而丧失了商品价值(Jelkmann 等，2011)。有些樱桃绿环斑驳病毒株系能够导致果实出现表皮下的网状坏死症状(Parker 等，1976)。樱桃绿环斑驳病毒的自然寄主包括酸樱桃(*P. cerasus*)、甜樱桃(*P. avium*)、酸樱桃和甜樱桃杂交种(*P. cerasus*×*P. avium*)、马哈利樱桃(*P. mahaleb*)、山樱花(*P. serrulata*)、桃(*P. persica*)和杏(*Prunus armeniaca*)(Parker 等，1976；Németh, 1986)。

樱桃绿环斑驳病毒感染能够导致樱花品种“关山樱”的树皮粗糙症状(Chamberlain 等，1971)，且与樱桃树皮粗糙病相关(Parker 等，1976)。甜樱桃感染樱桃绿环斑驳病毒后并不表现症状，且在甜樱桃品种“黑色共和国”“宾库”“迪空”“兰伯特”和“拿破仑”等品种中该病毒的自然感染非常普遍(Parker 等，1976)。目前唯一已知的樱桃绿环斑驳病毒的传播途径是嫁接(Parker 等，1976；Németh, 1986)。樱桃绿环斑驳病毒是一种丝状病毒，基因组由一个长 8 372 个碱基的正义单链 RNA 组成[不包括 3′末端的 poly(A)尾](Jelkmann 等，2011)。该病毒最初归为乙型线状病毒科(Betaflexiviridae)病毒，但未确定属的归类(Zhang 等，1998；Adams 等，2012)。后来有人提议在乙型线状病毒科中创建一个新属 Robigovirus，其成员包括樱桃绿环斑驳病毒(Villamor 等，2015)，现在该分类方式已经采用(ICTV, 2015)。

樱花(*P. serrulata*)品种“关山樱”和“白普贤樱”被推荐作为樱桃绿环斑驳病毒的木本指示植物(Németh, 1986；Jelkmann 等，2011)，嫁接感染该病毒后，通常 2～3 个月就会出现症状。不同的樱桃绿环斑驳病毒株系，或不同的感染条件，可能导致指示植物“关山樱”的症状有所差异，根据轻重程度分为 3 类：轻度(叶片基本正常但存在扭曲和卷曲)、中度(叶片变小、扭曲和卷曲；节间缩短和矮化)、重度(叶片严重扭曲并可能过早脱落，造成树干光秃；发育迟缓，节间非常短；死枝；树皮褐化、粗糙、皱裂等)(Chamberlain 等，1971)。可通过酶联免疫检测法(ELISA)和Western印迹检测法检测樱桃绿环斑驳病毒(Zhang等,1998),多种基于RT-PCR测定法也可以用来检测该病毒(Jelkmann等,2011)。

对樱桃绿环斑驳病毒的防控,建议栽植无病毒苗木。同时,如在果园中发现该病毒的发生,则应尽快去除病树(EPPO, 2001),避免该病毒通过根系传播(Parker等,1976)。由于该病毒不具有种传能力,因此实生播种的砧木可以安全使用(Németh, 1986)。在38℃下热处理6周可脱除樱桃绿环斑驳病毒(Ramsdell, 1995)。

16.5.3　樱桃坏死锈斑驳病毒和樱桃锈斑驳病毒

樱桃坏死锈斑驳病毒(cherry necrotic rusty mottle, CNRM)和樱桃锈斑驳病毒(cherry rusty mottle, CRM)能够嫁接传播,在北美首先发现。樱桃感染这两种病毒后的症状主要表现在叶片上,并且症状变化较大,可能与气候条件、病毒分离物和樱桃品种有关。樱桃坏死锈斑驳病毒感染樱桃易感品种后的症状首先表现为不规则棕色坏死斑点,随后形成叶片穿孔。樱桃锈斑驳病毒可分为"美洲"型或"欧洲"型。感染该病毒后的症状先是基部叶片出现浅绿色或黄色斑点,随后这些叶片发生黄化,变成棕色或红色。感染该病毒后的严重症状为早期落叶,同时导致树势衰退和死亡。感染该病毒后也会造成其他症状,如"兰伯特"斑点,树干鼓泡和"温莎"病毒溃疡(Rott和Jelkmann, 2011)。甜樱桃是这两种病毒的自然宿主。这两种病毒易通过嫁接传播,并且嫁接传播可能是这两种病毒传播的主要方式。

樱桃坏死锈斑驳病毒(Rott和Jelkmann, 2001a)和樱桃锈斑驳病毒的基因组已经测定完成(Rott等,2004)。这两种病毒的基因组序列约有70%的同源性,与樱桃绿环斑驳病毒(CGRMV)亲缘关系较近。这两种病毒也隶属于乙型线型病毒科(Betaflexiviridae)锈斑病毒属(*Robigovirus*)(ICTV, 2015)。研究者也报道了另一种与樱桃叶扭曲病相关的病毒,命名为樱桃叶扭曲相关病毒(cherry twisted-leaf associated virus, CTLaV)(James等,2014)。随着上述几种病毒基因组序列的全部或部分测定,通过分析其复制酶基因和外壳蛋白基因及全基因组亲缘关系分析,这几种病毒被划分到新命名的锈斑病毒属(*Robigovirus*)(Villamor等,2015)。

可通过RT-PCR技术检测樱桃坏死锈斑驳病毒和樱桃锈斑驳病毒(Rott和Jelkmann, 2001b, c)。已经开发多个通用引物(Foissac等,2005)和特异引物,用来检测了不同株系的樱桃坏死锈斑驳病毒(Li和Mock, 2005)。利用引物组合 ERMUP/LO 能够检测樱桃锈斑驳病毒 7 种欧洲分离株中的 6 种，但也可以检测几种樱桃坏死锈斑驳病毒和樱桃绿环斑驳病毒分离株。在同一研究中，利用引物组合 NEG1U/L 能够进行樱桃锈斑驳病毒的检测(Rott 和 Jelkmann, 2001b)。对樱桃坏死锈斑驳病毒来说最常用的指示植物为甜樱桃品种“山姆”，而甜樱桃品种“宾库”和“马扎德 F 12/1”是樱桃锈斑驳病毒的最佳指示植物(EPPO, 2001)。

与其他没有已知病毒传播介体的落叶树种病毒一样，采用无病毒苗木建园，及时清除病树是防控樱桃坏死锈斑驳病毒和樱桃锈斑驳病毒的最有效办法(EPPO, 2001)。如果有价值的种质资源被这两种病毒感染，那么建议采用热处理结合茎尖组织培养的手段脱除这两种病毒(Panattoni 等，2013)。

16.5.4 樱桃叶扭曲相关病毒

试验证实樱桃叶扭曲相关病毒可能是樱桃叶扭曲病(cherry twisted leaf disease, ChTL)的致病因子(James, 2011c; James 等，2014)。1943 年在加拿大不列颠哥伦比亚省首次发现这种病害(Lott, 1943)。根据症状特征及可通过嫁接传播的特性认为这种病害与病毒感染相关(Lott, 1943)。甜樱桃品种“宾库”感染该病后表现出由叶脉弯曲导致的叶片扭曲，叶片向下和侧面卷曲变形，并且主叶脉和侧脉可能出现坏死(Hansen 和 Cheney, 1976)；树体矮化，枝条上的节间缩短从而使芽呈束状；果实畸形，同时有些品种可能表现出果柄坏死的症状。多个樱桃品种感染该病后并不表现症状，李属有些植物对这种病害是免疫的(Hansen 和 Cheney, 1976)。樱桃叶扭曲相关病毒的天然宿主是甜樱桃(*P. avium*)和紫叶稠李(*Prunus virginiana* var. demissa)(Hansen 和 Cheney, 1976; Németh, 1986)。然而，该病毒的某些分离株可能与杏环痘病有关(Hansen 和 Cheney, 1976)。杏(*P. armeniaca*)可能也是该病毒的天然宿主。该病毒可以通过嫁接从一株植物传播到另一株植物(Hansen 和 Cheney, 1976; Németh, 1986)。而 Keane 和 May(1963)研究发现该病毒也可通过根的嫁接传播，潜伏期为 1～2 年，随后才能出现症状。虽然目前没有研究证实樱桃叶扭曲相关病毒的传播介体存在，但是该病毒的发病模式符合介体传播的特性，可能存在相应的病毒传播介体。

樱桃叶扭曲相关病毒是一种丝状病毒，其基因组由一条长 8 431 个碱基的单链 RNA 组成[不包括基因组 3′末端的 poly(A)尾巴](James 等，2014)。樱桃叶扭曲相关病毒、樱桃绿环斑驳病毒、樱桃坏死锈斑驳病毒和樱桃锈斑驳病毒都划分到锈斑病毒属(*Robigovirus*),隶属于乙型线型病毒科(Betaflexiviridae)(ICTV, 2015)。

指示植物法是检测樱桃叶扭曲相关病毒的传统方法,利用甜樱桃品种“宾库”作为指示植物,接种该病毒后表现出特异的叶扭曲症状(Németh, 1986)。James 等(2014)开发了检测该病毒的 RT-PCR 检测法。引物组合 CTLV3-F1/CTLV-3R 靶向一个 559 碱基的基因组片段,从 C 末端一个 3 基因区域开始延伸至 N 末端外壳蛋白基因。该引物组合不仅能检测樱桃叶扭曲相关病毒多个分离株,同时也能检测亲缘关系较近的樱桃绿环斑驳病毒。通过对扩增产物进行测序可以区分樱桃绿环斑驳病毒和樱桃叶扭曲相关病毒,不同樱桃叶扭曲相关病毒分离株在这一区域的同源性为 85%～99%,樱桃绿环斑驳病毒这一区域的同源性仅有 66%～67%。

采用无病毒苗木建园是防控樱桃叶扭曲相关病毒的主要方式。因为多个樱桃品种感染该病毒后并不表现症状,所以建议采用指示植物法或 RT-PCR 法对果园中的所有品种进行检测。为清除果园附近的潜在传染源,建议去除果园附近的野生紫叶稠李。

16.5.5 意大利香石竹环斑病毒、碧冬茄星状花叶病毒和番茄丛矮病毒

最早的研究认为意大利香石竹环斑病毒(carnation Italian ringspot virus, CIRV)、碧冬茄星状花叶病毒(petunia asteroid mosaic virus, PAMV)和番茄丛矮病毒(tomato bushy stunt virus, TBSV)可能是樱桃破坏性溃疡病(Cherry destructive canker disease, CDC)的致病因子(Jelkmann, 2011)。由于进一步的研究发现,意大利香石竹环斑病毒可能最初被错误鉴定为番茄丛矮病毒,因此意大利香石竹环斑病毒更可能是该病的致病因子。Lesemann 等的研究发现,甜樱桃感染意大利香石竹环斑病毒后表现的症状除新梢的坏死局限于茎尖外,其他症状与樱桃破坏性溃疡病相似,这说明樱桃感染碧冬茄星状花叶病毒后所表现的严重矮化表型与意大利香石竹环斑病毒感染无关(Lesemann 等,1989)。碧冬茄星状花叶病毒和意大利香石竹环斑病毒都可能引起破坏性溃疡病的症状,如混合感染发生,可能还有协同作用存在。破坏性溃疡病的症状包括叶脉坏死造成的叶片扭曲,枝条单侧坏死造成的枝条弯曲,枝条坏死后侧芽萌发生长造成的之字形生长、枝条和新梢变脆、树皮溃疡和严重的流胶病(Németh, 1986)。果柄由于坏死导致变短和弯曲,因此不能正常坐果。樱桃果实的表型因品种不同而有所差异,常见果实畸形及因果肉坏死导致的果面凹陷(Németh, 1986)。

果核也伴有斑点和变形，并且种子缺失。该病害可通过嫁接在植株间传播(Németh, 1986)。意大利香石竹环斑病毒、碧冬茄星状花叶病毒和番茄丛矮病毒隶属于番茄丛矮病毒科(Tombusviridae)番茄丛矮病毒属(*Tombusvirus*)，其中番茄丛矮病毒是该属病毒的代表成员(Rochon 等，2012)。该病毒属成员的病毒粒子为二十面体形，其基因组由单链正义 RNA 组成，长度为 4.7～4.8 kb。

甜樱桃品种“兰伯特”“山姆”“先锋”是检测樱桃破坏性溃疡病的木本指示植物(Németh1986; EPPO, 2001)。如果存在这些病毒感染，那么在 2 年的观察期内，上述指示植物都会表现出相应的症状。多种草本指示植物可以用来检测该病毒(EPPO, 2001; Jelkmann, 2011)。琼脂凝胶双扩散测试(agar gel double-diffusion tests)、酶联免疫检测(ELISA)和免疫吸附显微镜检测等血清学检测方法都可检测这三种病毒(Lesemann 等，1989)。

对于这三种病毒的防控，建议采用健康无病毒的接穗和砧木进行苗木繁殖(Németh, 1986; EPPO, 2001)。同时须定期监测果园中的植株，确保尽快去除病树，以防止通过根部传播(Jelkmann, 2011)。

16.6 感染樱桃后无明显症状的病毒

多种隶属于乙型线状病毒科(Betaflexiviridae)的病毒感染甜樱桃或酸樱桃后并不表现明显的症状。最典型的例子就是樱桃病毒 A(cherry virus A, CVA)，在樱桃中普遍发生的一种病毒，目前没有发现任何病症与其感染相关。目前也没有证据证明它通过介体传播，并且鉴于它的潜隐性，通常认为它的影响是微不足道的。第二个典型的例子就是苹果褪绿叶斑病毒(apple chlorotic leaf spot virus, ACLSV)，该病毒的宿主范围较广，主要包括苹果亚科(Maloideae)和李亚科(Prunoideae)的一些物种，其中就包括樱桃。苹果褪绿叶斑病毒的遗传变异较大，不同分离株的致病性差异很大。该病毒的感染通常是无症状的，然而也有部分分离株会导致严重表型，尤其是在果实上(见图 16.1)。虽然苹果褪绿叶斑病毒的感染并不表现明显症状，但普遍认为该病毒有促进其他病毒症状的潜力或增加其他非生物胁迫的症状。与樱桃病毒 A 一样，虽然目前并没有发现苹果褪绿叶斑病毒通过介体传播，但该病毒的感染在全世界的樱桃中广泛存在。鉴于苹果褪绿叶斑病毒部分离株会引起严重症状，该病毒通常也是一种需要检疫的病害。第三个典型的例子就是在樱桃中较少发生的病毒，或者是新发现的病毒，是否能够造成樱桃的病害并不确定。

16.6.1 苹果褪绿叶斑病毒

苹果褪绿叶斑病毒在美国因从苹果传播到指示植物太平洋海棠(*Malus platycarpa*)而被首次发现(Mink 和 Shay, 1959),该病毒也以在指示植物中观察到的症状命名。随后,人们在多种植物中检测到了该病毒,包括仁果类果树(如苹果、梨和木瓜)和核果类果树(如桃、杏、扁桃、李、日本李和樱桃)以及一些观赏类的月季等植物(Myrta 等,2011b; Katsiani 等,2014)。苹果褪绿叶斑病毒在世界各地广泛分布,多在各种果树种植的地方分布(Myrta 等,2011b)。目前并没有发现该病毒的传播介体,也没有该病毒通过介体传播的证据(Myrta 等,2011b)。虽然苹果褪绿叶斑病毒的感染一般是潜隐的,但部分该病毒的分离株会引起不同程度的症状,有时会出现类似李痘病毒(PPV)的症状(Myrta 等,2011b)。樱桃感染苹果褪绿叶斑病毒后一般不表现症状,然而部分该病毒分离物会造成严重的叶片变形、沿着叶脉的褪绿、果实坏死(见图 16.1)、树皮皲裂和树势衰退等(Németh, 1986; Myrta 等,2011b)。苹果褪绿叶斑病毒与其他病毒混合感染可能导致症状加重,还可能导致植物对非生物胁迫的抗性降低(Desvignes, 1999)。

苹果褪绿叶斑病毒的病毒颗粒为弯曲的长线形,该病毒最初被认为是长线病毒属(*Closterovirus*)的代表成员。然而通过对其基因组序列和结构的系统分析(German 等,1990),研究人员将该病毒归为乙型线型病毒科(Betaflexiviridae)的一个新属纤毛病毒属(*Trichovirus*)成员,并成为该属的代表种(Adams 等,2012)。该病毒的基因组由一条长约 7.5 kb 的单链正义 RNA 组成,基因组含有 3 个重叠的开放阅读框(German 等,1990; Myrta 等,2011b)。通过分析多种苹果褪绿叶斑病毒的全基因组序列或片段序列,发现该病毒的序列多态性较丰富(Al Rwahnih 等,2004b; Myrta 等,2011b)。该病毒多个治病株系的全基因组序列已经测序,包括李子上的类似痘病的株系(Jelkmann, 1996)、桃和樱桃果实斑点的株系(German 等,1997)。

多种检测技术可用于检测苹果褪绿叶斑病毒(Myrta 等,2011b),包括利用木本指示植物的指示植物法、利用单克隆和多克隆抗体的血清学检测、酶联免疫法检测试剂盒及分子杂交的和 RT-PCR 检测技术。虽然研究人员已经公布了多对检测苹果褪绿叶斑病毒的引物,但是鉴于病毒序列的变异性较大,这些引物可能不能检测该病毒的所有分离物。已经有研究发现 Candresse 等(1995)和 Menzel 等(2002)公布的引物对多个苹果褪绿叶斑病毒株系的检测效果较好。

含有简并序列(polyvalent degenerate oligonucleotides, PDO)的RT-PCR引物可同时检测苹果褪绿叶斑病毒的多个株系(Foissac等,2005)。与其他检测方法相比,RT-PCR检测法具有较好的检测效果(Spiegel等,2006)。这对于在李属植物中检测该病毒具有非常重要的意义。该病毒在李属植物中的分布很不均匀,且有时浓度较低(Myrta等,2011b)。使用这种多序列探针,可以利用RT-PCR或分子杂交技术,同时检测苹果褪绿叶斑病毒以及其他病毒或类病毒(Menzel等,2003; Herranz等,2005)。

由于苹果褪绿叶斑病毒不经传播介体传播,因此防控该病毒最简单和有效的办法就是应用无病毒或经过病毒检测的植株(Myrta等,2011b)。目前有多种检测方法可以高效准确地检测苹果褪绿叶斑病毒,并且该病毒也常被列为检疫对象。苹果褪绿叶斑病毒可通过多种方法进行脱除,单独或者联合使用热处理法、化学处理法、茎尖组织培养法等(Myrta等,2011b)。

16.6.2 其他病毒

多种病毒感染甜樱桃或酸樱桃后并不表现症状,这类病毒主要包括以下几种。

(1) 樱桃病毒A(cherry virus A, CVA)。它是在德国一株感染了樱桃小果病毒1(LChV-1)的甜樱桃中偶然发现的(Jelkmann, 1995)。该病毒自发现以来,已在欧洲、北美和亚洲等多个国家的甜樱桃或酸樱桃中发现(Marais等,2011)。该病毒不仅能够感染樱桃,而且也可感染其他李属植物,包括杏和桃,尽管感染率较低(Marais等,2011)。目前没有证据证明该病毒导致任何症状(Marais等,2011,2012),也未发现该病毒与其他病毒混合感染时具有协同作用。可通过血清学检测和分子杂交技术检测樱桃病毒A(Jelkmann, 1995; Marais等,2011,2012)。最近的研究开发了多种可同时检测多种病毒的多重检测方法,使病毒检测更加准确(Marais等,2011,2012; Zong等,2015)。Foissac等(2005)研发的基于RT-PCR技术的兼并引物能够非常有效地检测该病毒。

(2) 与樱桃病毒A类似的病毒是黄瓜花叶病毒(cucumber mosaic virus, CMV)。它是宿主范围最广的病毒之一,能够感染超过1 000种单子叶植物和双子叶植物(Scholthof等,2011)。该病毒偶尔可感染甜樱桃(Tan等,2010)和樱花(Kishi等,1973)。该病毒感染樱花“染井吉野”后不产生明显症状(Kishi等,1973)。在该病毒感染的甜樱桃植株上虽然表现出叶片褪绿斑和畸形的症状,但在具有相同症状的植株上,仅有33%的样品中检测该病毒,说明这种症状可能与黄瓜花叶病毒不相关(Tan 等,2010)。

(3) 李树皮坏死茎纹孔伴随病毒(PBNSPaV)。它最早在美国加利福尼亚州的日本李(*Prunus salicina* “Black Beaut”)上发现,症状包括树皮坏死和茎纹孔(Uyemoto 和 Teviotdale, 1996; Boscia 等,2011)。进一步的研究发现它可感染李属的多种果树,包括樱桃、桃、李子、扁桃和杏(Boscia 等,2011)。该病毒感染樱桃后,出现的症状包括茎纹孔病、木栓层增厚、树干畸形、树皮皲裂、叶片黄化或褪绿斑(Boscia 等,2011)。在樱桃砧木“考特”及其他李属植物中,虽然人工接种该病毒的日本李分离物得到了相似的症状,但是樱桃品种“宾库”、樱桃砧木“马扎德”及樱花品种“白普贤樱”通过人工接种该分离物并没有造成相似的症状(Marini 等,2002)。李树皮坏死茎纹孔伴随病毒是否是樱桃的茎纹孔病及其他树皮病变的致病因子并未确定,还需要进一步的研究。基于 RT-PCR 的检测方法可以检测该病毒的所有株系(Marais 等,2014)。也可用血清学检测的方法检测该病毒,但是灵敏度可能较低(Boscia 等,2011)。

(4) 樱桃 T 病毒(prunus virus T, PrVT)。它是一种最近在意大利通过泛基因组学方法在樱桃品种“罗克菲纳”中发现的病毒(Marais 等,2015)。通过对搜集到的李属植物进行进一步的检测,在一株李子(*Prunus domestica*)和一株来自阿塞拜疆的樱桃李(*P. cerasifera*)中也检测到该病毒的感染。目前并不确定该病毒是否具有传播的潜力,并且因为目前检测到的植株中,都是该病毒与其他病毒混合感染的情况,所以并未发现该病毒与樱桃的某种特定病症相关(Marais 等,2015)。目前基于 RT-PCR 的检测可以有效地检测樱桃 T 病毒(Marais 等,2015)。

(5) 烟草花叶病毒(tobacco mosaic virus, TMV)。虽有多个检测到烟草花叶病毒感染甜樱桃或酸樱桃的报道,但是很难确定该病毒是否造成病害(Gilmer, 1976; Németh, 1986)。该病毒的感染也不能在其他李属植物中造成任何症状。烟草花叶病毒非常容易通过汁液进行机械传播,并且多个草本指示植物都可以用来检测该病毒(Németh, 1986)。该病毒也可以通过血清学方法检测,如酶联免疫法(ELISA)(van Regenmortel 和 Burckard, 1980),也可通过 RT-PCR 法检测该病毒(Kumar 等,2011)。

16.7 能够感染樱桃的类病毒

目前有 3 种类病毒能够感染樱桃,包括鳄梨日斑类病毒科(Avsunviroidae)的桃潜隐花叶类病毒(peach latent mosaic viroid, PLMVd)、马铃薯纺锤形块茎类病毒科(Pospiviroidae)的啤酒花矮化类病毒(hop stunt viroid, HSVd)和苹果锈果类病毒(apple scar skin viroid, ASSVd)。虽然目前没有发现这3种类病毒能够造成樱桃的相关病害,他们对樱桃产业的影响可能非常有限,但是除了利用樱桃作为这3种病毒的传染源之外,它们也可能与其他病毒混合感染进而起到协同作用。

类病毒能够对多种重要的农作物造成影响。其典型症状包括叶片失绿和上卷、节间缩短、树皮皱裂、花和果实畸形及变色、果核变大和块茎畸形。大部分类病毒能够通过机械接触进行传播,部分也可通过种子或花粉传播。

类病毒是一类长度仅有250～400个碱基的单链环状RNA,不编码蛋白质,感染植物后可导致某些特定的病害(Diener, 2003)。已经有约30种不同的类病毒通过了分子鉴定,并研究了其生物学特性(如宿主范围和致病性)。这些类病毒分为2个科:①马铃薯纺锤形块茎类病毒科(Pospiviroidae),该科成员都具有一个中心保守区域,并且其复制仅通过由RNA作为中间体的滚环机制进行;②鳄梨日斑类病毒科(Avsunviroidae),该科仅包括4个成员,都没有中心保守区域,且通过锤头中间体在质体中进行自我剪切,与滚环复制略有不同。虽然所有类病毒的复制都由宿主编码的酶完成,但鳄梨日斑类病毒科的类病毒本身“编码”的核酶为病毒的剪切提供了补充。复制后的类病毒通过胞间连丝在细胞间传播,并通过维管系统在植物体内进行远距离传播,这可能需要额外的宿主蛋白参与(Flores等,2005)。

预防类病毒感染的主要措施为使用无病毒材料进行苗木繁殖。同时建议定期对修剪工具进行消毒,以防止类病毒的机械传播。热处理或组织培养可在部分植物组织中脱除类病毒的感染,外植体的体积越小,脱除效果越好。

16.7.1 桃潜隐花叶类病毒

桃潜隐花叶类病毒最早在桃中发现(Hernández和Flores, 1992),其大多数分离株感染桃树后并不导致症状,但有些株系会导致花叶或叶斑症状甚至失绿、畸形和脱色、展叶开花和成熟等延迟、树体早衰等(Flores等,2006)。

在甜樱桃中,桃潜隐花叶类病毒的感染最早通过斑点印迹和Northern杂交发现,来自罗马尼亚和意大利的样品中,分别有1/2和2/3的样品检测结果为阳性(Hadidi等,1997)。通过对一个来自樱桃的该类病毒分离物RT-PCR全长产物进行测序,发现该分离物的长度为337个碱基,与该类病毒桃分离物的序列相似性为91%～92%(Hadidi等,1997)。随后,在意大利当用桃“GF305”作为指示植物(作为病毒的生物富集宿主)时检测到来自樱桃的桃潜隐花叶类病毒。虽然植株并没有表现症状,但是分子杂交检测在多个桃“GF305”植株中检测到桃潜隐花叶类病毒(Crescenzi 等,2002)。在多次大规模普查中,多个桃品种中检测到了桃潜隐花叶类病毒的感染,然而从未在甜樱桃和酸樱桃中检测到该类病毒(Michelutti 等,2005; Mandic 等,2008; Lin 等,2011)。樱桃感染桃潜隐花叶类病毒的情况可能并不常见。

16.7.2 啤酒花矮化类病毒

啤酒花矮化类病毒最初被认为是啤酒花矮化病的致病因子(Sasaki 和 Shikata, 1977)。它的宿主范围比较广泛,包括多种核果和仁果类植物。在土耳其的一次病毒检测过程中首次在樱桃中发现啤酒花矮化类病毒的感染。利用基于 RT-PCR 检测技术,在 127 个样品中,发现 21 株为阳性(16 株甜樱桃,5 株酸樱桃)(Gazel 等,2008)。随后,在希腊的甜樱桃上检测到了苹果锈果类病毒和啤酒花矮化类病毒的混合感染,组织印迹杂交和 RT-PCR 检测结果都为阳性。通过测序发现啤酒花矮化类病毒樱桃株系大小为 297～298 个碱基(Kaponi 等,2012)。在塞尔维亚和加拿大进行的大规模检测中,并没有在甜樱桃或酸樱桃检测到啤酒花矮化类病毒(Michelutti 等,2005; Mandic 等,2008)。

16.7.3 苹果锈果类病毒

苹果锈果类病毒最早从苹果中鉴定出来(Hashimoto 和 Koganezawa, 1987),多个敏感品种感染该类病毒后,果面表现出疤痕和裂口,其他品种感染该类病毒后出现锈果症状(dapple apple)(Hadidi 和 Barba, 2011)。在希腊,利用组织印迹杂交和 RT-PCR 技术,研究人员首次在甜樱桃中检测到苹果锈果类病毒。克隆和测序发现该分离物长度为 327～340 个碱基,与苹果锈果类病毒的印度苹果分离株具有 96%～99%的相似性。利用 RT-PCR 技术发现该类病毒可通过嫁接传播到樱桃砧木上(Kaponi 等,2013)。同样利用 RT-PCR 技术,也在喜马拉雅野樱桃(*Prunus cerasoides*)中检测到苹果锈果类病毒,通过扩增测序发现该分离物与来自希腊的甜樱桃和野樱桃分离株有 92%的序列相似性,与印度苹果分离株具有 98%的相似性(Walia 等,2012)。

16.8 樱桃的植原体病害

植原体是一类寄生在植物和昆虫中的无细胞壁、非螺旋状、革兰氏阳性原核生物,隶属于柔膜菌纲(Mollicutes)中的一个组。植原体最早称为类菌原体

(Mycoplasma-like organism)，已被指定为一种名为"*Candidatus* Phytoplasma"的暂定种(IRPCM，2004)。目前已经有33种植原体被正式认定为"*Candidatus* Phytoplasma spp."的成员(Bertaccini 等，2014)。植原体可在多种重要作物上造成损失，如水稻、马铃薯、玉米、木薯、豆类、芝麻、大豆、葡萄以及仁果和核果类果树(Bertaccini 等，2014)。植原体感染造成的症状包括绿化或花变叶(花器官绿化变成叶片状)以及因花器官畸形而导致的不育、叶片失绿和畸形、腋芽异常萌发增殖导致丛枝的症状与节间异常伸长和矮化(Bertaccini，2007)。植原体主要在植物的韧皮部中存活并繁殖，通过嫁接和无性繁殖在植物间传播。植原体还可通过韧皮部刺吸式昆虫进行传播(主要是叶蝉，罕见木虱传播)，主要包括大叶蝉科(Cicadellidae)、菱蜡蝉科(Cixiidae)、木虱科(Psyllidae)、飞虱科(Delphacidae)和袖蜡蝉科(Derbidae)的昆虫(Weintraub 和 Beanland，2006)。

16.8.1 欧洲核果黄化植原体

研究发现由于杏褪绿卷叶病、李果实黄斑病、桃黄化病以及李、桃和扁桃的衰退病由同一致病因子造成，因此命名为欧洲核果黄化病(European stone fruit yellows，ESFY)(Lorenz 等，1994)。因为进一步的研究发现这些病害与一种植原体(*Candidatus* Phytoplasma prunorum，*Ca*. P. prunorum)的感染相关，所以命名为欧洲核果黄化植原体(Seemüller 和 Schneider，2004)。欧洲核果黄化植原体的感染通常不会造成甜樱桃园的绝产，多数情况下并不表现症状或者症状很轻(Giunchedi 等，1982；Kison 等 Seemüller，2001)。在捷克，人们在一株表现出矮化、卷叶和黄化的甜樱桃植株和一株表现出小叶、少叶、果实变大、树势变弱衰退的酸樱桃植株中发现了欧洲核果黄化植原体的感染(Navràtil 等，2001)。在捷克的东波希米亚(East Bohemia)，人们也在一株表现出卷叶、黄化、叶片稀疏、小叶和小果症状的酸樱桃树上检测到了欧洲核果黄化植原体(Ludvíková 等，2011)。在波兰，研究人员在多株表现出矮化、失绿卷叶、节间缩短、萎蔫死亡和死枝的樱桃树上检测到了欧洲核果黄化植原体(见图16.6)(Cieślińska 和 Morgaś，2011)。随着时间的推移，多株经鉴定为欧洲核果黄化植原体感染的樱桃植株症状消失。欧洲核果黄化植原体可由李木虱(*Cacopsylla pruni*)传播(Carraro 等，1998)。因为欧洲核果黄化植原体在果树上造成的破坏性影响，所以李木虱被列入EPPO的A2虫害清单，作为一种检疫性有害生物进行防控(http://www.eppo.int/)。

在一般情况下，植原体的感染浓度较低，常用巢式PCR来检测植原体感染。第一轮PCR一般使用通用引物如P1/P7(Deng 和 Hiruki，1991；Schneider 等，

图 16.6 欧洲核果黄化病(见彩图 27)

甜樱桃感染欧洲黄果植原体后表现出的矮化和失绿黄化症状(右侧)与没有感染植原体的健康树(左侧)。

1995),随后使用通用嵌套引物 R16F2n/R16R2 进行 PCR 扩增(Lee 等,1993;Gundersen 和 Lee, 1996)。RFLP 分析可更准确地鉴定植原体的不同种和株系(Lee 等,1995; Seemüller 等,1998)。根据欧洲核果黄化植原体核糖体 RNA 基因设计的引物,也能用来扩增苹果丛枝组的植原体 DNA(Kison 等,1997)。采用合适的限制性内切酶进行 RFLP 分析,可以区分欧洲核果黄化植原体与其他组的植原体,如苹果丛枝植原体(*Candidatus* Phytoplasma mali)和梨衰退植原体(*Candidatus* Phytoplasma pyri)(Marcone 等,1996)。

人们设计了多种能够特异扩增欧洲核果黄化植原体的引物,如基于 16S *rRNA* 基因和 16S/23S *rRNA* 间隔区的序列设计的引物(Yvon 等,2009),或基于一个推测为硝基还原酶基因及其基因间隔区设计的引物(Jarausch 等,1998)。研究人员开发了 Real-time PCR 方法在自然感染的核果类果树或昆虫中定性和定量地检测欧洲核果黄化植原体(Jarausch 等,2010)。

对欧洲核果黄化植原体的防控,健康植物材料的使用具有重要作用。同时,避免在欧洲核果黄化植原体及其传播介体发生的地区建园。有研究认为,在法国南部受杏褪绿卷叶病影响的果园周边的多种李属野生植物是欧洲核果黄化植原体的传染源,如朴树、白蜡和犬蔷薇等(Jarausch 等,2001)。Poggi Pollini 等的研究发现在意大利特伦蒂诺(Trentino)地区不能通过喷洒多种农药以控制传播介体从而限制欧洲核果黄化植原体的传播(Poggi Pollini 等,2007)。组织培养可脱除植物植原体感染。体外热处理和茎尖组织培养技术能够脱除杏树中的欧洲核果黄化植原体(Bertaccini 等,2014)。

16.8.2 X 病植原体

在北美由植原体导致的樱桃和桃的 X 病害非常严重(Rawlins 和 Horne, 1931)。桃 X 病植原体(16SrIII)的植原体,暂定名称为桃 X 病植原体"*Candidatus* Phytoplasma pruni"(IRPCM Phytoplasma/Spiroplasma Working Team-Phytoplasma Taxonomy Group, 2004),在美国主要感染樱桃和桃,稠李也可作为其潜在的传染源(Lee 等,1992; Kirkpatrick 等,1995)。该组植原体感染造成的症状主要包括叶片稀疏、小叶、果实变小同时果顶突起(Uyemoto 和 Luhn, 2006)。研究发现桃 X 病植原体可感染多种李属植物,包括日本李、扁桃、苦樱桃和稠李以及一些杂草物种(Uyemoto 和 Kirkpatrick, 2011)。桃 X 病植原体通过多个种的叶蝉传播(Uyemoto 和 Kirkpatrick, 2011)。

基于植原体 16*S rRNA* 基因序列的引物组合 R16(III)F2/R1 可特异地扩增桃 X 病植原体 16*S rRNA* 基因(Lee 等,1994)。来自桃和稠李的 X 植原体可通过基于核糖体蛋白操纵子的 PCR/RFLP 分析以鉴定和区分(Gundersen 等, 1996)。Southern 杂交可用来鉴定桃 X 病植原体(Lee 等,1992)。

对于桃 X 病植原体的防控,最有效的办法是去除受感染的植物和传染源。在加利福尼亚,通过彻底去除感染了 X 病的樱桃树可有效控制植原体的扩散(Uyemoto 等,1998)。通过去除病树同时喷洒二嗪农(diazinon)防治叶蝉,可以显著减少甜樱桃园中 X 病的发生(Uyemoto 等,1998)。在某些樱桃园和桃园中应用四环素可减少 X 病的发生(Lee 等,1987)。

16.8.3 翠菊黄化植原体

翠菊黄化植原体(*Candidatus* Phytoplasma asteris)(16SrI)(Lee 等, 2004a),隶属于 16SrI-B 亚组,在多个国家的核果类果树中都有发生。在捷克,研究发现翠菊黄化植原体能够感染樱桃、桃、杏、欧洲李、黑刺李和扁桃(Navràtil 等,2001; Fialová 等,2004),同时在意大利的杏、李、油桃和日本李(Lee 等, 1998a)以及在西班牙的杏上都发现了该组植原体的感染(Schneider 等,1993)。Navràtil 等在表现出矮化、卷叶和黄化的甜樱桃植株和在小叶、树势衰退的酸樱桃植株上都检测到了翠菊黄化植原体的感染(Navràtil 等,2001)。在波兰,研究人员也在表现出树势衰退、丛枝和小叶的酸樱桃(见图 16.7)植株上检测到翠菊黄化植原体(Cieślińska 和 Smolarek, 2015)。点叶蝉属(*Macrosteles*)、殃叶蝉属(*Euscelis*)、带叶蝉属(*Scaphytopius*)和脊冠叶蝉属(*Aphrodes*)的叶蝉是翠菊黄化植原体的主要传播介体(Lee 等,2004a)。

巢式 PCR 是特异性检测翠菊黄化植原体的常用手段,第一轮采用通用引物组合 P1/P7 扩增,随后用特异性引物组合 R16(I)F1/R1 扩增(Lee 等,1994)。同时,研究人员也开发了基于其他基因的引物组合来特异性地检测感染李属植物的其他翠菊黄化植原体,包括 *tuf*(Schneider 等,1993)和 *rp*(Lee 等,2004a)。

使用健康的植物材料,清除田间、道路和围栏周边的杂草,同时结合化学药物控制田间和周围杂草中的叶蝉数量,可以显著降低翠菊黄化植原体感染的发病率。虽然四环素处理适用于比较珍贵的植物材料,但在某些国家这种方法被禁止使用(CAB International, 2017)。

图 16.7 酸樱桃感染翠菊黄化植原体后表现的树势衰退、丛枝和小叶症状(见彩图 28)

16.8.4 榆树黄化植原体

研究人员在中国四川的中国樱桃中发现了樱桃致死黄化病(cherry lethal yellows, CLY)(Zhu 和 Hou, 1989)。病树表现出叶片黄化、脱落、结果少或不结果,并在 3～4 年内死亡。通过电子显微镜观察病树组织,发现可能存在植原体感染(Zhu 和 Shu 1992)。通过对 16S rRNA 和核糖体蛋白基因序列的进一步分析发现,该植原体属于榆树黄化植原体组的一个新亚组 16SrV-B(Lee 等, 1998b)。该亚组统称为枣疯病植原体(*Candidatus* Phytoplasmas ziziphi)并归类为 16SrV-B 亚组(Jung 等,2003)。

引物组合 R16(V)F1/R1(Lee 等,1994)可特异性扩增榆树黄化植原体组植原体的 16S rRNA 基因片段,包括榆树黄化植原体(*Candidatus* Phytoplasma ulmi, 16SrV-A)、枣疯病植原体(*Ca*. P. ziziphi, 16SrV-B)、树莓矮化植原体(*Candidatus* Phytoplasma rubi, 16SrV-E)、蒺藜丛枝植原体(*Candidatus* Phytoplasma balanitae, 16SrV-F)和葡萄金黄化植原体(Flavescence dorée, 16SrV-C 和-D 亚组)。研究人员通过比较 *rp* 和 *secY* 基因的序列差异以区分枣疯病植原体中的樱桃致死黄化植原体(Lee 等,2004b)和桃黄化植原体(Thakur 等,1998)。虽然目前并没有发现樱桃致死黄化植原体的传播介体,但是这种病害能够在中国四川的樱桃园中快速扩散(Zhu 等,2011)。

对于榆树黄化植原体(16SrV)的防控,建议及时去除受感染的植株,同时使用没有植原体感染的苗木建园。国家之间的苗木运输必须通过检疫认证,从而避免该植原体的扩散。

16.8.5 感染樱桃的其他植原体

在意大利,多株甜樱桃树表现出卷叶、小叶、失绿、红叶和衰退等症状,这种表型与多种葡萄黄化植原体(16SrXII-A)的感染相关(Paltrinieri 等,2001)。葡萄黄化病和黑木病相关植原体划分为一个新组,葡萄黑木病植原体组(*Candidatus* Phytoplasma solani)(Quaglino 等,2013)。

在斯洛文尼亚西南部,樱桃植株表现出萎蔫、花和韧皮部坏死、树体死亡的症状(Mehle 等,2007)。DAPI(4′,6′-二脒基- 2 -苯基吲哚)染色和电子显微镜检测发现植原体感染,进一步利用 PCR 扩增 16S rRNA 基因片段结合 RFLP 分析发现该植原体为苹果丛枝植原体(Ca. P. mali, 16SrX-A)。在捷克,研究人员在表现出矮化、卷叶和黄化的甜樱桃中检测到苹果丛枝植原体(Navràtil 等, 2001)。

在意大利中北部，研究人员利用基于 16*S rRNA* 基因片段的 PCR 结合 RFLP 分析，在甜樱桃中检测到梨衰退植原体（*Ca.* P. pyri，16SrX-C）（Paltrinieri 等，2001）。在波兰，使用同样的方法，在表现出褪绿、卷叶和萎蔫的甜樱桃植株中检测到了 16SrX-C 植原体（Cieślińska 和 Morgaś，2011）。

在伊朗中部地区，研究人员在甜樱桃中检测到两种不同的植原体（Zirak 等，2010）。在表现出卷叶和丛枝症状的甜樱桃植株中检测到了榆树黄化植原体（*Ca.* P. asteris）。在表现簇叶症状的植株上，研究人员通过扩增其 16*S rRNA* 基因和 16*S*～23*S* 基因间隔区的序列，发现该植株感染了花生丛枝植原体（16SrII）。

中国的研究人员曾经在一株以色列进口的表现出带化病的甜樱桃上检测到白蜡黄化植原体（16SrVII，*Candidatus* Phytoplasma fraxini）（Li 等，1997）。用限制性内切酶 HhaI 和 TaqI 消化 16S rRNA 基因片段，能够特意地区分白蜡黄化植原体和其他植原体（Lee 等，1998b）。

16.9 感染樱桃的病毒样病害

虽然已经在樱桃上发现了多种能够通过嫁接传播的病害，但是病因未知，也没有分离到相关的致病因子。部分这种病害能够对樱桃生产造成重大影响。在没有分离和鉴定这种致病因子之前，目前只能通过木本指示植物法进行诊断。

16.9.1 樱桃果实斑点病

樱桃果实斑点病的主要症状为果实变小、棕色坏死斑点和果实畸形（Németh，1986）。虽然病树的果实成熟延迟，但叶片并不表现任何症状。该病的自然宿主包括甜樱桃品种“宾库”和“兰伯特”。酸樱桃“蒙莫朗西”可作为樱桃果实斑点病的木本指示植物（Németh，1986）。

16.9.2 樱桃锈斑病

樱桃锈斑病最早在新西兰的樱桃中发现（Wood，1972）。该病的主要症状为春天在叶片形成的锈色斑及色斑周围形成紫色区域，并最终形成穿孔。樱桃砧木品种“马扎德 F 12/1”作为该病害的指示植物时会出现独特的锈斑，甜樱桃品种“兰伯特”和樱花作为该病害的指示植物时并不表现症状，这是该病害与李属坏死环斑病毒（PNRSV）、樱桃坏死锈斑驳病毒（CNRMV）和欧洲锈斑驳病毒的区别（Wood，1972 年）。甜樱桃是该病害的唯一天然宿主。樱桃锈斑病可用樱桃砧木品种“马扎德 F 12/1”作为木本指示植物进行检测（Wood，1972；

Németh，1986）。

16.9.3 樱桃短柄病

1958年，在美国蒙大拿州的甜樱桃中首次发现樱桃短柄病（Afanasiev，1963）。该病的症状主要表现在叶片、果实和果柄上，典型特征是果柄缩短和叶片扭曲（Németh，1986）。虽然甜樱桃是该病害的唯一天然宿主，但致病因子能够传播多个李属植物，包括杏和桃（Németh，1986）。该病害能够在田间自然传播，但是传播介体未知（Parish 和 Cheney，1976）。樱桃品种"宾库"可作为该病害的指示植物（Németh，1986）。

16.9.4 樱桃茎纹孔病

虽然番茄环斑病毒（tomato ringspot virus，ToRSV）可造成樱桃茎纹孔病，但也可能存在未知的致病因子造成这种症状（Mircetich 等，1978）。该病害的主要症状为树皮的异常增厚变成海绵状、新梢生长异常和变色及叶片卷曲成杯状（Mircetich 等，1978）。该病害的症状受到砧穗组合的影响（Mircetich 等，1978）。

16.9.5 樱桃马刺状病害

根据樱桃品种的不同，樱桃马刺状病害的症状有所差异（Németh，1986）。严重症状为叶片卷曲且下垂、树皮坏死。感染该病害后的植株因节间缩短而表现出矮化症状，枝条末端更密、更粗而且易碎。甜樱桃是樱桃马刺状病害的天然宿主。樱桃"宾库"可作为该病害的指示植物，症状为节间缩短（Németh，1986）。

16.10 樱桃遗传突变病害

目前发现多种樱桃的异常症状并不是由细菌、真菌、病毒或病毒样生物造成的。因为这些病害不能通过嫁接传播到健康植株上，所以排除了由病毒、类病毒或植原体造成这种病害的可能性。通常认为这些病害由遗传突变造成，并且主要在幼树中表现，可能是由于砧穗组合的影响造成这种病害（Németh，1986）。

16.10.1 樱桃皱叶病

樱桃皱叶病（cherry crinkle leaf，CCL）是甜樱桃上的一种重要病害，在美国和加拿大不列颠哥伦比亚省都有发生（Németh，1986；Southwick 和 Uyemoto，1999）。该病害在早春形成的叶片上表现得更严重。某棵树在第一年可能症状非常严重，而第二年又恢复正常，缺硼可能对该病的发生也有影响（Southwick 和 Uyemoto，1999）。

16.10.2 樱桃果实缝合线异常病害

樱桃果实缝合线异常病害在美国西部和加拿大的樱桃种植区域广泛发生(Southwick 和 Uyemoto, 1999)。幼树通常树势较弱,嫁接也不易成活(Németh, 1986)。病树果实变小、畸形,成熟延迟。

16.10.3 樱桃叶斑驳病

樱桃叶斑驳病能够影响几个特定的甜樱桃和酸樱桃品种,并且症状非常独特(Németh, 1986)。病树症状严重时树势很弱,果实变小,成熟延迟。

16.10.4 酸樱桃簇叶病

受该病害影响的酸樱桃症状为叶片变窄、畸形及成深锯齿状(Németh, 1986)。因节间缩短而使叶片呈簇状。

16.10.5 酸樱桃缩叶病

该病害的症状主要为沿一到多条二级叶脉的失绿,叶片边缘不能正常生长而使叶片内陷(Németh, 1986)。

参考文献

Adams, M. J., Candresse, T., Hammond, J., Kreuze, J. F., Martelli, G. P., Namba, S., Pearson, M. N., Ryu, K. H., Saldarelli, P. and Yoshikawa, N. (2012) Family *Betaflexiviridae*. In: King, A. M. Q., Adams, M. J., Carstens, E. B. and Lefkowitz, E. J. (eds) *Virus Taxonomy-Ninth Report of the International Committee on Taxonomy of Viruses*. Elsevier Academic Press, London, pp. 920 - 941.

Afanasiev, M. M. (1963) 'Short stem' conditions in Lambert cherry. *Phytopathology* 53, 1137.

Albertini, A., Giunchedi, L., Dradi, D. and Benini, A. (1993) Effetto di infezioni virali su alcune varieta di ciliegio. *Rivista di Frutticultura* 2, 61 - 64.

Al Rwahnih, M., Myrta, A., Herranz, M. C. and Pallás, V. (2004a) Monitoring *American plum line pattern virus* in plum by ELISA and dot-blot hybridisation throughout the year. *Journal of Plant Pathology* 86, 167 - 169.

Al Rwahnih, M., Turturo, C., Minafra, A., Saldarelli, P., Myrta, A., Pallás, V. and Savino, V. (2004b) Molecular variability of *Apple chlorotic leaf spot virus* in different hosts and geographical regions. *Journal of Plant Pathology* 86, 117 - 122.

Amari, K., Burgos, L., Pallás, V. and Sánchez-Pina, M. A. (2007) Prunus necrotic ringspot virus early invasion and its effects on apricot pollen grains performance. *Phytopathology* 97, 892 - 899.

Amari, K., Burgos, L., Pallás, V. and Sánchez-Pina, M. A. (2009) Vertical transmission of *Prunus* necrotic ringspot virus: Hitch-hiking from gametes to seedling. *Journal of General Virology* 90, 1767 – 1774.

Aparicio, F., Sánchez-Pina, M. A., Sánchez-Navarro, J. A. and Pallás, V. (1999) Location of *Prunus necrotic ringspot ilarvirus* within pollen grains of infected nectarine trees: evidence from RT-PCR, dot-blot and *in situ* hybridisation. *European Journal of Plant Pathology* 105, 623 – 627.

Avgelis, A. and Barba, M. (2011) *Epirus cherry virus*. In: Hadidi, A., Barba, M., Candresse, T. and Jelkmann, W. (eds) *Virus and Virus-like Diseases of Pome and Stone Fruits*. APS Press, St Paul, Minnesota, pp. 151 – 152.

Avgelis, A., Rumbos, J. and Barba, M. (1988) Epirus cherry virus, a new virus isolated from cherry in Greece. *Acta Horticulturae* 235, 245 – 246.

Barba, M. and Hadidi, A. (2011) DNA microarrays and other future trends in detection and typing of viruses, viroids and phytoplasmas. In: Hadidi, A., Barba, M., Candresse, T. and Jelkmann, W. (eds) *Virus and Virus-like Diseases of Pome and Stone Fruits*. APS Press, St Paul, Minnesota, pp. 363 – 374.

Barba, M., Hadidi, A., Candresse, T. and Cambra, M. (2011) *Plum pox virus*. In: Hadidi, A., Barba, M., Candresse, T. and Jelkmann, W. (eds) *Virus and Virus-like Diseases of Pome and Stone Fruits*. APS Press, St Paul, Minnesota, pp. 185 – 197.

Bertaccini, A. (2007) Phytoplasmas: diversity, taxonomy, and epidemiology. *Frontiers in Bioscience* 12, 673 – 689.

Bertaccini, A., Duduk, B., Paltrinieri, S. and Contaldo, N. (2014) Phytoplasmas and phytoplasma diseases: a severe threat to agriculture. *American Journal of Plant Science* 5, 1763 – 1788.

Bitterlin, M. W. and Gonsalves, D. (1987) Spatial distribution of *Xiphinema rivesi* and persistence of tomato ringspot virus and its vector in soil. *Plant Disease* 71, 408 – 411.

Bodine, E. W. and Newton, J. H. (1942) The rasp leaf of cherry. *Phytopathology* 32, 179 – 181.

Boscia, D., Myrta, A. and Uyemoto, J. K. (2011) *Plum bark necrosis stem pitting-associated virus*. In: Hadidi, A., Barba, M., Candresse, T. and Jelkmann, W. (eds) *Virus and Virus-like Diseases of Pome and Stone Fruits*. APS Press, St Paul, Minnesota, pp. 177 – 183.

Brown, D. J. F., Halbrendt, J. M., Jones, A. T., Vrain, T. C. and Robbins, R. T. (1994) Transmission of three North American nepoviruses by populations of four distinct species of the *Xiphinema americanum* group. *Phytopathology* 84, 646 – 649.

Buchhop, J., von Bargen, S. and Büttner, C. (2009) Differentiation of *Cherry leaf roll virus* isolates from various host plants by immunocapture-reverse transcription-polymerase chain reaction-restriction fragment length polymorphism according to phylogenetic relations. *Journal of Virological Methods* 157, 147 – 154.

Bujarski, J., Figlerowicz, M., Gallitelli, D., Roossinck, M. J. and Scott, S. W. (2012)

Family *Bromoviridae*. In: King, A. M. Q., Adams, M. J., Carstens, E. B. and Lefkowitz, E. J. (eds) *Virus Taxonomy — Ninth Report of the International Committee on Taxonomy of Viruses*. Elsevier Academic Press, London, pp. 965 - 976.

Büttner, C., von Bargen, S., Bandte, M. and Myrta, A. (2011) *Cherry leaf roll virus*. In: Hadidi, A., Barba, M., Candresse, T. and Jelkmann, W. (eds) *Virus and Virus-like Diseases of Pome and Stone Fruits*. APS Press, St Paul, Minnesota, pp. 119 - 125.

CAB International (2017) *Candidatus* Phytoplasma asteris (yellow disease phytoplasmas). Invasive Species Compendium, CAB International, Wallingford, UK. Available at: http://www.cabi.org/isc/datasheet/7642 (accessed 23 January 2017).

Çaglayan, K., Ulubas-Serce, C., Gazel, M. and Varveri, C. (2011) *Prune dwarf virus*. In: Hadidi, A., Barba, M., Candresse, T. and Jelkmann, W. (eds) *Virus and Virus-like Diseases of Pome and Stone Fruits*. APS Press, St Paul, Minnesota, pp. 199 - 206.

Cambra, M., Boscia, D., Gil, M., Bertolini, E. and Olmos, A. (2011) Immunology and immunological assays applied to the detection, diagnosis and control of fruit tree viruses. In: Hadidi, A., Barba, M., Candresse, T. and Jelkmann, W. (eds) *Virus and Virus-like Diseases of Pome and Stone Fruits*. APS Press, St Paul, Minnesota, pp. 303 - 314.

Candresse, T., Lanneau, M., Revers, F., Grasseau, N., Macquaire, G., German, S., Malinowski, T. and Dunez, J. (1995) An immunocapture PCR assay adapted to the detection and the analysis of the molecular variability of apple chlorotic leaf spot virus. *Acta Horticulture* 386, 136 - 147.

Candresse, T., Marais, A., Faure, C. and Gentit, P. (2013) Association of *Little cherry virus* 1 (LChV1) with the shirofugen stunt disease and characterization of the genome of a divergent LChV1 isolate. *Phytopathology* 103, 293 - 298.

Card, S. D., Pearson, M. N. and Clover, G. R. G. (2007) Plant pathogens transmitted by pollen. *Australasian Plant Pathology* 36, 455 - 461.

Carraro, L., Osler, R., Loi, N., Emancora, P. and Refatti, E. (1998) Transmission of European stone fruit yellows phytoplasma by *Cacopsylla pruni*. *Journal of Plant Pathology* 80, 233 - 239.

Cembali, T., Folwell, R. J., Wandschneider, P., Eastwell, K. C. and Howell, W. E. (2003) Economic implications of a virus prevention program in deciduous tree fruits in the US. *Crop Protection* 22, 1149 - 1156.

Chamberlain, E. E., Atkinson, J. D., Wood, G. A. and Hunter, J. A. (1971) Occurrence of cherry green ring mottle virus in New Zealand. *New Zealand Journal of Agricultural Research* 14, 499 - 508.

Cheney, P. W. and Parish, C. L. (1976) Cherry mottle leaf. In: Gilmer, R. M., Moore, J. D., Nyland, G., Welsh, M. F. and Pine, T. S. (eds) *Virus Diseases and Noninfectious Disorders of Stone Fruits in North America*. Handbook Number 437. US Department of Agriculture, Washington, DC, pp. 216 - 218.

Chirkov, S., Ivanov, P. and Sheveleva, A. (2013) Detection and partial molecular characterization of atypical plum pox virus isolates from naturally infected sour cherry. *Archives of Virology* 158, 1383 - 1387.

Chung, B. Y. -W., Miller, W. A., Atkins, J. F. and Firth, A. E. (2008) An overlapping essential gene in the *Potyviridae*. *Proceedings of the National Academy of Sciences USA* 105, 5897 - 5902.

Cieślińska, M. and Morgaś, H. (2011) Detection and identification of '*Candidatus* Phytoplasma prunorum', '*Candidatus* Phytoplasma mali' and '*Candidatus* Phytoplasma pyri' in stone fruit trees in Poland. *Journal of Phytopathology* 159, 217 - 222.

Cieślińska, M. and Smolarek, T. (2015) Molecular diversity of phytoplasmas infecting cherry trees in Poland. *Phytopathogenic Mollicutes* 5, 31 - 32.

Crescenzi, A., Piazzolla, P. and Hadidi, A. (2002) First report of peach latent mosaic viroid in sweet cherry in Italy. *Journal of Plant Pathology* 84, 168.

Cropley, R. (1961) Cherry leaf-roll virus. *Annals of Applied Biology* 49, 524 - 529.

Deng, S. and Hiruki, C. (1991) Genetic relatedness between two nonculturable mycoplasmalike organisms revealed by nucleic acid hybridization and polymerase chain reaction. *Phytopathology* 81, 1475 - 1479.

Desvignes, J. C. (1999) *Virus Diseases of Fruit Trees*. Centre Techniques Interprofessionnel des Fruits et Légumes (CTIFL), Paris.

Diekmann, M. and Putter, C. A. J. (1996) *Technical Guidelines for the Safe Movement of Germplasm*. Stone Fruits No. 16. Food and Agriculture Organization of the United Nations/International Plant Genetic Resources Institute, Rome.

Diener, T. O. (2003) Discovering viroids: a personal perspective. *Nature Reviews Microbiology* 1, 75 - 80.

Eastwell, K. C. and Bernardy, M. G. (2001) Partial characterization of a closterovirus associated with apple mealybug-transmitted little cherry disease in North America. *Phytopathology* 91, 268 - 273.

Eastwell, K. C. and Howell, W. E. (2010) Characterization of *Cherry leafroll virus* in sweet cherry in Washington State. *Plant Disease* 94, 1067.

Eastwell, K. C., Mekuria, T. A. and Howell, W. E. (2012) Complete nucleotide sequences and genome organization of a cherry isolate of cherry leaf roll virus. *Archives of Virology* 157, 761 - 764.

EPPO (2001) Certification scheme for cherry. *EPPO Bulletin* 31, 447 - 461.

EPPO (2006a) Pathogen tested olive trees and rootstocks. *EPPO Bulletin* 36, 77 - 83.

EPPO (2006b) American plum line pattern virus. *EPPO Bulletin* 36, 157 - 160.

Fialová, R., Navràtil, M., Válová, P., Lauterer, P., Kocourek, F. and Poncarová-Voráčková, Z. (2004) Epidemiology of European stone fruit yellows phytoplasma in the Czech Republic. *Acta Horticulturae* 657, 483 - 487.

Flores, R., Hernández, C., Martínez de Alba, A. E., Daròs, J. A. and di Serio, F. (2005)

Viroids and viroid-host interactions. *Annual Review of Phytopathology* 43,117 - 139.

Flores, R., Delgado, S., Rodio, M. E., Ambrós, S., Hernández, C. and di Serio, F. (2006) *Peach latent mosaic viroid*: not so latent. *Molecular Plant Pathology* 7, 209 - 221.

Foissac, X., Svanella-Dumas, L., Gentit, P., Dulucq, M. J., Marais, A. and Candresse, T. (2005) Polyvalent degenerate oligonucleotides reverse transcription-polymerase reaction: a polyvalent detection and characterization tool for trichoviruses, capilloviruses, and foveaviruses. *Phytopathology* 95,617 - 625.

Fulton, R. W. (1964) Transmission of plant viruses by grafting, dodder, seed and mechanical inoculation. In: Corbett, M. K. and Sisler, H. D. (eds) *Plant Virology*. University of Florida Press, Gainesville, Florida, pp. 39 - 67.

Garcia, J. A., Riechmann, J. L., Lain, S., Martin, M. T., Guo, H., Simon, L., Fernandez, A., Dominguez, E. and Cervera, M. T. (1994) Molecular characterization of plum pox potyvirus. *EPPO Bulletin* 24,543 - 553.

Gazel, M., Ulubas, C. and Caglayan, K. (2008) Detection of hop stunt viroid in sweet and sour cherry trees in Turkey by RT-PCR. *Acta Horticulturae* 795,955 - 958.

German, S., Candresse, T., Lanneau, M., Huet, J. C., Pernollet, J. C. and Dunez, J. (1990) Nucleotide sequence and genomic organization of apple chlorotic leaf spot closterovirus. *Virology* 179,104 - 112.

German, S., Delbos, R. P., Candresse, T., Lanneau, M. and Dunez, J. (1997) Complete nucleotide sequence of the genome of a severe cherry isolate of apple chlorotic leaf spot trichovirus (ACLSV). *Archives of Virology* 142,833 - 841.

Gilmer, R. M. (1976) Tobacco mosaic virus infection in *Prunus*. In: Gilmer, R. M., Moore, J. D., Nyland, G., Welsh, M. F. and Pine, T. S. (eds) *Virus Diseases and Noninfectious Disorders of Stone Fruits in North America*. Handbook Number 437. US Department of Agriculture, Washington, DC, p. 256.

Giunchedi, L., Poggi Pollini, C. and Credi, R. (1982) Susceptibility of stone fruit trees to the Japanese plum tree decline causal agent. *Acta Horticulturae* 130,285 - 290.

Glasa, M., Prikhodko, Y., Predajna, L., Nagyova, A., Shneyder, Y., Zhivaeva, T., Subr, Z., Cambra, M. and Candresse, T. (2013) Characterization of sour cherry isolates of *Plum pox virus* from the Volga Basin in Russia reveals a new cherry strain of the virus. *Phytopathology* 103,972 - 979.

Gonsalves, D. (1995) Tomato ringspot virus. In: Ogawa, J. M., Zehr, E. I., Bird, G. W., Ritchie, D. F., Eriu, K. and Uyemoto, J. K. (eds) *Compendium of Stone Fruit Diseases*. APS Press, St Paul, Minnesota, pp. 70 - 71.

Greber, R. S., Teakle, D. S. and Mink, G. I. (1992) Thrips-facilitated transmission of prune dwarf and Prunus necrotic ringspot viruses from cherry pollen to cucumber. *Plant Disease* 76,1039 - 1041.

Griesbach, J. A. (1995) Detection of tomato ringspot virus by polymerase chain reaction.

Plant Disease 79, 1054 - 1056.

Gundersen, D. E. and Lee, I. M. (1996) Ultrasensitive detection of phytoplasmas by nested-PCR assays using two universal primers. *Phytopathologia Mediterranea* 35, 144 - 151.

Gundersen, D. E., Lee, I. M., Schaff, D. A., Harrison, N. A., Chang, C. J., Davis, R. E. and Kingsbury, D. T. (1996) Genomic diversity and differentiation among phytoplasma strains in 16S rRNA groups I (Aster yellows and related phytoplasmas) and III (X-disease and related phytoplasmas). *International Journal of Systematic Bacteriology* 46, 64 - 75.

Hadidi, A. and Barba, M. (2011) *Apple scar skin viroid*. In: Hadidi, A., Barba, M., Candresse, T. and Jelkmann, W. (eds) *Virus and Virus-like Diseases of Pome and Stone Fruits*. APS Press, St Paul, Minnesota, pp. 57 - 62.

Hadidi, A., Giunchedi, L., Shamloul, A. M., Poggi-Pollini, C. and Amer, M. A. (1997) Occurrence of peach latent mosaic viroid in stone fruits and its transmission with contaminated blades. *Plant Disease* 81, 154 - 158.

Hadidi, A., Olmos, A., Pasquini, G., Barba, M., Martin, R. R. and Shamloul, A. M. (2011) Polymerase chain reaction for detection of systemic plant pathogens. In: Hadidi, A., Barba, M., Candresse, T. and Jelkmann, W. (eds) *Virus and Virus-like Diseases of Pome and Stone Fruits*. APS Press, St Paul, Minnesota, pp. 341 - 359.

Hammond, R. W. (2011) *Prunus necrotic ringspot virus*. In: Hadidi, A., Barba, M., Candresse, T. and Jelkmann, W. (eds) *Virus and Virus-like Diseases of Pome and Stone Fruits*. APS Press, St Paul, Minnesota, pp. 207 - 213.

Hammond, R. W. and Crosslin, J. M. (1998) Virulence and molecular polymorphism of Prunus necrotic ringspot virus isolates. *Journal of General Virology* 79, 1815 - 1823.

Hammond, R. W., Crosslin, J. M., Pasini, R., Howell, H. E. and Mink, G. I. (1999) Differentiation of closely related but biologically distinct cherry isolates of Prunus necrotic ringspot virus by polymerase chain reaction. *Journal of Virological Methods* 80, 203 - 212.

Hansen, A. J. and Cheney, P. W. (1976) Cherry twisted leaf. In: Gilmer, R. M., Moore, J. D., Nyland, G., Welsh, M. F. and Pine, T. S. (eds) *Virus Diseases and Noninfectious Disorders of Stone Fruits in North America*. Handbook Number 437. US Department of Agriculture, Washington, DC, pp. 222 - 225.

Hashimoto, J. and Koganezawa, H. (1987) Nucleotide sequence and secondary structure of apple scar skin viroid. *Nucleic Acids Research* 15, 7045 - 7051.

Hernández, C. and Flores, R. (1992) Plus and minus RNAs of peach latent mosaic viroid self-cleave *in vitro* via hammerhead structures. *Proceedings of the National Academy of Sciences USA* 89, 3711 - 3715.

Herranz, M. C., Sánchez-Navarro, J. A., Aparicio, F. and Pallás, V. (2005) Simultaneous detection of six stone fruit viruses by non-isotopic molecular hybridization using a unique riboprobe or 'polyprobe'. *Journal of Virological Methods* 124, 49 - 55.

Hoy, J. W. and Mircetich, S. M. (1984) Prune brownline disease: susceptibility of prune rootstocks and tomato ringspot virus detection. *Phytopathology* 74,272 - 276.

ICTV (2015) Virus Taxonomy: 2015 Release. International Committee on Taxonomy of Viruses. Available at: http://www. ictvonline. org/virustaxonomy. asp (accessed 24 January 2017).

IPPC (2012) International Standards for Phytosanitary Measures (ISPM) 27, Annex 2, DP2: *Plum pox virus*. Adopted by the 7 th Commission on Phytosanitary Measures, March 2012. International Plant Protection Convention, Rome. Available at: https://www. ippc. int/en/ (accessed 23 January 2017).

IRPCM Phytoplasma/Spiroplasma Working Team — Phytoplasma Taxonomy Group (2004) '*Candidatus* Phytoplasma', a taxon for the wall-less, non-helical prokaryotes that colonize plant phloem and insects. *International Journal of Systematic and Evolutionary Microbiology* 54,1243 - 1255.

James, D. (2011a) *Cherry mottle leaf virus*. In: Hadidi, A., Barba, M., Candresse, T. and Jelkmann, W. (eds) *Virus and Virus-like Diseases of Pome and Stone Fruits*. APS Press, St Paul, Minnesota, pp. 127 - 131.

James, D. (2011b) *Cherry rasp leaf virus*. In: Hadidi, A., Barba, M., Candresse, T. and Jelkmann, W. (eds) *Virus and Virus-like Diseases of Pome and Stone Fruits*. APS Press, St Paul, Minnesota, pp. 137 - 141.

James, D. (2011c) *Cherry twisted leaf virus*. In: Hadidi, A., Barba, M., Candresse, T. and Jelkmann, W. (eds) *Virus and Virus-like Diseases of Pome and Stone Fruits*. APS Press, St Paul, Minnesota, pp. 143 - 146.

James, D. and Mukerji, S. (1993) Mechanical transmission, identification, and characterization of a virus associated with mottle leaf in cherry. *Plant Disease* 77,271 - 275.

James, D., Varga, A., Pallas, V. and Candresse, T. (2006) Strategies for simultaneous detection of multiple plant viruses. *Canadian Journal of Plant Pathology* 28,16 - 29.

James, D., Varga, A. and Sanderson, D. (2013) Genetic diversity of *Plum pox virus*: strains disease and related challenges for control. *Canadian Journal of Plant Pathology* 35,431 - 441.

James, D., Varga, A. and Lye, D. (2014) Analysis of the complete genome of a virus associated with twisted leaf disease of cherry reveals evidence of a close relationship to unassigned viruses in the family *Betaflexiviridae*. *Archives of Virology* 159, 2463 - 2468.

Jarausch, W., Lansac, M., Saillard, C., Broquaire, J. M. and Dosba, F. (1998) PCR assay for specific detection of European stone fruit yellows phytoplasmas and its use for epidemiological studies in France. *European Journal of Plant Pathology* 104,17 - 27.

Jarausch, W., Jarausch-Wertheim, B., Danet, J. L., Broquaire, J. M., Dosba, F., Saillard, C. and Garnier, M. (2001) Detection and identification of European stone fruit yellows and other phytoplasmas in wild plants in the surroundings of apricot chlorotic leaf roll-affected orchards in southern France. *European Journal of Plant Pathology* 107, 209 - 217.

Jarausch, W. , Fuchs, A. and Jarausch, B. (2010) Establishment of a quantitative real-time PCR assay for the specific quantification of '*Ca*. Phytoplasma. prunorum' in plants and insects. *Julius-Kühn-Archiv* 427,392 - 394.

Jelkmann, W. (1995) *Cherry virus A*: cDNA cloning of dsRNA, nucleotide sequence analysis and serology reveal a new plant capillovirus in sweet cherry. *Journal of General Virology* 76,2015 - 2024.

Jelkmann, W. (1996) The nucleotide sequence of a strain of *Apple chlorotic leaf spot virus* (ACLSV) responsible for plum pseudopox and its relation to an apple and plum bark split strain. *Phytopathology* 86,101 - 101.

Jelkmann, W. (2011) Cherry detrimental canker. In: Hadidi, A. , Barba, M. , Candresse, T. and Jelkmann, W. (eds) *Virus and Virus-like Diseases of Pome and Stone Fruits*. APS Press, St Paul, Minnesota, pp. 111 - 114.

Jelkmann, W. and Eastwell, K. C. (2011) *Little cherry virus*-1 and -2. In: Hadidi, A. , Barba, M. , Candresse, T. and Jelkmann, W. (eds) *Virus and Virus-like Diseases of Pome and Stone Fruits*. APS Press, St Paul, Minnesota, pp. 153 - 160.

Jelkmann, W. , Rott, M. and Uyemoto, J. K. (2011) *Cherry green ring mottle virus*. In: Hadidi, A. , Barba, M. , Candresse, T. and Jelkmann, W. (eds) *Virus and Virus-like Diseases of Pome and Stone Fruits*. APS Press, St Paul, Minnesota, pp. 115 - 117.

Jones, A. T. (1985) Cherry leaf roll virus. In: *CMI/AAB Descriptions of Plant Viruses*, No. 306. Commonwealth Mycological Institute, Kew, UK. Jones, A. L. and Sutton, T. B. (1996) Sour cherry yellows. In: *Diseases of Tree Fruits in the East* (*NCR*045). Michigan State University Press, East Lansing, Michigan, p. 94.

Jung, H. Y. , Sawayanagi, T. , Kakizawa, S. , Nishigawa, H. , Wei, W. , Oshima, K. , Miyata, S. , Ugaki, M. , Hibi, T. and Namba, S. (2003) '*Candidatus* Phytoplasma ziziphi', a novel phytoplasma taxon associated with jujube witches'-broom disease. *International Journal of Systematic and Evolutionary Microbiology* 53,1037 - 1041.

Kaponi, M. S. , Luigi, M. and Kyriakopoulou, P. E. (2012) Mixed infections of pome and stone fruit viroids in cultivated and wild trees in Greece. *New Disease Reports* 26,8.

Kaponi, M. S. , Sano, T. and Kyriakopoulou, P. E. (2013) Natural infection of sweet cherry trees with apple scar skin viroid. *Journal of Plant Pathology* 95,429 - 433.

Katsiani, A. T. , Maliogka, V. I. , Candresse, T. and Katis, N. I. (2014) Host range studies, genetic diversity and evolutionary relationships of ACLSV isolates from ornamental, wild and cultivated rosaceous species. *Plant Pathology* 63,63 - 71.

Katsiani, A. T. , Maliogka, V. I. , Amoutzias, G. D. , Efthimiou, K. E. and Katis, N. I. (2015) Insights into the genetic diversity and evolution of *Little cherry virus* 1. *Plant Pathology* 64,817 - 824.

Keane, F. W. L. and May, M. F. (1963) Natural root grafting in cherry and spread of cherry twisted leaf virus. *Canadian Plant Disease Survey* 43, 54 - 60.

Kirkpatrick, B. C., Uyemoto, J. K. and Purcell, A. H. (1995) X disease. In: Ogawa, J. M., Zehr, E. I., Bird, G. W., Ritchie, D. F., Eriu, K. and Uyemoto, J. K. (eds) *Compendium of Stone Fruit Diseases*. APS Press, St Paul, Minnesota, pp. 57 - 58.

Kishi, K., Abiko, K. and Takanashi, K. (1973) Studies on the virus diseases of stone fruit. VII. *Cucumber mosaic virus* isolated from *Prunus* trees. *Annals of the Phytopathological Society of Japan* 39, 297 - 304.

Kison, H. and Seemüller, E. (2001) Differences in strain virulence of the European stone fruit yellows phytoplasma and susceptibility of stone fruit trees on various rootstocks to this pathogen. *Journal of Phytopathology* 149, 533 - 541.

Kison, H., Kirkpatrick, B. C. and Seemüller, E. (1997) Genetic comparison of peach yellow leaf roll agent with European stone fruit yellows phytoplasma of the apple proliferation group. *Plant Pathology* 46, 538 - 544.

Kommineni, K. V., Gillet, J. M. and Ramsdell, D. C. (1998) A study of tomato ringspot virus and prune brownline resistance in twenty-five rootstock-scion combinations. *HortTechnology* 8, 349 - 353.

Kryczyński, S., Szyndel, M. S., Stawiszynska, A. and Piskorek, W. (1992) The rate and the way of Prunus necrotic ringspot virus spread in sour cherry orchard and in the rootstock production. *Acta Horticulturae* 309, 105 - 110.

Kumar, S., Udaya Shankar, A. C., Nayaka, S. C., Lund, O. S. and Prakash, H. S. (2011) Detection of *Tobacco mosaic virus* and *Tomato mosaic virus* in pepper and tomato by multiplex RT-PCR. *Letters in Applied Microbiology* 53, 359 - 363.

Lee, R. F., Nyland, G. and Lowe, S. K. (1987) Chemotherapy of cherry buckskin and peach yellow leafroll diseases: an evaluation of two tetracycline formulations and methods of application. *Plant Disease* 71, 119 - 121.

Lee, I. -M., Gundersen, D. E., Davis, R. E. and Chiykowski, L. N. (1992) Identification and analysis of a genomic strain cluster of mycoplasmalike organisms associated with Canadian peach (eastern) X-disease, western X-disease, and clover yellow edge. *Journal of Bacteriology* 174, 6694 - 6698.

Lee, I. -M., Hammond, R. W., Davis, R. E. and Gundersen, D. E. (1993) Universal amplification and analysis of pathogen 16S rDNA for classification and identification of mycoplasmalike organisms. *Phytopathology* 83, 834 - 842.

Lee, I. -M., Gundersen, D. E., Hammond, R. W. and Davis, RE. (1994) Use of mycoplasmalike organism (MLO) group-specific oligonucleotide primers for nested-PCR assays to detect mixed-MLO infections in a single host plant. *Phytopathology* 84, 559 - 566.

Lee, I. -M., Zhu, S., Gundersen, D. E., Zhang, C. and Hadidi, A. (1995) Detection and identification of a new phytoplasma associated with cherry lethal yellows in China. *Phytopathology* 85, 1179.

Lee, I. -M., Gundersen-Rindal, D. E. and Bertaccini, A. (1998a) Phytoplasma: ecology and genomic diversity. *Phytopathology* 88, 1359 - 1366.

Lee, I. -M., Gundersen-Rindal, D. E., Davis, R. E. and Bartoszyk, I. M. (1998b) Revised classification scheme of phytoplasmas based on RFLP analyses of 16S rRNA and ribosomal protein gene sequences. *International Journal of Systematic Bacteriology* 48, 1153 - 1169.

Lee, I. -M., Gundersen-Rindal, D. E., Davis, R. E., Bottner, K. D., Marcone, C. and Seemüller, E. (2004a) '*Candidatus* Phytoplasma asteris', a novel phytoplasma taxon associated with aster yellows and related diseases.

International Journal of Systematic and Evolutionary Microbiology 54, 1037 - 1048.

Lee, I. -M., Martini, M., Marcone, C. and Zhu, S. F. (2004b) Classification of phytoplasma strains in the elm yellows group (16SrV) and proposal of '*Candidatus* Phytoplasma ulmi' for the phytoplasma associated with elm yellows. *International Journal of Systematic and Evolutionary Microbiology* 54, 337 - 347.

Lesemann, D. E., Kunze, L., Krischke, G. and Koenig, R. (1989) Natural occurrence of carnation Italian ringspot virus in a cherry tree. *Journal of Phytopathology* 124, 171 - 174.

Li, R. and Mock, R. (2005) An improved reverse transcription-polymerase chain reaction (RT-PCR) assay for the detection of two cherry flexiviruses in *Prunus* spp. *Journal of Virological Methods* 129, 162 - 169.

Li, H. H., Qiu, B. S., Shi, C. L., Jin, K. X., Zhou, Q. and Huang, X. J. (1997) PCR amplification of 16S rDNA of phytoplasma associated with cherry fasciated disease and RFLP analysis. *Forest Research* 10, 478 - 481.

Li, T. S. C., Eastwell, K. C. and Hansen, A. J. (1996) Transmission of cherry viruses by approach grafting from herbaceous to woody hosts. *Canadian Journal of Plant Pathology* 18, 429 - 432.

Lin, L., Li, R., Mock, R. and Kinard, G. (2011) Development of a polyprobe to detect six viroids of pome and stone fruit trees. *Journal of Virological Methods* 171, 91 - 97.

Lorenz, K. H., Dosba, F., Poggi Pollini, C., Llacer, G. and Seemüller, E. (1994) Phytoplasma diseases of *Prunus* species in Europe are caused by genetically similar organisms. *Zeitschrift für Pflanzenkrankheiten und Pflanzenschutz* 101, 567 - 575.

Lott, T. B. (1943) Transmissible twisted leaf of sweet cherry. *Science of Agriculture* 23, 439 - 441.

Ludvíková, H., Fránová, J. and Suchá, J. (2011) Phytoplasmas in apricot, peach and sour cherry orchards in East Bohemia, Czech Republic. *Bulletin of Insectology* 64 (Suppl.), 67 - 68.

Mandic, B., Al Rwahnih, M., Myrta, A., Gómez, G. and Pallás, V. (2008) Incidence and genetic diversity of peach latent mosaic viroid and hop stunt viroid in stone fruits in Serbia. *European Journal of Plant Pathology* 120, 167 - 176.

Manganaris, G. A., Economou, A. S., Boubourakas, I. N. and Katis, N. I. (2003) Elimination of PPV and PNRSV through thermotherapy and meristem-tip culture. *Plant Cell Reports* 22, 195 - 200.

Marais, A., Candresse, T. and Jelkmann, W. (2011) *Cherry virus A*. In: Hadidi, A., Barba, M., Candresse, T. and Jelkmann, W. (eds) *Virus and Virus-like Diseases of Pome and Stone Fruits*. APS Press, St Paul, Minnesota, pp. 147 - 150.

Marais, A., Svanella-Dumas, L., Barone, M., Gentit, P., Faure, C., Charlot, G., Ragozzino, A. and Candresse, T. (2012) Development of a polyvalent RT-PCR detection assay covering the genetic diversity of *Cherry capillovirus A*. *Plant Pathology* 61, 195 - 204.

Marais, A., Faure, C., Couture, C., Bergey, B., Gentit, P. and Candresse, T. (2014) Characterization by deep sequencing of divergent *Plum bark necrosis stem pitting associated virus* (PBNSPaV) isolates and development of a broad-spectrum PBNSPaV-specific detection assay. *Phytopathology* 104, 660 - 666.

Marais, A., Faure, C., Mustafayev, E., Barone, M., Alioto, D. and Candresse, T. (2015) Characterization by deep sequencing of Prunus virus T, a novel *Tepovirus* infecting *Prunus* species. *Phytopathology* 105, 135 - 140.

Marcone, C., Ragozzino, A. and Seemüller, E. (1996) European stone fruit yellows phytoplasma as the cause of peach vein enlargement and other yellows and decline diseases of stone fruits in Southern Italy. *Journal of Phytopathology* 144, 559 - 564.

Marini, D. B., Zhang, Y. P., Rowhani, A. and Uyemoto, J. K. (2002) Etiology and host range of a *Closterovirus* associated with plum bark necrosis-stem pitting disease. *Plant Disease* 86, 415 - 417.

Martelli, G. P., Agranovsky, A. A., Bar-Joseph, M., Boscia, D., Candresse, T., Coutts, R. H. A., Dolja, V. V., Hu, J. S., Jelkmann, W., Karasev, A. V., Martin, R. R., Minafra, A., Namba, S. and Vetten, H. J. (2012) Family *Closteroviridae*. In: King, A. M. Q., Adams, M. J., Carstens, E. B. and Lefkowitz, E. J. (eds) *Virus Taxonomy — Ninth Report on the International Committee on Taxonomy of Viruses*. Elsevier Academic Press, London, pp. 987 - 1001.

Matic, S., Myrta, A. and Minafra, A. (2007) First report of *Little cherry virus* 1 in cherry, plum, almond and peach in Italy. *Journal of Plant Pathology* 89, S75-S75.

Matic, S., Minafra, A., Boscia, D., da Cunha, A. T. P. and Martelli, G. P. (2009) Production of antibodies to Little cherry virus 1 coat protein by DNA prime and protein boost immunization. *Journal of Virological Methods* 155, 72 - 76.

Mehle, N., Brzin, J., Boben, J., Hren, M., Frank, J., Petrovič, N., Gruden, K., Dreo, T., Žežlina, I., Seljak, G. and Ravnikar, M. (2007) First report of '*Candidatus* Phytoplasma mali' in *Prunus avium*, *P. armeniaca* and *P. domestica*. *Plant Pathology* 56, 721.

Mekuria, T. A., Smith, T. J., Beers, E., Watson, G. W. and Eastwell, K. C. (2013) First report of transmission of *Little cherry virus* 2 to sweet cherry by *Pseudococcus maritimus* (Ehrhorn) (Hemiptera: *Pseudococcidae*). *Plant Disease* 97,851 – 851.

Mekuria, T. A., Zhang, S. L. and Eastwell, K. C. (2014) Rapid and sensitive detection of *Little cherry virus* 2 using isothermal reverse transcription-recombinase polymerase amplification. *Journal of Virological Methods* 205,24 – 30.

Menzel, W., Jelkmann, W. and Maiss, E. (2002) Detection of four apple viruses by multiplex RT-PCR assays with coamplification of plant mRNA as internal control. *Journal of Virological Methods* 99,81 – 92.

Menzel, W., Zahn, V. and Maiss, E. (2003) Multiplex RT-PCR-ELISA compared with bioassay for the detection of four apple viruses. *Journal of Virological Methods* 110, 153 – 157.

Michelutti, R., Myrta, A. and Pallás, V. (2005) A preliminary account on the sanitary status of stone fruits at the clonal genebank in Harrow, Canada. *Phytopathologia Mediterranea* 44,71 – 74.

Mink, G. I. (1993) Pollen- and seed-transmitted viruses and viroids. *Annual Review of Phytopathology* 31,375 – 402.

Mink, G. I. and Shay, J. R. (1959) Preliminary evaluation of some Russian apple varieties as indicators for apple viruses. *Plant Disease* 254,13 – 17.

Mircetich, S. M., Moller, W. J. and Nyland, G. (1978) Stem pitting disease of cherries and other stone fruits. *California Agriculture* pp. 19 – 20.

Myrta, A., Herranz, M. C., Choueiri, E. and Pallas, V. (2011a) *American plum line pattern virus*. In: Hadidi, A., Barba, M., Candresse, T. and Jelkmann, W. (eds) *Virus and Virus-like Diseases of Pome and Stone Fruits*. APS Press, St Paul, Minnesota, pp. 85 – 90.

Myrta, A., Matic, S., Malinowski, T., Pasquini, G. and Candresse, T. (2011b) *Apple chlorotic leaf spot virus* in stone fruits. In: Hadidi, A., Barba, M., Candresse, T. and Jelkmann, W. (eds) *Virus and Virus-like Diseases of Pome and Stone Fruits*. APS Press, St Paul, Minnesota, pp. 85 – 90.

Navràtil, M., Válová, P., Fialová, R., Petrová, K., Fránová, J., Nebesářová, J., Poncarová-Voráčková, Z. and Karešová, R. (2001) Survey for stone fruit phytoplasmas in Czech Republic. *Acta Horticulturae* 550,377 – 382.

Nemchinov, L., Crescenzi, A., Hadidi, A., Piazzolla, P. and Verderevskaya, T. (1998) Present status of the new cherry subgroup of plum pox virus (PPV-C). In: Hadidi, A., Khetarpal, R. K. and Koganezawa, H. (eds) *Plant Virus Disease Control*. APS press, St Paul, Minnesota, pp. 629 – 638.

Németh, M. (1986) *Virus, Mycoplasma and Rickettsia Diseases of Fruit Trees*. Martinus Nijhoff Publishers, Dordrecht, The Netherlands, and Akademini Kiado, Hungary.

Oldfield, G. N. (1970) Mite transmission of plant viruses. *Annual Review of Entomology* 15,343 – 380.

Osman, F., Al Rwahnih, M., Golino, D., Pitman, T., Cordero, F., Preece, J. E. and Rowhani, A. (2012) Evaluation of the phytosanitary status of the *Prunus* species in the national clonal germplasm repository in California: survey of viruses and viroids. *Journal of Plant Pathology* 94, 249 - 253.

Pagan, I., Montes, N., Milgroom, M. G. and Garcia-Arenal, F. (2014) Vertical transmission selects for reduced virulence in a plant virus and for increased resistance in the host. *PLoS One* 10, e1004293.

Pallás, V., Sanchez-Navarro, J., Varga, A., Aparicio, F. and James, D. (2009) Multiplex polymerase chain reaction (PCR) and real-time multiplex PCR for the simultaneous detection of plant viruses. In: Burns, R. (ed.) *Methods in Molecular Biology: Plant Pathology*. Humana Press, Totowa, New Jersey, pp. 193 - 208.

Pallás, V., Faggioli, F., Aparico, F. and Sanchez-Navarro, J. A. (2011) Molecular hybridization techniques for detecting and studying fruit tree viruses and viroids. In: Hadidi, A., Barba, M., Candresse, T. and Jelkmann, W. (eds) *Virus and Virus-like Diseases of Pome and Stone Fruits*. APS Press, St Paul, Minnesota, pp. 335 - 342.

Pallás, V., Aparicio, F., Herranz, M. C., Amari, K., Sanchez-Pina, M. A., Myrta, A. and Sanchez-Navarro, J. A. (2012) Ilarviruses of *Prunus* spp.: a continued concern for fruit trees. *Phytopathology* 102, 1108 - 1120.

Pallás, V., Aparicio, F., Herranz, M. C., Sanchez-Navarro, J. A. and Scott, S. W. (2013) The molecular biology of ilarviruses. *Advances in Virus Research* 87, 139 - 181.

Paltrinieri, S., Martini, M., Stefani, E., Pondrelli, M., Fideghelli, C. and Bertaccini, A. (2001) Phytoplasma infection in peach and cherry in Italy. *Acta Horticulturae* 550, 365 - 370.

Panattoni, A., Luvisi, A. and Triolo, E. (2013) Elimination of viruses in plants: 20 years of progress. *Spanish Journal of Agricultural Research* 11, 173 - 188.

Parish, C. L. (1977) A relationship between flat apple disease and cherry rasp leaf disease. *Phytopathology* 67, 982 - 984.

Parish, C. L. and Cheney, P. W. (1976) Short stem. In: Gilmer, R. M., Moore, J. D., Nyland, G., Welsh, M. F. and Pine, T. S. (eds) *Virus Diseases and Noninfectious Disorders of Stone Fruits in North America*. Handbook Number 437. US Department of Agriculture, Washington, DC, pp. 250 - 251.

Parker, K. G., Fridlund, P. R. and Gilmer, R. M. (1976) Green ring mottle. In: Gilmer, R. M., Moore, J. D., Nyland, G., Welsh, M. F. and Pine, T. S. (eds) *Virus Diseases and Noninfectious Disorders of Stone Fruits in North America*. Handbook Number 437. US Department of Agriculture, Washington, DC, pp. 193 - 199.

Poggi Pollini, C., Bianchi, L., Forno, F., Franchini, S., Giunchedi, S., Gobber, M., Mattedi, L., Miorelli, P., Pignatta, D., Profaizer, D., Ratti, C. and Reggiani, N. (2007) Investigation on European stone fruit yellows in experimental apricot orchards in province of Trentino (Italy). *Bulletin of Insectology* 60, 323 - 324.

Powell, C. A., Hadidi, A. and Halbrendt, J. M. (1991) Detection and distribution of tomato ringspot virus in infected nectarine trees using ELISA and transcribed RNA probes. *HortScience* 26, 1290 - 1292.

Quaglino, F., Zhao, Y., Casati, P., Bulgari, D., Bianco, P. A., Wei, W. and Davis, R. E. (2013) '*Candidatus* Phytoplasma solani', a novel taxon associated with stolbur- and bois noir-related diseases of plants. *International Journal of Systematic and Evolutionary Microbiology* 63, 2879 - 2894.

Ramsdell, D. C. (1995) Sour cherry green ring mottle virus. In: Ogawa, J. M., Zehr, E. I., Bird, G. W., Ritchie, D. F., Eriu, K. and Uyemoto, J. K. (eds) *Compendium of Stone Fruit Diseases*. APS Press, St Paul, Minnesota, pp. 76 - 77.

Rastgou, M., Turina, M. and Milne, R. G. (2012) Genus *Ourmiavirus*. In: King, A. M. Q., Adams, M. J., Carstens, E. B. and Lefkowitz, E. J. (eds) *Virus Taxonomy-Ninth Report of the International Committee on Taxonomy of Viruses*. Elsevier Academic Press, London, pp. 1177 - 1180.

Rawlins, T. E. and Horne, W. T. (1931) Buckskin, a destructive graft-infectious disease of the cherry. *Phytopathology* 21, 331 - 335.

Rochon, D., Lommel, S., Martelli, G. P., Rubino, L. and Russo, M. (2012) Family *Tombusviridae*. In: King, A. M. Q., Adams, M. J., Carstens, E. B. and Lefkowitz, E. J. (eds) *Virus Taxonomy — Ninth Report of the International Committee on Taxonomy of Viruses*. Elsevier Academic Press, London, pp. 1111 - 1138.

Rodoni, B., Mackie, J. and Constable, F. (2011) National diagnostic protocol for cherry leaf roll virus, CLRV (cherry and walnut strains). Department of Agriculture, Australian Government. Available at: http:// plantbiosecuritydiagnostics. net. au/wordpress/ wpcontent/uploads/2015/ 03/NDP-10-Cherry-Leaf-RollVirus-V1. 2. pdf (accessed 23January 2017).

Rott, M. E. and Jelkmann, W. (2001a) Complete nucleotide sequence of cherry necrotic rusty mottle virus. *Archives of Virology* 146, 395 - 401.

Rott, M. E. and Jelkmann, W. (2001b) Detection and partial characterization of a second closterovirus associated with little cherry disease, *Little cherry virus*-2. *Phytopathology* 91, 261 - 267.

Rott, M. E. and Jelkmann, W. (2001c) Development of PCR primer pairs for the characterization and detection of several related filamentous viruses of cherry. *Acta Horticulturae* 550, 199 - 205.

Rott, M. E. and Jelkmann, W. (2005) Little cherry virus-2: sequence and genomic organization of an unusual member of the *Closteroviridae*. *Archives of Virology* 150, 107 - 123.

Rott, M. E. and Jelkmann, W. (2011) *Cherry necrotic rusty mottle* and *Cherry rusty mottle viruses*. In: Hadidi, A., Barba, M., Candresse, T. and Jelkmann, W. (eds) *Virus and Virus-like Diseases of Pome and Stone Fruits*. APS Press, St Paul, Minnesota, pp. 133 - 136.

Rott, M. E., Johnson, V. L. and Belton, M. P. (2004) Characterization of a new foveavirus associated with cherry rusty mottle disease. *Phytopathology* 94, S89-S89.

Rowhani, A., Biardi, L., Routh, G., Daubert, S. D. and Golino, D. A. (1998) Development of a sensitive colorimetric-PCR assay for detection of viruses in woody plants. *Plant Disease* 82,880 - 884.

Sanfaçon, H. and Fuchs, M. (2011) *Tomato ringspot virus*. In: Hadidi, A., Barba, M., Candresse, T. and Jelkmann, W. (eds) *Virus and Virus-like Diseases of Pome and Stone Fruits*. APS Press, St Paul, Minnesota, pp. 41 - 48.

Sanfaçon, H., Iwanami, T., Karasev, A. V., van der Vlugt, R., Wellink, J., Wetzel, T. and Yoshikawa, N. (2012) *Secoviridae*. In: King, A. M. Q., Adams, M. J., Carstens, E. B. and Lefkowitz, E. J. (eds) *Virus Taxonomy — Ninth Report of the International Committee on Taxonomy of Viruses*. Elsevier Academic Press, London, pp. 881 - 899.

Sasaki, M. and Shikata, E. (1977) On some properties of hop stunt disease agent, a viroid. *Proceedings of the Japanese Academy Series B* 53,109 - 112.

Schneider, B., Ahrens, U., Kirkpatrick, B. C. and Seemüller, E. (1993) Classification of plant-pathogenic mycoplasmalike organisms using restriction-site analysis of PCR-amplified 16S rDNA. *Journal of General Microbiology* 139,519 - 527.

Schneider, B., Seemüller, E., Smart, C. D. and Kirkpatrick, B. C. (1995) Phylogenetic classification of plant pathogenic mycoplasma-like organisms or phytoplasmas. In: Razin, S. and Tully, J. G. (eds) *Molecular and Diagnostic Procedures in Mycoplasmology*, Vol. 1. Academic Press, San Diego, California, pp. 369 - 380.

Scholthof, K. B. G., Adkins, S., Czosnek, H., Palukaitis, P., Jacquot, E., Hohn, T., Hohn, B., Saunders, K., Candresse, T., Ahlquist, P., Hemenway, C. and Foster, G. D. (2011) Top 10 plant viruses in molecular plant pathology. *Molecular Plant Pathology* 12,938 - 954.

Seemüller, E. and Schneider, B. (2004) Taxonomic description of '*Candidatus* Phytoplasma mali', '*Candidatus* Phytoplasma pyri' and '*Candidatus* Phytoplasma prunorum', the causal agents of apple proliferation, pear decline and European stone fruit yellows, respectively. *International Journal of Systematic and Evolutionary Microbiology* 54, 1217 - 1226.

Seemüller, E., Marcone, C., Laurer, U., Ragozzino, A. and Göschl, M. (1998) Current status of molecular classification of the phytoplasmas. *Journal of Plant Pathology* 80, 3 - 26.

Silva, C., Tereso, S., Nolasco, G. and Oliveria, M. M. (2003) Cellular location of Prune dwarf virus in almond sections by *in situ* reverse transcription-polymerase chain reaction. *Phytopathology* 93,278 - 285.

Song, G. -Q., Sink, K. C., Walworth, A. E., Cook, M. A., Allison, R. F. and Lang, G.

A. (2013) Engineering cherry rootstocks with resistance to Prunus necrotic ring spot virus through RNAi-mediated silencing. *Plant Biotechnology Journal* 11,702 - 708.

Southwick, S. M. and Uyemoto, J. (1999) *Cherry Crinkle-Leaf and Deep Suture Disorders*. Publication 8007. Communications Service, University of California, Oakland, California.

Spiegel, S., Thompson, D., Varga, A., Rosner, A. and James, D. (2006) Evaluation of reverse transcription-polymerase chain reaction assays for detecting *Apple chlorotic leaf spot virus* in certification and quarantine programs. *Canadian Journal of Plant Pathology* 28,280 - 288.

Stace-Smith, R. and Hansen, A. J. (1976) Cherry rasp leaf virus. In: *CMI/AAB Descriptions of Plant Viruses*, No. 156. Wm. Culross and Sons, Perthshire, UK.

Tan, H. D., Li, S. Y., Du, X. F. and Seno, M. (2010) First report of *Cucumber mosaic virus* in sweet cherry in the People's Republic of China. *Plant Disease* 94,378 - 1378.

Thakur, P. D., Handa, A., Chowfla, S. C. and Krczal, G. (1998) Outbreak of a phytoplasma disease of peach in the Northwestern Himalayas of India. *Acta Horticulturae* 472,737 - 742.

Ulubas-Serçe, Ç., Ertunç, F. and Öztürk, A. (2009) Identification and genomic variability of Prune dwarf virus variants infecting stone fruit in Turkey. *Journal of Phytopathology* 157,298 - 305.

Uyemoto, J. K. and Kirkpatrick, B. B. (2011) *X-disease phytoplasma*. In: Hadidi, A., Barba, M., Candresse, T. and Jelkmann, W. (eds) *Virus and Virus-like Diseases of Pome and Stone Fruits*. APS Press, St Paul, Minnesota, pp. 243 - 245.

Uyemoto, J. K. and Luhn, C. F. (2006) In-season variations in transmission of cherry X-phytoplasma and implication in certification programs. *Journal of Plant Pathology* 88, 317 - 320.

Uyemoto, J. K. and Teviotdale, B. L. (1996) Graft-transmission of the causal agent of a bark necrosis-stem pitting disease of Black Beaut plum (*Prunus salicina*). *Phytopathology* 86,111 - 112.

Uyemoto, J. K., Bethell, R. E., Kirkpatrick, B. C., Munkvold, G. P., Marois, J. J. and Brown, K. W. (1998) Eradication as a control measure for X-disease in California cherry orchards. *Acta Horticulturae* 472,715 - 721.

van Regenmortel, M. H. V. and Burckard, J. (1980) Detection of a wide spectrum of tobacco mosaic virus strains by indirect enzyme-linked immunosorbent assay (ELISA). *Virology* 106,327 - 334.

Villamor, D. E., Susaimuthu, J. and Eastwell, K. C. (2015) Genomic analyses of cherry rusty mottle group and cherry twisted leaf-associated viruses reveal a possible new genus within the family *Betaflexiviridae*. *Phytopathology* 105,399 - 408.

Walia, Y., Dhir, S., Bhadoria, S., Hallan, V. and Zaidi, A. A. (2012) Molecular characterization of apple scar skin viroid from Himalayan wild cherry. *Forest Pathology*

42,84 - 87.

Weintraub, P. G. and Beanland, L. (2006) Insect vectors of phytoplasmas. *Annual Review of Entomology* 51,91 - 111.

Welsh, M. F. (1976) Control of stone fruit virus diseases. In: Gilmer, R. M., Moore, J. D., Nyland, G., Welsh, M. F. and Pine, T. S. (eds) *Virus Diseases and Noninfections Disorders of Stone Fruits in North America*. Agriculture Handbook No. 437, Agricultural Research Service, US Department of Agriculture, Washington, DC, pp. 10 - 15.

Werner, R., Mühlbach, H. P. and Büttner, C. (1997) Detection of cherry leaf roll nepovirus (CLRV) in birch, beech and petunia by immunocapture RT-PCR using a conserved primer pair. *European Journal of Forest Pathology* 27,309 - 318.

Wood, G. A. (1972) Cherry rusty spot virus. *New Zealand Journal of Agricultural Research* 15,155 - 159.

Yvon, M., Thébaud, G., Alary, R. and Labonne, G. (2009) Specific detection and quantification of the phytopathogenic agent '*Candidatus* Phytoplasma prunorum'. *Molecular and Cellular Probes* 23,227 - 234.

Zhang, Y., Kirkpatrick, B. C., Smart, C. D. and Uyemoto, J. K. (1998) cDNA cloning and molecular characterization of cherry green mottle virus. *Journal of General Virology* 79,2275 - 2281.

Zhao, D. and Song, G. -Q. (2014) Rootstock-to-scion transfer of transgene-derived small interfering RNAs and their effect on virus resistance in nontransgenic sweet cherry. *Plant Biotechnology Journal* 12,1319 - 1328.

Zhu, S. F. and Hou, L. (1989) An outbreak of a lethal yellows disease on Chinese cherry. *Plant Quarantine* 3,148.

Zhu, S. F. and Shu, X. (1992) A mycoplasma-like organism on cherry with lethal yellows. *Acta Phytopathologica Sinica* 22,25 - 28.

Zhu, S. F., Bertaccini, A., Lee, I. -M., Paltrinieri, S. and Hadidi, A. (2011) Cherry lethal yellows and decline phytoplasmas. In: Hadidi, A., Barba, M., Candresse, T. and Jelkmann, W. (eds) *Virus and Virus-like Diseases of Pome and Stone Fruits*. APS Press, St Paul, Minnesota, pp. 255 - 257.

Zirak, L., Bahar, M. and Ahoonmanesh, A. (2010) Characterization of phytoplasmas related to '*Candidatus* Phytoplasma asteris' and peanut WB group associated with sweet cherry diseases in Iran. *Journal of Phytopathology* 158,63 - 65.

Zong, X., Wang, W., Wei, H., Wang, J., Chen, X., Xu, L., Zhu, D., Tan, Y. and Liu, Q. (2014) A multiplex RT-PCR assay for simultaneous detection of four viruses from sweet cherry. *Scientia Horticulturae* 180,118 - 122.

Zong, X., Wang, W., Wei, H., Wang, J., Yan, X., Hammond, R. W. and Liu, Q. (2015) Incidence of sweet cherry viruses in Shandong Province, China and a case study on multiple infection with five viruses. *Journal of Plant Pathology* 97,61 - 68.

17 樱桃的化学成分、营养价值和社会作用

17.1 导语

樱桃的营养成分、植物化学组分和抗氧化能力应该基于不同的品种、基因型进行分类讨论,这是因为市场上许多通过育种(Sansavini 和 Lugli, 2008)培育的新品种中植物化学抗氧化剂含量和种类有明显差异(Ballistreri 等,2013; Goulas 等,2015)。育种计划考虑的主要因素包括结果习性、成熟期、果实大小和产量、提高的自交结实性、对环境损害和疾病的易感性降低、供应季节的延长,特别是对于早熟的品种,以及降低裂果率。然而,就我们所知,植物化学状态和营养特性并未在育种项目中进行评估。

本章重点介绍樱桃的物理化学特性(可溶性固形物、pH 值、可滴定酸和挥发性化合物)、营养成分(如碳水化合物、蛋白质、脂类、糖类、有机酸、矿物质和维生素)和非营养成分(营养成分之外的其他生物学成分)。非营养成分包括植物化学物质、植物营养物质、植物次生代谢物以及生物活性物质和促进健康的化合物。

17.2 果实化学

甜樱桃和酸樱桃的化学特性已被广泛研究,因为它们不仅在很大程度上影响果实感官品质,而且对消费偏好也有很大影响(Crisosto 等,2003)。此外,物理化学研究也有助于生产者正确设计世界各地樱桃生产的采摘和采后技术(Hayaloglu 和 Demir, 2015)。大量有关樱桃果树学特征的报道表明其不仅受到栽培品种的影响,而且还受其他环境因素的影响,如气候条件和地域起源(Faniadis, 2010; Tomás-Barberán 等,2013)。

甜樱桃和酸樱桃都具有非常低的卡路里含量:甜樱桃每 100 g 为 63.0 kcal (263.34 kJ),酸樱桃每 100 g 为 50.0 kcal(209 kJ)(USDA ARS, 2016)。樱桃也

被认为是许多营养素和植物化学物质的优异来源(McCune 等,2011),这是它们能够在人类饮食中日益普及的主要原因之一。此外,许多流行病学研究已经表明日常有规律地摄取樱桃有助于人体健康(Ferretti 等,2010; McCune 等,2011)。

17.2.1 可溶性固形物

甜樱桃和酸樱桃可溶性固形物(TSS)可高达 24.5 g/100 g 鲜重(见表 17.1)。该参数是决定消费者接受度的重要因素(Crisosto 等,2003; Valero 和 Serrano, 2010)。其中,甜樱桃的 TSS 数值为 12.3 g("先锋")~24.5 g("萨摩")/100 g 鲜重(González-Gómez 等,2010; Girard 和 Kopp, 1998)。TSS 的差异主要由小气候条件、砧木选择、种植模式以及不同收获期所处的生理阶段的差异产生(Goulas 等,2015)。最后,据报道商品性樱桃 TSS 还必须高于(14.0~16.0) g/100 g 鲜重的阈值(Crisosto 等,2003)。

对酸樱桃来说,商业栽培酸樱桃的 TSS 平均值为 15.0 g/100 g 鲜重,而只有少数品种大于 17.0 g/100 g 鲜重的阈值(Grafe 和 Schuster, 2014)。有趣的是,葡萄牙原生酸樱桃的 TSS 值为(17.4~22.8) g/100 g 鲜重(Rodrigues 等,2008)。匈牙利酸樱桃栽培品种也表现出较受欢迎的、较高的 TSS 含量("皮帕斯"品种中高达 23.1 g/100 g 鲜重)(Papp 等,2010)。

17.2.2 可滴定酸

可滴定酸(TA)是樱桃最重要的属性之一,因为它也与消费者的可接受性直接相关,并且与品种高度相关。甜樱桃被认为是微酸性水果,pH 值为 3.7~4.2,而酸樱桃 pH 值则为 3.1~3.6(Serradilla 等,2016)。甜樱桃和酸樱桃之间以及品种间的 TA 具有明显的差异。对于甜樱桃,TA 的范围为 0.7~1.2 g 苹果酸/100 g 鲜重(见表 17.1),如"拉宾斯"品种 TA 数值较低,而"甜心"的含酸度较高。研究发现,酸樱桃的 TA 为 1.4~2.9 g 苹果酸/100 g 鲜重(Damar 和 Ekşi, 2012)。Grafe 和 Schuster(2014)发现每 100 g 鲜重果实含有 1.3~3.1 g 苹果酸(最低、最高含量分别为"尖晶石"和"托帕斯"品种)。在葡萄牙(Rodrigues 等,2008)、匈牙利(Papp 等,2010)和塞尔维亚(Rakonjac 等,2010)的种质资源圃中存在类似的苹果酸含量范围。

表 17.1 甜樱桃和酸樱桃的理化属性标准

品种	TSS(mg/100 g 鲜重)	参考文献	TA(g 苹果酸/100 g 鲜重)	参考文献	成熟指数(TSS/TA)	参考文献
甜樱桃	12.3～24.5	Girard 和 Kopp (1998)；González-Gómez (2010)	0.7～1.2	Serradilla 等(2016)	8.6～24.4	Usenik (2010)；Serradilla 等(2012)
酸樱桃	15～23.1	Papp 等(2010)；Grafe 和 Schuster (2014)	1.3～3.1	Rodrigues(2008)；Papp (2010)；Rakonjac 等(2010)；Damar 和 Ekşi (2012)；Grafe 和 Schuster (2014)	5.8～15.8	Wojdyło (2014)

17.2.3 成熟度指数

成熟度指数(TSS/TA)是水果品质的主要分析指标之一，人们普遍认为它直接影响甜味和风味，也因此影响消费者对果实的接受程度(Crisosto 等，2003)。Guyer 等(1993)研究发现，随着樱桃果实 TSS/TA 增加，消费者对甜度的感知也增加。与甜樱桃相比，酸樱桃有着更高的酸度水平，导致更低的 TSS/TA。对于甜樱桃，TSS/TA 为 19.0(土耳其品种)(Hayaloglu 和 Demir，2015)～29.0(一些加拿大品种)(Girard 和 Kopp，1998)，而某些品种中测定值高达约 40.0 (Usenik 等，2010；Serradilla 等，2012)。酸樱桃 TSS/TA 的范围为 5.8～15.3 (Wojdyło 等，2014)，而匈牙利品种间的变动范围为 9.6～15.8(见表 17.1)。果实的高 TSS/TA(不小于 11.0)有助于形成均衡的风味，也被认为是鲜食果实的最佳选择(Papp 等，2010)。新选育的德国品种“阿犬特”(12.2)和“尖晶石”(14.8) (Schuster 等，2014)以及塞尔维亚品种“乐卡”(17.7)(Fotirić Akšić 等，2015)因独特的甜酸樱桃风味而被选为酸樱桃鲜食品种。

17.2.4 挥发性物质

就感官品质而言，尽管风味物质仅占水果鲜重的 0.001%～0.01%，但香味和风味是决定消费者选购水果的关键因素(Zhang 等，2007；Valero 和 Serrano，2010)。众所周知，果实香味是由酯、醇、醛、酮和萜烯类化合物产生的(Li 等，2008；Valero 和 Serrano，2010)。樱桃的香气物质已经被广泛报道，其主要包括游离态和糖苷结合态挥发性化合物(Girard 和 Kopp, 1998; Serradilla 等, 2012; Wen 等,2014)。对于游离态化合物,超过 100 种物质已被鉴定出,包括己醛、(反)-2-己烯醛和苯甲醛,它们是甜樱桃和酸樱桃香气物质的主要挥发性成分(Schmid 和 Grosch, 1986; Poll 等,2003; Serradilla 等,2016)。据报道,癸醛、壬醛和(顺)-3-己烯醛等挥发性化合物是"拉宾斯""雷尼"和"斯特拉"品种的重要组分(Girard 和 Kopp, 1998)。此外,芳香族组分苯甲醛在酸樱桃中含量最高(Levaj 等,2010)。醇类是第二大类化合物,包括甜樱桃中的苯甲醇、己醇和(反)-2-己烯醇。相反,据 Levaj 等(2010)报道,除了己醇外,酸樱桃则含有丁醇和 2-苯乙醇等醇类化合物。在甜樱桃和酸樱桃中,其他被鉴定出的化合物主要是线性和支链酸、酯、单萜(C10)、倍半萜(C15)和二萜(C20)(Levaj 等,2010; Serradilla 等,2016)。除了游离态组分外,Wen 等(2014)也报道了糖苷态结合芳香化合物,主要是醇和萜类组分,它们显著地提升了樱桃果实的香味。

17.3 营养组分

17.3.1 水

水是樱桃果实的主要成分,其次是碳水化合物、蛋白质和脂类(Serradilla 等,2016)。甜樱桃和酸樱桃鲜果的水分含量分别为 80%～83%(Serradilla 等, 2016)和 81%～88%(Filimon 等,2011)。一般来说,甜樱桃果实的含水量低于其他核果类果实含量,如桃子、李子和杏子的含水量分别为 88%、87%和 86%(USDA ARS, 2016)。

17.3.2 碳水化合物、蛋白质和脂类

碳水化合物是樱桃中最丰富的大量营养成分(Pacifico 等,2014; Bastos 等, 2015)。虽然品种间有一定差异,但一般而言,甜樱桃每 100 g 可食用果实碳水化合物含量在为 12.2～17.0 g,比较适中,而酸樱桃的含量平均为 12.2 g (USDA ARS, 2016)。此外,在李属中,樱桃果实是膳食纤维合适的来源,每 100 g 可食用部分含有 1.3～2.1 g(McCune 等,2011)。

对于甜樱桃,每 100 g 可食用部分蛋白质含量为 0.8～1.4 g(Serradilla 等, 2016)。然而,对于酸樱桃,每 100 g 可食用部分蛋白质含量低于 1.0 g(Ferretti 等,2010)。

一般来说,樱桃脂肪含量很低,每 100 g 可食水果的含量低于 1.0 g。由于樱桃是不含胆固醇的水果,因此樱桃饱和脂肪含量很低(Ferretti 等,2010;

McCune 等,2011；Pacifico 等,2014)。

17.3.3 糖

尽管在甜樱桃中也发现了痕量的蔗糖(每 100 g 鲜果含量为 0.1～1.2 mg)(Esti 等,2002；Usenik 等,2008；Ballistreri 等,2013),但单糖(葡萄糖、果糖和山梨糖醇)是最主要的糖类化合物(Usenik 等,2008,2010；Serradilla 等,2011；Ballistreri 等,2013；Pacifico 等,2014)。甜樱桃和酸樱桃中第一种最丰富的糖是葡萄糖,其含量为(6.0～10.0) g/100 g 鲜果,其具体含量取决于基因型和环境条件(Papp 等,2010；Ballistreri 等,2013)。第二种最丰富的糖是果糖,其在甜樱桃的含量为(5.0～7.6) g/100 g 鲜果,酸樱桃含量为(3.5～4.9) g/100 g 鲜果(Papp 等,2010；Ballistreri 等,2013)。事实上,报道的这些品种具有更高葡萄糖含量的同时,也具有更高的果糖水平。除葡萄糖和果糖外,甜樱桃山梨醇的含量为(0.9～26.7) mg/100 g 鲜果,其含量与其他水果类似,如苹果、梨、桃和李子(Usenik 等,2008；Ballistreri 等,2013)。

17.3.4 有机酸

有机酸的类型是决定果实酸度的重要因素(Valero 和 Serrano, 2010),苹果酸是樱桃中的主要有机酸,每 100 g 鲜果的含量为 360.0～1 277.0 mg,比例占总有机酸含量的 98%以上。作为次要成分,还可检测到柠檬酸、琥珀酸、莽草酸、富马酸和草酸(Usenik 等,2008；Ballistreri 等,2013；Serradilla 等,2016)。此外,Ballistreri 等(2013)发现甜樱桃中有机酸的总含量与可滴定酸水平之间存在高度相关性,反映了不同有机酸含量对可滴定酸的影响。

17.3.5 矿物质

甜樱桃被认为是膳食钾的良好来源,每 100 g 可食用部分含有大约 260.0 mg 的钾(McCune 等,2011)。酸樱桃中,钾也是主要的矿物质,含量为 200.0 mg/100 g 鲜果。樱桃还含有低浓度的其他微量元素,如钙、磷、镁和钠(USDA ARS, 2016)。在甜樱桃中,钙浓度范围为(13.0～20.0) mg/100 g 鲜果,而磷水平在(15.0～18.0) mg/100 g 鲜果之间变化,镁浓度在(8.0～13.0) mg/100 g 鲜果之间变化,以及钠的含量为(1.0～8.0) mg/100 g 鲜果。酸樱桃的钙含量为(9.0～14.0) mg/100 g 鲜果,镁含量为(7.0～10.0) mg/100 g 鲜果,磷含量为(9.0～20.0) mg/100 g 鲜果(Mitić 等,2012；USDA ARS, 2016)。

17.3.6 维生素

樱桃是维生素的极好来源,尤其是维生素 C[每 100 g 可食用部分含量为

(7.0～50.0) mg],其次是维生素 E(0.1 mg/100 g 可食果实)和维生素 K(2.0 μg/100 g 可食果实)(McCune 等,2011)。此外,酸樱桃的特点是维生素 A 含量较高,为 64.0 mg/100 g 可食果实视黄醇活性当量(RAE),而甜樱桃中的维生素 A 含量为 3.0 mg/100 g 可食果实 RAE(Serradilla 等,2016)。

17.4 植物化学成分和抗氧化活性

17.4.1 类胡萝卜素

类胡萝卜素是自然积累最广泛和量大的色素,其以结构多样性和多种功能而闻名,包括鲜红色、橙色和黄色的可食用水果(Valero 和 Serrano, 2010)。在甜樱桃中发现的主要是类胡萝卜素(β-胡萝卜素、叶黄素、α-胡萝卜素、β-隐黄质、玉米黄素和八氢番茄红素)。甜樱桃含有大量的类胡萝卜素,主要是β-胡萝卜素(38.0 μg/100 g 鲜重)和叶黄素(玉米黄素)(85.0 μg/100 g 鲜重)(Tomás-Barberán 等, 2013)。酸樱桃含有一些类胡萝卜素,特别是β-胡萝卜素(770.0 μg/100 g 鲜重),低含量的叶黄素和玉米黄素(85.0 μg/100 g 鲜重)(Ferretti 等,2010)。

17.4.2 酚类物质

酚类化合物及其保健功效是樱桃品质特征的关键,它们有助于提高果实颜色、味道、香气和风味(Tomás-Barberán 和 Espín, 2001)。尽管它对温带水果具有重大的经济影响,但很少有综合性研究涉及不同品种的理化和植物化学方面的差异(Ballistreri 等,2013)。尽管采后的化学物质含量的变化研究也有报道,但大部分研究仅仅集中在收获期的分析(Valero 等,2011)。

樱桃多酚包括酚酸(羟基肉桂酸和羟基苯甲酸)和类黄酮(花青素、黄酮醇和黄烷-3-醇)(见图 17.1)。这些次生代谢物参与植物抵抗生物和非生物胁迫的抗氧化防御,例如高温和低温、干旱、盐碱度和 UV 以及病原体攻击(Viljevac 等,2012)。樱桃果皮中含有最高水平的总多酚化合物,其次是果肉和果核(Chaovanalikit 和 Wrolstad, 2004)。目前的流行病学研究发现多酚对预防心血管疾病、癌症、糖尿病、失眠、肥胖和骨质疏松症,以及神经变性疾病有重要作用(Kang 等,2003; Kim 等,2005; Pigeon 等,2010)。

据报道,甜樱桃和酸樱桃中的总酚含量(TPC)浓度范围很广(Ballistreri 等,2013; Tomás-Barberán 等,2013; Serradilla 等,2016)。两者含量差异结果如表 17.2 所示,表明酸樱桃比甜樱桃含有更高的 TPC。

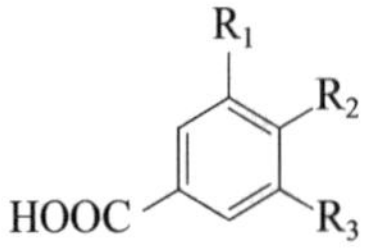

苯甲酸衍生物

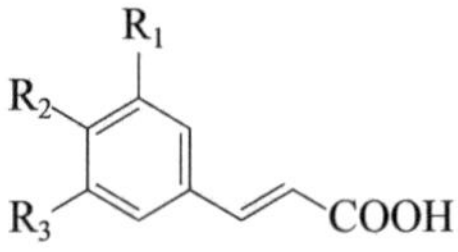

肉桂酸衍生物

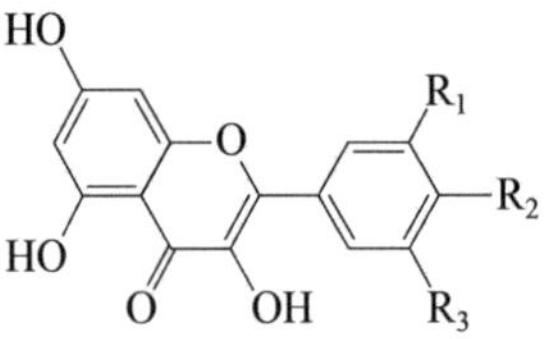

黄酮醇衍生物

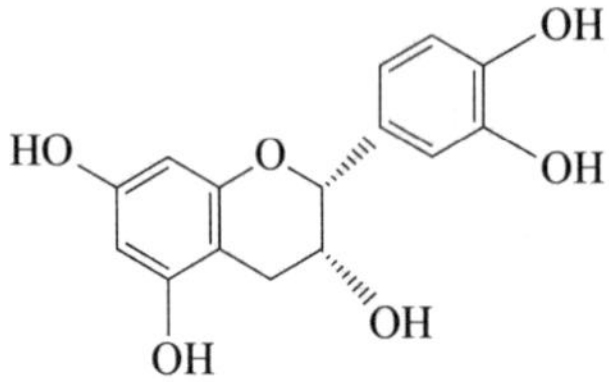

黄烷-3-醇衍生物

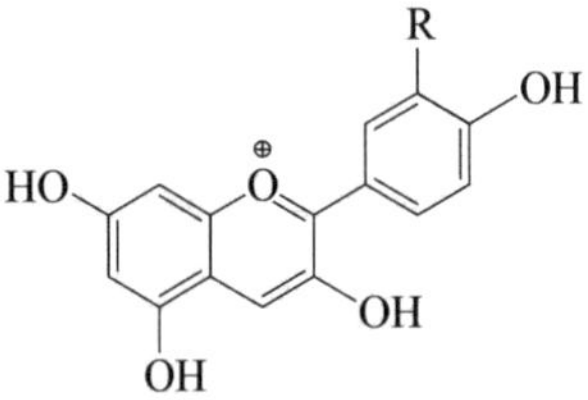

花青素衍生物

图 17.1 甜樱桃和酸樱桃中的主要理化组分(使用 ChemDraw Ultra v. 12.0 绘制,CambridgeSoft ©)

表 17.2 甜樱桃和酸樱桃的总酚含量

种	总酚含量 (mg/100 g 鲜重)	总酚含量 (mg/100 g 干重)	参考文献
甜樱桃	44.3～192.0	440.0～1 309.0	Usenik 等(2008)；Serra 等(2011)；Ballistreri 等(2013)；Tomás-Barberán 等(2013)
酸樱桃	74.0～754.0	1 539.0～2 983.0	Kim 等(2005)；Bonerz 等(2007)；Dragović-Uzelac 等(2007)；Kirakosyan 等(2009)；Khoo 等(2011)；Wojdyło 等(2014)；Algrei 等(2016)

酚酸

酚酸或酚羧酸是芳香族次生植物代谢物,广泛分布于整个植物界中。它们对于食品质量和感官特性具有影响,且它们属于两个亚类：羟基苯甲酸和羟基肉桂酸类。

甜樱桃中发现了少量的羟基苯甲酸(Mattila 等,2006)。关于酸樱桃,Díaz-García 等(2013)发现了没食子酸、3,4-二羟基苯甲酸和香草酸,该结果与 Chaovanalikit 和 Wrolstad(2004)等人的研究一致。

与羟基苯甲酸含量相比,甜樱桃富含羟基肉桂酸的衍生物,羟基肉桂酸是甜樱桃果实中主要的多酚(Tomás-Barberán 等,2013; Martínez-Esplá 等,2014)。甜樱桃中的主要羟基肉桂酸是新绿原酸和对香豆酰基奎尼酸,其次是绿原酸(Serradilla 等,2016)。根据 Mozetič 等(2006)的研究,发现新绿原酸与对香豆酰奎宁酸的比例在不同品种的甜樱桃中大小不同。此外,甜樱桃栽培品种可按新绿原酸含量分为三组,第一组为(40.0～128.0) mg/100 g 鲜重(如"宾库"),第二组为(20.0～40.0) mg/100 g 鲜重(如"紫拉特"),第三组为(4.0～20.0) mg/100 g 鲜重(如"甜心")(Ballistreri 等,2013)。此外,香豆酰奎宁酸含量范围为(0.8～131.0) mg/100 g 鲜重(见表 17.3)(Serradilla 等,2016)。由于其具有可以抑制低密度脂蛋白,因此这种酸受到越来越多的关注(Tomás-Barberán 等,2013)。Ballistreri 等(2013)报道了 24 个甜樱桃品种的绿原酸浓度为(0.2～8.7) mg/100 g 鲜重之间。

表 17.3 甜樱桃和酸樱桃的标准植物化学属性

种	花青素		参考文献	羟基肉桂酸		参考文献	黄酮醇	黄烷-3-醇	参考文献
	矢车菊素 3-O-葡萄糖苷	矢车菊素 3-O-芸香苷		新绿原酸	对香豆酰基奎尼酸		槲皮素	表儿茶素	
甜樱桃	0.1～35.0①	2.0～243.0①	Gao 和 Mazza(1995);Usenik 等(2008);Ballistreri 等(2013)	4.0～128.0①	0.8～131.0①	Ballistreri 等(2013);Serradilla 等(2016)	2.0～6.0①	0.4～14.8①	Usenik 等(2008);González-Gómez 等(2010)
酸樱桃	0.9～1.3①	9.5～17.1①	Jakobek 等(2007)	9.4～12.6①		Mitić 等(2012)	0.03～0.8①	18.0～283.0②	Wojdyło 等(2014)
	2.0～9.9③	35.4～85.5③	Mitić 等(2012)	212.0～998.0③	191.0～999.0③	Bonerz 等(2007)			
	10.1③	93.0③	Damar 和 Ekşi(2012)						

注:① 单位是 mg/100 g 鲜重;② 单位是 mg/100 g 干重;③ 单位是 mg/L。

对于酸樱桃品种，在中国农业生态条件下生长的品种“诺特莫”和“奥德”中发现的羟基肉桂酸是新绿原酸、4-香豆酰奎宁酸、咖啡酰奎宁酸、绿原酸和3′,5′-二咖啡酰奎尼酸(Cao 等，2015)，其中新绿原酸和绿原酸占优势。早期研究(Kim 等，2005)表明，酸樱桃中绿原酸的含量为(0.6～5.8) mg/100 g 鲜重，而新绿原酸的含量为(6.7～27.8) mg/100 g 鲜重。

同样，Wojdyło 等(2014)发现在所研究的几乎所有33种酸樱桃品种中，新绿原酸(约47%)是主要的羟基肉桂酸衍生物，其次是绿原酸(约30%)和对香豆酰基奎尼酸(约19%)。在“欧布辛斯卡”酸樱桃无性系中，绿原酸是最广泛使用的天然植物抗氧化剂，每100 g 鲜重含有(0.8～3.7) mg(Alrgei 等，2016)。Levaj 等(2010)测定了“马拉卡”和“欧布辛斯卡”酸樱桃品种中的咖啡因、p-香豆酸和绿原酸的衍生物含量(见图17.2)。

图 17.2　酸樱桃品种“欧布辛斯卡”

类黄酮

类黄酮或生物黄酮是一类植物次生代谢产物，包括黄嘌呤(黄酮类和黄酮醇类)、二氢黄酮醇类、黄烷酮醇类、黄烷类和花青素苷类。它们在预防紫外线辐射方面发挥作用，同时也是天然色素、酶抑制剂和有毒物质的前体、风味成分和抗氧化剂，它们还能抵抗病原体(Piccolella 等，2008)。它们在人体健康中的功能已经在许多研究中被证明，包括对心血管疾病、癌症和其他与年龄有关的疾病的保护健康作用(Yao 等,2004)。樱桃中存在的主要类黄酮如下。

花青素

常见的花色素有花青素、天竺葵素、芍药苷、飞燕草素、矮牵牛花素和锦葵色素(Valero 和 Serrano, 2010),它们形成了樱桃诱人的色泽。定量和定性分析的主要方法是高效液相色谱(HPLC)技术与二极管阵列检测器(DAD)或配备有大气压电喷雾电离源(API-ES-MS)的单四极杆质谱仪(González-Gómez 等,2010; Serra, 2011)。甜樱桃中已发现花青素 3-O-芸香苷、花青素 3-O-葡萄糖苷、芍药苷 3-O-芸香苷和天竺葵素 3-O-芸香糖苷(Gonçalves 等,2004; González-Gómez 等,2010)。Tomás-Barberán 等(2013)和 Serradilla 等(2016)报道,花青素 3-O-芸香糖苷和花青素 3-O-葡萄糖苷是甜樱桃的主要花青素。

对于甜樱桃,总花青素含量范围从浅色果实的几毫克/100 g 鲜重(在 CTIFL 颜色图表中得分为 3)到黑樱桃中约 300 mg/100 g 鲜重(得分为 5)(Gao 和 Mazza, 1995; Wang 等,1997; Valero 和 Serrano, 2010)。一般来说,浅色和深红色甜樱桃栽培品种含有花青素 3-O-芸香糖苷[(2.0~243.0) mg/100 g 鲜重]和花青素 3-O-葡萄糖苷[(0.1~35.0) mg/100 g 鲜重](见表 17.3),分别为初级和次级花青素(Gao 和 Mazza, 1995; Usenik 等,2008; Ballistreri 等,2013)。

据报道,每 100 g 鲜重酸樱桃的总花青素含量为 27.8~80.4 mg(Blando 等,2004)。然而,总花青素含量和花色素苷组分根据酸樱桃品种而不同(Wang 等,1997; Kim 等,2005; Simunic 等,2005)。几个“欧布辛斯卡”无性系显示总花青素含量为每 100 g 鲜重大于 100.0 mg 氰基甘油酯 3-O-葡萄糖苷。通过 HPLC-DAD 或 API-ES-MS 测定了酸樱桃中几种花色素苷化合物,最常见的是花青素衍生物:花青素 3-O-葡萄糖基芸香苷、花青素 3-O-槐糖苷、花青素 3-O-芸香苷、花青素 3-O-葡萄糖苷、花青素 3-O-木糖基芸香苷和花青素 3-O-阿拉伯糖基芸香苷(Blando 等,2004; Chaovanalikit 和 Wrolstad, 2004; Kim 等,2005; Bonerz 等,2007; Cao 等,2015)。根据 Kirakosyan 等(2009)报道,“蒙莫朗西”酸樱桃中总的花青素约占总花色素的 93%,而在富拓思(同“ÚjfehértóiFürtös”)中约占 94%。Mulabagal 等(2009)报道,“蒙莫朗西”和“富拓思”中花青素 3-O 葡糖基芸香糖苷是花青素 3-O-芸香糖苷的含量的 3 倍。

虽然芍药苷 3-O-芸香苷、芍药苷-3-葡萄糖苷和天竺葵素 3-O-葡萄糖苷也存在于酸樱桃果实中,但浓度较低(Kirakosyan 等,2009),而匈牙利酸樱桃品种含有极低浓度的芇素苷。Jakobek 等(2009)测定了花青素 3-O-芸香糖苷(56.9 mg/100 g 鲜重)、花青素 3-O-葡糖基芸香糖苷(940.1 mg/100 g 鲜重)、花青素 3-O -槐糖苷(18.6 mg/100 g 鲜重)和花青素 3-O -葡萄糖苷(7.0 mg/100 g 鲜重)的含量。

最近，有报道使用一系列仪器技术测定了甜樱桃果实营养元素，包括分光光度计、HPLC 和核磁共振(NMR)(Goulas 等，2015)。特别是 NMR 光谱法可以快速筛选甜樱桃的初级代谢和次级代谢产物。Goulas 等(2015)的研究表明，H-4 的共振可用于区分果实提取物中的花青素，因为它出现在 8.2～8.6 ppm，一个非过度拥挤的光谱区域。H-4 的共振依赖花青素骨架的取代，在复杂混合物中辨别花青素是可行的。在随后的步骤中，使用花青素 3-O -芸香糖苷研究 pH 值对 H-4 化学位移的影响。数据表明，由于诊断峰(H-4)的化学位移强烈地受到 pH 值的影响，因此样品 pH 值调节是必要的。最后，选择 pH 值为 3.0 以获得 ^{1}H-NMR 谱，因为这样的条件下 H-4 呈现一个尖峰，并且它也最接近于收获时甜樱桃的实际 pH 值(Goulas 等，2015)。

樱桃中含有非常高水平的花青素，这引起了人们的极大关注。花青素最著名的特性之一是它们在代谢反应中的强抗氧化活性，因为它们能够清除氧自由基和其他活性物质。同样，Wang 等(1999)报道，酸樱桃花青素在类风湿性关节炎的病例中具有抗炎作用。Seeram 等(2001)发现，从酸樱桃中提取的花青素对引发炎症的 COX-1 和 COX-2 酶具有抑制作用，对结肠癌发生有一定程度的抵抗作用(Kang 等，2003)，并通过增加胰岛素分泌以抵抗 II 型糖尿病(Jayaprakasam 等，2005)。研究表明，收获季节、品种、收获阶段、气候条件和生长季节等诸多因素都会影响各花青素组分的浓度及组成，以及总花青素浓度(Sass-Kiss 等，2005)。

黄酮醇

黄酮醇是非常重要的生物活性化合物，对人类健康至关重要(Knekt 等，2000)。甜樱桃果实中共有 6 种黄酮醇，其中槲皮素是主要成分，每 100 g 鲜重含有 2.0～6.0 mg 槲皮素(见表 17.3)(Usenik 等，2008；Bastos 等，2015；Serradilla 等，2016)。据报道，该化合物具有自由基清除剂的作用，因此可预防由氧化应激引起的退行性疾病，如心血管疾病和癌症(Tomás-Barberán 等，2013)。

Kirakosyan 等(2009)发现槲皮素、山柰酚和异鼠李素芸香苷是酸樱桃中主要的黄酮醇化合物。Levaj 等(2010)表明，麝香草素和山柰酚都存在于“马拉卡”(每 100 g 鲜重分别为 5.4 mg 和 3.0 mg)和“欧布辛斯卡”酸樱桃中(每 100 g 鲜重分别为 3.8 mg 和 1.3 mg)。Jakobek 等(2007)、Piccolella 等(2008)、Ferretti

等(2010)和 Liu(2011)在酸樱桃中发现了相同的黄酮醇。此外，Alrgei 等(2016)测定了“欧布辛斯卡”酸樱桃无性系中的杨梅素、三羟基黄酮和高良姜素的含量。

黄烷-3-醇

樱桃中，(+)-儿茶素和(−)-表儿茶素是主要的黄烷-3-醇(Serra 等，2011)。樱桃果实中的黄烷-3-醇比其他多酚的含量低。一般来说，对于甜樱桃，(−)-表儿茶素含量高于(+)-儿茶素，每 100 g 鲜重(“拉宾斯”)含 0.4～(“拉日安”)15.0 mg(Usenik 等，2008；González-Gómez 等，2010)。关于(+)-儿茶素，含量为每 100 g 鲜重的 2.9(“紫拉特”)～9.0 mg(“谷本”)(Kelebek 和 Selli，2011)。据报道，这两种化合物的含量受到农艺和环境条件以及基因型的影响(Serradilla 等，2016)。

对于酸樱桃，Usenik 等(2010)报道了原花青素 B2 和原花青素二聚体的存在。如 Wojdyłoet 等(2014)对 33 种酸樱桃品种的研究中所发现的，原花青素 B1 以及原花青素二聚体、三聚体和四聚体，并且它们的含量总计为(403.6～1 215.7) mg/100 g 干重。除了原花青素外，Levaj 等(2010)还发现了“马拉卡”和“欧布辛斯卡”酸樱桃中单体形态的(+)-儿茶素、(−)-表儿茶素和(+)-没食子儿茶素，这与 Tsanova-Savova 等(2005)的类似鉴定结果一致。Wojdyło 等(2014)发现，33 个酸樱桃品种中，(−)-表儿茶素的浓度为(18.0～283.0) mg/100 g 干重，(+)-儿茶素的浓度为(4.0～116.0) mg/100 g 干重。发现“大登”“阔来”和“维纳”等品种中含量最高，而“万达”“露西娜”和“伟福”等品种含量最低。相比之下，儿茶素(每 100 g 鲜重含有 1.4～1.6 mg)是在中国种植的“诺特莫”和“奥德”品种(Cao 等，2015)中发现的唯一的黄烷-3-醇。在 Kim 等(2005)的研究却表明在酸樱桃中没有检测出黄烷-3-醇。

17.4.3　吲哚胺

吲哚胺类的褪黑激素(MLT；N-乙酰基-5-甲氧基色胺)是一种内源性激素，存在于所有脊椎动物中(Reiter，1993)。MLT 由色氨酸通过 5-羟色氨酸、5-羟色胺和 N-乙酰血清素在松果体中合成(见图 17.3)。MLT 已被证明具有保健作用(Reiter 等，1997)。MLT 在哺乳动物中最重要的功能是调节睡眠-觉醒周期(Baker 和 Driver，2007)。其他功能包括性成熟、抑郁和抗氧化(Macchi 和 Bruce，2004)。据报道，MLT 也是一种有效的自由基清除剂和广谱抗氧化剂(Hardeland 等，2006)。此外，MLT 对含有多种自由基和活性氧基中间体有解毒作用，包括羟基自由基、过氧亚硝酸根阴离子、单线态氧和一氧化氮。

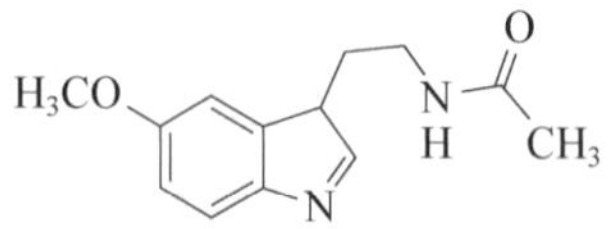

图 17.3 褪黑素(N-乙酰基-5-甲氧基色胺)的化学结构

MLT 不仅存在于动物界，而且存在于各种植物和果实中(Feng 等，2014)。MLT 生物合成途径从主要的代谢甾体莽草酸开始。这种代谢产物作为色氨酸的前体，其通过不同的代谢途径在褪黑激素的合成中产生(Kurkin，2003)。植物产品中 MLT 被消耗吸收，通过受体或非受体介导的过程进入循环并具有生理作用。许多研究描述了从樱桃衍生物中摄取 MLT 对健康的积极影响(Garrido 等，2009，2012，2013；Zhao 等，2013)。

由于 MLT 的含量与物种和品种密切相关，因此不同的樱桃种质资源中 MLT 的检测与定量吸引了研究者的注意。一些研究还表明 MLT 的含量与果实成熟度有关(Burkhardt 等，2001；González-Gómez 等，2009；Kirakosyan 等，2009)。表 17.4 中的数据表明酸樱桃中发现的 MLT 含量比甜樱桃显著要高。

表 17.4 不同甜樱桃和酸樱桃品种中褪黑素浓度

种	品种	含量(ng/g 干重)	参考文献
甜樱桃	“伯莱特”	0.2	González-Gómez 等(2009)
	“甜心”	0.1	González-Gómez 等(2009)
	“皮科黑”	0.12	González-Gómez 等(2009)
	“那瓦琳达”	0.03	González-Gómez 等(2009)
	“先锋”	0.01	González-Gómez 等(2009)
	“安布内斯”	0.1	González-Gómez *et al*. (2009)
	“皮科多”	0.1	González-Gómez 等(2009)
酸樱桃	“蒙莫朗西”	5.6～19.6	Burkhardt 等(2001)
	“蒙莫朗西”	12.3	Kirakosyan 等(2009)
	“佛陀™”①	1.1～2.2	Burkhardt 等(2001)
	“佛陀™”①	2.9	Kirakosyan 等(2009)

注：① 同“富拓思”。

17.4.4 抗氧化活性

科学家已通过不同的方法广泛地进行了樱桃抗氧化活性的研究。在樱桃中，抗氧化活性与抗坏血酸、酚类和花青素有关（Chaovanalikit 和 Wrolstad，2004；Serrano 等，2005，2009）。此外，通过 2，2－连氮基－双（3－乙基苯并噻唑啉－6－磺酸）自由基清除能力（$ABTS^{\cdot +}$）测定评估了樱桃亲水和亲脂部分的总抗氧化活性（TAA）（Tomás-Barberán 等，2013）。对于甜樱桃来说，相比浅色品种（如“布鲁克斯”），深黑色品种（如“索纳塔”）两部分 TAA 均更高。此外，对于所有品种，亲水性 TAA 高于亲脂性 TAA，表明多酚或亲水性化合物是抗氧化活性的主要贡献者（Tomás-Barberán 等，2013）。Ballistreri 等（2013）研究表明，24 个甜樱桃品种的 TAA 浓度为（646. 0～3 166. 0）μmolTE/100 g 鲜重。

采用 ABTS 法测定的 34 个酸樱桃的总抗氧化能力为（900. 0～6 300. 0）μmol TE/100 g 鲜重，其中“发纳”和“范娜”品种表现出较强的抗氧化能力（Khoo 等，2011）。Wojdyłoet 等（2014）评估了 33 个樱桃品种的抗氧化活性，它们的氧自由基吸收能力（ORAC）为（8 130. 0～38 110. 0）μmol TE/100 g 干重。在匈牙利酸樱桃品种中，“皮帕斯 1”具有出色的抗氧化能力（21 850. 0 μmol 抗坏血酸/L），鉴于它是一种具有淡黄色果肉的“阿玛瑞思”（一种酸味很强的樱桃）型酸樱桃，具有较低的花青素含量（Papp 等，2010）。Tsuda 等（1994）证明花青素 3-O－葡萄糖苷显示出非常强的抗氧化活性。根据 Heinonen 等（1998）报道，使用脂质体作为模型膜，花青素（特别是具有强抗氧化活性的矢车菊素、花青素、飞燕草素和天竺兰素）和从甜樱桃中分离的羟基肉桂酸酯与其他浆果（如黑莓、红树莓、蓝莓或草莓）相比活性更强。

17.5 影响果实品质和营养成分的采前因素

甜樱桃是世界上具有重要经济价值的水果。然而，由于甜樱桃收获后极易腐烂，因此为保持果实品质，收获后快速预冷然后进行贮藏是必要的采后方案（Manganaris 等，2007）。前面提到，决定消费者接受度的果实的主要指标是 TSS、酸度和颜色（Crisosto 等，2003）。生产者使用许多参数确定果实最佳收获时间，最可靠指标是果皮颜色（Romano 等，2006）。甜樱桃红色的果皮被认为是果实品质和成熟的标志，该指标与花青素的积累和组成有关（Díaz-Mula 等，2009）。此外，如前所述，研究发现水果和蔬菜的摄入量与癌症和心血管疾病等慢性疾病的发生率呈负相关。流行病学研究已经证实，植物化学物质是起到这种保护作用的根本原因（Schreiner 和 Huyskens-Keil，2006）。在这些化合物中，人们特别关注的是花青素和其他多酚类、类胡萝卜素、维生素 C 和维生素 E。

消费者对甜樱桃的选择和偏好主要受到习俗、文化、价格、外观和味道的影响，近年来，也受到果实营养价值和生物活性化合物含量的影响。不同采前因素会影响收获时生物活性化合物的含量，其中最重要的是受到品种、温度和光照强度、采收时的成熟度以及水杨酸盐衍生物、草酸和脱落酸等不同采前处理的影响。

17.5.1 品种的影响

品种间酚类物质含量有所差异，每 100 g 鲜重的浓度在 98.0～200.0 mg 之间(Díaz-Mula 等，2008)。“布鲁克斯”樱桃花青素含量最低(40.0 mg/100 g 鲜重)，而“克里斯塔丽娜”含量最高(225.0 mg/100 g 鲜重)。甜樱桃果实中的主要酚类化合物是花青素，根据品种的不同，其浓度也不同。花青素含量最低(“布鲁克斯”“萨默塞特”“巨果”和“甜心”)的品种被认为是浅色(CTIFL 彩色图表得分为 3)，而含量最高(“克里斯塔丽娜”和“索纳塔”)的品种被归类为深色(得分为 5)，表明颜色参数与花青素浓度之间存在直接相关关系(Díaz-Mula 等，2008)。甜樱桃中最丰富的酚酸是羟基肉桂酸的衍生物，如咖啡酸和对香豆酸。甜樱桃中最常见的无色酚类是新氯酸(3′-咖啡喹胍)和对香豆酰奎宁酸(Mozetič 等，2002；Chaovanalikit 和 Wrolstad，2004)。体外研究表明，羟基肉桂酸酯通过抗氧化作用抑制低密度脂蛋白的氧化能力及其化学预防性能(如对肿瘤促进的抑制作用和阻断诱变化合物如亚硝胺形成的能力)显示了潜在的保健作用，因而越来越受到关注(Boots 等，2008；McCune 等，2011)。酚类物质作为自由基作用的能力表明，它们可以在减少与心血管疾病和癌症等慢性病相关的活性氧(即过氧化氢、超氧阴离子)方面发挥有益作用(Wilms 等，2005)。通过对 $ABTS^{\cdot+}$ 自由基的吸收能力测定，甜樱桃栽培品种对亲水性和亲脂性提取物的抗氧化能力有很大影响。Díaz-Mula 等(2008)发现所有研究品种的亲水性 TAA 通常高于亲脂性 TAA(“克里斯塔丽娜”中约 80%的 TTA 以及“巨果”中约 50%)，表明抗氧化活性的主要贡献者是亲水性化合物，例如多酚和花青素。抗氧化维生素，如去甲酚和类胡萝卜素是亲脂性化合物，可能有助于亲脂性 TAA。

根据国家癌症研究所(2004)的报道，甜樱桃含有重要的类胡萝卜素。虽然类胡萝卜素是水果中另一种重要的生物活性成分(Valero 和 Serrano，2010)，但几乎没有证据证明它们存在于樱桃中。Valero 等(2011)在两个甜樱桃品种(“巨果”和“克里斯塔丽娜”)中量化了类胡萝卜素，两者浓度不同。其中，“巨果”(1.1 mg/100 g 鲜重)比“克里斯塔丽娜”(0.6 mg/100 g 鲜重)含量更高。Leong 和 Oey(2012)报道了甜樱桃的 β-胡萝卜素、β-隐黄质和 α-胡萝卜素浓度为

2.0 mg/100 g 干重，番茄红素和叶黄素浓度为 1.0 mg/g 干重。

在甜樱桃中，已经有报道表明收获时维生素 C 含量的差异。在“4 - 70”品种中，维生素 C 含量为每 100 g 鲜重含 28.2 mg(Serrano 等，2005)，而“苏维纳”“桑巴”和“巨果”含量为 3.98 mg/100 g 鲜重、2.30 mg/100 g 鲜重和 5.95 mg/100 g 鲜重(Schmitz Eiberger 和 Blanke，2012)。Wojdyło 等(2014)发现，在酸樱桃中，尽管维生素 C 在大多数分析的品种中含量低于 10.0 mg/100 g 鲜重，但 33 种酸樱桃品种中抗坏血酸的含量差异很大，从每 100 g 鲜重 5.5 mg(“克勒斯 14”)到 22.1 mg(“莫日娜”)不等。

17.5.2 温度和光强

光照强度会增加抗坏血酸的水平，不同的生长温度(白天或夜晚)也会影响 TPC。高温生长(25℃ 或 30℃)的条件能显著提高花青素和 TPC(Wang，2006)。人们越来越关注在塑料温室中种植樱桃，特别是低温地区。这种栽培系统可以影响树冠和土壤温度，以及透射、反射或吸收光的数量和质量(Ferretti 等，2010)。营养素和生物活性成分最高水平出现在温度最高和太阳辐射最强的年份(McCune 等，2011)。

17.5.3 成熟期

果实的成熟是一种遗传上高度协同的程序化过程，其发生在果实发育的最后阶段，并涉及一系列生理、生化和感官变化，从而使得果实具有理想的品质参数(Valero 和 Serrano，2010)。

甜樱桃的成熟过程以从绿色到红色的颜色变化为特征，这是由花青素的积累产生的。通常，可根据 $L*$、$a*$ 和 $b*$ 参数评估成熟过程。事实上，红色是新鲜樱桃的质量和成熟的指标(Esti 等，2002；Serrano 等，2005；Mozetič 等，2006)。是否达到收获期通常需要基于果实的大小、硬度、颜色和可溶性固形物含量判断。然而，有关甜樱桃在发育和成熟过程中抗氧化物质含量变化的报道很少。Serrano 等(2005)报道了甜樱桃在 14 个不同成熟阶段抗氧化剂的浓度和活性变化，总的花青素含量从第 8 阶段到第 14 阶段(63.3 mg 花青素当量活性/100 g 鲜重)呈指数增加。TAA 从第 1 阶段降至第 8 阶段，并从第 8 阶段再次增加至第 14 阶段，与 TPC 和花青素的积累一致。TAA 在第 14 阶段达到其最大值，平均抗坏血酸活性为 50.0 mg/100 g 鲜重。当果实尺寸达到最大时，在成熟的第 12 阶段收获甜樱桃将获得最高的感官、营养和保健质量。

Gonçalves 等(2004)研究了 4 个樱桃品种 2 个成熟阶段的总酚含量，发现在部分成熟阶段的“先锋”品种总酚含量最低(69.0 mg/100 g 鲜重)，而在完全成熟阶段的“萨科”品种其含量最高(264.0 mg/100 g 鲜重)。同样，随着土耳其甜樱桃(未知品种)的成熟，总酚含量也增加(Mahmood 等，2013)。在红色水果中，由于花青素和黄酮醇类在成熟期通常会不断累积，因此总酚含量在成熟阶段通常会增加。

17.5.4 采前处理

信号分子，如水杨酸(SA)和茉莉酸甲酯，是内源植物生长物质，其可以在植物生长和发育中起到关键作用，并且响应环境胁迫。通过对 SA 或乙酰水杨酸(ASA)(0.5、1.0 和 2.0 mM)处理的“甜心”和“晚甜”樱桃品种的生长和成熟进行研究，发现处理过的樱桃中亲水和亲脂两部分的酚类、总花青素浓度和抗氧化活性均更高(Giménezet 等，2014)。处理过的果实平均增加了 10%～15%的酚类物质、15%～20%的花青素和 40%～60%的抗氧化活性。作者推测用 SA 或 ASA 进行的采前处理可以改善樱桃质量和保健功效。

酸樱桃(“喜戛尼”)采收前 1 周喷洒 250.0 mg/L 乙烯利，果实的可溶性固形物浓度(SSC)、花青素含量、抗氧化活性和硬度均低于未喷过乙烯利的对照组。乙烯利喷施对 TPC 无影响，但未处理组果实中 TPC 含量较高。TA、pH 值和 SSC/TA 不受乙烯利处理的影响(Khorshidi 和 Davarynejad，2010)。

脱落酸(ABA)是一种植物生长调节剂，在植物的整个生命周期中起着多种重要作用，包括种子发育、休眠、植物对环境胁迫的响应以及果实成熟。虽然 ABA 在未成熟果实中含量非常低，但随着果实成熟而增加。可以认为 ABA 在调节果实成熟方面起着重要作用。开花后 36 天施用 ABA，增加了果实的总糖含量，促进了甜樱桃中花青素的积累。相比之下，ABA 和乙烯利的施用降低了苹果酸含量，而盛花后 30 天的施用未能降低苹果酸的水平(Kondo 和 Inoue，1977)。以上结果表明，ABA 可能与樱桃果实的成熟密切相关，ABA 和乙烯利对成熟的影响可能随着施用时间的变化而变化。ABA 含量在转色阶段迅速增加，并在商业收获前 4 天达到最高水平。在转色阶段，外源 ABA 促进花青素生物合成并且提高成熟指数(TSS/TA)，从而促进果实成熟(Luo 等，2014)。

草酸(OA)作为植物中的一种最终代谢产物，具有许多生理功能，其中主要的功能是通过增加与防御相关的酶活性和酚类等次生代谢产物以诱导机体对真菌、细菌和病毒等引起的疾病产生抗性。甜樱桃品种“甜心”和“晚甜”在用 0.5 mM、1.0 mM 和 2.0 mM 草酸处理后，果实大小在采收期增大，表现为果实体积和重量增加。草酸处理使果实颜色和硬度等质量参数增加。与此同时，总花青素、总酚和抗氧化活性也增加(Martínez-Esplá 等，2014)。在收获时，处理过的樱桃酚类物质增加了15%～20%、花青素增加25%～30%和TAA增加了70%～80%。

17.6 影响质量和营养组分的采后因素

甜樱桃园艺生产链涉及多个步骤：生产、采收、预冷、冷却、筛选、分级、包装、运输、物流配送和消费。甜樱桃的采后货架期取决于3个因素：①减少脱水和失重；②减缓成熟和衰老的生理过程；③避免微生物生长且降低繁殖速率。为了控制这3个因素，主要方法是低温并控制相对湿度。收获和处理樱桃的最佳温度为10～20℃(超过此温度范围会加剧果实凹陷和腐烂)，而最佳储存温度为0℃，相对湿度为90%～95%(Romano 等，2006)。对于那些被认为对低温不敏感的易腐烂的水果和蔬菜，如甜樱桃，低温贮藏是减缓代谢、保持品质和延长贮藏的主要采后处理方法。有证据表明，冷藏期间生物活性化合物和抗氧化活性发生改变。在食用葡萄、西兰花、石榴和苹果中发现了对健康有益的化合物(酚醛和抗坏血酸)的损失，其中酚类物质的损失与品种高度相关。尽管不同的贮藏温度会导致不同的变化，但是据报道甜樱桃在冷藏期间的植物化学物质有所增加。Gonçalves 等(2004)研究了两种不同成熟阶段收获的“伯莱特”“萨科”“萨米脱”和“先锋”甜樱桃品种的酚醛化合物羟基肉桂酸酯、花青素、黄酮醇和黄烷-3-醇，将它们分别在不同的低温条件下储存。酚酸含量通常在1～2℃下储存时降低，在(15±5)℃储存时增加。花青素含量在两种贮藏温度下都有所增加，而黄酮醇和黄烷-3-醇的含量基本不变。

收获时的果实成熟度也决定了甜樱桃冷藏后的抗氧化能力。在一项研究中，11个樱桃品种在3个成熟阶段(S1、S2和S3)收获，在冷藏和随后20℃的货架期间发现了花青素含量显著增加，在贮藏期花青素的积累归因于甜樱桃的自然成熟(Serrano 等 2009)。HPLC-DAD色谱图显示，所有品种的花青素主要为矢车菊素3-O-芸香苷，其次为矢车菊素3-O-葡萄糖苷和天竺葵素3-O-芸香苷，并且随着从S1到S3的果实成熟而增加。就总酚而言，所有品种的总酚类物质随着成熟度的提高而增加(从S1到S3)。如上所述，新绿原酸是主要的羟基肉桂酸，其次是对香豆素奎宁酸，两者在S1至S3的储存期间都显著增加。

近年来，利用天然、安全的化合物作为贮藏后提高甜樱桃贮藏过程中生物活性化合物含量的研究受到了人们的重视。“克里斯塔丽娜”和“巨果”樱桃在商业成熟阶段收获，并且在低温储存前以 1 mM 的 SA、ASA 或 OA 处理。结果显示，通过延迟采后成熟过程对维持感官品质产生有益影响，具体表现为较低的酸度、颜色变化和硬度损失。这种延迟也表现为总酚、花青素和抗氧化活性的累积延迟(Valero 等，2011)。

另一种能有效减少甜樱桃采后成熟的处理方法是使用涂膜处理。“甜心”樱桃涂抹不同浓度(1%、3%或 5%，w/v)的海藻酸钠，延缓了与采后成熟相关的参数(如颜色、软化和酸度损失)的变化，以及降低呼吸速率。此外，食用涂膜对保持较高的总酚类物质含量和 TAA 浓度有积极的作用，这些物质在对照组果实中会随着果实过熟和衰老过程而减少(Díaz-Mula 等，2012)。由于摄入含有高浓度酚类物质的水果和蔬菜后，可通过增加血浆内抗氧化剂使体内具有抗氧化活性(Fernández-Panchón 等，2008)，因此添加了藻酸盐可食用涂层的样品比对照具有更高比例的功能性成分。然而，在甜樱桃果实摄入后，酚类化合物的生物利用度和生物转化率没有实验数据支持，因此需要进一步研究。

17.7 药用、传统(民间)和其他用途

如前所述，甜樱桃果实含有纤维素、维生素 C、类胡萝卜素和花青素，每一种都可能有助于预防癌症。它是收敛剂、镇咳药和利尿剂，因此可以从甜樱桃的果梗中制备药物(Baytop，1984)。坚硬的红棕色木材(樱桃木)非常适合用作木材加工的硬木，以及成型橱柜和乐器(Baytop，1984)。在土耳其，一种传统上由葡萄叶制成的著名食品(萨尔玛)，也可以用甜樱桃叶制成。其做法是用甜樱桃叶卷起馅料，通常是肉馅。从中东地区到巴尔干半岛和欧洲中部的奥斯曼帝国的美食中都可以找到它。

酸樱桃的果实和花梗也用于生产药物和食物。酸樱桃用于治疗骨关节炎、肌肉疼痛、痛风、增加排尿和帮助消化(McCune 等，2011)。酸樱桃也可以作为食物或调味料。酸樱桃果实含有减少炎症、保护神经细胞免受氧化应激的成分(Wang 等，1999)，促进肌肉恢复(Wang 等，1999；Connolly 等，2006)，它们还含有 MLT，有助于调节睡眠障碍(Pigeon 等，2010)。关于酸樱桃花青素，体外研究表明它们能够降低人体结肠癌细胞的增殖(Kang 等，2003)。

17.8 结论

甜樱桃和酸樱桃是广受欢迎的温带水果，主要是因为它们具有优异的感官特性，尤其是甜樱桃。此外，由于它们(主要是酸樱桃)是营养和生物活性食品成

分的重要来源，对健康具有潜在的益处，因此应列入人类饮食的必要组成部分。

参考文献

Alrgei, H. O., Dabić, D., Natić, M., Rakonjac, V., Milojković-Opsenica, D., Tešić, Ž. and Fotirić Akšić, M. (2016) Chemical profile of major taste- and health-related compounds of (Oblačinska) sour cherry. *Journal of the Science of Food and Agriculture* 96, 1241–1251.

Baker, F. C. and Driver, H. S. (2007) Circadian rhythms, sleep, and the menstrual cycle. *Sleep Medicine* 8, 613–622.

Ballistreri, G., Continella, A., Gentile, A., Amenta, M., Fabroni, S. and Rapisarda, P. (2013) Fruit quality and bioactive compounds relevant to human health of sweet cherry (*Prunus avium* L.) cultivars grown in Italy. *Food Chemistry* 140, 630–638.

Bastos, C., Barros, L., Dueñas, M., Calhelha, R. C., Queiroz, M. J. R. C., Santos-Buelga, C. and Ferreira, I. C. F. R. (2015) Chemical characterisation and bioactive properties of *Prunus avium* L.: the widely studied fruits and the unexplored stems. *Food Chemistry* 173, 1045–1053.

Baytop, T. (1984) *Therapy with Medicinal Plants in Turkey (Past and Present)*. Nobel Press, Istanbul, Turkey. Blando, F., Gerardi, C. and Nicoletti, I. (2004) Sour cherry (*Prunus cerasus* L.) anthocyanins as ingredients for functional foods. *Journal of Biomedicine and Biotechnology* 5, 253–258.

Bonerz, D., Wurth, K., Dietrich, H. and Will, F. (2007) Analytical characterization and the impact of ageing on anthocyanin composition and degradation in juices from five sour cherry cultivars. *European Food Research and Technology* 224, 355–364.

Boots, A. W., Haenen, G. R. and Bast, A. (2008) Health effects of quercetin: from antioxidant to neutraceutical. *European Journal of Pharmacology* 585, 325–337.

Burkhardt, S., Dun Xian, T., Manchester, L. C., Hardeland, R. and Reiter, R. J. (2001) Detection and quantification of the antioxidant melatonin in Montmorency and Balaton tart cherries (*Prunus cerasus*). *Journal of Agricultural and Food Chemistry* 49, 4898–4902.

Cao, J., Jiang, Q., Lin, J., Li, X., Sun, C. and Chen, K. (2015) Physicochemical characterisation of four cherry species (*Prunus* spp.) grown in China. *Food Chemistry* 173, 855–863.

Chaovanalikit, A. and Wrolstad, R. E. (2004) Total anthocyanins and total phenolics of fresh and processed cherries and their antioxidant properties. *Journal of Food Science* 69, 67–72.

Connolly, D. A. J., McHugh, M. P. and Padilla-Zakour, O. I. (2006) Efficacy of a tart cherry juice blend in preventing the symptoms of muscle damage. *British Journal of Sports Medicine* 40, 679–683.

Crisosto, C. H., Crisosto, G. M. and Metheney, P. (2003) Consumer acceptance of 'Brooks' and 'Bing' cherries is mainly dependent on fruit SSC and visual skin color. *Postharvest Biology and Technology* 28, 159 - 167.

Damar, I. and Ekşi, A. (2012) Antioxidant capacity and anthocyanin profile of sour cherry (*Prunus cerasus* L.) juice. *Food Chemistry* 135, 2910 - 2914.

Díaz-García, M. C., Obón, J. M., Castellar, M. R., Collado, J. and Alacid, M. (2013) Quantification by UHPLC of total individual polyphenols in fruit juices. *Food Chemistry* 138, 938 - 949.

Díaz-Mula, H. M., Castillo, S., Martínez-Romero, D., Valero, D., Zapata, P. J., Guillén, F. and Serrano, M. (2008) Sensory, nutritive and functional properties of sweet cherry as affected by cultivar and ripening stage. *Food Science and Technology International* 15, 535 - 543.

Díaz-Mula, H. M., Valero, D., Zapata, P. J., Guillén, F., Castillo, S., Martínez-Romero, D. and Serrano, M. (2009) The functional properties of sweet cherry as a new criterion in a breeding program. *Acta Horticulturae* 839, 275 - 280.

Díaz-Mula, H. M., Serrano, M. and Valero, D. (2012) Alginate coatings preserve fruit quality and bioactive compounds during storage of sweet cherry fruit. *Food and Bioprocess Technology* 5, 2990 - 2997.

Dragović-Uzelac, V., Levaj, B., Bursać, D., Pedišić, S., Radojčić, I. and Biško, A. (2007) Total phenolics and antioxidant capacity assays of selected fruits. *Agriculturae Conspectus Scientificus* 72, 279 - 284.

Esti, M., Cinquanta, L., Sinesio, F., Moneta, E. and Di Matteo, M. (2002) Physicochemical and sensory fruit characteristics of two sweet cherry cultivars after cool storage. *Food Chemistry* 76, 399 - 405.

Faniadis, D., Drogoudi, P. D. and Vasilakakis, M. (2010) Effects of cultivar, orchard elevation, and storage on fruit quality characters of sweet cherry (*Prunus avium* L.). *Scientia Horticulturae* 125, 301 - 304.

Feng, X., Wang, M., Zhao, Y., Han, P. and Dai, Y. (2014) Melatonin from different fruit sources, functional roles, and analytical methods. *Trends in Food Science and Technology* 37, 21 - 31.

Fernández-Panchón, M. S., Villano, D., Troncoso, A. M. and García-Parrilla, M. C. (2008) Antioxidant activity of phenolic compounds: from *in vitro* results to *in vivo* evidence. *Critical Reviews in Food Science and Nutrition* 48, 649 - 671.

Ferretti, G., Bacchetti, T., Belleggia, A. and Neri, D. (2010) Cherry antioxidants: from farm to table. *Review Molecules* 15, 6993 - 7005.

Ficzek, G., Végvári, G., Sándor, G., Stéger-Máté, M., Kállay, E., Szügyi, S. and Tóth, M. (2011) HPLC evaluation of anthocyanin components in the fruits of Hungarian sour cherry cultivars during ripening. *Journal of Food, Agriculture and Environment* 9, 30 - 35.

Filimon, R. V., Beceanu, D., Niculaua, M. and Arion, C. (2011) Study on the anthocyanin content of some sour cherry varieties grown in Iași area, Romania. *Cercetări Agronomice in Moldova* 1,81 - 91.

Fotirić Akšić, M., Nikolić, T., Zec, G., Cerović, R., Nikolić, M., Milivojević, J. and Radivojević, D. (2015) 'LENKA', a new sour cherry cultivar from Serbia. In: *Proceedings from the Third Balkan Symposium on Fruit Growing*, 16 - 18 September, Belgrade, Serbia, S1-P14, p. 27.

Gao, L. and Mazza, G. (1995) Characterization, quantification, and distribution of anthocyanins and colorless phenolic in sweet cherries. *Journal of Agricultural and Food Chemistry* 43,343 - 346.

Garrido, M., Espino, J., González-Gómez, D., Lozano, M., Cubero, J., Toribio-Delgado, A. F., Maynar-Mariño, J. I., Terrón, M. P., Muñoz, J. L., Pariente, J. A., Barriga, C., Paredes, S. D., and Rodríguez, A. B. (2009) A nutraceutical product based on Jerte Valley cherries improves sleep and augments the antioxidant status in humans. *e-SPEN* 4,321 - 323.

Garrido, M., Espino, J., González-Gómez, D., Lozano, M., Barriga, C., Paredes, S. D. and Rodríguez, A. B. (2012) The consumption of a Jerte valley cherry product in humans enhances mood, and increases 5-hydroxyindoleacetic acid but reduces cortisol levels in urine. *Experimental Gerontology* 47,573 - 580.

Garrido, M., González-Gómez, D., Lozano, M., Barriga, C., Paredes, S. D., Rodríguez, A. B. (2013) Characterization and trials of a Jerte valley cherry product as a natural antioxidant-enriched supplement. *Italian Journal of Food Science* 25,90 - 97.

Giménez, M. J., Valverde, J. M., Valero, D., Guillén, F., Martínez-Romero, D., Serrano, M. and Castillo, S. (2014) Quality and antioxidant properties on sweet cherries as affected by preharvest salicylic and acetylsalicylic acids treatments. *Food Chemistry* 160,226 - 232.

Girard, B. and Kopp, T. G. (1998) Physicochemical characteristics of selected sweet cherry cultivars. *Journal of Agricultural and Food Chemistry* 46,471 - 476.

Gonçalves, B., Landbo, A. K., Knudse, D., Silva, A. P., Moutinho-Pereira, J., Rosa, E. and Meyer, A. S. (2004) Effect of ripeness and postharvest storage on the phenolic profiles of cherries (*Prunus avium* L.). *Journal of Agricultural and Food Chemistry* 52,523 - 530.

González-Gómez, D., Lozano, M., Fernández-León, M. F., Ayuso, M. C., Bernalte, M. J. and Rodríguez, A. B. (2009) Detection and quantification of melatonin and serotonin in eight sweet cherry cultivars (*Prunus avium* L.). *European Food Research and Technology* 229,223 - 229.

González-Gómez, D., Lozano, M., Fernández-León, M. F., Bernalte, M. J., Ayuso, M. C. and Rodríguez, A. B. (2010) Sweet cherry phytochemicals: identification and characterization by HPLC-DAD/ESI-MS in six sweet-cherry cultivars grown in Valle del

Jerte (Spain). *Journal of Food Composition Analysis* 23,533 - 539.

Goulas, V., Minas, I. S., Kourdoulas, P. M., Lazaridou, A., Molassiotis, A. N., Gerothanasis, I. and Manganaris, G. A. (2015) 1 H NMR metabolic fingerprinting to probe temporal postharvest changes on qualitative attributes and phytochemical profile of sweet cherry fruit. *Frontiers in Plant Science* 6,959.

Grafe, C. and Schuster, M. (2014) Physicochemical characterization of fruit quality traits in a German sour cherry collection. *Scientia Horticulturae* 180,24 - 31.

Guyer, D. E., Sinha, N. K., Chang, T. S. and Cash, J. N. (1993) Physico-chemical and sensory characteristics of selected Michigan sweet cherry (*Prunus avium* L.) cultivars. *Journal of Food Quality* 16,355 - 370.

Hardeland, R., Pandi-Perumal, S. R. and Cardinali, D. P. (2006) Melatonin. *International Journal of Biochemistry and Cell Biology* 38,313 - 316.

Hayaloglu, A. A. and Demir, N. (2015) Physicochemical characteristics, antioxidant activity, organic acid and sugar contents of 12 sweet cherry (*Prunus avium* L.) cultivars grown in Turkey. *Journal of Food Science* 80,564 - 570.

Heinonen, M., Meyer, A. S. and Frankel, E. N. (1998) Antioxidant activity of berry phenolics on human low-density lipoprotein and liposome oxidation. *Journal of Agricultural and Food Chemistry* 46,4107 - 4111.

Jakobek, L., Šeruga, M., Medvidović-Kosanović., M. and Novak., I. (2007) Anthocyanin content and antioxidant activity of various red fruit juices. *Deutsche Lebensmittel Rundschau* 103,58 - 64.

Jakobek, L., Šeruga, M., Šeruga, B., Novak, I. and Medvidović-Kosanović, M. (2009) Phenolic compound composition and antioxidant activity of fruits of *Rubus* and *Prunus* species from Croatia. *International Journal of Food Science and Technology* 44, 860 - 868.

Jayaprakasam, B., Vareed, S. K., Olson, L. K. and Nair, M. G. (2005) Insulin secretion by bioactive anthocyanins and anthocyanidins present in fruits. *Journal of Agricultural and Food Chemistry* 53,28 - 31.

Kang, S. Y., Seeram, N. P., Nair, M. G. and Bourquin, L. D. (2003) Tart cherry anthocyanins inhibit tumor development in ApcMin mice and reduce proliferation of human colon cancer cells. *Cancer Letters* 194,13 - 19.

Kelebek, H. and Selli, S. (2011) Evaluation of chemical constituents and antioxidant activity of sweet cherry (*Prunus avium* L.) cultivars. *International Journal of Food Science and Technology* 46,2530 - 2537.

Khoo, G. M., Clausen, M. R., Pedersen, B. H. and Larsen, E. (2011) Bioactivity and total phenolic content of 34 sour cherry cultivars. *Journal of Food Composition and Analysis* 24,772 - 776.

Khorshidi, S. and Davarynejad, G. (2010) Influence of preharvest ethephon spray on fruit quality and chemical attributes of 'Cigány' sour cherry cultivar. *Journal of Biodiversity and Environmental Sciences* 4,133 - 141.

Kim, D. O., Heo, H. J., Kim, Y. J., Yang, H. S. and Lee, C. Y. (2005) Sweet and sour cherry phenolics and their protective effects on neuronal cells. *Journal of Agricultural and Food Chemistry* 53,9921 - 9927.

Kirakosyan, A., Seymour, E. M., Urcuyo Llanes, D. E., Kaufman, P. B. and Bolling, S. F. (2009) Chemical profile and antioxidant capacities of tart cherry products. *Food Chemistry* 115,20 - 25.

Knekt, P., Isotupa, S., Rissanen, H., Heliovaara, M., Jarvinen, R., Hakkinen, S., Aroma, A. and Reunanen, A. (2000) Quercetin intake and the incidence of cerebrovascular disease. *European Journal of Clinical Nutrition* 54,415 - 417.

Kondo, S. and Inoue, K. (1977) Abscisic acid (ABA) and 1-aminocyclopropane-1-carboxylic acid (ACC) content during growth of 'Satohnishiki' cherry fruit, and effect of ABA and ethephon application on fruit quality. *Journal of Horticultural Science and Biotechnology* 72,221 - 227.

Kurkin, V. A. (2003) Phenylpropanoids from medicinal plants: distribution, classification, structural analysis, and biological activity. *Chemistry of Natural Compounds* 39, 123 - 153.

Leong, S. Y. and Oey, I. (2012) Effects of processing on anthocyanins, carotenoids and vitamin C in summer fruits and vegetables. *Food Chemistry* 133,1577 - 1587.

Levaj, B., Dragović-Uzelac, V., Delonga, K., Kovacevic Ganic, K., Banovic, M. and Bursac Kovacevic, D. (2010) Polyphenols and volatiles in sour cherries, berries and jams. *Food Technology and Biotechnology* 48,538 - 547.

Li, X. L., Kang, L., Hu, J. J., Li, X. F. and Shen, X. (2008) Aroma volatile compound analysis of SPME headspace and extract samples from crabapple (*Malus* sp.) fruit using GC-MS. *Agricultural Science in China* 7,1451 - 1457.

Liu, Y., Liu, X., Zhong, F., Tian, R., Zhang, K., Zhang, X. and Li, T. (2011) Comparative study of phenolic compounds and antioxidant activity in different species of cherries. *Journal of Food Science* 76,633 - 638.

Luo, H., Dai, S. J., Ren, J., Zhang, C. X., Ding, Y., Li, Z., Sun, Y., Ji, K., Wang, Y. P., Li, Q., Chen, P., Duan, C., Wang, Y. and Leng, P. (2014) The role of ABA in the maturation and postharvest life of a nonclimacteric sweet cherry fruit. *Journal of Plant Growth Regulation* 33,373 - 383.

Macchi, M. M. and Bruce, J. N. (2004) Human pineal physiology and functional significance of melatonin. *Frontiers in Neuroendocrinology* 25,177 - 195.

Mahmood, T., Anwar, T. F., Bhatti, I. A. and Iqbal, T. (2013) Effect of maturity on proximate composition, phenolics and antioxidant attributes of cherry fruit. *Pakistan Journal of Botany* 45,909 - 914.

Manganaris, G. A., Ilias, I. F., Vasilakakis, M. and Mignani, I. (2007) The effect of hydrocooling on ripening related quality attributes and cell wall physicochemical properties of sweet cherry fruit (*Prunus avium* L.). *International Journal of Refrigeration* 30, 1386 – 1392.

Martínez-Esplá, A., Zapata, P. J., Valero, D., García-Viguera, C., Castillo, S. and Serrano, M. (2014) Preharvest application of oxalic acid increased fruit size, bioactive compounds, and antioxidant capacity in sweet cherry cultivars (*Prunus avium* L.). *Journal of Agricultural and Food Chemistry* 62, 3432 – 3437.

Mattila, P., Hellström, J. and Törrönen, R. (2006) Phenolic acids in berries, fruits, and beverages. *Journal of Agricultural and Food Chemistry* 54, 7193 – 7199.

McCune, L. M., Kubota, C., Stendell-Hollins, N. R. and Thomson, C. A. (2011) Cherries and health: a review. *Critical Reviews in Food Science and Nutrition* 51, 1 – 12.

Mitić, M. N., Obradović, M. V., Kostić, D. A., Micić, R. J. and Pecev, E. T. (2012) Polyphenol content and antioxidant activity of sour cherries from Serbia. *Chemical Industry and Chemical Engineering Quarterly* 18, 53 – 62.

Mozetič, B., Trebše, P. and Hribar, J. (2002) Determination and quantitation of anthocyanins and hydroxycinnamic acids in different cultivars of sweet cherries (*Prunus avium* L.) from Nova Gorica Region (Slovenia). *Food Technology and Biotechnology* 40, 207 – 212.

Mozetič, B., Simčič, M. and Trebše, P. (2006) Anthocyanins and hidroxycinnamic acids of Lambert Compact cherries (*Prunus avium* L.) after cold storage and 1-methylcyclopropene treatments. *Food Chemistry* 97, 302 – 309.

Mulabagal, V., Lang, G. A., Dewitt, D. L., Dalavoy, S. S. and Nair, M. G. (2009) Anthocyanin content, lipid peroxidation and cyclooxygenase enzyme inhibitory activities of sweet and sour cherries. *Journal of Agricultural and Food Chemistry* 57, 1239 – 1246.

National Cancer Institute (2004) *Glycemic Index Database Based on CS-FII 96 Data*. DHQ Nutrient Database, Applied Research Program, National Cancer Institute, Bethesda, Maryland.

Pacifico, S., Di Maro, A., Petriccione, M., Galasso, S., Piccolella, S., Di Giuseppe, A. M. A., Scortichini, M. and Monaco, P. (2014) Chemical composition, nutritional value and antioxidant properties of autochthonous *Prunus avium* cultivars from Campania Region. *Food Research International* 64, 188 – 199.

Papp, N., Szilvássy, B., Abrankó, L., Szabó, T., Pfeiffer, P., Szabó, Z., Nyéki, J., Ercisli, S., Stefanovits-Bányai, E. and Hegedüs, A. (2010) Main quality attributes and antioxidants in Hungarian sour cherries: identification of genotypes with enhanced functional properties. *International Journal of Food Science and Technology* 45, 395 – 402.

Piccolella, S., Fiorentino, A., Pacifico, S., D'Abrosca, B., Uzzo, P. and Monaco, P. (2008) Antioxidant properties of sour cherries (*Prunus cerasus* L): role of colorless phytochemicals from the methanolic extract of ripe fruits. *Journal of Agricultural and*

Food Chemistry 56,1928 - 1935.

Pigeon, W. R., Carr, M., Gorman, C. and Perlis, M. L. (2010) Effects of a tart cherry juice beverage on the sleep of older adults with insomnia: a pilot study. *Journal of Medicinal Food* 13,1 - 5.

Poll, L., Petersen, M. B. and Nielsen, G. S. (2003) Influence of harvest year and harvest time on soluble solids, titratable acid, anthocyanin content and aroma components in sour cherry (*Prunus cerasus* L. cv. 'Stevnsbaer'). *European Food Research and Technology* 216,212 - 216.

Rakonjac, V., Fotirić Akšić, M., Nikolić, D., Milatović, D. and Colić, S. (2010) Morphological characterization of 'Oblačinska' sour cherry by multivariate analysis. *Scientia Horticulturae* 125,679 - 684.

Reiter, R. J. (1993) The melatonin rhythm: both a clock and a calendar. *Experientia* 49, 654 - 664.

Reiter, R. J., Carneiro, R. C. and Oh, C. S. (1997) Melatonin in relation to cellular antioxidative defense mechanisms. *Hormone and Metabolic Research* 29,363 - 372.

Rodrigues, L. C., Morales, M. R., Fernandes, A. J. B. and Ortiz, J. M. (2008) Morphological characterization of sweet and sour cherry cultivars in a germplasm bank at Portugal. *Genetic Resources and Crop Evolution* 55,593 - 601.

Romano, G. S., Cittadini, E. D., Pugh, B. and Schouten, R. (2006) Sweet cherry quality in the horticultural production chain. *Stewart Postharvest Review* 6,2.

Sansavini, S. and Lugli, S. (2008) Sweet cherry breeding programs in Europe and Asia. *Acta Horticulturae* 795,41 - 57.

Sass-Kiss, A., Kiss, J., Milotay, P., Kerek, M. M. and Toth-Markus, M. (2005) Differences in anthocyanin and carotenoid content of fruits and vegetables. *Food Research International* 38,1023 - 1029.

Schmid, W. and Grosch, W. (1986) Quantitative-analysis of the volatile flavor compounds having high aroma values from sour (*Prunus cerasus* L.) and sweet (*Prunus avium* L.) cherry juices and jams. *Zeitschrift für Lebensmittel-Untersuchung und-Forschung* 183, 39 - 44.

Schmitz-Eiberger, M. A. and Blanke, M. M. (2012) Bioactive components in forced sweet cherry fruit (*Prunus avium* L.), antioxidative capacity and allergenic potential as dependent on cultivation cover. *LWT-Food Science and Technology* 46,388 - 392.

Schreiner, M. and Huyskens-Keil, S. (2006) Phytochemicals in fruit and vegetables: health promotion and postharvest elicitors. *Critical Reviews in Plant Sciences* 25,267 - 278.

Schuster, M., Grafe, C., Wolfram, B. and Schmidt, H. (2014) Cultivars resulting from cherry breeding in Germany. *Erwerbs-Obstbau* 56,678 - 772.

Seeram, N. P., Momin, R. A., Nair, M. G. and Bourquin, L. D. (2001) Cyclooxygenase inhibitory and antioxidant cyanidin glycosides in cherries and berries. *Phytomedicine* 8, 362 - 369.

Serra, A. T., Duarte, R. O., Bronze, M. R. and Duarte, C. M. M. (2011) Identification of bioactive response in traditional cherries from Portugal. *Food Chemistry* 125, 318 - 325.

Serradilla, M. J., Lozano, M., Bernalte, M. J., Ayuso, M. C., López-Corrales, M. and González-Gómez, D. (2011) Physicochemical and bioactive properties evolution during ripening of 'Ambrunés' sweet cherry cultivar. *LWT-Food Science and Technology* 44, 199 - 205.

Serradilla, M. J., Martín, A., Ruiz-Moyano, S., Hernández, A., López-Corrales, M. and Córdoba, M. G. (2012) Physicochemical and sensorial characterisation of four sweet cherry cultivars grown in Jerte Valley (Spain). *Food Chemistry* 133, 1551 - 1559.

Serradilla, M. J., Hernández, A., López-Corrales, M., Ruiz-Moyano, S., Córdoba, M. G. and Martín, A. (2016) Composition of the cherry (*Prunus avium* L. and *Prunus cerasus* L.; Rosaceae). In: Simmonds, M. S. J. and Preedy, V. R. (eds) *Nutritional Composition of Fruit Cultivars*. Academic Press, London, pp. 127 - 147.

Serrano, M., Guillén, F., Martínez-Romero, D., Castillo, S. and Valero, D. (2005) Chemical constituents and antioxidant activity of sweet cherry at different ripening stages. *Journal of Agricultural and Food Chemistry* 5, 2741 - 2745.

Serrano, M., Díaz-Mula, H., Zapata, P. J., Castillo, S., Guillén, F., Martínez-Romero, D., Valverde, J. M. and Valero, D. (2009) Maturity stage at harvest determines the fruit quality and antioxidant potential after storage of sweet cherry cultivars. *Journal of Agricultural and Food Chemistry* 57, 3240 - 3246.

Serrano, M., Díaz-Mula, H. M. and Valero, D. (2011) Antioxidant compounds in fruits and vegetables and changes during postharvest storage and processing. *Stewart Postharvest Review* 1, 1.

Simunic, V., Kovac, S., Gaso-Sokac, D., Pfannhauser, W. and Murkovic, M. (2005) Determination of anthocyanins in four Croatian cultivars of sour cherries (*Prunus cerasus*). *European Food Research and Technology* 220, 575 - 578.

Tomás-Barberán, F. A. and Espín, J. C. (2001) Phenolic compounds and related enzymes as determinants of quality in fruits and vegetables. *Journal of the Science of Food and Agriculture* 81, 853 - 876.

Tomás-Barberán, F. A., Ruiz, D., Valero, D., Rivera, D., Obón, C., Sánchez-Roca, C. and Gil, M. (2013) Health benefits from pomegranates and stone fruit, including plums, peaches, apricots and cherries. In: Skinner, M. and Hunter, D. (eds) *Bioactives in Fruit: Health Benefits and Functional Foods*. Wiley, Hoboken, New Jersey, pp. 125 - 167.

Tsanova-Savova, S., Ribarova, F. and Gerova, M. (2005) (+)-Catechin and (-)-epicatechin in Bulgarian fruits. *Journal of Food Composition and Analysis* 18, 691 - 698.

Tsuda, T., Watanabe, M., Ohshima, K., Norinobu, S., Choi, S. W., Kawakishi, S. and Osawa, T. (1994) Antioxidative activity of the anthocyanin pigments cyanidin 3-*O*-β-dglucoside and cyanidin. *Journal of Agricultural and Food Chemistry* 42,2407 – 2410.

USDA ARS (2016) National Nutrient Database for Standard Reference, Release 26. Nutrient Data Laboratory, US Department of Agriculture, Agricultural Research Service. Available at: https://ndb.nal.usda.gov/ (accessed 2 January 2016).

Usenik, V., Fabčič, J. and Štampar, F. (2008) Sugars, organic acids, phenolic composition and antioxidant activity of sweet cherry (*Prunus avium* L.). *Food Chemistry* 107,185 – 192.

Usenik, V., Fajt, N., Mikulic-Petkovsek, M., Slatnar, A., Štampar, F. and Veberic, R. (2010) Sweet cherry pomological and biochemical characteristics influenced by rootstock. *Journal of Agricultural and Food Chemistry* 58,4928 – 4933.

Valero, D. and Serrano, M. (2010) *Postharvest Biology and Technology for Preserving Fruit Quality*. CRC Press, Boca Raton, Florida.

Valero, D., Díaz-Mula, H.M., Zapata, P.J., Castillo, S., Guillén, F., Martínez-Romero, D. and Serrano, M. (2011) Postharvest treatments with salicylic acid, acetylsalicylic acid or oxalic acid delayed ripening and enhanced bioactive compounds and antioxidant capacity in sweet cherry. *Journal of Agricultural and Food Chemistry* 59,5483 – 5489.

Viljevac, M., Dugalic, K., Jurkovic, V., Mihaljevic, I., Tomaš, V., Puškar, B., Lepeduš, H., Sudar, R. and Jurković, Z. (2012) Relation between polyphenols content and skin colour in sour cherry fruits. *Journal of Agricultural Science* 57,57 – 67.

Wang, H., Nair, M.G., Iezzoni, A.F., Strasburg, G.M., Booren, A.M. and Gray, J.I. (1997) Quantification and characterization of anthocyanins in Balaton tart cherries. *Journal of Agricultural and Food Chemistry* 45,2556 – 2560.

Wang, H., Nair, M.G., Strasburg, G.M., Booren, A.M. and Gray, J.I. (1999) Antioxidant polyphenols from tart cherries (*Prunus cerasus*). *Journal of Agricultural and Food Chemistry* 47,840 – 844.

Wang, S.Y. (2006) Pre-harvest conditions and antioxidant capacity in fruits. *Acta Horticulturae* 712,1 – 10. Wen, Y.-Q., He, F., Zhu, B.-Q., Lan, Y.-B., Pan, Q.-H., Li, C.-Y., Reeves, M.J. and Wang, J. (2014) Free and glycosidically bound aroma compounds in cherry (*Prunus avium* L.). *Food Chemistry* 152,29 – 36.

Wilms, L.C., Hollman, P.C., Boots, A.W. and Kleinjans, J.C. (2005) Protection by quercetin and quercetin-rich fruit juice against induction of oxidative DNA damage and formation of BPDE-DNA adducts in human lymphocytes. *Mutation Research* 582, 155 – 162.

Wojdyło, A., Nowicka, P., Laskowski, P. and Oszmiański, J. (2014) Evaluation of sour cherry (*Prunus cerasus* L.) fruits for their polyphenol content, antioxidant properties, and nutritional components. *Journal of Agricultural and Food Chemistry* 62, 12332 – 12345.

Yao, L.H., Jiang, Y.M., Shi, J., Tomás-Barberán, F.A., Datta, N., Singanusong, R. and Chen, S.S. (2004) Flavonoids in food and their health benefits. *Plant Foods for*

Human Nutrition 59,113 - 122.

Zhang, X., Jiang, Y. M., Peng, F. T., He, N. B., Li, Y. J. and Zhao, D. C. (2007) Changes of aroma components in Hongdeng sweet cherry during fruit development. *Agricultural Science in China* 6,1376 - 1382.

Zhao, Y., Tan, D. X., Lei, Q., Chen, H., Wang, L., Li, Q., Gao, Y. and Kong, J. (2013) Melatonin and its potential biological functions in the fruits of sweet cherry. *Journal of Pineal Research* 55,79 - 88.

18 樱桃采收的方法与技术

18.1 导语

对于樱桃种植者来说，采收期是一个令人焦虑的季节，由于樱桃果实极易在短时间内腐烂，因此能否在几天内完成采收和转运，将决定种植者一年的收益。甜樱桃和酸樱桃在采收和处理过程中容易受到各种类型的损害。此外，甜樱桃采收是一项短期、劳动密集型作业，需要大批临时工在较短的最佳成熟期快速完成所有果实的采收。在美国多数产区，甜樱桃鲜果多采用人工采收方式(Looney 等，1996 年)；而加工用果实，不论是甜樱桃还是酸樱桃，机械化采收方式已经得到较为普遍的应用(Brown 和 Kollár，1996 年)。在鲜果市场方面，由于消费市场的旺盛需求，自 21 世纪初以来这 20 年里，许多国家甜樱桃产量得以显著提升，然而由于劳动力短缺引起的生产成本增加，以及对生产效率和劳动安全的关注，人们开始重新对能够提高采收效率和保障劳动安全的技术产生了兴趣。而在加工樱桃方面，也亟须能够提高采收效率、增加前期收益、提升果实品质的新型机械化采收技术。这对于保证产业的持续发展具有重要意义。本章将介绍现有樱桃果实采收的方法和技术，其中包括适用于甜樱桃鲜果采收的机械化技术潜在方向。

18.2 采收成熟度

正确判断果实成熟度的能力对于改善果实货架期，提高消费者接受度具有重要意义。采收决策必须明白在采收之后水果的质量不会提高。过早的采收往往导致果实的可溶性固形物含量低、风味差。相比之下，较晚采收的果实往往很软，而且货架期短。采收成熟度的选择本身已经是一个较为复杂的工作，而是否有充足的劳动力以满足适时采收，使得采收时机的选择变得更为复杂。种植者可以在果实达到最佳采收成熟期之前开始采收，以便可以找到足够多的工人。

反之，如果劳动力不足，果实的采收可能超过其理想成熟期。以甜樱桃为例，其最佳采收期（即果实保持在最佳采收成熟度和可贮藏性的时间段）往往被认为是非常短的，可能只有几天时间，尤其是在高温季节。

果实商业成熟度一般由果实外果皮的红色程度决定。暗红色或红褐色外果皮颜色被认为是理想的（Kappel 等，1996 年），而鲜红色或浅红褐色果实多不受消费者的欢迎（Crisosto 等，2003 年）。采收期对果实感官品质影响明显。Chauvin 等（2009 年）在 3 个不同时间采收“甜心”果实[早期（商业采收期前 3 天）、商业采收期和晚期（商业采收期后 5 天）]，并评估了消费者对该品种果实的接受程度。在商业采收期采收的果实接受率最高，早收和晚收没有区别。早期采收的果实可能因颜色（太红）和甜度降低而降级，而晚期采收的果实则因较软而降级。相比之下，“拉宾斯”品种具有一个约 10 天的商业采收期，在这期间采收的果实在果实品质和外观上没有明显差异（Drake 和 Elfving，2002 年），然而文章作者没有开展关于消费者对该品种认可度的研究工作。

同一株树上不同位置果实的成熟度存在巨大的差异，特别是在那些冬季较暖的地区，又或者是在某些区域，其花季气候条件不利于一致的开花和授粉。这种果实成熟度的差异使得采收时机的选择变得更加复杂，特别是对于通常采用整行集中采摘（即一次性采摘行内所有果实）的深色甜樱桃而言。采收决策就是要在果实优异口感、消费者接受度（如具有高可溶性固形物）和果实硬度高 3 个因素中进行综合考量。果树负载量、叶果比、果实位置、光照度和赤霉酸的利用等（Patten 和 Proeb，1986 年；Whiting 和 Lang，2004 年；Einhorn 等，2013 年）都会对果实品质造成影响。

18.3 鲜食甜樱桃的人工采收

采收是甜樱桃生产中成本最高的作业环节，占总生产成本的 50%～60%。目前，鲜果市场上销售的所有甜樱桃均采用人工采收方式。在温带果树中，甜樱桃采收是最费时费工的作业环节之一，因为每棵树上的果实数量众多，且果实相对较小，尤其在年代较老的果园中，果树高大且叶幕复杂。对于传统树形，樱桃通常需要借助长梯子（如 4～5 m）进行采收。这些梯子很重，在果园中很难放稳，需要有一定的工作经验才能安全有效地使用。甜樱桃采收的过程一般可以分为两个基本步骤：①采收工人手工摘下果实，把它们放入某种形式的便携式果篮，如木质果桶或布质手提袋；②采收工人将便携式果篮中盛放的水果转移或倒入至更大的贮果箱（一般为木质），然后返回果树继续采摘。

通过扭转果实(果簇)与树枝的连接处就可以得到带有果柄的完整樱桃果实。如果果柄与果实之间的保持力较低,那么在采收过程中,会得到很多没有果柄的果实,尤其是当果簇较多的情况。有经验的采摘者能够分别独立使用双手,根据不同的果实品种,单个或成簇地摘除果实,并把它们放入采摘桶中。目前还没有关于甜樱桃采摘过程人体行为运动方面的生物力学研究。而在苹果方面,生物力学研究结果已经用来开展机器人采收机构的设计(Karkee,私信)。在采收过程中,必须小心以免损伤整个短果枝,这将降低果树未来的产量。另外,在大多数产区,将樱桃从树上“挤奶”(即将果实在果梗与果实的脱落区分离,果实的撕裂与品种和成熟阶段相关)从而采摘无梗果实是不被接受的。这一点在很大程度上是由批发市场决定的。在允许通过手工采收无梗樱桃的情况下,有经验采摘者的采收效率可以提高将近 30%(Whiting,未发表)。在大多数国家,整簇采摘的甜樱桃将一直保持成簇,直到它们被包装设备中的果簇切割器分离成单个果实(见第 19 章)。在一些较小的果园或总产量较少的情况下,采摘工人常被要求将成簇的果实分成单果。而这种操作也将降低采收效率。

在美国,果园采摘工人一般通过“检查员”进行管理,其主要职责如下:确保采摘工人采满果篮;确保采摘工人轻轻地将水果倒入贮果箱中的最佳位置(尽量减少在贮果箱内翻动果实);确保每个采摘工人的工作过程都有记录。这项记录主要包括在票据上为每个采摘工人标记每日采收的果实桶数。然而,当采摘“雷尼”或“多迪”等果皮较薄的黄色品种时,采摘工人会按小时进行计费,以使得采摘工人不会因为盲目提高效率带来对果实的损伤。

近年来,采摘工人通过采摘桶收集果实的方式发生了变化,其目标如下:①尽量减少水果搬运;②能够将大型贮果箱迅速装满,以便尽快将采摘的果实从果园中转运至工厂冷藏。在美国,最广泛采用的方法是由采摘工人组成团队(通常为 10~15 人)进行采收,他们把采摘篮内的水果倒入果园里一个更大的贮果箱内,此后他们再用同一个采摘篮继续进行采收。最常用的箱子是由非多孔塑料(114 cm 长、122 cm 宽、42 cm 高)制成的,装满一整箱一般需要 17~18 篮(约 180 kg)。一组高效的采摘工人可以在 15 min 内装满一整箱水果。第二个贮果箱可以重叠放置在装满果实的贮果箱上,然后由工人依次装满。对于那些黄色品种甜樱桃,采摘工人将采收的樱桃果实放入可以卸下的方形手提袋中,并将整个手提袋放入贮果箱中(即果实不从手提袋内拿出);此后采摘工人用一个新的手提袋重新开始采收。装满水果的贮果箱将由带有后叉或前叉的拖拉机搬运。若采用双层叠放,则采用可以收集多达 8 个箱子的拖车进行运输。装满果实的箱子通常会被转运到果园中较为凉爽的区域，然后装入冷藏车以便进行下一步的运输。

影响甜樱桃采收效率的因素主要包括生物、技术和社会学等方面。然而，有关甜樱桃采收效率的研究还很少，尽管该效率对于生产预算十分重要。这种情况在一定程度上归因于在采收樱桃期间难以获取可靠、准确的数据。最近的一项研究表明，甜樱桃的不同整形方式之间与人工采收效率具有显著差异(Ampatzidis 和 Whting, 2013 年)。在篱壁式(UFO)整形甜樱桃园中，有记录的最高平均采收率可以达到(0.94±0.02)千克/分钟(kg/min)和(0.78±0.03) kg/min。这主要得益于平面简化的树形结构，而且不用梯子也能够完成大部分果实的采收。排在前面第三位的采收率是发生在 KGB 树形果园，KGB 树形系统是一个完全矮化的树形。与传统树木结构(即自然开心形)相比，在 KGB 果园中作业的采收工人，不熟练的可以提高 132%的采收效率，远比熟练工人(83%)提高得多。此外，采摘工人之间的采收效率显著不同，不同的采摘工人，其采收效率差异可能超过 100%，这可能是由于树木内的果实密度、树形大小和果实的可触及差异所导致的(见图 18.1)。对于达到平均负载量的果树而言，在一天内采摘效率没有明显的变化，并且每棵树的果实产量与由千克/小时(kg/h)所表示的单株采收率之间没有相关性(Ampatzidis 和 Whting，未发表)(见图 18.2)。这表明，采收整个果园所需的时间与果树的大小成正比，并主要取决于每组采摘

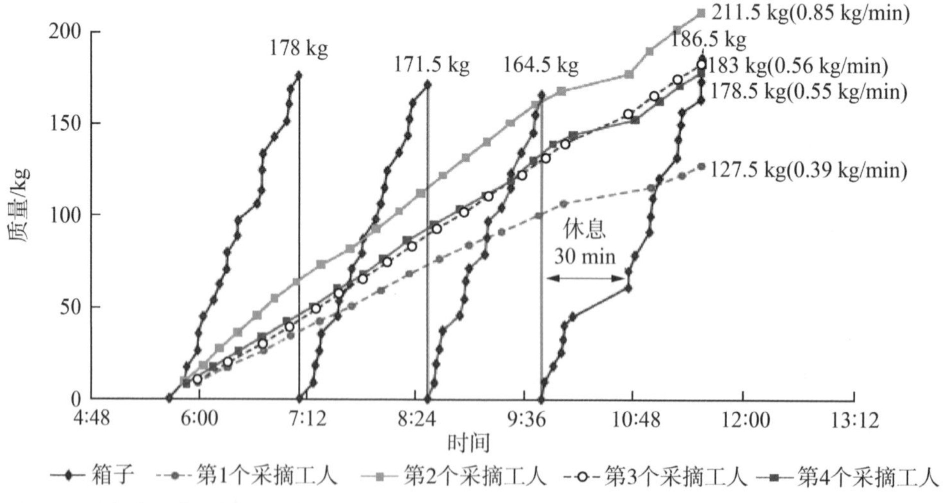

图 18.1 在美国华盛顿州 4 个采摘工人的采收效率，以及他们的联合作业效率(砧木为“马扎德”，品种为“宾库”，树形为 3～4 条主枝自然开心形)

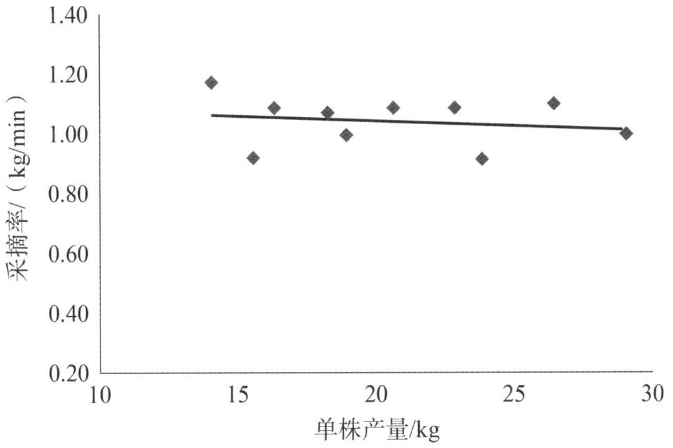

图 18.2 采摘工人采收效率与植株产量之间的关系（“舍蓝”自立多主枝形）

图中的每个点代表单棵树（Y. Ampatzidis 和 M. D. Whiting，未发表）。

工人的效率和果树的生长结构。

有经验的果园管理者可以根据农作物产量和天气情况，估计需要多少采摘工人才能在最佳成熟期完成果实的采收。由于樱桃果实容易腐烂，因此低效率的采摘和处理过程会对果实的品质和耐贮性产生不利影响。虽然成熟樱桃的最佳采收期通常根据其品种以及环境条件而定，但一般只有几天时间。为了优化采摘效率，应当对樱桃的采收、搬运、运输以及执行实地采摘作业时所需的工人和设备数量进行整体规划。Ampatzidis 等（2012 年）开发了改进的机器维修模型以提高甜樱桃的采收效率，果园管理者可以使用该模型以确定最佳采摘工人人数（基于采收率），并最大限度地减少采摘所用的时间。

18.4 鲜食甜樱桃新型机械化采收技术

甜樱桃的人工采摘需要大量的劳动力，然而劳动力成本的不断增加和劳动力的持续短缺，使人们对于可替代的高效采收技术越来越感兴趣，尤其是在美国西北部地区。此外，一项关于人工采摘苹果的人体工程学研究表明，高于人身高的采收作业，以及长距离携带沉重果篮和搬运梯子将会对采摘工人带来身体上的疲倦，并会经常因此引起生产事故（Fulmer 等，2002 年）。Hofmann 等（2006 年）的研究表明，人们亟须一种新型采收技术，以减少采摘作业中与梯子相关的事故发生。对美国华盛顿州水果产区 5 年来的工人索赔评估研究表明，近一半的索赔与梯子有关，对于医疗救助和时间损失而言，与梯子有关的索赔也是最昂贵的。适用于甜樱桃鲜果采收的机械化采收系统需要综合考虑采收装备、樱桃品种、整形方式、包装和市场营销等方面的因素。

机械化采收系统已经广泛用于采收坚果和部分水果，这些水果(包括柑橘、橄榄以及酸樱桃、甜樱桃)主要用于加工市场。广泛应用于较大树冠的树干式振动采收机械，它们采收得到的水果果实损坏程度较高，难以满足鲜果市场的需求(Halderson，1966 年)。最近，华盛顿州立大学的研究人员分别对全程机械化采收系统和半机械辅助采收技术的适用性进行了调研。结果表明，利用机械化采收技术进行甜樱桃的采收作业仍然难以满足市场需求，在农艺农机方面存在诸多困难，包括树冠形态和果实果梗连接力(如果实脱落)。

18.4.1 机械化采收中的工程问题

如果想要高效完成甜樱桃的机械化采收，那么需要从工程的角度考虑几个方面的问题。从最简单的方面而言，这些工程设备可以被认为是与果实分离和收集相关的。果实分离需要考虑力的传递(如何作动)和执行机构的定位。果实收集则要考虑收集装置的表面材料和转运装置。Tanagaki 等(2008 年)开发并测试了一种甜樱桃采收机器人，其采用基于光谱反射的三维视觉系统进行成熟果实的识别，并利用末端执行器在果梗处实现选择性采收。在实验中，他们使用盆栽树木排列成一个平面系统，该系统包括单个直立的树干和一个用于采收机器人行走的轨道。即使是在实验中，他们仍发现果实的可见度和果实的分离仍然是相当大的挑战。其他的一些研究工作则主要集中在针对整个果树或部分果树的整体采收技术，而不是针对单果的选择性采收技术。

复合式采收样机

由美国农业部(USDA)研制的复合式采收机样机，在华盛顿州的樱桃果园中进行了适用性评估，结果表明其有可能用于无梗甜樱桃鲜果的采收，其作业效果与人工相比，较为相近(Peterson 等，2003；Peterson，2005)。USDA 采收机包括两台一模一样的机器，作业时分别位于果树两侧，并同时开展采收作业(见图 18.3)。该采收机具有层叠密封式收集装置，该装置具有一定的角度，使果树主干到行中部形成密封空间，从而能够收集从倾斜树干上掉落的果实。从果树的一侧施加冲击力有可能使 Y 形果树上另一侧的果实掉落，因此两台机器在工作时，位置需要保持同步，以减少漏接果实的可能性。最早的设计需要采收机在每棵树前停下来，并展开一个收集器围住树干(Peterson 和 Wolford，2001)，而改进后的机器则加装有弹簧式收集装置，使机器减少了收集器展开的动作，与改进前的设计相比，其采收效率得到了提升。采用未改进收集器的采收机，作业效率可以达到 80 株/小时；对于安装了弹簧式收集器的采收机，其作业效率几乎提高了 1 倍（可达 158 株/小时），相当于 1 590 kg/h（Peterson 等，2003）。然而，采收效率随果树产量的不同而发生显著变化。试验结果表明，产量提升使机械采收效率可以再提高 1 倍（Whiting，未发表）。对于人工采收而言，其采收效率大约为 1 kg/h（详见前文），采用机械化采收技术将有可能使采收效率提高 26 倍以上。

图 18.3 美国农业部开发的甜樱桃鲜果采收样机

在美国华盛顿州 Y 形棚架果园中两台对称采收机的作业场景（Peterson 等，2003 年）。

采用复合集中式采收技术时，往往可以采用向树干或主枝施加外力的机械装置，包括液压式振摇器（Norton 等，1962）、一个拥有圆形橡胶头（厚 2.5 cm×直径 7.5 cm）的激振器（rapid displacement actuator，RDA）（Peterson 等，2003）以及一种减震式连续振摇机构（Larbi 等，2015）。果树枝干振摇器在振动点易导致严重的树皮损伤，其损伤部位可能导致疾病感染以及果实损伤（Norton 等，1962；Halderson，1966）。RDA 不仅能有效地分离果实，还能够减小对果树的伤害。其中，“宾库”果实的分离率通常可以达到 90%（Peterson 等，2003）。而振摇式采收方法可以实现 83%～85%的果实分离率（Larbi 等，2015）。振动采收过程中果实的分离效率随激振频率和振摇时间的变化而变化，多次振动法（振动间隔 2～5 s，频率 14～18 Hz）的分离率达到 81%（Zhou 等，2013）。果实的分离不仅取决于果梗与果实之间的分离力（PFRF），还取决于果实所在位置、与激振点的距离、树枝分叉角度和树枝的直径（Smith 和 Whiting，2010；Chen 等，

2012；Du 等，2012；Zhao 等，2013）。在“斯吉纳”采收试验中，分别在树枝根部和端部进行激振，其果实分离率高达 97%（Zhou 等，2014）。

在采收过程中，RDA 撞击树枝使果实分离，并由倾斜式收集传送装置完成对果实的收集，该倾斜式收集装置的角度可以根据树形进行调整，以减少采收过程中的落果损伤（见图 18.4）。收集到的果实将被输送到传送装置的顶部，并由一条传输皮带送到位于采收机侧后方的储果箱中。接收装置的表面材料、倾斜角度以及与树冠之间的距离都会对机收损伤率产生影响（Zhou 等，2016a）。果实跌落到收集装置表面时，其相互作用力大小和收集装置与果实的距离成正比，对于带有缓冲垫的收集装置，只有当落差高度大于 1 m 时，才会造成明显的跌落损伤。Peterson 等（2003）通过试验发现，机械采收能够得到与人工采摘相近的损伤率。Larbi 等（2015）通过试验发现，在采用相同的收集装置和振摇式采收方式时，“斯吉纳”“西拉”和“甜心”品种樱桃的果实损伤率约为 8%～12%，且其变化与果树的冠层结构有关。

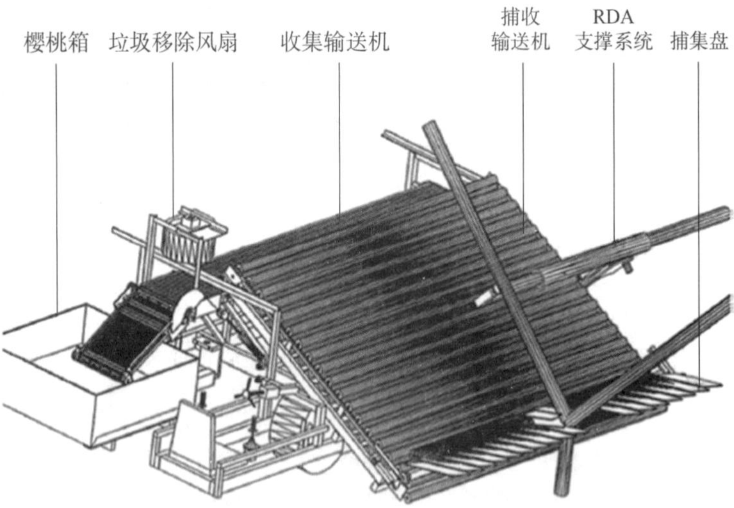

图 18.4 美国农业部甜樱桃鲜果采收样机（左侧包括收集传送带和激振器）

果实的收集效率对于整体的采收率和生产经济性至关重要，因为被分离的果实如果没有及时收集，将直接减少产量。一项经济敏感性研究评估了产量减少对采收机械市场价值的重要性（Seavert 和 Whiting，2011）：分离果实收集率减少 15%（即从 100%减少到 85%），而市场价值仅有轻微下降。研究表明，以上程度的损失不应成为阻碍果园主使用机械化采收系统的理由，因为机械化采收可以大幅降低采收成本(约为人工采收成本的10%),其潜在经济效益极为显著(Seavert和Whiting,2011)。上述USDA采收机样机的分离采收率可以达到88%(Peterson等,2003)。采用USDA采收机及其RDA激振装置进行多次采收作业,会导致产量减少8%,其主要原因是由于采收过程中分离果实的漏接问题(Peterson和Whiting,未发表)。主要的漏果区域包括收集传送带的前部和后部,因此研究人员建议对样机加长其收集装置,以减少采收过程中的漏果损失。另外,研究人员对激振装置进行了改造,降低了激振能量,使得分离的樱桃果实运动范围变小,从而得以降低整体的漏果损失(Larbi等,2015)。

局部式采收技术

局部式采收是另外一种可能用于鲜果采收的技术,其多采用机械式振摇装置,并配合人工收集,从而完成采收任务(Zhou等,2014)。局部式采收通常需要若干人配合以完成采收任务,其中一名工人手持便携式振动器,另一名或两名工人则携带轻型接收装置。便携式振动器可以为采收作业提供振摇力,其可以由往复式电锯改装而成,将电锯前端的锯片改装成V形铝质弯钩,可以适应不同的果枝大小。该方法与前文描述的振摇式采收样机的原理类似(Larbi等,2015)。田间试验结果表明,在Y形棚架结构的"斯吉纳"樱桃果园中,尽管需要3名工人同时作业,但是采用局部式采收技术的作业效率约为相同果园人工采收效率的4倍(Ampatzidis等,2012)。初步试验表明,修剪作业对于局部采收技术非常重要,不仅可以使较为复杂的树形结构中出现较为开阔的空间,以提高收集装置的接收效率,还能够去除果树中部分有问题的树枝,进而通过调整作业参数(如振摇频率和幅度)以提高振动能量的传递效率。采用较高振摇频率(如18 Hz)的短时高强度撞击,将比多次低强度振摇带来更多的果实损伤(Zhou等,2016b)。在振动频率为18 Hz时,果实在采收过程中受到的撞击约为14 Hz时的25%。然而采用14 Hz的振摇频率进行采收时,果实的损伤却明显降低。此外,该研究还表明,采用局部采收技术时,果实与果实之间的相互碰撞约为果实与树枝之间碰撞的4倍(Zhou等,2016b)。与复合式采收机相同,果实的分离率与振摇部位有关(Zhou等,2016a)。采用多个部位进行振摇,可以分离90%以上的成熟果实。局部式采收技术通常被认为适用于目前已经拥有中等树形大小的果园。在生产中,只需要对果树进行适度的修剪,即可以满足半机械化采收的需求。

18.4.2 机械化采收中的园艺问题

树冠结构

针对樱桃鲜果机械化采收，已经开展了10多年的研究工作，但目前仍未出现满足市场需求的作业系统。在一定程度上，是由于缺乏农艺农机融合的果树栽培体系。在机械化采收系统中，需要将樱桃果树改造成为如图18.5所示的Y形或V形棚架结构，以使采收过程中分离的果实能够顺利被收集装置所接收。与人工采收的果园相比，适用于机械化作业的果园，其树形结构应与水平方向夹角较小(如为55°)。而适用于人工采收的果园，其果树树冠与水平方向的夹角一般为70°～80°。与水平方向夹角较小时，可以最大限度地减少果实与树枝的接触，进而降低采收过程中的果实损伤。由于在这种栽培体系中，新生枝条往往会生长在Y形果树树冠的中部，从而导致树冠内的遮挡，因此这些新生嫩枝必须在采收后或休眠季节时剪除。

图18.5 适用于机械采收的华盛顿州立大学“斯吉纳/G12”和“西拉/G12”甜樱桃棚架果园(株行距为1.0 m×4.5 m)

在世界上很多樱桃产区，虽然都出现过Y形和V形棚架果园，但它们栽培的生长角度往往与水平面较大，不适合于开展机械化采收，并且这些果园的种植行距通常小于4.5 m，难以适合USDA采收机开展作业(见图18.3)。针对Y形棚架结构果园的机械化采收研究表明，当采收机激振器能够较为容易地进行定位和执行激励作业时，USDA采收机的采收效率可以达到每小时158棵树

(Peterson 等,2003)。相比之下,同样的机械化采收装备在西班牙丛枝形或中央领导干树形果园中作业时,每小时只能完成 45 棵树的采收。采收率的降低,其主要原因是需要被振动的树枝往往难以接近,且操作者在对振动位置进行定位时可见度较差。在这些机械采收效率较低的果园中,多达 25%的果实未能实现机械化采收,因为树形的遮挡使得操作人员很难完成相应的操作(Peterson 等,2003)。此外,在采收过程中,激振器定位位置不当会导致明显的树皮破损情况发生(Peterson 和 Whiting,未发表)。研究表明,采用机器视觉系统控制激振器将有可能提高采收效率,并减少不当操作和果树损伤。Amatya 等(2016)开展了基于机器视觉的果树振摇位置定位识别研究,试验结果表明其识别率可以达到 90%。

在机械化采收过程中,需要考虑以下 3 个与树形结构相关的问题:①主干能够形成紧凑且较为一致的平面,其倾角应与水平面保持在 55°～60°范围内;②激振位置需要具备较高的能见度;③减少柔软的、特别是悬垂的树枝,以便最有效地将振动能量从激振点传递至树冠中果实生长的位置。UFO 树形结构通常为直立平面型,且只有主要枝干并生长有大量果实,如果将其修建成 Y 形结构,那么将更加适合于机械化采收作业,相比于传统的龙干式 Y 形棚架结构,可以得到更好的分离效率(高达 98%)和采收作业效率(Whting,未发表)。无论采用何种树形结构,果树树枝都需要具有较强的刚度,以便于振动能量的传递。细嫩的树枝和主干,以及大量侧向生长的树枝是不利于机械化作业的。总而言之,采收机所施加的振动能量需要通过枝干传递到果实生长的部位,并能够产生足够大的惯性力(克服果梗果实保持力),使果实与树枝分离。

果梗与果实间的连接力(pedicel-fruit retention force, PFRF)

不同品种甜樱桃,其 PFRF 呈现出显著的生理差异,有的品种 PFRF 小于 300 g,而有的品种则在 1 kg 以上(Zhao 等,2013), PFRF 高的品种不适合机械化采收。在当果实果梗之间的连接力较大时,需要使用较大的激振力,进而导致中果皮损伤,在某些情况下,还可能导致整条嫩枝的脱落,而不是单个果实的分离。不论采用何种激振方式进行采收作业,比较理想的条件是 PFRF 可以小于 400 g(Peterson 等,2003; Whiting,未发表),尽管这种情况可能随着果实生长位置、树枝直径大小和距离激振位置的远近而所有不同。在加工类酸樱桃和甜樱桃的机械化采收作业中,使用乙烯利(2-氯乙基膦酸)降低 PFRF 常规做法。而不同甜樱桃品种对乙烯利处理的反应效率以及时间都不尽相同(Bukovac 等,1971; Wirch 等,2009),如“舍蓝”,用乙烯利进行处理后的果实,其 PFRF 可能不会发生变化(Smith 和 Whiting，2010)。

乙烯利的使用会对果实品质产生负面影响，最为常见的是果实硬度降低(Bukovac 等，1971；Smith 和 Whiting，2010)，以及流胶、顶端分生组织衰老和落叶等(Bukovac 等，1969；Bukovac，1979)。上述影响主要取决于樱桃的品种、施药量和施药时间，以及外部环境等条件(Li 等，1994；Smith 和 Whiting，2010；Zhao 等，2013)。Smith 和 Whiting(2010)根据不同的分离特性将樱桃分为 3 种基因类型：①无反应型，即 PFRF 不会因为施加乙烯利而减小，因此该类型樱桃由于具有较大的自然 PFRF，故而不适合采用机械采收方式(如"舍蓝"和"考奇")；②有反应型，即通过施加乙烯利可以降低果实的 PFRF，因此适合于机械化采收(如"宾库"和"拉宾斯")；③自然分离型，即不需要施加乙烯利，其 PFRF 大小也可以满足机械化采收的要求(如"斯吉纳"和"西拉")。如果考虑到施加乙烯利可能对樱桃果实的品质产生负面影响，则只有较高品质的自然分离型樱桃品种才适合于机械化采收。Zhao 等(2013)通过对众多品种和 F_1 实生苗的试验研究表明，PFRF 是一个数量性状，PFRF 大小与果实的关键品质特征(如果实大小、硬度等)关联程度较低，并建议通过杂交的方式培育低 PFRF 的优质樱桃品种。

机收樱桃的市场化

由于甜樱桃机械采收的成功与 PFRF 有关，因此很大部分的机收樱桃都不带果柄。在甜樱桃果实与树枝的两个脱落部位中，果柄与果实之间的连接力通常会小于果柄与树枝之间的连接力，尤其在采收季节更为明显(Bukovac，1971)。无梗甜樱桃难以进入市场销售将可能成为阻碍机械化采收技术进一步发展和推广的制约因素。市场调研显示，在消费者购买甜樱桃时，最不关注的樱桃是否带有果柄，而价格和保质期则是消费者最为关注的因素(Koutsimanis 等，2012)。然而，在批发市场，无梗樱桃就不那么受欢迎了，其主要原因是购买者认为没有绿色果柄的樱桃，其保质期会比较短。

机械化采收的高效(在樱桃采收季节，很难临时雇佣和管理大批采收工人)，使得在樱桃完全成熟的时间段内可以快速完成采收，以得到较大的果实、较高的产量、较好的甜度和口感。另外，无梗樱桃也有其市场上和存储上的优点，如不用去柄，简化电子分级和包装，以及可以采用更多类型的包装方式，如采用热封口袋、生物包装袋等(Drake 等，1989；Koutsimanis 等，2015)。对采收后"宾库"和"斯吉纳"樱桃的研究表明，无论是否有果柄，樱桃果实重量的减少主要与果实果皮有关，而与果柄没有关系(Smith 和 Whiting，2011)。在美国的一家主要零售超市研究显示，消费者愿意为 2 kg 包装的无梗樱桃支付与有柄樱桃相同的价格。近期研究结果表明，采用局部式采收机（详见下文）采收的“斯吉纳”无梗樱桃，放入 1 kg 塑料袋进行销售时，在 4 周时间里，与有柄樱桃的销售相近，甚至更好一些（Whiting，未发表）。西班牙出产的“皮科塔”牌无梗优质甜樱桃已经得到了区域性认可。“安布内丝”樱桃是“皮科塔”品牌销售的种植最为广泛的品种，其一般采用人工采收，且不带果柄，可以减小对劳动力的需求，进而改善采收后的质量（Serradilla 等，2011）。

18.5 加工用酸樱桃机械采收技术的创新

在甜樱桃生产中，园艺栽培和基因技术上的创新使其向高密度栽培方向发展，从而能够早期丰产和高产，获得较好果实品质和较高的收益率，但在酸樱桃生产中，密植生产技术才刚刚开始进行推广。其中包括两方面的因素：一是酸樱桃主要用于加工市场，其价值相对较低；二是由于已经为现有果园投入大量资金，用于购买树干振摇式采收机，需要持续多年的生产和销售，才能满足投资收益回报（ROI）的要求。采用机械采收的酸樱桃果园通常会使用“马哈利”或“马扎德”砧木进行栽培，果树间距为 4.5～6 m×5.5～6 m，以满足机械化采收的需求。采用上述栽培形式，将会生长出较大的球形树冠（5 m 或更高），且不能生长有低于 1.5 m 的树枝，以免对振摇采收机夹持树干进行采收作业造成影响。在栽培后的第六或第七年，才能开始进行采收作业，并需要在发芽期施用赤霉酸，以尽量减少开花量，从而减少因树冠过度生长对树干生长产生的影响。另外，振摇式采收机对树干的损伤，也可能会影响果园的生产寿命。在其他文献中，也有对美国和欧洲标准低密度栽培酸樱桃生产系统的描述（Brown 和 Kollár，1996；Calleson，1997）。

在美国农业部位于西弗吉尼亚州的试验站中，Brown 和 Kollár（1996）对 D. Peterson 开发的树干振摇式采收机进行了改造，可以开展连续式采收作业。在 20 世纪 90 年代末，Wawrzyńczak 等（1998）提出了连续式酸樱桃采收技术。在欧洲东部，商业化的酸樱桃生产果园多采用密集的 Morello 品种，如“肖特摩尔”，其果树间距一般为 4 m×5 m，可以便于便携式或树枝振摇采收机开展采收作业。在波兰，研究人员开始进行矮化密植型（每公顷 1 670 棵树）生产，并使用带有多层疏脱装置的龙门型（over-the-row，OTR）浆果采收机完成采收作业，以达到降低生产成本的目的（Mika 等，2011）。关于龙门式采收机的研究主要在美国酸樱桃产区，如密歇根州（Perry，2008，私信）和犹他州（Black，2010，私信），以及加拿大唯一的酸樱桃产区(Bors，2009，私信)。

18.5.1 有关龙门式采收的工程问题

最早将带有多层疏脱采收技术(常用于浆果采收)用到酸樱桃龙门式采收机的是来自波兰的科学家和工程师(Wawrzyńczak 等，1998)。这种自走龙门型采收机通常需要跨过植株开展采收作业，在采收机内部带有两个纺锤形状的振动式疏脱装置，每个装置上装有许多疏脱杆(杆径为 10～20 mm，杆长为 45～60 cm)，通过这些疏脱杆，采收机可以在行进过程中均匀地将惯性力传递到果树，到达分离果实的目的(见图 18.6)。疏脱杆材料可以为玻璃钢、塑料或钢材，多排的疏脱杆安装在两个交叉的转轴上，类似于自行车轮上的辐条(见图 18.7)。当采收机跨过植株开展作业时，振动的疏脱杆将与树枝接触，并使之产生振动，从而达到分离果实的目的。疏脱杆有多种振动形式，包括水平式、垂直式或轨道式(根据采收机型号而定)，其驱动力由旋转的偏心质量块提供。采收机的操作人员可以通过驾驶室的操纵手柄，控制采收机的振动幅度、频率和强度(打击力)，以及采收机的行驶速度。

图 18.6 带有双纺锤形疏脱杆的龙门式采收机在美国密歇根州的采收场景(Littau 采收机，俄勒冈州，美国)

随着采收机不停地沿着植株前进，被分离的果实将很快掉落在采收机的收集装置上，这种收集装置采用带有机械弹簧反馈力的结构形式，能够靠紧树干快

图 18.7 带有双纺锤形疏脱杆采收机(Oxbo9000 型)的振动机构、鱼鳞式收集器,以及将酸樱桃果实传送到储果箱的双传送带

速运动,其上面安装的塑料"鱼鳞"式收集板,可以较好地完成果实的收集(见图 18.7)。收集板可以将果实通过传送带送到采收机上的储果箱(见图 18.8),以便于后期将采收的果实送到加工工厂。浆果采收机中间龙门的大小一般设计为 1.2 m 宽、2.4 m 高。由于在酸樱桃采收作业中的实际需求,因此目前开始根据需要对其结构进行改造,以适合于树形更大的采收作业。除自走龙门式采收

图 18.8 储果箱中机收樱桃的传送收集装置(Littau 采收机,俄勒冈州,美国)

机以外，市场上也可以找到如小型龙门式、半行牵引式采收机。在美国，已经有Oxbo国际公司（http://www.oxbo-corp.com）和Littau采收机公司（http://www.littauharvester.com）的商业产品进行了生产性试验（Perry，2008年，私信）。波兰的Weremczuk Agromachines（http://www.aroniagravest.com）公司，除了生产自走龙门式采收机以外，还生产半行牵引式采收机，可以实现在单行作业过程中，完成对果树一侧果实的采收。这种半行小型采收机已经在加拿大投入使用，主要用于下文中将要描述的紧凑型酸樱桃品种的采收（Bors，2009年）。

由于龙门式采收机能够沿着果树进行连续跨行作业，因此其作业效率远远高于树干振摇式采收机。根据果树的大小（每公顷通常有278株树），一般情况下，经验丰富的振摇采收机操作员完成1 ha果园的采收作业需要使用3.7 h。而驾驶员操作龙门式采收机完成1 ha果园（每公顷1 300～1 700棵树）的采收作业，如果树生长时间较短，则一般需要1 h（最高作业速度为1.5～2.4 km/h）；如果树生长时间较长，则需要2 h（最高作业速度为1.0～1.5 km/h）（Perry和Black，未发表）。当然，其采收效率也与果树间距及植株产量相关。采用龙门式采收机不仅可以得到较早的收益，还能够得到较高的采收效率（与行间距和植株产量相关），并减少对果树的损伤（如树干损伤）。另外，如果采收机安装有照明系统，那么还可以在温度较低的夜晚开展作业。在密歇根州，“蒙莫朗西”品种的平均产量约为9 t/ha（McManus，2012），在犹他州产量较高的年份，其产量约为17 t/ha（Black，2010年，私信）。在“蒙莫朗西”品种密植型果园栽培后的第三或第四年，如果夏季进行枝条修建，其产量可以达到9 t/ha，如果不进行夏季剪枝，则其产量可以达到12～14 t/ha（Perry，未发表）。但截至目前，还没有针对采收果实成熟度和矮化密植果园（适合于龙门式作业）生命周期的研究工作。

与采用树干振摇的形式进行采收相比，龙门式采收过程中，其果实落到收集器上的距离更短，从而减少了落果损伤。波兰园艺研究院（斯基尔尼维兹，波兰）设计开发的采收样机需要4个操作员同时工作，当机器作业速度为0.8 km/h时，可以达到1.3～2.6 t/h的采收效率，且可以分离83%～95%的果实（Mika等，2011）。虽然机械采收的樱桃果实，其品质能够满足加工的需要，但与人工采收相比，果实品质存在一定的差距。需要指出的是，由4个工人组成的采收小组，其采收效率仅为0.05 t/ha。当果实的PFRF低于3.0 N时，将很容易实现分离。在美国，在采用树干振摇式采收机进行“蒙莫朗西”樱桃采收之前的10～14天，需要对果实施加乙烯利，以加速果实的成熟，并使果实的PFRF降低至

150～300 g(1.5～3.0 N)之间，使施加在树干上的激振力，通过主干、树枝的传递，也能够满足振摇采收的要求。当采用龙门式采收机进行“蒙莫朗西”采收时，可以完成 PFRF 为 600 g(6.0 N)(Perry，未发表)果实的分离，且果实分离效率能够达到 98%(Pullano，2013)。在不考虑果实颜色一致性的前提下，采用龙门式采收方式将可能消除乙烯利的使用，以避免果实的软化。另外，通过调整振动强度，可以通过多次采收的方式，对不同成熟度的果实实行选择性采收。采用龙门式采收技术，可以得到与树干振摇式采收机相同的果实品质。截至 2016 年，密歇根州酸樱桃果农已经建成了 35 ha 的密植“蒙莫朗西”果园，用于龙门式采收。

18.5.2　有关龙门式采收的园艺问题

Robinson(2007)证明了每公顷苹果树的树势和植株密度之间的相反关系，对于树势明显较强的砧木树来说，由于密植会加剧其对水和营养素的竞争，因此导致其树势下降。为了保持酸樱桃处于一个树势较低的状态，利用龙门式采摘酸樱桃园的株间距建议为 4 m×1.5～2.0 m(Mika 等，2011)。高密度酸樱桃果园的设计目标是创造相对狭窄(2.0～2.5 m)的灌木篱墙。篱墙由灌木状的小树组成，篱墙的通道刚好足够容纳拖拉机设备以及跨在篱墙上的龙门式采收机。相比主干振动型果园，由于许多酸樱桃品种具有早果性，因此这种可以在幼树上进行采收的能力提供了更早的投资回报率(ROI)。除了保持篱笆灌木足够小以供跨行方法采摘外，目前进行的研究方法还包括修剪树根、在夏季开花后 40～45 天进行新梢修剪、以倾斜角度种植(如 UFO 系统)、使用抑制生长的植物生长调节剂如调环酸钙(如，Apogee，Regalis)以及矮化砧木等方法。

篱墙树冠的开发与维护是当前的一个重要研究领域，该研究不仅能够保持适合于跨行方法采摘灌木树冠的尺寸，而且有利于果实生长结构的更新优化。不同品种酸樱桃在生长习惯上也各不相同，有些品种形成较多的短果枝，而另一些品种还主要保留了在新梢上结果的习性。对于前者，必须促进良好的果树冠层光分布，以保持整个冠层可以挂果的短果枝形成。对于后者，对于大部分树冠而言在 1 年生枝条上生长果实可能导致在日后形成生长盲点，而目前对此尚无对应的策略。波兰“莫雷拉”类型酸樱桃，如嫁接在“马哈利”砧木上的“第波特莫”“内福乐斯”“英国莫雷拉”和“索卡”等，与高密度苹果果园的纺锤形结构相比，关注中心领导干和枝条的更新(Mika 等，2011)。树体整形成一个 2.5～3.0 m 高的中央领导干树体，并同时清除任何可能与中央领导干竞争的强的新梢。这样做会导致一种由较细、柔韧且向侧面生长的树枝所组成的较窄的树冠结构。每年更新修剪时，将 3～4 个 3 年生或更老的枝条回缩修剪，使得树冠适度变薄，以便再次生长和更新。根据品种不同，果实主要（74%～99%）生长在 1 年生新梢上。

美国龙门式采摘机械的树冠管理研究通常集中在主要品种“蒙莫朗西”上，目前正在密歇根州立大学和犹他州立大学进行（Pullano，2013；Lehnert，2015）。密歇根州的研究已经涉及部分机械化修剪和结果枝的更新，包括夏季修剪、冬季修剪、根系修剪、矮化砧木的使用以及用于树体大小控制的平面式树冠结构等方面。到目前为止，第 4 年和第 5 年的产量已经超过了成熟的传统酸樱桃果园的一般产量（Perry，未发表）。在“马哈利”砧木上“蒙莫朗西”整形成丛壮或直立平面形，并包含有多个直立的、多分枝的领导树枝，与具有中心领导干的树形相比其树势更低，树冠也更小（Rothwell 和 Lang，未发表）。在其他的果树研究中，春季（盛花期）时进行根系修剪能显著降低苹果、甜樱桃和酸樱桃的冠层树势 15%～30%（Brunner，1986；Ferree，1992；Andersen 等，2007）。对苹果树进行 6 年的根系修剪，除非土壤湿度符合要求，否则将会不断地降低枝条长度、主干周长和果实大小（Ferree，1992）。对于密歇根州沙地上的“蒙莫朗西”酸樱桃树，根系修剪使其树冠和果实大小分别减少了 20%和 10%（Perry，未发表）。

对于所有的矮化密植酸樱桃树冠整形而言，树枝循环策略对于保持其生产力和适当的树体大小来说至关重要。在第六个生长季节（Perry，2008，私信），“马哈利”砧木上的“蒙莫朗西”树生长达到了其高 4.5 m、宽 3.2 m 的 OTR 采收大小限制。在初夏开花后 40～45 天进行新梢修剪和根系修剪（在开花前）有希望在最小影响产量的前提下，抑制并形成紧凑型树冠。冬季修剪显著降低了后续收益率。在开花后 45 天进行修剪已经被证明可以提高产量和“蒙莫朗西”的树冠透光率（Flore 和 Layne，1990）。在犹他州进行的研究利用了标准和矮化砧木以及不同株行距的纺锤形树冠等方法。果树被 1～4 个永久的定型桩安置在与拖拉机行驶方向平行的地方，可形成单纺锤形树，或 V 形（两个主枝）果树，或烛台型（三或四个中央树枝）树冠，从而便于在果树中间行驶的龙门式采收机作业。与苹果的纺锤形培育不同，“蒙莫朗西”品种在更新修剪时枝条必须至少留 7～10 cm 长，以诱导足够的新梢再生（Black，未发表）。

在密歇根州，当地生长的“蒙莫朗西”果树相比嫁接在“马哈利”砧木上的果树而言，早果性差。“吉塞拉 6 号”上嫁接的果树具有某种程度的早果性，“吉塞拉5号”和“吉塞拉3号”上嫁接的果树明显具有早果性(Rothwell和Lang,未发表)。类似的早果性研究也记载于犹他州的研究中(Black,未发表)。嫁接在密歇根州立大学樱桃杂交砧木上的“蒙莫朗西”早熟性更强(Perry和Iezzoni,未发表)。嫁接于MSU项目中砧木“凯斯”和“雷克”上的酸樱桃不仅产量更高,而且比“马哈利”上嫁接的酸樱桃小60%(见图18.9)。

图18.9　“蒙莫朗西”嫁接在不同砧木上的生长情况(见彩图29)

“蒙莫朗西”嫁接在“马哈利”上的生长情况(左侧),以及嫁接在杂交砧木“凯斯”上6年后的生长情况(右侧)。

在加拿大,采用龙门式采收栽培的酸樱桃生产主要集中在萨斯喀彻温大学育种计划中的自生根结果品种的选育上,主要来自酸樱桃和草原樱桃自然杂交的紧凑型杂交后代(Bors, 2005,2009)。这是一种耐寒且天然丛壮形的植物,适合在加拿大大草原上生长,并可以使用比美国研究中更小的OTR采收机械进行采摘,该采收机械也可用于采摘覆盆子、蓝莓、蓝靛果忍冬、萨斯卡通等水果。在密歇根州正在进行一项试验,包括“卡明宝石”和“里森热情”,从而可以与“蒙莫朗西”以及其他两种紧凑型优系进行比较(Perry, 2008,私信)。

参考文献

Amatya, S., Karkee, M., Gongal, A., Zhang, Q. and Whiting, M. D. (2016) Detection of cherry tree branches with full foliage in planar architecture for automated sweet cherry harvesting. *Biosystems Engineering* 146, 3 - 15.

Ampatzidis, Y. and Whiting, M. D. (2013) Training system affects sweet cherry harvest efficiency. *HortScience* 48, 547 - 555.

Ampatzidis, Y., Zhang, Q. and Whiting, M. D. (2012) Comparing the efficiency of future harvest technologies for sweet cherry. *Acta Horticulturae* 965, 195 - 198.

Bors, B. (2009) Mechanical harvesting of Haskap, Saskatoons, and dwarf sour cherries using the Joanna Harvester in 2009. Available at: http://www.fruit.usask.ca/articles/mechanicalharvest2009.pdf (accessed 28 July 2016).

Bors, R. H. (2005) Dwarf sour cherry breeding at the University of Saskatchewan. *Acta Horticulturae* 667, 135 - 140.

Brown, G. K. and Kollár, G. (1996) Harvesting and handling sour and sweet cherries for processing. In: Webster, A. D. and Looney, N. E. (eds) *Cherries: Crop Physiology, Production and Uses*. CAB International, Wallingford, UK, pp. 443 - 469.

Brunner, T. (1986) Growth regulation based on self-regulating system of fruit trees. *Acta Horticulturae* 179, 291 - 292.

Bukovac, M. J. (1971) The nature and chemical promotion of abscission in maturing cherry fruit. *HortScience* 6, 385 - 388.

Bukovac, M. J. (1979) Machine-harvest of sweet cherries: effect of ethephon on fruit removal and quality of the processed fruit. *Journal of the American Society for Horticultural Science* 104, 289 - 294.

Bukovac, M. J., Zucconi, F., Larsen, R. P. and Kesner, C. D. (1969) Chemical promotion of fruit abscission in cherries and plums with special reference to 2-chloroethyl phosphonic acid. *Journal of the American Society for Horticultural Science* 94, 226 - 230.

Bukovac, M. J., Zucconi, F., Wittenbach, V. A., Flore, J. A. and Inoue, H. (1971) Effects of 2-chloroethyl phosphonic acid on development and abscission of maturing sweet cherry (*Prunus avium* L.). *Journal of the American Society for Horticultural Science* 96, 777 - 781.

Calleson, O. (1997) Orchard systems for sour cherry. *Acta Horticulturae* 451, 653 - 660.

Chauvin, M. A., Whiting, M. D. and Ross, C. F. (2009) The influence of harvest time on sensory properties and consumer acceptance of sweet cherries. *HortTechnology* 19, 748 - 754.

Chen, D., Du, X., Zhang, Q., Whiting, M., Scharf, P. and Wang, S. (2012) Performance evaluation of mechanical cherry harvesters for fresh market grade fruit. *Applied Engineering in Agriculture* 28, 483 - 489.

Crisosto, C. H., Crisosto, G. M. and Metheney, P. (2003) Consumer acceptance of

'Brooks' and 'Bing' cherries is mainly dependent on fruit SSC and visual skin color. *Postharvest Biology and Technology* 28, 159 - 167.

Drake, S. R. and Elfving, D. C. (2002) Indicators of maturity and storage quality of 'Lapins' sweet cherry. *HortScience* 12, 687 - 690.

Drake, S. R., Williams, M. W. and Fountain, J. B. (1989) Stemless sweet cherry (*Prunus avium* L.) - fruit quality and consumer purchase. *Journal of Food Quality* 11, 411 - 416.

Du, X., Chen, D., Zhang, Q., Scharf, P. A. and Whiting, M. D. (2012) Dynamic responses of sweet cherry trees under vibratory excitations. *Biosystems Engineering* 111, 305 - 314.

Einhorn, T. C., Wang, Y. and Turner, J. (2013) Sweet cherry fruit firmness and postharvest quality of late-maturing cultivars are improved with low-rate, single applications of gibberellic acid. *HortScience* 48, 1010 - 1017.

Ferree, D. (1992) Time of pruning influences vegetative growth, fruit size, biennial bearing, and yield of 'Jonathan' apple. *Journal of the American Society for Horticultural Science* 117, 198 - 202.

Flore, J. and Layne, D. (1990) The influence of tree shape and spacing on light interception and yield in sour cherry (*Prunus cerasus* cv. Montmorency). *Acta Horticulturae* 285, 91 - 96.

Fulmer, S., Punnett, L., Slingerland, D. T. and Earle-Richardson, G. (2002) Ergonomic exposures in apple harvesting: preliminary observations. *American Journal of Industrial Medicine* (Suppl. 2), 42, 3 - 9.

Halderson, J. L. (1966) Fundamental factors in mechanical cherry harvesting. *Transactions of the American Society of Agricultural Engineers* 9, 681 - 684.

Hofmann, J., Snyder, K. and Keifer, M. (2006) A descriptive study of workers' compensation claims in Washington State orchards. *Occupational Medicine* 56, 251 - 257.

Kappel, F., Fisher-Fleming, B. and Hogue, E. (1996) Fruit characteristics and sensory attributes of an ideal sweet cherry. *HortScience* 31, 443 - 446.

Koutsimanis, G., Getter, K. L., Behe, B., Harte, J. and Almenar, E. (2012) Influences of packaging attributes on consumer purchase decisions for fresh produce. *Appetite* 59, 270 - 280.

Koutsimanis, G., Harte, J. and Almenar, E. (2015) Freshness maintenance of cherries ready for consumption using convenient, microperforated, bio-based packaging. *Journal of the Science of Food Agriculture* 95, 972 - 982.

Larbi, P. A., Karkee, M., Amatya, S., Zhang, Q. and Whiting, M. D. (2015) Modification and field evaluation of an experimental mechanical sweet cherry harvester. *Applied Engineering in Agriculture* 31, 387 - 397.

Lehnert, R. (2015) Cherries harvested as berries. *Good Fruit Grower* 66, 34 - 35.

Li, S. , Andrews, P. K. and Patterson, M. E. (1994) Effects of ethephon on the respiration and ethylene evolution of sweet cherry (*Prunus avium* L.) fruit at different development stages. *Postharvest Biology and Technology* 4,235 - 243.

Looney, N. E. , Webster, A. D. and Kupferman, E. M. (1996) Harvest and handling sweet cherries for the fresh market. In: Webster, A. D. and Looney, N. E. (eds) *Cherries: Crop Physiology, Production and Uses.* CAB International, Wallingford, UK, pp. 411 - 441.

McManus, J. (2012) Grower decision support tool for conversion to high-efficiency tart cherry orchard system. MS thesis, Michigan State University, East Lansing, Michigan.

Mika, A. , Wawrzyńczak, P. , Buler, Z. , Krawiec, A. , Białkowski, P. , Michalska, B. , Plaskota, M. and Gotowicki, B. (2011) Results of experiments with densely-planted sour cherry trees for harvesting with a continuously moving combine harvester. *Journal of Fruit and Ornamental Plant Research* 19,31 - 40.

Norton, R. , Claypool, L. L. , Leonhard, S. J. , Adrian, P. A. , Fridley, R. B. and Charles, F. M. (1962) Mechanical harvesting of sweet cherries: 1961 tests show promise and problems. *California Agriculture* 16,8 - 10.

Patten, K. D. and Proebsting, E. L. (1986) Effect of different artificial shading durations and natural light intensities on fruit quality of 'Bing' sweet cherries. *Journal of the American Society for Horticultural Science* 111,360 - 363.

Peterson, D. L. (1984) Mechanical harvester for high density orchards. In: *Fruit, Nut, and Vegetable Harvesting Mechanization*, Special Publication 5 - 84. American Society of Agricultural Engineers, St Joseph, Michigan, pp. 46 - 51.

Peterson, D. L. (2005) Harvest mechanization progress and prospects for fresh market quality deciduous tree fruits. *HortTechnology* 15,72 - 75.

Peterson, D. L. and Wolford, S. D. (2001) Mechanical harvester for fresh market quality stemless sweet cherries. *Transactions of the American Society of Agricultural Engineers* 44,481 - 485.

Peterson, D. L. , Whiting, M. D. and Wolford, S. D. (2003) Fresh-market quality tree fruit harvester. Part 1: sweet cherry. *Applied Engineering in Agriculture* 19,539 - 543.

Pullano, G. (2013) Researchers eye high-density tart cherry harvest. *Fruit Growers News* 52,11 - 12.

Robinson, T. (2007) Effects of tree density and tree shape on apple orchard performance. *Acta Horticulturae* 732,405 - 414.

Seavert, C. and Whiting, M. D. (2011) Comparing the economics of mechanical vs. hand harvest of sweet cherry. *Acta Horticulturae* 903,725 - 730.

Seavert, C. , Freeborn, J. and Long, L. (2008) *Orchard Economics: Establishing and Producing High-Density Sweet Cherries in Wasco County.* Oregon State University Extension Service Publication EM 8802-E, Corvallis, Oregon.

Serradilla, M. J. , Lozano, M. , Bernalte, M. J. , Ayuso, M. C. , López-Corrales, M. and

González-Gómez, D. (2011) Physicochemical and bioactive properties evolution during ripening of 'Ambrunés' sweet cherry cultivar. *LWT — Food Science and Technology* 44, 199 - 205.

Smith, E. and Whiting, M. (2010) Effect of ethephon on sweet cherry pedicel-fruit retention force and quality is cultivar dependent. *Plant Growth Regulation* 60, 213 - 223.

Smith, E. D. and Whiting, M. D. (2011) The pedicel's role in postharvest weight loss of two sweet cherry cultivars. *Acta Horticulturae* 903, 935 - 939.

Tanagaki, K., Fujiura, T., Akase, A. and Imagawa, J. (2008) Cherry-harvesting robot. *Computers and Electronics in Agriculture* 63, 65 - 72.

Toldam-Andersen, T. B., Jensen, N. L. and Dencker, I. (2007) Effects of root pruning in sour cherry (*Prunus cerasus*) 'Stevnsbaer'. *Acta Horticulturae* 732, 439 - 442.

Wawrzyńczak, P., Cianciara, Z. and Krzewiński, J. (1998) A new concept of mechanical harvest of sour cherries. *Journal of Fruit and Ornamental Plant Research* 6, 123 - 128.

Whiting, M. D. and Lang, G. A. (2004) 'Bing' sweet cherry on the dwarfing rootstock Gisela 5: crop load effects on fruit quality, vegetative growth, and carbon assimilation. *Journal of the American Society for Horticultural Science* 129, 407 - 415.

Wirch, J., Kappel, F. and Scheewe, P. (2009) The effect of cultivars, rootstocks, fruit maturity and gibberellic acid on pedicel retention of sweet cherries (*Prunus avium* L.). *Journal of the American Pomological Society* 63, 108 - 114.

Zhao, Y., Athanson, B., Whiting, M. and Oraguzie, N. (2013) Pedicel-fruit retention force in sweet cherry (*Prunus avium* L.) varies with genotype and year. *Scientia Horticulturae* 150, 135 - 141.

Zhou, J., He, L., Zhang, Q., Du, X., Chen, D. and Karkee, M. (2013) Evaluation of the influence of shaking frequency and duration in mechanical harvest of sweet cherry. *Applied Engineering in Agriculture* 29, 607 - 612.

Zhou, J., He, L., Zhang, Q. and Karkee, M. (2014) Effect of excitation position of a handheld shaker on fruit removal efficiency and damage in mechanical harvesting of sweet cherry. *Biosystems Engineering* 125, 36 - 44.

Zhou, J., He, L., Karkee, M. and Zhang, Q. (2016a) Effect of catching surface and tilt angle on bruise damage of sweet cherry due to mechanical impact. *Computers and Electronics in Agriculture* 121, 282 - 289.

Zhou, J., He, L., Karkee, M. and Zhang, Q. (2016b) Analysis of shaking-induced cherry fruit motion and damage. *Biosystems Engineering* 144, 105 - 114.

19 鲜果的采后生物学和处理

19.1 导语

根据果实的物理学或果树学特征，甜樱桃属于是一种可食用核果。Bigarreau 和 Duroni（意大利）组樱桃品种果肉坚硬，而 Guigne（法国）、Gean（英国）和 Tenerine（意大利）类果肉软嫩。只有 Bigarreau 组樱桃果肉足够坚实，才能够经受住采摘、采后处理和长途运输的严酷考验，用于商业用途。樱桃的果肉有深色和浅色之分。深色系樱桃呈红色到红紫色或红褐色，而浅色系樱桃（所谓的白色）呈黄色，后者通常在黄色的果皮上带有部分粉色或者红色的红晕。果实的形状从圆形、椭圆形到心形各不相同，果梗的长度为 2～8 cm（Fogle 等，1973）。

在北半球，甜樱桃收获期为 4 月下旬到 9 月初。在美国，收获的季节从南加州炎热的圣华金山谷开始，逐渐延伸到较凉爽的俄勒冈州和华盛顿州。生长于加拿大温和的气候条件下以及美国俄勒冈州和华盛顿州高海拔地区的晚熟品种主要在后期收获（7—8 月）。目前，美国国内市场与出口市场的产量比约为 2∶1，但随着中国大陆、台湾和香港等一些利润更丰厚的海外市场价格提高，美国的出口量正在逐步扩大。产品采后储存期从 1 周（国内市场）延长至约 30 天（远距离出口），包括持仓期、海运和分销到遥远的市场（如中国）。

南半球的生产从 11 月份一直延续到翌年 2 月份，并由智利主导，尽管它只占世界甜樱桃总产量的 4%。智利出口的主要市场是中国，樱桃收获后通过海运在 0℃储存 45 天送达目的地。新西兰（中奥塔哥）和澳大利亚（塔斯马尼亚）的樱桃在 12 月份出现在中国市场，它们是本生产季度后期的主要供应商，并一直持续到 2 月份（主要通过空运）。

本章将综述甜樱桃果实生长和成熟的生理学，以及果实采后处理和变质的关键因素。

19.2　果实生长和成熟生理

甜樱桃果实由一个坚硬的内果皮(果核)、有气孔的外果皮(果皮)和由子房壁形成的可食用中果皮(果肉)构成。表皮是由一层薄薄的角质层覆盖的单层细胞,除了被气孔打断之外,表皮是连续的(Tukey 和 Young, 1939; Bukovac 等, 1999; Knoche 等,2000,2001)。与中果皮细胞相比,甜樱桃下表皮细胞较小且细胞壁较厚。中果皮细胞在表皮附近为纵向延伸,在果核附近为径向延伸(Glenn 和 Poovaiah, 1989)。樱桃角质层被认为是抵御病原体的保护屏障,它的破裂是病原体入侵的主要途径(Bøvre 等,2000)。

樱桃果实的发育通常划分为三个阶段(见第 2 章)。第一阶段开始于开花、授粉和受精之后,其特点是随着中果皮细胞分裂活跃,果实大小增加。在此期间,表皮细胞数量也迅速增加,随后体积增大,壁厚增加。在此阶段,表皮细胞数量比第二阶段少 50%,平均细胞大小增加了 2.4 倍(Knoche 等,2004)。在第二阶段,果实体积增长缓慢,内果皮木质化形成硬核,胚胎完成最终发育。在第三阶段,随着中果皮细胞的增大和成熟,果实再次迅速增大(Yamaguchi 等,2004)。在樱桃的两颊区域,角质膜单位面积的质量也显著减少(Knoche 等,2001, 2004),同时下皮细胞的大小在纵向上增大。在这段时间内,细胞壁的厚度减小,细胞间隙也在变小。三个阶段的持续时间长短取决于品种。对于“宾库”来说,第一阶段为盛花后(DAFB)的第 1 天到 41 天,第二阶段从第 41 天到 52 天,第三阶段从第 53 天到 87 天(Zhao 等,2013)。一般来说,一个品种的成熟期越晚,第二阶段发育的持续时间越长(Azarenko 等,2008; Zhao 等,2013)。

由于甜樱桃在成熟过程中没有明显的乙烯生成高峰(Li 等,1994),因此归类为非呼吸跃变型水果。然而,一些研究表明,当果实从绿色变为白色时,会出现一个乙烯的早期峰值(Eccher 和 Noè, 1998; Zhao 等,2013),在成熟过程中会出现一个后期峰值(Remón 等,2006),然而这两个峰值均与呼吸活动无关。在外部乙烯的存在下,果实呼吸作用和硬度损失都不会发生变化(Li 等,1994)。此外,当使用乙烯受体抑制剂 1-甲基环丙烯(1-MCP)处理时,樱桃的果皮颜色不会受到影响(Gong 等,2002; Mozetič 等,2006)。以上研究表明,这些变化的发生与乙烯无关。

虽然甜樱桃果实中乙烯生物合成的直接前体物质是 1-氨基环丙烷-1-羧酸(ACC)(Kondo 和 Inoue, 1997),但没有发现控制乙烯合成的 ACC 氧化酶基因转录本(Ren 等,2011)。通过乙烯利处理 6 h 后,乙烯的生物合成产量有短暂增加，然后降至可检测水平以下（Gong 等，2002；Ren 等，2011）。有学者研究了甜樱桃中脱落酸（ABA）在乙烯生物合成中的作用。结果表明，PacNCED1（一种编码 9-顺式-环氧类胡萝卜素双加氧酶的 cDNA，NCED 为 ABA 生物合成中的关键酶）的表达在成熟初期增加，在收获前 4 天达到高峰，这与 ABA 在成熟过程中的积累是一致的。外源 ABA 的使用增加了 ABA 含量，诱导了 PacNCED1 的表达，并通过增强颜色形成和糖积累促进成熟（Ren 等，2011）。

与其他水果相比，甜樱桃果实具有中度呼吸活性（Kader，1992）。随着果实重量、体积、可溶性固形物含量（SSC）和可滴定酸（TA）的增加（Zhao 等，2013），果实呼吸速率在整个成熟过程的 3 个阶段中持续下降（Sekse，1988；Li 等，1994）。在 20℃下，呼吸速率在 30～60 mg CO_2/kg · h 之间变化（Wills 等，1983；Crisosto 等，1993），并且呼吸速率取决于品种和成熟阶段（Wang 和 Long，2014）。

樱桃果实硬度在第一阶段增加，并在第一阶段结束时达到最大值，随后在第二阶段降低，最终在第三阶段达到最小值。果实的硬度从 25 N/mm（开花后 20～40 天）到收获时的 5 N/mm 不等（Muskovics 等，2006）。据报道，SSC、TA 和干物质含量从第二阶段到第三阶段迅速增加。SSC 从 8%～12%增加到 17.5%～20.0%。同时，TA 从每 100 mL 果汁中含 0.43 g 苹果酸增加到 0.77 g（Remón 等，2006），且因品种和栽培措施而不同（Muskovics 等，2006）。

外果皮颜色由绿色变为红色是果实开始成熟的可视化表征。叶绿素降解和花青素积累导致果实呈现出黄色且带有红晕。由于糖的积累、硬度的降低、质量的增加和红色的生成之间有很好的相关性，因此可使用 L（光度）、a 和 b 参数以及计算 C（色度）、$h°$（色调）和 a/b 进行果实成熟颜色的色度测量。果皮红色由亮红色逐渐变暗（见图 19.1）。例如，当“布鲁克斯”果皮颜色的演变从全亮红变为全暗红时，$h°$从 26.15°降至 11.80°，L 从 41.35 降至 29.11，C 从 42.30 降至 23.77（Crisosto 等，2003）。L 值和 $h°$随着成熟度的增加而减小，C 在开始时增加，然后随着成熟度的推进而减小，在此期间，a/b 呈线性增加（Mozetič 等，2006；Muskovics 等，2006；Remón 等，2006；Díaz-Mula 等，2009）。

甜樱桃的主要花色苷为 3-芦丁苷和 3-葡萄糖苷。颜色较深品种的花色苷含量为 0.28～2.97 mg/g，颜色较浅品种的花色苷含量为 0.02～0.41 mg/g（Gao 和 Mazza，1995；Serrano 等，2009）。

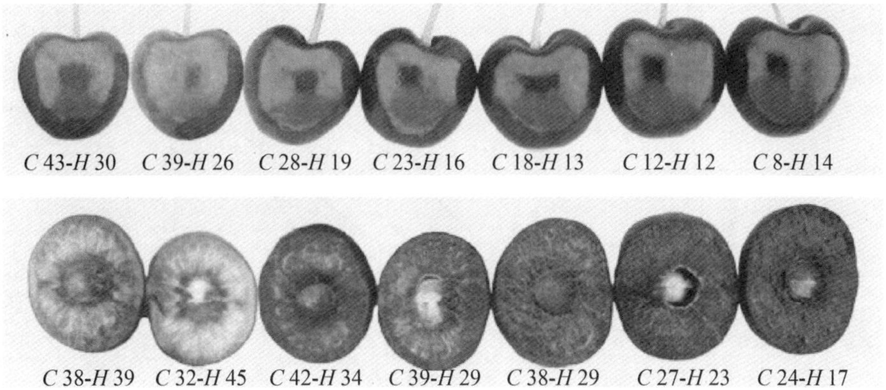

图 19.1　甜樱桃果皮和果肉颜色由亮红色向暗红色的演变(见彩图 30)

色度(*C*)和色调(*h*)值已标明。

19.3　甜樱桃果实的采后特性

甜樱桃被认为是一种高价值的作物。由于其诱人的外观和令人愉悦的香味,因此在全球冷温带地区广泛种植。甜樱桃果实在成熟时收获,果肉中不含淀粉,与其他一些水果(如苹果、猕猴桃)不同,贮藏期间可溶性碳水化合物的含量不会增加。采后可溶性固形物含量的小幅升高通常是由于脱水所致。

由于采收时甜樱桃果实是成熟的,因此采后腐烂主要与果实在周围特定环境下的呼吸速率和组织机械性能有关。虽然甜樱桃与苹果相比呼吸活性较高,但与 20℃存储条件下的草莓相比呼吸活性较低(见图 19.2)。呼吸可以促进果皮变黑、风味和酸度丧失,而果梗皱缩、褐变和重量的下降主要与果实周围的物理环境有关。

甜樱桃果实生长周期相对较短,一般为从春天到仲夏(60～70 天)。不稳定的天气条件(如湿度和温度较高)可能会引起果皮开裂。采前因素,如叶幕管理(Lang 等,2004)、负载量(Zoffoli 等,2008)、施肥(Crisosto 等,1995)和供水(Sekse, 1995)以不同的方式影响甜樱桃的采后表现。真菌感染和组织软化在成熟过程中变得至关重要。与冷凉气温相比,收获期间的高温(高于 30℃)通常会导致果实变得更软(Sekse 等,2009),从而缩小采收时间窗口,增加了不同品种收获期的重叠,并缩短了收获后 0℃以下的储存寿命和货架期。

甜樱桃的采后处理必须注重减少收获后在田间的时间,避免暴露在阳光和高温下,并保持较高的相对湿度直到运送至包装厂,确保果实快速冷却,减少分

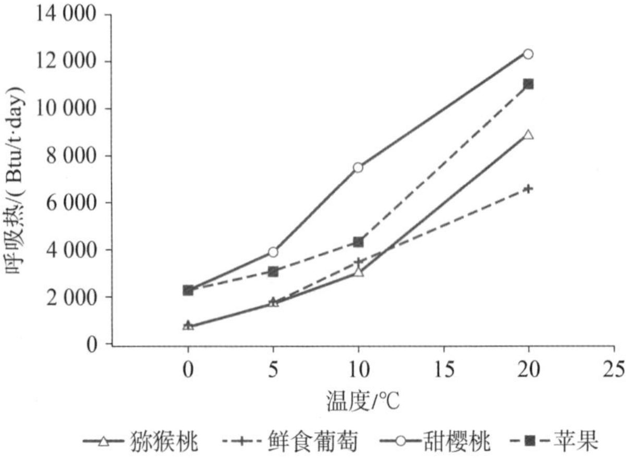

图 19.2 在0℃、5℃、10℃和20℃下测定不同水果种类(猕猴桃、鲜食葡萄、甜樱桃和苹果)的呼吸热(Btu/td①)

摘自采后技术，加州大学戴维斯研究与信息中心的生产资料表(http://postcharvest. uc davis. edu/commodity-resources/fact-sheets/)。

拣和包装时间，并使用合适的包装袋、翻盖容器或盒子增加果实周围的湿度。缩短包装入气调袋的时间，可以提高果实的采后贮藏性能。在贮藏或运输过程中，接近0℃的相对稳定的低温对保持果实品质最为重要。一些其他技术，如气调包装(MAP)，被认为是适宜温度储存条件下延长货架期的有效辅助方式。

19.3.1 果实品质特征和市场要求

果实外观是促使消费者购买甜樱桃的主要因素，果皮颜色、绿色果柄以及价格是购买者的关键决策标准。消费者对果皮颜色的偏好各不相同，无论消费者是哪种人群，暗红到红褐色都是“宾库”在美国市场畅销的关键(Crisosto 等，2003)。挪威和英国也发现了类似的结果(Sekse 和 Lyngstad，1996；Wermund 和 Fearne，2000)。中国消费者在新年庆祝活动中偏好有光泽的红褐色外观。在日本，像“雷尼”这样的大果双色品种在淡季是首选(Ito 和 Clever，2012)。果实大小是一个关键的营销标准，果实越大价格越高(直径 29～30 mm 及以上)(Kappel 等，1996)。

在各种果实风味特征中，消费者认为甜味最重要，缺乏樱桃味和酸味是消费者不满意的主要原因(Turner 等，2008)。甜味归因于葡萄糖和果糖含量，而酸

① Btu 为热量单位，1 Btu=1.055×10³ J。

味是由于苹果酸含量过高(Serrano 等,2005；Usenik 等,2008)。有学者研究了樱桃品质分析评价与感官评价的关系,甜味与 SSC/TA 之间存在中等相关性($r=0.78$),酸味与 TA 之间存在高度相关性($r=0.82$),酸味与 SSC/TA 之间也存在高度相关性(Cliff 等,1995)。甜味和酸味之间平衡的重要性在“布鲁克斯”和“宾库”中得到了证明。当 TA 大于 0.6%且 SSC 未达到最低的 16%时,消费者接受度降低(Crisosto 等,2003)。为了确保消费者能够接受,一些品种已经提出了基于 SSC 和 TA 的最低质量标准(Drake 和 Fellman, 1987; Guyer 等,1993; Dever 等,1996)。在甜樱桃品种中,糖(葡萄糖、果糖、蔗糖和山梨醇)的总量为每千克鲜重(FW)中含有 125～265 g,有机酸(苹果酸、柠檬酸、莽草酸和富马酸)的总量为每千克鲜重中含有 3.67～8.66 g(Usenik 等,2008)。

消费者不仅看重甜樱桃的脆度,果实硬度也是甜樱桃的另一个重要品质指标。樱桃果实的硬度可以通过各种装置进行测量(Mitcham 等,1998; Garcia-Ramos 等,2005),但最常见的是 Firm Tech 2 自动测力仪(Bioworks, Wamego, Kansas, USA)和模拟或数字手持硬度计(如 Durofel DFT 100 或 Agrosta 100, Agrosta SARL, Serqueux,法国)。硬度以牛顿(N)为单位,但通常在北美和南美以 g/mm(Firm Tech 2)为单位测量,在欧洲以 Durofel 指数为单位测量。也就是说,1 N 相当于 0.01 g/mm(Firm Tech 值)或 9.8{exp[(Durofel 指数的值－59.32)/14.89]}(Polenta 等,2005)。Mitcham 等(1998)和 Clayton 等(1998)发现,与 Durofel 和其他硬度计相比,自动化的 Firm Tech 设备在几个测试中表现出了最高的精度和准确性。

果实硬度不仅影响食用质量,而且影响贮藏性能。硬度与机械损伤和微生物感染的易感性有关。虽然脆度和硬度是不同的衡量标准,但它们是高度相关的。在未经培训的小组成员的评级中,可接受的硬度范围为 2.52～4.75 N,介于“稍微太软”和“稍微太硬”之间(Hampson 等,2014)。硬度与许多影响质地的潜在因素有关,包括细胞壁强度、细胞间黏附力、细胞壁和果胶相关酶(Choi 等,2002)、细胞膨压、组织解剖结构和成熟过程中的环境条件(见第 11 章)。在大多数包装线的运行过程中,需要具有良好机械性能的硬度高的果实以应对分拣中的高速流动性;否则,随后在市场上甜樱桃果实容易出现表面凹陷。

花青素和其他多酚、类胡萝卜素、维生素 C 和 E 等次级代谢化合物均具有降低各种癌症和心血管疾病等慢性疾病风险的功能,这些化合物已被证明在甜樱桃品种中存在并具有活性(Serrano 等,2005; Vursavus 等,2006; Vangdal 等,2007; Díaz-Mula 等,2009; Mulabagal 等,2009; McCune 等,2011)。在细胞培养研究中，甜樱桃的成分已被证明能够抑制引起炎症反应的环氧合酶活性(Seeram 等，2001)。甜樱桃品种的总酚含量为 44.3～87.9 mg 没食子酸当量/100 g 鲜重，抗氧化活性为 8.0～17.2 mg 抗坏血酸当量/100 g 鲜重(Usenik 等，2008)。甜樱桃中的主要多酚是咖啡酰奎宁酸和 3-P -香豆素奎宁酸(Goncalves 等，2004)。

19.3.2 与采后性能相关的品种性状

甜樱桃的遗传改良主要集中在果实大小、硬度和风味上，而对果实采后的品质特征较少关注，如低呼吸速率或对机械损伤和空气胁迫(低氧气和/或高二氧化碳)的高度耐受性等。例如，采收季后期采摘的优质果实的生产和贮藏需要具有高效积累碳水化合物及呼吸速率较低的遗传特性。由于在收获后的储存期间，糖分水平相对稳定，而 TA 有下降趋势，因此对于选育积累高于正常水平的糖和酸的品种将有利于长期运输和贮藏。

因为品种受到果园管理操作和环境条件的较大影响，所以采后特性难以概括。下面将以一些主要品种为例，讨论与采后性能相关的果实特征(Drake 和 Fellman，1987；Cliff 等，1995；Dever 等，1996；Drake 和 Elfving，2002；Kappel 等，2002；Crisosto 等，2003；Toivonen 等，2004；Kappel 和 Toivonen，2005；Harb 等，2006；Kappel 等，2006；Remón 等，2006；Agulheiro-Santos 等，2014)。

“早伯莱特”是一个非常古老的品种，虽然因其上市时间早而极具吸引力，但果实小且软，很容易受到机械损伤，在 0℃下储存很难超过 15 天。柔软的质地使该品种不适用于所有具有水槽处理系统的机械化樱桃分拣包装线。

虽然“萨米脱”和“新星”的果实很大，味道很好，但质地较软，容易出现点蚀(果面凹陷)。“索纳塔”被认为是大果型品种，可溶性固形物含量低且质地柔软，在收获时具有较高的酸度并一直保持至储存期间。果实容易发生点蚀，不适合长期保存(最多 15 天)。

“布鲁克斯”是一种淡红色的樱桃，果实大且硬度高，可溶性固形物含量高，然而因为很容易在采后因吸收冷凝水而发生裂果，所以不推荐使用气调包装(MAP)。

“桑提娜”果实大，酸和糖含量低，适合长期保存(0℃下 45 天，MAP)，然而长期保存后，在过熟果实表面会有卵石状纹理(见图 19.3)。

“宾库”已经成为美国加州和西北太平洋地区鲜食樱桃生产的标准品种，被认为是一种含糖量高、质地坚硬以及风味极佳的适合长期贮藏品种。

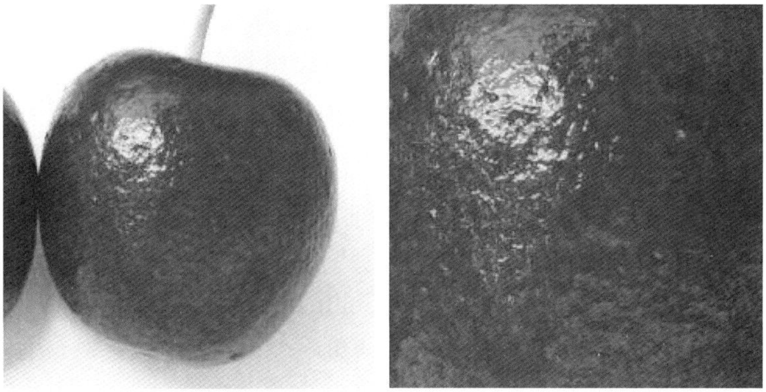

图 19.3　卵石状纹理(鳄鱼皮)(见彩图 31)

甜樱桃果实在 0℃条件下采用气调包装长期存放 45 天后的一种生理失调现象。

适合气调贮藏和包装，在 0℃下最多可储存 45 天。

“雷尼”是一种双色水果，果肉呈黄色，果皮带有红晕，味道甜美、果实大而结实，但易受到摩擦损伤。果实分拣包装线需要调整以避免摩擦导致果实表面变色。采用 MAP 在 0℃下贮存 45 天效果良好。

“拉宾斯”的大小和风味都很好，是世界上种植最多的自花结实品种。这种樱桃收获时的气象条件十分重要，因为在高温下，果实在树上迅速变软，容易发生点蚀。过熟的果实在储藏过程中会形成鹅卵石状的纹理。该品种可以在 0℃下采用 MAP 储存长达 45 天。

“甜心”是最可靠的集装箱海运品种，采用 MAP 在 0℃下可运输 45 天。果实大，味道好，硬度高。然而，栽培中负载量容易过高导致点蚀和腐烂发生。

19.4　采后质量下降

19.4.1　软化

如上所述，在处理和运输过程中，果实硬度是决定和保持甜樱桃品质的关键因素。在相邻细胞的初级细胞壁之间，中间层是形态学上一个特别的层，富含果胶多糖。成熟过程中，中间层和初级细胞壁会发生结构变化，导致细胞分离和组织软化(Bartley 和 Knee，1982)。软化过程中，可观察到可溶性果胶多糖含量增加(Bartley 和 Knee，1982)。软樱桃和脆樱桃的主要区别在于果胶侧链的聚合度，脆樱桃的聚合度较高，软樱桃的聚合度较低(Bartley 和 Knee，1982)。虽然在甜樱桃果实中检测到多聚半乳糖醛酸酶、果胶甲基酯酶和 β-半乳糖醛酸酶，但在成熟期多聚半乳糖醛酸酶活性较低。β-半乳糖苷酶在成熟早期阶段被检测到，果胶甲基酯酶的变化与果实成熟过程中性状的变化无关（Barrett 和 Gonzalez，1994）。目前对樱桃果实软化机理的全面了解尚不清楚。

贮藏过程中的软化现象是有争议的。过度软化被认为是一些品种长期保存的一个常见问题，然而随季节而异（Kappel 等，2002）。据报道，在气调冷藏条件下，“甜心”（Meheriuk 等，1997）、“宾库”（Chen 等，1981）、“拉宾斯”“斯吉纳”（Wang 等，2015）以及“雷尼”（Drake 和 Fellman，1987）的硬度增加。影响采后硬度的机理尚不完全清楚。已有研究表明果实软化与细胞膨压降低有关（Glenn 和 Poovaiah，1987）。此外，果实中水分流失、水分重新分配、果皮韧性和细胞壁变化都可能与果实软化现象有关（Wang 和 Long，2014）。

19.4.2 腐烂

褐腐病和灰霉病是世界许多地区甜樱桃收获前后腐烂的主要原因（见第 14 章），它们分别由念珠菌和灰霉菌引起。这两种真菌对甜樱桃果实的可见和不可见的潜隐性感染均有报道（Adaskaveg 等，2000）。采前措施减少感染和采后定量检测潜隐性感染措施对于两种病害的预防非常重要。樱桃中常见的其他腐烂菌包括青霉菌、毛霉菌、根霉菌、链霉菌和枝孢霉菌。

采后腐烂通常由采前感染造成，这常与果皮破裂有关。在包装和储存过程中，受污染的水和潮湿的环境影响进一步导致和加剧了感染。Børve（2014）研究表明，由于包装中水分的接触，因此樱桃褐腐病从 13%增加到 28%，毛腐病从 11%增加到 26%。此外，果实包装也会对果实腐烂产生影响。例如，使用聚乙烯内衬虽然可以通过减少水分散失以减少采收后的腐烂现象，但也有利于水蒸气冷凝，从而促进真菌引起的腐烂。

高浓度的二氧化碳会阻碍孢子萌发，降低感染的风险。当樱桃贮藏在富含二氧化碳（15%～20%）的环境中时，念珠菌引起的病变减少；当樱桃储存在 30%的二氧化碳中时，完全防止了腐烂（Tian 等，2001）。然而，离开高浓度二氧化碳环境后，在室温下存放一段时间，这种影响并未持续（de Vries-Paterson 等，1991；Zoffoli 和 Rodríguez，2014b）。

虽然收获后使用合成杀菌剂（如氟咯菌腈）来控制这些病原体是十分必要的，但有限的注册产品限制了这种方法的使用。另一种控制方法是将食品防腐剂（如碳酸氢钠）用于采后浸泡处理（Karabulut 等，2001，2005）。此外，还有学者研究了具有抗菌活性和植物防御诱导作用的天然化合物，如从甲壳素中提取的天然多糖壳聚糖。已在离体和田间试验中证明，在一定程度上壳聚糖可有效减少甜樱桃的贮藏腐烂，其效果与杀菌剂环酰菌胺相当(Feliziani 等，2013)。

19.4.3　脱水

脱水是在蒸汽压力不足的条件下，气相水从高水势区向低水势区流动的物理过程。贮藏过程中的脱水受温度、相对湿度和空气流动等多种因素的影响。

菲克定律可以较好地描述植物表面(包括果实和果柄)的水分散失。通过外表皮膜的水通量与表面积、表面的电导特性以及内外部水蒸气浓度的差异成正比。植物表面的渗透性用来衡量水通过植物表面的难易程度。甜樱桃果实表面的渗透率为 1.15×10^{-4} m/s(Knoche 等，2000)，果柄表面的渗透率为 8.7×10^{-4} m/s(Athoo 等，2015)。水通量随温度升高而增加。果皮渗透率从颊部的最小值增加到腹侧缝合线的中等水平，到花柱腔达到最大值(Knoche 等，2000)。虽然水分主要通过外表皮膜流失，但不能排除气孔的损失。表皮蜡是防止水分流失的主要阻力。由于采后水分损失主要来自果实和果柄，果柄的水损失最明显，因此最可能影响消费者对产品的接受度。

由于造成采后失水的主要因素是高温和低湿度，因此在收获后迅速降低果实温度并最大限度地提高产品周围的湿度是减少樱桃失水的关键。Schick 和 Toivonen(2002)评估了樱桃从采收后到运输至包装车间采用反射性防水布的遮盖效果。结果表明，与未覆盖反射性防水布的果实相比，处理组显示出均匀且更低的温度和更高的湿度。目前，这种商业做法显著减少了果实被送到包装车间之前的果柄失水量，同时也减少了果实的热量积累。

增加水果包装中的湿度，如使用穿孔衬垫、密封塑料袋或 MAP 袋，可有效减少水分流失(Sharkey 和 Peggie，1984；Kappel 等，2002；Harb 等，2006；Khorshidi 等，2011；Agulheiro-Santos 等，2014)。在相同的储存条件下，未包装的“拿破仑”甜樱桃的失水量比包装的樱桃高 48 倍(Esturk 等，2012)。

19.4.4　果实表面点蚀

甜樱桃果实在收获、从田间运输到包装车间以及在线分拣和加工过程中，会受到压力和冲击力的破坏。这两种类型的损伤都会导致表面点蚀的出现(见图 19.4)。在果实的肩部可以看到大的凹陷(瘀伤)，采摘者在采摘时用手压果实可以引起这种凹陷。其他小凹痕表现为凹坑(4～8 mm)(Porritt 等，1971；Kappel 等，2006)，这是由于采后处理对其他果实(尤其是果柄的影响)或坚硬表面的影响。当冲击力集中在水果的一小部分区域上时，损伤尤其严重。采后处理过程带来的果实损伤往往是由于包装线设计存在缺陷，导致撞击时速度增加造成的。最大的损伤通常是由割梗器和淋浴式水冷却器造成的（Thompson 等，1997）。落到分拣带上的高度也被确定为是机械损伤的关键点（Grant 和 Thompson，1997；Candan 等，2014）。

图 19.4　甜樱桃因机械损伤而产生的表面点蚀（见彩图 32）

根据收获和包装过程中损伤的原因，症状也有所不同：由于不正确的采摘导致(a)肩部凹陷，由集束切割分离机的旋转叶片造成(b)冲击损坏，(c)液压集束分离机和(d)果柄（茎）穿刺造成的冲击损坏。

实验室和田间研究表明，表面点蚀的明显症状通常在装运前并不明显，而是在 0℃下的储存前 10 天左右出现（Porritt 等，1971）。点蚀不仅影响水果的外观，缩短了保质期，而且降低了产品质量。储存期间呼吸加快、过早腐烂和软化都与点蚀的严重程度有关（Ogawa 等，1972；Mitchell 等，1980）。

不同品种之间，甚至在同一品种的不同单株之间，点蚀的发生率每年都不一样(Porritt 等，1971；Facteau 和 Rowe，1979)。特定条件下品种间具有点蚀易感性的差异(Toivonen 等，2004；Kappel 和 Toivonen，2005；Kappel 等，2006)。由于果实重量和 SSC 与表面点蚀的发生率呈负相关(Facteau 和 Rowe，1979)，因此对成熟果实的影响较小。此外，较硬的果实通常表现出较少的点蚀(Facteau 和 Rowe，1979；Lidster 等，1980；Facteau，1982；Toivonen 等，2004；Kappel 和 Toivonen，2005)。

果实损伤时的果肉温度非常重要，0℃下的果实比更高温度下的果实表现出更严重的点蚀(Lidster 和 Tung，1980；Crisosto 等，1993；Candan 等，2014)。果实在 2℃的包装过程中处理比在 5℃温度下处理时，点蚀的发生率高了 1 倍(Zoffoli 和 Rodríguez，2014a)。树体负载量过高也会使水果对机械损伤更加敏感，通过疏果则会降低这种敏感度(Zoffoli 等，2008)。

许多研究中，赤霉素(GA)已被证明可以增加收获时果实硬度(Facteau 和 Rowe，1979；Facteau，1982；Facteau 等，1985)。然而，关于采前 GA 处理对甜樱桃采后果实品质影响的研究却很少。GA 延长了“宾库”果实的可储存性(Zhang 和 Whiting，2011)，并降低了“兰伯特”(Facteau 和 Rowe，1979)和“宾库”(Clayton 等，2003)在严重点蚀年份的表面点蚀发生率。“甜心”樱桃用 10 或 30 ppm GA 处理后，比未经处理的樱桃更硬，冷藏结束时果柄褐变也更少，其效果与 GA 浓度有关(Horvitz 等，2003)。在转色(从稻草色到粉色)或硬核期单独施用 25 ppm GA，可在 0℃下储藏 40 天后降低如“斯吉纳”“拉宾斯”和“甜心”等晚熟品种的点蚀和果柄褐变的发生率和严重程度(Einhorn 等，2013)。经过 GA 处理后，樱桃果实点蚀易感性的降低与处理后果实硬度的提高有关。

19.4.5 卵石纹

卵石纹(鳄鱼皮)是一种与甜樱桃果实在 0℃下长时间(45 天)贮藏有关的生理疾病，然而这并不仅限于采后处理，因为即便采摘时在树上也可以观测到。卵石纹表现为一种均匀的果皮粗糙，可以覆盖果实的大部分表面。它只在果面上表现出来而不影响果肉质量(见图 19.3)。观察表明，果实硬度不受这种病害影响，而且在那些收获时的成熟度较高的一些品种中更常见，如“桑提娜”“拉宾斯”和“甜心”。

在同一品种果实中，卵石纹表现出极大差异。虽然差异的产生可能涉及营养和灌溉等采前因素，但需要进一步研究以明确产生此种现象的原因。

19.5 采后处理与包装

由于樱桃采后处理的核心是在分拣与包装时避免脱水、减缓果实新陈代谢以及防止微生物侵害，因此采后管理主要包括以下几个方面。首先，选择合适的采摘时间，对果实进行快速降温；其次，采用包装以增加相对湿度；最后，在运输过程中通过冷链物流保证果实的高品质。表 19.1 中总结了采摘后的处理操作以及在 0℃下储藏 45 天过程中提升果实品质的关键点。

表 19.1 甜樱桃采后的主要处理操作(在 0℃条件下优化延长贮藏期)以及采后管理中的每个操作环节的关键点

操作	关键点	采后管理
采摘	参考各品种的采摘颜色指标 规划采摘时长 选择合适的采摘材料 温度和湿度 采摘培训	根据不同的目标贮藏时间调整果实采摘颜色指标 将反光防水布铺于盒子上方，防止阳光对采后果实造成损伤 为防止点蚀，选用经过培训的采收工人及正确的采摘方法 确定采收工人的数量以及采摘频率 分拣出开裂果实和无销售价值的果实
运输	选择合适的运输方式	从田间至包装厂的运输时间控制在 4 h 以内 在运输过程中防止阳光对果实直接照射 远距离运输须要考虑安装田间水冷却器、冷却室以及冷藏车
分拣与包装	质量控制步骤 栽培品种特性 产生点蚀的关键点 果肉温度	检查果实的成熟度和质量 确引栽培品种是否适合水流操作 在包装线上选择不同位置，确定产生点蚀的风险因素 确定分拣台的操作人数，并根据果实的不同种缺陷以及电子分拣仪器的效率进行分配调整
	包装材料	根据市场需求匹配合适的产品质量
	商品包装盒中的果实质量	为减少点蚀，在包装线上果肉温度应避免小于 2℃ 在气调包装的密封过程中，果肉温度应低于 6℃
水浴冷却	操作温度与时间水质	若果实要贮藏 24 h 以上，则应通过水浴冷却将其温度冷却至 0～2℃ 保持水 pH 值为 7 及游离氯浓度为 80 ppm 或氧化还原电位大于 650 mV

（续表）

操作	关键点	采后管理
强制风冷却	操作温度与时间	包装后果肉温度须要采用冷风气流冷却至 0～1℃ 勿将有孔内包装与气调包装混合使用 采用密封通道加强冷却操作，在高静压下将设备的射孔对齐，以最大限度地进行冷却操作
海运集装箱运输	货板布局 空气流速与温度	保证集装箱的空气输送温度为－0.5℃，且须最大程度地减少气调包装产品集装箱的内外空气交换 自下而上的空气输送方式，并维持果实托盘以外空间空气温度的稳定

19.5.1 收获指数

采摘时机对果实品质和储藏过程中的变质率有很大的影响。由于甜樱桃是一种非呼吸跃变型水果，因此采收成熟期接近果实发育的衰老期，这对于樱桃上市时长有一定影响。在果实成熟期内，表皮的颜色变化与可溶性固形物含量的上升和果实的新陈代谢高度相关。若在樱桃表皮颜色较深时采摘，则采后的储藏时间会较短，然而风味和消费者的接受度会提高。相比之下，虽然颜色较浅的果实可接受性较低，但贮藏性较好。在樱桃产业中，果蔬技术中心（CTIFL，巴黎）制定了一个标准的采摘颜色标准表，该表将果实颜色从浅粉色至红（第一级）再至黑色（第七级）进行了逐级划分。

若樱桃在过熟阶段采摘，则采后及长时间储存过程中，表皮的劣变（变质及卵石纹）以及果柄的褐变会更加严重。调整采摘时间对樱桃经过储存或运输后的品质保持十分重要。对加拿大不列颠哥伦比亚地区种植的“甜心”进行不同成熟度采摘的研究发现，在 0℃条件下存储 6 周后，于成熟末期采摘的樱桃口感品质最佳（Toivonen，2015）。然而，在美国西北太平洋地区生长条件下，由于晚采收的“拉宾斯”和“甜心”在贮藏过程中表皮光泽及颜色衰退并且果柄发生褐变，因此为了平衡食用和贮藏性能，它们的最适采摘期分别为 CTIFL 5.5 和 4.5（Wang 和 Einhorn，2017）。

19.5.2 包装线运营

为处理甜樱桃果实而设计的包装工厂主要包括以下几部分：果实接受区、水冷却区、包装线、强制风冷却预包装设备和冷藏室（Grant 和 Thompson，1997）。当果实到达包装工厂时，可以立刻进行包装，也可以贮藏后进行包装。

若果实在采摘后 24 h 内没有进行包装，则应采用水浴冷却的方式将果实冷却至0～2℃，并将其储藏在低温贮藏室内等待包装。在进行果实分拣和包装过程前，果实需人为或机械自动倒入水槽中，并在水槽系统中随水流移动。在包装前，果簇分割以及人工或自动分拣是包装前对果实颜色和大小进行分级的主要步骤。

从果簇中将樱桃果实与果柄分离开最常用的方法是果簇分割机。该切割机采用可调节高度的机械滚轮叶片将果实对齐，进而切断果柄的上端。此外，有一种液压果簇分割器(Fecheux Grading, St Martin d'Auxigny, France)也已投入商用，并可进行小规模作业。相比于液压式果簇分割器，虽然刀式分割器会对水果造成更大程度的损伤，但是液压分割也可能造成果实的冲击损伤(见图 19.4)。

虽然对有损伤的樱桃进行分选可以采用人工的方法，但此方法劳动力成本高。也可以通过电子系统的光谱反射、图像处理和识别功能对水果损伤如擦伤、破裂、褐斑、畸变、部分软化或腐烂进行识别。樱桃果实大小的自动分拣可采用分流或平行的金属管道。然而，大多数的自动分拣系统近期都被先进的光学或电子分拣系统所取代，此类系统能够通过果实颜色和大小进行精准分拣。

根据市场需求，在传送带末端自动对不同大小和颜色的果实进行装箱。樱桃可直接装箱，也可以先装入有或无穿孔的袋子或气调包装袋中，然后用规格为 5 kg 或 10 kg 的箱子进行包装。其中，有或无穿孔的袋子主要用于航空运输，气调包装常用于海运。操作流程如图 19.5 所示。

19.5.3 气调包装

气调包装被广泛应用于甜樱桃果实保鲜中以提高采后在 0℃存储条件下的品质(Lurie 和 Aharoni, 1997; Remon 等, 2000; Kupferman 和 Sanderson, 2005)。在气调包装中，通过水果自然呼吸作用消耗 O_2 释放 CO_2 形成最终的气体环境，其中 O_2 和 CO_2 的交换速率决定了包装中稳定后的气体浓度。通常情况下，在包装密封后的 3～5 天内能达到平衡(Zoffoli 和 Rodriguez, 2014b)。

在受控气体条件下进行贮藏的研究表明，樱桃可在高达 20% CO_2 以及 5% O_2 的包装中贮藏 12 周(Mattheis 等,1997)，5% O_2 与 10% CO_2 可有效抑制多酚氧化酶和过氧化物酶，并减少丙二醛的含量(Tian 等,2004)，在 0.5%～2% O_2 或 20%～25% CO_2 含量下水果的硬度上升，颜色深度下降(Chen 等,1981; Patterson, 1982)。在 1℃条件下，采用 2% CO_2 与 5% O_2 包装的“甜心”贮藏时间可达 6 周(Remon 等,2003)。当 CO_2 含量达到 30%以上时，会影响“宾库”樱桃的表皮颜色并产生脱色(Kader, 1997); 18% CO_2 与 2% O_2 会使在 1℃下贮

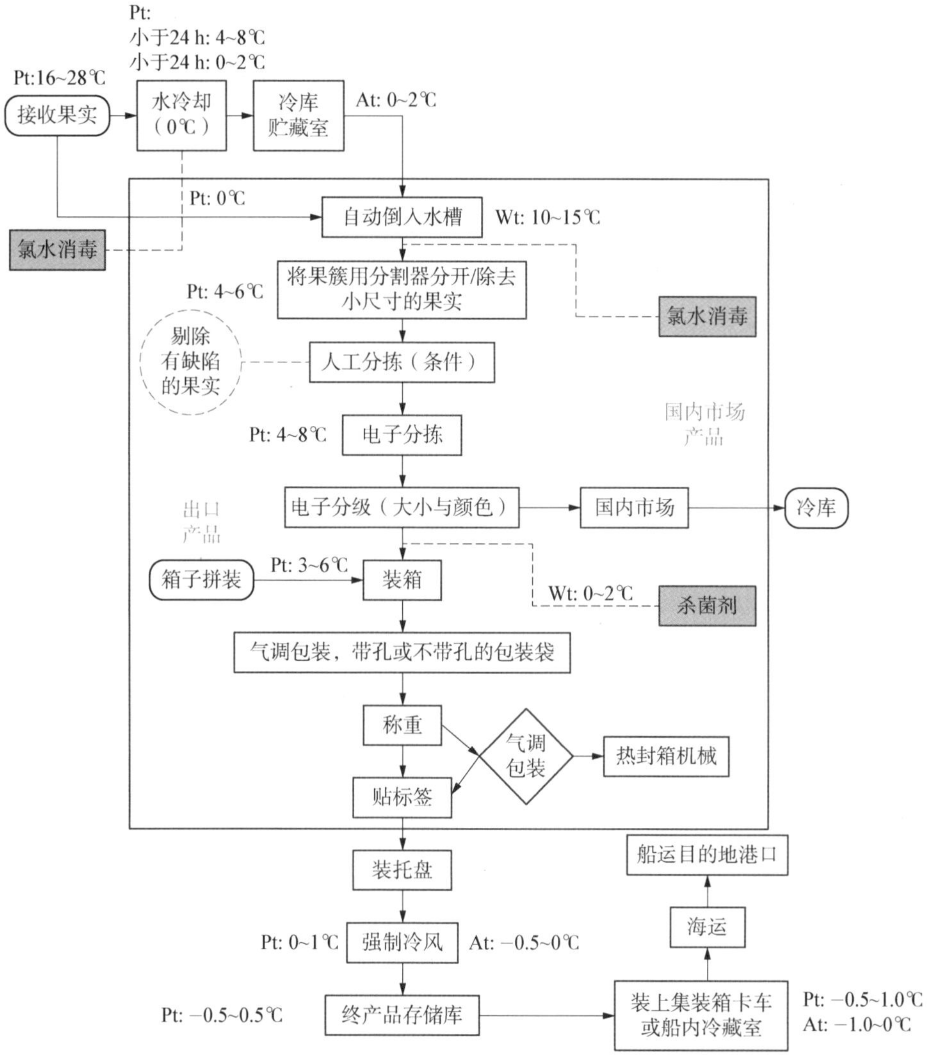

图 19.5 销售至国内外市场的甜樱桃采后加工生产线的布局和运营(从收获点到发货点)

流程中包括质量控制点(QC)、果肉温度(Pt)、水温(Wt)和空气温度(At)。

藏 7 周的“雷吉纳”樱桃果实内部出现褐变(Harb 等,2003)。

低 O_2 浓度可降低呼吸速率,且当浓度逐渐下降且低于 10%时呼吸速率呈对数下降趋势(Wang 和 Long, 2014)。发酵或变味是气调包装下甜樱桃贮藏的关键问题。对“宾库”和“甜心”而言,0℃和 20℃存储条件下的发酵诱导点分别为 1%和 3%～4% O_2 浓度。当低浓度 O_2(1.5%)与高浓度 CO_2(11.5%～12%)联合作用时,会造成乙醇与乙醛显著积累(Golias 等,2007),从而导致果实在长期贮藏后消费者接受度下降。在6%、12%或18% CO_2 与2% O_2 条件下，于1℃贮藏4周的“雷吉纳”樱桃接受度最高；在1℃下贮藏7周的样品中，最低的 CO_2 浓度处理的果实具有最高的接受度（Harb 等，2003）。

商业化应用的气调包装需要保证较高的 O_2 浓度以防止发酵。在低 O_2 条件下采用气调包装，易导致产品在运输或分配过程中随温度波动而发酵（Wang 和 Long，2014；Wang 等，2015）。这是由于随着温度波动，樱桃的呼吸速率会增加，会使得 O_2 含量低于原定气调包装中的 O_2 含量，因此樱桃的气调包装生产线有制造商提供的温度规范。

在不同的气调包装下，气体含量稳定在1.8%～8.0% O_2 与7.3%～10.3% CO_2 可减缓呼吸作用，并保持果实的酸度和风味。相比之下，当平衡状态的 O_2 浓度高于10%时，可保持较好的硬度但也会导致一定风味的丧失，这与贮藏在带孔洞的包装袋中相似（Wang 和 Long，2014）。为了最大限度地发挥气调包装技术的保鲜作用，同时降低发酵风险，商业操作中应采用5%～8% O_2 与7%～10% CO_2 的安全浓度。由于不同品种樱桃的呼吸速率和发酵诱导的风险不同，因此它们对气调包装的反应也不同。例如，在相同的气调包装条件下，“斯吉纳”会比“拉宾斯”积累更多的乙醇（Wang 等，2015）。

气调包装不仅调节包装内部的 O_2 与 CO_2 浓度，而且也提高了水果周围的相对湿度。虽然较高的相对湿度可以延缓皱缩，但较小的温度浮动会造成水分凝结从而导致腐烂。

合适的气调包装可以使水果保持较好的表皮颜色并能抑制腐败，然而气调包装不能减少表皮点蚀（Zoffoli 和 Rdriguez，2014b；Wang 等，2015）。果柄绿色程度和果实饱满度与周围高湿度环境关系更大，而不是由气调包装的顶部气体成分影响（Wang 等，2015）。

19.5.4 冷却操作

甜樱桃收获后的迅速冷却是保持果实品质和最大限度延长保质期的最佳方法。冷却的主要目的是去除田间热以及降低呼吸热，同时减少随后的水分流失并延缓腐败变质。采收后应尽快建立冷链，温度要保持在−0.5℃以上并避免冷凝，将果实品质劣变降到最低。

水浴冷却

水浴冷却是常用的快速冷却方法之一（Looney 等，1996）。该方法通过果实直接与冷水接触进行热交换（见图19.6），其优点在于冷却速度快且均匀，同时果实被清洗杀菌。为提高冷却效率，水冷却器在最大容量下进行连续性操作，为避免与周围空气的热交换，水浴冷却必须在冷藏室内或具有隔热板的情况下进行。水浴冷却可较好地应用于干燥条件下采摘的甜樱桃，由于在多雨条件下采摘，樱桃极易出现采后裂果，因此要减少在水中的驻留时间和水浴冷却操作。在冷却水中添加适量的钙可以增加果实中的钙含量以及防止采后裂果（Wang 和 Long, 2015），同时可以提高贮藏和运输过程中的品质（Wang 等，2014）。

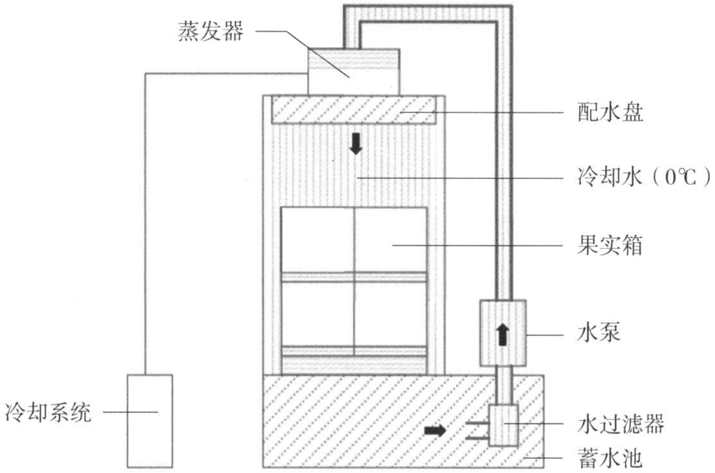

图 19.6 盒装甜樱桃的连续式水浴冷却器末端示意图（改造自 Tompson 和 Chen, 1989）

强制风冷却

强制风冷却是一种对包装后的果实快速降温的标准方法（Looney 等，1996）。因为集装化的果实在水浴冷却和包装后温度通常高于 2℃，所以强制风冷却是包装及集装化果实的必要步骤（Toivonen, 2014）。在此种冷却方式下，冷空气通过轻微的压力差渗透入容器内，空气通过容器的通风口流动，有利于冷空气与水果接触。压差可在 0.6～6.4 cm H_2O 之间变化。由于密封型的包装会阻止空气流通，所以气调包装水果是最难冷却的。适宜的包装盒设计应使空气与包装接触面最大化，从而减少冷却时间。果肉温度在 0～1℃可有效限制水果呼吸作用所产生的热量，能够避免在气调包装条件下，进行贮藏或长时间运输过程中发生发酵。严格把控较低的果芯温度可以保证果实在冷藏货柜中经过长时间运输仍保持较好的品质。

冷库空气冷却

冷库空气冷却主要应用于收到水果后以及低温包装后等待运输的过程中

(Looney 等，1996)，然而冷却效率远不及强制风冷却。若使用冷库空气冷却，则盒子的堆积方式应使得气流能有效流通(见图 19.7)。在此种堆放方法下，空气冷却与强制风冷却相比，达到目标温度所需的时间是相似的。空气温度应低于 0℃，最佳温度在−0.5～1℃范围内，可使果核周围的果肉温度达到 0℃。

图 19.7　一种提升冷库空气冷却效率的堆积盒装樱桃的方法

包装车间水卫生

在水浴冷却器及包装线水槽中应用消毒杀菌剂是为了减少微生物的侵染并防止潜在的果实感染。氯已广泛使用于杀菌消毒中，其抗菌活性取决于浓度、水中的有机物质、水的 pH 值、留置时间与温度。

氯的主要形式为次氯酸钠(NaOCl)、次氯酸钙[$Ca(OCl)_2$]以及氯气(Cl_2)。在溶液中，所有形式的氯都会产生次氯酸。次氯酸会在 25℃与 7.5 pKa 条件下分解产生次氯酸离子(OCl^-)。其中次氯酸与次氯酸离子都是可被监测到的游离氯的形式。将游离氯浓度调节至 80～100 ppm 范围内，可以确保水中菌落数处于较低水平。次氯酸的非解离形式具有最高的抗菌活性，其可通过将 pH 值调节至 6～7.5 得以实现。pH 值降至 6 以下会促使氯气的释放，这对于操作者而言是有刺激性的。当操作人员与仪器一同处于封闭环境中使用氯时，需要安装氯气感应器。通过商业化在线氧化还原电位(ORP)仪可实现自动监测并调节 pH 值和氯的浓度(Suslow, 2004b)。ORP 值与抗菌活性成正比例关系，并可对水中的杀菌能力进行快速评估。由于水中的有机物能使次氯酸灭活，减少游离氯含量与抗病原体活性，因此在水浴冷却和水槽中，对游离氯与 pH 值的监测是必要的。

由于水中累积的 Na^+ 会破坏樱桃果柄，而 Ca^{2+} 的累积会提升品质，因此在氯的主要形式中，次氯酸钙[$Ca(OCl)_2$]近年来常用于美国樱桃包装工厂(Wang 等，2014; Wang 和 Long, 2015)。二氧化氯是采用氯进行清洁的另一个选择，其抗菌活性不受 pH 值与有机物质的影响，并且在低浓度下具有较好的活性。二氧化氯合成系统可自动调控剂量，稳定的液体制剂的使用使得此系统更加价廉，应用更加便捷（Zoffoli 等，2005）。

臭氧是天然存在的气体与强氧化剂，它在水中的存在时间短，不会留下任何残留物，能有效预防病菌在水中生长的浓度为 1.5 ppm。臭氧会被水中有机物质灭活，在水温低的条件下其溶解性会增加且活性不受 pH 值的影响（Suslow，2004a），其同样可采用 ORP 进行在线监测与调控。

过氧乙酸是一种具有广谱抗菌活性的强消毒剂（Kitis，2004），其活性不受 pH 值与有机物质的影响，并且在水中不会有残留物。过氧乙酸的抗菌活性取决于过氧化氢与乙酸的释放（Liberti 和 Notarnicola，1999）。在水浴冷却过程中，虽然尚未发现过氧乙酸对樱桃产生毒性作用（Kupferman，2008），但由于每一种商用产品在释放过氧化氢与乙酸的过程中存在差异，因此每一配方都需要检测其植物毒性。目前，Mari 等（2004）研究了 5℃下 125 ppm. 过氧乙酸的抗真菌活性。

杀菌剂的抗真菌活性与其氧化能力相关，其中臭氧具有最高的抗真菌活性，其次是过氧乙酸、二氧化氯与次氯酸钠。除此之外，在应用过程中需要考虑当地的法规与实际情况。大多数合成化学品（如杀真菌剂咯菌腈）是被禁止的或在有机水果的采后操作中限制使用。采后所使用的水中，氯、臭氧与过氧乙酸都可使用，其中在有机水果中，氯只能限量使用。例如，加州认证有机农场（CCOF）允许下游水（滤液）中残留的氯上限为 10 ppm。虽然美国与欧洲承认彼此的有机标准是等同的，但有机商品的采后化学物质使用暂无国际统一标准。

19.5.5 检疫除害处理

出口的甜樱桃在采摘后必须处理达到一些进口国家的检疫标准。在一些国家（如澳大利亚、日本和美国等），溴甲烷仍是被批准用于采摘后及装运前熏蒸消毒的强氧化剂。虽然溴甲烷在土壤熏蒸方面的应用已被发达国家和发展中国家分别于 2005 年和 2015 年淘汰，但是美国环境保护署等监管机构已在个案上批准了关键用途豁免（CUE）（美国计划在 2018 年全面淘汰；美国环境保护署，2016）。在甜樱桃中批准的处理程序为在 6～12℃条件下，每 2 h 使用 64 g/m^3 溴甲烷；在 12～17℃条件下，每 2 h 使用 48 g/m^3 溴甲烷；在 17～22℃条件下，每 2 h 使用 40 g/m^3 溴甲烷；在大于 22℃条件下，每 2 h 使用 32 g/m^3 溴甲烷。在 24℃条件下每 2 h 使用 32 g/m^3 溴甲烷对“宾库”“兰伯特”“雷尼”以及“先锋”等品种的果实进行熏蒸，可有效杀死苹果小卷蛾幼虫（Anthon 等，1975；Guance 等，1981；Moffit 等，1992）。在熏蒸与通风后，溴甲烷的残留物可快速减少（Hansen 等，2000a）。

利用溴甲烷熏蒸会加速果柄褐变（Anthon 等，1975；Hansen 等，2000b；Feng 等，2004），然而这种损伤似乎与可提高处理效力的高温有关而不是溴甲烷本身，且在熏蒸过程中果实的硬度不会受影响（Hansen 等，2000b）。射频加热、伽马辐照与可控气体热处理有可能成为代替溴甲烷的处理方法（Neven 和 Drake，2000；Monzon 等，2006）。低温处理可用于甜樱桃中地中海果蝇的防治，具体措施可参考以下几种方案：在 0℃下处理 10 天，在 0.6℃下处理 11 天，在 1.1℃下处理 12 天，在 1.7℃下处理 14 天，以及在 2.2℃下处理 17 天。

19.5.6 远程海运

海运代替空运将樱桃运送至遥远的海外市场已成为一种趋势（Toivonen，2014；Wang 等，2015）。空运需要 2～3 天，而海运却需要 30～40 天。随着运输时间的延长，商品到达后会产生许多问题，包括风味丧失与异味产生（Wang 等，2015）。由于樱桃具有很高的易腐性，因此需要保持低温以延缓采后的呼吸作用与生理活性。温度波动是商品贮藏和运输过程中的常见现象，也是导致气调包装中无氧呼吸从而产生异味的主要因素。在海运过程中，气调包装的樱桃贮藏于海运集装箱中或船的冷室中。

海运冷藏集装箱通过 220 V 与 440 V 三相电的独立制冷装置维持运输过程中的果实温度。此制冷装置可由船舱直接供电或港口供电。温度读取器用于读取供应和回流的气体温度。冷藏集装箱装有底部送风系统，气流从制冷装置的底部垂直通过包裹，再平行经过顶部的货物，最后返回制冷装置完成气流循环。为使气流能从底部垂直通过货物，必须留有气体流通空间与排气口。紧密堆积的货物上若有不适当的排列方式或存在对位问题，会阻止气流穿过货物（LaRue 和 Johnson，1989），所以需要在底部铺满产品或固体物料。

19.6 前景与挑战

培育和筛选出高品质与耐贮藏和运输的新品种是提高甜樱桃采后品质、减少采后损失的关键。果面点蚀仍然是导致国内外市场上樱桃降价和拒收的主要原因，同时给种植者造成巨大的经济损失，因此人们迫切希望生产出能抗机械损伤的樱桃。

樱桃的全球化销售有望在未来继续发展。目前，大多数用于长途国际贸易的甜樱桃都是采用空运方式。考虑到二氧化碳排放、食物里程与运输成本的问题，因此需要将运输方式从空运转变为海运。目前，樱桃产业已开始采用海运运输，但不同品种、生产批次与年份的果实到货质量参差不齐。

由于运输阶段占据采后的大部分时间，因此需要根据运输方法采用新的采后技术，并需要更好地了解和优化海运集装箱内的垂直空气流动和合适的包装设计。目前，长运输周期的甜樱桃高度依赖采后杀菌技术。为了可持续发展，需要采取综合检疫除害措施，即将采前与采后操作与被公认为安全(GRAS)的抗菌活性产品相结合。

需进一步进行研究采前和采后过程中影响樱桃果实品质的因素(如气候、农艺、品种、成熟度、钙营养、温度、氧气、二氧化碳、低气压及物流)。目前，尚且无法保证溴甲烷能否继续用于采后检疫除害处理。在实验室中进行检疫除害操作相对容易，但是目前需要采用能在商业生产中有效、安全和高效益地代替溴甲烷的方法。评价采前和采后因素和检疫除害条件对果实采后品质的影响时，除了需要考虑果实的外观、质感和点蚀外，还应考虑风味品质。

参考文献

Adaskaveg, J. E., Förster, H. and Thompson, D. F. (2000) Identification and etiology of visible quiescent infections of *Monilinia fructicola* and *Botrytis cinerea* in sweet cherry fruit. *Plant Disease* 84,328 - 333.

Agulheiro-Santos, A. C., Palma, V., Rato, A. E., Machado, G., Lozano, M. and González-Gómez, D. (2014) Quality of 'Sweetheart' cherry under different storage conditions. *Acta Horticulturae* 1020,101 - 110.

Anthon, E. W., Moffitt, H. R., Couey, H. M. and Smith, L. O. (1975) Control of codling moth in harvested sweet cherries with methyl bromide and effects upon quality and taste of treated fruit. *Journal of Economic Entomology* 68,524 - 526.

Athoo, T. O., Winkler, A. and Knoche, M. (2015) Pedicel transpiration in sweet cherry fruit: mechanisms, pathways, and factors. *Journal of the American Society for Horticultural Science* 140,136 - 143.

Azarenko, A. N., Chozinski, A. and Brewer, L. J. (2008) Fruit growth curve analysis of seven sweet cherry cultivars. *Acta Horticulturae* 795,561 - 566.

Barrett, D. M. and Gonzalez, C. (1994) Activity of softening enzymes during cherry maturation. *Journal of Food Science* 59,574 - 577.

Bartley, I. M. and Knee, M. (1982) The chemistry of textural changes in fruit during storage. *Food Chemistry* 9,47 - 58.

Børve, J. (2014) Fungal contamination of fruit in sweet cherry grading lines. *Acta*

Horticulturae 1020,127 - 130.

Børve, J., Sekse, L. and Stensvand, A. (2000) Cuticular fractures promote postharvest fruit rot in sweet cherries. *Plant Disease* 84,1180 - 1184.

Bukovac, M. J., Knoche, M., Pastor, A. and Fader, R. G. (1999) The cuticular membrane: a critical factor in raininduced cracking of sweet cherry fruit. *Journal of the American Society for Horticultural Science* 34,549.

Candan, A. P., Raffo, M. D., Calvo, G. and Gomila, T. (2014) Study of the main points of impact during cherry handling and factors affecting pitting sensitivity. *Acta Horticulturae* 1020,137 - 141.

Chen, P. M., Mellenthin, W. M., Kelly, S. B. and Facteau, T. J. (1981) Effects of low oxygen and temperature on quality retention of 'Bing' cherries during prolonged storage. *Journal of the American Society for Horticultural Science* 106,533 - 535.

Choi, C., Wiersma, P. A., Toivonen, P. and Kappel, F. (2002) Fruit growth, firmness and cell wall hydrolytic enzyme activity during development of sweet cherry fruit treated with gibberellic acid (GA3). *Journal of Horticultural Science and Biotechnology* 77, 615 - 621.

Clayton, M., Biasi, B. and Mitcham, B. (1998) Devices for measuring firmness of cherries. *Perishables Handling Quarterly* 95,2 - 4. Available at: http://ucce.ucdavis.edu/files/datastore/234 - 52.pdf (accessed 24 January 2017).

Clayton, M., Biasi, W. V., Agar, I. T., Southwick, S. M. and Mitcham, E. J. (2003) Postharvest quality of 'Bing' cherries following preharvest treatment with hydrogen cyanamide, calcium ammonium nitrate, or gibberellic acid. *HortScience* 38,407 - 411.

Cliff, M. A., Dever, M. C., Hall, J. W. and Girard, B. (1995) Development and evaluation of multiple regression models for prediction of sweet cherry liking. *Food Research International* 28,583 - 589.

Crisosto, C. H., Garner, D., Doyle, J. and Day, K. R. (1993) Relationship between fruit respiration, bruising susceptibility, and temperature in sweet cherries. *HortScience* 28, 132 - 135.

Crisosto, C. H., Mitchell, F. G. and Johnson, S. (1995) Factors in fresh market stone fruit quality. *Postharvest News and Information* 6,17 - 21.

Crisosto, C. H., Crisosto, G. M. and Metheney, P. (2003) Consumer acceptance of 'Brooks' and 'Bing' cherries is mainly dependent on fruit SSC and visual skin color. *Postharvest Biology and Technol*ogy 28,159 - 167.

de Vries-Paterson, R. M., Jones, A. L. and Cameron, A. C. (1991) Fungistatic effects of carbon dioxide in a package environment on the decay of Michigan sweet cherries by *Monilinia fructicola*. *Plant Disease* 75,943 - 946.

Dever, M. C., MacDonald, R. A., Cliff, M. A. and Lane, W. D. (1996) Sensory evaluation of sweet cherry cultivars. *HortScience* 31,150 - 153.

Díaz-Mula, H. M., Castillo, S., Martínez-Romero, D., Valero, D., Zapata, P. J., Guillén,

F. and Serrano, M. (2009) Sensory, nutritive and functional properties of sweet cherry as affected by cultivar and ripening stage. *Food Science and Technology International* 15,535－543.

Drake, S. R. and Elfving, D. C. (2002) Indicators of maturity and storage quality of 'Lapins' sweet cherry. *HortTechnology* 12,687－690.

Drake, S. R. and Fellman, J. K. (1987) Indicators of maturity and storage quality of 'Rainier' sweet cherry. *HortScience* 22,283－285.

Eccher, T. and Noè, N. (1998) Respiration of cherries during ripening. *Acta Horticulturae* 464,501. Einhorn, T. C., Wang, Y. and Turner, J. (2013) Sweet cherry fruit firmness and postharvest quality of late-maturing cultivars are improved with low-rate, single applications of gibberellic acid. *HortScience* 48,1010－1017.

EPA (2016) Methyl bromide. Environmental Protection Agency, Washington, DC. Available at: https://www. epa. gov/ods-phaseout/methyl-bromide (accessed 23 January 2017).

Esturk, O., Ayhan, Z. and Ustunel, M. A. (2012) Modified atmosphere packaging of 'Napoleon' cherry: effect of packaging material and storage time on physical, chemical, and sensory quality. *Food Bioprocess Technology* 5,1295－1304.

Facteau, T. J. (1982) Relationship of soluble solids, alcohol-insoluble solids, fruit calcium, and pectin levels to firmness and surface pitting in 'Lambert' and 'Bing' sweet cherry fruit. *Journal of the American Society for Horticultural Science* 107,151－154.

Facteau, T. J. and Rowe, K. E. (1979) Factors associated with surface pitting of sweet cherry. *Journal of the American Society for Horticultural Science* 104,707－710.

Facteau, T. J., Rowe, K. E. and Chestnut, N. E. (1985) Firmness of sweet cherry fruit following multiple applications of gibberellic acid. *Journal of the American Society for Horticultural Science* 19,127－129.

Feliziani, E., Santini, M., Landi, L. and Romanazzi, G. (2013) Pre-and postharvest treatment with alternatives to synthetic fungicides to control postharvest decay of sweet cherry. *Postharvest Biology and Technology* 78,133－138.

Feng, X., Hansen, J. D., Biasi, B., Tang, J. and Mitcham, E. J. (2004) Use of hot water treatment to control codling moths in harvested California 'Bing' sweet cherries. *Postharvest Biology and Technology* 31,41－49.

Fogle, H. W., Snyder, J. C., Baker. H, Cameron, H. R., Cochran, L. C., Schomer, H. A. and Yang, H. Y. (1973) *Sweet Cherries: Production, Marketing, and Processing*. Agriculture Handbook 442. US Department of Agriculture, Washington, DC.

Gao, L. and Mazza, G. (1995) Characterization, quantitation, and distribution of anthocyanins and colorless phenolics in sweet cherries. *Journal of Agricultural and Food Chemistry* 43,343－346.

Garcia-Ramos, F. J., Valero, C., Homer, I., Ortiz-Cañavate, J. and Ruiz-Altisent, M. (2005) Non-destructive fruit firmness sensors: a review. *Spanish Journal of Agricultural Research* 3,61－73.

Gaunce, A. P., Madsen, H. F. and McMullen, R. D. (1981) Fumigation with methyl bromide to kill larvae and eggs of the codling moth in Lambert cherries. *Journal of Economic Entomology* 74, 154 - 157.

Glenn, G. M. and Poovaiah, B. W. (1987) Role of calcium in delaying softening of apples and cherries. *Postharvest Pomology Newsletter* 5, 10 - 19.

Glenn, M. G. and Poovaiah, B. W. (1989) Cuticular properties and postharvest calcium applications influence cracking of sweet cherries. *Journal of the American Society for Horticultural Science* 114, 781 - 788.

Goliáš, J., Nemcová, A., Canek, A. and Kolenčíková, D. (2007) Storage of sweet cherries in low oxygen and high carbon dioxide atmospheres. *Horticultural Science* 34, 26 - 34.

Gonçalves, B., Landbo, A. K., Knudse, D., Silva, A. P., Moutinho-Pereira, J., Rosa, E. and Meyer, A. S. (2004) Effect of ripeness and postharvest storage on the phenolic profiles of cherries (*Prunus avium* L.). *Journal of Agricultural and Food Chemistry* 52, 523 - 530.

Gong, Y., Fan, X. and Mattheis, J. P. (2002) Responses of 'Bing' and 'Rainier' sweet cherries to ethylene and 1-methylcyclopropene. *Journal of the American Society for Horticultural Science* 127, 831 - 835.

Grant, J. and Thompson, J. (1997) Packing-line modifications reduce pitting and bruising of sweet cherries. *California Agriculture* 51, 31 - 35.

Guyer, D. E., Sinha, N. K., Chang, T. S. and Cash, J. N. (1993) Physiochemical and sensory characteristics of selected Michigan sweet cherry (*Prunus avium* L.) cultivars. *Journal of Food Quality* 16, 355 - 370.

Hampson, C. R., Stanich, K., McKenzie, D. L., Herbert, L., Lu, R., Li, J. and Cliff, M. A. (2014) Determining the optimum firmness for sweet cherries using Just-About-Right sensory methodology. *Postharvest Biology and Technology* 91, 104 - 111.

Hansen, J. D., Sell, C. R., Moffit, H. R., Leesch, J. G. and Hartsell, P. L. (2000a) Residues in apples and sweet cherries after methyl bromide fumigation. *Pest Management Science* 56, 555 - 559.

Hansen, J. D., Drake, S. R., Moffitt, H. R., Albano, D. J. and Heidt, M. L. (2000b) Methyl bromide fumigation of five cultivars of sweet cherries as a quarantine treatment against codling moth. *HortTechnology* 10, 194 - 198.

Harb, J., Streif, J. and Saquet, A. (2003) Impact of controlled atmosphere storage conditions on storability and consumer acceptability of sweet cherries 'Regina'. *Journal of Horticultural Science and Biotechnology* 78, 574 - 579.

Harb, J., Saquet, A. A., Bisharat, R. and Streif, J. (2006) Quality and biochemical changes of sweet cherries cv. 'Regina' stored in modified atmosphere packaging. *Journal of Applied Botany and Food Quality* 80, 145 - 149.

Horvitz, S., Godoy, C., Lopez Camelo, A. F., Yommi, A. and Godoy, C. (2003) Application of gibberellic acid to 'Sweetheart' sweet cherries: effects on fruit quality at harvest and during cold storage. *Acta Horticulturae* 628,311 - 316.

Ito, K. and Clever, J. (2012) *Japan: Stone Fruit Annual*. Global Agricultural Information Network, Report No. JA2020. USDA Foreign Agricultural Service, Washington, DC.

Kader, A. A. (1992) Modified atmospheres during transport and storage. In: *Postharvest Technology of Horticultural Crops*, 2nd edn. University of California, Davis, California, pp. 85 - 92.

Kader, A. A. (1997) A summary of CA requirements and recommendations for fruits other than apples and pears. In: Kader, A. A. (ed.) *Proceedings of the 7 th International Controlled Atmosphere Research Conference*, Vol. 3. University of California Davis, California, pp. 1 - 34.

Kappel, F. and Toivonen, P. (2005) Resistance of advanced sweet cherry selections and cultivars to fruit surface pitting. *Acta Horticulturae* 667,515 - 522.

Kappel, F., Fisher-Fleming, B. and Hogue, E. (1996) Fruit characteristic and sensory attributes of an ideal sweet cherry. *HortScience* 31,443 - 446.

Kappel, F., Toivonen, P., McKenzie, D. L. and Stan, S. (2002) Storage characteristics of new sweet cherry cultivars. *HortScience* 37,139 - 143.

Kappel, F., Toivonen, P., Stan, S. and McKenzie, D. L. (2006) Resistance of sweet cherry cultivars to fruit surface pitting. *Canadian Journal of Plant Science* 86,1197 - 1202.

Karabulut, O. A., Lurie, S. and Droby, S. (2001) Evaluation of the use of sodium bicarbonate, potassium sorbate and yeast antagonists for decreasing postharvest decay of sweet cherries. *Postharvest Biology and Technology* 23,233 - 236.

Karabulut, O. A., Arslan, U., Ilhan, K. and Kuruoglu, G. (2005) Integrated control of postharvest disease of sweet cherry with yeast antagonists and sodium bicarbonate applications within a hydrocooler. *Postharvest Biology and Technology* 37,135 - 141.

Khorshidi, S., Davarynejad, G., Tehranifar, A. and Fallahi, E. (2011) Effect of modified atmosphere packaging on chemical composition, antioxidant activity, anthocyanin, and total phenolic content of cherry fruits. *Horticulture, Environment and Biotechnology* 52,471 - 481.

Kitis, M. (2004) Disinfection of wastewater with peracetic acid: a review. *Environment International* 30,47 - 55.

Knoche, M., Peschel, S., Hinz, M. and Bukovac, M. J. (2000) Studies on water transport through the sweet cherry fruit surface: characterizing conductance of the cuticular membrane using pericarp segments. *Planta* 212,127 - 135.

Knoche, M., Peschel, S., Hinz, M. and Bukovac, M. J. (2001) Studies on water transport through the sweet cherry fruit surface: II. Conductance of the cuticle in relation to fruit development. *Planta* 213,927 - 936.

Knoche, M., Beyer, M., Peschel, S., Oparlakov, B. and Bukovac, M. J. (2004) Changes in strain and deposition of cuticle in developing sweet cherry fruit. *Physiologia Plantarum* 120,667 - 677.

Kondo, S. and Inoue, K. (1997) Abscisic acid (ABA) and 1-aminocyclopropane-l-carboxylic acid (ACC) content during growth of 'Satonishiki' cherry fruit, and the effect of ABA and ethephon application on fruit quality. *Journal of Horticultural Science* 72, 221 – 227.

Kupferman, E. (2008) *Evaluation of Sweet Cherry Fruit and Stem Damage When Applying Peroxyacetic Acid or Sodium Hypochlorite After Harvest*. Washington State University — Tree Fruit Research And Extension Center, Wenatchee, Washington.

Kupferman, E. and Sanderson, P. (2005) Temperature management and modified atmosphere packing to preserve sweet cherry fruit quality. *Acta Horticulturae* 667, 523 – 528.

Lang, G. A., Olmstead, J. W. and Whiting, M. D. (2004) Sweet cherry fruit distribution and leaf populations: modeling canopy dynamics and management strategies. *Acta Horticulturae* 636, 591 – 599.

LaRue, J. H. and Johnson, R. S. (eds) (1989) *Peaches, Plums and Nectarines — Growing and Handling for Fresh Market*. Publication No. 3331, University of California Division of Agriculture and Natural Resources, Oakland, California.

Li, S., Andrews, P. K. and Patterson, M. E. (1994) Effects of ethephon on the respiration and ethylene evolution of sweet cherry (*Prunus avium* L.) fruit at different development stages. *Postharvest Biology and Technology* 4, 235 – 243.

Liberti, L. and Notarnicola, M. (1999) Advanced treatment and disinfection for municipal wastewater reuse in agriculture. *Water Science and Technology* 40, 235 – 245.

Lidster, P. D. and Tung, M. A. (1980) Effects of fruit temperature at time of impact damage and subsequent storage temperature and duration on the development of surface disorders in sweet cherries. *Canadian Journal of Plant Science* 60, 555 – 559.

Lidster, P. D., Muller, K. and Tung, M. A. (1980) Effects of maturity on fruit composition and susceptibility to surface damage in sweet cherries. *Canadian Journal of Plant Science* 60, 865 – 871.

Looney, N. E., Webster, A. D. and Kupferman, E. M. (1996) Harvest and handling sweet cherries for the fresh market. In: Webster, A. D. and Looney, N. E. (eds) *Cherries: Crop Physiology, Production and Uses*. CAB International, Wallingford, UK, pp. 443 – 470.

Lurie, S. and Aharoni, N. (1997) Modified atmosphere storage of cherries. In: Kader, A. (ed.) *Proceedings of the 7 th International Controlled Atmosphere Research Conference*, Vol. 3. University of California Davis, California, pp. 149 – 152.

Mari, M., Gregori, R. and Donati, I. (2004) Postharvest control of *Monilinia laxa* and *Rhizopus stolonifer* in stone fruit by peracetic acid. *Postharvest Biology and Technology* 33, 319 – 325.

Mattheis, J. P., Buchanan, D. A. and Fellman, J. K. (1997) Volatile constituents of Bing sweet cherry fruit following controlled atmosphere storage. *Journal of Agricultural and*

Food Chemistry 45,212–216.

McCune, L. M., Kubota, Ch., Stendell-Hollis, N. and Thomson, C. A. (2011) Cherries and health: a review. *Critical Reviews in Food Science and Nutrition* 51,1–12.

Meheriuk, M., Mckenzje, L. D., Girard, B., Moyls, A. L., Weintraub, S., Hocking, R. and Kopp, T. (1997) Storage of 'Sweetheart' cherries in sealed plastic film. *Journal of Food Quality* 20,189–198.

Mitcham, E. J., Clayton, M. and Biasi, W. V. (1998) Comparison of devices for measuring cherry fruit firmness. *HortScience* 33,723–727.

Mitchell, F. G., Mayer, G. and Kader, A. A. (1980) Injuries cause deterioration of sweet cherries. *California Agriculture* 34,14–15.

Moffitt, H. R., Drake, S. R., Toba, H. H. and Hartsell, P. L. (1992) Comparative efficacy of methyl bromide against codling moth (Lepidoptera: Tortricidae) larvae in 'Bing' and 'Rainier' cherries and confirmation of efficacy of a quarantine treatment for 'Rainier' cherries. *Journal of Economic Entomology* 85,1855–1858.

Monzón, M. E., Biasi, B., Simpson, T. L., Johnson, J., Feng, X., Slaughter, D. C. and Mitcham, E. J. (2006) Effect of radio frequency heating as a potential quarantine treatment on quality of 'Bing' sweet cherry fruit and motility of codling moth larvae. *Postharvest Biology and Technology* 40,197–203.

Mozetič, B., Simčič, M. and Trebše, P. (2006) Anthocyanins and hydroxycinnamic acids of 'Lambert' compact cherries (*Prunus avium* L.) after cold storage and 1-methylcyclopropene treatment. *Food Chemistry* 97,302–309.

Mulabagal, V., Lang, G. A., DeWitt, D. L., Dalavoy, S. S. and Nair, M. G. (2009) Anthocyanin content, lipid peroxidation and cyclooxygenase enzyme inhibitory activities of sweet and sour cherries. *Journal of Agricultural and Food Chemistry* 57, 1239–1246.

Muskovics, G., Felfoldi, J., Kovacs, E., Perlaki, R. and Kallay, T. (2006) Changes in physical properties during fruit ripening of Hungarian sweet cherry (*Prunus avium* L.) cultivars. *Postharvest Biology and Technology* 40,56–63.

Neven, L. G. and Drake, L. R. (2000) Comparison of alternative postharvest quarantine treatments for sweet cherries. *Postharvest Biology and Technology* 20,107–114.

Ogawa, J. M., Bose, E., Manji, B. T. and Schreader, W. R. (1972) Bruising of sweet cherries resulting in internal browning and increased susceptibility to fungi. *Phytopathology* 62,579–580.

Patterson, M. E. (1982) CA storage of cherries. In: Richardson, D. G. and Meheriuk, M. (eds) *Proceedings of the 3rd National Controlled Atmosphere Research Conference*, Oregon State University Symposium Series No. 1. Timber Press, Beaverton, Oregon, pp. 149–154.

Polenta, G., Budde, C. and Murray, R. (2005) Effects of different pre-storage anoxic treatments on ethanol and acetaldehyde content in peaches. *Postharvest Biology and*

Technology 38,247 - 253.

Porritt, S. W., Lopatecki, L. E. and Meheriuk, M. (1971) Surface pitting — a storage disorder of sweet cherries. *Canadian Journal of Plant Science* 51,409 - 414.

Remón, S., Ferrer, A., Marquina, P., Burgos, J. and Oria, R. (2000) Use of modified atmospheres to prolong the postharvest life of Burlat cherries at two different degrees of ripeness. *Journal of the Science of Food and Agriculture* 80,1545 - 1552.

Remón, S., Marquina, P., Peiró, J. M. and Oria, R. (2003) Storage potential of Sweetheart cherry in controlled atmospheres. *Acta Horticulturae* 600,763 - 769.

Remón, S., Ferrer, A., Venturini, M. E. and Oria, R. (2006) On the evolution of key physiological and physicochemical parameters throughout the maturation of 'Burlat' cherry. *Journal of the Science of Food and Agriculture* 86,657 - 665.

Ren, J., Chen, P., Dai, S. J., Li, P., Li, Q., Ji, K. and Leng, P. (2011) Role of abscisic acid and ethylene in sweet cherry fruit maturation: molecular aspects. *New Zealand Journal of Crop and Horticultural Science* 39,161 - 174.

Schick, J. L. and Toivonen, P. M. (2002) Reflective tarps at harvest reduce stem browning and improve fruit quality of cherries during subsequent storage. *Postharvest Biology and Technology* 25,117 - 121.

Seeram, N. P., Momin, R. A., Nair, M. G. and Bourquin, L. D. (2001) Cyclooxygenase inhibitory and antioxidant cyanidin glycosides in cherries and berries. *Phytomedicine* 8, 362 - 369.

Sekse, L. (1988) Respiration of plum (*Prunus domestica* L.) and sweet cherry (*P. avium* L.) fruits during growth and ripening. *Acta Agriculturae Scandinavica* 38,317 - 320.

Sekse, L. (1995) Cuticular fracturing in fruits of sweet cherry (*Prunus avium* L.) resulting from changing soil water contents. *Journal of Horticultural Science* 70,631 - 635.

Sekse, L. and Lyngstad, L. (1996) Strategies for maintaining high quality in sweet cherries during harvesting, handling and marketing. *Acta Horticulturae* 410,351 - 356.

Sekse, L., Meland, M., Reinsnos, T. and Vestrheim, S. (2009) Cultivar and weather conditions determine pre-and postharvest fruit firmness in sweet cherries (*Prunus avium* L.). *European Journal of Horticultural Science* 74,268 - 274.

Serrano, M., Guillén, F., Martínez-Romero, D., Castillo, S. and Valero, D. (2005) Chemical constituents and antioxidant activity of sweet cherry at different ripening stages. *Journal of Agricultural and Food Chemistry* 53,2741 - 2745.

Serrano, M., Díaz-Mula, H. M., Zapata, P. J., Castillo, S., Guillén, F., Martínez-Romero, D., Valverde, J. M. and Valero, D. (2009) Maturity stage at harvest determines the fruit quality and antioxidant potential after storage of sweet cherry cultivars. *Journal of Agricultural and Food Chemistry* 57,3240 - 3246.

Sharkey, P. J. and Peggie, I. D. (1984) Effects of high-humidity storage on quality, decay and storage life of cherry, lemon and peach fruits. *Scientia Horticulturae* 23,181 - 190.

Suslow, T. V. (2004a) *Ozone Applications for Postharvest Disinfection of Edible*

Horticultural Crops. Publication 8133. University of California, Division of Agriculture and Natural Resources, Davis, California.

Suslow, T. V. (2004b) *Oxidation-Reduction Potential (ORP) for Water Disinfection Monitoring, Control, and Documentation*. Publication 8149. University of California, Division of Agriculture and Natural Resources, Davis, California.

Thompson, J. F. and Chen, Y. L. (1989) Energy use in hydrocooling stone fruit. *Applied Engineering in Agriculture* 5,568 - 572.

Thompson, J. F., Grant, J. A., Kupferman, E. M. and Knutson, J. (1997) Reducing cherry damage in postharvest operations. *HortTechnology*, 7,134 - 138.

Tian, S., Fan, Q., Xu, Y., Wang, Y. and Jiang, A. (2001) Evaluation of the use of high CO2 concentrations and cold storage to control of *Monilinia fructicola* on sweet cherries. *Postharvest Biology and Technology* 22,53 - 60.

Tian, S., Jiang, A., Xu, Y. and Wang, Y. (2004) Responses of physiology and quality of sweet cherry fruit to different atmospheres in storage. *Food Chemistry* 87,43 - 49.

Toivonen, P. M. A. (2014) Relationship of typical core temperatures after hydrocooling on retention of different quality components in sweet cherry. *HortTechnology* 24,457 - 462.

Toivonen, P. M. (2015) Integrated analysis for improving export of sweet cherries and how a small industry can compete by focusing on premium quality. *Acta Horticulturae* 1079, 71 - 82.

Toivonen, P. M., Kappel, F., Stan, S., McKenzie, D. L. and Hocking, R. (2004) Firmness, respiration, and weight loss of 'Bing', 'Lapins' and 'Sweetheart' cherries in relation to fruit maturity and susceptibility to surface pitting. *HortScience* 39, 1066 - 1069.

Tukey, H. B. and Young, O. (1939) Histological study of the developing of the sour cherry. *Botanical Gazette* 4,723 - 749.

Turner, J., Seavert, C., Colonna, A. and Long, L. E. (2008) Consumer sensory evaluation of sweet cherry cultivars in Oregon, USA. *Acta Horticulturae* 795,781 - 786.

Usenik, V., Fabcic, J. and Stampar, F. (2008) Sugars, organic acids, phenolic composition and antioxidant activity of sweet cherry (*Prunus avium* L.). *Food Chemistry* 107,185 - 192.

Vangdal, E., Sekse, L. and Slimestad, R. (2007) Phenolics and other compounds with antioxidative effect in stone fruit — preliminary results. *Acta Horticulturae* 734,123 - 131.

Vursavus, K., Kebelek, H. and Selli, S. (2006) A study on some chemical and physico-mechanic properties of three sweet cherry varieties (*Prunus avium* L.) in Turkey. *Journal of Food Engineering* 74,568 - 575.

Wang, Y. and Einhorn, T. (2017) Harvest maturity and crop load influence pitting susceptibility and postharvest quality deterioration of sweet cherry (*Prunus avium* L.). *Acta Horticulturae* (in press).

Wang, Y. and Long, L. E. (2014) Respiration and quality responses of sweet cherry to different atmospheres during cold storage and shipping. *Postharvest Biology and Technology* 92,62－69.

Wang, Y. and Long, L. E. (2015) Physiological and biochemical changes related to postharvest splitting of sweet cherries affected by calcium application in hydro-cooling water. *Food Chemistry* 181,241－247.

Wang, Y., Xie, X. and Long, L. E. (2014) The effect of postharvest calcium application in hydro-cooling water on tissue calcium content, biochemical changes, and quality attributes of sweet cherry fruit. *Food Chemistry* 160,22－30.

Wang, Y., Bai, J. and Long, L. E. (2015) Quality and physiological responses of two late-season sweet cherry cultivars 'Lapins' and 'Skeena' to modified atmosphere packaging (MAP) during simulated long distance ocean shipping. *Postharvest Biology and Technology* 110,1－8.

Wermund, U. and Fearne, A. (2000) Key challenges facing the cherry supply chain in the UK. *Acta Horticulturae* 536,613－624.

Wills, R. B., Scriven, F. M. and Greenfield, H. (1983) Nutrient composition of stone fruit (*Prunus* spp.) cultivars: apricot, cherry, nectarine, peach and plum. *Journal of the Science of Food and Agriculture* 34,1383－1389.

Yamaguchi, M., Sato, I., Takase, K., Watanabe, A. and Ishiguro, M. (2004) Differences and yearly variation in number and size of mesocarp cells in sweet cherry (*Prunus avium* L.) cultivars and related species. *Journal of the Japanese Society of Horticultural Science* 73,12－18.

Zhang, C. and Whiting, M. D. (2011) Pre-harvest foliar application of Prohexadione-Ca and gibberellins modify canopy source-sink relations and improve quality and shelf-life of 'Bing' sweet cherry. *Plant Growth Regulation* 65,145－156.

Zhao, Y., Collins, H. P., Knowles, N. R. and Oraguzie, N. (2013) Respiratory activity of 'Chelan', 'Bing' and 'Selah' sweet cherries in relation to fruit traits at green, white-pink, red and mahogany ripening stages. *Scientia Horticulturae* 161,239－248.

Zoffoli, J. P., Latorre, B. A., Daire, N. and Viertel, S. (2005) Effectiveness of chlorine dioxide as influenced by concentration, pH, and exposure time on spore germination of *Botrytis cinerea*, *Penicillium expansum* and *Rhizopus stolonifer*. *Ciencia e Investigación Agraria* 32,142－148.

Zoffoli, J. P., Muñoz, S., Valenzuela, L., Reyes, M. and Barros, F. (2008) Manipulation of 'Van' sweet cherry crop load influences fruit quality and susceptibility to impact bruising. *Acta Horticulturae* 795,877－882.

Zoffoli, J. P. and Rodríguez, J. (2014a) Fruit temperature affects physical injury sensitivity of sweet cherry during postharvest handling. *Acta Horticulturae* 1020,111－114.

Zoffoli, J. P. and Rodríguez, J. (2014b) Effect of active and passive modified atmosphere packaging of sweet cherry. *Acta Horticulturae* 1020,115－119.

20 工业化加工利用

20.1 导语

在单个种植区，樱桃的收获期通常较短，即使集合世界各地的种植区，也不可能全年供应新鲜樱桃。新鲜樱桃的贮藏期很有限，在 0℃且相对湿度为 90%～95%的环境中仅可以维持 2～4 周的货架期（Manganaris 等，2007；Valero，2015）。为了保证樱桃产品的周年供应，必须对樱桃果实进行适当的加工提供多样化的产品以延长货架期。产品的多样性要求加工技术具有相匹配的多样性。本章主要概述了樱桃的关键加工步骤，重点介绍了甜樱桃和酸樱桃产品加工工艺的最新研究，集中阐明了加工方法如何影响产品质量。

20.2 鲜果品质

20.2.1 鲜果品质和品种差异

第 17 章详细讨论了樱桃的化学和感官品质。对品质的研究表明，不同品种樱桃果实的初级和次级代谢产物、果实大小、结构、硬度、颜色、生物活性物质、感官属性和消费者喜好都存在较大差异。樱桃品种不仅需要根据鲜果质量进行评估，还应根据产品在加工和储存过程中形成新化合物或降解重要化合物的能力进行评估。通常，质量显著变化不仅仅针对的是育成品种或优系，而且更显著的质量变化常存在于育种资源圃，包括当地品种，它们可在未来研究中加以继续探索。目前樱桃的育种目标主要包括产量、外观品质、糖和酸，未来可以增加对能产生特定产物的品种，以及更多关注香气和感官指标等方面。

20.2.2 品质多样化的缘由

众所周知，即便遗传决定了某一品种的果实品质潜力，也因果实品质受到品种自身和外界环境的双重影响，因此果实品质因不同年份和不同栽培地有所不同。通常使用完全成熟的樱桃果实进行加工是获得优质产品的关键。例如，采摘延迟 1～2 周可能会使果实风味更丰富更浓郁。相比之下，用于盐渍的樱桃果实需要在完全成熟前采摘，因为更紧实的果肉有利于加工。加工时需要通过浓缩、稀释、不同品种混合、添加浓缩物、糖、酸和香气物质等手段以调节产品品质。许多研究中已经报道了不同成熟度樱桃果实品质的变化（Burkhardt 等，2001；Gonçalves 等，2004；Serrano 等，2005，2009；Serradilla 等，2012）。由于真菌感染会影响樱桃的风味和品质，因此果实的严格分级对于提高产品质量至关重要。果实开裂通常会导致感染或化合物氧化，对风味产生负面影响。采后贮藏也会对果实品质产生影响，在高温下即使短期贮藏樱桃也可能引起发酵。Bonerz 等（2007）指出，恰当的采收时间和快速的加工能够大大降低变质程度，减少乙酸、乳酸和乙醇等变质物质的产生。总之，能不断提供高品质果实的品种对种植者和加工产业来说都是非常感兴趣的。

20.2.3 保存和品质损失

新鲜采摘的樱桃果实含有细菌、酵母、真菌和酶，由于它们可能会在加工过程中迅速降低果实品质，因此加工中能减少这些因素的发生和活性的方法对于考虑所有生产步骤非常重要。

简单的漂烫步骤可以有效降低甜樱桃和酸樱桃果实的品质损失。漂烫是将果实水浴在 85℃加热 3～4 min，然后快速冷却的过程。该过程可以使樱桃果实中多酚氧化酶和过氧化酶的活性降低 95%，从而减少酶介导的颜色变化以及酚类化合物和果汁褐变引起的损失（Gao 等，2012）。此外，漂烫会减少表面微生物的污染。对于冷压和非巴氏杀菌产品，漂烫步骤可以延长货架期。

巴氏灭菌可通过多种热处理、物理和化学手段达到灭菌效果。热处理会影响果汁品质。其中，热敏性的花青素和芳香化合物的损失是最受关注的（Patras 等，2010）。传统的低温长时（low temperature long time，LTLT）和高温短时（high temperature short time，HTST）处理已用于果汁的巴氏杀菌。通常，HTST 处理会导致品质的显著降低，尤其是在 90～95℃条件下经过 25～30 s 的闪蒸增压（Rupasinghe 和 Yu，2012）。Szalóki-Dorkó 等（2015）比较了两个酸樱桃品种的果汁中单体花青素的降解情况，发现在 70℃、80℃或 90℃的恒温下保持 4 h 以上，“坎特诺斯”分别损失 19%、29%和 46%，“大努贝”分别损失 18%、29%和 38%。处理时间越短，温度越低，花青素的损失就越少。80℃时樱桃果汁中花青素的半衰期约为 5.2～7.9 h。Zoric 等（2014）将经过 80～120℃冷冻干燥，水分含量仅为 9.7%的“马拉斯卡”酸樱桃酱进行 5～50 min 的巴氏杀菌处理，并对 80℃下不同花青素的半衰期进行了测定，其中花青素 3-葡萄糖基芸香糖苷的半衰期为 32.10 min，花青素 3-芸香苷的半衰期为 45.69 min，而花青素一般比酚类物质对热更敏感。

为了给巴氏杀菌过程中的传热参数进行建模，Greiby 等(2014)研究了不同含水量下罐装酸樱桃果渣的导热系数。同样，Márquez 等(2003)则对放置在玻璃容器中用 25%蔗糖糖浆进行贮存的甜樱桃和酸樱桃的热传递参数进行了建模。为了在最少能耗的情况下尽可能地减少加热处理对产品造成的损害，以上研究结果对于优化樱桃酱和罐装樱桃的巴氏杀菌工艺非常重要。研究者已经尝试了几种避免使用高温处理的其他巴氏杀菌方法。Hosseinzadeh Samani 等(2015)将约 50℃温和的微波加热与超声处理相结合，发现能够消除酸樱桃汁中接种的大肠杆菌。Arjeh 等(2015)利用伽马辐射减少酸樱桃汁中的微生物。虽然在 3 kGy 的辐射后可以看到微生物数量的减少，但与此同时也发现了花青素、有机酸和其他品质指标的显著损失，以及在 4℃下储存 60 天这些指标出现显著下降。

高压加工(high-pressure processing, HPP)处理作为一种不加热或是微量加热樱桃果汁和果泥的巴氏杀菌方法受到越来越广泛的关注。Queirés 等(2015)研究对比了 10℃条件下 400 MPa 持续 5 min 及 550 MPa 持续 2 min 的高压处理甜樱桃汁的效果，并比较了 HPP 方法与甜樱桃汁在 70℃下巴氏杀菌 30 s 的效果。这些处理方法都能减少微生物数量，使得在 4 周的冷藏期内微生物数量都在检测限以下。HPP 处理后的样品显示出较高的花青素浓度，并且在贮藏期间产品总酚的损失也较少。Bayındırlı 等(2006)将接种了金黄色葡萄球菌、大肠杆菌和沙门氏菌的酸樱桃汁进行 HPP 处理，研究发现在 40℃、350 MPa 下持续 5 min 可以使以上致病菌完全失活。与细菌相比，多酚氧化酶具有更强的抗降解能力，因此需要较高的温度或较长的 HPP 处理时间才能消除。

近年来，脉冲电场(pulsed electric fields, PEFs)等新技术被认为是果汁巴氏杀菌和酶失活的新方法(Evrendilek 等，2012)。Evrendilek 等(2008)将酸樱桃汁在 pH 值为 3.1 时接种青霉病菌，发现 30 kV/cm 脉冲电场强度处理 218 μs 可以完全抑制孢子萌发。相似地，Evrendilek 等(2009)在酸樱桃汁中接种灰霉病菌，发现 20 kV/cm 脉冲电场强度处理 123 μs 可以完全抑制孢子萌发。Altuntas 等(2010)对酸樱桃汁中接种的 7 种细菌和真菌进行了 PEF 处理，并比较了处理前后的果汁品质。虽然在电场强度高达 30 kV/cm 且处理时间达到

200 μs 时所有细菌和真菌的存活率都降低了，但是仍不足以完全消除大多数病原体。通常，在大多数关于 PEF 的研究中发现细菌和真菌的存活率可以降低但不能被完全消除(Evrendilek 等，2012)。PEF 处理不会显著影响樱桃汁的品质参数，如 Brix、pH 值、总酸度、*L-a-b* 色度、有机酸浓度和花色素苷浓度。

冷气相等离子体处理是一种通过将电离气体暴露于强电场以产生活性氧物质处理果汁的方法，常用的电离气体为氩气。Garofulić 等(2015)将酸樱桃汁暴露于温度约为 50℃的氩气相中 3 min，相比于 80℃下 2 min 的传统巴氏杀菌处理方法，其花青素和酚酸的含量较高。其中，较高水平的花青素含量被认为是氩气相处理使小尺寸凝集物或颗粒解离的结果。

虽然通过加热进行巴氏杀菌是樱桃产品最广泛使用的灭菌方法，但用于清除或浓缩果汁的膜过滤技术，如超滤、微滤或纳米过滤，也可用于获得无菌产品(Echavarría 等，2011；Rupasinghe 和 Yu，2012)。为了去除细菌、酵母菌和真菌，需要小于 45 μm 孔隙的过滤器。Bagger-Jørgensen 等(2002)研究了酸樱桃汁微滤过程中果汁温度、流速、过滤孔径和跨膜压力对果汁浊度、蛋白质、糖和总酚类化合物的影响。结果表明，果汁微滤后虽然浊度显著降低，但蛋白质、糖和酚类化合物未有显著影响。另外，由于膜的结垢会降低过滤能力，因此在酸樱桃汁过滤之前建议使用酶解处理和预离心处理(Şahin 和 Bayindirli，1993；Meyer 等，2001；Pinelo 等，2010)。膜孔径的选择取决于要除去的目标微生物。在应用过滤技术时，还应考虑去除目标化合物的风险。

尽管目前已经实现了樱桃产品巴氏杀菌的有效应用，但是由于化合物之间的氧化反应、光反应和其他化学反应，在贮藏期间可能存在产品品质的显著降低。Bonerz 等(2007)研究了巴氏杀菌完全的酸樱桃汁在黑暗中 20℃储存 6 个月的品质变化，发现 6 个月后总花青素下降至 75%，颜色饱和度降低，但色调受影响较小，同时多酚和抗氧化能力没有下降，只有儿茶素浓度略有下降。同时，研究发现花青素 3 -芸香苷的半衰期为 28.6～54 天，花青素 3 -(2G -葡萄糖基芸香糖苷)的半衰期为 72～94 天。

Poiana 等(2011)发现巴氏杀菌的甜樱桃和酸樱桃果酱在 20℃下储存 3 个月后，其维生素 C 含量减少 22%，总酚含量减少 18%，单体花青素减少 21%，而铁还原抗氧化能力(ferric reducing antioxidant power，FRAP)没有显著降低。同样，Rababah 等(2011)发现在 25℃下储存 5 个月的樱桃果酱的总花色素浓度降低，而总酚含量没有显著变化，2，2 -联苯基- 1 -苦基肼基(2，2-diphenyl-1-picrylhydrazy，DPPH)抗氧化能力随时间推移而显著降低。

20.2.4　毒素处理：苦杏仁苷和氰化物的风险

樱桃种子含有苦杏仁苷，这是一种氰基葡萄糖苷，经酶法粉碎后可被β-葡萄糖苷酶转化为氰化氢和苯甲醛。在加工过程中破碎的种子会将这些化合物释放到果酱中。虽然苯甲醛是一种重要且无害的樱桃香气成分，但氰化氢具有毒性。如果在产品中以高剂量存在，则可能会造成潜在的危害。在巴氏杀菌加热期间，该化合物通常会减少。在食品加工中由于必要的步骤可能会将果核粉碎，使得果核中的苯甲醛释放出来，有类似杏仁的味道。在非加热处理方法中，可能无法发生氰化氢的分解或蒸发，并且可能发生高酶促转化，因此需要更加小心以避免有毒氰化物的存在。在欧洲，欧洲经济共同体理事会第 1576/89 号条例规定，果核酒中允许的最大氢氰酸含量为 70 mg/L(Balcerek 和 Szopa, 2012)。

20.3　预处理操作

20.3.1　按品质对原料果实进行清洗、分类和进一步分级

洗净收获的新鲜酸甜樱桃果实以去除杂质，并尽快在 0℃的水中短暂冷却以保持品质，使其在分选步骤前有更好的硬度。根据规定，可以在水中添加消毒剂或调节剂以改善硬度。果柄的机械去除是通过圆柱形橡胶辊完成的，它可以拉出并丢弃果柄。然后，樱桃果实可以在托盘或运行的传送带上对齐，并通过基于激光技术和数字图像分析的机器视觉系统对果实大小进行分类。一些系统具有用于单个果实的托盘旋转装置，以确保对整个果实进行全面扫描。除此之外的分类功能可能包括扫描果实的机械损伤、果实裂缝、真菌侵袭和畸形果，如双子果和有核果实。激光和近红外(near infrared, NIR)技术具有运行速度较快并且可以在相对短的时间内处理大量果实的特点。基于 NIR 的分类技术主要应用于区分果实颜色(Pappas 等,2011)、可溶性糖和硬度，以期获得品质一致的高品质产品(Carlini 等,2000；Lu, 2001)。如今，许多公司都提供先进的技术设备对新鲜和待加工的甜樱桃和酸樱桃进行清洁、分类和分级。

20.3.2　除果核

去核的甜樱桃和酸樱桃可用于制作罐头和腌制产品，也可制成果干和浸渍水果。金属销用于将果实固定去除果核。一台好的设备应具有较高的容量，且对果实表皮创伤小，果汁损失小。在去除果核之前进行短期预冷会使果实硬度更高。设备必须能极精准地去除果核，因为最终产品即使是含有极少数的果核残余物和碎片，也会损害消费者的健康和降低产品的可接受性。Haff 等(2013)

开发了一台 X 射线分选机，以检测果实中是否留有果核。结合使用空气喷射流，可以在加工中进一步去除果核等杂质。

20.4 加工产品

20.4.1 品种和鲜果品质与产品类型和价值的匹配

为了优化不同樱桃产品的加工工艺和品质，要求鲜果品质适合于所加工的产品类型(见图 20.1)。全世界数以百计的酸樱桃和甜樱桃栽培品种在技术和内在品质上都有很大的不同，因此品种的选择是确保加工成功和高质量产品的最重要方式。不同的消费者群体和区域性偏好可能需要不同的风味，因此没有一种产品可以包打天下。在科学文献中似乎缺少对适合加工成不同高质量产品的樱桃果实特征全面详细的总结。然而，一些研究指出哪些品种最适合加工成哪种产品以及哪些特征最重要。例如，Bors(2011)研究了 5 个酸樱桃品种和 7 个优系进行生产罐装黑樱桃酒、速冻(individually quick frozen，IQF)干樱桃、糖渍樱桃、樱桃酒和樱桃干的匹配性。不同最适品种匹配基于樱桃果实的品质和终产品的感官品质。适合生产每种产品的品种特征做了列表。Will 等(2005)和 Bonerz 等(2007)详细分析了 5 种酸樱桃品种的果汁。Damar 和 Ekşi(2012)研究了 11 种土耳其酸樱桃栽培品种的果汁品质。Clausen 等(2011)通过核磁共振(^{1}H-NMR)和香气特征的感官描述研究了 7 种酸樱桃品种冷榨果汁的品质。适用于生产果汁的品种应该果汁丰富、果实肉软，并且成熟度一致，同时优选具有

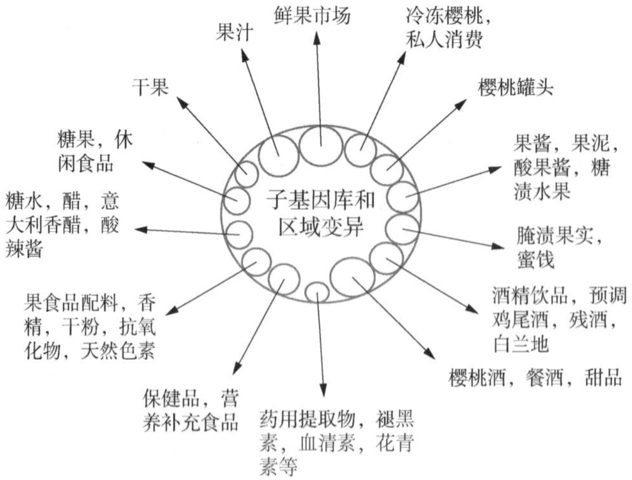

图 20.1 樱桃的个体基因与特定产品匹配，可以优化加工工艺和产品品质(M. Jensen)

高糖度、中高酸度、平衡的糖酸比、高饱和色度和高抗氧化能力的樱桃品种。樱桃的特有香气应该是浓郁的，应该避免具有辛辣和苦味的栽培品种。这些品质要求与生产其他饮料，如葡萄酒、利口酒和白兰地的樱桃产品，颇为相似。Nikićević等(2011)比较了5种酸樱桃品种的化学和感官特性与生产樱桃白兰地的匹配性，发现具有高芳香化合物苯甲醛和芳樟醇含量的樱桃品种是最为适合的。

对于果酱产品，应该优选比制作果汁的硬度和糖含量高、低至中等酸度、颜色饱和度高以及富含香气化合物的果实。例如，Kim和Padilla-Zakour(2004)比较了来自4种酸樱桃品种的果酱，研究表明，不同品种加工后花青素和酚类物质的含量有所不同。Berger(1991)认为应该利用不同品种中产生芳香化合物能力的巨大差异改善果酱的味道。对于果干产品，果肉在加工过程中必须足够硬实和稳定。Konopacka等(2014)研究了9种酸樱桃品种通过对流干燥处理生产零食的适用性。结果显示，只有成熟一致且大小均匀的果实才能保持稳定的优良干果品质。同时，具有良好糖酸比以及富含花青素和总酚的品种是优先选择的类型。Juhnevica等(2011)测试了5种酸樱桃品种生产优质果脯的能力，发现品种应具有温和的酸甜味且结构良好，同时高酚含量和高可溶性固形物含量与消费者喜好度呈负相关。Toivonen等(2006)比较了9种甜樱桃栽培品种在生产创新型鲜切樱桃产品方面的适用性，该产品果核被去除，并且其他食品可以被填充到果核空腔中。

20.4.2　IQF水果

带核或者不带核的冻干水果是一种长期保存高品质水果的有效方法。这种水果可以解冻后加工成不同产品，也可以直接提供给个人消费者。在世界范围内，大部分的甜樱桃和酸樱桃都采用冷冻技术。对个人消费者和工业界来说，单个果实进行冷冻则更方便。IQF水果的加工过程通常需要通过流化床系统中缓慢运行的网状传送带利用冷空气来冷冻，该系统不间断地移动水果，从而防止水果在冷冻期间联结在一起(Barbosa-Caénovas等，2005)。线性冷冻隧道或螺旋带式冷冻机是常用技术。在冷冻的第一步，只有单层水果被冻结，以迅速冻结表面。随后，可以进行深层冷冻。冷冻水果用密封塑料袋包装，并在－23～－18℃保持冷冻状态。使用液态二氧化碳或液氮冲洗水果可以使IQF水果更快地冷冻。对于其他产品，可以使用平板冷冻机，浆状物或糊状物在两个通过冷却剂的金属表面之间冷冻。有时樱桃加糖后冷冻，可以使其更方便地用于糕点和其他食物。需要重点注意的是，保存在－20℃左右的冷冻水果并不能长时间保持其品质，因此最好在8～12个月内使用完毕(Barbosa-Cánovas 等，2005)。

20.4.3 果汁和浓缩汁

樱桃汁可以由甜樱桃和酸樱桃制成，可以是100%纯果汁，也可以由浓缩物稀释而成。可以通过不同的方法将原汁脱水成更适合储存或运输的浓缩汁。生产浓缩汁时，通常将蔗糖糖浆添加到果汁或浓缩物中(Toydemir 等，2013b)。新鲜樱桃或冷冻樱桃都可以加工生产果汁。热压榨汁通常使用酶和高温处理，包括巴氏灭菌，而冷压榨汁通常不使用酶或热处理，以保持原始水果的品质。若不采用加热的方法进行巴氏杀菌，则需要通过其他方式对冷榨果汁进行巴氏杀菌处理以延长保质期，使其在5℃的存储条件下货架期超过1周或2周。具有高果汁含量和低硬度、高糖、中等至高色度以及中等至高总酸度的樱桃品种适用于果汁生产。平衡的糖酸比和优良的感官品质也非常重要(Clausen 等，2011)。

樱桃汁的生产涉及许多步骤，标准流程如下(有关更多技术细节，请参阅McLellan 和 Padilla-Zakour，2004)。新鲜收获的完全成熟的樱桃果实经过清洗和除杂，小心地去除有破损或感染的伤果，然后在85℃水浴中短暂漂烫3 min，可以减少表面微生物污染，同时也可以降低多酚氧化酶和过氧化物酶的活性，使得果皮更容易降解(Gao，2012)。与非漂烫处理的樱桃相比，漂烫使酸樱桃汁中的花青素、总酚、抗坏血酸和可溶性固形物浓度升高。

在去除果核之前，可以对果实硬度高的樱桃品种按颜色和糖含量进行分类。首先，对于酸樱桃和非常软的甜樱桃，可以在锤磨机中去除果核。一部分果核可能会被碾碎并加入至醪液中，以确保果汁中的苯甲醛香气。其次，将去核水果短暂浸渍，在搅拌醪液的同时将纯果胶酶或不同酶的混合物(Pinelo 等，2010)在50℃下混入糊状物搅拌1～2 h。再次，通过压榨分离出残渣(此处不赘述压榨技术)。然后可以对原汁进行巴氏杀菌并且使酶完全失活。最后，将果汁过滤，通常采用较小的孔径除去少量果肉溶解颗粒的残余物。过去的传统工艺包括沉降期，但如今高效率的过滤处理可以删减此步骤。根据果汁产品要求的澄清度，可以使用非常小的孔径膜进行澄清处理，该滤膜同时也能对果汁进行除菌(Bagger-Jørgensen 等，2002；Pinelo 等，2010)。果汁终产品可在巴氏杀菌之前或之后进行灌装。

目前，已经研究了不同加工方法对不同品种樱桃果汁产品品质参数的影响，主要是酸樱桃，少部分是甜樱桃。Schüller 等(2015)研究了通过热蒸汽提取制备的9种甜樱桃品种的果汁品质，并对比了在−20℃与室温下储存30天的货架期品质，发现品种间果汁品质的差异很大，总酚含量变化幅度为 553～1 757 mg/L，花青素含量为 85～1 095 mg/L。不同品种在储存后保持产品品质的能力不同。Will 等(2005)将 5 个酸樱桃品种的果汁在 20℃保存 6 个月后进行品质的比较，发现不同品种之间指标存在显著差异，可溶性固形物为 13～18° Brix，总酸为 15～23 g/L，总酚为 1 707～5 498 mg/L，花青素为 262～410 mg/L 以及抗氧化当量(trolox equivalent antioxidant capacity，TEAC)为 16～44 mmol/L。在所有品种中，"史蒂芬巴尔波吉特"在大多数指标中数值最高。在 20℃下储存 6 个月后，花青素含量减少约 50%。在另一项研究中，Bonerz 等(2007)比较了相同品种的果汁，并大致证实了 Will 等(2005)的研究结果。在 20℃的黑暗下储存 6 个月后，花青素含量出现高达 75%的损失，而 TEAC 抗氧化能力没有变化。樱桃果汁中花青素的半衰期平均为 50～60 天。Damar 和 Ekşi(2012)研究了 11 种土耳其酸樱桃品种的果汁品质。首先通过手动压榨制备果汁，在 85℃下巴氏杀菌，冷却至 45℃并用 0.1 g Pectinex ® Be Color kg^{-1} 处理 1 h，其次将汁液用多层滤布过滤，装瓶，最后经过 10 min 85℃的巴氏杀菌。测定发现樱桃果汁 SSC 为 16%～26%，总酸度为 16～26 g/L，总酚含量为 1 510～2 550 mg/L，总花青素含量为 350～633 mg/L，TEAC 抗氧化能力为 20～38 mmol/L。

Clausen 等(2011)利用^{1}H-NMR 对 7 个酸樱桃品种的冷榨果汁品质进行了研究，并对其香气特征进行了详细的感官描述。7 个品种分为 2 个感官组，其中"萨马迪卡"和"第布瑟尼"具有更甜的味道，而"史蒂芬巴尔"和"发纳"更酸、更苦、更涩。"史蒂芬巴尔"苯甲醛含量高，并且颜色饱和度高。基于这两组的核磁共振模型可以解释 82%的变异度。品种的聚类模式与品种的遗传关系密切相关。

Repajić 等(2015)研究了商业加工过程中"马拉斯卡"和"欧布辛斯卡"酸樱桃的鲜果、榨汁后汁液、过滤果汁和最终浓缩物的品质参数。首先，樱桃捣碎并加热至 45～50℃，用 20～40 mL/t 的果胶酶处理 1 h 并榨汁。其次，将果汁在 85℃下加热 2 min，冷却至 50℃并用 0.02～0.03 g/L 果胶酶处理 2 h，沉淀并利用真空板式技术过滤。最后，将果汁在四段蒸发器蒸发，得到浓度为 65%的浓缩果汁。榨汁后果汁中总酚类物质的干重质量分数(20.5 mg/g)显著高于新鲜水果(12.4 mg/g)。过滤后，果汁中总酚含量减少得不明显(18.6 mg/g)，但浓缩物(16.8 mg/g)中总酚的质量分数显著降低。花青素单体在新鲜水果中最低(2.42 mg/g)，在压榨汁中显著提高(4.03 mg/g)，在过滤汁中更高(4.64 mg/g)，而浓缩液中的含量介于新鲜果汁和压榨汁之间(3.42 mg/g)。“马拉斯卡”中花青素含量和总酚含量高于“欧布辛斯卡”。

Toydemir 等(2013a)研究了在“库塔雅”酸樱桃浓缩汁的工业化加工过程中22个指标的变化，为优化加工工艺提供了详细的过程、产量和代谢组学数据。在分析显示的193种化合物中，鉴定出38种化合物，只有7种受到加工的显著影响，其中5种是酚类化合物。总体而言，花青素3-(2G-葡萄糖基芸香糖苷)在浓缩汁中的总回收率为87%，而原花青素的回收率仅为62%。原花青素在果渣中含量很高，而花青素几乎在果渣中被去除。Toydemir 等(2013b)使用与上述类似的方法研究酚类物质的抗氧化能力和体外胃肠消化的变化，以揭示血清抗氧化剂的可用性。研究发现，虽然压榨后总酚、总黄酮和总花青素的浓度显著增加，但过滤后均低于新鲜水果的含量。铜还原抗氧化能力(cupric reducing antioxidant capacity, CUPRAC)和2,2′-联氮-双(3-乙基苯并噻唑啉-6-磺酸)[2,2′-azino-bis(3-ethylbenzothiazoline-6-sulphonic acid), ABTS]方法测得的抗氧化能力与总酚含量相关，而DPPH表现出较低的相关性。花青素占果实总抗氧化能力的61%和浓缩汁的57%，并且单体花青素含量最高的分别占50%和40%。酚酸和黄酮醇提供了10%～15%的抗氧化能力。在模拟胃肠消化系统吸收的研究中，发现浓缩汁中花青素消化率比鲜果中高得多。该研究认为，高蔗糖浓度导致花青素具有较高的稳定性。

酸樱桃汁中存在的化合物十分丰富。例如，Toydemir 等(2013b)在酸樱桃汁中发现了一种抗坏血酸葡萄糖苷的新化合物。同样，Rentzsch 等(2007)在酸樱桃果汁和饮料的储存过程中发现了几个新的黄色色素，如5-羧基-吡喃花青素，它的浓度非常低，与单体(16.6%)和聚合物(82.8%)色素相比，它仅对酸樱桃汁的颜色略有贡献(0.6%)。

樱桃浓缩物的生产可以通过几种方法完成，包括加热蒸发、真空干燥、冷冻干燥、低温浓缩、膜过滤、反渗透和喷雾干燥(Aider 和 de Halleux, 2008)。热加工常常会降低品质，使得一些热敏化合物降解。虽然膜过滤法，特别是反渗透法，是一种有效且经济的方法，但在较高的干物质水平下，如浓缩物含量高达30%～40%时，膜的高压成本、损坏和结垢大大削减了膜法的优势(Aider 和 de Halleux, 2008)。

Normohamadpor Omran 等(2013)比较了使用三级柱式蒸发器在70～90℃和45 kPa真空下进行酸樱桃汁的超滤(进料速率为70 L/h)、在−10℃或−20℃进行低温浓缩以及在室温下解冻的3个步骤。在解冻期间，含糖量较高的果汁将首先融化并流失。他们发现，超滤后的果汁可以浓缩至 46°Brix，且 −10℃和 −20℃的低温浓缩处理效果没有差异。超滤前采用电浮选法清理果汁，可以使低温浓缩物达到 52°Brix。冷冻浓缩是有意义的，因为它相比于热加工保持了非常高水平的维生素、香气和其他物质。例如，Normohamadpor Omran 等(2013)研究发现冷冻浓缩后酸樱桃汁的抗氧化能力远高于热浓缩后的抗氧化能力。Aider 和 de Halleux(2008)也研究了在 −10℃或 −20℃下的低温浓缩樱桃汁浓度，发现 3 次循环后从 100 g 果汁中可提取 45 g 干物质，且与热浓缩相比，樱桃浓缩汁中香气物质和维生素 C 的损失要小得多。

20.4.4 果酱、果冻、蜜饯和果泥

市场上出售的甜樱桃和酸樱桃果酱、蜜饯和果冻种类繁多，从价格低廉的工业产品到高价的美食产品应有尽有。此外，市场被细分为包括有机产品和适合糖尿病患者食用的低糖产品在内的许多子领域，因此一个加工配方无法满足所有产品的需求，然而可以得出一些普适性的评价和趋势。原料水果的品质将决定产品的质量和口感，因此应确保果实完全成熟并具有尽可能高的感官和化学品质，随后需要对果实进行进一步分选。具有中到高的果肉硬度、果皮颜色深、糖含量高以及中到低的总酸度的品种可能是首选的品种特征。然而，对于价格高的产品，香气和感官品质被认为更重要。此外，消费者越来越期望品质的提升来源于品种本身或来自加工的辅助效果而不是来自添加的风味剂，因此低加工度的天然食品越来越受欢迎。

Kim 和 Padilla-Zakour(2004)使用以下步骤生产酸樱桃果酱。首先收获完全成熟的酸樱桃果实并在去核之前立即分选和洗涤，其次将水果在食品加工机中粗磨 30s。果酱配方包括 50%的水果、48%的糖和 2%的果胶混合物(果胶、葡萄糖和富马酸)。将果实短暂煮熟以使酶失活并部分分解果实组织。加入果胶混合物并煮沸 2 min，用几滴 50%柠檬酸调节 pH 值至 3.0～3.2。加入糖煮沸至 65%～68%浓度。最后，将果酱在 90℃的玻璃罐中热包装，立即用盖子密封，并将罐子倒置 5 min 以对盖子进行灭菌，然后进行空气冷却。

传统的高温巴氏杀菌法显著降低果酱中花青素的含量和酚类物质。Poiana 等(2011)将冷冻的甜樱桃和酸樱桃果实与 45%浓度并在 80℃下蒸煮 20 min 并在 80℃下巴氏杀菌 10 min 的果酱进行比较，发现酸樱桃的维生素 C 减少了 70%以上，甜樱桃的维生素 C 减少了 54%，果酱的总酚含量减少了 25%～30%，总花青素减少了 90%以上，抗氧化能力降低了 20%～30%。在储存期间，花青

素含量进一步降低。Rababah 等(2011)同样发现在大批量煮制和巴氏杀菌樱桃果酱后，总酚类化合物和花青素的含量大幅减少。Kim 和 Padilla-Zakour(2004)发现在 4 种酸樱桃品种制成的果酱中，总酚类化合物和花青素的含量也出现了类似的大幅下降。在果酱生产过程中对香气损失的感官研究较少，但是发现加热会导致一些芳香族化合物的大量损失，而其他重要的樱桃香气成分，如苯甲醛和芳樟醇，在加工过程中浓度升高(Berger, 1991)。Berger(1991)进一步强调了不同樱桃品种产生这些化合物的能力有所不同，这一差异可以在后续研究中进行探索。此外，需要研究在无须长时间加热和低温巴氏杀菌的情况下，就可以实现细腻均匀果酱质地和良好风味的替代方法。在板式加热器中对果酱进行薄层巴氏杀菌的技术可以用于短时巴氏杀菌。

20.4.5 罐装及盐渍水果

甜樱桃和酸樱桃水果罐头用于长期保存整个果实或果实的一部分，也可以作为其他食物的配料，或作为糕点或即食甜点的一部分。对新鲜水果进行清洗，剔除受损水果，去除果柄，通常还须去掉果核。将水果装入罐子或玻璃杯中，然后加入 16%～45%的热糖浆装满容器(Kaack 等，1996)。有些产品使用高 Brix 的浓缩酸樱桃汁作为馅料以优化风味。为了用于糕点，酸樱桃会补充淀粉填充物。在填充之后，顶部空气被排出，罐体被密封并尽可能快地进行巴氏杀菌，之后立即冷却以避免对产品造成热损伤(Chaovanalikit 和 Wrolstad, 2004a)。目前，已根据甜樱桃和酸樱桃的罐头大小和粒度对水果罐头的热传递和加热要求进行了建模，并在此基础上设计了最佳加工工艺使能源得到高效利用(Marquez 等，2003)。即使在密封条件下，罐装水果的品质和颜色在储存期间也会下降，随着温度的升高下降程度也升高。因此，建议低温储存直至出售。

Watters 和 Woodroof(1986)以及 McLellan 和 Padilla-Zakour(2005)详细描述了盐渍樱桃果实的加工过程，如“马拉斯加”酸樱桃，并且主要遵循 Chaovanalikit 和 Wrolstad(2004a)描述的方法。将带有或不带有果梗的清洁优质坚硬樱桃置于玻璃瓶中，并用 2.2%偏亚硫酸氢钠、2%氯化钙和 0.1%柠檬酸以及 pH 值为 3.0 的盐水溶液覆盖，以将果实漂白成白色或淡黄色。用透气的塑料包裹物封闭罐子。樱桃可以在盐水中储存数月至一年。将漂白的樱桃果实在流动的冷水中洗涤 5 天可以将二氧化硫降至 200 ppm 以下。此后，蔗糖添加到 48%(用于生产“马拉斯加”酸樱桃)和 72%～74%(用于生产糖渍樱桃或带梗糖渍樱桃)(Kaack 等，1996)。Gardiner 等(1993)描述了生产带梗糖渍樱桃的加工过程。为达到所需的鸡尾酒浆果的特征，生产者会添加人造或天然色素和香料。

Chaovanalikit 和 Wrolstad(2004a，b)比较了甜樱桃“宾库”“拿破仑”和酸樱桃“蒙莫朗西”的新鲜冷冻水果(储存在－23℃或－70℃)或加工成罐头后在2℃或22℃下储存12个月的果实品质。冷冻的新鲜水果在－70℃下储存良好，仅有12%的花青素损失，而在－23℃储存时花青素有88%的减少。特别发现羟基肉桂酸酯和表儿茶素在－23℃下显著降低，而黄酮醇糖苷几乎没有变化。虽然罐装存储总体上没有减少花青素的含量，但却导致约50%的花青素转移到糖浆中，因此果实中的花青素含量相应减少。在2℃或22℃储存5个月后，花青素的含量分别减少12%和42%，而总酚含量几乎保持不变。在腌渍和洗涤过程中，几乎所有的花青素和酚类物质都从果实中流失，有的被浸出，有的被降解。盐渍期间的酸性条件可以将一些矢车菊素-3-芸香糖苷转化为矢车菊色素-3-葡萄糖苷，从而改变花青素谱(Chaovanalikit 和 Wrolstad，2004b)。

Ou 等(2012)比较了冷冻樱桃、浓缩樱桃汁、樱桃干及罐装酸樱桃“蒙莫朗西”的植物化学物质、抗氧化能力和抗炎活性。冷冻樱桃中花青素含量最高，其次是浓缩樱桃汁、樱桃干和罐装樱桃。以食用每份为基础计算，与上述顺序相同的产品中花青素的相对量分别为3.9、1.7、1.2和1，表明最少程度的加工可以保持最高的花色素浓度和含量，同时该研究也报道了4种产品的单体原花青素和不同大小的聚合原花青素的分布。浓缩樱桃汁的总酚(没食子酸/g)为9.36，樱桃干为7.45，冷冻樱桃为4.18，罐装樱桃为3.57。不同产品的氧自由基吸收能力(oxygen radical absorbance capacity，ORAC；μmol Trolox/g)值为128(浓缩樱桃汁)、68(樱桃干)、20(冷冻樱桃)和17(罐装樱桃)。

20.4.6　干果产品和工艺

市场上存在许多干制或半干制的樱桃产品，包括无核樱桃、零食果干或腌渍樱桃、蜜饯樱桃以及干果粉。传统的水果干燥方法采用的是空气对流干燥技术，即将水果放置在单层托盘或架子上，暴露于热的、风速受控的干燥空气流中。Gazor 等(2014)以及 Gazor 和 Roustapour(2015)研究了酸樱桃果实的空气干燥方法，在50℃、60℃或70℃，气流速度为1 m/s 的条件下，将有或没有进行几种预处理的酸樱桃从75%含水量降到17%。他们提出了酸樱桃的干燥动力学模型。在干燥前，将原料放置在含有20%氯化钠(NaCl)或2%油酸乙酯溶液的沸水中浸泡1 min 能显著减少干燥时间和能量消耗。在50℃下干燥后的口感比在70℃下更好(Gazor 等，2014)。Doymaz(2007)、Doymaz 和 Ismail(2011)先前对油酸乙酯预处理后的酸樱桃进行干燥时也发现了类似的结果。Pirone 等(2014)研究了在 70℃、8%相对湿度和 4 m/s 空气流速下，6 种不同预处理的“拿破塔”甜樱桃果实的空气干燥：①用水蒸气在 100℃下漂烫 1.5 min；②浸入 10%柠檬酸中漂烫 5 min；③浸入 10%柠檬酸和 2.5%乳酸钙中漂烫 5 min；④在－18℃下冷冻；⑤去核；⑥未经预处理。基于以上处理方法建立了干燥动力学模型，并对不同处理之间的干燥动力学进行了比较。干燥后，果实质地与葡萄干相似，水分活度(a_w)小于 0.6，因此不易被微生物污染。漂烫显著减少了干燥时间，并且与浸渍工艺相结合能产生更好的产品品质。Franceschinis 等(2015)研究了通过空气干燥或冷冻干燥技术，生产零食或配料的甜樱桃片或甜樱桃块之前进行热漂烫或糖渍的效果。空气干燥比冷冻干燥的产品颜色更深。冻干后的花青素和酚类物质含量较高并且抗自由基活性也较高。糖渍导致花青素浓度降低。

Wojdyło 等(2014)比较了酸樱桃果实在 120～480 W 范围内的真空微波干燥、冷冻干燥或在 50℃、60℃和 70℃下的热风干燥。真空微波干燥最初为 480 W，但在低水分含量时降至 120 W，其产品品质与 50℃空气干燥一样好。真空干燥的特征在于高干燥速率、低干燥温度和无氧环境，因此它有利于干燥产品品质的保持，此外，能源成本低。Šumić 等(2013)研究了在 46～74℃和 17～583 mbar① 压力下冷冻“梅兔尔”酸樱桃的真空干燥效果，发现 54℃、148 mbar 是获得高含量的维生素、总酚、花青素和高抗氧化能力的最优条件。真空冷冻干燥在－55～－30℃的温度下通过升华除去水果中的水分，可以比在 0℃以上温度下的真空干燥保持更好的水果品质(Ivancevic 等，2012)。然而，真空冷冻干燥成本通常较大，这意味着如果该技术具有经济可行性，干燥产品将需要以更高的价格出售。Kirakosyan 等(2009)将一些干燥产品，如果干或干燥的 IQF 粉，与新鲜冷冻水果进行了比较，发现与新鲜冷冻水果相比，虽然花青素和酚类化合物在冷冻干燥粉末中保存得相当好，但干燥导致了褪黑激素的消失。

渗透脱水是由渗透驱动的用于将水果中的水含量降低约 50%的过程，然后用其他方法进一步干燥。这一方法在冷冻或预处理的水果中效果最好，促进了水通过果皮的扩散。根据 Yadav 和 Singh(2014)的研究，在 40%浓度的蔗糖溶液中，40℃下保存 132 min，可以有效地降低水果中的水分，达到预处理的目的。他们对许多水果品种的脱水机制、方法和结果进行了的详细综述。Klewicki 等(2009)提供了渗透脱水后冻干或对流干燥酸樱桃“英国莫雷拉”果实的吸附等温

① bar 为压力单位，1 bar＝10^5 Pa。

线模型，并证明了两种干燥模型中的平衡水含量略有不同。这意味着安全的储存水分活度在冷冻樱桃干中为 0.54 而在对流干燥樱桃中为 0.63。酸樱桃单层水含量与安全储存有关，每 100 g 干物质含水量为 17 g。Nowicka 等（2015a）将酸樱桃果实在 40℃、40％浓度蔗糖或不同果汁浓缩物中渗透脱水 90 min 作为干燥的第一步，然后进行对流干燥，最后微波真空干燥以获得完全干燥的果实。在某些情况下，虽然果汁浓缩物的渗透脱水提高了果干的多酚含量和抗氧化能力，但与未经预处理相比，花青素的含量有所降低。在果汁浓缩物中的渗透脱水可以略微改善感官评价。使用组合干燥策略不仅可以减少干燥时间而且可以生产出高品质的产品。Konopacka 等（2008）发现渗透脱水过程中花青素的减少，同时也发现通过添加苹果酸樱桃汁浓缩物可以改善酸樱桃汁的风味。Nowicka 等（2015b）比较了在有或没有果核的情况下冷冻酸樱桃的组合干燥过程，并且在有或没有果核的情况下进行解冻。最佳处理条件为在 40％浓度苹果汁中进行 180 min 渗透脱水处理，将水含量降低 50％，然后进行 90 min 对流空气干燥（50℃，0.8 m/s），最后真空微波干燥（4～6 kPa，360 W）。结果发现，去核的解冻樱桃干燥得更快，但有核的樱桃可以呈现最佳的水果品质。

Konopacka 等（2014）研究了 9 种酸樱桃品种通过渗透脱水-对流干燥生产零食的适用性。他们发现，大多数品种在成熟度和鲜果品质上存在很大差异，无法提供始终如一的高品质果干。“内福乐斯”被发现是最合适的品种，它具有良好的糖酸平衡、高含量的花青素和总酚以及大小均匀的果实。

浸渍是一种能去除水以使水果稳定储存的工艺步骤，同时也是在多次连续渗透脱水期间将其他化合物添加到水果中的处理技术。例如，这一过程可以使用添加了其他化合物的 25％蔗糖溶液，并且在几天内进行 3 次或更多次连续真空和释放真空（Jacob 和 Paliyath，2012）。在常压下，将蔗糖和添加的化合物，如油、维生素、防腐剂、有益健康的化合物和芳香化合物浸入水果中。由于果皮会抑制或减缓化合物进入果肉，因此切片水果中浸渍效果最好。浸渍干果可能具有非常诱人的味道，并提供了比空气干燥的水果更柔软的质地。因此，这个过程对于水果零食或糖果的生产相当有意义。

根据 Gardiner 等（1993）的说法，果脯是一种干燥的产品。首先通过在质量比为 2∶1 的水中蒸煮樱桃 4 min 然后排出水分。然后将冷却后的樱桃与 10％（质量比）蔗糖和 0.25％（质量比）柠檬酸混合成光滑的糊状物。将糊状物薄薄地铺在托盘上并在 70℃下干燥 6 h。最终的果脯质地柔软，约含 18％的糖。储存 6 个月后，感官形态没有明显变化。

樱桃肉干是樱桃果脯的另一个名称，Bors(2011)在加拿大比较了一系列酸樱桃品种的 3 种不同的果脯制作配方，并发现用干燥的樱桃制成的果脯品质比湿润的樱桃或冷冻樱桃更好。所有测试的栽培品种都可用于果脯制作，但“罗密欧”被评为具有最佳的浸渍感官品质的品种。

Juhnevica 等(2011)测试了 5 个酸樱桃品种生产高品质蜜饯的能力。该过程首先将去核的果实浸泡在糖浆中以获得 40%的蔗糖含量。然后将果实在 4℃下储存 48 h，排出糖浆并在 45～50℃下通风干燥，直至获得 40%～43%的水分含量。“梭克”品种是这类产品的首选原料，所得产品具有温和的酸甜味道，并具有良好的结构。高酚含量和高可溶性固形物与消费者偏好呈负相关。

最后，谈一谈一种将浓缩樱桃汁喷雾干燥成粉末的方法。高糖和高酸含量的水果在这一过程难以进行(Krishnaiah 等，2014)。Karaca 等(2016)研究了含有 65%可溶性固形物的酸樱桃浓缩汁喷雾干燥的加工条件和配方效果。将浓缩物与载体混合至 40%浓度的浆液中并保持在 43℃，然后注入喷雾干燥器中。将干燥空气除湿至低于 5%的相对湿度。制得的粉末的水分含量为 1%～2%。粉末应储存在密封包装中以保持稳定。他们发现，通过在 150℃入口温度、30%泵设置和 25%酸樱桃含量下干燥并使用麦芽糊精 DE12 作为载体可以获得超过 85%以上的高产率。

20.4.7 果酒、利口酒和白兰地

许多不同类型的酒精饮料是由甜樱桃，尤其是由酸樱桃制成的。

甜樱桃果实通常含糖量相当高，适合发酵，然而酸度太低，不能提供均衡的口感。酸樱桃一般酸度较高，有些品种中含糖量较高。在一些情况下，需要添加糖源以确保完成令人满意的发酵过程，增加稳定性和所需的酒精含量。酸樱桃中过高的苹果酸含量可能需要通过控制乳酸发酵以部分减少。可能需要使用防腐剂，如二氧化硫或山梨酸，或采用无菌过滤以获得稳定的酒产品并避免微生物腐败。传统上，有部分酒精饮料是通过向澄清的浓缩酸樱桃汁或浓缩汁中添加酒精生产的，并且现在仍采用这种方法生产不同酒精度的樱桃酒或饮料，这类饮料通常口感甜美。这种产品因为没有经历过发酵，因此不是真正意义上的酒。

由于消费者对产品品质和多样性的要求越来越高，因此酸樱桃发酵生产的真正樱桃酒受到了越来越多的关注，并且这些产品可以卖出较高的价格。传统上，发酵樱桃酒相当甜，酒精含量高(15%～16%)，定位于佐餐酒市场。然而，目前有一种趋势是开发具有酒精度略低的餐酒。酿造过程可能与葡萄酒的传统加

工过程不同。酸樱桃酿酒过程如下：品种单一或混合均匀的酸樱桃品种，具有高糖（至少20％～22％）、高酸度和高饱和色泽，并具有最佳的香气和风味特征，使用比普通收获期晚1～2周收获的樱桃，以获得最大限度的风味、香气和尽可能高的糖含量。为了避免樱桃酒中的异味，需要分选果实以获得尽可能高的果实品质。首先将樱桃在冷水中洗涤，以减少表面污染和杂质。如果不能立即加工，则可以先冷冻保存果实。这将使解冻后的压榨更容易，虽然细胞膜被破坏，但也会一定程度上改变果汁的品质。在浸渍果实之后，冷压榨出汁可以在5～10℃下进行，也可以在酶处理后50℃左右热压榨出汁。加热可能会使香气略微变为"罐装香气"。在榨汁的过程中可以去核。现在，许多酿酒师在压榨之前直接使用果肉进行几天或几周的发酵以获得更丰富的味道，然后在发酵后通过过滤除去果核和果皮（Pantelić 等，2014）。使用合适的纯酵母菌株进行发酵。发酵过程中的温度应保持在12～15℃的较低温度，以实现较慢的发酵，产生更多的挥发性酯类以获得更好的香气特征。发酵的持续时间取决于温度，可能持续数天至数周。压榨发酵后的产品必须经过几天的沉降过滤或澄清。樱桃酒的稳定化可以通过使用孔径小于45 μm的微滤技术或添加二氧化硫实现。酸樱桃酒由于比大多数红葡萄酒的稳定性低，因此通常不宜陈化太久。酸樱桃酒可以储存在钢罐或橡木桶中，以便在装瓶前改善风味。

Pantelić 等（2014）比较了"欧布辛斯卡"生产的酸樱桃酒和5种红葡萄酒，发现总酚和总花青素在同一范围内，而酸樱桃酒中没食子酸的浓度比红葡萄酒低20～30倍，比儿茶素低4～10倍。酸樱桃酒中的对香豆酸和咖啡酸含量要高得多。Xiao 等（2014）通过先进的化学指纹图谱和感官分析方法对中国的9种商业甜樱桃酒进行了分析，并使用多元分析对这些酒进行了鉴别。他们确定了75种挥发物，包括29种酯、22种醇、8种酸、3种酮、5种醛和8种其他化合物。感官属性的主成分分析揭示了"甜、香""甜、酯、绿、苦、发酵"和"酸、醇、果味"3组特征。个体挥发物浓度与感官属性之间存在相关性。他们得出结论，樱桃酒的生产工艺对香气特征有很大的影响，但是水果的成熟度和樱桃酒的陈酿都对整体感官形象有影响。Niu 等（2011）还采用气相色谱-嗅觉测定法分析了中国5种市售樱桃酒中与感官属性相关的挥发性代谢物。他们发现，不同种类的樱桃酒在果味、酸味、木质、发酵和花香等方面存在显著差异，并且还发现挥发性代谢物浓度和感官特征之间有明显的关联。

Sun 等（2011）比较了由6种不同酿酒酵母生产的酸樱桃酒中的挥发物、可溶性固形物、酸度和酚类化合物，研究发现一些菌株产生大量的挥发性酯和酸，另一些菌株导致高浓度的醇，从而影响感官品质。此外，不同酵母菌株发酵后产生的樱桃酒中可溶性糖、酸度、总酚和总花青素的浓度也不同。Sun 等（2014）研究了在多发酵剂发酵中使用两种非酿酒酵母（non-*Saccharomyces*）和两种酿酒酵母菌株（*S. cerevisiae*）对发酵行为和酸樱桃酒香气的影响。当单独使用时，非酿酒酵母的发酵速度要慢得多。当使用混合酵母时，酿酒酵母在某些情况下抑制非酿酒酵母的增殖。获得的酒精百分比和发酵时间与所使用的酵母混合物没有差异，而还原糖、总酸度和挥发性成分则根据所使用的酵母混合物而变化。用两种非酿酒酵母（*Torulaspora delbrueckii* 和 *Metschnikowia pulcherrima*）对酿酒酵母进行补充可以为樱桃酒提供更丰富的香气。

在欧洲中部、南部和东南部，樱桃利口酒和白兰地是深受欢迎的传统产品。Nikićević 等（2011）研究了 5 种不同的酸樱桃品种如何影响樱桃白兰地的化学和感官特征，并鉴定出 32 种挥发性芳香化合物。辛酸乙酯和癸酸乙酯是最丰富的酯类，并且与芳樟醇和苯甲醛一起被认为是樱桃蒸馏产品的重要组成部分。不同品种间芳樟醇和苯甲醛含量差异显著。感官评定认为“瑟拉尼”为制作白兰地的最佳品种，该品种具有最高含量的苯甲醛和芳樟醇。

20.4.8 副产物的开发：成分的提取

樱桃产品加工过程中的副产物包括大量的果渣、果核和少量的果柄。过去，这些副产物主要作为废物被丢弃。目前越来越关注使用来自食品生产的所有副产物以及对这些副产物中可用资源的了解，这可能会有助于在未来对这些资源进行更广泛的利用。果渣含有色素、具有高抗氧化能力的酚类、有益健康的化合物、果胶和其他可开发利用的纤维和多糖。类似地，果核可能含有油和风味物质，并且果核中的碳可以开发为可利用的产品。

果汁压榨后的酸樱桃果渣可达到原始果实重量的 15％～28％（Toydemir 等，2013a）。Yilmaz 等（2015）研究了果汁压榨后酸樱桃果渣中花青素的提取。他们发现 51％乙醇、75℃及 12 mL/g 液固比是从真空干燥和研磨的果渣粉中提取花青素的最佳方法。80～100 min 后可以达到平衡浓度，且提取物中多酚含量较高。

Kołodziejczyk 等（2013）用 70℃水提取花青素和酚类物质，然后用乙醇柱萃取，蒸发并冷冻干燥提取物，发现花青素、羟基肉桂酸和黄酮醇的产率为 80％，而黄烷醇产率为 30％。Garofulić 等（2013）发现，微波辅助提取冷冻和解冻后的整个“马拉斯卡”酸樱桃果实中的花青素比传统的提取方法更快，产量更高。

Grigoras 等(2012)通过使用类似技术对甜樱桃中的花青素进行提取,并通过高效液相色谱法进一步纯化,以获得高纯度的花青素。一些研究人员还曾尝试从酸樱桃中提取抗氧化剂(Piccolella 等,2008)以及从酸樱桃果渣中提取多糖(Kosmala 等,2009)。包括花青素在内的酚类物质被认为是可以在体外和临床试验中对肌肉恢复、抗炎和解毒具有有益效果的生物活性成分(Ferretti 等,2010)。

其他生物活性化合物,如褪黑激素和与睡眠失调相关的 5 - 羟色胺(Howatson 等,2012),在水果中有较低浓度,并且可能在将来被提取和浓缩以获得更强的临床效果(Burkhardt 等,2001; Gonzalez-Gomez 等,2009; Garrido 等,2014)。总的来说,预计基于樱桃的相关保健产品在未来会大幅增加。

由种子和内果皮组成的樱桃核通常占果实鲜重的 4%~8%。在加工罐装、冷冻或榨汁生产后会产生大量的果核。Bak 等(2010)在实验室使用索氏萃取装置通过正己烷提取并在 40℃下真空蒸发,对酸樱桃干燥种仁中可能存在的生物活性化合物进行了分离和表征,发现油含量为 32%~36%和固体成分为 64%~68%。Mahmoud 等(2014)使用人类细胞体外实验评估了这些种子提取物对类风湿性关节炎标志物的影响,并发现了阳性抗炎作用。Yılmaz 和 Gökmen (2013)详细研究了酸樱桃种子及其油、蛋白质和纤维的含量,并比较了不同的提取方法和种子烘烤对产品品质的影响。他们发现油酸(46%)和亚油酸(41%)是种子油中的主要化合物。160℃下烘烤种子 30 min,生育酚含量有所减少,但是总酚含量显著增加。种子还含有高含量的苦杏仁苷,其可用于生产天然衍生的苯甲醛,还可以使用该芳香成分代替合成的化合物用于满足特殊消费者的需求。例如,内果皮可用于生产活性炭产品或作为产品中环保的研磨或侵蚀纤维颗粒替代工业微塑料产品。

参考文献

Aider, M. and de Halleux, D. (2008) Production of concentrated cherry and apricot juices by cryoconcentration technology. *LWT-Food Science and Technology* 41,1768 - 1775.

Altuntas, J., Evrendilek, G. A., Sangun, M. K. and Zhang, H. Q. (2010) Effects of pulsed electric field processing on the quality and microbial inactivation of sour cherry juice. *International Journal of Food Science and Technology* 45,899 - 905.

Arjeh, E., Barzegar, M. and Sahari, M. A. (2015) Effects of gamma irradiation on physicochemical properties, antioxidant and microbial activities of sour cherry juice. *Radiation Physics and Chemistry* 114,18 - 24.

Bagger-Jørgensen, R. I. C. O., Casani, S. and Meyer, A. S. (2002) Microfiltration of red berry juice with thread filters: effects of temperature, flow and filter pore size. *Journal of Food Process Engineering* 25,109 - 124.

Bak, I., Lekli, I., Juhasz, B., Varga, E., Varga, B., Gesztelyi, R., Szendrei, L. and Tosaki, A. (2010) Isolation and analysis of bioactive constituents of sour cherry (*Prunus cerasus*) seed kernel: an emerging functional food. *Journal of Medicinal Food* 13,905 - 910.

Balcerek, M. and Szopa, J. (2012) Ethanol biosynthesis and hydrocyanic acid liberation during fruit mashes fermentation. *Czech Journal Food Science* 30,144 - 152.

Barbosa-Cánovas, G. V., Altunakar, B. and Mejía-Lorío, D. J. (2005) *Freezing of Fruits and Vegetables: AnAgribusiness Alternative for Rural and Semi-rural Areas*, Vol. 158. Food and Agriculture Organization of the United Nations, Rome.

Bayındırlı, A., Alpas, H., Bozoglu, F. and Hızal, M. (2006) Efficiency of high pressure treatment on inactivation of pathogenic microorganisms and enzymes in apple, orange, apricot and sour cherry juices. *Food Control* 17,52 - 58.

Berger, R. (1991) Fruits I. In: Maarse, H. (ed.) *Volatile Compounds in Foods and Beverages*, Vol. 44. Marcel Dekker, New York, pp. 283 - 304.

Bonerz, D., Würth, K., Dietrich, H. and Will, F. (2007) Analytical characterization and the impact of ageing on anthocyanin composition and degradation in juices from five sour cherry cultivars. *European Food Research and Technology* 224,355 - 364.

Bors, B. (2011) Variety variations in new and existing U of S sour cherries. ADF Research — Final report. University of Saskatchewan, Saskatoon, Saskatchewan, pp. 1 - 39. Available at: http://www. agriculture. gov. sk. ca/apps/adf/ADFAdminReport/20090405. pdf (accessed 20 January 2016).

Burkhardt, S., Tan, D. X., Manchester, L. C., Hardeland, R. and Reiter, R. J. (2001) Detection and quantification of the antioxidant melatonin in Montmorency and Balaton tart cherries (*Prunus cerasus*). *Journal of Agricultural and Food Chemistry* 49, 4898 - 4902.

Carlini, P., Massantini, R. and Mencarelli, F. (2000) Vis-NIR measurement of soluble solids in cherry and apricot by PLS regression and wavelength selection. *Journal of Agricultural and Food Chemistry* 48,5236 - 5242.

Chaovanalikit, A. and Wrolstad, R. E. (2004a) Total anthocyanins and total phenolics of fresh and processed cherries and their antioxidant properties. *Journal of Food Science* 69,67 - 72.

Chaovanalikit, A. and Wrolstad, R. E. (2004b) Anthocyanin and polyphenolic composition of fresh and processed cherries. *Journal of Food Science* 69,73 - 83.

Clausen, M. R., Pedersen, B. H., Bertram, H. C. and Kidmose, U. (2011) Quality of sour cherry juice of different clones and cultivars (*Prunus cerasus* L.) determined by a combined sensory and NMR spectroscopic approach. *Journal of Agricultural and Food*

Chemistry 59,12124 - 12130.

Damar, I. and Ekşi, A. (2012) Antioxidant capacity and anthocyanin profile of sour cherry (*Prunus cerasus* L.) juice. *Food Chemistry* 135,2910 - 2914.

Doymaz, I. (2007) Influence of pretreatment solution on the drying of sour cherry. *Journal of Food Engineering* 78,591 - 596.

Doymaz, I. and Ismail, O. (2011) Drying characteristics of sweet cherry. *Food and Bioproducts Processing* 89,31 - 38.

Echavarría, A. P., Torras, C., Pagán, J. and Ibarz, A. (2011) Fruit juice processing and membrane technology application. *Food Engineering Reviews* 3,136 - 158.

Evrendilek, G. A., Tok, F. M., Soylu, E. M. and Soylu, S. (2008) Inactivation of *Penicillum expansum* in sour cherry juice, peach and apricot nectars by pulsed electric fields. *Food Microbiology* 25,662 - 667.

Evrendilek, G. A., Tok, F. M., Soylu, E. M. and Soylu, S. (2009) Effect of pulsed electric fields on germination tube elongation and spore germination of *Botrytis cinerea* inoculated into sour cherry juice, apricot and peach nectars. *Italian Journal of Food Science* 21, 171 - 182.

Evrendilek, G. A., Baysal, T., Icier, F., Yildiz, H., Demirdoven, A. and Bozkurt, H. (2012) Processing of fruits and fruit juices by novel electrotechnologies. *Food Engineering Reviews* 4,68 - 87.

Ferretti, G., Bacchetti, T., Belleggia, A. and Neri, D. (2010) Cherry antioxidants: from farm to table. *Molecules* 15,6993 - 7005.

Franceschinis, L., Sette, P., Schebor, C. and Salvatori, D. (2015) Color and bioactive compounds characteristics of dehydrated sweet cherry products. *Food and Bioprocess Technology* 1 - 14.

Gardiner, M. A., Beyer, R. and Melton, L. D. (1993) Sugar and anthocyanidin content of two processing-grade sweet cherry cultivars and cherry products. *New Zealand Journal of Crop and Horticultural Science* 21,213 - 218.

Gao, J., Wang, B., Feng, X. and Zhu, Y. (2012) Effect of blanching on quality of sour cherry (*Prunus cerasus* L. cv. CAB) juice. *American Eurasian Journal of Agricultural and Environmental Sciences* 12,123 - 127.

Garofulić, I. E., Dragović-Uzelac, V., Jambrak, A. R. and Jukić, M. (2013) The effect of microwave assisted extraction on the isolation of anthocyanins and phenolic acids from sour cherry Marasca (*Prunus cerasus* var. Marasca). *Journal of Food Engineering* 117,437 - 442.

Garofulić, I. E., Jambrak, A. R., Milošević, S., Dragović-Uzelac, V., Zorić, Z. and Herceg, Z. (2015) The effect of gas phase plasma treatment on the anthocyanin and phenolic acid content of sour cherry Marasca (*Prunus cerasus* var. Marasca) juice. *LWT-Food Science and Technology* 62,894 - 900.

Garrido, M., Rodríguez, A. B., Lozano, M., Hernández, M. T. and González-Gómez, D.

(2014) Formulation and characterization of a new nutraceutical product based on sweet cherries (*Prunus avium* L.) grown in the Jerte Valley of Spain. *Acta Horticulture* 1020, 149 - 152.

Gazor, H. R. and Roustapour, O. R. (2015) Modeling of drying kinetic of pretreated sour cherry. *International Food Research Journal* 22,476 - 481.

Gazor, H. R., Maadani, S. and Behmadi, H. (2014) Influence of air temperature and pretreatment solutions on drying time, energy consumption and organoleptic properties of sour cherry. *Agriculturae Conspectus Scientificus* 79,119 - 124.

Gonçalves, B., Landbo, A. K., Knudsen, D., Silva, A. P., Moutinho-Pereira, J., Rosa, E. and Meyer, A. S. (2004) Effect of ripeness and postharvest storage on the phenolic profiles of cherries (*Prunus avium* L.). *Journal of Agricultural and Food Chemistry* 52,523 - 530.

González-Gómez, D., Lozano, M., Fernández-León, M. F., Ayuso, M. C., Bernalte, M. J. and Rodríguez, A. B. (2009) Detection and quantification of melatonin and serotonin in eight sweet cherry cultivars (*Prunus avium* L.). *European Food Research and Technology* 229,223 - 229.

Greiby, I., Mishra, D. K. and Dolan, K. D. (2014) Inverse method to sequentially estimate temperature-dependent thermal conductivity of cherry pomace during nonisothermal heating. *Journal of Food Engineering* 127,16 - 23.

Grigoras, C. G., Destandau, E., Zubrzycki, S. and Elfakir, C. (2012) Sweet cherries anthocyanins: an environmental friendly extraction and purification method. *Separation and Purification Technology* 100,51 - 58.

Haff, R. P., Pearson, T. C. and Jackson, E. S. (2013) One dimensional Linescan X-ray detection of pits in freshcherries. *American Journal of Agricultural Science and Technology* 1,18 - 26.

Hosseinzadeh Samani, B., Khoshtaghaza, M. H., Minaee, S. and Abbasi, S. (2015) Modeling the simultaneous effects of microwave and ultrasound treatments on sour cherry juice using response surface method

ology. *Journal of Agricultural Science and Technology* 17,837 - 846.

Howatson, G., Bell, P. G., Tallent, J., Middleton, B., McHugh, M. P. and Ellis, J. (2012) Effect of tart cherry juice (*Prunus cerasus*) on melatonin levels and enhanced sleep quality. *European Journal of Nutrition* 51,909 - 916.

Ivancevic, S., Mitrovic, D., Brkic, M. and Cvijanovic, D. (2012) Specificities of fruit freeze drying and product prices. *Economics of Agriculture* 59,461 - 471.

Jacob, J. K. and Paliyath, G. (2012) Infusion of fruits with nutraceuticals and health regulatory components for enhanced functionality. *Food Research International* 45,93 - 102.

Juhnevica, K., Ruisa, S., Seglina, D. and Krasnova, I. (2011) Evaluation of sour cherry cultivars grown in Latvia for production of candied fruits. In: Straumite, E. (ed.)

Proceedings of the 6 th Baltic Conference on Food Science and Technology: '*Innovations for Food Science and Production*'. FOODBALT, LLU, Jelgava, Latvia, pp. 19 - 22.

Kaack, K., Spayd, E. E. and Drake, S. R. (1996) Cherry Processing. In: Webster, A. D. and Looney, N. E. (eds) *Cherries. Crop Physiology, Production and Uses*. CAB International, Wallingford, UK, pp. 473 - 481.

Karaca, A. C., Guzel, O. and Ak, M. M. (2016) Effects of processing conditions and formulation on spray drying of sour cherry juice concentrate. *Journal of the Science of Food and Agriculture* 96, 449 - 455.

Kim, D. O. and Padilla-Zakour, O. I. (2004) Jam processing effect on phenolics and antioxidant capacity in anthocyanin-rich fruits: cherry, plum, and raspberry. *Journal of Food Science* 69, 395 - 400.

Kirakosyan, A., Seymour, E. M., Llanes, D. E. U., Kaufman, P. B. and Bolling, S. F. (2009) Chemical profile and antioxidant capacities of tart cherry products. *Food Chemistry* 115, 20 - 25.

Klewicki, R., Konopacka, D., Uczciwek, M., Irzyniec, Z., Piasecka, E. and Bonazzi, C. (2009) Sorption isotherms for osmo-convectively-dried and osmo-freeze-dried apple, sour cherry and blackcurrant. *Journal of Horticultural Science and Biotechnology* 1, 75.

Kołodziejczyk, K., Sójka, M., Abadias, M., Viñas, I., Guyot, S. and Baron, A. (2013) Polyphenol composition, antioxidant capacity, and antimicrobial activity of the extracts obtained from industrial sour cherry pomace. *Industrial Crops and Products* 51, 279 - 288.

Konopacka, D., Jesionkowska, K., Mieszczakowska, M. and Płocharski, W. (2008) The usefulness of natural concentrated fruit juices as osmotic agents for osmo-dehydrated dried fruit production. *Journal of Fruit and Ornamental Plant Research* 16, 275 - 284.

Konopacka, D., Markowski, J., Płocharski, W. and Rozpara, E. (2014) New or lesser known cultivar selection as a tool for sensory and nutritional value enhancement of osmo-convectively dried sour cherries. *LWT-Food Science and Technology* 55, 506 - 512.

Kosmala, M., Milala, J., Kołodziejczyk, K., Markowski, J., Mieszczakowska, M., Ginies, C. and Renard, C. M. G. C. (2009) Characterization of cell wall polysaccharides of cherry (*Prunus cerasus* var. Schattenmorelle) fruit and pomace. *Plant Foods for Human Nutrition* 64, 279 - 285.

Krishnaiah, D., Nithyanandam, R. and Sarbatly, R. (2014) A critical review on the spray drying of fruit extract: effect of additives on physicochemical properties. *Critical Reviews in Food Science and Nutrition* 54, 449 - 473.

Lu, R. (2001) Predicting firmness and sugar content of sweet cherries using near-infrared diffuse reflectance spectroscopy. *Transactions of the American Society of Agricultural Engineers* 44, 1265 - 1274.

Mahmoud, F., Haines, D., Al-Awadhi, R., Dashti, A. A., Al-Awadhi, A., Ibrahim, B., Al-Zayer, B., Juhasz, B. and Tosaki, A. (2014) Sour cherry (*Prunus cerasus*) seed extract increases heme oxygenase-1 expression anddecreases proinflammatory signaling in peripheral blood human leukocytes from rheumatoid arthritis patients. *International Immunopharmacology* 20, 188 - 196.

Manganaris, G. A., Ilias, I. F., Vasilakakis, M. and Mignani, I. (2007) The effect of hydrocooling on ripening related quality attributes and cell wall physicochemical properties of sweet cherry fruit (*Prunus avium* L.). *International Journal of Refrigeration* 30, 1386 - 1392.

Márquez, C. A., Salvadori, V. O., Mascheroni, R. H. and De Michelis, A. (2003) Application of transfer functions to the thermal processing of sweet and sour cherries preserves: influence of particle and container sizes. *Food Science and Technology International* 9, 69 - 76.

McLellan, M. R. and Padilla-Zakour, O. I. (2004) Sweet cherry and sour cherry processing. In: Barret, D. M., Somogyi, L. P. and Ramaswamy, S. (eds) *Processing Fruits Science and Technology*, 2nd edn. CRC Press, Boca Raton, Florida, pp. 497 - 512.

Meyer, A. S., Köser, C. and Adler-Nissen, J. (2001) Efficiency of enzymatic and other alternative clarification and fining treatments on turbidity and haze in cherry juice. *Journal of Agricultural and Food Chemistry* 49, 3644 - 3650.

Nikićević, N., Veličković, M., Jadranin, M., Vučković, I., Novaković, M., Vujisić, L., Stankovic, M., Urosevic, I. and Tešević, V. (2011) The effects of the cherry variety on the chemical and sensorial characteristics of cherry brandy. *Journal of the Serbian Chemical Society* 76, 1219 - 1228.

Niu, Y., Zhang, X., Xiao, Z., Song, S., Eric, K., Jia, C., Yu, H. and Zhu, J. (2011) Characterization of odor-active compounds of various cherry wines by gas chromatography-mass spectrometry, gas chromatography-olfactometry and their correlation with sensory attributes. *Journal of Chromatography B* 879, 2287 - 2293.

Normohamadpor Omran, M., Pirouzifard, M. K., Aryaey, P. and Hasan Nejad, M. (2013) Cryo-concentration of sour cherry and orange juices with novel clarification method; Comparison of thermal concentration with freeze concentration in liquid foods. *Journal of Agricultural Science and Technology* 15, 941 - 950.

Nowicka, P., Wojdyło, A., Lech, K. and Figiel, A. (2015a) Chemical composition, antioxidant capacity, and sensory quality of dried sour cherry fruits pre-dehydrated in fruit concentrates. *Food and Bioprocess Technology* 8, 2076 - 2095.

Nowicka, P., Wojdyło, A., Lech, K. and Figiel, A. (2015b) Influence of osmodehydration pretreatment and combined drying method on the bioactive potential of sour cherry fruits. *Food and Bioprocess Technology* 8, 824 - 836.

Ou, B., Bosak, K. N., Brickner, P. R., Iezzoni, D. G. and Seymour, E. M. (2012) Processed tart cherry products-comparative phytochemical content, *in vitro* antioxidant capacity and *in vitro* anti-inflammatory activity. *Journal of Food Science* 77, 105 - 112.

Pantelić, M., Dabić, D., Matijašević, S., Davidovic, S., Dojcinovic, B., Milojkovic-

Opsenica, D., Tesic, Z. and Natic, M. (2014) Chemical characterization of fruit wine made from Oblačinska sour cherry. *Scientific World Journal* 2014,454797.

Pappas, C. S., Takidelli, C., Tsantili, E., Tarantilis, P. A. and Polissiou, M. G. (2011) Quantitative determination of anthocyanins in three sweet cherry varieties using diffuse reflectance infrared Fourier transform spectroscopy. *Journal of Food Composition and Analysis* 24,17 - 21.

Patras, A., Brunton, N. P., O'Donnell, C. and Tiwari, B. K. (2010) Effect of thermal processing on anthocyanin stability in foods; mechanisms and kinetics of degradation. *Trends in Food Science and Technology* 21,3 - 11.

Piccolella, S., Fiorentino, A., Pacifico, S., D'Abrosca, B., Uzzo, P. and Monaco, P. (2008) Antioxidant properties of sour cherries (*Prunus cerasus* L.): role of colorless phytochemicals from the methanolic extract of ripe fruits. *Journal of Agricultural and Food Chemistry* 56,1928 - 1935.

Pinelo, M., Zeuner, B. and Meyer, A. S. (2010) Juice clarification by protease and pectinase treatments indicates new roles of pectin and protein in cherry juice turbidity. *Food and Bioproducts Processing* 88,259 - 265.

Pirone, B. N., de Michelis, A. and Salvatori, D. M. (2014) Pretreatments effect in drying behaviour and colour of mature and immature 'Napolitana' sweet cherries. *Food and Bioprocess Technology* 7,1640 - 1655.

Poiana, M. A., Moigradean, D., Dogaru, D., Mateescu, C., Raba, D. and Gergen, I. (2011) Processing and storage impact on the antioxidant properties and color quality of some low sugar fruit jams. *Romanian Biotechnological Letters* 16,6504 - 6512.

Queirós, R. P., Rainho, D., Santos, M. D., Fidalgo, L. G., Delgadillo, I. and Saraiva, J. A. (2015) High pressure and thermal pasteurization effects on sweet cherry juice microbiological stability and physicochemical properties. *High Pressure Research* 35,69 - 77.

Rababah, T. M., Al-Mahasneh, M. A., Kilani, I., Yang, W., Alhamad, M. N., Ereifej, K. and Al-u'datt, M. (2011) Effect of jam processing and storage on total phenolics, antioxidant activity, and anthocyanins of different fruits. *Journal of the Science of Food and Agriculture* 91,1096 - 1102.

Rentzsch, M., Quast, P., Hillebrand, S., Mehnert, J. and Winterhalter, P. (2007) Isolation and identification of 5-carboxy-pyranoanthocyanins in beverages from cherry (*Prunus cerasus* L.). *Innovative Food Science and Emerging Technologies* 8, 333 - 338.

Repajić, M., Bursać Kovačević, D., Putnik, P., Dragović Uzelac, V., Kušt, J., Ćošić, Z. and Levaj, B. (2015) Influence of cultivar and industrial processing on polyphenols in concentrated sour cherry (*Prunus cerasus* L.) juice. *Food Technology and Biotechnology* 53,215 - 222.

Rupasinghe, H. V. and Yu, L. J. (2012) Emerging preservation methods for fruit juices and beverages. In: El-Samragy, Y. (ed.) *Food Additive*. INTECH Open Access Publisher, Rijeka, Croatia, pp. 65 - 82.

Şahin, S. and Bayindirli, L. (1993) The effect of depectinization and clarification on the filtration of sour cherryjuice. *Journal of Food Engineering* 19,237 - 245.

Schüller, E., Halbwirth, H., Mikulic-Petkovsek, M., Slatnar, A., Veberic, R., Forneck, A., Stick, K. and Spornberger, A. (2015) High concentrations of anthocyanins in genuine cherry-juice of old local Austrian *Prunus avium* varieties. *Food Chemistry* 173, 935 - 942.

Serradilla, M. J., Martín, A., Ruiz-Moyano, S., Hernández, A., López-Corrales, M. and de Guía Córdoba, M. (2012) Physicochemical and sensorial characterisation of four sweet cherry cultivars grown in Jerte Valley (Spain). *Food Chemistry* 133,1551 - 1559.

Serrano, M., Guillén, F., Martínez-Romero, D., Castillo, S. and Valero, D. (2005) Chemical constituents and antioxidant activity of sweet cherry at different ripening stages. *Journal of Agricultural and Food Chemistry* 53,2741 - 2745.

Serrano, M., Díaz-Mula, H. M., Zapata, P. J., Castillo, S., Guillén, F., Martínez-Romero, D., Valverde, J. M. and Valero, D. (2009) Maturity stage at harvest determines the fruit quality and antioxidant potential after storage of sweet cherry cultivars. *Journal of Agricultural and Food Chemistry* 57,3240 - 3246.

Šumić, Z., Tepić, A., Vidović, S., Jokić, S. and Malbaša, R. (2013) Optimization of frozen sour cherries vacuum drying process. *Food Chemistry* 136,55 - 63.

Sun, S. Y., Jiang, W. G. and Zhao, Y. P. (2011) Evaluation of different *Saccharomyces cerevisiae* strains on the profile of volatile compounds and polyphenols in cherry wines. *Food Chemistry* 127,547 - 555.

Sun, S. Y., Gong, H. S., Jiang, X. M. and Zhao, Y. P. (2014) Selected non-*Saccharomyces* wine yeasts in controlled multistarter fermentations with *Saccharomyces cerevisiae* on alcoholic fermentation behaviour and wine aroma of cherry wines. *Food Microbiology* 44,15 - 23.

Szalóki-Dorkó, L., Végvári, G., Ladányi, M., Ficzek, G. and Stéger-Máté, M. (2015) Degradation of anthocyanin content in sour cherry juice during heat treatment. *Food Technology and Biotechnology* 53,354.

Toivonen, P. M. A., Kappel, F., Stan, S., McKenzie, D. L. and Hocking, R. (2006) Factors affecting the quality of a novel fresh-cut sweet cherry product. *LWT-Food Science and Technology* 39,240 - 246.

Toydemir, G., Capanoglu, E., Roldan, M. V. G., de Vos, R. C., Boyacioglu, D., Hall, R. D. and Beekwilder, J. (2013a) Industrial processing effects on phenolic compounds in sour cherry (*Prunus cerasus* L.) fruit. *Food Research International* 53,218 - 225.

Toydemir, G., Capanoglu, E., Kamiloglu, S., Boyacioglu, D., De Vos, R. C., Hall, R. D. and Beekwilder, J. (2013b) Changes in sour cherry (*Prunus cerasus* L.) antioxidants during nectar processing and *in vitro* gastrointestinal digestion. *Journal of Functional*

Foods 5, 1402 - 1413.

Valero, D. (2015) Recent developments to maintain overall sweet cherry quality during postharvest storage. *Acta Horticulturae* 1079, 83 - 94.

Watters, G. G. and Woodroof, J. G. (1986) Brining cherries and other fruits. In: Woodroof, J. D. and Lu, B. S. (eds) *Commercial Fruit Processing*, 2nd edn. AVI Publishing Co., New York, pp. 407 - 424.

Will, F., Hilsendegen, P., Bonerz, D., Patz, C. D. and Dietrich, H. (2005) Analytical composition of fruit juices from different sour cherry cultivars. *Journal of Applied Botany and Food Quality* 79, 12 - 16.

Wojdyło, A., Figiel, A., Lech, K., Nowicka, P. and Oszmiański, J. (2014) Effect of convective and vacuum-microwave drying on the bioactive compounds, color, and antioxidant capacity of sour cherries. *Food and Bioprocess Technology* 7, 829 - 841.

Xiao, Z., Liu, S., Gu, Y., Xu, N., Shang, Y. and Zhu, J. (2014) Discrimination of cherry wines based on their sensory properties and aromatic fingerprinting using HS-SPME-GC-MS and multivariate analysis. *Journal of Food Science* 79, 284 - 294.

Yadav, A. K. and Singh, S. V. (2014) Osmotic dehydration of fruits and vegetables: a review. *Journal of Food Science and Technology* 51, 1654 - 1673.

Yılmaz, C. and Gökmen, V. (2013) Compositional characteristics of sour cherry kernel and its oil as influenced by different extraction and roasting conditions. *Industrial Crops and Products* 49, 130 - 135.

Yılmaz, F. M., Karaaslan, M. and Vardin, H. (2015) Optimization of extraction parameters on the isolation of phenolic compounds from sour cherry (*Prunus cerasus* L.) pomace. *Journal of Food Science and Technology* 52, 2851 - 2859.

Zoric, Z., Dragovic-Uzelac, V., Pedisic, S., Kurtanjek, Z. and Garofulic, I. E. (2014) Kinetics of the degradation of anthocyanins, phenolic acids and flavonols during heat treatments of freeze-dried sour cherry Marasca paste. *Food Technology and Biotechnology* 52, 101 - 108.

附录一　甜樱桃中英文名称及产地表

英文名	中文名	国家/地区
0900 Ziraat	紫拉特	土耳其
11-May	五月十一	保加利亚
Adriana	阿德里那	意大利
Aida	艾达	匈牙利
Aiya	艾雅	拉脱维亚
Aldamla	阿达拉	土耳其
Alex	艾利克斯	罗马尼亚
Alma	阿玛	德国
Altenburger	阿特伯格	德国
Amar de Galata	格拉塔	罗马尼亚
Amara	阿玛瑞	罗马尼亚
Amarde Maxut	阿玛德	罗马尼亚
Ambrunes	安布内丝	西班牙
Ambrunés	安布内尔斯	西班牙
Ana	安娜	罗马尼亚
Anda	安达	罗马尼亚
Andrei	安德烈	罗马尼亚
Annabella	安贝拉	德国
Annus	安妮丝	匈牙利
Annus	安努斯	匈牙利
Annushka	安努卡	乌克兰
Anons	安依	乌克兰
Anshlah	安莎	乌克兰
Areko	阿雷克	德国
Attika	阿提卡	捷克
Axel	阿克塞尔	匈牙利
Badacsony	巴打索尼	匈牙利

Bedel, Bellise	贝德尔	法国
Belge	贝尔格	法国
Bellise Bedel	贝德	德国
Benikirari	红希	日本
Benisayaka	红彩香	日本
Benishuhou	红秀峰	日本
Beniyutaka	红丰	日本
Benton	奔腾	美国
Bianca	毕昂卡	德国
Big Star	巨星	意大利
Bigarreau Napoleon Blanc	拿破仑白	法国
Bigarreau Marmotte	玛莫特	法国
Bigarreau Reverchon	维红	意大利
Bing	宾库	加拿大
Black Eagle	黑鹰	美国
Black Tartarian	大紫	俄罗斯
Black-Garine	黑嘉英	美国
BlackPearl	黑珍珠	美国
Black Republican	黑色共和国	美国
Black Star	黑星	意大利
Blaze Star	闪星	意大利
Boambe de Contnari	博北	罗马尼亚
Boambe de Cotnari	柯娜丽	罗马尼亚
Bouargoub	波哥	突尼斯
Brandlin Frustar	福斯塔	德国
Brooks	布鲁克斯	美国
Bryanskaya rozovaya	布里	俄罗斯
Bucium	布修斯	罗马尼亚
Bulgarska Rushtyalka	茹雅卡	保加利亚
Burak	巴拉克	土耳其
BurgundyPearl	勃艮第	美国
Burlat	伯莱特	法国
Büittner's Red	布特红	波兰
BÜTtners Späte Knorpelkirsche	斯佩特	捷克
Büttners Späte Rote Knorpelkirsche	布特纳斯	德国
Caihong	彩虹	中国
Caixia	彩霞	中国
Cambrina	康布兰	美国
Canada Giant	加拿大巨人	加拿大

Canindex Ⅰ	彩影	加拿大
Carmen	卡门	匈牙利
Cashmere	开司米	美国
Castor	卡斯特	荷兰
Catalina	卡塔丽娜	罗马尼亚
Cavalier	骑士	美国
Celeste	瑟莱斯特	加拿大
Cerna	瑟纳	罗马尼亚
Cetatuia	塔图亚	罗马尼亚
Chelan	舍蓝	美国
Chermoshnaya	切娜亚	俄罗斯
Cherna Konyavska	孔雅思卡	保加利亚
Chervneva Rannya	蓝雅	乌克兰
Chinook	奇努克	美国
Christiana	克里斯提娜	捷克
Chunxiao	春晓	中国
Chunxiu	春绣	中国
Chunyan	春燕	中国
Cigany Meggy	美吉	塞尔维亚
Clasic	杰作	罗马尼亚
Cociu	科修	罗马尼亚
Colina	库丽娜	罗马尼亚
Colney	科尔尼	德国
Compact Lambert	紧凑型兰伯特	加拿大
Compact stella	紧凑型斯特拉	加拿大
Coral Champagne	珊瑚香槟	美国
Corum	科伦	美国
Cowiche	考奇	美国
Cristalina	克里斯塔丽娜	加拿大
Cristobalina	克里斯托巴丽娜	西班牙
Crystal	水晶	美国
Crystal Champaign	水晶香槟	西班牙
Dachnitsja	达妮萨	乌克兰
Danelia	达勒利亚	保加利亚
Dar Mliieva	达蜜娃	乌克兰
Daria	达丽雅	罗马尼亚
De Saco	萨克	葡萄牙
Deacon	迪空	加拿大
Debora	德博拉	匈牙利

Della Rocca	洛卡	意大利
Denissena sholtaya	德尼亚	俄罗斯
Donetshyi Uholok	朵洛克	乌克兰
Donetska Krasavytsia	萨维	乌克兰
Dönnissens Gelbe	戈尔贝	德国
Drogans Gelbe	龙戈贝	乌克兰
Duroni di Vignola	维格纳	意大利
Earlise Rivedel	早丽斯	法国
Early Bigi	早比格	法国
Early Garnet	早加纳	美国
Early Korvik	早科尔维克	捷克
Early Lory	早萝莉	法国
Early Red	早红	美国
Early Rivers	早河	英国
Early Robin	多迪	美国
Early Star®Panaro 2	早星	意大利
Ebony Pearl	乌珠	美国
Elton	爱尔顿	乌克兰
Emperor Francis	法兰西皇帝	法国/奥地利
Era	时代	乌克兰
Erika	艾瑞卡	德国
Etyka	阿提卡	乌克兰
Ferbolus	菲尔波斯	法国
Fercer	菲瑟	法国
Ferdiva	菲尔瓦	法国
Ferdouce	菲尔都司	法国
Feria	菲尔爱	法国
Ferlizac	菲尔扎克	法国
Fermina	菲尔米纳	法国
Fernier	菲尔尼尔	法国
Fernola	菲尔诺拉	法国
Ferobri	菲尔巴里	法国
Ferpact	菲尔艾特	法国
Ferpin	菲尔平	法国
Ferprime	菲尔相	法国
Ferrovia	费罗瓦	意大利
Ferrovia Spur	费罗瓦短枝	意大利
Fertard	费尔塔德	法国
Fertille	费尔缇	法国

Folfer	佛菲	法国
France	法兰西	法国
Frantsuzka Chorna	方嘉科纳	乌克兰
Frisco	弗里斯科	美国
Frutana	夫坦娜	波兰
Garnet	加纳	美国
George	乔治	罗马尼亚
Germersdorfer	德莫斯道夫	德国
Giant Red	巨红	美国
Giant Ruby	巨果	美国
Giorgia	佐治亚	意大利
Gnosse Schcharze Knorpelkirsche	哥诺斯	德国
Gold	黄金	德国
Golia	歌利亚	罗马尼亚
Governor Wood	总督木	日本
Grace Star	格雷斯星	意大利
Habunt	哈本特	德国
Hartland	海兰德	美国
Hebros	赫伯斯	保加利亚
Hedelfinger	海德尔芬格	德国
Hertford	赫特福德	英国
Hongdeng	红灯	中国
Hongyan	红颜	中国
Hotel-Dieu	迪乌	中欧
Hudson	哈德逊	美国
Iasirom	阿斯隆	罗马尼亚
Index	索引	美国
Inge	英格	英国
Iosif	爱思	罗马尼亚
Iputj	爱布媞	俄罗斯
Iva	阿瓦	罗马尼亚
Izverna	艾维娜	罗马尼亚
Jaboulay	嘉伯雷	乌克兰
Jacinta	佳辛塔	捷克
Jiahong	佳红	中国
Jubileu 30	朱比利	罗马尼亚
Juhong	巨红	中国
Justyna	斯提亚	捷克
Karesova	卡丽索娃	捷克

Karina	卡丽纳	德国
Kasandra	卡桑德拉	捷克
Katalin	卡特林	匈牙利
Kavics	卡维斯	匈牙利
Kazka	卡扎卡	乌克兰
Kiona	欧纳	美国
Knauffs Schwarze	纳福	德国
Kordia	科迪亚	捷克
Kossara	阔萨拉	保加利亚
Kristin	克里斯汀	美国
Kronio	罗尼奥	意大利
Krupnoplidna	克努普	乌克兰
Krupnoplodnaya	娜雅	俄罗斯
Kytaivska Chorna	泰娜	乌克兰
Kyustendilska Rushta-Alka	阿卡	保加利亚
LaLa Star	拉拉星	意大利
Lambert	兰伯特	美国
Larian	拉日安	美国
Lapins	拉宾斯	加拿大
Lehenda Mliieva	蜜娃	乌克兰
Leningradska Chor-Naya	雷娜雅	俄罗斯
Lijana	利亚纳	匈牙利
Linda	琳达	匈牙利
Liubava	巴娃	乌克兰
Liubymytsia Turovtseva	瑠蜜	乌克兰
Longbao	龙宝	中国
Longguan	龙冠	中国
Lucia	卢思雅	罗马尼亚
Ludovic	卢多维科	罗马尼亚
Maraly	马拉利	美国
Margit	马吉特	匈牙利
Margo	玛格	罗马尼亚
Maria	玛丽亚	罗马尼亚
Marina	玛丽娜	罗马尼亚
Marvin	马文	美国
Marysa	马萨	意大利
Meckenheimer Fruhe	福和	德国
Melitopolska Chorna	思嘉科纳	乌克兰
Melitoposka Chorna	科娜	乌克兰

Merchant	老板	英国
Merla	莫拉	英国
Mermat	莫迈特	英国
Merpet	莫佩特	英国
Merton Glory	莫顿荣耀	德国
Merton Heart	美顿	德国
Muskatnaya Chornaya	牧斯卡那	俄罗斯
Mihai	蜜海	罗马尼亚
Mingzhu	明珠	中国
Mizia	米雅	保加利亚
Mora di Cazzano	卡扎诺	意大利
Nadina	纳第纳	德国
Nadino	纳迪诺	德国
Nafrina	纳福里	德国
Nalina	纳丽娜	德国
Namare	纳马拉	德国
Namati	纳马缇	德国
Namosa	纳墨沙	德国
Nannyo	南阳	日本
Napoleon(Royal Ann)	拿破仑	德国
Napolitana	拿破塔	德国
Naprumi	那普密	德国
Narana	娜拉那	德国
Naresa	那瑞萨	德国
Navalinda	那瓦琳达	西班牙
Negre De Bistri	比思迪	罗马尼亚
Newmoon	新月	加拿大
Newstar	新星	加拿大
Nimba	宁巴	美国
Nizhnist	仁者	乌克兰
Noir de Guben	谷本	伊朗
Noire de Meched	美切德	伊朗
Oana	阿纳	罗马尼亚
Ohio Beauty	俄亥俄美人	保加利亚
Oktavia	明锐	德国
Otrada	阿达	乌克兰
Ovstuzhenka	珍卡	俄罗斯
Pacific Red	太平洋红	美国
Paul	保尔	罗马尼亚

Paulus	保卢斯	匈牙利
Penny	潘妮	英国
Petrus	柏图斯	匈牙利
Pico Colorado	皮科多	西班牙
Pico Negro	皮科黑	西班牙
Picota	皮科塔	西班牙
Pobeda	坡贝达	保加利亚
Pomázi Hosszúszárú	坡玛	匈牙利
Ponoare	坡诺瑞	罗马尼亚
Prekrasna	热拉那	乌克兰
Primavera	利马维拉	德国
Prime Giant	巨果	美国
Primulat ® Ferprime	菲尔总理	法国
Proshchalna Taranenko	塔拉尼克	乌克兰
Prostir	珀斯第	乌克兰
Prysadybna	萨迪那	乌克兰
Querfurter	乌尔福特	德国
RadiancePearl	光辉珠	美国
Radica	热迪卡	俄罗斯
Radu	拉杜	罗马尼亚
Rainier	雷尼	美国
Ramon Oliva	拉蒙奥利瓦	法国
Ranna Cherna	拉娜	保加利亚
Red Buttners	巴特那	波兰
Regina	雷吉纳	德国
Rita	丽塔	匈牙利
Rivan	丽梵	罗马尼亚
Rivedel	利威德尔	法国
Rocket	火箭	美国
Rosalina	索萨丽娜	保加利亚
Rosie	罗西	美国
Rosii De Bistri	罗斯	罗马尼亚
Rosita	若斯塔	保加利亚
Royal Ann	罗亚安	美国
Royal Bailey	罗百利	美国
Royal Dawn	皇家囤	美国
Royal Edie	罗艾迪	美国
Royal Hazel	罗泽尔	美国
Royal Helen	罗海伦	美国

Royal Marie	罗玛丽	美国
Royal Rainier	皇家雷尼	美国
Royalton	罗屯	美国
Rozalina	罗莎琳娜	保加利亚
Roze	罗泽	罗马尼亚
Rube	茹蓓	德国
Rubin	鲁宾	罗马尼亚
Ruby	鲁比	美国
Saco	萨科	葡萄牙
Salmo	萨摩	加拿大
Sam	山姆	加拿大
Samba	桑巴	加拿大
Sándor	桑多	匈牙利
Sandra	桑德拉	加拿大
Sandra Rose	桑德拉玫瑰	加拿大
Santina	桑提娜	加拿大
Satonishiki	佐藤锦	日本
Schneiders Späte Knorpel	施耐德	德国
Schneider's Späte Knorpelkische	德莫斯道夫	德国
Sekunda	瑟坤达	德国
Selah	西拉	美国
Seneka	濑香	日本
Sentennial	森田尼	加拿大
Severin	雪华铃	罗马尼亚
Shishei	思舍	伊朗
Shishei	石桑	伊朗
Siahe Mashhad	思贺	伊朗
Siahe Mashhad	马氏哈德	伊朗
Silva	斯娃	罗马尼亚
Simbol	新勃	罗马尼亚
Simone	西蒙	澳大利亚
Sinyavskaya	辛卡亚	俄罗斯
Skeena	斯吉纳	加拿大
Sofia	索菲亚	加拿大
Solymári Gömbölyű	索丽	匈牙利
Someşan	诵闪	罗马尼亚
Sommerset	萨默塞特	美国
Sonnet	松内	加拿大
Sorati Lavasan	索拉提	伊朗

Souvenir	苏维纳	挪威
Sovereign	元首	加拿大
Sparkle	火花	加拿大
Special	特书	罗马尼亚
Spectral	灵普	罗马尼亚
Splendid	极佳	罗马尼亚
Staccato	斯达克	加拿大
Starblush	星红	加拿大
Stardust	梦幻	加拿大
Stark Gold	星金	土耳其
Stark Lambert	星伯特	美国
Starking Hardy Giant	哈迪巨果	美国
Starkrimson	哈迪	美国
Starletta	斯塔尔勒塔	加拿大
Stefan	斯特芬	罗马尼亚
Stefania	斯特凡尼亚	保加利亚
Stella	斯特拉	加拿大
Sublim	苏柏林	罗马尼亚
Suburban Bing	亚宾库	美国
Sue	苏俄	加拿大
Suit Note	苏特	加拿大
Sumele	苏美乐	加拿大
Sumele(Satin)	苏美乐(萨町)	加拿大
Sumleta	索纳塔	加拿大
Summer Jewel	夏季宝石	加拿大
Summer Sun	夏日阳光	英国
Summit	萨米脱	加拿大
Sumpaca	萨姆帕卡	加拿大
Sumste	桑巴	加拿大
Sunburst	艳阳	加拿大
Superb	卓越	罗马尼亚
Superstar	明星	保加利亚
Sweet Aryana	甜阿雅娜	意大利
Sweet Early	早甜	意大利
Sweet Gabriel	盖布丽	意大利
Sweet Late	晚甜	意大利
Sweet Lorenz	甜洛仁	意大利
Sweet Saretta	萨雷塔	意大利
Sweet September	甜蜜九月	意大利

Sweet Stephany	斯特凡尼	意大利
Sweet Valina	甜香草	意大利
Sweetheart	甜心	加拿大
Swing	秋千	德国
Sylvia	西尔维亚	加拿大
Symphony	交响乐	加拿大
Szomolyai Fekete	菲克	匈牙利
Talegal Ahim	艾米	西班牙
Talegal Ahin	泰勒	西班牙
Talisman	塔里曼	乌克兰
Tamara	塔玛拉	捷克
Tardif de Vignola	维格诺拉	意大利
Tardif di Roccamonfina	罗克菲纳	意大利
Techlovan	泰克洛凡	捷克
Tentant	特坦	罗马尼亚
Tereza	特乐扎	罗马尼亚
The Gift of Ryazan	梁赞的礼物	俄罗斯
Tieton	美早	美国
Tim	提姆	捷克
Timpurii De Bistri	町普利	罗马尼亚
Tours	旅行	中欧
Trakiiska Hrushtyalka	伊斯卡	塞尔维亚
Trusenszkaja 2	卡加 2 号	匈牙利
Trusenszkaja 6	卡加 6 号	匈牙利
Tulare	图雷拉	美国
Tünde	图德	匈牙利
Tyutchevka	图彻卡	俄罗斯
Ulster	乌斯特	美国
Uriase De Bistri	友莱斯	罗马尼亚
Valerij Chkalov	瓦列里	乌克兰
Valeska	维乐卡	德国
Van	先锋	加拿大
Vanda	凡达	捷克
Vasilena	瓦斯丽娜	保加利亚
Vasylysa	阿斯利	乌克兰
Vega	威格	加拿大
Velvet	维乐特	加拿大
Valera	威乐拉	加拿大
Vera	维拉	匈牙利

Vic	维克	加拿大
Vinka	温卡	乌克兰
Viola	紫拉	德国
Viscount	维斯肯特	加拿大
Vittoria	维多利亚	意大利
Viva	万岁	加拿大
Wanhongzhu	晚红珠	中国
Whitearine	白凌	美国
Windsor	温莎	加拿大
Xiangquan No. 1	香泉一号	中国
Xiangquan No. 2	香泉二号	中国
Yellow Dragon	黄龙	匈牙利
Zaodan	早丹	中国
Zaohongzhu	早红珠	中国
Zaolu	早露	中国
Zarde Daneshkade	扎德	伊朗
Zeppelin	泽平	德国
Zhabule	扎布	俄罗斯
Zoë	左鹅	英国

附录二　酸樱桃中英文名及产地表

英文名	中文名	国家/地区
Achat	阿卡特	德国
Agat	阿格特	波兰
Alfa	阿尔法	乌克兰
Alkavo	阿卡沃	波兰
Altruistka	阿尔斯卡	乌克兰
Amarelles(Kentish)	阿玛瑞思	欧洲
Amanda	阿曼达	罗马尼亚
Ametyst	阿美太	波兰
AnglaiseHâtive	哈迪夫	罗马尼亚
Antonovska Kostychevskaya	安东诺	俄罗斯
Balaton™	佛陀	匈牙利
Benelux	贝内斯	英国
Birgitte	波吉特	丹麦
Blankenburg	布朗克格	德国
Boas	博萨	德国
Bohuslavka	博湖	乌克兰
Bonnie	波恩	德国
Bucovina	布卡维纳	罗马尼亚
Cačanski Rubin	卡宾	塞尔维亚
Caccianese	卡斯内	意大利
Carmine Jewel	卡明宝石	加拿大
Cerapadus Krupny	瑟拉尼	俄罗斯
Cerapadus no. 1	瑟拉帕	俄罗斯
Cerapadus Sladki	斯拉吉	俄罗斯
Cerella	瑟热拉	德国
Celery's 16	瑟拉尼	塞尔维亚
Charitonova	卡力拓	俄罗斯

Chudo Vyshnia	促朵	乌克兰
Cigány	喜戛尼	喀尔巴阡山脉盆地
Cigány 3	喜戛尼 3	匈牙利
Cigány 59	喜戛尼 59	匈牙利
Cigány 7	喜戛尼 7	匈牙利
Cigány C. 404	喜戛尼 404	匈牙利
Coralin	克拉林	德国
Crimson Passion	里森热情	加拿大
Crişana	克日桑娜	罗马尼亚
Csengődi	切森格底	匈牙利
Cupid	丘比特	加拿大
Danube™	大努贝	匈牙利
De Botoşani	波特桑尼	罗马尼亚
Debrecini	第布瑟尼	匈牙利
Debreceni Bőtermő	第波特莫	匈牙利
Diament	钻石	波兰
Doch Yaroslavny	道奇	乌克兰
Donetskyi Velykan	威力卡	乌克兰
DönissensGelbe	多尼森	白俄罗斯
Dradem	大登	波兰
Dropia	朵飘	罗马尼亚
Ducat	杜开	匈牙利
Early Meteor	早梅特	匈牙利
Edabriz	阿达布兹	伊朗
English Morello	英国莫雷拉	英国
Enikeev Menory	梅诺莉	俄罗斯
Érdi Bíbor	比伯	匈牙利
Érdi Bőtermő	大努贝	匈牙利
Érdi Ipari	伊派丽	匈牙利
Érdi Jubileum	第比列	美国
Érdi Kedves	克维斯	匈牙利
Érdi Korai	爱尔迪	匈牙利
Érdi Nagygyümölcsű	纳吉	匈牙利
Éva	爱华	匈牙利
Fanal	范娜	德国
Favorit	喜爱	匈牙利
Feketićka	菲克	塞尔维亚
Frühesteder Mark	特德马克	丹麦
Galena	勒纳	波兰

Gerema	格勒马	德国
Geresa	格瑞萨	德国
Glubokskaya	格拉博	白俄罗斯
Granda	宏达	波兰
Griot Belorusskij	贝罗吉	白俄罗斯
Griot Moscovski	莫斯科吉	罗马尼亚
Griotte d Ostheim	多塞美	白俄罗斯
Griotte du Nord	诺德	法国
Griotte Noire Tardive	晚黑	法国
Griottes	莫雷洛	法国
Gurt'evka	维卡	俄罗斯
Gypsy Cherry	盖普斯	匈牙利
Hartz	哈斯	德国
Heimann	范娜	德国
Heimann 23	范娜 23	德国
Heimanns Konservenkirsche	康萨维克	德国
Hriot Melitopolsky	英雄	乌克兰
Ideal	理想	俄罗斯
Ihrushka	卢斯卡	乌克兰
Ilva	艾娃	罗马尼亚
Iskra	伊斯卡	塞尔维亚
Izmaylovsky	美罗斯基	俄罗斯
Jachim	嘉欣	德国
Jade	翡翠	德国
Juliet	朱丽叶	加拿大
Kántorjánosi 3	坎特诺斯 3	匈牙利
Karneol	卡尼尔	德国
Kelleriis	克勒斯	丹麦
Kelleriis 14	克勒斯 14	丹麦
Kelleriis 16(Morellenfeuer)	克勒斯 16	丹麦
Kentish	科迪	西欧
Kereska	克勒斯卡	匈牙利
Kerrs Easypick	易派克	加拿大
Kirsa	科萨	瑞典
Kisloyakovka	克罗亚	俄罗斯
Koch's Ostheimer Weichsel	科赫艾斯美尔维斯瓦	欧洲
Komsomolskaya	科索莫	俄罗斯
Konfityur	空飞	白俄罗斯
Korai Pipacs	琵琶	匈牙利

Koral	克拉	波兰
Köröser	科罗萨	匈牙利
Köröser Gierstädt	吉尔斯特	匈牙利
Köröser Weichsel	科罗萨维	匈牙利
Korund	克鲁	德国
Kseniia	瑟尼	乌克兰
Kutahya	库塔雅	土耳其
Lara	拉拉	塞尔维亚
Lasukha	拉苏哈	白俄罗斯
Latvijas Zemais	泽马斯	波罗的海
Leitzkauer	乐卡尔	欧洲
Lenka	乐卡	塞尔维亚
Lucyna	露西娜	波兰
Łutówka	鲁特	波兰
Lyubskaya	卢布斯卡娅	俄罗斯
Lyubsky	卢布斯卡	俄罗斯
Mailot	美罗特	德国
Maliga Emleke	艾美克	匈牙利
Maliga Memorial	记忆	匈牙利
Maraschino	马拉斯加	意大利
Marasca	马拉斯卡	克罗地亚
Mazowia	莫扎	波兰
Melitopolska Desertna	迪森纳	乌克兰
Meteor	梅兔尔	匈牙利
Meteor Korai	阔来	匈牙利
Miki	米克	丹麦
Milavitsa	米拉萨	白俄罗斯
Mocăneşti	墨刊	罗马尼亚
Mocănesti T1	墨刊提	罗马尼亚
Mocăneşti16	蒙卡内斯蒂 16	罗马尼亚
Molodiznaya	摩罗亚娜	拉脱维亚
Montmorency	蒙莫朗西	法国
Morellos(Griottes，Weichsel)	莫雷拉	欧洲
Morina	莫日娜	德国
Nabella	娜贝拉	德国
Nagy Angol	纳吉	匈牙利
Nana	娜娜	罗马尼亚
Nefris	内福乐斯	波兰
Nesvizhskaya	内斯	白俄罗斯

Nevena	纳维	塞尔维亚
Nochka	诺卡	乌克兰
Nordia	诺蒂亚	瑞典
North star	北极星	美国
Novodvorskaya	诺卡亚	白俄罗斯
Oblačinska	欧布辛斯卡	南塞尔维亚
Ostheimer	艾斯美尔	西欧
Ostheimer Weichsel	威塞乐	丹麦
Ozhydaniie	丹妮	乌克兰
Padocerus	帕多瑟斯	俄罗斯
Pamyati Vavilova	雅迪	俄罗斯
Pándy	庞迪	匈牙利
Pándy Meggy	庞迪美姬	匈牙利
Pándy 279	庞迪 279	匈牙利
Pándy 48	庞迪 48	匈牙利
Pándy 119	庞迪 119	匈牙利
Paraszt Meggy	帕拉美姬	匈牙利
Petri	佩奇	匈牙利
Piast	帕斯特	波兰
Pipacs 1	皮帕斯 1	匈牙利
Piramis	拉米	匈牙利
Pitic	皮体	罗马尼亚
Plodocerus	色鹿	俄罗斯
Plodorodnaya Michurina	米秋林	俄罗斯
Podbelskaya	坡倍	欧洲
Polevka	乐卡	俄罗斯
Polzhir	坡支	俄罗斯
Popiel	流行	波兰
Prima	普利玛	匈牙利
Prymitna	米娜	乌克兰
Rastunyi	拉图尼	俄罗斯
Reinhards Ostheimer	阿瑟美	德国
Rheinische Schattenmorelle	莱茵肖特摩尔	德国
Rival	丽娃	罗马尼亚
Röhrigs Weichsel	里维斯	德国
Romeo	罗密欧	加拿大
Rusinka	俄新卡	俄罗斯
Sabina	萨比娜	波兰
Safir	萨羽	德国

Sătmărean	萨特马云	罗马尼亚
Schatten morelle	肖特摩尔	德国及中欧
Schirpotreb	伊伯特	波兰
Scuturător	图拉脱	罗马尼亚
Seedling No. 1	实生 1 号	白俄罗斯
Serbian Pie No. 1	瑟尔派	美国
Shalunia	鲁尼亚	乌克兰
Shokoladnica	梭克	俄罗斯
Shpanka Donetska	内斯卡	乌克兰
Shubinka	宾卡	俄罗斯
Shukov	舒蔻	俄罗斯
Siki	思琪	丹麦
SK Carmine Jewel	宝石	加拿大
Sofija	索菲家	塞尔维亚
Sokówka Serocka	索卡	波兰
Solidarnist	索力达	乌克兰
Spinell	尖晶石	德国
Standart Urala	乌拉拉	俄罗斯
Stelar	斯特拉尔	罗马尼亚
Stevnsbaer	史蒂芬巴尔	丹麦
Stevnsbaer Viki	史蒂芬巴尔维基	丹麦
Stevnsbaer Birgitte	史蒂芬巴尔波吉特	丹麦
Stevnsbaer Verner Skov	维纳斯科夫	丹麦
Stockton Morello	斯投顿	美国
Strauchweichsel	斯托维奇	德国
Studencheskaya	学卡雅	俄罗斯
Successa	成功	德国
Šumadinka	萨马迪卡	塞尔维亚
Szentesi Meggy	森特美姬	匈牙利
Tarina	塔丽娜	罗马尼亚
Tiki	缇克	丹麦
Timpurii de Cluj	卢集	罗马尼亚
Timpurii de Osoi	阿索依	罗马尼亚
Timpurii de Pitesti	皮特斯	罗马尼亚
Timpurii de Tg. Jiu	缇久	罗马尼亚
Topas	托帕斯	德国
Turgenev	土基维	俄罗斯
Turgenevka	土基维克	俄罗斯

Újfehértói Fürtös(Ungarische Traubige, Balaton)	富拓思	匈牙利
Ural'skaya Ryabinovaya	比诺	俄罗斯
Valentine	情人	加拿大
Victor	维克多	意大利
Viki	维基	丹麦
Visin Tufa	维森	罗马尼亚
Vjanok	华诺克	白俄罗斯
Vladimir	弗拉基米尔	俄罗斯
Vladimirskaya	斯卡娅	俄罗斯
Vrâncean	蓝森	罗马尼亚
Vstriecha	思迪哈	乌克兰
Vyanok	雅诺	白俄罗斯
Vytenu Zvaigzde	维特载德	拉脱维亚
Wanda	万达	波兰
Weichsel	维斯瓦	德国
Weinweichsel	魏瑟	德国
Wifor	伟福	波兰
Wilena	魏乐娜	波兰
Wilga	维嘉	波兰
Winer	维纳	波兰
Youth	青年	俄罗斯
Zagarvysne	扎戛	拉脱维亚
Zakharovskaya	哈若夫	俄罗斯
Zaranka	扎拉	白俄罗斯
Zhadana	达娜	乌克兰
Zhivitsa	海卫查	白俄罗斯
Zhukovskaya	斯卡娅	俄罗斯
Zhukovsky	朱可夫	俄罗斯
Zhyvitsa	维斯塔	白俄罗斯
Zigeunerkirsche	吉普赛	匈牙利

附录三　李属植物拉丁和中文名及产地表

拉丁名	中文名	国家/地区
Prunus acida	酸樱桃	西亚，欧洲东南部
Prunus avium L.	甜樱桃	欧洲，西亚，高加索
Prunus alabamensis Mohr.	阿拉巴马黑樱桃	美国
Prunus besseyi Bailey	落基山樱	加拿大、美国
Prunus buergeriana Miq.	橉木稠李	日本，韩国
Prunus campanulata Maxim	福建山樱花	日本南部，中国台湾
Prunus canescens	灰毛叶樱桃	中国中部和西部
Prunus cantabrigiensis Stapf.	短萼樱	中国
Prunus cerasifera	樱桃李	中国、伊朗、中亚、巴尔干半岛
Prunus cerasoides D. Don	冬樱花	喜马拉雅
Prunus cerasus L.	酸樱桃	西亚，欧洲东南部
Prunus concinna Koehne	欧洲李	欧洲
Prunus dawyckensis Sealy	灰尾樱	中国西部
Prunus dielsiana	尾叶樱桃	中国
Prunus emarginata(Hook.)Walp.	苦樱桃	美国
Prunus fruticosa Pall.	草原樱桃	欧洲中部和东部，西伯利亚
Prunus glandulosa Thunb.	麦李	中国、日本
Prunus grayana Maxim.	灰叶稠李	日本，韩国
Prunus humilis Bge	欧李	中国北方
Prunus incana(Pall.)	柳树樱	欧洲东北部，亚洲西部
Prunus incisa Thunb.	豆樱	日本
Prunus involucrata Koehne	中国樱桃	中国中部
Prunus jacquemontii Hook.	阿富汗樱桃	喜马拉雅西北部
Prunus japonica Thunb.	郁李	中国中部，东亚
Prunus kurilensis(Miyabe)Wils.	千岛樱	日本
Prunus lannesiana	青肤樱	日本

Prunus laurocerasus	桂樱	黑海及东南欧
Prunus maackii	斑叶稠李	中国，韩国
Prunus mahaleb	圆叶樱桃，马哈利	欧洲，西亚
Prunus maximowiczii Rupr.	黑樱桃	中国，韩国和日本
Prunus microcarpa C. A. Mey	小果樱桃	亚洲小范围
Prunus munsoniana	雁李	美国
Prunus nipponica Matsum	高岭樱	日本
Prunus pensylvanica L.	美国酸樱桃	加拿大，美国
Prunus pleiocerasus Koehne	雕核樱桃	中国，韩国和日本
Prunus prostrata Labill.	山樱桃	地中海，亚洲西部
Prunus prunifolia (Greene) Shafer	李叶樱	加拿大，美国
Prunus pseudocerasus Lindl.	中国樱桃	中国
Prunus pumila L.	沙樱桃	美国
Prunus sargentii Rehd.	大山樱	日本
Prunus serotina	黑野樱	加拿大，美国
Prunus serrula Franch.	法国西洋樱	法国
Prunus serrulata Lindl	山樱花	中国，日本，韩国
Prunus sieboldii (Carr.)	南殿樱	日本
Prunus spinosa	黑刺李	欧洲，北非和亚洲西部
Prunus ssiori F. Schmidt	日本鸟樱	亚洲东北部，日本
Prunus subhirtella Miq.	大叶早樱	日本
Prunus tomentosa Thunb.	毛樱桃	中国
Prunus virens (Woot. & Standl.)	黑樱	美国
Prunus virginiana L.	美国稠李	加拿大，美国
Prunus yedoensis Matsum	东京樱花	日本

附录四　砧木中英文名及产地

英文名	中文名	国家/地区
Adara	阿达拉	西班牙
Aobazakura	青肤樱	日本
Bogdany	博格达尼	匈牙利
Bonn 60	波恩 60	德国
Bonn 62	波恩 62	德国
Camil	卡米尔	德国
Cass	凯斯	美国
Cema	泽马	匈牙利
Charger	查吉	英国
Chishimadai 1 Go	千岛大 1 号	日本
Colt	考特	英国
Cristimar	克丽丝蒂	美国
Damill	达米尔	德国
Edabriz	阿达布兹	伊朗
Egervăr	艾格威尔	匈牙利
GiSelA 3	吉塞拉 3 号	德国
GiSelA 5	吉塞拉 5 号	德国
GiSelA 6	吉塞拉 6 号	德国
GiSelA 7	吉塞拉 7 号	德国
GiSelA 8	吉塞拉 8 号	德国
GiSelA 12	吉塞拉 12 号	德国
Inmil	依米尔	德国
Lake	雷克	美国
Krymsk 5	克里姆 5 号	俄罗斯
Krymsk 6	克里姆 6 号	俄罗斯
Krymsk 7	克里姆 7 号	俄罗斯
Magyar	美戛	匈牙利

Mahaleb	马哈利	欧洲,美国
Mariana	玛丽安娜	美国
Marilan	马里兰	西班牙
MaxMa 2	麻姆 2 号	美国
MaxMa 14	麻姆 14 号	美国
MaxMa 60	麻姆 60 号	美国
MaxMa 70	麻姆 70 号	美国
MaxMa 97	麻姆 97 号	美国
Mazzard	马扎德	欧洲,美国
Oppenheimer Selectiom	奥本海姆	德国
Piku 1	皮库 1 号	德国
Piku 3	皮库 3 号	德国
Piku 4	皮库 4 号	德国
Prob	普博	匈牙利
Sainte Lucie 64	SL64	法国
Victor	维克多	意大利
Weiroot 10	维如特 10	德国
Weiroot 13	维如特 13	德国
Weiroot 53	维如特 53	德国
Weiroot 72	维如特 72	德国
Weiroot 154	维如特 154	德国
Weiroot 158	维如特 158	德国
Weiroot 720	维如特 720	德国

附录五　彩色插图

彩图 1　甜樱桃花发育阶段 9(衰老、休眠的开始)和阶段 5(生殖发育)(见图 2.1)

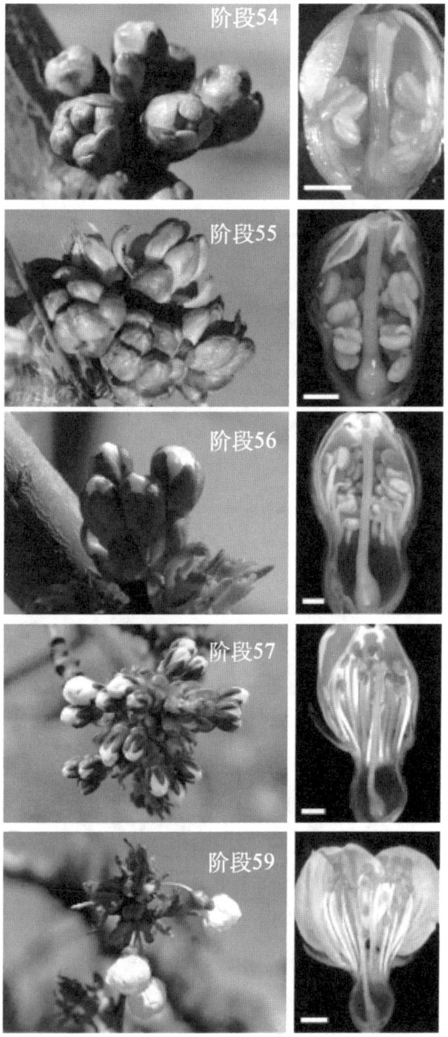

彩图 2　甜樱桃花发育阶段 5(花芽发育)(见图 2.2)

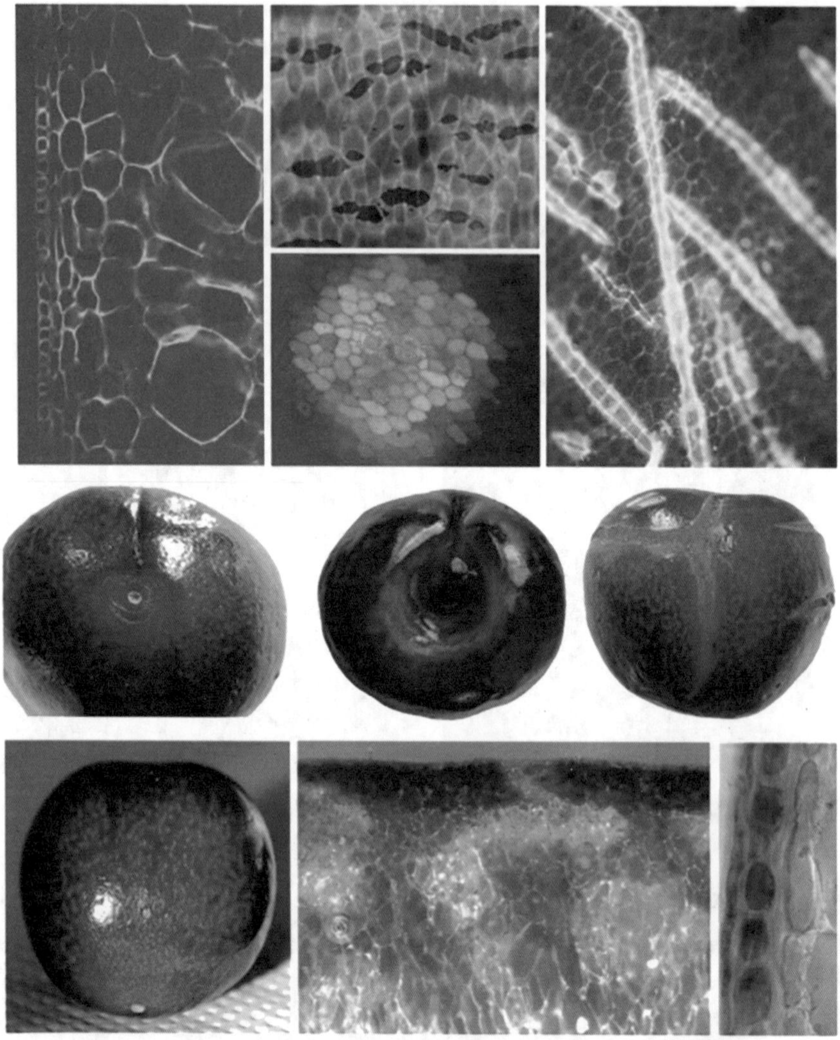

彩图 3　甜樱桃果实微裂级及裂缝(见图 7.1)

彩图 4　高温引起的双子果和畸形花(见图 8.1)

彩图 5　不恰当的铁丝固定方式造成细菌性溃疡(见图 10.3)

彩图 6　正确的铁丝固定方式(见图 10.4)

彩图 7　促进甜樱桃发枝的方法(见图 12.5)

彩图 8　樱桃实蝇和果蝇及其危害的果实(见图 13.1)

彩图 9　危害樱桃的害虫(见图 13.3)

彩图 10　危害樱桃果实和叶片的蛾(见图 13.5)

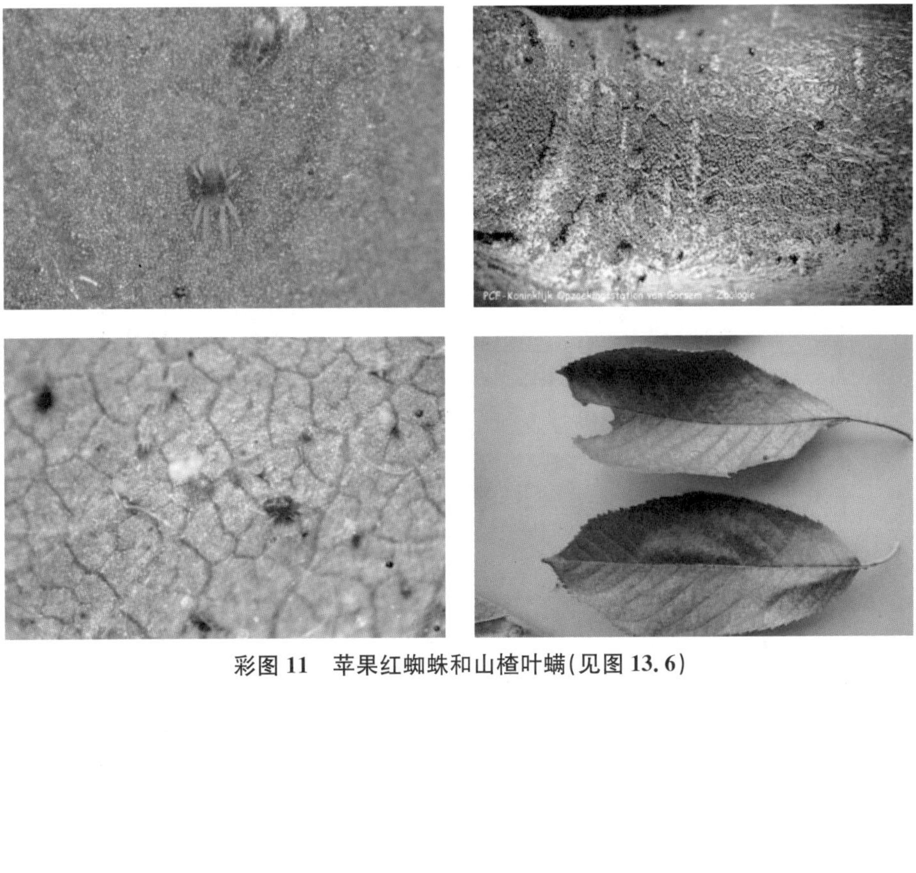

彩图 11　苹果红蜘蛛和山楂叶螨(见图 13.6)

彩图 12　果实病害(见图 14.1)

彩图 13　炭疽病症状(见图 14.2)

彩图 14　毛霉腐烂病和菌核病(见图 14.3)

彩图 15　储藏期甜樱桃由真菌造成的果实腐烂(见图 14.4)

彩图 16　酸樱桃叶斑病症状(见图 14.5)

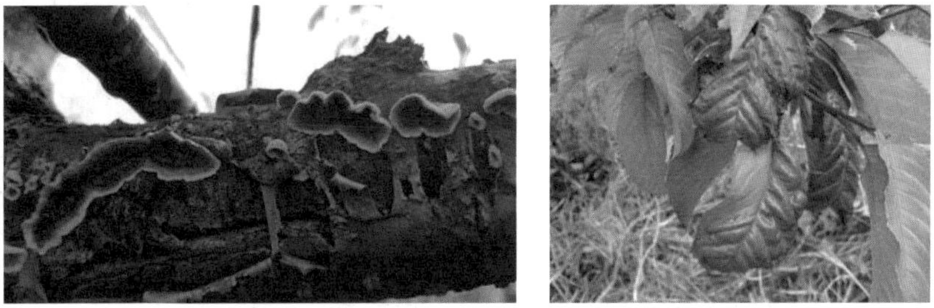

彩图 17　银叶病和卷叶病症状(见图 14.6)

彩图 18 樱桃树体病害(见图 14.7)

彩图 19 甜樱桃主根上的根瘤(见图 15.1)

彩图 20 樱桃树感染细菌性溃疡病后主干出现流胶症状(见图 15.2)

彩图 21　樱桃感染细菌性溃疡病后的症状(见图 15.3)

彩图 22　甜樱桃感染苛养木杆菌后成熟叶片出现灼伤和幼叶开始出现尖端坏死症状(见图 15.5)

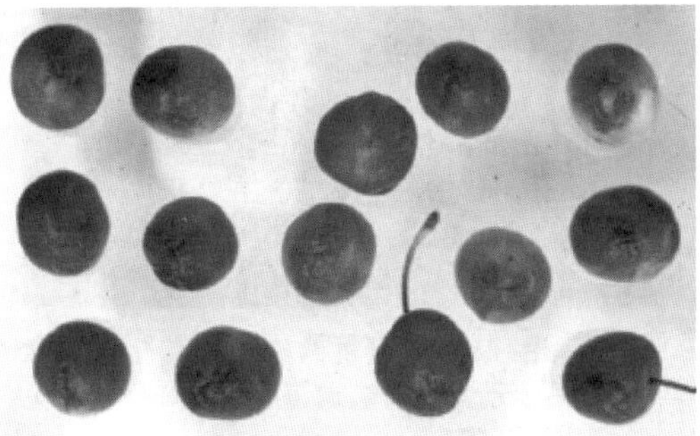

彩图 23　苹果褪绿叶斑病毒导致甜樱桃果实坏死症状(见图 16.1)

彩图 24　酸樱桃感染李矮缩病毒后造成的变色环斑(见图 16.2)

彩图 25 甜樱桃“宾库”感染樱桃叶斑驳病毒后造成的叶片失绿斑驳症状(见图 16.3)

彩图 26 甜樱桃“宾库”感染樱桃锉叶病毒后的叶片锉叶症状(见图 16.5)

彩图 27 欧洲核果黄化病(见图 16.6)

彩图 28 酸樱桃感染翠菊黄化植原体后表现的树势衰退、丛枝和小叶症状(见图 16.7)

彩图 29　"蒙莫朗西"嫁接在不同品种上的生长情况(见图 18.9)

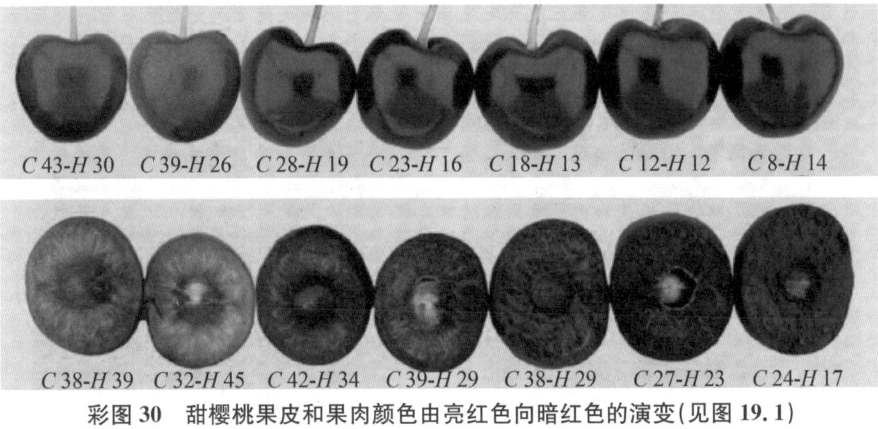

彩图 30　甜樱桃果皮和果肉颜色由亮红色向暗红色的演变(见图 19.1)

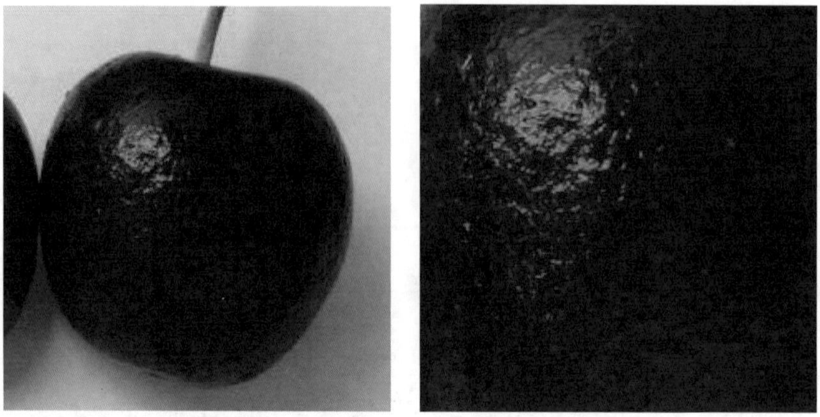

彩图 31　卵石状纹理(鳄鱼皮)(见图 19.3)

彩图 32　甜樱桃因机械损伤而产生的表面点蚀(见图 19.4)

索　引

T

U

W

X

Y

Z